AF878998

Julika Moos

Verhüllungsstrategien in höfischen Bild- und Textzeugnissen

Literatur | Theorie | Geschichte

Beiträge zu einer kulturwissenschaftlichen Mediävistik

Herausgegeben von
Udo Friedrich, Bruno Quast und Monika Schausten

Band 32

Julika Moos

Verhüllungsstrategien in höfischen Bild- und Textzeugnissen

DE GRUYTER

ISBN 978-3-11-154410-6
e-ISBN (PDF) 978-3-11-154964-4
e-ISBN (EPUB) 978-3-11-154999-6
ISSN 2363-7978

Library of Congress Control Number: 2024947409

Bibliografische Information der Deutschen Nationalbibliothek
Die Deutsche Nationalbibliothek verzeichnet diese Publikation in der Deutschen Nationalbibliografie; detaillierte bibliografische Daten sind im Internet über http://dnb.dnb.de abrufbar.

© 2025 Walter de Gruyter GmbH, Berlin/Boston, Genthiner Straße 13, 10785 Berlin
Einbandabbildung: Seitenpanel eines Elfenbeinkästchens mit Szenen der *Kastellanin von Vergi* (Detail), französisch, ca. 1320–1340. The Metropolitan Museum, New York (Inventarnummer: 17.190.180).
Satz: bsix information exchange GmbH, Braunschweig
Druck und Bindung: CPI books GmbH, Leck

www.degruyter.com
Fragen zur allgemeinen Produktsicherheit:
productsafety@degruyterbrill.com

MIX
Papier | Fördert gute Waldnutzung
FSC® C083411

Vorwort

Bei der vorliegenden Studie handelt es sich um meine leicht überarbeitete und im Hinblick auf einschlägige Forschungsliteratur weitgehend aktualisierte Dissertation, die ich im Frühjahr 2021 an der Philosophischen Fakultät der Georg-August-Universität Göttingen verteidigt habe.

Über den Zeitraum der Entstehung dieser Arbeit haben sich in ihr zahlreiche Begegnungen und Gespräche mit inspirierenden Wegbegleiterinnen eingeschrieben, denen ich zu großem Dank verpflichtet bin. Ganz besonderer Dank gilt meiner Doktormutter Heike Sahm, die ein Buch in mir sah, lange bevor ich selbst daran glauben wollte. Aufgrund ihres großen Vertrauensvorschusses, ihrer langjährigen Förderung und ihrer unerschrockenen Offenheit gegenüber meinen Ideen, die mich allerlei abenteuerlichen Spuren nachjagen ließen, konnte ich diese Arbeit auf eine Weise verfassen, die genau richtig für mich war. Auch meiner Zweitbetreuerin Henrike Manuwald danke ich für die langjährige, wohlwollende Unterstützung sowie für die konstruktiven Hinweise und anregenden Rückfragen, die immer genau die richtigen Steine ins Rollen brachten. Silke Winst danke ich nicht nur für ihr hilfreiches Feedback als drittes Prüfungsmitglied und ihre freundschaftlichen Ratschläge zu dieser Arbeit und darüber hinaus, sondern auch dafür, dass sie mir ihre noch unveröffentlichte Habilitationsschrift zur Verfügung gestellt hat. Monika Schausten danke ich dafür, dass sie meine initiale Begeisterung für die germanistische Mediävistik geweckt hat und diese Arbeit als Herausgeberin gemeinsam mit Udo Friedrich und Bruno Quast in die Reihe *Literatur – Theorie – Geschichte* aufgenommen hat. Dass ich Silke Tammen nicht rechtzeitig sagen konnte, wie nachhaltig mich ihr Blick auf das Mittelalter geprägt hat und wie viel davon in diese Arbeit eingeflossen ist, bedauere ich sehr.

Für wertvolle Korrekturlektüren danke ich Doreen Brandt, Pauline Epp, Katharina Grießhaber, Laura Schiller und Leonie Woitzik. Stephanie Schott, Stephanie Züll und ganz besonders Nils Jäger haben nicht nur wiederholt Korrektur gelesen, sondern mir auch darüber hinaus bei zahlreichen Höhen und Tiefen des Schreibprozesses mit Rat, Tat und *pep talks* zur Seite gestanden, wofür ich ihnen äußerst dankbar bin. Außerdem danke ich Nathanael Busch und seiner Marburger Arbeitsgruppe für die Unterstützung während der Drucklegung, Pavlina Kulagina für Übersetzungshilfe bei der Museumskommunikation und meinen Eltern für den Beistand während meines gesamten (Promotions-)Studiums.

Meine Zeit am Seminar für Deutsche Philologie der Uni Göttingen war von vielen wundervollen Kolleg*innen geprägt. Sowohl der fachliche als auch der informelle Austausch in Kolloquien, auf dem Flur oder in ausgedehnten Mensarunden, eröffnete mir immer wieder neue Perspektiven, Anregungen und Motivation. Dafür danke ich allen Kolleg*innen, stellvertretend seien hier Daniel Eder, Mareike von Müller, Anabel Recker, Hannah Rieger und meine ‚Doktorschwester' Anna-Lena Heckel genannt.

Für die verlagsseitige Betreuung danke ich Laura Burlon, Robert Forke, Miriam Fleck-Vidal und dem ganzen Literary and Cultural Studies-Team bei De Gruyter, mit

https://doi.org/10.1515/9783111549644-201

denen die Zusammenarbeit nicht nur beim Publikationsprozess dieses Buchs viel Freude gemacht hat.

Mein größter Dank gebührt Steffen Moos, der mich von der Einschreibung im ersten Semester bis zur Drucklegung dieser Arbeit geduldig auf jeder Station meiner akademischen Achterbahnfahrt begleitet hat: Ohne seinen IT-Support, seine Kochkünste und seinen Humor hätte ich das alles nicht geschafft. Worte können nicht kompensieren, wie viel unserer kostbaren gemeinsamen Zeit in dieses Buch geflossen ist – trotzdem ist es ihm gewidmet.

Marburg, im Herbst 2024
Julika Moos

Inhalt

I Auf den ersten Blick

Nachdem der Ritter Iwein sich in Hartmanns von Aue gleichnamigem Artusroman von seinem Wahnsinn erholt und einen Löwen als treuen Begleiter gewonnen hat, trauert er lautstark über sein großes Unglück: Er glaubt, seine Ehefrau Laudine aufgrund eigenen Verschuldens für immer verloren zu haben. Diese Klage vernimmt *ein juncvrouwe, diu leit / von vorhten grœzer arbeit* (V. 4013 f.). Sie wird in der Nähe in einer Kapelle gefangen gehalten, um dort auf die Vollstreckung ihres Todesurteils zu warten. Iweins deutlich vernehmbare Verzweiflung verleitet sie dazu, *durch eine schrunden an der tür* (V. 4020) ihres Gefängnisses zu sehen (V. 4019) und zu fragen, wer dort klagt. Die beiden Unglücklichen beginnen durch das kleine Loch in der Tür ein Gespräch, ohne einander ihre Namen zu nennen. Darum bemerken sie erst spät, dass sie sich bereits kennen – denn bei dem Mädchen in der Kapelle handelt es sich um Lunete, die beschuldigt wird, Laudine den betrügerischen Ehemann Iwein vermittelt zu haben. Das Gespräch mit seiner ehemaligen Gehilfin stellt nicht nur eine bedeutende Station auf Iweins Rehabilitationsweg dar, sondern offenbart zugleich eine besondere Gestaltung von Sichtbarkeit: Lunete blickt zwar durch einen Spalt in der Tür, aber erkennen kann sie den Ritter nicht;[1] genauso kann er sie nicht zuordnen, weil sie sich bloß als *alsô armiu maget* (V. 4024) vorstellt. Deshalb ist auch dem Rezipienten zunächst nicht klar, wessen Todesurteil hier kurz vor der Vollstreckung steht.[2] Gerade weil Sichtbarkeit bei dieser Unterhaltung des Löwenritters mit der zunächst Unbekannten an der Kapellentür so offensichtlich eingeschränkt ist, sticht ihre ästhetische Gestaltung besonders hervor.

Vergleichbare Konstellationen, in denen eine für die Handlung bedeutsame Erkenntnis bei eingeschränkter Sichtbarkeit erfolgt, gibt es in der deutschsprachigen Literatur des Mittelalters immer wieder. Hartmanns von Aue Gregorius erfährt beispielsweise nur deshalb, weil er nicht gesehen wird, von seiner problematischen Herkunft: Nachdem er beim Spiel versehentlich den Sohn der Fischersfrau geschlagen hat, schreit diese in ihrem Zorn das Geheimnis heraus, das ihr Mann ihr fünfzehn Jahre zuvor mitgeteilt hatte – das *vuntkint* (V. 1323) wurde auf dem Wasser in einem *vaz* entdeckt und die Fischersfamilie wurde gut dafür entlohnt, es bei sich aufzunehmen. Gregorius steht währenddessen vor dem Haus und hört *si dar inne / schelten âne*

1 Vielleicht ist der Spalt zu schmal, sodass sie den Ritter nur schemenhaft erkennen kann. Der Text suggeriert zudem, dass Lunete in der Kapelle liegt (V. 4017), sodass auch diese Froschperspektive dafür verantwortlich sein könnte, dass sie nicht bemerkt, mit wem sie spricht. Iwein hingegen erhält keinerlei visuelle Anhaltspunkte, weil der Spalt nur für Lunete durchlässig ist, wie Myriam Bittner: Komplizen des Erzählers. Auctoriale Figuren in der mittelhochdeutschen Epik. Tübingen 2019 (Wissenschaftliche Beiträge aus dem Tectum Verlag. Reihe Germanistik. 12), S. 126, vermutet.

2 Iwein stellt die Frage *„heizet ir Lûnete?“* (V. 4210) erst knapp 200 Verse nach dem Beginn des Gesprächs. Bis dahin kann der Rezipient zwar aufgrund der Ortsnennung (Iwein befindet sich *in sîner vrouwen lant*, V. 3925) und der Aussagen des Mädchens peu à peu erahnen, dass es sich um Lunete handeln muss, die Bestätigung erfolgt aber erst in der Antwort auf Iweins Frage.

https://doi.org/10.1515/9783111549644-001

mâze. (V. 1366 f.) Die Szene des erschütterten Jungen, der durch die Wand des Hauses vernimmt, wie seine Ziehmutter ausruft, dass er *ellende* (V. 1372) sei, bietet zwar kaum visuelle Anhaltspunkte, doch die Fischersfrau kann auditiv in die Imagination dieser Szene integriert werden.

Wenngleich Sichtbarkeit für die ästhetischen Erzeugnisse des höfischen Mittelalters als so maßgeblich befunden wurde, dass Horst Wenzel in Anlehnung an Jacques Le Goff von einer „Kultur der Sichtbarkeit" spricht,[3] präsentieren die beiden obigen Szenen keine umfassende Sichtbarkeit: Es wird darin keine allansichtige Schaubühne entworfen, die durch Deskription umfassende Einblicke gewährt, sondern sie stellen Protagonisten vor, die vor einer ausschließlich auditiv durchlässigen Wand stehen und nur akustisch wahrnehmen können. In diesen Schlüsselszenen des *Iwein* und des *Gregorius* Hartmanns von Aue ist eine „stetige Bewegung zwischen Bildgebung und

3 Horst Wenzel: Spiegelungen. Zur Kultur der Visualität im Mittelalter. Berlin 2009 (Philologische Studien und Quellen. 216), S. 11. Die Arbeiten Wenzels haben in der Literaturwissenschaft maßgeblich dazu beigetragen, dass der Ausdruck „Kultur der Sichtbarkeit" zu einem feststehenden Begriff in der Forschung zur höfischen Repräsentationskultur wurde, vgl. etwa Hans Rudolf Velten: Visualität in der höfischen Literatur und Kultur des Mittelalters. In: Handbuch Literatur & Visuelle Kultur. Hrsg. von Claudia Benthien, Brigitte Weingart. Berlin/Boston 2014 (Handbücher zur kulturwissenschaftlichen Philologie. 1), S. 304–320, hier: S. 304. Entsprechend formuliert auch Carsten Morsch: Blickwendungen. Virtuelle Räume und Wahrnehmungserfahrungen in höfischen Erzählungen um 1200. Berlin 2011 (Philologische Studien und Quellen. 230), S. 160: „Insbesondere auch die volkssprachliche Dichtung kann geradezu durch die fortgesetzte Inszenierung anschaulicher Zeigeverhältnisse charakterisiert werden: in der Aufmerksamkeit für das Auftreten und Gebärden der Figuren, in den breit angelegten Beschreibungen, den ermahnenden, erläuternden und erklärenden Einschaltungen der Erzählerstimmen sind die Texte bestimmt durch eine Poetik des Hinweisens, Hervorhebens und Herausstellens, die darauf abzuzielen scheint, in dem für den höfischen Adel des Mittelalters neuen Medium die Verhältnisse audio-visueller Interaktion unter Anwesenden aufzunehmen, die in der noch weithin schriftlosen Kommunikation sicher eine so grundlegende Rolle gespielt haben, dass man wohl zurecht von einer Kultur der Geste (Jacques LeGoff [sic]; Jean-Claude Schmitt) gesprochen hat." Ähnliche Worte findet Kathryn Starkey: Time Travel. Ekphrasis and Narrative in Medieval German Literature. In: Anschauung und Anschaulichkeit. Visualisierung im Wahrnehmen, Lesen und Denken. Hrsg. von Hans Adler, Sabine Groß. Paderborn 2016, S. 179–193, hier: S. 179: „The courtly audiences that vernacular texts served comprised a visually literate society in which the choreography of bodies and the display of material culture played a critical role in the representation of power and elite status. Indeed, work on medieval visual culture has identified processes of political and ritual negotiation as central aspects of a medieval ‚Kultur der Sichtbarkeit', a culture of visibility." Christina Lechtermann: Hie saz och dv. Evidenzstrategien der Dissimulation. In: Sehen und Sichtbarkeit in der Literatur des deutschen Mittelalters: XXI. Anglo-German Colloquium London 2009. Hrsg. von Ricarda Bauschke, Sebastian Coxon, Martin H. Jones. Berlin 2011, S. 254–271, hier: S. 256, verweist auf wiederkehrende Szenentypen, die diese Fokussierung auf Sichtbarkeit in der höfischen Literatur besonders eindrücklich nachweisen: „Die Begegnung, die Ankunft, der Hofgang, die Erscheinung, der Traum gehören neben anderem zu den zahlreichen konventionellen Elementen höfischen Erzählens, in denen und durch die Wahrnehmen und Sehen thematisch werden kann und ‚Sichtbares' eingespielt wird."

-entzug, als Changieren zwischen Form und Unbestimmtheit“[4] zu beobachten, die sich in diesen Inszenierungen eingeschränkter Sichtbarkeit manifestiert.[5] Bei einer derartigen Fokussierung von Sichtblockaden im Rahmen der Handlung scheint für die Wirkung der Texte bedeutsam zu sein, die Rezipierenden in eine bestimmte Richtung schauen zu lassen oder ihnen eine räumliche Position anzubieten, von der aus in die erzählte Welt hineingeschaut wird, obwohl dies nicht bedeutet, dass auch tatsächlich etwas gesehen werden kann. Iwein und Gregorius stehen vor einem visuellen Hindernis, durch das sie nicht hindurchblicken können, und lauschen dabei direkter Rede, womit sie den Fokus auf etwas Unsichtbares lenken, das zwar da ist, das aber weder von den Protagonisten noch von den Rezipierenden in diesem Moment gesehen werden kann. Die beiden Romane Hartmanns regen damit erstens eine Analyse des Nicht-Sehens von Figuren auf der Handlungsebene, zweitens der ästhetischen Vermittlung von (vermeintlicher) Unsichtbarkeit sowie drittens der Wirkung einer solchen Vermittlung auf den werkexternen Rezipienten an. Die vorliegende Studie geht dazu von der Annahme aus, dass Wahrnehmungshindernisse eine ästhetische Strategie sind, die die besondere Relevanz von (Ein-)Blicken in der mittelalterlichen Literatur herausstellen und damit als rezeptionslenkend zu verstehen sind: Denn höfische Erzähltexte präsentieren auf der Handlungsebene wiederholt Sichtblockaden, die das Sehen – den primären Sinn der Erkenntnis[6] und das Äquivalent der textexternen Lektüre[7] – als

4 So Ellen Strittmatter: Poetik des Phantasmas. Eine imaginationstheoretische Lektüre der Werke Hartmanns von Aue. Heidelberg 2013 (Studien zur historischen Poetik. 15), S. 35, über die poetische Funktion der Phantasmen im Werk Hartmanns.

5 Nathanael Busch und Dominic Olariu: Iwein und Bathseba. Zur Funktion des Blicks in der Trauerszene in Hartmanns Text und in der Rodenegger Wandmalerei. In: Artusroman und Bildlichkeit. Hrsg. von Cora Dietl, Christoph Schanze, Friedrich Wolfzettel. Berlin/Boston 2022 (SIA. 17), S. 235–255, hier: S. 235, überlegen, ob die Gegenüberstellung von Sehen und Nichtsehen als Hauptthema in Hartmanns *Iwein* gelten könne.

6 Darauf verweisen Hans Adler und Sabine Groß: Einleitung. In: Anschauung und Anschaulichkeit. Visualisierung im Wahrnehmen, Lesen und Denken. Hrsg. von dens. Paderborn 2016, S. 7–26, hier: S. 8; Jan-Dirk Müller: Blinding Sight. Some Observations on German Epics of the Thirteenth Century. In: Rethinking the Medieval Senses. Heritage / Fascinations / Frames. Hrsg. von Stephen G. Nichols, Andreas Kablitz, Alison Calhoun. Baltimore 2008 (Parallax: Re-visions of Culture and Society), S. 206–217, hier: S. 206; Horst Wenzel: Hören und Sehen, Schrift und Bild. Kultur und Gedächtnis im Mittelalter. München 1995 (C. H. Beck Kulturwissenschaft), S. 321. Die Relevanz der Sichtbarkeit gilt vor allem für mittelalterliche Rituale und Rechtshandlungen, vgl. Gerd Althoff: Die Bilder der mittelalterlichen Historiographie. In: Die Bildlichkeit symbolischer Akte. Hrsg. von Barbara Stollberg-Rilinger, Thomas Weißbrich. Münster 2010 (Symbolische Kommunikation und Gesellschaftliche Wertesysteme. 28), S. 23–36, hier: S. 23; Haiko Wandhoff: Der epische Blick. Eine mediengeschichtliche Studie zur höfischen Literatur. Berlin 1996 (Philologische Studien und Quellen. 141), S. 56–57.

7 Hildegard Elisabeth Keller: *Blinded Avengers*. Making Sense of Invisibility in Courtly Epic and Legal Ritual. In: Rethinking the Medieval Senses. Heritage / Fascinations / Frames. Hrsg. von Stephen G. Nichols, Andreas Kablitz, Alison Calhoun. Baltimore 2008 (Parallax: Re-visions of Culture and Society), S. 218–262, hier: S. 236.

verhüllt, unnütz oder kontraproduktiv darstellen und dem Rezipienten kaum deskriptive Passagen zur präzisen Imaginationsanleitung vorgeben.

Die Leitfrage dieser wahrnehmungsästhetischen Studie ist deshalb, welche Formen von Rezeptionslenkung in der Vermittlung höfischer Literatur zu finden sind und welcher interpretative Mehrwert jeweils enthüllt werden kann, wenn Imagination durch visuelle Einschränkungen erschwert wird. Dazu soll der Blick des Rezipienten im Folgenden als ästhetische Kategorie aufgefasst werden, dessen intentionale, aber manchmal verhüllte Steuerung die Werke der profanen Literatur des hohen Mittelalters als Rezeptionsanleitung integrieren.[8] Diese Form der Blicklenkung ist als visuelles Phänomen zu verstehen, das zunächst vor allem im kompositorischen Szenenaufbau erkennbar ist, weshalb die Untersuchung solcher Strategien nicht allein auf literaturwissenschaftlichen Methoden bauen kann.[9] Darum wird die ästhetische Produktion der höfischen Kultur – in Bezug auf die bildschaffenden Medien der volks-

8 Wolfgang Iser: Der Akt des Lesens. Theorie ästhetischer Wirkung. 2., durchgesehene und verb. Aufl. München 1984 (Uni-Taschenbücher. 636), S. 176, warnt vor dem Gebrauch des Begriffs ‚Rezeptionsvorgabe', weil dieser suggeriert, dass der Rezeptionsprozess eine Einbahnstraße sei, die Übersetzung eines Texts in das Bewusstsein des Lesenden jedoch kreative Diversität aufweist und darum niemals steuerbar sein kann. Dennoch bietet sich gerade für mittelalterliche Gegenstände, über deren Rezeption kaum etwas bekannt ist, an, werkimmanent nach Strategien der Anleitung zu suchen – ohne dabei davon auszugehen, dass alle Rezipierenden diese Projektionsflächen auch als solche wahrgenommen und entsprechend imaginiert haben. Denn, so räumt Iser ebd., S. 230–231, ein, Vorstellung erfolgt niemals willkürlich, sondern orientiert sich, wie Umberto Eco: Das offene Kunstwerk. Aus dem Ital. übersetzt von Günter Memmert. Frankfurt am Main 1973, S. 33, formuliert, an der im Text gegebenen „Anzahl starr fixierter und bedingter Möglichkeiten, so daß die interpretative Reaktion des Lesers niemals der Kontrolle des Autors entgleitet." Damit liegt der Fokus auf einer rezeptions*ästhetischen* Analyse höfischer Zeugnisse, nicht einer rezeptions*historischen*, wie die folgenden Einführungen weiter darlegen werden.

9 Ein Gebrauch des Begriffs Blick, um Rezeption zu beschreiben, findet sich bei Iser, Akt des Lesens, S. 164, der u. a. vom Blicken des Lesers spricht und ebd., S. 246, davon ausgeht, dass Texte einen Leserblickpunkt mit einrichten müssen, um rezipiert werden zu können, sodass ein „Blickfeld des Lesers" (ebd., S. 317) entsteht. Während Iser allerdings Werte, Normen und Weltanschauungen als Teil des Leserblicks begreift, liegt der Fokus in dieser Studie auf kompositorisch beschreibbaren Positionen des Rezipienten bei der betrachtenden Partizipation des dargestellten Geschehens – so sind die kunsthistorischen Annäherungen an den Blick im Kontext der Rezeptionsästhetik eng an das Konzept des Raums geknüpft, wie die Überlegung von Jean Paris: Drei Augen-Blicke. Übersetzt aus dem Franz. von Michael Bischoff. In: Der Betrachter ist im Bild. Kunstwissenschaft und Rezeptionsästhetik. Hrsg. von Wolfgang Kemp. Neuausg., erw. und bibliogr. auf den neuesten Stand gebracht. Berlin 1992 (Kunstgeschichte zur Einführung), S. 60–70, hier: S. 67, verdeutlicht: „[M]üssen wir nicht so manches Werk im Zusammenhang mit der Dialektik der Blicke sehen, mit ihren Eigenarten, ihrer Intensität, ihrer Ausrichtung, ihren Begegnungen und Vermeidungen, und muß uns dies nicht letztlich zu der Auffassung führen, daß der Raum schlechthin die Domäne des Blickes und jegliche Komposition ein Netzwerk aus Blicken ist?" Während literarische Blicklenkung bereits unter deiktischen Fragestellungen (vgl. dazu insbesondere die zahlreichen Studien von Horst Wenzel) untersucht wurde, steht im Folgenden eine kompositorische Analyse im Fokus, deren Beschreibungssprache aus dem Vergleich mit bildnerischen Medien entwickelt wird.

sprachlichen Literatur und der Verzierung profaner Alltagsgegenstände – berücksichtigt, um so die Inszenierung und Bildwirkung eingeschränkter Sichtbarkeit als spezifische, ästhetische Strategie hochmittelalterlicher Kunst herauszustellen. Der anschließende Forschungsüberblick sowie die einführenden Text- und Bildbeispiele dienen dazu, im Rahmen dieser Einleitung ein intermediales Untersuchungsraster und das wahrnehmungsästhetische Begriffsinventar zu entwickeln, um diese Verhüllungsstrategien der höfischen Kunst im Folgenden benennen und entschlüsseln zu können.

1 Bildwirkung höfischer Texte

Um mit unterschiedlichen Textstrategien[10] konzipierte Lenkungen und Blockaden des Rezipientenblicks im Rahmen dieser Studie zu untersuchen, soll die höfische Literatur bildlich wahrgenommen werden.[11] Ganz gleich wie verschieden Text und Bild erscheinen mögen,[12] die „Schwesterkünste"[13] ähneln sich in der Art und Weise ihrer Rezep-

---

10 Nach Iser, Akt des Lesens, S. 156–157, entwerfen solche Strategien „die Erfahrungsbedingungen des Textes", weil sich darin „die operativen Zielrichtungen des Textes ausmachen lassen."

11 Für Haiko Wandhoff: Zur Bildlichkeit mittelalterlicher Texte. Einführung. In: Zur Bildlichkeit mittelalterlicher Texte. Hrsg. von dems. Berlin 2008 (Das Mittelalter. 13), S. 3–23, hier: S. 5, ist Sprache „lediglich ein weiteres Medium, in dem sich Bilder verkörpern." Thomas Lentes: Die Gewänder der Heiligen: Ein Diskussionsbeitrag zum Verhältnis von Gebet, Bild und Imagination. In: Hagiographie und Kunst. Der Heiligenkult in Schrift, Bild und Architektur. Hrsg. von Gottfried Kerscher. Berlin 1993, S. 120–151, hier: S. 144, versteht deshalb etwa das Sprechen eines Gebets nicht als sprachlichen, sondern als „bildschaffende[n] Akt", das Gedächtnis des Menschen kann dabei als „innerer Bildraum" (ders.: Inneres Auge, äußerer Blick und heilige Schau. Ein Diskussionsbeitrag zur visuellen Praxis in Frömmigkeit und Moraldidaxe des späten Mittelalters. In: Frömmigkeit im Mittelalter. Politisch-soziale Kontexte, visuelle Praxis, körperliche Ausdrucksformen. Hrsg. von Klaus Schreiner, Marc Müntz. München 2002, S. 179–220, hier: S. 180) visualisiert werden. Mireille Schnyder: Mittelalterliche „Audiovisualität". In: Der unfeste Text. Perspektiven auf einen literatur- und kulturwissenschaftlichen Leitbegriff. Hrsg. von Barbara Sabel, André Bucher. Würzburg 2001, S. 132–153, hier: S. 138, sieht aus einem akustisch vermittelten Text darum Maler und Bildhauer hervorgehen.

12 Die Unterschiede, die beispielsweise Adler und Groß, Einleitung, S. 18–19, betonen, beziehen sich auf spezifische Vermittlungsstrategien des jeweiligen Mediums, die sich aber niemals für alle Texte und Bilder verallgemeinern lassen. So formulieren sie: „Keine Beschreibung kann es an Genauigkeit, Dichte oder Detailreichtum mit einer Abbildung aufnehmen, die die syntaktische Dichte des Bildmediums voll ausnutzt: So umfassend sie auch erscheinen mag und so wirksam Leser bereit sind, sie mental zu vervollständigen, so lässt selbst die geschickteste und gezielteste Auswahl unausweichlich sehr viel aus. Das Bild kann eine Welt zur Erscheinung bringen, die der Text sich – und uns – erst erschreiben muss. Anschaulich wird das, was Texte transportieren, nur durch eine mehrfache Transformation des Anschauens ins Übertragene, ins Imaginäre, in einem so komplexen wie mysteriösen Prozess, der das tatsächlich Anschaubare – die dem Blick zugänglichen Schriftzeichen – gewissermaßen unsichtbar macht und das Gemeinte hinter den Schriftzeichen erscheinen lässt." Entgegen diesem Plädoyer für die erhöhte Anschaulichkeit der Bilder unterstellt Rüdiger Singer: Intermediale Anschaulichkeit. *Enargeia* als rhetorisches Wirkungsideal von Text, Bild und *actio*. In: Anschauung und Anschaulichkeit. Visualisierung im Wahrnehmen, Lesen und Denken. Hrsg. von Hans Adler, Sabine Groß.

tion, in deren Prozess die Vermittlungsinstanz unsichtbar werden muss,[14] immens, weil, wie Henrike Manuwald ausführt,

> [...] beim Lektüreakt vom Auge als Sinnesorgan zunächst die Schriftzeichen aufgenommen werden, so dass das ‚äußere Auge' passiv werden muss, bevor die *imaginatio* vor dem ‚inneren Auge' Vorstellungsbilder konstruieren kann. Ganz ähnlich muss der Sinn eines Bildes erst einmal aus einem Gewirr an Linien, Formen und Farben erkannt werden.[15]

Deshalb ist ein weiter Bildbegriff für die Texte, die im Inneren der Lesenden zu Bildern werden,[16] Ausgangspunkt der anstehenden Überlegungen. „Sowohl die Erfindung wie auch das Verständnis von literarischen Texten nutzen [...] Bildvorstellungen"[17] –

Paderborn 2016, S. 157–177, hier: S. 176, ihnen, sie seien „starr und stumm" und können somit keine Lebendigkeit vermitteln, sofern sie nicht (wie z. B. im Comic mit *sound works*) ergänzt würden. Solche Ansätze (die geradezu wie die Weiterführung eines Paragone in der Postmoderne wirken) sind jedoch im Rahmen dieser Studie wenig zielführend, wenngleich Fragen der *enargeia* in der neueren Text-Bild-Forschung durchaus eine Rolle spielen, dazu etwa Franziska Wenzel: Mediengeschichtliche Dimensionen der Text-Bild-Beziehung: eine Einführung. In: Jenseits der Dichotomie von Text und Bild. Verfahren der Veranschaulichung und Verlebendigung in Mittelalter und Früher Neuzeit. Hrsg. von ders. Wiesbaden 2021 (Imagines Medii Aevi. 54), S. 1–54, hier: S. 12–14; oder Ulrich Hoffmann: Dimensionen von *bilde* – Ansätze zu einem ikonischen Erzählen im späthöfischen Roman. Berlin/Boston 2023 (LTG. 29), S. 317–324. Ausschlaggebend für die vorliegende Untersuchung ist aber nicht, welche Vermittlungsinstanz die eindrücklichere oder lebendigere ist, sondern dass Texte und Bilder einen vergleichbaren Rezeptionsprozess einfordern, indem beide ausschließlich für und in Kombination mit einem Rezipienten funktionieren, dazu Svetlana Alpers: Interpretation ohne Darstellung – oder: Das Sehen von *Las Meninas*. Aus dem Engl. übersetzt von Reinhard Kaiser. In: Der Betrachter ist im Bild. Kunstwissenschaft und Rezeptionsästhetik. Hrsg. von Wolfgang Kemp. Neuausg., erw. und bibliogr. auf den neuesten Stand gebracht. Berlin 1992 (Kunstgeschichte zur Einführung), S. 123–141, hier: S. 135 sowie Iser, Akt des Lesens, S. 7.

13 Claudia Benthien und Brigitte Weingart: Einleitung. In: Handbuch Literatur & Visuelle Kultur. Hrsg. von dens. Berlin/Boston 2014 (Handbücher zur kulturwissenschaftlichen Philologie. 1), S. 1–28, hier: S. 16.

14 Vgl. Wenzel, Mediengeschichtliche Dimensionen, S. 12.

15 Henrike Manuwald: Medialer Dialog. Die ‚Große Bilderhandschrift' des *Willehalm* Wolframs von Eschenbach und ihre Kontexte. Tübingen 2008 (Bibliotheca Germanica. 52), S. 311.

16 Vgl. Nicola McLelland: Sehen im *Iwein* Hartmanns von Aue. Imaginieren, Beobachten, Erkennen. In: Sehen und Sichtbarkeit in der Literatur des deutschen Mittelalters: XXI. Anglo-German Colloquium London 2009. Hrsg. von Ricarda Bauschke, Sebastian Coxon, Martin H. Jones. Berlin 2011, S. 160–176, hier: S. 161.

17 Renate Brosch: Literarische Lektüre und imaginative Visualisierung: Kognitionsnarratologische Aspekte. In: Handbuch Literatur & Visuelle Kultur. Hrsg. von Claudia Benthien, Brigitte Weingart. Berlin/Boston 2014 (Handbücher zur kulturwissenschaftlichen Philologie. 1), S. 104–120, hier: S. 104. Ähnlich Haiko Wandhoff: Ekphrasis. Kunstbeschreibungen und virtuelle Räume in der Literatur des Mittelalters. Berlin/New York 2003 (TMP. 3), S. 28; Wenzel, Mediengeschichtliche Dimensionen, S. 18. Auch Karl Brunner: Die Bilder im Kopf. Kulturwissenschaft jenseits der akademischen Fächer. In: „Zeitenwende – Die Germanistik auf dem Weg vom 20. ins 21. Jahrhundert". Akten des X. Internationalen Germanistenkongresses Wien 2000. Hrsg. von Peter Wiesinger. Bern/Berlin 2002 (Jahrbuch für internationale Germanistik: Reihe A, Kongressberichte. 57), S. 27–34, hier: S. 28, folgert: „Die Autor-Person

Texte sind stets auf eine visuelle Wirkung hin angelegt und weil „Bildwahrnehmung und literarisch ‚vorgeschriebene' Imagination [...] nicht isoliert voneinander zu denken [sind]"[18], können jene Bilder, die durch Vorstellung entstehen, nicht von anderen Bildern unterschieden werden. Sie bedürfen gleichermaßen menschlicher Wahrnehmung, wie Hans Belting betont:

> Der Doppelsinn innerer und äußerer Bilder ist vom Bildbegriff nicht zu trennen und verrät gerade dadurch dessen anthropologische Fundierung. [...] Alles, was in den Blick oder vor das innere Auge tritt, läßt sich auf diese Weise zu einem Bild klären oder in ein Bild verwandeln. Deshalb kann der Bildbegriff, wenn man ihn ernst nimmt, letztlich nur ein anthropologischer Begriff sein. Wir leben mit Bildern und verstehen die Welt in Bildern.[19]

Christoph Huber plädiert ebenfalls für einen weiten Bildbegriff, der insbesondere in der Auseinandersetzung mit Literatur bedeutsam wird. Denn in der Literatur gibt es verschiedene Strategien, die spezifisch zur Erzeugung innerer Bilder dienen:

> ‚Bilder' sind nicht mehr auf Leinwand oder anderen Materialien, womöglich in einen Rahmen eingepasste Darstellungen, sondern visuelle Phänomene, die in vielfältigen kulturellen Prozessen begegnen und wirksam sind. Es gibt das materielle Bild und das geistige Bild im Kopf dessen, der Bilder schafft oder Bilder sieht.[20]

---

hatte Bilder im Kopf, für die sie eine sprachliche Repräsentation suchte, weil sie diese oder wenigstens ähnliche Bilder im Kopf der Rezipienten hervorrufen wollte. Erzählungen schöpfen aus Bildern und schaffen Bilder." Vergleichbar klingt die Formulierung von Martina Feichtenschlager: Entblößung und Verhüllung. Inszenierungen weiblicher Fragilität und Verletzbarkeit in der mittelalterlichen Literatur. Göttingen 2016 (Aventiuren. 11), S. 19: „Vorstellungen und Bilder werden innerhalb der Fantasie sowohl des Produzenten als auch des Rezipienten eines Textes angeregt." Von einem noch umfassenderen Ineinandergreifen geht Strittmatter, Poetik, S. 11, aus: „Hören und Lesen sind wie die Tätigkeiten des Dichtens auf ein Vor-Augen-Stellen ihres Gegenstandes, auf eine Gedankenimago, angewiesen. Beide Konnotationen gehen grundsätzlich auseinander hervor und werden in den poetischen Werken des Mittelalters in ihrem Wechselspiel zur Darstellung gebracht."

18 Wenzel, Spiegelungen, S. 189. Ähnlich Wandhoff, Ekphrasis, S. 27: „Den verbal stimulierten Bildern der Literatur kommt [...] prinzipiell die gleiche Relevanz zu wie den durch Malerei, Bildhauerei oder Webkunst verfertigen Bildern der visuellen Künste."

19 Hans Belting: Bild-Anthropologie. Entwürfe einer Bildwissenschaft. 4. Aufl. München 2011 (Bild und Text), S. 11.

20 Christoph Huber: Das Ende der Bilder. Artefakt und Bildtheologie im *Prosalancelot*. In: Interartifizialität. Die Diskussion der Künste in der mittelalterlichen Literatur. Hrsg. von Susanne Bürkle, Ursula Peters. Berlin 2009 (ZfdPh, Sonderheft. 128), S. 187–202, hier: S. 190. Dass alles Bild sein kann und damit vor allem jede Form der Wahrnehmung in der höfischen Kultur des Mittelalters letztendlich Bildwahrnehmung ist, betont auch Kathryn Starkey: Visual Culture and the German Middle Ages. In: Visual Culture and the German Middle Ages. Hrsg. von ders., Horst Wenzel. New York 2005 (The new Middle Ages Series), S. 1–12, hier: S. 3: „The reception of images, objects, and performance involved writing, reading, seeing, watching, visualizing, and imagining – processes that were not perceived as mutually exclusive but as intersecting and influencing one another as modes of visual perception. *Visual culture*, therefore, in the broadest sense, refers to images, objects, and performance and the process of visually perceiving them."

Alle Arten historischer Bildzeugnisse sind nach Haiko Wandhoff allein deshalb mit einem weiten Bildbegriff beschreibbar, weil dies auch im Mittelalter so reflektiert wurde:

> Er [der weite Bildbegriff, J. M.] schließt die Bilder der Sprache ebenso ein wie mentale Vorstellungsbilder, Traumbilder und Visionen, aber eben auch die Bildwerke der Bildhauer, Maler und Teppichweberinnen. [...] [D]as Mittelalter selbst hat diese in materieller und medialer Hinsicht recht unterschiedlichen Sachverhalte allesamt als „Bilder" bezeichnet. Mit den lateinischen Begriffen *imago* und *pictura* sowie ihren nationalsprachlichen Entsprechungen wurde in der Regel das metaphysische wie psychische, sprachliche wie gemalte oder gewirkte Bild gleichermaßen bezeichnet. Eine klare terminologische Abgrenzung unterschiedlicher Bildtypen war im Mittelalter offenbar weder notwendig noch erwünscht. Der deutschen Sprache kommt dabei sogar die Besonderheit zu, bis heute innerhalb der Bildbegriffe nicht einmal im Ansatz zwischen dem abstrakten, immateriellen Bild (*imago*) einerseits und dem konkreten, materiellen Bild (*pictura*) andererseits zu unterscheiden, wie es das Lateinische und die meisten europäischen Nationalsprachen zumindest prinzipiell tun. Das ahd. *bilide* sowie seine mhd. und nhd. Nachfahren *bilde* und *Bild* stehen differenzlos für jedwede materielle und mediale Form der Bildlichkeit ein.[21]

Die menschliche Wahrnehmung, für die alles bildlich ist, erklärt damit vermeintliche mediale Grenzen für nichtig,[22] weshalb Franziska Wenzel vorschlägt, „für den Vergleich von Sprachbildern und Illustrationen [...] von ‚anschaulichen Darstellungsformen' zu sprechen, unter deren Dach sich mentale Bilder, sprachliche und figurative Bilder vergleichen lassen."[23] Vor diesem Hintergrund ist es möglich, sämtliche ästheti-

---

21 Wandhoff, Einführung, S. 3. Im Rekurs auf Wandhoff ähnlich Hoffmann, Dimensionen, S. 3. Den umfassenden Bildbegriff der Dichter im Mittelalter stellt auch Starkey, Visual Culture, S. 3, am Beispiel Thomasîns von Zerclaere heraus. Außerdem betont Michael Camille: Before the Gaze. The Internal Senses and Late Medieval Practices of Seeing. In: Visuality Before and Beyond the Renaissance. Seeing as Others Saw. Hrsg. von Robert S. Nelson. Cambridge 2000, S. 197–223, hier: S. 216, für die empfundene Gleichartigkeit von Text- und Bildwahrnehmung im 14. Jahrhundert, „that our dichotomies of ‚text and image', ‚word and image', even our bifurcated semiotics, is based upon thinking that would have been alien to the fourteenth century, when seeing and reading were part of the same bodily operation, involving perception and cognition in the search for knowledge."

22 So etwa Camille, Before the Gaze, S. 216. Im Rekurs auf Belting fordert auch Horst Wenzel: Erzählende Bilder und bildhafte Literatur. Plädoyer für eine Text-Bildwissenschaft. In: Iconic Worlds. Neue Bilderwelten und Wissensräume. Hrsg. von Christa Maar, Hubert Burda. Köln 2006, S. 232–250, hier: S. 234, eine Auflösung der proklamierten Opposition von Text und Bild, sodass sie sich „nicht mehr als Gegensätze mit verschiedenen Funktionen begreifen [lassen]." Eine semiotische Vergleichbarkeit von Text und Bild stellt Manuwald, Medialer Dialog, S. 27, heraus.

23 Franziska Wenzel: Intermediale und intramediale Übertragung. Mittelalterliche Bezeichnungspraktiken in metaphorischer Rede und Illustration. In: Übertragung. Bedeutungspraxis und ‚Bildlichkeit' in Literatur und Kunst des Mittelalters. Hrsg. von ders., Pia Selmayr. Wiesbaden 2017 (Imagines Medii Aevi. 39), S. 1–21, hier: S. 14. So argumentieren auch Cora Dietl, Manuel Hoder und Christoph Schanze: Artusroman und Bildlichkeit. Eine Skizze zur Einführung. In: Artusroman und Bildlichkeit. Hrsg. von Cora Dietl, Christoph Schanze, Friedrich Wolfzettel. Berlin/Boston 2022 (SIA. 17), S. IX–XXVII, hier: S. XIX, dass mediale Grenzen insbesondere mit Blick auf bebilderte Codizes im Mittelalter nicht zielführend sein können.

sche Zeugnisse in Bezug auf ihre Wirkung auf den Rezipienten, der alle Medien auf die gleiche Weise wahrnimmt und zum Leben erweckt,[24] gemeinsam zu betrachten und unter wirkungsästhetischen Gesichtspunkten zu untersuchen.[25] Wenn mentale Bilder Ursprung und Endpunkt jedes ästhetischen Werks sind, ergibt sich also ein produktives Vergleichsmoment, in dem alle diese Bilder hinsichtlich ihrer kompositorischen Strategien parallel analysierbar werden, weil sie auf dieselbe kulturell etablierte Blickästhetik rekurrieren.[26] Aus der Handlung literarischer Texte extrahierte Bilder in der Imagination des Rezipienten[27] eröffnen damit Möglichkeiten, historische Bilder und Texte als gleichwertige Zeugnisse einer höfischen Rezeptionsgemeinschaft zu deuten – denn diese kulturellen Bilder „zeigen und erzeugen Denkprozesse, sind Darstellungs- und Denkformen zugleich."[28] Wenn sich in den Zeugnissen der höfischen Kultur das Denken und Wahrnehmen in bestimmten ästhetischen Formen nachvollziehen

24 Vgl. Belting, Bild-Anthropologie, S. 30.

25 Wirkung ist dabei nicht als subjektiver Effekt, der sich im individuellen Rezeptionsprozess einstellt, sondern als ‚allgemeine Wirkungsstruktur' im Sinn von Iser, Akt des Lesens, S. 66, zu verstehen, der für fiktionale Texte eine erkennbare Leserrolle annimmt, die zwar unterschiedlich realisiert werden, aber aufgrund ihrer konzeptionellen Anlage im Text zugleich objektiv analysiert werden kann, weil die Lenkung des Rezipienten im Text verankert ist, dazu auch ebd., S. 257.

26 Dass die Art, wie von Texten evozierte Bilder imaginativ umgesetzt werden, keineswegs individuell ist, sondern auf das kulturelle Gedächtnis rekurrieren kann, betont etwa Brosch, Literarische Lektüre, S. 104; zu kollektiven inneren Bildern auch Belting, Bild-Anthropologie, S. 21. Dass ein rezeptionsästhetischer Ansatz nach Iser für das Mittelalter nicht gänzlich übertragbar sei, weil das kollektive Rezipieren darin nicht ausreichend Berücksichtigung fände, überlegt Rebecca Tschümperlin: Weltentwürfe in Text und Bild. Erzählungen vom Anfang der Geschichte in illustrierten Handschriften der *Weltchroniken* Rudolfs von Ems, Jans' von Wien und des sächsischen Anonymus. Stuttgart 2021 (ZfdA, Beihefte. 35), S. 23, Anm. 47.

27 Imagination ist nach Alexander Lasch: „Eingreifendes Denken". Rezipientensteuerung aus pragmatischer Perspektive in Hartmanns von Aue *Erec*. In: Imagination und Deixis. Studien zur Wahrnehmung im Mittelalter. Hrsg. von Kathryn Starkey, Horst Wenzel. Stuttgart 2007, S. 13–32, hier: S. 13, als Einbildungskraft zu verstehen. Bei der Verwendung des Begriffs Imagination sollte aber die unterschiedliche Bewertung eines modernen und eines mittelalterlichen Verständnisses von Imagination reflektiert werden, die Jeffrey F. Hamburger: Seeing and Believing. The Suspicion of Sight and the Authentication of Vision in Late Medieval Art and Devotion. In: Imagination und Wirklichkeit. Zum Verhältnis von mentalen und realen Bildern in der Kunst der frühen Neuzeit. Hrsg. von Klaus Krüger, Alessandro Nova. Mainz 2000, S. 47–70, hier: S. 47, betont: „We tend to associate imagination with creativity, fantasy, and whimsy, in short with the personal, even the idiosyncratic. In medieval psychology, however, the imaginative faculty was an essential, even objective, instrument of memory, the storehouse of images that, in turn, enabled reason, speech, instruction and edification".

28 Strittmatter, Poetik, S. 12. Auch mit Howard Morphy: Art as Action, Art as Evidence. In: The Oxford Handbook of Material Culture Studies. Hrsg. von Dan Hicks, Mary C. Beaudry. Oxford 2010, S. 265–290, hier: S. 267, lässt sich dieses Vorgehen validieren: „[W]orks of art can be interrogated in their cultural contexts. Many artworks outlast the moment of their making and their maker and hence they are part of the durable record of human action."

lässt, sind diese Werke als Quellen zu sehen, in denen die Ästhetik der höfischen Kultur (be)greifbar wird.[29]

Solche Überlegungen zu einer höfischen Ästhetik können natürlich nicht über willkürliche Assoziationen erfolgen, die in der individuellen Vorstellungswelt eines konkreten Rezipienten evoziert werden, sondern nur über objektivierbare Strategien, die in der strukturellen Anlage der Zeugnisse selbst als Anhaltspunkte intendierter Imagination fixiert sind. Diese Anhaltspunkte weisen oft werkinterne, blicklenkende Kompositionen[30], aber auch visuelle Unbestimmtheiten auf, die mit wahrnehmungsäs-

---

29 Dies ist auch deshalb möglich, weil die Kunstschaffenden des Mittelalters keine autonomen Künstler und Schriftsteller sind, sondern auf Publikum und Mäzene angewiesen sind, weshalb angenommen werden kann, dass sie besonders Rücksicht auf gängige ästhetische Vorlieben und etablierte Geschmäcker ihrer Rezipienten genommen haben, so Wolfgang Kemp: Kunstwissenschaft und Rezeptionsästhetik. In: Der Betrachter ist im Bild. Kunstwissenschaft und Rezeptionsästhetik. Hrsg. von dems. Neuausg., erw. und bibliogr. auf den neuesten Stand gebracht. Berlin 1992 (Kunstgeschichte zur Einführung), S. 7–28, hier: S. 11.

30 Mit dem Fokus auf die Komposition, also auf die (räumliche) Anordnung blicklenkender Instanzen, ist es hier nicht nötig, die narratologische Kategorie der Fokalisierung einzubringen. Gert Hübner: Fokalisierung im höfischen Roman. In: Erzähltechnik und Erzählstrategien in der deutschen Literatur des Mittelalters. Hrsg. von Wolfgang Haubrichs, Eckart Conrad Lutz, Klaus Ridder. Berlin 2004 (Wolfram-Studien. 18), S. 127–150, hier: S. 144, wählt etwa die Binnenerzählung Kalogrenants, um die historisch angepasste Anwendbarkeit des Genetteschen Begriffs aufzuzeigen, und versteht die Episode dabei als bezeichnend für die „restriktive Informationspolitik" in Hartmanns *Iwein*, weil die Binnenerzählung „den Rezipienten als textexternen und den Protagonisten als textinternen Zuhörer mit demselben Vorwissen über die Welt versorgt". Damit konzentriert sich Hübners Zugang u. a. auf (verweigerte) Informationsvorsprünge. Obwohl dieser gewiss mit rezeptionsästhetischen Fragestellungen korreliert, sind Aspekte der Informationsvergabe genau wie affektive Sympathielenkung durch Figuren im Folgenden nicht von Bedeutung, weil Blicksteuerung hier als werkimmanente Strategie verstanden wird. Problematisiert hat Hübners Ansatz z. B. Matthias Däumer: Stimme im Raum und Bühne im Kopf. Über das performative Potenzial der höfischen Artusromane. Bielefeld 2013, S. 121–122, der der Ansicht ist, dass die Beantwortung der Genetteschen Leitfragen im rezeptionsästhetischen Kontext unterschiedlich ausfallen müssten, weil das Sehen und das Wahrnehmen sich nicht auf die werkinterne Instanz beschränken: „In der Welt der Fiktion *sieht* (*voir*) die Figur; entstehen kann diese Welt aber erst in der Imagination des Zuhörers, der die Sinneseindrücke der Figur über seinen Avatar *wahrnimmt* (*percevoir*). Die Fokalisierung ist so auf zwei Instanzen verteilt und lässt über das Auge der Figur ein ‚Bühnenbild' vor dem inneren Auge des Rezipienten entstehen." Ähnlich plädiert Christiane Witthöft: Schlüssel(loch)szenen. Von der Theatralität räumlicher Perspektiven in der Literatur des Mittelalters. (*Der arme Heinrich*, *Tristan*, *Melusine*). In: Imaginative Theatralität. Szenische Verfahren und kulturelle Potenziale in mittelalterlicher Dichtung, Kunst und Historiographie. Hrsg. von Manfred Kern. Heidelberg 2013 (Interdisziplinäre Beiträge zu Mittelalter und Früher Neuzeit. 1), S. 275–295, hier: S. 276–277, dafür, zum älteren Begriff des *point of view* zurückzukehren. Während Däumer und Witthöft sich darauf konzentrieren, narratologisch umzudenken, versucht diese Studie, ohne narratologisches Rüstzeug (in Form Genettscher Kategorien) auszukommen – vor allem, weil die hier untersuchte kompositorische Blicklenkung nicht ausschließlich von Figuren, sondern weiteren (z. B. räumlich gestaltenden) richtungslenkenden Strukturen ausgeht.

thetischen Kategorien fassbar werden.[31] Das bedeutet: Wenn literarisch gesteuerte Imagination als Bild verstanden wird, lassen sich in Texten vermittelte Formen der (Un-)Sichtbarkeit nicht nur mithilfe literarästhetischen Werkzeugs beschreiben, sondern zugleich aus kunstwissenschaftlicher Perspektive. Die transmediale Öffnung des Bildbegriffs ermöglicht es, höfische Bildzeugnisse, die solche Strategien visueller Blicklenkung aufzeigen, heranzuziehen, um anschließend vergleichbare Strategien in der imaginationslenkenden Gestaltung höfischer Literatur herauszustellen.[32] Obwohl eine Untersuchung rezeptionslenkender Blicksteuerungen in den Bild- und Textzeugnissen der höfischen Kultur mit zahlreichen unbekannten Komponenten agieren muss, lässt ihre Zusammenschau, so die grundlegende Annahme dieser Studie, damit eine Akzentuierung der distinkten Ästhetik einer adligen Elite zwischen 1200 und 1400 zu.[33]

---

31 Dabei geht es im Folgenden weniger um die Anschaulichkeit, die vor allem in Verbindung mit dem Begriff der *enargeia* diskutiert wurde (z. B. bei Singer, Intermediale Anschaulichkeit) und durch Verlebendigung affektintensiv auf den Rezipienten wirkt, sondern um visuelle Strategien, die sich losgelöst von emotionaler Wirkung in der Art der Blicksteuerung beobachten und mit kunstwissenschaftlicher Beschreibungssprache greifen lassen.

32 Ähnlich klingt die Aufforderung von Horst Wenzel: Repräsentation und schöner Schein am Hof und in der höfischen Literatur. In: Höfische Repräsentation. Das Zeremoniell und die Zeichen. Hrsg. von dems., Hedda Ragotzky. Tübingen 1990, S. 171–208, hier: S. 208: „Zu fragen wäre also nach der Repräsentation der Repräsentation, – nach poetischen Imaginationsstrategien als den Konstituenten einer literarischen Bilderwelt, die den Wirkungszusammenhang adligen Lebens überhöht und in dieser Funktion von der Literatur auch selbst schon reflektiert wird."

33 Nach Wenzel, Hören und Sehen, S. 25, sind Ästhetik und Repräsentation der Adligen unmittelbar verknüpft: „Höfische Ästhetik ist primär eine Ästhetik der Repräsentation, nicht isolierbar als ein Raum des schönen Scheins oder als ein Kunstraum *sui generis*. Herrschaftsrepräsentation durchdringt alle Bereiche, in denen sich höfisches Leben öffentlich manifestiert." Die höfische Gesellschaft muss allerdings in vielerlei Hinsicht ein Wissenschaftskonstrukt bleiben, weil „die höfisch-ritterliche Kultur als die erste Laienkultur des Mittelalters" (Josef Fleckenstein: Nachwort. Ergebnisse und Probleme. In: Curialitas. Studien zu Grundfragen der höfisch-ritterlichen Kultur. Hrsg. von dems., Göttingen 1990 (Veröffentlichungen des Max-Planck-Instituts für Geschichte. 100), S. 452–487, hier: S. 480) lediglich in den Dokumentationen des höfischen Fests tatsächlich historisch greifbar wird. Als „herausragende[.] Stätten sozialer Identitätsbildung" (Wandhoff, Der epische Blick, S. 40) dienen die Höfe als Zentren ästhetischer Produktion, mit der wiederum eine gesellschaftliche Abgrenzung und Machtansprüche demonstriert (ebd., S. 62) und die Kreationen des kulturellen Gedächtnisses adliger Gruppen gefördert werden (vgl. Birgit Franke: Die Januarminiatur der *Tres Riches Heures*. Die Sprache der Dinge in den Bildern und vor den Bildern. In: Die Bildlichkeit symbolischer Akte. Hrsg. von Barbara Stollberg-Rilinger, Thomas Weißbrich. Münster 2010 (Symbolische Kommunikation und Gesellschaftliche Wertesysteme. 28), S. 55–90, hier: S. 56; Morsch, Blickwendungen, S. 51). Die sich ausprägenden „Leitbilder des höfischen Ritters und seines weiblichen Pendants, der höfischen Dame" (Andreas Kraß: Geschriebene Kleider. Höfische Identität als literarisches Spiel. Tübingen, Basel 2006 (Bibliotheca Germanica. 50), S. 2) sind dabei von poetischen Entwürfen adliger Idealität überformt (Joachim Bumke: Höfische Kultur. Literatur und Gesellschaft im hohen Mittelalter. 12. Aufl. München 2008, S. 12–13; Rüdiger Schnell: Die ‚höfische' Liebe als ‚höfischer' Diskurs über die Liebe. In: Curialitas. Studien zu Grundfragen der höfisch-ritterlichen Kultur. Hrsg. von Josef Fleckenstein. Göttingen 1990 (Veröffentlichungen des Max-Planck-Instituts für Geschichte. 100), S. 231–301) und nur einem exklusiven Kreis von Rezipierenden zugänglich (vgl. Manfred G. Scholz: Hören und Lesen. Studien zur primären Rezep-

Im Prozess der Entstehung des höfischen Erzählens im 12. Jahrhundert[34] werden neue ästhetische Formen entwickelt, deren Blicklenkungsstrategien sich wahrscheinlich auch in der bildnerischen Umsetzung profaner Inhalte niederschlagen. Bei einer

tion der Literatur im 12. und 13. Jahrhundert. Wiesbaden 1980, S. 187). Wenn höfische Romane jedoch „wie poetische Handbücher der adligen Gesellschaftskultur wirken" (Bumke, Höfische Kultur, S. 18), geben sie, genau wie die adlige Sachkultur, in der der Adel seinen Status immer wieder neu visualisiert (vgl. Johanna Thali: Schauliteratur. Formen und Funktionen literarischer Kommunikation in Text und Bild. Zürich 2019 (Medienwandel – Medienwechsel – Medienwissen. 20), S. 56.), trotzdem unumstößliche Hinweise auf beliebte Stoffe, Topoi und Motive. Diese verweisen nach Bumke, Höfische Kultur, S. 25, nicht auf die „Wirklichkeit der materiellen Gegenstände oder der faktischen Vorgänge, sondern die Wirklichkeit der Vorstellungen, Erwartungen und Wünsche, die Wirklichkeit des gesellschaftlichen Bewußtseins und der kulturellen Normen." Diese Normen kulminieren im Begriff der *hövescheit*, dem „eine pädagogische, eine ästhetische und eine ethische Dimension" inhärent ist (Jöran Balks: Verhandlungen höfischer Identität. Intersektionale Deutungs- und Zuordnungsprozesse in Artusromanen um 1200: *Iwein – Lanzelet – Gwigalois*. Göttingen 2021 (Encomia Deutsch. 7), S. 10). Die wachsenden Höfe und ihre Ausdrucksformen beeinflussen zugleich das Selbstverständnis der adligen Elite wie C. Stephen Jaeger: Origins of Courtliness after 25 Years. In: The Haskins Society Journal 21 (2009), S. 187–216, hier: S. 190, ausführt: „A panoply of fashions was set in place; a new literature; new fashions in courtship, clothes, speech; an ethic of restrained and modest behavior was modeled in chivalric knights in literature. The self-conception of the nobility was transformed and heightened." Insbesondere die Literatur konstituiert und legitimiert dabei Idealbilder einer Adelsgesellschaft (Alissa Theiß: Höfische Textilien des Hochmittelalters. Der *Parzival* des Wolfram von Eschenbach. Stuttgart 2020 (ZfdA, Beihefte. 30), S. 22), sodass Beatrice Trînca: Parrieren und undersnîden. Wolframs Poetik des Heterogenen. Heidelberg 2008 (Frankfurter Beiträge zur Germanistik. 46), S. 101, für das Verhältnis zwischen Literatur und Realität folgert: „Die realen Elemente des adligen Lebens treten in den höfischen Erzählungen unter anderem auf, um die Handlungen realistisch oder für das Publikum nachvollziehbar erscheinen zu lassen. Das bedeutet aber, dass sie dafür literarisch instrumentalisiert werden. Da sie sich in einem literarischen Medium befinden, wird es außerdem möglich, dass der Autor sie auf bereits vorhandene literarische Muster bezieht, die ihre Bedeutung im Text beeinflussen. Es kann auch sein, dass ihnen der Kontext Bedeutungen zuschreibt, die vielleicht mit der Realität übereinstimmen, vielleicht auch nicht. In jedem Falle ist die Dichtung für diesen Prozess zuständig, was die betroffenen Elemente der Literatur inkorporiert, sie zu ihrem Eigentum macht. Die zuletzt erwähnte Art von (Neu-)Semantisierung kann jedoch sowohl reale als auch erfundene Komponenten der höfischen Kultur betreffen. Darüber hinaus und erneut ohne dass ihr Wirklichkeitsstatus eine Rolle spielt, können diese Elemente der höfischen Kultur die Gelegenheit für die Reflexion über eigene Dichtung bieten und die darin angewendeten Techniken." Darum ist es Trîncas Meinung nach möglich, von einem gewissen Wahrheitsgehalt der Texte auszugehen, dies.: Amor conspirator. Zur Ästhetik des Verborgenen in der höfischen Literatur. Göttingen 2019 (Aventiuren. 10), S. 51: „‚Höfische Literatur' bezeichnet die am Hofe oder im höfischen Umkreis – innerhalb einer elitären Gemeinschaft – entstandene weltliche und geistliche Literatur. Sie wurde – als Luxusprodukt – primär für den Adel verfasst und diente häufig – als Auftragsarbeit – Repräsentationszwecken. Weltliche Narrative kommunizieren primäre historische – zuweilen spielerisch in Frage gestellte oder auf die Textimmanenz beschränkte – Wahrheiten. Sie beteiligen sich an Normdiskussionen, formulieren Ideale und regen – indem sie Spannungen und Widersprüche offenlegen bzw. intellektuelle und emotionale Experimente vorführen – zu einer Reflexion an, die der Ordnung des *prodesse* angehört."

34 Vgl. Peter Strohschneider: Höfische Textgeschichten. Über Selbstentwürfe vormoderner Literatur. Heidelberg 2014 (GRM. 55), S. 3.

gemeinsamen Betrachtung von Bildern und Texten der höfischen Epoche kann es jedoch kein Ziel sein, die Bildlichkeit konkreter Texte zu reflektieren,[35] die Lesbarkeit der Bilder herauszustellen oder gar das von der Forschung wiederholt attestierte „ausgeprägte[.] Schau-Bedürfnis des mittelalterlichen Publikums“[36] sowie das „Bedürfnis dieser Welt nach [...] einer elitären Sichtbarkeit“[37] zu widerlegen.[38] Die Ähnlichkeit höfischer Bild- und Textzeugnisse, die sich in der „wesenhafte[n] Nähe der profan-erotischen Ikonographie zur weltlichen Dichtung“[39] und ihrem Bezug auf dieselbe „Vorstellungswelt“[40] widerspiegelt, erlaubt aber, den gemeinsamen Nenner beider Medien in den Vordergrund zu stellen: den höfischen Rezipienten,[41] der sie gleichermaßen als ästhetische Zeugnisse rezipiert, weil er darin Inhalte vermittelt findet, die auf die Werte, Vorlieben und Gewohnheiten der hochmittelalterlichen Adelsgesellschaft verweisen.[42] Von einer werkimmanenten Strategie rezeptionslenkender Blicksteuerung

---

35 Dies wurde für einige mittelhochdeutsche Texte bereits geleistet, z. B. von Elke Brüggen und Franz-Josef Holznagel: „Sehen“ und „Sichtbarkeit“ im *Nibelungenlied*. Zur Genese einer mediävistischen Fragestellung. In: Sehen und Sichtbarkeit in der Literatur des deutschen Mittelalters: XXI. Anglo-German Colloquium London 2009. Hrsg. von Ricarda Bauschke, Sebastian Coxon, Martin H. Jones. Berlin 2011, S. 78–99; oder von Hartmut Bleumer: Zwischen Wort und Bild. Narrativität und Visualität im *Trojanischen Krieg* Konrads von Würzburg. In: Zwischen Wort und Bild. Wahrnehmungen und Deutungen im Mittelalter. Hrsg. von dems., Hans-Werner Goetz, Steffen Patzold [u. a.]. Köln/Weimar/Wien 2010, S. 109–156.

36 Haiko Wandhoff: Bilder der Liebe – Bilder des Todes. Konrad Flecks *Flore*-Roman und die Kunstbeschreibungen in der höfischen Epik des deutschen Mittelalters. In: Die poetische Ekphrasis von Kunstwerken. Eine literarische Tradition der Großdichtung in Antike, Mittelalter und früher Neuzeit. Hrsg. von Christine Ratkowitsch. Wien 2006 (Sitzungsberichte/Österreichische Akademie der Wissenschaften, Philosophisch-Historische Klasse. 735), S. 55–76, hier: S. 57.

37 Wolfgang Haubrichs: Glanz und Glast. Vom inflationären Wortschatz der Sichtbarkeit. In: Sehen und Sichtbarkeit in der Literatur des deutschen Mittelalters: XXI. Anglo-German Colloquium London 2009. Hrsg. von Ricarda Bauschke, Sebastian Coxon, Martin H. Jones. Berlin 2011, S. 47–64, hier: S. 64.

38 Wie tief dieses in der höfischen Kultur verankert ist, stellt etwa Wenzel, Hören und Sehen, S. 32, heraus: „Höfisch-repräsentatives Verhalten ist primär angelegt auf Sichtbarkeit und verlangt eine intensive Schulung der optischen Wahrnehmung. Nicht das Ohr, wie viele geistliche Autoren und manche Theoretiker der *oral poetry* schlicht konstatieren, dominiert die höfische Kultur, sondern im Ensemble aller Sinne dominiert das Auge. Eine gleichmäßige Inanspruchnahme aller Sinne ist auch auf der vortechnischen Stufe ihrer kommunikativen Wirksamkeit gänzlich unwahrscheinlich. Der höfische Adel entwickelt eine hochkomplexe Semantik für die Differenzierung von Statusansprüchen, die sich vorrangig auf die optische Wahrnehmung stützt.“

39 Katharina A. Glanz: De arte honeste amandi. Studien zur Ikonographie der höfischen Liebe. Frankfurt am Main 2005 (Europäische Hochschulschriften. 414), S. 14.

40 Stefan Matter: Reden von der Minne. Untersuchungen zu Spielformen literarischer Bildung zwischen verbaler und visueller Vergegenwärtigung anhand von Minnereden und Minnebildern des deutschsprachigen Spätmittelalters. Tübingen 2013 (Bibliotheca Germanica. 59), S. 226.

41 Vergleichbar argumentiert Däumer, Stimme, S. 23, wenn er einen rezeptionsbezogenen Ansatz wählt, um „sich von teleologischen Tendenzen zu befreien und den Fokus auf die kleinste partizipierende Einheit einer Kultur zu lenken“.

42 Vgl. Althoff, Bilder, S. 34; Wenzel, Hören und Sehen, S. 10. Ähnlich auch Morsch, Blickwendungen, S. 20–21, im Rahmen seiner Untersuchung höfischer Wahrnehmungsräume. Allgemeiner betont Iser, ausgehend eint jede Form medialer Inszenierung die Tatsache, dass sie auf die Präferenzen des adligen Publikums reagiert.[43] Die hochmittelalterlichen Bilder, Texte und Artefakte der höfischen Kultur ermöglichen demnach eine Offenlegung spezifisch adliger Ästhetik.[44]

Die beiden einführenden Beispiele aus den Erzähltexten Hartmanns von Aue haben bereits angedeutet, dass in dieser Studie ein bestimmter Aspekt der höfischen Ästhetik betrachtet werden soll: In hochmittelalterlichen Überlieferungsträgern lässt sich, wie im Folgenden zu zeigen sein wird, eine anscheinend bewusst gewählte Inszenierung der Partizipation an der dargestellten Welt anhand spezifischer Blicklen-

---

Akt des Lesens, S. 52, dass die „Rezeptionsgeschichte die Urteilsnormen der Leser auf[deckt] und [...] damit zum Anhaltspunkt für eine Geschmacks- und Sozialgeschichte des lesenden Publikums [wird]", wenngleich sich die Rekonstruktion der Rezeption für die vormodernde Zeit als problematisch erweist. Dennoch deutet die Textstruktur darauf, „daß jeder literarische Text eine von seinem Autor entworfene perspektivische Hinsicht auf die Welt darstellt" (ebd., S. 61) und deshalb „eine Welt aus dem Material dessen [konstituiert], was ihm vorliegt". Um diese Welt zu rekonstruieren, helfen die überlieferten Bildzeugnisse weiter, denn nach Glanz, De arte honeste amandi, S. 435, waren insbesondere Minnebilder Teil höfischer Repräsentationskunst und „dienten einer elitären Gesellschaftsschicht zum Zweck des Imagegewinns, der stilisierten Überhöhung der eigenen Identität sowie der Zurschaustellung von persönlichem Luxus und adligem Anspruch." So folgert auch Theiß, Höfische Textilien, S. 24, für das Verhältnis zwischen vormoderner Literatur und materieller Kultur: „Sie [die vormoderne Literatur, J. M.] war stets Medium zur Vergegenwärtigung der Superiorität der Auftraggeber und der Rezipienten. Der materiellen Kultur kam dabei eine Trägerfunktion zu. Sie bildete höfische Tugenden ab und versinnbildlichte sie. Ihre Aufgabe war, die idealisierte Welt der höfischen Kultur vor dem inneren Auge entstehen und sie damit sicht- und greifbar werden zu lassen. Diese Funktion nahmen die materiellen Objekte aber nicht nur als Vorstellungsbilder innerhalb der Literatur, sondern auch als real existierende Dinge ein."

43 Dass die höfische Gesellschaft ästhetische Zeugnisse unter den gleichen Voraussetzungen wahrnimmt, lässt sich damit rekonstruieren, dass die Präferenz für allegorisches und symbolisches Verhüllen in allen Medien nachweisbar ist, so Robert Guiette: Forme et Senefiance. Études médiévales. Hrsg. von Herman Braet, Jean Dufournet, Marcel De Grève. Genf 1978 (Publications romanes et françaises. 148), S. 35. Natürlich versucht diese Studie nicht dem „naïve and quixotic enterprise" (Jaeger, Origins, S. 188) zu verfallen, daraus realhistorische Bedingungen abzuleiten – sondern sie möchte ästhetische Strategien ausfindig machen, die aufgrund der Tatsache, dass sie in zahlreichen Text- und Bildzeugnissen auftreten, auf die Präferenzen eines Publikums schließen lassen, das solche Vermittlungsformen wahrscheinlich goutierte.

44 Mit Iser, Akt des Lesens, S. 38, ist Ästhetik als zweiter essenzieller Aspekt eines Kunstwerks zu verstehen: Er ist der Ansicht, dass „das literarische Werk [...] zwei Pole [besitzt], die man den künstlerischen und den ästhetischen Pol nennen könnte, wobei der künstlerische den vom Autor geschaffenen Text und der ästhetische die vom Leser geleistete Konkretisation bezeichnet." Zwar stellt die nicht rekonstruierbare zeitgenössische Rezeption eine Herausforderung für die Untersuchung dieses ästhetischen Pols dar, aber weil die Konkretisation nicht unabhängig von werkimmanenten Dispositionen erfolgen kann, kann sie aus den Werken heraus (zumindest partiell) nachvollzogen werden. So formuliert auch Eco, Das offene Kunstwerk, S. 58, dass theoretische Beobachtungen zur Ästhetik der Offenheit „anwendbar auf jedes Kunstphänomen, auf Werke aus allen Zeiten" sind.

kungsstrategien herausstellen,[45] die werkintern auf visuelle Widerstände stößt. In der profanen Bildkunst der höfischen Epoche werden Einblicke oft nur durch Rahmungen und andere Hindernisse gestattet oder Beobachtungsinstanzen integriert, die ein eingeschränktes Betrachten heimlicher Interaktionen ermöglichen. Insbesondere jene bildnerischen Artefakte, in denen Facetten der höfischen Minne dargestellt werden, lassen vermuten, dass Darstellungen, die dem Rezipientenblick nicht einfach ungehindertes Eindringen erlauben, besondere Faszination auslösen: Der Blick wird in solchen Bildern durch blicksteuernde Verengungen und Rahmungen ‚sogartig' in Innenräume geleitet oder es wird mithilfe steuernder Identifikationsfiguren eine Blickrichtung vorgegeben. Die Bildnisse offenbaren damit die intendierte Integration von Sichtblockaden, die den Blick des Rezipienten hineinlenken und zugleich außen vor halten. Die profanen Elfenbeinpreziosen des frühen 14. Jahrhunderts, die überwiegend in Paris gefertigt wurden,[46] präsentieren in ihrem Repertoire etablierter Minneszenen dabei besonders eindrücklich, wie solche Blicklenkungen umgesetzt werden können und werden darum im Folgenden herangezogen, um drei spezifische Strategien der Blicklenkung herauszustellen.

2 Vorhänge, Voyeure und Schinkenklopfer: Drei Stufen eingeschränkter Sichtbarkeit

Das erste Beispiel verdeutlicht die Relevanz von räumlich begrenzender Stofflichkeit für die Lenkung des Rezipientenblicks: Ein ca. 1310–1310 in Paris gefertigtes Elfenbeinkästchen in New York zeigt in anthologischer Zusammenstellung diverse literarische Versatzstücke und Minnetopoi.[47] Auf der Frontseite des Kästchens öffnet sich links bühnenartig der Blick in ein Studierzimmer, in dem Aristoteles und sein Schüler Alexander der Große zu sehen sind (Abb. 1). Dem Betrachter wird deutlich gemacht, dass

45 Dass Visualisierung, „der textuell evozierte, imaginative Vorstellungsprozess", Teil der rezeptionsseitigen Partizipation ist, stellt Brosch, Literarische Lektüre, S. 105, heraus.

46 Françoise Duchastelle: La Châtelaine de Vergy: Un Poème Sculpté dans l'Ivoire. In: Mémoires de l'Académie nationale de Metz XXII (2009), S. 249–264, hier: S. 251; Sarah M. Guérin: Meaningful Spectacles: Gothic Ivories Staging the Divine. In: The Art Bulletin 95,1 (2013), S. 53–77, hier: S. 70; Elizabeth Sears: Ivory and Ivory Workers in Medieval Paris. In: Images in Ivory. Precious Objects of the Gothic Age. Hrsg. von Peter Barnet. Princeton 1997, S. 18–37; Paula Mae Shoppe: Reading Romances: The Production and Reception of French Gothic Ivories in the Context of Late Medieval Literary Practices. Diss. University of Illinois at Urbana-Champaign 2000, S. 18–19.

47 Michael Curschmann: Wort – Schrift – Bild. Zum Verhältnis von volkssprachlichem Schrifttum und bildender Kunst vom 12. bis zum 16. Jahrhundert. In: Mittelalter und frühe Neuzeit. Übergänge, Umbrüche und Neuansätze. Hrsg. von Walter Haug. Tübingen 1999 (Fortuna Vitrea. 16), S. 378–470, hier: S. 413.

er die beiden Figuren von außen beobachtet,[48] denn mithilfe eines Vorhangs wird die Grenze zwischen Bildinnenraum und Bildaußenraum markiert.

Abb. 1: Elfenbeinkästchen (Front), französisch. New York, The Metropolitan Museum. 10,9 x 25,3 x 15,9 cm, entstanden ca. 1310–1330.

Der Rezipient des Kästchens ist ein externer Zuschauer, für den ein intimer Raum geöffnet wird: Die vierte Wand[49] des dargestellten Innenraums fehlt, der Vorhang aber

48 Beobachtungen sind außerdem in nahezu allen Szenen des Kästchens präsent: Die Damen auf der Tribüne beobachten die Ritter beim Turnier, die Damen auf den Zinnen der Minneburg beobachten die eindringenden Ritter, Alexander beobachtet Aristoteles und Phyllis, Thisbe den Löwen, Marke belauscht Tristan und Isolde, und die Damen auf der Rückseite fungieren als aufmerksames Publikum für die Abenteuer Gaweins und Lancelots.

49 Die Rede von der ‚vierten Wand', die nach Klaas Tindemans: The Fourth Wall, or the Rift Between Citizen and Government. Another Attempt at a Conceptual Synthesis of Theatre and Politics. In: Bastard or playmate? Adapting theatre, mutating media and the contemporary performing arts. Hrsg. von Robrecht Vanderbeeken. Amsterdam 2012 (Theater Topics), S. 31–42, hier: S. 31, auf die Theatertheorie von Denis Diderot zurückgeht, hat sich als Begriff vor allem in der Theater- und Filmwissenschaft etabliert. Die vierte Wand ist dabei als eine imaginäre Wand zu verstehen, die sich zwischen den Schauspielenden und dem Publikum befindet: Das Publikum kann zusehen, jedoch nicht interagieren. Die Forschung nutzt den Terminus der vierten Wand gerne dort, wo sie durchbrochen wird – also dort, wo die in Film und Theater präsentierte Illusion (etwa durch Interaktion mit dem Publikum) unterbrochen wird und sie damit seine eigene ‚Gemachtheit' offenlegt (vgl. z. B. Beiträge wie William Paul: Breaking the Fourth Wall: ‚Belascoism', Modernism, and a 3-D *Kiss Me Kate*. In: Film History 16,3 (2004), S. 229–242). Weil die Darstellung des Studierzimmers ähnlich funktioniert wie eine Guckkastenbühne, in der die imaginäre Wand zur dargestellten Welt durch den Vorhang markiert wird, kann der Begriff auf die hier vorliegende mittelalterliche Inszenierung des Einblicks in einen Innenraum übertragen werden. So nutzen etwa auch die Kurator*innen des British Museum diesen Ausdruck, um die Erzähltechnik eines Elfenbeinkästchens zu beschreiben, das die – in Kapitel 2.2.2 untersuchte – Novelle der *Kastellanin von Vergi* darstellt: „A medieval casket that breaks the fourth wall": https://www.youtube.com/watch?v=E-AvNeTygHQ&t=85s [Zugriff: 02.07.2024]. Implizit scheint diese Überlemacht die visuell überwundene Raumschwelle sichtbar.[50] Die materielle Beschaffenheit der textilen Verhüllungsinstanz suggeriert im Gegensatz zur Abgrenzung durch befestigte Mauern, dass sie eine leicht durchdringbare Hülle ist, die mit geringem Aufwand beiseitegeschoben werden kann. Die rahmenden Vorhänge zahlreicher Innenraumdarstellungen auf profanen Elfenbeinbildnissen zeigen, dass Verhüllungen und textile Barrieren intime Räume abgrenzen und dennoch immer Einblicke gewähren. Die stoffliche Begrenzung wird in den Bildern zum Thema gemacht, indem sie eine Rahmung kreiert und damit den Blick des Rezipienten gezielt in Räume hineinleitet. Diese Inszenierung verhüllend-enthüllender Textilien soll als Ausgangspunkt dienen, um nach analogen Strukturen in der höfischen Literatur zu suchen.

Abb. 2: Spiegelkapsel aus Elfenbein, französisch. Baltimore, The Walters Art Museum. 9,4 x 9 x 0,4 cm, entstanden ca. 1340–1360.

Die nächsten Beispiele demonstrieren, wie Voyeurfiguren den Blick des werkexternen Beobachters in intime Szenen zwischen Liebenden hineinlenken können: Eine Spiegelkapsel im Walters Art Museum in Baltimore präsentiert als eine von drei Szenen ein spielendes Liebespaar,[51] das beim Spiel von einer dritten Figur observiert wird

gung zudem im Bühnen-Begriff, den Cornelia Logemann: Doppelte Evidenz? Allegorische Tableaus in Text und Bild. In: Jenseits der Dichotomie von Text und Bild. Verfahren der Veranschaulichung und Verlebendigung in Mittelalter und Früher Neuzeit. Hrsg. von Franziska Wenzel. Wiesbaden 2021 (Imagines Medii Aevi. 54), S. 223–239, hier: S. 234–236, bei der Beschreibung von Schauöffnungen in Text und Bild nutzt, zu stecken.

50 Der Blick des Rezipienten kann mediale Grenzen überwinden, wie Morsch, Blickwendungen, S. 272, suggeriert: „Die Faszination des literarischen Blicks liegt zweifellos auch darin [...], dass er Grenzen zu überschreiten vermag".

51 Zum Schachspiel als typische Darstellung einer Minneszene vgl. S. 102–107 in dieser Studie.

(Abb. 2). In der Mitte des Paars ist ein Tisch zu sehen; auf der linken Seite dieses Tischs sitzt ein junger Mann mit überschlagenen Beinen. In seiner linken Hand scheint er Spielsteine zu halten, mit seiner rechten greift er über den Tisch und berührt damit fast die rechte Hand der Dame, die ihm auf der anderen Seite des Tischs mit langem Gewand und hochgestecktem Haar gegenübersitzt.

Der Tisch, auf dem weitere Spielsteine liegen, befindet sich vor einem Baum, hinter dem die dritte Figur erscheint, von der aber lediglich der Oberkörper sichtbar ist, der wiederum durch den Baumstamm verdeckt wird, sodass hauptsächlich die linke Schulter und der Kopf hervortreten. Durch die Kopfbedeckung von den Spielenden unterschieden, greift der Beobachter mit der linken Hand an den Baumstamm, mit der rechten hält er sich an einem großen Ast fest, sodass auch diese Handhaltung deutlich macht, dass er nicht Teil der Spielpartie ist, sondern das Paar von seinem Versteck hinter dem Baum bespitzelt. Dass die Darstellung solcher – von Unbeteiligten heimlich observierter – Liebespaare nicht unüblich ist,[52] verdeutlicht ein wahrscheinlich französischer Wachstafelbuchdeckel aus dem späten 14. Jahrhundert in London, auf dem ein Liebespaar von einem ‚Wilden Mann' und einer ‚Wilden Frau' beobachtet wird (Abb. 3). Während das höfische Paar einander zugewandt gezeigt wird, verbergen sich die Wildleute hinter einem Baum, der ihren Bildbereich von dem des Paars trennt.[53]

---

52 Ein Set aus zwei Elfenbeintafeln, das 1997 von Richard H. Randall inventarisiert und auf das 14. Jahrhundert datierte wurde, zeigt ein besonders eindrückliches Bild eines Liebespaars, das von einer dritten Figur beobachtet wird: Die Liebenden sind einander zugewandt, der Griff ans Kinn zeigt eine gebräuchliche Geste erotischer Zuneigung (vgl. Michael Camille: The Medieval Art of Love. Objects and Subjects of Desire. London 1998, S. 40; Klaus Ridder: Schlüsselszenarien: Scham und Schamlosigkeit im *Prosa-Lancelot*. In: Scham und Schamlosigkeit. Grenzverletzungen in Literatur und Kultur der Vormoderne. Hrsg. von Katja Gvozdeva, Hans Rudolf Velten. Berlin/Boston 2011 (TMP. 21), S. 194–222, hier: S. 203; Leo Steinberg: The Sexuality of Christ in Renaissance Art and in Modern Oblivion. New York 1983, S. 1–3). Der Raum, in dem sich das Paar befindet, ist durch den Querschnitt einer architektonischen Struktur getrennt, durch die ein Tor oder Fenster zu führen scheint und dem Innenraum damit die Wirkung einer Bühne verleiht (Glanz, De arte honeste amandi, S. 119). Durch diese Öffnung beugt sich eine dritte Figur, die aufgrund des Gehstocks, der sich vor die Mauer schiebt, und des langen Gewandes mit Kapuze vielleicht als Greis zu deuten ist. Zwar ist das Gesicht der Figur fast völlig von der Mauer verborgen, doch unmissverständlich scheint, dass hier intime (Ein-)Blicke thematisiert werden, die womöglich gegen den Willen des Paars erfolgen, das den Beobachter vor der Wand nicht zu bemerken scheint. Der heutige Aufbewahrungsort des Tafelsets mit passender Lederhülle ist allerdings unbekannt, vgl. http://www.gothicivories.courtauld.ac.uk/images/ivory/248a1aa7_6e71dcf1.html [Zugriff: 02.07.2024]; der Abbildungsnachweis bei Glanz (ebd.) deutet daraufhin, dass es Teil der privaten Ernst Boehlen Collection ist, die allerdings nur noch über die Erwähnung von Auktionshäusern aufzufinden ist.

53 Dass ausgerechnet Wildleute das höfische Liebespaar beobachten, lässt sich nach Georg Ulrich Großmann: Wilde Leute im Wandel der Zeiten. In: Monster. Fantastische Bilderwelten zwischen Grauen und Komik. Hrsg. von Peggy Große, dems., Johannes Pommeranz. Nürnberg 2015 (Ausstellungskataloge des Germanischen Nationalmuseums), S. 204–220, hier: S. 205, mit animalischer Erotik begründen: „Sie [die Wilden Leute, J. M.] besitzen, wilden Tieren ähnlich, einen starken Sexualtrieb". Zum

Abb. 3: Schreibtafel aus Elfenbein, französisch. London, The British Museum. 8,7 x 4,8 x 0,5 cm, entstanden im späten 14. Jahrhundert. © The Trustees of the British Museum

Topos des beobachteten Stelldicheins unter einem Baum Gerd Dicke: Das belauschte Stelldichein: eine Stoffgeschichte. In: Der *Tristan* Gottfrieds von Strassburg. Symposion Santiago de Compostela, 5. bis 8. April 2000. Hrsg. von Christoph Huber, Victor Millet. Tübingen 2002, S. 199–220.

Die Wildleute verschmelzen nahezu mit der Struktur des Baums, sodass das höfische Liebespaar sich unter seinem schützenden Laub offenbar ungestört wähnt und der Mann seine Hand unter das Gewand der Dame schiebt. Etliche weitere Bilder könnten als Beleg für die Omnipräsenz diverser Voyeurfiguren in mittelalterlichen Bildzeugnissen herangezogen werden[54] – genau wie es in der Literatur zahlreiche heimliche Eindringlinge und Beobachterfiguren gibt.[55] Durch schauende dritte Figuren werden Fensterrahmen, Löcher in Wänden und geöffnete Vorhänge mit figurengelenktem Wahrnehmen ergänzt. Die Integration werkinterner Beobachterfiguren ermöglicht den Rezipierenden mithilfe dieses ästhetischen Identifikationsangebots eine visuelle Teilhabe an intimen Handlungen, wobei der vollständige Einblick dennoch meist verwehrt wird.

Das letzte Beispiel der Elfenbeinkleinkunst verdeutlicht, wie anregend es wohl empfunden wurde, temporär nichts zu sehen: Die bildnerischen Umsetzungen des sogenannten Schinkenklopfens präsentieren den vergnüglichen Reiz, der verbundenen Augen beigemessen werden kann. Bei diesem höfischen Gesellschaftsspiel darf eine Person nichts sehen, während einer der Umstehenden ihr einen Klaps auf das Hinterteil gibt. Die Aufgabe des ‚Blinden' besteht darin, zu erraten, von wem der Klopfer ausging.[56] In der Darstellung wird die zeitweilig blinde Figur nicht mit einer Augenbinde gestaltet, sondern mithilfe des Kleides einer sitzenden Dame, in deren Schoß der Kopf

---

54 Die Beliebtheit solcher Szenen zeigt etwa die epochenübergreifende Faszination mit der nackten Schönheit im Bad: Susanna oder Bathseba, die beide heimlich von Männern beobachtet werden (dazu etwa Nicole Roth: Der verbotene Blick in der christlichen Kunst. In: Der verbotene Blick auf die Nacktheit. Diana und Actaeon. Hrsg. von Beat Wismer, Sandra Badelt. Ostfildern/Düsseldorf 2008, S. 96–98), deuten darauf, dass sie sogar „als biblische Urszenen des Voyeurismus" (Ulrich Stadler: Schaulust und Voyeurismus. Ein Abgrenzungsversuch. Mit einer Skizze zur Geschichte des verpönten Blicks in Literatur und Kunst. In: Schaulust. Heimliche und verpönte Blicke in Literatur und Kunst. Hrsg. von dems., Karl Wagner. Paderborn 2005, S. 9–37, hier: S. 15.) bewertet werden können. Berühmte Paare wie Diana und Actaeon aber demonstrieren, dass der Reiz dieser Darstellungen wahrscheinlich nicht nur in der Nacktheit der Frauen liegt, sondern darin, dass sie bei intimen Tätigkeiten mit einem ‚verbotenen Blick' (Bettina Baumgärtel: „Erzähle, du habest mich gesehen…" Wege zur Erkenntnis. Nymphen, Diana und Actaeon zwischen Keuschheit und Blickbegierde. In: Der verbotene Blick auf die Nacktheit. Diana und Actaeon. Hrsg. von Beat Wismer, Sandra Badelt. Ostfildern/Düsseldorf 2008, S. 30–37, hier: S. 31) heimlich observiert werden.

55 Weitere Textbeispiele, die im Rahmen dieser Studie nicht berücksichtigt werden können, listet Mirna Kjorveziroska: Im Naturraum. Poetologische Untersuchungen über mittelhochdeutsche Erzähltexte 1270–1320. Heidelberg 2022 (Studien zur historischen Poetik. 33), S. 114, auf. Die wohl bekannteste literarische Voyeurfigur des Mittelalters ist König Marke, der dem illegitimen Liebespaar Tristan und Isolde, seinem Neffen und seiner Ehefrau, wiederholt auflauert und es heimlich observiert. Die berühmte Baumgartenszene stellt nicht nur in Gottfrieds von Straßburg *Tristan* einen Höhepunkt der Minnehandlung dar, sondern die profane Kleinkunst hat diese Szene immer wieder in diverse Minnedarstellungen eingebunden, vgl. dazu S. 209 f. sowie Abb. 22 und Abb. 23.

56 Camille, Medieval Art of Love, S. 125; Markus Müller: Minnebilder. Französische Minnedarstellungen des 13. und 14. Jahrhunderts. Köln 1996 (Pictura et poesis. 7), S. 126.

Abb. 4: Schreibtafel aus Elfenbein, französisch. London, The British Museum. 8,4 x 5,1 x 0,4, entstanden im 14. Jahrhundert. © The Trustees of the British Museum

des Ratenden liegt. Die höfische Gesellschaft kultivierte anscheinend eine Begeisterung für diesen spielerischen Zeitvertreib, der maßgeblich über ein intendiertes und öffentlich inszeniertes Nicht-Sehen funktioniert.[57]

Im womöglich festlichen Kontext einer höfischen Gesellschaft sind auf einer Londoner Tafel sieben Figuren unterschiedlichen Geschlechts und Alters zu sehen, die sich beim Spiel amüsieren (Abb. 4). Die Darstellung dieses augenscheinlich populären Spiels in der profanen Kunst zeigt,[58] dass dem Nicht-Sehen gleichzeitig das (unmögliche) Verlangen nach Sichtbarkeit inhärent ist: Wenn Unsichtbarkeit, Blindheit oder Dunkelheit dominieren, werden zeitgleich taktile oder auditive Informationen zur Wahrnehmung benötigt, die dann als Mittel der Erkenntnis fungieren. Beim Schinkenklopfen lenkt temporäre Blindheit den Fokus auf andere Sinne, was in den Bildern nachweisbar als attraktives Vergnügen empfunden wurde wie auch das Elfenbeinkäst-

---

57 Das Spiel machte Annährungsversuche möglich, weil die Absichten eines Werbenden durch die Spielsituation verhüllt wurden, so Müller, Minnebilder, S. 126. Die Obszönität, die mit dem Kriechen unter das Kleid einer Frau einhergeht, trug wahrscheinlich zur Beliebtheit der Darstellungen dieses Spiels im Kontext andeutungsreicher Minnebilder bei. (Dass Laszivität ein Publikumsmagnet ist, vermutet auch Wolfgang Obst: Der *Partonopier*-Roman Konrads von Würzburg und seine französische Vorlage. Diss. Würzburg 1976, S. 141.) Unterschiedliche Versionen des Spiels, das meist unter *jeu de haute coquille* oder *game of hot cockles* geführt wird, sind umfassend nachweisbar, vgl. Richard H. Randall: Frog in the Middle. In: The Metropolitan Museum of Art Bulletin 16,10 (1958), S. 269–275, hier: S. 270. Vergleichbar funktionieren das *jeu de la main chaude*, in dem lediglich die Hand, die vom Spielenden in der Mitte hinter dem Rücken gehalten wird, einen Klaps bekommt, und sogar das noch heute beliebte Kinderspiel *Blinde Kuh*.

58 Ähnlich wie auf der Londoner Tafel ist die Szene etwa auf den Tafeln in Lyon (im Musée des Beaux-Arts unter der Inventarnummer D 716, vgl. https://collections.mba-lyon.fr/r/094ba29a-8a0c-4b92-9cb6-3060320fe0ed [Zugriff: 02.07.2024]) und Paris (im Louvre unter der Inventarnummer OA 2762, vgl. https://collections.louvre.fr/en/ark:/53355/cl010098243 [Zugriff: 02.07.2024]) sowie auf Elfenbeinkästchen gestaltet: Etwa auf der Frontseite eines Kästchens, das aus umgearbeiteten Schreibtafeln besteht, in Ravenna (Koechlin 1171–1172 im Museo Nazionale di Ravenna, vgl. http://gothicivories.courtauld.ac.uk/images/ivory/3E9A465A_a290c497.html [Zugriff: 02.07.2024]) und auf der Rückseite eines *Tristan*-Kästchen in Sankt Petersburg (in der Eremitage, vgl. http://gothicivories.courtauld.ac.uk/images/ivory/ee1cfbff_cc1db488.html [Zugriff: 02.07.2024]), zu diesem Henrike Manuwald: Carving the *Folie Tristan*: Ivory Caskets as Material Evidence of Textual History. In: Medieval Romance and Material Culture. Hrsg. von Nicholas Perkins. Cambridge 2015 (Studies in Medieval Romance), S. 215–231, hier: S. 226. Das Schinkenklopfen findet sich außerdem auf einem Kamm aus dem 15. Jahrhundert in Neapel (Museo Duca di Martina, vgl., http://gothicivories.courtauld.ac.uk/images/ivory/766F261D_b5f20e14.html [Zugriff: 02.07.2024]) und es ist auf dem sogenannten *Spieleteppich* im Germanischen Nationalmuseum in Nürnberg (Gew668) zu sehen, dazu Gabriele Bartz: Mit Ovid durch das Reich der Venus im Mittelalter. In: Liebesfreuden im Mittelalter. Kulturgeschichte der Erotik und Sexualität in Bildern und Dokumenten. Hrsg. von ders., Alfred Karnein, Claudio Lange. München 2001, S. 15–80, hier: S. 21. Nach Randall, Frog in the Middle, S. 270, weisen zudem zahlreiche Handschriftenminiaturen Darstellungen dieses Spiels auf.

chen-Fragment im Princeton Art Museum zeigt, bei dem das Schinkenklopfen in weitere höfische Spiele- und Minneszenen integriert ist (Abb. 5).[59]

Abb. 5: Fragment eines Elfenbeinkästchens, französisch. Princeton, Princeton University Art Museum. 10,5 x 25 x 0,7 cm, entstanden ca. 1340–1360.

Wenngleich sich diese Form der Sichtblockade nicht unmittelbar als literarästhetische Strategie übertragen lässt, so sensibilisiert sie dennoch dafür, nach ästhetisch vergleichbaren Inszenierungen blockierter Sichtbarkeit zu suchen. In der Literatur fungieren etwa deskriptive Leerstellen als verwandte Möglichkeit, die die Sicht des Rezipienten kurzzeitig – wie mit einer Augenbinde – versperren und womöglich dabei andere Formen der (sensorischen) Wahrnehmung in den Vordergrund rücken lassen. Mithilfe textinterner Unbestimmtheitsstellen, die sich zuweilen sogar als totale Sichtblockaden offenbaren, könnte vielleicht auch in Texten eine Fokussierung auf eine alternativ-sinnliche, aber trotzdem nicht weniger auf Partizipation angelegte Erfahrung des Dargestellten belegt werden.

---

59 Dieser Aspekt zeigt nochmals, warum es wichtig ist, die Bildzeugnisse miteinzubeziehen. Keller, Blinded Avengers, S. 252, gelangt etwa zu dem Schluss, dass von Literatur gelenkte Imagination die Option für mittelalterliche Rezipienten gewesen sei, der geordneten, auf Sichtbarkeit fokussierten Welt zu entkommen. Dieser Eskapismus bestünde im Vergnügen, das dabei ausgelöst würde, wenn sie zuschauten, wie Figuren auf der Handlungsebene sehend-blind in die Irre geführt würden. Tatsächlich aber demonstrieren das Spiel mit dem Schinkenklopfen und dessen bildliche Darstellungen, dass temporäres Nicht-Sehen und intendierte Orientierungslosigkeit als vergnügliche, gesellschaftskompatible Aktivitäten verstanden wurden, die durchaus in den (vermeintlich geordneten) Alltag integriert werden konnten. Dass ganz allemein Bilder „pleasure" vermitteln, betont z. B. Irit Rogoff: Studying Visual Culture. [Nachdruck 1998]. In: Bildwissenschaft und Visual Culture. Hrsg. von Marius Rimmele, Klaus Sachs-Hombach, Bernd Stiegler. Bielefeld 2014 (Basis-Skripte. Reader Kulturwissenschaften. 4), S. 155–169, hier: S. 156.

Mithilfe der vorgestellten Bilder auf den kostbaren Elfenbeinpreziosen, die Gestaltungsweisen eingeschränkter Sichtbarkeit aufzeigen, kann nun also ein Schritt zurück zur höfischen Literatur gemacht werden. Denn aus den erfolgten Betrachtungen der Inszenierung von Halb-Sehen und Nicht-Sehen in der höfischen Elfenbeinkleinkunst, die in Bezug auf Attribute, Figurenkonstellationen und Kompositionen Ähnlichkeiten mit der höfischen Literatur aufweist, ergeben sich die übergeordneten Untersuchungskategorien dieser Arbeit. Alle vorgestellten Bildbeispiele offenbaren die Faszination eingeschränkter Sichtbarkeit: Mal geht es um eine geheime oder intime Handlung, die nicht gesehen werden darf, dann aber doch beobachtet wird; mal um unbemerkten Voyeurismus; mal um vollständige Blindheit, die den Gebrauch anderer Sinne nötig macht. Genauso präsentieren Texte nicht immer gänzlich einsehbare Schaubühnen, sondern häufig ‚Gucklöcher',[60] die an die partielle Einsehbarkeit der Räume in den Bildzeugnissen erinnern: Eben diese spezifische Fokussierung des Rezipientenblicks steht im Zentrum der vorliegenden Studie. Transmediale Ähnlichkeiten der Blicklenkung, ihre Inszenierung und Funktionalisierung erlauben dazu eine Zusammenstellung unterschiedlicher literarischer Genres und Artefakte, die den gemeinsamen Nenner der Rezeption im höfischen Kontext aufweisen.[61] Jene höfische Bli-

---

60 Mit noch ausgeprägterem Theatervokabular untersucht Witthöft, Schlüssel(loch)szenen, ausgewählte Erzähltexte des hohen und späten Mittelalters, wobei sie szenisch gestaltete Einblicke als Schlüssellochperspektiven versteht und Schlüssellöcher als Bühneninszenierungen für sie sogar als Kulissen fungieren können.

61 Gewiss kann hier nicht außer Acht gelassen werden, dass es sich bei den angeführten Beispielen um französische Artefakte handelt. Da aber die französische Adelskultur in zahlreichen gesellschaftlichen und kulturellen Bereichen ideengebend und prägend für die Höfe im deutschsprachigen Raum waren (vgl. Bumke, Höfische Kultur, S. 25–26; Trînca, Amor conspirator, S. 54), kann diese Verknüpfung dennoch hergestellt werden. Dass vorwiegend französische Elfenbeinpreziosen herangezogen werden müssen, hat unterschiedliche Gründe: So befindet sich einerseits die größte Produktionsstätte in der ersten Hälfte des 14. Jahrhunderts in Paris, wobei nicht ausgeschlossenen werden kann, dass die kleinen Artefakte aufgrund ihres transportfreundlichen Formats von dort aus ihren Weg an die Adelshöfe des gesamten Kontinents fanden, vgl. Glanz, De arte honeste amandi, S. 75. Zum anderen ist Elfenbein ein hartes Material, das nicht wie Metall eingeschmolzen werden kann und deutlich beständiger als Holz ist – obwohl davon auszugehen ist, dass kein Artefakt ausschließlich in Elfenbein gefertigt wurde, vgl. Sears, Ivory, S. 22, haben sich profane Minnebildnisse in der Kleinkunst vorwiegend in Elfenbein erhalten, vgl. Glanz, De arte honeste amandi, S. 11–12; zu Elfenbein und Holz im Kontext täglich gebrauchter, mit Minnebildern verzierter Toilettenartikel, vgl. Julia Saviello: Instrumente der Ordnung – Objekte der Verführung. Elfenbeinkämme als Bildträger im 14. und 15. Jahrhundert. In: Werkzeuge und Instrumente. Hrsg. von Philippe Cordez, Matthias Krüger. Berlin 2012 (Hamburger Forschungen zur Kunstgeschichte. 8), S. 49–65. Vermutlich war Elfenbein in Adelskreisen u. a. deshalb sehr beliebt, weil das Material kühl ist, sich aber schnell auf Körpertemperatur erwärmt, vgl. Guérin, Meaningful Spectacles, S. 71; auch Camille, Medieval Art of Love, S. 57, stellt die besonders fleischähnliche Haptik des Mediums heraus. Der zeitliche Bruch zwischen der höfischen Literatur, die ihren Anfang im 12. Jahrhundert nimmt, und den Zeugnissen der Bildkunst, die überwiegend im französischsprachigen Gebiet des 14. Jahrhunderts zu verorten sind, kann zwar nicht ignoriert, aber zurückgestellt werden: Das Ziel dieser Studie ist nicht, eine chronologische Entwicklungslinie der Beziehungen zwischen Texten und Bildern nachzuvollziehen, sondern mithilfe der Betrachtung der Bildzeugnisse den Blick für ckästhetik, die sich sowohl in Bildern als auch in Texten rekonstruieren lässt, zeigt, dass ein höfischer Rezipient gerne schaut; aber – das werden die folgenden Analysen anhand zahlreicher Beispiele vorführen – er empfindet visuelles Hingehaltenwerden als reizvoll, er präferiert Rätsel, er wird in seiner Wahrnehmung gerne herausgefordert und irritiert.[62]

Wie die oben aufgeführten Beispiele zeigen, sollen in dieser Arbeit nicht umfassende Formen der Wahrnehmungslenkung in der höfischen Kunst und Literatur im Vordergrund stehen. Bei der Beschäftigung mit der höfischen Kultur und ihren ästhetischen Zeugnissen fällt auf, dass rezeptionslenkende Inszenierung dann besonders hervorsticht, wenn Imagination und visueller Partizipation Grenzen aufgezeigt werden. Gegenläufig zum *visual turn*[63] am Ende des 12. Jahrhunderts ist also eine weitere Entwicklung zu beobachten: Bei aller Präferenz für das Sichtbare, Öffentliche, Repräsentative, Einsehbare[64] lässt sich in den Zeugnissen der höfischen Kultur auch eine Präferenz für das Gegenteil beobachten,[65] sodass zeitgleich die wiederholte ästhetische Umsetzung verhüllten, unklaren und eingeschränkten Sehens eine neue „rezipientenorientierte Poetik“[66] konstituiert. Für die Rekonstruktion höfischer Strategien von Rezeptionsanleitung sind im Folgenden gerade solche Formen der Blicklenkung interessant, die im Widerspruch zu jener auf Visualität fokussierten Kultur stehen, weil diese ein gesteigertes Begehren, hinter Fassaden zu schauen, offenbaren. Hans Robert Jauß erachtet etwa für den höfischen Roman Chrétiens de Troyes und dessen

kompositorische Konzeptionen zu schärfen, die den Rezipienten in den Kreis des höfischen Adels in unterschiedlichen Medien auf ähnliche Weise einbinden.

62 Vgl. Norbert H. Ott: Zwischen Literatur und Bildkunst. Zum ikonographischen Umkreis der niederländischen Tragezeichen. In: Erotik, aus dem Dreck gezogen. Hrsg. von Johan H. Winkelman, Gerhard Wolf. Amsterdam 2004 (Amsterdamer Beiträge zur älteren Germanistik. 59), S. 193–214, hier: S. 206; Strohschneider, Höfische Textgeschichten, S. 7–8. Für Hartmanns von Aue *Erec* versucht darum Lasch, Eingreifendes Denken, S. 30, nach textinternen Strategien zu fragen, „die den Rezipienten zu ‚eingreifendem Denken‘ anregen. Diese Strategien sind konsequent und von Anfang an auf Kommunikationserschwernis, Störung, Irritation und Überraschung ausgelegt.“

63 Starkey, Visual Culture, S. 2: „There appears to be a visual turn at the end of the twelfth and the beginning of the thirteenth century when we find the overt development of a courtly culture that goes hand in hand with innovations in architecture, fashion, literature, and literary transmission.“ So ist nach Christof L. Diedrichs: Vom Glauben zum Sehen. Die Sichtbarkeit der Reliquie im Reliquiar. Ein Beitrag zur Geschichte des Sehens. Berlin 2001, S. 226, in dieser Zeit in der Liturgie ein „Drang zu Anschaulichkeit und Plastizität, zu Konkretheit und Sichtbarkeit“ zu verzeichnen, den auch Suzannah Biernoff: Sight and Embodiment in the Middle Ages. New York 2002 (The New Middle Ages), S. 3, herausstellt: „As Gothic churches were being adorned with painted altarpieces, crucifixes, fresco cycles and liturgical objects, devotional practices were becoming increasingly focused on the visual perception of the scared as well as techniques of interior visualisation.“

64 Nach Starkey, Time Travel, S. 179, ist das höfische Publikum eine „visually literate society in which the choreography of bodies and the display of material culture played a critical role in the representation of power and elite status“.

65 Vgl. Starkey, ebd., S. 180.

66 Velten, Visualität, S. 306.

Rezipienten als typisch, dass „[d]er Reiz des Dunklen, noch nicht Aufgelösten, der die Neugier des Lesers fasziniert und ihn die endliche Auflösung fast bedauern läßt" letztlich „der Hauptgrund des Vergnügens an Texten mit symbolischer Schreibart"[67] sei. Der Rezipient des höfischen Romans ist als „homme attentif au merveilleux [...] et sensible aux manifestations prétendument surnaturelles" und als neugieriger „homme passionné d'énigmes"[68] fasziniert vom Geheimnisvollen und Rätselhaften. Das Geheimnisvolle verbirgt sich dabei in jenen Aspekten der Texte und Bilder, die nicht einsehbar sind, weil sie als Teil eines „wirkungsästhetische[n] Kalkül[s]"[69] nicht beschrieben und höchstens verhüllt dargestellt werden.

Ästhetische Herausforderungen, also Hindernisse im Wahrnehmungsprozess, sind als unterschiedliche Formen von Sichtblockaden zu begreifen. In der bildenden Kunst geht von Sichtblockaden ein besonderer rezeptionslenkender Reiz aus, der zwar auch als anthropologische Konstante kulturhistorisch nachvollziehbar wird.[70] Die Sichtblockaden, die in dieser Studie aber als spezifisch höfische untersucht werden sollen, lassen sich mithilfe der oben beschriebenen Bildzeugnisse in drei Kategorien einstufen: Rahmungen, die sich in textilen Verhüllungen manifestieren; Lenkungen, die durch außenstehende Beobachterfiguren erfolgen; und Unbestimmtheiten, mithilfe derer (Ein-)Blicke intendiert verhindert werden. Eine intermediale wahrneh-

---

67 Hans Robert Jauß: Alterität und Modernität der mittelalterlichen Literatur. Gesammelte Aufsätze 1956–1976. München 1977, S. 419–420.

68 Guiette, Forme, S. 42; also ein ‚Mensch, der das Wunderbare bemerkt und feinfühlig für vermeintlich übernatürliche Erscheinungen ist' und deshalb als Mensch mit einer ausgeprägten ‚Leidenschaft für das Rätselhafte' verstanden werden kann.

69 Martin Baisch: Faszination als ästhetische Emotion im höfischen Roman. In: Machtvolle Gefühle. Hrsg. von Ingrid Kasten. Berlin/New York 2010 (TMP. 24), S. 139–166, hier: S. 141–142. Auch Müller, Minnebilder, S. 170–171, beobachtet, „daß der Minneikonographie ein ausgeprägter Anspielungscharakter in bezug auf literarische Vorstellungen und Konzepte zukommt. In diesem Umstand äußert sich der elitistische Anspruch der Minneikonographie des 14. Jahrhunderts in Frankreich. In der allegorischen Verschlüsselung des Bedeutungsgehalts im Sinne der *senefiance* ist die bewußte Wahl eines bildkünstlerischen Ausdrucksmodus für ein eingeweihtes, literarisch gebildetes Publikum zu sehen, das im Akt des Entschlüsselns dieser Bildinhalte im Spiel mit Bild- und Sinnebenen seinen gesellschaftlichen Status unterstreicht."

70 Dagmar Schmauks: Eine Typologie des Ver- und Enthüllens. In: Kartographie des Verhüllten. Brückenschläge zwischen Natur- und Kulturwissenschaften. Hrsg. von Dieter D. Genske, Ernest W. B. Hess-Lüttich, Monika Huch. Tübingen 2007 (Kodikas/Code. Ars Semeiotica. An International Journal of Semiotics. 30), S. 187–198, hier: S. 189: „Die Wahrnehmung von Objekten kann durch Barrieren be- oder verhindert werden. Kultursemiotisch besonders interessant sind künstliche Barrieren, weil hier gegenläufige Interessen dazu motivieren, sie zu errichten oder zu überwinden. Zahlreiche Barrieren schützen Territorien vor unerwünschten Einflüssen: Fensterläden vereiteln neugierige Einblicke, Wohnungstüren verhindern unerwünschten Zutritt, und hinreichend massive Wände schützen vor Lärmbelästigung. Umgekehrt wollen manche Personen solche Barrieren gezielt überwinden: sie bohren Löcher in die Fensterläden, um andere zu beobachten, brechen Türen auf, um sie zu bestehlen, und belauschen sie mit Hörhilfen durch die Wände hindurch. Der Zusammenstoß gegensätzlicher Interessen führt oft zu einer ‚Rüstungsspirale', in der beide Seiten immer ausgefeiltere Strategien und Geräte einsetzen."

mungsästhetische Untersuchung ermöglicht im Folgenden die Erschließung einer analogen Wirkungsästhetik in Bild und Text, deren jeweilige Kommunikationsstruktur[71] in drei unterschiedlichen Schritten, die mit den drei Formen eingeschränkter Sichtbarkeit korrelieren, beleuchtet wird. Als spezifisch für die Zeugnisse der höfischen Epoche wird sich herausstellen, dass sich – für die hier zusammengetragenen Beispiele – hinter den verhüllten rezeptionssteuernden Anleitungen, spezielle Codes verbergen, deren Entschlüsselung mit einer Art ästhetischen Belohnung für besonders aufmerksame Rezipierende einherzugehen scheint:[72] Wer sich bemüht, die angebotenen Sinnschichten zu ‚durchblicken', wird belohnt, indem sich Spielformen von Selbstreflexion offenbaren, die womöglich einen Teil des höfischen Kunstverständnisses preisgeben. Aufmerksamen Rezipierenden präsentiert sich höfische Kunstproduktion dabei mitunter so, als sei sie sich über die Artifizialität ihrer eigenen Vermittlung im Klaren und fände Freunde daran, subtil auf ihre ‚Gemachtheit' hinzuweisen. Ästhetische Mehrdeutigkeiten zu enthüllen, die auf unterschiedlichen werkinternen, aber auch wirkungsästhetischen Ebenen über das eigentliche Werk hinaus stattfinden, kann so mit einem Gefühl von rezeptionsseitiger Überlegenheit einhergehen, das die adlige Elite vielleicht bevorzugt zur gesellschaftlichen Abgrenzung nutzt.[73]

Die Textanalysen sind in dieser Arbeit dazu wie folgt strukturiert: Der erste Schritt in Richtung (Un-)Sichtbarkeit beschreibt den eindringenden Blick des Rezipienten, dem mittels verhüllend-enthüllender Inszenierungen Einsicht in intime Räume ermöglicht wird – der Blick der Rezipienten dringt durch eine temporäre Hülle ein, die als textiler Rahmen zugleich ein Innen und Außen markiert. Der nächste Untersuchungsschritt beleuchtet die weitere Annäherung der Rezipienten an die dargestellte Welt, die das Wahrgenommene zusätzlich intimisiert, weil über blicklenkende dritte Figuren auf der Handlungsebene eine Brücke zwischen Werkinnerem und Werkäußerem gebaut wird, von der aus die Rezipienten – ähnlich wie ihre Identifikationsfiguren – als Augenzeugen teilhaben können. Im letzten Untersuchungsschritt soll aufgezeigt werden, dass es möglich ist, den Rezipienten tatsächlich sinnlich erfahrbaren Zutritt zur dargestellten Welt zu gewähren, wobei allerdings die Sichtbarkeit geopfert wird, weil die Handlung im Dunkeln stattfindet.

71 Diesen Begriff wählt Iser, Akt des Lesens, S. 305, um die Funktion der Leerstelle in Texten zu beschreiben. Im Folgenden wird gezeigt, dass ästhetische Zeugnisse der höfischen Kultur auf eine Kommunikation mit dem Rezipienten angelegt sind, die sich nicht nur in Leerstellen, sondern auch in anderen Einschränkungen und Lenkungen des Blicks finden, weshalb Isers Begriff hier auf die drei zu untersuchenden Aspekte übertragbar ist.

72 Wenzel, Mediengeschichtliche Dimensionen, S. 33, geht ebenfalls davon aus, dass Dargestelltes „eine Indiziensammlung [ist], die vom Rezipienten decodiert und geordnet werden kann, um einen Bezug zum Gemeinten herzustellen", womit eine (partielle) Entschlüsselung einhergehen könne.

73 Dass künstlerische Erzeugnisse dazu dienen können, das Zusammengehörigkeitsgefühl einer gesellschaftlichen Gruppe zu beschreiben und zu bestärken, betont Morphy, Art as Action, S. 289: „Art can ‚communicate' through visual codes, the designs of distinctive forms of regalia that mark status, or the patterns that mark clan identity and more mundanely team membership."

Mit den drei wahrnehmungsästhetischen Untersuchungskategorien von 1) Rahmungen, 2) Lenkungen durch Beobachterfiguren und 3) Sichtblockaden, die sich aus der oben erfolgten Betrachtung der mittelalterlichen Profankunst ableiten lassen, kann – im wahrsten Sinne des Wortes – ein neuer Blick auf die höfische Literatur gewagt werden. Trotz vermeintlicher Omnipräsenz von Ekphrasen kostbarer Kunstwerke oder ausführlichen Inszenierungen sichtbarer Kampfhandlungen, die als typisch für die höfische Literatur und ihre „fast allgegenwärtige Dominanz der optischen Wahrnehmung"[74] angesehen werden,[75] lassen sich damit verschiedene Spielarten des eingeschränkten Sehens beobachten, die gleichermaßen ein essenzieller Teil höfischer Wahrnehmungsästhetik sind.

3 Der Reiz des Unsichtbaren: Imagination und Sehbegehren

Die Betrachtung höfischer Text- und Bildzeugnisse erlaubt, so die These dieser Studie, Rückschlüsse auf die ästhetischen Präferenzen und Faszinationen der Adelskultur des Hochmittelalters zu ziehen. Natürlich weist die höfische Literatur unzählige *descriptiones* auf, die den Rezipienten kaum Möglichkeiten für imaginative Eigenleistung einräumen, doch auch Szenen, in denen nur vage und assoziativ oder sogar gar nicht beschrieben wird, können eine besondere ästhetische Wirkung haben. Zwar wird die höfische Kultur in vielerlei Hinsicht ein Abstraktum bleiben müssen, doch die Untersuchung der oben beschriebenen drei Formen eingeschränkter Wahrnehmungslenkung innerhalb ihrer kulturellen Zeugnisse gestattet eine Annäherung an einen spezifischen Aspekt ihrer Ästhetik. Um diese Besonderheit höfischer Wahrnehmungsästhetik herauszustellen, wird im Folgenden die Annahme zugrunde gelegt, dass höfische Texte ein visuelles Begehren vermitteln, das die Rezipierenden in ihren Bann zieht.

Dieses Begehren lässt sich aus einem bekannten Beispiel der höfischen Literatur ableiten: Als Erec in Hartmanns von Aue gleichnamigem Artusroman die armselig gekleidete Enite nach seiner erfolgreichen ersten Aventiure mit an den Artushof nimmt und sie dort von Königin Ginover erstmals ihrem adligen Stand und ihrer Schönheit entsprechend eingekleidet wird, reagiert die versammelte Hofgesellschaft mit fassungslosem, verzücktem Staunen auf Enites makellose Erscheinung. Sofort ist sich die Gesellschaft der Tafelrunde einig, dass Enite die schönste aller Frauen ist und dass ihr der Kuss des Königs gebührt, der den Preis für die zuvor erfolgte Hirschjagdcostume darstellt (V. 1784–1791). Was die als Epiphanie inszenierte Beschreibung Enites, die als Klimax auf die zuvor von Erec verweigerten Einkleidungen folgt,[76] am Hof auslöst, ex-

74 Wandhoff, Der epische Blick, S. 170.

75 So z. B. bei Morsch, Blickwendungen, S. 182.

76 Als Herzog Imain anbietet, Enite vor dem Sperberkampf gegen Iders neu einkleiden zu lassen, lehnt Erec dieses Angebot ab, weil man eine Frau nicht nach ihrer Kleidung, sondern nach ihrem

poniert die Hörer und Leser des Romans als Betrachtende, die gemeinsam mit der schauenden Artusgesellschaft die schönste aller Frauen bewundern. Erstaunlich ist jedoch, dass Enite nicht beschrieben wird: Hartmann fokussiert sich auf die Wirkung, die Enites Schönheit hat, indem er sie bei ihrem ersten Auftritt am Artushof und in zahlreichen weiteren Episoden von anderen Figuren betrachten lässt, die mit Faszination und Begehren auf ihre „auratische Erscheinung"[77] reagieren. Der Erzähler gibt keinen einzigen konkreten Hinweis darauf, wie Enite körperlich beschaffen ist – lediglich ihre Kleidung wird beschrieben (V. 1537–1577) und ihre generische Schamesröte mit Worten ausgemalt (V. 1711–1731), weil diese die Jungfrau besonders schön wirken lässt.[78] Ohne Details ihrer physischen Erscheinung mitzuteilen, vergleicht der Erzähler die Grafentochter bei ihrem Auftritt am Hof mit den gemischten Farben einer weißen Lilie und einer roten Rose (V. 1701–1706) sowie mit dem aufgehenden Mond, der sämtliche Sterne des Himmels überstrahlt (V. 1766–1783) – und macht sie mithilfe dieser Bildsprache zu einem rhetorischen Kunstwerk, das kaum Berührungspunkte mit einer Frau aus Fleisch und Blut zu haben scheint. Statt, wie es vielleicht zu erwarten wäre, Enites Haare, ihren Mund, ihre Statur oder ihr Gesicht zu beschreiben,[79] kapituliert

---

lîbe (V. 647) beurteilen solle. Der Herzog wiederholt sein Angebot, bevor das junge Paar zum Artushof aufbricht, doch Erec schlägt es ein zweites Mal aus (V. 1406–1409). Kraß, Geschriebene Kleider, S. 171, erkennt in diesen Verweigerungen Erecs die Struktur einer Klimax.

77 Dorothea Klein: Widersprüchliche Weiblichkeit: Enite und ältere Isolde als Beispiel. In: Widersprüchliche Figuren in vormoderner Erzählliteratur. Hrsg. von Elisabeth Lienert. Oldenburg 2020 (BmE Themenheft. 6), S. 269–296, hier: S. 273.

78 Vgl. James A. Schultz: Courtly Love, the Love of Courtliness, and the History of Sexuality. Chicago 2006, S. 90.

79 Als Beispiel einer ausführlichen Schönheitsbeschreibung kann die *descriptio* Camillas in Heinrichs von Veldeke *Eneasroman* dienen: Der Erzähler berichtet, dass das Haar der Jungfrau *wîtgele* (V. 5156) und ihre Stirn glatt ist, ihre Augenbrauen sind *brûn end niwet breit* (V. 5159) und ihre Augen wohlgeformt. Auch Nase, Mund, Arme und Hände sind vollkommen, ihr Teint weist die ideale Mischung aus weißer und roter Farbe auf, sie ist schlank, aber trotzdem weiblich (V. 5164–5179). Erst im Anschluss an die Auflistung dieser körperlichen Idealmaße wird Camillas Kleidung und Ausstattung beschrieben – der Erzähler in Hartmanns *Erec* hingegen blendet alle konkreten körperlichen Aspekte aus und fokussiert sich auf Enites materiellen Hüllen, obwohl sich eine Auflistung körperbezogener Merkmale im Text Chrétiens durchaus findet, so Schultz, ebd., S. 39. Hartmann aber lässt auf den Vers, der eine anschließende Beschreibung ihres Körpers erwarten lässt, direkt die Beschreibung ihrer Kleidung folgen und kokettiert damit vielleicht sogar mit der Erwartungshaltung des Rezipienten: *der megede lîp was lobelich. / der roc was grüener varwe* (V. 323 f.). Weil „Enites Kleiderbeschreibung [...] sich [...] intertextuell nachweislich auf die Jagdkleidung Didos [bezieht]" (Markus Greulich: Stimme und Ort. Narratologische Studien zu Heinrich von Veldeke, Hartmann von Aue und Wolfram von Eschenbach. Berlin 2018 (Philologische Studien und Quellen. 264), S. 147), ist die Auslassung ihrer physischen Beschreibung gerade im Vergleich mit dem *Eneasroman* besonders auffällig. Zum Vorbildcharakter der Schönheitsbeschreibungen Heinrichs von Veldeke für die deutschsprachige Literatur des Mittelalters, vgl. Elke Brüggen: *swie ez ie kom, ir munt was rôt*. Zur Handhabung der *descriptio* weiblicher Körperschönheit im Parzival Wolframs von Eschenbach. In: Literarischer Stil im Mittelalter. Mittelalterliche Literatur zwischen Konvention und Innovation. Hrsg. von Elizabeth Andersen, Ricarda Bauschke-Hartung, Nicola McLelland [u. a.]. Berlin/Boston 2015, S. 391–412, hier: S. 396.

der Erzähler vor ihrer Schönheit und flüchtet sich in eine topische Bekundung seines eigenen Unvermögens (V. 1590–1603). Enites Aussehen bleibt über die gesamte Handlung eine Leerstelle,[80] doch immer wieder treten Figuren auf, die überwältigt von ihrer unsagbaren Schönheit sind und sie deshalb begehren. Die Räuber und böswilligen Grafen, die Erec im Rahmen seiner Aventiuren bekämpfen muss, sind damit einerseits Herausforderungen für den jungen Ritter, der sich bewähren möchte, und andererseits Erinnerungsinstanzen, die für den Rezipienten immer wieder Enites außergewöhnliche Schönheit präsent halten.[81]

Auffällig an der Gestaltung Enites ist, dass sich die gaffenden textinternen Beobachter (V. 1740) am Artushof maßgeblich von den textexternen Betrachtern unterscheiden, weil diese keine Frau bewundern können, die unmittelbar vor ihnen steht, sondern angehalten sind, sich in ihrer Imagination die schönstmögliche Frau auszumalen. Der Erzähler teilt schon unmittelbar nach Enites Einkleidung durch Ginover bedauernd mit:

> vil gerne ich si wolde
> loben als ich solde:
> nû enbin ich niht sô wîser man,
> mirn gebreste dar an.
> selh sin ist mir unkunt.
> [...]
> si muoz von mir belîben
> ungelobet nâch ir rehte,
> wans gebrist mir tumben knehte. (V. 1590–1603)

Anstelle einer *descripitio* von Kopf bis Fuß erläutert der Erzähler in den folgenden Versen, dass Enite alles sei, was man sich wünschen könne: *der wunsch was an ir garwe* (V. 1700) – in ihr ist jeder Wunsch zur Vollkommenheit erfüllt. Hinter dieser Formulierung verbirgt sich jedoch nicht nur eine weitere rhetorische Floskel, sondern sie ist zugleich eine Rezeptionsanleitung:[82] Den textexternen Betrachtern wird aufgetra-

80 Zwar ist es, so Schultz, Courtly Love, S. 47, unüblich, dass im Minnekontext individuelle, körperliche Distinktionen gemacht werden, doch bei der Präsentation vor der höfischen Öffentlichkeit werden die körperlichen Attribute für gewöhnlich herausgestellt. Ein Beispiel wäre die Präsentation der feenhaften Geliebten Lanvals im Lai der Marie de France: Das Aussehen der Fee bleibt so lange Leerstelle, bis sie sich am Artushof der öffentlichen Betrachtung preisgibt (vgl. dazu S. 84 f. in dieser Studie). In Enites Fall aber bleibt eine konkrete Beschreibung sowohl vor dem Blick des Rezipienten als auch vor dem Blick der höfischen Öffentlichkeit aus.

81 Das beobachtet auch Klein, Widersprüchliche Weiblichkeit, S. 274.

82 Däumer, Stimme, S. 406–407, deutet diese Verse nicht als vom Erzähler gesprochen, sondern von einem Rezitator, dem diese Unfähigkeitsbekundungen in den Mund gelegt werden: „Die Verse zwingen den Rezitator dazu, in einer vorgeblich authentischen Rede seinem Publikum zu gestehen, dass ihm angesichts der unzähligen Schönheitsbeschreibungen, die er kenne, nichts Neues mehr einfalle." Unabhängig davon jedoch, wer hier spricht, ist der Auftrag an den Rezipierenden derselbe: Man soll eine Frau imaginieren, deren Schönheit mit konventionellen Worten nicht zu beschreiben ist.

gen, sich alles, was man an einer Frau begehren könnte, auszumalen und diesen *wunsch* anschließend auf die Figur Enites zu übertragen.

Wenn Andreas Kraß für Enites eindrückliches erstes Erscheinen am Artushof folgert, dass dort „offenkundig“ werde, „was in der Armen Herberge noch verhüllt war“[83], geht er von der Wahrnehmung der textinternen höfischen Repräsentationsgesellschaft aus, die die armselig gekleidete Enite zuvor nicht wahrnehmen konnte. Erec und die textexternen Rezipienten jedoch, die zuvor schon in der ärmlichen Unterkunft gemeinsam auf die Schönheit in Fetzen schauen, wissen seit Enites erstem Auftritt in der Ruine, dass sich hinter der beschädigten stofflichen Hülle höchste Idealität verbirgt. Bereits der Vergleich ihres vollkommenen Körpers, der *wîz alsam ein swan* (V. 330) durch ihr zerrissenes Kleid hindurchscheint, sodass er wie eine weiße Lilie *under swarzen dornen* (V. 338) wirkt, verleitet die Rezipierenden in einem „narrativen Spiel mit Kleidung und Leib, Blick und Durchblick“[84] dazu, Enite als geradezu marienhafte Lichtgestalt zu imaginieren.[85] Die einzigen Anhaltspunkte aber, die dabei zum Vor-Augen-Stellen der schönsten Frau mitgeteilt werden, sind Verweise auf ihre überbordende Helligkeit, die alles in ihrer Umgebung überstrahlt.[86] Enites Figur löst sich in leuchtender Unsagbarkeit auf, die für die Rezipienten kein einziges charakteristisches Merkmal zur angeleiteten Imagination ihrer körperlichen Schönheit bereithält – außer dass ihr *lîp sô gar dem wunsche gelîch* (V. 332) ist.[87]

Erstaunlich ist, dass Hartmann von Aue, dessen Artusroman sonst einen großen Hang zu ästhetischen Beschreibungen offenbart, die Möglichkeit einer ausführlichen Schönheitsbeschreibung Enites auch über ihren ersten Auftritt am Artushof hinaus

---

83 Kraß, Geschriebene Kleider, S. 171.

84 Annette Gerok-Reiter: Körper – Zeichen. Narrative Steuermodi körperlicher Präsenz am Beispiel von Hartmanns *Erec*. In: Körperkonzepte im arthurischen Roman. Hrsg. von Friedrich Wolfzettel. Tübingen 2007 (SIA. 6), S. 405–430, hier: S. 414–415.

85 Vgl. Kraß, Geschriebene Kleider, S. 172. Einen Überblick über die Forschungsgeschichte der (mariologischen) Interpretation des Lilien-Vergleichs bietet Silvia Reuvekamp: Lilie unter Dornen. Vermessungen menschlicher Liebeskompetenz in Hartmanns *Erec*. In: PBB 142,4 (2020), S. 493–514, hier: S. 496–499. Die Bedeutung der *Hohelied*-Referenz für den Schönheitsvergleich beleuchtet Fabian David Scheidel: Schönheitsdiskurse in der Literatur des Mittelalters. Die Propädeutik des Fleisches zwischen ‚aisthesis‘ und Ästhetik. Berlin/Boston 2022 (LTG. 23), S. 213–221.

86 Enites *hende vil wîze* (V. 355) sind weniger als konkrete Vorstellungsvorgabe, denn als Ausweis ihrer adligen Abkunft, ihrer erotischen Anziehungskraft und ihrer strahlenden Wirkung zu verstehen, vgl. Ulrich Ernst: Haut-Diskurse. Semiotik der Körperoberfläche in der Erzählliteratur des hohen Mittelalters. In: Körperkonzepte im arthurischen Roman. Hrsg. von Friedrich Wolfzettel. Tübingen 2007 (SIA. 6), S. 149–200, hier: S. 191. Auch Strittmatter, Poetik, S. 240, beobachtet für Enite (und später ihr Pferd) einen besonderen Fokus auf Transluzenz; Schultz, Courtly Love, S. 39, vermutet sogar aufgrund der Tatsache, dass keine Figur auf der Handlungsebene Enites weiße Haut kommentiert, dass diese Inszenierung durchschimmernder Haut ausschließlich für die Rezipienten als Striptease entworfen sein könnte.

87 Auch Armin Schulz: Schwieriges Erkennen. Personenidentifizierung in der mittelhochdeutschen Epik. Tübingen 2008 (MTU. 135), S. 254, führt diesen Vers an, um herauszustellen, dass Enites Schönheit „abstrakt“ sei.

wiederholt bewusst verstreichen lässt: Während für die materiellen Details des kostbaren Sattels und Zaumzeugs vor der letzten Aventiure etliche hundert Verse zur kleinteiligen Beschreibung verwendet werden, ist die Schönheit der Protagonistin nicht in Worte gefasst, sondern mit topischen Floskeln verhüllt. Diese eklatante Leerstelle wirft die Frage auf, warum Hartmann die schönste Frau nicht angemessen beschreibt, obwohl die rhetorische Kunst der *descriptio* anderenorts im Roman so viel Platz einnimmt. Aber durch die Vermischung metaphorischer Schönheitsvergleiche mit topischen Unfähigkeitsbekundungen und dem zweifachen Gebrauch des Wortes *wunsch* im Kontext der Einführung der Figur Enites ist eine für den Roman entscheidende Unbestimmtheitsstelle markiert, die zugleich durch eine subtile Rezeptionsanweisung kompensiert wird.[88] Enites Schönheit wirkt nämlich umso eindrücklicher, wenn sie gerade nicht ausführlich beschrieben wird, sondern wenn diaphane Hyperbeln des Transzendenten dazu beitragen, dass jeder Hörende oder Lesende sich seine eigene ideale Protagonistin imaginiert. Dabei helfen rezeptionslenkende Erinnerungsinstanzen in Form bewundernder Figuren wie die Festgesellschaft am Hof und die Räuber im Wald, die den Rezipienten kontinuierlich zu imaginativen Höchstleistungen herausfordern. Denn Enites Schönheit ist eine Kopfgeburt des Schöpfers der Vollkommenheit, wie der Text selbst verkündet: *Ênîte was des Wunsches kint, / der an ir nihtes vergaz* (V. 8935 f.)[89] – die Schöpfung ist allerdings nicht auf die rhetorische Beschreibungskunst, sondern die Imaginationsleistung des Hörers oder Lesers zurückzuführen, der die Unbestimmtheitsstelle mit Leben füllt.[90]

---

88 Diese Konstellation von *wunsch* und Schönheitspreis findet sich ähnlich im Rahmen der Deskription der 80 Witwen in Brandigan, die *den wunsch von den wîben* (V. 8222) präsentieren und der Erzähler sich deshalb fragt, ob diese überhaupt *ze rehte* (V. 8224) beschrieben werden können. Wieder listet er erst deren Kleidung (V. 8229–8249) auf, vermittelt die Schönheit der Frauen anschließend mithilfe eines diffusen Überbietungstopos (V. 8261–8287; die fünfzehnte Frau ist dabei *ein wunschkint*, V. 8278), den er dann mit der rhetorischen Frage *wer möhte si gar geschrîben?* (V. 8288) beendet.

89 In der Edition von Albert Leitzmann und Ludwig Wolff wird *wunsches* als Personifikation gedeutet und darum großgeschrieben, obwohl die Überlieferung im Ambraser Heldenbuch (fol. 48r) diese Schreibweise nicht erkennen lässt, weshalb in der neuen Edition des frühneuhochdeutschen Texts die Kleinschreibung beibehalten wird, vgl. Hartmann von Aue: *Ereck*. Textgeschichtliche Ausgabe mit Abdruck sämtlicher Fragmente und der Bruchstücke des Mitteldeutschen *Erek*. Hrsg. von Andreas Hammer, Victor Millet, Timo Reuvekamp-Felber. Berlin/Boston 2017, S. 134; in der neuen Zählung V. 2693.

90 Gerok-Reiter, Körper, S. 427, erkennt in diesen Versen „eine Formulierung, die auf eine allumfassende, jeden Bereich abdeckende, letztlich in Gott gegründete Schönheit zielt, eine Schönheit, die nicht durch eine Schilderung von Details gemäß einer traditionellen *descriptio corporis* eingeholt werden kann." Von einem Bruch mit gängiger Beschreibungstradition ausgehend, spricht auch sie damit implizit von einer Leerstelle. Ähnlich klingt auch die Formulierung von Corinna Virchow: Von der Kraft der Imagination zwischen Text und Textilien. Enite, Jeschute, Jadis, Atréju und Daenerys. In: Die Literatur des Mittelalters im Fantasyroman. Hrsg. von Nathanael Busch, Hans Rudolf Velten. Heidelberg 2018 (Reihe Siegen. Beiträge zur Literatur-, Sprach- und Medienwissenschaft. 176), S. 81–96, hier: S. 86: „Der Text verdeckt den Körper, um ihn wieder aufschimmern zu lassen – und ihn augenblicklich wieder zuzudecken."

Dass Hartmann der Imagination die größte ästhetische Kraft beimisst, formuliert er im Kontext der Beschreibung des wundervollen Pferdes und seiner kostbaren Ausstattung: Wenn *ein werltwîser man* (V. 7368)[91] acht Jahre in seinem *muot* (V. 7374) darüber nachdächte, wie ein vollkommenes Pferd *erwünschet* (V. 7340) sein müsste, wäre die Gestalt des Zelters getroffen:

> und ob er danne den gewalt
> von dem wunsche hæte,
> daz ez belibe stæte
> swes er dar zuo gedæhte,
> und swenne erz vollebræhte,
> daz erz vür sich stalte
> und er von sînem gewalte
> dar abe næme
> swaz dar an im missezæme,
> alsô was ez vollekomen
> daz er dar abe niht hete genomen
> alse grôz als umbe ein hâr. (V. 7377–7388)

Dem *werltwîsen* Mann ist es also möglich, allein in seinen Gedanken solche Perfektion zu erzeugen, dass sie auch in materialisierter Form jeder Begutachtung standhalten würde. Damit führt Hartmann sogar mit „einer Terminologie, die sich präzise im Prozess innerer Verbildlichung verorten lässt"[92], vor, dass nur im *muot* der *wunsch* Gestalt annehmen, also nur im Inneren ästhetische Höchstleistung vollbracht werden kann.[93] Die ausführliche *descriptio* des Pferdes wird so auf die Leerstelle von Enites

---

91 Vgl. Hans Jürgen Scheuer: *wîsheit*. Grabungen in einem Wortfeld zwischen Poesie und Wissen. In: Im Wortfeld des Textes. Worthistorische Beiträge zu den Bezeichnungen von Rede und Schrift im Mittelalter. Hrsg. von Gerd Dicke, Manfred Eikelmann, Burkhard Hasebrink. Berlin/New York 2006 (TMP. 10), S. 83–106, hier: S. 99, sieht in dem *werltwîsen man* einen Philosophen.

92 Ebd. Für Schnyder, Audiovisualität, S. 144, ist der *werltwîse* darum ein Angebot für den Rezipienten: „Es wird dadurch eine Identifikationsmöglichkeit geboten, die gerade weil sie keine wirkliche Identifikation zulässt, den Hörer auf seine Vorstellungskraft verweist." Anders sieht das Velten, Visualität, S. 313, der der Ansicht ist, dass hier deutlich werde, dass Dichtung nicht alle gleichermaßen ansprechen kann: „Der Erzähler kann mit seiner rhetorischen Raffinesse nicht alle Rezipient/innen erreichen, da die in der Sprache sich verwirklichende Erzählung in der Vorstellungswelt jedes einzelnen Zuhörers eine andere Tönung annehmen kann, einen bestimmten Horizont des Verstehens ausbildet." Gerade durch den bewussten Einsatz von Leerstellen, Rezeptionsanleitungen und der Aufforderung, die schöpferische Kraft der Imagination zu nutzen, beweist der Text jedoch eine Flexibilität, die allen Rezipierenden (die sich darauf einlassen möchten) einen ästhetischen Genuss ermöglichen kann.

93 Eine Verknüpfung von Wunsch und Meisterschaft findet sich auch in einer späteren Beschreibung des Idealritters Gawein: *der Wunsch hete in gemeistert sô, / als wirz mit wârheit haben vernomen, / daz nie man sô vollekomen / an des künec Artûses hof bekam* (V. 2741–2744). Bei diesem Vers allerdings bestehen Hammer, Millet und Reuvekamp-Felber auf die frühneudeutsche Form *wúst* des Ambraser Heldenbuchs (vgl. S. 609), die sie in Anlehnung an Lexers Verweis auf mhd. *wüest* hier als ‚Kampfgetümmel' übersetzen (S. 187), das Gaweins Idealität geformt habe. Die Tatsache aber, dass fnhd. *wunsch* (nicht *wúst*!) wiederholt im Kontext von deskriptorischen Leerstellen auftritt, suggeriert, dass damit

Aussehen rückbeziehbar, weil beide die imaginative Bildproduktion zur Erzeugung von Idealität herausfordern.[94] Zwar dient eine detaillierte *descriptio* unmissverständlich als Imaginationsanleitung, aber das Auslassen einer Beschreibung ist bei sich gleichzeitig wiederholenden Beteuerungen optischer Vorzüge eine Aufforderung, die ein stetiges, sehr viel eigenständigeres Imaginieren verlangt. Indem in Enites Fall, im Gegensatz zum Wunderpferd, jegliche Beschreibung zur Imaginationsanleitung fehlt, wird die aktive Mitarbeit des Rezipienten also umso mehr gefordert[95] – und genau darin liegt das eigentliche Rezeptionsvergnügen.[96]

Die ausbleibende Beschreibung zieht die aktive Imagination und zugleich das vergnügliche Verlangen des Rezipienten, die Leerstelle überwinden zu wollen, nach sich.[97] Denn mit Enites fehlender Beschreibung wird ein ästhetischer Topos aufgeru-

---

weder eine Personifikation noch ‚Schutt/Verwüstung', sondern die Kraft der Imagination gemeint sein müsste. Am deutlichsten wird diese rezeptionslenkende Funktion bei dem *wunsch von hasenwinden* (V. 7181) im Rahmen der Beschreibung Penefrecs, auf die in V. 7182 die unmissverständliche Aufforderung folgt, Leerstellen in Eigeninitiative zu füllen: *nû jage selbe swaz dû wilt.* (Zur Auslegung der Penefrec-Szene vgl. S. 394 Anm. 1180 dieser Studie.) Womöglich ist es sogar für die Beschreibung der Burg Brandigan bezeichnend, dass sie *nâch des wunsches werde* (V. 7842) hochgelegen ist, wenn unmittelbar zuvor erwähnt wird, wie ideal sie *gedrân* (V. 7840) ist (zum metapoetischen Gebrauch der Drechselmetaphorik vgl. S. 288).

94 Eine vergleichbare Beobachtung macht Strittmatter, Poetik, S. 242, deutet die *descriptio* dabei aber eher produktionsästhetisch: „Sie [die Zelterbeschreibung, J. M.] beginnt, den Zelter- und damit die Figur der Enite – als Phantasma eines Meisters im Moment des Entstehens und im Moment der erzählerischen Vermittlung zu zeigen. Sie stellt dem Publikum die Textproduktion als Textrezeption vor Augen." Auch Haiko Wandhoff: Vom Finden der Liebe in der Literatur. Die erzählte Poetik des höfischen Romans. Hamburg 2021, S. 108, erkennt ein Vergleichspotenzial zwischen der Schönheitsbeschreibung Enites im Rahmen von Ginovers Einkleidung und ihres Pferdes.

95 Lasch, Eingreifendes Denken, S. 22, bewertet die verspäteten Nennungen von Figurennamen in Hartmanns *Erec* als ‚Puzzle sozialer Beziehungen', das es nötig mache, „dass sich der Rezipient seiner rezeptiv-passiven Einbildungskraft bedient und damit eine Imagination erschafft, die Vergangenes präsent hält und über die Gesetze der Assoziation verknüpft (*memoria*)." Eine Einforderung aktiven Rezipierens artikuliert auch Iser, Akt des Lesens, S. 229, wenn er ausführt, dass literarische Texte Schemata anbieten, die allerdings nur in einzelnen Aspekten dargelegt sind: „Daraus folgt, daß der Leser die Ganzheit konstituieren muß, die in der Gegebenheit der Textschemata nur ihre Aspekte besitzt. Gleichzeitig richten diese Aspekte auch einen Leserblickpunkt ein. [...] Damit erfüllt die Sequenz der Textschemata eine doppelte Funktion. Als die Aspekte einer Ganzheit sind sie Anweisung, sich diese vorzustellen; gleichzeitig fixieren sie einen perspektivischen Ort, von dem aus diese Vorstellung zu erfolgen hat."

96 Iser, Akt des Lesens, S. 176, dazu: „[D]as Lesen wird erst dort zum Vergnügen, wo unsere Produktivität ins Spiel kommt, und das heißt, wo Texte eine Chance bieten, unsere Vermögen zu betätigen." Ähnlich ders.: Der implizite Leser. Kommunikationsformen des Romans von Bunyan bis Beckett. München 1972 (Uni-Taschenbücher. 163), S. 9. Trînca, Amor conspirator, S. 85, verweist bei ihrer Untersuchung der „Enthüllungsgier" des Rezipienten auf Roland Barthes, der dem Lektüreprozess mit dem Genuss einzelner Blätterteigschichten verglich.

97 McLelland, Sehen, S. 162–163, beobachtet selbiges für Hartmanns *Iwein* und die englischen Miserikordien, die das halbe Pferd des Protagonisten vor dem Burgtor präsentieren, allerdings argumentiert sie nicht mit dem Begriff der Leerstelle.

fen, den Chrétien de Troyes im *Lancelot* mit *Des joies fu la plus eslite / Et la plus delitable cele / Que li contes nos test et cele* (V. 4682–4684) oder John Keats Jahrhunderte später in seiner *Ode on a Grecian Urn* (1820) mit den Worten *Heard melodies are sweet, but those unheard / Are sweeter* (Z. 11 f.) beschreiben. Gerade jenes, das sich der Wahrnehmung des Rezipienten entzieht, wirkt besonders attraktiv, wie Anthony Spearing zusammenfasst: „[D]esire is intensified by refusal, narrative desire by the refusal to tell, and the ‚most exquisite of joys' is defined precisely by its exclusion from the field of the visible and narratable."[98] Diese Verweigerung löst als bewusste Fokussierung auf das Unsichtbare seitens des Rezipienten ein Begehren aus, das vom Text durchaus beabsichtigt ist, wie Gerhard Wild ausführt:

> Literarische Körperkonzepte beruhen demnach schon bei Chrétien auf dem Gleichgewicht zwischen einem Sagbaren, das als Inizitationsmoment [sic] der Lektürephantasie wirkt, und der mehr oder minder markierten Hervorhebung durch inhaltliche Ellipsen, deren poetischen Energie dem Leser den Zugang zu Intensitätsmomenten verstellt. [...] Begehrensmomente werden stets als konstruiert erkennbar, sei es durch das Aussetzen ihrer Erfüllung, sei es durch mediale Distanzierung literarischer Rede.[99]

Das, was nicht gesehen und beschrieben werden kann, bewirkt die größte Anziehungskraft[100] – die verweigerte Imaginationsanleitung zeigt ein vermeintliches Defizit auf, das jedoch so inszeniert ist, dass es gerade nicht defizitär, sondern besonders reizvoll wirkt. Wenn also „etwas Unsagbares begehrt wird, kommt es zugleich zu einer produktiven Leerstelle"[101], die mit Beatrice Trînca als lustvoll beschrieben werden kann:

> Änigmatische, mehrdeutige Formulierungen, Unerklärliches, eklatante Leerstellen haben oft eine Potenzierung zur Folge: Sie enthalten das Versprechen einer intellektuellen, emotionalen, sinnlichen Tiefe, welche die Phantasie lustvoll anregt – häufig in dem Wissen, dass sich diese Tiefe größtenteils entzieht.[102]

Höchstmögliches Begehren und Imaginationslust entstehen auch mithilfe der Leerstelle, die sich in Enites (Nicht-)Darstellung wiederfinden lässt: Ohne Deskription ist Enite tatsächlich die schönste Frau, weil die Leerstelle faszinierender und vereinnahmender wirkt als jede konkrete Benennung körperlicher Eigenschaften, die mit den individu-

98 So interpretiert Anthony C. Spearing: The Medieval Poet as Voyeur. Looking and Listening in Medieval Love-Narratives. Cambridge, New York 1993, S. 82, die *Lancelot*-Passage bei Chrétien.
99 Gerhard Wild: *por escritura no se podia dezir* oder: Die Rhetorik des Begehrens. Überlegungen zu Körper und Kunst im frühen Roman. In: Körperkonzepte im arthurischen Roman. Hrsg. von Friedrich Wolfzettel. Tübingen 2007 (SIA. 6), S. 287–310, hier: S. 293.
100 Entsprechend geht Iser, Akt des Lesens, S. 267, davon aus, dass Leerstellen den Leser in den Text ‚hineinziehen'.
101 Bleumer, Narrativität und Visualität, S. 124.
102 Trînca, Amor conspirator, S. 86. Schon Augustinus und Bernhard erkannten, dass Entzug und Unterdrückung Gelüste oft nur anfachen, vgl. Biernoff, Sight, S. 121.

ellen Idealitätsansprüchen eines einzelnen Rezipienten im Widerspruch stehen könnte.[103] Gerade indem Enite durch über die Maßen prächtige Materialität präsent gemacht, aber niemals beschrieben wird, zeigt sich, dass der Rezipient eine Größe ist, die bei der Beschäftigung mit (Un-)Sichtbarkeit in höfischer Literatur mitbedacht werden muss. Die prominente Leerstelle, die in Hartmanns von Aue *Erec* die schöne Protagonistin ausmacht, legt die begründete Vermutung nahe, dass mittelalterliche Texte von einer aktiven Mitarbeit des Rezipienten ausgehen.[104] Hörer und Leser sollen nicht nur, wie Prologe und Publikumsapostrophen häufig fordern, wohlgesonnen und schweigsam wahrnehmen,[105] sondern aktiv imaginieren und sich die Inhalte innerlich vor Augen stellen.[106] Wenn in Hartmanns von Aue *Erec*, dem ersten deutschsprachigen Artusroman, der Rezipient in seiner Rolle als aktive Imaginationsinstanz eingefordert wird, stellt sich die Frage, inwiefern andere Zeugnisse der höfischen Kultur Wahrnehmungslenkung vergleichbar reflektieren[107] und intendierte Formen ästhetischer Blicksteuerung in ihre Gestaltung integrieren. Diese Formen und die damit einhergehenden Funktionen ästhetischer Blicklenkung möchte die vorliegende Studie in ausgewählten höfischen Texten untersuchen.

Grundlegend für solche Überlegungen zu literarisch angeleiteter Imagination ist das Verständnis des inneren Sehens, das Fragen der Vorstellungskraft zunächst insbesondere in geistlichen Kontexten beleuchtet. Dieses umfassend überlieferte Konzept

---

103 Zu dem Schluss, dass ausführliche Information hinderlich für die Illusion sein kann, kommt in der kunsthistorischen Forschung etwa Ernst H. Gombrich: Art and Illusion. A Study in the Psychology of Pictorial Representation. 2. Aufl. Princeton 1969 (Bollingen Series. 35,5), S. 221, da in der Kunst oft absichtliche Verschleierungen eingesetzt werden, um Projektionen zu stimulieren.

104 Es lässt sich mit Wolfgang Kemp: Verständlichkeit und Spannung. Über Leerstellen in der Malerei des 19. Jahrhunderts. In: Der Betrachter ist im Bild. Kunstwissenschaft und Rezeptionsästhetik. Hrsg. von dems. Neuausg., erw. und bibliogr. auf den neuesten Stand gebracht. Berlin 1992 (Kunstgeschichte zur Einführung), S. 307–332, hier: S. 313, davon ausgehen, dass „jedes Kunstwerk gezielt unvollendet ist, um sich im und durch den Betrachter zu vollenden." Dies lässt sich für Hartmanns *Erec* vor allem im Kontext der Beschreibung des prächtigen Sattels beobachten, die, so Strittmatter, Poetik, S. 258, „unentwegt hervorgebrachte[.] Aufforderungen des Erzählers, die eigene Vorstellungskraft zu aktivieren", aufweist, die „das Publikum zur unmittelbaren Mitgestaltung dieses ‚Meisterwerks' an[regen]". Dass es eine interaktive Beziehung zwischen dem Rezipienten und dem Kunstwerk gibt, ist (vor allem in den bildenden Künsten) in der Vormoderne, etwa im Kontext der Allegorie, durchaus reflektiert worden, vgl. Eco, Das offene Kunstwerk, S. 32–33.

105 Vgl. Dennis Howard Green: Medieval Listening and Reading. The Primary Reception of German Literature 800–1300. Cambridge 1994, S. 77.

106 Mustergültig führt Erec selbst dieses Vor-Augen-Stellen vor, denn, wie Wandhoff, Vom Finden der Liebe, S. 120, herausstellt, wiederholt der Text während der Aventiure in Brandigan mehrfach, „[d]ass ihm nicht etwa die *gesehene*, sondern die *gedachte* Schönheit Enites das Herz und den Körper stärkt" [Hervorhebung im Original].

107 Mit Kemp, Kunstwissenschaft, S. 22, kann angenommen werden, dass allen ästhetischen Zeugnissen ein reflexives Moment von Beginn an inhärent ist, denn indem ein Kunstwerk für einen Rezipienten konzipiert ist und entsprechend „mit uns kommuniziert, spricht es über seinen Platz und seine Wirkungsmöglichkeiten in der Gesellschaft, spricht es über sich selbst."

mittelalterlichen Vor-Augen-Stellens setzt voraus, dass es zwei unterschiedliche Augenpaare gibt, wie David Ganz ausführt:

> Ein zentraler Topos mittelalterlicher Theologie und Frömmigkeitspraxis ist die Unterscheidung zwischen äußerem und innerem Sehen, zwischen *oculi carnis* und *oculi cordis*. Während die *oculi carnis* allein zur Wahrnehmung der *visibilia* befähigt sind, gelingt es den *oculi cordis*, zur Sphäre der *invisibilia* vorzudringen. Paradigma dieser Grenzüberschreitung ist der gesamte Bereich der visionären Erfahrung, verstanden als Schau einer göttlichen Offenbarung.[108]

Während die fleischlichen Augen nach Gudrun Schleusener-Eichholz „nur die äußeren Formen und Gegenstände der sichtbaren Welt auf[nehmen]" und „deswegen der Täuschung und Begrenzung [unterliegen]"[109], leitet die geistliche Literatur zur Wahrnehmung mit den inneren Augen an, wobei das Gedächtnis des Menschen „als innerer Bildraum verstanden [wird], der mit den Bildern des historischen Geschehens der Heilsgeschichte angefüllt werden soll"[110]. Dass dieses „Sehen mit den Augen des Herzens (*oculos cordis*) möglich sei, war im Mittelalter unstrittig und wurde gestützt durch die antiken Quellen"[111], sodass die inneren Augen aus der Sicht mittelalterlicher Rezipienten keine bloße Metapher sind.[112] Der omnipräsente Topos der Augen des Herzens ist entsprechend auch im weltlichen Roman zu finden, in welchem das innere Sehen vor allem in Minnekontexten präsent ist, wie etwa Joachim Bumke für Parzivals Minneversunkenheit in der sogenannten Blutstropfen-Episode zeigt:

> Man kann den Kontrast als einen Gegensatz zwischen Innen und Außen beschreiben. Parzival hat die äußere Welt verlassen und ist ganz nach innen gegangen. Er blickt noch mit seinen körperlichen Augen auf die Blutstropfen; aber was er da sieht, kann er nur mit seinen inneren Augen sehen.[113]

---

108 David Ganz: *Oculus interior*. Orte der inneren Schau in mittelalterlichen Visionsdarstellungen. In: Anima und sêle. Darstellungen und Systematisierungen von Seele im Mittelalter. Hrsg. von Katharina Philipowski, Anne Prior. Berlin 2006 (Philologische Studien und Quellen. 197), S. 113–144, hier: S. 113.

109 Gudrun Schleusener-Eichholz: Das Auge im Mittelalter. Band 2. München 1985 (Münstersche Mittelalter-Schriften. 35), S. 938–939.

110 Lentes, Inneres Auge, S. 180. Diese Unterscheidung der zwei Augenpaare wird vor allem in der geistlichen Literatur vorgenommen; beispielhaft sei hier auf Konrads von Würzburg *Goldene Schmiede* verwiesen, in der von den *herzen ougen* (V. 89) die Rede ist.

111 Wenzel, Erzählende Bilder, S. 236. Ähnlich Haiko Wandhoff: Ekphrasis in der Literatur des Mittelalters. In: Handbuch Literatur & Visuelle Kultur. Hrsg. von Claudia Benthien, Brigitte Weingart. Berlin/Boston 2014 (Handbücher zur kulturwissenschaftlichen Philologie. 1), S. 287–303, hier: S. 291.

112 Vgl. Hans Ulrich Gumbrecht: Erudite Fascinations and Cultural Energies. How Much Can We Know about the Medieval Senses? In: Rethinking the Medieval Senses. Heritage / Fascinations / Frames. Hrsg. von Stephen G. Nichols, Andreas Kablitz, Alison Calhoun. Baltimore 2008 (Parallax: Re-visions of Culture and Society), S. 1–10, hier: S. 5.

113 Joachim Bumke: Die Blutstropfen im Schnee. Über Wahrnehmung und Erkenntnis im *Parzival* Wolframs von Eschenbach. Tübingen 2001 (Hermaea N. F. 94), S. 3. Margreth Egidi: Blick und Objekt. Die Inszenierung des Blicks im höfischen Roman. In: Sehen und Sichtbarkeit in der Literatur des deut-

Wenzel vermutet, weitere geistliche Topoi nutzend, eine Korrelation zwischen den „Augen des Herzens“ und den „Ohren der Seele“, „die als Vorstellung gleichzeitig und gemeinsam in der Minnethematik durchgesetzt haben [dürften]“[114], was wohl auch daher rührt, dass „kaum ein anderes psychologisches Problem die Minnedichter so rege beschäftigt hat wie die Entstehung der Minne“, wofür die Vielzahl von Beispielen für die Herz-Augen-Metaphorik spricht.[115] Dass die Trennung beider Augenpaare dennoch insbesondere in Minnekontexten schwerlich klar definiert werden kann, weil das äußere Auge essenziell zum Entstehen des (sensorischen) Begehrens beiträgt, suggeriert Suzannah Biernoff: „The fleshly eye [...] is not an instrument of observation. It is a vehicle of desire: a means of grasping, devouring, adhering to the objects of one's sensual appetites; and a spontaneous dilation of one's senses in anticipation of the world's influx.“[116] Aufgrund der Omnipräsenz des Topos von inneren und äußeren Augen, der mal subtil, mal offensichtlich in weltlichen Textzeugnissen erscheint, kann davon ausgegangen werden, dass sich die mittelalterlichen Verfasser höfischer Texte – gerade in Bezug auf die Entstehung von Minne – dem spannungsgeladenen Verhältnis zwischen beiden Augenpaaren bewusst waren und ein Spiel zwischen klar benanntem Sichtbaren und Unsichtbarem bzw. zu Imaginierendem intendiert in die Gestaltung ihrer Werke einbanden. Das innere Sehen, das aus mittelalterlicher Perspektive viel mehr ist als ein bloßes Imaginieren, wird darum in den folgenden Analysen vor allem dann mitgedacht, wenn die Forderungen an die Rezipierenden über das reine Vor-Augen-Stellen hinausgehen.

Mit Anleitungen dazu, mehr zu sehen, als das, was dargestellt ist, kann nämlich eine Entschlüsselungsleistung der Rezipierenden herausgefordert werden, in der letztlich auch der rein kompositorische Blick – wie er eingangs aus den Bildzeugnissen abgeleitet wurde – zu einem verstehenden Durchblick wird. Wenn der Rezipient angehalten ist, über das Präsentierte hinaus zu deuten, zeigt sich, dass sich diese Form des Sehens einem hermeneutischen Verständnis von Erkenntnis annähert. Entsprechend schreiben Hans Adler und Sabine Groß über das Verhältnis von Sehen und Erkennen:

> Das vermittelte Sehen und seine unendlich vielen Realisationsformen haben den anderen Sinnesleistungen das voraus, dass ihm explizit Erkenntnisqualitäten zugeschrieben werden. Gemeint ist hier nicht, dass Sehen eine Form des Erkennens sei, sondern, dass Sehen diskursiv als eine Form

---

schen Mittelalters: XXI. Anglo-German Colloquium London 2009. Hrsg. von Ricarda Bauschke, Sebastian Coxon, Martin H. Jones. Berlin 2011, S. 115–128, hier: S. 124, beschreibt Parzivals Wahrnehmung als Verschmelzung: „Im inneren Schauen wird die scharfe Differenz zwischen Subjekt und Objekt aufgehoben oder doch relativiert. Der Andere wird nicht zum Objekt, das vom Subjekt klar geschieden ist, sondern er wird Teil einer Einheit, die das Subjekt in seiner Vorstellung erzeugt.“

114 Horst Wenzel: Fernliebe und hohe Minne. Zur räumlichen und sozialen Distanz in der Minnethematik. In: Liebe als Literatur. Aufsätze zur erotischen Dichtung in Deutschland. Hrsg. von Rüdiger Krohn. München 1983, S. 187–208, hier: S. 194.

115 Wolf Gewehr: Der Topos „Augen des Herzens“ – Versuch einer Deutung durch die scholastische Erkenntnistheorie. In: DVjs 46 (1972), S. 626–649, hier: S. 638.

116 Biernoff, Sight, S. 59.

des Erkennens zugerichtet worden ist. Die zwar nicht durchgängige, aber doch dominante Nobilitierung des Gesichtssinnes seit der Antike beruht auf dessen epistemologischer Transferfähigkeit, die als Idee und diskursive Praxis tief in den westlichen Kulturen verankert ist, von den einfachsten Formen pragmatischer Alltagskultur („Seeing is believing", „Das glaube ich erst, wenn ich es sehe") bis hin zu den elaborierten Formen philosophischer Reflexion, deren erkenntnistheoretische Fundierung stark optisch geprägt ist: Etwas gilt als begriffen, wenn es „klar und deutlich" ist; Sachverhalte müssen „aufgeklärt", „ins rechte Licht gerückt" werden, damit man ‚sieht', was sie ausmacht. Auch eine „Ein-Sicht" ist eine Form des verstehenden Sehens.[117]

Das verstehende Sehen, das im Rahmen dieser Studie für Erzeugnisse der höfischen Kultur herausgestellt werden soll, umfasst ein Wahrnehmen und Erkennen, das die aktive Mitarbeit des Rezipienten aber nicht nur darauf bezieht, sich die Inhalte vor den inneren Augen auszumalen, sondern sie im Kontext des Werks zu reflektieren und zum Entschlüsseln von Bedeutungskonstellationen zu nutzen. In Texten wird ein solches Durchschauen im doppelten Wortsinn von rahmenden metapoetischen Äußerungen (etwa in Prologen) begleitet, die die Wirkung rezeptionslenkender Inszenierungen auf der Handlungsebene zusätzlich intensivieren können. Dass der damit untersuchte Blick des Rezipienten insbesondere im Kontext poetologischer Äußerungen von Erzähltexten zu einem vorwiegend metaphorischen Blick wird, der nicht mehr (nur) kompositionell festzumachen ist, um damit die Reflexion nicht-visueller Verstehensprozesse zu initiieren, ist eine Besonderheit literarischer Zeugnisse. Diese übersteigt zwar das kompositorisch-lenkende Potenzial der untersuchten Bildzeugnisse, dennoch schafft es gerade die Zusammenschau beider Medien, dass solche Anleitungsstrategien im Folgenden deutlich(er) herausgestellt werden können.

Eine weitere, für die anschließende Analyse entscheidende rezeptionslenkende Kategorie, kann noch einmal anhand der Nicht-Beschreibungen der schönen Protagonistin in Hartmanns *Erec* verdeutlicht werden: Der Rezipient wird einerseits mithilfe diverser ästhetischer Strategien in eine dargestellte Welt hineingeführt und zur Immersion[118] verleitet. Andererseits aber wird, wie das Beispiel Enites zeigt, die Imagination der Rezipierenden intendiert herausgefordert und dabei deren Sehbegehren[119] in

---

117 Adler und Groß, Einleitung, S. 8.

118 Wenzel, Mediengeschichtliche Dimensionen, S. 13, verweist auf diesen Begriff, um eine „persuasive Darstellungsweise, die den Rezipienten zu ergreifen vermag" zu beschreiben.

119 Dieser Begriff kann aus den Überlegungen abgeleitet werden, die Peter Widmer: Das unbewusste Begehren des Voyeurs. In: Schaulust. Heimliche und verpönte Blicke in Literatur und Kunst. Hrsg. von Ulrich Stadler, Karl Wagner. Paderborn 2005, S. 141–159, hier: S. 158–159, zum Unerreichbaren und Unmöglichen anstellt: „Bezogen auf das Sehen heißt das, dass das, was das Subjekt eigentlich sehen will, das, was am Ursprung des Sehens liegt, nicht einholbar ist, es ist der blinde Fleck, der sich entzieht. Der Voyeur weiß also nicht, was er eigentlich sehen will, und vielleicht ist es gerade das, was ihn so erregt, was ihn in Spannung hält. Ein vorbeihuschender Schatten, ein Spalt im Vorhang sind erregender für ihn als der Anblick einer nackten Frau – auch das Verbotene reizt ihn mehr als das Erlaubte, Konventionelle, weil das Verbot das Phantasma nährt, das besagt: Das Verbotene wäre das, was er im Sehen begehrt." Begehren vermittelt eine latente Erotik, sodass Wild, Rhetorik des Begehrens, S. 306–307, für Inszenierungen von Voyeurismus von einer „über das Medium der literarischen Fiktion den Vordergrund gestellt.[120] Im Fall der (Nicht-)Beschreibung Enites erhöht diese Leer-

womöglich gesteigerten Form von Schaulust" ausgeht. Eine erotische Metapher benutzend spricht auch Iser, Akt des Lesens, S. 312, davon, dass Leerstellen die Rezipienten zur aktiven Teilhabe am dargestellten Geschehen ‚verführen' könnten; psychoanalytisch argumentiert Simon O. Lesser: Fiction and the Unconscious. With a Preface by Ernest Jones. London 1960, S. 39, dafür, dass Rezipierende überhaupt erst Geschichten lesen, weil sie nicht vollends zufrieden sind und so mithilfe der Lektüre ihrem heimlichen, teils unbewussten Begehren nachgehen können. Die Verknüpfung von Sehbegehren und Vergnügen im Rahmen der Rezeption von Literatur wird bei Keller, Blinded Avengers, S. 219, deutlich: „The existential desire for visibility reveals itself as a narrative motif that serves ideally to heighten the audience's amusement." Dass der Begriff des Begehrens für eine Untersuchung ästhetischer Zeugnisse produktiv gemacht werden kann, zeigen für mittelalterliche Literatur etwa Trînca, Amor conspirator, S. 54 – „Begehren und Lust werden von Dichtung provoziert" – und Beatrice Michaelis: (Dis-)Artikulationen von Begehren. Schweigeeffekte in wissenschaftlichen und literarischen Texten. Berlin 2011 (TMP. 25), S. 2. Claudia Blümle: Zeuxis und Parrhasios. In: Hinter dem Vorhang. Verhüllung und Enthüllung seit der Renaissance. Hrsg. von ders., Beat Wismer. München 2016, S. 40–55, hier: S. 40, formuliert auch für die Malerei als Technik der Täuschung: „Die Täuschung ist nicht allein das Ergebnis von wirklichkeitsgetreuer Nachahmung, sondern sie setzt – jedenfalls beim Menschen – ein Begehren zu sehen voraus. Es ist ein Begehren, dem das Sehen noch nicht weit genug reicht und das also das jetzt noch Verhüllte zu enthüllen versucht. Damit spielen die Maler und bildenden Künstler bis heute." Weiter fasst den Begriff Regina Toepfer: Erbauung und Begehren. Spannungen im Dramenbuch Hrotsviths von Gandersheim. In: Die Versuchung der schönen Form. Spannungen in „Erbauungs"-Konzepten des Mittelalters. Hrsg. von Susanne Köbele, Claudio Notz. Göttingen 2019 (Historische Semantik. 30), S. 91–114, hier: S. 93, die Begehren allgemein als „Streben nach einem anthropologischen, religiösen und ästhetischen Ideal, das im Bewusstsein einer defizitären Ausgangssituation wurzelt", deutet, mit dem sich dann sogar geistliche Texte untersuchen lassen, weil „[d]er christliche Glaube [...] auf der Vorstellung von einer grundlegenden Defizienz menschlicher Existenz [basiert], was ein Begehren nach Heil und Heiligkeit, Vollkommenheit und Vervollständigung hervorruft." Weil Sehbegehren sich als omnipräsente Motivation offenbart, plädiert Biernoff, Sight, S. 106, dafür, Sehen und Begehren nicht einmal für den Fall wissenschaftlicher Betrachtung zu trennen: „The crucial point, however, is that scientific inquiry, even when put to moral or spiritual use, does not cease to be driven by desire, even if this fact is cloaked in the more acceptable terminology of ‚attention' or ‚laudable will'. There is no suggestion, either in Aristotle or in Augustine, that vision can or should be detached from sensory pleasure or from the mechanism of desire: to rid sensation of these elements would be to extinguish sight itself. Scientific observation, then, cannot be dispassionate: knowledge, whether intellectual, empirical, spiritual or carnal requires the motivated, affective and transformative engagement of subject and object." Entscheidend ist, dass im Folgenden mit einem weiten Begriff von Begehren operiert wird, der nicht nur „ein Ensemble von Auslöse-, Attributions-, Verhaltens- und Ausdrucksmustern umfasst, das nicht einseitig in einem (sexuellen) Begehren nach dem ‚anderen' Geschlecht aufgeht" (Susanne Schul: „ain hierß leit mir ain luoder": Intersektionalität, Animalität und Begehren im Minne- und Aventiureroman *Friedrich von Schwaben*. In: Gender Studies – Queer Studies – Intersektionalität. Eine Zwischenbilanz aus mediävistischer Perspektive. Hrsg. von Ingrid Bennewitz, Jutta Eming, Johannes Traulsen. Göttingen 2019 (Berliner Mittelalter- und Frühneuzeitforschung. 25), S. 333–363, hier: S. 337), sondern in Bezug auf die Rezeption als wahrnehmungsästhetische Kategorie gefasst wird.

120 Morsch, Blickwendungen, S. 271, resümiert, dass „das Aufnehmen und Brechen von Wahrnehmungsroutinen, das beständige Ineinander immersiver und reflexiver Momente, die Infragestellung der Position zum Dargestellten" als „ein teils vortheoretisches, teils kunstvoll-bewusstes Spiel mit der medialen Differenz" erscheint.

stelle, bei gleichzeitig fortwährend bekundeter Bewunderung durch die Figuren auf der Handlungsebene und den Erzähler, die faszinierende Schönheit der Ehefrau Erecs: Das paradoxe Begehren, das damit einhergeht, nicht sehen, sondern aufgrund der textinternen Reaktion der Figuren nur erahnend imaginieren zu können, und gleichzeitig zu hoffen, doch noch Einblick zu erhalten, beschreibt die Schwebe, in der die Rezipienten des *Erec* dauerhaft gehalten werden.

Diese schwebende Position, die der Rezipient zwischen Betrachterraum und dargestelltem Raum, zwischen angeleiteter Imagination und Sehbegehren einnimmt, ist als mediale Schwelle[121] zu verstehen: Brüche in der Wahrnehmungslenkung wie die

121 Als mediale Schwelle wird hier die spezifische Situation des Rezipienten vor einem Bild oder einem Text bezeichnet, die eine interdisziplinäre Ausweitung des Begriffs der ‚ästhetischen Schwelle' von Wolfgang Kemp: Die Räume der Maler. Zur Bilderzählung seit Giotto. München 1996, S. 110, darstellt. Wenn er jedoch schreibt: „Was die Relation Bildraum-Betrachterraum angeht, so kommt es zu dem oft beschriebenen Schritt in den Raum hinein: Die ästhetische Schwelle wird übertreten, wir stehen im Zimmer, im Haus der Erzählung." suggeriert dies, dass der Rezipient eine Möglichkeit habe, die dargestellten Räume zu betreten. Vergleichbar ist Andreas Kraß: Räume des Mitleidens. Text-Bild-Beziehungen in einem spätmittelalterlichen Mariengebetbuch (Frankfurt, UB, Ms. germ. oct. 45). In: Räume der Passion. Raumvisionen, Erinnerungsorte und Topographien des Leidens Christi in Mittelalter und Früher Neuzeit. Hrsg. von Daniela Bohde, Hans Aurenhammer. Bern 2015 (Vestigia bibliae. 32/33), S. 311–334, hier: S. 325, der Ansicht, dass ein Beter im Prozess der Lektüre einer illustrierten Andachtshandschrift, in das Buch hineintreten könne. Tatsächlich aber gibt es, wie Michail M. Bachtin: Formen der Zeit im Roman. Untersuchungen zur historischen Poetik. Hrsg. von Edward Kowalski und Michael Wegner. Aus dem Russ. von Michael Dewey. Frankfurt am Main 1989 (Fischer Wissenschaft), S. 204, konstatiert, eine konkrete Grenze zwischen Werk und Rezipient: „[Z]wischen der darstellenden realen Welt und der im Werk dargestellten Welt verläuft eine scharfe und prinzipielle Grenze." Dennoch, so Bachtin, ebd., weiter, sei es „völlig unzulässig […], diese prinzipielle Grenze als eine absolute und undurchlässige Grenze aufzufassen". Denn wenn „die dargestellte und die darstellende Welt auch niemals miteinander verschmelzen können und wenn die prinzipielle Grenze zwischen ihnen auch niemals aufgehoben werden kann, so sind doch beide unlöslich miteinander verbunden und stehen in ständiger Wechselwirkung." Der Begriff der Schwelle trifft diese Interdependenz beider Welten am ehesten und obwohl diese Schwelle unüberwindbar ist, erscheint sie trotzdem stets als zirkulär-fließende Beziehung zwischen Rezipienten und Kunstwerk, wie Jean-Claude Schmitt: L'Imagination Efficace. In: Imagination und Wirklichkeit. Zum Verhältnis von mentalen und realen Bildern in der Kunst der frühen Neuzeit. Hrsg. von Klaus Krüger, Alessandro Nova. Mainz 2000, S. 13–20, hier: S. 19, für die Betrachtung von Heiligenbildern im Spätmittelalter ausführt: „De l'images au spectateur, il n'y avait pas de solution de continuité, comme si un fluide s'écoulait de l'une à l'autre par le biais de l'imagination, pour s'en revenir vers l'image et à son tour transformer." (Es habe also nach Schmitt ‚keine Unterbrechung zwischen Bildern und Betrachter' gegeben, sodass ‚die Vorstellungskraft wie eine sich stets verwandelnde Flüssigkeit zwischen ihnen hin- und herfloss'.) Darum ist für die mediale Schwelle zwischen Rezipienten und Text oder Bild entscheidend, dass sie auf jener gleichzeitigen Inklusion und Exklusion basiert, die etwa Kathryn Starkey: Affektives Sehen. Visualisierungsstrategien in Thomasins *Welschem Gast*. In: Machtvolle Gefühle. Hrsg. von Ingrid Kasten. Berlin/New York 2010 (TMP. 24), S. 167–188, hier: S. 184, folgendermaßen darlegt: „Er [der Betrachter, J. M.] wird einerseits durch Identifikation und Begierde in das Bild hineingezogen, von ihm aber gleichzeitig ausgeschlossen, und zwar durch die hermetische, naturalistische Gestaltung des Bildes und sein mediales Anderssein." Ähnlich geht Morsch, Blickwendungen, S. 140, von einem „Ineinanderspielen von

eklatante Leerstelle der Figurenbeschreibung Enites sorgen dafür, dass es zwischen Imagination und künstlicher Welt keine reibungslosen Übergänge gibt, womit das Sehbegehren des Rezipienten intendiert enttäuscht wird.[122] Diese Schwelle zwischen In-

Angeboten der Teilhabe und der Distanz" aus, die narrative Raumerfahrungen konstituieren. Dabei besteht die „Schwellenfunktion" ästhetischer Zeugnisse zugleich nach Steffen Bogen: Imaginäres Eindringen: Schwellen- und Schleierfunktionen von Bildern (um 1000–1400). In: Mobile Eyes. Peripatetisches Sehen in den Bildkulturen der Vormoderne. Hrsg. von David Ganz, Stefan Neuner. München 2013 (Eikones), S. 91–130, hier: S. 96, genau darin, die Grenze zu markieren: „Das Bild holt die Betrachter ab und markiert einen neuen Anfang, oder zumindest eine Wende, in der zwei Phasen einer Handlung über die Bildwahrnehmung getrennt und zugleich miteinander verbunden werden. Auch hier gehört es zur Wahrnehmung der Objekte als Bild, dass die Wahrnehmung bis zu einem gewissen Grad auf einen imaginären Raum der Erinnerungen und Vorstellungen bezogen wird. Doch vieles, was im Rahmen der Bildbetrachtung gesehen und verstanden wird, soll überleiten und vorbereiten auf das, was der Betrachter danach tut, wenn er die Sphäre der Bilder bereits verlassen hat. Die Bilder sind dann als Markierung einer Grenze zu verstehen und auf das Überschreiten dieser Grenze bezogen." Die Schwellenposition des Rezipierenden, der zugleich hineingeführt und ausgestoßen wird, versteht Lesser, Fiction, S. 248, als Changieren zwischen Betrachter- und Schauspielerrolle: „It should not be forgotten that at one time or another we are both spectators and actors in the fiction which engages us. Most of the time we are both simultaneously, but there are wide shifts in the extent to which we are involved and at various points – for example, at the very beginning, before we are captivated, and, as we shall see, sometimes at the very end – we are merely spectators." (Interessanterweise versteht auch Monika Unzeitig: Autorname und Autorschaft. Bezeichnung und Konstruktion in der deutschen und französischen Erzählliteratur des 12. und 13. Jahrhunderts. Berlin 2010 (MTU. 139), S. 42, Prologe und Epiloge als „Schwellentexte", obwohl sie dabei anders als Lesser wohl weniger den Standpunkt des Rezipienten im Blick hat.) Diese unfeste Position des Rezipienten führt zu Herausforderungen, die allerdings zugleich den Reiz eines jeden Kunstwerks ausmachen: Iser, Akt des Lesens, S. 209, spricht für den Lektüreprozess von andauernden Konflikten, „durch die der Leser ständig zwischen Befangenheit und Beobachtung hin- und herschwingt" und die im Werk angelegte Distanzierung kann mit Däumer, Stimme, S. 444, im Kontext der Aufführungssituation mittelalterlicher Texte sogar als ‚medialer Clash' bezeichnet werden. Bei aller Distanz aber legen die Künste zeitgleich einen Fokus darauf, eine imaginative Überbrückung dieser zwei Positionen zu ermöglichen (vgl. Diedrichs, Vom Glauben zum Sehen, S. 173), die in Bildern etwa in Form eines rezeptionslenkenden „Sprungbretts" (Victor I. Stoichita: Das Selbstbewusste Bild. Vom Ursprung der Metamalerei. Aus dem Franz. von Heinz Jatho. München 1998 (Bild und Text), S. 16.) in Erscheinung treten oder in Texten als geöffnete „Schau- und Wahrnehmungsräume" die „mediale Differenz vergessen [...] machen" (Morsch, Blickwendungen, S. 23) können. Dass sich eine solche Überbrückung in unterschiedlichen Texten und Bildern als mediale Schwelle – mal verborgen, mal enthüllt – sichtbar ist, wird im Folgenden zu zeigen sein.

122 Enttäuschung ist hier als Wahrnehmung der generellen Unerfüllbarkeit zu verstehen, die Michaelis, (Dis-)Artikulationen, S. 14, herausstellt: *„Per definitionem* erscheint Begehren also grundsätzlich als unerfüllbar. Diese Unerfüllbarkeit korrespondiert zuweilen mit der Unsagbarkeit spezifischer Formen des Begehrens." Dies lässt sich in Hartmanns von Aue *Iwein* sogar auf der Handlungsebene erahnen: Wenn der gefangene Iwein sich verzweifelt fragt, wie er die wunderschöne Laudine, die er zuvor zur Witwe gemacht hatte, betrachten kann – *„wie gesihe ich sî?"* (V. 1425) – drückt er damit nicht nur sein eigenes Begehren (vgl. Elisabeth Schmid: Lüsternheit. Ein Körperkonzept im Artusroman. In: Körperkonzepte im arthurischen Roman. Hrsg. von Friedrich Wolfzettel. Tübingen 2007 (SIA. 6), S. 131–148, hier: S. 134), sondern auch das Sehbegehren des exkludierten Rezipienten aus, der die trauernde Schönheit imaginiert. Der Erzähler greift anschließend Iweins Situation, der in Lebensgefahr schwebt, klusion des Rezipienten durch imaginatives Vor-Augen-Stellen, das etwa detaillierte Beschreibungen bewirkt, bei gleichzeitiger durch Sichtblockaden ermöglichter Exklusion[123] ist Grundlage der folgenden Überlegungen. In der höfischen Produktion lässt sich, so die daraus abzuleitende Hypothese, beobachten, dass der Rezipient von Bildern und Texten ein visueller Eindringling ist, der die Barrieren der vierten Wand zu durchdringen versucht. Doch um Einblick zu erhalten, bedarf es einer ästhetischen Vermittlung, die ihm – im metaphorischen und im tatsächlichen Sinn – Gucklöcher aufzeigt, Türen öffnet und damit spielerisch auf das Sehbegehren des Rezipienten an der medialen Schwelle reagiert. Entscheidend ist dabei, dass der ästhetische Übergang nicht als unüberwindbar verstanden wird: Die imaginative Permeabilität der Schwelle zwischen dem Innen und Außen der dargestellten Welt macht den rezeptionsspezifischen Reiz hingegen gerade erst aus.

4 Gegenstand und Vorgehen: Minne und andere Heimlichkeiten

Immer wenn Einschränkung von Sichtbarkeit und vor allem Unsichtbarkeit im Vordergrund stehen, wird, wie oben ausgeführt, der Rezipient auf besondere Weise angesprochen und integriert, womöglich aber auch absichtlich verwirrt. Hervorzuheben ist, dass die proklamierte Sichtbarkeit der Textinszenierungen, die bisher von der Forschung im Kontext der Visualisierungsfragen betrachtet wurden, gerade keinen solchen integrativen Charakter hat. Die Passagen nämlich, die als „Schaustücke"[124] angelegt sind, sprechen den Distanzsinn[125] an, während mit dem eingeschränkten oder gar

aber gleichzeitig von Minnesehnsucht gequält wird, nochmals auf: *ouch enwas diu nôt niht cleine, / daz er sî hôrte und niene sach* (V. 1446 f.). Mit dieser Aussage wird einerseits Iweins Situation, in der er die Klagen der Witwe hören, aber sie zu seinem Unglück nicht sehen kann, geschildert. Andererseits wird akzentuiert, dass bloßes Hören nicht zufriedenstellend ist: Nicht-Sehen ist eine *nôt* – die der Rezipient nachvollziehen kann, weil er eine Geschichte vernimmt, aber nichts davon sehen kann. Dass Texte mit Störungen Rezeptionserwartungen enttäuschen, bewertet Lasch, Eingreifendes Denken, S. 15, wiederum als Ausweis von Literarizität.

123 Mit einem Fokus auf literarische Raumerfahrung beschreibt Morsch, Blickwendungen, S. 263, für deskriptive Blicke auf Frauen in höfischen Texten, dass diese „eine Involvierungsstruktur" kreieren, „in der die ‚vorgestellten' Blicke die Rezipienten faszinieren und zugleich daran erinnern können, dass ihre Wahrnehmungssituation, ihre Haltung und ihr Beitrag ‚infrage gestellt' ist."

124 Vgl. Morsch, ebd., S. 20.

125 Vgl. Biernoff, Sight, S. 92. Ähnlich spricht Morsch, Blickwendungen, S. 90, für die ‚exotische' Stadt Grippia im *Herzog Ernst* davon, dass sie „als schriftlich aufgezeichneter Fernblick" für die Augenzeugen zweiter Ordnung, d. h. die Rezipierenden, dargestellt sei. Nach Ludger Lieb: Innenräume der Dame. Imaginationen von Präsenz in den Tageliedern des Mönchs von Salzburg. In: Innenräume in der Literatur des deutschen Mittelalters. XIX. Anglo-German Colloquium Oxford 2005. Hrsg. von Burkhard Hasebrink, Hans-Jochen Schiewer, Almut Suerbaum [u. a.]. Tübingen 2008, S. 267–294, hier: S. 268–269, überwinden Augen vor allem im Minnekontext Distanzen. Irmgard Gephart: Sehen und Gesehenwerden. Die Leidenschaft des mittelalterlichen Hofes. In: „Es trübt mein Auge sich in Glück und Licht". Über den Blick in der Literatur. Hrsg. von Kenneth Scott Calhoon, Eva Geulen, Claude Haas [u. a.].

blockierten Sehen, das auf der Handlungsebene etwa hinter Vorhängen oder in geheimen Gemächern zu finden ist, der gegenteilige Effekt erzielt wird: Weil die Sichtbarkeit nicht als totale Einsehbarkeit dargestellt wird, muss der Rezipient sich auf intimere Formen der Wahrnehmung verlassen. Die Blockade des Fernsinns durch eine Form visueller Einschränkung sorgt für eine reizvolle Erfahrung von Nahbarkeit und Immersion, die paradoxerweise zugleich von ästhetischer Distanz geprägt ist, weil der Rezipient letztlich an der medialen Schwelle verweilen muss.[126]

Solche Näheerfahrungen lassen sich vor allem im Kontext der Vermittlung von Geheimnissen beobachten: Rezeptionslenkende Reizsteigerung durch sabotierte Blicksteuerung erfolgt oft im Kontext von Intimität[127], womit sich vor allem Minneszenen

---

Berlin 2010 (Philologische Studien und Quellen. 221), S. 25–34, hier: S. 25, erkennt in der Unterscheidung von Nähe und Distanz die typischen Blicke der höfischen Kultur: „Die höfische Gesellschaft ist in erster Linie eine öffentliche. Sofern sich private Räume auftun, bleiben diese stets auf einen dominanten öffentlichen Raum bezogen. Entsprechend sind die bedeutsamen Blicke Fernblicke, sie überwinden eine Distanz, die der öffentliche Raum vorgibt, in dem Männern und Frauen, Herrschaftsträgern und Untergebenen bestimmte Positionen zugewiesen sind." (Anders argumentiert Wenzel, Spiegelungen, S. 141, der davon ausgeht, dass erhöhte Sichtbarkeit Distanz zum dargestellten Geschehen verringere.) Spearing, Poet as Voyeur, S. 144, vermutet sogar, dass das distanzierte Sehen und das intime Fühlen jeweils dem Bereich des Maskulinen bzw. des Femininen zugeordnet werden könnte.

126 Damit gibt es eine strukturelle Ähnlichkeit zwischen einem Voyeur und einem Rezipienten wie die Formulierung „voyeurs do not directly interact with the object of their voyeurism, but rather observe the watched from a distance by peeping through an opening or aperture" von Assaf Pinkus: A Voyeuristic Invitation in the Arena Chapel. In: Sehen und Sakralität in der Vormoderne. Hrsg. von David Ganz, Thomas Lentes. Berlin 2011 (KultBild. 4), S. 106–119, hier: S. 110, verdeutlicht.

127 Intimität beschreibt ein neuzeitliches Konzept, das erst seit dem 19. Jahrhundert belegt und darum nicht ohne Weiteres auf mittelalterliche Texte übertragbar ist. Im Folgenden wird der Begriff jedoch in der Definition von Sebastian Baier: Heimliche Bettgeschichten. Intime Räume in Gottfrieds *Tristan*. In: Virtuelle Räume. Raumwahrnehmung und Raumvorstellung im Mittelalter. Hrsg. von Elisabeth Vavra. Berlin 2005, S. 189–202, hier: S. 190, verwendet, für den das Verhältnis von Inklusion und Exklusion eines Dritten entscheidend ist. Auch in einem jüngeren Beitrag führt er, Sebastian Möckel: „Der süeze wehsei under zwein". Intime Dialoge im mittelhochdeutschen Tagelied um 1200. In: Aspekte einer Sprache der Liebe. Formen des Dialogischen im Minnesang. Hrsg. von Marina Münkler. Bern/New York 2011 (Publikationen zur ZfG. N. F. 21), S. 127–156, hier: S. 135, aus: „Die aufeinander bezogene Differenz von Inklusion der sich Offenbarenden und der Exklusion aller anderen ist letztlich die entscheidende Bestimmung einer Grammatik der Intimität". Ähnlich im Rekurs auf Baier auch Theresa Specht: Der Baumgarten im höfischen Roman. Narrative Erzeugung eines Handlungs- und Imaginationsraums. Berlin/Boston 2023 (LTG. 28), S. 23: „Was aus der Innensicht als Intimität erscheint, wird von den Exkludierten als Heimlichkeit markiert." Das komplexere gesellschaftliche Intimitätskonzept von Niklas Luhmann kann, wie es etwa im Sammelband Unsagbarkeit – Sprachen der Liebe in der Literatur der Vormoderne. Hrsg. von Lea Braun, Felix Florian Müller. Berlin/Boston 2019 (Transformationen der Antike. 59) zugrundegelegt wird, unter bestimmten Vorzeichen ebenfalls auf vormoderne Literatur angewendet werden; ein solcher auf Kommunikation bezogener Zugang erscheint aber für diese Studie nicht zielführend, weil hier die ästhetische Inszenierung von Inimität im Vordergrund stehen soll.

für eine Untersuchung des höfischen Blicks anbieten.[128] Deshalb wird für diese Studie eine Textauswahl getroffen, mit der sich insbesondere Blicklenkungen im Rahmen von Liebesdarstellungen untersuchen lassen. Ein Korpus, das auf der ‚klassischen' und ‚nachklassischen' höfischen Literatur basiert und durch legendarisches Erzählen, Heldenepik und, wann immer möglich, durch Bildzeugnisse ergänzt wird, soll dabei verdeutlichen, wie umfassend Formen eingeschränkter Blicklenkung in die höfische Ästhetik integriert wurden. Weil in der höfischen Literatur- und Kunstproduktion ästhetische Gemeinsamkeiten zu beobachten sind, die vieles über die Kultur verraten, die sie hervorbringt,[129] erscheinen gattungstheoretische Konventionen sowie sprachliche, geographische, chronologische und mediale Unterschiede der zu untersuchenden Zeugnisse als weniger relevant, weil die Frage nach der Inszenierung der Blicklenkung gelegentlich nur in unbedeutenden Randfiguren oder scheinbar beiläufigen Bemerkungen über Verhüllungen sichtbar wird, die sich für die dargestellte Gesamthandlung mitunter eher als marginale Stellschrauben erweisen.[130]

Der hauptsächliche Untersuchungsgegenstand ist zunächst die profane mittelhochdeutsche Literatur des späten 12. bis zum 13. Jahrhundert, von der ausgegangen

128 Horst Wenzel: Das höfische Geheimnis. Herrschaft, Liebe, Texte. In: Schleier und Schwelle. Geheimnis und Öffentlichkeit. Hrsg. von Aleida Assmann, Jan Assmann. München 1997 (Schleier und Schwelle. 1), S. 53–69, hier: S. 68, versteht „das Spannungsverhältnis von Öffentlichkeit und Nichtöffentlichkeit, Innen und Außen" gerade im Bereich höfischer Liebe als in einer Komplexität darstellbar, „die zugleich konstitutiv für die Poetik der mittelalterlichen Literatur erscheint."

129 Die sogenannte Morelli-Methode, die in kunsthistorischen Forschungskreisen des 19. Jahrhundert kontroverse Diskussionen ausgelöst hatte, vermag die Idee dieser Arbeit als eine Spurensuche des höfischen Blicks zu illustrieren: Giovanni Morelli argumentierte in seinen Schriften, dass man bei der Zuordnung von Kunstwerken italienischer Meister nicht auf Gesamteindrücke und relevante Details wie Augen oder Gesichtsausdrücke achten solle, um Original von Kopie zu unterschieden, sondern die oft nebensächlichen Aspekte wie Ohren, Fingernägel oder Füße, die viel genauer Auskunft geben könnten, weil sie vernachlässigt und unbedacht gemalt wurden. Damit ist nach Carlo Ginzburg: Spurensicherung. Der Jäger entziffert die Fährte, Sherlock Holmes nimmt die Lupe, Freud liest Morelli – die Wissenschaft auf der Suche nach sich selbst. In: Spurensicherung. Die Wissenschaft auf der Suche nach sich selbst. Hers. Von dems. Berlin 2002 [1983] (Wagenbachs Taschenbuch. 430), S. 7–57, hier: S. 10, „[d]er Kunstsachverständige [...] dem Detektiv vergleichbar: Er entdeckt den Täter (der am Bild schuldig ist) mittels Indizien, die dem Außenstehenden unsichtbar bleiben."

130 Es ist ohnehin davon auszugehen, dass es innerhalb der europäischen Adelskulturen regen Austausch und gegenseitige Beeinflussung gab. Zum Kulturtransfer zwischen französisch- und deutschsprachigen Höfen etwa Martina Backes: Fremde Historien. Untersuchungen zur Überlieferungs- und Rezeptionsgeschichte französischer Erzählstoffe im deutschen Spätmittelalter. Tübingen 2004 (Hermaea N. F. 103). Dass auch unterschiedliche Medien sich gegenseitig beeinflussen, betont Wenzel, Übertragung, S. 12: „Beide Medien, Text und Bild, können aufeinander einwirken, sie können kontrastieren, sie können produktiv miteinander wirken oder aber einander ergänzen bzw. deuten, gerade in Fällen der medialen Zerdehnung, wenn sie die Bildzeugnisse von Text und / oder Stoff lösen und auf Repräsentationsobjekten, Gebrauchsgegenständen bzw. architektonischen Elementen neu konfiguriert werden. Die Umnutzung der Bilder im Rahmen dynastischer oder anderen Formen der Repräsentation tritt erweiternd hinzu." Ähnlich formuliert Richard M. Shusterman: Performing Live. Aesthetic Alternatives for the Ends of Art. Ithaca 2001, S. 54.

werden kann, dass sie im Kontext höfischer-festlicher Geselligkeit rezipiert wurde. Dazu können heldenepische Texte wie das *Nibelungenlied* gezählt werden, das auf höfische Elemente, etwa Turniere oder die Bildsprache des Minnesangs, rekurriert und damit Hinweise darauf gibt, dass das intendierte Publikum eines war, das diese Bezüge versteht. Auch Hartmanns legendarischer Roman *Gregorius* weist – etwa mit dem Auszug des jungen Ritters oder der Befreiung des belagerten Reichs einer Herrscherin – typische Erzählmotive des höfischen Romans auf, die für sein Publikum wahrscheinlich als solche verständlich waren. Entscheidend ist für die getroffene Textauswahl zudem, dass eine breite Überlieferung nachgewiesen kann, die eine besondere Beliebtheit des Texts beim höfischen Publikum suggeriert. Dazu zählen Wolframs von Eschenbach *Parzival*, Wirnts von Grafenberg *Wigalois* oder Rudolfs von Ems *Willehalm von Orlens*. Bei unikal überlieferten mittelhochdeutschen Texten, etwa Konrads von Würzburg *Partonopier und Meliur* spricht die Verbreitung des Stoffs in anderen Sprachen für dessen Beliebtheit in adligen Gesellschaftskreisen.[131] Um von der betrachteten Literatur eine Brücke zur französischen Bildkunst zu schlagen, die aus Überlieferungsgründen vorwiegend zum Vergleich herangezogen wird, rahmen altfranzösische Texte am Anfang und Ende des zeitlichen Untersuchungsspektrums die betrachteten deutschsprachigen Texte. Mithilfe der Lais der Marie de France, die prägende Motive rund um Minne und deren Geheimhaltung präsentieren, und der Versnovelle der *Kastellanin von Vergi* kann somit ein konsistenter Kanon an Blicklenkungsstrategien aufgezeigt werden, der für die Zeugnisse der Adelskultur als etabliert angenommen werden darf. Insgesamt umfasst das Korpus zu untersuchender höfischer Texte in dieser Studie folgende Werke: Maries de France *Lai de Lanval*, Hartmanns von Aue *Erec*, *Gregorius* und *Iwein*, Wolframs von Eschenbach *Parzival* und *Titurel*, Gottfrieds von Straßburg *Tristan*, Wirnts von Grafenberg *Wigalois*, das *Nibelungenlied*, Rudolfs von Ems *Willehalm von Orlens*, die französische Versnovelle *Die Kastellanin von Vergi* sowie Konrads von Würzburg *Engelhard* und *Partonopier und Meliur*.

Um Vermutungen über eine spezifisch höfische Blickästhetik zu formulieren, werden die Überlegungen von in Text und Bild umfassend rezipierten Kompositionen und Handlungskonstellationen ausgehend gestaltet, weil sich in diesen Kulturzeugnissen entscheidende Wahrnehmungspräferenzen des höfischen Publikums am ehesten herausstellen lassen. Dazu werden die nachstehenden Analysen der ausgewählten höfischen Texte vorwiegend Szenen beleuchten, in denen Sichtblockaden auf der Handlungsebene eindrücklich zum Vorschein treten. Als solche Szenen sind für die dreischrittige Analyse höfischer Blicklenkungsstrategien insbesondere diejenigen interessant, die in ihrer rezeptionssteuernden Gestaltung und dem spielerischen Um-

131 Auch weil die Höfe durch Heiraten ein enges „network of interdependencies between the Occitan world and England, Northern France, Germany, Catalonia, Spain“ (Jaeger, Origins, S. 206.) kreierten, darf davon ausgegangen werden, dass in diesen gesellschaftlichen Kreisen ähnliche Stoffe rezipiert wurden.

gang mit Sehen und Nicht-Sehen exponiert erscheinen. Denn gerade für solche aus der Handlung hervorstechenden Passagen, die etwa heimliche Beobachtungen eines Liebespaars präsentieren, lässt sich mit Renate Brosch folgern, dass sie „auffällig und hochgradig erinnerbar“ sind, weil es sich um Textstellen handelt,

> die Leserinnen und Leser auf besondere Weise affizieren und zur kognitiven Partizipation anregen. Durch besonders wirkungsmächtige Darstellungsweisen verdichten sich dann die diffusen Bildfolgen der primären Visualisierung zu besonders eindringlichen und erinnerbaren Bildern. Solche intensiv visualisierbaren Szenen scheinen schon während der ersten Lektüre besonders signifikant.[132]

Ein Beispiel für solche Szenen, die aufgrund ihrer erhöhten visuellen Wirksamkeit nach Brosch als „Schlüsselbilder“ zu verstehen sind, wäre die Baumgartenszene in Gottfrieds von Straßburg *Tristan*,[133] in der zentrale Konflikte und Motive des Romans so verdichtet werden, dass sie im Gedächtnis bleiben – was sicherlich auch einer der Gründe ist, warum sie zu den am breitesten überlieferten literarischen Szenen in der profanen Bildkunst gehört.[134] Dass die vereinnahmende visuelle Wirkung dieser Schlüsselszenen sowohl in Bild- und Textzeugnissen gleichermaßen zu finden sind, berechtigt ihre gemeinsame Betrachtung. Weil für Text- und Bildzeugnisse damit eine gemeinsame ästhetische Sprache angenommen wird, sind die Besprechungen höfischer Bilder in dieser Studie nicht in getrennten Kapiteln zu finden, sondern werden so in die Analysen der höfischen Texte verflochten, dass die gemeinsame Betrachtung ihre vergleichbare ästhetische Konzeption (noch klarer) herauszustellen vermag. Zwar unterscheiden sich die konkrete Art und Weise, wie die untersuchten Bilder und Texte die visuelle Teilhabe am Dargestellten entwerfen; sie ähneln sich aber darin,

132 Brosch, Literarische Lektüre, S. 109.

133 Dazu vgl. Kapitel 2.1.3 in dieser Studie.

134 So ist die Baumgartenszene etwa auf dem Seitenpanel des oben vorgestellten New Yorker Kästchens dargestellt, vgl. Abb. 22. Einen Überblick über diese *Tristan*-Darstellungen bieten vor allem der (im deutschsprachigen Raum noch nicht ausreichend rezipierte) Katalog von Stephanie Cain Van D'Elden: Tristan and Isolde. Medieval Illustrations of the Verse Romances. Turnhout 2016; außerdem Michael Curschmann: Images of Tristan. In: Gottfried von Strassburg and the Medieval Tristan Legend. Papers from an Anglo-North American Symposium. Hrsg. von Adrian Stevens, R. A. Wisbey. Cambridge/Rochester 1990 (Publications of the Institute of Germanic Studies. 44), S. 1–17; ders.: From Myth to Emblem to Panorama. In: Visuality and Materiality in the Story of Tristan and Isolde. Hrsg. von Jutta Eming, Ann Marie Rasmussen, Kathryn Starkey. Notre Dame, Indiana 2012, S. 107–129; Doris Fouquet: Die Baumgartenszene des Tristan in der mittelalterlichen Kunst und Literatur. In: ZfdPh 92 (1973), S. 360–370; Hella Frühmorgen-Voss: Tristan und Isolde in mittelalterlichen Bildzeugnissen. In: DVjs 47 (1973), S. 645–663; speziell zu den aus Elfenbein gefertigten Spiegelkapseln mit der Baumgartenszene René Wetzel: Erkennen und Verkennen: Schattenwurf und Spiegelbild in mittelalterlichen Tristandichtungen und -bildzeugnissen. In: LiLi 45,4 (2015), S. 45–66; zum Lübecker Leinentuch Johannes Pommeranz: Monströse Liebe. Tristan, Isolde und das Leinentuch von Lübeck. In: Monster. Fantastische Bilderwelten zwischen Grauen und Komik. Hrsg. von Peggy Große, G. Ulrich Großmann, dems. Nürnberg 2015 (Ausstellungskataloge des Germanischen Nationalmuseums), S. 360–373.

dass der Blick des Rezipienten geführt und damit auf das gelenkt wird, was über das Sichtbare hinausgeht. Obwohl die spezifischen Untersuchungsergebnisse aufgrund der unterschiedlichen Text- und Bildmedien disparat ausfallen, können mithilfe ausführlicher *close reading*-Analysen dennoch Ähnlichkeiten erkannt werden, die die Existenz transmedialer höfischer Blicklenkungsstrategien – wie etwa für das beobachtete Stelldichein – plausibel erscheinen lassen.

Entscheidend ist für die hier angestrebte, parallel angelegte Betrachtung von Texten und Bildern, dass es im Rahmen der vorliegenden Untersuchung nicht darum gehen kann, eine gegenüberstellende Vergleichbarkeit beider Medien zu erfassen, sondern darum, dass Bilder für ästhetische Codes sensibilisieren und damit einen neuen Blick auf die rezeptionslenkenden Gestaltungsprinzipien der Texte möglich machen. Die Betrachtung literarischer Blickinszenierung in unterschiedlichen höfischen Zeugnissen legt nämlich nahe, dass es semantisierte Handlungskonstellationen gibt, die eine analoge Wirkungsästhetik ansprechen – und damit wiederum Rückschlüsse auf die Wahrnehmungspräferenzen der höfischen Rezipienten zulassen. In diesen lässt sich dann vielleicht jene „Autonomie des laikalen Adels“ festmachen, aus der, so Johanna Thali,

> auch der „Freiraum“ der Rezipienten [resultiert], sich diese [volkssprachigen Texte, J. M.] im Bild neu anzueignen und sie hier in neue Sinnzusammenhänge zu integrieren, um so die Diskussion um ihre Bedeutung im anderen Medium weiterzuführen. Der höfische Diskurs über Liebe oder die Diskussion um höfisch-ritterliche Werte, so ließe sich pointieren, werden nicht nur im Medium der Literatur, sondern auch im Bildmedium geführt.[135]

Bei einer wahrnehmungsästhetischen Analyse, die bemüht ist, Bild- und Textzeugnisse gleichermaßen zu berücksichtigen, ergeben sich so nicht immer neue Interpretationen mittelalterlicher Erzähltexte, doch die Gewichtung einzelner Passagen der untersuchten Primärtexte verschiebt sich bei Berücksichtigung ihrer jeweiligen visuellen Wirkung und macht damit einmal mehr deutlich, dass die höfische Ästhetik auf die schauende Partizipation eines aktiven Rezipienten hin angelegt ist.

Wenngleich sie die vorliegende Untersuchung nicht dominieren, werden höfische Bildzeugnisse fortlaufend in die wahrnehmungsästhetischen Analysen der Texte miteingebunden. Dass die untersuchten Bildzeugnisse in dieser interdisziplinären Studie aber letztlich weniger Platz einnehmen werden, ist – neben ihrer schwierigen Überlieferungslage, weil vor allem im deutschsprachigen Raum nur wenige Zeugnisse überdauert haben – zudem darauf zurückzuführen, dass es literarischen Texten aufgrund ihrer medialen Beschaffenheit inhärent ist, komplexere Formen andeutungsreicher Rezeptionsanleitungen zu entwerfen. Literarische Texte präsentieren mehr Spielarten, weil größere Varianzen möglich sind, während sich zumindest jene Bildtypen, die

135 Thali, Schauliteratur, S. 36.

heute erhalten sind, mitunter nur in Nuancen unterscheiden.[136] Relevant ist jedoch, dass gerade die zahlreich überlieferten Bildzeugnisse mit sehr ähnlichem kompositorischen Bildaufbau die drei gewählten Untersuchungskategorien der werkinternen Blicklenkung (textile Rahmung, Beobachterfiguren und Sichtblockaden) als Formen einer höfischen Wirkungsästhetik nachzuweisen vermögen. Die Besprechung solcher Bildzeugnisse wird im Folgenden in die literaturwissenschaftlichen Überlegungen hineinfließen, sodass die hier vorausgesetzte Ähnlichkeit literarisch erzeugter Bilder mit tatsächlichen Bildern an konkreten Beispielen aufgezeigt und die literaturwissenschaftliche Analyse der Texte damit erweitert und bereichert wird. Weil es Ziel dieser Studie ist, einen umfassenderen, medienübergreifenden Eindruck höfischer Wahrnehmungspräferenzen mithilfe genauer Werkbetrachtungen zu rekonstruieren, ist es notwendig, dazu bisweilen auch Bildzeugnisse miteinzubinden, die keine inhaltlichen, aber auffällige kompositorische und motivische Parallelen zur höfischen Literatur aufweisen. Damit könnte der Text-Bild-Forschung ein neuer Impuls gegeben werden, denn bisher bespricht sie (aus literaturwissenschaftlicher Perspektive) vorwiegend Bilder als illustratives Beiwerk der Texte, was vor allem daran liegt, dass hauptsächlich bebilderte Handschriften und zyklische Darstellungen in Form von Fresken und Teppichen, die einen direkten literarischen Bezug aufweisen, untersucht werden.[137]

Mit der Berücksichtigung eines größeren Korpus einschlägiger Primärtexte und Bildzeugnisse geht einher, dass Forschungsliteratur dieser Studie eher dann punktuell herangezogen wird, wenn sie konkret für die Analyse eines Gegenstandes benötigt wird. Um den einführenden Charakter dieser Einleitung nicht bereits mit Forschungsparaphrasen zu überfrachten, wird das oben vorgestellte theoretische Gerüst vor allem dort mit weiterführender Sekundärliteratur unterfüttert, wo sich die Anforderungen, die ein bestimmter Verfasser oder ein bestimmter Text an die Blicklenkungsstrategien stellt, über das oben beschriebene Erzeugen von Blicksteuerung und Sehbegehren hinausgehen. Solche gegenstandsbezogenen Kontextualisierungen zeigen dann spezifische rezeptionslenkende Intentionen einzelner Werke auf, die nicht für alle Zeugnisse gleichermaßen gültig sein können und deshalb erst sukzessive im Rahmen der jeweiligen Analyse vorgestellt werden. Um Beobachtungen analoger ästhetischer Strategien zu bündeln, erhält jedes der drei Großkapitel zu den drei übergeordneten Kategorien von Blicklenkung eine eigene Einführung, die die besonderen Vorausset-

---

136 Ähnlich plädiert etwa auch Thali, ebd., S. 34–35, dafür, dass Bilder zwar oft standardisiert angelegt seien, sie aber trotzdem eigene Wege der Vermittlung fänden, die im Vergleich mit literarischen Texten, auf die sie sich beziehen, nicht abgewertet werden sollten.

137 Dies zeigen die Beiträge im jüngsten germanistisch-mediävistischen Sammelband zum Thema Text und Bild hrsg. von Dietl, Schanze und Wolfzettel, Artusroman und Bildlichkeit, oder auch die Monografien von Tschümperlin, Weltentwürfe, zu illustrierten Weltchronik-Handschriften und von Thali, Schauliteratur, die sich auf Wandmalereien und Bilderzyklen in mittelalterlichen und frühneuzeitlichen Burgen und Patrizierhäusern fokussiert. In den Bildwissenschaften hingegen sind illustrierte Handschriften und Drucke noch wenig berücksichtigt, vgl. Wenzel, Mediengeschichtliche Dimensionen, S. 26.

zungen der darin untersuchten Strategien anhand von Beispielen und theoretischen Vorüberlegungen weiter ausführt. Die jeweils in den Kapiteleinleitungen vorgestellten Annahmen zum eindringenden, zum gelenkten und zum blockierten Blick werden anschließend vertiefend auf den konkreten Rezeptionskontext der untersuchten Erzähltexte zugeschnitten. Diese Spezifizierung erfolgt vor allem dann ausführlicher, wenn die analysierten Erzähltexte etwa rahmende Prologe oder Epiloge aufweisen, die in die Analyse der Rezeptionsanweisungen miteinbezogen werden müssen, um Blicklenkungen nachzuvollziehen, die über die bloße kompositorische Steuerung auf der Handlungsebene hinausgehen, womit der Blick dann als wahrnehmungsästhetische Metapher für Erkenntnis gedeutet werden kann.

5 Prämissen im höfischen (Halb-)Dunkel: Herausforderungen einer Spurensuche

Im Rahmen der Untersuchung höfischer Wahrnehmungspräferenzen muss zum Abschluss dieser Einleitung auf einige Prämissen und Herausforderungen hingewiesen werden, die eine (im 21. Jahrhundert verfasste) wahrnehmungsästhetische Studie über mittelalterliche Gegenstände mit sich bringt. Zwar wurde oben dargelegt, dass Texte eine Bildwirkung haben, die – so die im Rekurs auf die Bildzeugnisse entwickelte Hypothese – bei der Konzeption der rezeptionslenkenden Wirkungsästhetik mitgedacht wurde. Doch die Untersuchung von Nicht-Sichtbarkeit in Erzähltexten scheint diesem Verständnis von der Bildwirkung der Texte zu widersprechen. So wird tatsächlich schon in der Formulierung des Vorhabens, die Darstellung eingeschränkter Sichtbarkeit beleuchten zu wollen, eine grundlegende Paradoxie dieses Bestrebens deutlich, die einer Ausführung bedarf: Ein Rezipient literarischer Texte benötigt visuelle Informationen zur Anleitung der Imagination – je umfassender beschrieben wird, desto konkreter das Bild, das vor dem inneren Auge entstehen kann. Durch unterschiedliche werkinterne Störungselemente wird die Lenkung des Blicks, wie bereits gezeigt, manchmal intendiert aufgehalten oder blockiert, womit zahlreiche Text- aber auch Bildzeugnisse suggerieren, dass der ästhetische Reiz, der mit dem Nicht-Sehen-Können einhergeht, das Sehbegehren erhöht. Dies bedeutet jedoch zugleich, dass das Nicht-Sehen ebenfalls mit bestimmten ästhetischen Strategien sichtbar gemacht werden muss, was für Unsichtbarkeit in Bild- und Textzeugnissen gleichermaßen gilt, weil sie, so Franziska Wenzel, „codifizierte Zeichen nutzen, um etwas nicht Darstellbares vor Augen zu stellen, wobei die Wirkung der Darstellung davon abhängt, auf welche Weise die Differenz zwischen Abwesendem und Dargestelltem überbrückt wird.“[138] Da Texte und Bilder aus Informationen bestehen, die in der Wahrnehmung des Rezipienten visuell realisiert werden, sieht sich also jedes Werk, das mit dem verhüllten Sehen

138 Wenzel, Mediengeschichtliche Dimensionen, S. 9.

spielt, mit dem ästhetischen Dilemma konfrontiert, das Nicht-Zeigen vermitteln, es also dennoch zeigen zu müssen,[139] um eine Brücke zwischen Abwesendem und Dargestelltem zu schlagen.

Ein verschleiertes Zeigen des Nicht-Zeigens ist die Lösung für diesen Zwiespalt: Während die bildende Kunst dem Dilemma mit (halb-)verhüllenden Textilien oder Rückenfiguren, die den Blick lenken, zugleich aber die Sicht versperren, begegnet, kann die Literatur Verhüllungen durch markierte Auslassungen kenntlich machen, die jedoch gleichzeitig mit subversiven Andeutungen zur Imaginationsanleitung versehen werden. Darin wiederum wird die getroffene Auswahl des Korpus ersichtlich, denn höfische Liebesdarstellungen beherrschen diese Strategie besonders eindrücklich: Im Minnekontext wird etwa der eigentliche Liebesakt zwar selten dargestellt,[140] aber mithilfe (oft nicht allzu) subtiler Chiffren angedeutet, sodass Spuren die Funktion der Visualisierung des Unsag- und Unsichtbaren übernehmen,[141] woraus „sich eine Erotik des Schauens, der Sprache und kleiner Berührungen [entwickelt].“[142] Um diese kunstvolle Paradoxie des verhüllten Zeigens auf den Punkt zu bringen: Sichtbare Spuren des Unsichtbaren verweisen auf die Existenz des Unsichtbaren im Sichtbaren.

Veranschaulichen lässt sich dies mit Walthers von der Vogelweide *Lindenlied*, in dem ein Mädchen von einem Liebesabenteuer im Freien erzählt: Sie erwähnt dabei den eigentlichen Akt nicht, sondern deutet den Rezipienten auf die Spuren hin, die zu verstehen geben, was zwischen dem Mädchen und ihrem Verehrer vorgefallen ist. Diese Spuren sind ihr roter Mund, der an die tausendfachen Küsse erinnert (II,9), und die Körper-Abdrücke von *gebrochen bluomen unde gras* (I,6), die die Minnebegegnung in Bildern des Vergangenen deutlich machen.[143] Die unverkennbar sichtbaren Spuren

---

139 So Iser, Akt des Lesens, S. 79: „Wirkung entsteht [...] aus der Dialektik von Zeigen und Verschweigen.“ Morsch, Blickwendungen, S. 155–156, konstatiert ebenfalls, dass sinnvolle Erfahrbarkeit literarischer Räume durch Wahrnehmungsangebote gestaltet werden, die im „doppelten und nie vollkommen aufzulösenden Wechselspiel von Bestimmungen und Unbestimmtheiten“ zu verorten sind.

140 Vgl. Michael Camille: Manuscript Illumination and the Art of Copulation. In: Constructing Medieval Sexuality. Hrsg. von Karma Lochrie, Peggy McCraken, James A. Schultz. Minnesota 1997 (Medieval Cultures. 11), S. 58–90, hier: S. 78.

141 Es kann mit Wolfgang Beutin: „Das nerrisch tut vil manig man, der sich des schamt ein ander zeit“. Zur Problematik des Obszönen im Mittelalter. In: Erotik, aus dem Dreck gezogen. Hrsg. von Johan H. Winkelman, Gerhard Wolf. Amsterdam 2004 (Amsterdamer Beiträge zur älteren Germanistik. 59), S. 21–35, hier: S. 33, davon ausgegangen werden, dass solche Spuren in Form von Doppeldeutigkeiten o. ä. stets bewusst integriert wurden. Es ist zudem naheliegend, dass mit der Erfindung der höfischen Sprache auch die Etablierung ihres vulgären Gegenparts einhergeht, vgl. Charles Muscatine: Courtly Literature and Vulgar Language. In: Court and Poet. Selected Proceedings of the Third Congress of the International Courtly Literature Society. Hrsg. von Glyn S. Burgess. Liverpool 1981 (Arca. 5), S. 1–19, hier: S. 5.

142 Bartz, Mit Ovid, S. 18.

143 Martin Baisch: Seitensprünge und Eisenstäbe. Blutspuren in Szenarien von Betrug und Verstellung. In: Verstellung und Betrug im Mittelalter und in der mittelalterlichen Literatur. Hrsg. von Matthias Meyer, Alexander Sager. Göttingen 2015 (Aventiuren. 7), S. 9–33, hier: S. 24.

der Liebesbeziehung werden so beschrieben, dass sie für den Rezipienten imaginierbar sind, ihre Auslegung jedoch bleibt eine Leerstelle, die nur von solchen Rezipierenden ausgefüllt werden kann, die den darin verhüllten Code erkennen und dessen Bedeutung verstehen. Damit wird das *Lindenlied* „im verhüllenden Enthüllen eines der reiz- und kunstvollsten erotischen Lieder“[144] des deutschsprachigen Mittelalters und Verhüllung durch Spuren wird als ästhetische Strategie ersichtlich, die in dem, was offensichtlich gezeigt werden kann, etwas Nicht-Zeigbares verbirgt.

Hinweisstrukturen in ästhetischen Zeugnissen deuten auf das, was aus unterschiedlichen Gründen nicht vermittelt werden kann: Unsichtbares, Un(be)greifbares, Unsagbares wird so verhüllt in Form von Spuren dennoch sichtbar gemacht.[145] Für die Rezipierenden dienen solche Indizien als werkinterne Hilfestellungen, die für die Imagination gerade genug vorgeben, um vorstellbar zu sein, aber das, was eigentlich gesehen werden soll, verhüllen. In dieser Studie sollen genau solche ästhetisch konstruierten Spuren sowie die verborgenen und dabei doch offensichtlichen Andeutungen und Anhaltspunkte innerhalb des Nicht-Sichtbaren untersucht werden.[146] Nicht immer

144 Gerhard Hahn: Art. Walther von der Vogelweide, ^{2}VL 10, Sp. 678.

145 Diese Strategien, um Unsagbares – etwa göttliches Wirken – in Hinweisen zu zeigen, sind gerade für die christliche Kunst gang und gäbe: Die bekanntesten Spuren der mittelalterlichen Kunst sind vermutlich die Fußabdrücke Jesu, die sich ab etwa der Mitte des 13. Jahrhunderts im deutschen und niederländischen Raum als fester Bestandteil von Himmelfahrtsdarstellungen etablieren, deren Verehrung aber auf wahrscheinlich im 5. Jahrhundert erstmals erwähnte Fußspuren auf einem Felsblock auf dem Ölberg zurückgeht (dazu Andrea Worm: Steine und Fußspuren Christi auf dem Ölberg. Zu zwei ungewöhnlichen Motiven bei Darstellungen der Himmelfahrt Christi. In: Zeitschrift für Kunstgeschichte 66,3 (2003), S. 297–320, hier: S. 307). Worm ebd., S. 297–320, verortet das früheste Beispiel dieses Bildtypus in dem auf zwischen 1208 und 1213 datierten Stuttgarter Landgrafenpsalter HB II 24 (Württembergische Landesbibliothek, fol. 109v). Die Fußspuren in Himmelfahrtsdarstellungen sind bis zum frühen 16. Jahrhundert in Handschriftenillustrationen genauso zu finden wie auf Altarbildern, Schreinen oder in der Monumentalmalerei; exemplarisch sei hier auf eine Miniatur in der Berliner *Speculum humanae salvationis*-Handschrift Ms. germ. fol. 245 (Blatt 62v) aus dem Jahr 1430 verwiesen, die die Fußspuren in das Zentrum der Darstellung stellt, während die tatsächlichen Füße Jesu am oberen Bildrand beinahe unbemerkt aus dem Bildraum entschwinden: https://digital.staatsbibliothek-berlin.de/werkansicht?PPN=PPN778295168&PHYSID=PHYS_0128&view=overview-toc&DMDID=DMDLOG_0001 [Zugriff: 02.07.2024]. Die Bekanntheit dieser Spuren-Bildtradition deutet einmal mehr darauf hin, dass Spuren, die als sichtbare Hinterlassenschaften auf Unsichtbares oder nicht mehr Präsentes deuten, in Bild- und Textzeugnissen für Rezipierende im hohen und späten Mittelalter durchaus lesbar gewesen sein dürften. Dass diese Fußabdrücke Jesu damit auch als indexikalische Zeichen im Peirce'schen Sinn gedeutet werden können, betont Henrike Manuwald: Verfahren der Veranschaulichung in den ‚deutschen erzählenden Armenbibeln‘. In: Jenseits der Dichotomie von Text und Bild. Verfahren der Veranschaulichung und Verlebendigung in Mittelalter und Früher Neuzeit. Hrsg. von Franziska Wenzel. Wiesbaden 2021 (Imagines Medii Aevi. 54), S. 179–201, hier: S. 180.

146 Damit ist der Aufforderung von Ott, Literatur und Bildkunst, S. 193, gefolgt, der dafür plädiert, eben diese Verhüllungen in den Fokus wissenschaftlicher Abhandlungen zu stellen: „Dort, wo gesellschaftliche Konvention der Sprache Maulkörbe anlegt, wo das Eindeutige zweideutig benannt wird, der medizinisch Gebildete von *coitus*, der Theologe von *fornicatio*, der Dichter vom Blumenbrechen spricht, die Volkssprache hingegen eine Fülle passender wie weniger passender Ausdrücke bereithält, sind es gängige Codes, die auf umfassend bekannte Metaphern wie das Blumenbrechen in Walthers *Lindenlied* rekurrieren – es besteht durchaus die Möglichkeit, dass Verfasser und Werke eigene Hinweisstrukturen entwickeln, die z. B. erst durch Redundanz bestimmter Motive deutlicher hervortreten oder durch übertragbare Anleitungen in metapoetischen Passagen das rezeptionslenkende Werkzeug offenbaren, das es zur Entschlüsselung braucht. Entsprechend finden sich Spuren wahrnehmungslenkender Blicksteuerung, die den Blick des Rezipienten auf spezifische Weise fokussiert in die intimen Settings der Minne eindringen lassen, manchmal in einzelnen Handlungskonstellationen, manchmal aber, wie zu zeigen sein wird, auch als Gestaltungsprinzipien ganzer Werke. Formen der Blicklenkung in höfischen Bild- und Textzeugnissen können demach selbst als eine Spur begriffen werden, die in der Zusammenschau unterschiedlicher Medien deutlicher hervortritt. Damit werden Spuren des Unsichtbaren zum Fokus dieser Arbeit: Sie finden sich nicht nur auf der Handlungsebene oder als textinterne Hinweise (wie die gebrochenen Blumen im *Lindenlied*), sondern höfische Wahrnehmungspräferenzen schreiben sich zugleich nur verhüllt sichtbar in ihre ästhetischen Zeugnisse ein.

So wird es möglich, durch die in dieser Studie entwickelten Untersuchungskategorien jene Spuren sichtbar zu machen, die die medialen Voraussetzungen ästhetischer Produktion aufzeigen. Mit der angestrebten Spurensuche geht jedoch die Herausforderung einher, dass Spuren mehrdeutig werden, weil sie auf unterschiedlichen Ebenen anzutreffen sind: Sie erscheinen auf der Handlungsebene, um die Figuren zu lenken, die etwa auf der Suche nach der Aventiure sind.[147] Zugleich können Texte auch

---

geziemt es dem Philologen, besonders genau hinzuhören. Oder genau hinzusehen, falls es um die Augenwissenschaft Kunstgeschichte geht und um Objekte, die, ent- und verhüllend zugleich, tradierte Motive anspielungsreich herbeizitieren, sie umdeuten, mit ihrer Bekanntheit spielerisch auf anderes als das Vorgeführte verweisen."

147 Mittelalterliche Erzähltexte präsentieren oft beiläufig, aber unmissverständlich, wie unverzichtbar Spurenlesen für höfische Ritter ist: Daniel von dem blühenden Tal etwa vermag in Strickers gleichnamigem Roman nur auf seine ruhmreiche Aventiure aufzubrechen, weil er eine Spur zu verfolgen weiß: Während sich der Artushof von dem Riesen, der als Bote im Auftrag Maturs von Cluse Artus' Lehnsgefolgschaft einfordert, führen lassen muss, bricht Daniel schon etliche Tage vorher auf, indem er die Spur des Riesen in das geheimnisvolle Land zurückverfolgt. Heimlich verlässt der Vorzeigeritter den Hof und *dô kêrte er ûf daz spor / dâ er des risen slac sach* (V. 1000 f.). Als es zu dunkel wird, um die Spur zu sehen, rastet er (V. 1018–1020) bis zum Morgengrauen: *des morgens vil fruo / reit er sîner slâ zuo / und reit dem huofslage nâch. / im was zuo der verte gâch / unz ez aber naht wart* (V. 1023–1027). Daniel verfolgt damit konsequent die wohl charakteristische Spur des Riesen, der auf einem Kamel zum Artushof ritt (V. 428), wobei die große Zahl der sich auf die Spur beziehenden Bezeichnungen (*spor, slac, slâ, houfslage, verte*) in dieser Textpassage deutlich macht, auf welche listige und doch völlig nachvollziehbare Weise Daniel allein seinen Weg nach Cluse findet. Nach seinen ersten erfolgreichen Kämpfen, bleibt die Spur für Daniel weiter der Grund seiner Aventiure, wie er dem Grafen vom Liehten Brunnen erläutert: *[„]ich muoz einer verte nâch jagen / der ich verre nâch gevolget hân.[“]* (V. 2312 f.). Dass Daniel seine ritterliche Aufgabe damit explizit mit der eines Jägers gleichsetzt, stellt die spurenlesende Ähnlichkeit zwischen Jagd und Aventiure zusätzlich heraus. Auch in älteren höfischen Romanen ist die Relevanz des Spurenlesens, um Aventiure ausfindig zu machen, bereits angelegt:

wahrnehmungslenkende Spuren, die ausschließlich an die Rezipierenden adressiert sind, beinhalten: So dürfte etwa ein Akrostichon als eine Spur im Werk verstanden werden, die darauf angelegt ist, von einem aufmerksamen Rezipienten als solche entdeckt und entziffert zu werden. Zuletzt – und so wird auch der Begriff der Spur metaphorisch – können auch die ästhetischen Präferenzen der höfischen Kultur selbst als Spur gedeutet werden, die sich in ihre bevorzugten Unterhaltungsstoffe einschreibt. Der Vorteil des hier vorgestellten Zugangs liegt dann aber gerade darin, dass sich diese Studie, wenn sich die literaturwissenschaftliche und die kunsthistorische Forschung gleichermaßen als Spurenlesen verstehen,[148] keiner der beiden geisteswissenschaftlichen Disziplinen methodisch verbindlich verpflichten muss.[149] Mithilfe dieses Spurenlesens wird stattdessen versucht, die ästhetischen ‚Hinterlassenschaften' der höfischen Kultur zu enttarnen und daraus etwas über den ‚Verursacher' der Spur, den höfischen Rezipienten, herzuleiten.[150] Eine detektivische Herangehensweise, die auf

Hartmanns von Aue Erec folgt der *slâ* (V. 161) Iders, um nach Tulmein zu gelangen und Parzival versucht in Wolframs von Eschenbach Roman, mithilfe von Spuren der plötzlich verschwundenen Gralsgesellschaft zu folgen: *Parzivâl der huop sich nâch / vast ûf die slâ dier dâ sach* (248,17 f.) – aber *ir spor* beginnt schon bald, sich zu *krenken*, sodass sie erst *smal* wird und dann *se gar* verliert (249, 5–8). Später verirrt er sich auch auf der Beizjagd so, dass er *vil ungevertes reit*, weil *im was versnît sîns pfades pan* (282,5 f.). Zur Bedeutung von *slâ* für den *Parzival* vgl. Fabian David Scheidel: *Si muosen machen niwe slâ* (*Parzival*, 821,1). Zur Semantik von Spur und Weg im *Parzival*, in der *Crône* und dem *Hohen Lied* Bruns von Schönebeck – mit einem Umweg zum Gral. In: Aventiure: Ereignis und Erzählung. Hrsg. von Michael Schwarzbach-Dobson, Franziska Wenzel. Berlin 2022, S. 127–152.

148 Baisch, Seitensprünge, S. 23: „Der Literaturwissenschaftler ist ein Spurenleser. Interpretieren heißt, der Störung (einer im Text aufscheinenden Ordnung) auf die Schliche kommen und sie zu reformulieren"; Nora Hannah Kessler: Dem Spurenlesen auf der Spur. Theorie, Interpretation, Motiv. Würzburg 2012 (Film – Medium – Diskurs. 39), S. 92: „Insofern das Spurenlesen darin besteht, im Sichtbaren auf etwas selbst nicht Sichtbares zu schließen, lesen auch Mediziner, Detektive, Psychologen, Historiker und Kunsthistoriker Spuren." Darum folgert sie ebd., S. 131, dass sich „das Spurenlesen als spezifischer Rezeptionsprozess auf jedwedes Objekt als Referenzgegenstand beziehen [kann], ironischer Weise allerdings eher selten auf Spuren selbst. Sobald sich das Entziffern, Deuten und Interpretieren des Spurenlesens aber mit einem Gegenstand befasst, versetzt es den betreffenden Gegenstand in den Status einer Spur, so dass es sich schlussendlich dann doch um Spuren handelt, auf die sich dieses Entziffern, Deuten und Interpretieren bezieht." Hoffmann, Dimensionen, S. 172, macht den Begriff Spur für seine interdisziplinäre Untersuchung spätmittelalterlicher Bilder und Texte semiotisch fruchtbar, weil sich Spurenlesen „von Anfang an als die komplementäre Kulturtechnik [erweist], die das jeweilige Geschehen zu rekonstruieren sucht". Unter dieser Sichtweise sind Texte, Bilder und andere Artefakte als Spuren zu begreifen, die die Wissenschaften spurenlesend erschließen.

149 Damit ist dieser Ansatz den Visual Culture Studies nicht unähnlich, die ebenfalls verschiedene Medien betrachten, die u. a. durch die Art ihrer Rezeption miteinander verknüpft sind, vgl. Rogoff, Studying Visual Culture, S. 157–158.

150 Für einen ganzheitlichen, anthropologischen Blick auf ästhetische Zeugnisse plädiert auch Morphy, Art as Action, S. 268: „Art objects are usually multifunctional: they can serve an infinity of purposes and need to be treated in the context of the material culture of a society as a whole. Consequently, art as a form of intentional human action can only be understood in the context of the relationships and objectives of human beings acting in the social world."

die weniger sichtbaren Details inmitten überbordender Sichtbarkeit achtet, soll demnach die Grundlage der Analysen darstellen, denn, so Nora Hannah Kessler,

> [b]eim Spurenlesen geht es um das Erfassen einer Realität *hinter* der sichtbaren Oberfläche. Und je genauer wir in der Lage sind, diese Zeichen der Oberfläche zu entschlüsseln, umso besser oder exakter, so scheint es, wird das Bild, das wir uns von der dahinter liegenden Realität machen können.[151]

Sicherlich können damit nicht auf detektivische Weise die mittelalterliche Realität oder gar die konkreten ‚Täter' enttarnt werden,[152] die für die überlieferten Bild- und Textzeugnisse verantwortlich sind, doch bei einer Zusammenschau blicklenkender Details wird ein kultivierter Personenkreis greifbar, für den zumindest behauptet werden kann, dass er ein Spiel mit eingeschränkter Sichtbarkeit als ästhetisch-reizvolles Vergnügen empfand.[153] Wie genau die elitäre Gruppe, die ihre Spuren in den hier untersuchten Artefakten hinterlässt, aussieht, wird sich nicht beantworten lassen, doch eine Annährung macht das Spurenlesen in Bildern und Texten möglich, denn „[d]er Schlüssel zum Verständnis einer Kultur liegt in den in ihr wirksamen Wahrnehmungs- und Deutungsmustern."[154] Die höfische Kultur als ein von der Forschung erstelltes Konstrukt der adligen Festgesellschaft kann zwar unmöglich ergründet werden – mithilfe der Spuren einer blicksteuernden Ästhetik jedoch, die aus der Zeit seit der Mitte des 12. Jahrhunderts bis zum frühen 14. Jahrhundert innerhalb der Bild- und

151 Kessler, Spurenlesen, S. 96 [Kursivierung im Original].

152 Es entspricht einer Spur, dass sie niemals mit größter Sicherheit auf den Urheber verweisen kann, denn, so Brigitte Weingart: Bildspur. In: Spuren, Lektüren. Praktiken des Symbolischen. Hrsg. von Gisela Fehrmann. München 2005, S. 227–242, hier: S. 231, „im Hinblick auf das Verhältnis von Bild (als Spur) und Referent (als ‚ursprünglichem Objekt') bedeutete dies, daß vom Abdruck nicht zweifelsfrei auf die Beschaffenheit des Referenten geschlossen werden kann."

153 Ähnlich fasst dieses Enthüllungspotenzial auch Ginzburg, Spurensicherung, S. 48, zusammen: „Die Darstellung wehender Gewänder bei den florentinischen Malern des 15. Jahrhunderts, die Neologismen von Rabelais und die Heilung der Skrofulosekranken im Auftrag der Könige von Frankreich und England sind nur einige Beispiele dafür, daß minimale Indizien immer wieder dazu benutzt wurden, allgemeinere Phänomene zu enthüllen: die Weltanschauung einer sozialen Klasse, eines Schriftstellers oder einer ganzen Gesellschaft." Entscheidend dabei ist, dass routiniertes Lesen von Zeichen nicht mit Spurenlesen gleichzusetzen ist, weshalb sich ein spurenlesender Zugang gerade für die höfische Kultur eignet, weil über sie recht wenig mit routinierter Sicherheit gesagt werden kann. So Kessler, Spurenlesen, S. 134: „Als Modell bietet sich das Spurenlesen dagegen vor allem für solche Fälle an, in denen der Gegenstand des Interesses nicht unmittelbar wahrnehmbar ist, sondern allererst erschlossen werden muss und dieses Schließen zudem reflektierbar, vor allem aber kontrollier- oder gar abweisbar ist."

154 Hartmut Bleumer und Steffen Patzold: Wahmehmungs- und Deutungsmuster in der Kultur des europäischen Mittelalters. In: Wahrnehmungs- und Deutungsmuster im europäischen Mittelalter. Hrsg. von dens. Berlin/Boston 2003 (Das Mittelalter. 8), S. 4–20, hier: S. 6.

Textzeugnisse überliefert sind, lässt sich spurenlesend zumindest eine partielle Annäherung an die ästhetischen Präferenzen dieser Kultur wagen.[155]

Es stellt dabei gewiss ein Problem dar, dass ‚der höfische Rezipient' ein Wissenschaftskonstrukt bleiben muss, weil der Begriff ‚höfisch' nicht hinreichend definitorisch fixiert werden kann. Wenn schon die höfische Kultur selbst kaum greifbar ist, kann auch der in dieser imaginär konstituierten Gesellschaft[156] zu verortende Leser, Hörer oder Betrachter nur abstrakt bleiben. Eine weitere Herausforderung ist zudem das Verständnis des werkexternen Beobachters, der als historischer Rezipient zur Entstehungszeit der Artefakte sowie als moderner Rezipient von Bedeutung ist. Denn um nachzuvollziehen, wie ein Leser oder Betrachter der höfischen Kultur blickt, muss zunächst mithilfe einer den Werken inhärenten Rezipientenlenkung auf die historischen Sehvorlieben geschlossen werden. Jauß, der den Reiz des mittelalterlichen Romans nach Guiette in der „Lust am Ungelösten" sieht, erklärt die Unterschiede zwischen historischem und modernem Rezipienten folgenermaßen:

> Es liegt auf der Hand, daß dem modernen Leser nicht jede dieser Einstellungen unmittelbar zu Gebote steht. Er kann sich schwerlich ohne die Brücke des katholischen Glaubens in die kultische Partizipation versetzen, die das liturgische Drama voraussetzt. Auch muß er die besondere Sensibilität für das Zeichenhafte, Unsichtbare und Übernatürliche erst wiedergewinnen, die dem mittelalterlichen Leser als „lecteur de symboles" selbstverständlich war. Doch kann er sie bis zu einem gewissen Grade wiedererlernen, wenn er sich an den Anweisungen des Textes orientiert. Eben darin besteht die eigentümliche Rückwirkung der ästhetischen Verlockung, probehalber eine ungewohnte Einstellung einzunehmen und so den eigenen Horizont der Erfahrung zu erweitern. [...] Das ästhetische Vergnügen an solchem Wiedererkennen setzt freilich den Erfahrungshorizont der für uns nur noch rekonstruierbaren Lebenswelt des Mittelalters voraus.[157]

Die Rollen der realen Rezipienten unterschiedlicher Zeiten sowie des impliziten Rezipienten[158] müssen demnach zwangsläufig verschwimmen, weil sie in den Werken nahtlos ineinander übergehen. Indem auch eine Rezipientin des 21. Jahrhunderts anhand der impliziten werkinternen Lenkungen wie ein mittelalterlicher Rezipient wahrnehmen kann, bedarf es keiner Unterscheidung, denn „das Konzept des impliziten Lesers [bezeichnet] eine Textstruktur, durch die der Empfänger immer schon vor-

---

155 Eco, Das offene Kunstwerk, S. 22, etwa vermutet, dass Kunstwerke durchaus „Tiefenschichten der Zeit" ausdrücken können, die jedoch mit historischer Forschung selten bestätigt werden können: „Doch vermag bei der Suche nach allen Verbindungen zwischen dem Werk und seiner Zeit (oder der Vergangenheit oder der Zukunft) auf dem Wege des Herausarbeitens von Strukturen die eigentliche Geschichtsforschung lediglich approximative Resultate zu liefern."

156 Vgl. Harald Haferland: Höfische Interaktion. Interpretationen zur höfischen Epik und Didaktik um 1200. München 1989 (Forschungen zur Geschichte der älteren deutschen Literatur. 10), S. 27.

157 Jauß, Alterität, S. 12.

158 Im Sinn von Iser, Der implizite Leser, S. 9, der dieses Phänomen in Bezug auf das Lesen beschreibt, ist damit der „im Text vorgezeichnete[.] Aktcharakter des Lesens und nicht eine Typologie möglicher Leser" gemeint.

gedacht ist"[159]. Das bedeutet, dass es niemals um konkrete Einzelimaginationen gehen kann, sondern ausschließlich um werkimmanente Blicklenkung, die Sehbegehren als ästhetische Strategie auslöst. Im Rahmen solcher „Wirkungsstrukturen des Textes"[160] können diese Blickverhüllungsstrategien dann vielleicht als symptomatisch[161] für eine Kultur bewertet werden, die den ästhetischen Reiz des offenen Geheimnisses entdeckt und damit Codes konstituiert, die (zunächst) nur ihre eigenen elitären Mitglieder entschlüsseln können.[162] Dass diese Codes, vor allem in Bezug auf literarische Zeugnisse, auf unterschiedlichen Wahrnehmungsebenen – auf der Handlungsebene, aber auch über das Werk hinaus – funktionieren und so mitunter komplexe hermeneutische Erkenntnisprozesse beinhalten, wird in den folgenden Untersuchungen ausgewählter Texte mithilfe von Rekursen auf metapoetische Passagen berücksichtigt.

Abschließend muss angemerkt werden, dass die angestrebte Annäherung an den (hypothetischen) höfischen Rezipienten schon bei der ersten Formulierung des Vorhabens auf eine weitere Herausforderung stößt, die im Lauf der folgenden Auseinandersetzung mit dieser Instanz aber stets mit bedacht werden muss: Das generische Maskulinum, das vor allem in diesem spezifischen Fall problematisch ist, weil die Darstellung historischer Rezeption nahelegt, dass sehr wahrscheinlich adlige Frauen die Zielgruppe von Texten[163] und ganz bestimmt von Bildern auf Elfenbeinpreziosen

---

159 Iser, Akt des Lesens, S. 61.

160 Ebd.

161 Kemp, Kunstwissenschaft, S. 23, versteht Material, Appelle und Signale der Kunst als Symptome einer angewandten Kunsttheorie und Kunstpolitik.

162 Mit diesem Argument untersucht z. B. Anna Kathrin Bleuler: Essen – Trinken – Liebe. Kultursemiotische Untersuchung zur Poetik des Alimentären in Wolframs *Parzival*. Tübingen 2016 (Bibliotheca Germanica. 62), S. 38, die metaphorische Darstellung von Speisen in der höfischen Literatur. Natürlich kann nicht davon ausgegangen werden, dass höfische Texte und Bilder ein ‚realistisches Bild' der Adelskultur des Mittelalters zeichnen, dennoch werden sie aus zeitgenössischen Wissensbeständen gespeist, wie auch Armin Schulz: Poetik des Hybriden. Schema, Variation und intertextuelle Kombinatorik in der Minne- und Aventiureepik: *Willehalm von Orlens – Partonopier und Meliur – Wilhelm von Österreich – Die schöne Magelone*. Berlin 2000 (Philologische Studien und Quellen. 161), S. 30, ausführt: „Jeder literarische Text entwirft – denotativ und durch sein metaphorisches System – die Struktur einer Welt; und umgekehrt ist die dargestellte Welt nur vor dem Hintergrund zeitgenössischer und kulturspezifischer Vorstellungen von der ‚realen' Welt adäquat zu verstehen – eine literaturwissenschaftliche Trivialität, über die Einigkeit von strukturalistischen bis zu dekonstruktivistischen Positionen herrscht." Ähnlich äußert sich Iser, Akt des Lesens, S. 108–109: „[E]in fiktionaler Text bildet nicht die in der Lebenswelt herrschenden Normen- und Orientierungssysteme ab, vielmehr selektiert er nur aus ihren Beständen und erweist sich durch die Anordnung gewählter Elemente gegenüber solchen Systemen als kontingent." (Zur besonderen Situation der Artusepik zwischen Fiktion und Lebenswirklichkeit des höfischen Systems vgl. ebd., S. 130.) Die Zusammenhänge zwischen populärer Kunst, sozialen Strukturen und Kultur betont Shusterman, Performing Live, S. 35.

163 Vgl. Green, Medieval Listening and Reading, S. 215; Trînca, Amor conspirator, S. 290. Dies legen auch zahlreiche mittelalterliche Texte selbst nahe: Chrétien de Troyes sagt gleich im ersten Vers des *Lancelot*, dass der Roman von Marie de Champagne in Auftrag gegeben wurde: *Puis que ma dame de Chanpaigne / Vialt que romans a feire anprainge* (V. 1 f.). Auch für den französischen *Partonopeus de Blois* wird angenommen, dass er für eine Tochter Eleonores von Aquitanien in Auftrag gegeben wurde, waren.[164] Zur Erleichterung des Leseflusses (vor allem bei der Einbindung von Forschungszitaten und Komposita wie z. B. Rezipientenblick) wird die maskuline Form nur gelegentlich durch den neutraleren Ausdruck Rezipierende ersetzt, auch wenn ganz ausdrücklich betont sei, dass es beim Blick des Rezipienten niemals nur um einen männlichen Blick gehen kann – weder auf der Seite der blicklenkenden Figuren, noch auf der der Rezeptionsinstanz. Obwohl der *male gaze* gewiss in einigen der untersuchten Beispiele zu erkennen ist, soll dieser gerade nicht im Zentrum stehen, weil der Blick in dieser Studie als eine explizit ästhetische Kategorie aufgefasst wird.[165] So-

---

vgl. Corinne J. Saunders: Women and Romance. In: Women and Medieval Literary Culture. From the Early Middle Ages to the Fifteenth Century. Hrsg. von ders., Diane Watt. Cambridge/New York 2023, S. 299–323, hier: S. 309–310. Diese Rolle der Frauen beschränkt sich allerdings nicht nur auf den französischsprachigen Raum: Wolfram von Eschenbach spricht im *Parzival* wiederholt explizit Rezipientinnen an (z. B. 2,25–3,24; 337,1–6) und auch Rudolf von Ems vermutet im *Willehalm von Orlens* Damen im Publikum (V. 9742; V. 9750). Beide Verfasser suggerieren am Ende ihrer Romane dann sogar, für eine bestimmte Frau gedichtet zu haben (827,29 f.; V. 15617; zu Rudolfs Roman als Frauendienst vgl. Eckart Conrad Lutz: Höfische Formung. Zur Stimulierung von Bildungsprozessen im *Willehalm von Orlens* Rudolfs von Ems. In: Rudolf von Ems. Beiträge zu Autor, Werk und Überlieferung. Hrsg. von Elke Krotz, Norbert Kössinger, Henrike Manuwald [u. a.]. Stuttgart 2020 (ZfdA, Beihefte. 29), S. 139–162, hier: S. 159). Wandhoff, Vom Finden der Liebe, S. 129–130, überlegt, dass auch Hartmanns von Aue *Erec* als Liebeswerbung für eine Rezipientin verfasst worden sein könnte. Zur Rolle adliger Frauen als Stifterinnen vgl. etwa Mary Dockray-Miller: Creating Her Own Story. Queens, Noblewomen, and Their Cultural Patronage. In: Women and Medieval Literary Culture. From the Early Middle Ages to the Fifteenth Century. Hrsg. von Corinne J. Saunders, Diane Watt. Cambridge/New York 2023, S. 50–64.

164 Vgl. Camille, Manuscript, S. 84; zu profanen Bildern in Elfenbein als Minnegaben an Frauen, vgl. Martine Meuwese: Chrétien in Ivory. In: Arthurian Literature. XXV. Hrsg. von David F. Johnson, Elizabeth Archibald. Cambridge 2008 (Arthurian Literature. 25), S. 119–152, hier: S. 119; zu Elfenbeinartefakten und weiblicher Schönheitspflege, vgl. Bartz, Mit Ovid, S. 34; zur höfischen Dame als „Mittelpunkt der höfischen Geselligkeit" und „Mitschöpferin der neuen Kultur" vgl. Werner Rösener: Die höfische Frau im Hochmittelalter. In: Curialitas. Studien zu Grundfragen der höfisch-ritterlichen Kultur. Hrsg. von Josef Fleckenstein. Göttingen 1990 (Veröffentlichungen des Max-Planck-Instituts für Geschichte. 100), S. 171–230, hier: S. 225.

165 Spearing, Poet as Voyeur, S. 24, betont, dass männliche Blicke auf Frauen in der höfischen Literatur unterschiedlichen Ursprungs sein können und die Frage nach dem *male gaze* demnach nicht immer Antworten liefert. In dieser Studie steht darum nicht das Machtgefälle, das mit übergriffigen Blicken von männlichen auf weibliche Figuren einhergeht, im Vordergrund, sondern die ästhetische, figurengelenkte Möglichkeit, intime Einblicke als solche zu markieren. Dass eine Berücksichtigung des *male gaze* unter diesem Gesichtspunkt zurückgestellt werden kann, zeigt sich nicht zuletzt daran, dass in der höfischen Literatur auch Frauen zu Beobachterinnen (nackter) Männerkörper werden und Geschlechterhierarchien so mitunter umkehren (vgl. Balks, Verhandlungen, S. 85.). Dies demonstriert etwa die Begleiterin der Dame von Narison, die den nackten Iwein in Hartmanns von Aue Artusroman mit jener Salbe einreibt, die ihn von seinem Wahnsinn heilt: Weil die Dame weiß, dass der Entblößte sich schämen würde, wenn er wüsste, dass er in seinem Zustand von einer Frau betrachtet würde, versteckt sie sich, während die Salbe wirkt, *daz sî in sach und er sî niht* (V. 3493). Hier erfolgt ein heimlicher Blick auf das geschlechtliche Gegenüber, der nicht (nur) dazu dient, die Begehrlichkeit höfischer Körper auszustellen, sondern dem Rezipienten eine Möglichkeit der Partizipation zu gewähren, die mit seiner eigenen Position korreliert, denn auch er beobachtet unbemerkt. Ähnlich sind auch gar voyeuristisches Sehbegehren ist im ästhetischen Kontext darum in Bezug auf Neugier, Immersion und Partizipation zu verstehen, nicht auf erotische Anziehung. In der folgenden, werkimmanenten Suche nach Spuren der Wahrnehmungslenkung ist es darum möglich, die fraglichen Aspekte historischer Rezeption zumindest so weit auszublenden, dass im Rahmen dieser Studie medienübergreifende Parallelen der ästhetischen Produktionen im 12. bis zum 14. Jahrhundert erkannt werden können, die darauf schließen lassen, dass deren rezeptionslenkende Wirkung von Sichtbarkeit intendiert in Szene gesetzt wurde.

Isoldes Blicke auf Tristan zu bewerten: Schon als er in seiner Verkleidung als Spielmann an ihrem Hof weilt, beobachtet sie ihn *dicke tougen* (V. 9999). Dass er ausgerechnet im Bad sitzt, als seine Tarnung auffliegt, was der Text mehrfach betont (V. 10149; V. 10238; V. 10314), in dem er von drei Frauen in verletzlicher Intimität betrachtetet werden kann, stellt die Damen als blicklenkende Betrachterinnen eines entblößten Männerkörpers heraus. Seinen eigenen Körper *nacket âne tuoch* (116,2) im Bad lässt auch Wolfram im *Parzival* (von seinen Rezipientinnen, vgl. Anm. 163) spielerisch imaginieren. In Wirnts von Grafenberg *Wigalois* bestaunt die böse Fischersfrau den ohnmächtigen Protagonisten ebenfalls in einer entblößten und verletzlichen Position – während ihr Betrachten des nackten Ritters wiederum von einer weiteren Augenzeugin heimlich beobachtet wird (V. 5425–5437). Es handelt sich in diesen Fällen nicht um einen Blick auf das andere Geschlecht mit einhergehender Machtdemonstration (wie etwa McLelland, Sehen, S. 170, ausführt), sondern zunächst um werkimmanente Blicklenkung, die den Rezipierenden mithilfe einer Richtungsvorgabe Zugang zur dargestellten intimen Situation (der Protagonisten) verschafft. Dass ein solcher Blick Teil einer werkinhärenten Rolle ist, die jeder Rezipient dann abhängig von lebensweltlichen Dispositionen und jeweiligem Vorverständnis selektiv ausfüllt, liegt nach Iser, Akt des Lesens, S. 65, in der Natur der angebotenen Rolle.

II Der höfische Blick: Spielarten verhüllter Rezeptionsanleitung

1 Der eindringende Blick: Textile Rahmungen des Rezipientenblicks

Wie die obige Einleitung dieser Studie darlegt, macht die Teilhabe des Rezipienten jedes Kunstwerk erst möglich, denn erst im Rezeptionsprozess entfalten ästhetische Erzeugnisse ihre intendierte Wirkung. Jede Form von Partizipation erfolgt dabei als ein Einblick in eine dargestellte Welt – und wie diese Einblicke über Rahmungen ästhetisch intensiviert werden können, untersucht dieses erste Kapitel. Intermediale Ähnlichkeiten höfischer Text- und Bildzeugnisse in Bezug auf die Strategien von Blicklenkung lassen sich besonders eindrücklich für den Fall gerahmter Einblicke nachweisen,[1] wie eingangs schon für die Darstellung des geöffneten Vorhangs vor dem Studierzimmer Alexanders des Großen ausgeführt (Abb. 1). Die durch Wandlöcher, Fenster oder geöffnete Vorhänge einerseits eingeschränkte und andererseits erst ermöglichte Sicht fokussiert den Blick des Rezipienten so, dass zu verstehen gegeben wird, wo die Grenzen des Sichtbaren zu verorten sind. Diese visuellen Grenzen dargestellter Räume, die eine „rein okulare Permeabilität"[2] bieten, mithilfe rahmender Hüllen markiert werden und damit das Sehbegehren des Rezipienten herausfordern, sind der Gegenstand dieses Kapitels zum eindringenden Blick.

Jede Form ästhetischer Rezeption kann als ein Eindringen beschrieben werden, denn dem Hörer, Leser oder Betrachter wird imaginativ-visueller Zutritt in eine dargestellte Welt gewährt. Eine dargestellte Welt kann daher als Raum verstanden werden.[3] Auf dem eindringenden Hineinblicken des Rezipienten in imaginäre Räume, die

---

1 Ähnlich beschreibt etwa auch Logemann, Doppelte Evidenz, S. 234–235, die Funktion der architektonischen Rahmungen in der illuminierten Handschrift Paris, Bibliothèque Nationale de France, Ms. fr. 12550 aus dem 15. Jahrhundert, die unter dem Titel *Allégorie de l'homme raisonnable et de l'entendement humain* geführt wird. Sie versteht ebd., S. 235, Bild und Beschreibung einer Pforte dabei als rezeptionslenkende Einladung: „Die Schranken im Tor fungieren in gewisser Weise als eine Einladung an den Betrachter bzw. die Betrachterin der Handschrift, sich auf eine größere Verweildauer in dieser gemalten und beschriebenen allegorischen Welt einzulassen."

2 So Kjorveziroska, Naturraum, S. 123, über die Eigenheiten des Fensters.

3 Das Wort ‚Raum' selbst beschreibt nach Hildegard Elisabeth Keller: *înluogen*. Blicke in symbolische Räume an Beispielen aus der mystischen Literatur des 12. bis 14. Jahrhunderts. In: Symbolik von Ort und Raum. Hrsg. von Paul Michel. Bern 1997 (Schriften zur Symbolforschung. 11), S. 353–376, hier: S. 353, immer schon das dialektische Konzept von Innen und Außen, Schließen und Öffnen, womit es auf Texte und Bilder übertragbar ist. Zur Relevanz der im Mittelalter seit der Patristik omnipräsenten Dialektik von Innen und Außen, vgl. Bumke, Blutstropfen; zum mittelalterlichen Codex als Raum, der „die Betrachter als Mitakteure kalkuliert" äußert sich Franziska Wenzel: In-Bewegung-Bringen. Zu einem Prinzip der *sub oculus subiectio* am Beispiel zweier Regensburger Bilderhandschriften. In: Jenseits der Dichotomie von Text und Bild. Verfahren der Veranschaulichung und Verlebendigung

https://doi.org/10.1515/9783111549644-002

beim visuellen Eintreten entstehen, liegt dabei hier der Fokus. Denn vor allem Räume, die durch textile Rahmungen gleichzeitig ver- und enthüllt sind, kreieren Öffnungen, die als temporär begrenzte, fragile Schwellen fungieren, die Blicke über die inszenierte Beschränkung eindringen lassen. Mithilfe dieser Fokussierung auf den Rezipientenblick werden Neubetrachtungen ausgewählter mittelalterlicher Bilder und Texte möglich, die auf eine eindringend-schauende ‚Mitarbeit' des Rezipienten angewiesen sind.

Wie oben anhand der Darstellung des Studierzimmers von Alexander dem Großen auf dem New Yorker Elfenbeinkästchen bereits zu sehen war, werden Innenräume in der bildenden Kunst mit nur drei Wänden präsentiert, die vierte, „[d]ie fehlende Wand – ein Grundelement jeder intimistischen Fiktion – ist durch die Oberfläche des pikturalen Bildes ersetzt."[4] In Texten gibt es keine fehlende vierte Wand, stattdessen müssen „ihre Innenräume [...] ohne eine Wand auskommen, weil Erzählung Veröffentlichung ist."[5] Indem Texte intime Einblicke präsentieren, können die Räume der Literatur ebenfalls als ‚dreiwändig' gedeutet werden, da ihre Öffnung durch Vermittlung ein unablässiger Baustein ihrer ästhetischen Konzeption ist. Wenn die von einem literarischen Text gesteuerte Imagination des Rezipienten als Sehen verstanden wird, kann entsprechend auch für die Literatur von räumlich inszenierten Blicklenkungen des Eindringens ausgegangen werden, die sich in Bezug auf ihre Komposition wahrnehmungsästhetisch untersuchen lassen. Zwar unterscheiden sich Bilder und Texte darin, wie sie das visuelle Eindringen in den dargestellten Raum gestalten; sie ähneln sich aber darin, dass der Blick des Rezipienten benötigt wird, um das Werk in seiner Wirkung zu vervollständigen: Nur mit dem eindringenden Blick eines externen Beobachters an der medialen Schwelle entsteht sowohl in Bildern als auch in Texten überhaupt erst ein wahrnehmbarer Raum.

---

in Mittelalter und Früher Neuzeit. Hrsg. von ders. Wiesbaden 2021 (Imagines Medii Aevi. 54), S. 127–178, hier: S. 147.

4 Stoichita, Das Selbstbewusste Bild, S. 61. Ähnlich Beate Söntgen: Innen und Außen. Interieurvorhänge in der Malerei um 1900. In: Hinter dem Vorhang. Verhüllung und Enthüllung seit der Renaissance. Hrsg. von Claudia Blümle, Beat Wismer. München 2016, S. 226–235, hier: S. 228. Genaugenommen entsteht die Innenraumdarstellung, auf die Stoichita rekurriert, natürlich erst im Spätmittelalter und ist eng an die Erfindung der Zentralperspektive geknüpft. In dieser Studie steht allerdings nicht die räumliche Gestaltung im Vordergrund, sondern die ästhetische Wahrnehmungslenkung, weshalb im Folgenden auch dort von Innenräumen gesprochen wird, wo sie aus kunsthistorischer Sicht noch nicht als Interieur bezeichnet werden würden. Innenräume aber konstituieren sich maßgeblich über die Außenposition des Rezipienten, sodass vergleichbare Inszenierungen von Innen und Außen auch für hochmittelalterliche Kompositionen herausgestellt werden können.

5 Kemp, Räume der Maler, S. 29. Mit einer räumlichen Metapher formuliert etwa Wandhoff, Der epische Blick, S. 83, auf ähnliche Weise, dass „von einzelnen Erzählräumen aus gleichsam ‚Fenster' geöffnet" werden. Auch Silvan Wagner: Der Artushof als virtueller Gedächtnispalast im höfischen Roman. In: Wissenspaläste. Räume des Wissens in der Vormoderne. Hrsg. von Gesine Mierke, Christoph Fasbender. Würzburg 2013 (Euros. 2), S. 184–204, hier: S. 185, ist der Ansicht, dass epischer Raum innerhalb der Kommunikation zwischen Erzähler und Rezipient entsteht.

Kompositorische Richtungslenkung erfolgt dabei häufig mithilfe von Rahmung, die den Blick des Rezipierenden fokussiert. Eine solche Einengung des Blickfeldes, ein ‚gerahmter Blick', „ist Kompositionsprinzip und Technik zugleich"[6], mit dem ein bewusst gewählter Ausschnitt der dargestellten Welt für den Blick des werkexternen Beobachters freigegeben wird. Rahmungen, die durch Öffnung und Trennung ein Innen und Außen konstituieren,[7] korrelieren in dieser Funktion mit der medialen Schwelle zwischen Bildraum und Betrachterraum. Charakteristisch für Rahmen ist nach Alexander Zons nämlich ihre zweifache Wirkung:

> Einerseits schneiden sie ab, sie kappen bestimmte Verbindungen, ziehen Grenzen ein und isolieren dadurch das Gerahmte. Andererseits [...] stiften sie Verbindungen. Sie legen einen bestimmten Zugang nahe, einen Ausschnitt, einen Blickwinkel, während andere mögliche Zugänge in den Hintergrund treten.[8]

Genauso wie Rahmen gestalten ästhetische Produktionen ihren Wahrnehmungsprozess durch die Simultanität von Inklusion und Exklusion eines Rezipienten, dessen Blick sich an der rahmenden Schwelle zwischen tatsächlicher und dargestellter Welt befindet. Ein Rahmen kreiert damit, genau wie die Schwelle, einen Zwischenraum, wie die Definition von Victor Stoichita verdeutlicht:

> Der Rahmen trennt das Bild von allem, was Nicht-Bild ist. Er definiert das Gerahmte im Gegensatz zu dem, was sich außerhalb des Rahmens befindet, der Welt des bloßen Alltags, als Welt, die bedeutet. Man kann jedoch die Frage stellen, welcher der beiden Welten der Rahmen angehört. Die Antwort kann nur zweideutig ausfallen: allen beiden und keiner. Der Rahmen ist noch nicht Bild, und er ist nicht mehr einfaches Objekt des umgebenden Raumes. Er gehört der Existenz an, erhält aber seine Daseinsberechtigung nur durch die Beziehung auf das Bild. Zu dessen idealer Welt gehört er jedoch nicht, obwohl er sie ermöglicht.[9]

---

6 Witthöft, Schlüssel(loch)szenen, S. 279.

7 So Cynthia Hahn: Absent No Longer: The Sign and the Saint in Late Medieval Pictorial Hagiography. In: Hagiographie und Kunst. Der Heiligenkult in Schrift, Bild und Architektur. Hrsg. von Gottfried Kerscher. Berlin 1993, S. 152–175, hier: S. 158, über die Darstellung eines Fensters im Kontext der Alban-Legende: „It focuses and directs, even creates, the gaze of the viewer, designates an ‚inside' and ‚outside'". Zu ähnlichen sakralen Kontexten auch Ganz, Medien, S. 205, und Alexander Zons: „Unauffindbarer Text". Bewegungen in den Film hinein und wieder hinaus. In: Rahmungen. Präsentationsformen und Kanoneffekte. Hrsg. von Philip Ajouri, Ursula Kundert, Carsten Rohde. Berlin 2017 (ZfdPh, Beihefte. 16), S. 147–164, hier: S. 147, zu Gegenständen der Moderne.

8 Zons, Unauffindbarer Text, S. 149.

9 Stoichita, Das Selbstbewusste Bild, S. 46. Ähnlich auch Klaus Krüger: Zur Eigensinnlichkeit der Bilder. Acht Beiträge. Paderborn 2017, S. 18: „In dieser Ambivalenz des Rahmens, seiner Zugehörigkeit zum Raum der externen Wirklichkeit und doch zugleich zum Raum der Darstellung, bekundet sich nichts anderes als die Ambivalenz des Bildes selbst, seine Medialität." Es kann zwar problematisierend angemerkt werden, dass es vor der Renaissance keine Rahmung von Gemälden gab, vgl. Rayna Kalas: Frame, Glass, Verse. The Technology of Poetic Invention in the English Renaissance. Ithaca 2007, S. 27, aber da im Folgenden rahmende Stoffe im Vordergrund stehen, können solche kunsthistorischen Fragen hier ausgeblendet werden.

Genauso, wie es unklar ist, ob der Rahmen Teil der äußeren Dingwelt oder der dargestellten inneren Welt ist,[10] befinden sich die Rezipienten auf der medialen Schwelle in der Schwebe[11]: Sie sind inkludiert durch visuell erfahrbare Bildlichkeit und doch körperlich exkludiert. Gerahmte Einblicke innerhalb der dargestellten Welt heben diese Schwellenposition und den damit einhergehenden eindringenden Blick deutlich hervor.

Die Rezeptionserfahrung des visuellen Eindringens präsentiert dabei eine besondere Form immersiver Wahrnehmung, wenn Rahmungen – als werkinterne Markierungen der medialen Schwelle – in Form von Verhüllungen in Erscheinung treten: Denn das Verifizieren des Verhüllten durch ein „Betasten, Beschnuppern, Schütteln und letztlich Enthüllen, Öffnen" sind „Urbedürfnisse, die jedes Kleinkind hat und die auch dann noch in uns schlummern, wenn wir älter werden."[12] Die Betrachtung rahmender Verhüllungen lassen solche werkimmanente Strategien spielerischer Aufmerksamkeitssteigerung erkennen, weil sie den Reiz von Sehen und Nicht-Sehen ins Zentrum stellen. Diese ästhetischen Strategien intensivieren die Wirkung auf den Rezipienten, wie Evelyne Polt-Heinzl für Fensterblicke feststellt: „Generell potenziert der gerahmte Blick aus dem bzw. in das Fenster den Eindruck des Gesehenen."[13] Cynthia Hahn geht sogar davon aus, dass Fenster gesteigerte Erfahrung von Inimität ermöglichen: „With the window, the viewer is drawn into the narrative in a uniquely intimate way: by forcing us to admit our own curiosity that leads up to ‚peer' through the window"[14]. Die charakteristischen Formen ästhetischen Eindringens erlauben eine Zusammenführung der kunst- und literaturwissenschaftlichen Überlegungen, denn rahmende Verhüllungen enthüllen dem Rezipienten damit auf ähnliche Weise das eigentlich Verborgene und steigern dessen partizipatorische Erfahrung. Vor allem für die höfische Literatur ist, wie Alexander Lasch feststellt, „die Frage nach den Denkhindernissen, die Rezipienten die Sinnkonstitution im Rezeptionsakt erschweren sollen und damit durch die Öffnung imaginärer Räume zum ‚eingreifenden Denken' anregen mögen, eine reizvolle."[15] Die nachstehenden Analysen höfischer Werke sollen entsprechend Rahmungen offenlegen, die den Blick eindringen lassen, aber ihn zugleich ein-

10 Vgl. Uwe Wirth: Rahmenbrüche, Rahmenwechsel. Nachwort des Herausgebers, *welches aus Versehen des Druckers zu einem Vorwort gemacht wurde*. In: Rahmenbrüche, Rahmenwechsel. Hrsg. von Uwe Wirth. Berlin 2013 (Wege der Kulturforschung. 4), S. 15–57, hier: S. 48.

11 Vgl. Claudia Blümle: Vorhang auf. In: Hinter dem Vorhang. Verhüllung und Enthüllung seit der Renaissance. Hrsg. von ders., Beat Wismer. München 2016, S. 74.

12 Dieter D. Genske, Monika Huch, Ernest W. B. Hess-Lüttich: Kartographie des Verhüllten – eine Einführung. In: Kartographie des Verhüllten. Brückenschläge zwischen Natur- und Kulturwissenschaften. Hrsg. von dens. Tübingen 2007 (Kodikas/Code. Ars Semeiotica. An International Journal of Semiotics. 30), S. 179–185, hier: S. 180.

13 Polt-Heinzl, Fenster-, Türen- und Schlüssellochszenarien, S. 155. Für die höfische Literatur am Beispiel der Betrachtung der trauernden Laudine durch Iwein betont Egidi, Blick, S. 121, darum wohl: „In der Schlüssellochperspektive wird die höfische Dame sehr deutlich zum begehrten Objekt".

14 Hahn, Absent No Longer, S. 158.

15 Lasch, Eingreifendes Denken, S. 15.

schränken – und damit eine *mise en abyme* der Rezeptionserfahrung insgesamt darstellen.

1.1 Schlüssellocheffekte: Temporäre Konstitutionen von Innen und Außen

Mit dem eindringenden Blick wird im Folgenden die ästhetische Gestaltung von Räumen beschrieben, in denen (partiell) blickdurchlässige Barrieren als absichtlich-reizvolle Instanzen der Ver- und Enthüllung dargeboten werden. Wie Dagmar Schmauks ausführt, gehen Verhüllungen immer mit Intentionen einher:

> Die komplementären Verben „verhüllen" und „enthüllen" bezeichnen das absichtliche Errichten bzw. Überwinden von Wahrnehmungsbarrieren. „Verhüllen" ist darum abzugrenzen von verwandten Verben wie „verdecken" und „abdecken", die Handlungen mit anderer Zielsetzung beschreiben. So ist es nicht notwendigerweise beabsichtigt, daß ein herumliegendes Buch ein anderes verdeckt, und reine Schutzmaßnahmen wie das Abdecken von Teppichen beim Tapezieren machen diese nur als Nebeneffekt „unsichtbar". Weitere Schutzhüllen sind Pflaster und Verbände, Panzer und Rüstungen. Typische Verhüllungen sind demgegenüber alle Kleidungsstücke, die Berührungen und Blicke verhindern.[16]

Weil Verhüllungen also stets absichtlich implementiert werden, müssen sie im Fokus dieser wahrnehmungsästhetischen Analyse stehen, die im Folgenden anhand eines spezifischen Materials vorgeführt wird: In den Text- und Bildzeugnissen der höfischen Kultur fungieren nämlich nicht nur Kleider oder Rüstungen als visuelle Hindernisse und temporäre Sichtblockaden,[17] sondern auch weitere bewusst eingesetzte Textilien: Neben verschleiernden Kleidungsstücken findet sich eine charakteristische Form der Blicklenkung in stofflichen Raumbegrenzungen. Solche Textilien kreieren, öffnen und beschließen Räume – und sie eignen sich in ihrer „Doppelfunktion"[18] besonders für das zu untersuchende Spiel von Ver- und Enthüllung. Werden verhüllend-enthüllende Stoffe wie Vorhänge, Zeltbahnen oder Teppiche als räumliche Rahmungen inszeniert, bleibt der Rezipientenblick an den Textilien hängen,[19] bevor er die Barriere visuell

---

16 Schmauks, Typologie, S. 189.

17 Die literaturwissenschaftliche Forschung konnte dies anhand der Kleiderbeschreibungen zeigen, was vor allem für die Beschreibung von Frauenfiguren gilt, da diese einen Fokus auf Ent- bei gleichzeitiger Verhüllung offenbaren. Bekannte Beispiele sind die löchrige Bekleidung Enites und Jeschutes, das hautenge Kleid Didos oder die raffiniert ästhetisierten Gewänder Isoldes, Flories und Engeltruds, zu diesen etwa vgl. Feichtenschlager, Entblößung, S. 80–81; Marie-Sophie Masse: Verhüllungen und Enthüllungen. Zu Rede und *descriptio* im *Eneasroman*. In: Euphorion 100 (2006), S. 267–290, S. 279; Kraß, Geschriebene Kleider, S. 178.

18 Johann Konrad Eberlein: Apparitio regis – revelatio veritatis. Studien zur Darstellung des Vorhangs in der bildenden Kunst von der Spätantike bis zum Ende des Mittelalters. Wiesbaden 1982, S. 5. Denselben Begriff nutzt auch Wirth, Rahmenbrüche, S. 45.

19 So Claudia Blümle: Das Bild als Vorhang. In: Hinter dem Vorhang. Verhüllung und Enthüllung seit der Renaissance. Hrsg. von ders., Beat Wismer. München 2016, S. 30–39, hier: S. 30: „In der Begegnung passiert und eindringt.[20] Ein Tuch „bildet einen Schwellenraum“[21], das gesteigerte visuelle Anziehungskraft vermittelt. Insbesondere Darstellungen stofflicher Rahmungen lassen somit jene intimen Bereiche hervortreten, die dem sehbegierigen Rezipienten eine Blickposition zwischen Inklusion und Exklusion anbieten.[22]

Inszenierungen von Betrachterpositionen, deren Einblick in spezifische Settings der dargestellten Welt durch Textilien gelenkt, angezogen und zugleich blockiert wird, verdeutlichen, dass stoffliche Begrenzungen wie Vorhänge in den Bildern und Texten des höfischen Mittelalters selten nur einfache Requisiten sind.[23] Stattdessen dienen sie als gleichzeitige Verschleierung und Eröffnung des Dargestellten, was für vor allem für Darstellungen im Kontext der Minne als gängiger Topos nachweisbar ist.[24] In Texten intensiviert sich der reizvolle Effekt raumschaffender Textilien sogar, denn ihre Präsenz ist keinen etablierten Bildformeln[25] geschuldet, sondern immer intentional. Im *Meleranz* des Pleier etwa entdeckt der gleichnamige Protagonist auf einer schönen Lichtung ein prächtiges Bad, das für die mächtige Königin Tydomie eingelassen wurde, aber: *daz bat er verdecket sach / mit eines samîtes dach, / daz guot und rîche wære* (V. 565–567).[26] Der intime, verschleierte Innenraum wird mithilfe einer

mit Kunstwerken […] bleibt das Sehen an denjenigen Zonen hängen, in denen sich über Vorhänge und Schleier eine Bewegung von Öffnen und Schließen, Zeigen und Verbergen entfaltet.“

20 Dieses visuelle Passieren der Sichtblockade darf dabei nicht als ein Überschreiten der Schwelle fehlgedeutet werden, wie Victor I. Stoichita: Der Vorhang des Parrhasios. Das Bild der Ähnlichkeit von Giotto bis Magritte. In: Hinter dem Vorhang. Verhüllung und Enthüllung seit der Renaissance. Hrsg. von Claudia Blümle, Beat Wismer. München 2016, S. 66–73, hier: S. 72, für Rembrandts Gemälde der Heiligen Familie mit dem Vorhang ausführt: „Man sieht das Bild nicht erst, wenn ‚die Schwellen‘ einmal überschritten sind, sondern die Bildwahrnehmung impliziert ganz im Gegenteil das Sehen der bildinhärenten Schwellen.“

21 Gerhard Wolf: „In principio velumn“, am Anfang war das Tuch. Raphaelle Peales *Venus Rising from the Sea – A Deception* und die Bildtradition der *vera icon*. In: Hinter dem Vorhang. Verhüllung und Enthüllung seit der Renaissance. Hrsg. von Claudia Blümle, Beat Wismer. München 2016, S. 132–141, hier: S. 134.

22 So etwa Polt-Heinzl, Fenster-, Türen- und Schlüssellochszenarien, S. 157–158, über den Blick durch ein Fenster: „Fensterszenen sind dadurch prädestiniert, Momente gesteigerter Spannung zu situieren. Die am Fenster erblickte Frauengestalt wird noch lieblicher, weil von einem Flair der Unerreichbarkeit umweht. Vom Alten Testament über den Minnesang bis zu Gegenwartsliteratur reichen die mythologischen und literarischen Fallbeispiele für die zentrale Rolle, die dem Anblick der geliebten Frau im Ausschnitt des Fensterrahmens für die Anbahnung von Liebesabenteuern zukommt.“

23 Vgl. Blümle, Vorhang, S. 74.

24 Z. B. Masse, Verhüllungen. Wie erotisch eine (quasi-)religiöse Auratisierung durch Vorhänge ausfallen kann, zeigt etwa Trînca, Amor conspirator, S. 278–279.

25 Zur Bildtradition des Vorhangs seit der Antike vgl. Eberlein, Apparitio regis.

26 In der neuen Edition des frühneuhochdeutschen *Melerantz von Frankreich* von Markus Steffen lauten die Verse: *Das bad er verdegkt sach / mit aineß samites dach, / das [ ] gůt unnd rich wär.* (V. 565–567). Im Folgenden werden, um einen kohärenteren Eindruck der höfischen Überlieferungszeugnisse zu vermitteln, vorwiegend die mittelhochdeutschen Texte zitiert – auch wenn dies der tatsächlichen Überlieferungssituation nicht immer ganz entspricht. Diese Entscheidung ist u. a. der Tatsache geschuldet, dass die Editionen einiger für diese Studie einschlägigen Texte nur als Rücküber-

Hülle aus Seidenstoff[27] erschaffen, die zwar partiellen Sichtschutz bietet, hauptsächlich aber den Blick des Ritters und des Rezipienten aufgrund seiner prächtigen Materialität intensiviert anzieht. Die Verhüllungsinstanz fokussiert den räumlichen Mittelpunkt des *locus amoenus* sowie das Sehbegehren beider schauenden Instanzen gleichermaßen, weil „Vorhänge dem Betrachter ein deutliches Indiz anbieten, hinter diesem besondere Einsichten oder Wahrheiten gewinnen zu können“[28], sie also ein „Enthüllungsversprechen“[29] vermitteln – oder wie im *Meleranz* einen Blick auf den nackten Körper einer schönen Frau erhoffen lassen.

Die Inszenierung eines Vorhangs in Text und Bild ist, so zeigt der Badvorhang im *Meleranz*, immer aufmerksamkeitssteigernd, weil das verhüllende Textil werkintern und werkextern als blicklenkende Barriere fungiert.[30] Ein Raum, der mithilfe eines Vorhangs verhüllt wird, suggeriert temporärere Abgeschlossenheit[31] – ein solches Hindernis aber trägt stets zur Steigerung des Sehbegehrens bei, wie Claudia Blümle ausführt:

> Vorhängen und Schleiern ist gemeinsam, dass sie mit unseren Erwartungen, Wünschen und unserem Begehren, immer mehr zu sehen, spielen. Vor Bildern, die einem Vorhänge und Schleier präsentieren, kann man an sich bemerken, wie das Auge entlang den Rändern der Sichtbarkeit wandert. Man beginnt, im Schauen das Unsichtbare und Nichterkennbare in Bezug zum Sichtbaren und Erkennbaren zu setzen.[32]

Textile Verhüllungen markieren jene medialen Grenzbereiche zwischen Sichtbarkeit und Unsichtbarkeit, die in den folgenden Überlegungen herausgearbeitet werden sollen.

---

setzungen (etwa Konrads von Würzburg *Engelhard*) oder als stärker normalisierte Fassungen des 19. Jahrhunderts vorliegen.

27 Zur Übersetzung von mhd. *samît* vgl. Theiß, Höfische Textilien, S. 48 u. S. 320 f., die die oft noch falsch erfolgte Übertragung als nhd. Samt auf die Wörterbücher des 19. Jahrhunderts zurückführt. Tatsächlich aber existierte Samt als Gewebe im 13. Jahrhundert noch nicht.

28 Barbara Maria Schellewald: Hinter und vor dem Vorhang: Bildpraktiken der Enthüllung und des Verbergens im Mittelalter. In: Hinter dem Vorhang. Verhüllung und Enthüllung seit der Renaissance. Hrsg. von Claudia Blümle, Beat Wismer. München 2016, S. 124–131, hier: S. 127.

29 Söntgen, Innen und Außen, S. 228.

30 Dass neben dem Badevorhang noch zahlreiche weitere Textilien in diesem Setting zu finden sind, die als „ausdrücklich erzählerisch-artifizielle[.] Hüllen“ für Protagonisten und Rezipienten den „Nachvollzug der Auskleidung“ Tydomies nachvollziehbar machen, beobachtet auch Anna Chalupa-Albrecht: Der mittelalterliche Text auf dem Artefakt. Der *Meleranz* und der ‚Brautbecher der Margarete Maultasch‘. In: Materialität und Medialität. Grundbedingungen einer anderen Ästhetik in der Vormoderne. Hrsg. von Jan Stellmann, Daniela Wagner. Berlin/Boston 2023 (Andere Ästhetik – Koordinaten. 5), S. 411–429, hier: S. 421.

31 Vgl. Spearing, Poet as Voyeur, S. 18. Wirth, Rahmenbrüche, S. 17, betont zudem, dass alle Rahmen unfest sind, weil Grenzen beweglich sind.

32 Blümle, Bild, S. 30.

Abb. 6: Schreibtafel aus Elfenbein, französisch. Baltimore, The Walters Art Museum. 9,3 x 5,4 x 1,1 cm, entstanden ca. 1340–1360.

Insbesondere Zelte, die – im Gegensatz zu Kleidung und Vorhängen – bisher in literatur- und kunstwissenschaftlichen Überlegungen zu Verhüllungen nicht inkludiert wurden, weisen als stofflich begrenzte Innenräume in höfischen Text- und Bildzeugnissen eine Gestaltung auf, die den eindringenden Blick als ästhetische Kategorie hervortreten lässt (vgl. Abb. 6). Die anschließende Untersuchung ausgewählter Zelte in mittelalterlichen Text- und Bildzeugnissen vermag aufzuzeigen, dass permeable textile Verhüllung in Form höfischer Minnezelte dazu dient, ein erhöhtes Sehbegehren zu evozieren. Diese Inszenierung und ihre rezeptionssteuernde Lenkung des Begehrens mithilfe solcher stofflichen Rahmungen werden im ersten Teil dieses Kapitels im Vordergrund stehen. Für eine Untersuchung raumschaffender Verhüllungen, die über Zeltbahnen und Vorhänge hinausgehen, bietet sich im zweiten Kapitelteil die Analyse des ‚nachklassischen' ‚Minne- und Aventiureromans' *Willehalm von Orlens* Rudolfs von Ems an, weil dessen wichtigstes Handlungsmotiv, die verborgene Minne, die Integration weit komplexerer Verhüllungsstrategien hervorbringt.

1.2 Textile Hüllen: (Blick-)Durchlässige Zelte in der höfischen Literatur

Zelte sind in den höfischen Text- und Bildzeugnissen zwischen Hof und Wildnis zu verorten, denn sie werden meist zur Kreation temporärer Rückzugsorte in der Wildnis genutzt, die eine provisorische Variante der ortsfesten Innenräume der Burgen und Paläste darstellen[33] und damit die Möglichkeit bieten, „den Hof zu verlassen, ohne auf das Höfische verzichten zu müssen."[34] Realhistorisch waren Zelte vermutlich ein essenzieller Bestandteil der Adelskultur, weil die Gesellschaften auf Reisen, wenn sich keine andere Möglichkeit bot, in Zelten nächtigten.[35] Höfische Romane beschreiben den mobilen Hof vor allem dann, wenn die adligen Protagonisten unterwegs eine angemessene Schlafstätte benötigen:[36] So muss sich Iwein vor seiner Wahnsinnsepisode durch die Zelte davonstehlen (*unz daz er kam vür diu gezelt / ûz ir gesihte an daz velt.* V. 3229 f.) und Erec trifft unterwegs auf den Artushof, den er eigentlich zu meiden

33 Vgl. Markus Stock: Das Zelt als Zeichen und Handlungsraum in der hochhöfischen deutschen Epik. Mit einer Studie zu Isenharts Zelt in Wolframs *Parzival*. In: Innenräume in der Literatur des deutschen Mittelalters. XIX. Anglo-German Colloquium Oxford 2005. Hrsg. von Burkhard Hasebrink, Hans-Jochen Schiewer, Almut Suerbaum [u. a.]. Tübingen 2008, S. 67–86, hier: S. 69.

34 Kjorveziroska, Naturraum, S. 72.

35 Vgl. Bumke, Höfische Kultur, S. 168. Zwar muss hier berücksichtigt werden, dass auch die vermeintlich realhistorische Begebenheiten schildernde Geschichtsschreibung ebenfalls zu Übertreibungen neigt, doch da im Folgenden die literarischen und bildkünstlerischen Zelte im Vordergrund stehen werden, können diese Bedenken zurückgestellt werden.

36 Vgl. Stock, Zelt, S. 69.

versucht hatte,[37] weil der listige Gawein[38] ihn so über die Wege leitet, bis er auf die Zelte stößt:

> unz er mit schœner trügeheit
> den walt mit im ûz reit
> dâ der künec umbe den wec lac.
> und als Êrec fil de roi Lac
> die poulûne alle ersach,[39]
> niht liebes im dar an geschach,
> wan daz velt was sô vol. (V. 5034–5040)

Erecs Reaktion suggeriert den Anblick einer gewaltigen Zeltstadt, die den Hof so eindrücklich repräsentiert, dass er fast Furcht einflößend wirkt. Welches Ausmaß königlichen Zeltstädten und den höfischen Prunkzelten zugesprochen wird, verdeutlichen besonders die Zelte in Wolframs von Eschenbach *Parzival* – Artus' Zelt etwa ist so

---

37 Die Artusritter wählen gerne eine Flucht in den Wald, um den Augen des Hofs zu entkommen, wie Mireille Schnyder: Der Wald in der höfischen Literatur: Raum des Mythos und des Erzählens. In: Der Wald im Mittelalter. Funktion – Nutzung – Deutung. Hrsg. von Elisabeth Vavra. Berlin 2008 (Das Mittelalter. 13), S. 122–135, hier: S. 125, ausführt: „Denn in der Masse des Waldes löst sich die Kontur des dem öffentlichen Blick ausgesetzten Ritters auf, und er entkommt dem Hof, vor dem es sich zu verantworten gilt. An den Waldrändern hört der Bereich von Artus auf." In der Tiefe des Waldes muss Erec wohl nicht damit rechnen, auf den Artushof zu treffen, doch die höfische Zeltstadt ist so mobil, dass er wohl trotzdem nicht ausweichen kann.

38 Gawein verwickelt Erec geschickt in ein Gespräch, damit er nicht merkt, wohin sie reiten. Zu dieser Verstellung Gaweins vgl. Matthias Meyer: Verstellung und andere Kleinigkeiten. Überlegungen zur Normalität von Verstellung. In: Verstellung und Betrug im Mittelalter und in der mittelalterlichen Literatur. Hrsg. von dems., Alexander Sager. Göttingen 2015 (Aventiuren. 7), S. 143–156, hier: S. 147.

39 In dieser Passage des *Erec*, die den Hof als ein mit Zelten überfülltes Feld am Waldrand darstellt, ist nach Bumke, Höfische Kultur, S. 170, das französische Lehnwort *poulûne* erstmalig belegt. Damit bezieht sich Bumke allerdings auf den rückübersetzten mittelhochdeutschen Text, der nur in einer frühneudeutschen Fassung überliefert ist. In der Neuedition des *Ereck* (Hartmann von Aue, Ereck) lautet dieselbe Passage:

> untz er mit schoner trugenhait
> den wald mit im ausrait,
> da der künig umb den weg lag.
> und als Ereck vilderoilach
> die paviln alle ersach,
> nicht liebes im daran geschach,
> wann das veld was so vol. (V. 6021–6027)

Christoph Schanze: Zelt. In: Literarische Orte in deutschsprachigen Erzählungen des Mittelalters. Ein Handbuch. Hrsg. von Tilo Renz, Monika Hanauska, Mathias Herweg. Berlin/Boston 2018, S. 608–620, hier: S. 608, ergänzt diesen Beleg der Ambraser Handschrift mit der Erwähnung eines *paulun* im Wolfenbütteler Fragment und betont, dass sich sämtliche Formen des altfranzösischen Lehnwortes auf das lateinische *papilio* zurückgingen, das im Mittellateinischen bereits Zelt oder Soldatenzelt bedeuten konnte, weil die hochgeklappten Ecken des Zelteingangs an Schmetterlingsflügel erinnerten. Aufgrund der Nähe der deutschen Romane zu ihren französischen Vorlagen wundert sich Schanze nicht über die Übernahme des Lehnwortes.

groß, dass er zahlreiche Mädchen und Damen darin versammeln kann: *er hete der werden hundert / in ein gezelt gesundert* (723,15 f.). Die kaum zu überblickende Vielzahl der *tûsent poulûn oder mêr* (273,3) im *Parzival* wird auch in den Handschriftenminiaturen reflektiert, etwa in der Münchener Handschrift Cgm 19 (fol. 49r), die den Artushof als Ansammlung von Zelten zeigt.

Dass Zeltstädte nach denselben repräsentativen und machtpolitischen Regeln funktionieren wie befestigte Burganlagen, ist eine weitere wichtige Beobachtung, die sich mithilfe der unzähligen Zelte im *Parzival* machen lässt.[40] Insbesondere die Relevanz der Zeltschnüre als Grenze des jeweiligen Machtbereichs wird darin wiederholt thematisiert,[41] denn jedes Mal, wenn im Text die ‚Schnurgrenze' ungefragt überwunden wird, ist damit eine unmissverständliche Bedrohung ausgedrückt. So wird im Turnier von Kanvoleiz die Gefährlichkeit der Kämpfenden damit beschrieben, dass sie fast bis an die Zeltschnüre vorstoßen: *die inren heten die ûzern brâht / mit strîte unz an ir poulûn. / niwan der künec von Ascalûn / und Môrholt von Yrlant, / durch die snüere in wære gerant* (82,8–12). Noch klarer wird die Bedeutung einer Übertretung der Zeltbegrenzung artikuliert, als Parzival gedankenverloren und vermeintlich kampfeswütig in der Nähe des Artuslagers steht, sodass Cunnewares Knappe fälschlicherweise warnt:[42] *„tavelrunder ist geschant: / iu ist durch die snüere alhie gerant."* (284,21 f.). Darauf reagiert der junge Segramors mit einer weiteren unangemessenen[43] Übertretung von Zeltschnüren: Während Artus noch schläft, stößt der Ungestüme erst durch den *rinc* der Zelte (285,12),[44] dann *im durch die snüere* (285,14) und durch die *tür* (285,15) des Zelts vor, wo er dem Königspaar die Decke wegzieht, um zu fragen, ob er den Eindringling angreifen dürfe. Durch das Personalpronomen *im* in Bezug auf die Schnüre

---

40 Theiß, Höfische Textilien, S. 277, nennt weit über 400 Belegstellen für *gezelt* (bzw. *poulûn*) im *Parzival*.

41 Formulierungen wie *diu küngîn an die snüere reit* (82,30) oder *Gramoflanz an die snüere reit* (723,26) suggerieren einen habitualisierten Akt des Vortretens an einen fremden Machtbereich, den man nur mit Aufforderung überschreiten darf, weil die *snüere* auch *pars pro toto* für das Zelt stehen können, vgl. Jacob Klingner: Zelte der Minne. Beobachtungen zu einem Handlungsort in den mittelhochdeutschen Minnereden. In: Wissenspaläste. Räume des Wissens in der Vormoderne. Hrsg. von Gesine Mierke, Christoph Fasbender. Würzburg 2013 (Euros. 2), S. 223–237, hier: S. 224. Wird dieses Protokoll ignoriert, lässt sich daraus ein Regelbruch ableiten, der z. B. im Fall Gawans, der in ein dichtes Meer aus Zelten eindringt – *Gâwân mitten durch si reit / doch ieslîch zeltsnuor de anderen dranc* (351,2 f.) – als Zeichen der Furchtlosigkeit bewertet werden kann.

42 Bumke, Blutstropfen, S. 56, zur Veränderung dieser Szene bei Wolfram: „Bei Chrétien lassen die Artusritter sich von ihrem Augenschein täuschen: sie glauben, Perceval sei eingeschlafen, was nicht stimmt. Bei Wolfram wird ein komplizierter Erkenntnisakt geschildert: der Augenschein (sie sehen die aufgerichtete Lanze) wird mit einem Wortzeichen, der Warnung vor aufgerichteten Lanzen, verglichen, und es kommt zu dem fatalen Schluß, daß von Parzival Gefahr drohe. Dieser falsche Schluß scheint für Wolfram, bei der Veränderung des Motivzusammenhangs das Wichtigste gewesen zu sein."

43 Vgl. Karin Lerchner: Lectulus floridus. Zur Bedeutung des Bettes in Literatur und Handschriftenillustration des Mittelalters. Köln 1993 (Pictura et poesis. 6), S. 386.

44 Das Zelt des Herrschers befindet sich in der Mitte einer Zeltstadt, die Zelte des Gefolges umschließen das Herrscherzelt kreisförmig, vgl. Theiß, Höfische Textilien, S. 284.

wird deutlich, dass die Befestigung des Zelts unmittelbar Artus' intimen Verfügungsbereich markiert: Das ungefragte Übertreten der Zeltschnüre erscheint im *Parzival* immer als Provokation des Zeltherren.[45]

1.2.1 Semantischer Überschuss: Das einzelne Prunkzelt in der höfischen Literatur

Neben großen, in Ringen organisierten Zelt-Formationen, die den Hof fernab der Burgen verkörpern, rückt seit Heinrichs von Veldeke *Eneasroman* auch das einzelne Zelt in den literarischen Fokus ausführlicher *descriptio*. Das Zelt des Trojaners formuliert den Beginn der genauer beschriebenen Beschaffenheit von Zelten in der höfischen Epik,[46] dennoch stellt es im Vergleich zu den Einzelzelten, die im Folgenden untersucht werden, einen Sonderfall dar: Im Kampf um Italien schlagen Eneas und sein Gefolge vor Laurentum ein Nachtlager aus *menich getelt* (V. 9238) auf, in dem das Zelt des trojanischen Helden ganz besonders hervorsticht:

> doe hadde man hem dare bracht
> ein getelt wît ende hô,
> dat hem frouwe Dîdô
> hade gegeven dorch minne.
> et was geworcht met sinne,
> alse ich û seggen mach:
> et stont, dâ man et verre sach,
> als et ein torn wâre. (V. 9208–9215)

Das prachtvolle Zelt ist so schwer, dass es zwanzig Saumtiere nicht tragen können (V. 9216 f.),[47] es ist hoch und mit starken Seilen (V. 9221 f.) so befestigt, dass *et stont alse ein mûre* (V. 9233), was dazu führt, dass die Einwohner von Laurentum es für eine Burg halten (V. 9259–9263) und Eneas' Macht- und Herrschaftsanspruch damit unmissverständlich erkennbar wird.[48] Weil Eneas noch keinen befestigten Machtsitz hat, be-

45 Vgl. Kjorveziroska, Naturraum, S. 48. Dies ist auch über Wolframs Texte hinaus zu beobachten: In Rudolfs von Ems *Willehalm von Orlens* versucht der Titelheld seine Geliebte Amalie zu entführen, die von ihrem Vater aus politischen Gründen dem spanischen König als Frau versprochen wurde. Am Vorabend der Hochzeit erreicht Willehalm mit seinem Gefolge die englische Hafenstadt, in der das Fest stattfinden soll, und macht sich in der Dunkelheit auf den Weg, Amalie im Palastgarten abzuholen. Die Gefahr und das Ausmaß der politischen Provokation, die mit diesem Entführungsversuch einhergeht, wird damit ausgedrückt, dass der Protagonist und seine Begleiter *Vil nach biz an diu gezelt* (V. 8888) des spanischen Herrschers reiten.

46 Vgl. Bumke, Höfische Kultur, S. 169; Schanze, Zelt, S. 611.

47 Wolfram von Eschenbach überbietet im *Parzival* die Zahl der Lasttiere, die Belakanes Zelt tragen, mit zehn weiteren Tieren: *mit arbeit wart ûf geslagn / daz drîzec soumær muosen tragn, / ein gezelt: das zeigte rîcheit.* (61,13–15)

48 Vgl. Schanze, Zelt, S. 615; Pia Selmayr: Der Lauf der Dinge. Wechselverhältnisse zwischen Raum, Ding und Figur bei der narrativen Konstitution von Anderwelten im *Wigalois* und im *Lanzelet*. Frankfurt am Main 2017 (Mikrokosmos. 82), S. 187; Stock, Zelt, S. 70–71. Allerdings formuliert Marion Oswald: Gabe und Gewalt. Studien zu Logik und Poetik der Gabe in der frühhöfischen Erzählliteratur. Göttin-

darf es dieser vorläufigen Lösung, die aber einem Palast – zumindest aus der Distanz – in wenig nachsteht.[49] Dies setzt auch die bildliche Umsetzung in der Berliner *Eneas*-Handschrift (Ms. germ. fol. 282) eindrücklich um: Während Menelaus' Zelt vor der Stadtmauer Trojas (fol. 1r) und Turnus' Zelt nach dem Kampf (fol. 48r) nur jeweils die Hälfte des unteren Bildfeldes einnehmen, ist Eneas' Empfang des Boten mit dem Friedensangebot in seinem Zelt ein ganzseitiges Bild eingeräumt, das fast vollständig von den roten und weißen Zeltbahnen dominiert wird (fol. 61v, Abb. 7). Obwohl die Figuren in allen Zelten ähnlich gedrungen am Boden sitzen, ist Eneas' Zelt durch die beeindruckende Höhe des Zelts gekennzeichnet, die im Bild mehr als dreimal so viel Fläche beansprucht wie die anderen Zelte, womit es, genau wie im Text, als Furcht einflößende „mobile Burg"[50] wirken kann.

Eneas' erster Herrschaftssitz in Laurentum weist aber nicht nur imposante Wehrhaftigkeit auf, sondern es stellt in Heinrichs von Veldeke Text zudem einen Rekurs auf die vergangene Minnebeziehung zu Dido dar:[51] Die Königin von Karthago hatte Eneas das Zelt *dorch minne* geschenkt. Im Gegensatz zu den kleinteiligen Preziosen als typische Minnegaben, von denen spätere Text- und Bildzeugnisse berichten,[52] ist dieses Geschenk schwer transportierbar und vor den Augen des Gefolges nicht zu verstecken – es weist damit nicht dieselbe Intimität auf wie kleinere Kostbarkeiten und es stellt keinen unmittelbaren Körperkontakt her. Gewiss sind Eneas' Geschenke –

gen 2004 (Historische Semantik. 7), S. 224, vorsichtiger, wenn sie sagt, dass das Zelt sowohl auf die Instabilität der Herrschaft Didos, die sie Eneas in Karthago übertragen hatte, als auch auf die noch nicht gefestigte Herrschaft Eneas' verweise, „der mit dem imponierenden Zelt seine eigene Heimatlosigkeit zu verschleiern scheint."

49 Oswald, Gabe, S. 224, betont, dass das Zelt von weithin zwar wie eine Burg wirke, aber aufgrund seiner Materialien „alles andere als wehrhaft" sei. Dieser Aspekt der mangelnden Wehrheftigkeit von Zelten ist für die folgenden Überlegungen zentral.

50 Bumke, Höfische Kultur, S. 169. Der Vergleich des temporären Innenraums mit fixierter höfischer Architektur findet sich auch in Wolframs *Parzival*, in dem Isenharts Zelt, in welchem das erste Gespräch zwischen Belakane und Gahmuret stattfindet, als palastartig vorgestellt wird: *daz als ein palas / dort stêt (daz ist ein hôch gezelt: / daz brâhten Schotten ûf diz velt)* (V. 27,16–18). Detaillierte Beobachtungen zu Isenharts Zelt und seiner Bedeutung als todbringende Vorausdeutung macht Stock, Zelt, S. 78–85; dass die Beschreibung dieses Zelts in Wolframs Roman auf Didos Geschenk im *Eneasroman* zurückgeht, hier aber (im Gegensatz zum Prunkzelt, das Clinschor als Liebesgabe von Iblis erhält) explizit keine Minnegabe ist, betont Theiß, Höfische Textilien, S. 22 u. S. 120–121.

51 Vgl. Oswald, Gabe, S. 162. Im französischen *Roman d'Eneas* ist hingegen zumindest eines der zwei repräsentativen Zelte eine Beute aus dem Krieg gegen die Griechen, vgl. ebd., S. 223; Schanze, Zelt, S. 615. Während Heinrich von Veldeke das prächtige Zelt für die Dido-Reminiszenz wählt, lassen im lateinischen und französischen Text zwei purpur-goldene Gewänder, in die Eneas den toten Pallas hüllt, die Erinnerung an die karthagische Herrscherin aufleben, kurz bevor er Lavinia heiratet: In der *Aeneis* hat Dido die Gewänder eigenhändig mit Gold durchwebt, im *Roman d'Eneas* schenkte sie sie Eneas, als sie sich verliebte, vgl. Oswald, Gabe, S. 220–222.

52 Vor allem Schmuck (Spangen und Ringe) sowie Artefakte der Schönheitspflege (Spiegel und Kämme) werden zu den bevorzugten Minnegaben gezählt, vgl. Camille, Medieval Art of Love, S. 50–71. Im *Roman d'Eneas* schenkt Dido Eneas etwa einen Ring, vgl. dazu Oswald, Gabe, S. 222.

Abb. 7: Heinrich von Veldeke: *Eneit*. Berlin, Staatbibliothek. Ms. germ. fol. 282, fol. 61v.

Becher, Hermelinmantel, Armreifen, Ring, Spange und das Gewand der Hecuba (V. 766–801)[53] – zunächst nicht als Minnegaben, sondern als Aufwartungen an die großzügige Gastgeberin gedacht. Doch weil schon bei Eneas' erstem Auftritt vor Dido von ihrem bevorstehenden *wederlôn / sô harde ûter mâten* (V. 802 f.) die Rede ist, wird die nachträgliche Interpretation der Gastgeschenke als Liebesgaben vorausgedeutet.[54] Wenn der Text herausstellt, dass Dido die Gaben des Trojaners vor allem mit dem Geschenk ihrer *êre* erwidert,[55] ist kein gegenständlicher Gabentausch gemeint, sondern, so Heike Sahm, dass Dido sich selbst verschenkt: „Dido hat sich mit allem, was sie ist, Eneas übergeben, die Königin hat sich selbst zur Gabe gemacht."[56] Der Rezipient kann also davon ausgehen, dass Dido Eneas ihre aufopferungsvolle Minne bis zur Selbstzerstörung übergibt, erfährt aber dann doch mehrere tausend Verse später, dass der Held zudem ein auffälliges, materielles Geschenk von der Herrscherin erhielt, das ihm als erste Manifestation seiner künftigen Herrschaft dient. Es ist erstaunlich, dass das prächtige Zelt erwähnt wird, nachdem die von der gabenökonomischen Terminologie geprägte Minnehandlung zwischen Dido und Eneas,[57] die mit der Begegnung in der Unterwelt ihren Abschluss findet, schon lange zurückliegt. Dass allerdings kurz vor dem Beginn der Lavinia-Handlung eine solche Reminiszenz an die Dido-Minne formuliert wird, könnte die göttlich vorherbestimmte Beziehung zwischen Latinus' Tochter und Eneas bekräftigen, indem Didos Liebe auf diese Weise in den göttlichen Plan integriert wird: Das Zelt als Minnegabe präsentiert die vorherbestimmte Unterstützung einer mächtigen Landesherrin, die Eneas nun hilft, seinen eigenen Machtanspruch in Laurentum eindrücklich zu demonstrieren.[58] Dass das Prunkzelt im *Eneasroman* jedoch unverkennbar als Liebesgabe deklariert wird, schärft den Blick für weitere Zelte

53 Goldbecher, Armreifen und Ring sind Zutaten Heinrichs von Veldeke, die damit auf in der mittelalterlichen Literatur auf ubiquitäre Dinge verweisen, die nach Oswald Oswald, Gabe, S. 168, vor allem dazu dienen, „freundschaftliche Bindungen oder auch Minnebeziehungen auf anschauliche und sinnlich wahrnehmbare Weise zu identifizieren, zu besiegeln oder zu memorieren."

54 Diese Deutung findet sich ebenfalls ausschließlich bei Heinrich von Veldeke, vgl. Oswald, ebd., S. 168–169.

55 Deshalb trauert Dido um ihre vergeblichen Geschenke, als Eneas ihr mitteilt, dass er sie verlässt: *[„]dat rouwet mich sêre, / dat ich û goet end êre / alsô vele hân erboden.[“]* (V. 2121–2123).

56 Heike Sahm: Gabe und Gegengabe, Raub und Vergeltung: Reziprozität in der mittelhochdeutschen Epik. In: ZfdPh 133 (2014), S. 419–438, hier: S. 431. Für diese These spricht auch die Aufmachung Didos vor dem Jagdausritt, auf dem Minnevereinigung stattfindet, in der der Topos der goldgeschmückten Braut aufgegriffen wird, vgl. ebd., S. 419–438.

57 Vgl. Sahm, Gabe, S. 434.

58 Herfried Vögel: Das Gedächtnis des Lesers und das Kalkül des Erzählens. Zum *Eneasroman* Heinrichs von Veldeke. In: Erkennen und Erinnern in Kunst und Literatur. Kolloquium Reisensburg, 4.– 7. Januar 1996. Hrsg. von Dietmar Peil, Michael Schilling, Peter Strohschneider. Tübingen 1998, S. 57–85, hier: S. 67, interpretiert das Zelt als rezeptionsleitendes Zeichen, das die Macht der Minne verdeutliche: „Das Zelt vergegenwärtigt noch einmal Eneas' Aufenthalt in Karthago, wo ihm die Liebe Didos die Herrschaft über das Land einbrachte; es erinnert den Leser an die Macht der Minne, Herrschaft zu geben und Herrschaft zu zerstören."

im Minnekontext: Zelte erscheinen zwar in der höfischen Literatur nach Heinrich von Veldeke nicht als Liebesgaben,[59] aber sie erschaffen besondere Minneräume, in denen Liebende in einer temporären Hülle vor Witterung und ungewünschten Blicken geschützt sind.[60]

Wie Didos Zelt, das zugleich geschützter Rückzugsort und Machtsignal ist, sind Zelte in der höfischen Literatur gleichzeitig Raum und Zeichen.[61] Vor allem dann, wenn Zelte nicht als größere Ansammlung zur Repräsentation des mobilen Hofs in Erscheinung treten, sondern einzeln in der Wildnis anzutreffen sind, offenbart sich ein Zeichencharakter, der über die Funktion des Zelts als bloßer Handlungsraum hinausgeht. Als Ort intimer Liebesgeheimisse vertritt das einzelne Zelt im Freien mit überra-

---

59 Eine Ausnahme könnte Tschionatulanders Zelt im *Jüngerem Titurel* sein, das Bumke, Höfische Kultur, S. 169, als Minnegabe an Sigune deutet. Allerdings ist in der von Bumke angeführten Textstelle (4408,3) der Edition Karl August Hahns von 1842 lediglich die architektonische Beschreibung einer *stat* im Wald zu bemerken, die bestenfalls implizit auf ein Zelt verweist und keinen erkennbaren Minneaspekt erwähnt:

> Hie wart ein michel kapfen da man die ſtat enborte.
> Vil maniger vz dem ſtapfen fvrbaz trat denne der fvz gehorte.
> Daz vber ſnv̊r vnd keile ſtrovchen lerte.
> Lop von maniger zvngen die werlt an den vz graſwalt nv kerte.
>
> Do gar die ſtat bereitet wart mit richen dachen.
> Vnd in die hohe geleitet daz der hertze vil in frevden krachen.
> Palas tvrne movr mit allen zinnen.
> Darvmbe die letze von golde ſolich richeit brahte manige da von ſinnen.
> (4407–4408)

60 Diese Formulierung deutet auf eine bestechende Ähnlichkeit von Kleidung und Zelt. Die grundlegende Zusammenfassung der Funktionen der Kleidung von Undine Brückner: Kleidung, Verkleidung und Autorschaft: Verhüllung und Zierde bei Dorothea von Hof. In: Innenräume in der Literatur des deutschen Mittelalters. XIX. Anglo-German Colloquium Oxford 2005. Hrsg. von Burkhard Hasebrink, Hans-Jochen Schiewer, Almut Suerbaum [u. a.]. Tübingen 2008, S. 157–178, hier: S. 159, lässt sich darum direkt auf die Zelte übertragen: „Ähnlich wie auch andere Objekte für einen bestimmten Inhalt konstruiert sind und so eine Barriere zwischen dem Inneren und Äußeren bilden, dient Kleidung dazu, Menschen in sich aufzunehmen. Im Falle der Kleidung haben wir es jedoch mit zwei separaten Aspekten der Gefäßfunktion zu tun, die Gegenstand der Diskussion sein sollen. Primär schützt das Gewand den Träger äußerlich gegen Witterungseinflüsse und eindringliche Blicke, seine Funktion ist also Verhüllung. Zweitens aber ist Kleidung sorgfältig gestaltet, um dem Betrachter einen bestimmten Eindruck zu vermitteln." Die Bedeutung des abgetrennten Privatraums als nach der Kleidung „nächstgrößere ‚Körperhülle'" stellt auch Schmauks, Typologie, S. 191, heraus.

61 Stock, Zelt, S. 69, plädiert dafür, dass Ekphrasis und Raumsemantik der Zelte nicht getrennt betrachtbar seien, „was am wichtigsten Charakteristikum dieser Zelte [liegt], die nicht nur einen Teil des Raumes aus dem Umgebungsraum ausschließen und nicht mehr nur Handlungsraum, sondern immer auch Zeichen sein können, elaborierte Zeichen, die in sich selbst und nicht in ihrer raumsemantischen Funktion Bedeutung erzeugen können."

schender Selbstverständlichkeit[62] die strukturelle Position der höfischen Kemenate.[63] Als Erec sich in Hartmanns von Aue gleichnamigem Roman in Brandigan für seine letzte Aventiure in den herrlichen Baumgarten begibt, um Mabonagrin zu bekämpfen, trifft er zunächst auf dessen wunderschöne Geliebte, die in einem Prunkzelt sitzt:

> nû sach er vor im dort
> eine pavelûne stân,
> rîch unde wol getân,
> beide hôch unde wît,
> [...]
> si was gespannen überz gras.
> an dirre pavelûne was
> êre und gevüere.
> [...]
> hie under er gesitzen sach,
> ein wîp, als im sîn herze jach,
> daz er bî sînen zîten
> âne vrouwen Ênîten
> nie dehein schœner hete gesehen. (V. 8901–8930)

Das Zelt, das eine Ergänzung Hartmanns ist,[64] wird in diesen Versen ausführlich beschrieben: Es ist aus schwarzem und weißem Seidenstoff gefertigt (V. 8905), auch die *zeltsnüere* bestehen aus mehrfarbiger Seide (V. 8921–8925) und es ist mit goldenen Bildern von Menschen und Vögeln[65] bemalt, die täuschend echt aussehen (V. 8908–8914). Die Materialien und Farben wiederholen sich teilweise in der Kleidung, in der die Dame *gevangen în* (V. 8941) ist, denn das *dach* ihres Mantels, *dâ si sich in vie* (V. 8953)[66],

---

62 Vgl. Gert Kaiser: Liebe außerhalb der Gesellschaft. Zu einer Lebensform der höfischen Liebe. In: Liebe als Literatur. Aufsätze zur erotischen Dichtung in Deutschland. Hrsg. von Rüdiger Krohn. München 1983, S. 79–97, hier: S. 79.

63 Vgl. Klingner, Zelte, S. 225; Spearing, Poet as Voyeur, S. 99.

64 Bei Chrétien liegt die Freundin Mabonagrins in einem silbernen Bett mit vergoldeten Laken, vgl. Thomas Poser: Raum in Bewegung. Mythische Logik und räumliche Ordnung im *Erec* und im *Lanzelet*. Tübingen 2018 (Bibliotheca Germanica. 70), S. 96.

65 Die höfischen Zelte im Freien sind häufig mit Tieren verziert, sodass die textilen Hüllen eine domestizierte Wildheit präsentieren, die in einem seltsamen Kontrast mit der tatsächlich wilden Umgebung steht. Womöglich wird an dieser Stelle ein Kultur-Natur-Diskurs angedeutet, wahrscheinlicher ist aber, dass die Verzierungen (pseudo-)heraldische Bedeutung tragen wie sie auch für Kleidung festgestellt werden kann (dazu vgl. E. Jane Burns: Courtly Love Undressed. Reading Through Clothes in Medieval French Culture. Philadelphia 2002 (Middle Ages Series), S. 2). Poser, Raum, S. 96–97, vermutet, dass die illusorischen Figuren mit einem Rekurs auf Enites Sattel auf den topischen Wettstreit der Künste verweisen könnten.

66 Die textile Abgrenzung, die in Brandigan durch das Zelt markiert wird, wiederholt sich also in der Kleidung der Freundin Mabonagrins, die ganz in einen Mantel gehüllt ist, sodass Erec ihr Kleid darunter nicht sehen kann: *dâ vor alumbe hie / der mantel dâ si sich in vie* (V. 8952 f.). Eine Formulierung mit *învâhen* erfolgt in Bezug auf den Mantel zweimal in dieser Passage (vgl. *gevangen în* in V. 8941) und stellt damit das stoffliche Umschlossensein besonders heraus, das hier durch Zelt und Mantel in korbesteht ebenfalls aus kostbarem *samît* (V. 8942), die wie *brûnez glas* erscheint (V. 8943).[67] Nachdem der Kampf mit Mabonagrin für Erec erfolgreich ausgegangen ist, tröstet Enite die namenlose Freundin des Gegners, deren Identität abermals mit dem Prunkzelt – *diu under der pavelûne saz* (V. 9686) – verknüpft wird. Aufgrund der isolierten Liebe, die Mabonagrin und seine Freundin in ihrem *ander paradîse* (V. 9542) leben, lässt sich vermuten, dass es auch einen Zusammenhang zwischen dem einzelnen Zelt im Freien und einer Minne, die nicht der höfischen Norm der Integration in die Gesellschaft entspricht, gibt.[68]

Schließlich ist im schwer zugänglichen Baumgarten eine zusätzliche Intimität stiftende Räumlichkeit inszeniert, in der die Liebenden sich noch weiter zurückziehen können. Ob der Kampf in Brandigan als eine Spiegelung angelegt ist, die ein letztes Mal allegorisch aufzeige, dass Erec und Enite die gesellschaftsfeindliche Minne überwunden haben, wird in der Forschung seit Jahrzehnten diskutiert[69] und eine mögliche

---

relierender Funktion sogar doppelt inszeniert ist. Gerok-Reiter, Körper, S. 428, geht zwar davon aus, dass im Unvermögen Erecs und des Erzählers unter den Mantel der Freundin Mabonagrins zu schauen (V. 8948–8953), im Gegensatz zu Enites erster Beschreibung in transparenter Kleidung, offenbart werde, dass es bei diesem Frauenkörper keinen symbolischen Mehrwert von Innen und Außen zu entdecken gebe. Da jedoch in der verhüllend-enthüllenden Funktion von Zelt und Mantel durchaus eine eklatante Ähnlichkeit zu beobachten ist, muss auch die Freundin als dem durch textile Barrieren eindringenden Blick ausgesetzt bewertet werden, der damit schon auf ihre Spiegelungsfunktion verweist, die sich anschließend im Gespräch Erecs mit Mabonagrin herausstellt. Bezüge zwischen Zelten und Kleidung beobachtet auch Kjorveziroska, Naturraum, S. 103 f. u. S. 119, etwa für Ulrichs von Türheim *Rennewart* und Ulrichs von Etzenbach *Alexander*. Zum stofflichen *umbevâhen* vgl. außerdem die folgenden Überlegungen zum Bettvorhang in Rudolfs von Ems *Willehalm von Orlens* in Kapitel 1.3.1.

67 Auch die Zeltschnüre sind *rôt grüene wîz gel / brûn* (V. 8924 f.).

68 Anders argumentiert Specht, Baumgarten, S. 156–165, die der Ansicht ist, dass das Zelt (auch im Baumgarten) die Wildnis höfisiere, sodass Erec gleich erkenne, dass in diesem Zeltraum höfische Konventionen gelten, womit Hartmann wiederum das Zelt „zum Zeichen für eine pseudoparadiesische Okkupation des Gartens" (ebd., S. 159) stilisiere (dafür führt sie ebd. die täuschend echt gemalten Vögel auf der Zeltplane an), wenngleich dieser höfische Schein trügerisch sei. Allerdings wird sowohl im *Erec* als auch im Vergleich mit anderen höfischen Zelten in der höfischen Literatur deutlich, dass das einzelne Zelt immer schon als prekär markiert ist und damit kaum paradiesische Zustände zu suggerieren vermag. So betont etwa Klingner, Zelte, S. 235, dass das durchlässige Zelt „Fragilität und Instabilität des in ihm vertretenen Ordnungsentwurfes zum Ausdruck" bringe.

69 Hugo Kuhn: Erec. In: Festschrift Paul Kluckhohn und Hermann Schneider. Gewidmet zu ihrem 60. Geburtstag. Hrsg. von ihren Tübinger Schülern. Tübingen 1948, S. 122–147, hier: S. 137, versteht *Joie de la curt* als Allegorie der höfischen Freude, die „allen offen und doch nur auf besondere Weise zugänglich" sei, wobei sie allerdings noch eines allegorischen Kampfs „um die rechte Minneform" bedürfe – darum sei die Episode eine allegorische Spiegelung des Wegs von Erec und Enite, der als „Zerstörung und Wiedergewinn der Minne und damit der höfischen Freude" (ebd., S. 138) beschrieben werden könne. Der Begriff der Spiegelung wird anschließend z. B. von Horst Wenzel: Öffentliches und nichtöffentliches Herrschaftshandeln im *Erec* Hartmanns von Aue. In: Das Öffentliche und Private in der Vormoderne. Hrsg. von Gert Melville, Peter von Moos. Köln 1998 (Norm und Struktur. 10), S. 213–238, hier: S. 230, verwendet. Im Rekurs auf Kuhn merkt Walter Haug: Literaturtheorie im deutschen Mittelalter. Von den Anfängen bis zum Ende des 13. Jahrhunderts. unveränderter Nachdruck der 2.,

Ähnlichkeitsrelation zwischen dem Königspaar und Mabonagrin und seiner Freundin lässt sich dabei auch über das Motiv des verbergenden Innenraums herstellen:[70] Die *vriundinne* des gefährlichen Ritters ist nach Enite die schönste Frau und sie entpuppt sich sogar als ihre Cousine. Die beiden leben in einem als intim markierten Raum,[71] der einen Bruch mit ihrer höfischen Umgebung nach sich zieht, die sich in Missgunst und Trauer des Gefolges äußert: Das Zelt im Baumgarten und die Kemenate in Karnant werden somit gleichermaßen als Intimräume der gesellschaftsfernen Minne vorgestellt.[72] Diese Beobachtung bestätigt sich in der Episode der Versöhnung des Protagonistenpaars in Penefrec, denn Erec und Enite schlafen nun nicht mehr in einem gesellschaftsfernen Raum:

den vil lieben gesten
betten si dar under,
under eine besunder
Êrecke und vrouwen Ênîten,
die ze manegen zîten
bî ein ander niht lâgen
noch gesellescheft phlâgen
mit slâfe und mit mazze.
dem unbescheiden hazze

überarb. und erw. Auflage. Darmstadt 2009 (Germanistische Einführungen), S. 96–97, an, dass Erecs liebesbedingte Passivität und Mabonagrins mörderische Taten beide „antigesellschaftlich", aber nicht direkt vergleichbar seien und attestiert der Brandigan-Episode eine verstärkte poetologische Reflexionsebene, weil es Mabonagrin erst durch Erecs Sieg möglich werde, seine eigene Geschichte von der Liebe zu erzählen, vgl. ders.: Lesen oder Lieben? Erzählen in der Erzählung, vom *Erec* bis zum *Titurel*. In: PBB 116,2 (1994), S. 302–323, hier: S. 317. Auch wenn der Allegorie-Begriff für diese Episode problematisiert wird, scheint es nach wie vor Forschungskonsens zu sein, dass die *Joie de la curt* als Spiegelung gelesen wird (so etwa bei Cordula Kropik: Gemachte Welten. Form und Sinn im höfischen Roman. Tübingen 2018 (Bibliotheca Germanica. 65), S. 207). Einen neueren Forschungsüberblick zur Ähnlichkeit dieser letzten Aventiure Erecs mit dem *verligen* in Karnant bietet Poser, Raum, S. 57–61.

70 Kropik, Gemachte Welten, S. 207, beschreibt zwar eine Spiegelung, die sie als intuitive Verknüpfung des Rezipienten deutet, aber führt diese nicht auf das räumliche Setting zurück: „Indem Hörer und Leser vor Augen gestellt wird, was er verstehen soll, wird er zu einer Form der nicht-begrifflichen Einsicht angeregt, die genau den Evidenzeffekt erzeugt, um den es hier geht. Der Hörer oder Leser ‚sieht', dass das szenische Arrangement von *Joie de la curt* das des *verligens* spiegelt, und ‚weiß' deshalb, dass Erec sich im Kampf mit Mabonagrin selbst überwindet, auch wenn er sich weder der szenischen Ähnlichkeit der Episoden noch ihrer Bedeutung bewusst ist."

71 Dass der Baumgarten von einer beinahe undurchdringbaren Wolke umschlossen ist (V. 8751 f.) und damit neben Zelt und Mantel eine weitere permeable Hülle um den begehrenswerten Frauenkörper gelegt ist, betont zusätzlich die Abschottung von der höfischen Welt, in deren Epizentrum sich die Dame befindet.

72 Zu einem ähnlichen Schluss kommt auch Schanze, Zelt, S. 616, allerdings indem er im Minnezelt Mabonagrins einen intertextuellen Verweis auf das Zelt, das Dido Eneas als Minnegabe schenkte, sieht: „Die entscheidende Pointe ist, dass der Erzähler mittels des Zelts die gesellschaftsfeindliche Dido-Liebe auf das Baumgarten-Paar überträgt, sodass von Anfang an klar ist, dass diese Art von Liebe überwunden werden muss."

wart ein ende gegeben
und kurn in ein bezzer leben.
dem wirte betten sî
under die næhsten dâ bî,
diu selbe stuont enmitten,
den rittern under die dritten.
„nû sage waz wære ir bettewât?“
entriuwen, als ez der walt hât,
schœnez loup und reinez gras,
sô ez in dem walde beste was.
waz touc daz lange vrâgen,
wan daz si doch lâgen? (V. 7091–7111)

Dass für das versöhnte Paar unter einer der drei schön gewachsenen Buchen (V. 7085–7090) eine Bettstatt aus Laub und Gras bereitet wird, obwohl im *Erec* das Konzept eines königlichen Zeltlagers wiederholt belegt ist, zeigt, dass das Zelt als Rückzugsort nicht zu der nun rehabilitierten Beziehung des Paars passt.[73] Das wiedervereinte Paar verbringt die Nacht nicht mehr in einem verhüllten, intimen Innenraum, sondern lediglich ein Baum *breit unde wol getân* (V. 7087) überdacht sie:

> Die Versöhnungsnacht im Wald vor Penefrec bringt dann bildhaft alles wieder ins Lot. Wenn Erec und Enite hier – anstatt wie in Karnant im mittäglichen Schlafgemach – im nächtlichen Wald ruhen und in der Gesellschaft Guivreiz' und seiner Ritter [...] wieder zusammenfinden, dann ist klar: die Abschottung gegenüber der Gemeinschaft ist aufgehoben.[74]

Was Cordula Kropik im Setting der Szene erkennt, lässt sich anhand der fehlenden Hülle, die einen abgeschlossenen Innenraum begrenzt, bestätigen: Dass die Missstände zwischen Erec und Enite nun ‚klar' aufgehoben sind, zeigt sich nicht nur an ihrem einvernehmlichen Umgang miteinander und an der Gegenüberstellung der Tageszeiten,[75] sondern auch in der räumlichen Inszenierung, denn die gesellschaftskompatible

73 Schon Kuhn, Erec, S. 132, spricht für die Nacht im Anschluss an die zweite Guivreiz-Episode von einer Umkehrung, die auch in die Wahl der Schlafstätte erkennbar ist. Interessanterweise wird bereits als Koralus Erec in seiner heruntergekommenen Ruine als Gast beherbergt, eine prächtige fingierte Bettstatt beschrieben, obgleich die ärmlichen Gastgeber nicht mit einem königlichen Bett aufwarten können (V. 366–381; die Position der Bettbeschreibung und die Materialien weisen dabei wiederum große Ähnlichkeiten mit dem *Eneasroman* auf, vgl. Lerchner, Lectulus floridus, S. 354). Stattdessen muss Erec auf Stroh schlafen: *si geleisten wol ein reine strô: / dar über genuocte si dô / eines bettes âne vlîz, / daz bedahte ein lîlachen wîz.* (V. 382–385) – die Beschreibungen der Schlafstätten scheinen demnach von Beginn an Bedeutung zu tragen. Es ließe sich vielleicht sogar vermuten, dass das einfache Strohbett am Anfang des Aventiurewegs „ein positives Zeichen“ (ebd., S. 354) ist, das eine Spiegelung im Versöhnungsbett aus Laub und Gras erfährt, dessen positive Wertung damit zusätzlich betont wird.

74 Kropik, Gemachte Welten, S. 208.

75 Diese Beobachtung widerspricht Christoph Schanze: Schatten und Nebel. Die dunkle Seite des Artusromans. In: Aktuelle Tendenzen der Artusforschung. Hrsg. von Brigitte Burrichter, Matthias Däumer, Cora Dietl [u. a.]. Berlin/Boston 2013 (SIA. 9), S. 187–208, hier: S. 201, aber nicht, der für Hartmanns

Minne braucht sich nicht mehr in Kemenaten und Zelten zu verbergen. Der intime Raum muss nun nicht von der Außenwelt abgeschottet werden,[76] die gesellschaftliche Reintegration des Paars offenbart sich gerade im Verzicht auf Verhüllung und Heimlichkeiten. In der Gegenüberstellung der vom Zelt verhüllten Minnebeziehung und der Beziehung des versöhnten Ehepaars, das unter freiem Himmel schläft, zeigt sich, dass dem Zelt ein semantischer Mehrwert verliehen wird.

Im *Lai de Lanval* der Marie de France ist das Zelt in der Wildnis hingegen als positiver Ort der erotischen Minne konnotiert: Der Artusritter Lanval gelangt auf einem Ausritt, zu dem er alleine aufbricht, weil er sich durch großzügige Geschenke verausgabt hat und darum am Hof in Verlegenheit geraten ist, auf eine Wiese. Dort legt er sich traurig nieder, bis er plötzlich am Ufer des Flusses zwei wunderschöne Damen entdeckt (V. 39–56).[77] Die kostbar gekleideten Mädchen grüßen ihn mit Namen und

---

Erec eine Gegenüberstellung von Hell und Dunkel erkennt, die sich zunächst in der hell erleuchteten Kemenate erkennbar macht und die Sexualität erst am Ende der erfolgreich bestandenen Aventiuren wieder zurück in den Raum der nächtlichen Dunkelheit verbannt: Vielmehr ergänzt der hier vorgestellte Aspekt das Konzept einer problematischen, räumlich abgegrenzten Intimität, in der das *verligen* auf mehreren Ebenen als negativ konnotiert wird, wohingegen die Versöhnung im positiv konnotierten *locus amoenus* stattfindet.

76 Diese implizierte Gegenüberstellung der maßlosen Minne in der Kemenate mit der ausgeglichenen Minne im Freien im *Erec* ist nur bei Hartmann zu finden – bei Chrétien nächtigt das Ehepaar bereits nach dem ersten Räuberabenteuer im Freien und führt sogar ein Gespräch über die Nachtwache. Auf diese bedeutsame Änderung Hartmanns weist Kaiser, Liebe, S. 88, hin, der sie allerdings nicht weiter deutet. Ingrid Kasten: Bachtin und der höfische Roman. In: *Bickelwort* und *wildiu mære*. Festschrift für Eberhard Nellmann zum 65. Geburtstag. Hrsg. von Dorothee Lindemann, Berndt Volkmann, Klaus-Peter Wegera. Göppingen 1995 (GAG. 618), S. 51–70, hier: S. 67, versteht die fehlende Übernachtung in der Natur zu Beginn der Aventiurefahrt als Hartmanns verstärkte Darstellung der Unergründlichkeit Erecs, der im Vergleich mit Chrétiens Erec sehr viel mehr auf die Verhüllung seiner Intentionen achte.

77 Die Wassernähe ist bereits ein Hinweis auf die bevorstehende Begegnung mit einer Fee, in der sich eine sexuelle Fantasie erfüllt, vgl. Neil Cartlidge: The Fairies in the Fountain: Promiscuous Liaisons. In: The Exploitations of Medieval Romance. Hrsg. von Laura Ashe, Ivana Djordjević, Judith Weiss. Cambridge 2010 (Studies in Medieval Romance. 12), S. 15–27, hier: S. 16. Graelent und Desiré treffen in den *Lanval*-ähnlichen Lais ihre Feen ebenfalls in der Nähe eines Brunnens, vgl. E. Margaret Grimes: The Lays of Desiré, Graelent and Melion: Edition of the Texts with an Introduction. New York 1928, S. 20–21. Der *Meleranz* des Pleier spielt mithilfe der seltsamen Konstruktion aus zwei Brunnen auf einer schönen Lichtung (V. 448–463), auf welcher der Protagonist einer feenhaften Dame beim Bad begegnet, ebenfalls mit diesem Topos. In der gleichen Tradition stehend sehen Katharina Philipowski: Schrift in Fesseln. Die steinerne Rede der Persine in Thürings von Ringoltingen *Melusine* (1456). In: Metatexte. Erzählungen von schrifttragenden Artefakten in der alttestamentlichen und mittelalterlichen Literatur. Hrsg. von Friedrich-Emanuel Focken, Michael R. Ott. Berlin/Boston 2016 (Materiale Textkulturen. 15), S. 239–262, hier: S. 244, und Hans Wolfgang Steffek: Die Feenwelt in Konrads von Würzburg *Partonopier und Meliur*. Frankfurt am Main 1978 (Europäische Hochschulschriften: Deutsche Literatur und Germanistik. 268), S. 140, auch den Brunnen in der ersten Begegnung des künftigen Ehepaars in Thürings von Ringoltingen *Melusine*. Etwas vorsichtiger bewertet Michaela Wiesinger: Feenreste: Zur latenten Feenhaftigkeit hofferner Frauenfiguren in *Diu Crône* Heinrichs von dem Türlin. In: JIAS 6,1 (2018), S. 46–69, hier: S. 53, die Zusammenhänge zwischen Wasser, Fee und Erotik.

überbringen eine Botschaft ihrer Herrin, die Lanval zu sich bestellt (V. 71–79). Die Damen führen ihn zu einem Zelt, das so erhaben ist, dass sich Kaiser Octavian nicht mal einen Teil davon leisten könnte (*Ne l'emperere Octovïan, / N'esligasent le destre pan.* V. 85 f.), darauf ist ein *aigle d'or* (V. 87) mit unermesslichem Wert befestigt. In diesem beeindruckenden Zelt befindet sich die Dame:

Dedenz cel tref fu la pucele;
Flur de lis e rose nuvele,
Quant ele pert al tens d'esté,
Trespassot ele de beauté.
Ele jut sur un lit mut bel –
Li drap valeient un chastel –
En sa chemise senglement. (V. 93–99)

Die junge Herrin, die schöner ist als Lilie und Rose im Sommer, liegt in diesem prächtigen Zelt in einem Bett, dessen Laken so viel wert sind wie eine Burg,[78] und trägt dabei lediglich ein Hemd.[79] Zwar wärmt sie ein gefütterter Mantel (V. 101–103), doch ein großer Teil ihres Körpers (*le costé, / Le vis, le col e la peitrine*, V. 104 f.) ist entblößt, sodass Lanval ihre weiße Haut betrachten kann. Sie erzählt ihm, dass sie von weither gereist ist, um ihn aufzusuchen – er verliebt sich sofort in die Schöne, verspricht ihr, hörig zu sein und die Gesellschaft hinter sich zu lassen: *Pur vus guerpirai tutes genz* (V. 128).[80] Als Belohnung für diesen Schwur gewährt sie ihm ihre Liebe und ihren Körper (V. 133) sowie nie endenden Reichtum (V. 136–142). Nach der körperlichen Vereinigung, einem vorzüglichen Mahl und unterhaltsamen Darbietungen, reitet Lanval zurück – mit der Gewissheit, dass ihm seine Dame immer erscheinen wird, wenn er nach ihr verlangt (V. 163–170). Auf dem Weg beginnt er allerdings, das Erlebte infrage zu stellen, denn er weiß nicht, was er glauben soll, zweifelt sogar an der Wahrheit der

78 Die Kombination aus unbeschreiblicher Schönheit und unendlichem Luxus könnte als Kontrast zu Lanvals vorherigem Leben als Außenseiter am Artushof verstanden werden, vgl. Laine E. Doggett: The Favorable Reception of Outsiders at Court: Medieval Versions of Cultural Exchange. In: Shaping Courtliness in Medieval France. Essays in Honor of Matilda Tomaryn Bruckner. Hrsg. von Laurie Shepard, Daniel E. O'Sullivan. Cambridge 2013, S. 229–240, hier: S. 236.

79 Die Darstellung der spärlich bekleideten Fee im *Lai de Lanval* weist beachtliche Ähnlichkeiten mit der ersten Beschreibung Enides in Chrétiens *Erec* auf, vgl. Roger Middleton: Enide's See-through Dress. In: Arthurian Studies in Honour of P. J. C. Field. Hrsg. von Bonnie Wheeler. Woodbridge 2004 (Arthurian Studies. 57), S. 143–164, hier: S. 154.

80 Mit dieser Formulierung wird nach Patrick John Ireland: The Narrative Unity of the *Lanval* of Marie de France. In: Studies in Philology 74,2 (1977), S. 130–145, hier: S. 135, eine direkte Abwendung vom Artushof deutlich: „What Lanval does not realize is that in renouncing ‚tutes genz' he effectively renounces the mortal world and mortal allegiances. [...] In pledging himself to the Court of Love, he unknowingly surrenders his chivalric allegiance to King Arthur."

Begegnung: *ne seit que creire, / Il ne la quide mie a veire.* (V. 199 f.)[81] Nach der Rückkehr an den Artushof, nimmt die Königin Lanval, der nun mit exzeptioneller Großzügigkeit glänzen kann, als begehrenswert wahr und bietet ihm ihre Liebe an (V. 263–268).[82] Als er sich weigert und zur Verteidigung gegen die verbalen Angriffe der Königin[83] von seiner wunderschönen Geliebten erzählt, obwohl sie ihm verboten hatte, über sie zu sprechen, weiß er, dass seine Liebe verloren ist (V. 334–336). Die beleidigte Königin inszeniert anschließend eine Intrige, die Lanval dazu bringt, sich vor König Artus und dem Hof unter Anschuldigung des Hochverrats rechtfertigen zu müssen[84] – just aber als das Urteil über ihn gesprochen werden soll, erscheint die Verlorengeglaubte (V. 547–584) und bestätigt in aller Öffentlichkeit, was Lanval über ihre Schönheit und ihre Liebesbeziehung gesagt hatte. Nach dem Freispruch reitet der Artusritter gemeinsam mit seiner Geliebten fort gen Avalon, sodass niemand mehr von ihm hört (V. 638–646).

Die erste Beschreibung der feenhaften Dame im *Lai de Lanval* wirkt wie eine visionäre Erscheinung: Innerhalb des über alle Maßen kostbaren Zelts präsentiert sie sich als Verführerin halbnackt auf einem Bett.[85] Das einzige konkrete äußere Merkmal, das explizit erwähnt wird, ist ihre weiße Haut (V. 106) – der Rezipient erfährt, dass sie wunderschön ist, wie sich diese Schönheit konkret darbietet, wird nur mithilfe des topischen Sommerblumenvergleichs umschrieben.[86] Das textile Setting, in dem sich die Dame befindet, ist hingegen präzise dargestellt,[87] denn die *pucele* wird über

---

81 Diesen Zweifel an der Wahrhaftigkeit der Begegnung des Ritters mit der Fee gibt es auch im *Lay de Graelent*, vgl. die Einleitung von Grimes, Lays, S. 24. Zum Spiel mit dieser Unsicherheit in der Literatur vgl. außerdem das Kapitel 3.2 zu Konrads von Würzburg *Partonopier und Meliur*.

82 Interessanterweise nutzt die Königin (im Gegensatz zur Fee!) keine laszive Zuschaustellung ihres Körpers, sondern Worte zur Verführung – auch König Artus überzeugt sie nicht durch körperlichen Liebesentzug von ihren Anschuldigungen, sondern durch laute Klage, vgl. Peggy McCracken: The Romance of Adultery. Queenship and Sexual Transgression in Old French Literature. Philadelphia 1998 (The Middle Ages Series), S. 156.

83 Ihre Aussage *Asez le m'ad hum dit sovent / Que des femmes n'avez talent! / Vallez avez bien afeitiez, / Ensemble od eus vus deduiez.* (V. 279–282) lässt sich als Homosexualitätsvorwurf lesen, vgl. Mathew S. Kuefler: Male Friendship and the Suspicion of Sodomy in Twelfth-Century France. In: Gender and Difference in the Middle Ages. Hrsg. von Sharon Farmer, Carol Braun Pasternack. University of Minnesota 2003 (Medieval Cultures. 32), S. 145–181, hier: S. 159; Spearing, Poet as Voyeur, S. 98 (obgleich der Begriff der Homosexualität hier natürlich anachronistisch ist und eher Sodomie genannt werden müsste, vgl. Ruth Mazo Karras: Sexualität im Mittelalter. Düsseldorf 2006, S. 26–28).

84 Die Figur der hinterlistigen Königin, die einen Ritter durch Verführung nötigt, das Redeverbot der feenhaften Geliebten zu brechen, findet sich auch in den Lais von *Desiré* und *Graelent*, vgl. Grimes, Lays, S. 12. Zum Potiphars-Frau-Topos vgl. Kapitel 2.2.2 zur *Kastellanin von Vergi*.

85 Vgl. Spearing, Poet as Voyeur, S. 100.

86 Lilie und Rose sind dabei natürlich einerseits Blumen, die zum gängigen rhetorischen Repertoire der Beschreibung weiblicher Figuren gehören, andererseits verweist ihre implizite Farbgebung auf die typischen Minnefarben weiß und rot. Vgl. dazu auch S. 280 Anm. 734 im *Tristan*-Kapitel.

87 Der Reichtum der Fee wird ausschließlich über den unermesslichen Wert der Stoffe verdeutlicht, so Burns, Courtly Love, S. 167: „Her court, set apart from the established locus of King Arthur, relies on verschiedene Schichten enthüllender Stofflichkeit präsentiert: Das prächtige Zelt als äußere Hülle, darin die kostbaren *drap* (V. 98) auf dem Bett, ihr *chemise* (V. 99) und der *mantel* (V. 101)[88] aus Hermlin und Purpur entblößen mehr als sie verhüllen, sodass Lanval sogar ihre Brust (V. 104) sehen kann. Gemeinsam mit Lanvals Blick, der erst das Zelt, dann die Laken und dann die Kleidung der Schönen durchdringt, kann auch der Blick des Rezipienten durch die stofflichen Hüllen, die die Frau inszenieren, eindringen.[89]

Dass sich Lanval auf dem Weg zurück an den Artushof fragt, ob die Minnebegegnung wirklich geschehen ist, kann unter anderem gerade mit dieser von Stoffen gerahmten Zurschaustellung der Dame begründen werden:[90] Im gesellschaftsfernen Zwischenraum jenseits der Zivilisation bastelt sich der Artusritter, der allein unterwegs ist, aus seinem Mantel ein Kissen und legt sich hin – erst dann wird er unerwartet in einen utopischen Raum der Minne geleitet, in dem sich ihm eine schöne Frau hingibt, die aber niemand sehen kann und über die er nicht sprechen darf – und am

an elaborate exchange of lavish garments in a world governed by women whose wealth derives principally from ornate and decorative textiles."

88 Das altfranzösische Wort *mantel* meint ein Gewand für Reise oder zeremonielle Anlässe, vgl. Middleton, Enide's See-through Dress, S. 144.

89 Ähnlich beschreibt die Szene auch Amanda Hopkins: ‚wordy vnthur wede': Clothing, Nakedness and the Erotic in some Romances of Medieval Britain. In: The Erotic in the Literature of Medieval Britain. Hrsg. von ders., Cory James Rushton. Woodbridge 2007, S. 53–70, hier: S. 64: „Marie's technique here is to supply a long, leisurely movement, representing the view through Lanval's eyes, from the meeting of the *fée*'s attractive and richly dressed maidens (53–79), via the exterior view of the costly tent, topped with its gold eagle, and the interior, dominated by the bed whose covers ‚valeient un chastel' (98: were worth as much as a castle), and then the description of the lady's luxurious fur mantle, to conclude in sharp focus on the heady combination of valuable fur and cloth with the clean, healthy, aristocratic form of the lady". Genauso wird im *Meleranz* des Pleier die Inszenierung der nackten Tydomie auf einer Waldlichtung gestaltet: Der rezeptionslenkende Blick des Ritters trifft erst auf den Seidenvorhang des Bades, dann auf den Bildervorhang des Betts, dann auf dessen *lînlachen* (V. 623) und das *deckelachen hermîn* (V. 627), dann auf das *badehemde alsô rîch* (V. 639) und weitere prächige Frauenkleidung (erkennbar z. B. an den Tasselschnuren in V. 654–680, vgl. Elke Brüggen: Kleidung und Mode in der höfischen Epik des 12. und 13. Jahrhunderts. Heidelberg 1989 (Beihefte zum Euphorion. 23), S. 84–85.), die an den Ästen der schönen Linde hängt. Erst nach zahlreichen Versen, die die Stationen textiler Enthüllung beschreiben, lüftet die Dame im Bad den Vorhang (V. 763 f.), um sich selbst dem eindringenden Blick preiszugeben. Dass die Parallelen zum im *Lai de Lanval* nicht ganz zufällig zu sein scheinen, zeigt sich übrigens auch daran, dass Meleranz später ein prächtiges Zelt aufschlagen lässt, das ebenfalls mit einem *guldîn ar* (V. 10390) bekrönt wird.

90 Die verhüllende und zugleich enthüllende Funktion kostbarer Stoffe wird auch in der Forderung, die die Damen am Artushof äußern, bevor ihre Herrin eintrifft deutlich: *„Reis, fai tes chambres delivrer / E de palies encurtiner["]* (V. 491 f.) – König Artus soll Gemächer kreieren, die mit Stoffen verhängt werden. Das Verhüllen eines Raums deutet damit zugleich wieder auf die problematische Existenz der Fee zwischen Realität und Illusion.

Ende des Lais wird Lanval selbst nicht mehr gesehen (V. 645).[91] Seine Geliebte wird nur mit Hilfe üblicher Schönheitstopoi beschrieben und bleibt namenlos.[92] All dies sind rezeptionslenkende Strategien, die die Darstellung einer Traumvision nahelegen, sodass sich nicht nur Lanval, sondern auch der Rezipient fragen muss, ob es sich bei der feenhaften Liebesvereinigung am Flussufer um ein wirkliches Ereignis handelt oder um eine erotische Fantasie. Das Zelt der Dame, das sogar kaiserliche Ansprüche überbietet, ist dabei topographisch genauso wenig (be)greifbar wie die unbeschreibliche Schönheit der Dame: Implizit wird gesagt, dass im Zelt, neben dem beschriebenen Bett, Lebensmittel, Gewänder, Pferdegeschirr sowie höfisches Gefolge zu finden ist, womit Lanvals halbtägiger Aufenthalt in diesem utopischen Setting so angenehm wie möglich gestaltet wird.

Trotz all dieser Genüsse stellt sich der Zeltinnenraum als Gegenentwurf zur arthurischen Welt dar: Schon beim Eintritt in diese Welt schwört Lanval der Artusgesellschaft ab. Es ist darum nicht verwunderlich, dass das anderweltliche Minnezelt in der höfischen Welt nicht lange bestehen kann und es zur Konfrontation kommen muss. Dies offenbart sich vor allem am Ende des Texts: Durch die Rückkehr an den Artushof mit dem offensichtlichen Reichtum, der sich in Lanvals übermäßig großzügigen Geschenken präsentiert, zeigt sich die feenhafte Anderwelt partiell innerhalb der Artuswelt. Aber erst mit der Erscheinung der Dame am Schluss wird Lanvals visionsartiges Erlebnis im Minnezelt nun öffentlich für wahrhaftig erklärt, ihre Präsenz am Hof dient als Beweis für das Erzählte. Deshalb wird die Dame nun konkret beschrieben und so auch endlich für den Rezipienten imaginierbar: Sie hat einen schönen Mund, eine wohlgestaltete Nase, braune Augenbrauen, ihr Haar ist blond gelockt und leuchtet mehr als Gold (V. 563–570).[93] Das weiße Kleid, das sie trägt, gibt in einem reizvollen Gegensatz aus Kleidung und Nacktheit[94] ihre Seiten für eindringende Blicke preis (V. 650 f.), aber als sie den Palast betritt, steigert sie ihre Einsehbarkeit noch zusätzlich: *Sun mantel ad laissié cheeir, / Que mieuz la peüssent veeir.* (V. 605 f.) In Form eines Striptease[95] lässt sie vor König Artus und der höfischen Gesellschaft ihren Mantel fallen, um noch besser betrachtbar zu sein.[96] Damit kontrastiert sie nicht nur die vorhe-

91 Deshalb spricht wohl auch Friedrich Wolfzettel: Der defiziente arthurische Körper: Nacktheit als Gattungs-Paradigma. In: Körperkonzepte im arthurischen Roman. Hrsg. von dems. Tübingen 2007 (SIA. 6), S. 201–230, hier: S. 219, von einer „erotische[n] Mittagsvision Lanvals".

92 Vergleichbar argumentiert Spearing, Poet as Voyeur, S. 100.

93 Damit stellt die Fee im *Lai de Lanval* eine der am ausführlichsten beschriebenen Damen bei Marie de France dar, die sonst eher mithilfe sehr allgemeiner Schönheitsfloskeln dargestellt werden, vgl. Constance Bullock-Davies: Marie de France: A Reassessment of her narrative Technique in the Lais. In: Court and Poet. Selected Proceedings of the Third Congress of the International Courtly Literature Society. Hrsg. von Glyn S. Burgess. Liverpool 1981 (Arca. 5), S. 93–99, hier: S. 98.

94 Vgl. Hopkins, Clothing, Nakedness and the Erotic, S. 63.

95 Vgl. Spearing, Poet as Voyeur, S. 102. Ähnlich bewertet Doggett, Favorable Reception, S. 238, die Inszenierung als „carefully scripted for maxium impact."

96 Diese Zurschaustellung ihres Körpers wird zwar abermals durch die Darbietung perfekter höfischer Verhaltensweisen und die unermessliche Kostbarkeit ihrer (textilen) Ausstattung ergänzt, vgl.

rige Unsichtbarkeit[97] mit ostentativer Sichtbarkeit, sondern wiederholt die Inszenierung von verhüllend enthüllender Stofflichkeit, die vorher nur Lanval zu sehen bekam, vor dem versammelten Hof. Die Blonde präsentiert sich damit gerade lange genug in der höfischen Welt, dass sie für wahrhaftig befunden werden kann, bevor sie und ihr Geliebter gemeinsam nach Avalon entschwinden. Es wirkt, als müsse Lanval auf die fabelhafte Insel geführt werden, weil sich erotisch zur Schau stellende Feen und intime Orte wie das Minnezelt im *locus amoenus* in der höfischen Welt nicht lange Bestand haben können.[98] Das Minnezelt bietet einen gesellschaftsfernen Innenraum, der Liebenden verhüllende Zuflucht bieten kann, dennoch kann er nur eine temporäre Konstruktion sein[99] – die Liebenden der höfischen Welt müssen den fragilen, andersartigen Minneraum früher oder später aufgeben.[100] Obwohl das Zelt in diesem Lai mit positiven Assoziationen behaftet ist, signalisiert es mit dem Bewusstsein über dessen Vergänglichkeit ein Ungleichgewicht: Da Lanval und seine Geliebte im Intimraum des märchenhaften Zelts zusammenfinden und die Dame keinen Platz in der arthurischen Welt hat, müssen sie, damit ihre Liebe weiterbestehen kann, in eine beständigere Anderwelt ausweichen. Diese Absonderung von der begreifbaren Welt suggeriert erneut eine traumartige Unverfügbarkeit, die auch für den Text selbst gültig ist, denn der Lai endet mit der Bekundung, dass auch Marie nichts mehr über Lanval zu erzählen wisse: *Ne jeo n'en sai avant cunter.* (V. 646)

1.2.2 Fragile Verhüllung: Die Gefahr des Minnezelts

Obwohl das Prunkzelt ein wichtiges Attribut der höfischen Festgesellschaft ist, kann es, wie die Betrachtung des *Lai de Lanval* zeigt, umgedeutet werden, wenn es losgelöst

---

Doggett, Favorable Reception, S. 237; gleichzeitig bedeutet die erotische Inszenierung ihres Körpers, dass für sie als Fee die höfischen Keuschheitsregeln nicht gelten, vgl. Hopkins, Clothing, Nakedness and the Erotic, S. 63. Auf diesen Kontrast der ideal-höfischen und zugleich feenhaften Eigenschaften verweist auch Burns, Courtly Love, S. 167.

97 Nicht nur die Fee war für die Augen des Hofs unsichtbar, sondern vor allem Lanval selbst, der zu Beginn von Artus übersehen wird: Der König *ne l'en sovint* (V. 19).

98 Ähnlich folgert Wolfzettel, Körper, S. 223: „Liebesakt und triumphierende Nacktheit schließen sich im arthurischen Gattungssystem offensichtlich tendenziell aus."

99 Dass Intimräume sich oft zeitlich konstituieren, betont auch Trînca, Amor conspirator, S. 77.

100 Ralf Simon: Einführung in die strukturalistische Poetik des mittelalterlichen Romans. Analysen zu deutschen Romanen der matière de Bretagne. Würzburg 1990 (Epistemata. Reihe Literaturwissenschaft. 61), S. 40, hat in seiner Untersuchung des Feenmärchenschemas, in der er auch den *Lai de Lanval* berücksichtigt, diese Zweiweltenstruktur als entscheidendes Merkmal der Gattung herausgestellt: „Da das Schema des Feenmärchens das der *Vermittlung zweier Welten* ist, ist es die Schemainterpretation des je einzelnen Textes, ob Fee und Held sich glücklich im Diesseits oder im Jenseits vereinigen, ob sie zwischen beiden Reichen hin und her schwanken, oder ob sie unglücklich an der Unvermittelbarkeit ihrer Welten scheitern." [Hervorhebung im Original]. Womöglich dient die anderweltliche Inszenierung des Minnezelts im *Lanval* allerdings von Beginn an als Indikator, dass in diesem Fall die Liebe zwischen Fee und Ritter nur gelingen kann, wenn sie sich von der höfischen Welt distanzieren.

von einer größeren Ansammlung von Zelten auftaucht und an Orten aufgebaut wird, die als Schwellenraum markiert sind:[101] Einzelne Zelte auf Waldlichtungen, am Waldrand oder am Strand[102] fungieren als höfische Hüllen, die einen vermeintlich gesellschaftskompatiblen Innenraum abstecken, darin verbergen sich jedoch mitunter Missstände, die sich früher oder später offenbaren, weil die textilen Verhüllungen leicht zu durchdringen sind. Zwar steht bei der Inszenierung einzelner Zelte der Aspekt der räumlich abgeschlossenen Intimität im Vordergrund, doch diese Verschlossenheit scheint nur bedingt Sicherheit zu bieten, weil „der Zelt-Innenraum zwar als Schutzraum semantisiert, oftmals aber als prekär und verletzlich ausgewiesen wird."[103] Aufgrund der Fragilität dieser Innenräume ergeben sich Konflikte für Liebespaare oder

101 Kai Tino Lorenz: Raumstrukturen einer epischen Welt. Zur Konstruktion des epischen Raumes in Ulrichs von Zatzikhoven *Lanzelet*. Göppingen 2009 (GAG. 752), S. 63, zum Schwellenraum in der höfischen Epik: „Ein Schwellenraum weist die Charakteristika beider angrenzenden Räume auf, verbindet sie geographisch, aber grenzt sie in ihrer Charakterisierung deutlich voneinander ab." Als Beispiel für einen solchen Schwellenraum nennt er etwa den Jagdwald, der zwischen Hof und Wildnis liegt. Auch für den Baumgarten lässt sich mit Specht, Baumgarten, S. 20, ein „Schwellendasein zwischen höfischer und außerhöfischer Sphäre sowie zwischen Zentrum und Peripherie" attestieren.

102 Hartmut Bleumer: Diagramm und Dimension. Zum Raumproblem heldenepischer Narrationen am Beispiel der *Kudrun*. In: LiLi 44,4 (2014), S. 93–126, hier: S. 108, beschreibt etwa den Strand als einen solchen Schwellenraum: „Der Strand ist ein liminaler Bereich: [...] Er ist eine räumlich unbestimmte Fläche, gewissermaßen ein unbeschriebenes Blatt, auf dem sich nichts befindet. Diese Unbestimmtheit ist freilich prekär, denn der Strand trennt nicht nur Land und Meer, der Strand gehört als *wilder*, unkultivierbarer und unbefestigter Grenzbereich auch zu beiden, weil er deren Peripherie bildet. Damit eignet sich seine leere Fläche als Austragungsort von Konflikten, in denen es immer zugleich auch um das geht, was der Strand nicht ist, aber sein könnte: die Peripherie des Landes und seiner kulturellen Ansprüche auf der einen oder aber des Meeres und der von ihm ausgehenden Gefahren, Zufälle und Fügungen auf der anderen Seite." Eine vergleichbare Zwischenposition lässt sich auch für Lichtung und Waldrand herausstellen, denn nur dort kann Wildnis beschrieben werden wie Schnyder, Wald, S. 131, impliziert: „Es finden [...] keine Handlungen im Dickicht des Waldes statt. Das Unterholz ist kein Thema. Denn die Konstituierung eines Raums in der Sprache braucht die Möglichkeit der Beobachtung, braucht die beschreibbare Sichtbarkeit, die Gliederung in Zeit und in verschiedene Raumstufen sowie die klare Begrenzung. Der dichte Wald aber ist weder sichtbar noch gegliedert. Nur da, wo Figuren auf Lichtungen, auf Wege oder an den Rand des Waldes treten, wird Handlung beschreibbar und findet sie statt." Sogar das höfische anmutende Brandigan, in dem sich Mabonagrins Prunkzelt befindet, ist als Schwellenraum zu verstehen: Poser, Raum, S. 73, bestätigt schon den „ungewissen Status Brandigans innerhalb der räumlichen Ordnung der erzählten Welt. Wenn Brandigan auch nicht vollständig der höfischen Welt zuzurechnen ist, wie sie im Text durch den Artushof, aber beispielsweise auch durch Penefrecs repräsentiert wird, so ist es ihr dich immerhin in topographischer Hinsicht benachbart – man befindet sich keinen Tagesritt vom Herrschaftszentrum Guivreiz' entfernt, als man vor der *Joie de la curt* anlangt." Eine ähnliche Zwischenposition nimmt der gefahrvolle Baumgarten dabei selbst ein: „Die Funktion des Baumgartens als Zwischenraum zeichnet sich bereits in seiner topographischen Lage ab: Er legt unterhalb der Burg, irgendwo zwischen Stadt und Umland." (ebd., S. 100), ähnlich auch Jan-Dirk Müller: Höfische Kompromisse. Acht Kapitel zur höfischen Epik. Tübingen 2007, S. 299.

103 Schanze, Zelt, S. 619.

die höfische Gesellschaft.[104] Da das Zelt, womöglich genau wie die höfische Kemenate, als typisch-weiblicher Rückzugsort verstanden werden kann,[105] sind es vermehrt Frauen, die alleine in Zelten auf ihre Männer warten und so unerwarteten Besuchen ausgesetzt sind – zu diesen Damen zählt nicht nur Frau Minne selbst,[106] sondern es gibt einige Frauenfiguren, denen die nicht-abschließbare Beschaffenheit des Zelts zum Verhängnis wird.

Dies zeigt sich in einem Zelt, das die Minnethematik zwar nur peripher tangiert, dabei aber die Zeichenhaftigkeit des einzelnen Zelts als Markierung unhöfischer Verhältnisse herausstellt und deshalb in diesem Kontext kurz zum Vergleich herangezogen wird: Gandin, der in Gottfrieds von Straßburg *Tristan* durch eine List Anspruch auf Isolde erringt, will mit der erbeuteten Königin entkommen. Weil jedoch Ebbe herrscht, kann er mit dem Schiff nicht sofort aufbrechen und schlägt ein Zelt am Strand auf, in dem er mit Markes Ehefrau auf die Flut wartet. Tristan, der von der Entführung erfahren hat und zu Hilfe eilt, findet Isolde darin weinend auf: *und kam zer pavelûne / und vant ouch dem barûne / sitzende under armen / die fröudelôsen armen, / die weinende Îsôte* (V. 13291–13295). Als Spielmann mit Harfe auftretend, kann Tristan Gandin überlisten und Isolde befreien, kurz bevor sie das Schiff betreten soll (V. 13385–13413). Markus Stock erkennt in Gandins Zelt die „Travestie eines Minne-

104 Vgl. Kjorveziroska, Naturraum, S. 48; Klingner, Zelte, S. 227 u. S. 234.

105 Schanze, Zelt, S. 616, versteht das Zelt als „primär, aber nicht ausschließlich weiblich semantisierten Innenraum“. Ähnlich deutet Lieb, Innenräume, S. 276, Herz und Kemenate gleichermaßen als Innenräume, „die von der Dame konstituiert werden“. Für Michaelis, (Dis-)Artikulationen, S. 202, stellen Palas und Kemenate intime Räume dar, in denen Frauen – in ihrem Beispiel Kriemhilt im *Nibelungenlied* – an Wissen gelangen können. Womöglich weisen Innenräume aufgrund ihrer femininen Konnotation Ausstattungsgegenstände auf, die auf Weiblichkeit und Erotik thematisieren: Im *Lai de Guigemar* der Marie de France hat der Ehemann der späteren Geliebten Guigemars ein Gemach eingerichtet, in dem er sie gefangen hält. Die bemalten Wände des Raums präsentieren *Venus, la deuesse d'amur, / Fu tres bien mise en la peinture* (V. 234 f.).

106 Vgl. Roger Sherman Loomis: The Allegorical Siege in the Art of the Middle Ages. In: American Journal of Archaeology 23,3 (1919), S. 255–269, hier: S. 265, listet *Frau Venus und die Minnenden, Ain Mynn Red von Hertzen und von Leib, Die Minne und die Ehre* sowie *Der Ellende Knabe* als Textbelege für Frau Minne im Zelt auf. Glanz, De arte honeste amandi, S. 383–384, ergänzt weitere Belege für das „Zelt als Ort der Liebe“: das Minnezelt im *Lanzelet* des Ulrich von Zazikhoven, einen Nürnberger Teppich mit der thronenden Liebesgöttin vor einem Zelt sowie einen Teppich aus der Pariser Tapisserie-Serie *La Dame à la Licorne*, dessen Zeltdarstellung etwa von Gabriela Reuss: La Dame à la Licorne: Tapisserien als Kunstform des aufstrebenden Bürgertums. In: Marburger Jahrbuch für Kunstwissenschaft 33 (2006), S. 59–89, hier: S. 69, unter heraldischen Gesichtspunkten betrachtet wurde. Ein vergleichbares Minnezelt, in dem Frau Minne ein Festmahl hält, befand sich wohl auch auf der fehlenden linken Seite eines Straßburger Tapisserie-Fragments, heute im Germanischen Nationalmuseum in Nürnberg, vgl. Anja Kregeloh: Mit Zottelkleid und Krone. Die *Erstürmung der Minneburg*. In: Monster. Fantastische Bilderwelten zwischen Grauen und Komik. Hrsg. von Peggy Große, G. Ulrich Großmann, Johannes Pommeranz. Nürnberg 2015 (Ausstellungskataloge des Germanischen Nationalmuseums), S. 222–225, hier: S. 222.

zelts“[107], weil sich in diesem intimen Innenraum ein Mann und eine Frau befinden, die aber keinerlei Zuneigung verbindet. Dabei berücksichtigt Stock allerdings nicht, dass die Zelte, die er als Minnezelte subsumiert, zwar Zelte im Rahmen einer Minnehandlung sind, in denen sich aber im Moment ihres Erscheinens auf der Handlungsebene die Frauen zumeist alleine aufhalten.[108] Gewiss ist das Zelt als Ort der einvernehmlichen Minnevereinigung implizit mitgedacht, doch in den Textbeispielen zeigt sich, dass Zelte narrativ augenscheinlich erst dann interessant werden, wenn sie einen Bruch mit den (Minne-)Normen der höfischen Gesellschaft markieren.[109] Insofern ist

---

107 Stock, Zelt, S. 74. Die Verkehrung des Minneorts werde dann durch die Rettung Isoldes aufgehoben, womit Tristan deutlich mache, dass die ehebrecherische Minne zwischen den beiden gerade nicht verkehrt sei.

108 Eine Ausnahme besteht – in jederlei Hinsicht – im Hochzeitszelt des *Lanzelet* Ulrichs von Zazikhoven, das nach Kaiser, Liebe, S. 83, „ein Übertrumpfen der bloßen Pastourellen-Situation des vorausgegangen Liebesglücks“ darstellt. Sophie Marshall: Unterlaufenes Erzählen. Psychoanalytische Lektüren zum höfischen Roman. Wiesbaden 2017 (MTU. 146), S. 103, interpretiert das Zelt als Rekurs auf die Minnegrotte im *Tristan*: Gottfrieds Minnegrotte und Ulrichs Minnezelt seien gleichermaßen „Liebesparadiese, welche die Vollkommenheit der Liebe des Paares widerspiegeln“. Gerade in dieser Ähnlichkeit des Zelts im *Lanzelet* mit der Minnegrotte, auf die auch Lorenz, Raumstrukturen, S. 189, hinweist, werden entscheidende Unterschiede zu den hier untersuchten Zelten deutlich: Minnegrotte und Hochzeitszelt werden von innen beschrieben – sie verfügen über beschreibbares Mobiliar, lichtdurchlässige Fenster und Inschriften –, während die Innenräume der als Verhüllung fungierenden Zelte höchstens ein Bett erwähnen. Das *Lanzelet*-Zelt ist demnach vielmehr Innenraum statt Hülle, wozu passt, dass Poser, Raum, S. 180, darauf hindeutet, dass sich im Minnezelt des *Lanzelet* zahlreiche Beschreibungselemente der höfischen Kemenate wiederfinden lassen – obgleich das Zelt im Lauf der Handlung seine Funktion als Minneort verliere und am Ende des Texts der herrschaftlichen Repräsentation diene, wenn es als Ausdruck von *milte* weiterverschenkt wird, vgl. ebd., S. 196. Da das Hochzeitszelt (genau wie Gottfrieds Minnegrotte) zudem allegorischer Auslegung bedarf, die die Bedeutung der einzelnen Elemente erläutert, ist die semantische Komplexität des *Lanzelet*-Zelts also nicht mit den hier untersuchten ‚einfachen‘ Zelten zu vergleichen: Die Zelte nämlich, in denen sich die Frauen allein befinden, sind zwar mitunter zeichenhaft zu verstehen, ihre Funktion als schutzversprechende, doch letztlich fragile Hülle ist aber immer klar ersichtlich. Sobald sich die verhüllende Funktion aufgelöst hat, verschwinden die Zelte darum von der Handlungsebene. Während das Zelt im *Lanzelet* vorwiegend als „Tugend- und Minneprobe“ fungiert (Selmayr, Lauf der Dinge, S. 187), definieren sich die Zelte, die auf ihre Verhüllungsfunktion reduziert sind, darüber, dass die Figuren im Inneren konstant der Gefahr von außen ausgesetzt sind. Diese Unterscheidung wird auch an den umgebenden Räumen deutlich: Das Zelt im *Lanzelet* selbst kann mit Lorenz, Raumstrukturen, S. 182, als „mobiler Schwellenraum“ bezeichnet werden, die temporären Frauenzelte hingegen sind lediglich *in* Schwellenräumen aufgebaut, um die Bedrohlichkeit der äußeren Welt zu markieren.

109 Mireille Schnyder: Topographie des Schweigens. Untersuchungen zum deutschen höfischen Roman um 1200. Göttingen 2003 (Historische Semantik. 3), S. 225, misst der Darstellung der Nacht im höfischen Roman eine ähnliche Funktion bei: „Diese Ausklammerung der Nacht als Ort der Ruhe, deren Zeit nicht erzählt wird, ist im höfischen Roman die Regel. Die Nächte werden nicht erzählt, meistens gar nicht erwähnt, so dass die Erzählung in einer eigentlichen Ruhelosigkeit durch die Tage zieht, die sich zum Teil recht verwirrlich ineinanderschieben.“ Im Fall der Darstellung rechtmäßiger Minne dient die Nacht wie eine freiwillige Zensur des Erzählers – wenn aber von Nächten erzählt wird, verhält es sich anders, wie sie ebd., S. 231, weiter ausführt: „Ganz anders wortreich wird die

Gandins Zelt zwar eine Ausnahme, weil es einen der wenigen Fälle darstellt, in dem sich ein Mann und eine Frau gemeinsam im Zelt befinden, aber letztlich präsentiert dieses Zelt eine Frau, die einer unhöfischen Bedrohung schutzlos ausgeliefert ist. Isolde kommt es jedoch zugute, dass Tristan sie im Zelt am Strand ohne Schwierigkeiten entdecken kann. Die eigentliche Rettung Isoldes erfolgt mithilfe seines großen Pferdes, das Isolde angeblich zu Gandins Schiff bringen soll. In Tristans spöttischen Worten an den überlisteten Entführer bezieht er sich nochmal auf die Fragilität des Zelts:

> [„] ir truget, nu sît ouch ir betrogen;
> Tristan der hât iu nâch gezogen,
> biz daz er iuch beswichen hât.
> friunt, ir gebt rîlîche wât:
> ich hân daz beste gewant,
> daz ich in dem gezelte vant.“ (V. 13421–13426)

Indem Tristan schadenfroh verkündet, das kostbarste Gewand[110] im Zelt gefunden zu haben, deutet er an, dass Gandin einen fahrlässigen Fehler damit gemacht hat, mit Isolde im Zelt zu warten, das für ihre Rettung kein ernstzunehmendes Hindernis darstellte. Katharina Philipowski hält es in dieser Episode, in der die Kunst der raffinierten Verstellung sowohl negativ als auch positiv konnotiert wird, für ‚erklärungsbedürftig‘, „warum ausgerechnet die Entführung der Königin veranschaulicht, welch’ schwerwiegende Folgen es für den Hof hat, wenn die Relation von Innen und Außen falsch eingeschätzt [...] wird.“[111] Das Zelt verdeutlicht in Rahmen der erfolglosen Entführung, dass (be)schützende Innenräume für Tristan problemlos zugänglich sind: Die Hülle, in der Gandin Isolde temporär verbergen möchte, ist für ihn genauso leicht und listig zu durchdringen wie die fragilen Strukturen (und die königlichen Schlafgemächer) an Markes Hof. Gandins Auftritt und sein Zelt spitzen die Umkehrung höfischer

---

nicht rechtmäßige nächtliche Liebe bedacht. Nicht nur ist da die Nacht Ort der Handlung in dem Sinne, dass sie mit dem, was in ihr *geschieht* die kommenden Tage bestimmt, sondern das höfische Schweigen über das intime Geschehen, wie es Wolfram zitiert, wie es Hartmann streng befolgt, würde hier, als mitwissendes Verschweigen, zum mitschuldigen Schweigen. Die ausführliche Erotik und fast voyeuristische Genauigkeit in der Beschreibung all dieser Nächte hat ihre Legitimation nicht zuletzt in der Sündhaftigkeit des Geschehens. Zieht die höfische *zuht* den Vorhang vor dem legitimen nächtlichen Liebesgeschehen, spielt diese Scham nicht mehr da, wo diese *zuht* verletzt wird.“ Wenn der intime Innenraum des Zelts genau wie der intime, nächtliche Innenraum der Kemenate nur zum Thema gemacht wird, wenn von Täuschung, Betrug oder Sünde berichtet wird, legt dies nahe, dass ein Zelt, das nicht im Kontext einer höfischen Zeltstadt erscheint, schon auf Missstände hinweist.

110 Vgl. Katharina Silke Philipowski: Die Gestalt des Unsichtbaren. Narrative Konzeptionen des Inneren in der höfischen Erzählliteratur. Berlin/Boston 2013 (Hermaea N. F. 131), S. 155–156, empfindet die hier – und in Brangänes Hemdenerzählung – zu beobachtende Gleichsetzung einer gesamten Figur mit einem Kleidungsstück als typisch für Gottfried. Darüber hinaus zeigt sich in dieser Passage wieder eine Parallelität von Zelt und (weiblicher) Kleidung, die gleichermaßen textil verhüllen und darum gelegentlich miteinander in Bezug gesetzt werden.

111 Philipowski, ebd., S. 284.

Minnenormen in Gottfrieds Roman noch einmal mehr zu und verdeutlichen die Permeabilität der vermeintlich sicheren Innenräume.

Für andere Frauenfiguren der volkssprachigen Literatur des Mittelalters geht der Aufenthalt in einem fragilen Zeltraum nicht so glimpflich aus wie für Isolde. Das Zelt als Hülle eines vergänglichen Innenraums jenseits der Gesellschaft findet sich etwa im *Wolfdietrich* (Versionen B und D), in dem sich der gleichnamige Protagonist mit seiner Frau Sigeminne in den Wald von Troye begibt, um sich dort mit ihr die Zeit zu vertreiben:

> dâ wolte er wilt jagen mit den hunden sîn;
> mit im fuort er sîn frouwen in den wald hin în
>
> Undr ein gezelt von sîden: sîn fröud wart manicvalt;
> er wolte ein wîle entwâlen, der küene degen balt.
> reht als er kurzwîle mit der frouwen wolte hân,
> dô kam vil schiere geloufen ein tier vil wunnesam. (B 388,3–389,4)

Der Held wird jedoch von einem prächtigen Hirsch mit einem goldenen Geweih abgelenkt, sodass er seine Frau allein im Zelt zurücklässt, um das Tier zu verfolgen: *diu frouwe ward al eine underm gezelt verlân* (392,2). Ähnlichkeiten mit dem Beginn einer arthurischen Aventiure aufweisend,[112] wird der Hirsch als listiges Ablenkungsmanöver ausgesandt,[113] sodass Sigeminne vom Riesen Tresian/Drasian geraubt und in seine Waldfestung entführt werden kann (392).

Während die höfischen Schlafgemächer der Damen durch weitere Zimmer, Türen oder anwesendes Gefolge geschützt werden,[114] sind die Zelte im Freien augenscheinlich einsehbar und leicht angreifbar – die textile Begrenzung suggeriert Befestigung und eine „Schutzaura des Zeltinneren“[115], kann allerdings Attacken von außen nicht standhalten, sodass im *Wolfdietrich* diese „klassische Entführungshandlung“[116] der

---

112 Vgl. Lydia Miklautsch: Montierte Texte – hybride Helden. Zur Poetik der *Wolfdietrich*-Dichtungen. Berlin 2005 (QF. 36 [270]), S. 152.

113 Das Motiv des prächtigen Hirschs als Ablenkungsmanöver für den Helden, um seine Gattin zu entführen, welches sich auch in der sogenannten Spielmannsepik findet, führt Hermann Reichert: *Þiðreks saga* und oberdeutsche Heldensage. In: Hansische Literaturbeziehungen. Das Beispiel der *Þiðreks saga* und verwandter Literatur. Hrsg. von Susanne Kramarz-Bein. Berlin 1996 (Reallexikon der germanischen Altertumskunde. 14), S. 236–265, hier: S. 248, auf ein indisches Epos, das teilweise schon im 3. und 4. Jh. v. Chr. überliefert ist, zurück.

114 Dies ließe sich etwa mit Konrads *Engelhard* nachweisen, in dem der Protagonist nur Zugang zum verschlossenen Baumgarten erhält, weil er als Kämmerer durch Engeltruds Kemenate gehen kann, deren Tür zum Garten führt (V. 2936 f.) – oder mit dem Gemach, in dem der eifersüchtige Ehemann im *Lai de Guigemar* seine Frau festhält (*N'i out fors une sule entree*, V. 223).

115 Kjorveziroska, Naturraum, S. 165.

116 Miklautsch, Montierte Texte, S. 151.

mittelalterlichen Literatur möglich wird.[117] Mireille Schnyder hat für den Artusroman herausgestellt, dass Bauten in der Wildheit des Waldes oft höfische Regeln pervertieren und darum als gefährlich bewertet werden müssen.[118] Doch während Schnyder impliziert, dass jede literarische Gattung ihren eigenen Wald habe,[119] scheint die negativ konnotierte Markierung, die von einem Zelt in der Wildnis ausgeht, gattungsübergreifend für zahlreiche mittelalterliche Texte zu gelten: Ein einzelnes Zelt im Freien präsentiert eine gefährliche Dysbalance, die mitunter lebensbedrohliche Konsequenzen für die weiblichen Figuren im Inneren nach sich ziehen kann.

1.2.3 Reizvolle Permeabilität: Zelt und weiblicher Körper

Die Fragilität der textilen Zelthülle wird insbesondere in den Texten Wolframs von Eschenbach zum Problem: Wenn eine Frau fernab der höfischen Gesellschaft in einem sporadisch befestigten Innenraum allein zurückgelassen wird, erweist sich dies bei Wolfram oft als fatal. Im *Titurel* wird das Zelt, in dem Sigune verweilt, durch den ungestümen Jagdhund, der *an die zeltstange vaste gebunden* (160,1) ist, sich aber davon losreißen kann, stark beschädigt: *Er brach halt ûz der winden ein teil der phæle* (163,1). Zwar ist Sigune nicht wie Sigeminne allein, denn es sind zwei weitere Damen anwesend,[120] doch dass Schionatulander fischt, während die junge Königin in der Lagerstätte das Brackenseil liest, deutet bereits auf die Katastrophe hin, auf die die Handlung zuläuft.[121] Der Ort, an dem sich die Handlung des zweiten *Titurel*-Teils abspielt, weist

117 Die Angreifbarkeit eines Frauenzelts deutet auch Wirnt von Grafenberg an: Auf dem Weg nach Korntin trifft der Titelheld Wigalois auf Königin Elamie, deren Schönheitspreis – ein Pferd mit kostbarer Ausstattung, ein Zwerg, der sich um das wertvolle Tier kümmert, und ein Papagei – von einem Ritter gewaltsam geraubt wurde. Wigalois bietet seine Hilfe an und Elamie führt ihn daraufhin zu dem Zeltlager, in dem sowohl der bösartige Rote Ritter lagert als auch ihre *niftel*, in deren Zelt die Reisegruppe unterkommt. Mit ihrer Aussage *in der gezelte was ich dâ* (V. 2685) suggeriert Elamie, dass der Raub stattfand, während sie sich im Zelt ihrer Verwandten befand und dass dieses Unrecht geschehen konnte, weil die Damen dort ohne männliche Begleitung lagern – statt Beschützern sitzt darin eine *schœniu maget*, die die Geschichte des Eneas vorliest (V. 2710–2722). Schanze, Zelt, S. 619, deutet diesen intertextuellen Verweis auf die implizit präsente Dido-Minne zudem als Hinweis, der Wigalois erkennen lasse, dass Elamie seine Dido, also nicht die richtige Frau für ihn sei, sodass er ihr Angebot, sie zu begleiten, ablehnt.

118 Vgl. Schnyder, Wald, S. 125.

119 Schnyder, ebd., S. 134: „Wenn vom Wald in der höfischen Epik des Mittelalters die Rede ist, so ist deutlich zu unterscheiden zwischen dem mythischen Wald des Artusromans, dem mythifizierten Jagdwald des *Tristan*, dem numinosen Waldraum des Gralsromans und dem Wald als Raum der Begegnungen und des Kampfes in der Heldenepik."

120 Diese Damen treten aus dem Zelt, *her ûz für die snüere.* (161,1), als Sigune dem Hund etwas zu essen geben möchte. Stock, Zelt, S. 75, deutet die beiden Dienerinnen als Verweis auf eine höfische Lebensform, die aus der umgebenden Wildnis herausgenommen ist – allerdings fingiert die kulturelle Hülle vielmehr ein Gefühl innenräumlicher Sicherheit, das sich aber als gänzlich falsch erweist, weil das Zelt durch die Wildnis in Form des Bracken so leicht angreifbar ist.

121 Ausführlicher dazu das *Titurel*-Kapitel 2.4.2 in dieser Studie.

dabei die gleichen Polaritäten zwischen höfischer Domestizierung und unbändiger Wildheit auf wie der Bracke, der Sigune entwischt und letztlich zu Schionatulanders Tod führt: Die Liebenden befinden sich auf ihrem Rastplatz einerseits an einem *locus amoenus*, andererseits, so Larissa Schuler-Lang, herrsche aufgrund der mehrfachen Erwähnung des dornigen Gestrüpps und der Blutspuren „eine Atmosphäre dunkler Bedrohung“[122]. Diese latente Bedrohung offenbart sich nicht nur in der landschaftlichen Umgebung, sondern auch im Motiv des Minnezelts, in dem die Frau allein wartet: Sie ist zwar von einer höfischen Hülle umschlossen, diese ist jedoch nicht robust genug, um der umgebenden, gefahrvollen Wildnis lange Stand zu halten[123] – vor allem deshalb, weil Sigune den Fehler begeht, den unbändigen Bracken mit in ihren domestizierten Innenraum zu nehmen.[124] Indem der Text herausstellt, dass der Hund durch die Zeltwände herausschlüpft (*nu was er ûz geslofen durh die winden*, 162,4)[125] und sie damit einreißt, wird deutlich, dass Sigune den wilden Jagdhund ins Innere des fragilen höfischen Raums und damit ins Innere der noch nicht stabilisierten Liebesbeziehung gelassen hat: Während der eigentliche Geliebte draußen bleibt, ist die zerstörerische Wildheit in Form des Hundes in das – als Minneraum konnotierte – Innere vorgestoßen, wo sie nun größtmöglichen Schaden verursacht.

Ähnlich wie der Bracke kann auch Parzival ungehindert in ein Zelt hineinstürzen und Herzogin Jeschute berauben, weil sie allein ist und ihr das Zelt nicht ausreichend Schutz bietet.[126] Sowohl im *Titurel* als auch im *Parzival* werden damit gefährdete Räume weiblicher Intimität durch stürmisches, undiszipliniertes Verhalten eines unhöfischen Eindringlings zur Erschütterung gebracht. Beide Male öffnen höfische Damen ihren Intimraum unbedacht hin zur Wildnis und daraus ergeben sich für sie katastrophale Konsequenzen. Dabei ist vor allem bei der überfallenen Jeschute im *Parzival* von einer sexuellen Konnotation des Zeltraums auszugehen: Auf dem Weg zum Artushof entdeckt der junge Parzival im Wald von Brizljân ein beeindruckendes Zelt, das aus *drîer varwe samît* (129,21) und Borten, die Nähte verkleiden, sowie einem *liderîn*

---

122 Larissa Schuler-Lang: Wildes Erzählen – Erzählen vom Wilden. *Parzival, Busant* und *Wolfdietrich D*. Berlin/Boston 2014 (LTG. 7), S. 197.

123 So auch Stock, Zelt, S. 76, der allerdings vor allem die Gefährdung des Höfischen betont: „Höfische Kultur und höfische Liebe sind hier das der wilden Natur zeitweilig und engräumig Abgewonnene, der kleine Innenraum im offenen, gefährlichen Raum des Waldes.“

124 In der Formulierung von Kjorveziroska, Naturraum, S. 70, wird deutlich, warum es ein Fehler ist, etwas Wildes mit in das höfische Innere zu nehmen: „Die expliziten Spielregeln sind ausschließlich im Innenraum des Zeltes als Bühne für das Höfische gültig; der Außenraum wird vom höfischen Ambiente nicht infiziert und bleibt immun gegen die freigesetzten höfischen Energien.“

125 In Albrechts *Titurel* wurde das Verb *sliefen*, das eine stoffliche Beschaffenheit der Zeltwände impliziert, interessanterweise ersetzt: *der hunt was uz geloufen. do horte man in gahes da zu walde* (1204,4).

126 Die Ähnlichkeit der beiden zurückgelassenen Frauenfiguren im Zelt und den jagenden bzw. fischenden Männern Orlius und Schionatulander bemerkt auch Kaiser, Liebe, S. 91–92.

huot (129,24) als Regenschutz vortrefflich zusammengestellt ist.[127] Unter diesem Zelt findet er die schlafende Jeschute liegen,[128] die *der minne wâfen* (130,4) trägt – einen leicht geöffneten roten Mund, in dem sich makellose weiße Zähne erkennen lassen. Außerdem ist ihr Körper nur spärlich bedeckt, denn *ir deckelachen zobelîn / erwant an ir hüffelîn, / daz si durch hitze von ir stiez, / dâ si der wirt al eine liez* (130,17–20).[129] Erst jetzt erfährt der Rezipient, dass die Dame, die als Frau des Orilus vorgestellt wurde (129,27 f.), sich gar nicht gemeinsam mit ihrem Mann im Zelt befindet, sondern dass sie dem ungebetenen Gast schutzlos ausgeliefert ist.[130] Dass sie die Zobelfelldecke von sich geschoben hat, weil ihr zu warm war, verweist wie ihr Mund, der *minne hitze fiur* (130,9) vermittelt, darauf, dass die Präsentation ihres halb-entkleideten Körpers im Bett eindeutig erotisch zu verstehen ist.[131] Das Zelt, so Martina Feichtenschlager, wirkt dabei wie ein Theater, auf dessen Bühne die begehrenswerte Frau präsentiert wird.[132] Parzival reagiert auf diese anreizende Präsentation entblößter Weiblichkeit allerdings unerwartet: Er interessiert sich nicht für die schlafende Schönheit,[133] sondern – entsprechend dem Ratschlag seiner Mutter[134] – lediglich für ihren Ring, der ihn dazu verleitet, ins Bett der Herzogin zu springen (130,26 f.).

Jeschute schreckt aus dem Schlaf hoch, schreit und wehrt sich, doch der Knabe lässt sich davon nicht aufhalten: Er zwingt ihren Mund an seinen, drückt sich an ihren Körper und raubt den begehrten Ring (131,13–16). Dann sieht er an ihrem *hemde* eine

---

127 Dass der Regenschutz *immer swenne ez regenen wolte* (129,26) übergezogen werden kann, suggeriert, dass dieser *huot* das Zelt im Moment, als Parzival es entdeckt, gerade nicht verhüllend umgibt und so seinen eindringenden Blick auf Jeschute ermöglicht.

128 Während Chrétiens Perceval das Zelt betritt, weil er es für ein Münster hält und seine Mutter ihm geraten hatte, in jedes Münster einzutreten (vgl. Feichtenschlager, Entblößung, S. 82), bietet Wolfram keine Erklärung für Parzivals Interesse an dem prächtigen Zelt.

129 Nach Schultz, Courtly Love, S. 44, kann sich das mittelhochdeutsche Wort *hüffelîn* bei Wolfram von Eschenbach auf weibliche Genitalien beziehen, was z. B. auch die Beschreibung von Gawans und Antikonie nahelegt: *er greif ir undern mantel dar: / Ich waene, er ruort irz hüffelîn* (407,2 f.). Ähnlich Klaus Ridder: Grenzüberschreitungen. Tabu-Wahrnehmung und Lach-Inszenierung in mittelalterlicher Literatur. In: Dichtung und Didaxe. Lehrhaftes Sprechen in der deutschen Literatur des Mittelalters. Hrsg. von Henrike Lähnemann, Sandra Linden. Berlin/New York 2009, S. 135–153, hier: S. 140. Bei einer solchen Deutung von *hüffelîn* wäre die ohnehin schon eindeutig erotische Inszenierung Jeschutes zusätzlich verstärkt.

130 Brüggen, Handhabung der *descriptio*, S. 398, macht die Schutzlosigkeit Jeschutes an ihrem Schlaf und dem Standpunkt des Zelts fernab des Hofs, nicht aber am fragilen Zeltinnenraum, fest.

131 Kaiser, Liebe, S. 84, schließt aufgrund dieser erotischen Inszenierung Jeschutes darauf, dass es sich „hier offenkundig ein Minnezelt für ein nobles Liebespaar" handelt.

132 Vgl. Feichtenschlager, Entblößung, S. 65.

133 Weil er aufgrund der Erziehung Herzeloydes über keinerlei Wissen und Verständnis verfügt, befindet sich Parzival noch auf der Entwicklungsstufe eines Kleinkindes (vgl. Bumke, Blutstropfen, S. 81), sodass der verführerische, entblößte Frauenkörper keine sexuelle Reaktion in ihm hervorruft.

134 Herzeloyde rät ihm: *[„]sun, lâ dir bevolhen sîn, / swa du guotes wîbes vingerlîn / mügest erwerben unt ir gruoz, / daz nim: ez tuot dir kumbers buoz. / du solt zir kusse gâhen / und ir lîp vast umbevâhen["]* (V. 127,25–30).

Gewandspange, die er unsanft abreißt (131,17 f.). Genau wie das geöffnete ‚Zelt-Theater' und der geöffnete Mund der Schlafenden, öffnet sich der Stoff und entblößt ihren Körper, als Parzival ihr die Brosche, die ihr Gewand zusammenhält, raubt.[135] Das gewaltsame Eindringen in das Zelt – „dem ersten höfischen Raum, in den der Protagonist eintritt"[136] – korreliert mit dem gewaltsamen Öffnen der Kleidung, beide Male wird Jeschutes Körper durch einen übergriffigen Akt für unangemessene Betrachtung freigelegt, der, wie Beatrice Trînca treffend herausstellt, mit eindeutigen Metaphern versehen ist: Der einerseits kämpferische Überfall wird andererseits „im Kontext der Nacktheit und des brennenden Mundes als Liebeskampfmetapher für erotische Andeutungen"[137] verwendet. Durch diesen Rekurs auf die Metaphorik des Liebeskampfs wird nicht nur Parzival als übergriffiger Eindringling kenntlich gemacht, sondern auch der textexterne Beobachter, der auf mehreren Ebenen ostentative Zweideutigkeit dechiffrieren und gemeinsam mit Parzival einen Blick auf den leichtbekleideten Körper der schönen Frau erhaschen kann,[138] wenngleich dieser bis auf den roten Mund, die langen Arme und weißen Hände eine deskriptive Leerstelle bleibt.[139] Nachdem der forsche Fremdling Ring und Brosche an sich genommen hat, bemerkt er sei-

---

135 Vgl. Feichtenschlager, Entblößung, S. 68. Dabei handelt es sich allerdings um einen impliziten Öffnungsvorgang, der sich lediglich über das Wissen der Funktion einer Gewandspange rekonstruieren lässt, denn der Text schweigt dazu, was mit dem gewaltsamen Herausreißen eines *fürspan* einhergehen könnten, aber auch Brüggen, Handhabung der *descriptio*, S. 402, folgert für diese Szene: „Ein solches Schmuckstück hat über seinen dekorativen Wert hinaus eine funktionale Bedeutung: es dient dazu, den Halsausschnitt des Untergewandes zu schließen, das man sich nach Auskunft literarischer und bildkünstlerischer Darstellungen der Zeit vorn geschlitzt vorstellen muss; fehlt die Brosche, wird das Dekolleté partiell freigelegt. Wenn man sich überdies in Erinnerung ruft, dass der anzunehmende dünne Stoff ein grobschlächtiges Abreißen der Gewandnadel nicht unbeschadet überstehen kann, dann ist hier, unausgesprochen, eine weitere Stufe im Prozess einer sukzessiven Entblößung erreicht, an dessen Ende die adlige Dame so gut wie nackt sein wird. Fortan ruht die erzählerische Aufmerksamkeit im Kontext der Schönheitsbeschreibung auf den Beschädigungen der Kleidung, dem Zerstören der Hülle, durch die Jeschûte jeglichen Schutz vor einem zudringlichen (männlichen) Blick auf ihren Körper verliert und ihre Entblößung, öffentlich zur Schau gestellt, zu Bloßstellung wird." Dass eine gelöste Gewandspange intime Einblicke in textiler Rahmung preisgibt, lässt sich außerdem mit Rudolfs von Ems *Willehalm von Orlens* zeigen, in dem ein durch eine gelöste Brosche versehentlich geöffneter Ausschnitt (vermutlich) zur Minneentstehung seitens des Protagonisten führt. Vgl. dazu S. 126 f. dieser Studie.

136 Klingner, Zelte, S. 226.

137 Trînca, Parrieren, S. 77.

138 Brüggen, Handhabung der *descriptio*, S. 398, ist ebenfalls der Ansicht, die narrative Strategie der Frauenbeschreibung diene hier dazu, für den Rezipienten „Bilder freizusetzen, die sie [Jeschute, J. M.] als Gespielin bei sexuellen Aktivitäten zeigen". Dass Parzivals „Kinderblick" (Virchow, Kraft der Imagination, S. 91) dabei nicht sexualisiert, sondern viel mehr keusch und naiv (vgl. ebd., S. 90) scheint, ändert wenig daran, was in der Imagination des Rezipierenden passieren kann.

139 Die fehlende Beschreibung des restlichen Frauenkörpers erzeugt nach Feichtenschlager, Entblößung, S. 110, „eine erzählerische Leerstelle, die vom imaginativen Potenzial des Publikums ausgefüllt werden muss." Vgl. dazu die Einleitung dieser Studie, in der dieses Prinzip für Hartmanns von Aue Enite entfaltet wird.

nen Hunger, den er gierig mit den Speisen, die sich im Zelt befinden, stillt (131,25–132,3).[140] Jeschute wird nervös (*ir scham begunde switzen.* 132,8)[141], weil sich der Jüngling schon *gar ze lanc* in dem *poulûn* (132,4 f.) aufhält, weshalb sie ihn, den Zorn ihres Manns befürchtend, auffordert, zu gehen und ihre Preziosen da zu lassen. Parzival verlässt zwar das Zelt, jedoch nicht, ohne Jeschute einen weiteren Kuss zu geben und die Schmuckstücke entgegen ihrer Drohung zu behalten (132,19–25).

Als Orilus etwas später zur Lagerstätte zurückkehrt, *spürt* er unmittelbar *an dem touwe / daz gesuochet was sîn frouwe* (132,29 f.). Die Spuren im Tau deuten darauf hin, dass seine Frau Besuch hatte und dass *der snüere ein teil was ûz getret* (133,1), gibt Orilus einen für ihn augenfällig lesbaren Beweis,[142] welcher Art dieser Besuch gewesen ist: Seine Frau hat sich zu einem anderen Mann *gesellet* (133,22).[143] Der ungestüme

---

140 Bleuler, Essen, S. 124–126, erkennt in dieser ersten Begegnung Parzivals und Jeschutes ein Spiel mit der Erwartungshaltung des Rezipienten. Für ihre Überlegungen ist jedoch nicht das Zelt als Handlungsraum entscheidend, sondern dass Parzival auf dem Höhepunkt des Kampfs um den Ring feststellt, dass er Hunger hat: Indem er über die Speisen herfalle und gerade nicht über die halbnackte Frau im Bett, werde die angedeutete Sexualhandlung überraschend durch eine Nahrungsaufnahme ersetzt, die darum zeichenhaft für seine (Minne-)Gier zu verstehen sei. Eine Parallele von sexueller Unzucht und maßlosem Genuss von Nahrung wurde im Kontext der christlichen Ablehnung von Völlerei schon oft gezogen, vgl. Bartz, Mit Ovid, S. 15. Dass ausgerechnet in Zelten, die entfernt von gesellschaftlicher Einbindung aufgerichtet sind, verführerische Speisen dargeboten werden, ist in der höfischen Literatur nicht ganz ungewöhnlich: In Strickers *Daniel von dem blühenden Tal* findet der gleichnamige Protagonist auf einer Wiese ein menschenleeres Zelt *sô wunneclich / gemâlt und geschriben* (V. 2424 f.) vor, in dem eine prächtige Tafel mit Speisen und Getränken bereitet ist (V. 2421 f. und V. 2556 f.). Dieses Zelt ist eigentlich Ausdruck der Gastfreundschaft des Herren der Grüenen Ouwe (V. 4259–4274), wandelt sich aber unter der Schreckensherrschaft des teuflischen Siechen zu einer „Ritterfangmaschine" (Lea Braun: *Monstra*, Macht und die Ordnung des Raums. Zur Funktion der phantastischen Figuren im *Daniel von dem blühenden Tal*. In: (De)formierte Körper 2. Die Wahrnehmung und das Andere im Mittelalter. Hrsg. von Gabriela Antunes, Björn Reich, Carmen Stange. Göttingen 2014, S. 109–129, hier: S. 117), womit noch einmal ersichtlich wird, dass ein Zelt mit einladenden Speisen in der Wildnis eine anziehende Wirkung auf die Ritter der höfischen Literatur zu haben scheint.

141 Elisabeth Martschini: Schrift und Schriftlichkeit in höfischen Erzähltexten des 13. Jahrhunderts. Diss. Universität Wien 2012, S. 320, hingegen versteht diesen Vers sogar noch erotischer, wenn sie der Ansicht ist, dass man mhd. *scham* hier „eigentlich nur dahingehend verstehen kann, dass ihre Scham feucht wird".

142 Spuren sind ähnlich wie Schriftzeichen immer interpretationsbedürftig, vgl. Baisch, Seitensprünge, S. 14. Zum mittelhochdeutschen Verb *spüren* als Jagdterminus, der im Minnekontext umgedeutet werden kann, vgl. außerdem Kapitel 3.2.3 zu Konrads von Würzburg *Partonopier und Meliur*.

143 Orilus versteht die Zeichen damit paradoxerweise richtig und falsch, wie Stock, Zelt, S. 73, ausführt: „richtig als Zeichen eines Eindringens in seinen Raum, falsch als Zeichen des Ehebruchs." Interessanterweise hält Bumke, Blutstropfen, S. 54, für die Blutstropfenszene fest, dass es darin ebenfalls „um das richtige und falsche Lesen von Zeichen" ginge – somit weist Orlius' paradoxe Lektüre der niedergetretenen Zeltschnüre womöglich auf eine ganz essenzielle Problemstellung des *Parzival*, dem etwa Bruno Quast: *Diu blotes mâl*. Ambiguisierung der Zeichen und literarische Programmatik in Wolframs von Eschenbach *Parzival*. In: DVjs 77 (2003), S. 45–60, hier: S. 48, attestiert, eine „konsequente Umsetzung des ästhetischen Programms einer radikalen Ambiguisierung" zu verfolgen, was auch da-

Knabe hat einen Teil der Zeltbefestigung niedergerissen und diese Beschädigung der äußeren Hülle ist für den Herzog ein eindeutiges Signal dessen, was im Inneren vor sich gegangen sein muss. Jeschute bemerkt ebenfalls, dass Parzivals langer Aufenthalt im Zelt und der geraubte Schmuck die unverkennbaren Zeichen eines Regelbruchs sind,[144] doch die Worte, mit denen sie sich gegenüber den Vorwürfen ihres Manns verteidigt, verschlimmern ihre Lage zusätzlich: Indem sie einräumt, dass sie noch *nie lîp sô wol getan* (133,18) und auch noch den *gabilôt* (133,24)[145] des Knaben gesehen habe, muss Orilus seinen Verdacht als bestätigt verstehen.

Wolfram nutzt für die durchweg doppeldeutige Gestaltung dieser Überfallszene sämtliche Minnebezüge, die die höfische Kultur zu bieten hat: die erotische Inszenierung des halbnackten Frauenkörpers durch unzureichende textile Verhüllung,[146] die Rhetorik von Öffnen und Schließen, die Ähnlichkeit von Hunger und Minnegier,[147]

---

mit begründet werden könnte, dass die Figuren in einer Welt gefangen scheinen, in der mehrdeutigen szenischen, gestischen, rituellen oder bildhaften Kommunikationsformen mehr Bedeutung zukommt als der Sprache, vgl. Hans-Georg Soeffner: Appräsentation und Repräsentation. Von der Wahrnehmung zur gesellschaftlichen Darstellung des Wahrzunehmenden. In: Höfische Repräsentation. Das Zeremoniell und die Zeichen. Hrsg. von Horst Wenzel, Hedda Ragotzky. Tübingen 1990, S. 43–64, hier: S. 59.

144 Der Brautnachtbetrug im *Nibelungenlied* zeigt eindrücklich, welche fatalen Missverständnisse und Konsequenzen ein Kampf im intimen Bett, der mithilfe des Diebstahls von Preziosen beweisbar wird, nach sich ziehen kann, vgl. dazu S. 255. Darum, dass die von Parzival verzehrten Speisen ebenfalls ein problematisches Zeichen sein könnten, sorgt sich Jeschute hingegen nicht.

145 Dass Jeschute im Kontext der Vielzahl zweideutiger Kampfmetaphern ausgerechnet den kleinen Wurfspieß Parzivals erwähnt, kann kein Zufall sein, da der Roman häufig mit erotischer Waffenmetaphorik spielt, vgl. Ridder, Grenzüberschreitungen, S. 142. Parzivals Penis wird schon gleich nach seiner Geburt zum Thema gemacht, als Herzeloyde und ihre Damen *schouwen zwischen beinn sîn visellîn* (112,24 f.) – auch wenn diese Formulierung zunächst nicht erotisch, sondern als Intensivierung des Bildes der Geschlechtsverkündigung verstanden werden kann (vgl. Schultz, Courtly Love, S. 6.). Die subtile Präsenz seines Geschlechtsorgans im Bericht Jeschutes ist gewiss intendiert und trägt zur bildlichen Assoziationskette der Szene bei. Auch die aufgerichtete Lanze (284,3) in der Blutstropfenepisode könnte als doppeltdeutige Anspielung verstanden werden, wenn mit Theiß, Höfische Textilien, S. 110, berücksichtigt wird, dass die Farbe Gelb, die Gawans Mantel (301,29) ausmacht, erotisch konnotiert ist, weil sie in späteren Jahrhunderten nachweislich als Ausdruck „physisch gewährte[r] und sexuelle[r] Erfüllung" gelte. Zur Interpretation phallischer Jagdinstrumente in Wolframs *Parzival* vgl. Martschini, Schrift, S. 320, ähnlich auch die Überlegungen zu Partonopiers Eberjagd auf S. 387 f. dieser Studie.

146 Interessanterweise wird diese Fragilität in der Darstellung der Szene auf fol. 99v der Heidelberger Lauber-Handschrift Cod. Pal. germ. 339 regelrecht geleugnet, wenn Jeschutes Zelt in ein Steingebäude verwandelt wird, von dessen Zinnen aus sie Parzival – der mit zwei geraubten Ringen statt Ringe und Brosche gezeigt wird – hinterherschaut.

147 So Bleuler, Essen, S. 126: „Die gustative Erfüllung tritt an die Stelle der sexuellen Erfüllung und wird so zu ihrem Zeichen. Dieser strukturelle Aufbau bewirkt ein Changieren zwischen wörtlicher und übertragener Bedeutung. Einerseits erscheint Parzival als unkultivierter Tölpel, der die Gunst der Stunde nicht erkennt, sich anstatt für Jeschute lediglich für deren Ring und Brosche interessiert, und der im entscheidenden Moment nicht sexuellen, sondern gustativen Appetit bekundet. Andererseits versinnbildlicht Parzivals maßloses, asoziales Verhalten bei der Nahrungsaufnahme seine unbändige Minnegier."

den Raub etablierter Minnegaben[148] sowie den Minneraum, in dem alle diese Aspekte kulminieren. Orilus' Anklage lässt durch den direkten Verweis auf die Verwandtschaft Jeschutes mit Erec fils de roi Lac einen intertextuellen Verweis vermuten,[149] doch im *Parzival* wird die Bedeutung noch weiter zugespitzt: Das Zelt ist nicht mehr nur Ort der gesellschaftsabgewandten Minne, sondern es wird zum (visuell) penetrierbaren[150]

148 Der *Willehalm von Orlens* Rudolfs von Ems legt nahe, dass Ring und Gewandspange typische Minnegaben sind, vgl. dazu Kapitel 1.2.1 in dieser Studie. Vor allem Ringe dienen oft der Erinnerung an die/den Geliebte/n: So Laudines Ring in Hartmanns von Aue *Iwein* (V. 2945–2955), den Sahm, Gabe, S. 424, als Gabe deutet, die zurückgefordert wird, weil die Gegengabe (Iweins zeitige Rückkehr) ausbliebt; Anna Mühlherr: Die ‚Macht der Ringe'. Ein Beitrag zur Frage, wie sympathisch man Iwein finden darf. In: Techniken der Sympathiesteuerung in Erzähltexten der Vormoderne. Hrsg. von Friedrich Michael Dimpel, Hans Rudolf Velten. Heidelberg 2016 (Studien zur historischen Poetik. 23), S. 125–144, hier: S. 139, erkennt in Laudines Ring sogar die metonymische Anwesenheit der Geliebten; die Existenz einer metonymischen Verbindung zwischen Ring und Träger betont auch Schulz, Schwieriges Erkennen, S. 199. Ähnlich wird Eneas' Ring in Heinrichs von Veldeke *Eneasroman* von Dido anstelle des Trojaners geküsst (V. 1369), weil die Preziosen (in allen drei *Eneas*-Texten) eine, so Oswald, Gabe, S. 170, „Memorialfunktion" aufweisen. Im *Lay du Desiré* gibt die Fee ihrem Ritter sogar einen Ring, mithilfe dessen er die Geliebte heraufbeschwören kann – damit ist nicht nur die Erinnerung, sondern die tatsächlich spürbare Präsenz der Geliebten unmittelbar mit der Preziose verbunden: *[„]Que vos l'anel aiez perdu, / A toz jors mes m'aurez perdue["]* (V. 240 f.). Dass die Jeschute entrissenen Schmuckstücke in der Tradition solcher Minnegaben gedeutet werden müssen, legt letztlich der Begriff *phant* (139,12) nahe, der später für sie verwendet wird, vgl. Brüggen, Handhabung der *descriptio*, S. 409.

149 Vgl. Stock, Zelt, S. 72. Als das versöhnte Paar später den Artushof aufsucht, ist Jeschute Orilus' einziges Gefolge (274, 24 f.), sodass die Herzogin sogar die Zügel des Pferdes übernimmt, als Orilus absitzt (275,5 f.), worin Kaiser, Liebe, S. 85, ein weiteres Enite-Zitat erahnt. Dass sich Wolfram von Eschenbach satirisch mit Hartmanns Artusroman auseinandersetzt, hat etwa Heinrich Hüning: Würfelwörter und Rätselbilder im Parzivalprolog Wolframs von Eschenbach. Frankfurt am Main 2000 (Europäische Hochschulschriften Reihe 1, Deutsche Sprache und Literatur. 1767) für den *Parzival* herausgestellt.

150 Dieser im Deutschen etwas drastisch klingende Begriff ist in der englischsprachigen Forschung zu Sehen und Sichtbarkeit umfassend etabliert. So spricht Biernoff, Sight, S. 49, davon, dass der Minneblick Lavinias als „ultimate ocular deflowering" zu verstehen sei, denn Eneas „penetrates her eye and inflames her body"; weiter stellt sie fest: „There is corroborating evidence that the desiring gaze carried a phallic connotation in late medieval French literature." Spearing, Poet as Voyeur, S. 70, unterstellt den auch den deutschsprachigen Rezipienten des *Tristan* Gottfrieds von Straßburg „phallic gazing". Pinkus, Voyeuristic Invitation, S. 115, deutet entsprechend spätmittelalterliche Andachtspraxis als penetrativen Akt: „The viewer, as a narrator of his own who obtains temporary mastery and control over what he sees, was encouraged to penetrate into the pictorial realm of pictoral narratives, to mediate, reconstruct and internalize it through and by his voyeuristic gaze." In der deutschen Forschung geht etwa Kraß, Geschriebene Kleider, S. 178, für Konrads von Würzburg Beschreibung des durchsichtigen Gewandes, das Engeltrud im *Engelhard* trägt, von einem „penetrierenden Blick" des Rezipienten und seines Komplizen Engelhard aus.

Innenraum, der aufgrund seiner einladenden Öffnung eine Analogie zum Frauenkörper[151] im Inneren herstellt.[152]

Dies wird vor allem im Vergleich mit dem zweiten von Seidenstoffen verhüllten Frauenkörper, den Wolframs *Parzival* darbietet, deutlich: Als sich Condwiramurs im belagerten Pelrapeire in Parzivals Schlafgemach *lîse ân allen schal* (192,24) schleicht, um ihn um Hilfe zu bitten, trägt sie ein weißes Seidenhemd, das der Erzähler als *werlîchiu wât* (192,14) bezeichnet. Der leicht bekleidete Körper der Königin ist allerdings zusätzlich umhüllt *von samît einen mantel lanc* (192,19). Obwohl ihr Körper – genau wie der Jeschutes – die Waffen der Minne zur Schau stellt,[153] sucht sie nicht nach Liebe (192,10).[154] Diese Szene gestattet nicht nur die Vergleichbarkeit von Mantel und Zelt als textile Hüllen gefährdeter Weiblichkeit, sondern verweist auf die bewusst konträre Gestaltung zweier essenzieller Frauenfiguren: Während Jeschute sich lasziv in der

151 Morsch, Blickwendungen, S. 267, stellt fest, dass Räume „als anzueignende Territorien […] feminin [sind].“ Die Korrelation von Innenräumen und Frauenkörpern wird außerdem auch im geistlichen Kontext reflektiert, wie die Überlegungen von Keller, Blicke, S. 357, zur Verkündigung an Maria zeigen. Die Parallelen zwischen textil begrenztem Innenraum und Frauenkörper finden genauso Eingang in die sakrale Kunst: Marius Rimmele: Der verhängte Blick. Meister Franckes Hamburger Schmerzensmann und das Motiv des zweiten Vorhangs. In: Sehen und Sakralität in der Vormoderne. Hrsg. von David Ganz, Thomas Lentes. Berlin 2011 (KultBild. 4), S. 164–181, hier: S. 166, wundert sich bei seiner Beschreibung einer Elfenbeintafel im Louvre (Koechlin 0033, Inventarnummer: OA 2596, vgl. https://collections.louvre.fr/en/ark:/53355/cl010098208 [Zugriff: 02.07.2024]), die die Jesu Geburt und die *Maria lactans* in einer Szene zeigt, über die überbordenden Textilien im dargestellten Schlafgemach. Er deutet die Stoffe anschließend ebd., S. 166–167, als „Hervorgehen aus dem Fleisch der Mutter. Das Bild verdeutlicht diesen Umstand zusätzlich in der Position des Kindes auf dem Schoß der Mutter und den dort ineinander übergehenden Textilien, die an die im Mittelalter verbreitete Metaphorik von der ‚Einkleidung‘ Christi in das Fleisch der Mutter denken lassen.“ Weitere (erotische) Assoziationen im Kontext heiliger Körper und sakraler Draperie führen etwa Jeffrey F. Hamburger: Body vs. Book. The Trope of Visibility in Images of Christian-Jewish Polemic. In: Ästhetik des Unsichtbaren. Bildtheorie und Bildgebrauch in der Vormoderne. Hrsg. von Thomas Lentes, David Ganz. Berlin 2004 (KultBild. 1), S. 113–147, hier: S. 120, oder John W. O'Malley im Postscriptum zu Steinberg, Sexuality, S. 202, aus.

152 Darum ist es nur konsequent, wenn die spätere Versöhnung Jeschutes mit Orilus als ein Rückgängigmachen der Enthüllungen und den anderen latent sexuellen Akten inszeniert wird: Der Herzog gibt seiner Frau zuerst sein Wappenkleid, das *verdact ir blôziu hût* (270,8), dann kehren zu seinem *poulûn* zurück (271,26), die damit zur *suonstat* (272,5) wird, in der sie gemeinsam im Bett essen (273,27 f.). Auch Kaiser, Liebe, S. 85, findet es, „[w]ichtig und poetisch richtig […], daß Orlius und Jeschute sich im Zelt versöhnen“. Ähnlich urteilt Schanze, Zelt, S. 618, wenn er feststellt, dass erst mit der Versöhnung im Zelt „die ‚Wunde‘, die Parzival dem Zelt als einem *minne*-Zelt zugefügt hatte, geheilt“ sei.

153 Condwiramurs *hemde wîz sîdîn* wird als *werlîchiu wât* vorgestellt (192,14 f.) und von der rhetorischen Frage: *waz möhte kampflîcher sîn, / dan gein dem man sus komende ein wîp?* (192,16 f.) begleitet, sodass die Minnekampf-Metaphorik hier unverkennbar aufgegriffen wird.

154 Im Gegenteil, Condwiramurs leichte Kleidung und die nächtliche Kemenate sind nach Lerchner, Lectulus floridus, S. 380, hauptsächlich Ausdruck von Verletztlichkeit: „Das Bettgespräch zeigt […] das existentielle Problem, das hier doppelt als persönliches und politisches erscheint und […] mit dem Suizidwunsch verknüpft wird, der die Hilflosigkeit des Betroffenen zum Ausdruck bringt und […] Appellfunktion für den Ritter besitzt.“

Halb-Öffentlichkeit präsentiert, ist Condwiramurs der Inbegriff der Keuschheit. Die Königin von Pelrapeire schreitet an Parzivals Bett, wo *ûffen teppech kniete si für in* (193,1),[155] bis er von ihren Tränen geweckt wird (193,16–19) und er sie fragt, ob sie sich zum ihm legen wolle. Ihre Bedingung ist *daz ir mit mir ringet niht* (194,1), womit einerseits die erotischen Assoziationen des Erzählers und des Publikums preisgegeben werden,[156] andererseits abermals der Überfall auf Jeschute anzitiert wird.[157]

Es ist auffällig, dass Parzivals ‚Liebesabenteuer' mit einer Frau im Zelt beginnen und enden – und diese Begegnungen nicht unterschiedlicher verlaufen könnten: Am Ende des Texts findet das königliche Paar nach fünfjähriger Trennung in einem Lager zusammen, das *mit gezelten unbevangen* (799,27) ist. Diese letzte Minneszene in einem Zelt ist dabei ein weiterer analeptischer Verweis auf die erste Begegnung mit Jeschute: Während die Herzogin sich alleine im Zelt auf dem *plân* (129, 18) befindet, ist das Zelt der Königin von Zelten umringt und darin liegen zahlreiche Damen (800,24 f.).[158] Während Parzival in Jeschutes Zelt vom Teppich aus ins Bett springt – *ouch spranc der knappe wol getân / vor dem teppiche an daz bette sân.* (131, 1 f.) – springt Condwiramurs genau auf demselben Weg aus dem Bett heraus: *Umd sich siz deckelachen swanc, / fürz pette ûfen teppech spranc / Cundwîr ârmûrs diu lieht gemâl* (801,1–3). Obwohl die Königin ebenso wie Jeschute bei Parzivals Ankunft schläft und *niht wanz hemde* (800,30) trägt, wirft sie sich die verhüllende Bettdecke um, die Jeschute von sich gestreift hatte.[159] Nach Parzivals und Condwiramurs' überschwänglicher Begrüßung

155 Die meisten im *Parzival* erwähnten Teppiche sind nach Theiß, Höfische Textilien, S. 270, als Bettvorleger zu deuten, sodass dieses Textil – ähnlich wie die oben untersuchten Zeltschnüre – ein Übertreten eines abgegrenzten Raums bzw. Raumbereichs markiert.

156 Feichtenschlager, Entblößung, S. 60, zur Darstellung von Condwiramurs und Parzival, die keusch nebeneinander im Bett liegen: „Die Rolle des Erzählers erweist sich in jedem Fall als parasitär: Er spielt mit seiner Text-Macht, er schreibt dem Text seine Begehrlichkeiten und erotischen Wunschfantasien ein und lenkt den Blick der Leser und Zuschauer. Der Erzähler inszeniert sich als Voyeur und als Begehrender, er hegt jene (Männer-)Fantasien und jenes Verlangen, das er Parzival abspricht. Die Ironie dieser Verfügung zeigt sich an dem, was der Erzähler eigentlich nicht zu zeigen beabsichtigt hat. Über den Zugriff auf seine (weiblichen) Figuren enthüllt er sich selbst."

157 Zum Kampf zwischen Jeschute und Parzival heißt es zu vor: *doch wart dâ ringens vil getân.* (131,21). Auf die sexuelle Metaphorik von Ringkampf und bäuerlicher Rauferei verweist etwa Wenzel, Hören und Sehen, S. 428. Auch in Hartmanns von Aue *Gregorius* wird mhd. *ringen* mit eindeutig sexueller Konnotation verwendet, die aber auch hier – im Moment, als sich die noch unschuldige Schwester über die Anwesenheit ihres Bruders in ihrem Bett wundert (V. 384) – vorwiegend in der Imagination des Rezipienten mit erotischen Vorstellungen verbunden werden kann.

158 Vgl. Stock, Zelt, S. 77, erkennt darin die Konnotation familiärer Intimität und heimatlicher Zuflucht.

159 Obwohl beide Begegungen mit den Frauen in Zelten an gegenüberliegenden Punkten der *Parzival*-Handlung angebracht werden, könnte mit Coralie Rippl: Erbaulicher Verfall? Interferenzen von höfischer Minne und christlicher Ehe-Allegorese am Beispiel Sigunes in Wolframs *Parzival* und *Titurel*. In: Die Versuchung der schönen Form. Spannungen in „Erbauungs"-Konzepten des Mittelalters. Hrsg. von Susanne Köbele, Claudio Notz. Göttingen 2019 (Historische Semantik. 30), S. 199–244, hier: S. 203, dennoch eine intendierte rezeptionslenkende Bezugnahme vermutet werden: „Man mag einwenden,

werden alle Anwesenden angewiesen, das Zelt zu verlassen (801,20–23) und die *kamerære sluogn die winden zuo* (801,30). Der Intimraum wird angemessen verschlossen, damit das Paar ungestört sein kann.[160] Mit dem Messegesang stehen die beiden dann wieder auf (802, 21–23) und der Minneraum wird zur höfischen Außenwelt hin geöffnet: *Des gezeltes winden nam man abe* (803,1). In der Begegnung mit Jeschute im Zelt ist die Öffnung für Parzival und den voyeuristischen Rezipienten hingegen auf widerstandsloses Eindringen angelegt – es müssen keine Zeltbahnen, Decken oder Mäntel beiseitegeschoben werden, um die entblößte Frau ausgiebig zu betrachten. Eine sexualisiert-stoffliche Entblößung von Condwiramurs wird hingegen konsequent verweigert. Auf diese Weise kommentiert Wolfram nochmals die Rechtmäßigkeit und Vorbildlichkeit der königlichen Ehe[161] im unverkennbaren Kontrast zur Beziehung zwischen Orilus und Jeschute, die bereits durch das Motiv der einsamen Frau im freistehenden Zelt eindeutig als problematisch markiert wird.[162] Gleichzeitig lässt sich auch eine Bewertung der Frauen ablesen: Während Jeschute sich vor Hitze halbnackt und in einem einsehbaren Raum präsentiert,[163] zeichnet sich Condwiramurs durch vorbildliche Keuschheit aus,[164] die sie – obwohl sie ihren Mann so lange nicht gesehen hat – sich erstmal etwas überwerfen lässt.

---

die Vortragssituation der akustischen Rezeption stehe einer solchen, teilweise weiter auseinanderliegenden Stellen aufeinander beziehenden Interpretation entgegen, das sei nur eine durch unsere modernen Mittel ermöglichte philologische Spielerei. Dieser Einwand unterschätzt zum einen die Leistungsfähigkeit des menschlichen Gedächtnisses (v. a. wenn man sich den Vortrag durch Mimik, Gestik oder Melodie unterstützt vorstellt; alles Mittel, die nachweislich die Memorierbarkeit fördern), zum anderen hat man sicherlich mit einer mehrmaligen Wiederholung des Rezeptionserlebnisses zu rechnen, die Aufmerksamkeit schafft für noch nicht bewusst Wahrgenommenes. Schließlich ist offensichtlich, dass die Metaphorik Wolframs durch eine Kreativität, die mitunter zur Reaktivierung selbst konventionalisierter Metaphern führt, sowie durch die auffällige Rekurrenz bestimmter Signalwörter in hohem Maße wiedererkenn- und damit memorierbar ist. Sie scheint geradezu dafür ausgelegt, Bedeutungsnetze auch über größere textuelle Distanzen hinweg zu knüpfen."

160 Vgl. Schnyder, Topographie, S. 231.

161 Lerchner, Lectulus floridus, S. 390, macht die demonstrierte Vorbildlichkeit an der Erwähnung des herrschaftlichen Minnebetts fest, das jedoch – genau wie das Zelt – hier nicht beschrieben, sondern lediglich erwähnt wird.

162 Dies ist bisher hauptsächlich mit der Figurengestaltung des Orilus begründet worden, doch schon der Ort, an dem sich das Zelt befindet, macht deutlich, dass er „als gefährlicher Ritter am Rande der höfischen Sphäre" aufgefasst werden muss so Markus Stock: Lähelin. Figurenentwurf und Sinnkonstitution in Wolframs *Parzival*. In: PBB 129,1 (2007), S. 18–37, hier: S. 24.

163 Selmayr, Lauf der Dinge, S. 48, ist allerdings der Ansicht, dass Ring und Brosche Jeschutes sie als tugendhaft erkennen lassen: „Der Schmuck ist mit der Schönheit und Tugendhaftigkeit seiner Trägerin verbunden und präsentiert sie nach außen hin. Indem Parzival Jeschute beide Gegenstände gewaltvoll abnimmt, beraubt er sie ihrer *êre* und befleckt ihre *tugent*. Ring und *fürspan* stehen in Verbindung mit der Figur und ihrer inneren Qualität, die dadurch sowohl verdinglicht wie auch nach außen hin sichtbar gemacht wird." Entgegen dieser Deutung Selmayrs zeigt die Inszenierung des lasziven Frauenkörpers im geöffnten Zeltraum aber, dass Jeschute *nicht* tugendhaft dargestellt wird.

164 Gerade im Vergleich mit Condwiramurs wird deutlich, dass die Ehe von Jeschute und Orilus gerade nicht von „sexuell grundierten Glück" zeugt, wie Brüggen, Handhabung der *descriptio*,

Diese unterschiedlichen Beispiele aus der höfischen Literatur sollen nicht nur ein Plädoyer für die Relevanz von verhüllend-enthüllender Stofflichkeit weit über höfische Kleidung hinaus formulieren, sondern vor allem aufzeigen, dass gerade die Darstellungen von Zelten einen auffälligen semantischen Überschuss produzieren, der den Blick des Rezipienten auf besondere Weise anzieht. Denn die Frauenfiguren in Zelten werden schrittweise visuell enthüllt – von außen nach innen über Zelthülle, Decke, Gewand –, sodass der eindringende Blick mithilfe dieser Stoffe sogartig in Innenräume hineingeleitet wird. Einzelne Zelte in der Wildnis signalisieren einen anziehenden Bruch mit gesellschaftlichen Normen und die damit einhergehende Schutzlosigkeit höfischer Frauenfiguren, die zwar verhüllt werden, aber durch die Fragilität der stofflichen Hülle eindringende Betrachtung provozieren: Die Zeltstoffe verbergen die Damen, aber mithilfe der Partien, die dennoch offenbart werden, entsteht ein besonderer visueller Reiz, dem die (männlichen) Figuren genauso nachgeben wie der voyeuristische Rezipient. Insbesondere in Wolframs *Parzival* schafft der geöffnete Zeltraum eine Ähnlichkeitsrelation mit dem weiblichen Körper im Inneren.[165] Diese

---

S. 393, für die erotische Beschreibung der Herzogin im Zelt annimmt, im Gegenteil: Indem Jeschute sich öffentlichen Blicken zur Schau stellt, während Orilus nicht anwesend ist, wird demonstriert, wie eine glückliche Herrscherehe gerade *nicht* aussehen sollte.

165 Im Prinzip suggeriert schon das Alte Testament einen Bezug zwischen dem weiblichen Körper bzw. seiner Gebärfähigkeit und Zelten: In 1. Mose 18 wird Abraham trotz des hohen Alters des Paars prophezeit, dass seine Frau Sara binnen eines Jahrs einen Sohn zur Welt bringen wird. Während die drei Männer, aus denen die Stimme Gottes diese Verkündigung spricht, gemeinsam mit Abraham vor seinem Zelt stehen, lauscht Sara dem Gespräch im Zelt:

> 9 Da sprachen sie zu ihm: Wo ist Sara, deine Frau? Er antwortete: Drinnen im Zelt. 10 Da sprach er: Ich will wieder zu dir kommen übers Jahr; siehe, dann soll Sara, deine Frau, einen Sohn haben. Das hörte Sara hinter ihm, hinter der Tür des Zeltes. 11 Und sie waren beide, Abraham und Sara, alt und hochbetagt, sodass es Sara nicht mehr ging nach der Frauen Weise. 12 Darum lachte sie bei sich selbst und sprach: Nun, da ich alt bin, soll ich noch Liebeslust erfahren, und auch mein Herr ist alt! (zitiert nach Lutherbibel 2017)

Die Frau, deren Inneres im Gespräch mit den göttlichen Boten zum Thema wird, befindet im Inneren des Zelts, während die Männer speisen. Als Isaak, der Sohn der infolge dieser Verkündigung geboren wird, erwachsen ist und die Knechte seines Vaters ihm Rebekka als Frau bringen, wird die Ehe 1. Mose 24 explizit im Zelt Saras nach deren Tod vollzogen: „67 Da führte sie Isaak in das Zelt seiner Mutter Sara und nahm die Rebekka, und sie wurde seine Frau und er gewann sie lieb. Also wurde Isaak getröstet über seine Mutter." Dass ausgerechnet einer der Stammesväter durch Verkündung in einem Zelt ‚gezeugt' wird und seine Nachkommen mit Rebekka mit demselben Zelt in Verbindung gebracht werden, suggeriert ein assoziatives Deutungspotenzial des Zelts, das empfänglich ist wie ein Frauenkörper. Diese Relation begründet vielleicht auch, warum sich Holofernes in der apokryphen Überlieferung ein Liebesabenteuer im Zelt erhofft, während Judith andere Absichten hat – sich seine Erwartungen aber geschickt zunutze macht. Die Bedeutung des Zelts als Setting dieser Ermordung wird in den Bildern spätmittelalterlicher Handschriften deutlich: Z. B. in der Bible historiale (Bibliothèque Royale de Belgique, MS 9024, fol. 247r) von um 1410 in Brüssel (darin mordet allerdings eine Dienerin, nicht Judith selbst), einer Bibel aus der Lauber-Werkstatt von 1441–1449 (Heidelberg, Universitätsbibliothek, Cod. Pal. germ. 21, fol. 70r) und auch die Bibel aus der Hennfflin-Werkstatt (Heidelberg, Universitätsbibliothek, Cod. Pal. germ. 17 von 1477) legt einen bildlichen Fokus darauf, dass sich die Vor-

Textanalysen mögen gewagt erscheinen, aber die Deutung kann mithilfe profaner Bildzeugnisse belegt werden, die den Zusammenhang zwischen Zelt und Frauenkörper als permeable Räume sogar noch weiter zuspitzen: Die zahlreichen Minneszenen deutscher und französischer Elfenbeinarbeiten aus dem 14. Jahrhundert, in denen Zelte auf Kästchen, Kämmen, Tafeln und Spiegelkapseln im Kontext eines Schachspiels inszeniert werden,[166] zeigen, dass diese erotische Konnotation des Eindringens in ein Zelt durchaus reflektiert wurde. In den Bildzeugnissen sind es nicht Frauen, sondern vorwiegend adlige Liebespaare, gegebenenfalls in Begleitung höfischen Gefolges, die sich standesgemäß in prunkvollen Zelten aufhalten[167] und einem Schachspiel nachgehen, das als elitärer Zeitvertreib die ideale Form der erotischen Annäherung ist[168] und damit zugleich als Minne-Vorspiel gelten kann.[169]

Im Londoner Victoria and Albert Museum gibt es vier aus Elfenbein gefertigte Spiegelkapseln, alle auf das erste Drittel des 14. Jahrhunderts datiert, die eine Minneszene im Zelt darstellen. Alle vier Bildszenen folgen demselben Aufbau, der sich darum mit der Beschreibung der bekanntesten Spiegelkapsel (Koechlin 1046)[170] eindrücklich darstellen lässt: Die runde Fläche der Spiegelkapsel wird von einer Zeltstange in zwei gleichgroße Hälften geteilt, auf der linken Seite sitzt ein Jüngling, dessen halblanges Haar von einem Band zurückgehalten wird. Er ist mit einem weiten Gewand bekleidet, sitzt auf einer Art Bank und lehnt sich nach vorn über einen Spieltisch, der in der Mitte des Raums steht, um mit seiner linken Hand einen Spielzug zu tätigen, während er mit der rechten Hand die Zeltstange umfasst. Sein linkes Bein ist so überschlagen, dass es in Richtung des Betrachters zeigt und das verzogene Gewand seinen Fuß und die Hälfte seiner Wade freilegt.

Die Dame, die dem Mann gegenüber auf der anderen Seite der Zeltstange und damit auch des Spieltischs sitzt, trägt ebenfalls ein langes, weites Gewand und zusätzlich eine Kopfbedeckung, die ihr Haar verhüllt. Sie senkt den Kopf so, dass sie auf die Spielsteine auf dem Tisch schauen kann, ihre rechte Hand hebt sie in die unmittelbare Nähe der Hand des Manns an der Zeltstange, während sie die linke Hand, in der sich

---

kommnisse in einem Zeltlager ereignen (vgl. fol. 294v, fol. 252v, fol. 253v, fol. 255r), die dann im geöffneten Zelt, in dem zuletzt der Kopflose liegt, auf fol. 255v und fol. 256r kulminieren.

166 Vgl. Richard H. Randall: Mirror Case with a Couple Playing Chess. In: Images in Ivory. Precious Objects of the Gothic Age. Hrsg. von Peter Barnet. Princeton 1997, S. 232–233, hier: S. 232.

167 Vgl. Glanz, De arte honeste amandi, S. 383.

168 Vgl. Bartz, Mit Ovid, S. 39.

169 Während in den literarischen (Minne-)Zelten ein Bett oft das einzige erwähnte Mobiliar darstellt (vgl. Stock, Zelt, S. 72), finden sich auf den Bildern in Elfenbein für gewöhnlich ein Tisch und zwei Bänke – eine Verknüpfung von Spiel am Tisch und Spiel im Bett ist dabei durchaus denkbar.

170 Im Museum unter der Inventarummer 803-1891 zu finden, vgl. https://collections.vam.ac.uk/item/O88470/a-game-of-chess-mirror-case-unknown/. Bei den weiteren Spiegelkapseln mit dem Schachspiel im Zelt im V&A handelt es sich um die Inventarnummern A.563-1910 (vgl. https://collections.vam.ac.uk/item/O312913/a-game-of-chess-mirror-back-unknown/), 224-1867 (vgl. https://collections.vam.ac.uk/item/O106326/a-game-of-chess-mirrorback-unknown/) und 223-1867 (vgl. https://collections.vam.ac.uk/item/O166114/a-game-of-chess-mirrorback-unknown/) [Zugriff jeweils: 02.07.2024].

zwei Spielsteine befinden, leicht von sich weg Richtung rechtem Bildrand streckt.[171] Was zunächst wie eine harmlose Spielszene wirkt, offenbart sich bei genauerer Betrachtung als Ansammlung augenfälliger, aber zugleich subtiler sexueller Andeutungen[172] – denn obgleich sich das Paar nicht berührt, gibt es eindeutige Indikatoren, die auf das nächste, körperliche Stadium der Beziehung verweisen: Die dominante Zeltstange, die im Fokus des Bildes steht, wirkt vor allem durch den Griff des höfischen Jünglings und der Hand der Dame, die nach ihr greift, wie eine phallische Lanze.[173] Die übereinandergeschlagenen Beine können sowohl adlige Abkunft[174] als auch sexuelle Bereitschaft signalisieren,[175] die sich berührenden Fußspitzen des Paars deuten zusätzlich auf körperliche Vertrautheit hin.[176] Am auffälligsten jedoch ist die Gestaltung der Falten, die die dargestellten Stoffe werfen: Geradezu obszön wirkt die tiefe Spalte, die das Gewand der Dame zwischen ihren Beinen kreiert. Michael Camille erkennt in solchen Gewandfalten eine eindeutige Betonung der Penetrierbarkeit der Dame, die sich zusätzlich im Faltenwurf des geöffneten Zelts wiederholt.[177] Dieser spezifische Gewandwurf findet sich auf allen Spiegelkapseln im Victoria and Albert Museum und noch ausgeprägter auf der Kapsel im Pariser Louvre (Koechlin 1053), die Camille für seine Überlegungen heranzieht (Abb. 8).[178]

Auf der Pariser Kapsel befinden sich außerdem zwei weitere Figuren im Zelt,[179] die die höfischen Attribute der Spielenden – einen Raubvogel und einen Kranz – halten, während das Liebespaar ins Spiel vertieft ist.[180] Falke und Kranz verweisen auf den adligen Stand der beiden Spieler, aber vermitteln zugleich eine erotische Botschaft.[181] Alle Figuren schauen auf das Schachbrett, doch weil die Zofe, die hinter der Dame steht, mit der rechten Hand in Richtung der vulvaförmigen Gewandfalte deutet,

---

171 Vgl. Charles T. Little: Writing Tablets with Case. In: Images in Ivory. Precious Objects of the Gothic Age. Hrsg. von Peter Barnet. Princeton 1997, S. 237–239, hier: S. 237, vermutet für eine vergleichbare Szene, die sich auf einen Wachstafelbuchdeckel in Schweizer Privatbesitz befindet, dass die Dame Spielsteine versteckt, die sie bereits gewonnen hat. Glanz, De arte honeste amandi, S. 384. belegt diese Deutung mit einer Erläuterung der gängigen Spielregeln.

172 Vgl. Glanz, De arte honeste amandi, S. 384.

173 Vgl. Camille, Medieval Art of Love, S. 124.

174 Bumke, Höfische Kultur, S. 198: „An den Beinen und deren Bekleidung manifestierte sich männliche Schönheit in auffälligster Weise."

175 Vgl. Glanz, De arte honeste amandi, S. 139. Diese Beinhaltung ist allerdings auch als Herrscher- oder Richterpose verbreitet, vgl. Bumke, Höfische Kultur, S. 201.

176 Vgl. Glanz, De arte honeste amandi, S. 384.

177 Vgl. Camille, Medieval Art of Love, S. 124.

178 Die oben vorgestellte Spiegelkapsel aus dem Londoner V&A (Koechlin 1046) stammt mit großer Wahrscheinlichkeit aus der gleichen Pariser Werkstatt wie die Kapsel im Louvre (Koechlin 1053), vgl. Glanz, De arte honeste amandi, S. 385–386.

179 Sie ist die einzige vierfigurige Szene aus dem oben erwähnten Pariser Atelier und eine der wenigen in diesem Stil im Vergleich mit anderen Elfenbeinarbeiten, vgl. Glanz, ebd., S. 386.

180 Camille, Medieval Art of Love, S. 124.

181 Vgl. Glanz, De arte honeste amandi, S. 386.

Abb. 8: Spiegelkapsel aus Elfenbein, Paris. Paris, Musée du Louvre. 11,5 cm Durchmesser, entstanden um 1300.

könnte der Fokuspunkt des Bildes zugleich der Schoß der Dame sein. Der spielerische Umgang mit der Vorausdeutung auf die Liebesvereinigung im Kontext eines Schachspiels ist auf die höfischen Verhaltensregeln zurückzuführen, die aus der Liebe selbst ein Spiel machten:[182] Denn es „handelte [...] sich sowohl beim Schach- als auch beim Liebesspiel um gleichermaßen exklusive wie zeremoniell stilisierte Ereignisse mit

182 Vgl. Camille, Medieval Art of Love, S. 124.

Abb. 9: Spiegelkapsel aus Elfenbein, Paris. Cleveland, The Cleveland Museum of Art. 10,2 cm Durchmesser, entstanden 1325–1350.

besonderem Unterhaltungswert, die den Beteiligten zugleich das Gefühl einer artistischen Kompetenz verliehen.«[183] Die große Beliebtheit der Spielszene im Zelt belegen die vielen anderen überlieferten Elfenbeinartefakte: Es gibt weitere solcher Spiegelkapseln in London (Koechlin 1054)[184], Berlin (Koechlin 1049)[185], Cleveland (Abb. 9),

183 Glanz, De arte honeste amandi, S. 376.
184 Diese befindet sich in Privatbesitz; eine weitere Spiegelkapsel gibt es in London, in The Wernher Collection, Ranger's House (English Heritage), diese verfügt über keine Koechlin-Nummer, vgl. http://gothicivories.courtauld.ac.uk/images/ivory/A5527051_e3603d3e.html [Zugriff: 02.07.2024].

Abb. 10: Spiegelkapsel aus Elfenbein, französisch. Stuttgart, Landesmuseum Württemberg. 8,5 cm Durchmesser, entstanden 1300–1320.

Florenz (Koechlin 1052)[186], Paris[187], Rom (Koechlin 1048)[188], Sankt Petersburg (Koechlin 1051)[189] und Stuttgart (Abb. 10) – sie alle folgen der gleichen Komposition und weisen

185 Diese Spiegelkapsel in der Berliner Skulpturensammlung und Museum für Byzantinische Kunst wurde allerdings fast vollständig zerstört, vgl. http://www.gothicivories.courtauld.ac.uk/images/ivory/BD3FDC88_fdcba556.html [Zugriff: 02.07.2024].

186 Im Museo Nazionale del Bargello unter der Inventarnummer 134 C, vgl. http://www.gothicivories.courtauld.ac.uk/images/ivory/C645A9D7_87ff3dad.html [Zugriff: 02.07.2024].

187 Im Musée Jacquemart-André, vgl. http://gothicivories.courtauld.ac.uk/images/ivory/9A52C650_628fc976.html [Zugriff: 02.07.2024]. Diese Spiegelkapsel wurde von Koechlin aber als Nach-

sowohl den Griff an die phallische Zeltstange als auch den Faltenwurf im Schoß der Dame auf.[190]

Die Szene ist auch auf einigen anderen Elfenbeinpreziosen zu finden, etwa auf einem Wachstafelbuchdeckel in Amiens neben drei anderen Minneszenen wie Kranzübergabe und Kinnberührung[191] (Koechlin 1217)[192], auf einem Wachstafelbuchdeckel in Rouen (Koechlin 1211)[193] oberhalb einer Jagdszene, auf einem vollständig erhaltenen Wachtafelbuchset[194] und vielleicht auf einem Würfelbecher aus Elfenbein in Krakau (Koechlin 1242)[195], auf dem die dargestellten Textilen eindeutig dasselbe sexuelle An-

---

ahmung des 19. Jahrhunderts eingestuft und hebt sich stilistisch etwas von den anderen Artefakten ab, auch wenn aktuelle Datierungen sie in der Mitte des 14. Jahrhunderts verorten.

188 In den Musei Vaticani unter der Inventarnummer MV.65006.0.0, vgl. https://catalogo.museivaticani.va/index.php/Detail/objects/MV.65006.0.0 [Zugriff: 02.07.2024].

189 In der Eremitage unter der Inventarnummer F 54, vgl. https://www.hermitagemuseum.org/wps/portal/hermitage/digital-collection/08.+applied+arts/194108; außerdem gibt es dort unter der Inventarnummer F 50 auch eine weitere Spiegelkapsel mit Minneszenen, die die Spielszene (hier aber ohne Zelt) aufgreift, vgl. https://www.hermitagemuseum.org/wps/portal/hermitage/digital-collection/08.+applied+arts/194034 [Zugriff jeweils: 02.07.2024].

190 Eine Ausnahme ist die Darstellung auf einer Spiegelkapsel in Amsterdam (Koechlin 1042, vgl. http://hdl.handle.net/10934/RM0001.COLLECT.25469) [Zugriff: 02.07.2024]), in der die Zeltstange in der Hand des Manns durch einen Raubvogel ersetzt wurde, das Paar eher von einer Art drapiertem Vorhang umgeben ist und die Gewandfalten der Dame durch eine stärkere Wendung zur Bildmitte ‚entschärft' erscheinen. Allerdings ist dieses Artefakt kleiner als die anderen hier vorgestellten Spiegelkapseln und weist zudem keine grotesken Verzierungen außerhalb des runden Bildfeldes auf, sodass es womöglich in einem anderen Gebrauchszusammenhang stand. Auf einer weiteren Spiegelkapsel im Walters Art Museum in Baltimore ist die Zeltstange durch einen Baum ersetzt, der Griff an den Baumstamm korreliert jedoch mit dem gängigen Szenenaufbau, der hier durch die eindeutig zweideutigen Gewandfalten der Dame bestätigt wird, vgl. https://art.thewalters.org/detail/18374/mirror-cover-with-a-couple-playing-chess/ [Zugriff: 02.07.2024].

191 Diese Geste, die erotische Zuneigung oder Verführung anzeigt, ist bereits für antike ägyptische und griechische Kunst nachweisbar, vgl. Steinberg, Sexuality, S. 3. In Steinbergs Sammlung zahlreicher unterschiedlicher Kinnberührungen findet sich auch eine Spiegelkapsel, die – genau wie die in diesem Kapitel untersuchten Artefakte – den Pariser Elfenbeinen aus der ersten Hälfte zugeordnet werden kann, vgl. ebd., S. 111.

192 Im Musée de Picardie, vgl. http://www.gothicivories.courtauld.ac.uk/images/ivory/af535eea_47affa56.html [Zugriff: 02.07.2024].

193 Im Musée Départemental des Antiquités de la Seine-Maritime, vgl. http://www.gothicivories.courtauld.ac.uk/images/ivory/744E0DD3_f640dcc7.html [Zugriff: 02.07.2024].

194 Vermutlich in Schweizer Privatbesitz, vgl. http://gothicivories.courtauld.ac.uk/images/ivory/248a1aa7_6e71dcf1.html [Zugriff: 02.07.2024].

195 Im Czartoryski Museum unter der Inventarnummer XIII-1589, vgl. http://www.gothicivories.courtauld.ac.uk/images/ivory/1EDE5BA6_e491f29e.html [Zugriff: 02.07.2024]. Die Untersuchung von Elżbieta Musialik: Medieval Rarity or a Perfect Forgery? An Ivory Dice Cup with Court Scenes from the Collection of the Princes Czartoryski Museum in Kraków. In: Acta Universitatis Nicolai Copernici Zabytkoznawstwo i Konserwatorstwo 53 (2023), S. 9–52, legt allerdings dar, dass es sich um eine Nachahmung aus dem 19. Jahrhundert handeln könnte, u. a. weil es kein einziges vergleichbares Stück gibt und Würfelbecher im Rahmen mittelalterlicher Spielpraxis wahrscheinlich nicht vorkamen.

deutungspotenzial präsentieren.[196] Der Stoff des Zelts wird bei fast allen Umsetzungen der Szene im oberen Bildteil mittig von der Stange durchstoßen und ist in den Ecken so zurückgebunden, dass der Blick auf das spielende Liebespaar unverstellt freigegeben ist. Damit wird einerseits auf Bettvorhänge verwiesen, die die intime Grenze zum weiblich konnotierten Innenraum markieren[197] und deren Öffnung „als einladende, ja als Verführungsgeste zu bewerten"[198] ist. Andererseits kann das geöffnete Textil sogar direkt mit dem Körper der Frau selbst assoziiert werden wie Camille ausführt: „[T]he parted curtains that frame the whole intimate scene are […] a well-understood sign, not only of the curtains around a bed, but also the anatomical opening of the woman's body, which cannot be represented as such."[199] Katharina Glanz erkennt zudem eine rezeptionslenkende Wirkung in den Zeltvorhängen, die der Minneszene eine bühnenhafte Wirkung[200] verleihen:

> Sie [die Zeltvorhänge, J. M.] haben jedoch noch eine weitere Funktion, denn die Möglichkeit des Öffnens und Schließens impliziert die nur für einen Augenblick freigegebene Möglichkeit zum Schauen, wodurch dem räumlichen Moment des Bildes ein zeitlicher hinzugefügt wird. Durch das geöffnete „Fenster" der Vorhänge kann der Betrachter dem sich im Inneren des Zeltes anspielenden Vorgang zusehen, wobei er von seiner außerhalb der geschlossenen Bildebene gelegenen Position aus zum heimlichen Zeugen des Geschehens, zum Voyeur, wird.[201]

---

196 Das Schachspiel im nicht näher definierten (Innen-)Raum ist darüber hinaus eine Szene, die häufig als Teil der verschiedenen Minnestadien dargestellt wird. Eine Schreibtafel mit vier Bildfeldern in New York (Koechlin 1219, vgl. https://www.metmuseum.org/art/collection/search/467643 [Zugriff: 02.07.2024]) z. B. zeigt im unteren Register eine mit den hier untersuchten Szenen vergleichbare Schachspiel-Komposition und das assoziative (wenn auch etwas subtilere) Spiel mit den Gewandfalten.

197 So Eberlein, Apparitio regis, S. 140, in seiner umfassenden Vorhang-Studie über Bettvorhänge in der mittelalterlichen Kunst: „Viele Szenen mit Bettvorhängen stellen Vorgänge dar, an denen Frauen in existentieller Weise beteiligt sind: Geburten, Liebesgeschichten, die oft als Verführungen, also sündhaft angelegt sind, manchmal aber zugleich von der Unberührtheit handeln. Immer wieder kommt bei diesem Themenkreis der im Mittelalter seltene weibliche Akt vor."

198 Lerchner, Lectulus floridus, S. 388.

199 Camille, Medieval Art of Love, S. 124. Gemäß dieser Deutung ist es übrigens nicht überraschend, dass der Liebende in einer Miniatur des sexuell andeutungsreichen *Rosenromans* in Oxford (MS Douce 195, fol. 155r) zum Schluss seine Rose in einem Zelt sitzend auffindet und dessen Vorhänge er mit einer (demnach zweideutigen) Geste beiseiteschiebt, wie auch Trînca, Amor conspirator, S. 278, für die quasireligiöse Inszenierung weiblicher Genitalien zugehörigen im Text folgert: „Der Vorhang, das Schweißtuch trägt zur Auratisierung des Kultgegenstandes bei. Er stellt seine Unverfügbarkeit aus und lässt eine visuelle und taktile Annäherung an das Verhüllte als Privileg und gesteigerte Hingabe gelten. Die intime Adoration, als welche der Cunnilingus konzipiert ist, wird möglich, weil das attackierte *saintuaire* zu Boden gefallen ist."

200 Damit greift Glanz übrigens auf die gleiche Beschreibungssprache zurück wie Feichtenschlager für Jeschute im Zelt – was nochmals zeigt, wie nahe sich nicht nur Text- und Bildzeugnisse, sondern auch Kunst- und Literaturwissenschaft sich hier stehen.

201 Glanz, De arte honeste amandi, S. 385.

Die intime Minneszene des spielenden Paars wird für den Betrachter zusätzlich ästhetisch gesteigert, indem er nicht nur die Vielzahl der versteckten Andeutungen auf die bevorstehende Liebesvereinigung der beiden enttarnen kann, sondern aktiv mit seinem Blick in einen intimen Raum eindringt: Das Bild macht den Betrachter zum Voyeur, indem sein Blick in den Raum eindringt und die visuellen Anspielungen abtastet. Die Bildzeugnisse, die mit sexuellen Konnotationen spielen und dabei auch die Öffnung des Intimraums als Vorausschau auf die bevorstehende Öffnung des Frauenkörpers andeuten,[202] stellen heraus, dass ein Zelt den Körper einer Frau, genauer gesagt seine Öffnungen, auf ähnliche Weise in Erinnerung rufen kann,[203] wie es auch für die literarischen Zelte gezeigt werden konnte: Mabonagrin begibt sich im übertragenen

---

202 In diesem Zusammenhang können zwei zusammengehörige Elfenbeintafeln im Walters Art Museum (Inventarnummer: 71.283) in Baltimore betrachtet werden (vgl. Abb. 6 und https://art.thewalters.org/detail/9704/writing-tablet-and-lid/ [Zugriff: 02.07.2024]), die verschiedene Minneszenen (vielleicht bezogen auf einen literarischen Stoff) zeigen, die ähnlich wie die Schach spielenden Liebespaare mit unverkennbaren Anspielungen agieren: Die eine Tafel präsentiert die obszönen Gewandfalten, deren Wirkung intensiviert wird, weil die Dame die Hand des Ritter dorthin führt; die zweite Tafel zeigt ein Liebespaar in einem geöffneten Pavillon, in dem Kinnberührung und Mantelgriff eindeutig auf das körperliche Stadium der Minne verweisen.

203 Welcher Art diese Analogie ist, wird hier bewusst offengelassen, weil die Begriffe von Metapher und Metonymie sich für diesen Fall als schwierig erweisen, denn sie sind vom jeweiligen Rezipienten abhängig. Camille, Manuscript, S. 62, spricht allerdings für die Darstellung des Beischlafs in einer ausgestalteten Initale im Rahmen einer medizinischen Abhandlung von ‚metonymischer Penetration': „Within the initial a man and a woman are revealed in the midst of intercourse by parted green curtains. These are not the theatrical curtains of display. Rather, they emphasize that we see something that goes on in private behind the usually closed curtains of canopied beds, which in this period were a major household item of the wealthy. The flowing shape of these curtains, curling at the edges to form a kind of lip, is also metonymic. It represents the opening that cannot be represented, the part of the female body being penetrated. That the curtain joins with the woman's hair on the right side of the initial and does not touch the male figure at all reinforces this association between cloth and corporeality. The rent curtain was often used in poetic and visual terms to suggest vaginal penetration and can be paralleled in other thirteenth-century images. If the woman's anatomy becomes part of the frame, what is depicted within is much less visible. The act literally takes place ‚under the covers.'" Bernd Mohnhaupt: „Das Ähnliche sehen". Visuelle Metaphern von Sexualität in der christlichen Kunst des Mittelalters. In: Ästhetik des Unsichtbaren. Bildtheorie und Bildgebrauch in der Vormoderne. Hrsg. von Thomas Lentes, David Ganz. Berlin 2004 (KultBild. 1), S. 199–219, hier: S. 213, der – für die kunsthistorische Forschung ungewöhnlich – mit dem Metaphernbegriff agiert, um das sexuelle Andeutungspotenzial sakraler Bilder zu deuten, folgert allerdings für die Debatte, ob Jesu Lendentuch ein Ersatzphallus oder eine Geschlechtsevokation ohne Präsenz sei: „[D]ie Gleichzeitigkeit von Unsichtbarkeit und Sichtbarkeit, von Präsenz und Absenz lässt sich nicht semantisch eindeutig festlegen. Bei visuellen Metaphern kommt erschwerend der immer problematische Schritt der Übersetzung in verbale Sprache hinzu. Vor der Interpretation steht aber immer noch die Erkenntnis von visuellen Metaphern – mittelalterliche und frühneuzeitliche Darstellungen von Sexualität sind der Forschung auch deshalb solange entgangen, weil sie oft metaphorischer Natur sind. Eine Kunstgeschichte, die sich auf ikonographische Konventionen konzentriert und die Bilder in ein hierarchisch nachgeordnetes Verhältnis zu verbalen bzw. schriftlichen Texten rückt, bleibt hier blind." Dieser Appell ließe sich umgekehrt auf die literaturwissenschaftliche Forschung übertragen, der die schillernde Ambiguität, die sich in der

Sinne in den verführerischen Schoß eines Zelts und vergisst dort seine gesellschaftliche Verpflichtung. Parzival stößt in die Intimsphäre einer Frau vor und versteht nicht, welche Konsequenzen dieses Eindringen für Jeschute hat, denn Orilus muss die zeichenhafte Zerstörung der Zelthülle zwangsläufig mit einem Eindringen in seine Ehefrau gleichsetzen. Sigunes Zelt hingegen wird von einem wilden Tier beschädigt und erinnert so daran, dass ein Zelt in der Wildnis letztlich immer der Gefahr ausgesetzt ist: Ihr fragiler Innenraum wird zwar ausgerechnet nicht von einem Mann erschüttert, weil sie sich ihren *minne lôn* aufspart – aber dass der wilde Bracke, der aufgrund ihrer Naivität ins Innere vordringen kann, es zu Boden reißt, deutet darauf hin, dass sie jungfräulich sterben wird, weil die Verfolgung des Bracken ihren Geliebten in den Tod schickt.[204]

Zwar lässt sich für Jeschute und die Zurschaustellung ihres leicht bekleideten Körpers im Zelt zunächst ein vom Protagonisten und dem Erzähler ausgehender dominant männlicher Betrachterblick rekonstruieren,[205] doch ein Pariser Elfenbeinkästchen mit Szenen aus Chrétiens *Perceval*[206] (Koechlin 1310)[207] zeigt, dass das Eindringen des Blicks in den intimen Zeltinnenraum für Rezipierende jeglichen Geschlechts ästhetisch inszeniert werden kann: Im äußeren rechten Bildfeld der Rückseite des Kästchens ist der stürmische Kuss des Jungen zu sehen, dessen spitzer Hut ihn mit Narrenmerkmalen kennzeichnet (Abb. 11). Seinen rechten Arm drückt er gegen die halbliegende Dame, um mit seiner Hand ihren Hals festzuhalten und ihr Gesicht seinem entgegenzuschieben – ob die Dame sich dagegen wehrt oder ob ihr linker Arm, der den Unterarm des Manns greift, einvernehmliche Zuneigung suggeriert, ist schwer auszumachen.

Zwar nehmen der breite Ausfallschritt und der diagonal vorgebeugte Oberkörper des Eindringlings viel Platz im Bildfeld ein, dennoch ist der Raum am linken und oberen Rand zusätzlich großflächig mit Tüchern verhüllt, sodass er gemeinsam mit Kleid und Bett der Dame durch Stoffe gerahmt erscheint. Diese von Textilien umfasste Szene erinnert damit nicht nur thematisch an die oben untersuchten Darstellungen des spielenden Liebespaars im Zelt: Denn in dieser bildkünstlerischen Übertragung eines lite-

---

indirekten Visualität der Zelte verbirgt, ebenfalls entgehen könnte, wenn nicht die Omnipräsenz solcher Zelte in der profanen Kunst berücksichtigt würde.

204 Stock, Zelt, S. 84, verweist zudem auf Albrechts *Jüngeren Titurel*, in dem Tschionatulander das, nach Stock, als Todeszeichen zu deutende Zelt Isenharts im Wald als Minnezelt aufbaut und somit weitere Verknüpfung zwischen Minne und Tod herstellt.

205 Vgl. Brüggen, Handhabung der *descriptio*, S. 398–399, etwas vorsichtiger formuliert Feichtenschlager, Entblößung, S. 68.

206 Diese Zuordnung treffen etwa Meuwese, Chrétien in Ivory, S. 121, und Doris Fouquet: Das Elfenbeinkästchen der Sammlung Monheim, Aachen. In: Aachener Kunstblätter 40 (1971), S. 237–244, hier: S. 239 f.

207 Die *Perceval*-Szenen beschreiben die äußeren Ränder des Kästchens, auf dem Deckel sind die Heiligen Christophorus, Martin, Georg und Eustachius dargestellt (vgl. Meuwese, ebd., S. 123, sowie die Internetseite des Musée du Louvre https://collections.louvre.fr/en/ark:/53355/cl010104045 [Zugriff: 02.07.2024]).

rarischen Zelts wird abermals eine textile Verhüllung für den Betrachter partiell zur Seite geschoben, sodass sein Blick in den für ihn geöffneten Raum hineingesogen wird und dieser an der intimen Begegnung teilhaben kann.[208]

Abb. 11: Elfenbeinkästchen mit *Perceval*-Szenen (Rückseite), Paris. Paris, Musée du Louvre. 7,4 x 22,5 x 11,3 cm, entstanden ca. 1310–1330.

Eine Betrachtung des eindringenden Blicks, so lässt sich als Zwischenfazit festhalten, macht bewusst, wie mittelalterliche Texte intendierte Mehrdeutigkeiten integrieren, die zu neuen Bewertungen intimer Minneräume in der höfischen Literatur führen: Denn von Zelten durch textile Verhüllung kreierte Innenräume fordern (Ein-)Blicke heraus, Intimsphären visuell zu durchstoßen. Ein Rezipient, der seinen Blick in literarische oder bildliche Zelte eindringen lässt, um auf diese Weise schutzlose Frauen oder Liebespaare zu betrachten, zelebriert diese permeable stoffliche Hülle und nimmt sie als sogartig anziehende Rahmung war, die dem dahinter Befindlichen eine gesteigerte visuelle Anziehungskraft verleiht. Wie die Untersuchung der Zelte in den Text- und Bildzeugnissen der höfischen Kultur zeigt, dienen textile Raumbegrenzungen nicht nur dazu, ein Innen und Außen zu markieren, sondern dazu, mithilfe der stofflichen Grenze einen semantischen Mehrwert zu transportieren, der seitens des Rezipienten eine Entschlüsselungsleistung verlangt.

Das Zelt als fragiler Innenraum ist in den oben untersuchten Textbeispielen als permeable Hülle von Weiblichkeit konnotiert, sodass ein Eindringen in ein Zelt stets mehr nur das Betreten eines Raums bedeutet. Außerdem zeigt die Berücksichtigung

208 Ähnlich drastisch ist der Überfall auf Jeschute in der Berner *Parzival*-Handschrift (Burgerbibliothek, Cod. AA 91, fol. 23r, vgl. dazu http://www.parzival.unibe.ch/codAA91/index.html [Zugriff: 02.07.2024]) dargestellt: Ein rotes Stoffzelt, das wie ein Vorhang an einer einzelnen Schnur aufgehängt ist, öffnet sich großzügig in Richtung des Betrachters, um den Blick auf die schlafende Dame freizugeben, über die sich Parzival beugt. Er trägt ein seltsames Kostüm, das an das Aussehen von Wildleuten erinnert, und fasst der bekrönt Schlafenden dreist an ihre linke Brust. Während Parzival seitlich neben der Jeschute steht, erhält der Rezipient einen umfassenden Einblick in die erotisierte Szene, die den Bezug zwischen geöffnetem Zelt und ungenutzter Bettdecke über denselben Rotton markiert.

mittelalterlicher Bildzeugnisse, dass eine intermediale Analyse vor allem dort gewinnbringend ist, wo mithilfe rekurrierender Bildtypen erschlossen werden kann, welche spielerischen Ambiguitäten für das höfische Publikum aufgrund ihrer kulturellen Omnipräsenz leicht zu entziffern gewesen sein könnten. Während die profanen Elfenbeinpreziosen des 14. Jahrhunderts erotische Implikationen geradezu ostentativ ausstellen, vermag die Literatur auf zusätzliche Interpretationsanleitungen verweisen,[209] die Bewertungen der (Frauen-)Figuren implizieren, den weiteren Handlungsverlauf vorausdeuten oder den Rezipienten zum erotischen Weiterdenken anregen. Bilder und Texte eint dabei der Bezug auf einen Rezipienten, der die Codes verhüllter und gleichzeitig enthüllter Innenräume, in die sein Blick eindringt, dechiffrieren kann. Dass die auf den weiblichen Körper bezogene Analogie eines solchen fragilen Innenraums dabei nur eine mögliche Assoziation sein kann, legt Rudolf von Ems in seinem „ersten großen Liebesroman nach Gottfried von Straßburg“[210] nahe, in dem die Figuren auf der Handlungsebene selbst verhüllte Innenräume erkennen, nutzen und gestalten – und sich schrittweise von textilen Rahmungen lösen, um weitere Formen des verhüllten Inneren zu konstituieren.

1.3 Verborgene Parallelwelten: Rudolfs von Ems *Willehalm von Orlens*

Rudolfs von Ems *Willehalm von Orlens*, der „als eine Art Fürstenbiographie“[211] die Geschichte eines verwaisten französischen Grafen erzählt, dem makelloses höfisches Verhalten zunächst die (heimliche) Liebe der englischen Königstochter und später sogar den Thron einbringt, weist eine Vielzahl intimer Innenräume auf. Zwar dienen mitunter Zelte zur textilen Verhüllung geheimer Minnehandlungen, doch die Abgren-

209 Diese semantische Offenheit lässt sich besonders für die Texte Wolframs von Eschenbach nachweisen wie Stephan Fuchs-Jolie: Metapher und Metonymie bei Wolfram. Überlegungen zum ‚Personalstil‘ im Mittelalter. In: Literarischer Stil im Mittelalter. Mittelalterliche Literatur zwischen Konvention und Innovation. Hrsg. von Elizabeth Andersen, Ricarda Bauschke-Hartung, Nicola McLelland [u. a.]. Berlin/Boston 2015, S. 413–425, hier: S. 424, betont: „Es scheint eine Eigenart von Wolframs Umgang mit Topoi und Metaphern zu sein, dass er deren diverse sinnstiftende Beziehungen simultan zur Geltung bringt, und vor allem, dass er sie nebeneinander bestehen lässt, ohne sie in eine Ratio des Erzählten erklärend aufzulösen. Wolframs Umgang mit Metaphern und den Signifikanten, aus denen die Metaphern bestehen, setzt auf Evidenz in einem ganz bestimmten Sinne: Er setzt drauf, Verschiedenes gleichzeitig sichtbar zu machen.“ Wenngleich die Analogiefunktion der Zelte in den zwei untersuchten Texten Wolframs bewusst keiner eindeutigen rhetorischen Klassifizierung zugeordnet wird – auch deshalb, weil sowohl Figuren als auch Rezipienten ihre Zeichenhaftigkeit unterschiedlich bewerten könnten – ist wahrscheinlich die bewusste Ambiguität der Stilmittel entscheidend.

210 Walter Haug: Rudolfs *Willehalm* und Gottfrieds *Tristan*: Kontrafaktur als Kritik. In: Deutsche Literatur des späten Mittelalters. Hamburger Colloquium 1973. Hrsg. von Wolfgang Harms, L. Peter Johnson. Berlin 1975, S. 83–98, hier: S. 87.

211 Max Wehrli: Geschichte der deutschen Literatur im Mittelalter. Von den Anfängen bis zum Ende des 16. Jahrhunderts. 3. Aufl. Stuttgart 1997, S. 487.

zungen zwischen den Räumen der illegitim Liebenden und der höfischen Öffentlichkeit erweisen sich in diesem Roman um einiges vielschichtiger als die oben untersuchten Zeltinnenräume. In Rudolfs ‚Minne- und Aventiureroman'[212] aus der ersten Hälfte des 13. Jahrhunderts, der häufig als Gegenentwurf zum *Tristan* Gottfrieds von Straßburg gedeutet wird,[213] steht nämlich nicht die Kreation einmaliger, gesellschaftsferner Intimität im Vordergrund, sondern die stets neue Inszenierung von Nähe und Distanz, die die geheime Minne des künftigen Herrscherpaars maßgeblich konstituiert, bis sie zum Schluss in die höfische Öffentlichkeit integriert werden kann. Die heimlichen Orte der Minne werden – noch ähnlich wie die einzelnen Zelte in höfischen Bildern und Texten – zunächst durch Draperie und räumliche Barrieren von der Außenwelt abgegrenzt, doch mit der fortschreitenden Minnegenese entstehen mithilfe der Figuren Räume, die keiner haptisch erfahrbaren Trennung von Innen und Außen mehr bedürfen, obgleich sie die permeable Beschaffenheit der Verhüllungen beibehalten. Mit der Analyse solcher fragilen Innenräume der Minne im *Willehalm von Orlens* kann verdeutlicht werden, dass die Integration des Rezipientenblicks nicht nur als geleitetes Sehbegehren fungiert, sondern dass Blicklenkung essenziell ist, um die ideale Minne zwischen den vorbildlichen Protagonisten Willehalm und Amalie auf die richtige Weise wahrnehmen und letztlich auch verstehen zu können. Dass dieses Verständnis auf mehr als bloßes Sehen hinausläuft, ist eine Besonderheit des Romans, de-

---

212 Obwohl der Begriff als eine „Verlegenheitslösung" gilt, umschreibt er die zentralen Handlungselemente Klaus Ridder: Mittelhochdeutsche Minne- und Aventiureromane. Fiktion, Geschichte und literarische Tradition im späthöfischen Roman: *Reinfried von Braunschweig, Wilhelm von Österreich, Friedrich von Schwaben*. Berlin 1998 (QF. 12 [246]), S. 1, zufolge nach wie vor passend. Eine neuere Einordnung des Begriffs nimmt etwa Christine Putzo: Eine Verlegenheitslösung. Der ‚Minne- und Aventiureroman' in der germanistischen Mediävistik. In: Hybridität und Spiel. Der europäische Liebes- und Abenteuerroman von der Antike zur Frühen Neuzeit. Hrsg. von Martin Baisch, Jutta Eming. Berlin 2013, S. 41–70, vor.

213 Haug, Kontrafaktur, S. 90, zeigt, dass dem *Willehalm von Orlens* und dem *Tristan* dasselbe Schema zugrunde liegt, gegen dessen Gesetzmäßigkeiten Rudolfs Text jedoch angehe, um mithilfe dieser expliziten Abweichungen einen Kontrast zu Gottfrieds Text zu gestalten – als Beleg dienen ihm ebd., S. 93–94, dabei die zahlreichen Unstimmigkeiten und Motivationsprobleme, die Rudolf als Preis zu zahlen bereit gewesen sei. Rudolfs *Willehalm von Orlens* nicht als „Anti-Tristan" wahrnehmen wollen hingegen etwa Martin Baisch: *La varn din getichte / Wan hat es nu ze nihte!* Zur Konzeption der Autorschaft in Rudolfs von Ems *Wilhelm von Orlens*. In: Text und Autor. Beiträge aus dem Venedig-Symposium 1998 des Graduiertenkollegs „Textkritik" München. Hrsg. von Christiane Henkes, Harald Saller, Thomas Richter. Tübingen 2011 (Beihefte zu editio. 15), S. 53–70, hier: S. 56–57; Edith Feistner: Konrads von Würzburg *Engelhard*, Rudolfs von Ems *Willehalm von Orlens* und Philippes de Beaumanoir *Jehan et Blonde*. Motive und Strukturen der narrativen Großform im 13. Jahrhundert. In: JOWG 5 (1988/89), S. 329–340, hier: S. 338; Klaus Ridder: Liebestod und Selbstmord: Zur Sinnkonstitution im *Tristan*, im *Wilhelm von Orlens* und in *Partonopier und Meliur*. In: Tristan und Isolt im Spätmittelalter. Vorträge eines interdisziplinären Symposiums vom 3. bis 8. Juni 1996 an der Justus-Liebig-Universität Gießen. Hrsg. von Xenja von Ertzdorff, Rudolf Schulz. Amsterdam/Atlanta 1999 (Chloe. 29), S. 303–329, hier: S. 312–317; Juan Xie: Studien über Rudolf von Ems' *Willehalm von Orlens*. Würzburg 2022 (Epistemata. Reihe Literaturwissenschaft. 931), S. 26.

ren Entschlüsselung allerdings zunächst von einer kompositorischen Blicklenkung ausgehen muss, um so die Codes zu erlernen, die später die Grundlage für ein umfassenderes, verstehendes Wahrnehmen der didaktischen Intention des Texts bilden können.

1.3.1 Verhüllungsebene I: Der Bettvorhang

Textilien tragen für die Kreation der Intimräume insgesamt im Handlungsverlauf wenig Bedeutung, doch der Beginn der kindlichen Liebesbeziehung wird durch einen besonderen Stoff ermöglicht: Im zweiten Buch des Romans[214] ist der junge Titelheld von Brabant, wo er von seinem Ziehvater Jofrit liebevoll aufgezogen wurde, an den englischen Königshof aufgebrochen, um sich dort losgelöst von väterlicher Zuneigung als Ritter ausbilden zu lassen. König Rainher macht den Jungen zum Spielgefährten seiner vier Jahre jüngeren Tochter Amalie. Willehalm verliebt sich schon bald in die schöne Prinzessin, die von seinen Liebesbekundungen jedoch völlig überrumpelt wird und ihn zurückweist. Ein Jahr lang leidet Willehalm unbemerkt im Inneren seines Herzens, am Ende des zweiten Buchs liegt er dann im Sterben, weil er sich aufgrund seiner nicht erwiderten Minne zur englischen Königstochter weigert, zu essen und zu trinken. In einer *herberg* (V. 4621) erliegt er seiner selbstauferlegten, qualvollen Minnekrankheit in einem Raum, der erst beschrieben wird, als die königlichen Damen den sterbenden Jüngling besuchen, um sich von ihm zu verabschieden. *Den clagebåren siechen* (V. 4801) finden die Frauen in einem Bett, das nicht direkt einsehbar ist, denn es wird von einem Vorhang verborgen: *Nu was vor im ain unbehanc / So wit und umbe sich so lanc / Das nieman darunder sach, / Das was getan durch sin gemac* (V. 4811–4814).[215] Für die Annehmlichkeit des Kranken ist das Bett von einem Vorhang

214 Der *Willehalm von Orlens* ist entsprechend der Ausgabe von Victor Junk in fünf Bücher geteilt. Diese Einteilung in einzelne Bücher ist nach Christoph Huber: Wort- und Bildnetze zum Textbegriff im nachklassischen mittelhochdeutschen Romanprolog (Rudolf von Ems, Konrad von Würzburg). In: Im Wortfeld des Textes. Worthistorische Beiträge zu den Bezeichnungen von Rede und Schrift im Mittelalter. Hrsg. von Gerd Dicke, Manfred Eikelmann, Burkhard Hasebrink. Berlin/New York 2006 (TMP. 10), S. 263–286, hier: S. 276, als nicht so distinkt, wie Junk sie darstellt, zu bewerten. Weil aber die Prologe der einzelnen Abschnitte auch in den Handschriften klar hervorgehoben sind, wird die Einteilung in Bücher in der folgenden Argumentation beibehalten. Das erste Buch beschreibt dabei die Elternvorgeschichte, in der Willehalm von Orlens – der Vater des jungen Protagonisten – im Kampf stirbt und seine Gemahlin Elye, nachdem sie den gemeinsamen Sohn auf die Welt gebracht hat, an seinem Sarg den Liebestod erleidet. Das Neugeborene wird anschließend von Jofrit von Brabant, der mit Willehalm in eine Fehde verwickelt war, aufgenommen und wie sein eigener Sohn aufgezogen. Für die Betrachtung der Innenräume der geheimen Minne wird die Handlung des ersten Buchs im Folgenden zurückgestellt, weil die Beziehung zwischen dem jungen Willehalm und Amalie dabei im Vordergrund steht.

215 Die Verhüllung eines Kranken mithilfe eines Vorhangs findet sich z. B. im *Lai de Guigemar* der Marie de France: Darin wird der schwer verwundete Guigemar, der von einem Schiff in ein ihm unbekanntes Land gebracht wurde, von einer Dame und deren Magd gesundgepflegt, wozu sie ihn ein Bett mit *un dossal ki pur cortine / Fu en la chambre apareillez* (V. 366 f.). Aus der Ähnlichkeit der Gestaltung der Krankenbettszene im *Willehalm von Orlens* mit dem Lai, in dem das zum Krankenbett umfunk-

umgeben – jeder, der ihn sehen möchte, muss *darunder* treten, sogar Königin Beatrix (V. 4815 f.).[216] Nachdem die Königin dort ihre vermeintlich letzten Worte zu dem Knaben gesprochen hat, fordert sie ihre Tochter auf, rasch an Willehalms Bett zu treten, ehe er stirbt (V. 4840–4844). Dazu begibt sich Amalie hinter den Bettvorhang: *Mit trureclichem mûte / Slof si hin under den umbehanc* (V. 4846 f.). Die Verwendung des mittelhochdeutschen Verbs *sliefen*[217] deutet dabei darauf hin, dass der Vorhang nicht zur Seite geschoben wird und so beim Öffnen den Blick auf das Bett preisgibt, sondern dass die Königstochter unter ihm hindurchschlüpfen muss, um zu Willehalm zu gelangen.

Der Bettvorhang umschließt Willehalm und Amalie in dieser Situation nun so, dass sie völlig abgeschirmt sind und die beiden sich, als Amalie letztlich doch einlenkt, Willehalm zu minnen (V. 4916), umarmen und küssen können: *Si umbevie in sa ze stunt / Und truchet in minneclich an sich, / Mit mångem kusse minneclich / Bůcet si im sine not / Und erwante sinen tot.* (V. 4944–4948). Bereits in dieser ersten intimen Minneszene deutet sich eine Verschiebung von visueller zu taktiler Minnekommunikation

tionierte Bett der Magd über einen Vorhang verfügt, ließe sich vielleicht ableiten, dass bettlägerigen Patienten zur Annehmlichkeit ein Sichtschutz gewährt wurde. Sicher scheint, dass Bettvorhänge auf den hohen sozialen Stand ihrer Besitzer verweisen, vgl. Camille, Manuscript, S. 62; Shoppe, Reading Romances, S. 81.

216 Judith Klinger: Exzesse des Begehrens. *Amor hereos* und die Ausbildung männlicher Identitäten. In: Weltbilder des mittelalterlichen Menschen. Hrsg. von Heinz-Dieter Heimann, Martin-Maximilian Langner, Mario Müller [u. a.]. Berlin 2007 (Studium litterarum: Studien und Texte zur deutschen Literaturgeschichte. 12), S. 111–134, hier: S. 129, deutet die Beschreibung des liebeskranken Jungen im Bett, der von Frauen betrachtet wird, als „Inszenierung durch eine Dialektik des Enthüllens und Verbergens, die den männlichen Körper zum *spectaculum* macht: Objekt weiblichen Begehrens und weiblicher Interpretation." Obgleich die Inszenierung von Ver- und Enthüllung gewiss entscheidend für diese Schlüsselszene des *Willehalm von Orlens* ist, sollte darauf hingewiesen werden, dass der Vorhang eigentlich dazu dient, Willehalm vor Blicken zu schützen (*Das nieman darunder sach*, V. 4813) – darum können die Frauen auch nicht zeitgleich, sondern nur nacheinander schauen. Außerdem ist nicht Schaulust die Motivation, die hinter der Betrachtung der Frauen steht, sondern Angst und Mitleid.

217 Nach Lexer (Bd. 2, Sp. 974) u. a. mit ‚schlüpfen' zu übersetzen, im DWB ist zusätzlich ‚gleiten' als Synonym angegeben. Wolfram von Eschenbach benutzt dasselbe Verb in einem ähnlichen Kontext, nämlich um auszudrücken, wie Sigune der wilde Bracke entkommt, der unter den Zeltwänden hindurchschlüpft (*nu was er ûz gesloffen durh die winden*, 151,4) – was die textile Ähnlichkeit von Vorhang und Zeltwand betont, die die für dieses Kapitel zugrundeliegende Verknüpfung der Untersuchungsgegenstände einmal mehr verdeutlicht. Diese Parallele der beiden textilen Verhüllungsinstanzen beobachtet auch Vera Beyer: Durch Blicke? Perspektiven auf Gott in persischer und niederländischer Buchmalerei des 15. Jahrhunderts. In: Sehen und Sakralität in der Vormoderne. Hrsg. von David Ganz, Thomas Lentes. Berlin 2011 (KultBild. 4), S. 134–163, hier: S. 139. Ähnlich der mittelhochdeutschen Formulierung wird das Eindringen der Herrin in das Bett des Ritters in *Sir Gawain and the Green Knight* beschrieben (dazu vgl. Sarah Stanbury: Seeing the Gawain-Poet. Description and the Act of Perception. Philadelphia 1991 (Middle Ages Series), S. 109), was vielleicht zugleich suggeriert, dass Bettvorhänge aus schweren Stoffen bestehen, die sich nur mühsam zur Seite schieben lassen.

der beiden an:[218] Die Bedeutung, die dem *umbehanc* dabei zuteilwird, zeigt sich auch auf der Wortebene durch den wiederholten Verweis auf das Umschließen – weil der Vorhang das Paar vor Blicken verbirgt, kann Amalie Willehalm *umbevâhen*, der die Umarmung erwidert: *dike er si umbevie* (V. 4950).[219] Die Liebenden umschließen sich gegenseitig, während der Vorhang sie dabei als schützende Hülle umgibt.[220] Zwar ist das künftige Liebespaar in der Kemenate von weiteren Figuren umringt – der Text impliziert die dauerhafte Anwesenheit eines Arztes (V. 4804) und es ist nicht anzunehmen, dass die Königin das Gemach verlässt, während Amalie mit Willehalm spricht –, aber die stoffliche Verhüllung gewährt dem Paar eine „räumlich exklusive Situation"[221], die unter allen anderen Umständen undenkbar gewesen wäre. Während das Schlafgemach in der *herberg* bereits ein Raum ist, der abseits der höfischen Öffentlichkeit liegt,[222] wird durch den Bettvorhang ein noch intimerer Rahmen geschaffen,[223]

---

218 Vgl. Franziska Wenzel: Situationen höfischer Kommunikation. Studien zu Rudolfs von Ems *Willehalm von Orlens*. Frankfurt am Main 2000 (Mikrokosmos. 57), S. 115.

219 Während in Wolframs von Eschenbach *Parzival umbevâhen* (V. 203, 2–11) und in Heinrichs von Veldeke *Eneasroman* das Umschließen mit den Armen (V. 1837 f.) als Euphemismus für Geschlechtsverkehr dient (dies deutet auch Schultz, Courtly Love, S. 150, an), ist hier tatsächlich nur eine keusche Umarmung gemeint. Vielleicht versucht Rudolf, damit die Überlegenheit seines Protagonisten gegenüber seinen literarischen Vorgängern in Sachen Keuschheit herauszustellen – schließlich schlägt sich Willehalm im Kampf ebenfalls besser als Gahmuret (zu diesem intertextuellen Bezug auf Wolfram vgl. Baisch, Konzeption der Autorschaft, S. 61).

220 Wenzel, Situationen, S. 116, stellt die Verschachtelung verschiedener Räume als Schaubild dar, in dem die Stadt als zusätzlich verbergender Raum den äußeren Rahmen um Bettstatt und Kemenate bildet. Damit ähnelt der Vorhang in seiner Funktion den oben untersuchten Zelten, die die intimen Räume (illegitimer) Minne abstecken. Die Tatsache, dass Vorhänge – genau wie Zelte – mit prächtigen Bildern verziert werden konnten, wie es der Vorhang im Palast der Candacis im *Straßburger Alexander* suggeriert (vgl. Bumke, Höfische Kultur, S. 153–154; Udo Friedrich: Menschentier und Tiermensch. Phantasmen der Grenzüberschreitung in der Literatur des Mittelalters. Göttingen 2009 (Historische Semantik. 5), S. 318) und der kostbare Bettvorhang im *Meleranz* des Pleier sogar deskriptiv mit Bildern der Geschichte Trojas hervorhebt (V. 581–594; dazu vgl. Wandhoff, Ekphrasis, S. 238–244), verdeutlicht die Parallelen zwischen beiden Textilien zusätzlich.

221 Wenzel, Situationen, S. 114.

222 Der Raum ist nicht für alle Figuren einsehbar, doch die Nachricht von Willehalms tödlicher Krankheit verbreitet sich schnell am Hof, weil die Boten der Damen Auskünfte einholen (V. 4713–4722).

223 Auch daran ist übrigens die Neubewertung von Heimlichkeit, die sich in der Literatur des 13. Jahrhunderts nach J.-D. Müller zeigt, zu beobachten: Während Müller, Höfische Kompromisse, S. 278, für das *Nibelungenlied* noch folgert „je verschlossener der Raum ist, desto schlimmer", ist der mehrfach verhüllte Intimraum im *Willehalm von Orlens* positiv konnotiert.

der es ermöglicht, dass sich die zwei Kinder im Bett küssen können,[224] „da er wie ein Schutzwall das Bett umgibt."[225]

Weil aber vor allem Amalie verständig darüber ist, dass ein solch intimes Zwiegespräch nicht der höfischen Norm entspricht, muss sie Willehalm sehr bald nach ihrer Abmachung wieder verlassen: *[‚]wan merket das / Belibe ich hie iht fúrebas.[']* (V. 4955 f.) Die Königstochter weiß, dass es verdächtig wäre, bliebe sie länger am Bett des Jungen,[226] weshalb sie den Kranken zurücklässt, obwohl es ihm viel zu kurz vorkommt (V. 4964) und er sich wünscht, die Küsse würden *iemer* (V. 4966) andauern. Mit diesen Überlegungen zu Kürze und Ewigkeit[227] wird nicht nur ein eigentlich unmöglicher Intimraum geschaffen, sondern innerhalb dieses Settings kollidieren die Zeit- und Raumwahrnehmungen zwischen der innenräumlichen und der äußerlichen Welt:[228] In den 121 Versen, die darauf verwendet werden, die Minneübereinkunft hin-

224 Dies ist natürlich zusätzlich damit zu begründen, dass Willehalm am englischen Hof aufgrund seiner Jugendlichkeit als erotisch ungefährlich erachtet wird (V. 3758–3769), worauf auch Schulz, Poetik, S. 71–72, hinweist. Es wäre möglich, dass die Jugendlichkeit als äußere Hülle fungiert, von der sich die höfische Welt blenden lässt.

225 Lerchner, Lectulus floridus, S. 391, beschreibt so den Bettvorhang in Konrad Flecks *Flore und Blanscheflur*, hinter dem die jungen Protagonisten ihre illegitime Minnevereinigung vollziehen können.

226 Auch im weiteren Verlauf des Texts beweist Amalie Kalkül und Verständnis höfischer Konventionen: Ihr letzter Brief an Willehalm, der die schriftliche Konversation des getrennten Paars während des Turniersommers beendet, weil Amalie erfahren hat, dass sie mit König Avenis von Spanien verheiratet werden soll, wird am englischen Hof, aber bewusst abseits der Öffentlichkeit verfasst: *Do gie die juncvrüwe dan / Und baite unz ir dú statte wart / Das si nach klagelicher art / Gesriben mohte ir kumber gar / Der ir clagendem herzen war* (V. 8244–8249). Das Prädikat *baite* (Lexer, Bd. 1, Sp. 161, gibt für das schwache Verb mhd. *beiten* die möglichen Übersetzungen ‚zögern', ‚warten', ‚harren' an; BMZ, Bd. I, Sp. 174b, listen diese Synonyme für das starke Verb mhd. *bîten* auf) verweist hier darauf, dass Amalie selbst unter größter Zeitnot – die Hochzeit ist nur vier Wochen später angesetzt (V. 8189) – ausharrt, bis sie eine Gelegenheit findet, ihren Klagebrief heimlich zu verfassen. Wie schon in der Szene hinter dem Bettvorhang demonstriert Amalie damit, dass sie nicht nur ein Gespür für den richtigen Raum, sondern auch die richtige Zeit hat, die ihr eine Möglichkeit zur unbemerkten Konversation einräumt. Dass in höfischen Palästen abgelegene Orte zum heimlichen Brieflesen und -schreiben gefunden werden können, suggerieren weitere höfische Texte, vgl. Green, Medieval Listening and Reading, S. 308.

227 Gisela Vollmann-Profe überträgt in ihrer Übersetzung, vgl. S. 159, mhd. *iemer* mit nhd. ewig, was in Anbracht des Verses *Die wile duht in niht ze lanc* (V. 4954) als zeitliche Gegenüberstellung schlüssig erscheint.

228 Überhaupt weist die Gestaltung der Minnekrankheit verschobene Konzepte von Zeit, Raum und Realität auf: Als Kranker liegt Willehalm im Bett, als *ob er enslaffen wåre / Und als er sine vrŏwen / Im trome sôlte schŏwen* (V. 4874–4876) – dass Amalie an sein Bett tritt, erscheint ihm zunächst wie eine unwirkliche Traumvision. In der Krankheitsepisode wird ebenfalls ein zeitlicher Kontrast aufgemacht: Das Jahr, in dem Willehalm still und unerkannt an seiner unglücklichen Verliebtheit leidet (V. 4445–4455), wird in nur wenigen Versen zusammengefasst, die vier Tage des Hungerstreiks und dessen fortschreitende Konsequenzen für die Gesundheit Willehalms werden hingegen Tag für Tag ausgeführt (V. 4642–4765). Im Kontext der akuten Lebensbedrohung Willehalms vermittelt Königin Beatrix dann wiederum ein Gefühl der immenser Dringlichkeit an ihre Tochter (V. 4774–4776), das in ihrer Aufforter dem Vorhang dazustellen, versteht der geschwächte Willehalm erst sehr langsam, dass die Erscheinung der Geliebten an seinem Bett keine Halluzination ist – seine Heilung jedoch tritt dann umso plötzlicher ein: Sobald Amalie ihr Versprechen gegeben hat, verfliegt seine Sprachlosigkeit *so gåhes hie* (V. 4923) und *sumerzit* (V. 4929)[229] breitet sich in seinem Herzen aus.[230] Hinter dem Vorhang entsteht ein Intimraum, in dem Willehalm eine ganze Jahreszeit erlebt, die ihm trotzdem *niht ze lanc* (V. 4964) vorkommt, weil Amalie bald bemerkt, dass sie gehen muss (V. 4953 f.): Das Zeitempfinden der höfischen Gesellschaft begrenzt demnach von außen, in welchem Rahmen der temporäre Sonderort der heimlichen Minne entstehen und bestehen kann.[231]

Da die beiden keinen Verdacht am Hof wecken, muss es ihnen gelungen sein, ihr Gespräch und ihre Berührungen hinter dem Bettvorhang in einen Zeitraum einzubinden, der in der höfischen Öffentlichkeit als unauffällig gilt. Der verhüllende Vorhang markiert in dieser ersten Minneszene darum nicht nur eine räumliche Abgrenzung, sondern offenbart den jungen Protagonisten, wie sie inmitten der höfischen Öffentlichkeit Räume und Zeiten finden können, die intime Kommunikation möglich machen, ohne dass diese als solche bemerkt werden: Der Vorhang am Krankenbett lässt Willehalm und Amalie die Möglichkeiten der Verhüllung vor den Augen des Hofs erkennen.

1.3.2 Verhüllungsebene II: Verschleierung durch Vertrautes

Im Anschluss an die heimliche Minneabsprache entwickeln die Liebenden im *Willehalm von Orlens* weitere verhüllende Verhaltensformen, die für die höfische Öffentlichkeit nicht ambig erscheinen und darum vor den Augen des Hofs bestehen können. Um diese Geheimnisse und ihre Räume zu enttarnen, muss zunächst das zweite Minnegespräch in der Kapelle betrachtet werden, in dem Amalie Willehalms Zuneigung noch nicht erwidert, das also noch vor dem Hungerstreik stattfindet: Ein Jahr nachdem Willehalm seiner Spielgefährtin seine Liebe gestanden, sie ihn aber unverständig zurückgewiesen und jeglichen Kontakt abgebrochen hatte (V. 4334 f.), führt ein ver-

derung vor dem Bettvorhang kulminiert: *[‚]Ga hin, sich unz er lebe, / E das er das leben begebe!‘* (V. 4843 f.)

229 Damit wird natürlich ein vor allem aus der Lyrik bekannter Topos aufgegriffen (zum Sommereingang vgl. Daniel Eder: Der Natureingang im Minnesang. Studien zur Register- und Kulturpoetik der höfischen Liebeskanzone. Tübingen 2016 (Bibliotheca Germanica. 66)), allerdings ist es auffällig, dass auch dabei wieder der zeitliche Aspekt betont wird.

230 Silke Winst: Minne als Krankheit: Zur Kultivierung und Pathologisierung von Begehren im Mittelalter. Habil. masch. Potsdam 2016, S. 116, weist darauf hin, dass die Küsse und Umarmungen wohl ebenfalls zur schnellen Genesung beitragen dürften.

231 Die Relevanz der Zeitlichkeit erscheint im *Willehalm von Orlens* damit besonders ausgeprägt; wieder ist die Vergänglichkeit intimer Innenräume, die schon bei der obigen Untersuchung der einsamen höfischen Zelte herausgestellt wurde, unterschwellig mitgedacht: Die Kreation fragiler Rückzugsorte jenseits der höfischen Sichtbarkeit ist an zeitliche Restriktionen gekoppelt, sie können niemals dauerhaft bestehen.

meintlicher Zufall die beiden wieder zusammen. Das Gespräch in der Hofkapelle ist schon deshalb auffällig, weil der Erzähler sich selbst darüber wundert, dass Amalie ohne Begleitung in das Gotteshaus geht und dort von Willehalm abgefangen werden kann:

Dú juncvrŏwe gegangen was
In aine kapelle raine
Nit wan si allaine
Und wolte naisswas sůchen da.
Do kam der juncherre ie sa
Zů ir da er si aine vant. (V. 4528–4533)

Vor allem, weil sie später sogar zwei Begleiterinnen mitnimmt, als sie sich nachts heimlich in den Kräutergarten schleicht, um von Willehalm entführt zu werden (V. 8900–8903) – obwohl sie allen Grund hätte, sich alleine davonzustehlen –, wirkt der grundlose, einsame Kapellenbesuch noch kurioser. Der rätselhafte Kirchgang ist allerdings nötig, um Amalie und Willehalm zu dem Zwiegespräch zusammenzuführen, das das zweite Stadium seiner Minnekrankheit auslösen kann. Amalie erkennt schon nach Willehalms erstem Liebesgeständnis, dass ihre Kommunikation plötzlich mehrdeutig geworden ist (V. 4219–4314),[232] doch solange sie sich nicht auf die ambige Form der Konversation einlässt, kann noch kein gemeinsamer Minnecode daraus entstehen. Erst über den Umweg einer vermeintlich zufälligen Begegnung, die anschließend die Sichtbarmachung der Minnequalen Willehalms zur Folge hat,[233] kann Amalie letztlich überzeugt werden, seine Liebe zu erwidern: Wo die Sprache versagt, müssen Zeichen sprechen.[234] Weil die Geheimnisstrukturen der Minne zum Zeitpunkt des Kapellengesprächs noch nicht von beiden gemeinsam etabliert sind, bedarf es zunächst dieses Zufalls, der das zukünftige Paar in einer unbeobachteten, intimen Situation zusammenführt, die die Erschließung weiterer Minneräume nach sich zieht, die die beiden dann gemeinsam finden.[235]

---

232 Vgl. Wenzel, Situationen, S. 107. Dazu auch Winst, Krankheit, S. 112.

233 Willehalm beschließe, so Winst, Krankheit, S. 113, „sein inneres, für Amelie nicht wahrnehmbares Herzeleid in ein tatsächliches, körperliches Leid zu überführen, um ihm mehr Nachdruck zu verleihen."

234 Diesen Zusammenhang von versagender Sprache und sichtbaren Zeichen hat Bumke, Blutstropfen, S. 54, (wenn auch unter anderen Vorzeichen) für Wolframs *Parzival* herausgestellt: „In der Blutstropfenszene wird eine Situation geschildert, in der die Worte versagen: Parzival hört nicht, was zu ihm gesprochen wird, und ist in seiner Gedankenversunkenheit selber der Sprache nicht mehr mächtig. Um so deutlicher sprechen die Zeichen. Blutstropfen im Schnee sind ein Zeichen. Parzival liest es und gelangt zu ungeahnten Erkenntnissen."

235 Die strukturelle Ähnlichkeit der textilen Inszenierung des Kapellenbesuchs mit den späteren Minnegesprächen ist auch in der Illumination der Münchener Handschrift, Bayerische Staatsbibliothek, Cgm 63 fol. 35v (https://daten.digitale-sammlungen.de/bsb00102987/image_74 [Zugriff: 02.07.2024]) zu sehen, in der die Unterredung der beiden Figuren von einem geöffneten Vorhang gerahmt wird, der genau den Vorhang vorausdeutet, der die Liebenden im Bett auf fol. 38v (https://daten.digitale-

Erst nach der heimlichen Abmachung am Krankenbett, die vier Tage nach dem Gespräch in der Kapelle stattfindet, versichern die beiden einander ihrer gegenseitigen Minne und erkennen die Relevanz eines intendierten Minnecodes, der für die höfische Umgebung nicht lesbar ist. Mit dem Bettvorhang, der die ersten liebevollen Berührungen des Paars umgibt, eröffnet sich das Potenzial weiterer geheimer Räume innerhalb der höfischen Öffentlichkeit – und die Entdeckung und Etablierung solcher temporärer Intimräume ist im Folgenden grundlegend für die erste Phase der Liebesbeziehung zwischen Amalie und Willehalm.[236] Nachdem zuerst die einseitige Konversation zwischen den beiden Liebenden mehrdeutig wurde, ist ab jenem Moment, in dem sie ihre gemeinsame Minnesprache finden, ihr Handeln am Hof „doppelbödig"[237], weil die Kinder inmitten der höfischen Gesellschaft Wege finden, sich gegenseitig ihrer Liebe zu versichern, ohne dass es auffällt. So können die beiden nach Willehalms Genesung Amalies Heiratsbedingungen vor aller Augen am Hof besprechen (V. 5115–5200),[238] indem sie ihre Liebe durch Verhalten tarnen, das für ihre Umgebung einen gewohnten visuellen Eindruck bietet. Sie brauchen dazu – entgegen Franziska Wen-

sammlungen.de/bsb00102987/image_80 [Zugriff: 02.07.2024]) umgibt. Während sich der Kirchenraum auf fol. 35v im unteren Bild der ganzseitigen Miniatur mit Altar (dem sich Willehalm mit Schwurgeste zuwendet) und Kreuzen eindeutig ausmachen lässt, liegt der Fokus des oberen Bildes geöffnet auf dem Zwiegespräch im abgegrenzten Raum, der mit dem Vorhang als solcher kenntlich gemacht wird. Der Schlüsselszene hinter dem Bettvorhang werden auf fol. 38v ebenfalls zwei Szenen gewidmet, die Julia Caroline Walworth: Parallel Narratives. Function and Form in the Munich Illustrated Manuscripts of *Tristan* and *Willehalm von Orlens*. London 2007 (King's College London Medieval Studies. 20), S. 111, folgendermaßen beschreibt: „On folio 38v the contrast and connection between top and bottom depends on the use of the same setting in both registers. The reconciliation of Willehalm and Amelie is made evident by Amelie's movement from the far right edge of the picture at the top over to the left side to embrace Willehalm in the bottom Willehalm changes also, turning away at the top, and turning back towards Amelie in the bottom." Eine wichtige Veränderung lässt Walworth dabei allerdings unerwähnt: Der Bettvorhang im oberen Bildfeld, als die Königin und Amalie Willehalm gemeinsam betrachten, ist vorgezogen, während er unten bei der innigen Umarmung des jungen Liebespaars paradoxerweise beiseitegeschoben ist. Es wäre zu überlegen, ob sich dahinter ein Hinweis für den Betrachter verbergen könnte, der darauf deutet, dass nun der Vorhang für eine besonders exklusive Einsicht geöffnet wird.

236 Darin verhalten sie sich zunächst so, wie es Trînca, Amor conspirator, S. 12, für viele Liebespaare der höfischen Literatur resümiert: „Unvorsichtige Blicke und Gesten können sie [die Liebenden, J. M.] jederzeit verraten, der Umgang mit den Medien der Kommunikation verfügt über existentielle Signifikanz und spielt aus diesem Grunde stets eine wichtige Rolle in der Narration."

237 Christoph Huber: Subjektivität, Intimität im höfischen Roman. Zum *Willehalm von Orlens* des Rudolf von Ems. In: Impulse und Resonanzen. Tübinger mediävistische Beiträge zum 80. Geburtstag von Walter Haug. Hrsg. von Gisela Vollmann-Profe, Cora Dietl, Annette Gerok-Reiter [u. a.]. Tübingen 2007, S. 193–212, hier: S. 205.

238 Winst, Krankheit, S. 116, betont, dass der Text Willehalm immer noch als von der Krankheit geschwächt beschreibt und er das Gespräch nicht mit der Intention beginnt, Heiratsbedingungen zu diskutieren, sondern er von Amalie die versprochene Heilung einfordert.

zels Darstellung[239] – keinen architektonisch abgegrenzten Raum, denn der geheilte Willehalm soll sich zu seiner jungen Herrin gesellen und nach außen wirkt es darum, als säßen die Spielgefährten beisammen wie zuvor:

Nu wart das aber niht vermitten
Man hies in nach sinen sitten
Zů siner vrǒwen sizzen gan;
Schiere do das was getan
Und im dú stat do dohte
Das er mit fůge mochte
Geredon nach dem willen sin
Er sprach ‚genad, an vrǒwe min!
Nu ist genade worden zit
Sit al min vrǒde an ú lit.[‘] (V. 5115–5124)

Willehalm diskutiert das Minneversprechen beim vermeintlichen Spiel, als ihm die Gelegenheit günstig erscheint. Dabei ist es den Kindern von Nutzen, dass es nicht verdächtig wirkt, wenn man sie als Freunde beieinander sitzen sieht.[240] Anders als in der Kapelle und hinter dem Bettvorhang bedarf es keiner architektonisch oder stofflich fixierten Verhüllung, weil – nach Augustinus' Zeichenverständnis – ihr Beisammensitzen für die beiden ein gegebenes Zeichen ist, das für sie selbst jedoch eine andere Bedeutung hat als für den Rest des Hofs:[241] die Vertrautheit des Anblicks der befreunde-

239 Wenzel, Situationen, S. 116–117, ist der Ansicht, dass ein Geheimraum „der Zweierbeziehung nicht nur durch die Wahrnehmung der Protagonisten erzeugt [wird], er ist auch architektonisch abgegrenzter Innenraum, und er bleibt so der öffentlichen Wahrnehmung vollständig entzogen."

240 Zu Beginn ihrer Liebesgeschichte, als Amalie noch nichts von Willehalms Gefühlen ahnt, legt der Text sogar nahe, dass die Kinder beim Spiel gar nicht beaufsichtigt werden: *Des warte nieman von in zwain, / Wan si warent baidiu kint* (V. 4098 f.).

241 Nach Des Heiligen Kirchenvaters Aurelius Augustinus ausgewählte praktische Schriften, homiletischen und katechetischen Inhalts. aus dem Latein. übers. und mit einer Einl. vers. von Sigisbert Mitterer. Bd. 8. München 1925 (Bibliothek der Kirchenväter. 49), S. 50, sind natürliche Zeichen „jene, die ohne Absicht und ohne etwas anderes bedeuten zu wollen außer ihrer eigenen Natur noch etwas anderes erkennen lassen", während gegebene Zeichen solche sind, „die sich lebende Wesen gegenseitig geben, um so gut als möglich ihre Gemütsbewegungen, Gefühle und Kenntnisse aller Art anzuzeigen". Bumke, Blutstropfen, S. 58, fasst die Zeichenlehre des Kirchenvaters folgendermaßen zusammen: „Das Lesen und Verstehen von Zeichen erfordert Erfahrung und Einübung. Bei den natürlichen Zeichen ist das unproblematisch. Wenn es irgendwo raucht, weiß man aus Erfahrung: da ist ein Feuer. Gegebene Zeichen setzen dagegen eine Verständigung zwischen den Kommunikationspartnern voraus. Gegebene Zeichen sind kodiert. Man muß die Bedeutung des Zeichens kennen, um es zu verstehen. Wortzeichen werden nur verstanden, wenn beide dieselbe Sprache sprechen. Wenn einer mit den Schultern zuckt und einem anderen damit Gleichgültigkeit signalisieren will, funktioniert das nur, wenn der andere weiß, was das Zucken der Schulter sagen will. Bei allen gegebenen Zeichen ist daher mit ‚Dunkelheiten' (*obscuritates*) und ‚Zweideutigkeiten' (*ambiguitates*) zu rechnen." Wenn gegebene Zeichen immer erst entschlüsselt werden müssen, lässt sich Willehalms und Amalies geheimer Minnecode als ein solches Zeichen bewerten, mit dem die Liebenden sich ihrer gegenseitigen Zuneigung versichern, während ihr

ten Kinder ist die unerkannte Hülle, die einen Geheimraum der Minne entstehen lässt.[242]

Während Wenzel davon ausgeht, dass die nichtöffentlichen und öffentlichen Sphären im *Willehalm von Orlens* räumlich klar voneinander getrennt seien,[243] zeigt die als Spiel getarnte Minneabsprache, dass die Räume ineinander übergreifen und dass die Grenzen der Bereiche eine heikle Fragilität aufweisen, derer sich die Kinder – sowie der in ihren Minnecode eingeweihte Rezipient – absolut bewusst sind. Bei diesem zweiten, einvernehmlichen Minnegespräch am englischen Königshof ist nämlich abermals die Wahl des richtigen Zeitrahmens entscheidend, da Willehalm erst spricht, als ihm die *stat* geeignet erscheint, um *mit fûge*[244] über die Minne zu sprechen. In seiner Rede bedeutet er Amalie dann, dass es nun an der Zeit sei, den versprochenen *trost* (V. 5129) einzulösen, worauf sie mit ihrer Heiratsbedingung antwortet: Willehalm

---

Umfeld das Beisammensitzen der Kinder aber weiter als Zeichen für eine freundschaftliche Beziehung deutet.

242 Kommunikation von Liebenden im höfischen Kontext verlangt natürlich immer Formen geheimer Codes, Botschaften und Zeichen (vgl. Jean-Louis Benoit: Tromperie et Vérité dans Trois Textes Brefs: Les Lais de Marie de France, La Châtelaine de Vergy, Les Miracles de Notre-Dame. In: Imposture et Fiction dans les Récits d'Ancien Régime. Actes du 27e Colloque International de la SATOR à l'Université Sorbonne Nouvelle-Paris 3, les 12, 13 et 14 Juin 2013. Hrsg. von Nathalie Kremer, Jean-Paul Sermain, Yen-Maï Tran-Gervat. Paris 2016 (Les Collections de la République des Lettres. 2016: 2), S. 85–102, hier: S. 89), doch Willehalm und Amalie zeichnet aus, dass ihre Kommunikation längst nicht so subversiv ist wie die anderer illegitimer Liebespaare. Sie nutzen gerade nicht die rhetorische Technik der *dissimulatio*, mit der etwas Anderes gesagt als gemeint werden kann, im Gegenteil: die beiden sagen genau, was sie meinen, es hört nur niemand hin. Während Isolde im Gottesurteil in aller Öffentlichkeit ein Oxymoron artikuliert (vgl. Klaus Grubmüller: *cristallîniu wortelîn*. Gottfrieds Stil und die Aporien der Liebe. In: Literarischer Stil im Mittelalter. Mittelalterliche Literatur zwischen Konvention und Innovation. Hrsg. von Elizabeth Andersen, Ricarda Bauschke-Hartung, Nicola McLelland [u. a.]. Berlin/Boston 2015, S. 179–190, hier: S. 188), das aufgrund seiner konspirativen „Doppelcodierung" (Wenzel, Geheimnis, S. 60; ähnlich Müller, Höfische Kompromisse, S. 313) zur ‚ästhetischen Lüge' (Christoph Huber: Kristallwörtchen und das Stilprogramm der *perspicuitas*. Zu Gottfrieds *Tristan* und Konrads *Goldener Schmiede*. In: Literarischer Stil im Mittelalter. Mittelalterliche Literatur zwischen Konvention und Innovation. Hrsg. von Elizabeth Andersen, Ricarda Bauschke-Hartung, Nicola McLelland [u. a.]. Berlin/Boston 2015, S. 191–204, hier: S. 203) wird, ist das Sprechen und Handeln des Protagonistenpaars bei Rudolf stets einwandfrei und aufrichtig. Höfische *dissimulatio* kann zwar sowohl positiv als auch negativ konnotiert sein (vgl. Rüdiger Schnell: ‚Curialitas' und ‚dissimulatio' im Mittelalter: zur Independenz von Hofkritik und Hofideal. In: LiLi 41,1 (2011), S. 77–138, hier: S. 97), doch Willehalm und Amalie umgehen diese Ambivalenz, indem sie sich gar nicht erst rhetorisch verstellen, sondern sich gesellschaftlich akzeptable Zeiten und Räume suchen, in denen ihre Kommunikation unbemerkt stattfinden kann.

243 Vgl. Wenzel, Situationen, S. 141.

244 Hier scheint eine Übersetzung bezogen auf den geschickt und angemessen gewählten Zeitpunkt passend. Zur Semantik dieses Begriffs vgl. Annette Gerok-Reiter: Die ‚Kunst der *vuoge*'. Stil als relationale Kategorie. Überlegungen zum Minnesang. In: Literarischer Stil im Mittelalter. Mittelalterliche Literatur zwischen Konvention und Innovation. Hrsg. von Elizabeth Andersen, Ricarda Bauschke-Hartung, Nicola McLelland [u. a.]. Berlin/Boston 2015, S. 97–118, hier: S. 103–104.

soll die Schwertleite empfangen und ihr als Ritter dienen, bevor sie ihn zum Mann nehmen kann. Die Distanz, die infolge von Amalies Minnebedingung mit dem Überschreiten tatsächlicher Ländergrenzen geschaffen wird, kreiert einen abstrakteren Raum der Zweisamkeit, der die geographische Trennung zunächst erneut durch eine Begrenzung der Zeit rahmt: ‚*So wil ich das du laitest swert / Und dise liehten sumerzit / Des komen úns vil nahe lit, / Mit dienste min ritter sist.[‘]* (V. 5152–5155). Amalie koppelt ihre Bedingung an den anstehenden Sommer – *Du solt den sumer schone / Min ritter, ich din vrǒwe sin* (V. 5160) – bevor sie auf Willehalms Nachfrage hin sagt, dass er sich dazu zurück nach Brabant begeben solle (V. 5173–5188). Willehalm erklärt sich sofort bereit, ihre Bedingung zu erfüllen und fragt, wann er zu ihr zurückkehren dürfe (V. 5186). Wieder antwortet Amalie mit dem Verweis auf eine Jahreszeit: ‚*Vor dem winter, e das mer / Mit winde sezze sich ze wer, / So kum du wider her ze mir [‘]* (V. 5189–5191). Der Sommer, der sich schon im Moment der Gesundung Willehalms in seinem Herzen ausbreitete, wird so zu einem äußerlichen Rahmen, der für die beiden aber gleichzeitig eine innerliche, geheime Bedeutung erhält:[245] Der Turniersommer, der in der Öffentlichkeit stattfindet, trägt als Minnebedingung eine intime Semantik, die nur für die beiden erkennbar ist. Weil Willehalm und Amalie auf diese Weise zeitliche und örtliche Begrenzungen ihrer Minneräume etablieren und reflektieren, dass sie mit höfischen Erwartungen korrelieren, müssen sie dabei nicht wie Tristan und Isolde auf *klebewort* zurückgreifen, die sprachliche Doppeldeutigkeit sexueller Intimität im öffentlichen Raum erzeugen.[246] Statt rhetorischer Raffinesse finden die vorbildlichen Kinder temporäre (Zeit-)Räume, die zwar für die höfische Öffentlichkeit nicht als solche lesbar sind, aber deren Doppelbödigkeit die Idealität ihres Verhaltens trotzdem nicht infrage stellt, weil sie in ihrer Außenwirkung mit den höfischen Umgangsformen

---

245 Nochmals mit Augustinus: Der Sommer als wird von Willehalm und Amalie als gegebenes Zeichen zur Rahmenbedingung der geheimen Minnefrist umgedeutet.

246 Trînca, Amor conspirator, S. 179, beschreibt die Heimlichkeiten zwischen Tristan und Isolde folgendermaßen: „Für die Protagonisten, die über exklusives erotisches Wissen verfügen, enthält die Rede semantische Qualitäten, welche der – auf Verwandtenliebe fixierten – Öffentlichkeit entgehen. Der Hof nimmt einzelne Signalwörter (*klebewort*) kaum als solche wahr." Albrecht Dröse: Scham und Zweifel. Die Konstitution von Heimlichkeit und die Dissimulation des Begehrens in Gottfrieds *Tristan*. In: Scham und Schamlosigkeit. Grenzverletzungen in Literatur und Kultur der Vormoderne. Hrsg. von Katja Gvozdeva, Hans Rudolf Velten. Berlin/Boston 2011 (TMP. 21), S. 159–193, hier: S. 181, erkennt bereits in den Reden Blanscheflurs ein sprachliches Verbergen, das im *Tristan* immer auch mit dem Gefühl von Scham korreliere. Tristan und Isolde versuchten zudem stets, sich den Blicken anderer zu entziehen; ihr Ziel ist es, so Dröse ebd., S. 189, weiter, „eine Sphäre der Heimlichkeit zu erzeugen, d. h. in Abgrenzung zur Gesellschaft eine intime Kommunikationsordnung zu etablieren." Im *Willehalm von Orlens* hingegen suchen die Liebenden gerade nicht nach einer Abgrenzung von der Gesellschaft, sie begreifen sich als Teil der höfischen Welt und nutzen die Verhüllungsformen, die ihnen in der höfischen Umgebung zur Verfügung stehen – weshalb sie auch keine mehrdeutigen Signalworte brauchen, um sich gegenseitig ihrer Liebe zu versichern.

kompatibel sind.[247] Interessant ist dabei, dass ihre Heimlichkeiten nicht zwangsläufig durch fassbare Hüllen markiert werden müssen – es bedarf lediglich eines verhüllenden Verfahrens, das als solches für den Hof nicht wahrnehmbar ist.[248]

Dies demonstriert auch das dritte Minnegespräch vor dem Turniersommer: Bevor Amalie Willehalm ihre Brosche als Andenken übergeben und ihm ihren Pagen Pitipas, der zwischen den Getrennten als Bote vermitteln soll,[249] vorstellen kann, muss sie den Geliebten aus dem Palas, in dem sich die Königin und zahlreiche weitere Damen aufhalten, hinausführen: *Mit im gie hin für die túr / In geselleclicher cúr / Amalýe an siner hant, / Dú im sin gemůte bant, / Si sprach heinlichen zů im* (V. 5433–5437). Weil die Königin die beiden nur als Kinder wahrnimmt – sie hält Willehalm sogar für *ze kranc* (V. 5408), um Ritter zu werden –, können die beiden sich verabschieden und ihre Kommunikation für die Zeit der Trennung regeln. Kindlichkeit und Unschuld fungieren als Tarnmantel für das Gespräch, sodass es für alle anderen Anwesenden im Damenpalas als die Verabschiedung zweier Liebender unsichtbar bleibt.[250]

1.3.3 Verhüllungsebene III: Heimliche Distanz-Nähe

Um die Doppelbödigkeit der Kommunikation im öffentlichen Raum künftig aufrecht zu erhalten, benötigen Willehalm und Amalie während ihrer selbstauferlegten Trennungsphase für den Zeitraum des Turniersommers nun weitere, für die höfische Welt nicht-sichtbare Vermittlungsinstanzen. Dass die Kommunikationsformen der jungen Liebenden dabei stets Gefahr laufen, entdeckt zu werden, weil sie niemals gänzlich unsichtbar sein können, ist dem Konzept der Unsichtbarkeit, das nur in Abgrenzung zu Sichtbarkeit funktioniert, inhärent. Die Herausgeber*innen des kulturwissenschaftlichen Sammelbandes „(Un-)Sichtbares und Perspektiven der Hüllen" führen in ihrer Einleitung aus:

---

247 Außerdem findet – im Gegensatz zu Tristan und Isolde – keine außereheliche Minnevereinigung statt, sodass die heimliche Liebe keinen größeren ‚Schaden' anrichtet und das Ziel der Herrschaftsehe erreichbar bleibt, vgl. Ridder, Liebestod, S. 318.

248 Wenzel, Situationen, S. 186, kommt bezüglich der Konstitution von heimlichem Innen und höfischem Außen zu einem ähnlichen Schluss: „Nähe kann immer nur im Innenraum (Kemenatenszenen) oder in einem, dem öffentlichen Raum entzogenen Wahrnehmungsbereich (Situationen der Nacht, Briefe) problemlos erzeugt werden, weil alle verborgenen Handlungen partiell befreit sind vom höfischen Reglement und die Evidenz der Körper für den öffentlichen Interaktionsraum ausgeblendet sind." Allerdings übersieht sie dabei die ersten Minnegespräche am Hof, die weder durch Innenräume noch durch die Dunkelheit der Nacht begrenzt sind: Sowohl die Besprechung der Minnebedingung als auch die Verabschiedung findet am Hof unter dem Deckmantel eines vermeintlichen freundschaftlich-unschuldigen Umgangs der Kinder statt.

249 Für diese Funktion steht auch sein Name, der den geringen Abstand den *petit pas* zwischen den Liebenden beschreibt, vgl. Wenzel, ebd., S. 124.

250 Womöglich weist auch die Tatsache, dass Willehalm sich überhaupt im Damenpalas aufhalten darf, darauf hin, dass er von den Frauen nicht als männlicher Ritter, sondern als Kind wahrgenommen wird.

> (Un-)Sichtbarkeit [...] beschreibt einerseits eine Eigenschaft oder Seinsqualität. Gleichzeitig ist (Un-)Sichtbarkeit, indem sie das Vorhaben oder zumindest die Möglichkeit einer Betrachtung einschließt, an aktive Rezeption gekoppelt und ein Effekt sinnlicher Wahrnehmung. Hier rücken vor allem Irritationen und divergente Zustände in den Fokus. Diese offenbaren sich etwa dann, wenn im Moment des Sehens dessen inhärente Grenzen hervortreten, und beschreiben eine Form der visuellen Versicherung und gleichzeitigen Verunsicherung über das Gesehene. So entsteht (Un-)Sichtbarkeit unter anderem dort, wo der Ausstellung und Präsentation zugleich das Verbergen und Verschleiern, Momente der Intransparenz oder Opazität, der Unzugänglichkeit, Abwesenheit oder Verschlossenheit innewohnen.[251]

Dieses hier herausgestellte Oszillieren zwischen Präsentation und Verhüllung ist maßgeblich für Amalies und Willehalms Minne im dritten Buch des Romans, die auf Abschottung und Geheimnissen beruht: Die textinterne höfische Öffentlichkeit stellt sich über die Inszenierung großer Gesten[252] dar und wird mithilfe der Sinne der Distanz wahrgenommen[253] – insbesondere die höfischen Turniere und Feste im *Willehalm von Orlens* sind immer von weither sicht- und hörbar.[254] Die auf die Trennung des Paars folgende geheime Minnekommunikation im dritten Buch jedoch konzentriert sich nun gegenläufig zur höfischen Repräsentationskultur auf die Erzeugung von Nähe in der

---

251 Inga Klein, Nadine Mai, Rostislav Tumanov: (Un-)Sichtbares und Perspektiven der Hüllen: Zur Einführung. In: Hüllen und Enthüllungen. (Un-)Sichtbarkeit aus kulturwissenschaftlicher Perspektive. Hrsg. von dens. Berlin 2017 (Schriftenreihe der Isa Lohmann-Siems Stiftung. 10), S. 7–21, hier: S. 10.

252 Willehalm wird etwa als Zeichen für das gewonnene Turnier *zem Poy* der Sperber unter gewaltigem Festgetöse überreicht, der Akt wird von allen gesehen: *im diu ere da geschach / Da es mit ŏgen ane sach / Menger hohgemůter lip, / Baidiú man und wip* (V. 7959–7962).

253 Wenzel, Repräsentation, S. 197: „Das Sehen und das Hören, die Augen und die Ohren konstituieren den Wahrnehmungsraum, in dem sich die feudale Herrschaft öffentlich behaupten muß, optische und akustische Wahrnehmbarkeit bleiben deshalb für die literarische Demonstration von gesellschaftlichem Vorrang eine entscheidende Dimension."

254 Vor allem die ausführlichen Beschreibungen der Turniere im dritten Buch des *Willehalm von Orlens* betonen immer wieder die Weitläufigkeit der Lagerstätten und Turnierplätze sowie den fröhlichen Lärm, der von diesen riesigen Menschenansammlungen bis in die Nacht (V. 5755 f.) ausgeht. Willehalms Einzug in Komarzi wird lautstark beschrieben: *Tambur und saitenspiel / So vil vernomen bi im wart / Mit sůzen notten uf der vart / Das der tos und schal / Durch die herberge wit erhal.* (V. 6032–6036). Die Menschen hören den Lärm von weiter her, fragen sich *[,]wer kumet da / Mit so grossem schalle?‘* (V. 6040 f.) und laufen dem festlichen Getöse aufgeregt und voller Vorfreude entgegen. Auch auf dem zweiten Turnier, an dem Willehalm teilnimmt, sind die Ritter *Mit frŏden und mit schalle* (V. 7213) umgeben, *Durch richait, durch gesunden luft, / Durch schal* (V. 7215 f.) werden sie angezogen. Auf seinem Erfolgsweg beim Sperberturnier wird Willehalm außerdem *Von schŏnen schellan guldin* (V. 7410) begleitet. Zu Lautstärke als Merkmal höfischer Prachtentfaltung und Machtindikator vgl. Thomas Cramer: *brangend unde brogent*. Repräsentation, Feste und Literatur in der höfischen Kultur des späten Mittelalters. In: Höfische Repräsentation. Das Zeremoniell und die Zeichen. Hrsg. von Horst Wenzel, Hedda Ragotzky. Tübingen 1990, S. 259–278, hier: S. 264. Zum festlich-lauten Einzug eines Herren ab dem 12. Jahrhundert auch Sabine Žak: *Luter schal* und *süeze doene*. Die Rolle der Musik in der Repräsentation. In: Höfische Repräsentation. Das Zeremoniell und die Zeichen. Hrsg. von Horst Wenzel, Hedda Ragotzky. Tübingen 1990, S. 133–148, hier: S. 139.

Distanz.[255] Besonders ihr Tastsinn verbindet die Liebenden heimlich und subtil, weshalb die Brosche, die Amalie Willehalm vor seiner Abreise als Erinnerungsstück mitgibt, unmissverständlich über ihren taktilen Wert semantisiert wird.[256] Das Schmuckstück hat Amalies Haut berührt, darum soll Willehalm sie ebenfalls an seinem Körper bei sich tragen, um ihr auf diese Weise nahe sein zu können:

> [,]Nu nim von mir dis fúrspan,
> Geselle min, liebes trut!
> Das rûrte mine blossen hut;
> Da bi solt du gedenken min.
> Es ist ain durlútic rubin,
> Das trâg du also nâhe dir
> Als ich es getragen han bi mir,
> Und heb hohen mût durch mich,
> Won den han ǒch ich durch dich.' (V. 5446–5454)

Fast wie eine Kontaktreliquie[257] stellt Amalie das kostbare Ding als „Memorialzeichen"[258] vor. Obgleich die Brosche anschließend auf der Handlungsebene verschwin-

255 Willehalms Liebe wird aufgrund der Entfernung sogar noch inniger: *Wan er wart ir niemer fri / Si wâr im zallen ziten bi / Mit stâteclicher herzen gir. / So er ie ferrer fûr von ir, / So sich ir minne ie naher twanc / In sines herzen gedanc* (V. 4365–4370).
256 Es liegt (auch aufgrund der Formulierungswiederholung *blosse hut*) nahe, dass es sich dabei um die gleiche Gewandspange handelt, die Willehalms Minne ursprünglich auslöste, was auch Winst, Krankheit, S. 118, vermutet, die im Rubin zudem eine Anspielung auf Amalies roten Mund erkennt. Vielleicht lässt sich über Amalies Gewandspange eine Parallele zum oben untersuchten eindringenden Blick in Jeschutes Zelt herstellen (vgl. S. 94 dieser Studie), der mit der (implizierten) Öffnung ihres Gewandes korreliert, weil Parzival Jeschutes Brosche gewaltsam abreißt. Nicht unähnlich schaut der Rezipient des *Willehalm von Orlens* zunächst gemeinsam mit Willehalm in den sich vielleicht beim Spiel öffnenden Ausschnitt (V. 4045–4049) – und indem die Brosche anschließend als Erinnerungsstück dient, wird dieses visuelle Eindringen in Erinnerung gehalten, allerdings bietet Amalie (im Gegensatz zu Jeschute) diesen Einblick freiwillig an.
257 Auch Xie, Studien, S. 98, deutet die Brosche als „Berührungsreliquie".
258 Wenzel, Situationen, S. 124. Dass materielle Kommunikation zur Bezeugung von Wahrheit in höfischen Texten nicht unterschätzt werden sollte, betont Katharina Silke Philipowski: Geste und Inszenierung. Wahrheit und Lesbarkeit von Körpern im höfischen Epos. In: PBB 122,3 (2000), S. 455–477, hier: S. 465. Vor allem im Kontext von Turnieren ist nicht unüblich, dass Damen ihren Rittern ein Zeichen mitgeben, das als „surrogate for her inspiring presence" dient wie Burns, Courtly Love, S. 4, es etwa für den Gewandärmel betont. Dass die am Körper getragenen Preziosen der Frauen ihren Rittern als apotropäische Dinge mitgegeben werden konnten, impliziert insbesondere die Klage Lavinias, die bereut, Eneas vor dem Kampf gegen Turnus nicht ihr *hârbant* (V. 12223), ihre *rîse* (Schleier, V. 12232), ihre *mouwe* (langer Ärmel, V. 12240), ihr *vingerlîn* (V. 12249) und ihren *borden* (V. 12262) zur Unterstützung mitgegeben zu haben. Indem Lavinia explizit weiblich konnotierte Accessoires auflistet (vgl. Brüggen, Kleidung, S. 71–99) und ihnen eine jeweils spezifische Schutzfunktionen im Kampf zuordnet, wird deutlich, wie verdinglichte (Minne-)Erinnerung in Form körpernaher Preziosen in Turnier und Kampf dienlich sein könnte. Christina Lechtermann: Berührt werden. Narrative Strategien der Präsenz in der höfischen Literatur um 1200. Berlin 2005 (Philologische Studien und Quellen. 191),

det, zeigt sie eindrücklich, wie wichtig die Sinne der Nähe für das Paar sind:[259] In Willehalms Besitz wird die Gewandspange zu einer Art *pars pro toto* der Geliebten, die die körperliche Nähe zu Amalie aufrechterhält.[260]

Durch diese taktile Präsenzerzeugung wird die vergangene körperliche Berührung konserviert und zeitlich so ausgedehnt, dass sie in die Phase der physischen Trennung hineinwirken kann – genau wie die Briefe, die mithilfe des Boten Pitipas ausgetauscht werden und „als ein zerdehnter Liebesdialog“[261] fungieren. Es ist anzunehmen, dass Amalie ihrem ersten Brief einen Ring nicht nur als verifizierendes Siegel beilegt,[262] sondern dass er als weitere tastbare, mediale Instanz im doppelten Wortsinn ein *Gefühl* der Nähe erzeugen soll.[263] Dazu tragen natürlich auch die Liebesbriefe

S. 32, stellt in diesem Kontext eine Relation zu religiöser Praxis her: „Solche Erzählmotive finden sich an Stellen, wo Körperfragmente und körpernahe Dinge, fast wie Reliquien und Sekundärreliquien, die Anwesenheit des Abwesenden erkennbar oder nur in ihrer Wirkung wahrnehmbar machen. Ringe, Ärmel und Hemden wechseln, wie Siegelring und Handschuh des Herrschers, besonders im Rahmen höfischer Minne immer wieder den Besitzer und bewahren dabei die Präsenz desjenigen, der sie getragen hat. Mit der Locke des Geliebten werden Augen und Mund bestrichen, und endlich wird das Herz des anderen als süßeste Speise einverleibt.“ Diese Körperbezogenheit aller Memorialzeichen, die dazu dienen, „die Erinnerung an das im Körper selbst bewahrte Wissen auszulösen“, stellt auch Morsch, Blickwendungen, S. 84, heraus. Besonders eindrücklich wird dies an Herzeloydes *hemde blanc sîdîn* (85, 2–3) als Gabe an Gahmuret in Wolframs von Eschenbach *Titurel* deutlich, für das explizit Hautkontakt betont wird – das Hemd hat zuvor *ir blenke und etwaz brûne*s brüīrt (85, 3–4; zu solchen verhüllten Verweisen auf das weibliche Geschlecht vgl. Trînca, Amor conspirator, S. 10).

259 Vgl. Wenzel, Situationen, S. 100.

260 Vgl. Wenzel, ebd., S. 124; Winst, Krankheit, S. 118.

261 Christoph Huber: Minne als Brief. Zum Ausdruck von Intimität im nachklassischen höfischen Roman (Rudolf von Ems: *Willehalm von Orlens*; Johann von Würzburg: *Wilhelm von Österreich*). In: Schrift und Liebe in der Kultur des Mittelalters. Hrsg. von Mireille Schnyder. Berlin/New York 2008 (TMP. 13), S. 125–146, hier: S. 144.

262 Als Beglaubigung dient z. B. der Ring, den Königin Ampflise von Frankreich in Wolframs *Parzival* ihrem Boten für Gahmuret mitgibt: *einen brief gaber im in die hant, / dar an der hêrre grüezen vant, / unde ein kleine vingerlîn: / daz solt ein wârgeleite sîn* (76,15–18; besonders ist dabei zudem, dass dieser Ring zuvor eine Minnegabe Gahmurets war, vgl. Elke Brüggen: Schattenspiele. Beobachtungen zur Erzählkunst in Wolframs *Parzival*. In: Erzähltechnik und Erzählstrategien in der deutschen Literatur des Mittelalters. Hrsg. von Wolfgang Haubrichs, Eckart Conrad Lutz, Klaus Ridder. Berlin 2004 (Wolfram-Studien. 18), S. 171–188, hier: S. 178). Wohl auf vergleichbare Textbeispiele bezogen, aber ohne konkreten Beleg, weist Wenzel, Situationen, S. 125, darauf hin, dass die Kombination von Ring und Brief durchaus geläufig ist. Anderseits zeigt Gawans handschriftlicher Brief an Artus und Ginover, den *er schreib in sus erkant genuoc / mit wârzeichen ungelogen* (626,10 f.), dass ein personalisiertes Schriftstück keine Siegel benötigt (626,9), weil „die Schrift als Metonymie der Person“ (Schulz, Schwieriges Erkennen, S. 223) gelten kann. Daraus ließe sich vielleicht ableiten, dass die individuelle Handschrift als Siegel genügt und Amalie den Ring ihrer Botschaft eher beifügt, weil sie Willehalm eine weitere Preziose zur Verfügung stellen möchte, die eine taktile Präsenz der Geliebten vermittelt.

263 Vgl. Wenzel, Situationen, S. 127. Am eindrücklichsten zeigt Didos Selbstmord in Heinrichs von Veldeke *Eneasroman*, dass Schmuck im Minnekontext eine solche Funktion haben kann: Die verlassene Herrscherin verbrennt Ring und Armreif, die Eneas ihr zuvor geschenkt und mit denen sie zuvor ihr Gesicht berührt hatte (V. 1367–1369). Dieser taktile Umgang mit Schmuck vermittelt ein Bedürfnis selbst bei, die über die Worte des geliebten Gegenübers eine weitere taktile und verbale Verbindung herstellen.[264] Die heimlichen Schriftstücke lassen imaginierte Innenräume entstehen, in denen Gegenwärtigkeit und Präsenz des/der Geliebten in der Absenz möglich ist,[265] denn „[d]er Brief als Sekundärreliquie ermöglicht eine erotische Stellvertreter-Berührung“[266]. Der Roman impliziert dabei, dass die Briefe still gelesen werden,[267] doch der loyale Page Pitipas, der die Botschaften übermittelt, rahmt die lei-

nach Näheerzeugung, dass allerdings nur zur Überbrückung einer bestimmten Zeitspanne funktionieren kann: Da Eneas Dido jedoch endgültig verlässt, muss sie die Dinge verbrennen, bevor sie sich selbst in die Flammen stürzt.

264 Nach Haferland, Höfische Interaktion, S. 186, ist der materielle Aspekt der Liebesbriefe in der höfischen Literatur entscheidender als der inhaltliche: „Der Brief dient nicht, wie es einmal kommen wird, dazu, sein Herz auszuschütten oder ihm eine erdachte Gestalt zu geben. Er vermittelt wie die von einem Boten überbrachte Liebesgabe Bindung über eine Distanz hinweg.“ Für Martin Muschick: Der Brief als Liebesgabe. Zur symbolischen Gestaltung der Briefvermittlung im *Wilhelm von Österreich* des Johann von Würzburg. In: Liebesgaben. Kommunikative, performative und poetologische Dimensionen in der Literatur des Mittelalters und der Frühen Neuzeit. Hrsg. von Margreth Egidi, Ludger Lieb, Mireille Schnyder [u. a.]. Berlin 2012 (Philologische Studien und Quellen. 240), S. 203–217, hier: S. 206, ist das abgeschiedene Schreiben im gesellschaftsfernen Innenraum ein ausschlaggebendes Merkmal dafür, dass es sich bei Briefen um Liebesgaben handelt. Welches Ausmaß diese verbindende Funktion von Minnebriefen haben kann, zeigt Rüdiger Schnell: Causa amoris. Liebeskonzeption und Liebesdarstellung in der mittelalterlichen Literatur. Bern 1985 (Bibliotheca Germanica. 27), S. 218, der Lavinias Brief im *Eneasroman* für die Liebesentstehung aus der Ferne mehr Bedeutung beimisst als dem Eingreifen der Götter. Dass Briefen, die trotz Distanz Verbindung schaffen, eine beinahe magische Funktion innewohnen kann, hat Don C. Skemer: Binding Words. Textual Amulets in the Middle Ages. University Park, Pa. 2006 (Magic in History), S. 56, für einen Brief Hildegards von Bingen vermutet: Sie habe das wie ein Amulett genutzte Schriftstück „as an effective method of long-distance healing“ gesehen. Ähnlich könnte die Funktion des Briefs, der Wigalois von einem Geistlichen an das Schwert geheftet wird, um ihn auf der gefährlichen Aventiure in Korntin zu beschützen (V. 4427–4429), als transportierbare Schriftmagie bewertet werden. Der Schwertbrief ist damit nicht nur, wie Sandra Linden: Ein Ritter mit Gepäck. Zu den magisch-religiösen Hilfsgütern im *Wigalois*. In: Dingkulturen. Objekte in Literatur, Kunst und Gesellschaft der Vormoderne. Hrsg. von Anna Mühlherr, Heike Sahm, Monika Schausten [u. a.]. Berlin/Boston 2016 (LTG. 9), S. 208–231, hier: S. 212, formuliert, eine „Ergänzung der Segnung“, sondern eine Vergegenständlichung der fortwährenden Verbindung zu Gott, die sich in der Schrift manifestiert und damit der Vergänglichkeit der gesprochenen Worte entgegensteht. Bei Willehalm und Amalie ist es hingegen nicht die religiös-magische Wirkung, sondern die außergewöhnliche Minne, die die Verbindung zum unsichtbaren Gegenüber mithilfe des quasi-magischen Schriftstücks möglich macht.

265 Vgl. Huber, Minne als Brief, S. 140–141.

266 So Trînca, Amor conspirator, S. 167, über die Briefe im provenzalischen Roman *Flamenca*.

267 Dass das stille Lesen als intendierte Rezeptionsform des gesamten Texts wahrscheinlich ist (das vermutet auch Florian Kragl: Schaubühnen. Überlegungen zur erzählten Topographie und ihrer historischen Bedingtheit. In: Narratologie und mittelalterliches Erzählen. Autor, Erzähler, Perspektive, Zeit und Raum. Hrsg. von Eva von Contzen, Florian Kragl. Berlin 2018 (Das Mittelalter, Beihefte. 7), S. 125–164, hier: S. 163), schlägt Franziska Wenzel: Schwierige Performanz: Ein Versuch über die pragmatischen Bedingungen literarischer Kommunikation im *Willehalm von Orlens* des Rudolf von Ems. In: Situationen des Erzählens. Aspekte narrativer Praxis im Mittelalter. Hrsg. von Ludger Lieb, Stephan Müller. Berlin/New York 2002 (QF. 20 [254]), S. 219–243, hier: S. 238, vor, die vor allem in den Prologen se, schriftliche Kommunikation mit hörbaren Berichten über Amalies Befinden und Willehalms Turniererfolge, denen er als Augenzeuge beiwohnt. Während die Briefe die innerliche Verbindung der Liebenden stärken,[268] scheinen die Worte des Boten dabei überwiegend informatives Gewicht zu tragen – schließlich erfährt Willehalm nur von ihm, warum Amalies letztes Antwortschreiben ein Abschiedsbrief ist (V. 8549–8557).[269] Bei ihrer Verabschiedung außerhalb des Damenpalas vor dem Turniersommer hatten die Liebenden nicht vereinbart, über Briefe in Kontakt zu bleiben, sondern mithilfe des Boten, sodass Pitipas als die wichtigste Vermittlungsinstanz, als „ein elementarer Teil der Nachricht und deren performativen Vollzugs"[270] gesehen werden

---

des *Willehalm von Orlens* eine Konzeption für mündliche und schriftliche Rezeption rekonstruiert, in der die schriftliche Kommunikation letztlich sogar als bevorzugte präsentiert werde (vgl. ebd., S. 243). Die von Huber, Minne als Brief, S. 125, beschriebene „eigentümliche Stellung des Briefs in einem Bereich zwischen mündlicher und schriftlicher Kommunikation" könnte damit auf den Roman selbst zutreffen, sodass die Ebenen der Selbstreflexion sogar noch vielschichtiger sein könnten, als Wenzel annimmt, falls die Brieflektüren zugleich eine prominente Spiegelung des textexternen Leseprozesses darstellen, wie sie für Hartmanns von Aue *Gregorius* und Wolframs von Eschenbach *Titurel* im Folgenden noch aufgezeigt wird. Green, Medieval Listening and Reading, S. 165, geht ebenfalls von einer Leserezeption des *Willehalm von Orlens*, wenn er folgert, dass der Roman „a highly literary work [...] whose artistry could be appreciated only by a literate reader" sei – allerdings weist er ebd., S. 309, zugleich darauf hin, dass der Rückzug in eine intime *kamer* impliziert, dass (wie im Mittelalter üblich) laut gelesen werde.

268 Weil in den formelhaften Briefen die Liebe selbst zum Thema gemacht wird und sich kaum konkrete, auf die Protagonisten bezogene Aspekte in ihnen finden, vermutet Martschini, Schrift, S. 332, dass es sich um Musterbriefe handeln könnte, die Rudolf seinem Publikum hier zur Verfügung stellt.

269 Willehalm liest Amalies Brief allerdings erst nachdem er von Pitipas schon die Schreckensbotschaft der bevorstehenden Hochzeit mit dem spanischen König erhalten hat, weil er immer erst fragt, wie es seiner Geliebten geht, bevor er mit der Lektüre beginnt. Auch Huber, Minne als Brief, S. 128–129, folgert, dass Amalies dritter Brief ausschließlich ihre resignierte Reaktion auf die Verheiratungspläne darstelle, wobei der implizite Hilferuf an Willehalm darin überraschenderweise nicht artikuliert werde. Klaus Amann: Rebellion und Integration. Generationenkonflikte in Rudolfs von Ems *Willehalm von Orlens*. In: Jenseits der ausgetretenen Pfade. Normüberschreitungen in der höfischen Epik vom späten 12. bis zum frühen 14. Jahrhundert. Hrsg. von Désirée Mangard, Miriam Strieder. Innsbruck 2021 (Innsbrucker Beiträge zur Kulturwissenschaft. Germanistische Reihe. 94), S. 135–156, hier: S. 148, deutet Amalies Abschiedsbrief hingegen als „Akt des Widerstands gegen den Vater", der Willehalms Reaktion vielleicht einkalkuliert.

270 Ludger Lieb und Michael R. Ott: Schnittstellen. Mensch-Artefakt-Interaktion in deutschsprachigen Texten des 13. Jahrhunderts. In: Metatexte. Erzählungen von schrifttragenden Artefakten in der alttestamentlichen und mittelalterlichen Literatur. Hrsg. von Friedrich-Emanuel Focken, Michael R. Ott. Berlin/Boston 2016 (Materiale Textkulturen. 15), S. 265–280, hier: S. 276, beschreiben so den Boten Gawans in Wolframs *Parzival*, der seinen Brief an Königin Ginover übermittelt. Ähnlich fasst Horst Wenzel: Botschaften und Briefe. Die Spur des Körpers in der Schrift. In: Spuren, Lektüren. Praktiken des Symbolischen. Hrsg. von Gisela Fehrmann. München 2005, S. 259–276, hier: S. 260, die Funktion eines Boten im Prozess der Fernkommunikation zusammen: „Wird der Körper des Sprechers durch den Körper des Boten repräsentiert, trägt der Bote die Stimme und das Bild des Sprechers von Angesicht zu Angesicht."

kann; er erzeugt gemeinsam mit Schmuck und Briefen eine „taktile Brücke“[271] zwischen Brabant und England. Die Berichte des Boten sind für den jeweiligen Empfänger hörbar, die geschriebenen Worte werden zu Stellvertretern der/des Geliebten,[272] der Brief selbst ist berührbar und kann zuletzt sogar Amalies Tränen übermitteln (V. 8288 f.). Über den Boten als „das zeit- und raumüberbrückende Sinneswerkzeug“[273], die geschriebenen und gesprochenen Worte sowie die Dinge, die taktile Nähe herstellen, wird ein multisensorischer[274] Intimraum geschaffen, in dem die beiden ihre Liebe trotz Trennung mit allen Sinnen erleben können, der aber für alle Außenstehenden unsichtbar bleibt – mit Ausnahme des Rezipienten: Für ihn nämlich werden die Briefe Wort für Wort wiedergegeben, sodass er Willehalm und Amalie beim Schreiben und Lesen geradezu über die Schulter schauen kann und auf diese Weise einen unverstellten Einblick in ihre innigen Liebesbeschwörungen erhält.[275]

---

271 Wenzel, Situationen, S. 128. Wie eine solche Brückenfunktion des Liebesboten aussehen kann, illustriert der *Codex Manesse* in der Darstellung des Von Wissenlo (Heidelberg, Universitätsbibliothek, Cod. Pal. germ. 848 fol. 299r, die Bewertung der mittleren Figur als Liebesbote stammt von Wenzel, Hören und Sehen, S. 257), in dem ein Liebespaar sich eine bedeutungsperspektivisch erheblich kleinere Botenfigur hin- und herreicht: Die Liebenden sitzen getrennt voneinander an den Rändern des Bildfeldes, aber sie berühren beide die kleine Figur in ihrer Mitte, die damit als Vermittlungsinstanz von Worten und Berührungen markiert wird.

272 So Wenzel, Situationen, S. 127: „Willehalm verneigt sich vor dem geschlossenen Brief, der daher als Substitut seiner Dame verstanden werden kann. So lassen sich das verbriefte Wort und der Siegelring als visuelles und haptisches Zeichen Amelies beschreiben, die, einerseits als ‚Verlängerung‘ ihres Körpers durch die Materialisierung der Schreibbewegung und andererseits als ‚Teil‘ ihres Körpers durch die Berührung des Ringes, in die zweite unmittelbare Kommunikationssituation transportiert werden. Willehalm erfüllt seinen Teil in der Raum und Zeit zerdehnten, aber je als face-to-face-Situation vollzogenen Kommunikation. Er erkennt mit der Verbeugung als sichtbarer Gebärde das Surrogat seiner Dame als Interaktionspartner an“. Huber, Minne als Brief, S. 129, spitzt diese Überlegungen noch weiter zu und spricht von dem Brief „als Verlängerung des Körpers der schreibenden Person“. Dass Schrift einen nicht (mehr) präsenten Körper ersetzen kann, vermutet auch Oswald, Gabe, S. 187, für die Sarginschrift der zu Asche gewordenen Dido. Diese Deutungen von Schrift als Körpersurrogat scheinen schlüssig, doch wie Gahmurets Verbeugung vor Ampflises Brief im *Parzival* – *er neic, dô er die schrift ersach.* (76,21) – impliziert, könnte es sich im Fall des Empfangens und Lesens von Briefen zugleich um eine höfisch ritualisierte Form der Ehrerbietung zu handeln. (Martschini, Schrift, S. 272–273, vergleicht diese beiden Verneigungen ebenfalls, allerdings im Hinblick auf „ihre Identifizierung mit den Auftraggebern und Sendern“.)

273 Wenzel, Situationen, S. 128.

274 Wenzel ebd. versteht Pitipas als „optisches, akustisches und taktiles Medium der heimlichen Minne“. Zu ergänzen wäre dabei jedoch, dass die einzelnen Medien – Dinge, Worte, Geräusche – eine ähnliche Funktion haben.

275 Der erste Brief Amalies wird von V. 6277–6320 wörtlich wiedergegeben (zu mhd. *überlesen* als Betonung der vollständigen Lektüre in diesem Kontext vgl. Scholz, Hören, S. 55), der zweite von V. 7559–7616 – die Wiedergabe wird hier sogar mit der expliziten, an die Rezipienten gewandten Formel *Nu hǒren was er dar an vant!* (V. 7558) eingeleitet – und der dritte Brief von V. 8250–8286. Der letzte von Amalies Briefen wird im Gegensatz zu den ersten beiden aber nicht erst genau zitiert, als Willehalm ihn liest, sondern direkt als Amalie ihn verfasst. Auch Willehalms ausführliche Antworten

Gleichzeitig aber kennzeichnen die Briefe die Fragilität des temporären Raums im Raum[276] – wenn Christoph Huber feststellt, dass „die Liebesbriefe [...] jeweils Sprechakte [umkleiden]“[277], bedient er sich sogar selbst einer textilen Metapher, mit der er den Briefen implizit dieselbe Funktion beimisst wie dem Bettvorhang: Vorhang und Briefe verhüllen Worte, sie erschaffen damit Innenräume[278] von denen die textinterne höfische Öffentlichkeit nichts erfahren darf,[279] weshalb die Gefahr der Enttarnung dieser Geheimräume stets gegenwärtig bleibt. Sowohl Tuch als auch Beschreibstoff[280] bilden den textilen Rahmen und machen die leise Liebeskommunikation der Kinder für die lärmende Außenwelt unerkennbar, während sie für die beiden als Vermittlungsinstanz dienen.[281] Dabei sind beide Formen des Kontakts auf bestimmte Zeiträume begrenzt, denn die heimlichen Schriftstücke des jungen Liebespaars werden nur in ganz bestimmten Situationen und dezidiert fernab der Öffentlichkeit verfasst und gelesen.[282] Willehalm muss den Boten Pitipas bei seiner Ankunft mit dem ersten Brief seiner Geliebten beiseite führen, um zu erfahren, welche Botschaften er überbringt: *Enpfienc in minnecliche / Und*

---

auf Amalies Briefe, die sich in V. 6847–6906 und V. 8025–8080 finden, werden schon im Prozess ihrer Niederschrift Wort für Wort wiedergegeben.

276 Wenzel, Schwierige Performanz, S. 237, bespricht in ihren Überlegungen zu den selbstreflexiven Passagen des *Willehalm von Orlens*, der in den Prologen immer wieder verschiedene rezeptionsorientierte Legitimationsstrategien vorstellt, genau entgegengesetzt, indem sie folgert: „Die Geschichte wird durch die Sicherheit späterer Rezeption zum situationsübergreifenden stabilen Text.“ Wenn jedoch der schriftlich fixierte Gesamttext seine Stabilität betont, während die Schriftstücke auf der Handlungsebene Fragilität suggerieren, ist darin vielleicht eine weitere Gegenüberstellung zu sehen, die die dominanten Dichotomien des Texts – heimlich und öffentlich, innen und außen, leise und laut, fühlen und sehen, nah und fern – zusätzlich untermauert.

277 Huber, Minne als Brief, S. 128.

278 So folgert auch Wenzel, Situationen, S. 130: „Die geistige Anwesenheit der Dame wird im Brief *räumlich* konkretisiert.“ [Hervorhebung J. M.].

279 Ähnlich bewertet Oswald, Gabe, S. 232, den Brief Lavinias im *Roman d'Eneas*, den die Königstochter Eneas heimlich zukommen lässt: der Liebesbrief werde zu einer „für die Öffentlichkeit unsichtbaren Gabe.“

280 Worauf die Briefe geschrieben werden, gibt der Text nicht preis, doch vielleicht lassen sich wie in Heinrichs von Veldeke *Eneasroman*, in dem Lavinia dem trojanischen Helden einen Minnebrief schreibt, *tinte ende permint* (V. 10790) als Materialien vermuten. Dass Textil und Brief durchaus ineinander übergehen können, zeigt der Lai *Laüstic* der Marie de France, in dem das kostbar bestickte Tuch, in das die tote Nachtigall gelegt wird, zugleich als Brief an den Geliebten fungiert (*une piece de samit / A or brusdé e tut escrit*, V. 135 f.).

281 Beat Wismer: Innen und Außen. In: Hinter dem Vorhang. Verhüllung und Enthüllung seit der Renaissance. Hrsg. von Claudia Blümle, dems. München 2016, S. 208, zu der paradoxen Schwellenposition des Vorhangs, die ihn zugleich zur Vermittlungsinstanz macht: „Auf den ersten Blick könnte einem die Funktion der Trennung zwischen privater Innen- und öffentlicher Außenwelt als einfachster, vielleicht gar banaler Aspekt des Vorhangthemas vorkommen. Indem das Textil die Schwelle zwischen diesen Sphären wie eine durchlässige Membran halb oder ganz transparent markiert, fungiert es – genau wie der gemalte Vorhang im Bild – auch als Vermittler.“

282 Wenzel, Situationen, S. 125, spricht darum von einer scheinbaren Ausblendung der Minnehandlung.

fûrte in allaine dan. (V. 6250 f.) Der Ritter lässt sich von Amalies Befinden berichten und liest ihren Brief – begibt sich dann aber sofort zurück zum Turnier, dem Pitipas beiwohnt, um zu sehen, wie Willehalm seiner Herrin dient (V. 6329–6331).[283] Erst als das Essen vorüber ist und die anderen Turnierteilnehmer sich zurückziehen (V. 6827 f.), wagt es Willehalm, in seine Kammer zu gehen, um Amalie zu antworten:

> Do gie der edel wise man
> In aine kamer allaine dan
> Und der stolze Pitipas,
> Nieman mer bi im was.
> Do schrab er mit siner hant
> Ainen brief gen Engellant
> Der clarun und der sůzen. (V. 6831–6837)

Wie schon bei dem Gespräch über die Minnebedingung am Hof wartet Willehalm den richtigen Moment ab, um sich allein in eine Kammer zu begeben[284] – die Anwesenheit des eingeweihten Vertrauten Pitipas scheint dabei dem Prädikat *allaine* nicht zu widersprechen.[285]

Entscheidend für den Rückzugsort ist, dass niemand anderes aus der höfischen Turniergesellschaft etwas von Willehalms heimlichem Schreibprozess mitbekommt, in dem abermals die Taktilität der geheimen Minnekommunikation im Vordergrund steht: die Worte der Liebenden werden explizit handschriftlich verfasst. Dass das Schreiben mit der Hand wiederholt betont wird,[286] markiert einerseits die Exklusivität

283 In der Funktion als Augenzeuge taucht Pitipas auch in den Bildern der Münchener Handschrift, Bayerische Staatsbibliothek, Cgm 63 (vgl. Walworth, Parallel Narratives, S. 108) und auf dem Frankfurter *Willehalm von Orlens*-Teppich auf.

284 Diese Abwendung von der Öffentlichkeit machen auch die Illuminationen im Münchener Cgm 63 (Bayerische Staatsbibliothek) deutlich, in denen mit dem gleichen Verständnis von privatem und öffentlichem Raum agiert wird, vgl. Walworth, ebd., S. 107. Die Briefübergaben zwischen Willehalm und Pitipas auf fol. 53r, fol. 60v und fol. 64v sind stets durch Architektur als von der Gesellschaft abgegrenzt markiert.

285 Green, Medieval Listening and Reading, S. 308, weist darauf hin, dass das nicht-öffentliche Brieflesen durchaus als heimlich bewertet werden kann, wenn etwa ein illiterater Rezipient von einem Vorleser unterstützt wird. Da Pitipas sogar Teil der Botschaft und Mitwisser des Geheimnisses ist, ist Willehalm in seinem Zelt auch in seiner Begleitung trotzdem allein.

286 Die Besonderheit handschriftlichen Schreibens präsentiert sich vergleichbar in Wolframs *Parzival*, wenn der Ausnahmeritter Gawan ein heimliches Hilfegesuch an Artus und Ginover sendet: Mit *tincten unde permint* [...] schreibt er einen Brief *gefuoge mit der hant* (625,13–15), den die Königin sofort an der Schrift erkennt, als er ihr von einem Knappen übergeben wird: *dar an si geschriben vant / schrift, die si bekante / ê sînen hêrren nante / Der knappe den sie knien dâ sach* (644,28–30; 645,1). Ginovers überschwängliche, an den Brief gerichtete Begrüßung der *hant diu dich schreip* (645,3) zeigt, dass einem handschriftlichen Brief, der „eine metonymische Beziehung zwischen Hand und Schrift zum Schreiber selbst zurückführt“ (Wenzel, Botschaften, 264), sehr viel mehr innewohnt als nur der Inhalt der Schrift. Das bemerkt für den *Willehalm von Orlens* auch Huber, Minne als Brief, S. 130, der folgert, dass die wiederholte Betonung des Schreibens mit der eigenen Hand für Rudolf wichtig gewesen sei, der Schreibsituation – es ist niemand anwesend, dem diktiert wird –, anderseits vermitteln die Briefe damit mehr als nur Worte, weil sie genauso Haut berühren wie die Brosche, die Amalie Willehalm zum Abschied überreicht. Auf diese Weise wird noch einmal deutlich gemacht, dass die Liebesbeteuerungen des Paars gerade nicht hörbar artikuliert werden, sondern in einem stillen Vorgang medial-sinnlich erfahrbar gemacht werden. Insbesondere im Zelt in seiner Funktion als geheimer Schreibstube wiederholt sich außerdem das Motiv einer stofflichen Hülle, die inmitten der höfischen Welt einen heimlichen Akt der Minne[287] umgibt: Wie schon bei der Minneübereinkunft an Willehalms Krankenbett, als der Bettvorhang die Liebenden vor den Blicken der anderen Figuren im Raum verbarg, hilft nun das Zelt dabei, die Minnekonversation vor den Augen des Hofs zu verhüllen. Die bewusste Absonderung von der Turniergesellschaft wird darum wieder beschrieben, als Pitipas mit dem zweiten Brief Amalies eintrifft: *den garzun / Vůrt er in in das pavelun / An aine hainliche stat / Da sin kamer was gesat.* (V. 7545–7546)[288] Während des Turniers *zem Poy* schreibt Willehalm, ahnungslos, dass Amalie mittlerweile dem König von Spanien als Frau versprochen wurde, seinen zweiten und letzten Brief, wozu er sich erneut in sein Zelt zurückzieht:

Do gie der zúhte riche
Allaine tugentliche
Und Pitipas der garzun
Sunder in ain pavelun.
Der ellethafte wigant
Schrab ainen brief mit siner hant
Der sůzen Amalien,
Siner trut amien,
Den solt ir bringen Pitipas. (V. 8015–8023)

---

weil die „Materialität der Schrift als Mittel der Präsenzstiftung“ im Minnekontext „fetischartige Qualitäten“ erlangen könne. Einen solchen Zusammenfall von Lust am Text und Eros attestiert Trînca, Amor conspirator, S. 168, ebenfalls den Briefen im provenzalischen Roman *Flamenca* und im Lai *Laüstic* der Marie de France.

287 Bezeichnend ist dabei, dass das Zelt als Schreibstube ausgerechnet kein Ort für eine erotische Liebesvereinigung (wie etwa im oben besprochenen *Lai de Lanval*) ist – dennoch stellt das Verfassen eines Briefs an eine heimliche Geliebte eine Minnehandlung dar. Trînca, Amor conspirator, S. 62, sieht eine solche „Verschränkung von Passion und Poesie“ formuliert für das Briefschreiben im französischen *Partonopeu de Blois* darum: „Affektive Schwankungen und somatische Regungen, Stimmungen der Liebe und des Schreibens lasen sich nicht auseinanderdividieren. Emotion und Expression gelten als gleichursprünglich, lieben heißt schreiben.“ Für die um 1280 entstandene *Clef d'Amors* folgert Walburga Hülk: Schrift-Spuren von Subjektivität. Lektüren literarischer Texte des französischen Mittelalters. Tübingen 1999 (ZfdPh, Beihefte. 297), S. 114, dass das Schreiben (von Liebesbriefen) als der Schlüssel zur Liebe dargestellt sei.

288 Die Worte *kamer* und *pavelun* scheinen synonym für das private, mobile Schlafgemach auf Turnierfahrt verwendet zu werden, wie der Raum allerdings genau beschaffen ist, scheint weniger bedeutsam, nur dessen Abgeschiedenheit im steht Vordergrund. Auch Xie, Studien, S. 102, erkennt in diesem Zelt eine Nachahmung der Zweisamkeit, die die Liebenden am englischen Hof für sich gefunden hatten.

Obwohl Willehalms geheime Schreibstube von der höfischen Turniergesellschaft umgeben ist – es wird beschrieben, welche Ritter *zem Poý* (V. 7099) in welchen *månich rich gezelt* (V. 7244) lagern und wie diese Zelte angeordnet sind (V. 7249) –, dient dem Protagonisten sein eigenes Zelt als intimer Rückzugsort, an dem er sich ungestört seiner Distanzminne[289] in schriftlicher Artikulation und in Gedanken hingeben kann. Die Intimität[290] dieses heimlichen Raums steht dabei im Widerspruch zu der gut einsehbaren, repräsentativen Position vor dem Damenpalas (V. 7203–7209), die Willehalm zuvor als Lagerstätte gewählt hatte. Der junge Ritter verhält sich damit in der Öffentlichkeit genauso, wie es von einem aufstrebenden Adligen erwartet wird – und zeigt damit, dass die Minne gerade nicht (mehr) durch äußere Zeichen sichtbar werden muss. Während in Gottfrieds von Straßburg *Tristan* behauptet wird, die Minne begnüge sich nicht damit, heimlich verborgen zu werden,[291] tut Willehalm genau das: Er kreiert in der scheinbar umfassenden Einsehbarkeit auf dem Turnierplatz einen verborgenen Innenraum, der mit der heimlichen Minne in seinem Herzen korreliert.[292]

Die Opposition zwischen der Öffentlichkeit des Turnierplatzes und der Intimität des Zelts als temporärer Schreibstube ist dabei als Weiterführung der geheimen Minnegespräche zu sehen, die vor dem Turniersommer am Hof stattfinden: Die äußere Hülle wirkt, als entspräche sie dem etablierten adligen Verhaltenskodex, denn schließlich beweist Willehalm in repräsentativen Auftritten und bei den Turnieren seine ritterliche Überlegenheit eindrücklich. Die unterschiedlichen ‚Innenräume' – der Turniersommer als Heiratsbedingung,[293] das Zelt als Raum der Minnekonversation, die Nähe in Gedanken – beherbergen jedoch Geheimnisse, die für alle unsichtbar bleiben,

289 Die Definition, die Wenzel, Fernliebe, S. 194, für die höfische Fernliebe anführt, scheint hier besonders passend: „Fernliebe ist zunächst, wenn auch nur übergangsweise, völlig spiritualisierte Liebe, ist unaufgelöste Spannung und derart motivierend für besondere Anstrengungen."

290 Weil diese Intimität innerhalb eines repräsentativen Texts zu finden ist, überlegt Xie, Studien, S. 106, ob sich für die heimlichen Settings im *Willehalm von Orlens* vielleicht von einer „öffentlichen" oder „demonstrativen Intimität" sprechen ließe. Im Rahmen dieser handlungsnahen Besprechung wird der, wie oben (vgl. S. 44 Anm. 127 u. S. 214 f.) bereits dargelegt, anachronistische Begriff der Intimität aber weiter benutzt, um den gesellschaftsfernen Zeltraum zu beschreiben.

291 Im *Tristan* lautet die Textpassage: *Minne diu verwærinne, / die endûhte es niht dâ mite genuoc, / daz mans in edelen herzen truoc / verholne unde tougen, / sine wolte under ougen / ouch offenbæren ir gewalt* (V. 11912–11917).

292 Damit sind nach Beatrix Bastl: Intimität und Höflichkeit: Gesten und Orte der Intimität und deren Ambivalenz in der Zeit. In: *Ir sult sprechen willekomen.* Grenzenlose Mediävistik: Festschrift für Helmut Birkhan zum 60. Geburtstag. Hrsg. von Christa Habiger-Tuczay, Ulrike Hirhager, Karin Lichtblau. Berlin/Bern 1998, S. 361–415, hier: S. 394, ein typischer Raum des Erinnerns – die Kemenate, die sich hier in ihrer Funktion mit dem Zelt gleichsetzen lässt – und typische Gegenstände des Erinnerns – hier Brief und Ring – zusammengeführt, sodass Willehalms Turnierzelt klar als Innenraum der Erinnerung gekennzeichnet ist.

293 Natürlich ist der Sommer kein Innenraum, doch indem Willehalm und Amalie ihm eine intime Bedeutung verleihen, die niemand außer ihnen beiden (und Pitipas) kennt, fungiert auch die Jahreszeit in gewisser Hinsicht als zeiträumliche Verhüllung der geheimen Minneabsprache.

die nicht wie Willehalm, Amalie, Pitipas und der Rezipient zum exklusiven Kreis der Eingeweihten gehören.

Immer wieder deutet Rudolfs *Willehalm von Orlens* in der Beschreibung der Minne auf die essenzielle Dialektik von Sichtbarkeit und Unsichtbarkeit hin: So versteht Amalie Willehalms Minne zunächst nicht und muss erst körperliche Zeichen von Leid und Schmerz wahrnehmen, um den Druck zu verspüren, seinen Liebesavancen nachzugeben.[294] Erst nach der zweiten Ablehnung Amalies im Gespräch in der Kapelle fungiere, wie Silke Winst feststellt, Willehalms körperlich erfahrene Minnekrankheit „als sichtbares Äquivalent unsichtbaren emotionalen Kummers“[295], das die Aufrichtigkeit der Minne Willehalms so eindrücklich veranschaulicht, dass Amalie nichts anderes übrig bliebe, als seine Gefühle zu erwidern. Dass diese Visualisierung der Minnesymptome jedoch hinter einem Vorhang versteckt wird, wohingegen das unsichtbare Minneleiden zuvor vor den Augen des Hofs zwar negativ als Freudlosigkeit auffällt (V. 4518–4433),[296] aber als Krankheitszeichen verkannt wird,[297] präsentiert eine Verknüpfung von Minne und Sichtbarkeit, die sich durch den ganzen Roman zieht: Genau in dem Moment als Willehalms unerwiderte Liebe anhand der Körperzeichen sichtbar ist, wird sie der öffentlichen Sichtbarkeit hinter dem Bettvorhang in der Kemenate entzogen. Im Anschluss an die Minneübereinkunft wird dann die unsichtbare, geheime Minne inmitten der höfischen Welt im zweiten und dritten Buch des *Willehalm von Orlens* mithilfe unterschiedlicher Innenräume verborgen: Die Minnevereinbarung hinter dem Bettvorhang, die beiden Gespräche im Damenpalas sowie die Briefszenen während des Turniersommers sind Konstitutionen geheimer Innenräume, die örtlich und zeitlich abgegrenzt sind.

Alle diese temporären Innenräume thematisieren dabei ein paradoxes Konzept von Sehen und Sichtbarkeit: Die illegitime Kinderminne kann lediglich in Räumen sichtbar werden, die für den Hof sehenden Auges nicht wahrnehmbar sind. Willehalm und Amalie erklären genau damit die Aspekte, die die höfische Welt gerade *nicht* ausmachen, zu den Grundlagen ihres heimlichen Minnecodes: Explizites Nicht-Sehen, nachdenkliche Stille und sehnsüchtige Trauer stehen im Widerspruch zu totaler Sichtbarkeit, festlicher Lautstärke und adliger Hochstimmung, die grundlegend für die repräsentativ-höfische Welt sind.[298] Während Tristan und Isolde Listen anwenden müs-

294 Vgl. Winst, Krankheit, S. 115.

295 Winst, ebd., S. 116, weist allerdings darauf hin, dass der erpresserische Hungerstreik erst nachträglich als Minnekrankheit deklariert wird.

296 Vgl. Winst, ebd., S. 113.

297 Dass der Hof die Minnesymptome nicht erkennt, zeigt einerseits, dass Willehalm noch als Kind wahrgenommen wird, andererseits gehört ein Hungerstreik als Form der Selbstkasteiung wohl nicht zu den typischen Minnesignalen.

298 Bachtin, Formen der Zeit, S. 65, hat diesen Kontrast für die griechische Klassik beschrieben, die überraschende Ähnlichkeit mit der Darstellung der höfischen Welt im *Willehalm von Orlens* aufzuweisen scheint: „Für den Griechen der klassischen Epoche war jegliches Sein sowohl *sichtbar* als auch *hörbar*. Ein grundsätzlich (vom Wesen her) unsichtbares und stummes Sein gab es für ihn nicht. Das sen, um innerhalb der höfischen Welt zueinander zu finden, entschließen sich Willehalm und Amalie dazu, sich nicht zu sehen und genau durch diese Distanz ihre Nähe aufrechtzuerhalten.[299] Gerade indem Willehalm den englischen Hof verlässt und sich von seiner Geliebten entfernt, beweist er seine Liebe.

Damit wird vor allem das Konzept der Nähe zu einem Sichtbarkeits-Paradox: In der räumlichen Trennung kann wahre gedankliche Nähe existieren, nur äußeres Nicht-Sehen ermöglicht idealisiertes inneres Sehen. Auch wenn sie sich nicht tatsächlich anschauen können, sehen sich die Liebenden vor ihren inneren Augen immerzu, wie Willehalm in seinem zweiten Brief deutlich macht: *Wan min sin und min gedanc / Ståtecliche sint bi dir / Und du naht und tac bi mir / In minem herzen tǒgen. / Mines herzen ǒgen / Sehent dich zallen ziten an / Sit das ich kúnde din gewan* (V. 8052–8058). Entscheidend in dieser Formulierung Willehalms ist, dass dieses Sehen Amalies in seinem Herzen verborgen, also unsichtbar für sein Umfeld, ist.[300] Das Minnegeheimnis der Kinder wird bis zu der Entdeckung ihrer Liebe am Ende des dritten Buchs in solche nicht einsehbaren Rückzugsorte verlagert, die sie als „heimliche private Parallelwelt"[301] so in die Welt integrieren, dass sie im höfischen Kontext nicht als Intimräume der Minne erkannt werden können. Weil sie Nähe und Distanz anders bewerten als die sie umgebende höfische Welt, gelingt es Willehalm und Amalie die Zeitfenster, die sich in bestimmten räumlichen Settings für sie ergeben, zu nutzen, um sich gegenseitig ihrer Liebe zu versichern. Die Veröffentlichung der heimlichen Minne, die Willehalms Entführung seiner illegitim gewählten Braut am Ende des dritten Buchs anschließend nach sich zieht, scheitert darum gerade nicht daran, wie Franziska Wenzel vermutet, dass die strikte Trennung von nichtöffentlichem und öffentlichem Raum

---

betraf alles Sein, und natürlich vor allem das menschliche. Ein stummes Innenleben, stummes Leid oder stummes Denken waren dem Griechen völlig fremd. Dies alles – d. h. das gesamte Innenleben – konnte nur existieren, wenn es sich in hörbarer oder sichtbarer Form nach außen hin kundtat." [Hervorhebungen im Original]. Da das festliche Zeremoniell des Hochmittelalters tatsächlich auf das höfische Zeremoniell der Spätantike zurückzuführen ist (vgl. Wenzel, Repräsentation, S. 171–172) wirkt es fast, als kenne auch die höfische Repräsentationskultur in Rudolfs Roman kein unsichtbares Innenleben – dieses aber entdecken Willehalm und Amalie nun für sich und erwählen es zu ihrer ganz eigenen, unerkannten Form der Minnekommunikation.

299 Darin lässt sich eine Parallele zum Herzenstausch in Hartmanns von Aue *Iwein* erkennen, für den Sandra Linden: Körperkonzepte jenseits der Rationalität. Die Herzenstauschmetaphorik im *Iwein* Hartmanns von Aue. In: Körperkonzepte im arthurischen Roman. Hrsg. von Friedrich Wolfzettel. Tübingen 2007 (SIA. 6), S. 247–268, hier: S. 257, eine ähnlich paradoxe Konzeption von Nähe und Distanz formuliert hat.

300 Auf ein solches Verständnis des Herzens als innerem Ort der untrennbaren Verbindung deutet schon der Prolog hin: Dort über die Protagonisten gesagt, dass *Ir trúwe ir herze nie geschiet* (V. 59) – Huber, Subjektivität, S. 195, überträgt diese Passage als „Beilager im Herzen", wobei er es als für besonders wichtig erachtet, dass das Worte *herze* hier im Singular angeführt wird, weil dies deutlich mache, dass ein gemeinsames Herz gemeint sei.

301 Huber, ebd., S. 210–211.

nicht aufrecht zu erhalten ist:[302] Die Offenbarung des Geheimen ist zum Scheitern verurteilt, weil die Grenze zwischen beiden Räumen von Anfang an eine instabile, temporäre Verhüllung war, mit der die latente Gefahr der baldigen Enthüllung immer schon einherging.

1.3.4 Verhüllungsebene IV: Innenräume als Leerstellen

Um die geheimen Parallelwelten, über deren Vergänglichkeit Amalie und Willehalm sich im Klaren sind, genauer zu greifen, lohnt es sich in einem nächsten Analyseschritt, die Bilder, die den *Willehalm von Orlens*-Stoff verarbeiten, heranzuziehen. Die literaturwissenschaftliche Forschung, die sich mit Rudolfs von Ems Roman beschäftigt, beginnt Abhandlungen häufig mit einer verwunderten Äußerung über die marginale Betrachtung des Texts in der Wissenschaft, obwohl er mit 47 Textzeugen, davon 20 vollständige Codizes, „einer der meistrezipierten höfischen Romane des Spätmittelalters und der Frühen Neuzeit“[303] ist. Dies bedeutet nicht nur für die deutsche Literaturgeschichte, dass Rudolfs Text „für das zeitgenössische Publikum einen relevanten Rezeptionshintergrund gebildet haben könnte“[304], sondern auch dass sich der beliebte Stoff ganz besonders für eine Untersuchung seiner bildlichen Interpretationen anbietet – vor allem wenn davon ausgegangen werden kann, dass der Stoff in höfischen Kreisen umfassend bekannt war. Neben den sechs illuminierten Handschriften[305] zeigt sich die außerordentliche Popularität des Stoffs in den Triaden der Wandmalereien auf der ‚Bilderburg‘ Runkelstein in Südtirol, in denen Willehalm und Amalie neben Wilhelm von Österreich und Aglie sowie Tristan und Isolde als ideales Liebespaar präsentiert werden.[306] Im Kontext der Untersuchung textiler Ver- und Enthüllungen ist

302 Vgl. Wenzel, Situationen, S. 142.

303 Schulz, Poetik, S. 22.

304 Ebd.

305 Vgl. Erika Weigele-Ismael: Rudolf von Ems: Wilhelm von Orlens. Studien zur Ausstattung und zur Ikonographie einer illustrierten deutschen Epenhandschrift des 13. Jh. am Beispiel des Cgm 63 der Bayerischen Staatsbibliothek München. Frankfurt am Main 1997 (Europäische Hochschulschriften. Reihe 28, Kunstgeschichte. 285), S. 37.

306 Die drei Paare in Runkelstein verbindet, so Schulz, Poetik, S. 121–122, die „verabsolutierte Liebe, die stets mit Leid verbunden ist und sich in unerschütterlicher *triuwe* immer wieder gegen die Widerstände der Gesellschaft durchzusetzen weiß.“ Auch Walter Haug: Das Bildprogramm im Sommerhause von Runkelstein. In: Runkelstein. Die Wandmalereien des Sommerhauses. Hrsg. von dems., Joachim Heinzle, Dietrich Huschenbett [u. a.]. Wiesbaden 1982, S. 15–62, hier: S. 33, ist der Ansicht, die drei Liebespaare stünden „beispielhaft für die ideale Liebe“. Neben diesen Bildzeugnissen, die sich sicher der Liebesgeschichte von Willehalm und Amalie zuordnen lassen, ist auch für ein besticktes Leinentuch aus dem 14. Jahrhundert auf Rügen vermutet worden, dass dort die Handlung in mehreren Szenen festgehalten wurde; diese Deutungen basieren aber überwiegend auf Spekulationen, vgl. Mario Müller: Vom tapferen Ritter Willehalm und der schönen Königstochter Amelie. Eine Geschichte von Liebe und Kampf, erzählt in den Bildern des Rügener Tuchs? In: Das bestickte Leinentuch aus dem Zisterzienserinnenkloster Bergen auf Rügen. Hrsg. von Evangelische Kirchengemeinde Bergen. Bergen auf Rügen 2013, S. 32–36.

aber vor allem der im ersten Viertel des 15. Jahrhunderts wohl am Mittelrhein gefertigte *Willehalm von Orlens*-Teppich[307] aus dem Frankfurter Museum für Kunsthandwerk relevant, da er selbst ein stoffliches Bildzeugnis ist, das eine Verhüllungsfunktion besitzt.[308] Der Teppich fand in der Forschung Betrachtung, weil die durch verschlungene Schriftbänder verbundenen vierzehn Einzelszenen eine besonders reizvolle Konstellation von Text und Bild inszenieren, die eine audiovisuelle Rezeption suggeriert,[309] welche im aristokratischen Setting womöglich zu einer stets neuen

Abb. 12: *Willehalm von Orlens*-Teppich. Frankfurt am Main, Museum Angewandte Kunst. 6,5 x 0,8 m, entstanden um 1410–1430. Uwe Dettmar © Museum Angewandte Kunst.

performativen Auseinandersetzung mit dem Stoff einlud.[310] Der Teppich präsentiert allerdings nur etwa ein Drittel der Handlung:[311] vom Spiel der Kinder am englischen

307 Vgl. Norbert H. Ott: Geglückte Minne-Aventiure. Zur Szenenauswahl literarischer Bildzeugnisse im Mittelalter. Die Beispiele des Rodenecker *Iwein*, des Runkelsteiner *Tristan*, des Braunschweiger Gawan- und Frankfurter *Wilhelm-von-Orlens*-Teppichs. In: JOWG 2 (1982/83), S. 1–32, hier: S. 14–15. Weigele-Ismael, Rudolf von Ems, S. 52, vermutet, dass er zwischen Mainz und Speyer gefertigt wurde.
308 Der Teppich ist ca. 6,5 Meter lang, ca. 80 Zentimeter hoch, wurde aus Feinwolle und Seide gefertigt und wird vom Frankfurter Museum auf 1410–1430 datiert, vgl. Weigele-Ismael, ebd., S. 51–52.
309 Vgl. Birgit Franke: Eine textile Liebesgeschichte in Wort und Bild: Wilhelm von Orlens und Amelie von England. In: Beziehungsreiche Gewebe. Textilien im Mittelalter. Hrsg. von Kristin Böse, Silke Tammen. Frankfurt am Main/Bern/Wien 2012, S. 109–138, hier: S. 128.
310 Franke, ebd., S. 129–130, stellt sich die Auseinandersetzung mit den Teppich-Bildern folgendermaßen vor: „Und so wird ein Erzähler oder eine Erzählerin oder ‚Spielleiter' bzw. ‚Spielleiterin' sicher auch bei der gewirkten Geschichte von Wilhelm von Orlens und Amelie von England die audiovisuelle Narration wiederholt vor Ort vollzogen haben. Er/sie hätte dann die verdichtete Bilderzählung wahrscheinlich durch Rückblenden und Exkurse entfaltet und kommentiert, also jeweils neu interpretiert. Gleichwohl rechneten derartige Darstellungen keineswegs nur mit einem einzigen ‚erzählenden Betrachter', sondern mit mehreren kompetent agierenden Rezipienten. Zusammen mit anderen artifiziellen Luxusobjekten hatten die gewirkten Bilder Anteil an der prozessualen Sinnstiftung, insbesondere an der aristokratischen Geselligkeitskultur – Literaturkenntnisse, Redegewandtheit und höfischer Witz sowie ein Repertoire an narrativem Bildwissen und Kunstkennerschaft vorausgesetzt. Der Orlens-Teppich bot mit seinem nur bedingt lesbaren Schriftbändern mannigfaltige Anreize zur Konversation und fordert(e) Fragen geradezu heraus: ‚Wisst ihr, was Willhelm in dieser Szene kundtut?' – ‚Und was sagt Amelie jetzt?' etc. So wird denn die gewirkte Historie nicht nur bei der erstmaligen Präsentation und bei Festivitäten Gesprächsthema gewesen sein. Die Bilderfolge wurde sicherlich auch, während man tafelte, im Verlauf einer Audienz oder anderer Interaktionen immer wieder aufs Neue verhandelt und im Wortsinn durchgespielt." Obwohl sich solche Annahmen über den mittelalterlichen Betrachter kaum verifizieren lassen, vermutet Andrea Gottdang: *Tristan* im Sommerhaus der Burg Runkelstein. In: Literatur und Wandmalerei I. Erscheinungsformen höfischer Kultur und ihre Träger im Mittelalter.

Königshof bis zur Entführung Amalies und der Flucht des jungen Liebespaars (Abb. 12).

Für die Interpretation der hier im Vordergrund stehenden fragilen Innenräume – also die heimlichen Parallelwelten der Liebenden, die am Hof nicht dauerhaft verhüllt werden können – ist besonders die bildliche Umsetzung der Minnekrankheit und ihrer Heilung interessant, die auf dem Teppich in zwei Szenen dargestellt wird (Abb. 13). Die erste zeigt den kranken Willehalm mit entblößtem Oberkörper in einem Bett mit zwei Kissen unter einer roten Decke liegend. Während die linke Seite des längs gestellten Betts zum Betrachter hin orientiert ist, stehen auf der rechten Seite König und Königin von England sowie ein Arzt, der an seinem Uringlas zu erkennen ist.[312] Der König und der Arzt scheinen in ein angeregtes Gespräch vertieft, wie ihre Gesten suggerieren: Der König deutet mit seinem rechten Zeigefinger auf den Arzt, dieser wiederum mit seinem linken auf das Krankenbett. Der Patient Willehalm auf dem Bett hingegen wirkt im Kontrast mit dieser angeregten Debatte regungslos, vor allem deshalb, weil sich die Gestaltung seines durch die Minnekrankheit paralysierten Körpers im nächsten Bildfeld wiederholt.

Allerdings haben sich in der zweiten Krankenbett-Szene sowohl die Farbe der Decke, unter der nun auch sein linker Arm verhüllt ist, als auch der Aufbau des umgebenden Raums geändert. Der gemusterte Hintergrund in der ersten Krankheitsszene findet sich in mehreren Szenen des Teppichs und lässt keine räumliche Spezifizierung zu, weil er hauptsächlich dekorativ scheint. In der zweiten Szene wird das Bett nun aber von einer Architektur gerahmt, die sich zum Betrachter hin öffnet. Die Arkadensäulen, an denen ein blauer Bettvorhang mithilfe einer Stange montiert ist, brechen auf der Höhe der Vorhangstange ab, sodass der Fokus der Szene auf den beiden Figuren liegt, die von der Architektur des Innenraums und dem blauen Vorhang umschlossen werden. Amalie mit ihren Attributen der Krone und des schulterfreien, roten Kleides befindet sich in unmittelbarer Nähe des rechten Bettrands, ihre linke Hand berührt den nackten Oberkörper Willehalms, wobei sich ihr weiter Ärmel über Willehalms Körper und die bläuliche Decke, die ihn verhüllt, ergießt. Amalies rechte Hand

---

Hrsg. von Eckart Conrad Lutz, Johanna Thali, René Wetzel. Tübingen 2002, S. 435–460, hier: S. 447–448, für Fresken eine ähnliche Rezeptionsart. Wurde der *Willehalm von Orlens*-Teppich wirklich mithilfe einer erklärenden Instanz rezipiert, könnten die Spruchbänder – trotz eingeschränkter Lesbarkeit – als Bilderklärung oder Gedächtnishilfe gedient haben wie Maria-Magdalena Hartong: Willehalm von Orlens und seine Illustrationen. Diss. Köln 1938, S. 25, mutmaßt.

311 Der gute Erhaltungszustand des Teppichs (lediglich die Gesichter der Figuren sind nach Kristina Domanski und Margit Krenn: Liebesleid und Ritterspiel. Mittelalterliche Bilder erzählen große Geschichten. Darmstadt 2012, S. 97, leicht verblasst) lässt darauf schließen, dass er vollständig ist und die Szenenauswahl demnach intendiert war, vgl. Weigele-Ismael, Rudolf von Ems, S. 52. Allerdings halten es Domanski und Krenn, Liebesleid, S. 100, nicht für unwahrscheinlich, dass es einen zweiten Bildteppich gegeben haben könnte, auf dem die Geschichte weitererzählt wurde. Dass sich die Gestaltung der Bildszenen an Handschriftenvorlagen orientieren, ist hingegen unwahrscheinlich, vgl. Hartong, Willehalm von Orlens, S. 34–35.

312 Vgl. Weigele-Ismael, Rudolf von Ems, S. 53.

Abb. 13: *Willehalm von Orlens*-Teppich (Detail). Frankfurt am Main, Museum Angewandte Kunst. 6,5 x 0,8 m, entstanden um 1410–1430. Uwe Dettmar © Museum Angewandte Kunst.

führt mit erhobenem Zeigefinger einen Redegestus aus, womit sie zugleich auf ihren Titulus *amelie* deutet,[313] der sich wie eine Sprechblase unmittelbar vor ihrem Mund befindet[314] und darum wirkt, als flüstere sie dem Kranken ihren Namen zu.[315] Hier einmalig mit offenem Haar dargestellt, neigt die Königstochter ihren Kopf in Richtung des Kranken, sodass sich ihre Gesichter in einer Diagonale befinden, die ein (bevorstehendes) Gespräch suggeriert. Während Amalies Krone aufgrund der räumlichen Überschneidung dem blauen Vorhang vorgeblendet erscheint, sind die Gesichter und Oberkörper der jungen Adligen gleich einer Mandorla von ihm umrahmt, sodass klar wird, dass sie sich im Inneren einer textilen Hülle befinden. Im Gegensatz zu den anderen dargestellten Stoffen auf dem Teppich, widersetzt sich der blaue Vorhang dabei aber

---

313 Willehalms Namen wird hingegen zweifach (!) in die dargestellte Architektur integriert: Einmal in den Arkadenbogen links außerhalb des Vorhangs, einmal unterhalb der Szene zwischen zwei Zinnenfenstern der rahmenden Architektur.

314 Die Anwendung der Begriffe aus dem Bereich des Comics ist (vor allem für die Berliner *Eneas*-Handschrift) in der Forschung mittlerweile etabliert, wie etwa bei etwa Susanne Wittekind: Vom Schriftband zum Spruchband. Zum Funktionswandel von Spruchbändern in Illustrationen biblischer Stoffe. In: Frühmittelalterliche Studien 30 (1996), S. 343–367, hier: S. 343, zu lesen.

315 Tatsächlich sagt Amalie auch in Rudolfs Text, gleich nachdem sie unter den Vorhang geschlüpft ist, ihren Namen, weil Willehalm zu geschwächt ist, um sie auf Anhieb zu erkennen: *Si sprach ‚geselle, wie maht du? / Maht du genesen, das sag mir nu! / Ich bin Amalýe / Din gespil und amýe, / Trut geselle, sich an mich, / Din Amalýe grůzet dich [‘]* (V. 4851–4856).

den Regeln der Schwerkraft:[316] Er fällt nicht gerade zu Boden, sondern umwölbt das junge Paar, als bliese ein vom Rezipienten ausgehender Windstoß ihn auf. Damit macht der Vorhang deutlich, dass es nicht die architektonische Rahmung ist, die in dieser Szene die Abgrenzung von der Außenwelt markiert – Architektur dient auf dem gesamten Teppich eher dazu, Einzelszenen erkennbar voneinander abzugrenzen – sondern der seltsame Vorhang. Dieser besteht zudem, ganz unüblich, nicht aus zwei Einzelteilen, die von der Mitte ausgehend beiseitegeschoben werden,[317] sondern er verfügt über einen langen Schlitz, durch den Amalie hindurch getreten zu sein scheint.[318] Aufgrund dieses nicht erklärbaren Schlitzes – Amalie wird den Vorhang wohl kaum entzwei gerissen haben – und der nicht ‚naturalistischen' Wölbung nach außen zeigt der Vorhang an, dass die Gesetze der höfischen Umgebung darin außer Kraft gesetzt werden: In diesem ungewöhnlichen Innenraum im Innenraum, der nicht nach den (Darstellungs-)Konventionen funktioniert, sind Willehalm und Amalie für ihre Umgebung damit als nicht-sichtbar markiert, aber zugleich macht die Windstoß-artige Öffnung des Vorhangs deutlich, dass die geheime Absprache der Liebenden aber durchaus beobachtet wird: vom bildexternen Betrachter, der einen exklusiven Einblick erhält.[319] Die Öffnung des Vorhangs, die mit ‚unnatürlichen' Mitteln eigens für den Rezipienten geschaffen wird, ist eine Einladung, den Blick in diese intime Begegnung eindringen zu lassen – genau wie die wörtliche Wiedergabe der Briefe in Rudolfs Roman eine unmittelbare Möglichkeit zur Teilhabe an der intimen Konversation ist.

In der faltenreichen stofflichen Rahmung, die der dargestellte Vorhang auf dem Teppich entstehen lässt und den Blick des Betrachters anzieht, wird die Parallele zu den oben untersuchten Zeltdarstellungen deutlich. Zwar ist die Öffnung hier mit großer Wahrscheinlichkeit nicht als erotische Analogie des Frauenkörpers zu verstehen, doch die stoffliche Rahmung schafft gleichermaßen einen Fokuspunkt, der den Rezipi-

---

316 Alle anderen Stoffe der Gewänder und Decken fließen Richtung Boden; besonders gut zu sehen ist dies bei der Darstellung der weiten Ärmel der Turnierkämpfer, bei denen selbst in der bildlichen Umsetzung eines erhobenen Arms auf ein weitgehend ‚naturalistisches' Verhalten des Stoffs geachtet wurde.

317 Zur Abgrenzung sei hier das sogenannte *cortina*-Motiv erwähnt, das aus zwei identischen und symmetrisch angebrachten Vorhängen besteht, seit der Spätantike belegbar ist und in der christlichen Kunst als zeremoniell anmutende Auszeichnung der darin dargestellten Figur übernommen wurde, vgl. Eberlein, Apparitio regis, S. 29–31.

318 Damit wird ein gerissener Vorhang angedeutet, was unweigerlich (wenn hier wohl eher nicht intendiert) an den einzigen bedeutsamen Vorhang in der Bibel erinnert, den Vorhang in der Stiftshütte, der im Moment von Jesu Kreuzestod zerreißt, vgl. Eberlein, ebd., S. 83.

319 Dass gerade die zum Betrachter hin ausgerichtete Wölbung eines Vorhangs „eine Einladung zum Hineinschauen [simuliert]", lässt sich mit Mateusz Kapustka: Bild-Riss und die Aporie der Sichtbarmachung. Eine Einführung. In: Bild-Riss. Textile Öffnungen im ästhetischen Diskurs. Hrsg. von dems. Emsdetten/Berlin 2015 (Textile Studies. 7), S. 7–17, hier: S. 16, vermuten, der so die Wirkung des *Trompe-l'œil*-Vorhangs in Vermeers *Malkunst* beschreibt.

entenblick in die Szene ‚hineinsaugt'.[320] Die bildliche Darstellung von Vorhängen zeigt stets, dass die Bilder enthüllen, zugleich aber „ihr Spiel der Täuschung [...] beginnen. Dieser Reiz wird noch gesteigert, indem die Geste des Enthüllens aufgerufen und zugleich als ein ambivalenter Moment bildlich in der Schwebe gehalten wird."[321] Zusätzlich zu dieser Inszenierung gesteigerter Sichtbarkeit wird die Sogwirkung des Vorhangs auf dem Teppich deutlich, wenn die Szene am Krankenbett mit den restlichen Szenen auf dem Teppich verglichen wird: Einerseits ist die architektonische Rahmung hier fast doppelt so breit wie die anderen dargestellten Gebäudekomplexe – die Kapelle und die höfischen Innenräume der Verabschiedungs- und Begrüßungsszenen fallen etwa sehr viel schmaler aus. Anderseits hebt sich die Szene farblich vom Rest des Teppichs ab, weil der Vorhang die einzige größere einfarbig blaue Fläche inmitten des verschlungenen Wirrwarrs aus Verzierungen und Schriftbändern ist, was die Sogwirkung der Szene auch bei einem Blick von weiter weg verstärkt. Mithilfe solcher bildnerischen Mittel wird die Minneabsprache hinter dem Bettvorhang als Schlüsselszene markiert, die den Rezipienten als eindringenden Beobachter einbindet. Lediglich im Gewand des Avenis in der Szene, als Amalie ihm von ihrem Vater als Frau versprochen wird, wiederholt sich eine mit dem Bettvorhang vergleichbare tiefblaue Fläche, sodass die beiden einfarbigen Textilien einen herausstechenden Rahmen für die Handlung ergeben, die in der Mitte des Teppichs dargestellt wird: Zwischen dem Bettvorhang, hinter dem die heimliche Minne beginnt, und Avenis' Auftritt, der die Offenlegung der heimlichen Minne nötig macht, wird also der Teil der Handlung dargestellt, der nur für den verständigen Rezipienten als Minnehandlung erkennbar ist. Zu sehen sind zwischen den beiden blauen Stoffen zunächst Willehalms Verabschiedung von Amalie und dem englischen Königspaar, dann sein Aufbruch nach Frankreich, die Begrüßung durch seinen Ziehvater Jofrit, der ihn anschließend zum Ritter schlägt, und das einen großen Teil des Teppichs einnehmende Turnier, das von vielen höfischen Damen auf der Tribüne und Pitipas am Rand beobachtet wird.

Nach der Verlobungsszene mit Avenis präsentiert der Teppich erneut eine filigrane Umsetzung der Details, denn Amalie schreibt hier jenen Brief, der Willehalm dazu bringt, sie zu entführen. Die sitzende Königstocher malt dazu, wieder von Architektur gerahmt, mit einem Pinsel das Wort *lieb* auf ein Spruchband. Genau wie bei der Szene hinter dem Bettvorhang befindet sich Amalies Titulus *amely* nicht wie sonst auf dem Teppich üblich in einem kleinen Spruchband, sondern direkt vor ihrem Mund, sodass es scheint, als würde sie ihn während des Schreibens murmeln. In Amalies Brief, den

320 Ähnlich argumentiert Horst Wenzel: Der Schuß ins Auge. Zum Imaginationstheater mittelalterlicher Bilderhandschriften. In: Bild/Geschichte. Festschrift für Horst Bredekamp. Hrsg. von Philine Helas, Maren Polte, Claudia Rückert [u. a.]. Berlin 2007, S. 139–154, hier: S. 140, etwa für den Teppich von Bayeux, der seitens des Rezipienten eine Bewegung wechselnder Standpunkte und zusätzlich eine Bewegung in die Bilder hinein erwarte, womit die „die Trennung von Bildgeschehen und Bildwahrnehmung überbrückbar" werde und „der bewegte Betrachter selbst ins Bild eintreten" könne.
321 Blümle, Vorhang, S. 74.

sie in Rudolfs Roman verfasst, um sich von Willehalm zu verabschieden, ist das Wort *lieb* ebenfalls bedeutsam, wie schon seine ersten Verse demonstrieren: *‚Frúntschaft, liep and alles gůt / Und dar zů dienstlichen můt, / Herze lieb, enbút ich dir. / Zwai geliében hiezen wir.[']* (V. 8251–8254) Obwohl die Inhalte der Spruchbänder nicht aus dem Text Rudolfs von Ems übernommen wurden, impliziert die Gestaltung des Teppichs ein Verständnis für relevante Details der Handlung. Davon zeugt ebenfalls das Spruchband über der Verabschiedung Amalies und Willehalms, bei dem sie ihm einen Ring überreicht: *urlaub wil ich dir gebe/ in myme dinst saltu rytter werden.*[322] Diese Aussage Amalies hilft dabei, die ritterliche Handlung von Ausritt, Schwertleite und Turnier, die durch den blauen Bettvorhang und Avenis' blaues Gewand umklammert wird, zugleich als Minnehandlung zu enttarnen: Dargestellt ist zwar die Bewährung eines jungen Ritters, doch dass diese Bewährung eigentlich eine geheime Artikulation illegitimer Zuneigung ist, kann nur ein Rezipient erkennen, der mit der Handlung des *Willehalm von Orlens* vertraut ist – oder Amalies Minnedienst-Aufforderung auf dem Spruchband entziffern kann, die allerdings fast gänzlich auf dem Kopf steht.

Der Teppich präsentiert demnach ästhetische Hindernisse, die eine Entschlüsselung der Szenen für denjenigen Betrachter erheblich erschweren, der den Code, dessen es dazu bedarf, nicht kennt: Er verlangt sowohl eine allgemeine Lesekompetenz, die aber zusätzlich mit den völlig verschlungenen, durch ihre ornamentale Wirkung verhüllten Schriftbändern klarkommen muss, sowie die Kenntnis des zugrundeliegenden literarischen Stoffs – das Verborgene kann nur für denjenigen Rezipienten ersichtlich werden, der weiß, wonach er Ausschau halten muss. Das textile Kunstwerk, das eine Wand verhüllt, zeigt demnach ästhetisch verhüllt eine Geschichte, in der das Verhüllen einer geheimen Liebesbeziehung zugleich thematisch im Vordergrund steht. Diese spielerische Thematisierung der Verhüllung auf medialer und funktionaler Ebene beschreibt Silke Tammen ganz ähnlich für die sogenannten Minnekästchen, die als Dinge ebenfalls Geheimnisse verhüllen und diese Verhüllung mitunter bildlich darstellen: „Bild und Bildmedium und dessen konkrete Funktionalität treten damit in ein enges Verhältnis."[323] Der *Willehalm von Orlens*-Teppich wäre entsprechend als ein

---

322 Der Vollständigkeit halber seien die Transkriptionen der weiteren Schriftbänder aufgeführt (zitiert nach Weigele-Ismael, Rudolf von Ems, S. 52–53). Beim Schachspiel der Kinder heißt es: *hy ist wilhelms liebe anfanck/ von der schonen ameligin de yme sin hertz twag.* Beim Gespräch in der Kapelle spricht Willehalm: *essin und drinckin wil ich hie verswer/ uswer trost mus mich da hermer.* Am Krankbett sagt Amalie: *sal ich von de dode erlosen dich/ so sich lieb her an mich/ amelige trost dich.* In der folgenden Szene verabschiedet sich Willehalm vom englischen Königspaar: *ich bin genese und sut worden/ an mich wil ich nemen rytters orden.* In der Szene mit Begrüßung und Schwertleite heißt Jofrit ihn willkommen: *uns sal nu fraude geschehen/ ich hette dich lange gern gesehen und zum ritter geschlagen* und *wirt dir hie gegebe/ der saltu swern truwe und stede zu leben.* Die auf die Turnierszene folgende Verlobung mit Avenis wird vom englischen König mit folgenden Worten anmoderiert: *dochter du bist mineclich und zart/ ich gebe dir eine junglig der da ist von kunglichir art.* Und das Schriftband über der Entführungsszene lautet: *gelucke kure ich vor allen dingen/ muht uns dirre fart wol ge..[lingen].*

323 Silke Tammen: Zwischen Schloss und Riegel. Schlüsselszenen an den sogenannten Minnekästchen des Mittelalters. In: Hüllen und Enthüllungen. (Un-)Sichtbarkeit aus kulturwissenschaftlicher Perspekähnlich spielerischer Appell an die adligen Betrachter zu verstehen, sich über die geheimen Stoffe – im doppelten Sinn bezogen auf die verhüllenden Textilien und die Handlung – bewusst zu werden. Diese Integration des Rezipienten in die bildlichen Interpretationen des *Willehalm von Orlens* präsentiert einen Verweis auf den eindringenden Rezipientenblick, der an die oben untersuchten Zelte erinnert: Dem Betrachter des Teppichs wird über die bildliche Inszenierung von Intimität exklusiver Einblick gewährt, die zwar für die textinterne Hofgesellschaft verhüllt bleibt, sich aber zum bildexternen Rezipienten hin öffnet und ihn dabei zum Mitwisser macht. Auf diese Weise vermag die Betrachtung des Textils nicht nur als eine performative Anleitung der adligen Unterhaltung gedient haben, sondern als spielerische Reflexion über die Position des externen Beobachters, der trotz seiner Außenposition intimere Einblicke in verhüllte Szenen erhält als die dargestellten bildinternen Figuren.

Gerade im Vergleich mit dem Frankfurter Teppich, der die Relevanz verhüllter Innenräume für die Integration des Rezipientenblicks im *Willehalm von Orlens* visuell hervorhebt, ist es erstaunlich, wie sporadisch diese Räume im Roman tatsächlich beschrieben werden. Wo andere höfische Texte sich in der Beschreibung von Farben und Materialität kostbarer Textilien und Raumausstattungen zu verlieren scheinen, ist in Rudolfs Roman der bedeutsame Bettvorhang nicht genauer zu fassen – genauso wenig wie das Zelt, in dem Willehalms Minnekommunikation stattfindet, das weder bezogen auf Einrichtung noch Gestaltung beschrieben wird.[324] Obwohl der Roman mit einer Vielzahl intertextueller Referenzen aufwartet und damit wohl den Vorgängerromanen Gottfrieds, Wolframs und Hartmanns nacheifert,[325] scheint Rudolf von Ems un-

tive. Hrsg. von Inga Klein, Nadine Mai, Rostislav Tumanov. Berlin 2017 (Schriftenreihe der Isa Lohmann-Siems Stiftung. 10), S. 22–46, hier: S. 42.

324 Dabei muss es sich um eine bewusste Auslassung Rudolfs handeln, denn die intertextuellen Referenzen zeigen, dass er die Zeltbeschreibungen (z. B. aus dem *Tristan* oder dem *Parzival*) auf jeden Fall gekannt haben muss. Die einzigen ausführlicheren Beschreibungen von Kleidung stellen Willehalms Ausstattung als roter (V. 10980–10994) und später gänzlich weiß gekleideter Ritter (V. 11352–11360) im Auftrag der Damen des norwegischen Königreichs dar, die ihn aufwendig einkleiden. Im Vergleich mit anderen Investiturszenen der höfischen Literatur werden diese Passagen allerdings nicht ausgekostet.

325 Wie gut Rudolf mit der volkssprachigen Literatur des höfischen Mittelalters vertraut ist, beweist vor allem der Literaturkatalog am Anfang des zweiten Buchs, in dem er die Namen und Werke des Heinrich von Veldeke, Hartmann von Aue, Wolfram von Eschenbach, Gottfried von Straßburg, Ulrich von Zatzikoven, Wirnt von Grafenberg, Konrad Fleck, des Strickers und vieler weiterer Verfasser nennt. Zwar listet Rudolf alle diese Autoren im Gespräch mit Herrin Aventiure auf, um zu betonen, wer die Geschichte Willehalms und Amalies sehr viel besser erzählen könne als er, sodass der Literaturkatalog zunächst wie ein „exorbitanter Bescheidenheitstopos" (Baisch, Konzeption der Autorschaft, S. 60) wirkt, der nach Mathias Herweg: Integration und Selbstkanonisierung. Rudolf von Ems als Autor, Literarhistoriker und Gegenstand der Literarhistorie. In: Rudolf von Ems. Beiträge zu Autor, Werk und Überlieferung. Hrsg. von Elke Krotz, Norbert Kössinger, Henrike Manuwald [u. a.]. Stuttgart 2020 (ZfdA, Beihefte. 29), S. 21–57, hier: S. 39; Xie, Studien, S. 48, auch ironisch gedeutet werden könnte. Letztlich offenbart sich diese Textpassage nach Baisch, Konzeption der Autorschaft, S. 64, aber als selbstbewusste Auseinandersetzung mit seinen literarischen Kompetenzen, die mit Herweg, Integration, S. 39, sogar als „Teleologisierung des Kanons auf das eigene Werk" verstanden werden könnte. Rudolfs literarische gleich seinen literarischen Vorgängern kein ‚Materialästhet' zu sein, denn er konzentriert sich in seinen Beschreibungen auf das höfische Verhalten seiner Figuren, ihres adligen Umfeldes und ihrer Rituale. Die fehlende Deskription der gesellschaftsfernen Innenräume macht sie für den Rezipienten schwerlich imaginierbar, sodass sie zu einer Leerstelle werden. Florian Kragl hat für die Räume, durch die Willehalm am Ende des dritten Buchs auf seiner Flucht gemeinsam mit Amalie galoppiert, festgestellt, dass Rudolf sich generell gegen die Beschreibung von Räumen zu versperren scheint: Während der dramatischen Verfolgungsjagd tue der Text „nichts dazu, die raschen Szenenwechsel plastisch werden zu lassen, kaum etwas wird zu den einzelnen durchlaufenen Schauplätzen gesagt, und selbst dort, wo deren Charakteristik für die Handlung wesentlich wäre, wird sie in geradezu auffälliger Weise übergangen."[326] Während Kragl resümiert, dass der *Willehalm von Orlens* zwar mit den konventionellen Raumdarstellungen mittelalterlichen Erzählens breche, diesen Bruch allerdings nicht ästhetisch nutze,[327] ließe sich zumindest für die deskriptive Leerstelle der geheimen Minneräume im Rekurs auf den Teppich durchaus ein ästhetischer Mehrwert ablesen: Wird die fehlende Beschreibung der (Innen-)Räume[328] als weiterer Verweis auf das geheime Innenliegende gesehen, in das der textexterne Beobachter mit seinem Blick aber niemals gänzlich eindringen kann, ist die fehlende räumliche Beschreibung als Spiel mit der eingeschränkten Wahrnehmung des Rezipienten zu interpretieren – genau wie der Teppich dem Rezipienten verdeutlicht, dass er in die Geheimräume hineinsehen, aber nicht partizipieren kann, weil er sich außen auf der medialen Schwelle befindet, die nur temporär mithilfe eines eindringenden Blicks überwunden werden kann.

Dass dem *Willehalm von Orlens* eine Faszination für solche Leerstellen attestiert werden kann, zeigt sich auch darin, dass der Erzähler bereits den Beginn der Kinderminne in suggestive ‚Vielleichts' hüllt: Vielleicht kommt Amalie im ersten Gespräch mit Willehalm auf die Idee, ihm von ihrer Puppe zu erzählen (V. 3820–3822),[329] viel-

---

Kompetenzen werden in weiteren Anleihen deutlich, wie Martschini, Schrift, S. 455, beobachtet: Nicht nur inhaltliche und formelle Bezüge auf Gottfried würden erkennbar, sondern auch der Prolog zum zweiten Buch sei etwa nach dem Modell des *Wigalois*-Prologs entworfen oder die Konversation über Liebesbriefe im dritten Buch von Wolframs *Parzival* inspiriert; Amann, Rebellion, S. 144–146, deutet zudem auf Minnesang-Anspielungen hin, die sich aus bestimmten Formulierungen im Rahmen der Minnehandlung herauslesen ließen.

326 Kragl, Schaubühnen, S. 157.

327 Vgl. Kragl, ebd., S. 159.

328 Auch die Briefe, die Willehalm und Amalie trotz Distanz geheime Innenräume der Verbundenheit kreieren lassen, werden nicht genauer beschrieben – worin sich Rudolfs *Willehalm* maßgeblich von Johanns von Würzburg *Wilhelm von Österreich* unterscheidet, in welchem etwa die Materialität und Aufbewahrungsorte der Minnebriefe thematisiert werden. Zu diesen Briefbeschreibungen Trînca, Amor conspirator, S. 205.

329 Die *thoke* (V. 3822) könnte außerdem als weiterer verhüllter Hinweise auf die bevorstehende Minne gedeutet werden, denn wie Martin Baisch: Puppenspiele. Liebe, Tod, Erzählen in den *Titurel*-Dichtungen. Eine Skizze. In: Der Tod der Nachtigall. Liebe als Selbstreflexivität von Kunst. Hrsg. von dems., Beatrice Trînca, Göttingen 2009 (Berliner Mittelalter- und Frühneuzeitforschung. 6), S. 123–138, leicht erzählt Willehalm ihr von seinem Sperber (V. 3825–3829) und vielleicht löst sich beim Spiel der Kinder Amalies *fúrspan*, sodass Willehalm einen Blick auf ihre *blosse hut* erhaschen kann (V. 4044–4049).[330] Dem textexternen Beobachter werden damit partielle Einblicke in intime Räume und (womöglich fingierte) Einblicke in Gespräche sowie Amalies Dekolleté gewährt, die sich dann zwar im Lauf der Handlung zumindest in Form der wörtlich wiedergegebenen Briefe konkretisieren, doch letztlich immer signalisieren, dass die dargestellte Handlung medial verhüllt ist: Der Rezipient befindet sich stets auf der Schwebe zwischen den verhüllt-enthüllten Innenräumen und seiner externen Betrachterposition – und genau diese Schwellenposition zwischen Innen und Außen scheint für die Deutung des Romans besonders relevant zu sein.

Die Betrachtung der Rezeptionslenkung im *Willehalm von Orlens*-Teppich macht es möglich, weitere rezeptionslenkende Verhüllungsstrategien im Text zu erkennen, die den Blick des Lesenden oder Hörenden in intime Räume eindringen lassen. Während das zweite und dritte Buch des Romans die Etablierung geheimer Innenräume in der höfischen Welt zeigen, verschiebt sich in der weiteren Handlung der Fokus von der Integration der Hüllen hin zu ihrer metapoetischen Funktion, denn „Hüllen lenken die Aufmerksamkeit nicht nur auf das Eingehüllte und ihre eigene Materialität, sondern auch auf die mit ihnen verbundenen Praktiken und soziokulturellen Strategien des Ver- und Enthüllens."[331] Für die Untersuchung einer nun auf den Rezipienten bezogenen Wirkung praktisch anwendbarer Verhüllungsstrategien ist vor allem das vierte Buch des *Willehalm von Orlens* interessant: Mit Amalies bevorstehender Verheiratung am Ende des dritten Buchs und dem daraus resultierenden Entführungsversuch Willehalms entscheiden sich die Kinder für eine bewusste Veröffentlichung ihrer bisher im Verborgenen gelebten Minne, die nun bedeutet, die offensichtliche Konfrontation mit der höfischen Welt zu suchen.[332] Indem durch den nächtlichen Entführungs-

---

hier: S. 132, anhand des *Titurel* und des *Parzival* Wolframs von Eschenbach zeigt, können sich Puppen – obwohl mit ihnen zugleich kindliche Unschuld ausgedrückt wird – und Minne bzw. ritterlicher Minnedienst sich so aufeinander beziehen, dass sie zu „Zeichen der Liebe" werden.

330 Ganz eindeutig zu bestimmen ist der Text hier allerdings nicht, da sich die mittelhochdeutschen Worte *vil lihte* womöglich auch als ‚mit großer Leichtigkeit' übersetzen ließen, womit die unbeschwerte Kindlichkeit der beiden Protagonisten ausgedrückt würde, die sich über die bevorstehenden Konsequenzen ihres intimen Umgangs miteinander noch nicht bewusst sind. Der Konjunktiv (*wåre* in V. 3822) kann gleichermaßen hypothetisches und indirektes Sprechen andeuten, doch die rhetorische Frage, mit der die Textpassage eingeleitet wird (V. 3817–3819), legt womöglich die ‚Vielleichts' näher, die auch Gisela Vollmann-Profe so in ihre Übersetzung überträgt. In der Szene mit der sich lösenden Gewandspange suggerieren zudem die Unbestimmtheiten, die *etteswas* (V. 4045) und *eteswenne* (V. 4048) ausdrücken, eine gewisse Vagheit. Möglicherweise ist die Ambiguität des *vil lihte* die diesen Textstellen also sogar intendiert, um dem Rezipienten die flüchtige Fragilität intimer Einblicke zu verdeutlichen.

331 Klein, Mai und Tumanov, (Un-)Sichtbares, S. 12.

332 Wenzel, Situationen, S. 136, folgert ebenfalls: „Die aus dem Blickwinkel öffentlichen Handelns illegitime Minne kollidiert also solange nicht mit öffentlichem Recht, solange der Schein transparenter repräsentativer Öffentlichkeit gewahrt bleibt und *êre* und Macht dauern." Allerdings sei Wenzel widerversuch Willehalms und die anschließende Verfolgungsjagd die doppelten Böden offengelegt werden und Amalies Eltern über die geheime Minne, die sich verhüllt vor ihren Augen abspielte, aufgeklärt werden, können keine weiteren intimen Innenräume mehr inmitten der höfischen Öffentlichkeit verborgen werden. Die fragile, temporär begrenzte Parallelwelt des jungen Liebespaars wird angesichts der akuten Bedrohung von außen geopfert und damit der totalen Einsehbarkeit preisgegeben. Die Konsequenz dieser Offenlegung ist, dass die Minne, die bis zur Konfrontation für die höfische Öffentlichkeit nicht erkennbar war, nun für alle Beteiligten völlig unsichtbar werden muss, weil es keine Räume und Zeiten mehr zu geben scheint, in der die Minnekommunikation weitergeführt werden kann. Alle visuellen, taktilen und auditiven Kommunikationsmedien, die zuvor die Innenräume der Minne markieren – die Briefe, der Schmuck, Pitipas in seiner Funktion als Bote, der von den Liebenden als klar begrenzter Zeitrahmen der Trennung codierte Sommer – verschwinden im vierten Buch des *Willehalm von Orlens* von der Bildfläche, weil der Kontakt der Liebenden gänzlich abreißt, als Willehalm des Lands verwiesen und zum Schweigen verurteilt wird. Die vormals räumlich und zeitlich abgesonderten Innenräume werden damit in den einzigen Raum verlagert, der gar nicht mehr einsehbar ist: das Innere der Figur selbst.[333]

---

sprochen, wenn sie den Kräutergarten, in dem Amalie auf ihren Entführer wartet, als Raum ‚latenter Öffentlichkeit' beschreibt (vgl. ebd., S. 144), der dazu beitrage, dass die Minnebeziehung Schritt für Schritt entschleiert werde. Während Amalies Begleiterinnen den König Rainher belügen und sagen, dass sie *wissint niht reht wer er / Sig und wie er si genant, / Mit dem ist si hin gewant* (V. 9040–9042), obwohl Amalie ihnen seinen Namen zuvor stolz verkündet (V. 8932–8935), weiß dieser sofort, was passiert ist: *[,]Nu wais ich wol wie das ist komen, / Benamen si hat hie genomen / Her Wilhelm von Brubant, / Das ist mir endelichen erkant.['*] (V. 9061–9064). Es fällt dem König wie Schuppen von den Augen, dass nur Willehalm als Entführer infrage kommt und damit sieht er plötzlich, was er vorher nicht wahrhaben wollte – für diese erschrockene Erkenntnis braucht es keine latente Entschleierung: dieser Vorhang fällt sofort. (Zu Augenzeuginnen, die Halbwahrheiten erzählen, vgl. außerdem Kapitel 2.2.1 dieser Studie).

333 Der Begriff der Innerlichkeit ist in Bezug auf den *Willehalm von Orlens* schon oft hervorgehoben worden. So beendet Haug, Kontrafaktur, S. 98, seine Überlegungen zu Rudolfs Text als „Anti-Tristan" mit der Beobachtung, dass subjektive und gesellschaftliche Konflikte darin getrennt würden: „Das persönliche Leid ist ganz in die Innerlichkeit hereingenommen. Es entsteht ein neuer Freiraum für individuelle seelische Erfahrung. Diese Erfahrung ist aber in erster Linie Bewährung im Ausharren, sie bedeutet Wachsen und Reifen in duldender *triuwe*." Demnach diene auch die Willehalms Schweigen dazu, die Verlängerung des Leides ins Innere zu markieren. Hubers Beitrag, der als Antwort auf diese abschließenden Thesen Haugs verfasst wurde, verknüpft ergänzend Innerlichkeit und Intimität: „Intimität ist letztlich eine seelische Kategorie, eine Vorstellung von dem, wie sich personale Nähe und Vertrautheit verwirklichen sollten. […] Die Darstellung seelischer Intimität geschieht vor allem in Variationen der Topik vom Raum des Herzens, formal durch stilistische Register der rhetorischen Intensivierung, die sich deutlich genug von ihrer narrativen Umgebung absetzten." (Huber, Subjektivität, S. 206.) Für Winst, Krankheit, S. 109–110, steht Innerlichkeit im Kontrast mit Körperlichkeit, deren Verhältnis der Roman diskutiere.

1.3.5 Verhüllungsebene V: Verschwiegene Innerlichkeit

Die Gegenüberstellung von Sichtbarkeit und Unsichtbarkeit, die intimes Inneres und öffentliches Äußeres im zweiten und dritten Buch des *Willehalm von Orlens* konstituiert, wiederholt sich, wie bereits angedeutet, in der Kontrastierung von Stille und Lautstärke, was nun vor allem für die Betrachtung des vierten Buchs bedeutsam wird. Das Paar kreiert die zu Beginn ihrer Liebesbeziehung erfahrbare Verbundenheit mithilfe leiser Kommunikationsmittel inmitten der tosenden höfischen Repräsentationskultur. Während Fest- und Turniergesellschaften durch fröhliche Lautstärke markiert werden, sind Erinnern, Schreiben und Ertasten von Minnedevotionalen des Liebespaars für die adlige Welt nicht hörbar. Insbesondere für die Figur Willehalms wird deutlich, dass die Stille zum essenziellen Kommunikationsmedium der Minne werden kann: Willehalm verliert sich schon zu Beginn seiner Verliebtheit wiederholt in Gedanken und büßt im Lauf seiner Minnekrankheit seine Fähigkeit, zu sprechen, fast gänzlich ein,[334] sodass damit schon auf seine Schweigebestrafung[335] im vierten Buch hingedeutet wird, in dem er vollständig zum Stummen wird. Im Anschluss an die gescheiterte Entführung Amalies verlässt der junge Ritter nach der Urteilsverkündung den Hof – *Us dem hǒfe rait er sa / Stille swigende dan, / Der edel unverzagter man* (V. 9624–9626) – und spricht nicht mehr, bis Amalie ihn im fünften Buch wieder dazu auffordert, wie es die vereinbarte Strafe besagt (V. 13400–13414). Der Protagonist verliert seine Sprache und selbst der Erzähler vermag zunächst nicht weiter über Willehalm zu berichten (V. 9627 f.),[336] sodass er im Folgenden die Erwähnung seines Namens auf ein absolutes Minimum reduziert.[337]

Der edel stumbe (V. 10003) gelangt derweil über das Meer bis zur Lagerstätte des norwegischen Hofs, wo die Königstochter Duzabel den Speer, der seit dem Entführungskampf in Willehalms Körper steckt, gemäß der ihm auferlegten Bedingung (V. 9440–9462) entfernen kann. Während Amalie in England wegen des verlorenen Geliebten qualvolle Schmerzen erleidet und *was clagende alle tage* (V. 10424) – mit ihrer Trauer erreicht sie sogar, dass Avenis freiwillig die Verlobung löst (V. 10341–10363) –,

---

334 Als Königin Beatrix zu Willehalm unter den Bettvorhang schlüpft, bekommt er kein Wort heraus, weil er so geschwächt ist (V. 4833), weshalb Winst, Krankheit, S. 132, eine Analogie zwischen seiner Minnekrankheit und seiner Sprachlosigkeit im vierten Buch erkennt.

335 Das Schweigegebot ist zugleich Spiegelstrafe für seine sprachliche Verführungskunst, mit der er Amalie manipulierte, vgl. Müller, Höfische Kompromisse, S. 281; Wenzel, Situationen, S. 152–153; Xie, Studien, S. 113.

336 Erst ab Vers 9932 wird weitererzählt, was im Anschluss an Willehalms schweigendes Fortreiten mit dem Vertriebenen geschieht.

337 Schulz, Poetik, S. 58, stellt fest, dass Willehalm als „oberflächentextuelles Phänomen" lediglich fünfmal beim Namen genannt wird, während sein Schweigebot besteht, allerdings finden sich im vierten Buch insgesamt sieben Erwähnungen seines Namens (V. 9775, V. 9938, V. 10228, V. 10282, V.10288, V. 10304, V. 11110; davon aber viermal innerhalb direkter Figurenrede, die weit weg von Willehalm in England zu verorten ist, d. h. der Erzähler ist augenscheinlich bemüht, den Namen nicht selbst zu benutzen) – was bei dem fast 2500 Verse umfassenden Buch trotzdem noch eine sehr geringe Anzahl ist.

spricht Willehalm kein Wort, verständigt sich auf seiner Reise lediglich mit Gesten und Verneigungen. Trotz des Schweigegebots wird er aufgrund seines idealen Verhaltens überall als adlig erkannt und kann sich schon bald in die Adelsgesellschaft Norwegens integrieren, in der er so geschätzt wird, dass selbst ein redegewandter Mann bei den Damen in nicht höherer Gunst hätte stehen können (V. 11179 f.).[338] Willehalms Verhalten wirkt nach außen zwar defizitär,[339] aber er bleibt Teil der adligen Gesellschaft, weil er auch in Norwegen zum Erhalt der höfischen Freude beiträgt.[340] In der Schilderung des prächtigen Lebens am norwegischen Hof, an dem Willehalm über ein Jahr bleibt,[341] und des politischen Konflikts mit dem dänischen König gerät der Grund für Willehalms Schweigen sogar beinahe in den Hintergrund, bis er mit dem Gedanken spielt, einen gefährlichen Zweikampf zu bestreiten, um seine Gastgeber als Ritter

---

338 Bezeichnend ist, dass die Kommunikationsformen Willehalms sofort richtig verstanden und als vorbildlich höfisch erkannt werden, was darauf hindeutet, dass Haltung und Gestik ein Schwerpunkt adliger Lebensart sind (vgl. Fleckenstein, Nachwort, S. 468), die Zugehörigkeit zur höfischen Elite anzeigen – dies schlägt sich natürlich auch im höfischen Körper selbst nieder, der selbst bei totaler Verwahrlosung stets erkenntbar bleibt, wie Philipowski, Geste, S. 474–475, für den verwilderten Iwein ausführt. Schulz, Schwieriges Erkennen, S. 212 f., geht darum von einer ‚sozialen Semiotik höfischer Körper' aus, die in höfischen Romanen immer wieder zu beobachten ist. Das Motiv höfischen Gebarens als Zeichen der Adelszugehörigkeit findet sich in extremer Ausgestaltung im *Lai de Bisclavret* der Marie de France, in dem der Protagonist durch eine List seiner betrügerischen Ehefrau zu einem dauerhaften Leben als Werwolf erniedrigt wird, es aber trotz grausiger Optik und Sprachlosigkeit aufgrund seines vorbildlich-höfischen Verhaltens schafft, zum gerngesehenen Begleiter des Königs zu werden (V. 145–184). Dass sich schon vor der Epoche der höfischen Erzähltexte in monastischen Kontexten eine Zeichensprache etabliert, um Schweigegebote im Kloster mithilfe von Gesten zu umgehen, untersucht die Studie von Radka Ranochová: Schweigend sprechen. Zeichensprache in mittelalterlichen Klöstern. Dresden 2023 (Forschungen zur Geschichte und Kultur des östlichen Mitteleuropa. 60).

339 Müller, Höfische Kompromisse, S. 281, ist der Ansicht, dass die Tatsache, dass Willehalm nicht sprechen dürfe, ihn als Ritter disqualifiziere, was die Reaktion der norwegischen Damen erklärt, die Gott zürnen, dass er nicht reden kann, obwohl er sonst doch so vollkommen sei (V. 11173–11176).

340 Trotz seines Schweigens versteht er sich auf *so gefüge schimph* (V. 10469), dass er Duzabel und ihre Damen vorzüglich unterhält, sich aber davor hütet, zu aufsässig zu werden (V. 10475–10482). Dieses Verhalten deutet allerdings nicht darauf hin, dass Willehalm, wie J.-D. Müller ebd. behauptet, aus der höfischen Öffentlichkeit ausgeschlossen werde.

341 Willehalm wird von einem hilfreichen Ritter zum Lager des Königs von Cornwall, Coradis, und seinem Schwiegersohn Amilot, dem König von Norwegen, geführt. Die beiden Herrscher verbringen den *liehten sumer* (V. 10193) in diesem Lager, um allerlei Jagden zu veranstalten. Gemeinsam mit dem Gefolge Amilots gelangt Willehalm dann am Ende des Sommers nach Norwegen und der *winter kam do* (V. 10444). Als der *aberelle* (V. 10484) eintrifft, macht sich Amilot Gedanken darüber, wie er den Sommer mit größtmöglicher höfischer Freude erfüllen könne, doch die Forderung des dänischen Königs Witekins macht diese Pläne zunichte. Die Verweise auf die jeweilige Jahreszeit deuten noch einmal zusätzlich auf die Leidensbereitschaft und Treue hin, die Willehalm und Amalie in dieser Trennungsphase besonders auszeichnet: Obwohl sie so lange mit der Ungewissheit leben müssen, rücken sie nicht von ihrer Liebe ab – und werden dafür belohnt, denn in der Hochzeitnacht wird in einer Nacht die *not und arebait*, die Willehalm für Amalies *Des jares* (V. 14024–14026) erduldete, wiedergutgemacht.

zu unterstützen. Beinahe unvermittelt erinnert er sich in dieser Situation an seine Geliebte in England:

Im wont in sinem mûte
Diu edel raine gûte,
Amalýe, der gûte
Im twanc ie sin gemûte
Mit trúwe ståter ståtekait,
Dur die er sinen kumber lait
Und si dur in grossen pin;
In der namen wolt er sin
Der kúneginne ritter da (V. 11285–11293)

Nachdem im vierten Buch über tausend Verse kaum eine Innensicht Willehalms mehr geschildert[342] und er als stummer, aber vorzüglich unterhaltsamer Gast am norwegischen Königshof dargestellt wurde, erscheint dieser Verweis auf seine Liebe zu Amalie fast überraschend. Es ist im gesamten vierten Buch das einzige Mal, dass ein Gedanke an Amalie formuliert wird[343] – wobei hier entscheidend ist, wie die Distanzminne des Paars in dieser kurzen Passage dargestellt wird: Amalie *wont in sinem mûte*, sie wohnt in seiner Gesinnung[344] und ist in diesem innerlichen Raum sogar in der Ferne stets präsent, wie Christoph Huber es schon für die Funktion der Briefe ausführt: „Die im

342 Zu Beginn seiner Reise werden Willehalms Gedanken einmalig in Form eines inneren Monologs wiedergegeben – er überlegt, dass er sich, um zu überleben, schnell Richtung Meer begeben sollte (V. 9940–9944). Als der Vertriebene den freundlichen Schiffer verlässt, berichtet der Erzähler, dass ihn seine eigene körperliche Qual weniger leiden lässt als *siner vrǒwen herzelait* (V. 10004) und dass sein Herz, Verstand und seine Gedanken von *der sorg* (V. 10013) dominiert werden. Abgesehen von der Äußerung des Erzählers, dass der Stumme sich Mühe gebe, sich nicht zu oft bei den norwegischen Damen zu präsentieren, erfährt der Rezipient aber anschließend kaum etwas über Willehalms Innenleben. Während seine unerwiderte Minne ihn im zweiten Buch noch jegliche Feststimmung verlieren ließ, erscheint er am norwegischen Hof seltsamerweise ausschließlich besorgt darum, dass *er flais mit flisse sich / Das man me vrǒde bi im vant* (V. 10504 f.).

343 Lediglich im Prolog zum vierten Buch beschreibt der Erzähler die Situation der Liebenden und ihren *minnegernden senenden pin* (V. 9763) kurz nach der gescheiterten Entführung – dabei ist jedoch nicht von der Minne in Gedanken die Rede, sondern vom Schmerz, den die beiden sich durch ihre Trennung zufügen (V. 9774–9792).

344 Auffällig bei dieser Formulierung ist, dass hier mit mittelhochdeutsch *muot* die innerliche Kategorie gewählt wird, die am schwersten zu bestimmten ist (vgl. Philipowski, Gestalt, S. 81). Allerdings breitet sich der metaphorische Blütenzweig der Minne schon ganz zu Beginn erst in Willehalms *gemûte* aus (V. 4037), bevor er dann *Mit kraft in sinem herzen* (V. 4040) Wurzeln schlägt, was nahelegt, dass *herze* und *muot* im *Willehalm von Orlens* synonym verwendet werden und im obigen Zitat auf den Topos der Einwohnung im Herzen angespielt wird. Dieser Topos ist aber nach Philipowski ebd., S. 199, nicht minder schwer begreifbar: „Unseren Begriffen nach befindet sich beispielsweise das Herz im Inneren des Körpers. Aus der Perspektive des Herzens ist der Körper das Außen. Sobald das Herz zum Aufenthaltsort des oder der Geliebten wird, wird es zum Raum, zur Außenhülle, zum Äußeren, das die Geliebte umschließt. Das Innere an sich gibt es nicht: Außen und Innen sind keine festen Größen, sondern narrative Zuschreibungen und erzähltechnische Blickrichtungen."

Herzen wohnende Geliebte überbrückt die räumliche Trennung, eine Gefährdung der Treue ist ganz ausgeschlossen, ihr Bild ist im Inneren schon vom ersten prägenden visuellen Eindruck an zugegen, seine motivische Wirkung jederzeit abrufbar."[345]

Die Briefe und Pitipas fallen zwar als Distanz überbrückendes Kommunikationsmedium im vierten Buch weg, doch weil Amalie weiterhin in Willehalms Innerstem weilt, ist ihre unauflösbare Verbindung zueinander nun der Schmerz, den beide aufgrund ihrer Trennung erleiden. Mit dem Verweis auf das Wohnen im Herzinnenraum wird deutlich, dass Willehalms Körper als *stumber* genauso funktioniert wie die geheimen Intimräume zuvor[346]: Seine äußere Erscheinung als körperliche Hülle passt in die höfische Öffentlichkeit,[347] aber da er sich nicht laut artikulieren kann, ist sein Inneres

345 Huber, Subjektivität, S. 208.

346 Darauf, dass „[s]owohl in der geistlichen wie der weltlichen Literatur des Mittelalters [...] die architektonische Metaphorik gebauter Innenräume schon lange einer der leitenden Topoi zur Beschreibung des inneren Menschen gewesen [war]", macht etwa Ganz, Medien, S. 247, aufmerksam.

347 Auch Wenzel, Situationen, S. 90, versteht den höfischen Körper als Hülle: „Die den Körper des Einzelnen wie ein Kleid umhüllenden Tugenden schützen seine Identität und erzeugen im Interaktionsraum der wechselseitigen Wahrnehmung jenes höfische Ansehen, das den Status des Präsentierenden garantiert." Für Willehalms Verhalten im dritten Buch – in dem er äußerlich Turniere bestreitet, innerlich jedoch von Minnegedanken bestimmt ist – folgert sie ebd., S. 132, darum: „Auf diese Weise ist allein die ritterliche Tüchtigkeit des Protagonisten im Außenraum des Höfischen evident, aber zugleich kann die Zweieinheit der Minnenden im doppelt verborgenen Innenraum präsent sein. Das eigentlich Gesellschaftsfeindliche bleibt der öffentlichen Wahrnehmung verschlossen und damit rechtlich unanfechtbar." Willehalm beherrscht die oberflächlich sichtbaren Tugenden so, dass die Umwelt nicht bemerkt, was in seinem Inneren vor sich geht – und genauso gelingt es ihm, während der gesamten Trennungsphase im dritten und vierten Buch, die heimliche Liebesbeziehung zu verbergen. Die Ähnlichkeit von textiler Hülle und menschlichem Körper zeichnet sich auch in der naturwissenschaftlicheren Betrachtung von Schmauks, Typologie, S. 188, ab: „Menschen haben als natürliche ‚Hülle' ihre Haut [...]. Die Häute von Lebewesen sind eigenständige Organe, die gegenläufige Aufgaben erfüllen: als Grenzorgane bilden sie eine (durchlässige) Barriere zwischen Lebewesen und Umwelt, als Kontaktorgane bewirken sie körperliche Nähe mit den beiden Polen Liebe und Kampf. Sie wachsen mit, heilen nach Verletzungen wieder, leisten einen Temperaturausgleich und schützen vor schädlichen Umwelteinflüssen." (Diese Formulierung Schmauks' ähnelt z. B. dem, was Brückner, Kleidung, S. 159, über Kleidung schreibt.) Eine Verbindung von Haut und Gewebe stellt auch Jan-Dirk Müller: Häutungen und neue Kleider. Zum ‚wilden' Subtext der Medea-Episode in Konrads von Würzburg *Trojanerkrieg*. In: *wildekeit*. Hrsg. von Susanne Köbele, Julia Frick, Ricarda Bauschke-Hartung [u. a.]. Berlin 2018 (Wolfram-Studien. 25), S. 297–322, hier: S. 310, her: „Die höfische Kultur ist eine Kultur der schönen Oberfläche, und deshalb können Haut und Kleid füreinander eintreten." Auch über die höfische Kultur hinaus gibt es im Mittelalter zahlreiche Bezüge zwischen Körper und Textil, wie das Schweißtuch der Veronika vielleicht am eindrücklichsten präsentiert, in dem, so Kapustka, Bild-Riss und die Aporie, S. 9, „[d]as Textile als vor den Augen des Betrachters körperwerdende Kontaktfläche zwischen den hierarchisch aufgebauten Repräsentationszonen [...] zu einem Topos geworden" ist. Auffällig ist dabei, dass im dritten Buch lediglich Willehalms Verhalten als Hülle dient, die höfische Kleidung aber, die ihn als anonymen Ritter Norwegens verhüllt, erst im vierten Buch beschrieben wird. Die These von Burns, Courtly Love, S. 12, dass der höfische Körper zu verstehen sei „as a set of clothes that make, mark, delimit, and define the body presumed to lie beneath. In fact, there is no body in any foundational vor den Blicken der Ahnungslosen verborgen.[348] Nach außen tritt Willehalm als Ritter der norwegischen Königstochter Duzabel auf, aber innerlich agiert er zu jedem Zeitpunkt im Namen Amalies. Eine solche Trennung zwischen körperlicher Hülle und dem Herzen etabliert Amalie bereits in ihrem letzten Brief, als sie befürchten muss, mit Avenis von Spanien verheiratet zu werden: *Und wil dem lib ain urlub han, / Urlubes das herze erlan: / Das sol iemer bi dir sin* (V. 8281–8283).[349] Weil die Liebenden nach Willehalms Verbannung keinen verbalen oder schriftlichen Kontakt mehr zueinander aufnehmen können, wird nun in ihrer zweiten, nicht selbst gewählten Trennungsphase die stille, innere Gemeinschaft der Herzen zum unsichtbaren Bindeglied der Liebenden. Die fehlende Kommunikation wird zum Zeichen[350] des Rückzugs in einen für die höfische Welt nicht einsehbaren Innenraum der Minne,[351] der gerade in Willehalms Fall aber nicht außerhalb der Gesellschaft liegt: Die Minne wird nicht in Zelten auf einsamen Waldlichtungen oder in abgelegenen Minnegrotten ausgelebt, sondern leise und ohne Regelverstoß in die höfische Repräsentationskultur integriert. Willehalms Schweigen wird zum für die Außenwelt unsichtbaren und unhörbaren

---

sense prior to the garments placed upon it" ließe sich also nur sehr bedingt auf den *Willehalm von Orlens* anwenden, in dem Kleiderbeschreibungen ein randständiges Phänomen sind.

348 Das bedeutet zudem, dass Willehalm keine sprachliche List anwenden muss, um seine Liebe zu verschleiern: Im Gegensatz zu Tristan und Isolde muss er nicht lügen, weil er aufgrund des Schweigegebots ohnehin nicht sprechen darf.

349 Eine solche Trennung von *herze* und *lîp*, obwohl das Herz ja ein Teil des Körpers ist, wird möglich, weil dem Herz zusätzlich zur fleischlichen Komponente des tatsächlichen Organs zugleich ein metaphorisches Potenzial innewohnt, das wie hier dazu dienen kann, die Minne zu visualisieren, vgl. Philipowski, Gestalt, S. 102. Solchen weltlichen Überlegungen liegen wohl ältere, religiöse Abhandlungen zugrunde, in denen reflektiert wird, dass die Schau durch das *involucrum corporis*, um die *secreta cordis* zu erblicken, nur Gott möglich sei, vgl. Hildegard Elisabeth Keller: Absonderungen. Mystische Texte als literarische Inszenierung von Geheimnis. In: Deutsche Mystik im abendländischen Zusammenhang. Neu erschlossene Texte, neue methodische Ansätze, neue theoretische Konzepte: Kolloquium, Kloster Fischingen 1998. Hrsg. von Walter Haug, Wolfram Schneider-Lastin. Tübingen 2000, S. 195–221, hier: S. 198.

350 Dass Nichtsprechen und Schweigegebote Formen der Kommunikation sind, die als Mitteilungen wahrnehmbar werden, stellt Haiko Wandhoff: Gefährliche Blicke und rettende Stimmen. Eine audiovisuelle Choreographie von Minne und Ehe in Hartmanns *Erec*. In: „Aufführung" und „Schrift" in Mittelalter und früher Neuzeit. Hrsg. von Jan-Dirk Müller. Stuttgart 1996 (Germanistische Symposien-Berichtsbände. 17), S. 170–189, hier: S. 180, für Enites Schweigen in Hartmanns von Aue *Erec* fest.

351 Bumke, Blutstropfen, S. 3, hat eben diese Gegenüberstellung von Stille und Lautstärke und von Innen und Außen für den gedankenverlorenen Parzival vor den Blutstropfen im Schnee, der nichts von dem lautstarken Chaos bemerkt, das er bei den Artusritter auslöst, ganz ähnlich beschrieben: „Vollkommene Stille und Bewegungslosigkeit auf der einen Seite; lautes Geschrei und wildes Durcheinander der Bewegungen auf der anderen. Man kann den Kontrast als einen Gegensatz zwischen Innen und Außen beschreiben. Parzival hat die äußere Welt verlassen und ist ganz nach innen gegangen. Er blickt noch mit seinen körperlichen Augen auf die Blutstropfen; aber was er da sieht, kann er nur mit seinen inneren Augen sehen. Er spricht im Zustand der Gedankenversunkenheit, aber ohne Worte. Es ist eine Gedankenrede, die seine innere Stimme spricht. Die Anwesenheit und Nähe von Condwiramurs, die ihn so glücklich macht, erlebt er innen; äußerlich steht er alleine Schnee."

Zeichen der Minne[352] – seine Stille bedeutet Liebe, weil sie das fortwährende Denken an Amalie impliziert, wie Silke Winst betont:

> De facto ‚bedeutet' der Sprachverlust einzig die Unmöglichkeit der Kommunikation mit Amelie und damit die Unmöglichkeit, über Minne zu reden. Zugleich aber ‚bedeutet' er die Minne zwischen den Liebenden: Nicht nur verweist er auf die Strafe, die Willehalm wegen der Minnebeziehung erduldet, sondern durch die Verknüpfung von Minnekrankheit, Verletzung und Schweigen erscheint das Schweigen geradezu als Zeichen der früheren Liebespathologie.[353]

Willehalms Schweigen suggeriert damit zwar zunächst, dass sein Körper und sein Herz voneinander getrennte Einheiten seien, weil im vierten Buch seine repräsentative Körperhülle[354] das Geschehen dominiert, sein Inneres aber fast vollständig zurückgedrängt wird. Doch gerade sein Schweigen offenbart als Zeichen der Liebe genau die Schwelle, in der das verborgene Innen und das höfische Außen aufeinandertreffen.

Wie die oben untersuchten einzelnen Zelte als höfische Hüllen fungieren, um für den Rezipienten die durchlässige Position zwischen gesellschaftsferner Minne und höfischer Gesellschaft zu markieren, offenbart nun das Schweigen des Protagonisten ein transgressives Potenzial: Willehalms temporäres Verstummen, sein einziger Makel, äußert sich oberflächlich, aber weil es gleichzeitig Ausdruck seiner Liebe ist, deutet es zudem auf die Vorgänge im Inneren seines Herzens.[355] Abermals wird vom höfischen

---

352 Für den Zusammenhang von Schweigen und heimlicher Minne betont Schnyder, Topographie, S. 377, dass im „Schweigen der Liebenden [...] die Liebe ihren höchsten Ausdruck [findet], so dass der Rückzug eines Paares in die Kemenate immer von Schweigen begleitet ist."

353 Winst, Krankheit, S. 137.

354 Dass das, was an einem Menschen von außen sichtbar ist, als Hülle beschrieben werden kann, formuliert etwa Martina Feichtenschlager: „sam er entworfen wære an ein permint" – Haut, Palimpsest und Pergament. In: Kulturen des Buches in Spätantike, Mittelalter und Früher Neuzeit. Hrsg. von Michael Brauer. Heidelberg 2017 (Interdisziplinäre Beiträge zu Mittelalter und Früher Neuzeit. 8), S. 195–211, hier: S. 197, für die Haut als *integumentum*, als „umhüllende Decke des Darunterliegenden".

355 Damit ähnelt Willehalm womöglich den sogenannten Minnekästchen, die intime Liebesgeheimnisse in ihrem verschlossenen Inneren verbergen können, aber zugleich auf der Außenseite Minneszenen präsentieren, die den Kontext für die Betrachter, die diese Szenen zuordnen können, deutlich markieren. Dass der Darstellung der Körperhülle Willehalms eine solche Konzeption von kästchenartiger Verschlossenheit zugrungeliegen könnte, zeigt Amalies Reaktion, wenn sie sich auf die Reise nach Norwegen freut, um den zu sehen, über dessen Genesung sie verfügt: *Wan si sines herzen phlac / Und siner zungen slos besloz* (V. 12924 f.) – damit wird das Bild eines Schlüssels aufgegriffen, das der Erzähler schon im Prolog zum fünften Buch etabliert: *Sit si den slúzel bi ir hat / In dem des herren rede stat* (V. 12231 f.). Zwar spricht auch Gottfrieds Tristan von Isolde als *slüzzel sîner minne* (V. 19136), doch eine geliebte Dame, die über den Schlüssel zur gesellschaftlichen Rehabilitierung des Ritters verfügt, erinnert viel stärker an Iweins Überlegung, als er zum ersten Mal nach seiner Verbannung aus dem Brunnenreich wieder auf Laudine trifft: *„vruowe, wie lützel dû nû weist / daz tû den slüzzel selbe treist! / dû bist daz sloz und daz schrîn / dâ êre unt tiu vreude mîn / inne beslozzen lît."* (V. 5543–5547) Sowohl Laudine als auch Amalie verfügen über den erlösenden metaphorischen Schlüssel, der dem jeweils verbannten, heimlich liebenden Ritter aus der gesellschaftsfernen Anonymität heraus verhelfen kann.

Umfeld für ein natürliches Zeichen gehalten, was eigentlich ein gegebenes ist – aber für Willehalm sind Leiden und Schweigen gleichermaßen Ausdruck seiner unerschütterlichen Liebe und beständigen Treue[356]:

> Sus swaig er und lait hohen pin,
> Also das er niht ensprach,
> Von sinen trúwen das geschach,
> In der er unverwandelt fůr,
> Wan er laiste swes er swůr. (V. 10918–10922)[357]

Bezeichnend ist bei diesem Verständnis des Schweigens als Verbindung zwischen Willehalms Innerem und Äußerem, dass der stumme Ritter trotzdem am gesellschaftlichen Leben teilhaben kann. Während Wolframs von Eschenbach Parzival aus seiner lethargischen, gesellschaftsgefährdenden Minneversunkenheit nur erlöst werden kann, indem Gawan die Blutstropfen im Schnee, die den Andächtigen an das Antlitz seiner Frau Condwiramurs erinnern, mit einem Umhang verhüllt, um sein inneres Sehen zu unterbrechen,[358] gibt es im stummen Willehalm keine strikte Trennung von Innen und Außen, die zu einer im liebenden Gedenken erstarrten Handlungsunfähigkeit führt. Auch wenn Willehalm Amalie stets vor seinem inneren Auge vergegenwärtigt, sabotiert ihn diese Minne nur minimal:[359] Er bleibt funktionierender Teil der höfischen Gesellschaft, denn seine fortwährende Erinnerung an die Geliebte wird unter dem Deckmantel des idealen höfischen Körpers verborgen, dessen Schweigen kein

---

Zur Wendung dieses Topos' in Hartmanns von Aue *Iwein* vgl. Camille, Medieval Art of Love, S. 68; Jürgen Wurst: Reliquiare der Liebe. Das Münchner Minnekästchen und andere mittelalterliche Minnekästchen aus dem deutschsprachigen Raum. Diss. München 2005, S. 179. Zur Ähnlichkeit der Verschließbarkeit eines Herzens und eines Kästchens, die auch auf den Artefakten reflektiert werden konnte vgl. Tammen, Schloss und Riegel, S. 28.

356 Dabei handelt es sich um eine Korrelation, die für Körperkonzepte im Artusroman typisch ist, wie Gerok-Reiter, Körper, S. 429, konstatiert: „Das Äußere repräsentiert das Innere, nicht umgekehrt."

357 Der Schwur, dem Willehalm hier treu bleibt, könnte sich sowohl auf die Treue zu Amalie – denn in dieser Passage geht es darum, dass Willehalm durchaus andere Geliebte haben könnte – als auch auf das Schweigegelübde beziehen.

358 Die Passage im *Parzival* lautet: *ein failen tuoches von Sûrîn, / gefurriert mit gelwem zindâl, / die swanger über die bluotes mâl. / Dô diu faile wart zaher durch, / sô daz ir Parzivâl niht sach, / im gap her wider witze sîn / von Pelrapeir diu künigin* (301,28–30; 302,1–4). Im Gegensatz zur diaphanen Gestaltung der Hülle, die sich im *Willehalm von Orlens* beobachten lässt, ist in dieser Szene des *Parzival* die Opazität des Stoffs entscheidend, der das Abbild Condwiramurs' gänzlich verbirgt, sodass Parzival aus seiner Minnetrance gerissen werden kann.

359 Dies stellt die Weiterentwicklung der Minne Willehalms als besonders positiv und herrschaftstauglich heraus: Während er ganz zu Beginn seiner Verliebtheit im zweiten Buch oft geistesabwesend ist und Amalie ihn beim Spiel ‚aufwecken' muss (V. 4069–4076), präsentiert er sich in Norwegen als (fast) vollfunktionstüchtiger Ritter.

eklatantes Defizit darstellt.[360] Willehalms Schweigen markiert für den verständigen Rezipienten darum gerade nicht die strikte Grenze zwischen Innen und Außen, sondern eine Schwelle,[361] durch die das Innere im Äußeren partiell sichtbar wird – sodass der Blick des in den Minnecode eingeweihten Rezipienten von außen eindringen kann, um die verborgene Minne zu erkennen: Das äußere Schweigen ist verhüllter Ausdruck des inneren Gedenkens. Darum muss im vierten Buch kaum ein Gedanke Willehalms an Amalie formuliert werden, weil der Rezipient, der die Funktion des Schweigens als durchscheinenden Ausdruck der Minne im geheimen Herzinnenraum erkennt, ohnehin weiß, dass die Königstochter in seiner schweigenden Hülle stets präsent ist.

1.3.6 Verhüllungsebene VI: Durchscheinende Codes

Mithilfe der rekurrierenden Dialektik von Nähe und Distanz sowie von Stille und Lautstärke wird allerdings die Schwelle zwischen Innen und Außen im vierten Buch des *Willehalm von Orlens* für den Rezipienten sogar noch intensiver medial-sinnlich erfahrbar gemacht. Denn inmitten der detailliert beschriebenen politischen Verwicklungen und Kämpfe zwischen Norwegen, Dänemark und Irland ist leicht aus dem Blick zu verlieren, dass der stumme Ritter eigentlich ein unglücklicher Liebender ist, der über alle Maßen unter der Trennung von seiner Geliebten leidet. Obwohl die Minnekrankheit Willehalms zuvor im zweiten Buch mit redundanten Hyperbeln von Schmerz und Sehnsucht beschrieben wird,[362] geraten sein Leid und sein Trennungsschmerz im vierten Buch fast in Vergessenheit, weil er dort als vorbildlicher Höfling und tapferer Ritter auftritt,[363] der sich nicht mehr absondert, wie er es noch in seiner ersten Phase der Minne getan hatte. Der Text demonstriert damit selbst, wie das höfische Treiben und die schillernde Beschreibung der adligen Welt an der Oberfläche die Präsenz der verborgenen Minne zurückdrängen können. Das vierte Buch wird so zu

360 Tatsächlich könnte das Schweigen im Gegenteil mit Wenzel, Hören und Sehen, S. 148, sogar als „Überwindung des Körpers" verstanden werden, die Willehalm in die Nähe vorbildlich kontrollierter Geistlicher im Kloster rückt.

361 Philipowski, Gestalt, S. 117, geht ebenfalls nicht davon aus, dass das Herz im Inneren verborgen werde: „Es ist vielmehr transitorisch, befindet sich ständig auf der Schwelle, im Übergang vom Inneren zum Äußeren." Im *Willehalm von Orlens* zeigt sich diese Schwelle jedoch nur dem Leser oder Hörer, der im Rezeptionsprozess gelernt hat, auf dieses Durchscheinen des Inneren zu achten.

362 Zunächst leidet Willehalm dreifachen Schmerz, weil er sich in Amalies Gegenwart nach ihrer Nähe sehnt, und sie vermisst, wenn er nicht bei ihr ist, aber nicht weiß, wie er sich in dieser Situation verhalten soll (V. 4125–4160). Nachdem er Amalie seine Liebe gestanden hat und mit ihrer Zurückweisung leben muss, wird sein Schmerz immer größer (V. 4344–4370), bis er fast unerträglich ist (V. 4418–4444).

363 Wichtig zu betonen ist, dass diese Verstellung Willehalms niemals negativ dargestellt wird, im Gegenteil: Meyer, Verstellung, S. 155, führt aus, dass Verstellung „der Normalfall des höfischen Lebens" sei und resultatabhängig bewertet werden müsse, wonach sich Rudolfs Protagonist vollkommen vorbildlich verhält.

einer Herausforderung für den Rezipienten, der die Geschichte von *sender herzen rúwen* (V. 44) aus den Augen und Ohren zu verlieren droht – da nicht nur Willehalm schweigt, sondern auch die Namen der Protagonisten und Darstellung der Macht der Liebe zugunsten der Beschreibung des norwegischen Hoflebens mit den Kämpfen, kriegerischen Bedrohungen, Festen und schönen Damen weit in den Hintergrund geraten.[364]

Es wirkt, als vergesse selbst der Erzähler die Namen seiner jungen Protagonisten, als erlege er sich selbst ein Schweigegebot auf,[365] denn plötzlich bestimmen zwei andere Namen den Text: Der norwegische König Amilot und sein dänischer Widersacher König Witekin. Damit allerdings gelingt Rudolf – der ohnehin regen Gebrauch von Akrosticha macht[366] – ein besonderer rezeptionslenkender Kunstgriff: Amalie und Willehalm werden zwar kaum namentlich erwähnt, aber die Silben Am- und Wi- bleiben mithilfe der zwei rivalisierenden Herrscher präsent. Die beiden nordischen Könige sind auffällig selten mit Attributen versehen – die ansonsten für die vorbildlichen Protagonisten im Text als *Epitheta ornantia* und Namensersatz dienen –, stattdessen werden sie immer wieder beim Namen genannt, sodass die Anfangssilben ihrer Namen den Text durchdringen.[367] Die Namen der nordischen Könige werden damit zu

---

364 Das vierte Buch präsentiert u. a. Beratungsszenen darüber, wie höfische Freude gestaltet werden kann (V. 10483–10521); es wird aufgelistet, welche Arten Schiffe es gibt (V. 10764 f.); es wird erzählt, wie die Damen des norwegischen Hofs Willehalm mit feinen Geschenken überhäufen und um seine Aufmerksamkeit wetteifern (V. 10899–10917), wie Willehalm kostbar für den Kampf ausgestattet wird (V. 10980–10994) oder welcher Herrscher mit welchem Gefolge für Schlachten an bestimmten Orten begleitet wird, diese Kämpfe bestreitet und gewinnt. Insbesondere die detailgenauen Schilderungen der kriegerischen Auseinandersetzungen nehmen einen Großteil des Texts ein, während die Minnehandlung fast vollständig zurückgedrängt wird. Dass Texte durchaus eine intendierte Herausforderung für den Rezipienten darstellen können, hat Christina Lechtermann: „von dem ritter der dem andern solt volgen da er hien füre". Über die Sichtbarkeit von Spuren im *Prosa-Lancelot*. In: Visibilität des Unsichtbaren. Sehen und Verstehen in Mittelalter und früher Neuzeit. Hrsg. von Anja Rathmann-Lutz. Zürich 2011, S. 27–52, hier: S. 28, dem *Prosa-Lancelot* attestiert, in dem durch Kampfschilderungen mit fehlenden Figurennamen und ‚erzählerisches Inkognito' Verwirrung gestiftet wird.

365 Während Willehalms Namen im vierten Buch siebenmal auftaucht, wird Amalies sogar nur viermal (V. 9776, V. 10407, V. 11285, V. 11707) erwähnt. Für Amann, Rebellion, S. 150, wirkt die ausbleibende Nennung von Willehalms Namen hingegen weniger absichtlich, als vermöge „nicht einmal der allwissende Erzähler […] das Innenleben seiner von der Welt abgekapselten Figur zu durchschauen."

366 Das Akrostichon, das die Majuskeln zu Beginn des ersten Buchs formen, ist RUDOLFIOHANNES, das zweite Buch beginnt mit WILLEHALM, das dritte mit AMELIE, das vierte mit DUZABELE und das fünfte mit SAVINE. Außerdem werden die Figuren Avenis und Savine mithilfe eines Anagramms aufeinander bezogen, sodass die Verlobung mit dem spanischen König, die die Entführung und damit Strafe sowie unfreiwillige Trennung verursacht, mit der Lösung des Konflikts, die dank der geschickten Tante Amalies gelingt, einander als die zwei Pole der Krise gegenüberstehen, vgl. Armin Schulz: Avenis – Savine. Namenssemantik in Rudolf von Ems *Willehalm von Orlens*. In: Archiv für das Studium der neueren Sprachen und Literaturen. 241, 2004, 2, S. 354–359, hier: S. 357.

367 Amilot wird 28 mal namentlich erwähnt (V. 10043, V. 10056, V. 10166, V. 10186, V. 10484, V. 10556, V. 10584, V. 10653, V. 10671, V. 10681, V. 10700, V. 10724, V. 10843, V. 10869, V. 10878, V. 11547, V. 11554, V. 11603, V. 11691, V. 11883, V. 11932, V. 11973, V. 12016, V. 12020, V. 12060, V. 12115, V. 12155, V. 12189), einem geheimen Intext, einer Kryptobotschaft[368], die in den Text so integriert ist, dass sie erst bemerkt werden kann, wenn der Rezipient seine Aufmerksamkeit von der Handlungsebene auf die Klangebene des Texts verschiebt.[369] Obwohl die Namen Willehalm und Amalie im vierten Buch nur schwerlich wahrnehmbar sind, wird es auf diese Weise vom onomatopoetischen Klang der Silben Wi- und Am- erfüllt.[370] Dass eine Verbindung zwischen Willehalm und Witekin intendiert ist, zeigt die Beschreibung

---

Witkin siebzehn mal (V. 10528, V. 10542, V. 10555, V. 10560, V. 10634, V. 10680, V. 10693, V. 10723, V. 10760, V. 10816, V. 11542, V. 11573, V. 11578, V. 11619, V. 11678, V. 11713, V. 11778), gelegentlich finden sich die Namen sogar in unmittelbar aufeinander folgenden Versen. König Witekins Rückforderung zweier Inseln, die ihm König Amilot angeblich genommen habe, sowie die daraus folgende Aufkündigung der Freundschaft des Königs von Estland und Gutscharts von Livland treffen außerdem per Bote und Brief ein (V. 10522–10580) – damit wird womöglich die Minnekommunikation zwischen Willehalm und Amalie subtil in Erinnerung gehalten.

368 Ulrich Ernst: Text und Intext. Textile Metaphorik und Poetik der Intextualität am Beispiel visueller Dichtungen der Spätantike und des Frühmittelalters. In: ‚Textus' im Mittelalter. Komponenten und Situationen des Wortgebrauchs im schriftsemantischen Feld. Hrsg. von Ludolf Kuchenbuch, Uta Kleine. Göttingen 2006 (Veröffentlichungen des Max-Planck-Instituts für Geschichte. 216), S. 43–76, hier: S. 48, definiert schon in der Spätantike etablierte geheime Metatexte, die sich dem Leser erst erschließen, wenn er von der Leserichtung abweicht, folgendermaßen: „Können Texte autonom für sich selbst stehen, so bedürfen Intexte eines Basistextes, aus dessen Buchstaben sie gebildet werden, so daß eine komplexe Korrelation zwischen Außentext und Innentext entsteht. Während Texte in der Regel ein relativ schnelles Lesetempo zulassen, postulieren Intexte ein verlangsamtes, buchstabierendes und dechiffrierendes Lesen, das auch von geläufigen Mustern abweichende Blickbewegungen erfordert. Kommen Texte mit einem konventionellen Zeichenarsenal (Interpunktion etc.) aus, so bedürfen Intexte, um in einem basalen Textareal allererst sichtbar zu werden, bestimmter Intextmarker oder Autorkommentare mit Leserinstruktionen."

369 Dass der Klang der Worte im *Willehalm von Orlens* bedeutsam ist, beobachtet bereits Hartong, Willehalm von Orlens, S. 79: „Rudolf ist Vertreter der leichten Schmuckart: sein häufigstes Stilmittel ist die Wortwiederholung, die er in allen Spielarten bringt (89 ff). Wortspiele (1509 f) schlingen sich wie Bänder durch ganze Verse, Alliteration (415 f) bindet manche Zeilen zusammen, Häufungen (173 f) überbieten sich und steigern ins Maßlose, Dopplungen (13927 f) und Antithesen (281 f) unterstreichen mit festen Strichen das Gebrachte." Ihre Überlegung, dass die Wiederholung der Worte eine textile Wirkung hat, lässt auch Hartong eine Verbindung zwischen Rudolfs Roman und den ornamentalen Schriftbändern des Frankfurter Teppichs ziehen.

370 Für die Anagramme und Akrosticha lässt sich mit vgl. Green, Medieval Listening and Reading, S. 131–132; Schulz, Avenis, S. 356–357, von schriftliterarischen Codierungen ausgehen, die nur für einen lesenden Rezipienten sichtbar sind. Der Effekt der rekurrierenden Silben Am- und Wi- ist allerdings sowohl in der gehörten als auch in der gelesenen Rezeption wahrnehmbar, denn der Rezipient, der sich zwei Bücher lang an die Omnipräsenz der Buchstabenfolge Ami/Ame und Wi im Schriftbild oder ihren Klang gewöhnt hat, assoziiert Amilot/Amelot und Witekin mit Amalie und Willehalm (was die These einer Konzeption zweifacher Rezeption in mittelalterlicher Literatur von vgl. Green, Medieval Listening and Reading, S. 18, bestätigen würde). Auch Schulz, Avenis, S. 357, betont, dass der *Willehalm von Orlens* Namensemantiken aufweise, die nicht ausschließlich visuell funktionieren, was sich an der genealogischen Wiederholung des Namens Willehalm für Vater und Sohn sowie der Ähnlichkeit des Namens der Mutter und der Ziehmutter Willehalms, Elye und Elise, zeige. Damit kann für den Roman eine gemischte Rezeption im Sinne von Däumer, Stimme, S. 32, angenommen werden, der für die Koexistenz verschiedener medialer Rezeptionsformen plädiert.

der Minne, die der dänische König nach dem verlorenen Kampf gegen Amilot in norwegischer Gefangenschaft für dessen Tochter Duzabel entwickelt:

> Mit kreften was der degen balt
> In der mine gewalt
> Versent also sere
> Das der kúnic here
> Vergas siner nôte gar,
> Und nam der not dekaine war
> Das er in vancnúste lac.
> Ze allen ziten, naht und tac,
> Lag im diu raine gůte
> Vil nah in sinem můte.
> An ander not im den gedanc
> Vor allen sinen nôten twanc,
> Das er das junvrǒwelin
> Moht nie des willen sin
> Mit gefůgen dingen
> Gerůcliche innan bringen
> Won mit gebårde, als er si sach;
> Swas der gebårde da geschah,
> Das was ir vor verborgen (V. 11753–11771)

Durch die Art, wie hier von einem Liebenden berichtet wird, der sich unfreiwillig im norwegischen Königreich befindet und dort an einer unmöglichen Liebe zu einer Königstochter leidet, die er nicht offen zeigen kann, lässt sich sogleich eine Analogie zur Situation Willehalms herstellen. In dieser Textpassage über Witekins Verliebtheit wird nicht nur der Topos der Gewalt der Minne und die Einwohnung der Geliebten in die Gesinnung wiederholt,[371] sondern auch die absolute Unmöglichkeit über die heimliche Liebe zu sprechen: Nur durch Gesten vermag Witekin seine Gefühle auszudrücken, die Duzabel aber (noch) nicht entziffern kann – die Parallelen zum stummen Willehalm, der ausschließlich über Gesten kommunizieren kann, werden damit einmal mehr evident.[372]

Der Erzähler reduziert im vierten Buch zwar die Präsenz der Namen seiner Protagonisten und der Darstellung ihrer Liebesbeziehung auf ein absolutes Minimum, doch er sorgt zugleich dafür, dass sie implizit stets präsent bleiben: Wer aufmerksam rezipiert, erkennt, dass Willehalms und Amalies Minne durch die Handlung am norwegi-

---

371 Die Ähnlichkeit der Topoi und Formulierungen mit Willehalms Minnegenese sind unverkennbar. Schon wie Witekins stille Minne-Überlegung – *Wes zihet mich din gůte / Das si min gemůte / So twinget und minen sin?* (V. 11729–11731) – wiedergegeben wird, erinnert daran, wie die Ausbreitung der Minne im Herzen Willehalms im zweiten Buch beschrieben wurde.

372 Außerdem ereignen sich die Hochzeitnächte Willehalms und Witekins parallel in der gleichen Nacht; am Morgen danach werden die beiden glückseligen Männer sogar gemeinsam im gleichen Vers aufgeführt: *Mit liebiu was ietweder degen / Bi sinem lieb noch gelegen, / Wilhelm und Witechin* (V. 14075–14077).

schen Hof hindurchscheint. Ähnlich wie bereits die Betrachtung des *Willehalm von Orlens*-Teppichs suggerierte, der als verhüllendes Textil die Geschichte einer geheimen Liebe auf verhüllte Weise darstellt, werden auch im Roman durch die in den Namen Amilot und Witekin verhüllte Silben-Botschaft gleichermaßen Medialität und Materialität des Texts subtil zum Thema gemacht.[373] Fast unbemerkt wird das verschleierte Silbenspiel in den Text eingewebt, der damit plötzlich selbst eine Form jener Verhüllungsstrategien wiederholt, die die jungen Liebenden seit dem Beginn ihrer Liebe am Hof erproben – denn die partiell verborgene, diaphane Präsenz des Liebespaars in den Anfangssilben bleibt wie ein leises Flüstern im Hintergrund von der vordergründigen, repräsentativ-höfischen und lauten Handlung in Norwegen verhüllt.[374]

---

373 So beschreibt Erika Greber: Textile Texte. Poetologische Metaphorik und Literaturtheorie. Studien zur Tradition des Wortflechtens und der Kombinatorik. Köln 2002 (Pictura et poesis. 9), S. 171, die Besonderheit des Anagramms: „Der Selbstwert der Schriftzeichen, der ihren Bedeutungswert überschießt und unterläuft, basiert auf ihrer materiellen und medialen Qualität: als Form und Figur, als Laut und Buchstabe. Das heißt im Grunde genommen, daß die Buchstaben-Materie den ‚Geist' der Buchstaben konterkariert und andere Bedeutungen an die Oberfläche bringt: Die Umstellung der Buchstaben bewirkt sowohl eine Entstellung des Sinns als auch eine Herstellung von alternativem Sinn." Aus kunsthistorischer Perspektive klingt die Analyse von Klaus Krüger: Malerei als Poesie der Ferne im Cinquecento. In: Imagination und Wirklichkeit. Zum Verhältnis von mentalen und realen Bildern in der Kunst der frühen Neuzeit. Hrsg. von dems., Alessandro Nova. Mainz 2000, S. 99–121, hier: S. 111, zu einem Gemälde Battista Angolo del Moros aus dem Jahr 1581, das eine Vision der Heiligen Familie über der Ansicht von Verona präsentiert, nicht unähnlich: „Dabei kommt dem Motiv der sich einrollenden Leinwand, das hier so bemerkenswert in Szene gesetzt wird, eine besondere Bedeutung auch in Hinblick auf eine kunsttheoretische Fundierung der Bildaussage zu. Indem es auf die konkrete Materialität des Bildes als eines gewebten Stoffes, eines textilen Gebildes verweist, ruft es augenscheinlich die in der Dichtungs- und Kunsttheorie der Zeit eingebürgerte Vorstellung von der Poesie als *textus*, als Verwebung der Worte oder der Farben zu einer leuchtend-illusionistischen Oberfläche, einen *involucrum* und *velum* im Sinne einer täuschenden Verhüllung. In ihr lebt – zu neuer Bedeutung gewandelt – der alte Gedanke von der Dichtung als *integumentum* fort." So unterschiedlich die Gegenstände auch sein mögen, ähneln Bild und Text sich in ihrem Potenzial, diese täuschende Verhüllung mithilfe eines textuellen Verweises auf ihre materielle Beschaffenheit so zu inszenieren, dass ihre Artifizialität dabei gleichzeitig reflektiert werden kann. Allerdings wird weder in Rudolfs Roman noch im *Willehalm von Orlens*-Teppich dieses Potenzial vollends ausgeschöpft – vielmehr dienen die subtilen selbstreflexiven Anspielungen dazu, die gelegentlich verhüllte Botschaft des Stoffs zu unterstreichen, der als Darstellung einer vorbildlichen Liebe einen Rezipienten erwartet, der ihre Anwendungsmöglichkeiten aktiv erkennt.

374 Natürlich böte sich an dieser Stelle eine integumentale Lesart an, die die vestimentäre Metaphorik des Texts herausstellt, wie es Kraß, Geschriebene Kleider, S. 361, anhand der bekannten *lüge kleit*-Passage in Thomasins von Zerklaere *Welschem Gast* zeigt: „Thomasin zitiert die Metapher der Einkleidung, um auf den paradoxen Status des höfischen Romans zwischen Wahrheit und Lüge aufmerksam zu machen. Einerseits handele es sich bei den erzählten Abenteuern um Lügengeschichten, anderseits seien sie durchaus geeignet, auf eine tiefere Wahrheit zu verweisen. Thomasin bezieht sich hier auf die zeitgenössische Theorie des Integumentum. Diese lehrt, analog zur christlichen Hermeneutik, die den geistlichen Sinn der biblischen Schriften zu entschleiern sucht, daß sich hinter den Epen eines profanen Dichters wie Vergil ein säkularer Schriftsinn verberge, den es aufzudecken gelte. Während aber die Integumentallehre auf einen philosophischen Sinn zielt, vertritt Thomasin ein moraldidakti-

Auf diese Weise fallen Erzählgegenstand und das Erzählen zusammen, sodass nicht mehr nur auf der Handlungsebene, sondern auch auf der medialen Ebene gilt: Wer den Code der Liebe versteht, kann ihn erkennen, für alle anderen bleibt er verborgen, obwohl er unmittelbar vor Augen steht.[375] Was Gottfried von Straßburg in Homophonie und Silbenrätsel in der Rede seiner Figuren versteckt, bringt Rudolf damit auf eine Ebene, in der der Rezipient den Figuren nicht beim Rätseln zuschaut,[376] sondern

sches Anliegen." Dieses hermeneutische *integumentum*-Verständnis der Textstelle aus dem *Welschen Gast* verbindet Philipowski, Gestalt, S. 172–173, mit narratologischen Termini: „Dieses Verhältnis zwischen einer i n n e r e n W a h r h e i t, die außen, an ihrer Oberfläche, von Unwahrheit bedeckt oder umschlossen ist, entspricht damit der Differenzierung in die beiden narratologischen Ebenen von *histoire* und *discours*: Die Lügen, die die *âventiure* schmücken, sind zu deuten als die Erzählgegenstände, also die *histoire*, die die Ebene der für sich betrachteten einzelnen Handlungen, Figuren und Situationen ist. Sie sind es, auf die der Vorwurf der Lüge zielt. Ihnen gegenüber wird jedoch auf das ‚tiefer Liegende' verwiesen, das wahr ist, nämlich die Erzählung selbst, die *âventiure*, den *discours*, der sich zu seinem Vollzug zwar der *histoire* bedient, aber nicht in ihr aufgeht: E r z ä h l t die *âventiure* auch von Lügen, so ist sie selbst doch keine." [Hervorhebung im Original]. Zwar ließen sich solche Überlegungen durchaus auf den *Willehalm von Orlens* übertragen, doch der Fokus läge damit nicht mehr auf dem Rezipienten, der im Rudolfs Roman gerade nicht dazu angehalten wird, mit den Kategorien Wahrheit und Lüge zu operieren, sondern dazu, das Durchscheinende hinter dem „Aventiure-Schleier" zu erkennen, wobei weder Hülle noch Verhülltes als negativ markiert sind. Bei einer zu starken Abgrenzung von Innen und Außen ginge eben dieses spezifische rezeptionslenkende Potenzial eines eindringenden Blicks verloren, der den textexternen Beobachter verstehen lässt, dass höfische Äußeres und ideales Inneres in der Handlung und auf der Metaebene der Erzählung gemeinsam wirken müssen. (Philipowski räumt ebd., S. 341, zum Ende ihrer Studie ein, dass *histoire* und *discours* sich gegenseitig bedingen, „denn erst das Innere macht das Äußere zum Außen und umgekehrt", doch damit ist die Schwelle zwischen Innen und Außen immer noch nicht so diaphan wie sie für die obige Analyse des *Willehalm von Orlens* von Nöten ist. Vor einer Überschätzung des *integumentum* und der damit verbundenen Suche nach einem verschleierten religiösen oder moralischen Mehrwert in der Literaturproduktion des höfischen Mittelalters warnt implizit Trînca, Amor conspirator, S. 79.)

375 Darum kann Duzabel die Minnegesten Witekins nicht als solche erkennen: sie sind ihr ebenfalls *verborgen* (V. 11771), weil sie mit dem Minnecode (noch) nicht vertraut ist.

376 Isoldes Rätsel um *lameir* als Ursprung ihres Kummers, den sie nach dem Verzehr des Minnetranks auf der Überfahrt nach Cornwall empfindet (V. 11990–11992), regt in Gottfrieds Roman den ebenfalls an den Folgen des Minnetranks leidenden Tristan zum Nachdenken an. Während er noch überlegt, welche Bedeutung der französischen Homophonien infrage kommt (zur Auswahl stehen *minnen*, *bitter* und *mer*, V. 11998 f.), kann sich der Rezipient schon denken, auf was Isolde hindeutet – der Reiz dieser Szene liegt darin, Tristan beim Rätseln zuzuhören. Ganz ähnlich ergeht es Isolde zuvor, als sie bemerkt, dass die Namen Tristan und Tantris *lûtent nâhe ein ander bî* (V. 10110): Über die Ähnlichkeit ihres Klangs erkennt sie die Ähnlichkeit der Buchstaben und dann letztlich, dass lediglich die Silben vertauscht sind, sodass sie im verletzten Spielmann den Mörder ihres Onkels erkennen kann. Der Rezipient weiß bereits längst, dass es sich bei Tantris und Tristan um dieselbe Figur handelt, doch er kann gespannt daran teilhaben, wie Isolde das Rätsel vor seinen Augen löst. Das Spiel mit den Gleichklängen kulminiert in Gottfried *Tristan* zuletzt mit Isolde Weißhand, die nicht nur den Protagonisten, sondern auch den Rezipienten gänzlich verwirrt, weil nicht mehr eindeutig zu erkennen ist, wem Tristan seine Liebe gesteht (V. 19217 f.). Im *Willehalm von Orlens* hingegen wird die Homophonie aus der Figurenrede herausgelöst und die Hinweise auf die Gegenwart eines Rätsels zurückgekommen: Der Rezipient muss seine Entschlüsselungskompetenzen selbstständig anwenden. Auf die Faszination, selbst zum Entschlüsseln der medial verschleierten Rätsel angehalten ist,[377] die über die Handlung hinaus wirken.

Für den Leser oder Hörer, der von Beginn an in die Heimlichkeiten und verborgenen Innenräume des Paars eingeweiht ist, werden intime Einblicke im vierten Buch zwar massiv eingeschränkt, doch ergibt sich daraus für den aufmerksamen Rezipienten kein Hindernis, denn er wird zuvor gründlich angeleitet, wie die Geheimräume der Minne zu erkennen sind: Amalie zeigt, wie man unter den Vorhang schlüpft und dabei die richtigen Zeiträume abpasst; Pitipas demonstriert, wie man als dritte Figur unaufdringlich Einblicke in die intime Innerlichkeit zweier Liebenden gewinnt; Willehalm verdeutlicht, wie man selbst temporär zu einer Verhüllung eines verborgenen Innenraums werden kann,[378] die sich reibungslos in die höfische Welt integriert. Entscheidend ist, dass das Sehen der Protagonisten und das der Rezipierenden nicht gleichgesetzt werden können: Der Rezipient sieht nicht genau das, *was* die Figuren sehen – der Rezipient sieht, *wie* die Protagonisten sehen. Obwohl unterschiedlich wahrgenommen wird, gibt es eine Vergleichbarkeit, ein *tertium comparationis*, das sich auf die Art und Weise der Wahrnehmung stützt. Nachdem die Minne zwischen Willehalm und Amalie über das zweite und dritte Buch hinweg als Geschichte verhüllter Innenräume gestaltet wird, ist der Rezipient im vierten Buch darum gewappnet, die fragilen Innenräume mithilfe subtiler Hinweise im Text als solche zu entschlüsseln. Der *textus* selbst übernimmt nun nämlich die Funktion, die vormals der Bettvorhang, die Briefe und das Zelt innehatten:[379] Die textuelle Hülle wird zur gestaltbaren, ostentativ mate-

---

die mit Wortspielen in der höfischen Literatur einhergeht, weist auch Trînca, Amor conspirator, S. 102–103, hin, die im Gebrauch des altfranzösischen Wortes *conte* im *Lecheor*-Lai eine frivole Anspielung auf das Wort *con* für das weibliche Geschlechtsteil sowie in Chrétiens gereimter Dopplung des Wortes *contes* (einmal Erzählung, einmal Grafen bedeutend) in *Erec et Enide* einen bewusst metapoetischen Gebrauch der Polysemie erkennt.

377 Als vergleichbare Herausforderung für den Rezipienten deutet Trînca, ebd., S. 150, die Akrosticha und Anagramme im *Roman de la Poire*. Bekräftigen ließe sich diese Beobachtung für den *Willehalm von Orlens* mit Schulz, Avenis, S. 358, der in der verhüllten Namenssemantik des Romans einen zusätzlichen Rekurs auf Gottfrieds *Tristan* herausstellt, denn der Name Amilot teile sich die zweite Namenshälfte mit Isot, sei also eine Überschreibung der Geliebten Tristans, deren Namen jedoch nur noch bruchstückhaft zu erkennen sei. Dass Willehalm am Ende zudem zwischen zwei Frauen gerät, die ihn zum Mann begehren, aber ausgerechnet Amilot glücklicherweise feststellt, dass seine Tochter Duzabel zu nah mit dem Ritter verwandt ist, zeige, dass auf der Handlungs- und der Namensebene mit Duzabel das Problem der zweiten Isolde anzitiert werde, das dann aber sofort wieder gelöst werden könne.

378 In ihren Überlegungen zur vestimentären Metaphorik des Inneren, betont Philipowski, Gestalt, S. 151, im Rekurs auf Augustinus auch den zeitlichen Aspekt der körperlichen Hülle: „Wie eine äußere Hülle, wie ein Gewand, umschließt der Körper die Seele, und so wie der von einem Mantel Umschlossene mit diesem keine Einheit bildet, sondern die Verbindung beider nur solange anhält, bis der Mantel wieder abgelegt wird, so benutzt die Seele den Körper während der Zeit ihres Erdendaseins." Vgl. zu den Körperhüllen auch Anm. 354 und Anm. 355 in diesem Kapitel.

379 Huber, Wort- und Bildnetze, S. 284, wundert sich darüber, dass die zu erwartenden literarästhetischen Metaphern, „die vor allem aus den dynamischen Bildfeldern von pflanzenhaftem Wachstum, riellen Oberfläche, die die Minnekommunikation so verschleiert, dass sie kaum noch wahrnehmbar ist – sofern der Rezipient sich dieser Verhüllungstechniken nicht bewusst ist und danach strebt, das Dahinterliegende zu begreifen, ohne die vorgeblendete Handlung aus den Augen zu verlieren.[380] Der semantische Mehrwert präsentiert sich damit dem Rezipienten – jenem „lecteur médiéval, habitué à voir la réalité *derrière le voile* des phénomènes"[381] –, der zugleich auf *und* durch die textile Verhüllung zu schauen vermag,[382] der also die erzählte Geschichte und ihre mediale Beschaffenheit gleichzeitig wahrnehmen kann. Beide Formen des Lesens – der oberflächlichen Handlung und des subtilen Minnecodes – schließen sich gegenseitig nicht aus,[383] im Gegenteil: In der gemeinsamen Wirkung offenbaren sie genau jenes subversive Spiel einer offensichtlichen und dennoch verhüllten Sprache inmitten der höfischen Repräsentationskultur, das für den *Willehalm von Orlens* essenziell ist.

Das vor der Öffentlichkeit in intimen Innenräumen verborgene Geheimnis ist im vierten Buch nicht mehr als Bruch mit den Werten und Normen des Hofs zu sehen,

der Verfestigung von Textilien und der Formbarkeit und Strahlkraft von Gold und Edelsteinen stammen" in Rudolfs *Willehalm von Orlens* nur sehr vereinzelt zu finden sind – werden aber die handlungsrelevanten Verhüllungen wie hier und im Folgenden dargelegt als Textilien betrachtet, ist die Gewebemetapher im Roman durchaus prominent inszeniert.

380 Bezeichnenderweise führt Gerok-Reiter, Körper, S. 429, für Haut und Kleidung als die beiden äußeren Hüllen der Innerlichkeit aus: „In diesem doppelten opaken Außen verfängt sich der Blick nur allzu leicht, verliert, vergisst oder negiert die seelisch-inneren Optionen." Kleidung vermag also genauso vom Wesentlichen abzulenken wie die textile Hülle einer Geschichte.

381 Reto R. Bezzola: Le Sens de l'Aventure et de l'Amour, Paris 1947, zitiert nach Guiette, Forme, S. 40 [Kursivierung J. M.].

382 Klein, Mai und Tumanov, (Un-)Sichtbares, S. 10, zu Hüllen und der Integration des Rezipienten: „Hüllen, so eine gängige Erwartung, verdecken, schränken Sichtbarkeit ein und konstruieren eine neue Oberfläche. Eng damit verbunden ist die Vorstellung, dass sich darunter etwas befindet und dass die Hülle entfernt, geöffnet oder durchbrochen werden muss, damit der ‚Kern' verstanden und Gegenstand von Interaktion werden kann. Das Enthüllen wie auch das Enthüllte werden mit Wahrheit, Transparenz und Erkenntnisgewinn konnotiert. Bei genauer Betrachtung entwickeln Hüllen jedoch stets eigene Konzepte von Sichtbarkeit und ‚Gesprächigkeit', individuelle Mechanismen des Verschließens und Offenbarens sowie Ebenen der Anziehung und Zurückweisung. Die oft einfach und absolut gedachte Gleichsetzung von Hülle und Unsichtbarkeit bzw. Enthüllung und Sichtbarkeit erfüllt sich nur bedingt. Denn nicht nur Sehen, sondern auch andere Möglichkeiten der Wahrnehmung und Entschlüsselung erfahren durch Hüllen eine Inszenierung und Strukturierung, gewinnen an Bedeutung und Aussagekraft. Über Hüllen geführte Medialisierungen von (Un-)Sichbarkeit bauen auf eine polyvalente Rezeption, indem sie erlauben, das Verhüllte zu rekonstruieren, aber – manchmal auch in einen ganz wörtlichen Sinn – zu be-greifen."

383 Kessler, Spurenlesen, S. 86, führt aus, dass Schrift als opake Spur der Medialität fungieren könne, „wenn das buchstäbliche Lesen storniert oder zumindest zurückgestellt wird und die Schrift als solche, in ihrer Materialität oder Medialität in den Blick genommen wird." Für eine solche Funktion der Schrift muss sie allerdings von einer Störung des Wahrnehmungsprozesses ausgehen, die die Aufmerksamkeit des Rezipienten auf die Gemachtheit der Vermittlungsinstanz lenkt – im *Willehalm von Orlens* hingegen wird der Rezeptionsprozess nicht gestört, sondern subtil um eine zusätzliche Lesart ergänzt, deren Reiz in der Gleichzeitigkeit liegt.

sondern gerade hinter den unverkennbar positiv konnotierten, höfischen Verhüllungen verbirgt sich das vorbildliche Verhalten wahrhaft idealer Liebender und eines wahrhaft lehrreichen Texts, das sich dem eindringenden Blick des Rezipienten nun präsentiert. Mit einem Fokus auf die Inszenierung von Verhüllungen offenbart sich der Roman als ein ambiges Zeichenkonstrukt, das Rezipienten auf der Oberfläche und in seiner textuellen Tiefenstruktur etwas zu bieten hat, weil einerseits die elitäre Welt des Adels in all ihrer repräsentativen Pracht ausgestaltet wird, aber sich anderseits hinter dem augenfälligen Prunk eine Anleitung verbirgt, wie die Geheimnisse wahrer Minne und vollkommener Tugendhaftigkeit darin verschleiert sein können. Wenn die Gewebemetapher, wie Beate Wagner-Hasel vermutet, „immer dann benutzt wurde, wenn es um die Wirksamkeit sprachlicher Gebilde auf eine Hörer- oder Leserschaft ging, die denen textiler Gebilde gleichkam“[384], dann könnte auch im *Willehalm von Orlens* die bildhafte Ähnlichkeit zwischen Sprache und Stoff als gewebte Hüllen, die gleichermaßen geheime Minnecodes verbergen, eine solche Wirkungsästhetik verfolgen. Entscheidend dabei ist, dass der Rezipient mit seinem Blick in alle verhüllenden Texturen[385] eindringen kann – egal ob sie Vorhänge, Körper oder vorgeblendete Handlungen sind. Mithilfe der anfänglichen Schlüsselszene hinter dem Bettvorhang wird der textexterne Beobachter auf die folgenden, nicht immer gleich als solche erkennbaren, intimen Räume der Minne vorbereitet und für Verhüllungsstrategien sensibilisiert. Während sich vor allem in der Elternvorgeschichte des ersten Buchs die Innerlichkeit noch unmittelbar in Körperlichkeit manifestiert,[386] scheidet sich im weiteren Verlauf der Handlung der äußere höfische Schein von den Vorgängen im Inneren, die als solche immer schwerer zu erkennen werden. Nach seiner Verbannung wird Willehalms

---

384 Beate Wagner-Hasel: *Textus* und *texere*, *hýphos* und *hyphaínein*. Zur metaphorischen Bedeutung des Webens in der griechisch-römischen Antike. In: ‚Textus‘ im Mittelalter. Komponenten und Situationen des Wortgebrauchs im schriftsemantischen Feld. Hrsg. von Ludolf Kuchenbuch, Uta Kleine. Göttingen 2006 (Veröffentlichungen des Max-Planck-Instituts für Geschichte. 216), S. 15–42, hier: S. 18–19.

385 Klaus Krüger: Texturen der Evidenz. Unschärfe und Fokus. In: Hinter dem Vorhang. Verhüllung und Enthüllung seit der Renaissance. Hrsg. von Claudia Blümle, Beat Wismer. München 2016, S. 306–313, hier: S. 312, spricht gerade dem Begriff Textur eine bedeutungsträchtige Zwischenposition zu: „Weist der Begriff der Textur in seiner etymologischen Abkunft von *textere*, *textus*, *textum* (weben, flechten oder Gewebe, Geflecht, Zusammenhang) auf Aspekte der Materialität, sinnlichen Wahrnehmbarkeit und Faktur, des Duktus sowie der Machart [...], so birgt er doch zugleich auch den Begriff des Textes als Konfiguration sprachlicher Zeichen, das heißt als Produkt der sprachlichen Semiose und entsprechend als Gegenstand einer sinn- beziehungsweise bedeutungsbezogenen Auslegung in sich. Die Dissoziation und zugleich wechselseitige Einschreibung von Bedeutung und Zeichen, von Referenz und Selbstpräsenz weist auf die Strukturanalogie der besagten reziproken, doppelpoligen Dynamik von bildlicher Evidenz und damit exemplarisch auf die Semantik ästhetischer Strukturen hin, die sich aus dem intrikaten Zusammenhang von Bildgestalt, Sehen und Sujet ergibt.“

386 Vgl. Winst, Krankheit, S. 120. Der dramatische Liebestod Elyes am Sarg ihres verstorbenen Manns zeige in der Elternvorgeschichte die Visualisierung von Innerlichkeit, denn im Blut, das ihr aus Nase und Mund bricht, konkretisiere sich ihr Herzeleid.

Körper selbst zu einem für die höfische Welt opaken Textil,[387] das Gedanken und Absichten verschleiert, aber sie – für den mitwissenden Rezipienten – dennoch partiell durchscheinen lässt.[388] Einen Hinweis darauf, dass das gesehen werden soll, was hinter der höfischen Fassade liegt, gibt dabei der subtil integrierte Klang der Silben Am- und Wi- und die Minne Witekins, die an Willehalms Situation erinnert.

Indem Rudolf von Ems in seinen Text diese rezeptionslenkenden Codes mithilfe einer angedeuteten Gewebemetapher einwebt, die wiederum auf jene Codes verweisen, die Willehalm und Amalie zur Verschleierung ihrer illegitimen Minne verwenden, präsentiert er, dass er der Kunst des Tarnens inmitten totaler Einsehbarkeit mindestens genauso mächtig ist wie seine Protagonisten.[389] Rudolf führt die praktische Anwendbarkeit von Innerlichkeit textuell vor und geht damit über deren bloße Beschreibung, die Katharina Philipowski für Literatur typisch erachtet, hinaus:

> Literatur kennt keine Präsenz – sie ‚ist' immer schon Präsenz, insofern sie in der sprachlichen und narrativen Vermittlung (und durch sie) die Gegenwart der Handlung herstellt. Und sie kennt kein Innen – sie kann es nur beschreiben, so wie sie auch einen Körper oder ein Zelt beschreibt. Immer aber verharrt sie dabei im ‚Modus der Repräsentation', im Modus der Vermittlung. Er ist ursächlich dafür, dass Literatur von allem und alles erzählen kann. Das aber kann sie eben nur a l s Erzählung.[390]

Dieser Überlegung ist für den *Willehalm von Orlens* hinzuzufügen, dass der Literatur in diesem spezifischen Fall weitere Mittel zur Verfügung zu stehen scheinen als nur die der Beschreibung: Indem die aus Buchstaben gewebte Textoberfläche durch Akrosticha und Silbenspiele selbst als ornamentales Textil gestaltet ist, wird der Text für den Rezipienten zu mehr als nur einem imaginativ erfahrbaren Erlebnis, weil der

---

387 Sicherlich ist für die Deutung eines Körpers als Textil zudem von Bedeutung, dass die typologische Korrelation von Körper und Buch im Christentum bereits lange etabliert ist, vgl. Hamburger, Body, S. 117.

388 Ähnliches hat Bumke, Blutstropfen, S. 27, für die Figur der Enide/Enite überlegt: „In seinem ersten Artus-Roman hat Chrétien de Troyes an der Enide-Gestalt vorgeführt, wie ein Mensch, dem man das Sprechen verbietet, von innen heraus zu handeln beginnt und dabei Ausdrucksformen entwickelt, in denen sich ein neues Menschenbild bezeugt. Hartmann von Aue hat in seiner Nachdichtung an diesem Problem weitergearbeitet. In den Artus-Romanen von Chrétien de Troyes und in ihren deutschen Bearbeitungen ist der Weg des jeweiligen Helden so gestaltet, daß hinter den Stationen der Abenteuer-Handlung ein innerer Weg erkennbar wird, der der äußeren Handlung Zusammenhalt und Sinn verleiht."

389 Der Bezug zwischen Rudolf und seinen Protagonisten wird zudem vielleicht darin deutlich, dass Willehalm und Amalie zwischenzeitlich selbst Verfasser schriftlicher Texte, ihren Minnebriefen, sind, die dem Rezipienten als wortwörtliche Kreationen der beiden unterbreitet werden. Die Briefe können nach Trînca, Amor conspirator, S. 93, als innerliterarische Reflexion bewertet werden, weil sie intradiegetisch poetische Produktion zum Thema machen. Eine Parallele zwischen dem Autor und seinen Protagonisten zieht ebenfalls Baisch, Konzeption der Autorschaft, S. 65, wenn er folgert, dass der Appell, nach *bezzerunge* zu streben, sowohl für Rudolf als auch seine Figuren gelte.

390 Philipowski, Gestalt, S. 374 [Hervorhebung im Original].

Text seine eigene Medialität ausstellt und so eine Korrelation mit der Handlungsebene herstellt.

1.3.7 Verhüllungsebene VII: Versteckte Blicklenkung

Die Geschehnisse auf der Handlungsebene werden in der Art, wie sie zu rezipieren sind, in ein analoges Verhältnis gebracht: Die Geschichte von Willehalm und Amalie demonstriert, wie höfische Hüllen durch aufmerksames und erprobtes Einblicken durchdrungen werden können. Gerade indem Körper, Zelte und Innenräume nicht beschrieben werden, ergibt sich für den Rezipienten die Möglichkeit den Blick eindringen zu lassen: Fehlende Beschreibungen markieren die Permeabilität der Schwelle zwischen Innen und Außen, sodass er zur schauenden Partizipation in die Innenräume eingeladen wird, die sich sowohl auf die Handlung als auch auf die Medialität des Texts bezieht. Obgleich die Artifizialität des literarischen *textus* bei dieser Deutungsweise in den Vordergrund tritt, scheint bei dem Fokus auf die textile Verschleierungsfunktion keine poetologische Reflexion im Vordergrund zu stehen. Vielmehr wird die Fiktion in der Rezeption wiederholt, damit diese zu einem Anwendungsbeispiel werden kann, das zeigt, auf welche Hüllen geachtet werden muss – und dass es auf das ankommt, was sich hinter diesen Verhüllungen offenbart.[391]

391 Vor diesem Hintergrund ist es wenig überraschend, dass Willehalms und Amalies Hochzeitsnacht mithilfe von weiteren Verhüllungen dargestellt wird: Als der Hochzeitstag sich zu Ende neigt und sich das frischvermählte Paar schlafen legt, werden sie zunächst von Jungfrauen *bedaht* (V. 13939) – dann bedeckt der Erzähler sie mit einem Wortteppich aus Liebe, in dem es nicht mehr um die Bedeutung der Worte zu gehen scheint, sondern um die textil-verwobene Omnipräsenz des Wortes Liebe:

‚Lieb, du min, lieb, ich din;
Lieb, du bist lieb, das ich bin
Mir lieb, wan mines herzen sin
Dich, liep, mit liebe minnet;
Lieb, min liebe sinnet,
Liebes liep, mit liebe an dich.
Da du, liep, bist, da bin ich.
Nu wis ŏch, lieb, da ich si![‘] (V. 13950–13957)

Die tatsächliche körperliche Vereinigung der Liebenden führt diesen textilen Gedanken der Verwobenheit in einer metaphorischen Verhüllung weiter fort: *Ir minneberden ŏgen blic / Flahten sich an ainen stric, / Den nieman kunde entwinden / An des wunsches kinden.* (V. 13993–13996) In diese textilen Worthüllen soll der Rezipient allerdings nicht visuell eindringen, um die verschleierte Liebesbegegnung voyeuristisch zu betrachten, sondern mithilfe dieses Bildes wird deutlich gemacht, was die wahre Liebe bedeutet. Interessant ist, dass die textile Komponente auch in der bildlichen Umsetzung der Szene präsent ist: Die Darstellung der Hochzeitsnacht in der Heidelberger Handschrift, Cod. Pal. germ. 323 zeigt auf fol. 255r den Innenraum, in dem sich die Frischvermählten befinden, mit bräunlicher Architektur begrenzt, die fließend in das Bett überzugehen und den Innenraum vollends auszufüllen scheint, vgl. https://doi.org/10.11588/diglit.2206#0515 [Zugriff: 02.07.2024]. Der Einblick, der dem Rezipienten hier geboten wird, ist um einiges voyeuristischer als im Text gestaltet: Das Paar liegt nackt nebeneinander im Bett, die Decke verhüllt sie erst ab der Hüfte, sodass dem Betrachter Amalies entblößte Brüste präsentiert werden. Die Szene wirkt dennoch einigermaßen keusch, weil sich die Körper der

Dass der *Willehalm von Orlens* eine Geschichte erzählt, die sich auf die Idealität hinter den höfischen Verhüllungen fokussiert, verdeutlicht nämlich schon der „rezeptionsästhetisch angelegt[e]“[392] Prolog. Die im Prolog artikulierte Bedingung für die Rezeption des Romans „setzt literaturverständige und feinsinnige Hörer voraus, die den edukativen Wert der Erzählung, ihren Bildungsgehalt, zu entdecken wissen“.[393] Dazu wendet sich der Erzähler[394] in einer topischen Aufforderung zunächst an die missgünstigen Rezipienten, die die folgende Geschichte nicht zu schätzen wüssten: *Swas ungerne hôret ain man, / Das ist ime unsanfte bi* (V. 22 f.). Anstelle solch ungeeigneter Rezipienten wünscht er sich ein Publikum, das den Wert guter Geschichten versteht: *Und lasse komen ainen man / Der gůti mẽr*[395] *erkennen kan / Und der liht ist also gemůt / Das sůze rede im sanfte tůt!* (V. 33–36).[396] Der als vorbildlich vorgestellte Rezeptions-

---

beiden lediglich an den Armen zu streifen scheinen – allerdings wird dem Betrachter mit der Leerstelle, die die Bettdecke textil verhüllt, durchaus die Möglichkeit gegeben, die Begebenheit weiter zu imaginieren. Die Darstellung der Hochzeitsnacht im Münchener Codex Cgm 63 präsentiert auf fol. 105r ein sehr viel innigeres, aber weniger entblößtes Szenario (https://daten.digitale-sammlungen.de/bsb00102987/image_213 [Zugriff: 02.07.2024]): Im Aufbau des mit der Architektur verschmolzenen Betts und der Ausrichtung der Figuren große Ähnlichkeit mit der Heidelberger Version aufweisend, wenden sich die liebkosenden Figuren in der Münchener Handschrift allerdings einander zu und berühren sich dabei gegenseitig zärtlich im Gesicht. Die Bettdecke und die Arme verhüllen das Paar auf den ersten Blick vollständig, aber auf den zweiten Blick zeigt sich, dass sich unter der Decke auch die verflochtenen Körper der Liebenden ausmachen lassen – auch in dieser Illumination wird dem Rezipienten also Spielraum gelassen, um die verhüllt-enthüllte Minnevereinigung mit der eigenen Imagination auszugestalten. Im Hintergrund lässt sich zudem ein beiseitegeschobener Vorhang erkennen, der jenem Vorhang entspricht, der schon auf fol. 38 den Hintergrund der geheimen Minneabsprache darstellte, sodass Beginn und Ende der leidvollen Phase der Kinderminne eindeutig miteinander in Bezug gesetzt werden.

392 Huber, Wort- und Bildnetze, S. 276.

393 Lutz, Höfische Formung, S. 146.

394 Die Begriffe Erzähler, Autor sowie der Name Rudolfs werden der Verständlichkeit halber hier synonym gebraucht, weil sie allesamt integrierte Textbestandteile sind, die auf keine historische Person verweisen (dazu vgl. Unzeitig, Autorname, S. 20–21). Dass Rudolf womöglich diese Fragen reflektiert, könnte der Epilog zeigen, in dem sich Rudolf als *knappen* (V. 15627) bezeichnet. Zur Rolle des Knappen in der höfischen Literatur vgl. die Überlegungen zur Beobachterfigur in Kapitel 2.1 und 2.2.3 dieser Studie.

395 Die handschriftliche Überlieferung im Wasserburger Codex, Cod. Donaueschingen 74, fol. 1r (Karlsruhe, Badische Landesbibliothek) und entsprechend die Edition von Victor Junk zeigen hier ein mit a überschriebenes e. Eine stichprobenartige Überprüfung anderer Handschriften schreiben an dieser Stelle *mer* (Wien, Österreichische Nationalbibliothek, Cod. 2704 fol. 1r) und *mere* (Heidelberg, Universitätsbibliothek, Cod. Pal. germ. 4 fol. 3v und Cod. Pal. germ. 323 fol. 3v; Stuttgart, Württembergische Landesbibliothek, Cod. HB XIII 2 fol. 6r und Kassel, Universitätsbibliothek, LMB, 2° Ms. poet. et roman. 2, fol. 3v).

396 Haug, Literaturtheorie, S. 331, erkennt in dieser Wortwahl vor allem einen Rekurs auf die Formulierungen im *Tristan* Gottfrieds von Straßburg; Huber, Wort- und Bildnetze, S. 268, fokussiert seine Interpretation dieser Passage auf den Begriff der *mære*, die hier nach ihrer „ethisch-inhaltliche[n] Textqualität“ bewertet werde; für Xie, Studien, S. 35, steht der Wunsch nach Aufgeschlossenheit und Aufmerksamkeit des Publikums in dieser Textpassage im Vordergrund.

prozess wird mit der Fähigkeit zu *erkennen* verbunden – was semantisch über das bloße *hœren* der lästernden Rezipienten, die höflich des Raums verwiesen werden (V. 20 f.), hinausgeht.

Wenn er seine Geschichte erfolgreich mitteile, so der Erzähler weiter, würde es den edlen Rezipienten ein Zugewinn sein (V. 89–111), sofern sie die richtigen Voraussetzungen mitbrächten:

> Die minnere vindent minne dran,
> Die getriuwen ståte trúwe,
> Die seneden senede rúwe,
> Die erbarmherzigen claigendes lait,
> Die manlichen vil manhait,
> Die gůten rehte gůte,
> Die werden hohgemůte:
> Disú aventúre wert
> Swes ieman von måren gert,
> Des man den ere gernden sol
> Sagen und in gezimet wol
> Ze hőre ane missetat. (V. 112–123)

Damit macht Rudolf deutlich, dass der Hörer oder Leser seiner nun folgenden Geschichte die entsprechenden Tugenden und Emotionen bereits in seinem Herzen tragen muss, um sie im Text wiederfinden zu können: Wer selbst liebend, loyal, sehnsüchtig, traurig, tapfer und vorbildlich ist, wird diese Qualitäten in der vorliegenden *aventúre* entdecken.[397] Genau wie die Betrachter des *Willehalm von Orlens*-Teppichs, die entweder den dargestellten Stoff kennen müssen oder jemanden brauchen, der ihnen die Geschichte anhand des Teppichs nacherzählt, benötigen die Rezipienten des Romans ein inkorporiertes Verständnis von Tugend, um die Tugendhaftigkeit der Protagonisten wahrzunehmen: Es kann nur gesehen, erkannt und verstanden werden, was bereits bekannt und verinnerlicht ist. Rudolfs Geschichte hält demnach eine ganze Bandbreite positiv konnotierter höfischer Qualitäten bereit, doch diese ist weniger – wie kritisch angemerkt werden könnte – als eine intendierte Vermeidung spezifischer Thematik oder Verallgemeinerung zu sehen,[398] sondern als eine Möglichkeit, so viele nach Idealität strebende Rezipienten wie möglich anzusprechen.

---

397 Haug, Literaturtheorie, S. 332, sieht in dieser Passage wieder einen Bezug auf Gottfrieds *Tristan*-Prolog, in dem davon die Rede sei, „in welcher Weise die Liebe die übrigen Werte trägt: *tugent, triuwe, êre* sind in sie eingebunden. Bei Rudolf erscheint dieses Ineinander aufgelöst in ein Spektrum von Tugenden, die je nach spezifischen Interessen der Zuhörer sozusagen wahlweise vermittelt werden können." Dabei verkennt Haug, dass die ‚wahlweise' Vermittlung nicht nach willkürlichen Interessen ausgerichtet ist, sondern danach, welche Voraussetzungen der jeweilige Rezipient von vorneherein mitbringt. Damit ist auch die „Lehre, die das Werk vermittelt" nicht, wie er ebd., S. 338, meint, „für alle offen und alle gedacht", sondern ausschließlich für das Publikum geeignet, das Tugendhaftigkeit erkennt und nach *bezzerunge* strebt.

398 Vgl. Haug, Literaturtheorie, S. 332.

Der Erzähler verweist damit zugleich auf einen raffinierten Rezeptionscode, der das Publikum subtil dazu verpflichtet, alle aufgelisteten Aspekte in seinem Text zu erkennen, um zu signalisieren, dass sie mit den dargestellten Werten wohl vertraut sind und damit den hohen Ansprüchen des Erzählers gerecht werden können.[399] Darum kann er auch im Moment der Wiedervereinigung des jungen Liebespaars auf die imaginative Mithilfe seiner Rezipienten hoffen, als er sie inständig bittet, ihm bei der Artikulation wahrer Herzensfreude behilflich zu sein:

Wurde ieman herzecliebes vro
Dem liep nach laide si geschehen,
Der gedenke und helfe jehen
Was der degen ståte
Hoher vrŏden håte,
Do im das grosse liep geschach,
Do er sin herze liep ersach
Gesunt den såldenrichsten lip! (V. 13362–13369)

Willehalms große Wiedersehensfreude und seine überwältigende Erleichterung vermag der Erzähler nur angemessen darzustellen, indem er einen Bezug auf die Lebenserfahrung der Rezipienten herstellt, in deren Erinnerung sogleich nach übereinstimmenden Situationen gesucht wird.[400] Der ideale Rezipient des *Willehalm von Orlens* trägt damit aktiv zur Gestaltung der bestmöglichen Geschichte bei.[401] Der beispielhafte Charakter der Erzählung von Willehalm und Amalie wird gerade in den Passagen deutlich, in denen der Erzähler eine Verknüpfung zwischen dem tugendhaften Verhalten der Protagonisten und dem ‚Alltag' der höfischen Rezipienten schafft. Damit ist der Gebrauchskontext des Romans als Medium der Fürstenunterweisung nicht nur in die direkten Belehrungen des jungen Adligen hineinzulesen,[402] sondern auch in die verhüllten Rezeptionsanweisungen, die bereits auf eine Anwendung der dargestellten Vorbildlichkeit zielen.

Die Gleichung, dass nur das wahrgenommen werden könne, was der Rezipient ohnehin bereits in sich trage, erwähnt der Erzähler dann, über 9000 Verse nach dem ersten Prolog, mahnend im Prolog zum vierten Buch „in einer bemerkenswerten Wendung zum rezeptionsästhetischen Thema"[403] erneut. Die Rezipienten, die *sich verstant*

399 Vielleicht ist diese Prolog-Strategie der List, die Pfaffe Amis im gleichnamigen Schwankroman des Strickers anwendet, um den König und sein Gefolge in Paris mit nicht-existierenden Bildern zu überlisten, nicht unähnlich: Während im *Pfaffen Amis* niemand zugibt, dass er die Malerei nicht sehen kann, weil dies uneheliche Abkunft bedeuten würde, wagt es vielleicht kein höfischer Rezipient des *Willehalm von Orlens* einzuräumen, im Roman keine Tugendhaftigkeit entdeckt zu haben, weil dies einem Eingeständnis eigener Tugendlosigkeit gleichkäme.

400 Vgl. Gombrich, Art, S. 227.

401 So inpretiert diese Passage auch Lutz, Höfische Formung, S. 148.

402 Vgl. Helmut Brackert: Rudolf von Ems. Dichtung und Geschichte. Heidelberg 1968 (Germanische Bibliothek: Reihe 3, Untersuchungen und Einzeldarstellungen), S. 221.

403 Huber, Wort- und Bildnetze, S. 276.

/ Ze rehter gůter måre wol, / Als man verstan diu måre sol (V. 9736–9738) würden sich nämlich sicherlich daran erinnern, was ganz zu Beginn der Erzählung gesagt wurde:

> Die wissen wol, ich sprach hie vor,
> Do ich der aventúre tor
> Uf entslos und ir began,
> Das werdiu wip und werde man
> Vundent al diu måre
> Die den warent gebåre
> Die rehte måre minnent
> Und sich der wol versinnent
> An dirre aventúre hie.
> Nu vernement, hőrent wie
> Diu rede sig gemainet
> Und wie es sig beschainet.
> Ich han den manlichen gesait
> Ain teil von mannes manhait,
> Den gůten, den getrúwen
> Von clågeliche riuwen
> Den minnegernden senenden pin. (V. 9747–9763)

Nachdem die heimliche Minne zwischen Amalie und Willehalm öffentlich und der schwer verwundete junge Ritter zur Strafe des Lands vertrieben wurde – nachdem die Geschichte also auf ihrem dramatischen Höhepunkt mit ungewissem Ausgang angelangt ist –, erinnert der Erzähler noch einmal an die Regeln, die ganz am Anfang für die Rezeption des Texts aufgestellt wurden: Die Mutigen sollten längst schon männliche Tapferkeit entdeckt haben und die, die selbst an sehnsüchtiger Minnequal leiden, selbigen Sehnsuchtsschmerz. Im Prolog zum vierten Buch wird dem Rezipienten damit erneut vergegenwärtigt, dass es neben den zahlreichen prächtigen Turnieren, spannenden Aventiuren und intimen Liebesbekundungen, etwas zu *vinden* gibt, was als höfische Tugendhaftigkeit durch die oberflächliche Handlungsebene hindurchscheint. Dass diese Erinnerung an die im ersten Prolog formulierten Rezeptionsregeln ausgerechnet den Teil der Handlung einleitet, in dem es ganz maßgeblich darum geht, die wahre Idealität durchschimmern zu sehen, auch wenn sie von anderweitiger Handlung fast gänzlich verhüllt wird, ist bezeichnend: Rudolf möchte damit wohl sicherstellen, dass seine Rezipienten gelernt haben, hinter den Vorhang zu schauen.[404]

---

404 Damit sei Brackert, Rudolf von Ems, S. 222, nicht widersprochen, wenn er insbesondere dem Schluss des Werks ein ostentatives Zeigen höfischer Vorbildlichkeit attestiert: „Die Schilderung höfischer Vorgänge und fürstlichen Zeremoniells, die durch den ganzen Roman hin wesentlicher Teil der Erzählung war, wir hier zum Selbstzweck. Sie will nur noch demonstrieren, hinweisen auf vorbildliches Verhalten, und dies am Beispiel: beim Gastmahl, in der *herberge*, bei der Messe, bei herrscherlicher Tätigkeit wie Gericht, Landfrieden, Belehnung, Huldigung, Schenkungen, als auch durch Paränese: in den langen Mahnreden Jofrits und Rainers." Zu diesem offensichtlichen Präsentieren allerdings stößt noch eine verhüllte Form der Darstellung höfischer Idealität hinzu, die eindrücklich

In den folgenden Versen des Prologs zum vierten Buch rekurriert er weiter auf den Aufbau des ersten Prologs und stellt „mit fingierten Zwischenrufen“[405] in einem „Kabinettstück der Argumentationskunst“[406] die Reaktion unangemessener Rezipienten dar. Christoph Hubers Paraphrase des vierten Prologs macht deutlich, dass die Stimme des Erzählers plötzlich im sprachlichen Wirrwarr der Gesellschaft unterzugehen droht – genau wie es seinem Protagonisten im Folgenden ergehen wird:

> Das eine, rechte *mære* geht im Stimmengewirr, vieler, ungezügelter Nachrichten unter. Man betrinkt sich, bedauert den Verlust im Würfelspiel, beschimpft seine Mutter, seine Schwester und überhaupt alle Frauen, die Kinder und Ehefrau der anderen und greift dabei zu den schädlichsten Ausdrücken.
> Der Sprecher distanziert sich davon, nicht weil er etwa beleidigt wäre, dass man ihm nicht gerne zuhört. Ja er will dieses Volk mit seinem *mære* gar nicht unterhalten und entschließt sich zum Rückzug. Er will überhaupt aufhören zu dichten.[407]

Die Frustration mündet in eine umfassendere Kritik fragwürdiger höfischer Verhaltensweisen (V. 9840–9852), denn für diese *ungefüge so vil* (V. 9802) lohnt es sich nicht, zu erzählen – *ich mûs geswigen sa* (V. 9803). Nochmal beteuert der Erzähler, dass es explizit nicht seine Absicht ist, einfach nur freudige Geschichten zu erzählen:

> Jo dunkte mich niht zimelich,
> Das in mine måre
> Die beste kurzewile wåre,
> Das si hettint sölichen schimph
> Der in manlichen gelimph
> Brehte niht. das wåre ein sitte
> Das si geret waren mitte. (V. 9858–9854)

Er hält es nicht für angemessen, einfach nur kurzweilige Geschichten ohne Mehrwert zu vermitteln: Bloß *schimph*[408] beizutragen, ist nicht sein Ziel, weil nur jene Geschichte, die zum *gelimph* anregt, die Rezipienten zu *ern* vermag. Obwohl er pessimistisch

---

zeigt, dass äußere Pracht nichts bedeutet, wenn sie nicht mit der nicht so offensichtlichen inneren Idealität korreliert.

405 Scholz, Hören, S. 96.

406 Huber, Wort- und Bildnetze, S. 278.

407 Huber, ebd., S. 279. Zu diesen drastischen Lästereien zählt etwa *versortnú huor* in V. 9835.

408 Womöglich ist es kein Zufall, dass die vorzüglichen Unterhaltungen, die der stumme Willehalm den Damen am norwegischen Hof zuteilwerden lässt, ebenfalls mit *schimph* (V. 10469), also dem Wort bezeichnet werden, das hier in Abgrenzung zu *gelimph* negativ konnotiert ist. Damit präsentieren sowohl der Erzähler als auch sein Protagonist, dass oberflächliche Kurzweil zwar temporär zu gesellschaftlicher Freude beitragen kann, aber dass diese langfristig nicht erstrebenswert ist, weil es auf das ankommt, was im Inneren zu finden ist. Weil der Reim *schimph* / *glimph* recht kurz hintereinander zweimal erscheint, dürfte Junks Konjektur in V. 9861 f. unstrittig sein.

überlegt, seine Erzählung nicht fortzusetzen,[409] entscheidet er sich letztlich doch dafür, zu erzählen, was nun mit dem verstummten Willehalm passiert, weil er hofft, vielleicht doch die richtigen Rezipienten zu erreichen: *Die das sint, dur die wil ich / Arbaiten aber gerne mich, / Ob si gerne hȯrent* (V. 9887–9890). Der Erzähler bricht also sein angedrohtes Schweigen, um weiter von seinem stummen, aber nun größtenteils namenlosen Protagonisten zu berichten, denn er ist überzeugt, dass der Blick der idealen Rezipienten die Abenteuer durchdringen kann, sodass sie auf das stoßen, was verschleiert dahinter liegt: die Vermittlung höfischer Werte und Normen[410], verhüllt durch kurzweilige Aventiuren, die nur dem vorbildlichsten Rezipienten als eine temporäre, verborgene Parallelwelt deutlich wird. Sowohl der Protagonist als auch der Erzähler sind verschwiegen, sie verstecken die ideale Minne hinter einer höfischen Fassade.

Nachdem der Fokus der Handlung für ein Buch von der idealen Kinderminne weg hin zu den kämpferischen Aventiuren eines stummen Ritters in der Ferne schwenkt, kehrt der Erzähler dann im fünften Buch wieder zum eigentlichen Thema zurück – denn es sei nun an der Zeit, dem *wisen man* endlich den *kumber* zu *nemen* (V. 12205–12209). Um die Geschichte fertig zu erzählen, möchte der Erzähler sich zu Beginn des letzten Buchs, in dem das junge Liebespaar endgültig zueinander geführt wird, mit Herrin Aventiure zusammenschließen. Willehalm soll nun von seiner Qual und Stummheit *genesen* (V. 12212), die er für die Geschichte (*Mœrishalp*, V. 12220) erlitten hat, und Amalie soll endlich *trost* (V. 12227) gegeben werden. Auf diesen Appell, sich jetzt mit Rudolf zu verbünden, um die *mare* (V. 12242) zum Abschluss zu bringen, erinnert die Aventiure ihn daran, dass sie ihm genau gesagt habe, wie er sie *solt berihten* (V. 12244).[411] Er erwidert: *ich wais vol wol / Wie ich dich berihten sol* (V. 12245 f.) – und

---

409 Baisch, Konzeption der Autorschaft, S. 68–69, deutet insbesondere diese Textstelle als inszenierte Gefahr des Scheiterns: Rudolf von Ems spiele in den metapoetischen Passagen verschiedene Möglichkeiten durch, die suggerieren, dass seine Autorschaft stets unsicher sei. Indem er sich aber gegen diese (fingierten) Widrigkeiten durchsetze, offenbare er letztlich seine Meisterschaft.

410 Ridder, Liebestod, S. 319, resümiert im Rekurs auf die Forschung, die den *Willehalm von Orlens* gerne mit Blick auf Gottfrieds *Tristan* interpretiert hat, dass der Roman viel deutlicher den intendierten Gebrauch zur Fürstenunterweisung nahelegt denn eine kritische Auseinandersetzung mit dem *Tristan*-Stoff: „Überblickt man abschließend Rudolfs Auseinandersetzung mit dem *Tristan*, so ist die enge Verbindung von Liebe und Tod, die letztlich den Anforderungen der Gesellschaft entgegensteht, im *Willehalm von Orlens* nicht mehr Kernpunkt des literarischen Programms. Es entsteht der Eindruck, daß die Herrschaft des Fürsten gerade auch dadurch geadelt wird, daß die unbedingte personale Liebe, deren gesellschaftsgefährdende Kraft der *Tristan* entfaltet hatte, im Folgetext zu einem integralen Bestandteil der Herrschaftskonzeption wird. Der gesellschaftsfeindliche Charakter der absoluten Liebe ist vollständig abgedrängt und im Sinne einer normvermittelnden Fürstenlehre umgeformt. Tristanliebe und Liebestod sind Gegenstand didaktisch-literarischer Demonstration geworden."

411 Mit dieser Aussage bezieht sich Herrin Aventiure auf den Prolog zum zweiten Buch, in dem der Erzähler zahlreiche Verfasser nennt, die die Geschichte besser erzählen könnten. Neben dem dominanten Literaturkatalog lässt die Eröffnung des zweiten Prologs zudem eine explizite Wendung an den Rezipienten erkennen, indem die Aventiure das Buch mit folgenden Worten eröffnet:

sie erwähnt daraufhin noch einmal mahnend die Spielregeln, die dem Erzählen der Geschichte zugrunde liegen: *Du tihtest mich durch ainen man / Der wol nach eren werben kann, / Durch állú wip dar zů* (V. 12259–12261). Damit verkündet die personifizierte Aventiure, dass die Rezeption eines vorbildlichen, nach *ere* strebenden Lesers oder Hörers die Erzählung erst möglich mache.[412] Außerdem offenbart sich in der Personifikation eine weitere Verhüllung, die der Rezipient durchschauen muss, denn sie besteht als allegorische Figur selbst aus mehrfachen Schleiern:

> [D]em ersten, unsichtbaren des rhetorischen *integumentums*, also der sprachlichen Einkleidung eines Begriffs, dann [...] dem zweiten, visuellen Schleier, der in der bildlichen Repräsentation eines weiblichen, oftmals idealschönen Körpers besteht, und drittens [...] einem Schleier im textilen Wortsinn, der das Prinzip der Einkleidung nochmals an der Oberfläche des allegorischen Körpers aufruft.[413]

Wenngleich Herrin Aventiure bei ihrem Erscheinen auf der Metaebene des Romans nicht äußerlich beschrieben oder mithilfe tatsächlicher textiler Schleier als sonderlich weiblich inszeniert wird, ist sie dennoch die sprachlich-allegorische Verhüllung einer aus Worten gewebten Geschichte, die von einer idealen Liebe handelt, die sich weitge-

---

> Wer hat mich gůter her gelesen?
> Ist es ieman gewesen
> Lebende in solicher wise,
> Lob er mich dez mich prise
> Es sig man oder wip,
> Hab er so getrúwen lip,
> Ane vålsche sol er mich
> Lieben, das ist frúntlich,
> Mit sůzer sinne stúre (V. 2143–2151)

Die Eingangsfragen sind so gestellt, dass sich wieder jeder Rezipient als ein *gůter*, der in der richtigen *wise* lebt, angesprochen fühlen kann. Lutz, Höfische Formung, S. 144, stellt für den Prolog zum zweiten Buch fest, dass darin „eine Rezeptionsgemeinschaft beschworen“ werde, die „das Gelingen des Vermittlungsaktes“ vereinbare.

412 Das fortwährende Streben nach *bezzerunge* gilt dabei nach Brackert, Rudolf von Ems, S. 230, sowohl für die Protagonisten als auch für die Rezipienten als Leitlinie: „Nichts zeigt augenfälliger, daß die Idealität gemeint ist als Appell, als Lehre für Fürsten, die ihr handelnd noch nicht völlig genügen – vielleicht auch niemals genügen können, weil der unendliche Abstand zwischen der empirischen Erscheinung und ihrem Leitbild nicht gänzlich überbrückt werden kann. Die Gestalten sind zweischichtig angelegt: sie werden als ideale Figuren vorgeführt und tragen zugleich der empirischen Wirklichkeit dadurch Rechnung, daß sie unter dem Gebot der *bezzerunge* stehen. Die Paradoxie löst sich also von der *lere* her auf: die Figur ist zugleich idealer Entwurf und dieser Richtnorm selbst unterworfene empirische Gestalt. Die *lere* formuliert das Ideal, auf das hin die Wirklichkeit ausgerichtet werden soll; *bezzerunge* bringt beide einander näher.“

413 Silke Tammen: Begehrenswerte Erkenntnisse: Weiblichkeit, Schleier und Wahrheit. In: Körper-Ästhetiken. Allegorische Verkörperungen als ästhetisches Prinzip. Hrsg. von Cornelia Logemann, Miriam Oesterreich, Julia Rüthemann. Bielefeld 2012 (Kultur- und Medientheorie), S. 290–317, hier: S. 305–306. Sie operiert mit einem weiten Schleier-Begriff, unter dem sie sowohl Kleider als auch Schleiertücher, mit denen z. B. Venus häufig dargestellt wird, verstanden wissen will.

hend in verhüllten Innenräumen konstituiert, in die einzudringen der Rezipient angeleitet wird. Wie die Darstellung der verhüllten Innenräume im zweiten und dritten Buch sowie die subtil integrierte, textuelle Selbstreferenzialität im vierten Buch, dient damit vielleicht auch der erneute Auftritt der personifizierten Aventiure am Anfang der Auflösung aller Konflikte dazu, dem Rezipienten in Erinnerung zu rufen, dass er verstehen muss, wie er seinen Blick auf die richtige Weise partizipieren lassen kann. Trotz aller Topik und literaturtheoretischer Tradition, die einem Gespräch zwischen dem Erzähler und der Aventiure zugrunde liegen mag,[414] wird in dieser letzten Abhandlung auf der Metaebene abermals die ganz spezifische Anspruchshaltung betont, dass richtige Rezeption die Bedingung für richtiges Erzählen ist.

Die vermeintlich weniger lebendig wirkenden Figuren und die reduzierte Spannung der Handlung[415] können dann lediglich dem Rezipienten des *Willehalm von Orlens* als negativ auffallen, der noch nicht verstanden hat, dass diese bloß oberflächliche Hüllen sind. Denn wie die Geschichte von Willehalm und Amalie zeigt, findet sich wahrhafte Idealität oft in verborgenen Innenräumen – manchmal hinter kaum als solche erkennbaren Hüllen[416] – und der Rezipient muss diese Verhüllungen mit seinem verständigen Blick durchdringen, um die Geheimnisse dahinter sichtbar werden zu lassen und so den Mehrwert der Geschichte zu entschleiern.[417] Dieser besteht in Rudolfs von Ems ‚Minne- und Aventiureroman' darin, die wahrhaft vorbildliche Minne zu erkennen, die so in die Innerlichkeit verlagert ist, dass sie nicht mit der höfischen Außenwelt auf Konfrontationskurs gehen muss: Wahrhafte Idealität in Minne, Herrschaft und Tugend ist nämlich niemals gänzlich vor Einblicken von außen verborgen,

414 Natürlich ist es denkbar, dass sich Rudolf hier etwa von Wolframs von Eschenbach *Parzival* hat inspirieren lassen, in welchem der Erzähler, nachdem zwei Bücher lang ausschließlich vom Musterritter Gawan erzählt wurde, wieder zur Parzival-Handlung zurückkehrt, indem er der plötzlich anklopfenden *frou âventiure* (433,7) zahlreiche Fragen stellt. Auffällig ist in beiden Romanen die Parallele zwischen dem aus der Handlung zurückgedrängten Protagonisten, weil sowohl Parzival als auch Willehalm für längere Zeit aus dem Fokus des Rezipienten geraten und dann aber beide mithilfe der personifizierten Aventiure wiedereingeführt werden.

415 Vgl. Brackert, Rudolf von Ems, S. 230.

416 Auch Wenzel, Hören und Sehen, S. 413, benutzt interessanterweise die Metapher von Ver- und Enthüllung, um den selbstbezüglichen Charakter höfischer Texte, die als Spiegel höfischer Vorbildlichkeit fungieren sollen, zu betonen: „Die Bildlichkeit der Texte reicht bis auf die Ebene der Selbstreferentialität. Die poetologische Abstraktion liegt in der bildhaften Figuration verborgen, und so stellt sich die Aufgabe, die Vorformen der Theorie aus ihrer schönen Hülle zu entfalten."

417 Wie bereits in der Einleitung dieser Studie dargelegt, können solche Überlegungen nicht losgelöst von der (christlichen) Deutung des inneren und äußeren Sehens betrachtet werden. Adler und Groß, Einleitung, S. 10, führen dazu aus: „Der Leib ist das Hindernis des Geistes, der Geist ist aber durch die Schöpfung an den Körper gebunden. Körperliches Sehen ist aus diesem Blickwinkel Blindheit, wie andererseits Blindheit Voraussetzung für die Luzidität der Seher ist. Ödipus sieht erst, als er sich die Augen aussticht. Das Ziel dieses geistigen/geistlichen Sehens ist orientiert an der absoluten Transparenz, in der sich alles göttlichem Sehen darbietet." In gewisser Hinsicht muss der Rezipient des weltlichen Romans *Willehalm von Orlens* ebenso blind für das werden, was unmittelbar vor Augen steht, um so das verhüllt Dahinterliegende zu erkennen.

weil sie für das geschulte Auge des idealen Rezipienten durch sämtliche Verhüllungsebenen hindurchscheint.

Rudolfs vom Ems *Willehalm von Orlens* zeigt eindrücklich, welche relevanten Erkenntnisse sich aus einer Fokussierung auf den eindringenden Blick des Rezipienten ergeben: Nur über das durchdringende Schauen vermittelt der Roman seine Anleitung zum Erkennen höfischer Idealität, die weit über die auf den ersten Blick sichtbare Handlung hinaus geht. Dass für das Entziffern verhüllter Blicklenkungen in der höfischen Literatur ein Rekurs auf die Zeugnisse der bildenden Kunst gewinnbringend ist, um die Wahrnehmung solcher Verhüllungsstrategien auch für einen modernen Rezipienten sichtbar zu machen, demonstrieren aufgrund ihrer materiell-mehrdeutigen Beschaffenheit insbesondere textile Barrieren. Denn mithilfe der Bilder kann (im wahrsten Sinne des Wortes) der Blick für die visuell eindringende Rezeption geschärft werden. Während die textilen Rahmungen der am Anfang dieses Kapitels untersuchten Verhüllungen als höfische Zelte eine spielerisch-andeutungsreiche Neubewertung gefährlicher, gesellschaftsferner Minneräume ermöglichen, offenbart Rudolfs ‚Minne- und Aventiureroman', dass der eindringende Blick als ästhetische Kategorie sämtliche Schichten des Texts durchdringen kann. Über die Entwicklung der Kinderminne – vom Bettvorhang, zum Zelt als intimer Schreibstube, bis hin zur höfischen Körperhülle – wird der Rezipient im *Willehalm von Orlens* auf der Handlungsebene schrittweise dazu geführt, verschleiernde Texturen zu durchblicken, um so (fast beiläufig) angeleitet zu werden, hinter oberflächliche höfische Fassaden zu blicken. Die oben erfolgten Analysen verdeutlichen, so lässt sich abschließend resümieren, dass die Literatur des Mittelalters in Hinblick auf einen aktiv schauenden Rezipienten untersucht werden muss, dessen Position als textexterner Beobachter, der exklusive Einblicke in die dargestellte Welt und ihre Vermittlung erhält, in unterschiedlicher Intensität integriert werden kann. Gerade für Texte mit didaktischen Intentionen erweist es sich darum als essenziell, Prologe, Epiloge, Rezipientenapostrophen und die Handlung selbst miteinander in Beziehung zu setzen, um herauszufinden, was von Hörern und Lesern tatsächlich ein- und vielleicht auch durchdringend erblickt werden soll.

2 Der gelenkte Blick: Figurationen des Rezipienten

Nachdem das vorangegangene Kapitel zum eindringenden Blick des Rezipienten herausgestellt hat, wie textile Rahmungen in höfischen Bildern und Texten genutzt werden, um die Permeabilität dargestellter Welten aufzuzeigen und zu problematisieren, liegt der Schwerpunkt im nachstehenden Kapitel auf Figuren auf der Handlungsebene, die zur Blicklenkung eingesetzt werden und mit denen der Rezipient eine werkinterne Hilfestellung erhält, die ihn anleitet, Unsichtbares zu sehen. Im Rekurs auf diverse Beobachtungsinstanzen in ästhetischen Zeugnissen der höfischen Kultur wird dazu im Folgenden der interdisziplinäre Begriff einer blicklenkenden Assistenzfigur entwickelt, mit dem schauende Figuren in mittelalterlichen Text- und Bildzeugnissen kategorisiert werden können. Die anschließende wahrnehmungsästhetische Analyse möchte darlegen, dass die höfische Ästhetik die Figur eines Dritten bevorzugt dann implementiert, wenn Geheimnisse im intimen Kontext gesehen werden müssen, damit von ihnen erzählt werden kann, obwohl sie eigentlich unsichtbar bleiben sollen. Figürliche Vermittlungsinstanzen, die markieren, was nicht gesehen werden kann, aber dennoch sehen, fokussieren den Blick des Rezipienten auf das Verborgene, Intime und Verbotene. Weil es sich dabei aber um Blicke handelt, die ein visuelles Eindringen in einen nicht-öffentlichen Raum darstellen, werden die Einblicke auf unterschiedliche Weisen eingeschränkt. Denn, ähnlich wie es oben für Rahmungen und Vorhänge gezeigt wurde, mit der Öffnung eines Blickfeldes geht zugleich dessen Beschränkung einher, womit dann wiederum die Grenzen des Sichtbaren exponiert sind. Bei den im Folgenden untersuchten Szenen mit Blicklenkung handelt es sich nicht um extrinsische Verhüllungen, sondern um Einschränkungen der Sicht, die bereits werkintern in den schauenden Figuren selbst angelegt sind: Solche Einschränkungen können sich im gesellschaftlichen Rang, in negativen Bewertungen und in einer besonderen Betonung falschen Sehens äußern. Über diesen von Figuren gelenkten Blick, der jedoch nicht gänzlich ungehindert eindringen kann, wird der Rezipient in der Wahrnehmung dargestellter Welten und der Enthüllung ihrer Bedeutungen angeleitet, wie nun an zahlreichen Bild- und Textbeispielen gezeigt werden soll.

2.1 Vor den Augen des Hofs: Öffentlichkeit und Heimlichkeit

Wie bedeutend Augenzeugenschaft in der ästhetischen Produktion der höfischen Kultur ist, offenbaren werkinterne Beobachterfiguren in den Texten und Bildern des Mittelalters. Denn Prozesse des Beobachtens sind omnipräsent in höfischen Repräsentationen – insbesondere Fenster und Zinnen dienen für die Frauen des Hofs als Aussichtspunkte.[418] Anhand der literarischen und historischen Überlieferungen des

418 Bumke, Höfische Kultur, S. 148–149: „Der bevorzugte Ort der Damen waren die Fenster und Balkons. […] In den Fensternischen wurden häufig Sitzbänke eingemauert oder aufgestellt und mit bequemen Kissen belegt; das war ein Platz für vertraute Gespräche. Ebenso gerne hielten sich die Damen an den Zinnen auf. Von dort aus konnte man mitansehen, was auf dem Hof oder vor der Burg geschah, konnte die Ankunft von Fremden beobachten oder zuschauen, wie die Ritter turnierten." Die gesellschaftliche Relevanz des Fensters, der Zinne und der erhöhten Beobachterposition mit ihren unterschiedlichen Konnotationen ist in der höfischen Literatur oft essenziell für die Handlung: Im *Lai de Lanval* der Marie de France wird die erhöhte Beobachterposition der Königin dem jungen Artusritter zum Verhängnis, denn während eines Spaziergangs im Garten *desuz la tur* (V. 223) betrachtet sie das Gefolge ihres Ehemanns durch ein Fenster (V. 237) und entdeckt ihr Begehren für Lanval, womit sie ein Loyalitätsdilemma hervorruft. Aus ähnlichen, erhöhten Fensterpositionen entsteht das Begehren Lavinias im *Eneasroman* – sie befindet sich in einem *palas hô* (V. 10017) und sieht den Trojaner durch das Fenster (V. 10021 f.), über das sie später Blickkontakt herstellen (V. 10936 f.): Immer wieder wird betont, dass Lavinia im *venster lach*, um Eneas zu sehen (z. B. V. 11372; V. 11559). Aus der gleichen Beobachterperspektive verliebt sich Kriemhilt in Sîfrit, die den Helden durch die Fenster zum Hof beim *spilen*

Abb. 14: Elfenbeinkästchen (Deckel), französisch. New York, The Metropolitan Museum. 10,9 x 25,3 x 15,9 cm, entstanden ca. 1310–1330.

beobachtet (133,1–3). In Strickers *Daniel von dem blühenden Tal* bricht der Mutter der Dame vom Trüben Berg das Herz, weil sie von der Zinne aus beobachtet, wie ihr Mann vom bösen Zwerg Juran getötet wird (V. 1255–1257) – und der anschließende Kampf Daniels mit dem Zwerg beginnt, indem er gemeinsam mit der hilfesuchenden Dame das Herannahen des Gegners von den Zinnen aus beobachtet (V. 1508–1515), auf welchen die Dame verweilt, um Daniels Sieg mit anzusehen (V. 1734). Obwohl sich mit Iweins Betrachtung der Trauer Laudines durch das Fenster seines Gefängnisses ein männlicher Fensterblick nachweisen lässt (V. 1693 f.), steht die weiblich konnotierte Form des Beobachtens in der Fensternische zumeist eher einem temporären Rückzugsraum des männlichen Helden entgegen, den Müller, Höfische Kompromisse, S. 277, mit der Zurückhaltung Dietrichs von Bern im *Nibelungenlied* belegt (und die sich mit dem Beginn des Zwergenkampfs in Strickers *Daniel* vergleichen lässt): Dietrich könne vom Fenster aus die Kampfhandlung verfolgen, aber zugleich jederzeit eingreifen. Eine andere Sicht auf Frauen im Fenster präsentiert Karina Kellermann: Der Blick aus dem Fenster. Visuelle Âventiuren in den Außenraum. In: Virtuelle Räume. Raumwahrnehmung und Raumvorstellung im Mittelalter. Hrsg. von Elisabeth Vavra. Berlin 2005, S. 325–342, hier: S. 340: Daran, dass Prünhilt ihre Mädchen von Fenstern fortschickt, zeige sich, dass der „Blick aus dem Fenster [...] die Gefahr der Umkehrung birgt, denn durch den Blick in das Fenster werden die Frauen zu Schauobjekten für die Männer". Timothy R. Jackson: Zwischen Innenraum und Außenraum. Das Motiv des Fensters in der Literatur des deutschen Mittelalters. In: Innenräume in der Literatur des deutschen Mittelalters. XIX. Anglo-German Colloquium Oxford 2005. Hrsg. von Burkhard Hasebrink, Hans-Jochen Schiewer, Almut Suerbaum [u. a.]. Tübingen 2008, S. 45–66, hier: S. 52, betont hingegen, dass die isländische Herrscherin und ihr Gefolge in dieser Szene „räumlich entrückt, unbedroht, unantastbar" wirken. Bei aller Ambivalenz der Konnotationen wird dennoch deutlich, dass die Rolle der Beobachterinnen eine (oft handlungs-) entscheidende Konstante in der höfischen Literatur ist.

höfischen Fests lässt sich nachvollziehen, dass Damen „in der Funktion eines Wahrnehmungsorgans auf[traten], durch das die optischen Höhepunkte eines Festes überhaupt erst aufgenommen und gewissermaßen veröffentlicht“[419] und Turniersieger durch ihre Augenzeugenschaft gekürt werden konnten. Die zahlreich überlieferten Darstellungen von Turnieren in der profanen Kleinkunst des Mittelalters präsentieren dementsprechend häufig mit adligen Zuschauerinnen besetzte Tribünen,[420] die kämpfende Ritter von einer erhöhten Position in der charakteristischen Gegenüberstellung von „Zeigelust und Schaulust“[421] beobachten.

Das bereits in der Einleitung vorgestellte französische Elfenbeinkästchen aus dem ersten Drittel des 14. Jahrhunderts, zeigt auf den zwei mittleren Bildfeldern seines Deckels ein solches Turnier: Die unteren zwei Drittel der länglichen Bildfelder werden von zwei mit Schilden und Lanzen gerüsteten Rittern sowie deren Pferden eingenommen, die aufeinander – und somit auf die mittlere Grenze des Registers – zustürzen, während die jeweiligen Lanzen bereits in das gegenüberliegende Bildfeld hineinstechen (Abb. 14). Hinter den prominenten Reitern befindet sich jeweils in den äußeren oberen Ecken beider Bildfelder eine kleinere Figur, die in einem Baum sitzt und in eine lange Trompete bläst. Die Blasinstrumente leiten den Betrachterblick in eine Tribüne im oberen Drittel weiter, auf der sieben Figuren dem Kampf zuschauen, wie ihre teils geneigten Häupter implizieren. Eine bekrönte Dame streichelt mit ihrer Hand ein Hündchen, das auf dem mit einem Tuch halb-verhüllten Balkongeländer sitzt. Die Schnitzerei verrät zwar nicht, ob die zwei kämpfenden Ritter um die Huld der Dame mit dem Hündchen werben oder ob sich die angeregte Konversation der weiteren Figuren auf den Kampf bezieht, doch diese Szene verdeutlicht, dass Turniere die Präsenz der Zuschauer verlangen. Ohne die Gegenwart der Tribüne, von der aus die Damen des Hofs zuschauen können, wäre ein Ritterkampf in der bildlichen Darstellung nicht als höfisches Turnier zu erkennen: Erst die anwesenden Beobachterinnen verwandeln ihn in ein gesellschaftlich unverkennbares, höfisch-festliches Vergnügen.

Wie dieses einführende Beispiel zeigt, gibt es am mittelalterlichen Adelshof einen „alle Sozialität stiftenden Imperativ der Sichtbarkeit“[422], der sich in den Bildern und Texten der höfischen Kultur niederschlägt. Viele Schlüsselszenen der mittelalterlichen Literatur verweisen auf eine exponierte Relevanz von Beobachtungen, indem Beob-

---

419 Wandhoff, Der epische Blick, S. 199.

420 Bumke, Höfische Kultur, S. 369, verweist auf historische Quellen aus dem 13. Jahrhundert, die belegen, dass höfische Damen – womöglich bedingt durch die Popularität literarischer Motive – tatsächlich Turnierveranstaltungen beiwohnten. Ähnlich ziehen Haferland, Höfische Interaktion, S. 81; Jackson, Zwischen Innenraum und Außenraum, S. 59–60; Rösener, Die höfische Frau, S. 225, die Miniaturen mit Frauen in Fensternischen oder Arkaden im *Codex Manesse* als Beweis für die Popularität des Motivs in Text und Bild heran.

421 Gephart, Sehen, S. 26–27, spricht den Männern dabei exhibitionistische Absichten zu, den Frauen voyeuristische.

422 Morsch, Blickwendungen, S. 170.

achter die Rechtmäßigkeit von Handlungen signalisieren,[423] wie es nach Gerd Althoff auch in anderen Bereichen höfischen Lebens gang und gäbe war:

> Durch Handlungen, die vor Zuschauern stattfanden, verständigte man sich über einen Großteil der Prinzipien, auf denen die Ordnung der Gesellschaft basierte: Über- und Unterordnung, Rechte und Pflichten, Konsens und Dissens. Die Zuschauer fungierten als Zeugen und verstärkten so die Verbindlichkeit dieser Aussagen. Die Stärke dieser Art von Kommunikation bestand nicht zuletzt in der Leistung symbolischer Verdichtung. Man ging komplexe Verpflichtungen mit einer einzigen Geste ein; eine Handlung zeigte, ob die Verhältnisse in Ordnung oder getrübt waren; mit einer Handlung war die Rangfrage geklärt.[424]

Aus dieser Ordnung konstituierenden Funktion des öffentlich Sichtbaren ergeben sich aber zugleich Probleme, die in der mittelalterlichen Literatur thematisiert werden. Die handlungsentscheidende Bedeutung eines großen Publikums zeigt sich etwa im *Nibelungenlied*, in dem auf Island der öffentliche Brautwerbungswettkampf Gunthers um Prünhilt stattfindet. Die Zuschauer jedoch, die „später bezeugen und weitererzählen sollen“[425] werden absichtlich getäuscht: Die Wahrnehmung der Augenzeugen ist durch die Tarnkappe, mit der sich der unsichtbare Helfer Sîfrit verhüllt, magisch manipuliert. Prünhilt ahnt zwar, dass sie im Kampf betrogen wird, doch weil die Unsichtbarkeit jene Augenzeugenschaft verhindert,[426] die für einen Beweis des Betrugs benötigt wäre, und ihre Niederlage vor Zeugen stattfindet, muss sie sich ergeben und

---

423 Vgl. Rüdiger Brandt: Enklaven – Exklaven. Zur literarischen Darstellung von Öffentlichkeit und Nichtöffentlichkeit im Mittelalter: Interpretationen, Motiv- und Terminologiestudien. München 1993 (Forschungen zur Geschichte der älteren deutschen Literatur. 15), S. 241. Allgemein zur Bedeutung des Sehens im mittelalterlichen Rechtverständnis folgert Wandhoff, Der epische Blick, S. 56: „Für die Rechtsverbindlichkeit einer Handlung oder eines Aktes ist der Vollzug einer sinnfälligen Handlung, die von Zeugen gesehen werden kann, bisweilen wichtiger als die bloß verbale Willenserklärung.“

424 Althoff, Bilder, S. 23. Ähnlich formuliert Velten, Visualität, S. 304: „Die politische, religiöse und juristische Kommunikation der mittelalterlichen Gesellschaften sowie ihre kulturellen Praktiken waren jeweils von einem [...] verbal-nonverbalen, körpergebundenen und sich an Regeln orientierenden öffentlichen ‚Schauhandeln‘ geprägt, auf das die ständischen Gruppen ihr Selbstverständnis gründeten. Somit kam der auditiven, mehr aber noch der visuellen Wahrnehmung und der Deutung des visuell Wahrgenommenen hohe Relevanz zu. Über die visuelle Wahrnehmung konnte etwa die soziale Rangordnung, religiöse Verehrung, Freundschaft und Feindschaft, Herrschaft, Gewalt, Recht und vieles mehr kommuniziert werden.“

425 Jan-Dirk Müller: Öffentlichkeit und Heimlichkeit im *Nibelungenlied.* Wahrnehmung und Wahrnehmungsstörung im Heldenepos. In: Das Öffentliche und Private in der Vormoderne. Hrsg. von Gert Melville, Peter von Moos. Köln 1998 (Norm und Struktur. 10), S. 239–259, hier: S. 239.

426 Jan-Dirk Müller: Spielregeln für den Untergang. Die Welt des *Nibelungenliedes*. Tübingen 1998, S. 259, dazu: „Körperhaftigkeit bedeutet im *Nibelungenlied* Sichtbarkeit. Ist Sivrits Körper unsichtbar, dann werden die Leistungen, die Gunther mit Hilfe dieses unsichtbaren Körpers vollbringt, Gunther zugeschrieben, denn man sieht ja niemanden sonst.“

widerwillig Gunther, den vermeintlichen Gewinner des Kampfs, zum Mann nehmen (465–466),[427] – denn „Evidenz ist das, was vor aller Augen liegt."[428]

Das *Nibelungenlied* demonstriert, dass es in literarischen Texten einer höfischen Öffentlichkeit bedarf, die „beurteilt und bewertet, was sich vor ihren Augen abspielt. Kein Sieger eines unbeobachtet ausgetragenen Kampfs etwa würde es ertragen, wenn nicht ein Zeichen seines Sieges in die Öffentlichkeit getragen würde."[429] Für nicht-öffentliche ritterliche Kämpfe werden darum etwa Knappenfiguren eingeschaltet, die am Hof Bericht erstatten können – es muss nicht der ganze Hof anwesend sein, solange zumindest eine höfische Figur davon erzählen kann, was sich fernab der Augen des Hofs zugetragen hat. In Hartmanns von Aue *Erec* kann König Artus seine Ritter harsch zurechtweisen, weil er von einem Knappen erfährt, dass der vorbildliche Titelheld bereits am frühen Morgen heimlich Turniere bestritt, während der Rest seines Gefolges noch schlief (V. 2516–2535).[430] Als Richtlinie wird deutlich: „[W]er Ehre beansprucht, muß auch gesehen werden können"[431] – dies gilt sogar dann, wenn nur ein unscheinbarer Knappe der einzige Augenzeuge ist, der aber stellvertretend für die höfische Gesellschaft sehen kann. Später sorgt im *Erec* ein anderer namenloser Knappe

---

427 Müller, ebd., S. 249, zur Sichtbarkeit bzw. deren Trübung im *Nibelungenlied*: „Sichtbarkeit ist immanente Norm der nibelungischen Welt. Wo sie manipuliert oder verfälscht wird, sammeln sich im ersten Teil die Konflikte an, die sich im zweiten entladen. Der immer brutalere Durchbruch von Gewalt läßt sich als Aufdeckung eines vertuschten Rechtsbruchs verstehen, seine Vorbereitung ist tückisches Spiel mit falschem Schein." Wenn sie auch aus unterschiedlichen literarischen Traditionen stammen, teilen Prünhilt und König Marke übrigens das Problem des Verdachts ohne optische Beweise, was sie handlungsunfähig macht, vgl. Wandhoff, Der epische Blick, S. 241–242.

428 Müller, Öffentlichkeit, S. 241. Wohl deshalb folgert Gephart, Sehen, S. 25, für die Wirkung des *Nibelungenliedes*: „Der Text richtet sich an den Leser bzw. den Hörer als Voyeur, er stimuliert dessen imaginäre Sehlust und zieht ihn mit dieser gleichsam in sich hinein, ihn teilhaben lassend an einer Welt der Großen und Schönen."

429 Haferland, Höfische Interaktion, S. 82.

430 Vgl. Andrea Schindler: Der Schatten des Helden. Vorhandene und nicht vorhandene Knappen in mittelhochdeutschen Artusromanen. In: Aktuelle Tendenzen der Artusforschung. Hrsg. von Brigitte Burrichter, Matthias Däumer, Cora Dietl [u. a.]. Berlin/Boston 2013 (SIA. 9), S. 71–84, hier: S. 81. Zwar wird diese Kampfleistung Erecs zunächst als vorbildlich herausgestellt, doch indem er seine ritterliche Idealität zum Schluss im Kampf der *Joie de la curt*-Episode beweisen kann, in der bezeichnenderweise keine Zuschauer anwesend sind, zeigt der Ritter, dass er die nur auf die Augenwahrnehmung konzentrierte Lebensweise überwunden hat, vgl. Wandhoff, Der epische Blick, S. 274. Kasten, Bachtin und der höfische Roman, S. 65, weitet die Beglaubigungsfunktion der Zuschauerfiguren sogar auf Enite aus, denn wenn sie „sich vorwirft, an der Tapferkeit Erecs gezweifelt zu haben, dann liegt der Schluß nahe, daß Erec sie mitnimmt, um seine ritterliche Tüchtigkeit gerade vor *ihren* Augen unter Beweis zu stellen, um vor allem *ihre* Zweifel auszuräumen." Da Enite bei der letzten Aventiure Erecs aber nicht mehr zuschaut, wäre dann vielleicht der Beleg dafür, dass alle Zweifel an der Vorbildlichkeit Erecs nun überwunden sind.

431 Werner Röcke: Öffentlichkeit und Heimlichkeit. Zur Logik des Wunderbaren in Thürings von Ringoltingen *Melusinen*-Roman. In: Melusine. Actes du Colloque du Centre d'Études Médiévales de l'Université de Picardie Jules Verne, 13 et 14 Janvier 1996. Hrsg. von Danielle Buschinger, Wolfgang Spiewok. Greifswald 1996 (Greifswalder Beiträge zum Mittelalter. 52), S. 149–158, hier: S. 155.

dafür, dass der Ritter und seine Ehefrau Enite, die sich gerade noch rechtzeitig aus den Fängen des Grafen Oringles befreien können, Hilfe entgegenkommt: Nach dem überwundenen Scheintod und der verhinderten Zwangsverheiratung benötigt das geschwächte Ehepaar, das aus Limors flieht, Schutz und Verpflegung. Erecs Freund, der Zwerg Guivreiz, kann ihnen zu Hilfe eilen, weil er von einem Knappen über den Kampf auf Limors unterrichtet wird:

> dô diz wunder ergie
> ûf Lîmors, nû sehet hie
> wâ ein garzûn entran.
> der lief durch den walt dan,
> dar umbe daz erz zuo der stunt
> dem wênigen künege tæte kunt (V. 6814–6819)

Nur mithilfe des Knappenberichts, der den Scheintod und die Erschlagung Oringles' bezeugen kann, kommt es zur zweiten Begegnung mit Guivreiz, auf welche die Wiedervereinigung des Ehepaars folgen kann. Damit fungiert der Knappe als Helferfigur, die nicht im historischen Sinn zu verstehen ist – er hilft nicht beim Ankleiden oder Aufsitzen des Ritters –, sondern er assistiert mithilfe eines glaubwürdigen Berichts, weil er etwas Entscheidendes gesehen hat, das sich abseits der höfischen Öffentlichkeit zugetragen hat.[432]

Findet ein Kampf hingegen gänzlich ohne Beobachter statt, wird eine Verletzung des höfischen Normkodex impliziert: Parzival erlegt Ither *al eine* (153,23) wie ein Tier, ohne zu wissen, dass er mit ihm verwandt ist – und Iwein ersticht Ascalon niederträchtig von hinten, obwohl dieser bereits verletzt ist und flieht (V. 1056–1106). Beide Kämpfe finden fernab einer regulierenden Öffentlichkeit statt, sodass Sieg und Niederlage nicht von Augenzeugen bestätigt werden können,[433] sie werden dafür vom Erzähler und den Figuren auf der Handlungsebene scharf verurteilt. Womöglich sind die fehlenden Beobachter sogar der Grund, warum die Kämpfe ungewöhnlich brutal verlaufen, denn ohne Augenzeugen kann nur eine Leiche bestätigen, wer siegreich aus dem Kampf hervorgeht.[434] Auch für die Markierung normgetreuer Minne ist öffentli-

---

432 Vgl. Schindler, Schatten, S. 80.

433 Morsch, Blickwendungen, S. 170, vermutet dies für den *Iwein*, ähnlich vgl. McLelland, Sehen, S. 168. Schindler, Schatten, S. 80, formuliert allgemeiner: „Augenzeugenschaft ist für die arthurische Welt zentral. *Êre* kann ein Ritter bspw. nur erringen, wenn seine ‚Heldentaten' auch gesehen werden. Er ist angewiesen auf (eine gewisse) Öffentlichkeit."

434 Mühlherr, Macht, S. 132, versteht Iweins Verfolgungsjagd durch Streben nach einem Siegbeweis motiviert, erwähnt aber die fehlenden Augenzeugen, die diesen Beweis nötig machen, nicht; nach Wandhoff, Vom Finden der Liebe, S. 144, aber braucht Iwein eine „visuelle Beglaubigung", die seine Erzählung am Artushof glaubhaft macht. Ähnlich auch Busch und Olariu, Iwein und Bathseba, S. 237. Vergleichbar verallgemeinert Haferland, Höfische Interaktion, S. 82: „Die Öffentlichkeit beurteilt und bewertet, was sich vor ihren Augen abspielt. Kein Sieger eines unbeobachtet ausgetragenen Kampfs etwa würde es ertragen, wenn nicht ein Zeichen seines Sieges in die Öffentlichkeit getragen würde."

che Augenzeugenschaft entscheidend: König Marke kann sich in Gottfrieds von Straßburg *Tristan*, weil der ganze *hof* über die Untreue seiner Ehefrau Gerüchte verbreitet,[435] erst wieder liebevoll im Umgang mit Isolde zeigen, nachdem sie öffentlich sichtbar[436] und rechtskräftig ihre Unschuld bewiesen hat:[437] *er [...] holt oder heinlîch wolte sîn, / sine behabete offenlîchen ê / wider in ir unschuld unde ir ê* (V. 15295 f.).[438]

Die Beispiele aus der Literatur des Mittelalters implizieren, dass die Öffentlichkeit des Hofs anwesend sein muss, damit zwischenmenschliche Handlungen als rechtlich und gesellschaftlich richtig anerkannt werden können.[439] Das Geheime ist hingegen die erste Stufe unangemessener Unsichtbarkeit,[440] denn es „zielt auf das Gegenteil höfischen Glanzes, schließt ihn aus und stellt ihn in Frage."[441] Handlungen also, die in der Kemenate[442], in Verstecken,[443] auf Lichtungen fernab des Hofs[444] oder in der Dun-

---

435 Vgl. Ninja Roth: Freundschaft und Liebe. Codes der Intimität in der höfischen Epik des Mittelalters. Diss. Frankfurt am Main 2014, S. 231. Auch Jackson, Zwischen Innenraum und Außenraum, S. 55, vergleicht die mit dem Steigbügeldienst betrogene Prünhilt mit dem durch das Schwert in der Minnegrotten betrogenen Marke, weil beide Male nach außen visuell inszenierte Zeichen die Beobachter absichtlich in die Irre führen.

436 Vgl. Wandhoff, Der epische Blick, S. 242.

437 Das Gottesurteil als öffentliches Ritual hat dabei die gleiche Funktion, die Schulz, Schwieriges Erkennen, S. 82, der Aussöhnungsszene zwischen Kaiser und verstoßenem Stiefsohn am Schluss des *Herzog Ernst B* attestiert: Gesellschaftliche Reintegration bedarf der Augen der höfischen Öffentlichkeit.

438 Dass bei Minnebeziehungen das Verhältnis des Verhaltens nach außen und im intimen Kontext entscheidend zu sein scheint, zeigt schon die Paarformel *openbâre end stille* bzw. *stille end openbâre*, die Heinrich von Veldeke in seinem *Eneasroman* zweimal kurz hintereinander gebraucht (V. 1918 und V. 1931), um Didos Hörigkeit gegenüber Eneas und das Verhalten der Brautwerber, die sie weggeschickt hatte, zu beschreiben.

439 Vgl. Müller, Höfische Kompromisse, S. 272; vgl. auch Brandt, Enklaven, S. 240.

440 Vgl. Keller, Blinded Avengers, S. 227.

441 Röcke, Öffentlichkeit, S. 155.

442 Vgl. Brandt, Enklaven, S. 228. Natürlich ist die Kemenate auch ein Raum für gesellschaftskonforme, einvernehmliche und rechtmäßige Liebesbegegnungen, doch wie Schnyder, Topographie, S. 360, zeigt, ist die Intimität der Kemenate als problematisch markiert, sobald sie zum Thema gemacht wird: „Die engste Intimität kennt keine Sprache. Das heißt aber, dass überall da, wo das Wort einfällt, diese in der ein oder andern Art gefährdet ist." Wichtig ist vor allem im adligen Setting, wie Kemp, Räume der Maler, S. 131, herausstellt, dass es die Trennung von öffentlich und privat für einen Fürsten nicht geben kann, nur eine von öffentlich und nicht-öffentlich.

443 Vgl. Trînca, Amor conspirator, S. 77.

444 Damit sei allerdings nicht der von Kellermann, Blick, S. 331, bestimmte „Aventiureraum" gemeint, der außerhalb des Hofs liegt und von dem aus visuelle und auditive Testimonien den Hof erreichen können, die einem Ritter zu Ruhm verhelfen. Solche Räume sind durch die mediale Präsenz am Hof teil-öffentlich, wohingegen die Räume, in denen die Regeln gebrochen werden, nicht öffentlich bekannt gemacht werden (sollen).

kelheit[445] geschehen, sind immer prekär.[446] Mangelnde Sichtbarkeit führt „in die Mehrdeutigkeit, Hintergehbarkeit und Unordnung"[447], erzeugt zwangsläufig Argwohn[448] und gibt dem Rezipienten zu verstehen, dass Regeln gebrochen werden,[449] was mitunter fatale Konsequenzen zur Folge hat: Mord, Hinterhalt und Verschwörung werden durch die Abwesenheit einer höfischen Öffentlichkeit in ‚Gegenräumen'[450] zu-

445 Vgl. Müller, Spielregeln, S. 252. Ähnlich folgert Gephart, Sehen, S. 33: „Das *Nibelungenlied* bietet zunächst eine ritualisierte höfische Welt der Selbstbespiegelung an, in der einem Bedürfnis nach Sehen und Gesehenwerden, nach Erkennen und Erkanntwerden Raum gegeben wird. Im Verborgenen und Dunklen wirkt jedoch eine Trieblogik von Selbst- und Fremdunterwerfung, die diese höfische Idealwelt sprengt."

446 Schulz, Schwieriges Erkennen, S. 422: „Alles Nichtöffentliche ist in der Vormoderne, die von späterer bürgerlicher Privatheit keinen Begriff hat, ausgesprochen prekär. Heimliche Liebe hat immer ein Legitimationsdefizit gegenüber der Öffentlichkeit." Ähnlich Peter von Moos: Das Öffentliche und das Private im Mittelalter. Für einen kontrollierten Anachronismus. In: Das Öffentliche und Private in der Vormoderne. Hrsg. von Gert Melville, dems. Köln 1998 (Norm und Struktur. 10), S. 3–83, hier: S. 29. Den Umkehrschluss daraus formuliert Caroline Emmelius: Gesellige Ordnung. Literarische Konzeptionen von geselliger Kommunikation in Mittelalter und Früher Neuzeit. Berlin/New York 2010 (Frühe Neuzeit. 139), S. 95: „In einer Kultur, in der alles, was sich der Gemeinschaft entzieht, was im Verborgenen – etwa nur unter zweien – gesagt wird, prinzipiell verdächtig ist, muss im Umkehrschluss alles, was sich in der Gemeinschaft und vor den Augen der Gemeinschaft abspielt, positiv besetzt sein." Die Betrachtung des *Willehalm von Orlens* im vorherigen Kapitel hat jedoch gezeigt, dass die Gleichung ‚geheim ist negativ' in der höfischen Literatur nicht für absolut gesetzt werden kann, weil die Geheimnisse in Rudolfs von Ems Roman dazu führen, eine legitime Herrschaftsehe zu konstituieren. In den in diesem Kapitel zum gelenkten Blick untersuchten Textpassagen, wohnt dem Geheimen zwar oft tatsächlich ein Normbruch inne, dessen werkimmanent-negative Bewertung jedoch nicht – wie Trînca, Amor conspirator, S. 73, bemängelt – dazu führen soll, die entsprechenden Abschnitte aus der Forschungsperspektive negativ zu bewerten, sondern im Gegenteil den besonderen ästhetischen Reiz herauszustellen, den das Geheimnis auf werkinterne und werkexterne Beobachter hat.

447 Holger Runow, Julia Zimmermann: Von unsichtbarer Schönheit und der Beschreibung des Unbeschreiblichen in Konrads von Würzburg *Partonopier und Meliur*. In: Übertragung. Bedeutungspraxis und ‚Bildlichkeit' in Literatur und Kunst des Mittelalters. Hrsg. von Franziska Wenzel, Pia Selmayr. Wiesbaden 2017 (Imagines Medii Aevi. 39), S. 175–194, hier: S. 175.

448 Vgl. Uta Störmer-Caysa: Schwarze Segel und genähte Kreuze. Wie Erzähler bewerten und ihre Hörer widersprechen lassen. In: Poetiken des Widerspruchs in vormoderner Erzählliteratur. Hrsg. von Elisabeth Lienert. Wiesbaden 2019 (Contradiction Studies), S. 63–90, hier: S. 81.

449 So auch Fridrun Freise: Einleitung. Raumsemantik, Rezeptionssituation und imaginierte Instanz: Perspektiven auf vormoderne Öffentlichkeit und Privatheit. In: Offen und Verborgen. Vorstellungen und Praktiken des Öffentlichen und Privaten in Mittelalter und Früher Neuzeit. Hrsg. von Caroline Emmelius, ders., Rebekka von Mallinkroth [u. a.]. Göttingen 2004, S. 9–32, hier: S. 14–15: „Ausgehend vom Postulat mittelalterlicher und frühneuzeitlicher Kultur als einer ‚Kultur der Sichtbarkeit' läßt sich auf die Kehrseite des Offen-Gezeigten oder Repräsentativen sowie auf das bewußte und kritische Gegenöffentliche oder das Heimliche schließen."

450 Kellermann, Blick, S. 328, über die Kemenate in der Literatur des Mittelalters: „Abgeschiedenheit und Heimlichkeit konstituieren den Raum der Kemenate, der damit zum Gegenraum der Öffentlichkeit und Repräsentation wird." Nach Müller, Höfische Kompromisse, S. 293, nimmt das Gesprochene in der Schlafkammer der Literatur allerdings eine Sonderposition ein, weil ihm trotz des intimen Raums, in dem es geäußert wird, eine unbedingte Verbindlichkeit anhaftet.

sätzlich negativ markiert.[451] Dies gilt für den heimtückischen Mord an Sîfrit im *Nibelungenlied* genauso wie für Isoldes Mordversuch an Brangäne – beide Male müssen sich die Mörder so weit wie möglich vom Hof entfernen, weil nur in der Wildnis, fernab höfischer Augenzeugen, normierte Verhaltensregeln gebrochen werden können.[452]

Dennoch sind es genau diese Regelverstöße im Geheimen, die die Geschichten erzählenswert machen. Darum muss vor allem das, was außerhalb umfassender höfischer Sichtbarkeit geschieht, vermittelt – und das bedeutet: gesehen – werden. Wie die obigen Überlegungen bereits dargelegt haben, kennt die höfische Literatur etliche Strategien, um die textexternen Rezipienten visuell teilhaben zu lassen. Neben performativen Apostrophen (z. B. *nû seht*), *descriptiones*[453] und wiederholtem Gebrauch der Vokabeln aus dem Wortfeld ‚sehen'/‚wahrnehmen' sind vor allem textinterne Augenzeugen eine ästhetische Strategie, von der häufig Gebrauch gemacht wird, um dem Rezipienten eine bildhafte Erfahrung zu bieten, wie Horst Wenzel konstatiert: „Ein besonderes Erfolgsmodell, das sich in vielen Texten findet, ist die Einführung von textinternen Augenzeugen, die entweder als Beobachter oder als größeres Auditorium dazu beitragen, den Hörer oder Leser ‚sehend' zu machen."[454] Diese Inszenierung textinterner Augenzeugen greift wiederum selbst auf *verba sentiendi* und ausführliche Beschreibungen zurück, um die dargestellte Welt für den Rezipienten nachvollziehbar und glaubhaft erscheinen zu lassen.[455] Vor allem für die Literatur ist damit ein essen-

---

451 Vgl. Müller, Höfische Kompromisse, S. 273. Georges Duby: Situationen der Einsamkeit: 11. bis 13. Jahrhundert. In: Geschichte des privaten Lebens. 2. Band: Vom Feudalzeitalter zur Renaissance. Hrsg. von Phillipe Aries, dems. Frankfurt am Main 1990, S. 471–496, hier: S. 474, stellt eine ähnliche Bewertung der Privatheit vor allem für das frühe Feudalzeitalter fest: „Die Feudalgesellschaft war so kompakt gefügt, bestand aus so vielen dichten Gehegen, daß jeder Einzelne, der etwa versuchte, sich dieser engmaschigen und alles erfassenden Struktur zu entziehen – sich seinen eigenen Privatraum zu schaffen, seinen eigenen Garten zu bebauen –, sogleich entweder Bewunderung oder Argwohn erregte, entweder als Held oder als Aufrührer, in jedem Falle als „fremd" (im Gegensatz zu ‚privat' im Sinne von ‚vertraut') empfunden wurde. Wer abseits stand, war, selbst wenn er nicht die Absicht hatte, Missetaten zu begehen, zwangsläufig zu Missetaten verurteilt, denn seine Besonderung machte ihn für die Versuchungen durch das Böse besonders anfällig."

452 Der im Folgenden bedeutsame Baumgarten entzieht sich als ambivalenter Zwischenraum dieser Dichotomie, weil er, nach Müller, Höfische Kompromisse, S. 298, „Teil des Hofes und doch abgeschlossen, nicht mehr nur Außenraum, noch nicht ganz Innenraum und entsprechend widersprüchlich konnotiert [ist]." Zum Baumgarten als höfischem Schwellenraum vgl. die Überlegungen zu den Minnezelten in Kapitel 1.2.2.

453 Carsten Morsch: Lektüre als teilnehmende Beobachtung. Die Restitution der Ordnung durch Fremderfahrung im *Herzog Ernst (B)*. In: Ordnung und Unordnung in der Literatur des Mittelalters. Hrsg. von Wolfgang Harms, C. Stephen Jaeger, Horst Wenzel [u. a.]. Stuttgart 2003, S. 109–128, hier: S. 109–110, belegt dies etwa für den Prolog des *Herzog Ernst B* und die Beschreibung der wunderhaften Stadt Grippia, die er als ‚Schaustück' bezeichnet.

454 Wenzel, Spiegelungen, S. 136.

455 Wenzel, ebd., S. 141: „Die eingesetzten Strategien zur Herstellung von Augenzeugenschaft dienen nicht nur der Legitimation der Geschichte. Sie verleihen ihr den Schein der Authentizität und minimieren die Distanz zum dargestellten Geschehen." Dieses Verfahren lässt sich auch für die Gläubigen zieller Zusammenhang zwischen Sichtbarkeit und Beobachtungen durch Figuren auf der Handlungsebene zu bemerken, wie Haiko Wandhoff betont:

> Die epischen Beschreibungen sind [...] aufgrund ihrer Ausrichtung an der Augenwahrnehmung stets auch *Beobachtungen* von Dingen und Personen. Der visuelle Eindruck, der bereits durch die Auswahl der beschriebenen Eigenschaften und Qualitäten erzeugt wird, erhält dann zusätzliches Gewicht dadurch, daß auf der Handlungsebene Augenzeugen eingeschaltet werden, die das Geschilderte mit eigenen Augen begutachten und oftmals wieder in Handlung überführen. Der Text beobachtet dann strenggenommen nicht mehr das Aussehen der Dinge allein, sondern er beobachtet die Beobachtung des Aussehens der Dinge und die Wirkung, die diese auf die Beobachter hat.[456]

Die bildhafte Wirkung von Literatur entsteht entsprechend auch deshalb, weil Figuren auf der Handlungsebene in einer Funktion als Beobachter aktiv werden. Ein spezifisch als solche erkennbare Beobachterfigur, „deren Augenwahrnehmung so vermittelt wird, daß der textexterne Leser gleichsam durch das Okular des textinternen Beobachters die dargestellte Szene wahrnimmt“[457], trägt maßgeblich zur Bildwirkung der Texte bei. Wie eine Art Lupe geben Beobachterfiguren auf der Handlungsebene dem Rezipienten Blickrichtungen vor, die Einblicke ermöglichen – welche gelegentlich sogar voyeuristische Tendenzen beinhalten können.[458]

Entscheidend ist, dass die dargestellten Intimräume oft nicht als repräsentative Schauräume erscheinen, die auf umfassende Sichtbarkeit angelegt sind, sondern dass sie sich in ihrer Wirkung hauptsächlich einer (einzigen) Beobachterfigur offenbaren, durch deren Augen der Rezipient dann Einblick erhält. Solche durch Augenzeugen gelenkten Einblicke sind besonders relevant, um Geschehnisse darzustellen, die eigent-

---

rekonstruieren, die mithilfe der Augenzeugenberichte in den Evangelien ebenfalls zu Beobachtern zweiter Ordnung werden wie Andreas Matena: Ein tastender Blick. In: Sehen und Sakralität in der Vormoderne. Hrsg. von David Ganz, Thomas Lentes. Berlin 2011 (KultBild. 4), S. 62–77, hier: S. 64–65, impliziert: „Die Botschaft der Augenzeugen vermittelt einer nicht körperlichen sehenden Gemeinde den Glauben, koppelt diesen aber zurück an den Sehakt der Augenzeugen. Die Gemeinde kann so das ‚Sehen‘ der Herrlichkeit Christi in der Kontinuität mit den Augenzeugen für sich in Anspruch nehmen und sieht [...] durch die Augen der Zeugen in einem ‚sekundären‘ Sehakt auf das Geschehen zurück.“ Die Rolle der Augenzeugenberichte in der Historiographie wird an dieser Stelle ausgespart, die Untersuchungen von Gesine Mierke: Literarische Augenzeugenschaft: Überlegungen zum *Wigalois* Wirnts von Grafenberg, zur *Virginal* und zur *Weltchronik* des Jans von Wien. In: Die Figur des Augenzeugen. Geschichte und Wahrheit im fächer- und epochenübergreifenden Vergleich. Hrsg. von Gabriela Signori, Amelie Rösinger. Konstanz 2014 (UVK Geschichte), S. 41–60, zeigen jedoch, dass gerade für die Chroniken interessante Beobachtungen gemacht werden können.

456 Wandhoff, Der epische Blick, S. 191 [Hervorhebung im Original].

457 Horst Wenzel: Visualität. Zur Vorgeschichte der kinästhetischen Wahrnehmung. In: ZfG 9 (1999), S. 549–556, hier: S. 550.

458 So Witthöft, Schlüssel(loch)szenen, S. 275: „In der Literatur ließen sich zahlreiche Beispiele von der Antike bis zur Gegenwart anführen, in denen der voyeuristische Blick eine erzählerische Lenkung der Rezeption impliziert. Durch die räumlich begrenzte Perspektive und exakte Fokussierung gehören diese Szenen immer auch zu den Techniken einer ‚Imaginationslenkung‘.“

lich nicht gesehen werden sollen. Die höfische Öffentlichkeit ist im Fall von Mord, Intrige und Ehebruch zwar nicht anwesend, doch häufig wird eine einzelne Figur als Beobachtungsinstanz in diese intimen Räume ‚eingeschleust', um den Rezipienten das eigentlich Unsichtbare sehen zu lassen. Die Bewertung der Beobachterfiguren mit heimlichen, verbotenen oder voyeuristischen Blicken gestaltet sich aber als komplex, weil das visuelle Eindringen in geheime Räume, in denen die Regeln des Hofs gebrochen werden, gelegentlich unter negativ konnotierten Vorzeichen erfolgt.

Für die anschließende Analyse ist darum nicht das Sehen einer einfachen berichterstattenden Knappenfigur wie in Hartmanns *Erec* interessant, sondern das problematische Wahrnehmen von Figuren, die etwa, wie im Folgenden gezeigt wird, deutlich als Antagonisten herausgestellt sind. Der Blick solcher Figuren entpuppt sich oft als eingeschränkt, weshalb sie auch dem Rezipienten, der durch diese Figuren blickt, lediglich eingeschränkte Einsicht anbieten, die jedoch gerade aufgrund ihrer Defizite besonders reizvoll sein kann: Denn literarisch inszenierte Geheimhandlungen bedeuten, dass der Rezipient zum stillen Komplizen wird,[459] wenn er der Mitwisser der heimlichen Beobachter ist, während die Öffentlichkeit der dargestellten Welt nicht beobachten kann, was in den abgeschotteten Räumen geschieht.[460] Beobachterfiguren, die Verborgenes sehen, stehen im Fokus dieses Kapitels, weil sie dem Rezipienten

459 Ganz allgemein ist der Rezipient eines Zeugenberichts immer konstitutiv wie Matthias Däumer, Aurélia Kaliský, Heike Schlie: Zur Einführung: Über Zeugen. Testimoniale Konstellationen und Szenarien. Die Vielfalt der *Testimony Studies*. In: Über Zeugen. Szenarien von Zeugenschaft und ihre Akteure. Hrsg. von dens. Paderborn 2017 (Trajekte), S. 7–28, hier: S. 17, ausführen: „Da der Rezipient für ein Szenarium gelungener Zeugenschaft das Zeugnis akkreditieren muss, reicht die reine Wahrnehmung des Zeugnisgehaltes nicht aus. Diese Akkreditierung hat Derrida ‚countersignature' (‚Gegenunterzeichnung') genannt. Für jedes Bezeugen ist die ‚signierende' Anerkennung durch den Adressaten konstitutiv: Nur so entsteht testimoniale Gewissheit. Zeugenschaft ist interaktiv und interpersonal, in den Szenarien des Bezeugens ist ihr Gelingen abhängig von der Glaubwürdigkeit des Zeugnisses und dem Vertrauen, das dem Zeugen oder einer bezeugenden medialen Form entgegengebracht wird. Wir können zwar nicht alles selbst erfahren, aber wir können die Aussagen über die Erfahrungen Anderer evaluieren und gegebenenfalls akkreditieren oder verwerfen." Da im Fall der literarischen Rezeption der Rezipient immer zugegen und genötigt ist, das dargestellten Geschehen für glaubwürdig zu halten, damit er es imaginieren kann, kann er in bestimmten Situationen als Komplize oder Voyeur bezeichnet werden.

460 Müller, Höfische Kompromisse, S. 292, stellt für halblaute Selbstgespräche, die er anhand von Enites vermeintlich unüberlegter Beschwerde in Gegenwart des scheinbar schlafenden Erec ausdeutet, fest: „Sie sind gewiß auch erzähltechnische und dramaturgische Mittel, den jeweils anderen – und natürlich auch das Publikum – von inneren Vorgängen in Kenntnis zu setzen (und überleben in dieser Funktion zumal in der europäischen Komödientradition). Vor allem aber schaffen sie einen Zwischenraum zwischen Außen und Innen, in dem anderen wahrnehmbar artikuliert werden kann, was heimlich gedacht wird." Mehr noch als die Darstellung von Innerlichkeit auf die Müller hier verweist, soll in der folgenden Analyse das Mitwissen der Rezipienten in den Vordergrund gestellt werden: Auch wenn bestimmte Räume der höfischen Öffentlichkeit verschlossen sind, ist der Rezipient immer anwesend und kann an geheimen Absprachen teilhaben. Eine ähnliche Lesart impliziert Müller, Spielregeln, S. 271, für das *Nibelungenlied*, in dem der Rezipient in den Wettkampfbetrug Sîfrits eingeweiht wird, während Prünhilt und ihr Gefolge ahnungslos bleiben müssen.

nicht nur Einblicke, sondern auch die Reflexion ästhetischer Wahrnehmung anbieten – denn er wird durch schauende Figuren daran erinnert, dass er selbst beobachtet.

Diese Untersuchung möchte anhand unterschiedlicher Texte und Bilder der höfischen Kultur herausarbeiten, wie mithilfe von Figuren gelenkte Blicke die Integration des Rezipienten als heimlicher Mitwisser und stiller Teilhaber umgesetzt wird, um die ästhetische Erfahrung mit begehrenswerten Einsichten und metapoetischen Doppeldeutigkeiten zu intensivieren. Dazu bedarf es zunächst einer Präzisierung des Begriffs der Assistenzfigur, der in Literatur- und Kunstwissenschaft unterschiedlich verwendet wird: Beobachterfiguren, die den Rezeptionsprozess des werkexternen Beobachters lenken und gleichzeitig spiegeln, werden aufgrund ihrer vermittelnden Position oft als ‚Assistenzfiguren' bezeichnet. Problematisch erweist sich bei der Bestimmung einer Assistenzfigur jedoch der divergierende Gebrauch des Begriffs in der Forschung: Obgleich sowohl Kunst- als auch Literaturwissenschaft Figuren zugestehen, den Rezipienten in seinen Blickrichtungen und Reaktionen auf das Dargestellte zu steuern, ist deren Verständnis keineswegs einheitlich. Weil die vorliegende Studie interdisziplinär arbeitet, ist es wichtig, eingangs literatur- und kunstwissenschaftliche Forschung zusammenzuführen, um daraus ein Untersuchungsraster für die blicklenkende Assistenzfigur zu entwickeln, das anschließend für die ästhetische Produktion der höfischen Kultur angewendet werden kann.

2.1.1 Assistenzfiguren in der höfischen Literatur

In der literaturwissenschaftlichen Forschung werden die Begriffe ‚Assistenzfigur', ‚textinterner Augenzeuge' und ‚Beobachter' weitgehend synonym verwendet. Wandhoff geht etwa davon aus, in Vergils *Aeneis* gebe es die Instanz der ‚blickleitenden Assistenzfigur', die dem Leser und Hörer als Modellrezipient eine Variation an Reaktionen vermittle, wie etwa das Bilddenkmal für Dido in Karthago wahrgenommen werden könne.[461] Auch in anderen Werken erkennt Wandhoff Figuren, die die Aufmerksamkeit des Lesers zu lenken vermögen.[462] Für die Mahnrede Heinrichs von Melk führt auch Horst Wenzel beispielhaft aus, wie durch eine Dame, die um ihren Mann trauert, die sinnliche Wahrnehmung des Rezipienten geleitet wird:

> Die Augen und die Ohren der höfischen *frouwe*, die im Text mit der Leiche ihres Mannes konfrontiert wird, steuern textextern die Wahrnehmung des höfischen Auditoriums. Die *frouwe* hat keine weitere Handlung zu bestreiten als die Szene wahrzunehmen, auf die sie durch die mahnende Stimme des geistlichen Erzählers verwiesen wird. Poetologisch fungiert sie als Assistenzfigur, um den Leser/Hörer ‚sehend' zu machen, der die ‚vorgeschriebenen' Blickbewegungen übernimmt.[463]

---

461 Wandhoff, Ekphrasis, S. 274.
462 Etwa für die allegorischen Epen des Alanus ab Insulis, vgl. Wandhoff, ebd., S. 233.
463 Wenzel, Visualität, S. 551.

Die ‚konturlose' Witwe diene dazu, den Rezipienten sehend zu machen, sie gebe vor, was dieser vor seinem inneren Auge imaginieren soll. Carsten Morsch stellt im Kontext einer solchen Inszenierung der Beobachterperspektive eine Verbindung zwischen schauender Figur und Rezipient her: „Wo aber dergestalt eine Assistenzfigur als solche sichtbar wird, werden Hörer und Leser auch zu Beobachtern zweiter Ordnung, verweisen auf die mediale Bedingtheit ihrer Wahrnehmung und auf die Notwendigkeit, sich diese wiederholend und angemessen zu vergegenwärtigen."[464] Solche Beobachterperspektiven dienen nach Morsch dazu, den Rezipienten zur Bewegung im dargestellten Raum mithilfe imaginierter körperlicher Wahrnehmung anzuleiten – als poetische Strategie, über die der Text anzeige, „daß und wie er gelesen und wahrgenommen werden will"[465]. Die blicksteuernde Figur, durch die der Rezipient sieht, ermöglicht ihm, sich innerhalb der fiktiven Welt einen beweglichen ‚Avatar'[466] zu erschaffen. Assistenzfiguren dienen demnach dazu, dem Rezipienten eine Position im dargestellten Raum anzubieten, weil der Rezipient damit, so stellt Matthias Däumer fest, ein Abbild seiner selbst kreiert, um sich durch die imaginierte Welt zu bewegen: „Der so erschaffene Avatar hat die Aufgabe, durch virtuelle Bewegung die in der Fiktion beschriebene Welt nachzuzeichnen und so imaginativ wahrnehmbar zu machen."[467] So entsteht eine imaginationslenkende Beziehung zwischen textinterner Figur und textexternem Rezipienten, die Theresa Specht ebenfalls als deiktische deutet: „Der Rezipient wird dazu animiert, seinen eigenen imaginativen Körper in die Origo einer wahrnehmenden oder sich bewegenden Figur hineinzuversetzen."[468] Rezeptionslenkende Assistenzfiguren steigern die Möglichkeiten der Immersion also dergestalt, dass der Einblick in den imaginierten Raum erleichtert wird.[469]

---

464 Carsten Morsch: „nû sach er sî an unde sich". Intermedialität in der literarischen Blickwendung der höfischen Dichtung am Beispiel des Armen Heinrich. In: Mediale Performanzen. Historische Konzepte und Perspektiven. Hrsg. von Jutta Eming. Freiburg im Breisgau 2002 (Litterae. 97), S. 49–76, hier: S. 74.

465 Morsch, Lektüre, S. 109.

466 Vgl. Däumer, Stimme, S. 90.

467 Däumer, ebd., S. 100.

468 Specht, Baumgarten, S. 55. Allerdings nutzt Specht in ihrer Studie dazu nicht in erster Linie den Begriff der Assistenzfigur, sondern untersucht Beobachterfiguren in ihrer subsidiären Funktion: „Synonym zu ‚Assistenzfigur' wird hier der Begriff ‚subsidiärer Leib' (einer Figur) benutzt. Die Assistenzfigur bzw. der subsidiäre Leib wirken als Appell an das sensomotorische Körpergedächtnis des Rezipienten und reizen so zur Versetzung in den Schauraum" (ebd., S. 53, Anm. 6). Diese Appellfunktion macht Specht insbesondere an „Blicke[n], Gegenblicke[n] und Blickbewegungen" fest, die „in höfischer Literatur enge interaktive Netze [spinnen]" und damit – im Rekurs auf Morsch – als „performative Strategien" zu deuten sind, „die das Ziel haben, den Rezipienten am Dargestellten partizipieren zu lassen" (ebd., S. 66.).

469 Ähnlich Brosch, Literarische Lektüre, S. 115: „Gerade Beschreibungen des Betrachtens wirken anregend auf unsere Vorstellung, weil durch sie eine Beobachtung zweiter Ordnung entsteht, die den Lesenden die Frage ‚wie wird gesehen' nahelegt".

Assistenzfiguren leiten aber nicht einfach nur den Blick des Rezipienten, sie sind nicht ausschließlich „textinterne[.] Augenzeugen, die zum Okular des textexternen Betrachters werden“[470], sondern sie implizieren zugleich ein Reflexionsangebot über das Wahrnehmen – das einerseits medial eingeschränkt, anderseits so offen sein kann, dass der Rezipient mit den Assistenzfiguren durch Wände gehen kann. Däumer bestätigt dieses reflexive Potenzial einer doppelten Augenzeugenschaft für die höfische Literatur: „Es gilt zu bedenken, dass der mittelalterliche Text durch die Häufung optischer Informationen ebenso als ‚verlängerte Augen der Hörer und Leser‘ wirkt und der fiktive Augenzeuge so als verbildlichte mediale Selbstreflexion des ‚Zeugen‘ namens Rezipient gelten kann.“[471] Mit der Implementierung einer Beobachterfigur, die gesehenes Geschehen textintern bezeugt, ist also der Rezeptionsprozess als solcher exponiert.

Schon in einem kurzen Forschungsüberblick zum Gebrauch des Begriffs der Assistenzfigur in der literaturwissenschaftlichen Forschung wird deutlich, dass dieser an Fragen nach Kinästhesie, Virtualität und Deixis geknüpft ist. Noch umfassender erscheint der Ansatz von Christina Lechtermann, die die wahrnehmungsleitenden Funktionen von Assistenzfiguren in deiktische und affektive unterteilt:[472] Eine Rezeptionsanweisung erkennt Lechtermann etwa in Iweins Reaktion auf Laudines Wehklagen während der Beerdigung Ascalons. Indem Iwein Laudines Schmerzen in höfischer *compassio* nachempfinde, werde Iwein zu einer Assistenzfigur, die das „aktive Miterleben fremden Schmerzes“ vorführe.[473] Der Rezipient sei durch die Figuren regelrecht dazu gezwungen, Laudines Leiden mit Iweins Augen als „Striptease“[474] zu betrachten, wobei dieser Blick nicht nur die Richtung vorgebe, sondern Nachempfinden und Iden-

470 Morsch, Lektüre, S. 117.
471 Däumer, Stimme, S. 115.
472 Nach Lechtermann, Berührt werden, S. 128–130, zeige Willehalms Beschreibung von Alise in Wolframs von Eschenbach Verserzählung einerseits, wie der Rezipient mithilfe der Anweisungen Willehalms die (inneren) Augen über die begehrenswerte Frau hinweg wandern lassen könne, anderseits offenbare der Gebrauch zahlreicher Schönheits- und Reinheitstopoi zugleich, wie auf Alîses Schönheit textextern reagiert werden solle. Eine emotionslenkende Funktion wird in der kunsthistorischen Forschung auch Bildern zu geschrieben, die Rezipienten zu Augenzeugen machen, vgl. Ernst H. Gombrich: Bild und Auge. Neue Studien zur Psychologie der bildlichen Darstellung. Aus dem Englischen übertragen von Lisbeth Gombrich. Stuttgart 1984, S. 249. Allerdings versteht Gombrich vor allem den Künstler selbst als „imaginären Augenzeugen“ des Ereignisses, das er in seinem Werk abbildet.
473 Lechtermann, Berührt werden, S. 147. Dieser Funktion Iweins als Affektvorbild pflichtet Spearing, Poet as Voyeur, S. 78, bei, für den Rezipienten und Titelhelden gleichermaßen als emotional und räumlich eingesperrt zu verstehen sind – „we cannot help watching Laudine with Yvain's eyes through that window“. Auch Jackson, Zwischen Innenraum und Außenraum, S. 63, schreibt vor allem dem beobachteten Kleiderzerreißen ein voyeuristisches Moment zu, ähnlich deutet Schmid, Lüsternheit, S. 134, diese Szene als auf die Schaulust des Betrachters konzentriert.
474 Schnyder, Topographie, S. 344.

tifizierung anrege.[475] Entscheidend ist für Lechtermann, dass die Assistenzfigur als deiktisches Mittel zur Lenkung des Rezipienten fungiert, sie aber zugleich „nicht hinter dem zurücktreten darf, auf das sie zeigt, sondern die selbst miterfasst werden muss, weil sie zugleich mit der konkreten Blickrichtung auch die *intentio* vorgibt, mit der geschaut werden soll."[476] Lechtermann konstatiert, dass Iwein demnach „ganz im Sinne einer Assistenzfigur, wie sie aus der Malerei bekannt ist, zu einem Vorbild für den Rezipienten [wird], das auf Objekt der Wahrnehmung bzw. Vorstellung verweist und den Modus oder die Haltung festlegt, mit der ihm zu begegnen ist."[477] Als eben solche Assistenzfigur sei die bildliche Darstellung Iweins im Freskenzyklus auf der Burg Rodenegg zu verstehen, der aus einem kleinen Fenster hinaus auf die trauernde Witwe im Zentrum der Szene hinunterschaut.[478] Mit diesem bewusst interdisziplinären Gebrauch des Begriffs und dem Verweis auf die bildliche Überlieferung des *Iwein*-Stoffs bezieht sich Lechtermann wiederum auf Wolfgang Kemps Überlegungen zu den *ancillae narrationis*.[479] Kemp seinerseits hebt die Bedeutung der assistierenden Figuren am Beispiel einer der Isaak-Szenen in der Basilica Superiore di San Francesco in Assisi hervor, in der neben den zwei männlichen Hauptfiguren, Isaak und Jakob, eine Magd zu sehen ist, die den altersschwachen Mann stützt, damit er aufrecht sitzend essen kann: Die Magd als dritte Figur hat keine biblische Grundlage, dennoch nimmt sie eine dominante Position im Bild ein, weil sie den Betrugsvorgang durch ihre Hilfe beschleunigt und durch einen starken Blick aus dem Bild heraus zudem kompensiert,

---

475 Horst Wenzel: Sagen und Zeigen: Zum Zusammenhang von Textdeixis und Bilddeixis. In: Mythos – Sage – Erzählung. Gedenkschrift für Alfred Ebenbauer. Hrsg. von Johannes Keller, Florian Kragl. Göttingen, Wien 2009, S. 537–546, hier: S. 544.

476 Lechtermann, Berührt werden, S. 128.

477 Christina Lechtermann: Schmerz und Imagination. In: Kunst der Bewegung. Kinästhetische Wahrnehmung und Probehandeln in virtuellen Welten. Hrsg. von ders., Carsten Morsch. Bern/Berlin/Frankfurt am Main 2004 (Publikationen zur ZfG. N. F. 8), S. 137–158, hier: S. 154. Damit argumentiert Lechtermann auch im Sinne von Kemp, Räume der Maler, S. 193, der dritten Figuren in der Malerei die Funktion einer rezeptionslenkenden „Vorinterpretation" beimisst.

478 Vgl. Lechtermann, Berührt werden, S. 151.

479 Kemp greift womöglich die metaphorische Formulierung Genettes auf, nach welcher die Beschreibung die Dienerin der Narration sei (*descriptio ancilla narrationis*) – die wiederum vermutlich auf die lateinische Phrase *philosophia ancilla theologiae* (z. B. bei Thomas von Aquin) zurückzuführen ist – und überträgt das lateinische Wort *ancilla* auf tatsächliche Mägde. Er ergänzt sein Verständnis der *ancillae narrationis* vor dem Hintergrund der Chronotopoi Michail Bachtins (vgl. Kemp, Räume der Maler, S. 33), der die „Dritten" als Beobachter explizit von den anderen Figuren im Raum abgrenzt. Lechtermann und Morsch setzen Kemps *ancillae narrationis* mit Assistenzfiguren gleich, sodass es unklar ist, ob hier ein Wortspiel oder eine Verselbstständigung des Begriffs vorliegt. Zum Gebrauch des Begriffs bei Genette vgl. Werner Wolf: Description as a Transmedial Mode of Representation: General Features and Possibilities of Realization in Painting, Fiction and Music. In: Description in Literature and other Media. Hrsg. von dems., Walter Bernhart. Amsterdam 2007 (Studies in intermediality. 2), S. 1–91, hier: S. 50. Allerdings ist auch darauf hinzuweisen, dass Kemp narratologische Begriffe mitunter stark vereinfacht gebraucht, dazu vgl. Bleumer, Narrativität und Visualität, S. 148.

Abb. 15: Giotto di Bondone, *Verkündigung an die Heilige Anna*. Fresko, Padua, Arenakapelle. Entstanden ca. 1304–1306.

dass der erdrückende Körper des Greises sie fast gänzlich verdeckt.[480] Kemp versteht die Magd als eine ‚metanarrative' Instanz, die deutlich mache, dass für die folgende Handlung nicht nur die männlichen Protagonisten von Bedeutung sein werden.[481]

In der Verkündigungsszene Giottos in der Arenakapelle von Padua (Abb. 15) misst Kemp der Dienerin[482], die außen vor Annas Gemach mit Spindel und Faden beschäftigt ist, noch größere Relevanz in Bezug auf die Wahrnehmung des Rezipienten bei: Während sich der Innenraum, in dem die kniende Heilige die Botschaft des Engels, der durch ein Fenster hinkommt, empfängt, sitzt die Dienerin außen vor der geschlossenen Tür.[483] Deshalb

> hört die Dienerin und sieht nur im unvollkommenen Abbild, was wir, die Betrachter, in seiner ganzen Fülle und Konsequenz schauen dürften, privilegiert, wie wir sind, räumt uns das Bild die größte Öffnung ein. Mag aber auch sein, daß die Dienerin überhaupt nichts von dem mitbekommt, was in ihrer nächsten Nähe vor sich geht. Dann haben wir nicht nur mehr von der Vision als die Dienerin, die ganze Vision nämlich, sondern wir haben etwas, was sie überhaupt nicht hat und als unwürdige Person auch nicht haben kann: eine Vision. In beiden Fällen bewirkt die Dienerin, die als Dritte genausowenig wie wir direkt am Geschehen beteiligt ist, eine Aufwertung unserer Position dadurch, daß sie im Vergleich hinter unseren Möglichkeiten zurückbleibt. Sie fungiert als Relais in einem System, in dem beide Kommunikationswege, die Kommunikation im Bild und die Kommunikation mit dem Bild, den gleichen Bedingungen der selektiven Sichtbarkeit bzw. Zugänglichkeit unterworfen sind, in dem, um es kurz zu sagen, auch ein Engel durch ein Fenster kommen muß.[484]

---

480 Vgl. Kemp, Räume der Maler, S. 33.

481 Vgl. Kemp, ebd., S. 34.

482 Sie trägt in apokryphen Texten den Namen Judith, den Kemp allerdings für irrelevant hält, da die Funktion der Figur ohne weitere Informationen verständlich sei, vgl. Kemp, ebd., S. 34–35.

483 Die verschlossene Tür könnte dabei als Symbol für Annas sündenfreie Empfängnis gedeutet werden, vgl. Carla Gottlieb: The Window in Art. From the Window of God to the Vanity of Man. New York 1981, S. 119.

484 Kemp, Räume der Maler, S. 35.

Abb. 16: Jean Corbecho (Übersetzer): *Livre des Propriétés des Choses*. Wolfenbüttel, Herzog August Bibliothek, Cod. Guelf. 1.5.3.1 Aug. 2°, fol. 146r.

Die Dienerin zeigt dem Betrachter, dass er aus dieser visionären Begegnung ebenso ausgeschlossen ist wie sie, aber dass es trotz eingeschränkter Zugänglichkeit möglich ist, zu partizipieren.[485] Zugleich verdeutlicht die Magd ein hierarchisches Gefälle zwischen ihrer Position als bildinterne Assistenzfigur und dem Betrachter des Bildes, weil der bildexterne Beobachter umfassendere Einsicht in das Verkündigungsgeschehen erhält, indem sich der dargestellte Raum in seine Richtung öffnet,[486] sie selbst aber das heilige Geschehen im Innenraum bestenfalls hören kann.[487] Diese Öffnung des Raums, die die vierte Wand für die externen Betrachtenden unmissverständlich entfernt, während die Einsicht der werkinternen Beobachterfiguren deutlich eingeschränkter ist, findet sich in zahlreichen Darstellungen: Im *Livre des Propriétés des Choses* in Wolfenbüttel schauen zwei Figuren durch ein kleines Fenster auf ein Liebespaar im Schlafgemach – dem Betrachter hingegen wird uneingeschränkter Einblick gewährt (Abb. 16). Besonders beliebt scheint dieser Bildaufbau bei Illustrationen der Schlüsselszene von Thürings von Ringoltingen *Melusine* zu sein, in der Reymond nur durch ein kleines Löchlein auf das Wesen im Bad schauen kann, während der werkexterne Betrachter den vollständigen Einblick in die intime Szene erhält (Abb. 17).

Im Rekurs auf Kemps Überlegungen resümiert Morsch für die literarischen Texte des Mittelalters, dass ein ‚Hauptheld' durch Blickwendungen zu einer *ancilla narrationis* werden kann, zu einer „Assistenzfigur[.] im klassischen rhetorischen Sinne, als Affektvorbild, wie auch in – im weiteren Sinne – ‚kunsthistorischer' Hinsicht, als mediale Figur, die den Einblick oder Eintritt in die dargestellten Wahrnehmungsräume unterstützt und spiegelt."[488] Entgegen dieser Deutung Morschs ist es für Kemp jedoch entscheidend, dass die Dienerin in Giottos Verkündigungsszene niederen Standes und eben nicht ‚Hauptheldin' der Verkündigungsszene ist, denn nur so kann der Betrachter seine eigene, privilegierte Beobachterposition erkennen und reflektieren. Es ist fraglich, ob sich, wie Morsch und Lechtermann es vorschlagen, Kemps kunsthistorische Analysen der selektiven Einsicht der ‚Mägde' überhaupt ungefiltert auf die literarischen Figuren übertragen lassen, und warum etwa Herzog Ernst, der Protagonist des gleichnamigen mittelhochdeutschen Abenteuerversromans, nach Morsch

> nicht nur der exemplarische Ritter auf Aventiure- respektive Kreuzfahrt [ist], sondern vielmehr noch das Paradigma einer „Assistenzfigur", die Einblick in die vielfältigen Schauräume des Textes ermöglicht: Die Rezipienten sind mit Ernst und seinem Gefährten Wetzel auch auf dem langen

485 Pinkus, Voyeuristic Invitation, S. 115: „Drawing an analogy between the spectator and the maid, the viewer, as an alien participant, is invited to gaze into a domestic intimate event. Like the maid who is aurally peering, the viewer is invited to an ocular peering."

486 Die Idee einer Schauöffnung für den Betrachter ist keineswegs neu, wie Anna Rohlfs-Von Wittich: Das Innenraumbild als Kriterium für die Bildwelt. In: Zeitschrift für Kunstgeschichte 18,2 (1955), S. 109–135, hier: S. 112, unter anderem für eine Handschriftenillumination der Apokalypse vom Ende des 13. Jahrhunderts zeigt, in der Johannes nur durch ein kleines Fenster auf das Geschehen schaut, während es dem Betrachter in einem voll einsichtigen Innenraum präsentiert wird.

487 Vgl. Pinkus, Voyeuristic Invitation, S. 110.

488 Morsch, Blickwendungen, S. 35.

und schwierigen Weg zur rechten Wahrnehmung des Geschilderten, zum vorbildlichen Hörer und Leser.[489]

Besonders jene Szene, in der Herzog Ernst und Wetzel aus einem erhöhten Schlafgemach die Ankunft der seltsamen Kranichköpfe in der ‚Orientwelt' von Grippia beobachten, die von einem Feldzug in Indien mit einer geraubten Prinzessin zurückkehren, fungiert ihre Beschreibung des Gesehenen zunächst als Teichoskopie: Die Ritter beobachten, machen sich über Aussehen und Gebaren der Hybridwesen lustig und lassen die Rezipienten an ihren kuriosen Beobachtungen teilhaben.[490] Als Herzog Ernst jedoch die Trauer der entführten Königstochter bemerkt, die mit dem Mörder ihrer Eltern zwangsverheiratet wird, ist es allein seine Wahrnehmung, die den Rezipienten erkennen lässt, welches Unrecht dort geschieht. Beide Krieger sind erschüttert angesichts des Schicksals der Prinzessin, doch dem Herzog werden die entscheidenden Wahrnehmungsprozesse, das Hören und das Erkennen des Leidens, zugesprochen, wie die Verse *do vernam ir weinen und ir klagen / Ernst der fürste hêre.* (V. 3256 f.), *dô der herzoge ir jâmer sach* (V. 3265) und seine direkte Aussage *[„]ich hân ir jâmer wol gesehen.[“]* (V. 3272) zeigen. Es ist der Herzog selbst, der Wetzel und somit dem Rezipienten erläutert, warum die Situation für die entführte Braut entsetzlich sein muss (V. 3274–3283),[491] während der Gehilfe mit einem strategischen Plan zur Befreiung antwortet. Ernst und Wetzel beobachten zwar zunächst gemeinsam, doch als ihre Beobachtungen von Belustigung auf Bemerkungen umschlagen, die Auswirkungen auf den weiteren Verlauf der Handlung haben, unterscheidet sich ihr Sehen maßgeblich: Ernst beobachtet mit *compassio*, Wetzel schaut nur hin.[492] Nach Lechtermann und Morsch dürfte also lediglich Ernst als Affektvorbild bezeichnet werden, das den Blick und das Mitleid der Rezipienten anregt, wohingegen Wetzel in ihrem Verständnis nur bedingt als Assistenzfigur gelten dürfte. Wenn Wetzel gemeinsam mit Ernst

489 Morsch, Lektüre, S. 112. Gewiss ist es für Morschs Analyse der sich durch Blicke öffnenden Wahrnehmungsräume nicht von zu großer Bedeutung, ob sein Verständnis von Assistenzfiguren tatsächlich kunsthistorisch korrekt ist, doch es ist auffällig, dass er sich hier auf Kemp bezieht, ohne zu erläutern, wie die Übertragung von Neben- zu Hauptfigur zustande kommt.

490 Überhaupt ist die ganze Grippia-Episode, so Schulz, Schwieriges Erkennen, S. 80, – im Gegensatz zum sogenannten Reichsteil – auf „eine narrative Überinszenierung von Visualität“ angelegt.

491 Es gibt Mareike Klein: Die Farben der Herrschaft. Imagination, Semantik und Poetologie in heldenepischen Texten des deutschen Mittelalters. Berlin 2014 (LTG. 5), S. 287, zufolge zahlreiche visuelle und akustische Kennzeichen, die den Rezipienten darauf hinweisen, dass die Prinzessin trauert, doch die Ausführung der Gründe ihres Leides obliegt dem Protagonisten.

492 Bittner, Komplizen, S. 326, wundert sich über die ähnliche Gestaltung des Protagonisten und seiner Helferfigur, die der Text mit den gleichen lobenden Attributen beschreibt. Sie schlussfolgert darum, dass Wetzel als Kopie Ernsts fungiere, die eigentlich „zu ‚nah'“ an Ernst angelehnt sei, um in seiner narrativen Funktion deutlich hervortreten zu können. Der Unterschied zwischen Protagonisten und Helfer wird aber offensichtlicher, wenn statt nach der handlungslenkenden und nach der blicklenkenden Funktion gefragt wird: Wetzel ist dazu da, den Rezipierenden einen Blick auf Ernst zu ermöglichen.

Abb. 17: Thüring von Ringoltingen: *Melusine*. Basel, Universitätsbibliothek, O I 18. fol. 35r.

zunächst durchaus als blicksteuernde Assistenzfigur gelten kann, dann aber nicht gleichermaßen zur *compassio* anleitet wie der Herzog, bedarf es einer Präzisierung des Begriffs Assistenzfigur, der eine Abwendung von Lechtermanns Unterteilung in affektive und deiktische Funktionen bedeutet – und stattdessen den Fokus auf die Funktion der *ancilla* legt, die Kemp eigentlich gemeint hatte: Eine rangniedrige Figur, die sich auf der Schwelle zwischen Inklusion und Exklusion befindet und dem Rezipienten seinen eigenen Wahrnehmungsvorgang aufzeigt. Durch ein kompositionelles Verständnis der Beobachter kann die blicklenkende Wirkung auf den Rezipienten untersucht werden, ohne eine affizierende, kinästhetische oder deiktische in den Fokus stellen zu müssen.

Dies lässt sich an der Figur Lunete exemplifizieren, denn in Hartmanns von Aue *Iwein* ist die Figurenkonstellation inklusive ihres räumlichen Aufbaus mit dem *Herzog Ernst B* vergleichbar: Ähnlich wie Ernst befindet sich auch Iwein unbemerkt in einer Beobachterposition und empfindet den Schmerz einer trauernden Frau nach, während die rangniedrigere, dritte Figur im Raum einen Lösungsvorschlag bietet. Während Iweins Gefangenschaft zwischen den Fallgittern auf der Burg, deren Herrscher er zuvor ermordet hatte, liefert seine Gehilfin Lunete entscheidende Sinneseindrücke – *„her Îwein, hœret ir? / sî suochent iuch“* (V. 1229 f.) – die rezeptionsseitig die Imagination einer Geräuschkulisse ermöglichen. Sie ist es außerdem, die das Fenster für ihn öffnet, sodass er Laudine betrachten kann (V. 1450 f.); sie sieht, wie er sich im Liebeswahn beinahe in den sicheren Tod stürzt (V. 1483 f.) und sie erkennt die Zeichen seiner Minnekrankheit, als er sie nur vage andeutet (V. 1757–1759).[493] Lunete ist in die Geheimnisse beider Protagonisten eingeweiht,[494] erhält Zugang zu intimsten Gedanken und verschlossenen Räumen. Damit ist sie eine helfende Figur, die einerseits die entscheidenden Weichen für den weiteren Handlungsverlauf stellt[495] – andererseits wird sie auch als Assistenzfigur werkextern wirksam, indem sie den Protagonisten, sein Minneleiden und die Beschaffenheiten des Brunnenreichs für die Rezipierenden sichtbar werden lässt (während sie Iwein hilft, auf der Handlungsebene unsichtbar zu werden).[496]

---

493 Friedrich Michael Dimpel: Die Zofe im Fokus. Perspektivierung und Sympathiesteuerung durch Nebenfiguren vom Typus der Confidente in der höfischen Epik des hohen Mittelalters. Berlin 2011 (Philologische Studien und Quellen. 232), S. 204, hält es allerdings für möglich, dass Lunete schon damit gerechnet habe, dass Iwein sich in Laudine verliebt.

494 So wird über Lunete im *Iwein* etwa gesagt: *zuo ir vrouwen gienc sî sâ: / der was sî heimlîch genuoc, / sô daz sî gar mit ir truoc / swaz sî tougens weste* (V. 1788–1791).

495 D. h., es gibt assistierende Figuren, die auf der Handlungsebene den Protagonisten in den entscheidenden Notlagen helfen, weil sie z. B. durch ihre praktischen Lösungsvorschläge den weiteren Verlauf der Handlung katalysieren. Lunete und Wetzel sind solche Figuren, aber diese Funktion der Unterstützung der Protagonisten steht im Folgenden nicht im Fokus der Analyse, weil sie lediglich handlungsintern entscheidend ist.

496 Ganz ähnlich formuliert Bittner, Komplizen, S. 153, in ihrer Studie zu handlungslenkenden Nebenfiguren: „Als Bindeglied zwischen Iwein und Laudine folgt die Erzählperspektive häufig Lunete, der Rezipient betritt mit ihr Laudines und Iweins Aufenthaltsorte, sie erschafft die Blickwinkel, aus

Sowohl Wetzel als auch Lunete sind rezeptionslenkende Assistenzfiguren, die den Rezipienten teilhaben lassen, indem sie Einblicke in Innenräume ermöglichen. Bei diesen Innenräumen handelt es sich sowohl um die schwer zugänglichen Gemächer, in denen die Helden sich befinden, als auch um ihre Emotionen, die sie angesichts des von dort Gesehenen kundtun. Die Vermittlung dieses Inneren wird dank der Assistenzfiguren sichtbar: Während die Helden selbst Unnahbarkeit suggerieren, können die Unterstützerfiguren ihr Leiden wahrnehmen und an den Rezipienten weitergeben, ohne dabei gleichermaßen idealisierte Eigenschaften anzunehmen.[497] Sie sind die nahbare Brücke in den intimen Innenraum: Die Nebenfigur fungiert als Bindeglied zwischen dem Rezipienten und dem Protagonisten, sodass der Beobachter zweiten Grades als selektiv Wahrnehmender in den Raum hineinschauen und das Geschehen durch die Augen der Gehilfen Lunete und Wetzel betrachten kann. Die mediale Schwelle, die sich zwischen Rezipienten und dargestellter Welt befindet, erhält demnach eine Figur, die das visuelle Eindringen in den intimen Innenraum erleichtert und den Fokus auf das lenkt, was für die weitere Handlung entscheidend ist. Im Fall von Wetzel und Lunete geht es nicht darum, die gleiche *compassio* wie die Protagonisten zu empfinden, sondern darum, das Mitleid der Helden durch die Augen der Assistenzfiguren zu sehen. Diese Figuren ermöglichen das Sehen aufgrund ihrer Position zwischen Inklusion und Exklusion, indem ihre Schwellenposition einen nahbaren Standpunkt für den Einblick des Rezipienten anbietet.[498] Assistenzfiguren in der Literatur erscheinen darum als Figuren, die sich in den intimen Räumen der Protagonisten befinden, gleichzeitig jedoch außen vor sind. In dieser charakteristischen Ähnlichkeitsrelation stellen sie ein Identifikationsangebot für den Rezipienten an der medialen Schwelle dar, der sich außerhalb der dargestellten Welt befindet, aber ebenfalls schauend partizipieren kann.

---

denen gesehen wird und durch ihren Innensichtfilter wird das Geschehen kommentiert und andere Figuren bewertet."

497 Bezogen auf Kemps Beispiel der Verkündigungsszene in Padua hieße das: Der Betrachter kann sich weder mit dem Engel noch mit Anna identifizieren, weil beide zu heilig sind – lediglich die Magd bietet auf Grund ihrer Menschlichkeit das geeignete Identifikationspotenzial.

498 Auch Christian Kiening: Poetik des Dritten. In: Zwischen Körper und Schrift. Texte vor dem Zeitalter der Literatur. Hrsg. von dems. Frankfurt am Main 2003 (Fischer Taschenbücher. 15951), S. 157–178, hier: S. 158, benutzt den Begriff der Schwelle, um die Funktion des exkludierten Wächters im Tagelied zu fassen: „Die Schwelle ist dementsprechend auch Einbruchsstelle einer Veränderung, die wiederum selbst zum Gegenstand der Rede wird. Sie kann verschieden besetzt sein: mit natürlichen Phänomenen (Dämmerung, Licht, Tag, Wind, Vögel etc.) wie mit menschlichen Figuren (Magd, Diener, Wächter, Aufpasser, Konkurrent etc.). In jedem Fall wird eine duale Konstellation durch ein Drittes ergänzt, das in eigentümlicher Weise der Zweiheit äußerlich ist und doch in diese hineinreicht: Das faktische Ereignis des Tagesanbruchs, das Handlungsbedarf erzeugt, ist gleichzeitig ein Ereignis der Rede, das den Text in seiner Eigenart ermöglicht. In nicht wenigen Gedichten steht das Spiel mit dieser sowohl situativ wie poetologisch reizvollen Konstellation im Zentrum der Textbewegung – und das bereits in der Frühgeschichte der Gattung."

2.1.2 Assistenzfiguren in mittelalterlichen Bildzeugnissen

Um einen interdisziplinären Begriff der Assistenzfigur zu entwickeln, mit dem im Folgenden Text- und Bildzeugnisse untersucht werden können, soll nun die Analogie zwischen bildexternem Rezipienten und bildinterner Beobachterfigur in der Kunst des Mittelalters nachgewiesen werden. Für die sakrale Kunst ließe sich etwa vermuten, dass Autorenbilder oder Stifterfiguren visuelle Brücken zum Betrachter schlagen, weil sie Verbindungen zu dessen Lebenswelt herstellen. Klagende Figuren in Beweinungs- und Grablegungsszenen der Passion oder Darstellungen emsiger Schüler in Unterrichtsbildern könnten als direkte Aufforderung zur *imitatio* dienen und eine ähnliche Funktion als Affektvorbild implizieren, wie sie Lechtermann und Morsch in Figuren der höfischen Literatur erkennen. Autorenbilder, Zeigehände und andere „Leseleitfiguren"[499] ergänzen zudem lebensweltliche Bezüge in den Bildern, die etwa durch zeitgenössische Waffen, Kleidung oder Architektur kreiert werden, um das Dargestellte verständlicher und nahbarer zu machen. Um affektive oder zeitgenössische Formen der Blicklenkung soll es im Folgenden aber gerade nicht gehen, denn bei den hier untersuchten Assistenzfiguren handelt es sich um eine werkintern fixierte, ästhetische Strategie, die im kompositorischen Aufbau der Bilder zu finden ist: Es sind Figuren, die Teil der dargestellten Welt, aber nicht des dargestellten Hauptgeschehens sind. Statt zu partizipieren, lenken diese Assistenzfiguren am Rand der Bilder die Aufmerksamkeit auf das, was gesehen werden soll. Für die Fresken Giottos etwa betont Regine Prange, dass schauende Figuren „auf das Zentrum der Darstellung aufmerksam [machen] und quasi die Erfahrung des Bildes im Bilde vorweg[nehmen]"[500].

Die kunstwissenschaftliche Forschung zu profanen Bildnissen des Mittelalters zeigt, dass Assistenzfiguren unterschiedliche Funktionen haben können. So vermag ein unscheinbarer Jagdbegleiter eines Liebespaars als eine Figur erscheinen, die „als höfische Assistenzfigur den Sozialstatus des minnenden Paares unterstreicht."[501] Neben der attributiven Betonung des adligen Standes können beobachtende Nebenfiguren eine gesellschaftliche Funktion aufweisen, wenn „Assistenzfiguren [...] gemäß der höfischen Minnekonzeption zu ‚Kläffern' oder ‚Merkern' umgeformt [werden], die das

499 Vgl. Christel Meier: Typen der Text-Bild-Lektüre. Paratextuelle Introduktion – Textgliederung – diskursive und repräsentierende Illustration – bildliche Kommentierung – diagrammatische Synthesen. In: Lesevorgänge. Prozesse des Erkennens in mittelalterlichen Texten, Bildern und Handschriften (Freiburger Colloquium 2007). Hrsg. von Eckart Conrad Lutz, Martina Backes, Stefan Matter. Zürich 2010 (Medienwandel – Medienwechsel – Medienwissen. 11), S. 157–182, hier: S. 163.

500 Regine Prange: Sinnoffenheit und Sinnverneinung als metapicturale Prinzipien. Zur Historizität bildlicher Selbstreferenz am Beispiel der Rückenfigur. In: Ambiguität in der Kunst. Typen und Funktionen eines ästhetischen Paradigmas. Hrsg. von Katharina Jesberger, Verena Krieger. Köln 2010 (Kunst – Geschichte – Gegenwart. 1), S. 125–167, hier: S. 138.

501 So Müller, Minnebilder, S. 137, über einen nicht im Fokus stehenden Schildknappen auf einer Spiegelkapsel im Londoner Victoria & Albert Museum (unter der Inventarnummer 217-1867, vgl. https://collections.vam.ac.uk/item/O69982/a-lady-crowning-her-lover-mirror-case-unknown/), der die zwei Pferde des Liebespaars peitschend am Halfter führt.

minnende Paar voyeuristisch aus dem Hinterhalt beobachten."[502] Katharina Glanz deutet etwa die Knappen, die auf einer Spiegelkapsel aus Elfenbein im Hintergrund einer Minneszene erscheinen, als Darstellung der *huote*:

> Gleichsam antithetisch zur Gestalt der höfisch Liebenden verfolgen sie das Paar, sprechen über dessen Verhältnis, betreiben üble Nachrede und trachten danach, die Kommunikation der Liebenden zu verhindern oder einzuschränken. Die einstigen Assistenzfiguren der Jagdknechte wurden hier in Analogie zur Vorstellungswelt höfischer Liebe zu Voyeuren umgeformt, deren Gestalten als Personifikationen der aus der Dichtung bekannten Sozialaufsicht fungieren.[503]

Weil es in der Literatur den vergleichbaren Topos des Aufpassers als „abstrakte Größe" der „minnefeindliche[n] Gesellschaft"[504] gebe, kann dieser damit auf die Existenz ähnlicher Kontrollinstanzen in Bildern übertragen werden, sodass die Nebenfiguren als Verweis darauf zu deuten wären, dass höfische Minnebeziehungen stets unter Beobachtung stehen (wie z.B. in Abb. 18, Abb. 20 und Abb. 26). Es lässt sich also vermuten, dass die Knappen-, Wächter- und Beobachterfiguren in Bildern bedeutend sind, weil sie aufzeigen, dass höfische Minne stets an das Mitwissen Dritter gekoppelt und demnach immer schon der Gefahr ihrer öffentlichen Entdeckung ausgesetzt ist.[505]

Zugleich muss selbst heimliche Liebe gesehen werden, damit sie dem Rezipienten präsentiert werden kann – Assistenzfiguren sind also nötig, um die Darstellung der Liebe zu ermöglichen. Damit stellen Beobachterfiguren ein rezeptionsspezifisches Reflexionsangebot dar. Denn in beobachtenden Assistenzfiguren spiegelt sich die Position des bildexternen Betrachters, weil sich beide in einer Position befinden, von der sie lediglich observieren, nicht interagieren können.[506] Eine bildkünstlerische Variante, den Rezeptionsprozess mithilfe einer bildinternen Beobachterfigur in den Vordergrund zu stellen und dem Rezipienten eine visuelle ‚Einstiegsmöglichkeit' in die Bildwelt zu bieten, ist die Darstellung einer rückansichtigen Figur: Sie erscheint dann als Rückenfigur, die dem Rezipienten einerseits ihre Blickrichtung präsentiert und andererseits entindividualisiert wird,[507] sodass der Fokus eindeutig nicht auf Affekte, sondern deutlich auf das sich darbietende Bild gelenkt ist.

---

502 Müller, ebd., S. 118.

503 In dieser Funktion deutet Glanz, De arte honeste amandi, S. 355–356, die Jagdgehilfen auf einer Spiegelkapsel aus der ersten Hälfte des 14. Jahrhunderts.

504 Glanz, ebd., S. 120.

505 Rüdiger Schnell: Der Dritte / das Dritte. Psychoanalytische, sozialgeschichtliche und poetologische Aspekte. In: Handbuch Minnesang. Hrsg. von Beate Kellner, Susanne Reichlin, Alexander Rudolph. Berlin/Boston 2021, S. 364–378, hier: S. 370, merkt jedoch an, dass die *huote* von der germanistischen Forschung „nicht als Figuren des Dritten thematisiert, sondern als Repräsentanten der Gesellschaft beziehungsweise der gesellschaftlichen Moral gedeuet" wurde.

506 Vgl. Pinkus, Voyeuristic Invitation, S. 110.

507 Gerade im Film dient ein solcher Perspektivwechsel nach Kenneth S. Calhoon: F. W. Murnau, C. D. Friedrich, and the Conceit of the Absent Spectator. In: MLN 120,3 (2005), S. 633–653, hier: S. 640, dazu, mediale Grenzen in der Wahrnehmung des Rezipienten zu verwischen: „The reverse shot in cinema, like the figure seen from behind, undoes the rupture that arises from an awareness of an apparatus."

Abb. 18: Spiegelkapsel aus Elfenbein, französisch. New York, The Metropolitan Museum. 9,5 x 9,5 x 1 cm, entstanden ca. 1330–1360.

Wenngleich die Überlieferungssituation dies nahelegt, sind Rückenfiguren kein ästhetisches Stilmittel der Moderne,[508] denn die ältesten Beispiele sind schon in der griechisch-römischen Antike im 6. Jahrhundert v. Chr. zu verorten. Margarete Koch verweist in ihrer Monographie, die eine Entwicklung der Rückenfigur von der Antike bis

508 Für die berühmten, in romantischer Sehnsucht erstarrten Rückenfiguren Caspar David Friedrichs wird gerne ein Innovationsanspruch erhoben. Ein neuerer Forschungsüberblick zur Rückenfigur bei Caspar David Friedrich findet sich in der Dissertation von Akane Sugiyama: Wanderer unter dem Regenbogen – Die Rückenfigur Caspar David Friedrichs. Diss. Berlin 2007, S. 4–16. Auch Sugiyamas Arbeit kommt ebd., S. 266, zu dem Schluss, dass Friedrich die Rückenfigur zwar nicht erfunden habe, sie jedoch so innovativ instrumentalisiere, dass er damit den Weg in die Moderne geebnet habe.

zu Giotto aufzeigt, auf die im Kontext dieser Arbeit relevante mediale Grenzfunktion der Rückenfiguren:

> Die Barriere, die die in Rückansicht gegebenen Gestalten durch ihre bloße Existenz am vorderen Rande des Gefüges oder auch durch Ausbreiten der Arme mit betonter Deutlichkeit errichten, begrenzt nicht nur die plastisch aufgefaßten Gruppen der Figuren oder Einzeldinge, sondern auch den Bildbereich auf sich selbst. Das Räumliche im Bilde wird auf diese Weise vom außerbildlich Räumlichen getrennt, und insofern der Bildraum der pompejanischen Antike eine Fortführung des realen Raumes in das Bild hinein bedeutet, wird dieser Teilraum innerhalb des Bildes durch die in Rückansicht erscheinenden Gestalten gegen den Betrachterraum hin abgesondert.[509]

Schon in der antiken Bildproduktion werden die Grenzen zwischen Bildraum und Betrachterraum durch Rückenfiguren markiert, aber gleichzeitig aufgelöst, weil sie in den Raum des bildexternen Betrachters hineinwirken. Die rückansichtige Figur, die Figurengruppen kompositorisch bündelt[510] oder die Wirkung der Tiefenräumlichkeit verstärkt,[511] erhält damit einen entscheidenden rezeptionslenkenden Mehrwert: Indem eine Figur dem Rezipienten ihren Rücken zukehrt, hebt sie die Grenze des Bildes hervor, an welcher der Betrachter begreift, dass er letztlich doch außerhalb des Bildraums verbleiben muss. Diese Grenze ist allerdings keine unüberwindbare, weil es, so Koch, eine „mögliche Vermittlung der Rückenfigur zwischen dem Innerhalb des Bildes und seinem Außerhalb, d. h. dem Standort des Betrachters“[512] gibt. Der Betrachter identifiziert sich mit dem Standpunkt der Rückenfigur, was ihm visuellen Eintritt in das Bild verschafft[513] und auf dessen Sehbegehren reagiert.[514] Trotz ihrer Fokussierung

509 Margarete Koch: Die Rückenfigur im Bild: Von der Antike bis zu Giotto. Recklinghausen 1965 (Münstersche Studien zur Kunstgeschichte. 2), S. 22.

510 Vgl. Koch, ebd., S. 29.

511 Vgl. Koch, ebd., S. 36. Auch Kemp, Räume der Maler, S. 163, geht bei Rückenfiguren von einer „tiefenstoßende[n]“ Funktion aus.

512 Koch, Rückenfigur, S. 14.

513 Gerade für die Rückenfiguren Caspar David Friedrichs wird wiederholt auf diese Funktion hingewiesen – etwa bei Andrea Meyertholen: Apocalypse Now: On Heinrich von Kleist, Caspar David Friedrich, and the Emergence of Abstract Art. In: The German Quarterly 86,4 (2013), S. 404–420, hier: S. 408, zu Friedrichs *Der Mönch am Meer*: „With his back to the audience, the monk serves as a point of identification, an implicit invitation to step into his metaphorical shoes, or, in this instance, stand in his footprints. In so doing, we become the individual on the edge of this natural frontier, confronting the mysteries of metaphysical space; and as the monk, we no longer see his figure (or any other object on canvas, for that matter)“ – dem Betrachter werde demnach mithilfe der Rückenfigur ein Standpunkt im Bild angeboten, der gleichzeitig den Mönch und letztlich auch die Medialität der Leinwand unsichtbar mache. Entscheidend ist dabei, dass der Betrachter sich für diese Bildwirkung nicht mit dem Mönch selbst, sondern lediglich mit dem Beobachterstandpunkt des Mönchs identifizieren muss.

514 So Calhoon, Conceit, S. 642–643: „[T]he insertion of the *Rückenfigur* satisfies the viewer’s need to know whose vision it is.“

auf die kompositorisch-räumliche Funktion der Rückenfigur, räumt Koch ein, dass die hauptsächliche Aufgabe der Rückenfigur die rezeptionslenkende Vermittlung ist:

> So schaltet sich die Rückenfigur in dialektischer Verfahrensweise zwischen Kunstraum und Realraum ein. Die Funktion der Trennung und Verbindung, die sie seit der Spätantike in der Ebene vollzog, erhält bei Giotto neue bildformale Qualitäten, nicht nur in dem Sinne, daß sie nun den Bühnenraum erschließt, den sie seiner Tiefe nach zusammenfaßt. Das Entscheidende liegt darin, daß sie mit der dialektischen Bestimmung den Bereich des Bildes überschreitet, so daß sie Einfluß auf den außenstehenden Betrachter nimmt. Sie entrückt das bildliche Geschehen in die Welt des Idealen und fordert zugleich auch den Betrachter auf, dem dargestellten Vorgang beizuwohnen. Es entsteht ein doppeldeutiges Verhältnis beider Partner zueinander, eine Spannung isolierender und überbrückender Tendenzen. Diese Spannung [...] wird häufig von der Rückenfigur getragen, die dann als Verklammerung zwischen Bildraum und Nicht-Bildraum wirkt.[515]

Auch wenn sich Kochs Überlegungen auf die Antike und Giotto beziehen und sie für ihre Analyse mittelalterlicher Zeugnisse ausschließlich karolingische, byzantinische und ottonische Bildnisse der Sakralkunst hinzuzieht,[516] ist das Konzept der dialektischen Funktion einer Beobachterfigur auf die Profankunst übertragbar – wie etwa die rückansichtige Darstellung der wartenden Medea am Fenster in der Wiener *Troja*-Handschrift aus dem 15. Jahrhundert zeigt (Abb. 19).

Solche Figuren lassen den bildexternen Betrachter die Grenze zwischen dem Bild- und Betrachterraum immer wieder erneut reflektieren, wie auch die Überlegungen von Markus Dauss verdeutlichen:

> Die Rückenfigur ist deshalb [...] so interessant, weil sie bereits in sich die Dialektik von Einbindung des Betrachters in das Bild und seiner Ausweisung trägt, durchaus im Sinne der [...] Paradoxie einer doppelten Verortung vice versa Ortlosigkeit. Schon phänomenal veranschaulicht sie diese Doppelung. Durch diese seinen Standpunkt vorverlegende innerbildliche Repräsentation wird der Betrachter ins Bild gezogen, ja, regelrecht versetzt, aber zumeist frontale Rückenansicht und somit Gesichtslosigkeit der innerbildlichen Betrachterfigur weisen den ‚realen' Rezipienten zugleich aus dem Bild hinaus. Zudem wird er sich durch die Dopplung einer bildimmanenten Repräsentation natürlich auch seines eigentlichen Ausschlusses bewußt. Die Betrachterintegration seitens des Bildes läßt sich also einerseits als eine Bewegung der Annäherung, ja Grenzvorverlagerung ins Bild hinein verstehen. Aber andererseits ist mit ihr zugleich auch eine ausschließende

515 Koch, Rückenfigur, S. 71–72.

516 Besonders interessant ist etwa das kleine Moses-Thomas-Diptychon aus Elfenbein (um 990 n. Chr., Berlin, SMB, Skulpturensammlung, Inventarnummer: 8505/06), in welchem der ungläubige Thomas dem Betrachter gänzlich den Rücken zuwendet, während er seinen Finger in die Seitenwunde Christi legt. Koch, ebd., S. 48, erwähnt das Diptychon nur am Rand, um zu zeigen, dass die ottonischen Rückenfiguren einen Großteil der Bildfläche einnehmen. In seiner Interpretation dieser Elfenbeintafel erkennt Tobias Frese: „Denn der Buchstabe tötet" – Reflexionen zur Schriftpräsenz aus mediävistischer Perspektive. In: Verborgen, unsichtbar, unlesbar – zur Problematik restringierter Schriftpräsenz. Hrsg. von dems., Wilfried E. Keil, Kristina Krüger. Berlin/Boston 2014 (Materiale Textkulturen. 2), S. 1–16, hier: S. 10, in der Thomas-Szene einen „Akt der Enthüllung", in dem das Öffnen des Gewands mit dem Öffnen eines Codex' korreliert – auf die auffällige Inszenierung der Rückenfigur kommt er allerdings ebenfalls nicht zu sprechen.

Grenzaufrichtung gekoppelt, die dann wieder eine Überwindungsbewegung seitens des realen Betrachters in Gang setzen kann usw.[517]

Rückansichtige Beobachterfiguren dienen vor allem in der bildlichen Umsetzung als ‚Einstiegspunkte' für den Rezipienten, weil ihm so Blickrichtungen und Fluchtpunkte vorgegeben werden können.[518] Der Blick des Rezipienten folgt fast automatisch der Richtung, in die die bildinternen Assistenzfiguren weisen. Zeitgleich wird über diesen gelenkten Blick deutlich, dass eine Beobachterfigur den Rezipienten an seinen eingeschränkten Einblick erinnert, aber ihn im selben Moment teilhaben lässt. Diese paradoxe Schwellenposition des werkinternen Betrachters erhöht nach Prange die partizipative Wirkung:

> Dass gerade durch die fiktionale Schließung des ästhetischen Raumes seine Zugänglichkeit, nämlich die imaginative Partizipation des Betrachters, erreicht wird, Geschlossenheit *und* Offenheit die scheinbare Negierung des Betrachters durch die Bildfiguren [...], ihr vorgebliches Unbeobachtet-Sein, ermöglicht diesem, alle Scheu beiseite zu lassen und sich emotional in das gezeigte Handlungsgeschehen zu involvieren.[519]

Diese Überlegungen zur Rückenfigur können für weitere Figurentypen herausgestellt werden, die die von Prange betonte Geschlossenheit und Offenheit des Bildraums gleichzeitig vermitteln, indem sie deutlich als Dritte im Raum markiert sind. Es müssen also nicht unbedingt rückansichtige Figuren sein, die die paradoxe Zwischenposition von Partizipation und Exklusion innehaben: Nebenfiguren, die durch Größe, Position und Überschneidungen marginalisiert werden, erzielen eine ähnliche Wirkung, weil sie eine Spannung zwischen Bildraum und Betrachterraum erzeugen und somit die mediale Schwelle betonen. Eine entsprechende Marginalisierung der dritten Figur wird etwa über Verstecke markiert, mit denen die Beobachterfiguren unmissverständlich als Eindringling in einer intimen Situation markiert sind.

---

517 Markus Dauss: Alterität als Entfremdung in der Malerei von Friedrich bis Richter. In: Fremde Figuren. Alterisierungen in Kunst, Wissenschaft und Anthropologie um 1800. Hrsg. von Alexandra Böhm, Monika Sproll. Würzburg 2008 (Stiftung für Romantikforschung. 31), S. 317–350, hier: S. 323–324.
518 Eine hochmittelalterliche Parallele könnte sich in den von Bogen, Imaginäres Eindringen, S. 114, beschriebenen „Scharnierfiguren" von Kirchenportalen – also sakralen Schwellenräumen – finden, die die Betrachter auf den Eintritt ins Innere vorbereiten. Für das 15. Jahrhundert lassen sich in illuminierten Handschriften wiederholt rückansichtige Figuren finden, wie etwa Logemann, Doppelte Evidenz, S. 234, für *Allégorie de l'homme raisonnable et de l'entendement humain* (Paris, Bibliothèque Nationale de France, Ms. fr. 12550) herausstellt, in deren Bildern der Protagonist „als Projektionsfigur des Lesers bzw. der Leserin dient" und dem die Rezipienten „im Verlaufe des Weges buchstäblich über die Schulter schauen".
519 Prange, Sinnoffenheit, S. 136 [Hervorhebung im Original].

Abb. 19: *Buch von Troja nach Guido de Columnis*. Wien, Österreichische Nationalbibliothek, Cod. 2773, fol. 16r.

Abb. 20: Spiegelkapsel aus Elfenbein, französisch. Baltimore, The Walters Art Museum. 12,07 x 12,07 x 0,95 cm, entstanden ca. 1325–1350.

Gerade wenn Wächter und Knappen in den Minneszenen als Halbfiguren auftreten, großflächig von Pferden oder Bäumen überdeckt oder vom Bildrand beschnitten werden, sind sie als Figuren markiert, die einerseits visuelle Brücken für den Rezipienten darstellen, über die eine Verbindung ins Bild gefunden werden kann, anderseits deuten sie auf außenstehende Sicht hin, die mit der Erfahrung des Betrachters korreliert. Da diese Figuren häufig in den Randzonen angebracht werden, verweisen sie auf die Grenzen der ästhetischen Vermittlung: Sie befinden sich auf der Schwelle zur dargestellten Welt, ähnlich wie der Betrachter vor dem Bild.

Dass ein Bewusstsein des Rezeptionsprozesses und der medialen Schwelle evoziert ist, wenn bildinterne Beobachter in die dargestellte Welt integriert werden, lässt sich mithilfe eines spätmittelalterlichen Beispiels besonders eindrücklich nachvollziehen: Ein mit Öl bemaltes Täfelchen aus Holz gibt der kunsthistorischen Forschung seit geraumer Zeit Rätsel auf (Abb. 21). Das kleine „für die Nahansicht und den eher intimen Umgang konzipiert[e]“[520] Tafelbild wird einem niederrheinischen Maler zugeschrieben und auf das späte 15. Jahrhundert datiert.[521] Über die detailreiche Darstellung des sich perspektivisch verjüngenden Innenraums hinweg ist es vor allem die Frau in der Bildmitte, die den Blick des Betrachters fesselt, weil ihre helle Haut in starkem Kontrast zum dunklen Hintergrund des Raums steht. Abgesehen von ihren Pantoffeln und einem durchsichtigen Schleier, der sich um ihren rechten Arm und ihr linkes Bein schlängelt, ist sie völlig nackt, ihr langes Haar fällt offen über ihre Schultern. Mit ihrer rechten Hand scheint sie einen Schwamm auszudrücken, von welchem aus Wasser hinunter auf ein leuchtend rotes Herz[522] tropft, das in einem geöffnetem Holzkästchen liegt. Außerdem hält sie einen Feuerstein in der Hand, mit dem sie mithilfe eines Stahls Funken schlägt.[523] Aufgrund dieses seltsamen Rituals und der zahlreichen weiteren Gegenstände im Raum, die magische Funktionen erfüllen könnten, ist das Bild als *Liebeszauber* bekannt.[524]

Ohne jedoch genauer auf das vermeintliche Zauberritual, die rätselhaften durch den Raum wehenden leeren Schriftbänder[525] oder die an eine Venus-Darstellung erinnernde Inszenierung des nackten Frauenkörpers einzugehen, soll der Blick hier auf den hinteren Teil des Bildes gelenkt werden, in dem sich im Dunkel des Innenraums eine männliche Figur erkennen lässt, die in den Raum hineinspäht. Der dunkel gekleidete Jüngling, dessen Silhouette erst auf den zweiten Blick in der sich nach außen öffnenden Tür des Raums erkennbar wird, steht auf der Türschwelle, tritt jedoch nicht ein.[526] Drei Finger seiner rechten Hand umgreifen den Türrahmen, sodass er sein Gesicht darauf ablegen und in den Raum hineinschieben kann. Sein linker Arm ragt in den Raum hinein, er scheint sich nicht weiter vorzubewegen, als die Spitze seines linken Schuhs, der marginal über die Schwelle hinausreicht. Die gebückte Körperhaltung des Manns wirkt wie erstarrt, was sein Gesichtsausdruck bestätigt: Die Augen sind

---

520 Jeanette Kohl: Das Herz in der Truhe. In: Recycle – (Re-)Invent. Rezeptionswege von Byzanz bis in die Moderne. Hrsg. von Julia Dellith, Johannes Gebhardt, Daniela Roberts. Leipzig 2021, S. 42–63, hier: S. 46.

521 Vgl. Brigitte Lymant: Entflammen und Löschen. Zur Ikonographie des *Liebeszaubers* vom Meister des Bonner Diptychons. In: Zeitschrift für Kunstgeschichte 57,1 (1994), S. 111–122, hier: S. 111.

522 Dabei handelt es sich womöglich, so vor allem die ältere Forschung, um ein Herz aus Wachs, das stellvertretend für den abwesenden Mann verzaubert werden soll, vgl. H. Lücke: Liebeszauber. Flandrisches Gemälde aus der ersten Hälfte des 15. Jahrh. In: Zeitschrift für bildende Kunst. Kunstchronik 17 (1882), S. 379–382, hier: S. 380.

523 Vgl. Lymant, Entflammen, S. 112.

524 Vgl. Wurst, Reliquiare, S. 185.

525 Lücke, Liebeszauber, S. 380, behauptet z. B., dass die Inschriften zwar fehlen, sie aber zur Benennung der Gegenstände im Raum bestimmt waren.

526 Vgl. Lymant, Entflammen, S. 112.

Abb. 21: Niederrheinischer Meister: *Der Liebeszauber*. Leipzig, Museum der bildenden Künste. Tafelbild, 24 x 18 cm, entstanden um 1470.

weit und der Mund leicht geöffnet, der Blick fixiert in Richtung der Frau im Vordergrund des Bildes, die von der Anwesenheit des Manns nichts zu bemerken scheint. Michael Camille erkennt in diesem Gesichtsausdruck eine Form des Voyeurismus, die bereits als pornographisch bezeichnet werden könne:

> The besotted boy's mundane, almost vacant look is perhaps the first instance in Western art of the pornographic gaze, especially since we the viewers outside the picture are urged to identify with him, lured as though we were his external double, to stare into this mirror. His gaze is surely meant to mirror that of the viewer outside this picture, a male observer who can enjoy this objectified image that is supposedly luring him to her by the magic spell but which is doing so in reality through the new magic of paint.[527]

Die entscheidende Funktion des lauernden Beobachters auf der Türschwelle ist es, ein Spiegel des voyeuristischen Blicks zu sein, den der bildexterne Betrachter ebenfalls gerade über den Körper des nackten Mädchens wandern lässt.[528] Das Tafelbild scheint aufgrund des neuen Formats und Bildmaterials zunächst wenig mit den oben vorgestellten Elfenbeinpreziosen gemein zu haben, doch wie Brigitte Lymant nachweist, ist eine Kontinuität in der Darstellung mittelalterlicher Minnekonzepte zu erkennen: Auch wenn die ästhetische Umsetzung des Interieurs dem späten 15. Jahrhundert entspricht, orientiert sich die restliche Darstellung vielmehr an den Elfenbeinpreziosen des frühen 14. Jahrhunderts.[529] Eine Entwicklung zeigt sich nun jedoch im Hervortreten des Vo-

---

527 Camille, Medieval Art of Love, S. 119. Der Begriff ‚pornographisch' klingt vielleicht etwas drastisch, wird aber auch in der deutschsprachigen Forschung von etwa Virchow, Kraft der Imagination, S. 82, benutzt, um Textstrategien zu klassifizieren. Kohl, Herz in der Truhe, S. 50, hingegen plädiert für mehr Vorsicht bei der Interpretation des Jünglings: Weil der Blick des jungen Mannes nicht direkt in Richtung der Frau gehe, sei er weniger Voyeur, sondern eher eine „ambivalente Schwellenfigur im Türrahmen".

528 Eine ähnliche Korrelation zwischen bildinternen und bildexternen Voyeuren stellt Miriam von Gehren: Die heimliche Lust. Badende in der Kunst. In: Der verbotene Blick auf die Nacktheit. Diana und Actaeon. Hrsg. von Beat Wismer, Sandra Badelt. Ostfildern/Düsseldorf 2008, S. 108–111, hier: S. 108, für die umfassend überlieferten Darstellungen Susannas im Bad heraus: „In den Werken, in denen der Künstler den Akt des Badens und das verbotene Beobachten der beiden Alten festhält, wird auch der Betrachter zum Voyeur, insbesondere, da Susanna ihn meistens nicht direkt anblickt. Allerdings hat der Betrachter im Vergleich zu den Alten den großen Vorteil, dass er sich ungestraft in Susannas nackte Schönheit verlieben kann."

529 Dazu Lymant, Entflammen, S. 122: „Es war wohl das zeitgenössische Interieur, das dazu führte, daß in der bisherigen Literatur ausschließlich nach Deutungsmöglichkeiten auf realer Ebene gesucht wurde. Aber gerade die ‚Modernisierung' eines konventionellen Bildthemas, indem man es in einen wirklichkeitsgetreuen Innenraum einbettete, ist in der niederrheinischen Kunst des späten 15. Jahrhunderts nicht ohne Parallele. Damit verliert das Leipziger Täfelchen seine isolierte Stellung innerhalb der deutschen Spätgotik. Es handelt sich nicht um ein vereinzeltes kulturgeschichtliches Dokument, sondern viel eher um eine Liebesallegorie nach zeitgenössischem Muster. Seine Vorbilder dürften nicht – abgesehen von dem rahmenden Interieur – in der Tafelmalerei zu suchen sein, sondern unter den Minnekästchen, Bildteppichen und Kabinettscheiben, welche erotische Themen in allegorischer Form abhandeln. Damit bietet sich auch auf die Frage nach der Funktion des kleinen Gemäldes eine mögyeurs, der eindeutig nicht als gesellschaftliches Attribut, das den Status der Protagonistin markiert, zu verstehen ist, sondern als rezeptionslenkender Spiegel, der dem bildexternen Voyeur unverblümt seinen eigenen ‚pornographischen Blick' aufzeigt.

Da die grundlegende Komposition des Bildes mit einer Frau im intimen Innenraum an die Verkündigungsszene erinnert,[530] bietet sich ein Vergleich mit der Funktion der lauschenden Magd an, die Wolfgang Kemp, wie oben bereits ausgeführt, in den Mittelpunkt seiner Überlegungen zu Giottos Werk in Padua stellt. Sowohl die Magd vor der Tür als auch der lauernde Beobachter des Liebeszaubers, können die Innenräume nicht betreten: Sie müssen auf der Schwelle verweilen, weshalb sie das geheimnisvolle, übernatürliche Vorgehen im Inneren nur eingeschränkt wahrnehmen können. Beide Beobachterfiguren präsentieren damit dem bildexternen Beobachter, dass seine Sicht ebenfalls die Sicht eines Außenstehenden ist. Zugleich aber öffnen sich die intimen Innenräume zum Betrachter hin, weshalb der Rezipient vor dem Bild einen besseren Blick auf das Geschehen – und im Fall des *Liebeszaubers* auf den nackten Frauenkörper – hat als die bildinternen Beobachterfiguren, die somit eine hierarchische Unterordnung implizieren. Im *Liebeszauber* ist die Beobachterfigur im Bildzentrum, dem bildexternen Betrachter unmittelbar gegenübergestellt – und die Spiegelung des voyeuristischen Betrachterblicks wird damit Gegenstand des Bildes: Im intensiven Blickkontakt mit dem Mädchen wird der Betrachter selbst zum Beobachteten. Jedes Mal, wenn der bildexterne Betrachter die nackte Frau anschaut, lauert direkt hinter ihr der Mann im Dunkeln: Das beobachtete Objekt und der bildinterne Beobachter können aufgrund ihrer räumlichen Nähe ausschließlich simultan wahrgenommen werden, was bedeutet, dass jeder Moment des Beobachtens sofort auch ein Moment der Reflexion über das eigene Beobachten sein muss.

Werden Assistenzfiguren in der bildnerischen Darstellung höfischer Elfenbeinplastik ähnliche Möglichkeiten der Reflexionssteuerung zugeschrieben wie sie für die Rückenfiguren und den Voyeur im *Liebeszauber* aufgezeigt wurden, ergibt sich ein Spektrum rezeptionssteuernder Strategien, mithilfe derer das literaturwissenschaftliche und das kunstwissenschaftliche Verständnis der Assistenzfiguren im Folgenden zusammengeführt werden kann. Um aus diesen Überlegungen zu den Assistenzfiguren in Texten und Bildern ein Analyseraster für die ästhetische Blicklenkung in der höfischen Kultur abzuleiten, muss der Fokus auf die dritten Figuren, die Beobachter und Voyeure verschoben werden, die zwar am Dargestellten partizipieren, deren Außenperspektive aber mit der des Rezipienten in Ähnlichkeitsrelation steht.

---

liche Antwort an. Es ist oftmals vermutet und gelegentlich nachgewiesen worden, daß die Objekte mit Liebesthemen ehemals als Werbungs- oder Hochzeitsgeschenke überreicht wurden. Einem solchen Zweck könnte auch unser Bild gedient haben. In jedem Fall findet es seinen Platz unter den zahlreichen spätmittelalterlichen Kunstwerken, deren Darstellungen die Liebe und die Geliebte preisen." Als Allegorie versteht auch Kohl, Herz in der Truhe, S. 56, das kleine Tafelbild, denn in den ikonographischen Anspielungen der vermeintlichen Zauberdinge lasse sich „[d]er zeitgenössische Kontext der Minnelyrik" herauslesen, womit Tugendideale des Minnesangs aufgerufen würden.

530 Vgl. Camille, Medieval Art of Love, S. 119.

2.1.3 Der exkludierte Dritte in der höfischen Ästhetik

Die oben vorgestellte rätselhafte Darstellung des *Liebeszaubers* ist zwar eine singuläre und spätmittelalterliche Überlieferung, dennoch lässt sie sich mit Beobachtungen intimer Szenen in Text- und Bildzeugnissen des höfischen Mittelalters in Verbindung bringen. Denn inkludierte und zugleich exkludierte Beobachterfiguren, die den Prozess des Sehens zur Schau stellen, gibt es, das deuten die bereits untersuchten Beispiele an, in Literatur und Kunst gleichermaßen. Besonders Formen des Voyeurismus offenbaren in beiden Medien eine Faszination für das verbotene Sehen, das gleichzeitig innerhalb und außerhalb der dargestellten Szene stattfindet.

Diese Begeisterung für das voyeuristische Sehen legt vor allem die umfassend überlieferte Komposition des beobachteten Stelldicheins nahe, in dem eine dritte Figur ein Liebespaar observiert. Der wohl berühmteste Beobachter einer solchen heimlichen, nächtlichen Verabredung ist König Marke, der Tristan und Isolde im Baumgarten auflauert, um die beiden des Ehebruchs zu überführen (Abb. 22 und Abb. 23). Marke beobachtet die beiden zwar, aber er bekommt nicht das zu sehen, was er eigentlich erwartet: Weil die Liebenden ihn rechtzeitig bemerken, spielen sie ihm etwas vor und führen ihn damit in die Irre.[531] So wird dem Rezipienten zwar mithilfe der Beobachterfiguren ein Einblick in die intime Begegnung geboten, das Sehbegehren wird aber nicht erfüllt.

Ganz anders verhält es sich in der altfranzösischen Versnovelle der *Kastellanin von Vergi*: Der Herzog von Burgund besteht darauf, dem heimlichen Treffen der Kastellanin und des Ritters im Garten beizuwohnen, um sicherzustellen, dass der Ritter nicht gelogen hat, als er versicherte, die Ehefrau des Herzogs nicht verführt zu haben, weil sein Herz einer anderen gehöre. In diesem Fall weiß einer der Liebenden, dass sie beobachtet werden, aber er hält sich – im Gegensatz zu Tristan und Isolde – mit seinen körperlichen und sprachlichen Zuwendungen nicht zurück: Vielmehr versteht der Ritter, dass das für eine Liebesbegegnung angemessene Verhalten ihn vor der Vertreibung und somit von der Trennung der heimlichen Geliebten bewahren wird. Darum wird dem Herzog und mit ihm auch dem Rezipienten ein glaubwürdiges Arrangement intimer Begrüßungs- und Verabschiedungsszenen geboten.

In der bildlichen Überlieferung des *Tristan*-Stoffs und der *Kastellanin von Vergi* sind es die beiden Baumgartenszenen, in denen der männliche Beobachter, ein ranghöherer Verwandter, dem illegitimen Liebespaar beim heimlichen Stelldichein auflauert, die stellvertretend für den ganzen Stoff eingesetzt werden. Die Baumgartenszene aus dem *Tristan* ist über fünfzig Mal in zahlreichen Medien überliefert[532] – häufig dient sie auf Elfenbeinartefakten als komprimierte Einzelszene dazu, metonymisch

---

531 Vgl. Wetzel, Erkennen, S. 53.

532 Cain Van D'Elden, Tristan and Isolde, S. 12 u. S. 67. Ein älter Stand bei Norbert H. Ott: Epische Stoffe in mittelalterlichen Bildzeugnissen. In: Epische Stoffe des Mittelalters. Hrsg. von Volker Mertens, Ulrich Müller. Stuttgart 1984 (Kröners Taschenausgabe. 483), S. 449–474, hier: S. 458–459.

Abb. 22: Elfenbeinkästchen (Seite), französisch. New York, The Metropolitan Museum. 10,9 x 25,3 x 15,9 cm, entstanden ca. 1310–1330.

den ganzen *Tristan*-Stoff in Erinnerung zu rufen.[533] Die Geschichte der *Kastellanin von Vergi* ist in zahlreichen Handschriften überliefert, von denen allerdings nur drei mit Miniaturen versehen sind:[534] Alle diese Handschriften präsentierten eine einzige Illumination – eben jener Szene, in welcher der Herzog das Liebespaar beim heimlichen Stelldichein im Baumgarten belauscht (Abb. 24).[535]

533 Vgl. Élisabeth Antoine: Mirror Case: The Tryst of Tristan and Isolde beneath the Tree. In: Imagining the Past in France. History in Manuscript Painting 1250–1500. Hrsg. von Elizabeth Morrison, Anne D. Hedeman. Los Angeles 2010, S. 291–292, hier: S. 292. Der genaue Sinngehalt des Texts geht dabei aber mitunter verloren, vgl. Curschmann, Wort – Schrift – Bild, S. 409.

534 Vgl. Élisabeth Antoine: Casket: Story of the *Châtelaine de Vergi*. In: Imagining the Past in France. History in Manuscript Painting 1250–1500. Hrsg. von Elizabeth Morrison, Anne D. Hedeman. Los Angeles 2010, S. 289–291, hier: S. 291, spricht von vier illustrierten Überlieferungen der *Kastellanin von Vergi*, doch neben den Handschriften in Paris und Rennes ist diese vierte Handschrift, die sich zuletzt in Virginia befand, aktuell nicht auffindbar.

535 Vgl. Duchastelle, Châtelaine, S. 262; Shoppe, Reading Romances, S. 116, vermutet, dass gerade diese Szene gewählt wurde, weil sie auf die für den Text essenzielle Bedeutung von Sehen als Erkennen von Wahrheit verweist.

Abb. 23: Elfenbeinkästchen (Seite), französisch. Baltimore, The Walters Art Museum. 11,8 x 25,2 x 12,9 cm, entstanden 1330–1350.

Die Popularität dieser spezifischen Szene mag der intertextuellen *Tristan*-Referenz geschuldet sein,[536] dennoch belegt sie, dass die Komposition als besonders reizvoll empfunden wurde.[537] Der Reiz der voyeuristischen Dreierkonstellation kann – zusätzlich zur ikonographischen „Mischung von hoher Durchschlagskraft, Einprägsamkeit und

536 Vgl. Antoine, Casket, S. 290; Beate Schmolke-Hasselmann: *La Chastelaine de Vergi* auf Pariser Elfenbein-Kästchen des 14. Jahrhunderts; zum Problem der Interpretation literarischer Texte anhand von Bildzeugnissen. In: Romanistisches Jahrbuch 27 (1976), S. 52–76, hier: S. 70.

537 So formuliert etwa Saunders, Women and Romance, S. 302, dass sicherlich zumindest ein Teil des Publikums bei der Lektüre von Ehebruchsnarrativen wie dem *Tristan*-Stoff „thrilled" gewesen sein muss.

Abb. 24: *Histoire des Amours de la Chatelaine de Vergy et d'un Seigneur de la Cour de Bourgogne*. Rennes, Bibliothèque de Rennes Métropole, Ms 243, fol. 121r.

thematischer Brisanz"[538] – in der reflexiven Anlage beider Baumgartenszenen begründet werden: Marke und der Herzog von Burgund spiegeln dem bildexternen Rezipienten, dass auch er aus dem Verborgenen heraus eine nächtliche Liebesbegegnung beobachtet, die eigentlich nicht für fremde Augen bestimmt ist. Diese Überlegungen lassen sich auch anhand der Texte nachvollziehen, doch gerade die bildnerischen Umsetzungen der Baumgartenszenen als emblematische[539] „Wahrzeichen"[540] der Stoffe präsentieren eindrücklich, wie die beiden Beobachter – bildextern und bildintern – einander gegenübergestellt werden.[541] Wie es bereits im *Liebeszauber* ersichtlich war, kann sich

538 Wetzel, Erkennen, S. 60.

539 Cain Van D'Elden, Tristan and Isolde, S. 67.

540 Curschmann, Wort – Schrift – Bild, S. 408.

541 Ähnlich lässt sich auch eine Szene im *Lai de Guigemar* der Marie de France bewerten: Darin gelangt der gleichnamige Ritter, nachdem er bei der Jagd verletzt wurde, mithilfe eines rätselhaften Schiffs in den fest umschlossenen Baumgarten einer schönen Dame, die dort von ihrem alten Ehemann gefangen gehalten wird. Guigemar wird von der Dame und ihrer Gehilfin gesund gepflegt und verliebt sich bald in die verheiratete Frau, mit der er eine heimliche Liebesbeziehung eingeht. Eines Tages wird das Liebespaar vom Kämmerer des eifersüchtigen Alten entdeckt, *aparceü / Descovert, trové e veü* (V. 577 f.). Dieser will mit der Dame sprechen, doch *Ne pout dedenz la chambre entrer; / Par une fenestre les vit* (582 f.) – er sieht das Liebespaar durch ein Fenster und erstattet dem Ehemann sogleich Bericht. Der Kämmerer wird zu einer Voyeurfigur, die den exkludierten Blick des Rezipienten anleitet, durch ein Guckloch die heimliche Liebesvereinigung im intimen Innenraum zu betrachten.

der bildexterne Betrachter in diesen Bildern niemals die Objekte seines Sehbegehrens losgelöst von der Beobachterfigur im Hintergrund anschauen und muss darum zugleich seine eigene Rolle als Beobachter wahrnehmen. Dass die Figuren auf der Handlungsebene sowohl im *Tristan* als auch in der *Kastellanin von Vergi* wissen, dass sie beobachtet werden, verdeutlicht einmal mehr, dass in beiden Fällen die Reflexion des Beobachtens im Vordergrund steht, die sowohl innerhalb der Handlung als auch außerhalb des Werks stattfinden kann.

Abb. 25: Elfenbeinkästchen mit *Kastellanin von Vergi*-Szenen (Rückseite), französisch. New York, The Metropolitan Museum. 12,1 x 24,1 x 14,9 cm, entstanden ca. 1320–1340.

Wie oben bereits ausgeführt, zeigen auch die ästhetischen Umsetzungen des beobachteten Stelldicheins, dass dritte Figuren in der ästhetischen Produktion der höfischen Kultur vor allem im Kontext von Minnedarstellungen vermehrt auftreten.[542] Es scheint, dass Liebende in den ästhetischen Medien des Mittelalters niemals unbeobachtet sind, wie Camille anmerkt: „There is always someone else watching. Lovers are never truly alone in either song, poetry, or image since they are always figments of someone else's consciousness."[543] Um die Zweisamkeit der Liebenden ästhetisch zu

542 Einen neueren Forschungsüberblick zur triangulären Konzeption höfischer Liebe aus psychoanalytischer und sozialgeschichtlicher Perspektive bietet Schnell, Der Dritte.

543 Camille, Medieval Art of Love, S. 44. Auch Evelyne Polt-Heinzl: das loch der wand, durch welches tag einbricht. Fenster-, Türen- und Schlüssellochszenarien in der Literatur. Ein Streifzug. In: Diagonal. Zeitschrift der Universität-Gesamthochschule Siegen 1 (1995), S. 153–174, hier: S. 168, betont, dass Liebespaare bevorzugt von Dritten beobachtet werden: „Indiskretionen durch das Loch, den Spalt in der Wand, sind fester Bestandteil literarischer Entwürfe zum Thema Liebe. [...] Sie sind die Einfallstore für den neugierigen Blick, der in das traute Zusammensein der Liebenden als unerwünschter Mitwisser eindringt. Verfolgt dieser Blick unter Absehung von der besonderen Personenkonstellation ein rein voyeuristisches Interesse – nicht selten sind die Täter Kinder, Jugendliche oder Greise, also an der Schwelle eigenen aktiven Geschlechtslebens –, muß er keine unmittelbaren Folgen für das Verhältnis der Liebenden zueinander haben, ja diese müssen nicht einmal davon Kenntnis erlangen, was den

markieren, bedarf es einer Außenposition, die mithilfe der dritten Figur betont wird. Gerade im Kontext heimlicher Minne ist es nicht sinnvoll, Beobachterfiguren als Mittel der Affektsteuerung zu bezeichnen, weil die *compassio* des Rezipienten kaum das Ziel dieser Darstellungen sein kann: Marke und der Herzog in der *Kastellanin von Vergi* geben im Moment der Beobachtung keine Affekte vor, mit denen die Interaktion der beobachteten Liebenden betrachtet werden sollen (Abb. 25). Vielmehr verweisen die Voyeurfiguren primär auf die schauende Position des außenstehenden Dritten, die heimliche Handlungen zu sehen begehren.[544]

Sebastian Baier erkennt in solchen dritten Figuren einen Verweis auf ein strukturelles Intimitätskonzept, das für Mittelalter und Neuzeit gleichermaßen gültig ist:

> Intimität ist immer ein Wechselverhältnis von Inklusion und Exklusion. Indem etwas aus einer intimen Kommunikation ausgeschlossen wird, bestimmt sich der spezifische Inhalt und die Form der Inklusion. [...] Damit konstituiert eine intime Bindung immer ein ‚exkludiertes Drittes'. Beides steht in einer notwendigen dialektischen Verbindung.[545]

Intimität kann demnach nur entstehen, wenn es etwas gibt, das als Außenstehendes definiert werden kann. Erst, so folgert Klaus Ridder, ein „Eingreifen der Beobachter hebt die Grenze von Öffentlichkeit und Intimität hervor."[546] Für mittelalterliche Texte und Bilder, die mit der Dialektik von Exklusion und Inklusion spielen, lassen sich deshalb oft dritte Figuren festmachen, die als Beobachter- oder Voyeurfiguren auftreten. Damit korreliert die mediale Schwellenposition des Rezipienten, die anhand der Rückenfigur der bildenden Kunst exemplifiziert wurde, mit jener dritten Figur, die in einer intimen Situation inkludiert und zugleich exkludiert ist. Als rezeptionsleitende Assistenzfiguren sollen darum im Folgenden solche Figuren in intimen Settings gelten, die sich in der Rolle des außenstehenden Dritten befinden und damit zugleich als blickreflektierende Instanz fungieren.

Werden blicklenkende Assistenzfiguren in Kunst und Literatur des höfischen Mittelalters einander gegenübergestellt, lassen sich auch über die berühmte Konstellation des beobachteten Stelldicheins Gemeinsamkeiten erkennen: Die dritten Figuren stehen nicht im Zentrum der Texte und Bilder, weil sie – bedeutungsperspektivisch gesprochen – weniger Platz einnehmen. Sie sind Teil des Geschehens, aber dennoch stets ‚außen vor' wie Baier für die räumliche Konstruktion von Intimität ausführt:

Grad der Indiskretion nicht vermindert." Zu anderen Semantiken des Fensterblicks, vgl. David Ganz: Medien der Offenbarung. Visionsdarstellungen im Mittelalter. Berlin 2008, S. 205.

544 Damit ist natürlich „die literarische Produktivität triadischer Logiken" nicht ausgeschlossen, die nach Margreth Egidi: Figuren des Dritten im höfischen Roman. Einleitung. In: Figuren des Dritten im höfischen Roman. Hrsg. von ders. Oldenburg 2020 (BmE Themenheft. 4), S. 1–13, hier: S. 3, zum „Motor des Erzählens" werden können, wenn sie „gezielt als produktive Störung" eingesetzt werden.

545 Baier, Heimliche Bettgeschichten, S. 190–191.

546 Ridder, Grenzüberschreitungen, S. 140.

> Intimität als Wechselwirkung inkludierender und exkludierender Mechanismen, die eine Dyade mit einem spezifischen Bindungsgehalt und einen exkludierten Dritten konstituiert, ist an räumliche Voraussetzungen gebunden. Intime Räume müssen die höfische Zugänglichkeit und Sichtbarkeit beschränken und unterbinden. Dafür stehen Strategien der Vereinzelung, des Verschließens oder Verdunkelns oder auch der räumlichen Randständigkeit zur Verfügung. Die räumlichen Bestandteile werden, in der literarischen Darstellung sowie in der Konstruktion der Wahrnehmung, in dieses Wechselverhältnis einbezogen. Durch die performativen Aspekte der Intimkommunikation erhält ein Raum spezifische Aktualisierung und Bedeutung als intimer Raum. Ein ‚locus intimus' ist hierbei ein funktionalisierter virtueller Raum, der die intime Interaktion für den Exkludierten wie für den Rezipienten sichtbar macht, sie schützen, aber auch enthüllen kann.[547]

Durch ihren (manchmal rangniedrigeren) randständigen Status ist die Sicht der Assistenzfiguren zwar eingeschränkt, dennoch haben sie aber Zutritt zu den *loci intimi*. Bei solchen Intimräumen muss es sich nicht um tatsächlich abgeschlossene Räume handeln, denn schon die Begleitung auf der Beizvogeljagd, wie sie auf zahlreichen kleinformatigen Elfenbeinartefakten dargestellt ist (Abb. 26), ermöglicht Nebenfiguren Einblicke in die ‚Privatsphäre' eines Liebespaars.[548]

Durch ihre Position zwischen intimen Einblicken und eingeschränkter Wahrnehmung erinnern die Assistenzfiguren den Rezipienten daran, dass ihm Einsicht gewährt wird, diese aber aufgrund der medialen Begrenzungen von Text und Bild eingeschränkt sein muss. Dabei suggerieren die dritten Figuren dem Rezipienten keinesfalls, dass er ebenfalls niederen Standes ist: Der niedere soziale Stand ist lediglich ein mögliches Symptom begrenzter Einsicht.[549] Assistenzfiguren dienen also nicht einer auf gesellschaftlichen Stand, Geschlecht, oder Affekt bezogenen Identifikation – sondern sie fordern eine Identifikation mit dem jeweiligen Standpunkt als Dritter im dargestellten (Intim-)Raum, von welchem aus ein besonders reizvoller Einblick gewährt wird.[550] In Form einer ästhetischen Strategie fungieren blicklenkende Assistenzfiguren also ähnlich wie die im ersten Kapitel untersuchten rahmenden Textilien: Sie

547 Baier, Heimliche Bettgeschichten, S. 201–202.

548 Wie etwa auch auf der Spiegelkapsel mit einer Jagdszene aus dem Londoner Victoria and Albert Museum (Koechlin 1034, Inventarnummer: 222-1867), vgl. http://collections.vam.ac.uk/item/O106328/a-hunting-party-mirror-case-unknown/ [Zugriff: 02.07.2024].

549 So betont Kiening, Poetik des Dritten, S. 159, für die Figur des Wächters im Minnesang, dass Bemühungen, seinen sozialen Stand zu bewerten, nicht zielführend sein könnten, weil „es wohl nur um einen Schein von Realität, ein Spiel mit den Partikeln der Erfahrung geht. Sowenig die Lieder generell an neuzeitlichen Vorstellungen von realistischer Literatur meßbar sind, sowenig ist es auch die Figur des Wächters."

550 Iser, Akt des Lesens, S. 62, führt für den Fall des Romans aus, dass „dem Leser eine bestimmte Textstruktur vorgegeben [ist], die ihn nötigt, einen Blickpunkt einzunehmen, der die geforderte Integration der Textperspektiven herzustellen erlaubt." Entscheidend ist, dass dieser „Blickpunkt" des Lesers jedoch nicht frei wählbar sei, sondern „sich aus der perspektivischen Darstellungsweise des Textes [ergibt]." Analog zu diesen Überlegungen Isers kann das, was er für Literatur als Blickpunkt bezeichnet, im Folgenden intermedial als Standpunkt des Rezipienten in der dargestellten Welt bezeichnet werden, der sowohl Texten und Bildern kompositorisch inhärent ist.

Abb. 26: Spiegelkapsel aus Elfenbein, französisch. New York, The Metropolitan Museum. 11,1 x 10,4 x 1,1 cm, entstanden 1350–1375.

sind das ‚Fenster' zu den intimen Räumen literarischer Imagination, durch die der Rezipient in das dargestellte Geschehen hinblicken kann. Mithilfe einer Assistenzfigur kann die Schwelle des Mediums visuell überwunden werden. Doch im selben Moment schon ist der gewährte Einblick wieder so eingeschränkt, dass die Zwischenposition niemals ganz ausgeblendet werden kann. Koch formuliert für die Rückenfiguren in Giottos Beweinungsszene, dass sie eine „doppelwertige Bestimmung" haben, die paradox ist: „Sie erreichten eine Schranke und zugleich auch eine Brücke für den außenstehenden Beschauer."[551] Eine blicklenkende Assistenzfigur macht entsprechend die Grenze zwischen Bild und Betrachterraum sichtbar, „veranschaulicht die Abgeschlos-

551 Koch, Rückenfigur, S. 64.

senheit des vorgeführten Raumes“[552], aber stellt damit zugleich eine Verbindung zwischen beiden Räumen her.

Wird das angebotene Reflexionsmoment, das mit der Konstellation einer intimen Begegnung mit einem exkludierten Dritten einhergeht, als trianguläre Komposition herausgelöst, finden sich in mittelhochdeutschen Erzähltexten zahlreiche Beispiele über das beobachtete Stelldichein und die Wächter des Minnesangs hinaus. Die Funktion des blicklenkenden Dritten hat in Hartmanns von Aue *Armer Heinrich* etwa der gleichnamige Protagonist inne, der das nackte Bauernmädchen auf dem Operationstisch durch ein *loch* (V. 1230) in der Wand „in irritierend enger Vernetzung von erotischem und geistlichem Erkennen“[553] beobachtet (V. 1228–1256). Wie Heinrich auf das Beobachtete reagiert, macht deutlich, dass es hier nicht um (männliche) Dominanz und Befriedigung durch voyeuristisches Sehen geht,[554] sondern um das Auslösen der Erkenntnis, die letztlich das Leben des Mädchens rettet und Heinrich von seinem Aussatz heilt. Dennoch ist das Bild, das für die Imagination des Rezipienten entworfen wird, eines, das ganz explizit an die voyeuristische Schaulust und das Sehbegehren appelliert, denn „Anleitungen des Textes [funktionieren] am besten, wenn die Lesenden sich das Schauen eines anderen vorstellen können“[555]. In dieser Szene ist Heinrich der Dritte, der die intime Handlung zwischen Bauernmädchen und Arzt von außen *durch die schrunden* (V. 1231) unbemerkt observiert. Er erinnert den Rezipienten damit – ähnlich wie der lauernde Beobachter im *Liebeszauber*-Tafelbild – an dessen eigene Position als außenstehender Beobachter, der gerade ebenfalls eine nackte Frau vor den inneren Augen beobachtet. Durch Heinrichs Schlüssellochblick in das *heimlich gemach* (V. 1181) wird wiederum der Blick des Rezipienten – wie es im vorangegangenen Kapitel für die Zelte der höfischen Literatur und die rahmenden Textilien in Rudolfs von Ems *Willehalm von Orlens* untersucht wurde – fokussiert in einen Intimraum geleitet, um dort eine nackte Frau und einen Mann zu betrachten. Indem der Rezipient seinen Blick nicht allein durch eine permeable Hülle eindringen lässt, sondern gemeinsam mit und durch Heinrich schaut, handelt es sich hier aber um einen zusätzlich von einer Assistenzfigur gelenkten Blick. Mit Heinrich als Drittem sieht der Rezipient den intimen Vorgang, der hinter den verschlossenen Türen des Operations-

552 Koch, ebd., S. 61.
553 Schnyder, Topographie, S. 351.
554 Ein älterer Mann, der heimlich eine nackte, gefesselte, aufgebahrte Jugendliche betrachtet, ist gewiss als voyeuristisches Szenario zu beurteilen (so etwa Kraß, Geschriebene Kleider, S. 217, oder Kjorveziroska, Naturraum, S. 113, die in Heinrich eine Ähnlichkeit mit Voyeurfiguren aus Minnereden und Mären erkennt), doch Wenzel, Spiegelungen, S. 151, spricht sich gegen den Gebrauch des Voyeur-Begriffs aus, obgleich er eine entscheidende Beziehung zwischen Schaulust und Leselust einräumt: „Heinrich ist kein Voyeur, wenn Voyeurismus eine herabwürdigende Komponente hat, bei der das Vergnügen aus Kontrolle und Dominanzerfahrung resultiert. Für den Leser ist eine besondere Leselust durch die Übernahme von Heinrichs Einblicken nicht auszuschließen, aber der Text spiegelt ihm mit dem Objekt der literarischen Beobachtung stets auch sein eigenes Bild zurück [...].“
555 Brosch, Literarische Lektüre, S. 114.

saals vor sich geht durch dessen Augen, aber zugleich ist er als Beobachtungsinstanz in der imaginierten Szene fixiert. Heinrich mag darum vielleicht als die bekannteste Rückenfigur in der höfischen Literatur des Mittelalters gelten: Denn als Bild wahrgenommen[556] ist der Protagonist, der das Bauernmädchen in dieser Szene beobachtet, eine inkludierte und zugleich exkludierte Beobachterfigur, die die Blickrichtung vorgibt, aber dabei Teil des Bildes bleibt. Die Figur Heinrichs ist das Scharnier zwischen Innen und Außen und ist damit so inszeniert wie die Rückenfiguren der Kunst nach der Beschreibung Pranges:

> Die aus dem Bild herausschauende Figur [...] überschneidet zwar durch Blick und Geste die ästhetische Grenze, ist aber dadurch zugleich Garant der Autonomie der inneren Bildwelt, an deren Schwelle sie steht, der sie aber auch existentiell angehört. Eine solche Scharnierfunktion zwischen Innen und Außen kommt grundsätzlich allen Betrachterfiguren und eben auch der Rückenfigur zu. Auch der selbst nicht sichtbare Blick in die Bildtiefe, wie ihn die Rückansicht signalisiert, markiert [...] die ästhetische Grenze durch die bildparallele Aufrichtung der Figur, die sie zum Repräsentanten des Betrachtersubjekts und seines Blickes macht. Zugleich bleibt die Rückenfigur, zumindest in der traditionellen Historie, Handlungsfigur. Sie ist aktives Glied der Bilderzählung und doch auch distanziert von dieser. Alle Betrachterfiguren, die Rückenfigur jedoch wohl am deutlichsten, stiften eine dialogische Beziehung, die innerhalb des Bildraums entwickelt wird und auf diese Weise Modell oder Spiegel der Betrachter-Bild-Relation ist.[557]

Bezeichnend ist in Abgrenzung zu einer Betrachterfigur in Bildzeugnissen, dass der Rezipient Heinrich als Rückenfigur sieht und gleichzeitig seinen Blick imaginieren kann. Der Vers *nû sach er si an unde sich* (V. 1234) beschreibt demnach vielleicht nicht nur das Hin- und Herschauen Heinrichs zwischen dem lieblichen Mädchenkörper und seinem eigenen, vom Aussatz geschundenen Körper: Hier könnte auch das Hin- und Herschauen des Rezipienten implizit mitgedacht sein, der gleichzeitig das Sehen Heinrichs und das von ihm Gesehene sieht.

Dieses doppelte Sehen zeigt ein exponiertes Maß an Schwellenbewusstsein, das zusätzlich betont wird, weil der Rezipient schon weiß, was hinter der Wand geschieht. Morsch ist zwar der Ansicht, dass Heinrich „zur Assistenzfigur eines selbstbezüglichen Blicks [wird], der die Grundlage dafür ausstellt, daß es für (auch für Hörer und Leser)

---

556 Strittmatter, Poetik, S. 111, deutet die Kammerszene ebenfalls als Bild, das aus seiner narrativen Umgebung „konkret und imaginär begehbar" emporrage. Diese Überlegung führt sie ebd., S. 116, gleichermaßen dazu, Heinrich als Figur auf der Schwelle zu deuten: „Hinter dem Einblick in die Werkstatt des Meisters verbirgt sich ein Innenblick: Der Ritter steht an der Schwelle zum eigenen Wahrnehmungsapparat und erhascht einen Blick auf das Geschehen innerhalb der Herzenskammer." Dabei legt sie aber einen Fokus auf das Sichtbarmachen des Wahrnehmungsprozesses, der Heinrich einen Blick auf seine eigenen inneren Bilder gewährt, wozu gehört, dass dazu auch dem Rezipienten das nackte schöne Mädchen vor Augen gestellt wird, vgl. ebd., S. 134. Dass es jedoch eine Korrelation zwischen beiden Schwellenpositionen – der Heinrichs und der des Rezipienten – gibt, ist für Strittmatters Überlegungen nicht relevant.

557 Prange, Sinnoffenheit, S. 140–141.

überhaupt etwas zu sehen gibt."[558] Doch der Text schildert dem Rezipienten bereits zuvor, wie das Gespräch zwischen dem Arzt und dem Mädchen verläuft und beschreibt, wie wunderschön ihr nackter Körper ist,[559] als sie sich ohne Scham vor den Augen des Doktors die Kleider zerreißt (V. 1190–1200). Der Rezipient würde also durchaus auch dann genug sehen, wenn Heinrich nicht als Beobachter zwischengeschaltet würde. Dies bedeutet im Umkehrschluss, dass seine Position als rückansichtiger Beobachter umso mehr in den Vordergrund gestellt wird: Nicht das Eindringen des Blicks in einen intimen Raum wird erzählt, sondern das doppelte Eindringen zweier unterschiedlicher Blicke wird dargestellt. Diese Schlüsselszene des Texts stellt, darin ist Morsch wiederum zuzustimmen, den „beobachtend beobachteten Helden" ins Zentrum, sodass dem Rezipienten ein Spiegel vorgehalten und Wahrnehmung „als aktiver Vorgang wahrnehmbar [wird]: Man sieht sich beim Sehen."[560] Wenn eine werkinterne Beobachterfigur wie Heinrich dazu dient, den äußeren Blick auf das dargestellte Geschehen auf der Handlungsebene sichtbar zu machen, korreliert diese Außensicht besonders mit dem Standpunkt des Rezipienten vor dem Werk. Blicklenkende Assistenzfiguren sind demnach Figuren, die sich der Wahrnehmung des werkexternen Beobachters annähern: Sie erscheinen nahbar, weil sie eine Situation betrachten und sich dabei genau wie der Rezipient auf der Schwelle zwischen Teilhabe und Außensicht befinden.

Mit den Rückenfiguren sind die Wächter in den Tageliedern Wolframs von Eschenbach vergleichbar,[561] die ebenfalls an der Schwelle zwischen Inklusion und Exklusion stehen, wie Pia Selmayr ausführt: „Von der heimlichen und verborgenen Zweisamkeit in der Kemenate ist der Wächter ausgeschlossen und doch ist er dieser Gemeinschaft durch seinen Dienst am Ritter auf eine spezifische Art und Weise zuge-

---

558 Morsch, *nû sach er sî an*, S. 73.

559 Dies bemerkt auch Morsch, Blickwendungen, S. 125, allerdings kommt es ihm in seiner Untersuchung der Blickwendungen mehr auf den Protagonisten, als auf die Inszenierung dieser Szene für den Rezipienten an.

560 Morsch, *nû sach er sî an*, S. 68. An diese Überlegung Morschs knüpft auch die imaginationstheoretische Analyse der Szene von Strittmatter, Poetik, S. 97, an, die sie als Offenlegung eines Bildsetzungsprozesses versteht: „Hier werden einander Innen- und Außenperspektive Heinrichs gegenüber gestellt. Dem Ritter wird von dem Spalt in der Kammerwand aus ein Blick in seinen Inneres gewährt."

561 Eine Verbindung zwischen den dritten Figuren in den profanen Minnebildern mit den Wächter-Figuren wird etwa von Glanz, De arte honeste amandi, S. 121, betont, obwohl für sie eher die Bedrohung des Minneverhältnisses durch Mitwisser im Vordergrund steht: „Und selbst wenn man letzteren [einen beobachtenden Greis auf einer Wachstafel, J. M.] nicht als heimlichen Beobachter, sondern analog zur Wächterfigur des Tagelieds als einen dem Paar wohlgesonnenen Warner interpretiert, ist die Bedrohung des Liebesverhältnisses durch eine hier nur nicht sichtbare Größe dennoch impliziert. In allen Fällen droht somit die Gefährdung der Beziehung durch das Wissen eines Dritten sowie durch den Verlust der wiederholt vor allem in Traktaten geforderten Geheimhaltung der Beziehung."

hörig.“[562] Der Wächter ist erforderlich, um die Zweisamkeit des Liebespaars als solche zu markieren – er steckt die Grenze zwischen Innen und Außen ab und ist darum essenziell für das Erkennen dieser Schwelle, die konstitutiv für die Gattung zu sein scheint.[563] Dazu, so Selmayr weiter, ist der Wächter zwar als Dritter „aus der Gemeinschaft des Paares eigentümlich ausgeschlossen“, aber trotzdem „Beteiligter und Mitwisser“[564]. Wächter- und Botenfiguren im Minnesang, die Außenstehende sind, aber die Minnehandlung im intimen Raum zumindest eingeschränkt wahrnehmen können, erfüllen darum in der höfischen Literatur die gleiche rezeptionslenkende Funktion wie die Rücken- und Begleiterfiguren in der bildenden Kunst: Die Wächterfigur im Minnesang ist ein Identifikationsangebot an den Rezipienten, weil der Rezipient ebenfalls in das Geheimnis der Liebenden eingeweiht wird, jedoch in seiner Position der Außenansicht verbleiben muss. Wächter und Rezipient können außenstehend visuell teilhaben, sind aber zugleich nicht in der Lage, den eigentlichen Minneakt zu sehen. Genau wie der Rezipient als Dritter an der paradoxen Schwelle zwischen Teilhabe und Exklusion steht, befinden sich die situationsgebundenen dritten Figuren als Spiegelung des Rezipienten außen vor und doch ‚mittendrin‘. Auf diese Weise geben die Assistenzfiguren Blickrichtungen oder Fluchtpunkte vor, denen der Rezipient leicht nachfolgen kann, zeigen aber zugleich die Grenzen der dargestellten Welt auf und spiegeln damit den werkexternen Rezeptionsprozess.

Aufgrund dieser Sonderstellung ist der dritten Figur eine metapoetische Funktion inhärent – gerade heimliche Beobachtungen steigern „[d]as selbstreflexive Potential von Wahrnehmungsbeschreibungen“ und werden so zu „eindrucksvollen Visualisierungsintensivierungen“[565]. Trotz der Schwellenposition mit eingeschränkter Einsicht scheint ein konstituierendes Drittes also im Minnesang notwendig, um die Liebesbegegnung möglich zu machen, weil sich die Liebenden ohne die Hilfe des Wächters gar nicht erst treffen könnten. Er verhilft ihnen zum Stelldichein, indem er den Ritter zur Dame geleitet; anschließend ist er aufgrund seiner Warnung verantwortlich für die

---

562 Pia Selmayr: *Warne ob ich entslâfen bin.* Die Rolle des Wächters im Tagelied nach Wolfram. In: Höfische Textualität. Festschrift für Peter Strohschneider. Hrsg. von Beate Kellner, Ludger Lieb, Stephan Müller. Heidelberg 2015 (GRM, Beihefte. 69), S. 189–210, hier: S. 192–193.

563 Margreth Egidi: Der schwierige Dritte: Zur Logik der Botenlieder vom frühen Minnesang bis Reinmar. In: Aspekte einer Sprache der Liebe. Formen des Dialogischen im Minnesang. Hrsg. von Marina Münkler. Bern/New York 2011 (Publikationen zur ZfG. N. F. 21), S. 107–126, hier: S. 107, stellt vergleichbar für den Boten im Botenlied fest, dass auch er gerade „nicht als ‚nachträglich‘, als bloßer ‚Zusatz‘ in Relation zur Paarkonstellation zu begreifen, sondern auf vertrackte Weise im Inneren der Liebeskonfiguration angesiedelt ist.“ Kiening, Poetik des Dritten, S. 161, betont allerdings einen wichtigen Unterschied zwischen Boten- und Wächterfigur: „Mit ihm [dem Wächter, J. M.] werden nicht Körper von Abwesenden präsent gemacht, sondern Körper von Anwesenden in der Fragilität ihrer (gemeinsamen) Präsenz gekennzeichnet. Genau dies aber prädestinierte den Wächter stärker als den Boten dazu, als Denkfigur oder poetologische Figur zu dienen – so zumindest bei Wolfram von Eschenbach.“

564 So Selmayr, Rolle des Wächters, S. 199, für die Lieder Ottos von Botenlauben.

565 Brosch, Literarische Lektüre, S. 116.

Trennung des Liebespaars.[566] Die Liebesbeziehung ist durch diese äußere zeitliche Einschränkung fragil, weil die Liebesbegegnung nur so lange anhält, wie der Wächter sie möglich macht. Auf diese Weise korreliert die Position des Wächters nicht nur in Bezug auf die begrenzte Einsicht mit der Wahrnehmung des Rezipienten, sondern auch in Bezug auf die Zeitlichkeit der Liebesbegegnung: Der Wächter markiert den Startpunkt des Stelldicheins – wenn der Wächter die Liebenden trennt, endet das Lied und somit die Imaginationsvorlage für den Rezipienten. So wie die Minne ohne die Hilfe des Wächters unmöglich ist, ist ihre Imagination ohne den Rezipienten nicht möglich: Die außenstehende, dritte Instanz vervollständigt erst den Raum, in dem sich die Liebe ereignen kann. So folgert auch Rüdiger Schnell für das Publikum in der Aufführungssituation:

> Das Publikum wirkt – textuell im Prozess der Liedproduktion und performativ bei der Aufführung des Liedes – auf die Präsentierung der Zweierbeziehung ein. Der Liedinhalt mag auf einen Dritten der Liebesbeziehung referieren (etwa die Feinde der Liebe); in der Aufführungssituation jedoch bildet das Publikum den ‚Dritten', vor dem sich der Liebende/Sänger für sein Lieben rechtfertigt und den er oft als über seine Liebe urteilende Richterinstanz anspricht. Das Publikum ruckt – performativ – in die Position des Dritten.[567]

Dass – auch über die Aufführungssituation hinaus – eine rezpierende Instanz benötigt wird, um das ästhetische Werk zu vervollständigen, die sich dann aber werkintern in einer dritten Figur wiederfinden kann, stellt letztlich die Konstruiertheit der Konstellation heraus. Nach Christian Kiening steht das Dritte in Form der Wächterfigur darum für den Versuch, „in Figuren der Reflexivität Literatur als solche in den Blick zu bekommen."[568] Der Wächter als dritte Figur tritt in den Texten nicht auf, um die dargestellte Liebesbeziehung realistischer wirken zu lassen, sondern weil er, so Kiening weiter, eine Figur ist,

> [...] in der sich die Genese eines literarischen Sprechens über Liebe selbst reflektieren kann – eines Sprechens, das die Einheit selbst dort, wo sie gegeben ist, immer wieder in Frage stellen muß, um sie literarisch begründen zu können. Der Wächter verkörpert die liminale Situation und prekäre Gemeinsamkeit der Liebenden, indem er zwischen innen und außen oszilliert, und er gewinnt eben daraus seine poetologische Fragilität.[569]

Als Figur, deren Aufgabe es ist, die Grenze zwischen Innen und Außen zu markieren, wird diese Schwelle textintern betont, aber sie wirkt zugleich über den Text hinaus: Die dritte Figur verweist auf die Literarizität der Lieder.[570] Die Wächterfigur offenbart damit ihre metapoetische Doppeldeutigkeit: Indem sie zeigt, dass eine dritte Instanz

566 Vgl. Selmayr, Rolle des Wächters, S. 210.
567 Schnell, Der Dritte, S. 373–374.
568 Kiening, Poetik des Dritten, S. 159–160.
569 Kiening, ebd., S. 170.
570 Egidi, Der schwierige Dritte, S. 111.

benötigt ist, um von Minne zu erzählen, wird gleichzeitig angedeutet, dass das Lied selbst ein künstliches Erzeugnis ist, dass nur im Moment der Vermittlung vollständig sein kann, weil es eine dritte Instanz braucht, die es rezipiert.

Um zu veranschaulichen, dass Beobachterfiguren intendiert als rezeptionssteuernde Dritte instrumentalisiert werden, bedarf es nun eines Panoramas diverser blicklenkender Assistenzfiguren in der ästhetischen Produktion des Mittelalters, die den Blick des Rezipienten auf das Sehen selbst lenken. Die Assistenzfiguren in volkssprachlichen Erzähltexten und profanen Bildnissen der Kleinkunst, die im Folgenden analysiert werden, befinden sich zum Zeitpunkt ihrer Beobachtung in der Position eines Außenstehenden. Die untersuchten Figuren werden dabei in Gruppen vorgestellt, deren Status als Beobachter auf der Schwelle zwischen Inklusion und Exklusion über die Komposition hinaus durch unterschiedliche Einschränkungen der Wahrnehmung markiert wird: Die erste Gruppe umfasst Frauenfiguren, deren Sicht eingeschränkt ist, weil sie niedrigen Rangs oder nur kurzzeitig bedeutend sind – sie werden im Folgenden als transparente Figuren besprochen. Die zweite Gruppe beschreibt (temporär) negativ konnotierte Figuren, deren Sicht eingeschränkt ist, weil ihre Wahrnehmung mit Regelbruch oder Antagonistenstatus einhergeht. Darum sind diese Figuren etwa durch Dunkelheit geblendet und werden unter dem Aspekt ihrer ‚Blindheit' betrachtet. Die dritte Gruppe beinhaltet Figuren, die falsch sehen: In diesen Figuren ist, wie zu zeigen sein wird, die Korrelation mit der exkludiert-inkludierten Position des Rezipienten entscheidend, um verhüllte Anleitungen innerhalb der Texte zu entziffern. Weil es sich bei den drei Gruppen um ein Untersuchungsraster handelt, das versucht, mittelalterliche Zeugnisse unterschiedlicher Gattungen, Zeiten und Sprachen unter dem Aspekt der Blicklenkung kategorisieren, sind die Abgrenzungen nicht immer so klar fixierbar, wie die vorliegende Einordnung suggeriert. Dennoch präsentiert gerade ihre systematische Untersuchung, wie blicklenkende Assistenzfiguren auf der Handlungsebene eingesetzt werden können, um dem Rezipienten einerseits Einblick zu gewähren – und ihn andererseits über unterschiedliche Einschränkungen in variierender Intensität auf seinen eigenen Wahrnehmungsprozess aufmerksam zu machen.

2.2 Transparente Assistenzfiguren: Augenzeuginnen als Seh-Hilfe

Die erste zu untersuchende Gruppe von blicklenkenden Assistenzfiguren umfasst unscheinbare Frauenfiguren: In der profanen Literatur des Mittelalters treten gelegentlich Mädchen als Augenzeuginnen auf, deren vornehmliche Funktion es ist, die werkinternen Protagonisten und den werkexternen Rezipienten darüber zu informieren, was abseits der Öffentlichkeit geschieht. Diese Mädchen werden als ‚neutrale' Beobachterinnen gebraucht und verschwinden wieder, sobald sie ihren Bericht erstattet haben. Um diese kurzzeitige Funktion zu verdeutlichen, sind sie namenlos und ihr Aussehen wird nicht beschrieben, entscheidend ist lediglich, dass sie Teil der höfischen Gesellschaft sind. Beispiele für solche Beobachterinnen sollen im Folgenden anhand von Wirnts von

Grafenberg *Wigalois*, Hartmanns von Aue *Gregorius* und in der altfranzösischen Versnovelle der *Kastellanin von Vergi* untersucht werden. In den Text- und Bildzeugnissen treten Augenzeuginnen auf, um den Protagonisten von Geheimnissen, die sie in einem intimen Rahmen erfahren haben, berichten zu können. Die Mädchen befinden sich unbemerkt innerhalb der Intimsphäre anderer Figuren und können so Details preisgeben, die ohne sie nicht am Hof bekannt geworden wären. Ihre Berichte dienen darum dazu, den weiteren Handlungsverlauf zu katalysieren: Unmittelbar auf den Bericht der Mädchen folgen Erkenntnisse, die entscheidende Konsequenzen für die weitere Handlung haben.[571] Für die Mädchen lässt sich darum der Begriff des ‚Okulars für den Rezipienten' übertragen: Der Rezipient schaut regelrecht durch die Figuren hindurch, die Wahrnehmung wird durch keine Meinung, Voreingenommenheit oder Reflexion gefiltert, weil die namenlosen Augenzeuginnen lediglich wiedergeben, was sie gesehen haben. Die vermeintliche ‚Durchsichtigkeit' der Mädchen ist vom Erzähler so angelegt, dass der textexterne Betrachter einen klaren, ungetrübten Einblick in das geheime Geschehen erhält. Damit werden die Mädchen zu einer Personifikation literarischer Transparenz – durch sie hindurch ist das Verborgene uneingeschränkt und wertungsfrei zu sehen.

2.2.1 Neugierige Helferinnen in Wirnts von Grafenberg *Wigalois* und Hartmanns von Aue *Gregorius*

In der Fischerepisode in Wirnts von Grafenberg *Wigalois* tritt eine beobachtende Hofdame auf, deren Funktion und Bewertung erste Hinweise zur Deutung der Augenzeuginnen geben kann. In dieser Episode wird der Ausnahmeritter Wigalois nach dem erfolgreichen Drachenkampf ohnmächtig am Ufer eines Sees von einem armen Fischerehepaar aufgefunden, das in der prächtigen Rüstung des Helden einen Schatz erkennt und ihn raubt (V. 5320–5354). Sechs Damen der Gräfin Beleare,[572] die Wigalois zuvor so kostbar ausgestattet hatte, damit er ihren Mann aus den Fängen des Drachen befreien konnte, beobachten aus der Ferne das Boot des Fischerpaars auf dem See und nehmen das Glänzen des kostbaren Harnischs wahr. Eine Dame separiert sich von der Gruppe, zunächst um der Diskussion des diebischen Paars zu lauschen – was über das Wasser hinweg erstaunlich gut möglich ist (V. 5422 f.)[573] –, dann um mit anzusehen, wie die Fischersfrau den ohnmächtigen Ritter völlig entkleidet (V. 5413–

571 Damit unterscheiden sich diese Figuren von jenen, die Myriam Bittner, Komplizen, in ihrer Studie zu handlungslenkenden Figuren analysiert: Zwar bewirken auch die hier untersuchten Assistenzfiguren ein Fortschreiten der Handlung, doch dies geschieht nicht, indem sie aktiv eingreifen, weil sie z. B. einen Wissensvorsprung haben, sondern indem sie sich (vermeintlich zufällig) in intimen Räumen aufhalten, dort etwas Relevantes beobachten und diese Beobachtungen mit anderen Figuren teilen, die dann wiederum auf das Gesehene reagieren.

572 In den sechs beobachtenden Hofdamen erkennt Marshall, Unterlaufenes Erzählen, S. 385–386, eine Spiegelung der sechs hungernden Kinder des Fischerpaars.

573 Marshall, ebd., S. 399, wundert sich über diese unnötige wirkende, umständliche Formulierung des Texts, sieht darin aber eine rezeptionslenkende Maßnahme, die die lauschende Hofdame dem werkexternen Hörer des vorgelesenen Romans ähnlich werden lässt.

5429).[574] Als die Fischer das Diebesgut in ihre Hütte bringen und dort zelebrierend betrachten, wird abermals eine der höfischen Damen als Zuschauerin eingeschaltet:

> den harnasch si dô nâmen
> und truogen in in ir gemach.
> der vrouwen einiu daz ersach,
> wand ez was bî ir nâhen
> si begunde dar gâhen
> und luoget durch den zûn dar in;
> sô sach si allen ir gewin:
> helm, schilt und îsengwant;
> ein vackel wart ûf gebrant;
> dâ bî kosten si ir vunt,
> der was bezzer danne tûsent pfunt,
> von golde und von gesteine.
> ir angest diu was kleine:
> si wândenz hân verborgen;
> dô kom ez in ze sorgen
> daz ez diu vrouwe hêt ersehen. (V. 5489–5504)

Die Hofdame sieht das Fischerpaar, weil sie sich in der Nähe befindet, und begibt sich daraufhin unbemerkt noch weiter in die Nähe ihrer Hütte,[575] sodass sie durch den *zûn* – Sabine und Ulrich Seelbach übersetzen dies als geflochtene Wand der Hütte[576] – hindurchspähen und die Diebe beobachten kann. Neben der undichten Wand, die der Dame durch eine Art Ritze Einblick bietet, erleuchtet die angezündete Fackel den nächtlichen Raum, sodass es in der Rüstung des vermissten Ritters reflektiert werden kann: *diu vrouwe nam sîn rehte war / unz si ersach diu wâfen gar.* (V. 5510 f.) Gerade als sie die Rüstung vollständig gesehen hat, wird sie von einem Hund angebellt (V. 5512) und eilt wieder zu den anderen Damen. Zurück am Hof ist die Gräfin zwar glücklich darüber, ihren Gatten zurückerhalten zu haben, doch ebenso erschüttert über den Verlust des tapferen Ritters, der sich für die Rettung ihres Ehemanns geopfert hat. Beleare preist den totgeglaubten Wigalois über alle Maßen und verlangt, dass

574 Da die Entkleidung des ohnmächtigen Ritters von der Fischersfrau allein vorgenommen wird, liegt eine Art persiflierte Minneszene vor, in der die Beobachterin tatsächlich die exkludierte Dritte ist. Zur Minne der Fischersfrau vgl. Katrin auf der Lake: Handlung, Wissen und Komik im Artusroman. Strategien des Erzählens in *Wigalois* und *Diu Crône*. Berlin/Boston 2022 (Narratologia. 79), S. 155–157.

575 Dass das Sich-Nähern doppelt thematisiert wird, wirkt zwar überflüssig, betont aber den Akt des Beobachtens noch stärker, vgl. Marshall, Unterlaufenes Erzählen, S. 406.

576 Vgl. die *Wigalois*-Übersetzung, S. 129. Stephan Fuchs: Hybride Helden. Gwigalois und Willehalm: Beiträge zum Heldenbild und zur Poetik des Romans im frühen 13. Jahrhundert. Heidelberg 1997 (Frankfurter Beiträge zur Germanistik. 31), S. 156, spricht hingegen von einem „Fenster“, durch das die Dame schaue. Aber das mittelhochdeutsche Wort *zûn* und die anschließende Bewertung des heimlichen Beobachtens suggerieren, dass es sich hier um mehr als nur ein zufälliges Schauen durch das Fenster handelt. Außerdem wäre die Dame am Fenster wohl in dem Moment, als der Hund bellt, selbst entdeckt worden – aber sie kann fliehen, ohne selbst gesehen zu werden.

am kommenden Morgen der Wald nach ihm abgesucht werde – als sich zögernd die Hofdame, die das Fischerpaar beobachtet hatte, zu Wort meldet und ihre Herrin bittet, sie in Begleitung eines Boten nochmal zu der Hütte auszusenden. Sie berichtet, was sie am See gesehen hat[577] und beteuert *[„]des nam ich alles rehte war.“* (V. 5684). Die Gräfin entscheidet unverzüglich, dass sie selbst *die wârheit schouwen* (V. 5677) will, und lässt sich zur Hütte geleiten, wo sie den Fischer überzeugt, ihr zu zeigen, an welcher Stelle das diebische Paar Wigalois hatte liegen lassen, sodass er letztlich geborgen werden kann. Gesine Mierke hat für diese Passage des *Wigalois* festgestellt, dass es eine Hierarchie des Sehens gebe, die mit dem sozialen Stand der Beobachter zusammenhängt. Beleare stelle die Zuverlässigkeit der Augenzeugenschaft der Hofdame sowie des Boten infrage, wolle darum selbst sehen und beurteilen, was wahr ist:

> Sehen und Wissen stehen in enger Verbindung, wie an beiden Frauenfiguren deutlich wird. Diejenige, die es gesehen hat, ist nicht per se autorisiert, als Augenzeugin aufzutreten. Glaubwürdigkeit ist an soziale Position gebunden, denn das ‚Auge der Herrin‘ sieht besser als das ihrer Dienerin. Da Wahrheit und Herrschaft aneinander gebunden sind, überprüft die Herrin selbst die Mitteilung.[578]

Obwohl Mierke damit auf den wichtigen Aspekt verweist, dass die Bewertung des Beobachteten an den Rang des jeweiligen Beobachters gekoppelt zu sein scheint, ist die Schlussfolgerung, die Hofdame dürfe nicht als Augenzeugin auftreten, fragwürdig. Schließlich erfüllt sie trotz aller Vorbehalte ihre Funktion als Zeugin und sorgt so dafür, dass Wigalois gerettet werden kann. Dass sie anschließend gegenüber der Gräfin erst verzögert berichtet, was sie gesehen hat, ist aber vermutlich weniger der Tatsache geschuldet, dass sie niederen Standes ist.

Stattdessen impliziert der Text, dass die Dame die glänzende Rüstung, die sie in der Hütte des Fischerpaars gesehen hat, erst zuordnen kann, nachdem sie Beleares Lob auf Wigalois und seine hervorragende Ausstattung vernommen hat: *Daz diu vrouwe hêt gesaget, / dar marhte diu vil schœne maget, / wan si daz ersehen hêt / dâ man ez truoc in den glêt, / helm, schilt und îsengwant* (V. 5644–5648). Es ist darum wohl nicht, wie Mierke vorschlägt, die Rückfrage der Gräfin – *„sô dir got, hâst du wâr?“* (V. 5668) –, die die Aussage der Beobachterin als zweifelhaft klassifiziert,[579] sondern die Art und Weise, wie die Dame an die geheimen Informationen, an das *verholne[.] mœre* (V. 5656), gelangt: Die Hofdame wird von ihren Begleiterinnen dafür gescholten, dass sie sich um Mitternacht (V. 5514) alleine von der Gruppe entfernt, weil sie so ihrem Ansehen leicht schaden könne: *[„] dunket dich daz ein guot sin / daz du eine von uns gêst? / ez kumt vil lîhte daz du bestêst / alle dîne unêre dâ.“* (V. 5517–5520). Dass die

577 Marshall, Unterlaufenes Erzählen, S. 406, weist darauf hin, dass die Hofdame Beleare nur einen Teil des Gesehenen mitteilt und unterstellt ihr damit aufgrund ihrer Aussage *ichn kan iu niht gesahen mê* (V. 5681) „eine glatte Lüge“.

578 Mierke, Literarische Augenzeugenschaft, S. 46.

579 Vgl. Mierke, ebd., S. 45–46.

Dame sich ohne erkennbaren Grund von der Gruppe abspaltet und damit ihre gesellschaftliche Anerkennung riskiert, konnotiert die Art, wie sie an die Informationen gelangt, als negativ. Diese negative Wertung wird durch die Lüge der Beobachterin, sie sei nur am See gewesen (V. 5521 f.), zusätzlich verstärkt.[580] Ihr heimliches Beobachten wird durch die verwendeten Begriffe,[581] die Verurteilung durch andere Figuren und ihre eigene verschleiernde Lüge als Tabubruch markiert[582] – womöglich, weil sie sich damit der *curiositas* schuldig zeigt.[583] Lediglich das Wiedererkennen der Rüstung

---

580 Dieser Aspekt geht in der Deutung von Fuchs, Hybride Helden, S. 154–155, der die Bergungsepisode in fünfzehn Stationen unterteilt, völlig verloren, weil er zusammenfasst, dass die sechs Damen gemeinsam berichten, was sie gesehen haben. Fuchs folgend überträgt Christoph Fasbender: Gwigalois' Bergung. Zur Epiphanie des Helden als Erlöser. In: Aktuelle Tendenzen der Artusforschung. Hrsg. von Brigitte Burrichter, Matthias Däumer, Cora Dietl [u. a.]. Berlin/Boston 2013 (SIA. 9), S. 209–224, hier: S. 210, die hier relevanten Passagen als folgende Stationen: „8. Das Burgfräulein beobachtet die Fischersleute in deren Hütte. 9. Es kehrt, vom Hund der Fischer vertrieben, zurück zu den anderen Burgfräulein. 10. Gemeinsam berichten sie Beleare in deren Kammer, was sie erlebt haben." Sowohl bei Fuchs als auch bei Fasbender wird die Rolle der Augenzeugin stark vereinfacht und ihre Position als heimlich beobachtende Dritte wird zu einem Augenzeugen-Kollektiv umgedeutet.

581 Dazu zählen vor allem mhd. *luogen* (V. 5494), das nach Lexer (Bd. 1, Sp. 1987) mit ‚aufmerksam aus dem Versteck sehen' zu übersetzen ist, und *ein verholnez mære* (V. 5656).

582 Damit erinnert diese Figur der blicklenkenden Helferin aus dem *Wigalois* an die Begleiterin der Dame von Narison in Hartmanns von Aue *Iwein*: Diese beobachtet den nackten, langsam aus dem Wahnsinn erwachenden Iwein im Wald aus einem Versteck heraus, aber lügt später ihre Herrin über den genauen Verlauf der Genesung Iweins an: Sie hatte nämlich in voller Absicht, entgegen der Anweisung der Dame von Narison, Iweins ganzen Körper mit der heilsamen Feensalbe eingerieben und erfindet darum ein dramatisches *lügemære* (V. 3658), das den Verlust der Salbe rechtfertigt (V. 3660–3678).

583 Vgl. Brandt, Enklaven, S. 243. Allgemeiner auch bei Polt-Heinzl, Fenster-, Türen- und Schlüssellochszenarien, S. 161; sie betont, dass kulturgeschichtlich der absichtliche Blick in den Innenraum immer negativ konnotiert ist: „Kann der Blick durch das Fenster mitunter noch Zufälligkeit für sich reklamieren, stellen verstohlene Blicke durch das Schlüsselloch, den Tür- oder Vorhangspalt, die Mauerritze, ebenso wie das Gewerbe des Voyeurs, ein bewußtes Eindringen in fremde Intimsphären dar." Wenn nach Bernhard von Clairvaux der wollüstige, neugierige Blick Evas auf die verbotene Frucht als Auslöser des Sündenfalls verstanden wird (vgl. Biernoff, Sight, S. 117), ist diese negative Konnotation der Neugier gewiss auch hier angedeutet. Es wäre demnach möglich, dass sich die Dame dieser Verfehlung bewusst und sie ihr deshalb peinlich ist. Brandt, Enklaven, S. 240, verweist dazu etwa für die mittelenglische Verserzählung *Sir Gawain and the Green Knight* darauf, dass es dem Protagonisten peinlich ist, zu beobachten, wie die Frau seines Gastgebers in sein Zimmer schleicht. Marshall, Unterlaufenes Erzählen, S. 404–406, hingegen setzt die Hofdame, die in die Hütte der diebischen Fischer späht, mit der Dame gleich, die zuvor mit ansah, wie die Fischersfrau den ohnmächtigen Wigalois vollständig auszog (V. 5425 f.) und schließt daraus, dass die unangemessene Betrachtung des nackten Ritters der Grund für die Lüge der Augenzeugin sein könnte. Darin, dass die Hofdame auch ihre Herrin anlügt, indem sie nicht preisgibt, wo der gesuchte Ritter zu finden ist, erkennt Marshall den Beleg, dass das erotische Betrachten des Nackten verheimlicht werden muss, weil es unhöfisch ist, wie es die Betrachtung der negativ konnotierten Fischerin präsentiert. Obwohl die Vermutung naheliegt, dass die zwei Beobachtungen von derselben Hofdame ausgehen, bestätigt der Text diese Annahme nicht, sodass die von Marshall betonten psychoanalytischen Spiegelungen vielleicht weniger entscheidend rechtfertigt ihr fragwürdiges Verhalten, weil sie apologetisch von ihren Beobachtungen berichtet. Obgleich dieses Verhalten der Dame als dem höfischen Kodex nicht entsprechend kritisiert wird, ist ihre Rolle bedeutsam für die Bergung des verwundeten Ritters: Sie bricht höfische Verhaltensregeln, indem sie sich nachts allein herumtreibt und Fremden nachspioniert, um auf diese Weise ihrer vornehmlichen Funktion als Augenzeugin gerecht zu werden – der Bericht ihrer Entdeckung rettet den Helden.

Dass solche beiläufig motivierten, ‚durchsichtigen' Augenzeuginnen eingeschaltet werden, um Einblick in intime Situationen zu ermöglichen, lässt sich mithilfe der neugierigen Dienerin in Hartmanns von Aue *Gregorius* weiter erhellen, in dem ein Augenzeugenbericht für das Ende des zweitens Inzests sorgt. Nach seiner Ausbildung im Kloster landet der junge Gregorius infolge seiner ritterlichen Bestrebungen in Aquitanien, im Land seiner eigenen Mutter (V. 1841), die ihn Jahre zuvor ausgesetzt hatte, um ihre inzestuöse Liebesbeziehung zu verheimlichen: Die beiden erkennen aber ihre verwandtschaftliche Beziehung nicht, weil sie vom attraktiven Äußeren ihres Gegenübers abgelenkt sind (V. 1935–1957). Gregorius befreit das Reich seiner Mutter von der Belagerung (V. 2168 f.) und sie nimmt ihn unwissentlich zum Mann; der zweite Inzest wird unübersehbar betont: *dar nâch wart er alsus / vil schiere sîner muoter man* (V. 2244 f.). Gleichzeitig hat es Gregorius sich aber aufgetragen, jeden Tag zu einer bestimmten Zeit die Erinnerung an seine inzestuöse Geburt mithilfe der Elfenbeintafel seiner Mutter aufrechtzuerhalten und um Vergebung für die Sünde seiner Eltern zu beten (V. 2282, V. 2301 f.). Die tägliche Klage des Herrschers bleibt nicht unbemerkt: Eine aufmerksame Dienerin am Hof wird von einer Vorahnung dazu verleitet, Gregorius nachzustellen, um herauszufinden, was es mit seinen Stimmungsschwankungen auf sich hat (V. 2304–2312). Weil sie erkennt, dass seine plötzlichen Gemütswandel mit einem Aufenthalt in seiner Kemenate zusammenhängen, beschließt sie, sich heimlich dort zu verstecken, als er abermals seiner Gewohnheit entsprechend handelt: *dô was diu juncvrouwe hie / und barc sich unz si rehte gesach* (V. 2316 f.). Sie ist neugierig, ahnt jedoch nicht, dass ihre Beobachtung in der Kemenate sie zum „Katalysator für die Wendung"[584] machen wird.

Das versteckte Mädchen sieht im Schlafgemach nicht nur Gregorius' Klagen, sondern auch an welcher Stelle der Gegenstand versteckt wird, der Anlass seiner Selbstkasteiung ist:[585] *nû hetez diu maget alsus ervarn. / war er die tavel leite, / daz ersach si vil gereite* (V. 2326–2328). Als sie ihrer Herrin von Gregorius' exzessiver Trauer berichtet, reagiert diese zunächst mit Unglauben. Sie stellt die Aufrichtigkeit ihrer Dienerin infrage: *„Sich, jâ was ez ie dîn site [...] dun gesagetest nie guot mære["]* (V. 2349–2352).

sind als die Wirkung auf den Rezipienten, dem mithilfe der Augenzeugin eine Identifikationsfigur geboten wird.

584 Dimpel, Zofe, S. 14.

585 Michael R. Ott: Die Tafel des Gregorius als schrifttragendes Artefakt. In: ZfG 25,2 (2015), S. 253–267, hier: S. 263, betont, dass Gregorius die Tafel nicht wie ein Andachtsbild rezipiere, das Schlagen gegen die Brust habe nichts Andächtiges.

Außerdem bezweifelt sie die Richtigkeit des Gesehenen: *[„] dû hâst entriuwen missesehen“* (V. 2344). Die Dienerin bekräftigt aber mehrmals, was sie sah (V. 2345–2348), und schildert den Vorgang der Geheimnisentdeckung erneut:

> dô ich in sach dar in gân,
> dô stal ich mich mit im dar in
> und barc mich dâ unz daz ich in
> und alle sîn gebærde ersach.
> ich sach in grôzen ungemach
> von unmanlîcher klage begân
> unde vor ime hân
> ein dinc dâ an geschriben was. (V. 2382–2389)

Immer wieder betont die Dienerin gegenüber ihrer Herrin, was sie aus ihrem Versteck heraus in Gregorius' Kemenate wahrgenommen hat – sie spricht über gesehene Gestik,[586] erwähnt jedoch keine Geräusche wie Schluchzen oder Murmeln, die ebenfalls mit der Trauer ihres Herren hätten einhergehen können: Ihre Funktion liegt allein im Sehen, nicht im ganzheitlichen Wahrnehmen. Die Dominanz des Verbs ‚sehen' ist in ihrer Beteuerung unverkennbar, sodass Wenzel ihr die Funktion einer Assistenzfigur zuspricht, die den Blick des Rezipienten lenkt:

> Poetologisch gesehen koppelt die Magd die Kommunikation in der Szene und die Kommunikation mit der Szene: Indem wir den gerichteten Blick der Figur übernehmen, die schon da ist, versetzen wir uns in das Bild hinein, während wir gleichzeitig ganz bei uns sind. Die Magd fungiert als Vertreter des Betrachters, als Assistenzfigur, die unseren eigenen Blick fokussiert, sodass wir Gregorius mit ihren Augen wahrnehmen können. Das macht den Betrachter zum Teil des Geschehens. Er begibt sich in die literarisch dargestellte Szene und dort in die Situation des heimlichen Beobachters, der mit der Magd sowohl an der Entbergung des Verborgenen als auch an ihrer gefährdeten Situation als einer potentiell zu entdeckenden Späherin teilhaben kann – allerdings in der Sicherheit der eigenen Abseitsstellung.[587]

Dass die Dienerin im Verborgenen bleibt, ist für die Korrelation mit dem Rezipienten essenziell: Beide dringen in einen intimen Raum ein, um ein heimliches Ritual zu beobachten. Obwohl das Mädchen die zweite Figur im Schlafgemach ist, ist sie eindeutig als Außenstehende zu erkennen, die bei der Observierung der interaktiven Auseinandersetzung des Protagonisten mit seiner Preziose die Position der dritten Figur innehat. Damit verweist sie auf die exkludiert-inkludierte Position des Rezipienten, der

586 Eine Augenzeugin, die ausschließlich Gesten sieht und nicht hört, gibt es auch in Strickers *Daniel von dem blühenden Tal*: Sandinose von der Grünen Aue verstopft sich ihre Ohren, um mit anzusehen, wie ein Ritter in ihrem Auftrag vergeblich versucht, den teuflischen kahlköpfigen Kranken zu besiegen, der regelmäßig im Blut der Bewohner des Lands badet. Die Art, wie die Dame in Strickers Roman ihre heimliche Beobachtung schildert – *dô was ich geslichen dar, / daz ich sîn gebœrde wol sach. / ich enhôrte niht waz er sprach.* (V. 4632–4634) – erinnert an die Aussage der Dienerin in Hartmanns Text. Entscheidend ist im *Daniel* genau wie im *Gregorius*, dass das Hören für die Zeugenschaft nicht entscheidend ist: Das Unrecht muss visuell verifiziert werden.

587 Wenzel, Spiegelungen, S. 136–137.

nicht nur durch ihre Augen die intime Interaktion zwischen Gregorius und Tafel sieht, sondern gleichzeitig die heimliche Beobachterin beobachtet. Der Text ist so angelegt, dass der Rezipient bereits ahnt, dass die Tafel als Erkennungsattribut den zweiten Inzest entlarven wird. Indem diese Entlarvung über eine Beobachterfigur erfolgt, die im intimen Schlafgemach die Geheimnisse des Protagonisten entdeckt, wird die rezeptionslenkende Wirkung gesteigert, denn durch die voyeuristische Sicht ist das Sehbegehren des Rezipienten angesprochen.

Es gibt zwischen Mädchen und Rezipient einerseits eine Parallelität beider Beobachterpositionen und der Verwunderung über die Entdeckung: Denn Gregorius' rätselhaftes Verhalten ist für das Mädchen genauso überraschend wie für den Rezipienten, der zwar zu diesem Zeitpunkt weiß, dass die Tafel verborgen und täglich gelesen wird (V. 2277–2287), aber nicht, dass mit ihr ein körperliches Bußritual vollzogen wird. Andererseits unterscheiden sich Rezipient und Dienerin eklatant in der Möglichkeit, das Gesehene zu bewerten. Während der Bericht der Dienerin zu keiner Zeit über Deskriptives hinausgeht, versteht der Rezipient wohl sofort, um welches *dinc* es sich handelt, warum es Gregorius verzweifeln lässt – und welche Konsequenzen diese Entdeckung mit sich bringen wird. Die Augenzeugin hingegen sieht ausschließlich gestenreiches Wehklagen und einen beschrifteten Gegenstand,[588] beides hilft ihr aber nicht, die rätselhafte Trauer ihres Herrn zu verstehen (V. 2332 f.).[589] Die Dienerin verleiht dem Rezipienten den Sehsinn und offenbart zugleich die eingeschränkte Sicht des textexternen Beobachters. Allerdings ist das Verhältnis zwischen textinterner Assistenzfigur und dem Rezipienten nicht so ausgewogen, wie Wenzel impliziert: Die Dienerin sieht zwar, was der Rezipient nur dank ihrer Hilfe sehen kann, aber weil sie nicht versteht, was sie sieht, kommt dem Rezipienten eine hierarchisch höhere Position zu. Wie Kemp es für die *ancilla* in Giottos Verkündungsszene gezeigt hat, dient die beobachtende Figur hier dazu, dem Rezipienten in Erinnerung zu rufen, dass er mehr erkennen kann als sie, denn er versteht die Bedeutung des Gesehenen.

Die Blicklenkung in dieser Szene muss anders bewertet werden, als Marion Oswald vorschlägt, wenn sie annimmt, dass „die Lauscherin zwar die Klage des Gregorius wahr[nimmt], aber über den geheimen Inhalt der Tafel [...] vorerst nichts [er-

588 Dass die Dienerin die Tafel als *ein dinc dâ an geschriben was* (V. 2389) bezeichnet und von *etewaz geschriben* (V. 2468) spricht, impliziert, dass sie illiterat ist, vgl. Edith Wenzel, Horst Wenzel: Die Tafel des Gregorius. Memoria im Spannungsfeld von Mündlichkeit und Schriftlichkeit. In: Erzählungen in Erzählungen. Phänomene der Narration in Mittelalter und Früher Neuzeit. Hrsg. von Harald Haferland, Michael Mecklenburg. München 1996 (Forschungen zur Geschichte der älteren deutschen Literatur. 19), S. 99–114, hier: S. 114.

589 So auch Schnyder, Topographie, S. 349, allerdings nur auf die Informationsweitergabe an die Figur der Mutter bezogen: „Über die Zeichen kommt sie nicht hinaus. Deshalb kann sie ihre Herrin zwar auf diese verborgene Trauer in ihrer Burg hinweisen und ihr den Weg weisen, doch den letzten Schritt der Erkenntnis muss diese selber machen."

fährt].“[590] Denn die Dienerin ist weder eine Lauscherin – ihr Hörsinn wird nicht ein einziges Mal erwähnt in dieser Episode –, noch strebt sie danach, den geheimen Inhalt der Tafel zu entschlüsseln.[591] Sie ist lediglich für das Sehen zuständig, sodass Dienerin und Rezipient an dieser Stelle eine Symbiose eingehen: Sie lenkt als Rückenfigur den Blick in die intimen Räume der dargestellten Welt; der Rezipient steuert die nötige Kompetenz bei, um zu verstehen, was das Gesehene bedeutet. Das Mädchen demonstriert, dass ihre Wahrnehmungsfähigkeit eingeschränkt ist – genau wie die mediale Schwelle einen ungehinderten Blick des Rezipienten unmöglich macht. Beide Formen der Wahrnehmung sind auf ihre Weise defizitär und beziehen sich deshalb aufeinander.

Die neugierigen Frauen im *Gregorius* und im *Wigalois* brechen wissentlich mit höfischen Konventionen und werden von ihren Herrinnen, denen sie vom Gesehenen berichten, infrage gestellt, weil sie sich nicht regelkonform verhalten: Sie überschreiten Normgrenzen, um unerlaubt als Späherinnen in als intim markierte Innenräume einzudringen, damit vom Vorgehen dieser Räume erzählt werden kann. Ihre Regelverstöße dienen dazu, Missstände in diesen aufzudecken und die weitere Handlung anzustoßen[592] – es scheint, als heilige der (handlungslogische) Zweck die Mittel des heimlichen Beobachtens.[593] Insbesondere weil die Motivationen der Beobachterinnen

---

590 Marion Oswald: Tabubrüche – Choreographien ihrer Wahrnehmung zwischen ‚Heimlichkeit‘ und ‚Öffentlichkeit‘. In: Visualisierungsstrategien in mittelalterlichen Bildern und Texten. Hrsg. von Horst Wenzel, C. Stephen Jaeger, Wolfgang Harms [u. a.]. Berlin 2006 (Philologische Studien und Quellen. 195), S. 167–187, hier: S. 174–175.

591 Dimpel, Zofe, S. 14, zu den Motiven der Dienerin: „Auch wenn Hartmann nichts über die Motive der Zofe berichtet, legen ihre Aktionen doch nahe, daß aus Sicht der Zofe eine Störung vorzuliegen scheint, die es zu beseitigen gilt, wenn ihr Herr traurig und unglücklich ist, aber seine Frau nichts davon weiß.“

592 Zu einem ähnlichen Schluss kommt Schnyder, Topographie, S. 350, für Hartmanns *Gregorius*, in dem sie die Dienerin als unhöfisch bewertet: „Der provozierende Regelverstoß, aus einem nicht direkt höfischen Bereich kommend, wird so zum notwendigen Mittel der Selbsterkenntnis. Nur durch den Verstoß gegen den Verhaltenskodex kann dessen schützende Hülle gebrochen werden und kann das Verschwiegene zum Vorschein kommen.“

593 Es wäre möglich, dass der heilsgeschichtliche Kontext beider Texte genau solche Figuren zu benötigen scheint, womit sich die Parallele, die Fasbender, Gwigalois, S. 220–221, bereits für die Fischerpaare in den Texten betont hat, auch auf die Augenzeuginnen übertragen ließe: „So wie es im *Gregorius* erst durch das Handeln der Fischer zu Epiphanie des Heiligen kommt, ist das Handeln der Fischer im *Wigalois* Voraussetzung für die Auffindung und Bergung des Erlösers. In beiden Fällen sind es zudem materielle Objekte, die durch die Hände der Fischer gehen – Schlüssel hier, Rüstung dort – anhand derer es zur Epiphanie der Auserwählten kommt. Und noch eines ist wichtig: Beide Fischerpaare tragen maßgeblich, aber *nolens volens* zum glücklichen Ausgang bei. Sie sind, wann man so will, Werkzeuge der Heilsgeschichte. Als solchen ist ihnen ein wichtiger Platz im Geschehen der Legende – bzw. im Rollenverzeichnis des geistlichen Spiels um die Auffindung und Bergung des Erlösers – zugewiesen.“ Die neugierigen Mädchen wirken nach dieser Deutung über ihren kurzen Auftritt hinaus: Sie berühren die Attribute der Protagonisten nicht (wie die Fischer), doch sie sehen die Attribute im entscheidenden Moment und liefern den Sichtbeweis, der zum Fortschreiten der Handlung nötig ist – und so würden auch die neugierigen Mädchen zu ‚Werkzeugen der Heilsgeschichte‘. Da sich diese Deutung auf der Handlungsebene nicht hinreichend ausgeführt werden, dienen sie zur Standpunktidentifikation für den Rezipienten, der durch sie in die geheimen Räume hineinschauen kann. Die Episoden mit den heimlichen Beobachterinnen lösen sich nicht nur vom Protagonisten, sondern verschieben den Fokus kurzzeitig auf scheinbar unbedeutende Randfiguren, deren Zeugenschaft plötzlich darüber hinaus reflexive Bedeutsamkeit erlangt, weil sie dem Rezipienten die ästhetische Konstruiertheit der textinternen Beobachtungen anzeigen. Indem sich die Assistenzfiguren während ihres Eindringens in einem intimen Raum genau auf der Schwelle zwischen Inklusion und Exklusion befinden, wird der werkexterne Beobachter darauf hingewiesen, dass er sich während des Rezeptionsprozesses auf einer ähnlichen Schwelle befindet: Von dieser aus erhält er Einblicke in literarisch vermittelte Geheimnisse und in seine Entschlüsselungsaufgabe, das imaginär Gesehene zu verstehen – und damit womöglich die ‚Künstlichkeit' des Werks wahrzunehmen.[594]

2.2.2 Das Mädchen in der *Kastellanin von Vergi*

In der *Kastellanin von Vergi* wird in einer Variation des *Lanval*-Stoffs[595] die Geschichte eines jungen Ritters erzählt, der eine heimliche Beziehung mit einer Verwandten des Herzogs von Burgund unterhält, von welcher auf Geheiß der Dame niemand etwas erfahren darf – nur das gut trainierte Hündchen der Kastellanin dient als visuelles Signal dafür, dass sie sich ohne Mitwisser treffen können (V. 34 f.). Eines Tages versucht jedoch die Frau des Herzogs, den vermeintlichen Junggesellen zu verführen. Als dieser nicht auf ihre Annäherungsversuche eingeht, rächt sie sich, indem sie ihrem Mann von einem unangemessenen Verführungsversuch des Ritters berichtet (V. 125–129).[596] Erzürnt stellt der Herzog den Ritter zur Rede und glaubt ihm zunächst nicht,

---

jedoch von der hier angestrebten rezeptionsorientierten Lektüre entfernt, soll sie nicht weiterverfolgt werden.

594 Ein Beleg dieser Deutung wäre womöglich in der geflochtenen Hauswand zu sehen, durch die die Hofdame im *Wigalois* blickt: jegliche Form des Flechtens, auch das eines Zaunes, steht unter dem Verdacht als Gewebemetapher zu fungieren (vgl. Hedwig Röckelein: Vom webenden Hagiographen zum hagiographischen Text. In: ‚Textus' im Mittelalter. Komponenten und Situationen des Wortgebrauchs im schriftsemantischen Feld. Hrsg. von Ludolf Kuchenbuch, Uta Kleine. Göttingen 2006 (Veröffentlichungen des Max-Planck-Instituts für Geschichte. 216), S. 77–110, hier: S. 108) und wenn sie ausgerechnet durch die gewebte Struktur schaut, um die Künstlichkeit zu erkennen, scheint diese Überlegung zumindest nicht ganz abwegig. Zur Gewebemetapher vgl. auch die Überlegungen zu Rudolfs von Ems *Willehalm von Orlens* im Kapitel zum eindringenden Blick.

595 Vgl. Duchastelle, Châtelaine, S. 250; Laurence de Looze: The Untellable Story: Language and Writing in *La Chastelaine de Vergi*. In: The French Review 59,1 (1985), S. 42–50, hier: S. 43; Friedrich Wolfzettel: Französische „Schicksalsnovellen" des 13. Jahrhunderts. München 1986 (Klassische Texte des romanischen Mittelalters. 26), S. 24. Die übernatürlichen Elemente des *Lanval* wurden bei dieser Übertragung allerdings völlig herausgestrichen, vgl. Spearing, Poet as Voyeur, S. 114.

596 Der intertexuelle Verweis auf die biblische Geschichte von Joseph und Potiphars Frau wurde schon oft betont, vgl. Antoine, Casket, S. 290; Benoit, Tromperie, S. 87; Walter Bombe: Die Versnovelle der *Kastellanin von Vergi* in Elfenbein-Schnitzereien des Florentiner Museo nazionale. In: Monatshefte dass er die Herzogin nicht habe verführen wollen, weil er an dessen *contenance* (V. 250) ablesen könne, dass er eine Dame liebe (V. 247–257). Der Ritter ist hin- und hergerissen und lenkt erst ein, als der Herzog bei Leben und Seele, *seur le cors et l'ame de moi* (V. 333), schwört, das Geheimnis nicht zu verraten. Daraufhin gesteht der Ritter sein intimes Verhältnis mit der Nichte des Herzogs, ohne etwas zu verheimlichen, *[„]je vous dirai sanz riens tere[“]* (V. 353). Als Beweis für die geheime Liebschaft fordert der Herzog ein, den Ritter und seine Geliebte beim nächtlichen Stelldichein zu beobachten:[597] *„Je vous requier / que a vostre terme premier / vueilliez que vostre compains soie / d'aler o vous en ceste voie[“]* (V. 359–362). Der Herzog begibt sich dazu verdeckt mit dem Ritter in den Baumgarten, wo dem Liebhaber schon bald das Hündchen entgegenläuft, um ihm zu signalisieren, dass er in das Haus der Kastellanin eintreten kann, weil sie nun alleine ist. Der Herzog schleicht sich in die Nähe des Hauses und versteckt sich hinter einem großen Baum, der ihn bedeckt wie ein Schild: *iluec s'esconsse au mieus qu'il puet: / d'un arbre mout grant et mout large / s'estoit couvers com d'une targe / et muot entent a liu celer* (V. 388–391). So beobachtet der Herzog die überschwängliche Begrüßung des Paars und verifiziert die heimliche Liebesbeziehung und Aufrichtigkeit des Ritters, indem er das schlaflose Liebespaar bis zum Morgengrauen (V. 463) belauscht:

> Ilueques s'est essi tenu
> toute la nuit, endementiers
> que la dame et li chevaliers
> dedenz la chambre en un lit furent
> et sanz dormir ensamble jurent
> a tel joie et a tel deport (V. 430–435)

Weil der Herzog die Aussage des Ritters durch seine Beobachtung bestätigen kann, wird dieser nicht des Landes verwiesen, was wiederum die Herzogin verärgert – sodass sie den Herzog im Schlafgemach geschickt dazu bringt, das Geheimnis des Ritters preiszugeben (V. 620–658); er verheimlicht ihr nichts von dem, was er weiß und hört: *celer ne vous doi / que li miens cuers sache ne ot* (V. 639 f.). Nachdem die Herzogin versichert, nichts zu verraten (V. 644 f.), berichtet er, wie er von der geheimen Liebesbeziehung erfahren hatte und was er bei seiner nächtlichen Observation im Baumgarten hörte und sah: *li a la verité contee, / si qu'il ne li a riens teü / qu'il i ait oï ne veü*

für Kunstwissenschaft 7 (1914), S. 61–66, hier: S. 62; Karl Borinski: La Chastelaine de Vergy in der Kunst des Mittelalters. In: Monatshefte für Kunstwissenschaft 2 (1909), S. 58–63, hier: S. 60; McCracken, Romance, S. 146; Shoppe, Reading Romances, S. 86; Wolfzettel, Schicksalsnovellen, S. 24. Diese Figuren-Referenz findet sich auch im *Lai de Lanval* oder Boccaccios *Dekameron* (vgl. Bartz, Mit Ovid, S. 62–63) sowie im französischen *Roman de Silence*, der sich mit der *Kastellanin von Vergi* außerdem die Ermordung der hinterlistigen Ehefrau teilt.

597 Abermals zeigt sich, dass das Erkennen von Wahrheit an unmittelbare Augenzeugenschaft gekoppelt ist. Shoppe, Reading Romances, S. 116, dazu: „The Duke considers vision as a truer path to knowledge. Once the Duke **sees** the couple meet, he **knows** the truth.“ [Hervorhebungen im Original].

(V. 656–658). Die Erkenntnis aber, dass der Ritter eine rangniedrigere Frau vorzieht (V. 660), ist für die Herzogin eine solch große Demütigung, dass sie umgehend beginnt, Rachepläne zu schmieden.

Den dramatischen Höhepunkt erreicht die *Kastellanin von Vergi* auf dem Pfingstfest des Herzogs, auf welchem die Herzogin der Kastellanin in Anwesenheit der Damen des Hofs sagt, sie solle sich für ihren edlen Verehrer schön herausputzen (V. 707 f.). Als die Kastellanin erwidert, dass sie keinen Verehrer habe, gibt ihr die Herzogin durch eine unmissverständliche Andeutung bezüglich ihres gut trainierten Hündchens (*avez apris le mestier / du petit chienet afetier*. V. 717 f.) zu verstehen, dass sie von der heimlichen Liebesbeziehung weiß. Die Kastellanin begreift unmittelbar, dass sie hintergangen wurde, und flüchtet in ein kleines Schlafzimmer, in dem sie sich ihrem Kummer hingeben kann. Allerdings bemerkt sie nicht, dass am Fußende des Betts in diesem Raum ein Mädchen liegt und sich schlafend stellt: *Dedens une garderobe entre / ou une pucelete estoit / qui aus piez du lit se gisoit, / mes ele ne la pot veoir* (V. 726–729). Das Mädchen hört den langen Monolog der an gebrochenem Herzen sterbenden Kastellanin mit, sodass sie dem verzweifelten Ritter, der kurz darauf in den Raum tritt, mitteilen kann, warum er seine Geliebte tot auffinden muss (V. 875–881): Die Kastellanin hatte geschlussfolgert, dass einzig ihr Liebhaber der Herzogin von dem Hündchen berichtet haben konnte und musste darum annehmen, der Ritter habe mit der Herzogin eine noch innigere Beziehung unterhalten als mit ihr (V. 737–743).[598] Ihr Leid resultiert aber weniger aus der Eifersucht, sondern aus dem Vertrauensbruch – immer wieder betont sie, dass der Ritter ihre Abmachung gebrochen (*il me faut de couvenant*, V. 745), indem er ihr gemeinsames Geheimnis aufgedeckt habe (*descouvrir nostre conseil*, V. 771). Während dieses Monologs fungiert das Mädchen für den Rezipienten als Augen- und Ohrenzeugin, über die die Konsequenzen des fatalen Missverständnisses mitverfolgt werden können. Denn nachdem sie dem Ritter erklärt hat, dass die Kastellanin an Enttäuschung über den Verrat ihres Geliebten verstarb, muss das Mädchen auch noch den Selbstmord des Ritters miterleben. Erst als sie die zwei übereinander liegenden Leichen sieht, rennt sie erschüttert aus dem Raum und erstattet dem Herzog Bericht:

> Et la pucele est hors saillie,
> quant ele vit les cors sanz vie:
> hidor ot de ce qu'ele vit.
> Au duc qu'ele encontra a dit
> ce qu'ele a oï et veü
> si qu'ele n'i a riens teü (V. 901–906)

598 Neben der freiwilligen (seitens der Kastellanin) und der unfreiwilligen (seitens des Ritters) betrügerischen Geheimhaltung, ist dieser Betrug ein dritte Version, nämlich ein imaginierter, vgl. Benoit, Tromperie, S. 91.

Schockiert über den unnötigen Tod seiner Nichte und seines Ritters, ergreift der Herzog das Schwert und köpft die Herzogin im Beisein der Hofgesellschaft, bevor er das Kreuz nimmt und den Hof verlässt.

Friedrich Wolfzettel erkennt in der gesamten Versnovelle eine „zentrale Dialektik des Verheimlichens und Offenbarens“[599], aus der sich folgern lässt, dass die Enthüllung der Wahrheit immer die Zerstörung des Verheimlichten bedeutet. Diese Zerstörungskraft zeigt sich vor allem in den drei Szenen, in denen bewusst Augenzeugen eingeschaltet werden:

> Aber selbst diese Wahrheit des Klagens und Sterbens bliebe verborgen, wenn nicht die am Fußende versteckt liegende *pucele* die vermittelnde Rolle übernähme, ähnlich wie die Liebesbegegnung der Kastellanin mit dem Ritter im *verger* verborgen bliebe, wenn sie der Herzog nicht heimlich belauschte. Und auch in der Richtszene am Hof muß der Herzog *tot l'afere*, die ganze Geschichte, öffentlich berichten, damit die Zusammenhänge für die Zuschauer nicht im dunkeln bleiben.[600]

Zum Schluss sind es nicht nur einzelne Figuren, die einen Bruch mit den höfischen Konventionen mitansehen, sondern die gesamte höfische Festgesellschaft: *La duchoise chiet a ses piez, / voiant toz ceus de la contree* (V. 922–923) – die Herzogin wird inmitten der Gäste erschlagen und alle sehen, wie sie tot zu Boden sinkt. Die dreifache Inszenierung unterschiedlicher Beobachterinstanzen verdeutlicht, dass Augenzeugen als nötig erachtet werden, damit die Geschichte überhaupt erzählt werden kann. Dementsprechend sieht Spearing vor allem in dem Mädchen eine Figur, die das Erzählen ermöglicht: „In this most private of rooms the story's climax is to occur; but the poet takes care to arrange that here too will be an unseen spy, indicating a subject position for his listeners, and providing an explanation for the possibility of telling the story.“[601] In jenen vier Versen, in denen das Mädchen von ihrer grausigen Beobachtung berichtet, wird dreimal das Verb ‚sehen‘ verwendet. Interessant ist, dass das Mädchen, entgegen Spearings Beschreibung, nur beim ersten beobachteten Tod ungesehen ist, der zweite geschieht als Reaktion auf das von ihr Gesagte. Sie ist also nicht in beiden Situationen eine ‚ungesehene Spionin‘. Im Vergleich mit anderen Beobachterfiguren ist außerdem auffällig, dass sie sich als Unbeteiligte nicht wissentlich in die Beobachterposition begibt. Während der Herzog zuvor das heimliche Stelldichein im Baumgarten in auffällig voyeuristischer Absicht belauert – der Sichtbeweis der innigen Begrüßung scheint ihm nicht zu genügen, er lauscht dem Liebespaar die ganze Nacht –, scheint das Mädchen interesselos und unfreiwillig in ihrer Rolle als Beobachterin gefangen; sie ist unbeabsichtigt in eine Position geraten, die sie zur Zeugin intimer Handlungen und Geständnisse werden lässt.

---

599 Wolfzettel, Schicksalsnovellen, S. 28.
600 Wolfzettel, ebd., S. 29.
601 Spearing, Poet as Voyeur, S. 118.

Bemerkenswert ist zudem die wiederholte Formulierung, mit der sowohl der Ritter und der Herzog als auch das Mädchen ihre Geheimnisse preisgeben: Das Mädchen berichtet alles, was sie in der kleinen Schlafkammer gesehen hat, ohne etwas zu verschweigen (*ele encontra a dit / ce qu'ele a oï et veü / si qu'ele n'i a riens teü*, V. 904–906) genau wie der Herzog zuvor (*la verité contee, / si qu'il ne li a riens teü / qu'il i ait oï ne veü.* V. 656–658), als er seiner Gattin das Geheimnis aus dem Baumgarten anvertraut – und auch der Ritter benutzt eine ähnliche Formel, als er dem Herzog seine Liebesbeziehung offenbart (*je vous dirai sanz riens tere*, V. 353). Für den Bericht des Herzogs und des Mädchens wird sogar in fast identischen Phrasen von der aus dem Versteck gehörten und gesehenen Wahrnehmung berichtet, wobei lediglich dic Beteuerung, dass sie ihrem Gegenüber nichts verschwiegen, vertauscht wird. Es scheint, als würden über diese sprachliche Wiederholung verschiedene Arten des Beobachtens und Geheimnisverratens zusammengeführt, die, obgleich unterschiedlich, gleichermaßen verheerend sind: Dass der Ritter sein Geheimnis verrät, ist der Beginn der Katastrophe, dass der Herzog das Geheimnis nicht für sich behält, ist Auslöser für den tödlich verlaufenden Racheplan der Herzogin, und die zwei Berichte des Mädchens ziehen einmal einen Selbstmord und einmal einen Mord nach sich. Die Ähnlichkeit der Augenzeugenfiguren des Herzogs und der *pucele*, die über die *oï et veü*-Formel[602] ausgedrückt wird, betont die Relevanz der Beobachtungsszenen in der *Kastellanin von Vergi*. Das Mädchen könnte zunächst als Identifikationsfigur für den Rezipienten gedeutet werden,[603] weil sie als neutrale Dritte eine ähnliche Position innehat wie der werkexterne Beobachter, dennoch lenkt das Mädchen über ein mögliches Identifikationsangebot hinaus die Aufmerksamkeit darauf, dass heimliches Eindringen in intime Situationen essenzieller Bestandteil des exemplarischen Konflikts in der Versnovelle ist. Die ersten Verse der Novelle beginnen mit einer Warnung vor jenen Menschen, die vorgeben, dass sie ein Geheimnis gut und vertrauenswürdig bewahren könnten, *bien conseil celer* (V. 3), doch die dann ihr Wort brechen und die Geheimnisse weitergeben, sodass sie solches Unglück und solchen *grant dolor* (V. 17) verursachen, wie es die Geschichte des Ritters und der Kastellanin von Vergi zeigen wird. Die letzten Verse greifen die Mahnung, Liebesgeheimnisse unbedingt für sich zu behalten,[604] wieder auf und geben dem Ritter die Schuld an der Misere, weil er das Versprechen gegenüber seiner Geliebten nicht halten konnte (V. 944–950). Das Mädchen wird zwar nicht explizit in die in Prolog und Epilog geäußerte Kritik an den Geheimnisverrätern integriert (V. 1–17; V. 944–958), trotzdem ist es genauso außenstehende Beobachterfigur wie der

602 Darin klingt vermutlich das *audire et videre* an, das nach Wandhoff, Der epische Blick, S. 56–57, im Mittelalter „als feststehende und zusammenhängende Formel für die rechtsrelevante Bezeugung von Handlungen und Interaktionen" dient; darauf verweist auch Green, Medieval Listening and Reading mehrfach.

603 Vgl. Spearing, Poet as Voyeur, S. 119.

604 Auch im Rahmen der Handlung wird wiederholt darauf hingedeutet, welch große Gemeinheit der Verrat erotischer Geheimnisse ist, vgl. Trînca, Amor conspirator, S. 12.

Herzog, sodass sich als vorläufige Quintessenz des Texts konkludieren ließe: Je mehr Figuren Geheimnisse beobachten und darüber reden, desto fataler scheint sich der Konflikt zu entwickeln.[605]

Wie wesentlich der Fokus auf die Beobachtungsszenen für das Verständnis des *Kastellanin von Vergi*-Stoffs ist, lässt sich in den bildlichen Umsetzungen nachweisen, die eine große Faszination an der grausigen Liebesgeschichte zeigen: Neben den wahrscheinlich zwischen 1395 und 1400 entstandenen Fresken im Palazzo Davanzati in Florenz[606] sind aus der ersten Hälfte des 14. Jahrhunderts sechs kleinformatige Elfenbeinkästchen überliefert, die die Geschichte der *Kastellanin von Vergi* darstellen (Abb. 25, Abb. 27–29).[607] Diese Kästchen stellen allesamt sowohl die Figur der Kastellanin stärker in den Mittelpunkt als die textliche Überlieferung[608] und räumen auch der unfreiwilligen Augenzeugin auffällig viel Platz ein.[609] Die Kästchen können als zeitge-

605 Die Paradoxie des unerzählbaren und dennoch erzählten Geheimnisses betont Looze, Untellable Story, S. 45: „The ‚untellable story' is a self-contradiction. This is stressed in the *Chastelaine de Vergi* by the fact that the tale which is never to be told is, in fact, told not once but three times. Each retelling is both a betrayal of the previous telling (and the terms of its secret pact) and the institution of a new pact, both a betrayal of previous communication and a new, secret communication. Each initiates a new character into a secret, private discourse, while destroying at the same time the circle of knowledge and the privacy of the former discourse." Dass die Literatur allerdings seit jeher mit dieser Paradoxie spielt, zeigt etwa Walthers von der Vogelweide *Lindenlied*, vgl. Spearing, Poet as Voyeur, S. 27–28.
606 In diesem Palazzo wurde ein Schlafgemach des Obergeschosses im Zuge einer Umgestaltung des Raums anlässlich einer Hochzeit mit den Szenen der unglücklichen Liebesgeschichte bemalt, vgl. Maribel Königer: Die profanen Fresken des Palazzo Davanzati in Florenz. Private Repräsentation zur Zeit der internationalen Gotik. In: Mitteilungen des Kunsthistorischen Institutes in Florenz 34,2 (1990), S. 245–278, hier: S. 258–259. Außerdem werden einige der erotischen Tragezeichen aus den Niederlanden im Kontext der *Kastellanin von Vergi* gedeutet, vgl. Walter Haug: Die niederländischen erotischen Tragzeichen und das Problem des Obszönen im Mittelalter. In: Erotik, aus dem Dreck gezogen. Hrsg. von Johan H. Winkelman, Gerhard Wolf. Amsterdam 2004 (Amsterdamer Beiträge zur älteren Germanistik. 59), S. 67–90, hier: S. 70; Hans Rudolf Velten: Groteske Organe. Zusammenhänge von Obszönität und Gelächter bei spätmittelalterlichen profanen Insignien im Vergleich zur Märenliteratur. In: Erotik, aus dem Dreck gezogen. Hrsg. von Johan H. Winkelman, Gerhard Wolf. Amsterdam 2004 (Amsterdamer Beiträge zur älteren Germanistik. 59), S. 235–263, hier: S. 235. Die Tragezeichen präsentieren die Beobachtung des Herzogs im Baumgarten und das Hündchen als *postillon d'amour*, möglicherweise auch die sexuelle Verweigerung, mit der die Herzogin ihren Ehemann im Schlafgemach dazu bringt, das Geheimnis zu verraten, vgl. Gerhard Wolf: Phallus am Grillspieß und Vulva auf Stelzen. Überlegungen zur kommunikativen Funktion erotischer und obszöner Tragezeichen aus den Niederlanden. In: Erotik, aus dem Dreck gezogen. Hrsg. von Johan H. Winkelman, dems. Amsterdam 2004 (Amsterdamer Beiträge zur älteren Germanistik. 59), S. 285–330, hier: S. 304.
607 Vgl. Shoppe, Reading Romances, S. 75.
608 Vgl. Shoppe, ebd., S. 4.
609 Charles T. Little: Casket with Scenes from *La Châtelaine de Vergi*. In: Images in Ivory. Precious Objects of the Gothic Age. Hrsg. von Peter Barnet. Princeton 1997, S. 242–244, hier: S. 244, schließt aus der Ähnlichkeit der Kästchen, dass sie ‚verwandt' sind.

nössische Interpretation der *Kastellanin von Vergi*[610] verstanden werden und sind darum überaus hilfreich, um die Rolle der vermeintlich unscheinbaren Assistenzfigur zu untersuchen. Das in Paris gefertigte New Yorker Kästchen[611] wird auf die Jahre 1320 bis 1340 datiert, die seitlichen Panels sind nicht erhalten, ihr Inhalt kann jedoch über die ähnlichen Kästchen im Kunsthistorischen Museum in Wien, im Pariser Louvre und im British Museum erschlossen werden (Abb. 27).[612]

Die im Kontext der namenlosen Augenzeugin relevanten Szenen befinden sich auf der Frontseite des New Yorker Kästchens: Das Geschehen in dem kleinen Raum, während nebenan das große Pfingstfest des Herzogs stattfindet, wird in vier Einzelszenen gezeigt, doch die letzte Szene rechts außen bricht mit der klaren Szeneneinteilung, indem der rachsüchtige Herzog zweimal dargestellt wird, um simultan zu zeigen, wie er das Schwert ergreift und sich dann auf den Weg zur Tanzfläche begibt, um seine verräterische Ehefrau zu richten. In den drei Szenen zuvor werden alle Figuren

---

610 So Shoppe, Reading Romances, S. 75–76, zu dem *Vergi*-Elfenbeinkästchen im Pariser Louvre: „Comparison of this casket's visual ensemble with textual versions of the poem suggests, on the one hand, that the carver sought to present in carved ivory a thorough retelling of this popular story, for he captured its entire story line and its most significant moments. On the other hand, the casket's inclusion of select narrative scenes and its presentation of them results in a highly original interpretation of the tale – a contemporary response." Ähnlich auch Curschmann, Wort – Schrift – Bild, S. 412: „Obwohl offensichtlich ein allen Exemplaren [der *Vergi*-Kästchen, J. M.] gemeinsamer Werkstattentwurf vorlag, haben doch einzelne Schnitzer letztlich diese Aufgaben bemerkenswert verschieden und verschieden kreativ gelöst und damit die Geschichte, so wie sie textlich fixiert war, u. U. ganz verschieden akzentuiert, ja interpretiert." Anfang des 20. Jahrhunderts war Borinski, La Chastelaine de Vergy, S. 62–63, sogar überzeugt, der Schnitzer des Kästchens im British Museum habe bessere Arbeit geleistet als der „Erzähler" der Novelle, dem „jede dramatische Ader" fehle. Dass die bildliche Umsetzung literarischer Stoffe generell als Zeugnis zeitgenössischer Rezeption gewertet werden kann, ist für die neuere Text-Bild-Forschung eine grundlegende Annahme, vgl. Wiebke Ohlendorf: Das Fremde im *Parzival*. Zum Text-Bild-Verhältnis in den Handschriften Cgm 19, Cod. AA 91 und Cpg 339. Berlin/Boston 2017 (QF. 89 [323]), S. 6–8; Thali, Schauliteratur, S. 287; Tschümperlin, Weltentwürfe, S. 24. Die Relevanz der Bildauswahl als wichtige Interpretationsleistung des Künstlers stellt auch Manuwald, Medialer Dialog, S. 48, heraus.

611 Im Metropolitan Museum of Art unter der Inventarnummer 17.190.177, https://www.metmuseum.org/art/collection/search/464133 [Zugriff: 02.07.2024].

612 Für das Wiener Kästchen (Inventarnummer: Kunstkammer, 115, vgl. https://www.khm.at/de/object/86314/ [Zugriff: 02.07.2024]) wird die Zuordnung zum *Vergi*-Stoff seitens des KHM (sowohl online als auch in der Vitrine) nicht getroffen, Auswahl und Abfolgen der Bilder sind aber unverkennbar. Das Pariser Kästchen (Louvre, Inventarnummer: MRR 77, vgl. https://collections.louvre.fr/en/ark:/53355/cl010109996 [Zugriff: 02.07.2024], verfügt noch über Henkel, Schloss und Beschläge. Neben dem Londoner Kästchen, das dem Pariser Kästchen sehr ähnlich ist (im British Museum unter der Inventarnummer 1892,0801.47: https://www.britishmuseum.org/collection/object/H_1892-0801-47 [Zugriff: 02.07.2024]), ist im British Museum zusätzlich ein seitliches Panel erhalten (mit der Inventarnummer 1958,0402.2; https://www.britishmuseum.org/collection/object/H_1958-0402-2 [Zugriff: 02.07.2024]), das zeigt, wie eine Dame im höfischen Setting von einen Mann mit Haube und Schwert geköpft wird; es könnte sich also um ein weiteres Kästchen handeln.

Abb. 27: Elfenbeinkästchen mit *Kastellanin von Vergi*-Szenen (Front), französisch. New York, The Metropolitan Museum. 7,9 x 21,6 x 10,2 cm, entstanden ca. 1320–1340.

pro Bildfeld nur einmalig dargestellt und sind mit entsprechender Textkenntnis anhand ihrer Kopfbedeckungen und Frisuren leicht zu identifizieren.[613] In der ersten Szene links außen ist in der unteren linken Ecke die Kastellanin zu sehen, die auf einer Art Chaiselongue zusammengebrochen ist. Ihr Kopf, der träge auf die linke Seite fällt, und die aussagelosen Hände in der Nähe der Körpermitte geben zu verstehen, dass sie bereits an ihrem gebrochenen Herzen verstorben ist. Hinter der Liege steht ein Mädchen, bei dem es sich um die unfreiwillige Augenzeugin handeln muss, die mit der erhobenen rechten Hand und der linken auf dem Herz ihre Bestürzung über das Gesehene signalisiert. Neben dem Mädchen ist bereits übergroß das Schwert zu sehen, dem in den folgenden Szenen zwei Figuren zum Opfer fallen werden. Außerdem ist der Raum von einem Vorhang gerahmt, der fast nahtlos in die Betttücher, auf denen die Tote liegt, überzugehen scheint. In der zweiten Szene auf der Frontseite ist derselbe Raum zu sehen, die verstorbene Kastellanin liegt in derselben von den anderen Figuren abgewandten Pose unverändert auf dem Bett. Den Platz neben dem Bett hat nun der Ritter eingenommen, der gerade das übergroße Schwert, das eben noch an der Wand hing, aus der Scheide gezogen hat, um es sich mit der rechten Hand in die Brust zu bohren. Erst auf den zweiten Blick wird ersichtlich, dass sich das Mädchen nach wie vor im Raum aufhält: Sie steht nun hinter dem Kopfende der Liege, nur noch ihr Kopf, ihre Schulterpartie und ihre erhobenen Hände, die Entsetzung suggerieren, sind zu sehen.[614] Durch die raumfüllende Präsenz des im Selbstmord begrif-

613 Vgl. Duchastelle, Châtelaine, S. 253.

614 So Duchastelle ebd., S. 260, zu dem sehr ähnlichen Kästchen im Pariser Louvre (das sie zum Vergleich mit dem von ihr untersuchten Deckel-Fragment in Metz heranzieht), worin sie vor allem in den nach außen geöffneten Handflächen des Mädchens dessen Bestürzung über die Reaktion des Ritters, der sich selbst für seinen Verrat bestraft, abliest: „Les mains de la fillette – paumes ouvertes sur l'extérieur – trahissent son désarroi au moment où le chevalier encore vivant plonge l'épée dans sa poitrine tout en tenant le fourreau de sa main gauche: il se punit, lui qui a trahi son amie et qui est ainsi responsable de sa mort." Shoppe, Reading Romances, S. 103, interpretiert diese Geste des Mädchens fenen Ritters, ist die Augenzeugin nicht nur in den Hintergrund gedrängt worden, sie ist nun auch merklich kleiner dargestellt und verschmilzt nahezu mit dem Raum voller Stoffe. Auch die nächste Szene, auf der rechten Seite des ehemaligen Schlüssellochs, das in die mittleren beiden Bildfelder eingelassen ist, spielt sich im gleichen Raum ab, in dem sich nun neben der Kastellanin eine weitere Leiche befindet: Der Ritter ist zur rechten Seite hinuntergesunken, seine linke Hand umklammert noch die Scheide des Schwertes, während die rechte noch den Arm der Kastellanin zu streifen scheint, bevor auch sie zu Boden fällt. Das Schwert steckt prominent mitten in der Brust des Ritters, während von oben bereits die Hand des Herzogs aus dem nächsten Bildfeld hinübergreift,[615] um mit derselben Waffe seine Frau zu töten. In der Mitte des Bildfeldes ist abermals das Mädchen zu sehen, das hinter dem Bett hervorgetreten ist, ihre Hände vor der Brust zusammenlegt und nun von den Toten V-förmig gerahmt wird. Seitlich gewendet richtet sie ihren Blick und ihren Körper in Richtung der Hand des Herzogs aus, der im Text erst durch ihren Bericht erfährt, was tatsächlich in der Kammer geschehen ist. Diese Unterredung scheint jedoch hier nur indirekt gezeigt zu sein, weil der Herzog mit dem Ergreifen des Schwerts schon simultan die Schritte einleitet, die die Reaktion auf den Bericht der Augenzeugin sind.

Für die textliche Umsetzung des Stoffs hat es sich als zentral erwiesen, dass Beobachterfiguren eingeschaltet werden, um dem Rezipienten von den Ereignissen in abgeschlossenen Räumen zu berichten, während durch die dritte, außenstehende Figur gleichzeitig die Intimität der geheimen Liebesbeziehung markiert wird. Dass die Augenzeugin jedoch auch im Kontext einer filigranen Kleinplastik mit eingeschränktem Platz dreimal an der repräsentativsten Stelle des Kästchens – auf der Frontseite, unmittelbar neben dem Schloss – auftritt, ist auffällig. Vielmehr noch ist die Darstellung der Augenzeugin im Raum kontraproduktiv, falls die Kenntnis des Stoffs nicht vorausgesetzt wird.[616] Ohne Vorwissen könnte das Mädchen womöglich selbst für eine Mörderin gehalten werden und vor allem, weil das Gespräch mit dem Herzog nicht gezeigt wird, ist ihre Anwesenheit eigentlich überflüssig: Das Sterben an gebrochenem Herzen, der Selbstmord als Reaktion auf den Liebestod und die Rache des Herzogs wären

---

etwas vorsichtiger aufgrund der Gleichzeitigkeit, die in dieser Szene vorliegt (allerdings auch auf das im Szenenaufbau ähnliche Kästchen in Paris bezogen): „While at first glance the image of the Knight's death appears to concentrate on a single moment, his suicide, in fact it condenses several moments leading up to this juncture, making it narratologically rich. The Knight's standing position implies that he has just ended or is in the process of ending his lament. Thus we witness not only the Knight's killing of himself but perhaps his speech as well. The Knight's gaze at the Chatelaine reminds us that he ends his life for bringing about her death, a main theme of his speech. The gesturing maiden extends the image to encompass her conveyance to the Knight of the Chatelaine's last minutes, which takes place when the Knight first enters the small side room. On the other hand, the maiden could be just responding to the Knight's behavior."

615 Shoppe, ebd., S. 37–38, erkennt darin eine kompositorische Übernahme der Petrus-Figur, die mit dem Schwert als Reaktion auf den Verrat im Garten Gethsemane einem Römer ein Ohr abschneidet.

616 Shoppe, ebd., S. 105–106, geht allerdings anhand der Überlieferungszahlen davon aus, dass die Stoffkenntnis gegeben war.

im Zweifelsfall ohne die dritte Figur im Raum besser erkennbar gewesen. Dass sie trotzdem dargestellt wird, und im Unterschied zum Text im wachen Zustand,[617] lässt einerseits vermuten, dass die Geschichte der *Kastellanin von Vergi* den intendierten Rezipienten des Kästchens bekannt gewesen sein musste. Andererseits legt die Präsenz des Mädchens nahe, dass die Rolle der Augenzeugin als besonders wichtige Vermittlungsposition erachtet wurde[618] – von einer „dramaturgischen Simplifizierung"[619] für die Erzählung des Stoffs im Bild kann hier nicht die Rede sein. Würden Lechtermanns Überlegungen zu deiktischen Assistenzfiguren, die den Blick des Rezipienten lenken und zugleich seine Schauintention vorgeben, auf die Kunst übertragen, ließe sich das Mädchen als Affektvorbild für die Betrachter des Kästchens deuten. Sie würde zeigen, mit welcher Entrüstung auf die unnötigen Tode des Ritters und der Kastellanin reagiert werden muss. Gegen diese Auslegung des Kästchens spricht jedoch, dass der Mord an der Herzogin, der auf dem rechten Seitenpanel dargestellt gewesen sein muss (wie bei den Kästchen in Wien, London und Paris) ohne vergleichbare entrüstete Figuren dargestellt wird. Der Mord an der hinterlistigen Ehefrau entspricht zwar in gewisser Hinsicht den Erwartungen der poetischen Gerechtigkeit, doch dies ändert wenig an der Brutalität des öffentlichen Mords auf einem höfischen Fest. Der Stoff scheint, wie auch die mahnenden letzten Verse der altfranzösischen Textfassung betonen, weniger auf Mitgefühl als auf Belehrung durch *cest example* (V. 951) ausgerichtet zu sein: Weitergabe von Geheimnissen und Neugier sind negativ konnotiert, denn sie sind die Auslöser der Katastrophe (V. 944–947). Darum ist die Betonung der blicklenkenden Beobachterfigur auf dem Kästchen gerade nicht als Affektvorbild, sondern als Warnung vor eindringender Einmischung in fremde Angelegenheiten zu verstehen, wie schon der Prolog der Versnovelle impliziert (V. 1–8).

Mit dieser Deutung kann allerdings auch der werkexterne Rezipient als eine Instanz gelten, die sich im heimlichen Beobachten konstituiert: Dieser ist ebenfalls ein neugieriger (visueller) Eindringling. Selbst in jenen Szenen, in denen keine Beobachtungsinstanz auftritt, ist der voyeuristische Rezipient stets zugegen und lässt sich von der Darstellung des heimlichen Stelldicheins oder an den Intrigen im Ehebett des Herzogs und der Herzogin unterhalten. Der Rezipient kann sich selbst in den Beobachterfiguren wiedererkennen, weil auch er versteckt durch die Grenze des Mediums zum unbemerkten Voyeur wird. Daran erinnern ihn die werkinternen Beobachter, die sich hinter einem Baum oder dem Bett verstecken und so darauf hinweisen, dass mit der Vermittlung von Minne immer schon eine Veröffentlichung des Geheimen einhergeht.

617 Vgl. Shoppe, ebd., S. 100.

618 So Duchastelle, Châtelaine, S. 260, über das stets präsente Mädchen, das als Vermittlerin eine wichtige Rolle spielt, weil sie alles Entscheidende sieht und darüber berichtet: „Cette ‚pucele' [...] joue un rôle important d'intermédiaire, puisque c'est elle qui voit entrer le chevalier dans la chambre et se lamenter au récit qu'elle lui fait. Elle est toujours présente au moment où il décide de se donner la mort, près du lit où gît la châtelaine."

619 Königer, Die profanen Fresken, S. 264.

Dieses reflexive Moment wird in einem zweiten Pariser Kästchen, das sich ebenfalls im Metropolitan Museum in New York City befindet, noch deutlicher, denn die entscheidende Szene des Selbstmords und des Berichts der Augenzeugin sind in einem Seitenpanel zu einer simultanen Szene schaubühnenartig zusammengeführt (Abb. 28). Zu sehen ist ein Innenraum, der auf der linken Seite durch gemauerte Architektur mit einem schmalen Torbogen begrenzt wird, durch den die Figuren wahrscheinlich in den Raum eingetreten sind. Großflächig liegt im unteren rechten Bereich des Bildfeldes die verstorbene Kastellanin auf einem Bett, die Hände auf dem Unterbauch zusammengelegt. Ihr Körper scheint so aufgebahrt, dass er die Tote nicht im Profil, sondern in frontaler Ansicht präsentiert. Hinter der Verstorbenen ist der Ritter zu sehen, der sich das Schwert in die Brust rammt: Seine Hände umfassen noch den Griff des Schwerts, das aus seinem Rücken heraussticht, doch sein Oberkörper ist so gekrümmt, dass es scheint, als wäre er bereits im Begriff zusammenzubrechen. Im Verhältnis zu den drei anderen Figuren nimmt der Ritter mit dem Schwert einen Großteil der Bildfläche ein, seine Figur ist merklich größer dargestellt, sodass der Selbstmord als Fokus des Bildes gedeutet werden kann.

Abb. 28: Elfenbeinkästchen mit *Kastellanin von Vergi*-Szenen (Seite), französisch. New York, The Metropolitan Museum. 12,1 x 24,1 x 14,9 cm, entstanden ca. 1320–1340.

Zwischen dem Fußende des Betts, auf dem die Kastellanin liegt und dem schmalen Torbogen sind zwei weitere Figuren zu erkennen, auch diese sind durch ihre Körpergröße merklich voneinander abgegrenzt. Der größere Mann, der noch zu einem Drittel im Torbogen steht, aber seinen Oberkörper in den Raum hineinlehnt, ist der Herzog, der, mit angehobener rechter Hand, auf das grausige Geschehen blickt. Zu seiner Linken steht ein kleines Mädchen, den Körper dem Herzog zugewandt. Sie schaut nicht auf die Toten, sondern wendet den Kopf in Richtung des Herzogs und signalisiert ebenfalls durch ihre angehobene rechte Hand, dass sie ihm gerade schildert, wie es zu den zwei entsetzlichen Todesfällen kam. Mit ihrer linken Hand schiebt das Mädchen einen Vorhang zur Seite, der das Bett und das tote Liebespaar als Baldachin umschließt. Die dominante Diagonale, die mit dem Beiseiteschieben des Vorhangs kreiert wird, spiegelt sich im Rücken des nach vorne gebeugten Ritters. Obwohl das Mädchen erheblich kleiner dargestellt ist – womöglich bedeutungsperspektivisch auf ihre Jugendlichkeit oder ihren niedrigeren sozialen Status verweisend – markiert der von ihr zurückgeschobene Vorhang, wie relevant sie für diese Szene ist: Sie erläutert dem Herzog, was geschehen ist, und ermöglicht ihm im wahrsten Sinne des Wortes Einsicht, indem sie den Vorhang zur Seite schiebt und ihm den Blick dahinter ermöglicht, sodass die beiden gemeinsam eine vorzeitige Szene der Handlung betrachten können. Nach dieser Szene auf dem linken Seitenpanel wird die Geschichte auf der Front des Kästchens in zwei Szenen weitergeführt, die erneut den Raum mit der aufgebahrten Kastellanin und dem nun unverkennbar toten Ritter zeigen (Abb. 29).

Abb. 29: Elfenbeinkästchen mit *Kastellanin von Vergi*-Szenen (Front), französisch. New York, The Metropolitan Museum. 12,1 x 24,1 x 14,9 cm, entstanden ca. 1320–1340.

Die zwei Bilder sind zwar geteilt, stellen aber den Raum nur einmal dar, lediglich der Herzog tritt in beiden Bildfeldern auf, um seine Reaktion auf den Bericht des Mädchens simultan zu verdeutlichen. Im ersten Bildfeld zeugen seine erhobenen Hände von Erschütterung, im zweiten zieht er bereits das Schwert aus der Brust des Ritters, um damit im nächsten Bildfeld seine Ehefrau zu köpfen. Das kleine Mädchen, das dem Herzog im großen Seitenpanel die Situation erklärt, ist auch auf der Frontseite des Kästchens im ersten Bildfeld noch zugegen. Sie ist nur halb so groß wie der Herzog und schaut weiterhin zu ihm auf, ihre Gestik hat sich jedoch verändert: Ihr linker Arm verschwindet hinter der Grenze des Bildfeldes, ihre rechte Hand präsentiert einen angehobenen Zeigefinger, der in Richtung des nächsten Bildfeldes, konkreter in Richtung der zweiten Darstellung des Herzogs, deutet. Es ist wohl nicht daraus zu lesen, dass sie den Herzog dazu auffordert, das Schwert des Ritters zu nehmen, um Rache zu üben. Vielmehr verweist ihr Zeigegestus auf die weitere Handlung, die durch ihren Bericht katalysiert wird. Eigentlich ist ihre Aufgabe bereits im Seitenpanel erfüllt – sie präsentiert den Einblick in das verhüllte Geschehen –, dennoch ist sie noch präsent, als der Herzog seinen mörderischen Entschluss fasst. Damit kommt ihr an dieser Stelle weniger eine handlungsrelevante als eine rezeptionsleitende Rolle zu: Sie erinnert den Rezipienten mit ihrem Zeigegestus daran, dass das weitere Geschehen durch ihren Bericht ausgelöst wird und lenkt seinen Blick ins nächste Bildfeld. Nur ihre Augenzeugenschaft macht es dem Herzog möglich, zu verstehen, welche Rolle seine Gemahlin beim tragischen Tod der Liebenden spielte. Mit dem Lüften des Vorhangs in dem kleinen Raum jedoch verhilft das Mädchen auch dem Rezipienten zur Einsicht: Genau wie die Dienerinnen im *Gregorius* und *Wigalois* fungiert sie in einem verschlossenen Raum als blicklenkende Seh-Hilfe – die Bewertung des Gesehenen und die daraus gezogenen Konsequenzen jedoch überlässt sie anderen Figuren und dem Rezipienten. So erklärt sich, warum das unscheinbare Mädchen in zwei Versionen der *Vergi*-Kästchen prominent auf der Frontseite auftritt: Sie erinnert den Betrachter daran, dass sie nur sehen kann – die Bedeutung des Gesehenen erkennen muss er selbst. Eine transparente Augenzeugin vermag den Vorhang zu lüften, die Erkenntnis jedoch ist von demjenigen abhängig, der das Gesehene interpretiert und danach handelt.

Wie die Elfenbeinkästchen mit der Geschichte der *Kastellanin von Vergi* auch in ihrer dinglichen Beschaffenheit bewertet werden können, lässt sich vor dem Hintergrund des Pro- und Epiloges der Versnovelle deuten, in denen Liebende vor Tratschenden gewarnt werden, weil Liebe, die zum öffentlichen Gesprächsthema wird, zu Enttäuschung und Schmerz führen wird. So folgert Shoppe für die Interpretation des Pariser Kästchens im Rekurs auf die exemplarische Rahmung der textlichen Überlieferung:

> It is interesting that the Prologue and Epilogue that enclose the poem of *La Chatelaine de Vergi* help make sense of the story line of the casket's visual narrative. These textual additions act as framing devices and shape a reading of the verbal poem within the theme of secrecy. The Prologue promotes the idea that lovers should protect their affairs from scandal mongers who, upon hearing of their relationships, will spread the news of it. It briefly details the consequences of divulging secrets in matters of the heart: once an affair is made public, each lover will blame the other for revealing it and resulting difficulties will inevitably lead to the dissolution of the romance. In the Prologue the tale of the *Chatelaine de Vergi* is offered as an example of the ramifications of letting confidences be known. The Epilogue puts the Prologue's message into deeper

> relief by blaming the Knight outright for exposing what he should have concealed. It warns other lovers not to make the same mistake as the Knight. Viewers aware of the poem's Prologue and Epilogue may have focused particular attention on the theme of secrecy when viewing the casket in the Louvre.[620]

Indem das Fehlverhalten des Ritters im Prolog der *Kastellanin von Vergi* unmissverständlich als Inklusion eines Dritten kenntlich gemacht ist, wird auch die Rolle der Beobachterfiguren problematisiert, denn sie sind die unangemessenen Eindringlinge, die eine Liebe zwangsläufig zerstören. Zusätzlich zu diesem Bildprogramm vergegenständlichen die Elfenbeinkästchen als Dinge[621] die mahnende Botschaft, dass Liebesgeheimnisse niemals Dritte involvieren können: Die Kästchen wurden in Minnekontexten als Gaben, womöglich im Kontext von Hochzeiten, verschenkt[622] und dienten zur Aufbewahrung von Schmuck oder Briefen – sie sind also selbst verschlossener Hüter intimer Minnegeheimisse. Sie machen die notwendige Geheimhaltung von Liebesangelegenheiten gegenständlich erfahr- und berührbar:

> The casket with its lock is a metaphor for secrecy and loyal love; it is a place to hide and to safeguard objects. Locked inside a casket the contents are hidden away from everyone but the possessor of the key. [...] The lock figures instrumentally in the casket's visual story. Placed in the images of the suicide of the Knight and the death of the Knight, it makes a poignant statement about the necessity of protecting one's affairs. Had the Chatelaine and Knight kept their secret „under lock and key", their lives and romance would not have ended so catastrophically.[623]

Werden die Minnekästchen selbst als Bewahrer von Geheimnissen betrachtet, ist es verständlich, dass sich gerade der Stoff der *Kastellanin von Vergi* für ihre Dekoration anbot, obwohl er drei schreckliche Todesfälle zur Schau stellt: Die Geschichte dient als Erinnerung oder vielleicht sogar als Schwur, die Intimität der Zweisamkeit zwischen den Liebenden zu wahren – denn sobald diese Zweisamkeit durch sprachliche oder visuelle Zeichen gebrochen wird, ist auch die Liebe gefährdet. Durch die prominente Darstellung der Beobachterfiguren auf den Kästchen erinnert die bildnerische Umset-

---

620 Shoppe, Reading Romances, S. 111–112.

621 Norbert H. Ott: Tristan auf Runkelstein und die übrigen zyklischen Darstellungen des Tristanstoffes. In: Runkelstein. Die Wandmalereien des Sommerhauses. Hrsg. von Walter Haug, Joachim Heinzle, Dietrich Huschenbett [u. a.]. Wiesbaden 1982, S. 194–239, hier: S. 225, führt für die Übertragung des *Tristan*-Stoffs in das Medium Elfenbeinkästchen aus, „daß es sich bei dieser Art von Rezeption literarischer Vorbilder im Medium der bildenden Kunst nicht einfach um eine besondere Spielart der Textrezeption handelt. Was diese Rezeption eines Stoffs von einem ins andere Medium vielmehr auszeichnet, ist die spezifische Art von Gebrauch, in die der Stoff damit eintritt." Otts Feststellung lässt sich vielleicht bereits als Plädoyer lesen, die Dinglichkeit und den Gebrauchskontext der bebilderten Artefakte stets mit zu berücksichtigen, was sich insbesondere für die Elfenbeinkästchen anbietet.

622 Vgl. Heinrich Kohlhaussen: Rheinische Minnekästchen des Mittelalters. In: Jahrbuch der Preußischen Kunstsammlungen 46 (1925), S. 203–247; Matter, Reden von der Minne, S. 312; Müller, Minnebilder, S. 125; Wurst, Reliquiare, S. 201.

623 Shoppe, Reading Romances, S. 113.

zung des *Vergi*-Stoffs den Rezipienten daran, dass Liebesgeheimnisse, die Dritte involvieren, im *grant dolor* (V. 17) enden. Daraus ergibt sich für den Stoff ein reflexives Deutungspotenzial: Prolog und Epilog der Versnovelle geben einen Hinweis darauf, dass sich die Funktion des beobachtenden Mädchens nicht in einem Angebot der Standpunktübernahme erschöpft. Vor dem Hintergrund der geäußerten Warnungen und der exemplarischen Brutalität offenbart sich ein Liebesverständnis, das die Beziehung ab jenem Moment, in dem das Paar im Baumgarten beobachtet wird, als nicht mehr aufrichtig und damit wertlos erklärt – „the presence of the Duke indicates that this love is no longer of value, for it is no longer characterized by mutual affection, loyalty and secrecy."[624] Wer sich im Gegensatz zum Ritter jedoch richtig verhält, so der Epilog, und seine Liebe gut verbirgt, der muss die Angriffe von ‚Schnüfflern'[625] nicht fürchten: *Qui si le fet, ne crient assaut / des faus felons enquereors / qui enquierent autrui amors.* (V. 956–958).

Die Augenzeugenfiguren in der *Kastellanin von Vergi* dienen also dazu, fatale Vertrauensbrüche zu markieren: Der Ritter, der Herzog und die Herzogin versprechen jeweils, das Geheimnis zu wahren, doch indem sie ihr Wort brechen und eine weitere Figur zum Mitwisser machen, entwickelt sich die Geschichte zu einem drastischen Exempel, welche Konsequenzen Geheimnisverrat in der Liebe nach sich ziehen kann. Wird die Textfassung der *Kastellanin von Vergi* mit seiner visuellen Interpretation in Form der Kästchen zusammengeführt, können die letzten Verse des Epilogs entsprechend als eine Apostrophe an die Neugierigen gedeutet werden, die in unangemessener Weise fremde Liebschaften ausspähen und das Gesehene weitererzählen, sodass daraus Geschichten entstehen.

Damit wird dem werkexternen Beobachter, der vor allem in der bildlichen Umsetzung des Stoffs kompositorisch immer wieder als voyeuristischer Beobachter konstituiert wird, subtil eine Mitschuld am katastrophalen Ausgang der Geschichte von der Kastellanin und dem Ritter zugesprochen: Schließlich beobachtet auch der Rezipient eine heimliche Liebesbeziehung, eine Intrige am Hof und eine Ermordung – und findet ästhetischen Gefallen daran. So wird suggeriert, dass erst die Nachfrage des Rezipienten es nötig macht, die Geheimnisse der Liebenden stets erneut preiszugeben. Dieses Verständnis sensationsgieriger Hörer, Leser und Betrachter, die gerne Einblicke in Geheimnisse anderer erhalten, verdeutlicht, warum die Liebesgeschichten, von denen erzählt wird, immer ein trauriges Ende haben: Nur die Liebe, von der keiner etwas weiß, kann letztlich eine glückliche sein – eine Liebe, die zum Narrativ wird,[626] ist hingegen immer schon verloren.

---

624 Shoppe, ebd., S. 92.

625 Wolfzettel, Schicksalsnovellen, S. 129, übersetzt *faus felons enquereors* mit „falsche, verräterische Schnüffler".

626 Spearing, Poet as Voyeur, S. 116, impliziert, dass Liebesnarrative das Problem sein könnten: „Thus what the Chatelaine has been promised should never be told is told to the Duke, on condition that it should never be told: love becomes narrative, the private takes a step on the road to becoming public."

Diese poetologische Paradoxie lässt sich nicht zuletzt damit belegen, dass die Kastellanin ihre eigene Liebesbeziehung in ihrem Sterbemonolog intertextuell ausgerechnet mit jener Tristans und Isoldes vergleicht (V. 760), womit sie eine metapoetische Reflexion über unglückliche Liebesgeschichten ermöglicht, deren Geheimnisse verraten wurden: Danach wäre jeder Leser ein Schnüffler, jeder Dichter ein Geheimnisverräter – und deshalb müsste jede Erzählung einer großen Liebe zwangsläufig in einer Katastrophe enden. Wenn diese Auslegung auch gewagt wirken mag, scheint es doch bedeutend, dass die Versnovelle die geheime Liebesbeziehung zwischen Ritter und Kastellanin mitunter als *oevre*[627], als Werk, bezeichnet. Mehr noch als ein erotischer Euphemismus[628] mag sich dahinter eine reflexive Andeutung verbergen, die dem Rezipienten mitteilt, dass seine Neugier ihn ebenfalls zu einer heimlichen Beobachterfigur macht: Die *Kastellanin von Vergi* überführt den Rezipienten von Text und Bild als Voyeur, der die reizvolle Position als Beobachter zweiten Grades genießt, obwohl – oder gerade weil – mit der Enthüllung der heimlichen Liebe eine Katastrophe einhergeht.

2.2.3 Zwischenfazit: Reflexionen transparenter Medialität

Für die Anwesenheit beobachtender höfischer Damen und Mädchen in den drei untersuchten Stoffen lässt sich zunächst eine handlungslogische Begründung erkennen: Die Beobachterinnen können (Details über) auf der Handlungsebene verborgene Geschehnisse vermitteln, indem sie in intime Räume hineinspähen, sich hineinschleichen oder zufällig an Geheimplätzen anwesend sind. Auf diese Weise dienen sie dazu, mit ihren Berichten die nächsten Schritte der Handlung einzuleiten. Die Augenzeuginnen fungieren eher als informationslieferndes Instrument, denn als handelnde Figur.[629] Dass die Beobachterinnen der untersuchten Stoffe benötigt werden, um der Handlung einen einschneidenden Impuls zu geben, rechtfertigt, dass ihre Präsenz auf der Handlungsebene nicht hinreichend motiviert werden muss und sie nur für den Moment auftauchen, in dem sie gebraucht werden.[630]

Wie oben ausgeführt, treten die vermeintlich unscheinbaren Augenzeugeninnen in Relation zu Geheimnissen auf: Die handlungsrelevanten Figuren haben etwas zu verbergen und geben sich größte Mühe, ihren heimlichen Machenschaften fernab der Öffentlichkeit nachzugehen, doch die Assistenzfiguren finden diese Geheimisse – womöglich aufgrund ihrer Unauffälligkeit – heraus. Die Bewertungen und Interpretationen der beobachteten Geheimnisse, die nicht von den Augenzeugen selbst, sondern wiederum von (anderen) Protagonisten erbracht werden, machen deutlich, dass die

---

627 Vgl. *l'amor et l'uevre*, V. 6; *[„]savoit nus fors vous dui ceste oevre?"*, V. 346; und *celer ceste oevre*, V. 665.

628 Vgl. Wolfzettel, Schicksalsnovellen, S. 83.

629 Eine ähnliche Funktion hat Schindler, Schatten, S. 83, für die vergleichbar unscheinbaren Knappen der Artusromane betont, die trotz ihrer kurzen Auftritte durch Augenzeugenschaft in entscheidenden Situationen den Fortgang der Handlung ermöglichen.

630 So Schindler, ebd., S. 74, über die Knappenfiguren.

transparenten Assistenzfiguren für die Handlung unverzichtbar sind: Die Protagonisten sind auf die sehenden Nebenfiguren angewiesen, die damit im wahrsten Sinn des Wortes zu deren Seh-Hilfen, zu ‚Okularen' werden. Durch die Spannung, die das mitunter gefährliche Lüften eines Geheimnisses und die Entschlüsselung eines Rätsels entstehen lässt, werden die Figuren zugleich für einen kurzen Moment aus ihrer Unscheinbarkeit herausgehoben.

Darüber hinaus animieren die transparenten Assistenzfiguren den werkexternen Rezipienten zur Identifikation mit ihrem Standpunkt im dargestellten Raum. Dieses Angebot einer Standpunktübernahme ist allerdings nur von so kurzer Dauer, dass die ‚durchsichtigen' Figuren sich nur für einen Moment der Funktion einer Rückenfigur annähern. Die Rolle der Augenzeuginnen ist dabei den Knappen und Boten nicht unähnlich, denn deren Aufgabe darin besteht, „hinter der Botschaft zurückzutreten“[631] – sie *müssen* blickdurchlässig sein, damit sie ihre Aufgaben erfüllen können.[632] Die Berichte solcher transparenter Assistenzfiguren personifizieren die mediale Sonderstellung, die vom literarischen Text genauso erwartet wird wie von einem Bildträger: Das Schriftbild[633] und die Oberfläche eines Bildträgers müssen, ähnlich wie die Assistenzfiguren, die Aufmerksameit der Rezipierenden von ihrer eigenen Beschaffenheit weglenken[634] – denn nur wenn der Rezipient durch das Trägermedium hindurchschauen

631 Volker Scior: Vertrauen und Kontrolle: Boten als Augenzeugen in der mittelalterlichen Kommunikation. In: Die Figur des Augenzeugen. Geschichte und Wahrheit im fächer- und epochenübergreifenden Vergleich. Hrsg. von Gabriela Signori, Amelie Rösinger, Konstanz 2014 (UVK Geschichte), S. 27–40, hier: S. 28.

632 Kessler, Spurenlesen, S. 80, betont in einem ähnlichen Kontext die Mehrdeutigkeit dieser Aufgabe: „Das Spezifische von Medien im Sinne des *Boten* ist in mehrfacher Hinsicht ihre ‚*Aufgabe*'. Medien werden *beauftragt*, eine *Aufgabe* zu erfüllen. Von Seiten des Senders wird eine Botschaft im Sinne einer Sendung gleichsam *aufgegeben*, während Medien ihre Aufgabe ausführen, *geben sie sich selbst zugleich auf*.“ [Kursivierung im Original].

633 Ganz, Medien, S. 43, im Rekurs auf den Vierfachen Schriftsinn der Exegese dazu, „wie sehr die theologische Kommentarpraxis des Mittelalters einem visuellen Modell der ‚Durchsicht' verpflichtet war: Der ‚Buchstabe' des Wortsinns galt ihr als ‚Schatten', ‚Schleier', ‚Kleid' oder ‚Körper', hinter dem das Eigentliche, der ‚Geist' oder die ‚Seele' des Textes verborgen sei.“ Auf die Bedeutung der christlichen Hermeneutik für den integumentalen Charakter der Kristallmetapher verweist auch Kropik, Gemachte Welten, S. 164: „Denn das aus ihrer schön geformten Wortmaterie emanierende Leuchten ist augenscheinlich etwas dezidiert Geistiges. Hartmanns Dichtung, so könnte man Gottfried mithin zusammenfassend paraphrasieren, ist deshalb ‚kristallen', weil Wort und Schrift sich in ihr nicht zueinander verhalten wie ein Stofflich-Materielles zu einem anderen Stofflich-Materiellen, sondern wie ein Materielles zu einem Ideellen, ein Stoffliches zu einem Geistigen oder ein Konkretes zu einem Abstrakten – und damit genauso, wie sich die Substanz eines schön gefärbten und polierten Kristalls zu seinem strahlenden Glanz verhält.“

634 Kessler, Spurenlesen, S. 79, zur Unsichtbarkeit des Mediums: „So nehmen wir weder schwarze Flecken auf weißem Grund noch Buchstaben wahr, wenn wir eine Geschichte lesen; wir sehen weder die Leinwand im Kino noch die Pixel einer Fotographie, und wir nehmen auch keine Lichtwellen oder Luftschwingungen wahr, wenn wir sehen oder hören. Die Materialität des Mediums wird vielmehr unsichtbar oder transparent für den rezeptiven Blick, der gleichsam durch das Medium hindurch ‚sieht', um das Eigentliche, die Botschaft oder den Inhalt des Mediums wahrzunehmen.“

kann, bietet sich die ästhetisch geschaffene Welt für den exkludierten Dritten möglichst unverstellt dar. Indem die Aussagen der Augenzeuginnen aber mitunter kritisch bewertet werden, ist zumindest kurz angedeutet, dass von Figuren gelenkte Blicke genauso wenig vollständig durchsichtig sein können wie Bild- und Textträger: Wird der Blick auf die vermittelnde Oberfläche oder die figürliche Seh-Hilfe gelenkt, verschwindet die medial erzeugte Transparenz des ungehinderten Einblicks.

Über die Korrelation des textexternen Beobachters mit der werkinternen Assistenzfigur zeigt sich nicht nur deren Funktion als Seh-Hilfe auf der Handlungsebene, sondern die Berichterstatter(innen) erhalten metapoetische Aussagekraft, weil sie gleichzeitig zur Reflexion über Glaubwürdigkeit von Augenzeugenberichten anregen können. Die Sicht transparenter Beobachterfiguren offenbart sich als gefiltert, wenn sie über Zweifel, Unglaubwürdigkeit oder negative Konnotationen als eingeschränkt präsentiert wird – und deutet damit an, dass es keinen ungehinderten Einblick in ästhetische Zeugnisse geben kann. Indem die Glaubwürdigkeit der Beobachterfiguren problematisiert wird, erhält der Rezipient die Möglichkeit, den zweifelhaften Status der Aussage einer Nebenfigur zu überdenken, bevor die namenlose Assistenzfigur nach erstattetem Bericht wieder von der Handlungsebene verschwindet. Das Aufblitzen temporär getrübter Sicht lenkt den Fokus auf den Prozess des Wahrnehmens selbst, der anhand der Beobachterfiguren, die auf Vermittlungsinstanzen an sich verweisen, reflektiert werden kann. Dieses Verständnis der Assistenzfiguren als fragwürdige Informationslieferanten mit metapoetischem Potenzial wird im *Wigalois* Wirnts von Grafenberg noch stärker in den Vordergrund gestellt,[635] wenn der Erzähler im Epilog damit kokettiert, dass ihm die Geschichte des Gaweinsohns von einem Knappen berichtet wurde:

> Ich wil daz mære volenden hie,
> als michz ein knappe wizzen lie
> der mirs ze tichten gunde.
> niwan eines von sînem munde
> enpfie ich die âventiure;
> dâ von was mir tiure
> daz mære an mangen enden. (V. 11686–11692)

Wirnt schaltet nicht nur auf der Handlungsebene Augenzeugen ein, sondern auch die fiktive Erzählsituation wird als „Kunstgriff“ mit einem namenlosen Knappen versehen, der „als Medium zwischen Geschehen, Autor/Erzähler und Publikum seine Erzähllegitimation stützen“[636] kann. Damit bricht Wirnt mit der topischen Tradition des

635 Fuchs, Hybride Helden, S. 109, erkennt in der Berufung auf die Knappen-Erzählung ebenfalls das „Indiz einer poetologischen Grundtendenz des Romans“, bringt diese Beobachtung aber nicht mit den Augenzeugenfiguren auf der Handlungsebene in Verbindung.
636 Schindler, Schatten, S. 83.

Bezugs auf eine schriftliche Quelle[637] – die Verantwortung wird hingegen auf eine weitere namenlose Augenzeugenfigur projiziert, die in ihrer Aussage aber nicht gänzlich zuverlässig scheint.[638] Womöglich weisen die Augenzeugenfiguren auf der Handlungs-

637 Vgl. Haug, Literaturtheorie, S. 124. Es ließe sich überlegen, inwiefern Wirnt sich mit diesem Bezug auf eine mündliche Quelle von seinen Vorgängern, die sich auf schriftliche Überlieferungen beriefen, um ihre Belesenheit zu demonstrieren (vgl. ebd., S. 128), im Zuge seiner „stilistischen Selbstkritik" (ebd., S. 275.) abgrenzen möchte. Die Berufung auf eine mündliche Quelle ist zwar im Vergleich mit der Heldenepik nicht neu, doch da Wirnt nicht von einem wissenden Kollektiv ausgeht, sondern von einer einzelnen Figur fragwürdiger Verlässlichkeit, wird auch diese literarische Tradition infrage gestellt, weil mündliche Tradition stets im Verdacht steht, lügnerisch zu sein (vgl. Michael Curschmann: Der Erzähler auf dem Weg zur Literatur. In: Erzähltechnik und Erzählstrategien in der deutschen Literatur des Mittelalters. Hrsg. von Wolfgang Haubrichs, Eckart Conrad Lutz, Klaus Ridder. Berlin 2004 (Wolfram-Studien. 18), S. 11–32, hier: S. 16.). Allerdings deutet Wandhoff, Der epische Blick, S. 124, darauf hin, dass mit der Berufung auf eine schriftliche Quelle auch Legitimitätsprobleme entstehen können, weil „der Berufung auf eine Buchquelle allein gar kein höheres Prestige zugestanden werden kann als dem Bezug auf ein vorausgehendes, medial indifferentes Erzählen. Denn um die Existenz des Buches ‚nachzuweisen', das die Verbindlichkeit der erzählten Informationen sicherstellen soll, muß man immer wieder auf (Meta-)Erzählungen zurückgreifen, die aus sich selbst heraus plausibel sind, für die sich jedenfalls keine schriftlichen Belege mehr anführen lassen." Die mündlichen Quellenberufungen sieht Fuchs, Hybride Helden, S. 108, außerdem, wenn sie denn ernst genommen werden, als möglichen Anhaltpunkt für die Datierung des Texts und dessen vermeintlicher Vorlage.

638 Hier böte sich eine Untersuchung der Darstellung unzuverlässigen Erzählens an, das vor allem in der narratologischen Forschung zur modernen und postmodernen Literatur seit den 1960er Jahren Thema ist; in der germanistischen Mediävistik haben vergleichbare Ansätze Eingang in den Sammelband Brüchige Helden – brüchiges Erzählen. Hrsg. von Anne-Katrin Federow, Kay Malcher, Marina Münkler. Berlin 2017 (Texte und Studien zur mittelhochdeutschen Heldenepik. 11) gefunden (etwa im Beitrag von Dennis Pausch) und wurden u. a. von Seraina Plotke: Unzuverlässiges Erzählen im Mittelalter? Potenzial und Grenzen einer literaturwissenschaftlichen Kategorie. In: Poetiken des Widerspruchs in vormoderner Erzählliteratur. Hrsg. von Elisabeth Lienert. Wiesbaden 2019 (Contradiction Studies), S. 265–284, diskutiert. Ob das Verständnis eines unzuverlässigen Erzählers der Moderne überhaupt mit den mittelalterlichen Erzählern, die oft demütig ihre Unwissenheit kundtun, vergleichbar oder doch „überflüssig" (Sonja Glauch: Zum Problem des unzuverlässigen Erzählers im Mittelalter. In: Historische Narratologie. Hrsg. von Eva von Contzen. Oldenburg 2019 (BmE Themenheft. 3), S. 79–124, hier: S. 106) ist, kann an dieser Stelle nicht zufriedenstellend ausgeführt werden, zumal sich im *Wigalois* die Überlagerung unterschiedlicher Überlieferungskonzepte findet: Die Erzählerfigur Wirnt räumt über Bescheidenheitstopoi mangelnde Kompetenz ein, zugleich wurde diesem die Erzählung entsprechend der Quellenfiktion angeblich von einem Knappen erzählt, dessen Zuverlässigkeit problematisiert wird; außerdem spricht das Buch im Prolog über sich selbst in der ersten Person. Selbst wenn neuere narratologische Studien nicht mehr nur den monologischen Ich-Erzähler als *overt narrator* (vgl. Ansgar Nünning: *Unreliable Narration* zur Einführung: Grundzüge einer kognitiv-narratologischen Theorie und Analyse unglaubwürdigen Erzählens. In: Unreliable Narration. Studien zur Theorie und Praxis unglaubwürdigen Erzählens in der englischsprachigen Erzählliteratur. Hrsg. von dems. Trier 1998, S. 3–39, hier: S. 6), sondern auch die unzuverlässigen Instanzen in der dritten Person untersuchen (vgl. Per Krogh Hansen, Poul Behrendt: The Fifth Mode of Representation: Ambiguous Voices in Unreliable Third Person Narration. In: Strange Voices in Narrative Fiction. Hrsg. von Per Krogh Hansen, Stefan Iversen, Henrik Skov Nielsen [u. a.]. Berlin/Boston 2011 (Narratologia. 30), S. 219–251, hier: S. 219), müssten für die höfische Literatur wohl gänzlich neue Kategorien eingeführt

ebene des *Wigalois* bereits auf diese Pointe am Ende des Texts hin, sodass damit eine Reflexion über die Glaubwürdigkeit von Augenzeugenberichten angeregt werden könnte.[639] Dass Augenzeugenschaft nicht mit löblichem Verhalten und einwandfreien Berichten einhergeht,[640] zeigt schließlich bereits die Beschreibung der neugierigen Hofdame in der Bergungsepisode. Auch der Bericht des Knappen, der dem Erzähler Wirnt angeblich von Wigalois berichtete, weist Lücken auf – er ist *tiure an manegen enden* (V. 11691 f.). Diese Unvollständigkeit hält den Erzähler davon ab, die Geschichte korrekt wiederzugeben, wie er schon im Prolog andeutet:[641] *nu wil ich iu ein mære / sagen, als ez mir ist geseit. / zeiner ganzen wârheit / trûwe ich ez niht bringen* (V. 131–134). Damit zeigt Wirnt von Grafenberg explizit, dass Assistenzfiguren, die lediglich von Beobachtetem berichten und dann wieder verschwinden, ein metapoetisches Reflexionspotenzial inhärent ist, das im Folgenden weiter untersucht werden soll.

In den bisher vorgestellten Beispielen steht der Prozess des Sehens selbst im Vordergrund, dessen mediale Voraussetzung im textinternen Wahrnehmungsprozess reflektiert werden. Selbst wenn die transparenten Assistenzfiguren auf der Handlungsebene lediglich als temporäre Vermittlungsinstanzen wirksam werden, dient die Infragestellung des Gesehenen als subtiler Verweis auf die Medialität aller Vermittlungsinstanzen, weil sie den Rezipienten erkennen lassen, dass es solcher Instanzen

werden, die u. a. die Spezifika der mittelalterlicher Erzählerfiguren berücksichtigen und zur Kenntnis nehmen, dass die Beglaubigungsstrategien der Texte maßgeblich an komplexe Fiktionalitätskonzepte gekoppelt sind, wie Stefanie Schmitt: Inszenierungen von Glaubwürdigkeit. Studien zur Beglaubigung im späthöfischen und frühneuzeitlichen Roman. Tübingen 2005 (MTU. 129), S. 157, herausgearbeitet hat.

639 Ansgar Nünning: Reconceptualizing Unreliable Narration: Synthesizing Cognitive and Rhetorical Approaches. In: A Companion to Narrative Theory. Hrsg. von James Phelan, Peter J. Rabinowitz. New York 2008 (Blackwell Companions to Literature and Culture), S. 89–107, hier: S. 98, plädiert in seinem rezeptionsorientierten Überblick zum unzuverlässigen Erzählen dafür, dass der Rezipient einen unzuverlässigen Erzähler nach seiner eigenen Erfahrung mit Glaubwürdigkeit, „the readers' empirical experience and criteria of verisimilitude", bewertet. Dies ist nach Plotke, Unzuverlässiges Erzählen, S. 268, zugleich „der Grund, warum gerade bei der Frage nach der *reliability* eines Erzählers die Meinungen gemeinhin stärker divergieren als bei der Analyse anderer literaturwissenschaftlicher Phänomene." Wenn Wirnt allerdings dafür sorgt, dass im Text lügende oder Tatsachen verschleiernde Assistenzfiguren auftreten, die den Rezipienten absichtlich für Unzuverlässigkeit sensibilisieren, dann reagiert dieser womöglich mit größerer Voreingenommenheit auf den Knappen am Ende des *Wigalois*.

640 Auch Zögern und Wiederholen können (vor allem in der monologischen Rede eines Ich-Erzählers) syntaktische Merkmale unzuverlässigen Erzählens sein – beides trifft interessanterweise auf die Beobachterinnen der oben untersuchten Stoffe zu, vgl. Nünning, Reconceptualizing, S. 104.

641 Dabei ist natürlich nicht ausgeschlossen, dass es sich auch um einen weiteren raffinierten Bescheidenheitstopos handeln könnte, den etwa Christoph Cormeau: *Wigalois* und *Diu Crône*. Zwei Kapitel zur Gattungsgeschichte des nachklassischen Aventiureromans. München 1977 (MTU. 57), S. 103, und Haug, Literaturtheorie, S. 275, im Prolog (V. 131–134) ausgemacht haben. Zudem vermutet Achim Jaeger: Ein jüdischer Artusritter. Studien zum jüdisch-deutschen *Widuwilt* (*Artushof*) und zum *Wigalois* des Wirnt von Gravenberc. Tübingen 2000 (Conditio Judaica. 32), S. 200–201, dass die Quellenfiktion des Knappenberichts eine Entlastung für den Erzähler darstelle, die ihm „fiktionalen Freiraum" verschaffe.

bedarf, um die Geschichten überhaupt erzählen zu können. Diese Assistenzfiguren sind Figuren, die durch ihre Einblicke in geheime Räume und intime Begebenheiten blick- und aufmerksamkeitssteuernd wirken, durch ihre kurzzeitige Bedeutung für den weiteren Verlauf der Handlung letztlich die Reduktion auf ihre Vermittlungsaufgabe betonen und den Rezipienten vielleicht zugleich für eine Reflexion über Medialität sensibilisieren. Figuren, die dem Rezipienten Einblick in die Geheimnisse verschlossener Räume eröffnen, lenken den Fokus also auf die Medialität, indem sie mediale Transparenz suggerieren, diese aber gleichzeitig verhüllt als unmöglich kommentieren. Weil Texte niemals ganz durchsichtig sein können,[642] erhöht sich durch die Inszenierung vermeintlich transparenter Augenzeugenfiguren das mediale Reflexionsangebot sowie der ästhetische Reiz, der im Prozess der Rezeption des (vermeintlich) Durchsichtigen wahrgenommen werden kann.[643]

In der nächsten zu untersuchenden Figurengruppe wird der ästhetische Reiz, der durch das Sehen mit Sichtblockaden entsteht, die den Rezipienten seine eigene Position als Beobachtungsinstanz reflektieren lassen, noch intensiviert. Denn die Augenzeugen, die ein Liebespaar im Schlafgemach beobachten, können in den Zeugnissen der höfischen Kultur nicht ungehindert einblicken. Stattdessen wird ihr voyeuristischer Blick auf unterschiedliche Weise verhindert, was den werkexternen Beobachter auf besondere Weise involviert.

2.3 ‚Blinde' Assistenzfiguren: Rivalen als *in flagranti*-Augenzeugen

Wohl kaum ein anderer volkssprachlicher Erzählstoff kann mit einer solchen Vielzahl an dritten Figuren aufwarten wie der *Tristan*-Stoff, mit denen die Fragen von Inklusion und Exklusion bezogen auf die heimliche intime Sphäre des illegitimen Liebespaars immer wieder neu verhandelt werden können. So stellt auch Albrecht Dröse heraus:

> Heimliche Vertrautheit bedeutet auch Verborgenheit, bedeutet, sich den Blicken der anderen zu entziehen. In struktureller Hinsicht manifestiert sich in diesem Spannungsverhältnis die ‚Grammatik der Intimität': Die Inklusion impliziert auch die Exklusion, d. h. sie produziert einen ausgeschlossenen Dritten. Kaum zufällig tauchen solche ‚Figuren des Dritten' in vielfältiger Weise im Text auf, sei es Brangaene als eingeweihte Helferin, sei es Marke als der betrogene Ehemann und Herrscher, seien es Marjodo oder Melot als Nebenbuhler, sei es schließlich Isolde Weißhand.[644]

Was Dröse als ‚Grammatik der Intimität' bezeichnet, betont, wie entscheidend die Rolle des Außenstehenden für die Markierung der Grenze zwischen öffentlicher und pri-

642 Vgl. Huber, Kristallwörtchen, S. 192.

643 Camille, Before the Gaze, S. 204, weist ein spezifisches Sehbegehren nach dem Durchscheinenden auch für die Reliquienkunst des 13. Jahrhunderts nach.

644 Dröse, Scham, S. 181. Dröse rekurriert hier auf die Überlegungen von Baier, Heimliche Bettgeschichten.

vater Sphäre ist – die in Gottfrieds von Straßburg *Tristan* wiederholt von Figuren, die einen (voyeuristischen) Blick in das Innere erhaschen, durchbrochen wird. Der wichtigste Dritte, der die Grenze der Intimität letztlich überwinden kann und am Ende des Texts Einblick erhält, ist der betrogene König. Obwohl jedoch der Begriff des Voyeurs für König Marke, der dem ehebrecherischen Liebespaar Tristan und Isolde wiederholt nachstellt, nicht selten verwendet wird,[645] ist es erstaunlich, dass er seine Ehefrau und seinen Neffen tatsächlich niemals bei irgendeiner Form aktiver körperlicher Interaktion beobachtet: In der Baumgartenszene spielen Tristan und Isolde ihm etwas vor, sodass er sie für unschuldig halten muss.[646] In der Minnegrotte sieht er die beiden von einem Schwert getrennt schlafend und auch am Hof, als er die Beziehung erahnt, sind es lediglich Blicke und Gesten, die das Paar verdächtig wirken lassen. In der Darstellung der Minnegrotten-Szene in der Münchener Handschrift Cgm 51 ist Marke als Beobachterfigur vor einer architektonischen Trennung, vielleicht einer Art Säule zu sehen.[647] In diese Trennungsstruktur ist ein kleines Fenster eingelassen, zum dem Marke sich hochzurecken scheint, wie sein gehobenes Gesicht und der langgestreckte Hals vermuten lassen. Der bildexterne Beobachter erhält im Gegensatz zum bildinternen Beobachter – wie schon bei den oben betrachteten bildlichen Darstellungen der blicklenkenden Assistenzfiguren – einen unverstellten Einblick in die Minnegrotte und das darin schlafende Liebespaar.

Weit eindrücklicher als Markes Beobachtung der Liebenden in der Minnegrotte sind jedoch jene Szenen, in denen die beiden tatsächlich *in flagranti* ‚beobachtet' werden.[648] Während von der literaturwissenschaftlichen Forschung bisher vor allem die Beobachtung des keuschen Paars in Minnegrotte, in der kunsthistorischen Forschung hingegen die vergleichsweise keusche Baumgartenszene untersucht wurden, lassen sich im Text durchaus noch andere Episoden finden, in denen sexuelle Aktivitäten von Dritten wahrgenommen werden.

Solche Wahrnehmungen erotischer Begegnungen finden allerdings nicht uneingeschränkt statt: Werden in den volkssprachlichen Erzähltexten des Mittelalters ausschließlich Szenen berücksichtigt, in denen Beobachter intimen nächtlichen Aktivitäten zweier anderer Figuren im Schlafgemach beiwohnen, wird doch deutlich, dass die Visualität dieser Szenen immer stark reduziert wird. Dies geschieht, wie die folgenden

---

645 Vgl. Baier, Heimliche Bettgeschichten, S. 198; Roth, Freundschaft, S. 246; Spearing, Poet as Voyeur, S. 64; Beatrice Trînca: *klebewort* und *übergulde*. Evidenz und *dissimulatio* in Gottfrieds *Tristan* mit einem Seitenblick auf Dante. In: Schein und Anschein. Dynamiken ästhetischer Praxis in der Vormoderne. Hrsg von Annette Gerok-Reiter, Martin Kovacs, Volker Leppin [u. a.]. Berlin/Boston 2023 (Andere Ästhetik – Koordinaten. 3). S. 247–263, hier: S. 254; Wandhoff, Vom Finden der Liebe, S. 303.

646 Dazu Dicke, Das belauschte Stelldichein.

647 München, Staatsbibliothek, Cgm 51, fol. 9r zweites Register, vgl. https://daten.digitale-sammlungen.de/bsb00088332/image_183 [Zugriff: 02.07.2024].

648 Dass das Wort ‚bezeugen' schon im Hebräischen nachweislich etymologisch verwandt mit ‚zeugen' im sexuellen Sinne ist (ähnlich auch ‚testify' und ‚testicles' im Englischen), lässt nach Däumer, Stimme, S. 206–207, bereits eine besonders reizvolle, da ambige Konstellation vermuten.

Analysen zeigen werden, durch begrenzte oder geblendete Einsicht, die Desavouierung eines Augenzeugenberichts – oder durch verschleiernde Worte.

2.3.1 Von Dunkelheit geblendet: Betrüger im Schlafgemach

In der volkssprachlichen Literatur des Mittelalters scheint es zwei maßgebliche Strategien zu geben, um Intimität herzustellen: den Ausschluss der Öffentlichkeit über abgeschlossene Räume oder ihre totale Verdunklung.[649] Beide Strategien werden vor allem im Kontext der Liebesvereinigung in der Kemenate gebraucht,[650] deren Intimität zwar durchaus von Eindringlingen gestört werden kann, aber diese können sich dann oft nicht auf ihren Sehsinn verlassen. Solche durch Dunkelheit geblendeten Augenzeugen im Schlafgemach sind nicht ausschließlich im höfischen Roman zu finden: Die 10. Aventiure des *Nibelungenliedes* zeigt ebenfalls, dass die Inszenierung eines problematischen Augenzeugen oft mit einer Infragestellung der Sichtbarkeit einhergeht. In der sogenannten zweiten Hochzeitsnacht muss Sîfrit König Gunther zur Hilfe kommen, damit dieser seine Ehe mit Prünhilt, die sich in der Nacht zuvor heftig gewehrt hatte, vollziehen kann. Visualität, genauer gesagt deren Einschränkung, stellt die wichtigste Komponente seines geplanten Betrugs[651] dar, damit Prünhilt ein weiteres Mal überlistet werden kann:

> Er sprach: „ich kum' noch hînte ze der kemenâten dîn
> alsô tougenlîchen in der tarnkappen mîn
> daz sich mîner liste mac niemen wol verstên.
> sô lâ die kamerære zuo ir herberge gên.
>
> Sô lesche ich den kinden diu lieht an der hant.
> daz ich sî dar inne, dâ bî sî dir bekant,
> daz ich dir gerne diene; sô twinge ich dir dîn wîp,
> daz du si hînte minnest, oder ich verliuse mînen lîp." (653–654)

---

649 Vgl. Baier, Heimliche Bettgeschichten, S. 194.

650 Falls die Liebesvereinigung im Hellen geschieht, ist sie, wie Schanze, Schatten, für das *verligen* in Hartmanns *Erec* feststellt, meist als Bruch mit der höfischen Norm markiert, was auch Duby, Situationen, S. 482, bestätiget: „Der intimste Akt – der sexuelle, der nur nachts nicht anstößig ist – darf von niemandem belauscht werden; er muß ins Dunkel gehüllt, hinter Türen versteckt werden." Als durch Tageslicht markierten Regelbruch ließen sich darum auch die endgültige Entdeckung Tristans und Isoldes und die Minnebegegnung zwischen Engelhard und Engeltrud bei Konrad von Würzburg bewerten – wobei in diesen beiden Fällen die halb-öffentliche Sphäre des höfischen, nicht abgeschlossenen Baumgartens noch erschwerend hinzukommt.

651 Ursula Kocher und Oliver Hochadel: Einleitung. In: Lügen und Betrügen. Das Falsche in der Geschichte von der Antike bis zur Moderne. Hrsg. von dens. Köln 2000, S. 1–7, hier: S. 3, definieren Betrug in Abgrenzung zu Lüge und Täuschung folgendermaßen: „Eine Person betrügt eine andere, wenn zu der Täuschung eine (materielle) Schädigung der betrogenen Person hinzukommt, die intendiert ist oder doch zumindest in Kauf genommen wird." Alle in diesem Kapitel als Betrüger untersuchte Figuren nehmen tatsächlich bewusst in Kauf, dass andere Figuren Schaden nehmen.

Sîfrit verspricht, Gunther dabei behilflich zu sein, seine Ehefrau gefügig zu machen, doch damit der Plan funktioniert, muss Gunther zunächst dafür sorgen, dass die Kämmerer sich zurückziehen. Dann plant Sîfrit, verhüllt von der Tarnkappe, den Raum unsichtbar zu betreten und Gunther seine Ankunft zu melden, indem er die Kerzen der Pagen löscht. Die Tarnkappe dient dazu, dass sich der Eindringling im königlichen Schlafgemach unbemerkt an dem Gefolge vorbeischleichen und Gunther auf sein Signal hin die *mägede unde vrouwen* (664,2) wegschicken, die Tür zum Schlafgemach mit zwei schweren Riegeln verschließen (664,3–4) und die Kerzen verstecken kann: *Diu lieht verbarc er schiere under die bettewât* (665,1). Erst in dieser völligen Dunkelheit, in der keiner der Beteiligten irgendetwas sieht,[652] kann sich Sîfrit zu Prünhilt ins Bett legen, die ihn selbstverständlich für Gunther hält (666).[653] Um die absichtliche Verwechslung aufrecht zu erhalten, hütet der falsche Ehemann sich davor, auch nur ein Wort zu sprechen (667,1).[654] Gunther hingegen steht in der Dunkelheit und lauscht angestrengt, ob er womöglich die Geräusche einer einvernehmlichen Liebesbegegnung vernimmt:[655] *Gunther wol hôrte, (swie er sîn niht ensach), / daz heimlîcher dinge*

---

652 Vgl. Müller, Spielregeln, S. 272. Entscheidend ist, dass Sîfrit eben *nicht* ausschließlich durch die Tarnkappe verborgen ist, wie in der Forschung häufig impliziert wird, so bei z. B. Wenzel, Geheimnis, S. 59. Die Funktion der *tarnhût* und der Dunkelheit ließen sich in ihrer Funktion sogar gleichsetzen, wie es Müller, Öffentlichkeit, S. 251, für die Ankunft Sîfrits im Nibelungenland (482–484) formuliert.

653 Wie schon beim Brautwerbungskampf in Island führt Sîfrit die eigentliche Kampfhandlung aus, doch damit die Täuschung aufgeht, ist nicht nur die Unsichtbarkeit Sîfrits, sondern auch die Sichtbarkeit Gunthers wichtig, wie Anna Mühlherr: Nicht mit rechten Dingen, nicht mit dem rechten Ding, nicht am rechten Ort: zur ‚tarnkappe' und zum ‚hort' im *Nibelungenlied.* In: PBB 131,3 (2009), S. 461–492, hier: S. 479, ausführt: „Wenn das Telos der gefährlichen Brautwerbung die Erwerbung der Braut sein soll und gleichzeitig Siegfried nur unter Gebrauch des Tarnmantels der einzige ist, der Brünhild besiegen kann, dann braucht es zu diesem Sieg einen sichtbaren Stellvertreter. Ohne dieses Arrangement wäre Brünhild schlechthin nicht besiegbar. Damit hat sich die Logik, mit der von der Intention Gunthers her der Betrug in den Wettkampfspielen zu beurteilen wäre (‚Gunther braucht Siegfried'), umgekehrt: Siegfried unter dem Tarnmantel braucht zum Sieg über die sonst in den Wettspielen nicht Besiegbare notwendigerweise einen sichtbaren Stellvertreter, dem der Sieg zugeschrieben wird (‚Siegfried braucht Gunther')." Auch in der zweiten Brautnacht funktioniert die Täuschung auch deshalb, weil Prünhilt gesehen haben muss, dass sich Gunther mit ihr in der Kemenate befindet, bevor er die Lichter löscht – nur so kann sie annehmen, von ihrem Gatten überwältigt zu werden.

654 Den geschickten Umgang mit der Tatsache, dass seine Stimme ihn verraten könnte, demonstriert Sîfrit schon bei seiner Ankunft im Nibelungenland, als er seine Stimme verstellt (487,4), um unerkannt zu bleiben.

655 Sîfrit musste zuvor versprechen, nicht mit Prünhilt zu schlafen, wofür Roth, Freundschaft, S. 198, zweierlei Gründe anführt: „Das von Gunther verhängte Verbot konstituiert sich zum einen über den männlichen Ehrdiskurs, zum anderen über den Rechtsdiskurs, der Gunther dazu zwingen würde, Siegfried und Brünhild des Ehebruchs anzuklagen und entsprechend zu strafen, wenn Siegfried mit Brünhild den Akt vollziehen würde. Gunther darf nicht riskieren, dass die Vaterschaft seines ersten Kindes angezweifelt werden könnte." Das mhd. Verb *triuten* in dieser Abmachung zwischen Gunther und Sîfrit wird allerdings von Judith Klinger: Ent/Fesselung des fremden Heros. Sîvrit zwischen Exorbitanz und Assimilation. In: Durchkreuzte Helden. Das *Nibelungenlied* und Fritz Langs Film *Die Nibelungen* im Licht der Intersektionalitätsforschung. Hrsg. von Natasa Bedekovic, Astrid Lembke, Andreas Kraß. Bie-

von in dâ niht geschach (667,2–3). Er hört nur den unerbittlichen Kampf, der so brutal klingt, dass er sogar um Sîfrits Leben fürchtet: *Der künec ez wol hôrte, er angeste umb den man* (674,1). Mit Mühe gelingt es Sîfrit, die widerspenstige Frau zu überwinden, sodass Gunther es hören kann, obwohl Sîfrit keinen Laut von sich gibt: *der künec iz allez hôrte, swie er niht ensprach* (676,2). Als sich Prünhilt endlich gefügig zeigt, tauschen Sîfrit und Gunther abermals durch geschicktes Schauspiel die Rollen, indem Sîfrit vorgibt, sich entkleiden zu wollen, *sam er von im ziehen wolde sîniu kleit* (679,2), und dazu beiseitetritt, sodass Gunther die Ehe vollziehen kann. Der Betrugsplan funktioniert nur, weil das Schlafgemach so dunkel ist, dass Sîfrit sich verhalten kann, als sei er Gunther: *Er gebârte, sam ez wære Gunther der künec rîch* (668,1). Die Dunkelheit im Raum ist dabei für das Gelingen des Betrugs wichtiger als die Tarnkappe,[656] denn nur im Dunkeln muss Prünhilt annehmen, dass sie von ihrem Mann überwunden wird. Die zweite Brautnacht ist damit besonders auffällig, weil die zentralen Konflikte, die zur Katastrophe führen, durch die fehlende Sichtbarkeit markiert werden.[657] Der Bruch mit der Sichtbarkeit stellt einen entscheidenden Schritt in Richtung Katastrophe dar,[658] der die zwei gegenläufigen Wahrheiten kreiert – Sîfrit ist nicht sichtbar anwesend, aber die geraubten Dinge belegen seine Anwesenheit –, die Prünhilts Skepsis befeuern.[659]

Darüber hinaus aber dient die Dunkelheit dazu, den Rezipienten auf reizvolle Weise in die Kampfhandlung im Schlafgemach einzubinden, weil ihm eine rezeptionslenkende Assistenzfigur angeboten wird: Gunther, der stille, aber angestrengt lauschende Ohrenzeuge, der lange Zeit (675,1) damit verbringt, im Dunkeln auf den Ausgang des Kampfs zu warten, wobei er sich ausschließlich auf seine auditive Wahrnehmung verlassen kann.[660] Dreimal wird explizit auf Gunthers Rolle als hörender Zeuge verwiesen, der dreifache Gebrauch des Verbs *hœren* ergänzt die „dreifache

lefeld 2014, S. 259–301, hier: S. 294, problematisiert, weil es nicht mit der semantischen Präzision aufwarten kann, die ein eindeutiges Verbot der Entjungferung Prünhilts durch Sîfrit ausdrücke.

656 Natürlich verleiht die Tarnkappe Sîfrit zusätzliche Kraft, ohne die er Prünhilt nicht überwinden könnte (337); die für das Gelingen der Täuschung notwendige Unsichtbarkeit allerdings erschafft die Dunkelheit in der Kemenate. Die Relevanz der gelöschten Lichter geht in der Bewertung der Szene jedoch häufig zugunsten der Tarnkappe unter, z. B. bei Otfrid Ehrismann: *Nibelungenlied.* Epoche – Werk – Wirkung. 2. neu bearb. Aufl. München 2002 (Arbeitsbücher zur Literaturgeschichte), S. 134: „Mit Hilfe der *tarnkappe* kommen die beiden erneut ans Ziel"; oder bei Mühlherr, Nicht mit rechten Dingen, S. 463: „Die erfolgreiche Durchführung des Brautwerbungs- und Brautnachtbetrugs ist bekanntlich an den Einsatz eines aus einer anderweltlichen Sphäre stammenden magischen Gegenstands, der *tarnkappe,* gebunden."

657 Vgl. Müller, Spielregeln, S. 249.

658 Ähnlich bewerten den Brautwerbungs- und Brautnachtbetrug auch Runow und Zimmermann, Von unsichtbarer Schönheit, S. 175.

659 Vgl. Müller, Spielregeln, S. 261.

660 Dabei ist es überraschend, dass sich Gunther mehr um Sîfrit als um Prünhilt sorgt, weil ihn die Präsenz eines Zeugen beschämt, vgl. Michaelis, (Dis-)Artikulationen, S. 218. Vielleicht ist Gunther aber auch deshalb besorgt, weil ihn Sîfrits Tod in größere Erklärungnot brächte.

Löschung der Sichtbarkeit“[661], die mit der dreimaligen Erwähnung der gelöschten oder versteckten Kerzen betont wird. Zusätzliche Geräuschelemente wie Prünhilts Schrei (*si vil lûte schrê*, 676,3) und ihre krachenden Gliedmaßen (*daz ir diu lit erkrachten*, 677,3) deuten auf eine Inszenierung dieser Szene hin, die nicht visuell, sondern auditiv angelegt ist. Gunther ist aus der Kampfhandlung ausgeschlossen, er ist der Dritte im Raum und verhält sich passiv, abwartend und rezipierend. So korreliert Gunthers Position als Zuhörer, der angespannt versucht, die Geräusche zuzuordnen, mit der des textexternen Rezipienten, der vielmehr auf seinen Hör- als auf seinen Sehsinn angewiesen ist, um dem Text zu folgen.

Auffällige Ähnlichkeit hat diese Szene aus dem *Nibelungenlied* mit der Hochzeitsnachtepisode in Gottfrieds *Tristan*, in der ebenfalls ein Betrug durch geblendete Sicht durchgeführt wird, während die Betrügerin in der Dunkelheit lauert und darauf hofft, dass der Schwindel nicht auffliegt. Diese Episode findet sich zu Anfang der noch jungen Liebesbeziehung zwischen Tristan und Isolde, als die beiden Brangäne überreden, maßgeblicher Bestandteil ihres ersten listigen Komplotts zu werden:[662] Da Isolde seit der Liebesnacht auf dem Schiff keine Jungfrau mehr ist, kann sie die Hochzeitsnacht nicht mit Marke verbringen, ohne dass er von ihrer Verfehlung erfahren würde. Brangäne erklärt sich widerwillig bereit, für Isolde einzuspringen – also ihre eigene Jungfräulichkeit zu opfern –, weil sie für die Vertauschung des Minnetranks verantwortlich ist (V. 12469–12481). Nachdem Isolde mit Marke feierlich vermählt wurde, legt sich Marke in das eheliche Bett, um auf seine Braut zu warten, während Brangäne die Kleider Isoldes anzieht, um den König so zu täuschen (V. 12592–12595).[663] Der Betrug funktioniert, weil Isolde in jenem Moment, als Tristan die nun königlich gekleidete Brangäne ans Bett geleitet,[664] die Lichter löscht (V. 12598), den Raum damit ‚intimisiert‘ und

---

661 Müller, Öffentlichkeit, S. 252; Müller, Spielregeln, S. 261.

662 Die Ähnlichkeit dieser beiden Betrugsszenen in der Hochzeitsnacht, wurde u. a. von Roth, Freundschaft, S. 236, besprochen, die den Vergleich allerdings über Sîfrit und Brangäne herstellt: „Brangänes Position ähnelt der Position Siegfrieds im *Nibelungenlied*. Auch Gunther bedarf der Hilfe einer dritten Person in seiner Hochzeitsnacht. Weder Brangäne noch Siegfried haben ein persönliches Interesse an ihrer Teilnahme, sie fungieren als Helfer, jedoch nicht als ernst zu nehmende Gefahr für die jeweilige Eheverbindung.“

663 Zum Motiv der vertauschten Braut im *Tristan* und in Volksliedern vgl. Paul Arfert: Das Motiv von der unterschobenen Braut in der internationalen Erzählungslitteratur. Mit einem Anhang: Über den Ursprung und die Entwicklung der Bertasage. Schwerin 1897, S. 43–44.

664 Für Hans-Jürgen Bachorski: Lügende Wörter, verstellte Körper, falsche Schrift. Miß/gelingende Kommunikation. In: Gespräche – Boten – Briefe. Körpergedächtnis und Schriftgedächtnis im Mittelalter. Hrsg. von Horst Wenzel. Berlin 1997 (Philologische Studien und Quellen. 143), S. 344–364, hier: S. 348, ist der Betrug im Ort des Schlafgemachs vor allem aber in Brangänes Verkleidung zu sehen: „Die *valschheit* und *trügeheit* (V. 12456 bzw. 12617) besteht darin, daß Brangäne Isoldes Kleider trägt und daß sie vor allem an dem Ort ist, an dem Marke niemand anderen als Isolde erwarten kann. ‚Ich bin Isolde‘, lautet Brangänes Lüge, und auch hier gibt es für ihr Gegenüber nicht den geringsten Zweifel, daß dieser Satz wahr ist. Wenn der Erzähler dieses erfolgreiche Arrangement kommentiert, dann liefert er den Schlüssel für die Funktionsweise von Lügen insgesamt: Sie können nur gelingen, weil gene-

Marke blind werden lässt.[665] Im Schlafgemach befinden sich lediglich Marke und Brangäne sowie Tristan und Isolde, was der Text sogar zweifach betont[666]: *in Markes kemenâten / was nieman wan si vieriu, / der künic selbe und si driu* (V. 12588–12590). Es mutet fast ironisch an, wie das illegitime Liebespaar keusch dem vermeintlichen Ehevollzug beiwohnt,[667] bangend, dass der Betrug auffliegen könnte: *Die wîle ouch sî zwei lâgen, / ir bettespiles pflâgen, / al die wîle hœte Îsôt / michel angest unde nôt* (V. 12619–12622). Allerdings sorgt sich Isolde nicht darum, dass Marke die falsche Frau in seinem Bett erkennen könnte, sondern darum, dass Brangäne zu großen Gefallen am Liebesspiel finden könnte: *trîbet sî diz bettespil / iht ze lange und iht ze vil, / ich fürhte, ez ir sô wol behage, / daz sî vil lîhte dâ betage* (V. 12627–12630). Wenn sie nämlich bis zum Morgen bliebe, würde der Betrug offensichtlich. An dieser Überlegung Isoldes wird abermals deutlich, wie entscheidend die Dunkelheit für den Rollentausch ist,[668] denn sie fürchtet sich vor dem Tageslicht.

---

rell Identität als objektive Gedankenform angenommen wird: *in dûhte wîp alse wîp* (V. 12670) wird Markes Verhalten erklärt. Eine Frau ist eine Frau, und wer sonst als die Braut sollte die Braut schon sein?"

665 Vgl. Baier, Heimliche Bettgeschichten, S. 195. In Eilharts von Obergs *Tristrant und Isalde* geht die List mit der Dunkelheit noch weiter, denn Tristrant macht Marke glauben, dass die Hochzeitsnacht im Dunkeln ein irischer Hochzeitsbrauch sei, den Isolde gerne einhalten würde. Marke erfüllt seiner Braut diesen Wunsch gerne und macht Tristrant für diese Nacht sogar zum Kämmerer, der für das Löschen der Lichter zuständig ist (V. 2930–2952). In Gottfrieds Text finden sich darüber hinaus noch weitere Szenen, in denen Dunkelheit zum Gelingen einer List beitragen soll. In der Mehlstreuszene spekulieren Marke und Melot darauf, den ehebrecherischen Tristan überführen zu können, weil die Kemenate durch textil verhüllte Kerzen abgedunkelt ist: *ouch wâren diu lieht unde ir schîn / durch den glast bevangen / under den umbehangen.* (V. 15140–15142). Dass Tristan das Mehl trotzdem sieht, weil es gerade hell genug ist (V. 15181 f.) erinnert an die Inszenierung der Helligkeit und Dunkelheit in der Marjodo-Episode (vgl. dazu S. 262–265 in diesem Kapitel). Bittner, Komplizen, S. 407, misst aber Brangänes Warnung (V. 15160 f.) größere Relevanz für die Entdeckung der Falle bei als dem schwachen Licht.

666 Ob wirklich darunter „Geheimhaltung und Ausschluss der Öffentlichkeit" verstanden werden kann, wie Roth, Freundschaft, S. 228, es vorschlägt, ist fragwürdig, denn Isolde reflektiert durchaus, dass Brangäne als Außenstehende ein großes Risiko darstellt, was sich später deutlich im Mordversuch an der Vertrauten zeigt. Die partielle Öffentlichkeit des Geheimnisses, die durch Mitwisser, Zeugen und höfische Räume immer zugegen ist, scheint hingegen sogar konstitutiv für die Minnelisten der Liebenden zu sein.

667 Der Text betont lediglich Isoldes Rolle als Ohrenzeugin während der Liebesvereinigung, vgl. Roth, ebd., S. 236, doch dass Tristan den Raum verlässt, wird nicht angedeutet, weshalb etwa Schnyder, Topographie, S. 363, davon ausgeht, dass sich alle vier Figuren zum Zeitpunkt des Betrugs in der Kemenate befinden.

668 Schnyder, Topographie, S. 363, bewertet die Szene ähnlich, misst Brangänes Schweigen aber eine größere Relevanz bei: „Indem die äußeren Zeichen wegfallen, Isolde weder optisch noch akustisch sich in der Distanz Brangänes zu Marke vergewissern kann, bricht das Schweigen in seiner Vieldeutigkeit auf und wird zum Spiegel von Isoldes inneren Ängsten. Das Schweigen, Mittel der eigenen Täuschung, wird plötzlich verdächtig als Mittel fremder Täuschung." Dennoch verweist das mhd. Verb *betagen* darauf, dass sich Isolde am meisten vor dem Licht des Tagesanbruchs fürchtet.

Die Täuschung gelingt aber, weil Brangäne ihre Aufgabe vorbildlich *als wol als er [Marke] wolde* (V. 12608) erfüllt, ohne irgendwelche Geräusche zu verursachen: *daz ez gar âne braht beleip* (V. 12603). Indem der Erzähler Brangänes Qualitäten in dieser Situation mit dem hochwertigsten *bettegelte* (V. 12613)[669] vergleicht und Isolde darüber nachdenkt, dass Brangäne womöglich zu große Freude an der Vereinigung findet, wird dem Rezipienten die Möglichkeit gegeben, als aufmerksamer Ohrenzeuge in den intimen Raum einzutreten, um gemeinsam mit Isolde der Liebesbegegnung zu lauschen. Die Königin harrt im Schlafgemach aus, bis die angebliche Ehe vollzogen ist, sodass sie an der Bettkante Brangänes Platz einnehmen kann, noch bevor Tristan *beide lieht unde wîn* (V. 12653) bringt, wie es die Tradition vorschreibt.[670] Die Dunkelheit wird aufgehoben, als die Betrugshandlung abgewickelt ist und für die Wiederholung der Liebesvereinigung, die nun mit der richtigen Ehefrau geschieht, *der [künec] greif an sîne fröude wider* (V. 12668), sind die Lichtverhältnisse im Raum irrelevant.

Sowohl im *Nibelungenlied* als auch in Gottfrieds *Tristan* dient die exponierte Dunkelheit dazu, eine Figur in die Irre zu führen, die mangelnde Sichtbarkeit markiert die Vorgänge dabei als höchst problematisch.[671] Die Betrugspläne funktionieren beide

---

669 Dieser mittelhochdeutsche Begriff für eine ‚Bezahlung, die im Bett geleistet wird' ist lediglich dieses eine Mal überliefert, wie Lexer (Bd. 1, Sp. 243) anführt. Tobias Bulang: Poetisches Gold in höfischen, sakralen und technischen Kontexten. In: *guldîne linge*. Fünf Essays zu Gottfrieds *Tristan*. Hrsg. vom dems. Wiesbaden 2021, S. 29–54, hier: S. 35, schlägt vor, diesen Ausdruck vor dem Hintergrund zu lesen, dass Isolde im gesamten Roman wiederholt mit Gold gleichgesetzt werde, Brangäne hier hingegen nur mit Messing: „Bereits das *hapax legomenon ‚bettegelt'* indiziert eine Perversion freier Hingabe zum Tauschgeschäft. Vertauscht wurden die Bräute, statt Isolde weilt Brangäne bei Marke; er wähnt, Isolde bei sich zu haben. Dass Isolde dabei mit Gold assoziiert wird, Brangäne mit Messing, das hier als Falschgold, als gefälschte Münzprägung, metaphorisch zum Einsatz kommt, ist weniger eine ständische Hierarchisierung, als vielmehr eine der ästhetischen und erotischen Vortrefflichkeit. Wenn es dabei heißt, Brangäne gäbe Marke Gold und Messing, so wie er es erwarte, so scheint Markes Erwartung akzentuiert, der Hingabe vermutet, wo keine ist." Damit wäre der Brauttausch auf zwei Weisen taktil ermöglicht: Brangäne trägt Isoldes Kleidung und sie ist, genau wie die Königin, ein metaphorisches Metall, das sich im Dunkeln sensorisch kaum unterscheiden lässt (weil es gleichermaßen glatt und kühl ist?), aber der charakteristische Glanz der beiden qualitativ unterschiedlichen Metalle eben nur im Hellen erkennbar wird.

670 Bleuler, Essen, S. 310, erkennt in diesem Verweis auf den Brauch, nach dem Eheleute im Anschluss an den Vollzug der Ehe gemeinsam Wein trinken, eine enge Verknüpfung mit der Einnahme des Minnetranks auf der Überfahrt, weil Durst und Minne gleichermaßen als existentielle Bedürfnisse dargestellt sein. Dabei geht sie aber nicht auf die entscheidende Vertauschung ein, die diesen Brauch auf ironische Weise pervertiert: Tristan erhält den Minnetrank und die Jungfräulichkeit Isoldes, während Marke lediglich mit normalem Wein und der Jungfräulichkeit einer Untergebenen ‚abgespeist' wird.

671 So sind sich das *Nibelungenlied* und der *Tristan*-Stoff sehr viel ähnlicher als Müller, Spielregeln, S. 276, anhand der Diskurse zur Entwicklung besonderer Beweisverfahren in den Ehebruchserzählungen des 12. und 13. Jahrhundert vermutet: „In all diesen Fällen geht es um die Unzuverlässigkeit der Zeichen für einen von der höfischen Öffentlichkeit abgewandten Raum, die (Ehebruchs-)Liebe, mithin also die Inkommensurabilität zweier unterschiedlicher Sphären, die jede ihre eigene Wahrheit haben. Im *Nibelungenlied* gibt es eine Sphäre jenseits von Sichtbarkeit nur als Verrat und Intrige, und deshalb

Male, weil der Sehsinn der Betrogenen in der Dunkelheit unbrauchbar gemacht wird und sie über ihr Gehör ebenfalls keine Informationen aufnehmen können, denn Sîfrit und Brangäne verursachen bewusst keine Geräusche. Stattdessen müssen sich die Betrogenen ausschließlich auf ihren Tastsinn verlassen, was die Betrüger durchaus berücksichtigen: Prünhilt wird getäuscht, indem Sîfrit sie so umarmt, als sei er Gunther (668,1–2); Marke muss aufgrund der taktil erfahrbaren Kleider, die Brangäne trägt, davon ausgehen, dass sie seine rechtmäßige Braut ist.

Obgleich in beiden Hochzeitsnachtepisoden keine einvernehmliche Liebesvereinigung,[672] sondern ein Betrug stattfindet, geht von der geblendeten Sicht ein voyeuristischer Reiz aus, indem die bangenden Ohrenzeugen, Isolde und Gunther, befürchten, die Geräusche einer (zu) einvernehmlichen Liebesvereinigung vernehmen zu müssen. Beide Lauscherfiguren hören in die Dunkelheit hinein, ob sie anhand der Geräusche einen Verrat ihrer Komplizen ausmachen können, der für beide fatale politische und gesellschaftliche Konsequenzen bedeuten würde. Dass die Erzähler beider Texte ausgerechnet diese Sorgen der lauschenden Dritten betonen, obwohl die Entdeckung des Betrugs weitaus Schlimmeres nach sich zöge, mag etwas abwegig erscheinen, legt allerdings eine Faszination mit dem medialen Verhüllen des Geschlechtsverkehrs nahe. In beiden Szenen ist die Dunkelheit der Schleier, der zum Gelingen der Täuschung benötigt wird, aber gleichzeitig auch ein verhüllendes Enthüllen, das die Imagination des Rezipienten anregt, ohne dabei unangemessene sexuelle Formulierungen oder anschauliche Beschreibungen verwenden zu müssen. Weil Isolde und Gunther als Dritte im Raum für die Dauer der Dunkelheit rezipierende Lauscher sind, spiegeln sie die Position des textexternen Rezipienten, der ebenfalls dazu angehalten wird, auf verdächtige Indizien zu achten. Gemeinsam mit den rezeptionslenkenden Assistenzfiguren Gunther und Isolde befindet sich der Rezipient als unbemerkter Beobachter auf der Schwelle zum Schlafgemach und wartet darauf, dass die Szene erhellt wird, sodass er nicht länger in der Imagination, die ohne visuelle Anhaltspunkte auskommen muss, gefangen ist. Beide Hochzeitsnachtepisoden steigern den Reiz der Rezeption durch vereitelte Sichtbarkeit, die den wichtigsten Wahrnehmungssinn unbrauchbar

hat die Täuschung Prünhilts, obwohl sie keinen Ehebruch einschließt, unmittelbar katastrophale Folgen, denn sie zersetzt das soziale System insgesamt. Während im höfischen Roman das Sichtbarkeitskriterium dubios wird, indem es die Realität jenseits der Grenze verfehlt, behauptet es im *Nibelungenlied* auf problematische Weise seine Geltung, auch wenn das, was vor aller Augen gesagt und getan wird, immer deutlicher als falscher Schein entlarvt wird." Wenn auch die Konsequenzen des nächtlichen Betrugs in Gottfrieds *Tristan* ungeahndet bleiben, finden dessen Zeichen dennoch einen Weg, seine Geltung zu behaupten.

672 Diese vereinfachte Verallgemeinerung soll den brutalen Kampf zwischen Sîfrit und Prünhilt (668–677) nicht übergehen, entscheidend ist hier aber nicht das, was tatsächlich im Schlafgemach passiert, sondern die Wahrnehmung des Rezipienten, die durch die Lauschenden gelenkt wird: Isolde, Gunther und der Rezipient stehen gleichermaßen im Dunkeln und wissen nicht, ob es zu (noch) einer einvernehmlichen Liebesvereinigung kommt.

macht, aber durch auditive und taktile Andeutung das Sehen mit den inneren Augen noch eindrücklicher heraus- und gleichzeitig überfordert.

Dass die höfischen Rezipienten das belauschte Stelldichein und den Betrug im Schlafgemach vor allem in Szenen des *Tristan*-Stoffs als besonders reizvoll erachteten, verdeutlichen auch die Fragmente eines französischen Elfenbeinkästchens, die heute in der Eremitage in Sankt Petersburg aufbewahrt werden und wohl nicht nach der Mitte des 14. Jahrhunderts in Paris gefertigt wurden.[673] Das Kästchen zeigt ausgewählte *Tristan*-Szenen, darunter etwa die Überfahrt und den Minnetrank auf der Frontseite und Tristan als Pilger auf der Rückseite.

Abb. 30: Fragment eines Elfenbeinkästchens mit *Tristan*-Szenen, französisch. St. Petersburg, The State Hermitage Museum. Entstanden im ersten Viertel des 14. Jahrhunderts © The State Hermitage Museum. Photo by Alexander Koksharov.

673 Bei dem Deckel des Kästchen handelt es sich womöglich um eine Nachbildung aus dem 19. Jahrhundert, vgl. Stephanie Cain Van D'Elden: Specific and Generic Scenes in Verse Tristan Illustration. In: Visuality and Materiality in the Story of Tristan and Isolde. Hrsg. von Jutta Eming, Ann Marie Rasmussen, Kathryn Starkey, Notre Dame, Indiana 2012, S. 269–298, hier: S. 289. – die auf der Internetseite des Museums allerdings nicht vermerkt wird, vgl. https://www.hermitagemuseum.org/wps/portal/hermitage/digital-collection/08.+applied+arts/194114 [Zugriff: 02.07.2024].

Im ehemaligen Seitenpanel wird der Betrug in der Hochzeitsnacht präsentiert: Von einem Vierpass gerahmt liegt ein Liebespaar in der Mitte des Bildes, die Köpfe zur linken Seite ausgerichtet (Abb. 30). Wie es sich gehört,[674] liegt die Frau, die anhand ihrer exponierten Brüste unverkennbar ist, unter dem bärtigen Mann, den seine Krone als König kennzeichnet und der auf umständliche Weise versucht, sein Gegenüber zu umfassen. Ein Laken verhüllt den Großteil beider Körper, ist jedoch transparent genug, um erkennen zu lassen, wie die Beine der Frau beschaffen sind und suggeriert durch den Faltenwurf die bevorstehende Penetration. Umschlossen von den Bettlaken und dem zur rechten Seite geschobenen Vorhang nimmt das Paar im Bett etwa zwei Drittel der Bildfläche ein. Im rechten Drittel befindet sich ein weiteres einander zugewandtes Paar: Eine Dame mit Krone hat sich vom Bett abgewandt und schaut gerade aus dem rechten Bildrand heraus, während sie ihre rechte Hand dem Mann reicht, der dicht neben ihr steht und sie mit leicht gesenktem Kopf anblickt. Die linke Hand der Dame zeigt mit erhobenem Zeigefinger über ihre rechte Schulter auf das Paar im Bett. Im Kontext des *Tristan*-Stoffs lässt sich die Figurenkonstellation unschwer zuordnen: Marke und Isolde sind durch ihre Kronen als königliches Ehepaar markiert, doch da sie beide im intimen Kontakt mit einer jeweils anderen Figur gezeigt werden, ist es offensichtlich, dass in dieser Szene ein Regelbruch vorliegt.

Auch wenn der hier stattfindende Betrug mit der falschen Braut vor allem anhand der Kopfbedeckungen gut zu erkennen ist, gibt Isoldes Handbewegung Rätsel auf: Norbert Werner sieht darin ein gegenläufiges Zurückweisen, während sich das Betrügerpaar vom Bett entfernt[675] – wofür Isoldes prominent dargestellten Schuhe sprächen, die sich vom Bett abwenden; Stephanie Cain Van D'Elden versteht die Geste als einen erläuternden Hinweis für Tristan.[676] Auffällig an Isoldes Gebärde ist, dass sie die einzige visuelle Verbindung zwischen den vier Figuren, die als klar abgegrenzte Zweiergruppen in Erscheinung treten, herstellt. Die Art, wie Isoldes und Markes Arme gestaltet sind, offenbart dabei Parallelen beider Figuren: Während der Arm, dessen Schulter näher am Betrachter ist, gerade in Richtung des jeweiligen Partners ausgestreckt wird, um ihn zu berühren, scheint der Ellenbogen des anderen Arms merkwürdig gekrümmt. Von Tristan und Brangäne ist jeweils nur ein Arm zu sehen, der von beiden Figuren so gehalten wird, dass die Handfläche auf die jeweilige Scham deutet. Beide Paare sind durch diese ähnlichen Körperhaltungen als feste, einander zugewandte Einheiten präsentiert, die Kronen aber geben einen Hinweis darauf, dass diese Einheiten nicht stimmig sind.

674 Vgl. Camille, Manuscript, S. 67.

675 Vgl. Norbert Werner: *Tristan*-Darstellungen in der Kunst des Mittelalters. In: Tristan und Isolt im Spätmittelalter. Vorträge eines interdisziplinären Symposiums vom 3. bis 8. Juni 1996 an der Justus-Liebig-Universität Gießen. Hrsg. von Xenja von Ertzdorff, Rudolf Schulz. Amsterdam/Atlanta 1999 (Chloe. 29), S. 13–59, hier: S. 58.

676 Vgl. Cain Van D'Elden, Tristan Illustration, S. 289.

Da es in dieser geschnitzten Umsetzung des Betrugs im Schlafgemach nicht möglich war, die für das Gelingen des Brauttauschs entscheidende Dunkelheit darzustellen, ist womöglich gerade die Körperhaltung Isoldes der Schlüssel zum Verständnis dieser Szene: Die *Vergi*-Kästchen und die zahlreichen Artefakte mit der belauschten Baumgartenszene aus dem *Tristan*-Stoff präsentieren eindrücklich, dass voyeuristische Beobachtung von Liebespaaren auf Elfenbeinkästchen durchaus darstellbar war. Die Szene auf dem Sankt Petersburger Kästchen hingegen präsentiert eine wortwörtliche Umkehrung der Beobachterfigur: Dass sich die potenziellen Voyeure während des Brautbetrugs augenscheinlich im gleichen Raum befinden, aber dem Geschehen im Bett auf widersprüchliche Weise Beachtung schenken, spricht dafür, dass Isoldes Rolle als Ohrenzeugin hier reflektiert wurde. Sie wendet dem Paar im Bett zwar den Rücken zu, kann also nicht sehen, was passiert, doch indem sie auf sie zeigt, macht sie deutlich, dass sie weiß, was im Bett geschieht und dass sie es hören kann. Ihre Körperteile weisen in drei verschiedene Richtungen – Füße und Kopf aus dem Bild heraus, Becken und rechte Hand zu Tristan, und linke Hand zu Marke und Brangäne – und lassen so erkennen, dass sie in diesem Bild drei unterschiedliche Rollen bedient: Geliebte Tristans, Ehefrau Markes und lauschende Betrügerin. Diese Überlagerung dreier Rollen, die sich sogar widersprechen, präsentiert sich zugleich in der Szene als Ganzes: Der Betrug des Königs kann nicht gutgeheißen werden und dennoch sieht der Rezipient gerne zu und erfreut sich an der Erotik der Szene und den Listen der Betrüger. Der Regelbruch und der ästhetische Reiz für den Rezipienten, der im Text gemeinsam mit Isolde zum blinden Augenzeugen in der Dunkelheit wird, kann hier nicht so umgesetzt werden. Dennoch legt das Bild über Komposition, Spiegelung, und Doppeldeutigkeit angelegte Körperhaltung, den Fokus auf einen medial eingeschränkten Voyeurismus, der zusätzlich von allerlei verhüllend-enthüllender Stofflichkeit umspielt wird. Dieses Spiel mit eingeschränkter Visualität bei gleichzeitig offensichtlicher Erotik, wie es die Worte im Text und der Faltenwurf im Bild darstellen, scheint die Quintessenz eines höfischen Verhüllungscodes zu sein, der in Text und Bild ähnlich funktioniert.

2.3.2 Von Dunkelheit geblendet II: Marjodo in Gottfrieds von Straßburg *Tristan*

Neben König Marke, der den Ehebruch Tristans und Isoldes anhand einer innigen Umarmung der Schlafenden rekonstruiert, gibt es einen weiteren Voyeur in Gottfrieds *Tristan*, der den Tabubruch der beiden tatsächlich *in flagranti* miterlebt und in einer ähnlichen Weise zur Assistenzfigur wird wie Gunther und Isolde als Lauscher in den oben untersuchten Hochzeitsnächten: Truchsess Marjodo, Tristans Freund, der nach der Entdeckung der illegitimen Liebesbeziehung zu einem seiner größten Feinde am Hof Markes wird. Nachdem Tristan Marjodo nachts Geschichten erzählt hatte, dieser aber eingeschlafen war und Tristan die Chance nutzt, seine Geliebte zu besuchen (V. 13484–13493), stellt Marjodo dem abwesenden Freund nach. Er verfolgt Tristans Spuren im Schnee bis zur Kemenate Isoldes, in die er nur zögernd eintritt:

und gie vil lîse dar în
und envant dâ lieht noch mânen schîn;
wan von der kerzen, diu dâ bran,
dâ gesach er lützel van:
dâ leinde ein schâchzabel vor.
sus gieng er allez enbor
und greifende mit henden
an mûren unde an wenden,
biz er zir beide bette kam,
si beidiu samet dar an vernam
und hôrte al ir gelegenheit. (V. 13589–13599)

Zwar kann Marjodo nicht sehen, was vor sich geht, weil Brangäne die Licht spendende Kerze mit einem Schachbrett verstellt hat, doch er versteht sofort, was die Geräusche, die er aus dem Bett vernimmt, zu bedeuten haben. Schon kurz bevor er in Isoldes Kemenate eintritt, hegt er den Verdacht, dass Tristan die Nacht bei der Königin verbringe: *sô was al zehant sîn wân, / er [Tristan] wære dar inne / durch die küniginne* (V. 13584–13586). Mit seinem Eintritt in das dunkle Schlafgemach erhält der Truchsess die auditive Bestätigung seiner Vermutung. Marjodos Freundschaft verwandelt sich sofort in Ablehnung, weil er nun in das Geheimnis eingeweiht ist – und doch er kann sein Wissen nicht öffentlich preisgeben, denn „dafür bedarf es der augenscheinlichen Zeugenschaft wichtiger Instanzen der Hofgesellschaft."[677] Abermals zeigt sich hier, dass die visuelle Wahrnehmung für eine rechtlich bindende Augenzeugenschaft bei einer solchen Anschuldigung wichtiger ist als die Beglaubigung eines einzelnen Zeugen.[678] Marjodo nimmt den Ehebruch allerdings nicht als Augenzeuge, sondern als Lauscher, als ‚exkludierter Ohrenzeuge'[679] wahr. In seinem Umgang mit dem Wissen – er berichtet Marke von einem Gerücht, erwähnt aber nicht, dass er selbst in dessen Entdeckung involviert ist – impliziert Marjodo, dass das Sehen allen anderen Sinnen überlegen ist.[680] Nur ausschließlich das, was mit den Augen wahrgenommen wurde,

677 Oswald, Tabubrüche, S. 172; Specht, Baumgarten, S. 86.

678 Müller, Spielregeln, S. 252, folgert für das *Nibelungenlied*: „Hörensagen ist der Anschauung unterlegen."

679 Baier, Heimliche Bettgeschichten, S. 196.

680 Marjodo streut das Gerücht damit eben nicht nur aus bloßer Missgunst (wie Roth, Freundschaft, S. 228, schlussfolgert), sonst hätte er ebenso gut seine Zeugenschaft einräumen und dem Ehebruch damit ein schnelles Ende machen können. Da er jedoch seine Zeugenschaft verschweigt, scheint es einen weiteren Grund für sein subversives Vorgehen zu geben: die Anfechtbarkeit des lediglich Gehörten. Zum Stellenwert von Sehen und Hören in der Literatur des Mittelalters Wandhoff, Der epische Blick, S. 250: „Die Augen- und Ohrenwahrnehmung werden als die wichtigsten Kanäle sozialer Kommunikation kenntlich gemacht, und dabei bildet das Optische nun gewissermaßen die Folie, auf der alle soziale Interaktion notwendig stattfindet. Das öffentlich Sichtbare steht kommentierend allen Worten und Reden zur Seite, denn es stellt erst den Rahmen bereit, in dem verbale Äußerungen überhaupt soziale Relevanz beanspruchen können. Die Bedeutung dessen, was man hört, ist in der höfischen Welt grundsätzlich abhängig von dem, was man sieht – und die Verbreitung dieser Einsicht steht im Mittelpunkt der allermeisten Epen."

kann als Wahrheit gelten.[681] Weil er den Ehebruch nicht als tatsächlich gesehenes Vergehen deklarieren kann, muss er einen subtileren Weg wählen, um Marke auf den Ehebruch seiner Frau hinzuweisen. Das blinde Erkennen Marjodos dient somit als Katalysator für die weitere Handlung, die sich über wiederholende Verdachtsmomente und listige Täuschungsmanöver konstruiert. Marjodos Entdeckung ist dabei entscheidend für den Beginn der Intrigen,[682] seine Blindheit macht das Katz-und-Maus-Spiel, das die folgenden Minneschwank-Szenen des Romans so reizvoll macht, erst aus, weil er von dem Betrug weiß, ihn aber nicht beweisen kann.

Auffällig ist, dass Marjodos Sicht im Dunkeln als gänzlich unzuverlässig erklärt wird, er stattdessen jedoch taktil und auditiv wahrnimmt: Völlig orientierungslos tastet er sich mit seinen Händen an den Mauern und Wänden entlang, bis er vor dem Bett der Liebenden steht und sie hören kann.[683] Dass Marjodo seinen Tastsinn gebrauchen muss, verdeutlicht dem Rezipienten eindrücklich, dass es tatsächlich so dunkel ist, dass er nicht einmal vage Umrisse erkennen kann. Mit dieser Gestaltung der Entdeckung gelingt Gottfried zweierlei: Einerseits kann er von dem Ehebruch im Moment seines Geschehens erzählen und ihn andererseits zugleich zensieren, indem er einfach ‚das Licht ausschaltet'. Der körperliche Aspekt der verbotenen Liebesbeziehung, die sich auch als nicht zu unterdrückende sexuelle Anziehung präsentiert, kann so angesprochen werden, ohne Normgrenzen zu überschreiten, wie auch Hübner betont: „Die Erzählung bietet, filtergerecht, keine Beschreibung der amourösen Szenerie: Wo die Figur nichts sieht, bleibt das Bild auch für den Rezipienten dunkel."[684] Welche Geräusche sich der Rezipient unter der verhüllenden Formulierung *ir gelegenheit* vorstellen darf, bleibt ihm selbst überlassen. Die einzigen Anhaltspunkte, die zur Imagination der Szene beitragen, sind die ertasteten Mauern, Wände und das Bett.

Es ist nicht nur der Moment der Entdeckung des Ehebruchs selbst, in dem Marjodos taktile Erfahrung eines dunklen Raums dargestellt wird: Die Enthüllung wird schon zuvor, sobald er aus dem Schlaf hochschreckt, als eine Episode markiert, in der kein Verlass auf Sichtbarkeit ist. Ein Albtraum, in dem ein Eber im Palast wütet und Markes Bett besudelt, hatte Marjodo aus dem Schlaf gerissen (V. 13515–13543). Er will

---

681 Das ist auch der Grund, warum Melot Marke später dazu überredet, dem vermeintlichen Liebespaar im Baumgarten aufzulauern, vgl. Irene Lanz-Hubmann: „Nein unde jâ". Mehrdeutigkeit im *Tristan* Gottfrieds von Strassburg. Ein Rezipientenproblem. Bern, Frankfurt am Main 1989 (Deutsche Literatur von den Anfängen bis 1700. 5), S. 91.

682 Vgl. Schnyder, Topographie, S. 246.

683 Vgl. Specht, Baumgarten, S. 86. Wandhoff, Der epische Blick, S. 316, suggeriert – allerdings auf die multisensorische Performanz der Aufführungssituation bezogen – dass das Hören selbst als taktiler Wahrnehmungsprozess gedeutet werden kann: „Mit Blick auf die anderen Sinnesorgane läßt sich geradezu eine Entgrenzung des Akustischen beobachten und eine Öffnung der Ohrenwahrnehmung insbesondere auf den Tastsinn hin. […] Durch die Einbeziehung des Taktilen verbindet der Klang der Stimme die je anwesenden Körper in einem Raum."

684 Gert Hübner: Erzählform im höfischen Roman. Studien zur Fokalisierung im *Eneas*, im *Iwein* und im *Tristan*. Tübingen 2003 (Bibliotheca Germanica. 44), S. 329.

den Traum sofort mit seinem Freund teilen, weil er davon ausgeht, dass Tristan wie üblich neben ihm im Bett liegt:

hie mite rief er Tristande
und wolte im sagen mære,
waz ime getroumet wære.
nu antwurte im nieman dâ.
nu rief er aber und aber sâ
und reichte mit der hant dô dar,
und alse er nihtes wart gewar
noch an dem bette nieman vant,
nû bewânde er in zehant
umbe tougenlîchiu teidic; (V. 13544–13553)

Im Schlafgemach, in dem Marjodo aufwacht, scheint es so dunkel zu sein, dass er in die Dunkelheit rufen muss, um seinen Freund zu lokalisieren. Nach vergeblichem Rufen beginnt er das Bett mit der Hand abzutasten und stellt dann fest, dass Tristan das Bett verlassen haben muss, offensichtlich, um heimlichen Angelegenheiten nachzugehen – darum geht er nach draußen und verfolgt *Tristandes spor* (V. 13567). Obwohl es eine Nacht ist, in der der Mond so hell scheint, dass erst Tristan und später auch Marjodo problemlos den Weg durch den verschneiten Baumgarten finden (V. 13502 f. und V. 13570 f.), sind beide Kemenaten in solch tiefe Dunkelheit getaucht, dass Marjodo sich nur über Hören und Tasten erschließen kann, was um ihn herum passiert. Mit Marjodo als rezeptionslenkender Assistenzfigur öffnen sich in der gesamten Entdeckungsepisode damit gerade keine Schauräume, sondern Räume, in denen der (äußere) Sehsinn völlig unbrauchbar ist. Stattdessen wird der Fokus auf die taktile und auditive Erfahrung der Schlafgemächer gelegt, wobei sowohl die Stille in Tristans Kemenate als auch die Geräusche der Liebesvereinigung in Isoldes Kemenate durch Marjodos Reaktion gleichermaßen als unangemessener Normbruch markiert werden.[685]

Mithilfe der massiven Einschränkung von Sichtbarkeit vermag der Text eine sinnliche Erfahrung wiederzugeben, die der Wahrnehmung der Rezipienten näherkommt: Eine fühlbare Erfahrung des dunklen Raums korreliert mit der Situation der textexternen Rezipienten.[686] Obwohl der textexterne Beobachter aufgrund seines Informations-

685 Eine geräuschbezogene Gegenüberstellung der „visuell dominierten Festgemeinschaft bei Marke" mit der „akustisch beherrschte[n] Intimität" der Liebenden vermutet Wandhoff, Der epische Blick, S. 283, schon für Maifest und Minnegrotte. Zur Gegenüberstellung von Stille und Festlärm vgl. die Beobachtungen zu Rudolfs vom Ems *Willehalm von Orlens* in Kapitel 1.3.3.

686 Däumer, Stimme, S. 98, plädiert mithilfe der Thesen des Philosophen Melchior Palagyi dafür, dass die Imagination des Rezipienten vor allem ein taktiler Vorgang ist. Nach Michael Camille: Sensations of the Page: Imaging Technologies and Medieval Illuminated Manuscripts. In: The Iconic Page in Manuscript, Print, and Digital Culture. Hrsg. von George Bornstein, Theresa Tinkle. Ann Arbor 1998 (Editorial Theory and Literary Criticism), S. 33–53, hier: S. 38, kann vor allem die Rezeption einer Handschrift als somatisches Erlebnis und eine intensive sinnliche Erfahrung verstanden werden: „Reading a text was vorsprungs von Beginn an weiß, was Marjodo in der Kemenate finden wird,[687] spiegelt der textinterne Ohrenzeuge dem Rezipienten in dieser Szene, dass auch er Dritter im Raum ist, der neugierig die Heimlichkeiten des Liebespaars belauscht. Marjodo und der textexterne Rezipient sind gleichermaßen blind, sie können jedoch durch die vernommenen Geräusche die visuelle Leerstelle mithilfe ihres inneren Sehens füllen und das Rezipierte deuten. Die Imagination der Liebesvereinigung kann so womöglich noch genauer ausfallen, als es Gottfried jemals zu beschreiben möglich wäre. Marjodo fungiert als rezeptionslenkende Instanz, die dem Rezipienten vermittelt, dass es zwar nichts zu sehen gibt, dies aber durch innere Bilder – angeregt durch suggestive auditive und taktile Informationen – kompensiert werden kann.

Abb. 31: Lithographie von Ignaz Seelos. München, Bayerische Staatsbibliothek, 2 Art. 71 i, Tafel VI.

a charged somatic experience in which every turn of the page was sensational, from the feel of the flesh and hair side of the parchment on one's fingertips to the lubricious labial mouthing of the written words with one's tongue." Feichtenschlager, Haut, Palimpsest und Pergament, S. 196, empfindet den Lesevorgang als „ein intimes, taktiles Verhältnis, das Buch und Körper zusammenbringt und zusammenhält". Dass sich mittelalterliche Rezipienten Handschriften physisch erfahren haben, belegen u. a. nachweisbare Rückstände von Körperflüssigkeiten, vgl. Michael Camille: The Book as Flesh and Fetish in de Bury's *Philobiblon*. In: The Book and the Body. Hrsg. von Dolores Warwick Frese, Katherine O'Brien O'Keeffe. Notre Dame, Indiana 1997 (Ward-Phillips lectures in English language and literature. 14), S. 34–77, hier: S. 42.

687 Vgl. Hübner, Erzählform, S. 329.

Dass das Paradox eines blinden Augenzeugen tatsächlich nicht als Widerspruch gedeutet werden muss, ist allerdings ein Alleinstellungsmerkmal der Literatur, die vielleicht das selbstreflexive Potenzial einer solchen Korrelation erkennt. Das Privileg der Darstellung eines heimlichen Dritten, der nicht sieht, sondern hört und fühlt, scheint den Texten vorbehalten: Denn im Vergleich mit den *Tristan*-Fresken im Sommerhaus der Burg Runkelstein wird deutlich, dass die bildnerische Kunst diese Paradoxie nicht so explizit darstellen kann. In der Marjodo-Szene, die aufgrund des Einsturzes von Teilen der Nordwand im 19. Jahrhundert nur als Nachzeichnung betrachtet werden kann, sind Tristan und Isolde im Bett in einem Raum zu sehen, der von einem Baldachin überwölbt wird (Abb. 31).[688] Links unterhalb des Betts kauert Brangäne,[689] die mit einem Schachbrett nicht nur die Kerze verdeckt, sondern auch ihren eigenen Blick auf die Aktivitäten des Liebespaars im Bett. Das schräg zum Betrachter ausgerichtete Bett wird auf der rechten Seite von einem zugezogenen Vorhang verhüllt, vor dem Marjodo steht und den Stoff mit der linken Hand zur Seite schiebt. So entsteht ein winziger Spalt zwischen Baldachin-Pfosten und Vorhang, durch den Marjodo hineinspähen kann. In der bildlichen Umsetzung der eigentlich ‚texttreu' an Gottfried orientierten Fresken[690] ist Marjodo ein sehender Augenzeuge – obwohl die verdeckte Kerze auf die Dunkelheit im Raum hinweist, die allerdings malerisch nicht umgesetzt werden kann.

Indem Marjodo dem Betrachter den Rücken zuwendet, erfüllt er aber genau wie im Text eine wichtige rezeptionsleitende Funktion: Trotz der leichten Drehung seines Torsos, die sein Gesicht im Halbprofil erscheinen lässt, dient diese Darstellung Marjodos als Rückenfigur, die dem Betrachter die Blickrichtung vorgibt und zugleich dessen eigene Rolle als Rezipient spiegelt,[691] sodass Christian Nikolaus Opitz eine Korrelation zwischen bildinternem und bildexternem Voyeur erkennt:

> In der Tür zum Schlafraum steht Tristans Freund Marjodo, der den vor den Eingang gezogenen Vorhang ein Stück weit zur Seite schiebt und so zum Zeugen der verbotenen Liebschaft wird. Dadurch wird gewissermaßen auch dem Betrachter des Freskos die Rolle eines Voyeurs zugewie-

688 Vgl. Gottdang, Tristan, S. 441.

689 Volker Schupp: Der Bilderzyklus von Tristan und Isolde im Sommerhaus. In: Schloss Runkelstein: Die Bilderburg, Bozen 2000, S. 331–350, hier: S. 337, vermutet, dass die Hand vor ihrem Mund ein Gähnen darstellen könnte.

690 Vgl. Frühmorgen-Voss, Tristan, S. 647. Allerdings warnt Ott, Tristan auf Runkelstein, S. 199, davor, aufgrund der Nähe der Bilderzyklus zu Gottfrieds Text anzunehmen, dass eine illuminierte Handschrift als Vorlage gedient habe.

691 Bemerkenswert ist, dass Brangäne im Fresko der Funktion, die Marjodos Position als ‚Ohrenzeuge' dabei innehat, womöglich näherkommt als der offensichtliche Voyeur: Während sie sich im Text wieder schlafen legt (V. 13510), sodass sie Marjodos Eintreten nicht bemerkt, befindet sie sich im Fresko in dem Raum, in dem der Ehebruch stattfindet. Sie wendet dem Bett zwar den Rücken zu und ist durch das Schachbrett abgeschirmt, doch hören könnte sie theoretisch trotzdem.

> sen, beobachtet er doch ebenso wie Marjodo die intime Zusammenkunft der Liebenden und zwar auch durch eine architektonische Öffnung, die den Schlafraum von außen einsehbar macht.[692]

Marjodo ist in der bildlichen Darstellung genau wie im Text eine rezeptionslenkende Assistenzfigur, auch wenn die sensorische Gestaltung medial bedingt unterschiedlich ausfallen muss. Trotzdem zeigt der Blick auf die bildliche Umsetzung der Szene, dass die reflexive Anlage dieser voyeuristischen Entdeckung des Ehebruchs essenziell ist, damit der Rezipient seinen eigenen Status als Dritter im Raum, der intimen Einblick erhält, erkennen kann. Die Tatsache, dass sich die *Tristan*-Fresken in den Privatgemächern einer Burg befinden, verstärkt das visuelle Eindringen in eine intime Szene, das hier mit Vorhang und Rückenfigur als eine Kombination zweier rezeptionslenkender Strategien umgesetzt ist, zusätzlich.

Obwohl der Ehebruch Tristans und Isoldes als Regelbruch kenntlich gemacht wird, ist die Rolle der Beobachterfigur ebenfalls negativ konnotiert. In Gottfrieds Text wird Marjodo klar als Antagonist vorgestellt und in der bildlichen Umsetzung ist die Figur, die den Vorhang beiseiteschiebt, um ein Liebespaar im Bett zu beobachten, problemlos als unangemessener Eindringling und Voyeur zu erkennen. Der Blick auf die Fresken verdeutlicht, dass das heimliche Beobachten des intimen Liebesakts verwerflich ist, gleichzeitig aber, dass nicht nur Marjodo sich einer solch unangemessenen Beobachtung schuldig macht, sondern auch der Rezipient, der mit seinem von Marjodo gelenkten Blick genauso neugierig in das Schlafgemach der illegitimen Liebenden eindringt. Die Einschränkung der Sichtbarkeit durch die Dunkelheit, die negativ konnotierte Rückenfigur und den Bettvorhang dient demnach dazu, die Liebesvereinigung als verhüllte Enthüllung darzustellen – aber zugleich eine Reflexion über Rezeption zu erreichen, die hier abermals auf der Schwelle zwischen Inklusion und Exklusion stattfindet. Dass diese voyeuristische Szene, die dem Rezipienten ein solches Identifikationsangebot macht, einen Platz an der Wand adliger Gemächer findet, zeigt unverkennbar, dass von der Komposition des beobachteten Stelldicheins eine Anziehungskraft ausgegangen sein muss, die von adligen Rezipienten als besonders reizvoll empfunden wurde.

Die Wandmalereien in Runkelstein demonstrieren zudem, dass es nicht gänzlich unmöglich ist, ein beobachtetes Stelldichein sichtbar darzustellen. Während die bildliche Darstellung mithilfe der verdeckten Kerze aber immer noch suggeriert, dass die Beobachtung in nächtlicher Dunkelheit erfolgt, gibt es auch andere Formen der ‚Blendung' von Figuren, die zugleich eine Betrachtung eines Liebespaars im Hellen gestatten. Die Figuren, die dann als Dritte beobachten, befinden sich nicht in totaler Dunkelheit, wie es oben für Gunther, Isolde und Marjodo gezeigt wurde, sondern die

---

692 Christian Nikolaus Opitz: *Imagines provocativas ad libidinem?* Der nackte (Frauen-)Körper der profanen Wandmalerei des späten Mittelalters. In: „Und sie erkannten, dass sie nackt waren": Nacktheit im Mittelalter. Ergebnisse einer interdisziplinären Tagung des Zentrums für Mittelalterstudien der Otto-Friedrich-Universität Bamberg, 3. & 4. November 2006. Hrsg. von Stefan Bießenecker. Bamberg 2008 (Bamberger Interdisziplinäre Mittelalterstudien. 1), S. 211–268, hier: S. 252.

Sichtblockade wird mit der rezeptionslenkenden Funktion der Figur verbunden. Dies soll im Folgenden für Ritschier in Konrads *Engelhard* und Marke in Gottfrieds *Tristan* herausgestellt werden.

2.3.3 Von Falschheit geblendet: Ritschier in Konrads von Würzburg *Engelhard*

In Konrads von Würzburg *Engelhard* gibt es innerhalb der Minnehandlung, die große Ähnlichkeit mit ‚Minne- und Aventiureromanen' wie Rudolfs von Ems *Willehalm von Orlens* aufweist,[693] ebenfalls einen klar als Rivalen markierten Augenzeugen, der ein illegitimes Liebespaar *in flagranti* auffindet.[694] Engelhard von Dänemark, der zuvor am Hof des Königs von England fürstlich aufgenommen wurde, und die Königstochter Engeltrud werden von ihrem neidischen Widersacher Ritschier im Baumgarten *an der minne werken* (V. 3249) angetroffen, weil Engelhard im überschwänglichen Liebesglück vergessen hatte, das Tor zum Garten zu verschließen (V. 3238–3245). Die Beobachtung der heimlichen Liebesvereinigung findet bei Konrad nicht in der Dunkelheit einer verschlossenen nächtlichen Kemenate, sondern an einem sonnigen Maitag[695] im Freien statt. Obwohl die Liebe der beiden zu dieser Zeit einen folgenreichen Rechtsbruch darstellt,[696] wird sie nicht gänzlich in eine Sphäre der Abgeschiedenheit abgedrängt: Zwar schleicht sich Engeltrud während der Mittagsruhe des Königs (V. 2950 f.) heimlich fort (*Ouch was si tougenlichen / aleine dô geslichen / dar in den boumgarten.* V. 2955 – 2957), weist Engelhard an, niemandem etwas von ihrem Treffen zu berichten (*kein wort ensage und ensprich*, V. 2926), und schickt ihre Hofdamen fort, damit Engelhard durch ihre Gemächer gelangen kann (V. 2940 f.); doch der Baumgarten ist zumindest halb-öffentlich zugänglicher Teil des Hofs,[697] in dem die beiden unbekümmert lachen (V. 3130), als sorgten sie sich nicht davor, entdeckt zu werden. Die Minnebegegnung selbst wird dabei in „voyeuristischer Blickregie"[698] so explizit positiv zur Schau

693 Vgl. Schulz, Poetik, S. 19.

694 Gewiss gestaltet es sich aufgrund der Überlieferung des Romans, die nur in einem Frankfurter Druck von 1573 vorliegt (vgl. Horst Brunner: Art. Konrad von Würzburg, in: ²VL, Sp. 294), als problematisch, den Text als einen populären höfischen Roman zu klassifizieren. Weil aber im *Engelhard* eine Beobachterfigur auftritt, die ein Paar bei der Liebesvereinigung beobachtet, lässt sich die in Text und Bild umfassend überlieferte Figurenkonstellation eines Liebespaars mit exkludiertem Dritten nachweisen, was die Berücksichtigung dieses Romans in diesem Kontext gestattet. Die Beliebtheit dieser Figurenkonstellation zeigt sich auch in der Nähe zum *Tristan*-Stoff, die Hans-Joachim Behr: Liebe und Freundschaft im *Engelhard* Konrads von Würzburg. In: JOWG 5 (1988/89), S. 319–327, hier: S. 323, dazu verleitet, vom Antagonisten Ritschier als „zweiter Marjodô" zu sprechen.

695 Dies impliziert u. a. der Verweis auf den Schatten der Bäume: *si lâgen under eime schaten, / daz in ze schirme was gegeben / von loube ein dach und underweben / mit wünneclicher blüete.* (V. 3122–3125)

696 Vgl. Eva Lieberich: Von und durch Neid erzählen. Rhetoriken des Neids in Konrads Engelhard. In: DIEGESIS 5 (2016), S. 1–20, hier: S. 5.

697 Vgl. Poser, Raum, S. 100. Specht, Baumgarten, S. 208, betont allerdings, dass der Zugang zum Garten über den Weg durch die Damengemächer und das Tor doppelt kontrolliert sei.

698 Vgl. Kraß, Geschriebene Kleider, S. 177.

gestellt, dass es unmöglich ist, den „süßen Sündenfall“[699] als verwerflichen Regelbruch zu bewerten. Beginnend mit der für den „penetrierenden Blick“[700] des Rezipienten inszenierten sexualisierten Beschreibung Engeltruds, die fast nackt wirkt,[701] weil *ir senften brüstelîn* (V. 3044) und *ir hût vil liehtgevar* (V. 3086) durch ihr durchsichtiges Seidenhemd hindurchscheinen (V. 3088 f.), folgen zahlreiche Umschreibungen und Sprachbilder, die die Liebesvereinigung der beiden zum Ausdruck bringen: Engeltruds Gewandöffnen etwa – *daz mantellîn si ûfe tete / unde enphienc in drunder* (V. 3108–3109)[702] – das Öffnen des Paradieses der *sælde* oder der Brunnen der Gnade:

> Si freuten sich in manege wîs.
> in wart das sælden paradîs
> ûf entslozzen und getân.
> si giengen ûf der Minnen plân
> und brâchen freuden bluomen dâ,
> sô schoene daz man anderswâ
> minneclicher nie gebrach.
> nû flôz dar zuo der Minnen bach
> und hôher gnâden brunne.
> si lâgen in der wunne
> mit senfter unmuoze
> und triben dâ vil suoze
> ir vil reiniu minnewerc. (V. 3147–3159)

Die Beschreibungen ihrer Liebesbegegnung stellen etablierte Metaphern wie das Blumenbrechen[703] neben zahlreiche weitere Varianten doppeldeutiger Formulierungen und Euphemismen, die allesamt die Reinheit und Schönheit des Aktes betonen. Auffällig ist dabei, dass Ritschier als Beobachterfigur bei dieser Vielzahl an unmissverständ-

699 Kraß, ebd., S. 178.
700 Ebd.
701 Vgl. Brüggen, Kleidung, S. 75.
702 Das Bild der Mantelumhüllung als Metapher für die sexuelle Vereinigung findet sich schon im *Eneasroman* Heinrichs von Veldeke (vgl. Kraß, Geschriebene Kleider, S. 177), in dem die Minnebeziehung zwischen Dido und Eneas maßgeblich mit sexualisierten Textil-Codes umschrieben wird, die weit über das hautenge, verführerische Kleid, das Dido zur Jagd trägt, hinausgehen: Didos Minnequal beginnt in ihrem Bett, das *met ein goet pelle bespreit* (V. 1334) ist und ihr trotzdem zu hart vorkommt (V. 1346) – sie findet erst in den Schlaf, als sie ihre Decke fest umarmt: *her deckelaken sî nam / onder here arme vaste.* (V. 1418 f.) Die Minnevereinigung findet unter Eneas' Mantel statt (*doe nam der hêre Ênêas / die frouwe onder sîn gewant.* V.1834 f.), wobei vielleicht Didos durchnässtes Gewand nicht nur auf das Gewitter zurückzuführen ist (*doe was in korten tîden / her gewant worden nat.* V. 1860 f.). Später verbrennt Dido nicht nur die Geschenke des Helden, sondern auch die Laken, in denen sie sich liebten: *sî sprac, si enwolde niwet leven, / sî enhedde et allet verbrant, / end ouch dat beddegewant, / dâ sî op lâgen / end herre minnen plâgen, / sî end der hêre Ênêas.* (V. 2325–2331) Zum mehrdeutigen Eindringen des Blicks durch textile Barrieren vgl. die Überlegungen zum eindringenden Blick im ersten Kapitel.
703 Vgl. Gert Hübner: Ältere deutsche Literatur. Eine Einführung. Tübingen/Basel 2006 (UTB Literaturwissenschaft. 2766), S. 260.

lichen Minnebegriffen gerade nicht dazu verwendet wird, den Rezipienten mitschauen zu lassen: Der Text bietet mehr als genug eindeutig-zweideutige Hinweise darauf, was im Baumgarten zwischen Engelhard und Engeltrud vor sich geht. Vor allem bei der ausführlichen Beschreibung Engeltruds wird durch die Wiederholung der Formulierung *man sach*[704] sogar eine kollektive Schaugemeinschaft entworfen, die die Augen über den Körper der schönen Königstochter wandern lässt – ein heimlicher Augenzeuge ist hier nicht von Nöten, um dem Rezipienten intime Einblicke zu gewähren, denn er wird schon unmittelbar zu Beginn der Episode „zum Komplizen des erotischen Begehrens Engelhards gemacht“[705]. Ähnlich wie bei Marjodos Entdeckung dient Ritschiers Beobachtung aber dazu, das reizvolle Spiel der Listen zu initiieren, mit welchem es den Protagonisten gelingt, ihre Liebe zu zelebrieren, obwohl sie längst überführt hätten werden können. Der Rivale wird als Augenzeuge benötigt, um die spannenden Intrigen am Hof zu katalysieren – nicht um einen Blick auf die verbotene Liebesvereinigung zu erhaschen. Denn anders als die oben untersuchten, heimlich Lauschenden im dunklen Schlafgemach, findet die Minnebegegnung im *Engelhard* in umfassender Sichtbarkeit statt. Trotzdem kann Ritschier als blicklenkende Assistenzfigur bewertet werden, wie die folgenden Überlegungen herausstellen sollen.

Ausführlicher als die Liebesbegegnung selbst wird nach der Szene im Baumgarten die anschließende Anklage und Verhandlung vor dem König dargestellt, in der Engelhard durch „persuasive Eloquenz“ mit „großer rhetorischer Raffinesse“[706] seine Unschuld beschwört, während Ritschier immer wieder seine Augenzeugenschaft beteuert. Diese Beteuerungen erfolgen allerdings weniger über das Verb *sehen*, das zuvor bei der Beschreibung Engeltruds so häufig verwendet wird, sondern Ritschiers Beobachtung wird mithilfe des Verbs *vinden* vermittelt, das auf keine spezifische Form der sinnlichen Wahrnehmung verweist: Dreimal ist davon die Rede, dass er die beiden *ligende vant*. Als er sich anschließend beim König über die beiden beschwert, wird erst in indirekter Rede (V. 3483) und dann in seiner direkten Anklage *vinden* verwendet: *ligende ich si beide vant / in der süezen minne spil* (V. 3526 f.). Schon über diese subtile

---

704 Vgl. V. 3010, V. 3018, V. 3023, V. 3039–3041, V. 3044, V. 3055 und V. 3066. Meyer, Verstellung, S. 150, deutet das *man sach*, mit dem das Weinen der männlichen Protagonisten bei Dietrichs Abschied vom englischen Hof beschrieben wird (V. 1588 f.) „nicht nur als Signum der Öffentlichkeit, sondern auch als auktoriale Perspektive auf die nach außen getragenen Gefühle der Protagonisten“, womit er implizit auch die textexterne Öffentlichkeit in die Schaugemeinschaft miteinbezieht. Eine erzähltheoretische Deutung des *man sach* als kollektive Fokalisierungsinstanz, die eine beschränkte allgemeine Wahrnehmung ausdrückt, stellen Brüggen und Holznagel, Sehen, S. 95–96, für die Heldenepik vor.

705 Kraß, Geschriebene Kleider, S. 177. Auch Specht, Baumgarten, S. 210, ist der Ansicht, dass Engelhard hier zur Assistenzfigur werde: „Die Rezipienten können Engelhards Blick teilen.“

706 Gert Hübner: *wol gesprœchiu zunge*. Meisterredner in Konrads von Würzburg *Partonopier und Meliur*. In: Redeszenen in der mittelalterlichen Grossepik. Komparatistische Perspektiven. Hrsg. von Monika Unzeitig, Nine Robijntje Miedema, Franz Hundsnurscher. Berlin 2011 (Historische Dialogforschung. 1), S. 215–234, hier: S. 220. Zur Persuasionskraft der Rhetorik, vgl. Douglas Kelly: Narrative Poetics: Rhetoric, Orality and Performance. In: A Companion to Chrétien de Troyes. Hrsg. von Norris J. Lacy. Woodbridge 2007 (Arthurian Studies. 63), S. 52–63.

sprachliche Nuance wird suggeriert, dass Ritischer seinen Bericht auch er*funden* haben könnte.[707] Engelhard bestreitet die Vorwürfe, sich mit der Tochter des Königs eingelassen zu haben, vehement, sodass Ritschier sich letztlich doch genötigt sieht, seine visuelle Augenzeugenschaft öffentlich als Beweis anzuführen:

> „die lüge helfent wênic dâ
> dâ man die wâren schulde weiz.
> daz er mit Engeltrûte fleiz
> minn unde trûtschefte sich,
> herre unde veter, daz hân ich
> gesehen mit den ougen.[“] (V. 3818–3823)

Engelhard streitet die Anschuldigungen weiter ab, woraufhin Ritschier erwidert, er könne dem König sogar den Feigenbaum zeigen, unter dem die *minne wart zeim ende brâht* (V. 3911). Er beteuert seine *mære* (V. 3912) erneut und erläutert, warum er sich überhaupt im Baumgarten aufhielt: Sein Sperber war entflogen und er wollte ihn wieder einfangen – aufgrund der folgenreichen Entdeckung der Liebenden konnte der Vogel jedoch entwischen, sodass dessen Abwesenheit der Beweis für seine Geschichte sei (V. 3914–3932). Für den Rezipienten aber ist diese Geschichte redundant, weil schon zuvor berichtet wurde, wie es dazu kam, dass Ritschier das heimliche Liebespaar entdeckte (V. 3232–3285). Aufgrund seiner öffentlichen Verlautbarung des Gesehenen, folgert Müller, sei Ritschier „gewissermaßen das Auge der höfischen Öffentlichkeit, das auch über solche Zwischenräume [zwischen Öffentlichkeit und Heimlichkeit, J. M.] wacht und, was es sieht, *über lût* bekannt macht (3902).“[708] Als Beobachterfigur könnte Ritschier jedoch mehr als die personifizierte Kontrollinstanz des Hofs sein, denn mithilfe seines wiederholten Berichts gibt er auch dem textexternen Rezipienten Anlass, die Liebesvereinigung zwischen Engelhard und Engeltrud länger zu imaginieren, als sie auf der Handlungsebene tatsächlich stattfindet. Jedes Mal, wenn Ritschier eine neue Formulierung für die Liebesvereinigung findet – etwa *diu Minne schuof ir wunder / an iu beiden* (V. 3916–3917) –, wenn er beschreibt, wie Engelhard *ir nâhe bî gelegen* (V. 3906) ist, oder Details wie den Feigenbaum (V. 3910) ergänzt, wird erneut die Vorstellungskraft des Rezipienten angeregt, sodass über hunderte Verse hinweg die Vereinigung der illegitimen Liebenden präsent bleibt.[709] Ritschier bewirkt mit seiner

---

707 Lexer (Bd. 3, Sp. 354) listet u. a. ‚erfinden‘, ‚dichten‘, ‚komponieren‘ als mögliche Übersetzungen für mhd. *vinden* auf. Ritschier selbst beteuert später, dass er *disiu mære / niht erdâhte noch ervant* (V. 4026 f.). Außerdem lässt sich mhd. *vindære* mit Dichter übertragen (darauf weist z. B. Unzeitig, Autorname, S. 13, hin, wenngleich es dafür eher wenige Belege gibt). Auch Däumer, Stimme, S. 190, macht auf die metapoetische Besonderheit des Verbs *vinden* aufmerksam.

708 Müller, Höfische Kompromisse, S. 301.

709 Das beobachtet auch Specht, Baumgarten, S. 219, allerdings bezogen auf das räumliche Setting der Liebesvereinigung: „Trotz der räumlichen Rückkehr in die höfische Sphäre wird der *boumgarten* als Handlungs- und Wahrnehmungsraum präsent gehalten, indem Ritschier und Engelhard in ihrer ‚Beweisführung‘ auf den *boumgarten* Bezug nehmen.“

öffentlichen Verlautbarung des vermeintlichen Unrechts genau das Gegenteil des Beabsichtigten und zelebriert damit die Liebenden, indem er ihre erotische Minne wiederholt anschaulich vergegenwärtigt.

Ähnlich wie Marjodo in Gottfrieds *Tristan* ist Ritschier der Rivale,[710] der den ersten Zweifel des gutgläubigen Königs auslöst, der letztlich zum Gottesurteil führen muss. Marjodo jedoch fehlt der Sichtbeweis, er kann nicht behaupten, die Ehebrecher gesehen zu haben – Ritschier hingegen ist wahrhaftiger Augenzeuge und trotzdem wird seine Glaubwürdigkeit hinterfragt. Im Vergleich mit den oben vorgestellten transparenten Augenzeuginnen, deren Augenzeugenberichte zunächst immer infrage gestellt werden, hegt König Fruote jedoch keinen Zweifel an der Aussage Ritschiers: Als *swestersun* (V. 1669) des Königs und ranghohes Mitglied des Hofs haben seine Beteuerungen sofort Gewicht. Der König stellt keinerlei Nachfragen, entbrennt unmittelbar in Wut (V. 3545–3565) und droht Engelhard mit dem Tod (V. 3585 f.). Obgleich der König keine Sekunde an Ritschiers Aussage zweifelt, wird sein Auftreten als Ankläger jedoch von einer noch höheren Instanz kritisch beäugt, die für den Rezipienten viel entscheidender ist als der König: der Erzähler selbst sorgt dafür, dass Ritschier nicht aufrichtig wirkt.

Die Desavouierung des Augenzeugenberichts erfolgt zunächst auf figürlicher Ebene im Schlagabtausch mit Engelhard, der sich rhetorisch kunstvoll gegen Ritschiers Anschuldigungen verteidigt, indem er etwa das versehentlich offene Tor zum Baumgarten zu seinem Vorteil auslegt: Engelhard würde sich eher den Tod wünschen, als eine Dame in einem nicht verschlossenen Garten zu lieben, und hätte darum sicherlich das Tor verriegelt, wäre er tatsächlich im Garten gewesen (V. 3945–3965). Wiederholt betont Engelhard die Falschheit des Widersachers: Niemand werde ihm glauben (V. 3942), denn Gott selbst wisse von seinem *falschen schîn* (V. 3992). Außerdem gibt sich der Erzähler selbst größte Mühe, den Rezipienten darauf hinzuweisen, dass Ritschiers Beweggründe falsch und hinterlistig sind, wie Eva Lieberich herausstellt:

> Ritschiers Aussage wird vom Erzähler in Form eines neidischen Sprechakts präsentiert. Ritschier spricht nicht, um die Wahrheit zu enthüllen, er spricht, um einen Akt des Neids auszuüben; er spricht, um Engelhard des Neidobjekts zu berauben, – seiner Ehre, seines Ansehens bei Hof.[711]

---

710 Auch Marjodo könnte übrigens noch vor seiner Entdeckung des Liebespaars unlautere Absicht unterstellt werden, weil in V. 13471 f. impliziert wird, dass er die Königin heimlich liebt und somit vielleicht auch aus Eifersucht handelt, so Hübner, Erzählform, S. 328. Da Marjodos Eifersucht allerdings nicht so stark in den Vordergrund gestellt wird wie Ritschiers Falschheit, kann dieser Aspekt hier zurückgestellt werden. Dass ein (unglücklich verliebter) Nebenbuhler die Rolle des Dritten einnehmen kann und die damit Erzählinstanz bei der Vermittlung von Deutungsoptionen kann, untersucht etwa Britta Wittchow: Der (Stimmen-)Spalter. Die Figur des neidischen Nebenbuhlers im *Reinfried von Braunschweig*. In: Figuren des Dritten im höfischen Roman. Hrsg. von Margreth Egidi. Oldenburg 2020 (BmE Themenheft. 4), S. 51–100.

711 Lieberich, Neid, S. 9.

Weil Ritschier aus Neid handelt (V. 1665, V. 1677), ist es irrelevant, dass er ein Augenzeuge ist, der untrüglich gesehen hat, wie Engelhard und Engeltrud miteinander schliefen. Es ist also nicht die Dunkelheit, die hier als temporäre Sichtblockade eingebaut wird: Ritschiers Wahrnehmung ist von vornherein verfälscht, weil er seit geraumer Zeit darauf wartet, Engelhards Ansehen nachhaltig zu schaden.[712] Obwohl Ritschier die Wahrheit sagt, ist sein Augenzeugenbericht nicht aufrichtig, was der Erzähler immer wieder betont, indem er etwa seine Anschuldigung vor dem König mit folgenden Worten einleitet: *er tet ûf sînen falschen munt / vil ungetriuwelîche alsô.* (V. 3498 f.) Weil seine Beobachtung häufiger mithilfe des Verbs *vinden* als mit *sehen* vermittelt wird, wird zudem auf sprachlicher Ebene impliziert, dass sein Bericht fingiert sein könnte. Weil in Konrads von Würzburg *Engelhard* der Augenschein nur selten wirklich zur Erkenntnis genügt,[713] ist auch Ritschier zwar Augenzeuge im Hellen, doch Falschheit blendet seine Sicht: er ist regelrecht blind vor Falschheit. Die wiederholte Infragestellung des Gesehenen[714] lässt es im rhetorischen Dunkeln verschwinden und später zeigt sich im Gerichtskampf, dass selbst Gott auf der Seite der Lügner steht,[715] sodass Ritschiers Augenzeugenschaft für die Wahrheitsfindung als irrelevant deklariert wird.

Wie Wahrheit hingegen erkannt werden soll, wenn auf das Sehen kein Verlass ist,[716] beantwortet Konrads Text auf der Handlungsebene und in den metapoetischen Passagen nur in verhüllter Form: Die Fragen des richtigen und falschen Wahrnehmens werden in der Handlung nicht nur in Bezug auf die Figur Ritschiers zum Thema gemacht, denn bereits der Prolog problematisiert Verdunklung durch Falschheit: Die ersten Verse des *Engelhard* beklagen, wie die Gestalt der personifizierten Triuwe *leider blint / durch valschen orden worden sint.* (V. 3 f.) Als Gegensatz zu den *liechten klei-*

712 Vgl. ebd., S. 7. Dabei spielt es für den Erzähler keine Rolle, dass Ritschier sich als Neffe des Königs lediglich entsprechend höfischen Konventionen verhält, vgl. Hartmut Kokott: Konrad von Würzburg. Ein Autor zwischen Auftrag und Autonomie. Stuttgart 1989, S. 55.

713 Vgl. Schulz, Schwieriges Erkennen, S. 403. Diese Thematik wird in *Partonopier und Meliur* noch ausführlicher deutlich, vgl. dazu Kapitel 3.2 dieser Studie.

714 Vgl. Lieberich, Neid, S. 16.

715 Vgl. Schulz, Schwieriges Erkennen, S. 407–409.

716 Schulz, ebd., S. 391, ist hingegen der Ansicht, dass Sehen und Hören gleichermaßen als problematisch präsentiert würden: „Der Augenschein wird trügerisch, und auch das Ohr kann keine Sicherheit bieten, da sich das gesprochene Wort immer wieder als Lüge herausstellt. Auffälligerweise werden die Protagonisten gerade dann nicht getäuscht, wenn sie sich nicht allein auf Auge und Ohr zu verlassen glauben. Die Geltung der kulturell privilegierten Distanzsinne Sehen und Hören wird unterminiert. Sichere Erkenntnis über den anderen hingegen setzt offenbar Synästhesie voraus – im Sinne einer sensorischen Unmittelbarkeit, die gegen den Zweifel immunisieren soll." Entgegen dieser Deutung Schulz' scheint aber vor allem das Sehen als leicht beirrbar dargestellt zu werden, während das Hören zu positiv konnotierten Erkenntnissen – etwa Engeltruds Erkennen des richtigen Liebhabers (V. 1168–1209) – führt.

der, die die Triuwe vormals trug,[717] dient *blint* hier dazu, auszudrücken, dass ihre einst schöne Erscheinung nun *trüeben glast* (V. 11) aufweist. Indem diese Trübung jedoch sogleich auf die *valscher liute rœte* (V. 8) zurückgeführt wird, lässt sich darin schon ein Verweis auf den Antagonisten Ritschier erkennen.

In der einführenden Rezeptionsanleitung des Prologs wendet sich der Erzähler an jene *liute*, die bereits ein Leben in Einklang mit der *triuwe* führen, aber auch an die *valschgemuote[n]* (V. 162), die mithilfe dieses *wâre[.] mœre* (V. 154) ebenfalls *ûf die rehten vart / der ganzen triuwen* (V. 164 f.) finden können:[718] Er hofft, *daz ein triuwelôser wiht / von disem mœre ûf triuwe kome* (V. 188 f.). Wer dazu diesen verborgenen Schatz *ganzer triuwen hort* (V. 195)[719] vernehmen möchte, soll dem Erzähler Herz und Ohren widmen (V. 197).[720] Das richtige Wahrnehmen der folgenden Erzählung ist also sowohl an auditive Aufmerksamkeit als auch an die richtige, innere Einstellung gekoppelt[721] –

---

717 Darin ist eine Anspielung auf die Gewebemetapher zu sehen, vgl. Esther Laufer: Das Kleid der *triuwe* und das Kleid der Dichtung. *mœre erniuwen* als Verfahren stilistischer Erneuerung bei Konrad von Würzburg. In: Literarischer Stil im Mittelalter. Mittelalterliche Literatur zwischen Konvention und Innovation. Hrsg. von Elizabeth Andersen, Ricarda Bauschke-Hartung, Nicola McLelland [u. a.]. Berlin/ Boston 2015, S. 157–178, hier: S. 167. Dass Konrad textile Metaphorik nutzt, um „die Frage nach der künstlichen, kunstvollen Gemachtheit nicht nur des Gewebes, sondern auch der Dichtkunst selbst" zu erörtern, hat etwa Almut Schneider: Das textile Gewebe des Krieges. Gewand und Gewandmetaphorik in Konrads von Würzburg *Trojanerkrieg*. In: Beziehungsreiche Gewebe. Textilien im Mittelalter. Hrsg. von Kristin Böse, Silke Tammen. Frankfurt am Main/Bern/Wien 2012, S. 163–184, hier: S. 182, ausführlich dargelegt.

718 Laufer, Kleid, S. 165, sieht darum einen besonders engen „Zusammenhang zwischen dem Vorgang literarischer und ethischer Erneuerung: Eine erneuerte Erzählung über *triuwe* soll zur Erneuerung der *triuwe* führen."

719 Konrad scheint hier eine doppeldeutige Schatzkästchen-Metaphorik zu benutzen, denn er beschreibt, dass man die *triuwe* im *schrîne besliezen* (V. 44) kann, was dazu führt, dass die Vorbildlichen *hort behalten / in kisten manicvalten* (V. 47 f.). Damit könnte ein verborgener Schatz im Inneren gemeint sein, der zu weltlichen Schätzen führt. Zur Relation von Kästchen mit dem Inneren vgl. die Überlegungen zu Rudolfs vom Ems *Willehalm von Orlens* auf S. 153 Anm. 355.

720 Eine solche Forderung im Prolog ist nicht neu, wie auch Schulz, Schwieriges Erkennen, S. 393, betont, trotzdem ist sie hier etwas anders gewichtet: „Natürlich ist dies alles bekannte Exordialtopik. Auffällig ist dennoch ihr synästhetischer Entwurf. Die Wahrnehmungsbereiche werden verschoben und ausgetauscht: Was man von der Triuwe sagt, ist trüb geworden. Was der Erzähler von ihr sagt, soll das gesprochene Lob über sie wieder zum Leuchten bringen. Was man anschauen und worin man ein Vor-Bild erkennen soll, ist eine Geschichte, die man nur hören kann. Wer erzählt, spricht nicht nur mit dem Mund, sondern auch mit dem Herzen. Und wer zuhört, soll dies nicht nur mit den Ohren, sondern ebenfalls zugleich mit dem Herzen tun."

721 Diese Anleitung zum richtigen Wahrnehmen lässt sich mit Schulz, ebd., S. 403, gleichermaßen die auf gelehrte Tradition und theologische Modelle zurückführen. Die stilistische Anlehnung an Gottfrieds von Straßburg *Tristan*-Prolog, die Laufer, Kleid, S. 169, für die Gestaltung der Strophen und ihr Reimschema beobachtet, könnte damit durch einen zusätzlichen intertextuellen Verweis auf die *edelen herzen* ergänzt werden. Bei Konrad allerdings gibt es, im Gegensatz zu Gottfried, mit Ritschier auf der Handlungsebene eine Figur, die mustergültig umsetzt, wovor im Prolog gewarnt wird, sodass den Rezipienten des *Engelhard* damit ein konkretes *bilde* (V. 157, V. 206) zur Orientierung gegeben wird.

während der Sehsinn mit Referenzen auf Trübheit und Blindheit bereits als trügerisch eingeführt wurde.[722] Die Handlung legt einen unverkennbaren Fokus darauf, dass auf den Sehsinn kein Verlass ist: Engelhard und sein Freund Dietrich sind einander *sô gelîch* (V. 1028), dass es selbst Engeltrud nicht gelingt, auch nur einen einzigen Unterschied zwischen ihnen zu finden (V. 1027–1169). Wenn Sehen allein nicht zu Erkenntnis führt, das deutet der Prolog an, muss die richtige Herzenseinstellung entscheidend sein. Die Figur Ritschiers demonstriert dabei besonders deutlich, welche Konsequenzen eine Rezeption hat, die zwar sinnlich uneingeschränkt, aber zugleich mit der falschen inneren Gesinnung erfolgt: Ritschier ist eine textinterne Personifikation des falschen Rezipienten, der nicht versteht, worauf es wirklich ankommt. Seine Blicklenkung dient also dazu, den textexternen Rezipienten daran zu erinnern, dass Wahrheit nicht mit bloßem Auge zu erkennen ist. Ritschier als Voyeur und außenstehender Dritter kann entsprechend nur für den falschen Rezipienten zur Identifikationsfigur auf der Handlungsebene werden. Denn der Roman bietet ungehindert Einblicke in intime Begebenheiten dar, die nicht erst enthüllt werden müssen. Derjenige, dessen Blick aber auf die falsche Weise gelenkt wird und darum Enthüllungen erwartet, wo gar nichts verhüllt wurde, nimmt genauso oberflächlich und falsch wahr wie Ritschier.

Bei den bisher betrachteten Augenzeugen war das Sehen entscheidend für die Erkenntnis von Wahrheit: Die transparenten Augenzeuginnen sorgen für reizvolle, aber neutrale Einblicke, die in geheimen Räumen erworbene relevante Informationen zur Verfügung stellen. Geblendete Augenzeugen, die im Dunkeln ihres Sehsinns beraubt werden, können zwar erahnen, aber visuell nicht verifizieren und dienen so dazu, zentrale Konflikte einzuführen und die Handlung voranzutreiben. In Ritschiers Fall jedoch wird die Gleichsetzung von Sehen und Wahrheitserkenntnis radikal gebrochen: Obwohl er ungehindert sieht und Wahres berichtet, stammen seine Worte aus *falschem munt* – es ist also nicht die tatsächliche Sehfähigkeit, die hier durch Verhüllungen wie Dunkelheit eingeschränkt wird, sondern die Voraussetzungen des Sehens sind fehlerhaft. Durch die negative Konnotation des Augenzeugenberichts wird die Glaubwürdigkeit der Sprache selbst thematisiert: Sehen reicht nicht aus, um Wahrheit zu erkennen, denn das Gesehene muss auf die richtige Weise wahrgenommen und artikuliert werden, damit es als wahr gelten kann. Damit wird Ritschiers Augenzeugenbericht eine metapoetische Tiefe verliehen, die den Rezipienten dazu anregt, die Kopplung von Wahrheit, Wahrnehmung und Sprache kritisch zu überdenken. Die Instanz aber, die letztlich darüber entscheidet, was als wahr und was als falsch gelten kann, ist der Verfasser – der natürlich selbst mit fingierten Bildern und ‚gelogenen' Worten agiert.

Dieses über eine Beobachterfigur subtil vermittelte Bewusstsein über ästhetische Künstlichkeit lässt sich auch in Gottfrieds *Tristan* finden. Denn die Figur des betrogenen Königs Marke tritt darin wiederholt als blicklenkende Figur auf und fokussiert die Wahrnehmung des Rezipienten auf die essenzielle Komposition, über die letztlich

722 Vgl. Schulz, Schwieriges Erkennen, S. 392.

nicht Betrug oder Treue diskutiert werden, sondern die Funktion der Kunst selbst, wie die folgende Zusammenschau der Beobachtungen Markes darstellen wird.

2.3.4 Von Kunst (visuell) überwältigt: Markes Entdeckungen in Gottfrieds von Straßburg *Tristan*

Wie die obigen Ausführungen bereits gezeigt haben, gibt es in Gottfrieds von Straßburg *Tristan* zahlreiche dritte Figuren, die exkludiert an intimen Begegnungen teilhaben und so als Brücke für den textexternen Rezipienten fungieren. Neben den heimlichen Lauschern im Schlafgemach lässt sich im *Tristan* aber zudem eine mit Konrads *Engelhard* vergleichbare Infragestellung sprachlicher und visueller Zeichen ausmachen, die sich abermals in der Blicklenkung einer Assistenzfigur präsentiert. In gewisser Weise dient die erste Entdeckung des Ehebruchs durch Marjodo als Prolepse, da Tristan und Isolde noch weitere dreimal auf ähnliche Weise im Bett von einer dritten Person beobachtet werden – in der Minnegrotte zunächst von einem Jäger aus Markes Gefolge (V. 17421–17458), dann dort vom König selbst und später im Baumgarten, als Marke endlich den benötigten Sichtbeweis erhält, der seinen langgehegten Verdacht bestätigt. Bei allen ‚Bett-Beobachtungen' sind es zeichenhafte Indizien, die die Beobachterfiguren zum Liebespaar führen: Spuren im Schnee führen Marjodo in Isoldes Kemenate, Spuren im *touwe* (V. 17423) führen den Jäger zur Minnegrotte und Isoldes Gefolge vor der Tür zum Baumgarten (V. 18169–18196) geben Marke den Hinweis, den er braucht, um die Liebenden zu überführen.[723]

Die ersten beiden Male, als das Paar im Bett gefunden wird, sind visuelle Hürden eingebaut, die der Erkenntnis der Wahrheit im Weg stehen: In der Marjodo-Szene dient die Dunkelheit als Sichtblockade – in der Minnegrotte handelt es sich um eine Täuschung, die im Kontext der symbolischen Kommunikation eine keusche Beziehung suggeriert und die von der personifizierten Minne, die Marke „sehend blind"[724] macht, zusätzlich verschleiert wird. Obwohl er zunächst an der Unschuld der Schlafenden

723 Es wäre zu überlegen, inwiefern die Fährten der Liebenden (in der Natur) als lesbare Zeichen zu werten sind, auf ihre ganz einige Sprache rekurrieren. Zu Spuren vgl. insbesondere die Untersuchung des *Partonopier*-Romans Konrads von Würzburg in Kapitel 3.2.3.

724 Roth, Freundschaft, S. 233. Der Erzähler führt später ausführlich aus, wie Liebe, Begehren und Blindheit miteinander verknüpft sind:

gelange der ist daz lougen,
daz al der werlde und alle zît
in wol gesehenden ougen lît.
swaz man von blindheit geseit,
sone blendet keiniu blintheit
als anclîch unde als ange
so geluste unde gelange. (V. 17798–17804)

Markes Liebe zu Isolde macht ihn vollkommen blind für ihren Betrug: Die Minne verblendet ihm *ougen unde sin* (V. 17747), obwohl er eigentlich sicher weiß, dass seine Frau nur Tristan liebt (V. 17751–17756).

zweifelt, ist er beim Anblick Isoldes in der Minnegrotte „blind vor Liebe“[725]. Erst als die Liebesbeziehung endgültig entdeckt wird, ist die Sicht des Beobachters nicht länger durch Blindheit oder Täuschungen eingeschränkt. Dass insgesamt in drei unterschiedlichen Situationen ein Dritter das Liebespaar im Bett beobachtet und dies an drei entscheidenden Stellen im Text – zu Beginn der listigen Intrigen am Hof, zum Ende der Flucht in die Minnegrotte und als Auslöser der finalen Vertreibung Tristans – rückt einen weiteren Beobachter mit eingeschränkter Wahrnehmungsmöglichkeit ins Zentrum: den Rezipienten. So dient nicht nur die berühmte erste Baumgartenszene, in der Marke die Liebenden belauscht und von ihnen überlistet wird, dazu, dem Rezipienten die Rolle des Beobachters zu spiegeln,[726] sondern auch die anderen Szenen, in denen ein Voyeur das Liebespaar beobachtet. Entscheidend ist dabei, dass alle Episoden die Sichtbarkeit auf unterschiedliche Weise infrage stellen und so reflexive Momente kreieren. Gerade in den Szenen, in denen Gottfried eine rezeptionslenkende Assistenzfigur als Dritten integriert, um den Rezipienten an seinen eigenen Status als exkludierter Beobachter zu erinnern, wird auf die Ambiguität des sinnlich Erfahrenen und damit auch des literarisch Rezipierten hingewiesen.

Diese bewusste rezeptionslenkende Inszenierung einer dritten Figur, die als Beobachter auftritt, zeigt sich ganz besonders in der letzten Baumgartenszene: Marke findet seinen Neffen und seine Frau in unmissverständlicher Pose, weil Isolde am helllichten Tag ein Bett im Baumgarten hatte aufstellen lassen und Brangäne den König nicht mehr aufhalten kann. Die beiden Liebenden liegen gemeinsam in diesem Bett, ohne zu bemerken, dass der König sie beobachtet:

> wîp unde neven die vander
> mit armen zuo zein ander
> geflohten nâhe und ange.
> ir wange an sînem wange,
> ir munt an sînem munde.
> swaz er gesehen kunde,
> daz in diu decke sehen lie,
> daz vür daz deckelachen gie
> ze dem oberen ende:
> ir arme und ir hende,
> ir ahsel unde ir brustbein
> diu wâren alsô nâhe inein
> getwungen unde geslozzen,
> und wære ein werc gegozzen
> von êre oder von golde,
> ez endorfte noch ensolde
> niemer baz gefüeget sîn.

---

725 Trînca, Evidenz, S. 258.
726 Vgl. Spearing, Poet as Voyeur, S. 54.

Tristan und diu künigîn
die sliefen harte suoze,
ine weiz, nâch waz unmuoze. (V. 18199–18218)

Was Marke hier im Baumgarten beobachtet, reicht endlich, um seinen Verdacht zu bestätigen. Als er Tristan und Isolde zuvor in der Minnegrotte schlafen sieht, referiert er, wie Liebende gewöhnlich schlafen, und diese Vorstellung stimmt mit dem Bild, das sich ihm in der Minnegrotte bietet, nicht überein (V. 17526–17528), weshalb er sie zunächst für unschuldig halten muss.[727] In ihrem letzten gemeinsamen Moment im Baumgarten aber schlafen Tristan und Isolde genauso verschlungen, wie Marke es zuvor beschrieb, weshalb es nach zahllosen gelungenen Täuschungsmanövern nun keinen Zweifel am Ehebruch der Schlafenden mehr geben kann, denn „[d]er Erzähler weiß wie Marke genau, welche Beschäftigung vorausging."[728] Das ineinandergeschlungene Schlafen ist für Marke und den Hof, dem er anschließend davon berichtet, eindeutig „der höchste Gipfel der Intimität beider Liebenden"[729] – und dennoch ist es vergleichsweise harmlos, weil sie lediglich *sliefen harte suoze*. Die Beschreibung dessen, was Marke vorfindet, lässt sich trotzdem neunzehn Verse Zeit, bevor ironisch[730] erwähnt wird, dass Marke die beiden nicht am helllichten Tag beim aktiven Geschlechtsverkehr überrascht, sondern dass sie nur schlafen. In diesen neunzehn Versen darf die Imagination des Rezipienten sich alles ausmalen, was mit verschlungenen Körperteilen verbunden wird – er darf die Leerstelle ausfüllen, die von der zensierenden Bettdecke, die wie ein Feigenblatt auf der Szene zu liegen scheint, markiert wird. Als auffällig ins Zentrum gestellte textile Sichtblockade dient *daz deckelachen* dazu, durch Verhüllung zu enthüllen: Sie verschleiert dabei einerseits alle Körperteile, die Gottfried nicht beschreiben kann, doch der Fantasie, sich die verschlungenen Körper auch unterhalb der Decke genauso verschlungen vorzustellen wie sichtbare Arme, Hände und Brustbeine, sind damit keine Grenzen gesetzt. Die textile Verhüllungsinstanz der Decke wird zur gestaltbaren Leinwand, auf welcher der Rezipient selbst erotisch-künstlerisch aktiv werden kann.

Die Entdeckung der Liebenden im Baumgarten lässt sich allerdings nicht nur über die vorweggenommene Beschreibung der Art, wie Liebende schlafen, auf die Beobachtung in der Minnegrotte übertragen: Beide Male liegen Tristan und Isolde schlafend im Bett, während sie von Marke unbemerkt beobachtet werden. Obwohl beide Beobachtungen gänzlich unterschiedliche Konsequenzen nach sich ziehen, sind sie ge-

---

727 Feichtenschlager, Entblößung, S. 58–59, zu verschmolzenen Körpern: „Die Vorstellung des In-eins-Gehens der Leiber der Liebenden scheint in einer längeren motivischen Tradition zu stehen. Das Monadische des Körpers wird vor allem über die Körperfläche, die entblößte Haut hergestellt und die Imagination eines gemeinsamen Leibes ist somit eine durchwegs taktil angeregte ‚Fähigkeit'."

728 Hübner, Erzählform, S. 322.

729 Baier, Heimliche Bettgeschichten, S. 189.

730 Vgl. Hübner, Erzählform, S. 322.

spiegelt angelegt.[731] Dies zeigt sich an der Wiederholung der Beobachterposition Markes,[732] die auch dazu dient, das voyeuristische Sehbegehren des textexternen Rezipienten anzuregen, mehr über die Details der Liebesvereinigung zu erfahren. Schon bei der Beschreibung Isoldes in der Minnegrotte wird die erotische Imagination des Rezipienten zunächst angeregt, indem der Erzähler Isoldes von Anstrengung gerötete Wangen beschreibt:

> Ine weiz von welher arbeit
> diz mære spellet unde seit,
> von der erhitzet solte sîn,
> und lûhte ir varwe unde ir schîn
> als suoze und alse lôse
> als ein gemischet rôse
> hin ûf alles wider den man;
> ir munt der fiurete unde bran
> rehte alse ein glüender kol.
> jâ ich erkenne mich nu wol,
> waz dirre arbeite was:
> Îsôt was, alse ich iezuo las,
> des morgens in dem touwe
> geslichen zuo der ouwe
> und was dâ von enbrunnen. (V. 17565–17579)

Der Erzähler verwendet Begriffe, die eindeutig mit Erotik assoziiert sind: Marke sieht Isoldes rot-gemischtes Gesicht, ihren feurigen Mund, der an ein Stück glühende Kohle erinnert, und ihren aufgehitzten Körper. Der Rezipient ist mit diesem Vokabular vertraut[733]: Als sich die Anziehung zwischen Isolde und Tristan nach dem Verzehr des Minnetranks ins Unermessliche steigert, werden die wechselnden Körperfarben, *ir varwe wandelieren* (V. 12072), die zwischen *rôt unde bleich* (V. 11923) changieren,[734] be-

---

731 Vgl. Lanz-Hubmann, Mehrdeutigkeit, S. 96.

732 Hübner, Erzählform, S. 328, stellt den Vergleich beider Szenen über Marke als Fokalisierungsinstanz her: „In beiden Entdeckungsszenen lädt die Fokalisierung dazu ein, Markes Blick auf das Paar zu teilen. Wenn der Modellrezipient die Liebenden mit Markes Augen sieht, wird er durchaus nicht mit einem Antagonistenstandpunkt konfrontiert. Überraschenderweise stellt sich die ausführlich präsentierte Innenwelt des Königs im Fall der Wahrheitserkenntnis im Baumgarten, genauso wie im Fall der Fehleinschätzung am Fenster der Minnegrotte, als Angebot zum Miterleben dar, denn der König sieht in beiden Fällen nur den Glanz der Liebe und der Schönheit." Dass Marke nicht bewertet, sondern den Blick des Rezipienten leitet, spricht allerdings auch dafür, ihn in der bildlichen Komposition der Szene als blicklenkende Assistenzfigur zu betrachten.

733 Bereits ab jenem Moment, in dem Tristan als Markes Brautwerber vor Isolde tritt, dienen die Metaphern der Entflammung von Kerze und Kohle dazu, ihre künftige illegitime Minne anzudeuten, vgl. Kraß, Geschriebene Kleider, S. 190.

734 Sämtliche Belegstellen für die Bedeutung der Mischung von rot und weiß im Minnekontext anzuführen, wäre ein größeres Unterfangen (vgl. dazu Ernst, Haut, S. 188–191), doch um nur ein weiteres Beispiel zu nennen, das sich auch aufgrund eines Isolde-Vergleichs wenige Verse später (V. 2991) anbietet: Dieselbe Farbkonstellation findet sich ebenfalls in der oben besprochenen Liebesvereinigungsepischrieben. Das rekurrierende Vokabular der Leidenschaft in der Beschreibung der schlafenden Königin ist unschwer erkennbar und die Erwartungshaltung, was die *arbeit* gewesen sein könne, die sie in der Minnegrotte ‚entbrannt' hat, braucht kaum Imagination – die ‚Anstrengung' kann sofort als sprachlicher Verhüllungscode für Geschlechtsverkehr gedeutet werden. Marke beobachtet Isolde darum nicht als alleiniger Voyeur, denn der durch vermeintlich eindeutige Reizwörter angeleitete Rezipient beobachtet mit ihm. Der Erzähler aber kokettiert mit dessen Erwartungen:

> Gottfried ensures that we shall participate in the king's masochistic-voyeuristic excitement by encouraging us to imagine a version of the story in which Isolde's flushed cheeks and burning lips would have been caused by recent love-making – only to ‚recall' that they were in fact the result of an innocent stroll through the dew! Thus we are forced to grant our complicity in Mark's voyeuristic pleasure, by recognizing that it is *our* fantasies that are responsible for any pornographic element in this scene.[735]

Um dieses reizvoll-erotische Versteckspiel in der Sprache zu kreieren, braucht es keine Entdeckung *in flagranti*, die andeutungsreichen Worte reichen aus. Mithilfe der Begriffe aus dem semantischen Feld ‚Feuer', löst der Erzähler ein erotisches ‚Kopfkino' aus und macht sich dann beinahe über die Fantasie des Rezipienten lustig, indem er die geröteten Wangen Isoldes anschließend gänzlich verharmlost. Sowohl in der Minnegrotte als auch im Baumgartenbett, führt der Text damit „in witzig-ironischer Weise"[736] vor, wie die Sprache im höfischen Kontext mit Andeutungen versetzt werden kann, die nur die Mitwissenden zu durchschauen vermögen. Nur wer die Geheimcodes dieser Minnesprache versteht, erkennt, dass auch in den harmlosesten Beschreibungen zahllose Anspielungen verborgen sind.[737] Tristan und Isolde selbst beherrschen dieses Spiel am besten:

---

sode in Konrads *Engelhard*, in der von Korpern *minneclich gevar, / als milch gemischet unde bluot / was ir liehtiu varwe guot / mit wîze und ouch mit rôte* (V. 2966–2969) die Rede ist. Corinna Virchow: *Partonopier und Meliur* im Zauberlicht. Farbe im Schatten auf der Liebe. In: Farbe im Mittelalter. Materialität – Medialität – Semantik. Hrsg. von Ingrid Bennewitz. Berlin 2011, S. 521–536, hier: S. 527, vermutet sogar, dass die Zusammenstellung von roten und weißen Farbelementen für den Rezipienten eine „rein perzeptuelle, ‚optische' Mischung" der Farbwirkung hervorgerufen haben könnte.

735 Spearing, Poet as Voyeur, S. 64 [Hervorhebung im Original].

736 Hübner, Erzählform, S. 327.

737 Insbesondere die Minnegrotten-Episode ist gespickt mit andeutungsreichen Formulierungen, die immer wieder die erotische Imagination des Rezipienten anregen und dann gleich wieder ironisieren. So etwa nachdem Tristan und Isolde sich draußen im *locus amoenus* traurige Geschichten unglücklicher Liebe erzählen:

> So si aber der mære denne
> vergezzen wolten under in,
> sô slichens in ir klûse hin
> und nâmen aber ze handen,
> dar ans ir lust erkanden,
> und liezen danne klingen
> ir harphen unde ir singen (V. 17204–17210)

ir offenlîchiu mære,
mit den si wunder kunden,
diu begundens under stunden
mit klebeworten underweben;
man sach dicke in ir mæren kleben
der minnen werc von worten
als golt in dem borten. (V. 12994–13000)

Das illegitime Liebespaar entwickelt eine einige Liebessprache,[738] in der die entscheidenden Worte doppelt besetzt sind, und erschafft so „einen Liebesgarten [...], einen exklusiven Freiraum der Verständigung, aus dem die übrige Welt ausgeschlossen bleibt."[739] Auf diese Weise gelingt es Tristan und Isolde mit ihrer „Liebe, die [...] ganz im Zeichen des Täuschens und Betrügens, Erfindens und Fingierens"[740] steht, nicht nur, Marjodo und Melot zu täuschen,[741] sondern auch durch eine *dissimulatio* ihre Liebe und ihre sexuelle Anziehung vor den Augen und Ohren des gesamten Hofs zu artikulieren und gleichzeitig zu verschleiern:[742] *mit der verkouften si vil, / mit der ertrugens ir minnenspil*; (V. 13007 f.) – und dies so überzeugend, dass sich im Gottesurteil sogar Gott selbst auf ihre doppeldeutigen Sprachspiele einlässt.[743] Diese textile Ver-

Auch in dieser Passage muss der auf die erotische Liebe gepolte Rezipient davon ausgehen, dass die Liebesvereinigung die bevorzugte Ablenkung des Protagonistenpaars ist – bis er erfährt, dass das *klingen* lediglich auf die Musikinstrumente zurückzuführen ist. Trînca, Amor conspirator, S. 233, versteht die Darstellung von Musik und Gesang als verhüllende Metapher: „Ein Effekt der euphemistischen Redeweise besteht darin, dass es unklar bleibt, wo die Metapher beginnt und ob die Liebenden überhaupt musizieren." Ob Tristan und Isolde wirklich Musik machen, ist für die Frage nach der Wahrnehmung des Rezipienten letztlich jedoch unerheblich, weil seine Imagination durch die Gestaltung dieser Textpassage immer wieder bewusst zur erotischen Vervollständigung der Andeutungen aufgefordert wird, die – und das ist hier entscheidend – nicht im Text, sondern vor seinem inneren Auge stattfindet.

738 Den Anfang macht Isolde mit dem *lameir*-Rätsel (V. 11989–12019) während der Überfahrt, das ihr Liebesgeständnis verhüllt, womit schon angedeutet wird, dass Sprachkunst in all ihren doppeldeutigen und klanglichen Facetten künftig essenzieller Bestandteil der Kommunikation sein wird. Danach gibt es etliche weitere Passagen doppeldeutigen Sprechens, wie etwa Brangänes Hemdenerzählung (dazu Feichtenschlager, Entblößung, S. 182–185), die belauschte Baumgartenszene und das Gottesurteil.

739 Wenzel, Geheimnis, S. 61. Der Einblick in die geheime Minnekommunikation bleibt nach Trînca, Amor conspirator, S. 180, allerdings auch dem Rezipienten verschlossen, denn „Gottfried dringt in seiner Rede kaum in die Intimität des Paares ein. Er gibt weder die *offenlîchiu mære* noch das, was sich darin verbirgt, wieder, sondern er beschreibt den Dialog als (an Kostbarkeit interessierter) Mitwisser des Liebesgeheimnisses von außen, in einer Metarede."

740 Wandhoff, Vom Finden der Liebe, S. 289.

741 Vgl. Lanz-Hubmann, Mehrdeutigkeit, S. 93.

742 Vgl. Dröse, Scham, S. 182; Wandhoff, Vom Finden der Liebe, S. 289.

743 Vgl. Müller, Höfische Kompromisse, S. 313. Allerdings stellt Grubmüller, Gottfrieds Stil, S. 188, heraus, dass diese Doppeldeutigkeit aus einer Eindeutigkeit zweier oxymoraler Aussagen hervorgeht: „Zweideutigkeit wie sie beispielhaft beim Eid des Gottesurteils vorgeführt wird, setzt eindeutige Formulierungen voraus. Isolde formuliert zwei einander ausschließende Wahrheiten in einem Satz, aber beide sind eindeutig."

flochtenheit der Liebenden zeigt sich bereits zu Beginn ihrer Intrigen an Markes Hof in den Blicken, *ir ougen understricken* (V. 12981).[744] Dass Gottfried bei dem Verweis auf die Arkansprache der Liebenden die für poetologische Andeutungen etablierte Gewebemetapher anzitiert,[745] impliziert zusätzlich, dass die verhüllend-enthüllende Sprechweise der Liebenden auch die Sprache des Verfassers selbst ist,[746] denn „[n]ahtlos schließt das Bild der Liebessprache, die golddurchwirkte Seidenborte, an die Gold-Gleichnisse des Literaturexkurses an, die sich auf die Texte von Gottfrieds literarischen Vorgängern bezogen."[747] Gottfried bedient sich im Fall der verwebten Minne zwar nicht der ausführlichen *descriptio* höfischer Kleidung, um mithilfe der Gewebemetapher auf die ‚Gemachtheit' der Dichtkunst zu verweisen – aber er zeigt mithilfe seiner Protagonisten unverhohlen, dass vor allem Sprache mehrdeutig und selbstreflektiv sein kann, wenn man die Geheimcodes zu entschlüsseln vermag.

Das listige Sprechen in Gottfrieds *Tristan* ist demnach nicht Verhüllen durch die doppeldeutige Wahrheit,[748] sondern Verhüllen durch die Künstlichkeit der Sprache selbst,[749] die je nach Kontext und Rezipient immer ambig ist. Hinter den *klebewort*, mit denen Tristan und Isolde sich heimlich öffentlich ihre Zuneigung bekunden, verbirgt sich die Offenbarung eines poetologischen Programms, das Gottfried für stets neue reizvolle Einblicke nutzt, die dann doch wieder verunklart werden,[750] um so ei-

744 Trînca, Amor conspirator, S. 179, betont die Ähnlichkeit der verflochtenen Blicke und Worte, die Tristan und Isolde an Markes Hof austauschen, mit ihrer textilmetaphorischen Taktilität: „Sie umarmen sich heimlich im Geflecht der Blicke und Wortfäden, potentielle Entdeckung steigert vielleicht den Genuss."

745 Vgl. Wenzel, Hören und Sehen, S. 302. Zur Gewebemetapher vgl. auch die Überlegungen zu Rudolfs von Ems *Willehalm von Orlens* in Kapitel 1.3.6.

746 Bulang, Poetisches Gold, S. 33, beobachtet ebenfalls, dass bei Gottfried die Beschreibungen von Goldfäden, die so in glänzende Gewänder gewebt sind, dass sie unsichtbar werden, als „poetologische Pointe [...] einer Selbstthematisierung" eingesetzt werden könnten: „Dass Gottfried sich – anders als seine höfischen Dichterkollegen – nicht im *titulus* des Prologs nennt, sondern seine Signatur als Akrostichon und im Initialenspiel gestaltet und so auf ganz eigene Weise den *wercman* seines Romans in der Fraktur des Textes versteckt, könnte als metapoetische Strukturanalogie zu den Epiphanien des Glanzes in Weisefort gelesen werden."

747 Ebd., S. 41.

748 Vgl. Dicke, Das belauschte Stelldichein, S. 219. Diese Art des Verbergens durch die Artikulation von Wahrheit wird besonders in der ersten Baumgartenszene und natürlich im Gottesurteil deutlich.

749 Haiko Wandhoff: How to Find Love in Literature: Reading Gottfried von Strassburg's *Tristan* and His Cave of Lovers. In: Visuality and Materiality in the Story of Tristan and Isolde. Hrsg. von Jutta Eming, Ann Marie Rasmussen, Kathryn Starkey. Notre Dame, Indiana 2012, S. 41–64, hier: S. 49, bezeichnet die Liebesbeziehung Tristans und Isoldes darum als künstlerische: „[T]heir love is an artistic love, because it requires art and craftsmanship to be performed under the noses yet hidden for the eyes of King Mark and his court in Cornwall."

750 Huber, Kristallwörtchen, S. 203, hat bei seiner Untersuchung der berühmten *cristallînen wortelîn* im Literaturexkurs bereits auf den „Verlust sprachlicher Transparenz, des Sinnes hinter den Worten" als roten Faden für Gottfrieds poetologische Äußerungen hingewiesen. Auch Trînca, Evidenz, S. 253, betont, dass die verhüllten Dialoge der Liebenden mehrdeutig sind: „Für Gottfrieds Metarede, in der nen metafiktionalen Diskurs über die Kunst der Liebe und die damit verbundene Kunst der Sprache zu etablieren.[751] Die Worte selbst werden dabei zu einem Textil, das wie die zensierende Bettdecke die eigentliche Absicht der Liebenden verhüllt – und zugleich Gottfrieds Kunst offenbart, von einer ehebrecherischen Liebe, die sich maßgeblich über erotische Anziehung konstituiert, zu erzählen und diese wiederum verschleiernd in Worte zu kleiden.[752] Darum ist die Metapher, mit der Tristans und Isoldes Geheimsprache beschrieben wird, kein Gewand, sondern „ein[.] golddurchwirkte[r] Gürtel oder eine Borte mit Bildzeichen oder Schriftzeichen, einem Muster jedenfalls, das man unterschiedlich deuten kann und denen, die es lesen können, eine andere Bedeutung liefert als denen, die die Zeichen nicht erkennen."[753] Der Gürtel bedient sich damit nicht nur metaliterarischer Assoziationen, er spielt abermals mit erotischen Konnotationen[754] – da das höfische Accessoire zugleich Symbol für körperliche Liebe oder Jungfräulichkeit sein kann.[755] Die Gewebemetapher, die hier durch einen

Sprache Gespräche zum Thema hat, ist akustische Artifizialität, sind Klang-Kohärenzen bestimmend. Sie finden – selbstreferenziell – ihr Echo in der Kostbarkeit der *mære*."

751 Vgl. Wandhoff, Love, S. 50; auch in jüngeren Arbeiten formuliert Wandhoff, Vom Finden der Liebe, S. 277, dass Gottfrieds *Tristan* „als eine allegorische Geschichte der Liebe, in der das Verhältnis von Minne und Kunst, Liebe und Literatur verhandelt wird", gelesen werden müsse. Zu Selbstbezüglichkeit und den Gefahren ästhetischer Verführungskunst in Gottfrieds *Tristan* vgl. auch Manuel Braun und Annette Gerok-Reiter: Selbstbezüglichkeit und ästhetische Reflexionsfigur als Bausteine einer historischen Literarästhetik. Einige grundsätzliche Überlegungen aus Sicht der germanistischen Mediävistik. In: Ästhetische Reflexionsfiguren in der Vormoderne. Hrsg. von Annette Gerok-Reiter, Anja Wolkenhauer, Jörg Robert [u. a.]. Heidelberg 2019 (GRM, Beihefte. 88), S. 35–66, hier: S. 51–54.

752 Dabei rekurriert die Idee des Festklebens, des Nichtloskommens von der Minne, zusätzlich auf den Beginn der Liebesbeziehung: Nach dem Verzehr des Minnetranks klebt die Minne wie Leim zunächst an Isolde, *sô clebte ir ie der lîm an* (V. 11798), dann an beiden, sodass *ir gelîmten sinne / die erkunden niender hin gewegen* (V. 11810 f.) und sie sich mit *gelîmeten ougen* (V. 11904) anschauen. Die Leimrutenmetapher findet sich auch im Märe des Minnesklaven Aristoteles, das in der auf die Mitte des 13. Jahrhunderts datierten Benediktbeurer Sammelhandschrift (vgl. Marija Javor Briski: Eine Warnung vor dominanten Frauen oder Bejahung der Sinnenlust? Zur Ambivalenz des „Aristoteles-und-Phyllis-Motivs" als Tragezeichen im Spiegel deutscher Dichtungen des späten Mittelalters. In: Erotik, aus dem Dreck gezogen. Hrsg. von Johan H. Winkelman, Gerhard Wolf. Amsterdam 2004 (Amsterdamer Beiträge zur älteren Germanistik. 59), S. 37–66, hier: S. 46.) überliefert ist, und damit ebenfalls den gängigen Minnetopos des Gefangenseins aufgreift.

753 Wenzel, Geheimnis, S. 61. Es könnte auch eine Tasselschnur gemeint sein, die den Mantel auf elegante Weise zusammenhält und als typisch höfisch gilt vgl. Bumke, Höfische Kultur, S. 195–196; Theiß, Höfische Textilien, S. 202. Eine solche Schnur war bereits beim Auftritt Isoldes in der ausführlichen *descriptio* der irischen Prinzessin und ihrer Gewänder in V. 10936 f. in Szene gesetzt worden. Zur Relevanz des Goldes in Gottfrieds *Tristan* vgl. insbesondere Bulang, Poetisches Gold, der etwa ebd., S. 34, auf den „Signalreim Îsolde/golde" hinweist; sowie Trînca, Amor conspirator, S. 179, und dies., Evidenz, S. 255–257.

754 Vgl. Glanz, De arte honeste amandi, S. 415.

755 Claudia Schopphoff: Der Gürtel. Funktion und Symbolik eines Kleidungsstücks in Antike und Mittelalter. Köln 2009 (Pictura et poesis. 27), S. XI, deutet darauf hin, dass der Diebstahl eines Gürtels als Umschreibung einer Vergewaltigung gedeutet werden kann. Ludger Lieb und Michael R. Ott: Schrift-

Gürtel neu inszeniert wird, demonstriert nochmals, dass sowohl Sprache als auch Dinge zweideutig sein können: Beide können ästhetische Ausdrücke repräsentativ-höfischer Konformität darstellen, beide können gleichzeitig mit sexuellen Andeutungen versehen sein – und nur diejenigen, die in die Geheimsprache eingeweiht sind, können die Anspielungen ‚unter der Gürtellinie'[756] verstehen. Die höfische Sachkultur wird zum Bildspender metaphorischen Sprechens über Literatur,[757] das wiederum als verhülltes Sprechen über Erotik getarnt ist.

Damit dreht sich letztlich die gesamte Minnehandlung um die Kunst des listigen Sprechens, denn der listigste aller Sprecher ist Gottfried von Straßburg selbst. Der Verfasser äußert sich mithilfe des Bildes eines Dinges über die erotische Minne und die Kunst der Literatur gleichzeitig – und schafft damit wiederum intratextuelle Kohä-

---

Träger. Mobile Inschriften in der deutschsprachigen Literatur des Mittelalters. In: Schriftträger – Textträger. Zur materialen Präsenz des Geschriebenen in frühen Gesellschaften. Hrsg. von Annette Kehnel, Diamantis Panagiotopoulos. Berlin/Boston 2015 (Materiale Textkulturen. 6), S. 15–36, hier: S. 21, verweisen bei der Analyse des Gürtels der geschändeten Progne in Albrechts von Halberstadt Übertragung der *Metamorphosen* Ovids auf Prünhilts Gürtel, der mit ähnlichen Bedeutungen konnotiert ist. Oswald, Gabe, S. 231, versteht den gelösten Gürtel ähnlich wie abgelegten Kopfschmuck als *insignum virginitatis*. Andere literarische Gürtel finden sich etwa in Wirnts von Grafenberg *Wigalois*, in dem Jorams Gürtel als anspielungsreiche Minnegabe an Ginover gedeutet werden kann, wie Christoph Schanze: Jorams Gürtel als „Ding". Zur Polysemie eines narrativen Requisits. In: PBB 135,4 (2013), S. 535–581, hier: S. 559, ausführt: „Der Symbolwert des Gürtels kann dabei so weit gehen, dass der Gürtel zum Zeichen des vollzogenen Geschlechtsverkehrs wird – ein prominentes Beispiel unter vielen ist Brünhilds Gürtel aus dem *Nibelungenlied*, der allerdings als Keuschheitsgürtel einen etwas anderen symbolischen Stellenwert hat: Sein Ablegen steht für den vollzogenen Geschlechtsverkehr, während im *Wigalois* in dieser Lesart das Anlegen des Gürtels den sexuellen Akt symbolisiert. Besonders prekär wird die Situation dadurch, dass die Übergabe nicht in der höfischen Öffentlichkeit stattfindet, sondern abgeschieden, in einer halb privaten Sphäre." Diese erotische Konnotation des *Wigalois*-Gürtels stellt auch Marshall, Unterlaufenes Erzählen, S. 391, heraus, die der Fischersfrau, die Wigalois' Gürtel heimlich stiehlt, darum attestiert, ihren Ehemann betrogen zu haben. Mit ähnlichen sexuellen Ambiguitäten spielt der grüne Seidengürtel in *Sir Gawain and the Green Knight* (dazu Stanbury, Gawain-Poet, S. 110, und Jessica Cooke: The Lady's ‚Blushing' Ring in *Sir Gawain and the Green Knight*. In: The Review of English Studies 49,193 (1998), S. 1–8, hier: S. 7) und der Gürtel im *Lai de Guigemar* der Marie de France: Darin wird ein Gürtel, dessen Schnalle sich nur vom wahren Geliebten öffnen oder durchbrechen lässt (V. 568–575), zum Erkennungszeichen Guigemars und seiner Dame und schützt sie damit vor den Übergriffen eines wollüstigen bretonischen Herrschers (V. 739–742), dazu auch Désirée Mangard: Der Gürtel als Marker für Normbrüche. In: Jenseits der ausgetretenen Pfade. Normüberschreitungen in der höfischen Epik vom späten 12. bis zum frühen 14. Jahrhundert. Hrsg. von ders., Miriam Strieder. Innsbruck 2021 (Innsbrucker Beiträge zur Kulturwissenschaft. Germanistische Reihe. 94), S. 159–178, hier: S. 160. Im *Meleranz* des Pleier liefert der Gürtel Tydomies eine unmissverständlich erotische Ausdeutung sogar gleich selbst mit: *die buochstab an dem strichen vor / die sprâchen ‚dulicis lâbor': / daz sprichet, sô mir ist geseit, / ‚minne ist süeziu arbeit'* (V. 691–694).

756 Camille, Medieval Art of Love, S. 61–62, verweist für das erotische Potenzial des Gürtels auf das Streitgespräch der zwei Körperhälften in Andreas Capellanus' *De Amore* und begründet damit, dass Gürtelschnallen aus Metall oder Elfenbein oft mit Minneszenen versehen wurden.

757 Trînca, Parrieren, S. 16, hat dieses Verfahren für den Metapherngebrauch Wolframs von Eschenbach nachgewiesen.

renz: Tristan hatte Isolde als Brautwerber Markes einen Gürtel geschenkt (V. 10822–10825) und damit bereits eine subtile sexuelle Andeutung gemacht, die die Liebenden schon lange vor dem Minnetrank als miteinander verwoben markierte.[758] Andreas Kraß greift für seine Analyse der Brautwerbung seinerseits auf das Bild der Verflochtenheit zurück, um zu beschreiben, wie Gottfried auf poetischer, materieller und symbolischer Ebene die Minnebeziehung Tristans und Isoldes schon während der Brautwerbung voraussagt:

> Über die poetische Verflechtung (Parallelismus, Chiasmus, Rahmung, Ringschluß) und die materielle Entsprechung (Farbe, Form, Material) der Schönheitsbeschreibungen hinaus setzt Gottfried noch eine dritte ästhetische Strategie ein, um die künftige Unio Tristans und Isoldes zu illustrieren. Er gewinnt dem Typus der vestimentären Epiphanie eine Variante ab, die geeignet ist, auf der Symbolebene das zu antizipieren, was sich wenig später auf der Handlungsebene ereignen wird: Tristan und Isolde werden den Minnetrank trinken und in wechselseitiger Liebe entbrennen. Eben diesen Vorgang nehmen die Schönheitsbeschreibungen metaphorisch vorweg: Isolde ist das Feuer, an dem sich Tristan entzündet.[759]

Durch die Beschreibung der zukünftigen Liebenden wird ihre Minne über sprachliche Stilmittel und erotisch konnotierte Dinge bereits präfiguriert, sodass auch Marke die vollkommene Schönheit des verflochtenen schlafenden Liebespaars, das von Anfang an füreinander bestimmt war, im Baumgartenbett nur bewundernd anerkennen kann.[760] Dass der Rekurs auf die erste Entzündung des Minnefeuers im Brautwerbungsvorgang mit dem Bild eines verwobenen Gürtels der Geheimsprache und letztlich mit den verflochtenen Körperteilen bei der finalen Entdeckung verknüpft wird, markiert ein ästhetisches Gesamtkonzept, das die Vieldeutigkeit sprachlicher und visueller Zeichen ins Zentrum stellt: Von Anfang an ist Gottfrieds von Straßburg *Tristan* dominiert von einer Ambiguität der Zeichen. Diese Mehrdeutigkeit resultiert aus arbiträr gesetzten Verknüpfungen, die nur jene Rezipienten erkennen, die die verhüllten Verweise auf die Artefakte der höfischen Kultur verstehen und reflektieren können.[761]

---

758 Schopphoff, Gürtel, S. 166, vermutet, dass „die Gürtelofferte Tristans möglicherweise schon auf die Beziehung der beiden Liebenden an[spielt]. Demnach würde Tristan schon zu diesem Zeitpunkt als wahrer Bräutigam Isoldes gekennzeichnet, unabhängig davon, ob ihn Isolde vor oder nach dem Genuß des Minnetranks lieben würde. Er ‚bände' Isolde mit dem Gürtel an sich, genau wie ihre Mutter und Brangäne, die im folgenden beide in die Liebe des Paares ‚verstrickt' sind."

759 Kraß, Geschriebene Kleider, S. 190.

760 Vgl. Hübner, Erzählform, S. 323.

761 Ähnlich folgert Trînca, Amor conspirator, S. 185, nach ihrer Analyse des Leichs, den Tristan auf seiner Harfe spielt, um Isolde während der Entführung durch Gandin zu beruhigen: „Die Variationen der Unzulänglichkeit werden überblendet von einem Kunstdiskurs, der seine Begriffe aus dieser Sphäre schöpft (*slîchen, tougenlîch*) und der Form der Virtuosität definiert, die von laut bis leise, von verklausuliert oder doppeldeutig bis leicht zugänglich und unmittelbar ergreifend reichen. Diese Skala in ihrer ganzen Breite können nur Privilegierte und ins Geheimnis Eingeweihte wahrnehmen – dies betont die Erzählung immer wieder, indem sie die Widmung des Prologs an edle Herzen (V. 47) subtil rekapituliert."

Die goldene Statue, mit der das verflochten schlafende Liebespaar verglichen wird, spielt dabei zusätzlich auf eine Reflexion der Künstlichkeit an, weil Tristan und Isolde „[i]n postkoitaler Ruhe“[762] zu einer „Preziose der Liebe“[763] erstarren: Der Vergleich der schlafenden Liebenden mit einem gegossenen Kunstwerk, das Markes Wahrnehmung der Szene beschreibt[764], welches nicht trefflicher zusammengeformt sein könnte,[765] präsentiert die Schönheit formvollendeter Zusammenfügung.[766] Mit

762 Bulang, Poetisches Gold, S. 38.

763 Schnyder, Topographie, S. 274. An ein „Siegelbild, dass [sic] die Geschichte von Tristan und Isolde abschließt, aber eben auch besiegelt, also ihr dauerhafte Gültigkeit verleiht als Exempel der Minne in ihrer klarsten Form“, fühlt sich Wandhoff, Vom Finden der Liebe, S. 310, erinnert.

764 Vgl. Hübner, Erzählform, S. 323.

765 Der Vergleich eines verschlungenen Liebespaars mit einem Kunstwerk findet sich etwa auch in Wolframs von Eschenbach Tagelied *Den morgenblic* (MF I):

sus kunden sî dô vlehten
ir munde, ir bruste, ir arme, ir blankiu bein.
Swelch schiltaer entwurfe daz,
geselleclîche als si lâgen, des waere ouch dem genuoc. (3,5–8)

Die Münder, Oberkörper, Arme und Beine der Liebenden sind so ineinandergeflochten, dass ein jeder Maler damit überfordert wäre, sie zu malen, vgl. Kiening, Poetik des Dritten, S. 165. Es wäre zu überlegen, ob sich an dieser Überforderung des Bildkünstlers ein Plädoyer für den Primat der Literatur erkennen ließe, weil die Worte die Verflochtenheit besser darstellen können als die bildende Kunst.

766 Das vor allem für die Chrétien-Forschung bedeutsame Konzept der *conjointure* wird hier implizit als Terminus für das Zusammenfügen zweier Elemente gebraucht, was nach Douglas Kelly: The Art of Medieval French Romance. Madison 1992, S. 17, auf jede Form von Vereinigung diverser (gegensätzlicher) Elemente angewendet werden kann: „The examples found in dictionaries illustrate a number of contexts for *jointure* and *conjointure* distinct form, but analogous to, the specifically literary sense found in Chrétien: the union of body and soul; human relationships (conjugal, sexual, feudal, genealogical); architecture (particularly interesting because of the frequency with which architecture is a model for poetic craft in the Middle Ages); carpentry, stonemasonry, and other mechanical arts; pharmaceutical and other chemical mixtures; and, in general, any ‚assemblage des parties dont le corps est composé.‘ Such ‚assemblages‘ may be literary compositions, even mathematical structures, or, on the other hand, an alloy, an admixture, even a hodgepodge of disparate elements.“ Gerade die poetologische Tragweite des Begriffs, der im Altfranzösischen zugleich eine Umschreibung für Geschlechtsverkehr ist (vgl. Kelly, Narrative Poetics, S. 55), scheint angebracht, um Gottfrieds Anspielung auf das ästhetisch perfekte Zusammengefügtsein der Liebenden zu verweisen. Da Kelly für die Erläuterung dieses Konzepts immer wieder auf die zeitgenössische Metapher der verflochtenen Äste zurückgreift (vgl. ders.: Interlace and the Cyclic Imagination. In: A Companion to the *Lancelot-Grail Cycle*. Hrsg. von Carol Dover. Woodbridge 2011 (Arthurian Studies. 54), S. 55–64, hier: S. 56–58), ließe sich zudem überlegen, inwiefern auch das Ende des *Tristan*-Stoffs bei Eilhart von Oberg auf diese Idee des Verflechtens rekurriert, wenn sich die Äste der auf den Gräbern der getrennt bestatteten Liebenden wachsenden Bäume ineinander verschlingen. Dass die Übertragung des an die Beschreibung höfischer Kleidung gekoppelten poetologischen Konzepts bei Chrétien auf Gottfrieds *Tristan* nicht abwegig ist, hat Kraß, Geschriebene Kleider, S. 367, für den Literaturexkurs zu Tristans Schwertleite gezeigt: „Das Textkleid ist eben jener Mantel, den der Dichter selbst seinem Protagonisten anläßlich der Schwertleite umhängt. Denn Gottfried legt sein poetologisches Credo ausgerechnet an jener Stelle des Romans ab, wo Tristan seine ritterliche Investitur empfängt. Indem er diesen Ort wählt, etabliert er, wie vor ihm Chrétien, eine Analogie zwischen Einkleidung der Dichtung und der Einkleidung des Helden. Während dem Verweis auf die Verflochtenheit rekurriert Gottfried auf die zuvor wiederholt bedeutsame Gewebemetapher und ihren erotischen und poetologischen Konnotationen. Doch entscheidend ist letztlich, dass die Liebenden im Baumgarten vor den Augen Markes – und des ganzen Hofs[767] – zu einem perfekten Kunstwerk verschmelzen.[768] Damit wird abermals ein Motiv aufgegriffen, das Gottfried zuvor schon bei der ausführlichen Beschreibung Isoldes etabliert:

man sach ez inne und ûzen
und innerhalben lûzen
daz bilde, daz diu Minne
an lîbe und an dem sinne
sô schône hæte gedræt:
diu zwei, gedræt unde genæt,
diu envollebrâhten nie baz
eine lebende bilde danne daz. (V. 10953–10960)

Auch wenn es hier vordergründig um das Innen und Außen des kostbaren Pelzmantels zu gehen scheint, lassen diese Verse eine poetologische Deutung zu, in welcher die Minne selbst als vermeintliche Urheberin eines außerordentlichen Kunstwerks benannt wird. Die Drechselmetaphorik verweist auf das Kunstvoll-Geschaffen-Sein,[769] das Isolde schon zu Beginn ihres Auftritts als Minnekunstwerk charakterisiert hatte:

suoze gebildet über al,
lanc, ûf gewollen unde smal
gestellet in der wæte,
als sî diu Minne dræte
ir selber zeinem vederspil,
dem Wunsche zeinem endezil,
dâ vür er niemer komen kan. (V. 10897–10903)

Genau wie ein Greifvogel durch Abrichtung zum perfekten ‚Spielzeug' geformt wird, wird Isolde zum idealen Objekt des Begehrens gedrechselt,[770] das damit mehr als nur eine Kreation der Minne ist: Sie ist eine Kreation Gottfrieds, der mit Worten nicht nur

---

der Dichter im Vorgang der poetischen Investitur eine aktive Rolle einnimmt (er kleidet ein), verhält sich der Protagonist im Ritual der ritterlichen Investitur passiv (er wird eingekleidet)."

767 Nachdem er das Paar entdeckt hat, holt Marke sein Gefolge hinzu, damit auch sie den Verrat sehen und bezeugen können: Er will, *daz si alle mit im giengen dar / und næmen umbe si beidiu war* (V. 18243 f.). Markes Blick kreiert eine Schaugemeinsaft, die nun die Öffentlichkeit des Hofs umfasst.

768 Ähnlich Wandhoff, Vom Finden der Liebe, S. 306. Diese Verschmelzung gelingt, indem die Körper der Liebenden als Einheit beschrieben werden, in der es keine sprachliche Differenz zwischen Frau und Mann gibt, vgl. Schultz, Courtly Love, S. 26.

769 Vgl. Fuchs-Jolie, Metapher, S. 420.

770 Vgl. ebd.

die schönste Frau, sondern auch die idealste Minne zu formen vermag.[771] Darin, diese Wortkunstwerke zu erkennen, liegt die Enthüllungs-Aufgabe, die Gottfried den Rezipierenden stellt. Auch Wandhoff folgert: „Die Minne dort aufzuspüren, sie unter ihren vielfältigen Verhüllungen und Verkleidungen zu entdecken und den glänzenden Schmuck der Dichtung als ihr notwendiges poetisches Kleid zu erkennen, das ihr zum Schutz dient, das ist die Aufgabe der sorgfältig Lesenden."[772] Während für Wandhoff allerdings die Minne selbst das ist, was der Text kunstvoll verhüllt und was es rezeptionsseitig zu erkennen gilt, existiert die ideale Minne nur, weil „die im Zeichen dieser Liebe sich entfaltende Dichtung als *opus magnum* der Goldfertigung"[773] aus Gottfrieds Worten kreiert wurde. Darum kann das Liebespaar bei seiner letzten Zusammenkunft im Baumgarten nichts anderes mehr als ein ideales zusammengefügtes Kunstwerk sein.

Dies deutet sich bereits in der Minnegrotte an: Während Marke das Paar in der Grotte beobachtet, agiert er als Leser, der versucht, die vorgefundene Szene zu interpretieren und wird damit zur Identifikationsfigur für den textexternen Rezipienten:

> King Mark, acting as a reader who seeks Love in a mysterious adventure of Tristan and Isolde, obviously provides a model for the reader of Gottfried's text, demonstrating how he or she, too, can eventually find love in the poetic compositions of Tristan and Isolde.[774]

Mehr noch als die Liebe selbst erkennt Marke die sprachlichen und bildlichen Zeichen, die zwar mehrdeutig sind, aber indem er sich für eine einzige Lesart entscheidet, kann er deren wahre Schönheit, die in ihrer Ambiguität liegt, noch nicht begreifen – er hat *niht rehte [...] gelesen* (V. 147) wie Gottfried im Prolog über die anderen Bearbeiter des Tristanstoffs verlauten lässt.[775] Im Baumgarten fügt die Minne jedoch ein letztes Mal ein Kunstwerk in Form des schlafenden Liebespaars zusammen und nun erkennt Marke gemeinsam mit dem Rezipienten, der mithilfe dieser dritten Figur

---

771 Philipowski, Gestalt, S. 168, deutet die absichtliche Verdunklung des Erzählers bei der Beschreibung Isoldes ähnlich: „Isolde ist ein Kunstwerk Gottes, ein Kunstwerk der *minne* und sie ist ein Kunstwerk Gottfrieds." Da allerdings auch die Minne im *Tristan* ein Werk Gottfrieds ist, ist die Betonung seiner eigenen Meisterschaft hier sogar noch augenfälliger. Dass sich die Beschreibung eines entblößten Frauenkörpers, in der von gedrechselter Perfektion körperlicher Merkmale die Rede ist, als eine Abwandlung des *Deus artifex*-Topos auf den kunstschaffenden Verfasser selbst beziehen könnte, überlegt auch Brüggen, Handhabung der *descriptio*, S. 406, für die zweite *descriptio* Jeschutes in Wolframs vom Eschenbach *Parzival*.

772 Wandhoff, Vom Finden der Liebe, S. 306.

773 Bulang, Poetisches Gold, S. 54.

774 Wandhoff, Love, S. 59.

775 Auch Wandhoff, Vom Finden der Liebe, S. 291, unterstellt Marke „mangelnde[.] Lesefähigkeit", die ihn „zu einer oberflächlichen und falschen Lektüre" (ebd., S. 304) verführe und ihn „zum beispielhaften (Fehl-)Leser des Romans" (ebd., S. 292) und „zum Sinnbild des oberflächlichen Lesers" (ebd., S. 305.) werden lasse.

auf diese Szene blickt, dass nur die Literatur ein unmögliches Liebespaar[776] auf solch kunstvolle Weise vereinen kann, dass selbst der betrogene Ehemann und verratene König dessen Ästhetik anerkennen muss.[777] Als blicklenkende Rückenfigur wird Marke Teil dieses Bildes,[778] der auf das schlafende Paar schaut und dann *swîgende* (V. 18235) davon zurücktritt. Durch seinen Blick erstarren die Liebenden in dieser statischen Szene wortwörtlich zu Kunstfiguren und geben damit das preis, was sie eigentlich immer schon waren: Ästhetisch konstruierte Lügen, die zu schön sind, um wahr zu sein.

Die zwei Figuren können miteinander zu einem Kunstwerk verschmelzen, weil sie Teil eines Wortkunstwerks sind, das flüchtig und doppelbödig ist. Marke sieht *offenbærlîche* (V. 18220) ein von einer Decke verhülltes Kunstwerk der Liebe, der Rezipient sieht mithilfe dieser dritten Figur eine durch Sprache verhüllte idealisierte Liebesgeschichte.[779] Die Figur des exkludierten Dritten ist dabei essenziell für diese Konzeption: Marke erkennt als Beobachterfigur nicht zwei nackte Körper, sondern die nackte Kunst, die sich in all ihrer Artifizialität vor ihm entblößt. Damit wird dem Rezipienten offenbart, dass er genau wie Marke ein Kunstwerk betrachtet, das mithilfe eines reizvollen Versteckspiels von doppeldeutigem Sprechen und Zeigen verbirgt, dass es ein perfekt zusammengefügtes Trugbild ist.[780] In diesem Bild der verschlungenen Liebenden im Baumgarten geht es nicht mehr darum, was richtig oder falsch,[781] was

776 So Kraß, Geschriebene Kleider, S. 191: „Folgt man der Logik des Plots, so scheint es völlig unmöglich, daß Tristan und Isolde sich je verlieben; denn wie könnte Isolde den Mörder ihres Onkels lieben und wie Tristan die künftige Gattin seines Onkels, als dessen Brautwerber er auftritt?"

777 Wandhoff, Love, S. 45, verweist ebenfalls auf die Verflochtenheit von Kunst und Minne, deutet Markes Rolle aber anders: „Nobody discovers Tristan and Isolde's intimate love, neither at court nor in the grotto, because, as we learn in Gottfried's *Tristan*, only good and thorough readers are able to find Love when she hides in fine works of art. And even after King Mark has become suspicious, he will never be capable of proving it; he will never be in a position to detect the intimate love hidden in the story of Tristan and Isolde. What turns the motif of love that is represented in works of art into a basic poetic pattern of the romance, however, is that not only the protagonists experience the interdependency and interconnectedness of *minne* and *kunst*, love and art, but the narrator does as well. Gottfried explicitly tells us that in times when Lady Love has been banished from our lives (like Tristan and Isolde from the court), we can only find her name and her memory in works of art – in poems and songs, narratives and romances that remind us of Love's great heroes and famous places."

778 Damit wird es unerheblich, ob Markes sexuelles Begehren auf Isolde (oder Tristan wie es Michaelis, (Dis-)Artikulationen, S. 241–242, für die Beobachtung in der Minnegrotte herausstellt) gerichtet ist: Es steht kein erotisches Motiv im Vordergrund, sondern die Konstellation der drei Protagonisten wird zu einem Bild, das primär das ästhetische Sehbegehren des Rezipienten anspricht.

779 Ähnlich klingt die Formulierung von Wandhoff, Vom Finden der Liebe, S. 283, wenn er Tristan als Leser von Isoldes verrätseltem Liebesgeständnis beschreibt, dessen Position auch der des Publikums korreliere: „Er muss unter der *Hülle* der virtuos erzählten Geschichte von Tristan und Isolde, die oberflächlich betrachtet von formvollendeter Hofkunst zu handeln scheint, eine Liebesgeschichte finden" [Hervorhebung J. M.].

780 Zu ästhetischen Lügen und Trugbildern vgl. das Kapitel zu Konrads von Würzburg *Partonopier und Meliur*.

781 Auch Trînca, Evidenz, S. 260, folgert: „Poetische Virtuosität, zu der nicht zuletzt die Selbstreflexivität zählt, verhält sich indifferent zur Frage, ob Tristan in den zweiten Höllenkreis gehört."

Ehebruch oder wahre Liebe ist: Stattdessen muss aus der Position des inkludiert-exkludierten Beobachters auf der medialen Schwelle die Kunst selbst gesehen werden, die sich über alle moralischen Register erhebt.

Wie diese Untersuchung Markes in den Schlüsselszenen des *Tristan* zeigt, kann ein exkludierter Dritter als Identifikationsfigur des textexternen Beobachters fungieren, um auf die kunstfertige ‚Gemachtheit' der dargestellten Welt zu verweisen und den Blick des Rezipienten damit auf eine spielerische Vergegenwärtigung produktionsästhetischer Fragen zu lenken. Das Erkennen solcher ästhetisch inszenierten Positionen von Innen und Außen wird in den letzten beiden zu untersuchenden Texten in diesem Kapitel nun noch weitergeführt: Denn darin erscheinen Hauptfiguren als blicklenkende Assistenzfiguren, womit der Rezeptionsprozess selbst zum Thema der Handlung gemacht wird.

2.4 Poetologische Assistenzfiguren: Lesende auf der medialen Schwelle

Das beobachtende Eindringen, das möglich ist, weil eine Assistenzfigur auf der Handlungsebene Zutritt in einen intimen Innenraum erhält und auf diesem Weg den Blick des werkexternen Rezipienten zu lenken vermag, steht in den zwei im Folgenden analysierten Texten nicht mehr im Vordergrund. Stattdessen präsentieren Hartmanns von Aue *Gregorius* und Wolframs von Eschenbach *Titurel* ein Sehen, dass noch enger mit der Wahrnehmung des Rezipienten auf der medialen Schwelle zwischen visueller Partizipation und Exklusion korreliert: Denn die Protagonisten selbst werden darin zu außenstehenden Dritten, die als Rückenfiguren Einblick in dargestellte Welten erhalten. Diese blicklenkenden Figuren lesen Texte und können so den Fokus der Rezeption auf den Wahrnehmungsprozess verschieben, wobei sie zugleich beispielhaft enthüllen, mit welchen Herausforderungen (Ein-)Blicke in sprachlich vermittelte Innenräume einhergehen.

2.4.1 Gregorius als Leser

In Hartmanns von Aue *Gregorius* erhält der gleichnamige Protagonist im Moment seiner Geburt ein Attribut, das ihn auf seinem gesamten Lebensweg begleiten wird: *Ein tavel wart getragen dar / der vrouwen diu daz kint gebar* (V. 719 f.). Der heimlich geborene Säugling und die kostbare Elfenbeintafel, auf der seine Mutter die Geschichte ihrer inzestuösen Liebesbeziehung mit dem eigenen Bruder niederschreibt, treten fast zeitgleich erstmals in der dargestellten Welt auf und sind ab diesem Moment untrennbar miteinander verbunden,[782] denn sie werden gemeinsam in einem *vaz* auf dem

782 So Lieb und Ott, Schrift-Träger, S. 25: „Als Artefakt, das eng mit der Biographie des Protagonisten verwoben ist, erhält es – wie er – eine Geschichte, eine Biographie: Die Tafel ist plötzlich vorhanden, wird von der Mutter eigenhändig beschrieben, bestimmt Gregorius' Erziehung, legitimiert seine Ritterschaft, lässt ihn täglich der Eltern gedenken, erlaubt der Mutter, ihn zu identifizieren, und symbo-

Meer ausgesetzt und gemeinsam gefunden. Nachdem der Erzähler ihr wertvolles Material beschrieben hat,[783] schildert er, was auf der Tafel zu lesen ist. Auf den Vers, der direkte Rede erwarten lässt – *Dar an stuont geschriben sô* (V. 733) –, folgt allerdings lediglich die konjunktivisch-paraphrasierte Zusammenfassung der Wünsche, die Gregorius' Mutter an den Finder ihres Sohns richtet. Entscheidend ist für sie vor allem, dass der Junge getauft und christlich unterrichtet wird, damit er die Tafel seiner Mutter eines Tages selbst lesen könne:

> würde ez [daz kint] iemer ze man,
> daz er læse daran
> alle dise geschiht,
> sô überhüebe er sich niht,
> unde würde alsô guot
> daz er ze gote sînen muot
> wenden begunde,
> sô buozte er zaller stunde
> durch sîner triuwen rât
> sînes vater missetât,
> und daz er ouch der gedæhte
> diu in zer werlde bræhte (V. 749–760)

Lese- und Schreibkompetenz wird von der Mutter mit Verständnis gleichgesetzt: Wenn ihr Sohn des Lesens unterwiesen würde, ginge dies mit einem Erkennen seiner sündigen Herkunft einher, was ihn Demut und angemessene Fürbitte lehren würde. Die Mutter legt in diesen Anweisungen auf der Tafel zwar dar, dass ihr Kind Ergebnis eines Inzests ist und es deshalb ausgesetzt werden musste, sie nennt dem Jungen aber keinerlei Namen: *im wart dâ niht benant / weder liute noch lant, / geburt noch sîn heimuot: / daz was ouch in ze helne guot.* (V. 763–766) Diese Diskretion dient der Mutter zu ihrem eigenen Schutz, jedoch stellt sie damit zugleich die Weichen für eine erneute Katastrophe, denn der zweite Inzest – die Ehe zwischen Mutter und Sohn –

---

lisiert schließlich die Überwindung der sündhaften Verstrickungen." Wenzel und Wenzel, Tafel, S. 104, überlegen im Rekurs auf Ernst Kantorowicz sogar, ob die Tafel als „symbolischer Zweitkörper des jungen Fürsten" gedeutet werden könnte.

783 Die Tafel besteht aus zahlreichen Kostbarkeiten: *diu vil guot helfenbein was, / gezieret wol als ich ez las, / von golde und von gesteine, / daz ich nie deheine / alsô guote gewan.* (V. 721–725) Mit dieser Beschreibung wird der Alltagsgegenstand Wachstafel, um den es sich hier mit größter Wahrscheinlichkeit handelt (vgl. Maria Besse: Schreiben – Lesen – Emotionen: das Medium ‚Brief' in der älteren Literatur. In: LiLi 40,3 (2010), S. 113–149, hier: S. 136; Wenzel und Wenzel, Tafel, S. 107) zu einer Preziose aufgewertet. Darüber wundert sich Martschini, Schrift, S. 282, weil Wachstafeln zwar „für Notizen recht praktisch waren", aber sich kaum für Texte, die überdauern sollten, eigneten. Ott, Tafel, S. 265, vermutet außerdem, dass die Tafel die Handschrift der Mutter präsentiert und damit ihre Präsenz im transportierbaren Medium fixiert ist. Mit Ganz, Medien, S. 121, lässt sich zudem überlegen, ob hier eine „metaphorische Aufladung" des Schreibmediums vorliegen könnte, denn „Wachstafeln knüpfen an die gängige Vorstellung vom menschlichen Gedächtnis als *tabula cerea* sowie den spezifisch christlichen Topos der ‚fleischernen Tafeln des Herzens' (2 Kor 3, 3) an."

kann nur geschehen, weil sämtliche Angaben, die ein Durchschauen der Verwandtschaftsverhältnisse ermöglicht hätten, in ihrer Botschaft an den Sohn verschwiegen werden.[784] Das Verheimlichen der Namen sabotiert die eigentlich erhoffte Wirkung, dass das Kind durch die Lektüre seine Herkunft verstehen und inständig bedauern soll. Die Mutter erwartet also trotz unzulänglicher Informationen, dass Gregorius mithilfe der Tafel zu einem vorbildlich-christlichen Leben angeleitet wird, wobei sich die problematische Gestaltung der mütterlichen Botschaft sogar zusätzlich im Material niederschlägt: Die Elfenbeinpreziose ist viel zu aufwendig gestaltet, um Bescheidenheit fordern zu können[785] – sie ist ostentatives Zeichen adligen Prunks,[786] das Gregorius später in seinem ritterlichen Bestreben bestärkt und ihn damit auf den Weg in den doppelten Inzest lenkt.

Obwohl das Findelkind von einem Abt erzogen wird und sich im Unterricht des Klosters als überaus talentierter Musterschüler hervortut, erfüllt sich der fromme Wunsch der Mutter nicht: Als Gregorius Jahre nach seiner Aussetzung im Gespräch mit dem Abt seinen Wunsch, Ritter zu werden, kundtut, erfährt er erstmals von der Existenz des besonderen Schriftstücks und gleichzeitig seiner inzestuösen Abkunft. Während der Abt die Authentizität der Tafel niemals infrage stellt und sich an die schriftlichen Handlungsanweisungen hält, als wären sie völlig selbstverständlich,[787] ist Gregorius' Wahrnehmung der Tafel nicht eindeutig – er ist erschüttert über den Inzest seiner Eltern und zugleich erfreut über seine adlige Abstammung. Gregorius' Erschütterung bezieht sich nicht nur direkt auf den Inzest seiner Eltern, sondern auch auf das Medium, das die Sünde transportiert. Es klingt, als sei auch ihre schriftliche Fixierung besonders schmerzhaft für ihn: *[„]wie sol ich gotes hulde / gewinnen nâch der missetât / diu hier vor mir geschriben stât?“* (V. 1782–1784).[788] Mit dem Relativsatz *diu hier vor mir geschriben stât* problematisiert Gregorius also vielleicht nicht nur, dass die *missetât* der Eltern geschehen ist, sondern zusätzlich die Tatsache, dass sie auf der Tafel in

784 Dass ein Erkennen einer klaren Nennung von (Orts-)Namen bedarf, zeigt sich am Ende der Handlung, wenn die Mutter nach Rom reist und dem Papst ihre Sünden gesteht und dieser seine Mutter erst in jenem Moment erkennt, als er die entsprechenden Namen hört (*daz er si niht erkande / unz si sich im nande / und daz lant Equitâniam.* V. 3853–3855), vgl. Astrid Lembke: Silence, Agency, and a Woman's Need to Speak her Mind: Female Voices in Different Versions of the *Gregorius* Narrative. In: Nottingham Medieval Studies 64 (2020), S. 207–231, hier: S. 216.

785 Vgl. Ott, Tafel, S. 262. Außerdem weisen Lieb und Ott, Schrift-Träger, S. 23, darauf hin, dass der symbolische Wert der Materialen mit dem Schriftinhalt im Widerspruch steht: „Wenn man davon ausgehen kann, dass Elfenbein, Gold und Edelsteine für Reinheit, Keuschheit und Beständigkeit stehen, dann entspricht die Materialität genau *nicht* der Aussage der Inschrift, in der es um Sünde, Unkeuschheit und Unbeständigkeit geht.“ [Hervorhebung im Original].

786 Vgl. Wenzel und Wenzel, Tafel, S. 105.

787 Vgl. Ott, Tafel, S. 257.

788 Die Tafel nimmt in der Darstellung eine aktive Sprecherrolle ein – sie *sagt* Gregorius alles über seine sündige Herkunft, wie der Abt formuliert: *dîn tavel hât dirz wol gesaget* (V. 1760).

Form eines schriftlichen Belegs aufgezeichnet wurde.[789] Weil die Tafel zwar Anweisungen gibt, zugleich relevante Informationen vorenthält und dabei herrschaftliche Pracht kundtut, ist es Gregorius letztlich nicht möglich, die darauf formulierten Lebensleitlinien angemessen umzusetzen. Die Ambiguität, die die Mutter in ihrem *brief* (V. 767) kommuniziert, spiegelt sich in der emotionalen Reaktion ihres intendierten Lesers, weil sie den Jungen gleichzeitig *trûric unde vrô* (V. 1747) macht.

Die widersprüchliche Kombination aus Freude und Leid während der ersten Tafellektüre zeichnet den weiteren Weg des jungen Adligen vor: Er verlässt das Kloster als Ritter und gelangt nach Aquitanien, wo er unwissentlich seine Mutter heiratet. Die innige Ehe (V. 2550 f.) und Vergnügungen wie die Jagd (V. 2462; V. 2472) lassen ihn *ze der werlde ein wünneclîchez leben* (V. 2260) führen, wenngleich er täglich mithilfe der Tafel seine sündige Herkunft betrauert. Diese Buße findet allerdings im Verborgen statt; die Tafel versteckt Gregorius dazu vor den Augen des Hofs:

> Die tavel hâte er alle wege
> in sîner heimlîchen phlege
> verborgen ûf sîner veste,
> dâ die niemen weste,
> diu dâ bî im vunden was.
> an der er tägelichen las
> sîn sündeclîche sache
> den ougen ze ungemache (V. 2277–2284)

In drei verschiedenen Formulierungen – *heimlîchen, verborgen, niemen weste* – wird hier herausgestellt, wie Gregorius den schriftlichen Beweis der elterlichen Sünde in einem *mûrloch* (V. 2459) versteckt, sodass niemand etwas von dessen Existenz erfährt, er ihn aber trotzdem zur täglichen Meditation herausnehmen kann. Gregorius beklagt die Sünde seiner Eltern, deren körperliche Erfahrung in Form der Selbstkasteiung ein essenzieller Teil seines täglichen Bußrituals ist. Gregorius trägt zwar im Prozess der Buße physische Konsequenzen davon[790] – aber sein Leben als vorbildlich-höfischer Herrscher wird davon nicht beeinträchtigt. Die Tafel und ihre Botschaft sind so weit in den Bereich des Heimlichen verdrängt, dass er nicht einmal Verdacht schöpft, sein Geheimnis könnte offenbar geworden sein, als er während der Jagd von der völlig aufgelösten Herrin Aquitaniens zurück an den Hof beordert wird. Seine Ehefrau, die eben jene Tafel, die sie ihrem Neugeborenen beigelegt hatte, in der Kemenate ihres Manns gefunden hat, bringt vor Erschütterung kaum ein Wort heraus (V. 2554–2557). Gregorius aber macht sich lediglich Sorgen, sein adliger Stand könnte infrage stehen: *„Vrouwe, ich weiz wol waz ir klaget: / iu hât etewer gesaget / daz ich sî ein ungeborn*

789 Mit Lembke, Silence, S. 214, kann die Tafel als eine Art schriftliches Geständnis der Mutter verstanden werden.

790 Die Schläge auf die Brust (V. 2391) hinterlassen wohl keine Spuren, die die anderen Figuren im Text wahrnehmen können, doch die *rôten ougen* (V. 2308) sind für die aufmerksame Dienerin ein unmissverständliches Körperzeichen.

man[“] (V. 2575–2577). Dass er ein noch dunkleres Geheimnis als seine ungewisse ständische Abstammung hat, scheint ihm völlig entfallen zu sein, denn die sündige Vorbelastung hat, abgesehen von der Praxis in der Kemenate, keinerlei Berührungspunkte mit seinem höfisch-weltlichen Leben. Oberflächlich wirkt es zwar, als halte sich Gregorius während seiner Zeit als Herrscher in Aquitanien an die Aufforderung der Tafel, doch es wird deutlich, dass er sie von Anfang an missverstanden hat: Die *riuwe* wird als geheime Buße in seinen Tagesablauf integriert, aber nur dort, von wo aus sie keinen Einfluss auf sein restliches Leben haben kann. Statt, wie von der Tafel-Inschrift verlangt, *zaller stuonde* (V. 756) zu büßen, verbannt er die Erinnerung auf *eine zît in dem tage* (V. 2302) und geht ansonsten weltlich-ritterlichen Betätigungen nach.

Mit einem Blick auf Gregorius' Ausbildung wird ersichtlich, wo dieses oberflächliche Verständnis der mütterlichen Ratschläge seinen Ursprung nimmt: Der Junge ist während seiner Zeit im Kloster ein emsiger Leser, der umfassend theologisch unterrichtet wird, aber unbemerkt eine Begeisterung für weltliche Literatur entwickelt. Nachdem er erfahren hat, dass er nicht der Sohn des armen Fischers ist, erwähnt Gregorius im langen Gespräch mit dem Abt erstmals, dass er bereits von klein auf mit dem Gedanken gespielt habe, Ritter zu werden. Die entsprechende Ausbildung habe er bereits kognitiv absolviert: *[„]ouch hân ich ez gelernet wol / von kinde in mînem muote hie[“]* (V. 1566). Er ist überzeugt, dass, egal wie talentiert andere Ritter auch sein mögen, er Ritterschaft *mit gedanken baz* (V. 1578) beherrsche, weil er sich gewissenhaft dem Studium der Bücher und dem Bestreiten gedanklicher Turniere (V. 1584) gewidmet habe. Er verwendet selbstbewusst die Fachbegriffe ritterlicher Ausstattung (*schilt, ger, sper, swert, ors, sporen, satel*)[791] und vermittelt dabei das imaginäre Bild eines tadellosen höfischen Reiters (V. 1585–1620) – das sich später bewahrheitet, denn bei der Befreiung Aquitaniens geht er als Sieger aus dem Kampf hervor.

Noch bevor der Abt dem Jungen die Tafel seiner Mutter präsentiert, wird er im Gespräch als lesende Figur eingeführt, die genau beschreibt, wie imaginäres Vor-Augen-Stellen funktioniert: Als wäre er *gemâlt dar* (V. 1607), entwirft Gregorius ein Kopfbild seiner selbst als Ritter, indem er das Gelesene imaginär auf sich selbst überträgt und später physisch umsetzt. Als er vom Abt im Anschluss die Tafel seiner Mutter erhält, liest er diese genauso wie zuvor die Rittergeschichten: Er setzt die gelesenen Anweisungen körperlich um – doch was für das Reiten funktioniert, kann für die Buße nicht gelten. Die richtige *riuwe* verlangt keine Arm-, Bein- oder Körperhaltung in Perfektion (V. 1597–1610), sondern die richtige Einstellung des Herzens (V. 49). Gregorius büßt jedoch rein körperlich mit Tränen, Schlägen auf die Brust und Kniefällen (V. 2391–2394), weil er nicht begreift, dass es einen Unterschied zwischen zwar gewissenhafter, aber oberflächlicher Umsetzung und wahrhafter Verin-

---

791 Dass Gregorius diese Begriffe nur im Selbststudium und nicht während der geistlichen Ausbildung gelernt haben kann, macht der Abt deutlich, wenn er sagt, der Junge hätte bei seinen Ausführungen über das Rittertum genauso gut *kriechisch* (V. 1630) sprechen können, weil in der Klosterschule solche Inhalte nicht unterrichtet würden (V. 1631–1633).

nerlichung des Gelesenen gibt.[792] Es ist darum bezeichnend, dass es bei Gregorius' erstem Auftritt am Hof von Aquitanien, als der Sohn seine Mutter nicht erkennt, heißt, dass *sîn herze* so *blint* ist (V. 1936): Wahre Erkenntnis findet nicht mit den Augen, sondern im Herzen statt. Es genügt nicht, nur dem äußerlichen Bild des Büßers zu entsprechen. Auf der Handlungsebene wird anhand dieser exemplarisch richtigen und gleichzeitig falschen Umsetzung des Gelesenen deutlich, dass geschriebene und gesprochene Worte uneindeutig sind und dass Lektüre nicht vor Unverständnis schützt. Denn bloß, weil etwas sprachlich manifestiert wird, muss es nicht vollständig sein; bloß, weil etwas gelesen und gewissenhaft umgesetzt wird, muss es nicht verstanden worden sein.[793]

Dass Sprache im *Gregorius* zuweilen als anfällig für Lügen, Lücken und Missverständnisse präsentiert wird, zeigt sich auf den zweiten Blick in vielen weiteren Handlungssträngen, die das Leben des Protagonisten begleiten: Schon die Fischersbrüder, die das *vaz* im Wasser finden, schwindeln, denn sie wollen ihren Fund nicht preisgeben und versuchen darum, den Abt, der sie danach fragt, zu überlisten – sie ersinnen *maniger lügen* (V. 1009), die beinahe erfolgreich sind. Als die drei Männer gemeinsam das Kind in dem Gefäß entdecken, überlegt sich der Abt selbst für den armen Fischer, der den Säugling aufnimmt, eine kluge Lüge, die eine logische Erklärung dafür bietet, warum dessen Familie plötzlich ein Kind mehr hat – *deheinen list enmohter / erdenken sô gevüegen* (V. 1082 f.). Die Fischersbrüder werden außerdem *mit triuwen und mit eide* (V. 1060) darauf eingeschworen, das Geheimnis des gefundenen Kindes nicht zu verraten, doch der arme Fischer gibt angesichts der dauerhaften Fragerei seiner neugierigen Ehefrau schon bald nach und bricht seinen Schwur (V. 1217–1227). Die Frau wiederum bewahrt das Geheimnis trotz ihres Eides (V. 1225) nicht für immer, sodass Gregorius erfährt, dass er ein Findelkind ist. Nach dieser Enthüllung durch die Fischersfrau, reflektiert er den Wahrheitsgehalt gesprochener Worte: *er gedâhte im grôzer swære, / ob disiu rede wære / ein lüge oder ein wârheit* (V. 1377–1379).[794] Indem die

792 Diese entscheidende Differenzierung von Worten und Gesinnung zeigt sich vielleicht schon, als der Herrscher von Aquitanien stirbt: *diu sprâche und des herzen kraft* (V. 267) versagen ihm im Moment seines Todes.

793 Dass falsche Reflexion von Rezipiertem im Œuvre Hartmanns präsent ist, beschreibt Haug, Lesen, S. 319, für Iweins Verständnis der Warnung Gaweins vor dem *verligen*: Iwein interpretiert die Erec-Erzählung falsch und bemerkt zu spät, dass ihre Bedeutung nicht war, von zu starker Liebe abzuraten, sondern das Streben nach *mâze* zu vermitteln.

794 Die Frage danach, ob gesprochene Worte (negativ konnotierter Nebenfiguren) stets wahr sind, findet sich auch im Gespräch zwischen der Mutter und der Dienerin, die Gregorius später heimlich in seiner Kemenate bei der Lektüre beobachtet. Als die Beobachterin ihrer Herrin von Gregorius' exzessiver Trauer berichtet, reagiert diese mit Unglauben:

‚Sich, jâ was ez ie dîn site
unde hâst mir dâ mite
gemachet manige swære,
dun gesagetest nie guot mære.
noch baz dû gedagetest

Handlung wiederholt demonstriert, dass Sprache Missverständnisse und Unwahrheiten erschaffen kann, die mitunter sogar ein Einfallstor für teuflische Einflüsterungen[795] darstellen,[796] offenbaren sich zeichenhafte Vermittlungen in Hartmanns von Aue *Gregorius* wiederholt als defizitär und vermitteln eine latente Skepsis, die sich bereits in der Überlegung zu *lüge* und *wârheit* des jungen Gregorius andeuten.

Nicht-schriftlich fixierte Zeichen wie die Stimmungsschwankungen des Protagonisten vor und nach seinem täglichen Bußritual (V. 2305–2308)[797] oder der Schlüssel zu seinen Ketten, der im Bauch eines Fischs gefunden wird (V. 3292–3304), scheinen auf den ersten Blick unmissverständlicher auf Wahrheiten hinzuweisen. Doch auch die Lektüren solcher Zeichen präsentieren augenfällige Mehrdeutigkeiten: Vor allem anhand des bösartigen Fischers, der im Moment des Schlüsselfundes erkennt, dass Gregorius nach siebzehn Jahren der Buße auf einem Stein im See sündenfrei ist, wird eine bemerkenswerte Reflexion visueller Indizien demonstriert. Als Gregorius gleich nach der Entdeckung des zweiten Inzests zu diesem erbarmungslosen Fischer in der Einöde gelangt, glaubt dieser ihm nicht, dass der ungebetene Gast aufrichtig ist, weil er den Körper des vermeintlichen Büßers genau betrachtet. Der Fischer sieht, dass Gregorius einen *schœnen lîp* (V. 2785) hat, dass er im Haus des Armen erstmals *sô kranke[.] spîse* (V. 294) isst, dass seine Wangen *sô veiz und sô rôt* (V. 2908) sind. Der Fischer mustert die Beine des Sünders und stellt fest, dass sogar seine Fußnägel *lûter und blanc* (V. 2916) strahlen, dass seine Haare *unzevüeret* (V. 2926) und seine Hände *sô wîz* (V. 2931) sind. In direkter Rede listet der Fischer geradezu detektivisch sämtliche Attribute auf, die einen adligen Körper, der in Wohlstand gelebt hat, ausmachen, um diese dann als detaillierte Beweise anzuführen, dass der Fremde ein *starker trügenære* (V. 2787) ist. Er demonstriert mit dieser Interpretation, dass nicht nur sprachliche Zeichen mehrdeutig sind, denn seine Deutung ist richtig und falsch zugleich: Gregori-

---

dan dû die lüge sagetest
diu mir ze schaden gezüge.‘ (V. 2349–2355)

Der heimlichen Beobachterin ist, wie der Zweifel der Mutter eindeutig markiert, nicht unbekümmert Glauben zu schenken, denn sie scheint eine notorische Lügnerin zu sein.

795 Schon der Prolog suggeriert sprachliche Versuchung, wenn gesagt wird, dass Menschen *durch des hellenschergen rât* (V. 7) zur Sünde verleitet werden können. Diese manipulative Kraft teuflischer Worte zeigt sich anschließend im jungen Sohn des verstorbenen Herrschers von Aquitanien, der ein erotisches Begehren für seine Schwester entwickelt.

796 Der sterbende Herrscher von Aquitanien fordert seinen Sohn auf, sich gut um seine Schwester zu kümmern (V. 260–265) – und *er phlac ir sô* (V. 282), dass er niemals von ihrer Seite weicht, die beiden niemals getrennt voneinander sind (V. 289–293). Weil ihre Betten *alsô nâ* (V. 294) beianderstehen, wird ermöglicht (vgl. Lerchner, Lectulus floridus, S. 404), dass sich des Bruders *triuwe guot / ûf einen valschen muot* (V. 321 f.) umkehrt, da ihn *des tiuvels rât* (V. 339) beeinflusst: *dâ was der triuwen alze vil* (V. 396) kommentiert der Erzähler nach dem vollzogenen Beischlaf der verwaisten Geschwister. Der Rat des Vaters wurde vom Bruder zu wörtlich genommen.

797 Wenzel und Wenzel, Tafel, S. 110, formulieren hier bezeichnenderweise, dass die „innere Bewegung" des Protagonisten „äußerlich an seinem Körper ablesbar" sei. Auch die nicht-schriftlichen Zeichen werden also einem Lektüreprozess unterzogen.

us verfügt tatsächlich über den außergewöhnlich schönen und wohlgenährten Körper eines Adligen, doch diese äußere Hülle steht (noch) im Widerspruch damit, wie aufrichtig er seine Sünde mittlerweile bereut und dass er bereit ist, für immer zu büßen.[798] Dass der Fischer in seiner Lektüre der Körperzeichen falsch lag, wird ihm erst siebzehn Jahre später schlagartig bewusst, als er den Schlüssel, den er damals ins Wasser geworfen hat, in einem Fisch wiederfindet. Der Fischer begeht bei der ersten Betrachtung des Protagonisten demnach einen ähnlichen Fehler wie der junge Gregorius beim ersten Anblick der kostbaren Elfenbeintafel: Er sieht den oberflächlichen Glanz adliger Vollkommenheit und verkennt die aufrichtige Reue, die sich dahinter verbirgt.[799]

Nicht nur die Worte auf der Tafel als „das schriftliche Bild der Sprache"[800], sondern auch andere visuelle Zeichen werden im *Gregorius* also wiederholt falsch gelesen,[801] weil es besonderer Lektürekompetenz bedarf, um die in Hüllen weltlicher Pracht vermittelte Aufforderung zur *riuwe* zu erkennen. Dass Gregorius die richtige Buße für seine unermessliche Sünde letztlich fernab des Schriftstücks vollzieht, das ihn daran erinnern soll, zeigt, dass er nach seiner Erkenntnis keine extrinsische Erinnerungsinstanz mehr braucht: Er hat verstanden, dass es nicht um das schematische Trauern anhand eines Gegenstandes zu einer bestimmten Tageszeit geht, sondern um die Verinnerlichung ihrer Bedeutung, die wahre *riuwe* nach sich zieht.[802]

Mit der auf der Handlungsebene dargestellten Fehlinterpretation schriftlicher, körperlicher und materieller Zeichen geht eine verhüllte Reflexion sprachlicher Unzu-

---

798 Ähnlich bewertet Bernward Plate: *Grégoire* und *Gregorius*. Eine Legende wird zum „Epos der Adelskritik". In: Colloquia Germanica. Internationale Zeitschrift für germanische Sprach- und Literaturwissenschaft 19,2 (1986), S. 97–118, hier: S. 99, die Reaktion des Fischers: Dieser denke „in den traditionellen, zu kritisierenden Kategorien der Stände, wenn er Gregorius den ‚adligen Körper' vorwirft und nicht durch die ‚Hülle' den *muot* des Büßers erkennt." Da sämtliche aufgeführten körperlichen Indizien allerdings für die Deutung des Fischers sprechen, der den höfisch geformten Körper richtig liest (vgl. Balks, Verhandlungen, S. 46), scheint hier vielleicht weniger die Kritik ständischer Denkmodelle, stattdessen aber die Anleitung zur richtigen, durchschauenden Zeichenlektüre im Vordergrund zu stehen.

799 Dass auch die *riuwe* der Mutter aufrichtig ist, zeigt sich an dem unfassbaren Schmerz, den sie bereitwillig nach der Aussetzung ihres Kindes und Verabschiedung ihres Bruders aushält (V. 805–822), an ihrer Ablehnung der zahlreichen Werber, die brautmystische Züge aufweist (V. 861–885), und an ihrer Entsagung aller weltlicher Bequemlichkeiten, um ein Leben *mit wachen und mit gebete, / mit almuosen und mit vasten* (V. 894 f.) zu führen.

800 Wenzel und Wenzel, Tafel, S. 104.

801 Besonders auffällig ist natürlich, dass die Herrin von Aquitanien *daz sîdîn gewant* (V. 1945) des fremden Ritters sieht und feststellt, dass es *daz selbe gewant* (V. 1951) ist, das sie Jahre zuvor ihrem Kind beigelegt hatte. Der Mutter kommt der Seidenstoff bekannt vor, aber sie bemerkt nicht, dass es *genau* jener Stoff ist, mit dem sie das *vaz* hatte auskleiden lassen (V. 1939–1953). Auch hier zeigt sich: Die Mutter erkennt die Zeichen, aber versteht sie nicht als solche.

802 Ähnlich geht Ott, Tafel, S. 264, davon aus, dass die temporäre Trennung von Protagonisten und Tafel nicht als ein Vergessen, sondern als eine Substitution durch das Leid angemessener Buße zu verstehen sei.

länglichkeit einher, die von den metapoetischen Passagen des *Gregorius* gerahmt wird. In ihnen wird deutlich, dass die Worte, die sich in den intratextuellen Lektüren finden, genauso anfällig für Fehler sind wie die als „Bußleistung"[803] intendierte Erzählung selbst: Vor allem Sprache entpuppt sich als unzureichend, wie schon die ersten Verse des Prologs deutlich machen: *Mîn herze hât betwungen / dicke mîne zungen / daz si des vil gesprochen hât / daz nâch der werlde lône stât* (V. 1–4). Der Erzähler gesteht im Prolog mehrfach, dass er sich *mit worten müezikeit* (V. 41 f.) aufgebürdet habe.[804] Das Herz vermag demnach, die mit der Zunge geschaffenen, gesprochenen Worte negativ zu beeinflussen – im Umkehrschluss können aufrichtige Worte aus einem frommen Herzen hervorgehen. Schon damit wird angedeutet, dass die Herausforderung, von der die anschließende Geschichte berichtet, darin liegt, die vermittelten Worte nicht mit ‚blindem Herzen' zu rezipieren und sie ‚wie gemalt' oberflächlich zu imaginieren, sondern zu erkennen, was die Zeichen wahrhaft guter Gesinnung bedeuten – und dies gilt nicht nur für die textinternen Rezipienten, sondern vor allem für die textexternen.

Die Frage nach der richtigen Interpretation mehrdeutiger Indizien schlägt sich auch im Rezeptionsprozess des textexternen Rezipienten nieder, denn nicht nur Gregorius liest auf seiner Tafel eine erschütternde Geschichte über eine schuldbeladene Familie, sondern vor allem der werkexterne Leser, wie Albrecht Hausmann ausführt:

> Gregorius hat den ersten Inzest nicht erlebt, sondern – wie auch der Rezipient des *Gregorius*, dessen intratextuelles *Alter ego* er insofern ist – nur davon gelesen. Die Tafel, auf der die Mutter die Geschehnisse in groben Zügen geschildert hat, ist seine Quelle. Im *Gregorius* wird auf diese Weise innerhalb der Erzählung die Rezeption des Textes selbst thematisiert: Es geht auch, vielleicht sogar vor allem um die Frage, wie die Geschichte des ersten Inzests angesichts ihrer inhärenten Ambivalenz ‚richtig' zu lesen ist. Gregorius ‚liest' die Tafel ganz in dem Sinn, wie seine Eltern ihre Tat selbst verstanden haben – als ein ‚einmaliges', in einer bestimmten Situation verortetes Geschehen und somit als Tatschuld seiner Eltern als ‚historischer' (und nicht etwa ‚exemplarischer') Personen. Dementsprechend reagiert er auf die Tafel: Er betet für seine Eltern – und er will wissen, wer seine Eltern waren, unter anderem um wirksamer für sie beten zu können.[805]

803 Greulich, Stimme, S. 214.

804 Zudem räumt er die Unzulänglichkeit seiner Sprachfertigkeit ein, als er das Leid der Mutter beschreibt, die ihren Sohn auf dem Meer ausssetzt: *dâ von enmac ich als ich sol / der vrouwen leit entdecken / noch mit worten errecken* (V. 800–802). Wenngleich sich hinter solchen Formulierungen natürlich ein gängiger Bescheidenheitstopos verbirgt, den Hartmann oft gebraucht, schwingt vielleicht eine vorsichtige Unsicherheit gegenüber sprachlicher Vermittlung mit. Ähnlich lässt sich womöglich der *brevitas*-Topos, aus einer Erzählung durch Wiederholung keine zwei machen zu wollen (V. 3321–3325), bewerten, weil darin eine Reflexion über die Wirkung auf den Rezipienten zu erkennen ist: Es wird deutlich, dass es um die Bedeutung der Geschichte geht, nicht darum, diese in die Länge zu ziehen und so unnötige Ablenkungen vom Wesentlichen zu kreieren.

805 Albrecht Hausmann: Gott als Funktion erzählter Kontingenz. Zum Phänomen der „Wiederholung" in Hartmanns von Aue *Gregorius*. In: Kein Zufall: Konzeptionen von Kontingenz in der mittelalterlichen Literatur. Hrsg. von Cornelia Herberichs, Susanne Reichlin. Göttingen 2010, S. 79–109, hier: S. 101. Mehr auf den konkreten Schreibprozess bezogen beschreibt Greulich, Stimme, S. 236,

Die Preziose des Protagonisten ist als „Zeugnis für die Selbstreferentialität der Schrift“[806] analog zum ganzen Text zu deuten. Die Verknüpfung zwischen der Tafelinschrift und dem Gesamttext wird mithilfe zahlreicher Analogien nahegelegt: Weder auf der Tafel noch im *Gregorius* selbst werden (abgesehen vom Protagonisten) Eigennamen genannt – der Rezipient kann die Figuren nur über ihre verwandtschaftlichen Verhältnisse zuordnen.[807] Protagonist und Rezipient werden zudem über den schmerzhaften Lesevorgang miteinander in Bezug gesetzt: So wie Gregorius bei der Lektüre der Tafel leidet, wird auch der Hörer des *Gregorius* schon im Prolog gewarnt, dass die folgende Geschichte nur schwer erträglich sein wird, *daz si vil starc ze hœrenne ist* (V. 53). In einem vergleichbaren Lektüreprozess liest Gregorius als exkludierte Figur von der illegitimen Liebesbeziehung seiner Eltern, genau wie der exkludierte Rezipient von der frevelhaften Ehe zwischen Sohn und Mutter erfährt. Der Protagonist wird dabei über seinen Einblick in den intimen Innenraum des elterlichen Inzests zu einer rezeptionslenkenden Assistenzfigur, weil er als außenstehender Dritter mithilfe der Lektüre in deren geheime Beziehung eindringt und zugleich den Blick des textexternen Beobachters darauf fokussiert. Beide Rezipienten werden mit der Geschichte einer erschütternden Sünde konfrontiert, die, obwohl sie nur schwer zu ertragen ist, eine didaktische Intention erfüllen soll: Auf der Tafel wird Gregorius zu fortwährendem Gedenken an seine Eltern und Buße für deren Sünde angewiesen (V. 752–760) – und eine ähnliche Aufforderung zur Buße greift auch der Epilog als Handlungsanweisung für den werkexternen Rezipienten auf:

> dâ sol der sündige man
> ein sælic bilde nemen an,
> swie vil er gesündet hât,
> daz sîn doch wirt guot rât,
> ob er die riuwe begât
> und rehte buoze bestât. (V. 3983–3988)

Das bedeutet zugleich, dass die Absichten der Textverfassenden, der Mutter und Hartmanns von Aue, darin übereinstimmen, dass sie ihre intendierten Rezipienten zu ei-

den Bezug zwischen Tafel und Roman: „Die folgende Nacherzählung führt zu einer Verdopplung der Schreibprozesse. Wie die Mutter auf die Tafel die Wünsche für das zukünftige Leben und die Erziehung ihres Kindes schreibt und kryptisch seine Herkunft berichtet, so wird durch die Schrift von Tinte auf Pergament ihre Schrift wiedergegeben.“

806 Wenzel und Wenzel, Tafel, S. 113.

807 Ausnahmen stellen etwa die Figuren mit einer Tätigkeitsbeschreibung wie der Fischer oder der Abt dar; im Fall der Mutter werden sowohl Verwandtschafts- als auch Funktionsbezeichnungen gewählt, dazu vgl. Ingrid Kasten: Schwester, Geliebte, Mutter, Herrscherin: Die weibliche Hauptfigur in Hartmanns *Gregorius*. In: PBB 115 (1993), S. 400–420, hier: S. 401. Der Name des Abts, nach dem Gregorius benannt wird, ist zwar bekannt, er wird aber selbst erstaunlicherweise nicht mit diesem Namen angesprochen. Die fehlenden Eigennamen sprechen zusätzlich für den exemplarischen Charakter des Texts, den vgl. Hausmann, Gott als Funktion, S. 101, annimmt.

nem Leben mit rechtzeitiger,[808] angemessener Buße anleiten wollen. Gregorius in seiner Rolle als Leser hält dem textexternen Rezipienten einen Spiegel vor,[809] der sich im Rezeptionsprozess des Protagonisten wiedererkennen kann: Die Leserfigur Gregorius nimmt, trotz seines Status als Protagonist, in den Momenten der Lektüre temporär die Position eines exkludierten Dritten ein, der – wie die oben untersuchten Beobachterfiguren – den Blick des textexternen Rezipienten auf die intime Beziehung der Eltern lenkt. Dieser gelenkte Blick soll natürlich keinen voyeuristisch-spielerischen Reiz vermitteln, sondern er stellt den Rezeptionsvorgang selbst mit all seinen Tücken ins Zentrum der Handlung: Der Einblick in den intimen Innenraum der inzestuösen Minne wird mithilfe einer blicksteuernden Figur ermöglicht, damit das richtige und falsche Lesen zum Thema gemacht werden und so eine exemplarische Wirkung entfalten kann.

Indem die Handlung immer wieder zeigt, dass die Kompetenz, Zeichen als solche zu erkennen, nicht automatisch Verständnis bedeutet, fordert sie den Rezipienten zum eindringenden Blick heraus, der die mehrdeutigen Hüllen adliger Zeichen durchschaut und auf diesem Weg zu der Erkenntnis gelangen kann, was wahre *riuwe* ausmacht. Während der textexterne Leser beobachtet, wie Gregorius liest, aber bis zur Entdeckung des zweiten Inzests nicht richtig versteht – wird dem Rezipienten die Möglichkeit geboten, aus der Geschichte des Sünderheiligen, an dem Gott seine Gnade *erzeiget und bewæret hât* (V. 45), zu lernen, ohne überhaupt erst einen vergleichbar schlimmen Fehler zu begehen. Da der textexterne Rezipient zudem dazu aufgefordert wird, sich Gregorius als *bild* zu nehmen, wird eine Verbindung zwischen diesen zwei rezipierenden Sündern geschaffen, die beide durch die Konfrontation mit einer schmerzhaften Niederschrift alles Wichtige über Sünde, Buße und Gnade lernen sollen. Am Beispiel der anfänglichen Fehllektüren des Protagonisten wird das werkexterne Publikum angeleitet, wie man richtig rezipiert, versteht und *von herzen riuwet* (V. 49).[810] Im Gegensatz zu Gregorius, der bei seiner ersten Lektüre der Tafel mit Freude auf einen Teil ihres Inhalts reagiert, soll der textexterne Rezipient, während er die Erzählung *von dem guoten sündære* (V. 176) vernimmt, ausschließlich leiden. Obgleich die Geschichte aber *ze hœrenne nôt* (V. 150) ist, kann der Rezipient sich dann über ihre

808 Die Furcht vor der *mors repentina* wird im Prolog angebracht, um das Publikum daran zu erinnern, dass Buße rechtzeitig erfolgen muss und nicht aufgeschoben werden kann (V. 7–25).

809 Dass Leseprozesse in der Handlung auf die Lektüre des Texts selbst rückbeziehbar sind, beobachtet Greulich, Stimme, S. 131, für den *Eneasroman*, denn „die Phänomene des Leseprozesses [reflektieren] einander: Eneas liest Lavinias Brief, die Gräfin von Kleve den Roman bis zu dieser Stelle; ein anderer verliest sich im Buch und kann es nicht mehr lassen und entwendet es; der Leser liest selbst im Codex oder bekommt ihn vorgelesen." Ähnliche Überlegungen auch bei Wandhoff, Vom Finden der Liebe.

810 Es wäre möglich, dass dies der Grund ist, warum Hartmann davon absieht, im Prolog keine topische Wendung an den guten und den schlechten Rezipienten anzuführen: Der Protagonist selbst erinnert anfangs an jenen Rezipienten, der oberflächlich und unverständig liest und erst nach der Katastrophe die eigentliche Botschaft der Worte enthüllt.

Botschaft freuen: Dass wirklich jede Sünde vergeben werden kann, wenn sie wahrhaft bereut und Gottes gnädige Vergebung nicht bezweifelt wird (V. 157–166).[811]

Mit der Vermittlung dieser Botschaft sieht sich Hartmanns von Aue *Gregorius* allerdings mit einer zentralen Paradoxie konfrontiert: Fehlgeleitete Herzen bringen falsche Worte und falsche Interpretationen von Zeichen – doch obwohl sich der Verfasser dieser Fehleranfälligkeit weltlicher Zeichen bewusst ist, bleibt ihm nichts anderes übrig, als seine Geschichte im Medium ambiger Sprache zu vermitteln. Er kann die problematische Ambivalenz der Sprache jedoch abschwächen, indem er das *bilde* Gregorius sowie zahlreiche weitere ‚Falschleser' auf der Handlungsebene als aufmerksamkeitslenkende Instanzen implementiert, die den Rezipienten daran erinnern, dass er die Geschichte nicht oberflächlich zur Unterhaltung wahrnehmen, sondern damit die *riuwe* des Herzens erlernen soll.

2.4.2 Sigune als Leserin

Dass die Ambivalenz von Zeichen mithilfe einer blicklenkenden Assistenzfigur sprachlich verhüllt in die Mitte eines Erzähltexts gerückt werden kann, zeigt der letzte in diesem Kapitel zu untersuchende Text. Genau wie Gregorius wird Wolframs Sigune zu einer exkludierten Dritten, die über Lektüre einen intimen Einblick in eine sprachlich kreierte Welt erhält – und genau wie im Fall des Sünderheiligen wird ihr Blick in den Innenraum des Texts durch das Falschlesen so eingeschränkt, dass sie den textexternen Rezipienten auf die Tücken des lesenden Wahrnehmens hinweist.

Was in Hartmanns von Aue legendenhaftem Roman als christlich-lehrhafte Intention textinterner Rezeptionslenkung entschlüsselt werden kann, gestaltet sich im Fall der „beim Lesen beobachtete[n] Heldin"[812] in Wolframs von Eschenbach *Titurel* komplexer, weil der Text nicht von erläuternden Paratexten oder klarer christlicher Didaxe gerahmt wird. Das kindliche Liebespaar Sigune und Schionatulander befindet sich im zweiten Teil des Texts[813] im Wald, fernab des Hofs. Das Gebell eines Jagdhundes schallt durch den Wald, der *ûf rôtvarwer verte* (137,2) einem blutigen Tier hinterherhetzt. Schionatulander fängt das kostbare Tier und bringt es zur Lagerstätte, wo Sigu-

811 Hausmann, Gott als Funktion, S. 105, betont dazu den Unterschied zwischen Reue und Buße, den der Text darlegt: „Existentielle, also nicht willentlich begangene ‚Schuld' kann man nicht ‚einfach' büßen, man kann sie aber im Sinne einer *conditio cordis* bereuen – sie kann einem ‚Leid tun', und daraus resultiert dann auch das innere Bedürfnis zum Handeln. Buße ist also Ausdruck von *riuwe* und insofern der *riuwe* notwendig nachgeordnet." Damit wird deutlich, welches Problem die oberflächliche Lektüre der Tafel nach sich zieht: Gregorius liest sie als eine Aufforderung zur Buße und verkennt, dass er eigentlich erst Reue zeigen müsste.

812 Christian Kiening und Susanne Köbele: Wilde Minne: Metapher und Erzählwelt in Wolframs *Titurel*. In: PBB 120,2 (1998), S. 234–265, hier: S. 259.

813 Ein Überblick der älteren Forschung zur Frage, ob der *Titurel* ein intendiertes Fragment ist, findet sich bei Elke Krotz: Der Leser an der Leine: zu Wolframs *Titurel*. In: Helle döne schöne. Versammelte Arbeiten zur älteren und neueren deutschen Literatur: Festschrift für Wolfgang Walliczek. Hrsg. von Armin Schulz, Florian Eichberger. Göppingen 1999 (GAG. 668), S. 167–200.

ne in einem Zelt den animalischen Fund entgegennimmt.[814] Der Bracke führt eine aus wertvollstem Material gefertigte Leine mit sich, auf der Edelsteine angebracht sind (142,3), die eine *schrift wol mit kosteclîchen dingen* (146,2) formen. Das Tier, *der hunt vil wol geseilet* (147,3) heißt Gardevîaz – der Erzähler übersetzt den französischen Namen mit ‚*Hüete der verte!*'[815] (148,4).

Sigune begreift sogleich, dass die Leine nicht nur ein aufwendig gefertigtes Artefakt ist, und entziffert die Schriftzeichen, weil sie des Lesens und der französischen Sprache mächtig ist.[816] Die junge Herrin beginnt, den *anvanc der mœre* (149,1) zu lesen und arbeitet sich dann lesend am Körper des Hundes entlang: Erst das Halsband – *Si las mêre an der halsen, noch niht an dem seile* (150,1) –, dann den Ansatz der Leine: *Sigûne las an des seiles unterscheide* (151,3).[817] So rezipierend erfährt das Mädchen, dass *daz seil einem fürsten durch minne / wart gesant* (151,1–2). Die Namen des Fürsten und der Königin, die die Botschaft schickt, werden auf dem Seil genannt (151,4), aber der Erzähler des *Titurel* gibt sie erst anschließend preis. Zunächst gilt die Aufmerksamkeit der Schwester der Königin, Florie (152) – wobei nicht deutlich wird, ob es sich hier um einen Einschub des Erzählers oder einen Teil der *mœre* auf dem Seil handelt.[818] Sigune erfährt lesend (womöglich) von Florie und ihrem Geliebten Ilinot, ei-

814 Warum das Tier gefangen wird, ist eine der vielen Leerstellen des Texts, vgl. Kiening und Köbele, Wilde Minne, S. 259. Der Erzähler allerdings kann Schionatulanders Reaktion nachvollziehen: *gevâhe ich imer hunt an solhez seil, ez blîbet bî mir, swenne ih in lâze.* (145,4)

815 Helmut Brackert: Sinnspuren. Die Brackenseilinschrift in Wolframs von Eschenbach *Titurel*. In: Erzählungen in Erzählungen. Phänomene der Narration in Mittelalter und Früher Neuzeit. Hrsg. von Harald Haferland, Michael Mecklenburg. München 1996 (Forschungen zur Geschichte der älteren deutschen Literatur. 19), S. 155–175, hier: S. 165, geht davon aus, dass die Übersetzung des Hundenamens und die daran gekoppelte Moralsentenz das Einzige sei, was mit Sicherheit auf dem Seil zu lesen ist.

816 Dass die Inschrift auf Französisch verfasst ist, implizieren die Namen der Figuren und des Hundes, vgl. Karl Bertau: Über Literaturgeschichte. Literarischer Kunstcharakter und Geschichte in der höfischen Epik um 1200. München 1983, S. 75; Krotz, Leser an der Leine, S. 196. Trotz der sprachlichen Herausforderung – die der Erzähler deutlich markiert, indem er den Namen des Hundes übersetzt – geht Trînca, Amor conspirator, S. 262, davon aus, dass der Text auf dem Seil jedem Lesekundigen zugänglich sei. Allerdings liest Schionatulander nicht, obwohl er durchaus lesen kann (vgl. 169,2), und versteht zudem nicht, was Sigune an der Geschichte so begeistert.

817 Warum dem Erzähler diese Unterscheidungen so wichtig sind, ist etwa für Brackert, Sinnspuren, S. 158, unklar. Däumer, Stimme, S. 484 f. erkennt darin kinästhetische Anweisungen.

818 Vgl. Krotz, Leser an der Leine, S. 195. Ähnlich formuliert Gabriel Viehhauser: Lesen lassen. Stellvertretende Lektüren in den *Titurel*-Dichtungen. In: Interpassives Mittelalter? Interpassivität in mediävistischer Diskussion. Hrsg. von Silvan Wagner. Frankfurt am Main 2015 (Bayreuther Beiträge zur Literaturwissenschaft. 34), S. 61–82, hier: S. 63: „Was in diesem Text [auf dem Brackenseil, J. M.] genau steht, bleibt merkwürdig unklar, da bei der Beschreibung der Inschrift die Erzählebenen zu verschwimmen beginnen, und dies ist wohl durchaus vom Autor so beabsichtigt. Zwar schickt sich der Erzähler an, den Inhalt der Botschaft wiederzugeben, die Nacherzählung des Textes verliert sich aber bald in dauernden Erzählerabschweifungen, die nicht eigens als solche gekennzeichnet werden, so dass unklar bleibt, was denn nun eigentlich auf der Leine steht und was Hintergrundinformation des Erzählers ist." Darum sind Kiening und Köbele, Wilde Minne, S. 254, der Ansicht, die Geschichte nem Liebespaar, das ein unglückliches Ende fand, weil der Ritter im Kampf von einer Tjost getötet wurde und seine Geliebte daraufhin den Liebestod starb: *Flôrîe starp ouch an der selbst tiost, doch ir lîp nie spers orte genâhte.* (153,4). Die Krone der Verstorbenen ging an ihre Schwester, Clauditte – und Sigune liest nun *von der meide an dem seile* (155,1). Clauditte wiederum wählte den rangniedrigeren Ehkunat *ze âmîen* (156,2) und *sante im disen wiltlîchen brief, den bracken* (158,2). Die Königin versichert in dieser Nachricht, dass sie *wîplîcher verte hüeten* (158,4) will, doch der genaue Inhalt ihrer Botschaft bleibt unklar, weil der Erzähler des *Titurel* die Paraphrasierung der Seil-Inschrift und auktoriales Wissen miteinander verschmelzen lässt. Später liefert der Erzähler dann die Erläuterung, was mit der Nachricht zuvor passierte: Der *brief* in Form des Bracken mit der kostbaren Leine erreichte Ehkunat zwar, doch während der Lektüre konnte ihm das Tier entwischen (162,1), sodass Claudittes Liebesbotschaft in Sigunes Hände geraten ist.

Sigune ist fasziniert von dem, was sie als Geschichte begreift, und möchte diese fertiglesen, wozu sie den Knoten löst, mit dem der Hund an eine Zeltstange gebunden ist (159,4). Der Erzähler ist entsetzt über dieses Knotenlösen, wohlwissend, dass es eine Katastrophe verursachen wird: *mih müet ir ûf lœsen, daz si tet. hei, wan wære sis erwunden!* (160,2) Der Hund befreit sich mit großer Kraft und springt *durh gâhen nâch huntwildes verte* (161,4), sodass er die Pfähle des Zelts herausreißt (163,1) und das Seil durch den plötzlichen Ruck in Sigunes Händen blutige Wunden hinterlässt. Der Erzähler erklärt erschüttert: *ih klage der herzoginne blanc linde hende, op daz seil die zerfüere. / waz mac ich des? ez war von steinen herte* (161,2–3). Als Schionatulander, der vergeblich versucht, den entlaufenen Hund, dessen Gebell er abermals in der Ferne hört, einzufangen, vom Angeln zurückkehrt, werden die verwundeten Hände des Mädchens noch ausführlicher beschrieben:

> innerhalp ir hende, als si wæren berîfet,
> grâ als eines tiostiurs hant, dem der schaft von der gegenhûrte slîfet,
> der zuschet über blôzez vel gerüeret.
> rehte alsô was seil durch der herzoginne hant gefüeret. (167)

Ihre Hände wirken grau, als seien sie mit Reif bedeckt, sodass sie den Erzähler an die Hände eines Ritters erinnern, dem der unglückliche Rückstoß einer Tjost die Hände verbrennt. Schiononatulander bemitleidet Sigune, doch auch ihn hat die Verfolgung des Hundes übel zugerichtet, weil er ihn barfuß und durch dorniges Gestrüpp verfolgt hatte, wie das Mädchen jetzt feststellt: *Si kôs im vil wunden an beinen unt an füezen. / si klagt in, er klaget ouch si* (168,1–2).

---

der Florie sei eine „Einblendung des Erzählers"; Brackert, Sinnspuren, S. 160, findet es zudem rätselhaft, warum Clauditte Dinge beschreiben sollte, die dem Empfänger des Briefs bereits bekannt sein müssten. Trînca, Amor conspirator, S. 261, überlegt, ob der Erzähler den Inhalt der Schrift auf dem Seil nicht genau wiedergibt, weil Wolfram ungerne fremde Text kopieren möchte.

Ungeachtet ihres Mitleides verlangt Sigune, gänzlich im Bann der halb-gelesenen Geschichte, dass Schionatulander ihr das kostbare Seil zurückbringt (168,3–4), worüber sich der Junge sehr wundert: Er kennt zwar *brieve, buoch, en franzoyse* (169,2), aber mit Schrift auf einem Seil kann er nichts anfangen, weshalb er Sigune auffordert, die Inschrift zu vergessen. Sigune kann seine Meinung nicht nachvollziehen:

Si sprach: „dâ stuont âventiure an der stangen.
sol ich die nicht zende ûz lesen, mir ist unmære mîn lant ze Katelangen.
swaz mir iemen rîcheit möhte gebieten,
unt obe ich wirdec wære ze nemene, dâ für wolt ich mich der schrifte nieten.[“] (170)

Das Mädchen ist sogar bereit, den königlichen Besitz ihres Lands aufzugeben, wenn sie die Geschichte nicht zu Ende lesen kann.[819] Auffällig bei dieser Forderung ist jedoch, dass das, was Sigune als Handlung einer *âventiure* versteht, gar kein Ende haben kann, weil es sich um einen *brief* handelt – einen Liebesbrief, der nicht für ihre Augen bestimmt ist.[820] Gemäß den Informationen, die der Erzähler zur Verfügung stellt, gibt es zum Zeitpunkt der Lektüre Sigunes also keinen Schluss, denn die Beziehung zwischen Ehkunat und Clauditte ist gerade im Entstehen begriffen. Die von Sigune gewählte Bezeichnung *âventiure* verdeutlicht jedoch, dass die Schrift für sie „zum Roman und begehrenswerten Text“[821] wird. Weil sie die Liebesbotschaft als in sich geschlossenen, kohärenten Text begreift, besteht sie darauf, die Inschrift *ûz lesen* zu wollen, und verspricht Schionatulander darum den ersehnten Minnelohn (171), was ihn trotz anfänglicher Vorbehalte überzeugt, sich auf die Suche nach dem Brackenseil zu begeben, bevor der zweite Teil des *Titurel* mit einer Vorausdeutung auf das künftige Leid des jungen Paars (175) endet.

Sigunes „fatale Besessenheit“[822] und ihr Verlangen nach der Schrift werden zu Schionatulanders tödlichem Verhängnis: Im *Parzival* ist Schionatulander verstorben, denn *ein bracken seil gap im den pîn* (141,16), wie die Trauernde ihrem Cousin berichtet. Das Nachjagen der Geschichte mündet in ein unbemerktes Jagen des Todes, dem der Jäger dann selbst zum Opfer fällt[823] – die verfolgte Blutspur führt also direkt zu Schionatulander.[824] Die Vorausdeutungen auf dieses unheilvolle Ende sind im *Titurel* unübersehbar: Nicht nur die proleptischen Erzählerkommentare deuten wiederholt an, dass die Liebesbeziehung von Schionatulander und Sigune kein gutes Ende nehmen wird, sondern auch die Paare, von denen das Brackenseil (wahrscheinlich) be-

819 Daraus liest Viehhauser, Lesen lassen, S. 67, dass Sigune das Seil als für sie bestimmt versteht.
820 Vgl. Wandhoff, Vom Finden der Liebe, S. 340 f.
821 Lieb und Ott, Schrift-Träger, S. 27.
822 Viehhauser, Lesen lassen, S. 64.
823 Vgl. Kiening und Köbele, Wilde Minne, S. 240. Ähnlich Trînca, Parrieren, S. 198.
824 Vgl. Brackert, Sinnspuren, S. 166. Zu dieser Parallelität gehört womöglich auch, dass Schionatulander selbst – genau wie der Bracke – zuvor (für Anphlise und Gahmuret) als Liebesbote fungiert (54).

richtet.[825] Diese ‚Spiegelpaare'[826] dienen als Vorausdeutungen: Während Ehkunat und Clauditte eher die Standesunterschiede der kindlichen Liebenden spiegeln,[827] sagen Ilinot und Florie den Tod der Liebenden voraus[828] – „durch ihr Beispiel [wird] das Schicksal von Sigune und Schionatulander präfiguriert, denn auch Florie verlangt von Ilinot vor ihrer Liebesgewährung so lange ritterlichen Dienst, bis dieser stirbt und sie als Witwe zurückbleibt."[829] Der Minnedienst und die ‚typisch unsinnige Minnebedingung'[830] können dabei genauso als Verbindung zwischen den unglücklichen Liebespaaren gedeutet werden wie die Bilder, die die Geschichte auf dem Seil evoziert: Wie Sigune im *Parzival* erklärt, wird auch Schionatulander durch eine Tjost getötet (139,30; 141,8 f.; 252,19), während sie selbst anschließend an gebrochenem Herzen stirbt (804,23).

Darauf, dass der jungen Leserin das gleiche Schicksal widerfahren wird wie Florie, verweist der *Titurel*, indem eine Tjost nicht nur in der traurigen Geschichte von Florie und Ilinot erwähnt wird. Ihre zerstörerische Kraft ist noch einmal vor Augen geführt, als Sigunes Hände von den scharfen Edelsteinen auf dem Seil zerfurcht werden.[831] Das ruckartig entrissene Seil fügt ihr Wunden zu, sodass ihre zerschürften Hände die Stigmata[832] eines kampferfahrenen Ritters zeigen[833] und sich damit, nach Helmut Brackert, ein Bezug zwischen Lesen und Tod herstellen lässt: „Ihr Verlangen nach der *schrift*, so läßt sich vorausdeutend allegorisieren, wird der Speer sein, mit dem sie Schionatulander und mit ihm sich selbst treffen wird."[834] Auch dass Schionatulander mit tiefen Kratzern an Armen und Beinen zurückkehrt, nachdem er zum

825 Es wird zwar nicht deutlich, ob auf dem Seil auch die Geschichte von Florie und Ilinot dargelegt wird, aber da Clauditte darauf als Königin vorgestellt wird, erscheint es naheliegend, dass sie in ihrem *brief* erwähnt, dass sie aufgrund des Liebestodes ihrer Schwester die Krone erhielt.

826 Vgl. Kiening und Köbele, Wilde Minne, S. 259; Sophie Marshall: Körper – Ding – Schrift im *Parzival* und *Titurel*. In: ZfdPh 137 (2018), S. 419–452, hier: S. 435.

827 Vgl. Brackert, Sinnspuren, S. 164; Viehhauser, Lesen lassen, S. 68. Außerdem ist Ehkunat Schionatulanders Onkel (42).

828 Vgl. Brackert, Sinnspuren, S. 163; Elisabeth Schmid: „Dâ stuont âventiur geschriben an der strangen". Zum Verhältnis von Erzählung und Allegorie in der Brackenseilepisode von Wolframs und Albrechts *Titurel*. In: ZfdA 117 (1988), S. 79–97, hier: S. 83.

829 Viehhauser, Lesen lassen, S. 68.

830 Haug, Lesen, S. 314. Bertau, Über Literaturgeschichte, S. 75, empfindet den Anlass, eine Hundeleine zu suchen, sogar als „lächerlich".

831 Vgl. Trînca, Parrieren, S. 82.

832 Vgl. Däumer, Stimme, S. 488.

833 Es ist zu vermuten, dass Wolfram mit Erwähnung der grauen Hände Sigunes nicht die Verbrennung, sondern die Hornhaut eines erfahrenen Ritters andeutet, vgl. Trînca, Parrieren, S. 80. Allerdings weist Däumer, Stimme, S. 488, für den die Frische der Wunde nicht recht zu diesen Überlegungen passen will, auf die Rätselhaftigkeit des Bildes hin: „[D]ie Beschreibung des Blutes als ‚Reif' wirkt schräg, denn wie soll (1.) das Entstehen von Raureif dem Hervorbringen des Blutes gleichen und (2.) eine Übereinstimmung mit den *grauen* Händen des Tjostierkämpfers möglich sein?" [Hervorhebung im Original]. Zum Tau als Metapher bei Wolfram vgl. Fuchs-Jolie, Metapher, S. 414–416.

834 Brackert, Sinnspuren, S. 167. Ähnlich Trînca, Amor conspirator, S. 265.

zweiten Mal versucht hatte, den Jagdhund einzufangen, ist als Vorausdeutung zu verstehen: Das Liebespaar ist körperlich vom Unterfangen, die Wildheit des Hundes[835] zu bändigen, gezeichnet. Über solche intra- und intertextuellen Bezüge entpuppt sich der zweite Teil des *Titurel* als Konstrukt düsterer Verweise,[836] die mal mehr, mal weniger offensichtlich sind – und den textexternen Rezipienten auffordern, das Schicksal der jungen Liebenden „im Spiegel der Binnengeschichte zu betrachten."[837]

Neben diesen intratextuellen Spiegelungen präsentiert sich der Text zugleich als kritische Präsentation sinnlicher Wahrnehmungsvorgänge.[838] Das auditive Wahrnehmen stellt auf der Handlungsebene den wichtigsten Sinn für Schionatulander dar, weil er den Jagdhund im Wald lediglich mithilfe von Geräuschen lokalisiert: Sehen scheint für die Orientierung im Dickicht hingegen sekundär.[839] Das Aussehen des Hun-

---

835 Natürlich ist ein Jagdhund, wie Schuler-Lang, Wildes Erzählen, S. 191, betont, teilweise domestiziert, hier aber steht eindeutig seine Wildheit im Vordergrund, wie der Text mehrfach herausstellt.

836 Dazu trägt womöglich auch bei, dass ‚Lanze brechen' und ‚Turnier reiten' als sprachliche Verhüllungen für den Geschlechtsakt deutbar sein können (vgl. Müller, Minnebilder, S. 53), sodass es vielleicht nicht „komisch und tragisch zugleich [wirkt], dass Sigune für das Brackenseil auf Sexualität verzichtet" (Trînca, Amor conspirator, S. 267), sondern in Bezug auf die verwendeten Metaphern konsequent ist, zumal Einschreibung – hier entsprechend die Spuren der Schrift in Sigunes Händen – als Koitus gedeutet werden kann (vgl. Wenzel, Hören und Sehen, S. 426.) und somit die Minnevereinigung ersetzt.

837 Schmid, Brackenseilepisode, S. 84.

838 Bemerkenswert ist, dass auditive Rezeption ein maßgebliches Merkmal der vermittelten Figurenwahrnehmung ist: Das Fragment beginnt damit, dass Bracke hörbar erscheint: Die beiden *gehôrten* (137,1) den Jagdhund mit *heller süezer stimme* (137,2), die *hôchlûtes* (137,3) durch den Wald tönt. Durch drei unterschiedliche Verweise auf die hörende Wahrnehmung, wird eine Geräuschkulisse geschaffen, die auf Schionatulander anziehend wirkt: Die Geräusche des Hundes *erhellen* (138,1) den Wald und der junge Mann rennt *gein der stimme* (139,4) und lauert dem Tier auf. Die Handlung des zweiten *Titurel*-Fragments wird damit maßgeblich als Reaktion der Figuren auf Geräusche dargestellt – und auch der Erzähler selbst gibt den textexternen Rezipienten zu verstehen, dass sie die Aventiure auf dem Seil ‚hören' können (*âventiure hœret, obe ir gebietet!* 146,3). Geräusche als Trigger, die Figuren zur Reaktion motivieren, sind etwa aus Hartmanns von Aue *Armem Heinrich* bekannt, dessen gleichnamiger Protagonist erst nach einem Loch in der Wand, durch das er die Opferung der Jungfrau beobachten kann, zu suchen beginnt, als er das Schleifen des Messers hört (V. 1217–1232). Dass der Wind gehörte Wahrnehmung beeinflussen kann, führt Wirnts von Grafenberg *Wigalois* aus, als in der Fischerepisode die Windstille die Übertragung der Geräusche über den See hinweg möglich macht. Es scheint den mittelalterlichen Verfassern bewusst gewesen zu sein, welche trügerischen Eindrücke das menschliche Gehör produzieren kann, wenn sie von bestimmten Witterungsumständen sabotiert werden. An Schionatulanders Wahrnehmung ist zudem auffällig, dass sie einseitig ist, weil er nicht alle Sinne gemeinsam nutzt – so wie Gurnemanz dem jungen Protagonisten im *Parzival* rät: *ir kunnet hœren unde sehen, / ensteben unde drœhen: / daz solt iuch witzen nœhen.* (171,22–24). Wer der Einsicht nahekommen will, sollte also unterschiedliche Sinne nutzen – intertextuell betrachtet, ist Schionatulanders Wahrnehmung vielleicht als zu eindimensional zu verstehen.

839 Es ist auffällig, dass das Hören die einzige Form der Wahrnehmung ist, die in Bezug auf Schionatulander erwähnt wird: Auch als er nach dem vergeblichen Versuch, den Hund zu fangen, zu Sigune zurückkehrt, findet er wortwörtlich (166,4) das Mädchen dort und beklagt (168,2) ihre Verletzungen – von Sehen ist nie die Rede. Das einzige Verb, das in der mehrere Strophen umfassenden Beschreibung des bleibt eine Leerstelle[840] – ausführlich beschrieben wird lediglich das Seil (144–148), nicht das Tier selbst.[841] Zweimal wird im zweiten Teil des *Titurel* jedoch geschildert, wie Schionatulander im Wald plötzlich das Bellen des Hundes hört (137–138; 164).[842] Beim zweiten Mal versteht er sofort, dass die Geräusche des Tiers bedeuten, dass es Sigune entwischt ist, und eilt dem Gebell nach. Dabei macht ihm nicht nur das unwegsame Gelände unter den *blanken* (166,2) Füßen zu schaffen, sondern auch die Unzuverlässigkeit seines Hörsinns: *er ninder spürte wilt noch hunt, unt wart ouch von dem winde der hôre verirret* (165,4). Einerseits hört er den entlaufenen Hund, andererseits macht es ihm der Wind unmöglich, zuzuordnen, woher genau das Gebell kommt. Schionatulander erscheint als ein vergeblicher Jäger, der zwar sehr schnell laufen kann (138), aber die Spur nicht richtig verfolgt: Statt auf die Fährten zu achten, verlässt er sich auf sein Gehör, das jedoch verwirrt wird und ihm lediglich Verletzungen einbringt. Für den Rezipienten wirkt sich die Sinneswirrung ähnlich aus wie für den vom Wind verwirrten Jungen: Das sich wiederholende Gebell kreiert für den textexternen Rezipienten einen auditiven, aber diffusen Eindruck des Jagdhundes[843] – genau wie das ausführlich beschriebene Seil, das aufgrund seiner prächtigen Materialien und der aufwendigen Machart so unglaublich wirkt, dass es ebenfalls schwer vorstellbar ist.[844]

---

der Leine auf eine visuelle Wahrnehmung verweisen könnte, ist mhd. *kiesen* – z. B. in *dar ûfe kôs man tiure unt lieht gesteine* (142,3) – das jedoch anders konnotiert ist als schlichtes Sehen: Lexer listet ‚prüfend sehen', ‚wahrnehmen', ‚erkennen' und ‚herausfinden' als Übersetzungsmöglichkeiten auf, im BMZ (Bd. I, Sp. 823b) ist sogar von ‚schauen im weitern sinne von jeder sinnlichen wahrnehmung' die Rede, sodass sich die Verse über die Schrift (*ûzen unt innen kôs man dran schrift wol mit kostelîchen dingen. / âventiure hœret, obe ir gebietet!* 146,2–3) als allgemeineres Erkennen der Schriftzeichen übertragen ließen. Das in der mittelhochdeutschen Literatur sonst präsente *man sach* tauscht Wolfram vielleicht bewusst gegen *man kôs*, das ein Wahrnehmen impliziert, welches über bloßes Sehen hinausgeht – es geht nicht darum, die Edelsteine zu sehen, sondern zu erkennen, dass es sich um Schrift handelt, deren Inhalt wiederum durch die Lektüre erschlossen werden muss.

840 Brackert, Sinnspuren, S. 156, spricht davon, dass der „Seh- und Höreindruck" durch die Erwähnung des Tiers, das Urheber der beschriebenen Töne ist, vervollständigt wird. Das Sehen findet jedoch ohne irgendeine vom Text evozierte Anleitung statt.

841 Außerdem suggeriert der Text, dass Schionatulander gar nicht bemerkt, dass sich auf dem Seil Schriftzeichen befinden und er von der Aventiure darauf erst nach dessen Verlust erfährt, vgl. Kiening und Köbele, Wilde Minne, S. 250.

842 Diese beiden Begebenheiten, in denen Schionatulander den Hund fangen möchte, vergleicht auch Sidney M. Johnson: Das Brackenseil des Gardeviaz zwischen Wirklichkeit und Phantasie. In: Studien zu Wolfram von Eschenbach. Festschrift für Werner Schröder zum 75. Geburtstag. Hrsg. von Kurt Gärtner, Joachim Heinzle. Tübingen 1989, S. 513–519, hier: S. 514, und findet ihre Schilderung des Geschehens dabei auffällig ‚realistisch'.

843 Kiening und Köbele, Wilde Minne, S. 256, betonen ebenfalls, dass der Hund „mehr akustisch als optisch" präsent sei.

844 Johnson, Brackenseil, S. 515–519, arbeitet etliche Aspekte heraus, die das Seil unglaubwürdig erscheinen lassen: Länge, Größe und die Schrift sind nicht mit anderen Informationen des Texts vereinbar, sodass Wolfram damit die Grenzen zwischen Wirklichkeit und Fantasie absichtlich verwischen ließe.

Solche Sinnesverwirrungen im *Titurel* verdeutlichen, dass Wahrnehmungsstörungen darin rekurrierende Herausforderungen darstellen.[845] Der Hund, dessen Seil und der Text darauf sind durch Unverfügbarkeit[846] und „Überkodierung"[847] geprägt, die sich auch in weiteren Elementen des *Titurel* bemerkbar machen. Es wird nicht nur Schionatulanders Hörsinn durcheinandergebracht, denn fast alles, was im zweiten Teil des *Titurel* gehört, gesehen, gelesen oder gespürt wird, ist uneindeutig: Vom *locus amoenus*, der lieblich und bedrohlich ist[848] – zum Hund, der Tier, Ding, Preziose und Brief zugleich ist. Die Inschrift auf dem Seil ist leuchtender Schmuck, Liebesbrief und *âventiure*; und die Fährte ist sowohl Teil des Hundenamens als auch die blutige Spur, die das Tier verfolgt, und die moralische Leitlinie des vorbildlichen Lebens von Clauditte und Ehkunat (156,4; 158,4). Dass diese prominenten Uneindeutigkeiten zwangsläufig zu Interpretationsschwierigkeiten und Missverständnissen führen, zeigt sich auch in der unterschiedlichen Auffassung, welcher Wert dem Brackenseil beigemessen werden kann: Sigune will alles dafür aufgeben, Schionatulander hingegen findet das Ding rätselhaft und suggeriert damit, dass er den Reiz, den es auf Sigune auslöst, nicht nachvollziehen kann (169). Die Spur aus zu entschlüsselnden Hinweisen wird allerdings auch von Sigune selbst verkannt: Die Ähnlichkeiten der Brackenseil-Paare und die Verletzungen, die das junge Paar im Wald durch den Kontakt mit dem Hund erleiden, geben Hinweise auf das, was der Leserin bevorsteht, dennoch „erblickt sie sich nicht"[849] in der Geschichte der anderen Paare: Das Mädchen weist zwar nötige Lektürekompetenzen auf – das Erkennen von Schrift, das Lesen der Buchstaben, das Verstehen der Sprache –, aber sie entziffert die Fährte, die sich dahinter verbirgt, nicht. Die wiederholt in der Inschrift artikulierte Aufforderung, die *verte* zu *hüeten* (z. B. 149,3; 150,2), ist für die textinterne Rezipientin nicht erkennbar, denn „die Sentenz ist allumfassend gültig und inhaltlich gänzlich unbestimmt."[850]

Schon im orientierungslosen Straucheln der Figuren wird deutlich, dass sich Wolframs *Titurel* hauptsächlich aus Offenheiten, Störungen, Widersprüchen und Un-

---

845 Ursula Liebertz-Grün: Erkenntnistheorie im Literalisierungsprozess. Allegorien des *lesens* in Wolframs Metaerzählung *Gardeviaz*. In: GRM Ser. N. F. 51, 2001, S. 385–395, S. 394, deutet die gestörte Wahrnehmung Schionatulanders als allgemeine Reflexion über die selektive Rezeption des Menschen, was im Kontext der zahlreichen weiteren Sinnirriationen im *Titurel*-Fragment sinnvoll erscheint.

846 Vgl. Lieb und Ott, Schrift-Träger, S. 28. Hier kann Marshall, Körper, S. 451, widersprochen werden, die folgert, dass es Wolfram viel mehr um das Brackenseil als Ding, denn um die Unverfügbarkeit der Schriftzeichen gehe. Weil sich aber Sigune, die die Materialität überhaupt nicht zu bemerken scheint, ganz auf die Schrift fokussiert, die wiederum für den textexternen Rezipienten nicht verfügbar ist, steht aber gerade die Flüchtigkeit schriftlicher Zeichen im Vordergrund. Kostbare Materialität scheint fast eher eine Art Ablenkungsmanöver für oberflächliche Lesende zu sein. Dafür, dass die kostbare Materialität nicht im Vordergrund steht, spricht sich auch Hartmut Bleumer: *Titurel*. Figurationen der Zeit zwischen Narrativik und Lyrik. In: Poetica. 43 (2011), S. 227–265, hier: S. 260, aus.

847 Trînca, Amor conspirator, S. 262.

848 Vgl. Schuler-Lang, Wildes Erzählen, S. 197.

849 Schmid, Brackenseilepisode, S. 84.

850 Liebertz-Grün, Erkenntnistheorie, S. 392.

gereimtheiten zusammensetzt[851]: Alles Erzählte und alles Wahrgenommene scheint zwischen mehreren Deutungsoptionen zu verschwimmen.[852] So stellt Stefan Seeber fest: „Reflexion über Vergangenes, eigene Gegenwart, Rezeption des Geschriebenen und eigenes Leben vermengen sich zu einem Amalgam, das nicht mehr auseinander zu dividieren ist“[853]. In dieser umfassenden Vermischung lösen sich nicht nur die Gattungsgrenzen zwischen Brief und Roman auf, sondern auch die Grenzen zwischen Tier und Ding[854], Brief und Erzählung[855], Jäger und Gejagtem[856], Täter und Opfer, Schrift und Tjost,[857] Minne und Jagd[858], Lesen und Lieben.[859] Sogar der *Titurel* als Text selbst lässt sich keiner Gattung eindeutig zuordnen und weist nach Hartmut Bleumer einen „zwischen Narrativik und Lyrik changierenden ästhetischen Status“[860] auf.

Darum gestaltet sich die Interpretation für den textexternen Rezipienten als äußert komplex, weil dieser kaum den Überblick darüber behalten kann, was auf der Handlungsebene geschieht, was der Erzähler als auktoriales Wissen hinzufügt und

---

851 Dies wird etwa in der Inhaltsparaphrase von Martschini, Schrift, S. 414, deutlich, die die Paradoxien des Texts herausstellt: „Was macht Wolfram in seinem ‚Titurel‘? Er lässt ein Paar über Liebesbriefe kommunizieren und dann doch nicht zusammenkommen. Er lässt seine Figuren Erfahrungen über Liebe sammeln und daran zugrunde gehen. Er lässt eine Königin einen Brief schreiben, der mit sämtlichen Konventionen bricht und sich der Lektüre verweigert. Er lässt seine Figuren auf Schrift vertrauen, nur um sie anschließend zu enttäuschen. Er lässt eine junge Frau eine Geschichte nicht zu Ende lesen und enthält seinem Leser sogar den genauen Inhalt des Gelesenen vor. Er beschreibt eine wunderbare Hundeleine, die so wunderbar ist, dass sie so gar nicht sein kann. Er gibt Ratschläge in Liebesangelegenheiten, die zum Tod führen. Er leugnet die Möglichkeit, Minne zu beschreiben, und tut es dennoch. Er erzählt dem Leser eine Geschichte und erzählt sie doch nicht, da er den Weg zum aus dem ‚Parzival‘ bekannten Ende unterschlägt.“

852 Vgl. Brackert, Sinnspuren, S. 175.

853 Stefan Seeber: Wolframs *Titurel* und der Mythos der Minne. In: PBB 132,1 (2010), S. 43–61, hier: S. 57.

854 Vgl. Kiening und Köbele, Wilde Minne, S. 256. Ähnlich ist auch Marshall, Körper, S. 421, der Ansicht, dass, „die kategoriale Grenze zwischen Figur, Ding und Schrift in Wolframs Texten durchlässig“ sei.

855 Vgl. Brackert, Sinnspuren, S. 168.

856 Vgl. Bleumer, Titurel, S. 258; Kiening und Köbele, Wilde Minne, S. 252. Ergänzend weist Schuler-Lang, Wildes Erzählen, S. 194–195, darauf hin, dass sich damit eine Angleichung Schionatulanders an Gahmuret und Gawain ergebe, die als Jäger zur Jagdbeute der Minne würden, die auch Rüdiger Schnell: Vogeljagd und Liebe im 8. Buch von Wolframs *Parzival*. In: PBB 96 (1974), S. 246–269, hier: S. 269, mit der Formulierung „man glaubt zu jagen und wird gejagt; man glaubt zu erbeuten und wird gefangen“ schon andeutet.

857 Vgl. Brackert, Sinnspuren, S. 167.

858 Vgl. Kiening und Köbele, Wilde Minne, S. 243–246.

859 Vgl. Haug, Lesen, S. 321.

860 Bleumer, Titurel, S. 230. Viehhauser, Lesen lassen, S. 63, deutet den ersten Teil als „ausgesprochen handlungsarm“ und „poetisch“; Wandhoff, Vom Finden der Liebe, S. 336, empfindet Schionatulanders Minnedienst auch deshalb ‚bizarr‘, weil er in der falschen Gattung stattfinde.

welche Vorkenntnisse (aus dem *Parzival*)[861] unbemerkt in den Text hineinprojiziert werden (können), sodass der *Titurel* mit seinen vielschichtigen Verschachtelungen „vermutlich weder in seinem Ineinander noch in seinem Nacheinander wahrnehmbar ist."[862] Die vom Erzähler vermittelten Inhalte bestehen aus drei unterschiedlichen Erzählsträngen[863] – weil die Grenzen der jeweiligen Erzählungen vom Erzähler des *Titurel* aber nicht markiert werden, gehen auch die Begriffe *mære* und *âventiure*, die sowohl für die Seil-Inschrift als auch für den *Titurel* verwendet werden, fließend ineinander über.[864] Die „prekäre Lesbarkeit", folgern Ludger Lieb und Michael Ott, „macht somit auch vor den Rezipienten des *Titurel* nicht halt."[865] Durch diese „Multiplikation der Texte und deren Leser"[866] entsteht ein Wirrwarr unterschiedlicher Erzähl-Fährten, aus deren Dickicht sich kein Ausweg finden lässt, wie Karl Bertau deutlich macht:

> Das bislang im *Titurel* geübte Weitergeben des Erzählens an einen anderen Erzähler machte das bisher Erzählte zur abgebrochenen Spur. Die Erzählungen legen sich wie Schalen umeinander. Jede spätere Zeit, die diesen Text einer frühen Zeit liest, produziert lesend, verstehend oder mißverstehend eine neue Schale. Was wäre der Kern? Die französische Literaturwissenschaft nennt diese in allen Literaturen verbreitete, hier potenziert als Lesen einer offenen Spur gestaltete Form eine *mise en abyme*, ein „in-den-Abgrund-rücken".[867]

---

861 Brackert, Sinnspuren, S. 163, geht davon aus, dass die Rezipierenden des *Titurel* den *Parzival* kennen und Bleumer, Titurel, S. 253, plädiert dafür, dass der *Titurel* nicht unabhängig vom *Parzival* betrachtet werden könne.

862 Kiening und Köbele, Wilde Minne, S. 254.

863 Karl Bertau: Poetische Spiegelreflexe: Zum deutenden Erzählen des Erzählers. In: Mythos – Sage – Erzählung. Gedenkschrift für Alfred Ebenbauer. Hrsg. von Johannes Keller, Florian Kragl. Göttingen, Wien 2009, S. 25–40, hier: S. 28, fasst die Erzählkette folgendermaßen zusammen: Das „Erzählen des Dichters erzählt das Lesen Sigûnes, welche das Erzählen Claudittes auf dem Seil liest, beginnend mit dem Erzählen Claudittes von Flôrîe als Spiegel für das anschließende Erzählen Claudittes von ihrer Liebe und dem Geschenk des Bracken."

864 So heißt es, Sigune liest eine *mære* auf dem Seil (149,1) und zum Ende des zweiten *Titurel*-Teils kündigt der Erzähler an, dass sich *diz mære geunsüezen* (168,2) wird. Dass bei Wolframs Text und dem Brackenseil eine „außergewöhnliche Spieglung" vorliegt, sieht auch Greulich, Stimme, S. 314–315: „Es ist zu überlegen, ob nicht zwischen dem primären und dem intradiegetischen Erzähler des Seils eine außerordentliche Nähe besteht oder ob sie gar identisch gedacht werden könnte: Wolframs *Titurel* wäre dann – versehen mit anderen Namen – der Text des Brackenseiles."

865 Lieb und Ott, Schrift-Träger, S. 28.

866 Christoph Huber: Der ‚Weg' der Erzählung. Beobachtungen zu Hartmann von Aue und weiteren höfischen Erzählern. In: PBB 142,3 (2020), S. 330–353, hier: S. 347.

867 Bertau, Poetische Spiegelreflexe, S. 29. Ähnlich formuliert Brackert, Sinnspuren, S. 160: „[E]s gibt einen Text, den Sigune tatsächlich liest; es gibt einen Text, den der Erzähler dem Leser als ‚Text im Text' präsentiert und der die Grenzen zwischen Briefinschrift und Erzählerreferat bzw. Erzählereinmischung ständig verwischt; und es gibt einen Text, den der Leser sich aus dem allem zurechtmachen muß."

Damit impliziert Bertau, dass das Gefüge aus sich überlagernden Erzählungen von einer weiteren, rezeptionsabhängigen Schale umgeben wird: Die Erzählungen und ihre Rezeptionen eröffnen stets neue Bezüge und Spiegelungen, die sich mit jedem Lektürevorgang potenzieren. Alle diese ‚Spuren' und ‚Schalen' sind jedoch miteinander verknüpft, sodass Anfang und Ende nicht klar zu bestimmen sind – den bunten Seidenbändern des Brackenseils nicht unähnlich: *imer swâ diu spanne erwant an ein ander geworht mit gezierde* (144,4). Die fließenden Übergänge von Seil, Sprachduktus[868] und Sinn sind im *Titurel* so verwoben, dass eine stringente Rezeption nur mithilfe einer aktiven Rezeption möglich ist, die als ordnende Instanz aus dem „Geschichtsbaukasten" eine kohärente Geschichte formt, wie Ursula Liebertz-Grün ausführt:

> Wolfram zersplittert das Erzählkontinuum einer Geschichte, indem er aus dem Zusammenhang gerissene Details vermischt mit Vorwegnahmen, Rückgriffen, kommentierenden Einschüben aus den verschiedensten Perspektiven. Wer eine sinnvolle Geschichte sucht, muß die Glieder der Textkette auseinanderreißen und neu ordnen. Verschiedene Geschichtsketten bieten sich an, die sich gegenseitig relativieren, ohne daß eine von ihnen hinreichend überzeugend wäre. Wer über Diskrepanz zwischen den verschiedenen Geschichtsketten und der Textinstanz als nicht hintergehbarer Grenze interpretatorischer Evidenz nachdenkt, gelangt auf die Metaebene der Erzähltheorie, die den Blick freigibt auf die literarischen Techniken, welche die sophistische Dialektik in Gang setzen und so die labyrinthische Suche nach Sinn auf der Ebene des Erzählten steuern.[869]

Indem der Rezipient des *Titurel* ordnend – und damit zwangsläufig reflektierend – aktiv werden muss, zeigt sich, dass Wolfram „die selbst zu verantwortende Suche [fordert]."[870] Rezeptionslenkungen werden dabei sogar im wörtlichen Sinn als Fährten offenbar, denn im zweiten *Titurel*-Teil werden flektierte Varianten des Wortes *vart* gehäuft eingesetzt,[871] sodass das Wort selbst innerhalb des Texts verfolgbar wird.[872] Diese Fährte ist vorwiegend für den Rezipienten bestimmt, wie es bereits im Namen des Hundes, der „den Sinn der Erzählung auf dem Leib trägt"[873], deutlich wird. Beatrice Trîcna überlegt: „Gardevîaz klingt wie ein Appell an die Leser oder Hörer, nicht nur auf den moralisch rechten Weg Acht zu geben, sondern auch im Dickicht der Details"[874]. Ähnlich verstehen Elisabeth Martschini und Gabriel Viehhauser seinen Na-

---

868 Vgl. Kiening und Köbele, Wilde Minne, S. 239.

869 Liebertz-Grün, Erkenntnistheorie, S. 387.

870 Ebd., S. 393.

871 Vgl. Bertau, Poetische Spiegelreflexe, S. 34, der in seinem Aufsatz Etymologie und Semantik des Worts – das sich als *verte* vom eigentlichen Nominativ *vart* abzulösen scheint (ebd., S. 32) – herausarbeitet, listet für Wolframs von Eschenbach *Willehalm* nur drei *verte*-Nennungen auf, was die Vermutung nahelegt, dass es sich bei der Häufung des Wortes im wesentlich kürzeren zweiten *Titurel*-Fragment um eine bewusste Nutzung handeln muss.

872 Vgl. Brackert, Sinnspuren, S. 166.

873 Schmid, Brackenseilepisode, S. 96.

874 Trînca, Amor conspirator, S. 258. Etwas vorsichtiger Brackert, Sinnspuren, S. 163.

men: Er „steht für didaktisches Programm“[875] und sei „eine Aufforderung an ihn [den Leser des *Titurel*, J. M.], unter Wolframs zahllosen Bezügen und Verweisen auf die richtigen zu achten und den roten Faden nicht zu verlieren.“[876] Das Problem liegt allerdings darin, zwischen allen Fährten überhaupt zu erkennen, welche von ihnen richtig oder falsch sind. Sowohl der *Titurel* als auch der Text im Text betonen das Achten von Fährten, das sich aber als denkbar große Herausforderung entpuppt.

Bei dem Versuch, die Lenkungen zwischen „unverständlichen Satzfetzen und Wahrnehmungsfetzen“[877] zu erkennen, könnte dem Rezipienten jedoch die blicklenkende Assistenzfigur, die in Form der lesenden Protagonistin in den *Titurel* integriert ist, helfen: Im Prozess der schriftlichen Rezeption einer anderen Liebesbeziehung wird Sigune nämlich zur Dritten, die Einblicke erhält. Ulrich Ernst betont, dass „der Text auf dem Brackenseil zwar formal eine Inschrift, jedoch funktional ein Brief ist, der für Sigune nicht bestimmt ist und den sie, in die Intimität einer an sie nicht adressierten Minnebotschaft eindringend, zu lesen versucht.“[878] Die junge Leserin ist darum eine Voyeurin: Sie blickt unbemerkt in die schriftlich konstruierten, intimen Räume der Minne eines anderen Paars[879] und wird zugleich für den textexternen Rezipienten zur Rückenfigur, die als Beobachterin innerhalb der dargestellten Welt durch ihre Lektüre Einsichten ermöglicht. Weil damit textexterne und textinterne Lektüre korrelieren, ist dem textexternen Rezipienten damit ein Identifikationsangebot gemacht. Sigune fungiert für den Hörer oder Leser des *Titurel* als *mise en abyme* des Rezeptionsprozesses, weil ihr Lesen „zweifellos die entscheidende Rezeptionsdisposition des Textes vorführt.“[880] Dies bedeutet nicht, dass das tatsächliche Lesen der gemeinsame Nenner ist, doch beide Rezeptionsinstanzen müssen zum Verständnis der jeweiligen Texte „die Fährte entziffern, Spuren erahnen, wahrnehmen, interpretieren, klassifizieren, aus Indizien Zusammenhänge konstruieren, kurzum einem Lektüremodell folgen, das geeignet war, auch analphabetischen Jägern unter Wolframs Zuhören das Geheimnis des Lesens vertraut zu machen.“[881] Noch mehr Spiegelungen zwischen *Titurel* und dem Brackenseil erkennt Wandhoff:

---

875 Viehhauser, Lesen lassen, S. 65.

876 Martschini, Schrift, S. 423.

877 Liebertz-Grün, Erkenntnistheorie, S. 388.

878 Ulrich Ernst: Formen der Schriftlichkeit im höfischen Roman des hohen und späten Mittelalters. In: Frühmittelalterliche Studien 31 (1997), S. 253–369, hier: S. 297.

879 Anders ist Trînca, Amor conspirator, S. 262–263, der Ansicht, dass die Inschrift nichts Intimes ‚ausplaudere‘, weil darin gesellschaftlich angemessenes Sprechen über die Minne im politischen Kontext mitgeteilt werde. Allerdings ist die Nachricht für einen explizit als Empfänger genannten Geliebten bestimmt, es wird ein ungewöhnlicher Bote gewählt und die Botschaft folgt nicht den gängigen Regeln des Briefschreibens, indem sie z. B. eine Moralsentenz statt einer Grußformel an den Anfang setzt. Wenngleich der Inhalt vielleicht nicht geheim ist, vermittelt der *Titurel* also trotzdem eindeutig, dass es sich hier um keine regelkonforme, öffentliche Mitteilung handelt.

880 Bleumer, Titurel, S. 259.

881 Liebertz-Grün, Erkenntnistheorie, S. 389.

> [D]ieser Text, der in allem ein Sonderling ist, bleibt in einem Punkt der Poetik des höfischen Liebesromans treu: Auch er spiegelt auf virtuose Weise den Akt und den Inhalt des Erzählens ineinander, und er tut dies vor allem über die Analogie der Schrift *im Text* zur Schrift *des Textes*. Die obskure äußere Form dieser Erzählung und die *schrift* der darin beschriebenen Hundeleine sind sich in ihrer bizarr übertriebenen Künstlichkeit ziemlich ähnlich. Die unerhörte Schrift aus kostbaren, aber auch gefährlich scharfen Edelsteinen reflektiert die Artifizialität der, zumindest für einen höfischen Roman, unerhörten Titurelstrophen, eine Mischform aus epischer und lyrischer Kanzonenstrophe, die in ihrer metrischen Regellosigkeit Züge des prosaischen Erzählens aufweist.[882]

Ungeachtet aller Parallelen zwischen dem *Titurel*-Fragment und dem beschrifteten Artefakt weiß der Rezipient nicht, was genau Sigune liest, weil trotz ihrer blicklenkenden Funktion das unmittelbare „Über-die-Schulter-Schauen"[883] bei der Lektüre des Brackenseils verwehrt bleibt. Sigunes Verlangen nach der verlorenen *âventiure* drückt damit zugleich ein Bedürfnis aus, das auch für den textexternen Rezipienten geweckt werden dürfte – beide Rezeptionsinstanzen nehmen Unvollständiges wahr und bleiben deshalb unbefriedigt zurück.[884] Der Wortlaut der Inschrift ist also eine Leerstelle[885], die besonderes Begehren anregt: Gerade weil das Lesen und Sigunes Selbstvergessenheit[886], nicht aber der genaue Inhalt in den Mittelpunkt des zweiten *Titurel*-Teils gerückt ist, liegt der Schlüssel zum *Titurel* vielleicht in diesem exponierten Leseakt auf der Handlungsebene,[887] der den textexternen Rezeptionsprozess spiegelt.

Diese angebotene Reflexion des Rezeptionsprozesses macht deutlich, dass dem *Titurel* eine Kommentierung von Wahrnehmung auf mehreren Ebenen inhärent ist, die sich im Protagonistenpaar in unterschiedlicher Ausprägung offenbart. Das Liebespaar im *Titurel* präsentiert unterschiedliche Rezipiententypen, die dem textexternen Rezipienten vorführen, wie falsch diese *mære* wahrgenommen werden kann: An Schionatulander wird gezeigt, dass es Rezipierende gibt, die auf irrtümliche Sinneswahrnehmungen achten, die unvorbereitet sind und ausschließlich konventionelle Textformen als lesenswert erachten. Sigune hingegen liest aufmerksam und erkennt den literarischen Wert der Brackenseilinschrift, aber versteht die Tragweite ihrer Bedeutung nicht, weil sie nicht die benötigte interpretative Transferleistung erbringt, die sie die

---

882 Wandhoff, Vom Finden der Liebe, S. 348 [Hervorhebungen im Original]. Auch dass der *Titurel* wie das Brackenseil aus zwei Teilen (Halsband und Leine) besteht, spricht nach Wandhoff für eine absichtliche Spiegelung.

883 Krotz, Leser an der Leine, S. 193.

884 Vgl. Martschini, Schrift, S. 409. Dass der *Titurel* als Text aus zwei Fragmenten daherkommt, kreiert natürlich weitere Leerstellen und Lücken, die die Rezeptionserfahrung beeinträchtigen. Es ist davon auszugehen, dass die Überlieferungsgeschichte nicht für den Fragmentcharakter verantwortlich gemacht werden kann, vgl. Kiening und Köbele, Wilde Minne, S. 237.

885 Diesen rezeptionsästhetischen Begriff benutzen auch Kiening und Köbele, Wilde Minne, S. 259; Seeber, Wolframs *Titurel*, S. 59; Trînca, Amor conspirator, S. 260.

886 Vgl. Däumer, Stimme, S. 487.

887 Ähnlich Trînca, Amor conspirator, S. 269: „Der Schwerpunkt der Narration liegt auf den exotischen Text und seinem Träger sowie auf dem Leseakt."

Parallelen zwischen den Liebesbeziehungen der Seilinschrift und ihrer eigenen erkennen lässt. Dass im *Titurel* der falsche Umgang mit Schrift[888] und die oberflächliche Lektüre Thema ist, wird letztlich darin sichtbar, wie Sigune ihr Verhalten im *Parzival* kommentiert: Sie bereut ihre Fixierung auf die Inschrift und attestiert sich selbst *kranke sinne* (141,20).[889]

Wie die vorangegangenen Beobachtungen zeigen, stehen im *Titurel* oberflächliche Lektüre und das Achten auf Fährten einander gegenüber. Wenn richtige Lektüre bedeutet, *verten* zu verfolgen und der vorbildliche Rezipient damit ein Jäger[890] ist, gibt Wolfram damit vielleicht zugleich preis, wie er seine Position als Verfasser versteht: Er legt Fährten, die die Rezeption lenken. Indem die Fährten im *Titurel* allerdings zu kryptisch,[891] zu mehrdeutig und zu zahlreich sind, scheint es unmöglich, der Beute – der richtigen Interpretation der Spuren im Text – auf die Schliche zu kommen. Die ‚verfolgte' Erzählung schlägt zu viele Haken, als dass der rezipierende Jäger ihr jemals vollständig hinterherkommen könnte.[892] Dass für Wolfram von Eschenbach ein flinker Hase der Inbegriff dessen ist, was sich ungeeigneten Rezipierenden entzieht, macht der Prolog des *Parzival* im Anschluss an das einleitende Elsterngleichnis deutlich:

888 Dies vermutet auch Martschini, Schrift, S. 418, macht dies aber daran fest, dass „die Figuren ihr Vertrauen in Schriftdokumente nicht hinterfragen und dadurch Enttäuschungen erfahren."

889 Auch Haug, Lesen, S. 321, versteht Sigunes Aussage im *Parzival* als kritische Reflexion ihres Fehlverhaltens.

890 So Brackert, Sinnspuren, S. 174: „Der Text ist nicht festlegbar auf einen einzigen übergreifenden Sinn. Meint man als Leser einen solchen zu greifen, tauchen sogleich andere Perspektivierungen auf, Widersprüche stellen sich ein, für eindeutig Gehaltenes verwischt sich wieder. Der Erzähler macht seine Erzählung immer wieder unverkennbar. Aber auch dem Erzähler scheint sich immer wieder nur die Unerkennbarkeit der Geschichte zu zeigen. Sein Erzählen zielt nicht mehr, wie in der bisherigen Tradition, auf das Herstellen von Zusammenhängen im Horizont der Fiktion, es ist eher einer Spurensuche zu vergleichen, einem Verfolgen von nicht genau zu ortenden Sinnspuren. Der Erzähler fingiert sein Erzählen demnach nicht als Erfinden, sondern als ein Aufspüren von Fährten, das den Sinn zum begehrten, sich verflüchtigenden Objekt macht." Ähnlich vermutet etwa Lechtermann, Sichtbarkeit von Spuren, S. 51, dass das Spurensuchen im *Prosa-Lancelot* eine Allegorie des Lesens sein könne. Wie umfassend ein Roman mit rezeptionslenkenden Fährten versehen werden kann, zeigt im nächsten Kapitel die Besprechung von Konrads von Würzburg *Partonopier und Meliur*.

891 Brackert, Sinnspuren, S. 156, etwa spricht vom „kryptischen Erzählen" des *Titurel*, das bereits in der ersten Strophe des zweiten Teils offenbar werde.

892 Mit einer ähnlichen Deutung tritt Krotz, Leser an der Leine, S. 167, an den Text heran, indem sie Wolfram zunächst folgende Worte in den Mund legt: „Ihr seid genauso neugierig wie Sigune. Ich bin wie der Hund, den alle wegen des Brackenseils jagen. Ich will aber nicht der Hund sein, der Geschichten apportiert. Ich verweigere die Aussage. Statt dessen demonstriert Wolfram in einem eigenwilligen Extrakt der ihm abgeforderten Geschichte, wer in der Beziehung zwischen Erzähler und Leser die Leine in der Hand hält – er öffnet die Trickkiste des Erzählers, daß der Hörer nur noch mit den Ohren schlackern kann, und läßt die Leine unvermittelt los."

> diz vliegende bîspel
> ist tumben liuten gar ze snel,
> sine mugens niht erdenken:
> wand ez kan vor in wenken
> rehte alsam ein schellec hase. (1,15–19)

Natürlich ist nicht ausgeschlossen, dass eine Verfolgung dieser Wendungen dennoch mit kurzweiligem Jagdvergnügen, mit *kurze[r] fröude* (1,25), verbunden ist – doch wer mehr als *trüebe lîhte schîn* (1,24) will, sollte auf die Fährten achten[893] – wenngleich das Vorhaben, alles zu verstehen, vielleicht ein schwieriges Unterfangen darstellen könnte: Denn Handlung und Botschaft des Romans *vliehent unde jagent, / si entwîchent unde kêrent* (2,10 f.) und machen es sogar einem *sô wîsen man* (2,5) schwer, hinterherzukommen – nur derjenige, *dem hât witze wol getân* (2,14), kann folgen.[894] Henrike Lähnemann hat für das syntaktische Hakenschlagen im *Parzival* herausgestellt, dass es „von den Rezipienten ständig wache Aufmerksamkeit [verlangt], ebenso wie die Bereitschaft, bereits Gehörtes oder Gelesenes rückwirkend zu korrigieren und neu zu deuten."[895] Eine wahrnehmungsästhetische Untersuchung des *Titurel* legt nahe, dass das Hakenschlagen dem Rezipienten darin ebenfalls nicht nur in Bezug auf die schwierige Syntax viel abverlangt: Die Handlung des „ästhetischen Gedankenexperiments"[896] rund um die Lektüre des Brackenseils lädt zum umfassenden Überdenken von Wahrnehmen, Rezipieren und Verstehen ein – wie es Walter Haug schon für den *Parzival*-Prolog herausgestellt hat: Es geht Wolfram „nicht um die Darstellung exemplarischen Verhaltens, der ‚Parzival' will keine Lehre bieten, ja er verweigert sich dezidiert jeder didaktischen Umsetzung, es geht allein um Problembewußtsein; das Ziel ist also nicht Imitatio, sondern Reflexion."[897] Um eine solche Reflexion zu initiieren, erscheint Sigune im *Titurel* als Identifikationsfigur, die die Position des Rezipienten spiegelt und damit vermittelt, welche Herausforderungen der Einblick in die Minne von Schionatulander und Sigune birgt. Als blicklenkende Rückenfigur demonstriert Si-

---

893 Eine poetologische Verknüpfung zwischen *Parzival* und *Titurel* versucht auch Liebertz-Grün, Erkenntnistheorie, S. 390, indem sie die von Pfeilen gespritzte Blutspur, auf der sich der Bracke befindet, als Anspielung auf das Bogengleichnis sieht, womit auf die Flüchtigkeit imaginärer Vorstellungen angespielt werde.

894 Auch Philipp Friedhofen: Erlesene Welten. Überlegungen zur Poetik des höfischen Romans. Heidelberg 2019 (Studien zur historischen Poetik. 31), S. 85, erkennt im *Parzival*-Prolog „Figurationen des Ge- oder Misslingens der Rezeption", macht diese aber nicht an der Jagd-Metaphorik fest, sondern erkennt sie vielmehr darin, dass „Wolfram [...] sprachliche Bilder systematisch [überlädt]" (ebd., S. 119).

895 Henrike Lähnemann: Haken schlagende Reden. Der Beginn des neunten Buchs des *Parzival*. In: Redeszenen in der mittelalterlichen Grossepik. Komparatistische Perspektiven. Hrsg. von Monika Unzeitig, Nine Robijntje Miedema, Franz Hundsnurscher. Berlin 2011 (Historische Dialogforschung. 1), S. 261–280, hier: S. 274.

896 Trînca, Amor conspirator, S. 269.

897 Haug, Lesen, S. 308.

gune, dass Rezeption falsch verlaufen kann, wenn nicht aktiv auf Fährten geachtet wird – aber eine konkrete Lösung bietet der Text trotzdem nicht an.

In der verweigerten Vorstellung eines Lösungsschlüssels liegt vielleicht die Begründung dafür, warum der rätselhafte *Titurel* eine solche Faszination ausübt: Sigunes fatale Fehllektüre einer Liebesgeschichte ist Teil einer weiteren Geschichte zweier Liebender – aber das Erzählen darüber wird gleichzeitig als problematisch dargestellt.[898] Denn weil die traurige Geschichte Sigunes schon im *Parzival* dargelegt wurde, bleibt nur noch „das Erzählen in Reflexion und Klage", das, so spekuliert Haug,

> auf eine programmatische Absage an die fiktionale Erfahrung zugunsten einer neuen erotischen Unmittelbarkeit [zielte], eine Absage, die aber im Sich-Absetzen doch noch bezogen wäre auf die sich selbst zerstörende Fiktion angesichts der literarisch nicht zu bewältigenden Widersprüche dieser Welt.[899]

Literatur gibt damit in Wolframs *Titurel* vielleicht ihre eigene Fehlbarkeit[900] und die Grenzen des ihr Möglichen preis[901] – dies aber verhüllt, sodass nur die aufmerksamsten Rezipienten diese Andeutungen kritischer Selbstreflexion wahrnehmen können. Die durch überlagernde Verhüllungen hervorgerufene ostentative Deutungsoffenheit markiert damit, dass Literatur immer von Rezeption abhängig ist: Indem der *Titurel* viele Optionen anbietet und zugleich verunklart, wird der aufmerksame Rezipient womöglich dazu angeleitet, seine Position als interpretierende Instanz kritisch zu reflektieren. Sigune als lesende Identifikationsfigur könnte den Rezipienten dabei daran erinnern, dass dargestellte Welten erst in der Imagination der textexternen Beobachter Vollständigkeit erlangen, aber dass die Unsicherheit über den Wert und die Bedeutung dieser Kreation letztlich immer bestehen bleibt.

2.4.3 Gespiegelte Rezeptionsprozesse: Der zweite Dritte

In Hartmanns von Aue *Gregorius* und Wolframs von Eschenbach *Titurel* präsentieren sich der Protagonist und die Protagonistin, die im Rahmen eines Lektüreprozesses selbst zu Dritten werden, als exkludierte Beobachterfiguren auf der Handlungsebene, denen über eine beschriebene Preziose intime Einblicke gewährt werden. Obwohl sich die Texte in Gestaltung und Intention unterscheiden, sind Gregorius und Sigune beide Rezipierende eines Texts, dessen Lektüre die Handlung jeweils maßgeblich katalysiert. Die Elfenbeintafel, die Attribut des Sünderheiligen Gregorius ist, und das Brackenseil, von dessen in Edelsteinen geschriebener Geschichte sich Sigune nicht losrei-

---

898 Ebd., S. 322: „Schionatulander stirbt für eine Geschichte, eine Liebesgeschichte, die Sigune lesen, zu Ende lesen möchte. Gerade daraus ergibt sich aber doch auch wieder eine Geschichte, eine Geschichte für uns, auch wenn das Erzählen dabei problematisiert wird."

899 Ebd.

900 Die Skepsis Wolframs beobachtet auch Liebertz-Grün, Erkenntnistheorie, S. 393–394, im Rekurs auf das Bogengleichnis im *Parzival.*

901 Vgl. Haug, Lesen, S. 323.

ßen kann, betonen Rezeptionsprozesse. In der textinternen Lektüre rezipieren die lesenden Figuren deshalb nicht nur eine Geschichte: Ihr Lesen kreiert wiederum lesbare Geschichten und „Lektüre wird damit zum performativen Akt, bei dem nicht nur Geschichte rezipiert, sondern gleichzeitig eine Geschichte geschaffen wird."[902] Ein auffälliger Unterschied beider Texte ist zwar, dass Sigune ihre erste Lektüre nicht vollenden kann, während Gregorius den Inhalt der Tafel zum Zeitpunkt seiner täglichen Meditation wohl längst auswendig kennt. Doch die Gemeinsamkeiten der Lektüreprozesse überwiegen und machen in der folgenden Gegenüberstellung deutlich, dass der mithilfe von Figuren gelenkte Blick eine Strategie verhüllter Rezeptionsanleitung sein kann, mit der Texte poetologische Reflexionen anregen können. Um diese poetologisch zu verstehenden Rezeptionsprozesse der Texte noch deutlicher herauszustellen, bildet eine gemeinsame Betrachtung beider Schrift-Preziosen, ihrer Lektüren und der daraus abzuleitenden Interpretationsangebote den Abschluss dieses Kapitels zum gelenkten Blick.

Im *Gregorius* und im *Titurel* stechen die textinternen Schriftkunstwerke zu Beginn aufgrund ihrer kostbaren Machart und Materialität hervor, die vom jeweiligen Erzähler mit einer *descriptio* dargestellt wird und die *briefe* damit als überkodiert[903] erscheinen lässt. Bei all ihrer Pracht ist der alltägliche Gebrauch dieser Preziosen zwar nur schwer vorstellbar, doch in der dargestellten Welt sind sie gleichermaßen lesbar und transportabel. Der ostentative materielle Wert wird vom ideellen Wert, den die Artefakte für die Lesenden haben, noch gesteigert. Sigune und Gregorius können sich mit den Geschichten problematischer (Minne-)Beziehungen vielleicht auch deshalb identifizieren, weil sie mit den Figuren, von denen darin berichtet wird, verwandt sind: Sie verstehen den Inhalt der Schrift als Teil ihrer eigenen Geschichte und beziehen ihre Selbstwahrnehmung aus dem Gelesenen.[904] Aus diesem ideellen Wert ergibt sich für Sigune und Gregorius ein erhöhtes Verlangen nach den Texten, was dazu führt, dass sie Verzicht in Kauf nehmen, um das beschriebene Ding nach dem Verlust zurückzuerhalten: Sowohl der sündige Gregorius als auch die jungfräuliche Sigune knüpfen eine einschneidende Statusveränderung – den Antritt des Papstamts und die Einlösung des Minnelohns – an die Bedingung, dass sie zuerst wieder im Besitz ihres wertvollen Schriftstückes sein müssen.

902 So Viehhauser, Lesen lassen, S. 69, über Sigunes Brackenseillektüre.
903 So auch Trînca, Amor conspirator, S. 262, zum Brackenseil.
904 Ott, Tafel, S. 263, bewertet Gregorius' Verhalten ähnlich; für Sigune vermutet Viehhauser, Lesen lassen, S. 67, ebenfalls, dass die Lektüre ihr zur Identitätsstiftung dient; Friedhofen, Erlesene Welten, S. 118, beschreibt Sigunes Lektüre als identifikatorisch. Interessant ist dazu die Überlegung von Martschini, Schrift, S. 411, dass Sigune es als Angehörige des Gralsgeschlecht gewohnt sein müsste, „ihre Lebensregeln in schriftlicher Form zu erhalten", was ihre besondere Fixierung auf die Schrift erkläre. Selbiges lässt sich vielleicht für den im Kloster ausgebildeten Gregorius vermuten. Der bedeutendste Punkt dürfte für beide Figuren jedoch sein, dass sie die Geschichten für wichtig und entsprechend glaubwürdig halten, weil sie Wahres berichten.

Auffällig ist weiter, dass die Lesenden die Pracht der Artefakte trotz ihrer kostbaren Materialien nicht kommentieren. Die beiden haben nur Augen für den Inhalt der Schrift:[905] Während für den textexternen Rezipienten über *descriptiones* schwerlich imaginierbare Bilder prunkvoller höfischer Gebrauchsgegenstände entworfen werden,[906] lesen die textinternen Rezipienten deren Inschriften, die wiederum dem Rezipienten außerhalb der dargestellten Welt nicht mitgeteilt werden. Sigune und Gregorius scheinen dabei die Materialität der Schriftstücke nicht zu bemerken, wohingegen außerhalb des Texts die Medialität der Dinge diffus bleibt, weil ihre Funktion als Vermittlungsinstanz durch die ausführliche Beschreibung der prächtigen Materialien und die fehlende inhaltliche Wiedergabe der Inschriften verunklart wird.

Beide Prezioseninschriften werden textintern in einer Weise rezipiert, die weit mehr als bloßes Lesen ist, denn die Protagonisten gestalten ihre Lektüre physisch aktiv, begegnen der Materialität des Texts taktil.[907] Gregorius interagiert mit der Tafel, indem er sie täglich versteckt und herausnimmt – und auf Reisen bei sich trägt. Seine Meditation über das Geschriebene beinhaltet körperliche Aktivitäten wie Kniefälle und Schläge gegen die Brust. Sigune liest am Halsband des Hundes entlang und auf der Unterseite des Seils, womit eine Bewegung um den Hund herum impliziert wird. Die Geschichte wird in die Hand genommen, gedreht und entknotet.[908] Die aktive Lektüre ist jedoch nicht der einzige taktile Aspekt beider Rezeptionsprozesse, denn die intensive „literarische[.] Immersion"[909] der Lesenden fordert ihren Preis: Gregorius wendet im Zug und aufgrund seiner Lektüre Gewalt gegen sich selbst an. Während für Gregorius vor allem der emotionale Schmerz, der körperlich an den *rôten ougen* (V. 2308) abzulesen ist, zu überwiegen scheint, *zerfüeren* (161,2) die scharfen Edelsteine Sigunes Hände, sodass sie aussehen, als wären sie von der *gegenhurte* (167,2) einer Tjost verletzt worden – die Schrift fügt ihr Wunden des ritterlichen Kampfs zu, „[e]s sind im wörtlichen Sinne treffende Worte."[910] Die Inschriften hinterlassen physische Spuren an den Körpern der Protagonisten.

---

905 Für Sigune betonen dies Martschini, Schrift, S. 268; Wandhoff, Vom Finden der Liebe, S. 334.

906 Wie in den Einzelbetrachtungen zu den Texten bereits ausgeführt, sind die Beschreibungen der Preziosen so ausführlich, dass ihre Materialität im Widerspruch zu ihrem Gebrauch steht: Wie eine Tafel aus Gold und Edelsteinen so leicht transportiert, versteckt und vergessen werden kann, scheint genauso unwahrscheinlich zu sein, wie ein Hund, dessen meterlange Leine sich nicht im Unterholz verheddert.

907 Lieb und Ott, Schnittstellen, S. 274, zu Sigunes Lektüreprozess: „Die Seidenstreifen sind zusammengefaltet und tragen Schrift auf der Innen- und Außenseite. Man muss also etwas tun mit dem Artefakt, muss die Seidenstreifen entfalten, um den Text als Text lesen zu können. Zudem – auch das erhöht die Interaktionsintensität – ist das Geschriebene haptisch greifbar."

908 Vgl. Friedhofen, Erlesene Welten, S. 117.

909 So Wenzel, Spiegelungen, S. 187, über Sigunes Lektüre.

910 Trînca, Amor conspirator, S. 265, als weiteres Beispiel dient Trînca etwa Lavinias Pfeilbotschaft im *Eneasroman*; einen eindeutigen Rekurs auf Heinrich von Veldeke erkennt auch Wandhoff, Vom Finden der Liebe, S. 336–346. Wahrscheinlich ist es auch kein Zufall, dass Wolfram im *Parzival* als Gleichnis Bogen, Sehne und Pfeil verwendet, um sein Verständnis von Literatur darzulegen, in der

Beide Preziosen zeichnen sich zudem durch absolute Exklusivität aus; die Artefakte sind unersetzbar.[911] Diese Exklusivität zieht nach sich, dass sie nicht von einer breiten Öffentlichkeit, sondern nur von ausgewählten Figuren – dem Abt und Gregorius sowie Sigune und Ehkunat – tatsächlich gelesen werden. Andere Figuren nehmen Tafel und Brackenseil lediglich als *dinc* war, das materielle Exzeptionalität aufweist. Dies suggeriert, dass es eines exklusiven Leserkreises mit spezifischer Kompetenz bedarf, um die jeweiligen Textträger in ihrer Medialität zu erkennen. Die Exklusivität wird nicht nur darin offenbar, wer liest; die Orte der Lektüre sind ebenso aussagekräftig: Gregorius und Sigune lesen in Räumen, die explizit von der Öffentlichkeit abgewandt sind. Kemenate und Zelt sind Innenräume, die lediglich als höfische Hüllen für etwas Verborgenes fungieren, das in Abgeschiedenheit, also nicht regelkonform stattfin-

---

sogar das *mære schiuzet* (241,21). Eine Wechselbeziehung zwischen Schrift und höfischen Waffen findet sich auch bei Hartmann, als der junge Gregorius sein Schreibwerkzeug in Gedanken gegen die Waffen eines Ritters tauscht, wie er im Gespräch mit dem Abt gesteht:

sô man mich buoche wente,
wie sich mîn herze sente
und mîn gedanc spilte
gegen einem schilte!
ouch was mir ie vil ger
vür den griffel zuo dem sper,
vür die veder ze dem swerte:
daz ist des ich ie gerte. (V. 1585–1592)

Indem der Griffel in Gregorius' Imagination zur Lanze und die Feder zum Schwert wird, assoziiert der Prozess des Schreibens zugleich ein aktives Verletzen beschreibbarer Oberflächen. (Der Vergleich von Lanze und Schwert mit Feder und Griffel für Hartmanns *Iwein* findet sich auch bei Wandhoff ebd., S. 148.) Der Aspekt der Oberflächenverletzung wird z. B. in Konrad Flecks *Flore und Blanscheflur* deutlich, in dem sich die Liebenden, die zu unterschiedlichen Zeitpunkten vom Verlust der/des Geliebten überzeugt sind, mit ihrem Griffel „Minne, Schrift und Tod vereinigenden Weise" (Ernst, Formen, S. 293) selbst töten wollen (V. 1242–1249; Flore will sich bewusst mit der *spitze* (V. 2389) des Griffels erstechen, als er seine Geliebte tot glaubt, vgl. V. 2384–2395). Elisabeth Martschini: Die Verselbständigung eines Mediums. Schrift als Täter und Opfer. In: Aktuelle Tendenzen der Artusforschung. Hrsg. von Brigitte Burrichter, Matthias Däumer, Cora Dietl [u. a.]. Berlin/Boston 2013 (SIA. 9), S. 133–146, hier: S. 140, folgert: „Evident ist der enge Zusammenhang zwischen Schrift und Gewalt, zwischen Schreiben und Töten." Es ließe sich überlegen, ob Wolfram auch im *Parzival* auf solche Parallelitäten anspielt, wenn er im Epilog zum zweiten Buch dem *sanc* (115,13) *schilde* und *sper* (115,16) gegenüberstellt: Dass die Ritterschaft hier erstrebenswerter abschneidet, könnte im Blick auf die assoziative Verknüpfung von Waffen mit Medien der Einschreibung vielleicht als Ironie – oder zumindest gewitzte Doppeldeutigkeit – bewertet werden. Solche Verknüpfungen sind laut Ott, Tafel, S. 262, keineswegs überraschend: „Diese Transformation der Schreibwerkzeuge zu Kampfgerät ist gerade dann nachvollziehbar, wenn man sich die materialen Praktiken vergegenwärtigt, die als *tertium comparationis* das Schreiben und Kämpfen verbinden: Schwere Bücher würden vielleicht durchaus taugen, um sich gegen Schläge zu schützen; der spitze Griffel wird tatsächlich immer wieder in das Wachs gestoßen und mit der Schreibfeder in der Hand sind auf der pergamentenen Tierhaut komplexe Bewegungsabläufe zu vollziehen, die durchaus der Kunst des Schwerkampfes vergleichbar sind."

911 Diesen Aspekt stellen Lieb und Ott, Schnittstellen, S. 274, für das Brackenseil heraus.

det.[912] Das gesellschaftsferne Lesen stellt einen Bruch mit höfisch-gesellschaftlichen Konventionen dar – genau wie einsame Minnezelte in der Wildnis oder das heimliche Beobachten, das die oben vorgestellten transparenten und geblendeten Augenzeugenfiguren betreiben. Dass *Gregorius* und *Titurel* also lesende Figuren präsentieren, die ganz ungewöhnlich selbst und in gesellschaftlicher Abgeschiedenheit rezipieren,[913] markiert ein auffälliges Ungleichgewicht, das etwa auch damit verdeutlicht wird, dass Sigunes und Schionatulanders Beschäftigungen einander explizit gegenübergestellt werden: *Schoynatulander mit einem vederangel / vienc aschen unt vorhenne, die wîle si las* (159,1–2).[914] Indem das Liebespaar nicht gemeinsam rezipiert, wird eine Schieflage suggeriert. Sowohl im *Titurel* als auch im *Gregorius* findet die Lektüre bezeichnenderweise ohne das geliebte Gegenüber statt, obwohl Lesen und Lieben – wie es andere Paare der höfischen Literatur implizieren[915] – oft Hand in Hand gehen. Die Vereinze-

---

912 Vgl. Schnyder, Topographie, S. 333. Trînca, Amor conspirator, S. 72, weigert sich zwar, sämtliche im privaten Rahmen rezipierte Literatur als prekär zu bewerten, weil in der höfischen Kultur eine durchaus weniger repräsentativ angelegte Lektüretradition zu beobachten sei – allerdings kann dies nicht für die hier untersuchten Texte gelten, weil das Lesen von Gregorius und Sigune jeweils intratextuell als problematisch markiert wird. Im *Gregorius* wird die Verheimlichung der Tafel, wie oben ausgeführt, deutlich herausgestellt; im *Titurel* ist die negative Konnotation im Minnezelt und dem düsteren Setting des dornigen *locus amoenus* zu finden, wie bereits in Kapitel 1.2.2 ausgeführt wurde.
913 Vgl. Viehhauser, Lesen lassen, S. 72. Die schöne Vorleserin in Hartmanns von Aue *Iwein* demonstriert, wie höfische Rezeption funktioniert: Die Dame liest ihren Eltern einen französischen Text laut vor (V. 6455–6470), woraus Brackert, Sinnspuren, S. 170, ableitet: „Lesen ist ohne den höfischen Rahmen, also ohne heitere Geselligkeit, das angemessene Milieu, die Teilhabe an den adligen Lebensformen und den ihnen zugeordneten moralischen Standards gar nicht zu denken. All dies zusammen gibt ihm erst seinen Wert." Die Vorleserin in Wirnt von Grafeberg *Wigalois*, die Geschichte des Eneas vorliest (V. 2710–2722), präsentiert ebenfalls dieses höfische Lesen in Gesellschaft. Indem im *Jüngeren Titurel* die Lektüre des Brackenseils gemeinschaftlich durch Sigune und Jeschute, anschließend sogar vor noch größerer Öffentlichkeit erfolgt (1871), ist diese für Wolframs Text exponierte Abgeschiedenheit bei Albrecht nicht gegeben. Dies ist einer der Gründe dafür, dass der jüngere Text im Rahmen dieser Untersuchung keine Berücksichtigung findet, außerdem ist der Text bei Albrecht keine Leerstelle, woraus zu schließen sein kann, dass die Intention dort eine andere ist; Kurt Ruh: Bemerkungen zur Liebessprache in Wolframs *Titurel*. In: Studien zu Wolfram von Eschenbach. Festschrift für Werner Schröder zum 75. Geburtstag. Hrsg. von Kurt Gärtner, Joachim Heinzle. Tübingen 1989, S. 501–512, hier: S. 503, folgert sogar, dass Albrechts „gigantisch-ehrgeiziges Unternehmen ein einziges Mißverständnis" des Wolframschen Texts sei. Auch Wandhoff, Vom Finden der Liebe, S. 352, impliziert, dass Albrechts Fassung des *Titurel*-Stoffs als Fehldeutung bewertet werden könnte.
914 Liebertz-Grün, Erkenntnistheorie, S. 390, deutet diese Gegenüberstellung sogar als Karikatur.
915 Das bekannteste Beispiel dafür sind Tristan und Isolde in der Minnegrotte, die sich gegenseitig Geschichten erzählen, „um die eigene Liebe im Erzählen von Liebesgeschichten zu reflektieren" (Haug, Lesen, S. 321, zur Bedeutung des richtigen Lesens für die Entstehung wahrer Liebe auch Wandhoff, Love, S. 45.). Zwar ist die Minnegrotte ein Gegenort zu Markes Hof – nach der Argumentation von Trînca, Amor conspirator, S. 228, nur ein anderer Hof –, doch dass die Liebenden gemeinsam bekannte Stoffe der Literatur besingen, zeigt, dass Rezeption in Zweisamkeit die Liebe verstärkt; dazu vgl. Ulrich Hoffmann: Griffel, Ring und andere *ding*. Fetischisierung und Medialisierung der Liebe in *Floris*-Romanen des Mittelalters und der Frühen Neuzeit. In: Dingkulturen. Objekte in Literatur, Kunst und Gesellschaft der Vormoderne. Hrsg. von Anna Mühlherr, Heike Sahm, Monika Schausten [u. a.]. Berlin/Boston

lung der Lesenden deutet vielleicht bereits an, dass die Liebesbeziehungen auf eine Katastrophe zulaufen werden, denn die heimliche Lektüre der verborgenen Tafel in der Kemenate und die Lektüre eines nicht für eine zufällige Leserin bestimmten Briefs im Wald, also dem „Gegenort zum Höfischen“[916], kennzeichnen eine Perversion höfischer Rezeptionsgewohnheiten. Sigune und Gregorius sind zwar nicht negativ bewertet wie andere Voyeurfiguren in höfischen Zeugnissen, aber ihr Einblick in die Texte ist dennoch unmissverständlich als problematisch markiert, wenn sie allein und fernab der höfischen Öffentlichkeit lesen.[917]

Eine weitere offensichtliche Analogie zwischen beiden Inschriften ist ihre Unvollständigkeit, denn die angegebenen Informationen auf Tafel und Brackenseil reichen als Orientierungshilfe für die textinternen Leser nicht aus: Gregorius’ Mutter schreibt mit Lücken und präsentiert Widersprüche, die ihrem Sohn das Verständnis der Tafel erheblich erschweren. Clauditte benutzt ebenfalls missverständliche Zeichen, indem sie einen unzuverlässigen „inadäquaten Boten [...], der sich gerade nicht als *sicherbote* eignet“[918], wählt, dessen Name so abstrakt ist, dass er als Moralsentenz kaum zu deuten ist. Da beide Preziosen als *brief* bezeichnet werden, suggerieren sie zudem eine emotionale Involviertheit der Verfasserinnen in das dargestellte Geschehen, die sich in der Agenda der Botschaften niederschlägt: Gregorius’ Mutter will die christliche Erziehung ihres Sohns sicherstellen und Clauditte ihre künftige Ehe absprechen. Beide Frauen schreiben demnach für einen spezifischen Adressaten, dessen antizipierte Rezeptionshaltung das Geschriebene beeinflusst – allerdings kalkulieren sie nicht mit ein, dass die Texte unter anderen Vorzeichen gelesen werden können: Gregorius’ Mutter hat einen christlichen Jungen im Sinn, der demütig den Fehler seiner Eltern betrauert, nicht einen aufstrebenden Ritter, der sich über den schriftlichen Beleg seiner adligen Abstammung freut. Clauditte schreibt für ihren Geliebten, nicht für eine fremde Frau, die den Brief durch einen unglücklichen Zufall erhält. Gregorius und Sigune verstehen die Inschriften auch deshalb falsch, weil sie nicht (bzw. in Gregorius’ Fall: noch nicht) die intendierten Lesenden sind.

Trotz ihrer ausgeprägten Lesekompetenz, die die anderer Figuren übersteigt, und ihrer immensen Wertschätzung der Preziosen erkennen Gregorius und Sigune die Bedeutung der Inschriften für ihr eigenes Leben nicht, sodass sie letztlich genau jene Fehler begehen, vor denen die Botschaften (indirekt) warnen: Sigune wird Schionatulander aufgrund einer unnötigen Minnebedingung durch eine Tjost verlieren; Gregorius wird einen Inzest begehen genau wie seine Eltern. Emotionalität, Unvollständig-

---

2016 (LTG. 9), S. 358–388. Ähnliches zeigt sich in Konrad Flecks *Flore und Blanscheflur* – darin wird die Kinderminne sogar durch die gemeinsame Lektüre erst hervorgerufen.

916 Brackert, Sinnspuren, S. 170.

917 Ein weiterer Bruch mit der höfischen Konvention wird außerdem darin deutlich, dass die *briefe* nicht den strengen Auflagen der *ars dictaminis* entsprechen: Die Schriftstücke kommen gänzlich ohne etablierte Versicherungen und Grußformeln aus. So auch Brackert, ebd., S. 168, zum Brackenseil.

918 Martschini, Schrift, S. 413.

keit und materielle Übercodierung der Preziosen führen in beiden Fällen zu fatalen Fehllektüren – und die Lesenden sind schon im Prozess ihrer Lektüre dabei, die Wiederholung eben jener Fehler, von denen die Texte handeln, einzuleiten.[919] Die Geschichte, die gerade im Entstehen begriffen ist, während Sigune und Gregorius lesen, findet also nicht losgelöst vom Gelesenen statt, vielmehr dient die Lektüre als Präfiguration dessen, was beiden Figuren im Anschluss widerfahren wird:[920] Die Preziosen sind verhüllte Vorausdeutungen, in denen die Leserfiguren bereits ihr zukünftiges Selbst erkennen könnten. Da sie dies aber nicht tun, wird eine kommunikative Dysbalance offengelegt, die implizit auch demonstriert, wie viele Weichen für eine gelungene schriftliche Kommunikation zwischen Verfasser, Vermittlungsinstanz und Rezipient gestellt werden müssen, um zu garantieren, dass die Bedeutung eines Texts richtig erfasst wird.

Gregorius und Sigune als textinterne Lesende sehen die Parallelen zwischen den Figuren, von denen sie lesen, und ihrer eigenen Situation auch deshalb nicht, weil die intratextuellen Hinweise weniger für sie, als für den exkludierten Rezipienten konstruiert zu sein scheinen. Hartmann und Wolfram wählen jeweils einen überdeterminierten Prachtgegenstand, der die Handlung dominant mitbestimmt und so die mediale Reflexion im Prozess der Rezeption gegenwärtig hält, was vor allem im direkten Vergleich der Texte ersichtlich wird. Dass die Inschriften jeweils eine *mise en abmye*, eine „Miniatur-Replik des eigentlichen Textes“[921], von *Gregorius* und *Titurel* sind,[922] zeigt bereits die Intention beider Texte: Sie wollen Anleitungen für die richtige Lebensführung vermitteln – das *riuwen* von Herzen und das *hüeten der verte*. Diese moralischen Leitlinien gelten dabei nicht nur für die Leserfiguren, sondern werden zudem außerhalb der dargestellten Welt als Richtlinien für den textexternen Rezipienten wirksam, was die metapoetischen Passagen des *Gregorius* und die *verten* des *Titurel* signalisieren. Die analoge Konzeption der Rezeptionsprozesse inner- und außerhalb der Texte geht sogar noch weiter: Gregorius liest einen Text über seine namenlosen Eltern – und Sigune liest einen Text, dessen Ende sich ihr entzieht. Damit machen die lesenden Figuren eine ähnliche Erfahrung wie die textexternen Rezipienten.[923] Bei einer Fokussierung auf die Handlung beider Texte lässt sich die Konstruktion einer exkludierten dritten Figur, die über ein Schriftstück Einblick in eine andere Liebesbeziehung erhält, mit den blicklenkenden Assistenzfiguren, die zu Beginn dieses Kapitels aus der kunstwissenschaftlichen Forschung abgeleitet wurden, in Bezug setzen.

919 Vgl. Kiening und Köbele, Wilde Minne, S. 259.

920 Vgl. Viehhauser, Lesen lassen, S. 68.

921 Wandhoff, Ekphrasis in der Literatur, S. 299.

922 Dies beobachtet Martschini, Schrift, S. 423, für das Verhältnis von Brackenseil und *Titurel*, Friedhofen, Erlesene Welten, S. 116, interpretiert das Seil als „*mise en abyme* des Erzählens im *Titurel*“.

923 Trînca, Amor conspirator, S. 264, formuliert für den Fall Sigunes: „Die Protagonistin eines Fragments hatte ein Fragment zu lesen bekommen.“ Ähnlich auch Bleumer, Titurel, S. 230; Wandhoff, Vom Finden der Liebe, S. 349.

Die Vergleichbarkeit der Inschriften mit den Werken legt – wie in den obigen Betrachtungen der Einzeltexte bereits aufgeführt – eine konzeptionelle Ähnlichkeit der Rezeptionsinstanzen nahe: Sigune und Gregorius lesen als Außenstehende problematische Liebesgeschichten von anderen Paaren, womit sie selbst zu Dritten werden, die intime Einblicke erhalten. Diese Spiegelungen des Rezipientenstandpunkts gleichen damit zwar kompositorisch jener der Augenzeugen, die oben vorgestellt wurden, doch die Reflexionskompetenzen, die in den beiden Texten eingefordert werden, in denen die Dritten nicht nur heimliche Beobachter, sondern Leser sind, entpuppen sich als weit komplexer: Während die transparenten Augenzeuginnen lediglich für temporäre Einblicke in geschlossene Räume benötigt werden und die desavouierten Augenzeugen blockierte Einblicke vermitteln, spiegeln die in die Lektüre vertieften Protagonisten die Position des textexternen Rezipienten, der selbst just in diesem Moment einen Text rezipiert. Der Einblick der Lesenden auf der Handlungsebene fungiert für die Rezipienten des *Gregorius* und des *Titurel* als kompositorische Wiederholung der textexternen Rezeption.[924] So wie Wolfgang Kemp für die bildende Kunst von „Dubletten oder Modelle[n], die im Innenraum den Innenraum wiederholen“[925] ausgeht, scheinen sich diese Wiederholungsstrukturen in literarischen Texten nachweisen zu lassen: In die innertextliche dargestellte Welt wird mit Gregorius und Sigune jeweils eine exkludierte Leserfigur implementiert, um den Rezeptionsvorgang zu spiegeln – die lesenden Protagonisten sind Rückenfiguren, die den Standpunkt des Rezipienten außerhalb des Werks nachahmen. Die Rolle des exkludierten Dritten an einer medialen Schwelle wird gedoppelt – und weil Gregorius’ Leben maßgeblich durch den ‚Auftritt‘ der Tafel gegliedert wird[926] und der gesamte zweite *Titurel*-Teil von der Jagd nach dem (Inhalt des) Brackenseil(s) dominiert wird, ist der jeweilige Rezipient ständig daran erinnert, dass er sich selbst gerade an einer medialen Schwelle befindet.

Es ist außerdem bemerkenswert, dass sowohl der *Gregorius* als auch der *Titurel* auf der Handlungsebene verdeutlichen, dass Sehen, Lesen und Verstehen die Stufen eines gestaffelten Erkenntnisprozesses sind, die nicht alle Rezipierenden meistern.[927]

---

924 Friedrich-Emanuel Focken und Michael R. Ott: Metatexte und schrifttragende Artefakte. In: Metatexte. Erzählungen von schrifttragenden Artefakten in der alttestamentlichen und mittelalterlichen Literatur. Hrsg. von dens. Berlin/Boston 2016 (Materiale Textkulturen. 15), S. 1–10, hier: S. 7: „Texte, die die Rezeption und Produktion von schrifttragenden Artefakten erzählen, zeigen, dass solche Textgegenstände in ein breites Spektrum kommunikativer Praktiken eingebunden sind. Damit spiegeln Metatexte viele der Möglichkeiten und Schwierigkeiten wider, die sich aus kommunikativen Anordnungen und situativen Rezeptionsereignissen ergeben. Hierzu gehören Voraussetzungen der Rezeption im engeren Sinne (Sichtbarkeit, Lesefähigkeit, hermeneutisches Wissen), materiale Einschränkungen (Vergänglichkeit des Geschriebenen, [Un]Beweglichkeit des Artefakts), Begrenzungen des Rezipientenkreises (Geheimschrift, Briefe), aber auch den Objekten eingeschriebene Machtverhältnisse (etwa bei göttlichen Botschaften).“

925 Kemp, Räume der Maler, S. 114.

926 Vgl. Wenzel und Wenzel, Tafel, S. 112–113.

927 Ähnlich präsentiert diesen Prozess etwa der Prolog des *Wigalois* Wirnts von Grafenberg, in dem das Buch selbst sich an den Rezipienten wendet: *Wer hât mich guoter ûf getân? / sî ez iemen der mich*

Es gibt in beiden Texten Figuren, die Schriftzeichen nur als Formen wahrnehmen: Sie sehen die Buchstaben nur in ihrer materiellen Erscheinung, nicht als das, was sie vermitteln. Sigune und Gregorius lesen zwar, aber so oberflächlich, dass sie die eigentliche Bedeutung der *briefe* nicht erkennen können. Diese werkinternen Rückenfiguren geben damit nicht nur Blickrichtungen, sondern zugleich mögliche – vor allem defiziente – Rezeptionshaltungen vor: Die blicklenkenden Leser auf der Handlungsebene überlesen die Hinweise auf bevorstehende Gefahren und zeigen damit potenzielle Fehler oberflächlicher Lektüren an. Beide Texte präsentieren also Figuren, die nur rezipieren, aber nicht (gleich) vollends verstehen.[928] Sie können dem textexternen Rezipienten damit aber *ex negativo* zeigen, wie das richtige Wahrnehmen aussehen könnte, weil „die Wahrheit der Fiktion [...] in der von ihr intendierten Problemerfahrung [liegt], nicht in der Vermittlung von Lösungen, die als fiktionale ja unverbindlich sein müßten."[929] Die lesenden Figuren auf der Handlungsebene geraten aufgrund ihrer Fehllektüren in Katastrophen, die im Umkehrschluss den aufmerksamen Rezipienten implizit dazu auffordern, selbst gewissenhafter wahrzunehmen – was letztlich auch ein Verstehen dessen, worauf der Blick gelenkt wurde, bedeutet: Die Rückenfiguren geben zwar Richtungen vor, indem sie den Blick der Rezipierenden auf Lektüreprozesse fokussieren, doch die Herausforderung besteht darin, nicht nur unbeirrt auf das Wesentliche zu schauen, sondern es zu bewerten, zu abstrahieren und im Kontext des Gesamtwerks zu reflektieren.

Wolfram und Hartmann könnten über die Zurschaustellung von Fehllektüren auf der Handlungsebene demnach eine aktive Mitarbeit der textexternen Rezipienten herausfordern, die sie zum Innehalten und Überdenken der Ambiguität von Texten anregt. Für diese Anregung könnte förderlich sein, dass die jeweiligen Inschriften nur in einer Paraphrase wiedergegeben werden, sodass die unvollständigen Texte im Text Missverständnisse und Fehlinterpretationen provozieren, die dem Rezipienten womöglich als abschreckendes Beispiel dienen. Wenn die textexternen Rezipienten angeleitet werden sollen, nicht nur Wort für Wort zu lesen – so wie es Gregorius und Sigune fälschlicherweise tun –, sondern die richtige Bedeutung hinter ihrer ambigen sprachlichen Verhüllung zu erkennen,[930] entspräche eine wortgetreue Wiedergabe der Inschriften dieser Botschaft wohl weniger: Indem ihr konkreter Inhalt diffus bleibt, könnte den Rezipierenden des *Gregorius* und des *Titurel* nahegelegt werden, dass sie ohnehin hinter die Texte blicken sollten und sich nicht von ihrem äußeren Erscheinungsbild ablenken lassen dürfen – denn schließlich verstehen die Protago-

---

kan / beidiu lesen und verstên (V. 1–3). Die Buchstaben sehen, deren Zusammenstellung als Schrift lesen und dann ihren Inhalt verstehen, sind Wahrnehmungsschritte, die anscheinend nicht alle Rezipienten meistern.

928 Vgl. Brackert, Sinnspuren, S. 165.

929 Haug, Lesen, S. 307.

930 Dass die Texte dabei Leerstellen bleiben, ist zudem essenziell, um den Aspekt des Begehrens deutlich zu vermitteln, der bei einer genauen Wiedergabe der Inschriften nicht gegeben wäre. Anders sieht dies Brackert, Sinnspuren, S. 160.

nisten auch nicht richtig, obwohl sie die *briefe* nicht paraphrasiert rezipieren. So wäre das, was die Texte verhüllt über die Handlung zu vermitteln versuchen, eine spielerische Herausforderung für die idealen Rezipienten, sich nicht von dem oberflächlichen Bedürfnis nach konkretem Wortlaut der Inschriften ablenken zu lassen.[931]

Mit einem Untersuchungsschwerpunkt auf den gelenkten Blick wird deutlich, dass Hartmanns *Gregorius* und Wolframs zweiter *Titurel*-Teil nicht nur als Texte über Figuren zu verstehen sein könnten, sondern auch als Texte über Texte.[932] Genauer gesagt geht es immer wieder darum, wie Texte produziert, fixiert, eingeschrieben, verschickt, verheimlicht, versteckt, berührt, transportiert, rezipiert, interpretiert und verloren werden. Indem mit Sigunes und Gregorius' Falschlesen das kommunikative Scheitern schriftlich fixierter Texte auf der Handlungsebene dargestellt wird, thematisieren Hartmann und Wolfram das Versagen sprachlich fixierter Botschaften: Die textinternen Lesenden fokussieren den Blick des werkexternen Rezipienten auf die eigentliche Bedeutung der Texte, indem sie sie selbst gerade nicht erkennen. Während der Sünderheilige aber nach Jahren der Fehllektüre vorführt, was es heißt, Bedeutung letztlich doch richtig zu verstehen, präsentiert der *Titurel* ausschließlich die fatalen Konsequenzen unverständigen Rezipierens. Im *Gregorius* steht die im Prolog angekündigte christlich-didaktische Intention im Vordergrund, die anhand des *bilde* Gregorius ausgeführt wird, der sich vom oberflächlichen Leser zum einsichtigen Rezipienten entwickelt. In Wolframs Text hingegen geht mit dem gelenkten Einblick in den intimen Innenraum der Lektüre eher ein Spiel mit latenter Skepsis einher: Der *Titurel* demonstriert die Gefahren und Herausforderungen literarischer Immersion, aber verhüllt sie so geschickt, dass die textexternen Rezipierenden allzu leicht in die gleiche Falle wie Sigune tappen könnten – sie wollen vermutlich auch unbedingt wissen, was auf dem Seil zu lesen ist.

Unter der Berücksichtigung unbestimmbarer Textinhalte und fehlerhafter Lektüren offenbart sich in beiden Texten ein raffiniertes Spiel mit literarischer Unverfügbarkeit: *Titurel* und *Gregorius* kommunizieren wiederholt, dass geschriebene, gesprochene, interpretierbare Zeichen immer schon mit einer Ambiguität aufwarten, die dazu führen kann, dass Hinweise entweder gar nicht als solche erkannt oder falsch gedeutet werden. Hier offenbart sich letztlich der entscheidende Unterschied zwischen den laienhaften textinternen *brief*-Verfasserinnen und Hartmann und Wolfram: Obwohl die Urheber aller vier Texte – Tafel, Seil, *Gregorius* und *Titurel* – gleichermaßen unvollständige Geschichten vermitteln, an die ein gewisser Enthüllungsauftrag ge-

931 Ähnlich folgert Bernd Schirok in seiner Einleitung zum *Parzival*-Prolog, S. CIX: „Verantwortung für das Gelingen oder Mißlingen der literarischen Kommunikation [liegt] ganz bei den Hörern."

932 Die Eigenständigkeit der beschriebenen Dinge klingt in der Überlegung von Lieb und Ott, Schrift-Träger, S. 25, zum *Gregorius* bereits an: „Als Artefakt, das eng mit der Biographie des Protagonisten verwoben ist, erhält es – wie er – eine Geschichte, eine Biographie: Die Tafel ist plötzlich vorhanden, wird von der Mutter eigenhändig beschrieben, bestimmt Gregorius' Erziehung, legitimiert seine Ritterschaft, lässt ihn täglich der Eltern gedenken, erlaubt der Mutter, ihn zu identifizieren, und symbolisiert schließlich die Überwindung der sündhaften Verstrickungen."

koppelt ist, schreiben die beiden Dichter für zahlreiche Rezipienten, antizipieren Fehllektüren und gehen mithilfe blicklenkender Leserfiguren, die als Negativbeispiel dienen können, dagegen vor, dass falsch gelesen wird. Die Gegenüberstellung der Texte zeigt, dass ein über Rückenfiguren auf den Rezeptionsprozess gelenkter Blick die Aufmerksamkeit vom Geschehen innerhalb der dargestellten Welt auf ihre Wahrnehmung und Vermittlung zu verschieben vermag. Beide Texte spielen ein Misslingen schriftlicher Kommunikation mithilfe ihrer textinternen Leserfiguren durch und geben dabei preis, dass die größte Verantwortung am Ende immer beim textexternen Rezipienten liegt. Trotz aller inhaltlichen und formalen Unterschiede reflektieren beide Texte jene vom Rezipienten abhängige Deutungsoffenheit, die zwangsläufig mit der Produktion von Literatur einhergeht – und mahnen die Rezipierenden mithilfe textinterner Leserfiguren, die im Moment ihrer Lektüre selbst zu Dritten auf der medialen Schwelle zwischen Inklusion und Exklusion werden, dass Wahrnehmen und Verstehen nicht gleichzusetzen sind. Beide Texte scheinen so eine aktiv enthüllende Rezeption einzufordern, die nicht nur *âventiure* sieht, sondern deren mögliche(n) Bedeutung(en) erkennt. Die Unzulänglichkeiten schriftlicher Zeichen mithilfe textinterner Lektüreprozesse zu thematisieren, wäre damit in beiden untersuchten Texten eine spezifische literarische Verhüllungsstrategie, die dazu dient, das erwünschte Publikum herauszufiltern – jenes Publikum, das die rezeptionslenkenden Hinweisstrukturen in der Konzeption einer textinternen Leserfigur bemerkt und deren Bedeutung(en) reflektierend durchspielt. Hartmanns und Wolframs Werke suggerieren, dass sie sich darüber im Klaren sind, dass Texte Lücken, Rätsel und Ungereimtheiten aufweisen. Dennoch vermag sich der ideale Rezipient ihrer Texte vielleicht vom oberflächlichen Begehren nach Vollständigkeit und Eindeutigkeit zu lösen, weil er die verhüllten Rezeptionsanleitungen in Form der Dopplung des exkludierten Dritten entdeckt und so erkennt, dass damit poetische Voraussetzungen reflektiert werden können. Dieses Erkennen der Komplexität literarischer Vermittlung kann damit vielleicht als spielerische Belohung für die aufmerksame Rezeption bewertet werden, mit der die ästhetisch vereinnahmende Wirkung der Texte als „Kabinettstück metapoetischer Dichtung“[933] noch weiter verstärkt wird.

2.5 Zwischenfazit: Von kompositorischer Blicklenkung zu Interpretationsanleitung

In der in diesem Kapitel erfolgten Betrachtung unterschiedlicher blicklenkender Figuren in den ästhetischen Zeugnissen des höfischen Mittelalters konnte herausgestellt werden, dass der Blick des Rezipienten eine erkenntnisfördernde Untersuchungskategorie ist, um mittelalterliche Werke zu entschlüsseln. Blicklenkende Assistenzfiguren werden auf der Handlungsebene als Augenzeugen in intime Settings geschleust, um relevante Geschehnisse, die sich fernab der Öffentlichkeit zutragen, übermitteln zu

933 So Wandhoff, Vom Finden der Liebe, S. 338, über den *Titurel*.

können. Solche Figuren können Mädchen sein, die eine dienende Funktion bekleiden, indem sie Bericht über Vorkommnisse in intimen Räumen erstatten und diese für die werkinterne höfische Öffentlichkeit und die werkexternen Betrachter gleichermaßen einsehbar machen. Ihre eingeschränkte Sicht auf das Verborgene wird durch die marginale Bedeutung ihrer Figur und ihre niedere soziale Stellung am Hof ausgedrückt. Aber auch handlungsrelevante Antagonisten können als blicklenkende Assistenzfiguren fungieren, wenn sie zu Beobachtern intimer Begegnungen werden – aufgrund ihrer negativen Bewertung erhalten sie jedoch keinen umfassenden Einblick, ihre Sicht wird eingeschränkt. Die Analyse von Hartmanns *Gregorius* und Wolframs *Titurel* demonstrierte außerdem, dass blicklenkende Assistenzfiguren intendiert als metapoetische Rezeptionsspiegelungen eingesetzt werden können, wenn Protagonisten selbst zu Lesenden werden, die wiederum Bilder des Gelesenen imaginieren: Textinterne Leserfiguren verweisen als *mise en abmye* auf die mediale Schwelle zwischen Innen und Außen, womit die Selbstreflexivität ihrer Lektüren nahegelegt wird.[934] Auf diesem Weg ist dem Rezipienten ein Identifikationsangebot gemacht, das ihn sein eigenes Sehbegehren reflektieren lässt.

Die Besonderheit der in diesem Kapitel untersuchten dritten Figuren liegt darin, dass sie allesamt den Rezeptionsprozess in den Vordergrund stellen und die Wahrnehmung der Kunst damit selbst zum Thema ästhetischer Erzeugnisse wird. An blicklenkenden Assistenzfiguren wird nämlich einerseits ersichtlich, wie Figuren auf der Handlungsebene zur Unterstützung des Rezipienten inszeniert werden können, um ihm Einblicke in Verborgenes zu gewähren – was andererseits aber eine zentrale Paradoxie der Literatur markiert: Wenn von Heimlichkeiten erzählt wird, sind sie nicht mehr geheim. So vermag der aufmerksame Rezipient zu bemerken, dass Antagonisten, die als dritte Figuren beobachten, vermitteln, dass Voyeurismus zwar falsches Sehen ist, aber es dennoch solches Sehen braucht, um Geheimnisse für die Imagination des Rezipienten zu visualisieren. Dieses ästhetische Dilemma wird über Einschränkung und Desavouierung ihrer Einblicke verhüllt kommentiert, womit zugleich die ‚Gemachtheit' der Literatur thematisiert ist, die überhaupt erst dazu führt, solche Fragen der Inklusion und Exklusion auf der Handlungsebene entfalten zu können. Protagonisten, die nicht nur beobachten, sondern über das Rezipieren von Texten auf der Handlungsebene zum Spiegel des werkexternen Dritten werden, lenken den Blick der textexternen Beobachter auf das eigentlich Unsichtbare, indem sie als Rückenfiguren vorführen, wie falsche Lektüre aussieht. Wie die textinternen Inschriften sind die lesenden Rückenfiguren dann selbst Bedeutungsträger, die gelesen und gedeutet werden sollten, denn sie wiederum machen die ästhetische Herausforderungen und Grenzen von Medialität und Rezeption sichtbar: Durch die Betonung des (Falsch-)Lesens sind Fragen medialer Vermittlung damit so in die Handlung integriert, dass ein oberflächlicher Rezipient zumindest irritiert, ein vorbildlicher Rezipient zur Reflexion des

934 Zur Selbstbezüglichkeit dieser Wiederholungsfigur z. B. Braun und Gerok-Reiter, Selbstbezüglichkeit, S. 40–41.

Wahrnehmungs- und vielleicht sogar des Erkenntnisprozesses angeleitet wird. Die lesenden Dritten zeigen demnach, was verstanden werden könnte und machen auf das aufmerksam, was hinter dem oberflächlich Sichtbaren hindurchscheint – das als solches jedoch erst erkennbar ist, wenn die verhüllten Rezeptionsanleitungen durchschaut und die Blicke der Rezipierenden damit auch hermeneutisch enthüllend aktiv werden.

3 Der blockierte Blick: (Un-)Durchsichtige Bildstörungen

Wenn in höfischen Texten, die eine vermeintlich „überbordende Fülle von Informationen über die Bedeutung der Augenwahrnehmung"[935] aufweisen, Sichtbarkeit infrage gestellt oder blockiert wird, zeigt sich, dass uneingeschränktes Sehen nicht immer das primäre Ziel der Texte sein kann. Die bisherigen Untersuchungen haben gezeigt, dass höfische Romane mit Varianten des Nicht-Sehens oder Halb-Sehens spielen, um reizvolle(re) Rezeptionserfahrungen zu arrangieren, mit der auch metapoetische Reflexionen einhergehen können. Im ersten Kapitel wurden textile Verhüllungen untersucht, die Rahmungen kreieren, durch die der Blick des Rezipienten in intime Räume eindringen kann. Diese Form rezeptionssteuernder Blicklenkung erfolgt über eine sogartige Fokussierung, die etwa von der visuellen Anziehungskraft verhüllend-enthüllender Vorhänge ausgelöst wird. Eine weitere Spielart der Blicklenkung in höfischen Zeugnissen wurde im zweiten Kapitel für Beobachter- und Voyeurfiguren herausgearbeitet, die als Seh-Hilfen funktionieren und so verborgene Geheimnisse wahrnehmbar machen. Dabei werden diese Figuren – die als sehende Stellvertreter des Rezipienten in der dargestellten Welt fungieren, aber zugleich in ihrer Sicht eingeschränkt sind – in den kompositionellen Szenenaufbau der Handlungsebene integriert, um zu markieren, dass Verheimlichtes nie ungehindert gesehen werden kann. Sowohl textile Verhüllungen als auch blicklenkende Assistenzfiguren konnten als rezeptionslenkende Strategien der höfischen Ästhetik zuvor aus einer einführenden Betrachtung mittelalterlicher Bildzeugnisse abgeleitet werden, die sich nicht nur als höfische Sehgewohnheiten, sondern im Abgleich mit metapoetischen Textpassagen mittelhochdeutscher Romane oft als verhüllte Rezeptionsanleitungen manifestieren.

Entsprechend dem einleitend ausgeführten Dreischritt ästhetischer Sichtblockaden, der anhand der Kleinkunst aus Elfenbein entwickelt wurde, ist die totale Verdunklung der Sicht, wie sie etwa das Schinkenklopfer-Spiel dargestellt – in Bezug auf die rezeptionsseitige Wahrnehmung, die das Sehen temporär einschränkt – mit dem literarästhetischen Phänomen der Leerstelle zu vergleichen. Das dritte Kapitel der Arbeit widmet sich deshalb der Unbestimmtheitsstelle, die wie die Augenbinde im Spiel

935 Wandhoff, Der epische Blick, S. 25.

die Sicht eines Wahrnehmenden kurzzeitig blockiert[936] – dies bedeutet jedoch keinesfalls, dass nicht doch etwas rezipiert werden kann. Denn während Bildzeugnisse auch dann, wenn sie nicht verhindertes Sehen vermitteln wollen, visuelle Eindrücke anbieten müssen, haben Textzeugnisse andere Möglichkeiten: Der deskriptive Fokus kann etwa auf der Vermittlung auditiver oder taktiler, also explizit nicht-visueller, Eindrücke liegen. Auf diese Weise können Texte über eine Kooperation mit der sensorischen Imagination des Rezipienten Handlungen oder Dinge ästhetisch erkennbar machen, obwohl sie unsichtbar sind. Weil diese Funktionen zwar Ähnlichkeiten mit dem rezeptionsästhetischen Verständnis der Leerstelle aufweisen, aber über das Dargestellte hinaus wirksam werden können, wird im Folgenden der Begriff der Sichtblockade verwendet, um zu beschreiben, wie Nicht-Sichtbares wahrnehmbar gemacht wird. Um dabei herauszustellen, wie rezeptionslenkende Strategien der Vermittlung von (Un-)Sichtbarkeit in einem Roman als ganzheitliches System der Rezeptionsanleitung genutzt werden, steht im letzten Kapitel dieser Studie Konrads von Würzburg *Partonopier und Meliur* im Vordergrund. In *Partonopier und Meliur* gibt es keine mit den oben untersuchten Texten vergleichbare Blicklenkung, die von einer kompositionellen Anordnung wie Rahmungen des Blickfeldes oder Beobachterfiguren ausgeht: Stattdessen verliert sich das Dargestellte oft im Dunkel totaler Sichtblockaden und kompositionelle Anleitungen des Rezipientenblicks werden gegen noch subtilere Formen ästhetischer Lenkung ersetzt. Damit zeigt dieser Roman besonders eindrücklich, wie Handlungs- und Metaebene gleichermaßen verhüllte Wahrnehmungsanleitungen präsentieren, um die Rezipierenden zur Enthüllung des Unsichtbaren anzuregen.

3.1 Mit blinden Augen spürend: Sichtblockaden in Hartmanns von Aue *Iwein*

Anhand eines einführenden Beispiels kann demonstriert werden, wie Texte Unsichtbarkeit zur rezeptionssteuernden Blicklenkung einsetzen. Wenn in Hartmanns von Aue *Iwein* die Herrscherin des Brunnenreichs, Laudine, den Titelhelden und Mörder ihres Ehemanns einen *unsihtech geist* (V. 1391) nennt, wird das Nicht-Sehen auf der Handlungsebene thematisiert.[937] Während der Artusritter Iwein nach dem Mord an Ascalon zwischen den Toren in Laudines Burg gefangen ist und dort beginnt, sich in die schöne Witwe zu verlieben (V. 1307–1354), wird im Kontext seiner Gefangenschaft nicht

936 Aysha Strachan: Meliur as a Figure of Omission in Konrad von Würzburg's *Partonopier und Meliur*. In: Symbolism. Hrsg. von Florian Klaeger, Klaus Stierstorfer, Marlena Tronicke. Berlin/Boston 2022 (Symbolism. 22). S. 101–120, hier: S. 111, benutzt für den im Folgenden untersuchten *Partonopier*-Roman Konrads von Würzburg eine ähnliche Formulierung, um die Rezeption des Texts zu beschreiben: „we are effectively blindfolded".

937 Diese Überlegung liegt auch dem Beitrag von Busch und Olariu, Iwein und Bathseba, zugrunde. Keller, Blinded Avengers, S. 241, folgert ebenfalls: „[B]lind spots in visual perception play an important thematic role in the *Iwein* narratives." In ihrer Analyse stehen jedoch Wissenverteilung und Informationsvorsprünge im Vordergrund.

nur der (zunächst) unmögliche Blick auf die begehrenswerte Frau inszeniert, sondern auch Laudines unmöglicher Blick auf den unsichtbaren Mörder ihres Manns. Das kompositionelle Setting beider unmöglichen Beobachtungen macht demnach auf zwei unterschiedliche Strategien der Blicklenkung aufmerksam, indem die Protagonisten mit unterschiedlichen Vorzeichen Phänomene der Sichtbarkeit und Unsichtbarkeit reflektieren. Die Unsichtbarkeit des Titelhelden lässt dabei erkennen, wie auf der Handlungsebene die rezeptionslenkende Wirkung von Unsichtbarkeit gestaltet werden kann.

Mit der Unterstützung Lunetes schützt Iwein sich vor Laudines Rache, die aufgrund des zerteilten Pferdes und der blutenden Wunden ihres Manns (V. 1360) weiß, dass der Mörder sich innerhalb ihrer Burgmauern befinden muss. Ein besonderer Ring macht Iweins Tarnung möglich, weil dessen Stein magische Fähigkeiten hat, wie die freundliche Gehilfin erläutert:

> swer in hât in blôzer hant,
> den mac niemen, al die vrist
> unz er in blôzer hant ist,
> gesehen noch gevinden.
> sam daz holz under der rinden,
> alsam sît ir verborgen. (V. 1204–1209)[938]

Das Schmuckstück sorgt nach Lunetes Aussage dafür, dass Laudines Gefolgsleute *erblindent* (V. 1243). Tatsächlich irren die Suchenden anschließend *sam die blinden* (V. 1293) herum und stellen fest, dass sie *mit gesehenden ougen blint* (V. 1277) sind. Die erboste Herrin Laudine ist sicher, dass Iwein *der sinne / mit zouber âne getân* (V. 1368 f.) hat und deshalb unauffindbar ist.[939] Aber nicht nur die Herrscherin und ihr Gefolge können Iwein in dieser Szene nicht sehen und „glauben ihren Augen mehr als ihrem Verstand“[940]: Die Figuren in Ascalons Burg, die orientierungslos auf das Bett einstechen (V. 1372–1374), korrelieren mit dem Rezipienten, für die der Protagonist als *verborgen man* (V. 1994) in der Burg ebenfalls nur diffus sichtbar ist, denn die Imagination des Rezipienten wird durch die systematische Darstellung von Widersprüchen in dieser Episode verunklart.

Dies gelingt dem Roman folgendermaßen: Der lebensgefährlich verletzte Burgherr Ascalon flieht während des Kampfs mit Iwein in seine Festung, doch Iwein kann ihm – auf dem Pferd vorgelehnt – einen letzten, tödlichen Hieb verpassen, der sich für den Artusritter als Glück im Unglück entpuppt. Denn von dem Falltor, das Ascalon auslöst, wird lediglich Iweins Pferd zerteilt, sodass er nun in der Burg des von ihm Ermordeten *zwischen disen porten zwein / beslozzen und gevangen* (V. 1128 f.) ist. Der

938 Zur Abschwächung der Darstellung des Zaubers bei Hartmann vgl. Mühlherr, Macht, S. 126–127.
939 Mit Strittmatter, Poetik, S. 274, ließe sich diese Unsichtbarkeit Iweins als Ausweis dafür deuten, dass er in den Bereichen *êre* und Minne noch keine Sichtbarkeit erlangt hat, weil er sich diese erst über einen langen Aventiureweg erarbeiten muss.
940 Busch und Olariu, Iwein und Bathseba, S. 238.

Erzähler beschreibt Iweins Gefängnis als überaus prächtig und gänzlich mit Gold bemalt (V. 1140 f.),[941] doch Iwein *envant* darin weder *venster noch tür / dâ er ûz möhte* (V. 1146 f.). Er sucht den Raum ab (V. 1145), findet aber keine Möglichkeit, zu entkommen – nur wenige Verse später jedoch wird *ein turlîn ûf getân* (V. 1151), durch das seine Helferin Lunete eintritt. Gerade als der Rezipient mithilfe von Iweins Raumwahrnehmung also einen fenster- und türlosen Raum imaginiert hat, öffnet sich eine Tür. Es läge vielleicht nahe, zu vermuten, dass diese Tür auf irgendeine Weise magisch ist, sodass nur Lunete – immerhin Besitzerin eines mächtigen Zauberrings – sie sehen und benutzen kann und mit diesen Fähigkeiten gleich auch noch „das Gefängnis zwischen den Burgtoren, das für Iwein den sicheren Tod bedeutet hätte, scheinbar mühelos in ein höfisches Schlafgemach um[dekoriert].“[942] Dass die Tür übernatürlichen Ursprungs sein könnte, negiert der Text aber wieder, wenn der von Minne übermannte Protagonist anschließend *gegen der tür* (V. 1479) eilt, weil er Laudine berühren möchte, nachdem Lunete zuvor schon *ein venster ob im* öffnet, sodass er Laudine *wol beschouwen* (V. 1450 f.) kann.[943] Die Inszenierung solch offensichtlicher Widersprüche bei der Darstellung des kuriosen Raums, in dem einerseits ein halbes Pferd *innerhalp der tür* (V. 1269) liegt,[944] und in dem anderseits zugleich ein Bett, *daz was berihtet alsô wol / als ein bette beste sol* (V. 1213 f.), steht, kann kaum als unachtsames Erzählen bewertet werden.[945] Vielmehr scheint es, als würde der Text hier absichtlich zur Imagi-

941 Bei Hartmann fällt die Beschreibung des Raums jedoch erheblich kürzer aus als bei Chrétien, vgl. Keller, Blinded Avengers, S. 232.

942 Wandhoff, Vom Finden der Liebe, S. 146.

943 Busch und Olariu, Iwein und Bathseba, S. 239, wundern sich, warum Iwein das Fenster nicht eigenständig öffnet (so wie es im walisischen *Owein* passiere), sondern Lunete dafür braucht und folgern, dass es sich dabei um eine bildliche Umsetzung dessen handelt, dass ihm jemand im wahrsten Sinne des Wortes die Augen öffnen müsse. Tatsächlich öffnet aber Iwein das Fenster nicht, weil er es zuvor nicht *vinden* (vgl. V. 1146) kann, d. h. es ist für ihn verborgen.

944 Es ist auffällig, dass sowohl Hartmann als auch Chrétien das zerteilte Pferd ausführlicher beschreiben als den Ritter, vgl. Keller, Blinded Avengers, S. 234.

945 Dass Hartmann absichtlich verwirrende Raumgestaltungen nutzt, um die Reflexion von Literarizität anzuregen, schlägt auch Lasch, Eingreifendes Denken, S. 23–24, für die fingierte Beschreibung eines herrschaftlichen Betts in Koralus' heruntergekommener Ruine im Erec vor: „Er [der Rezipient, J. M.] wird durch die *descriptio* dazu angeregt, eine reich ausgestattete Schlafkammer zu imaginieren, obwohl er weiß, dass diese nicht mit seinen bisherigen Rezeptionserfahrungen in Einklang zu bringen ist. Greift er an diesem Hindernis ‚denkend ein', entlarvt er die Erzählabsicht, denn die Entscheidung des Rezipienten soll im Raum stehen und stehen bleiben und zwar genauso lang, wie der Erzähler es möchte. Die Imagination des Erzählers, an der der Rezipient teilhat, scheint dem bisherigen Sinnangebot der Erzählung nicht gemäß. Und so stockt der Rezipient in der fortlaufenden Sinnkonstitution genau an dieser Stelle.“ Da es die Bettbeschreibung bei Chrétien nicht gibt (vgl. Lerchner, Lectulus floridus, S. 354), ist es denkbar, dass Hartmann anhand solcher widersprüchlicher Imaginationsanleitungen mit rezeptionslenkenden Strategien experimentiert, die Möglichkeiten zur Reflexion über das Sehen, das Nicht-Sehen und das Imaginär-Sehen anbieten. Dass sich die Passage zu Erecs Bewirtung bei Koralus metapoetisch lesen lässt, beobachtet auch Rachel Raumann: *Fictio* und *historia* in den Artusromanen Hartmanns von Aue und im *Prosa-Lancelot*. Tübingen 2010 (Bibliotheca Germanica.

nation eines nur schwer imaginierbaren Raums anleiten, der den Rezipienten bezüglich seiner konkreten Beschaffenheit und Ausstattung verwirrt und ihn in dieser Unklarheit gefangen hält.[946]

Infolgedessen ergeht es dem textexternen Beobachter vielleicht ähnlich wie den Suchenden in Laudines Burg: Die Figuren auf der Handlungsebene wissen zwar mit Sicherheit, dass Iwein dort ist, aber sie können ihn nicht (imaginativ) sehen – seine Unsichtbarkeit steht im Kontrast mit den sichtbaren Indizien. Laudine und ihr Gefolge betonen wiederholt, dass auf die Augenwahrnehmung kein Verlass ist. Gleichzeitig aber gibt es dennoch etwas zu sehen: Das zerteilte Pferd und die Bahrprobe sind eindeutig sichtbare Beweise dessen, dass Sichtbarkeit manipuliert wurde. Indem der Ritter selbst zwar unsichtbar ist, aber die Indizien, die die Manipulation des Sehsinns anzeigen, durchaus zu sehen sind – Pferd und blutende Wunden fungieren als sichtbare „Spuren des Eindringlings“[947] –, wird deutlich, dass es keine totale Unsichtbarkeit

---

57), S. 49: „Die enge Verbindung von rhetorischem Gestaltungsrahmen und hervortretender Erzählerfigur bietet die Möglichkeit, den Aspekt der Fiktionalität zu reflektieren bzw. das Erzählte als fiktional zu erweisen. Indem der Erzähler hier schildert, was es nicht gibt, und z. B. das *erdenken* jedweder Köstlichkeiten gleichsam ins Leere laufen läßt, verweist er immer auch auf den Akt des Erzählens und kann mit diesen impliziten Verweisen auf einer Metaebene demonstrieren, was im Bereich des Möglichen von Literatur liegt, nämlich etwas zu erfinden, das unabhängig von einer Quelle oder überlieferten *res factae* existiert.“

946 So formuliert Spearing, Poet as Voyeur, S. 78, für die Rezeptionserfahrung dieser Szene in Chrétiens de Troyes „Yvain“ – „*we* have been trapped“ [Kursivierung im Original] – und bezieht sich dabei auf die Wahrnehmungslenkung, die in Yvains Blick auf Laudine zu finden ist. Allerdings ist der Rezipient zugleich in der diffusen Raumbeschreibung gefangen, der er genau wie Iwein nicht entfliehen kann, was sich anschließend wieder zeigt, wenn Iwein feststellt, dass *diu ûzvart / anderstunt versperret wart* (V. 1707 f.), Lunete ihn dann aber an einen anderen Ort führen kann (V. 1778 f.). Etwas anders deutet Hans Jürgen Scheuer: Hermeneutik der Intransparenz. Die Parabel vom Sämann und den viererlei Äckern (Mt 13,1–23) als Folie höfischen Erzählens bei Hartmann von Aue. In: Das Buch der Bücher – gelesen. Lesarten der Bibel in den Wissenschaften und Künsten. Hrsg. von Steffen Martus, Andrea Polaschegg. Bern 2006 (Publikationen zur ZfG. N. F. 13), S. 337–360, hier: S. 347–348, diese Szene: Für ihn verweist die dunkle, hermetisch verschlossene Kammer auf eine architektonische Allegorie des Wahrnehmungsapparates, womit auch das, was Iwein durch das für ihn plötzlich sichtbare Fenster erblickt, so ebd., S. 350, weiter, „nichts anderes als die *imago* [ist], die seine eigene *minne* produziert“. Ohne Scheuers Deutung zu widersprechen, bestätigt seine Interpretation des Topos' *mit sehenden ougen blint* einen Bezug des Fallgitter-Gefängnisses auf den „Bereich des Imaginären“ (ebd., S. 351) – der in der hier vorliegenden Analyse aber ausschließlich auf die Rezipierenden bezogen werden soll, die trotz aller sprachlich evozierter, durch Imagination kreierte Bilder von Laudines Burg dennoch blind bleiben müssen, weil Iweins Gefängnis nur diffus vorstellbar ist. Dass temporäre Blindheit von Figuren als Reflexionsangebot für Rezipierende genutzt sein könnte, impliziert auch Mareike von Müller: *mit sehenden augen plind.* Kalkulierte Sinnirritation und poetische Dunkelheit im Märe. In: Mären als Grenzphänomen. Hrsg. von Silvan Wagner. Frankfurt am Main 2018 (Bayreuther Beiträge zur Literaturwissenschaft. 37), S. 191–208, hier: S. 199, für die die aus der Blindheit resultierende Irritation allerdings im narrativen Sinn, nicht in der bildlichen Imagination der Texte, zu finden ist.

947 Wandhoff, Vom Finden der Liebe, S. 150. Auch Busch und Olariu, Iwein und Bathseba, S. 238, nutzen für Pferd und blutende Wunden den Begriff der Spur.

geben kann. Indem die Sicht sabotiert wird, stolpern sowohl die Beobachter innerhalb und als auch die außerhalb der dargestellten Welt darüber, dass in dieser Szene mit Wahrnehmung gespielt wird. Die Position zwischen partiellem Sehen und der irritierenden Erkenntnis, dass etwas Essenzielles nicht gesehen werden kann, ist damit nicht nur für die Wahrnehmung der Figuren, sondern auch für die des textexternen Rezipienten spürbar: Mithilfe widersprüchlicher Imaginationsanleitungen vermag der Roman Iweins *zouberliste* (V. 1284) so für den Rezipienten nachvollziehbar zu machen.[948] Auch für die werkexternen Beobachter erscheint der Ritter damit vielleicht verhüllt *sam daz holz under der rinden* (V. 1208), denn das Vor-Augen-Stellen des gefangenen Protagonisten wird durch die ostentative Inszenierung von Gegensätzlichkeiten in der Raumbeschreibung erheblich erschwert, sodass seine textinterne Unsichtbarkeit durch die Irreführung des Rezipientenblicks textextern nacherlebt werden kann.

Das kurze Einführungsbeispiel zu Hartmanns *Iwein* leitet darauf hin, was in der nachstehenden Analyse für Konrads von Würzburg *Partonopier und Meliur* umfassender nachgewiesen werden soll: Das Nicht-Sehen, das innerhalb der ästhetisch konstruierten Welt dargestellt wird, ist auch außerhalb des Texts wahrnehmbar, weil die Rezipierenden missverständliche und uneindeutige Imaginationsanweisungen erhalten. Solche Formen trügerischer Wahrnehmungslenkung, die den Rezipienten durch Sichtblockaden auf unterschiedlichen Ebenen intendiert in die Irre führen, um mangelnde Sichtbarkeit auf andere Weise spürbar werden zu lassen, werden im Folgenden untersucht.

3.2 Begehrenswerte Trugbilder: Konrads von Würzburg *Partonopier und Meliur*

Dass ein rezeptionslenkender Umgang mit Sichtbarkeit und Unsichtbarkeit nicht nur einzelne Episoden, wie oben für Iweins Gefangenschaft gezeigt, sondern die gesamte Minnehandlung eines Romans vereinnahmen kann, lässt sich in Konrads von Würzburg Versroman *Partonopier und Meliur* besonders eindrücklich demonstrieren. In diesem Roman werden entsprechend einer französischen Vorlage[949] Elemente des Fe-

948 Morsch, Blickwendungen, S. 170–171; ders.: Rahmen zeigen. Metaleptische Figuren und anschauliches Fingieren mittelalterlichen Erzählens. In: Deixis und Evidenz. Hrsg. von Horst Wenzel. Freiburg im Breisgau/Berlin/Wien 2008 (Scenae. 8), S. 85–118, hier: S. 101, geht ebenfalls davon aus, dass das ‚Verschwinden' des Protagonisten als Offenlegung einer poetologischen *mise en abyme* fungiere und dass „die Konsistenz der Räumlichkeit im Torbogen, die Einrichtung des Schauplatzes und seine Wirklichkeitsreferenz" (Morsch, Blickwendungen, S. 174) absichtlich unsicher bleiben. Dennoch bezieht Morsch diese Überlegungen eher auf das textinterne Sehen der Figuren, das er als deiktische Blicklenkung für den kinästhetisch wahrnehmenden Rezipienten deutet, wobei das Romanpersonal aber auch dabei helfe, Wahrnehmungsgrenzen zu reflektieren.

949 Obwohl die konkrete Vorlage nicht bestimmt werden kann, vgl. Obst, Der *Partonopier*-Roman, S. 76, hält Konrad sich ziemlich genau an den anonym überlieferten französischen Text, mit dem

enmärchens, mythische Schemata[950], Erzählstrukturen des ‚Minne- und Aventiureromans', der Artusepik[951] sowie der Chanson de Geste[952] mit „feiner Erotik und neckischen Dialogen"[953] verbunden – und obwohl Jan-Dirk Müller den Roman als „Lehrstück der Sichtbarkeit"[954] bezeichnet, spielt ausgerechnet Unsichtbarkeit darin eine entscheidende Rolle. Vor allem das an den *Lai de Lanval* erinnernde Tabu,[955] das die feenhaft anmutende Meliur ihrem heimlichen Geliebten Partonopier auferlegt, stellt das Nicht-Sehen zur Schau: Der junge Adlige, der in das prächtige Reich der zaubermächtigen Herrscherin gelockt wird, lernt seine Geliebte im Dunkeln kennen und darf sie auch nach ihrer Minnevereinigung jahrelang[956] nicht ansehen, bis er die Schwert-

Obst ebd., S. ix, ihn vergleicht. Diese französische ‚Vorlage', die Konrads Text am nächsten kommt, ist in sieben Handschriften, zwei Fragmenten und einem Exzerpt überliefert, vgl. ebd., S. 68–69. Der *Partonopier*-Stoff selbst ist umfassend überliefert: Karen A. Grossweiner: A Tripartite Model for Determining Narratorial Subjectivity in Medieval Romance. The Composite Subject in *Partonope of Blois*. In: Studies in Philology 109,4 (2012), S. 381–408, hier: S. 388; und Sif Ríkharðsdóttir: Medieval Translations and Cultural Discourse. The Movement of Texts in England, France and Scandinavia. Cambridge 2012, S. 113, verweisen neben den altfranzösischen Versionen, die in zehn Handschriften überliefert sind, auf eine mittelenglische, eine niederländische, eine niederdeutsche, eine altnordische, eine altdänische, eine spanische, eine katalanische und eine italienische Fassung. Wenngleich die einzige vollständige Überlieferung des hochdeutschen Texts aus dem Jahr 1471 (Berlin, Staatsbibl., mgf 1064) nicht zulässt, davon auszugehen, dass der Text in deutschsprachigen Adelskreisen umfassend rezipiert wurde, kann doch aufgrund der zahlreichen Überlieferungen vermutet werden, dass es sich um eine in höfischen Kreisen populäre Geschichte handelte. Um zu verdeutlichen, dass Konrads *Partonopier und Meliur* zudem auf etliche sprachliche und motivische Versatzstücke höfischer ‚Populärkultur' rekurriert, die ebenfalls die Beliebtheit des Romans nahelegen könnten, werden die Fußnoten in diesem Kapitel oft solche intertextuellen Referenzen aufzeigen.

950 Zum *Amor und Psyche*-Stoff der Weiterentwicklung in Konrads Versroman, vgl. Anne Wawer: Tabuisierte Liebe. Ein mythisches Erzählschema in Konrads von Würzburg *Partonopier und Meliur* und im *Friedrich von Schwaben*. Köln 2000.

951 Vgl. Seraina Plotke: Konrad als Erzähler: Aspekte zu *Partonopier und Meliur*. In: Konrad von Würzburg als Erzähler. Hrsg. von Astrid Lembke, Norbert Kössinger. Oldenburg 2021 (BmE Themenheft. 10), S. 275–292, hier: S. 277.

952 Vgl. Horst Brunner: Art. Konrad von Würzburg, ^{2}VL 5, Sp. 295.

953 Holger Runow: Edition als Revision zwischen ‚alter' und ‚neuer' Philologie. Zu einer Neuausgabe von Konrads von Würzburg *Partonopier und Meliur*. In: Textrevisionen. Beiträge der internationalen Fachtagung der Arbeitsgemeinschaft für germanistische Edition, Graz, 17. bis 20. Februar 2016. Hrsg. von Wernfried Hofmeister, Andrea Hofmeister-Winter. Berlin/Boston 2017 (Beihefte zu editio. 41), S. 33–46, hier: S. 33.

954 Müller, Höfische Kompromisse, S. 283.

955 Vgl. Spearing, Poet as Voyeur, S. 148. Ein Tabu, das eine Liebesbeziehung zu gefährden vermag (und diese letztlich zerstört), findet sich mit dem *Schwanritter* noch einmal in Konrads Œuvre: Die Gemahlin des Ritters „aus dem Numinosen" (Kokott, Konrad von Würzburg, S. 22) darf niemals nach seiner Herkunft fragen.

956 Bei der zeitlichen Begrenzung des Tabus (*ein tac sol hie ze hove sîn / über dritthalbez jâr, / dâ sol ich kiesen offenbâr / einen man der mir behage.* V. 1888–1891) geht das Verständnis der Forschung überraschenderweise auseinander: Rikl und Bleumer sprechen sich z. B. für eine dreijährige Frist aus, (vgl. Hartmut Bleumer: Entzauberung des Wissens: Ästhetik und Kritik in Konrads von Würzburg *Partono-*

leite erhalten hat und dem Reich öffentlich als neuer Herr vorgestellt werden kann. Weil die Forschung sich überwiegend auf die „Schwierigkeit, den Partonopierroman in ein Schema zu pressen“[957], die Psychologisierung und Darstellung von Emotionen[958] sowie Fragen der Intertextualität konzentriert hat,[959] ist es für die Untersuchung der Unsichtbarkeit im Kontext dieser Studie notwendig, zunächst die ersten inhaltlichen Stationen der Handlung, die häufig verknappt paraphrasiert werden, genau nachzuzeichnen. Denn nur in einer präzisen und detailorientierten Wiedergabe des Inhalts kann herausgestellt werden, wie subtil die Wahrnehmungslenkung angelegt ist. Wie in einer neutralen Bildbeschreibung sollen darum Kompositionen, dominante Linien und Fluchtpunkte zunächst über eine ausführliche Deskription hervortreten, bevor sie anschließend in den weiteren Kapiteln analysiert werden. Indem auf diese Weise zunächst der Romananfang in einem Durchgang präsentiert wird, der versucht, der Wahrnehmung eines unvoreingenommenen Rezipienten nahezukommen, kann herausgefiltert werden, worauf es in der weiteren Analyse zu achten gilt. Mithilfe dieses

---

pier und Meliur. In: Neugier und Tabu. Regeln und Mythen des Wissens. Hrsg. von Martin Baisch, Elke Koch. Freiburg im Breisgau 2010 (Scenae. 12), S. 207–233, hier: S. 219; Susanne Rikl: Erzählen im Kontext von Affekt und Ratio. Studien zu Konrads von Würzburg *Partonopier und Meliûr*. Frankfurt am Main 1996 (Mikrokosmos. 46), S. 26), für Brunner (vgl. ^{2}VL 5, Sp. 296) und Schulz sind es zweieinhalb Jahre (Schulz, Poetik, S. 99), Eming und Wawer gehen sogar von dreieinhalb Jahren aus (Jutta Eming: Geliebte oder Gefährtin? Das Verhältnis von Feenwelt und Abenteuerwelt in *Partonopier und Meliur*. In: Die Welt der Feen im Mittelalter. II. Tagung auf dem Mont Saint-Michel. Hrsg. von Danielle Buschinger, Wolfgang Spiewok. Greifswald 1994 (Greifswalder Beiträge zum Mittelalter. 32), S. 43–58, hier: S. 44; Wawer, Tabuisierte Liebe, S. 77). Zwar scheint der Hoftag, an dem der Mann an Meliurs Seite präsentiert werden soll, ein fixer Termin zu sein, doch im Verlauf des Texts ist erheblich wichtiger, dass das Tabu für mehrere Jahre besteht – was die besondere Herausforderung für den jungen Protagonisten markiert – und dass keine Zeit-, sondern eine Statusfrage entscheidend für die Aufhebung des Tabus ist: Denn erst wenn Partonopier Ritter ist, kann er öffentlich als Gatte präsentiert werden.

957 Steffek, Feenwelt, S. 126. Ähnlich (selbst)kritisch auch Schulz, Schwieriges Erkennen, S. 410. Deutlich wird dieses Schema-Bestreben z. B. am Versuch von Dietrich Huschenbett: *Partonopier und Meliur* und die Minnedarstellung bei Konrad von Würzburg. In: JOWG 5 (1988/98), S. 341–350, der Minneroman und Feenmotiv zu vereinen sucht, dabei aber auf Unvereinbarkeiten stößt, woran die nachfolgenden Untersuchungen – etwa die Dissertation von Armin Schulz – anschließen. Die drei gängigen Kategorisierungsversuche der Forschung fasst systematisch vgl. Annette Gerok-Reiter: Raumverschaltungen als Erzählprinzip im Minne- und Aventiureroman? Überlegungen zum *Partonopier* Konrads von Würzburg. In: Hybridität und Spiel. Der europäische Liebes- und Abenteuerroman von der Antike zur Frühen Neuzeit. Hrsg. von Martin Baisch, Jutta Eming. Berlin 2013, S. 301–326, hier: S. 302–304, zusammen.

958 Ein Überblick über die älteren Forschungsthesen (u. a. des 19. Jahrhunderts) zur Psychologisierung findet sich bei Anja Kühne: Vom Affekt zum Gefühl. Konvergenzen von Theorie und Literatur im Mittelalter am Beispiel von Konrads von Würzburg *Partonopier und Meliur*. Göppingen 2004 (GAG. 713), S. 217–223.

959 Vgl. Jutta Eming: Emotion und Expression. Untersuchungen zu deutschen und französischen Liebes- und Abenteuerromanen des 12. bis 16. Jahrhunderts. Berlin 2006 (QF. 39 [273]), S. 170–176, für einen ausführlichen Forschungsüberblick; ein noch aktuellerer Überblick der unterschiedlichen Forschungsansätze zu Konrads *Partonopier* auch bei Hoffmann, Dimensionen, S. 344–351.

kleinschrittigen *close readings*, in dem das für den Text konstitutiv-doppeldeutige Spiel aus Sehen und Nicht-Sehen, Helligkeit und Dunkelheit erkennbar wird, kann im Folgenden ein neuer textanalytischer Fragehorizont für Konrads *Partonopier und Meliur* entwickelt werden, der die sinnliche Wahrnehmung des Rezipienten so mit einbezieht, dass sich der Roman auf den zweiten Blick als reizvolles, metapoetisches Nachdenken über den ästhetischen Status literarischer Lügen entpuppt. Dieses findet jedoch nicht offensichtlich statt, sondern enthüllt sich erst über die Verfolgung von Spuren – dass es in Konrads Roman um solche Spuren geht, zeigt sich erst später, doch die entscheidenden Hinweise finden sich bereits, wie schon angedeutet, in der Eingangsaventiure.

3.2.1 Verloren im Dunkel

Die Romanhandlung beginnt mit dem jungen Partonopier von Bleis, dem Neffen des Königs Clogiers von Kärlingen, der an dessen königlicher Eberjagd teilnimmt. Der Junge tut sich dabei als vorbildlicher Jäger hervor, obwohl er erst dreizehn Jahre alt ist (V. 272). Die Initialaventiure findet im herbstlichen Ardennenwald (V. 319) statt,[960] dessen dichte Bäume *manic swîn* (V. 330) beherbergen und in dem die herrschaftliche Jagdgruppe schnell *ûf einen grôzen swînes spor* (V. 336) gelangt. Begleitet von lautem Hundegebell[961] und dem Rufen der Jäger verfolgt Partonopier den Eber schon bald allein, unentwegt durch Dornenbüsche, Wildkräuter und Moos *ûf sîner verte* (V. 349), bis er das Tier mit dem Klang seines Jagdhorns aufstachelt[962] und es anschließend er-

960 Dieser Hinweis steckt nicht nur im Vers *der wint / daz loub beginnet rêren* (V. 326 f.), sondern in der zeitlichen Kontextualisierung mit dem Fest der Kreuzeserhöhnung, das am 14. September stattfindet, vgl. Marie-Luise Musiol und Silke Winst: Pfirsichbaum und dunkler Wald. Pflanzliche Konfigurationen zwischen Dynamisierung und Innehalten im *Partonopier und Meliur* Konrads von Würzburg. In: Spiritual Vegetation. Vegetal Nature in Religious Contexts Across Medieval and Early Modern Europe. Hrsg. von Guita Lamsechi, Beatrice Trînca. Göttingen 2022 (Berliner Mittelalter- und Frühneuzeitforschung. 26), S. 97–129, hier: S. 114; sowie Rikl, Erzählen, S. 32. Der Herbst scheint mit Dunkelheit und Kälte die bedrohliche Situation, in der sich der junge Protagonist anschließend befindet, als er allein im Wald zurückbleibt, noch zu intensivieren.

961 Die oft betonte Ähnlichkeit des *Partonopier*-Stoffs zum *Lai de Guigemar* der Marie de France (vgl. Matthias Meyer: Wilde Fee und handzahmer Herrscher? Ritterliche und herrscherliche Identitätsbildung in Konrads von Würzburg *Partonopier und Meliur*. In: Die Welt der Feen im Mittelalter. II. Tagung auf dem Mont Saint-Michel. Hrsg. von Danielle Buschinger, Wolfgang Spiewok. Greifswald 1994 (Greifswalder Beiträge zum Mittelalter. 32), S. 109–124, hier: S. 110; Obst, Der *Partonopier*-Roman, S. 47–48; Schulz, Poetik, S. 91; Steffek, Feenwelt, S. 19), die vor allem für die Reise mit einem zauberhaften Schiff herangezogen wurde, zeichnet sich vielleicht auch in solchen Details ab, weil die weiße Hirschkuh, die Guigemar eine qualvolle Liebesbeziehung verheißt, durch das Gebell der Hunde (*Pur l'abai del brachet*, V. 93) aufgescheucht wird.

962 Partonopier spielt eine *fremde jagewîse / daz man sô wilde nie vernam* (V. 356 f.), nach Lexer (Bd. 1 Sp. 1468) ist dies der einzige Beleg für mhd. *jagewîse*. Der Verweis auf die seltsame Melodie könnte einen Rekurs auf Gottfrieds von Straßburg *Tristan* darstellen, denn auch Tristan spielt auf dem Jagdhorn ein *fremede jageliet* (V. 3222), als er gemeinsam mit den Jägern und ihrer erjagten Beute in Tinlegen kann: *den grimmen unde scharpfen spiez / stach er durch ez unde dranc* (V. 384 f.). Für die tapfere Erlegung des schäumenden Ebers wird er von der Jagdgesellschaft gepriesen. Alle sind höchst beeindruckt, *daz ein drîzehenjæric knabe / sô gruilich swîn gevellet* (V. 397 f.) hat. Nachdem Partonopier das tote Tier angemessen zerlegt hat, gibt er den Hunden vom erjagten Fleisch ab.[963] Die Hunde aber werden *von des ebers bluote / gereizet ûf ein ander swîn* (V. 424 f.), das ebenfalls vom Lärm der Jagdgesellschaft aufgescheucht wurde, so befinden die Hunde sich nun *niuwelichen ûf der vart* (V. 433).[964] Clogiers ist gar nicht begeistert (V. 439–443), weshalb Partonopier versucht, die wildgewordenen Hunde zurückzutreiben. Er brüllt ihnen hinterher und verfolgt sie, doch die Tiere laufen immer weiter in den Wald hinein (V. 452–455), bis Partonopiers Pferd so erschöpft ist, dass er absitzen und rasten muss (V. 460 f.).[965] Nachdem der Hengst eine Weile gegrast hat, stellt der *juncherre* fest, dass die Hunde sich so weit entfernt haben, dass er *si weder spürte noch vernam* (V. 480). Partonopier setzt sich erschöpft und *vil trûric* (V. 483) hin, während der besorgte König einen Suchtrupp losschickt, der den jungen Adligen jedoch vergeblich sucht, sodass man schon bald davon ausgehen muss, er habe nicht überlebt (V. 514). Die königliche Gesellschaft kehrt nach der erfolglosen Suche an den Hof zurück; unterdessen wird dem Verirrten im Wald langsam bewusst, wie gefährlich die bevorstehende *naht vil timber* (V. 521)

---

tajol eintrifft – oder aber der fremdartige Klang ist ein metapoetischer Verweis auf den Roman selbst, der sich u. a. in der *wildekeit* der Melodie verbirgt, vgl. dazu Kapitel 3.2.7.

963 Darin ist ein weiteres Motivzitat aus dem *Tristan* zu erkennen, vgl. Schulz, Poetik, S. 90, ausführlicher schon bei Steffek, Feenwelt, S. 14–18. Tristan gibt den Jagdhunden ebenfalls *den panzen unde den pas* (V. 3007) zu fressen, denn *daz ist in süeze durch daz bluot / und machet ouch die hunde guot* (V. 3031 f.) – die Abrichtung der Tiere erfolgt anscheinend traditionell durch blutiges Frischfleisch, sodass diese Handlung Partonopiers als standardisiertes höfisches Jagd-Ritual zu deuten ist. Bleumer, Entzauberung, S. 214, hingegen versteht die anschließende, unberechenbare Reaktion der Jagdhunde auf das höfische-rituelle Verfügbarmachen der Wildheit als einen ‚Rückschlag' des Wilden.

964 Kühne, Affekt zum Gefühl, S. 256, folgert für diese genaue Schilderung der Beweggründe des Jagdtriebs und der Lauflust der Hunde, dass Konrad von Würzburg sogar bei den Tieren darauf achte, Affekte darzustellen. Die Reaktion des zweiten Ebers wird ebenfalls damit begründet, dass das *horngeschelle* ihn *ûf getriben* (V. 428 f.) hat. Allerdings ist diese präzise Darstellung animalischen Verhaltens lediglich ein geschicktes Ablenkungsmanöver, das die von Zauberei gelenkten Geschehnisse verschleiert: Es scheint Konrad also weniger darum zu gehen, gewissenhaft zu beschreiben, als den Rezipienten auf eine falsche Fährte zu lenken, die suggeriert, es gehe hier mit natürlichen Vorgängen zu.

965 Damit geht auch eine Veränderung des Waldraums einher: Die hektischen und lauten Bewegungen der Jagd verstummen und die Lautlosigkeit des Waldes wird betont, vgl. Hendrijke Haufe: ‚Gestimmter Blick'. Zur Raumkonstitution im *Partonopier und Meliur* Konrads von Würzburg. In: Sprache und Literatur 94 (2004), S. 90–104, hier: S. 99. Womöglich ist in der Stille des Waldes bereits eine Vorausdeutung auf die gespenstische Ruhe in Schiefdeire gemacht, der Partonopier schon bald ausgesetzt sein wird.

werden könnte.[966] Er überlegt,[967] welche *würme* (V. 530)[968] des Waldes ihm zum Verhängnis werden könnten, denn *der cocodrille* (V. 534) und *der basiliske* (V. 537) lauern dort seines Wissens[969] *verborgen unde stille* (V. 533) in der Dunkelheit. In dieser Anfangspassage wird in Hinweisen deutlich, worum es in der folgenden Handlung gehen wird: Denn schon hier stehen das Finden und Verlieren von Spuren, die Verwirrung sinnlicher Wahrnehmung, die Gegenüberstellung von Unsichtbarkeit und Sichtbarkeit sowie die latente Bedrohung im unbekannten Dunkel im Vordergrund. Aus diesen initial vorgestellten Gegensätzen leitet sich, wie die folgende Analyse zeigen wird, ein grundlegendes ästhetisches Gestaltungsprinzip des Romans ab.

Weil Partonopier sich immer mehr vor dem *wüesten ungehiuren walt* (V. 561) fürchtet, steigt er auf einen Berg, von wo aus er – wie ein kleiner Falke (V. 599)[970] – seinen Blick über den Wald schweifen lassen kann: *sîn ougen liez er beide / verr über daz geböume gân* (V. 602 f.). So entdeckt er einen schmalen Pfad, der ihn aus dem Wald hinaus an einen Strand führt.[971] Das Wasser ist bereits vom nächtlichen *schîne tunkelvar* (V. 617) eingehüllt, doch der *liehte mâne* (V. 628) bricht kurz durch die Wolken und *spürt* (V. 632) mit seinem *glast* (V. 629) am Ufer ein Schiff mit Brücke.[972] Dieses

---

966 Mit der einbrechenden Dunkelheit ändert sich auch auf der Beschreibungsebene die Bewertung des Waldes, vgl. Steffek, Feenwelt, S. 214.

967 Konrad von Würzburg stellt Partonopiers Angst als Monolog dar, während Partonopeu im französischen Text – geschildert vom extradiegetischen Erzähler – vor Kälte und Hunger in Tränen ausbricht, vgl. Eming, Emotion, S. 176–177.

968 Hartmanns von Aue Erec bemisst die bevorstehende Herausforderung seiner Aventiure in Brandigan ebenfalls daran, ob die Burg *vol / gewürmes und wilder tiere* (V. 8037 f.) sei – nachdem er keine solche Gefahren erkennen kann, stellt er sich dem Kampf gegen Mabonagrin.

969 Rikl, Erzählen, S. 35, fasst Partonopiers subjektive Wahrnehmung in Bezug auf sein Wissen zusammen: „Was als Partonopiers Wahrnehmung beschrieben wird, bevor er monologisiert, sind *egedehse und wildiu tier*. Unter der unpräzisen Sammelbezeichnung *wildiu tier* ist Vieles und Unterschiedliches subsumierbar. Was genau Partonopier sieht, gibt der Erzähler nicht preis. Deshalb kann – zweitens – beim Publikum hier sehr leicht der Eindruck entstehen, Partonopier greife in seinem Monolog nicht auf Quellen der Wahrnehmung, sondern auf andere, auf Quellen des Wissens zurück, zumal er in seinem Monolog auch in dieser Richtung argumentiert: *des bin ich zwâre vil gewis* (531)."

970 Wawer, Tabuisierte Liebe, S. 66, sieht im Diminutiv *grimmez välkelîn* einen ironischen Verweis auf das junge Alter Partonopiers, der offenbart, dass er den Anforderungen noch nicht gewachsen ist; Bleumer, Entzauberung, S. 215, ist der Ansicht, dass in dieser Formulierung deutlich werde, dass höfisch-domestizierte Wildheit außer Kontrolle gerate. Allerdings könnte, das werden die folgenden Überlegungen darstellen, der Vergleich zugleich den frühreifen, aber exzellenten Jagdtrieb des Protagonisten betonen, der für die weitere Handlung entscheidend ist.

971 Schnyder, Wald, S. 131, zeigt, dass die höfische Literatur sich damit schwertut, dunkle Flächen zu beschreiben, weshalb Waldhandlungen immer an Orten mit zumindest partieller Sichtbarkeit spielen. Die Überlegung Schnyders lässt sich zumindest hier auch für Konrads *Partonopier und Meliur* nachweisen, allerdings präsentiert der Roman später, dass es sehr wohl Möglichkeiten gibt, Handlungen ohne Suggestion von partieller Sichtbarkeit zu vermitteln.

972 Virchow, Zauberlicht, S. 528, erkennt an der Inszenierung des Mondlichts, das wie ein plötzlich aufscheinender Scheinwerfer den Blick des textexternen Publikums von Partonopier auf die leuchtenden Materialien (Edelsteine und Metall) des Schiffs umlenkt, einen Beleg für Konrads von Würzburg besteigt Partonopier rasch, weil er es für einen bessern Rastplatz hält als den Strand (V. 644–647). Schon bald schläft er fest ein, *sam der in einem twalme lît* (V. 665).[973] In seinem komatösen Schlaf bemerkt er nicht, wie sich das Schiff durch *vil hôher künste list* (V. 672) vom Ufer löst – erst auf hoher See stellt er voller Schrecken fest, dass er nun noch größerer Gefahr ausgesetzt ist und sehnt sich in den *wüesten walde* (V. 714) zurück.[974] Der starke Wind jedoch treibt das Schiff schnell meilenweit (V. 718–722).

Die Nacht über erwartet Partonopier den vermeintlich sicheren Tod (V. 752), doch als der Tag anbricht, kann ihn die Bewunderung des wundersamen Schiffs ablenken – auf dem sich etwa ein prächtiges Zelt befindet (V. 763) –, das er nun doch für ein positives Zeichen hält (V. 772).[975] Dann erkennt er von Weitem eine Stadt und einen Palast, von denen ein *durchliuhtic unde liehter schîn* (V. 781) ausgeht, weil *si glizzen unde lûhten / als ein gestirne wünniclich* (V. 784 f.).[976] Dort legt das Schiff an und Partonopier geht mit freudiger Erwartung (V. 801) an Land, um die Eigenheiten der prunkvollen

physikalisches Verständnis der Wahrnehmungsmodi. Eine ähnliche Inszenierung des Mondlichts findet sich in der Fischerepisode in Wirnts von Grafenberg *Wigalois*, in dem zunächst die Damen mithilfe des Mondlichts ein Boot auf dem See erkennen – und die beobachtende Dame vor der Hütte erkennt Wigalois' Rüstung, weil das Kerzenlicht darin schimmert, vgl. zu dieser Szene Kapitel 2.2.1 Auffällig ist, dass weder in diesem Vers noch später, als Partonopier erzählt, wie er in Meliurs Land gelangte, nicht vom Sehen des Schiffs die Rede ist. Stattdessen erläutert der Junge dessen Entdeckung anhand gespürter Wahrnehmung: *dâ spürte ich an dem lande / ein schif, daz mich dô sande / her ze dirre veste dan.* (V. 1391–1393)

973 Diese Darstellung geht mit einer subtilen Infragestellung der Glaubwürdigkeit des Protagonisten einher: Wenn Partonopier in eine Art schlafende Ohnmacht verfällt, dann ähnelt er Lanval, der im Wald ein Nickerchen macht, bevor er seiner künftigen feenhaften Geliebten begegnet. Die Option, dass es sich bei der Reise nach Schiefdeire lediglich um eine Traumvision handelt, wird also genau wie im *Lai de Lanval* zunächst latent offengehalten. Vgl. dazu Kapitel 1.2.2.

974 Für Gerok-Reiter, Raumverschaltungen, S. 306–307, wird in dieser Passage in drei Stationen, die sein vorheriges Leben negieren – Verlust des sozialen Kontexts (Trennung von der königlichen Jagdgesellschaft), Verlust des kulturellen Zusammenhangs (Herumirren im Wald), Verlust der personalen Integrität (Angstzustände) – deutlich gemacht, dass der junge Protagonist sich in eine Anderwelt begibt.

975 Vgl. Obst, Der *Partonopier*-Roman, S. 171. Dieses Schwanken zwischen Angst und Faszination, dass sich durch die gesamte Anfangspassage zieht, wurde in der Forschung nur teilweise wahrgenommen: So spricht Kühne, Affekt zum Gefühl, S. 259, für die Inspektion des Schiffs im Tageslicht von einem „Affektumschwung", Eming, Emotion, S. 178, aber für die ganze Episode von „Verzweiflung", die Partonopier auf dem Schiff ohne Steuermann empfindet, obgleich sie dennoch die widerstrebende Mischung von Angst und Neugier bei seiner Ankunft in Schiefdeire betont, vgl. ebd., S. 181. Hoffmann, Dimensionen, S. 356, hingegen beobachtet lediglich die „leitmotivisch […] sich immer weiter steigernde Furcht Partonopiers". Der schmale Grat zwischen Begehren und Furcht zeigt sich jedoch bereits als Partonopier sich im Wald verirrt, der im Hellen nicht bedrohlich erscheint, und insbesondere bei der Beschreibung der Erkundung des prächtigen Schiffs.

976 Dieses Leuchten und Glänzen lässt sich wieder auf die reflektierenden Materialien der Edelmetalle und Edelsteine zurückführen, vgl. Steffek, Feenwelt, S. 53.

Stadt zu erkunden. Doch erscheint es ihm merkwürdig, dass er dort keine Menschen antrifft,[977] sodass er schnell wieder von schlimmsten Befürchtungen eingeholt wird:

Partonopier als er gesach
an der stat sô rîch gemach
und er niht liute drinne vant,
dô dâhte er wider sich zehant,
daz von der helle ein bœser geist
im ze schade aller meist
tribe dâ sîn goukelspil,
daz er müeste kumbers vil
enphâhen und erwerben.
er wânde er sollte sterben
von ungehiuren dingen. (V. 885–895)

Trotz dieser Ängste regen die gedeckten Tische in den Häusern der Stadt seinen Appetit an und weil er das beste Essen im Palast vermutet (V. 919–921), bricht er auf seinen ‚hedonistischen Impuls'[978] hörend dorthin auf. Als er die *bürge lieht gevar* (V. 932) erreicht, erkennt er ihre *vil liehten schônheit* (V. 949), denn keine anderen Türme und Mauern auf der Welt weisen *sô glanz* (V. 955) auf. Er tritt neugierig ein, *kapfende umbe alsam ein tier* (V. 974)[979], und findet zwar auch dort keine Menschen, aber ein goldenes Gefäß, aus dem selbstständig Wasser fließt (V. 985), sodass er sich die Hände waschen kann, und ein Tuch, das auf ihn zukommt, damit er sich abtrocknen kann (V. 993 f.). Er setzt sich anschließend an die gedeckte Tafel und wird bestens bewirtet[980] – er weiß nur nicht, von wem:

977 Auch hier kann eine intendierte Anspielung auf vertraute Episoden der höfischen Literatur vermutet werden, die bestimmte Rezeptionserwartungen kreieren: Die Ähnlichkeit mit der Beschreibung der ‚orientalischen' Wunderwelt von Grippia mit seinen einladenden gedeckten Festtafeln im *Herzog Ernst B* ist auffällig (vgl. Steffek, ebd., S. 60; Jutta Eming: *manic wunder wilde.* Zur epistemischen Verunsicherung zwischen Schein und Sein im *Partonopier* Konrads von Würzburg. In: Schein und Anschein. Dynamiken ästhetischer Praxis in der Vormoderne. Hrsg. von Annette Gerok-Reiter, Martin Kovacs, Volker Leppin [u. a.]. Berlin/Boston 2023 (Andere Ästhetik – Koordinaten. 3), S. 199–215, hier: S. 206; Wandhoff, Der epische Blick, S. 191) – zumal sich später herausstellt, dass die Herrin der Stadt die Kaiserin von Konstantinopel ist. (Zur Glanz- und Farbwirkung Grippias vgl. Klein, Farben, S. 254–268.) Auch Wolfram von Eschenbach greift den Topos der leeren Stadt auf, indem er die verlassene Gralsburg am Morgen nach Parzivals erster Begegnung mit der Gralsgesellschaft ähnlich darstellt: *nieman er hôrte noch ensach* (247,5).

978 Vgl. Eming, Emotion, S. 181. Als „Ausdruck seines Standesbewußtseins" deutet hingegen Steffek, Feenwelt, S. 254, diese Passage, um sie als Rationalisierung des Feenschemas zu lesen.

979 Vgl. Martin Baisch: Neugier – Faszination – Ambiguität. Inszenierungsformen und -funktionen im höfischen Roman. In: Staunen als Grenzphänomen. Hrsg. von Nicola Gess, Mireille Schnyder, Hugues Marchal [u. a.]. Paderborn 2017 (Poetik und Ästhetik des Staunens. 1), S. 231–246, hier: S. 236, verweist für Gottfrieds von Straßburg *Tristan* darauf, dass mhd. *kapfen* vor allem genutzt wird, um Faszination, Schauder, Innehalten und Stauen eines Publikums zu beschreiben.

980 Auch das Waschen mit Wasser aus einem goldenen Becken und das Abtrocknen mit einem Tuch vor dem Festmahl für den weitgereisten Gast finden sich im *Lai de Guigemar* (V. 369–378) – genauso

im wart diu state wol getân
von küniclicher spîse:
diu wart im alsô lîse
gesetzet ûf den tisch daz er
nicht wizzen kunde rehte, wer
si getragen hæte dar.
gesindes wart er niht gewar,
daz trinken oder ezzen sol,
und wâren doch die tisch vol
von zame und ouch von wilde.
des wart ein grôz unbilde
tougenlîche dran geholt. (V. 1004–1015)

Geräuschlos und von scheinbar unsichtbarer Hand werden ihm Speisen dargeboten.[981] Partonopier fühlt sich, als sei er von einer höfischen Festgesellschaft umgeben, obwohl er keinen Lärm und keine Musik vernimmt: *mit klâren sînen ougen / spürt er den ritter unde kneht. / in irte schallen noch gebreht, / diu harpe noch diu lîre.* (V. 1024–1027) Er beginnt erneut an seiner Wahrnehmung zu zweifeln: *ez dûhte in allez gar ein troum / und ein gespenste, daz er sach* (V. 1054 f.) – obgleich ihn die Vermutung, mit einer teuflischen *goukelfuore* (V. 1059) betrogen zu werden, nicht davon abhält, weiter zu dinieren. Anschließend lässt er sich an einem Feuer in einer schönen Kammer nieder, wo ihm Met und Wein serviert werden, jedoch wieder *sô daz er liute niht ensach.* (V. 1105) Als er langsam schläfrig wird, kommen *zwô kerzen* zu ihm, die *dâ schîn über al* (V. 1115 f.) geben. Auch die Kerzen[982] bewegen sich von unsichtbarer Hand (*wer aber si dâ trüege, / des enkunde er niht gespürn.* V. 1118 f.) und leiten ihn in ein Gemach, in dem sich kostbarstes Mobiliar befindet – allem voran ein Bett aus Elfenbein, Gold und Edelsteinen, das mit prächtigen Kissen und Decken ausgestattet ist (V. 1124–1137).[983] Nachdem er den Raum betrachtet hat und seine Schuhe ausgezogen wurden, obwohl

wie im *Lai de Lanval* (V. 178–180), womit die höfischen Manieren des Ritters und vorbildliche Gastfreundschaft der Fee ausgedrückt sind. Auffällig ist, dass die Darreichung der Waschutensilien in den Minnebeziehungen der Lais von den anziehenden Damen ausgeht, was (über höfisches Ritual hinaus) auf den anderweltlichen Ursprung der Frauenfiguren (vgl. dazu auf S. 80 Anm. 77) und das bevorstehende Liebesabenteuer verweisen könnte (zum Baden als Vorspiel Camille, Manuscript, S. 65.). Anders verhält es sich hingegen mit dem Knappen, der Erec und Enite verpflegt, ihnen dazu (übrigens ausschließlich in Hartmanns Text) Wasser in seinem *huot* (V. 3548) heranschafft, so *daz man hende getwuoc* (V. 3551), auf diese Weise sein vorbildlich höfisches Verhalten demonstriert – und vielleicht zugleich markiert, dass die Minnebeziehung zwischen dem königlichen Ehepaar zu diesem Zeitpunkt nicht gängiger Minnekonvention entspricht, weil eine dritte Figur das Wasser in einer provisorischen Form darreicht.

981 Der Verweis auf die Hände ist eine Zutat Konrads, die Steffek, Feenwelt, S. 66, als Rationalisierungsversuch der Vorgänge im Palast wertet.

982 Kerzen können im Minnekontext als Zeichen dienen (vgl. Hülk, Schrift-Spuren, S. 106) und implizieren die Wahrscheinlichkeit eines bevorstehenden Liebesabenteuers.

983 Die Beschreibung des Betts in *Partonopier und Meliur* entspricht dem Topos des prächtigen Gästebetts, wie er in etlichen anderen Texten zu finden ist, vgl. Lerchner, Lectulus floridus, S. 397.

er dar under nie bevant, / wer in entschuohet hœte (V. 1180 f.), legt er sich auf das Bett. Das Kerzenlicht verebbt und die Dunkelheit zwingt ihn abermals in die *vorhte klamere* (V. 1193), weil das Schlafgemach *vinster unde tunkel* (V. 1195) ist – und als er sich zudeckt, ist es plötzlich völlig düster: *dô der getriuwe junge man / den gulter über sich gezôch, / dô wart erlescht unde flôch / der ganzen kemenâten schîn.* (V. 1198–1201).

Vor Sorge brennt und brodelt es in seinem Herzen (V. 1210), er schwitzt vor Angst (V. 1214), weil *dekeiner dinge er sich versach* (V. 1218). Wieder glaubt Partonopier, er müsse *sîn gelegen tôt / von grimmen sorgen in der naht* (V. 1224 f.) – keine unberechtigte Befürchtung, denn plötzlich tritt jemand in die Kammer:

> dô kam dort her geslichen
> still unde tougenlichen
> ein mensche zuo der bettestat.
> sô lîse ein phâwe nie getrat,
> sam ez geschriten kam dar în. (V. 1227–1231)

Nun ist sich der Junge sicher, dass der Teufel gekommen ist, um ihn zu holen (V. 1240 f.). Das Wesen im dunklen Zimmer geht mit *lîhten triten* (V. 1251) auf das Bett zu,[984] sodass dessen Präsenz leicht sinnlich wahrnehmbar wird.[985] Mit Todesangst

984 In dieser Passage scheint im Vordergrund zu stehen, dass die unheimlichen Tritte für Partonopier kaum hörbar sind; leises Gehen kann jedoch in der höfischen Repräsentationskultur zugleich für das würdevolle Schreiten eines Herrschers stehen (vgl. Bernd Thum: Öffentlichkeit und Kommunikation im Mittelalter. Zur Herstellung von Öffentlichkeit im Bezugsfeld elementarer Kommunikationsformen im 13. Jahrhundert. In: Höfische Repräsentation. Das Zeremoniell und die Zeichen. Hrsg. von Horst Wenzel, Hedda Ragotzky. Tübingen 1990, S. 65–87, hier: S. 77) und damit auf Meliurs Macht hindeuten: Auch Königin Ginover vermag sich in Hartmanns von Aue *Iwein* auf dem Pfingstfest so an die Gruppe um den erzählenden Kalogrenant heranzuschleichen, *daz es ir deheiner wart gewar, / unz si in kam vil nâhen bî / und viel enmitten under sî.* (V. 102–104). Interessant ist außerdem, dass mhd. *slich* nach Silvan Wagner: Spur, Fährte. In: Literarische Orte in deutschsprachigen Erzählungen des Mittelalters. Ein Handbuch. Hrsg. von Tilo Renz, Monika Hanauska, Mathias Herweg. Berlin/Boston 2018, S. 488–501, hier: S. 489, sowohl auf einen schleichenden Gang sowie auf einen Schleichweg als Spur verweisen kann, sodass der Protagonist sich womöglich hier als talentierter Spurenleser hervortut. Dass es in *Partonopier und Meliur* nicht unmöglich ist, jemanden im Dunkeln anhand seiner Schritte zu erkennen, zeigt sich in Anshelms Binnenerzählung: Während seiner Zeit in Rom gerät dieser auf dem Weg zur Messe zufällig in das abgedunkelte Gemach Iglas, die in der Dunkelheit den *ganc* Anshelms *erhôrte* (V. 18035) und ihn sogleich mit ihren Minneabsichten überfällt.

985 Wie das Verb *entsaben* in diesen Versen – *nu kam ouch ie genôte / der mensche mit sô lîhten triten / für daz bette hin geschriten, / daz er sîn vil kûme entsuop.* (V. 1250–1253) – genau übersetzt werden kann, ist fraglich. Lexer (Bd. 1, Sp. 585) und BMZ (Bd. II/2, Sp. 233a) schlagen ‚mit Geschmack wahrnehmen' vor. Außerdem lässt sich auch das Personalpronomen hier nicht eindeutig bestimmen, da Meliur noch für den Teufel in Menschengestalt gehalten und darum ebenfalls wie Partonopier mit dem Pronomen ‚er' versehen wird – es ist also weder klar, wer wahrnimmt, noch mit welchem Sinn wahrgenommen wird. Trotzdem ist es auffällig, dass hier wohl bewusst von einer sinnlichen Wahrnehmungsbeschreibung, die auch in der totalen Dunkelheit funktioniert, die Rede ist. Darauf könnten zudem die wiederholten Verweise auf die *süezen* Körper der beiden deuten, denn Süße ist nach Wenzel, Hören und Sehen, S. 110, nicht nur in Bezug auf Geschmack, sondern als „Kompositum rückt Partonopier so weit wie möglich an die Wand, ohne ein Geräusch von sich zu geben (V. 1258–1263).[986] Obwohl er vor Angst versteinert ist, bemerkt er, dass die Gestalt in der Kemenate eine Frau sein muss: *an sînen senfteclichen triten / spürte er frouwen bilde* (V. 1272 f.).[987] Seine logische Schlussfolgerung ist, dass *der wilde / tiuvel hæte an sich genomen / wîplîche forme* (V. 1275 f.). Wie ein Igel kauert er sich an die Wand (V. 1304–1307), doch die Frau im Bett streckt sich und berührt ihn:

> [diu maget] ruorte mit den füezen,
> den klâren und den süezen,
> sam si sîn niht dâ weste.
> und dô diu tugende veste
> an dem bette sîn enphant,
> dô zôch si wider alzehant
> die blanken füeze linde. (V. 1313–1319)

Erschrocken von diesem unerwarteten[988] Körperkontakt[989] ruft die weibliche Gestalt *frouwe sante Marje* (V. 1321) an, was Partonopier sogleich die Angst nimmt, mit dem

sensorischer Wahrnehmung" zu verstehen, das auch den Geruch umfassen kann. Dass die Wahrnehmung Schiefdeires in der Eingangsaventiure in der Doppelformel *spürte und sach* „Geschmack, Geruch und den Tastsinn zu umschließen scheint", vermutet auch Almut Schneider: Klang – Raum – Bewegung. Wahrnehmungsweisen lautlicher Sphären in Konrads von Würzburg *Partonopier und Meliur*. In: Lautsphären des Mittelalters. Akustische Perspektiven zwischen Lärm und Stille. Hrsg. von Martin Clauss, Gesine Mierke, Antonia Krüger. Wien 2020 (Beihefte zum Archiv für Kulturgeschichte. 89), S. 157–176, hier: S. 160, wobei bemerkenswert sei, dass der Hörsinn ausgeklammert werde, bis Meliur das Schlafgemach betritt. Für sie ebd., S. 162, fokussiert der Roman darum nicht nur Sichtbarkeit, sondern „Wahrnehmungsweisen sinnlicher Eindrücke, die sich vielleicht als ‚synästhetisch' bezeichnen lassen könnten".

986 Kühne, Affekt zum Gefühl, S. 248, zu der Darstellung der Angst, die gleich bleibt, weil sie von Anfang hyperbolisch gestaltet ist: „Die Angst scheint sich aufgrund der von Anfang an großen Intensität nicht noch weiter steigern zu können, aber äußere Reize provozieren den gleichen Affekt immer wieder aufs Neue."

987 Eming, Emotion, S. 185, übergeht diesen Vers, wenn sie sagt, dass Partonopier anhand der Stimme erkenne, dass es sich um eine Frau handeln muss – entgegen dieser Vermutung ist schon vorab eine Art duftender Lufthauch und/oder eine hörbare feminine Leichtfüßigkeit anzunehmen, die den Protagonisten die Präsenz einer Frau erst spüren (und dann anschließend hören) lässt.

988 Im Vers *sam si sîn niht dâ weste* erkennt Wawer, Tabuisierte Liebe, S. 74, bereits einen subtilen Hinweis darauf, dass Meliur diese Situation genauso geplant und inszeniert hat.

989 Eming, Emotion, S. 186, ist der Ansicht, dass erst im Prozess des sich steigernden Minnebegehrens eine „Stimmung, die immer stärker von der physischen Gegenwärtigkeit der Körper beherrscht wird", entstehe. Tatsächlich aber ist die Szene durchgängig von somatisch-taktilen Erfahrungen dominiert: Meliurs nackte Füße streifen Partonopier – der bis dahin schon eine überbordende Menge an weiteren physischen Eindrücken und Reaktionen (zittern wie Espenlaub (V. 1234), schwitzen (V. 1214), versteinern (V. 1267), den überhitzen Körper an die womöglich kalte Wand pressen) durchlebt hat. Damit werden zusätzlich die fünf Stufen der Liebe (vgl. Schnell, Causa amoris, S. 26–27) infrage gestellt: Während der erste Schritt, das Sehen, aufgrund der Dunkelheit völlig übergangen wird, ist die Berührung

Teufel im Bett zu liegen (V. 1348–1351).[990] Schon nach diesem ersten Ausruf der Frau, die den Jungen im Bett anschließend fragt, ob er *man, / tiuvel oder mensche* (V. 1334 f.) ist,[991] fällt Partonopier ihre Vorzüglichkeit auf: *dâ bî muost er bekennen / für ein wârez mœre, / daz doch gehiure wœre / der minniclichen süezer lîp* (V. 1352–1355).[992]

Obwohl sie ihn lediglich kurz mit dem Fuß berührt und in die Dunkelheit fragt, wer da in ihrem Bett liege, genügen Partonopier diese eingeschränkten sinnlichen Informationen, um ihren Körper als lieblich zu erkennen.[993] Er fühlt sich ob dieser Erkenntnis bereit, ein Gespräch mit der Dame zu beginnen (V. 1358 f.), die zwar unentwegt versucht, den Eindringling mit Drohungen loszuwerden, sich aber dennoch geduldig die Geschichte anhört, wie er in ihr Land gelangte (V. 1385–1409). Sie weist seine Bitte, in ihrem Bett bleiben zu dürfen, jedoch harsch mit abfälligen Bemerkungen über die *kintlich rede* (V. 1462) des dummen Jungen (V. 1459) zurück. Als sie sich nicht einigen können und ihnen die Argumente ausgehen (*si wurden beide krieges bar*, V. 1512), bleiben sie reglos und schweigend mit weitem Abstand (V. 1521 f.) in völliger Stille liegen.[994] Dann aber bemerkt die Dame, dass Partonopier *nâch sînes edeles herzen ger* (V. 1530) näher rückt, weil *sîn herze bran / nâch ir minne sam ein kol* (V. 1536 f.).[995] Denn Partonopier stellt während der hitzigen Debatte über seinen Verbleib im herrschaftlichen Bett nämlich fest, dass die Dame höfischen Anforderungen nicht nur entspricht, sondern sie übertrumpft:

---

dem Gespräch vorangestellt. Wawer, Tabuisierte Liebe, S. 76, empfindet die *gradus amoris* hier sogar als parodiert.

990 Bleumer, Entzauberung, S. 218, sieht in diesem christlichen Ausruf, der Partonopier sofort beruhigt, „die Macht der hörbaren Sprache" – die aber nur so lange besteht, bis deutlich wird, dass die Worte als Teil des wohlüberlegten Plans der Herrscherin eigentlich keine Macht haben, sondern lediglich ihren intendierten Zweck erfüllen, vgl. ebd., S. 221.

991 Steffek, Feenwelt, S. 174, überlegt, ob sich hinter dieser Formulierung Meliurs eine Ironisierung der Angst des Jungen verbirgt: „Partonopier, schlotternd vor Furcht, daß ihn ein Dämon betrügen könnte, muß sich selbst die Frage nach seinem Wesen stellen lassen."

992 Für Sybille Krämer: Das Medium zwischen Zeichen und Spur. In: Spuren, Lektüren. Praktiken des Symbolischen. Hrsg. von Gisela Fehrmann. München 2005, S. 153–166, hier: S. 160, ist die Stimme indexikalisch, sodass es einleuchtet, dass auch Partonopier Meliurs Stimme sogleich als Anzeichen vorbildlich höfischer Weiblichkeit erkennt. Außerdem ist es vermutlich naheliegend, dass hier die sogenannte Kalokagathie zugrunde gelegt sein könnte; zur Einordnung dieses Ideals vgl. Scheidel, Schönheitsdiskurse, S. 108–134.

993 Haug, Bildprogramm, S. 17, attestiert dieser Szene ein bisher nicht dagewesenes Verhältnis zur Körperlichkeit.

994 Auch darin könnte sich ein Verweis auf den *Tristan* verbergen, was mit Schulz' Interpretation des ersten Jahrs in Schiefdeire, das – wie das Leben in der Minnegrotte ein defizitäres, weil gesellschaftsfernes Leben darstelle – korrelieren würde, vgl. Schulz, Poetik, S. 102.

995 Zwar stellt Partonopier schon vorher fest, dass Meliur begehrenswert ist, doch von der Minne ergriffen wird er erst in der Stille. Dass sich Minne durchaus in einem Raum ohne jegliche Geräusche und ohne Körperkontakt intensivieren kann, zeigt die Analyse zu Rudolfs von Ems *Willehalm von Orlens*, vgl. dazu Kapitel 1.3.3 in dieser Studie.

er hôrte an ir gebære wol
und an ir sprâche reine,
daz nie wart von beine
noch ûz fleische ein wîp geborn
sô lûter unde als ûz erkorn
sam diu minniclîche fruht. (V. 1538–1543)

Trotz der Dunkelheit erkennt er ihr tadelloses Benehmen und ihre perfekte Sprechweise, sodass er sich nach ihrer Minne verzehrt[996] – und ihr ergeht es ähnlich: *si wurden beide sam ein gluot / und als ein viures zander / erbrennet ûf ein ander* (V. 1552–1554). Partonopier entweichen Seufzer aus der Tiefe seines Herzens (V. 1556 f.) und bemerkt dann, dass sie genauso wie er empfindet: *ouch hôrte er von ir und vernam, / daz si daz selbe nâch im tete.* (1558 f.)[997]

996 Vgl. Klinger, Exzesse, S. 122. Wie der Rezipient später erfährt, hat Meliur im Prozess der Partnerwahl Boten zur Suche nach einem geeigneten Ehemann ausgesandt, die Partonopier finden und seine Vorzüge so eindrücklich beschreiben, dass die Herrscherin sich in ihn verliebt, noch bevor sie ihn gesehen hat. Damit verlieben sich beide Protagonisten zunächst – eher unüblich für Zeugnisse der höfischen Kultur (vgl. Ruth Huff Cline: Heart and Eyes. In: Romance Philology 25,3 (1972), S. 263–297, hier: S. 263; Glanz, De arte honeste amandi, S. 100–101) – nicht in den Anblick des Gegenübers, sondern in Worte, die ein imaginäres Bild adliger Idealität kreieren. Zwar kennt die Literatur durchaus Männer, die sich aus der Distanz in eine Dame verlieben, die sie noch nie gesehen haben (vgl. Wenzel, Fernliebe, S. 188), dennoch scheint Konrad von Würzburg mit der Liebesentstehung in *Partonopier und Meliur* nicht nur dem etablierten Dreischritt *visio-cogitatio-actus* (vgl. Schnell, Causa amoris, S. 140) zu widersprechen, sondern auch dem bekannten Liebestraktat des Andreas Capellanus, der der Ansicht ist, dass Blinde nicht lieben können (vgl. Alfred Karnein: Die Stimme der Intellektuellen im Mittelalter. Andreas Capellanus über Liebe, Sexualität und Geschlechterbeziehung. In: Liebesfreuden im Mittelalter. Kulturgeschichte der Erotik und Sexualität in Bildern und Dokumenten. Hrsg. von Gabriele Bartz, dems., Claudio Lange. München 2001, S. 81–95, hier: S. 85). Partonopier ist nicht tatsächlich blind, aber weil er die äußere Schönheit seines weiblichen Gegenübers für sehr lange Zeit nicht erkennen kann, fehlt ihm das Sehen als eigentlich essenzielle sinnliche Liebesgrundlage. Eine bekannte Ausnahme der Regel, nach welcher Begehren in der höfischen Literatur vorwiegend über die Augen entsteht, könnte Enite in Hartmanns von Aue *Erec* sein, die mit ihren Klagen über den scheintoten Ehemann, Graf Oringles anlockt (V. 6133–6182) – dieser entbrennt zwar erst in Minne, nachdem er Enite angeblickt hat, doch seine Neugier wird zunächst durch ihre Stimme geweckt (vgl. Wandhoff, Gefährliche Blicke, S. 182–183), worin vielleicht eine Parallele zu Partonopiers ersten Eindrücken in der dunklen Kemenate entdeckt werden kann.

997 Weil Partonopier sich vorwiegend auf seinen akustischen Eindruck verlässt, wie das Verb *hœren* kenntlich macht, ist davon auszugehen, dass auch Meliur unverkennbare Minneseufzer von sich gibt. Die Minneseufzer dienen in der weiteren Handlung stets als eindeutig hörbarer Hinweis, z. B. als Lucrete die Verliebtheit ihres Sohns erkennt (V. 6626–6655), als Irekel ihn später aufgrund seines *ersiuften jâmerlîche* (V. 10763) im Wald lokalisieren kann oder sie Meliurs Minne erkennt (*man hôrte dich ensiuften ê*, V. 11308), obwohl die Herrscherin standfest behauptet, nicht unglücklich verliebt zu sein und die Bedeutung des Seufzers leugnet (V. 11535 f.). Formulierungen wie *wan sie ze sprâche wider kam / vil kûme und einen siuften nam, / der von des herzen grunde ûf dranc* (V. 12233–12235), womit Meliurs Leid kurz vor dem großen Turnier beschrieben wird, implizieren zudem, dass die Seufzer ungefilterte Ausstöße des Herzens sind, gegen die sich die Liebenden nicht wehren können: Sie *slîchen* geradezu unbewusst aus dem Inneren hervor (vgl. V. 9250–9253); zu diesem Schluss kommt auch Rikl, Erzählen,

Der Junge fasst sich ein Herz und unternimmt „einigermaßen rücksichtslos“[998] und „urplötzlich aus dem Mut der Verzweiflung und der eigenen Triebhaftigkeit heraus“[999] einen offensiven Annäherungsversuch: *sus greif er mit der hende sîn / an die frouwen mit gelust / unde ruorte ir süezen brust, / die sam ein apfel was gedrât.* (V. 1566–1569)[1000] Sie weist seine Berührung scharf zurück – obwohl sie sich heimlich darüber freut (V. 1572) – und droht ihm in einer „Pseudo-Zurechtweisung“[1001] mit dem Tod.[1002] Partonopier durchschaut aber anhand dessen, was sich ihm „nonverbal, physisch und atmosphärisch mitteilt“[1003], schnell, dass sie längst nicht so abgeneigt ist, wie ihre Worte ihn glauben machen wollen: Er fleht sie an, sein Begehren zu erhören, bis er sie – unaufgefordert, aber willkommen – umfängt und zu ihr sagt:

swie vaste ir zürnet wider mich,
sô dunket iuwer sprâche doch
mîn herze unmâzen süeze noch,
wan si nâch wunsche erhillet:
si dœnet unde schillet
durch das ôre in den gedanc
vil baz denn aller harpfen klanc,
den Orfêus brâhte für.
ich prüeve daz wol unde spür,

S. 135. Dass Seufzer literarisch etabliertes Geräusch der (unerwiderten) Minne sind, zeigt sich auch im *Lai de Guigemar*, der zunächst die ganze Nacht wachliegt und seufzt (*Tute la nuit ad si veillé / E suspiré e travaillé.* V. 411 f.) – und seine Liebe der Magd der Dame durch einen Seufzer preisgibt, den sie sofort als akustisches Zeichen der Liebe erkennt, obwohl er versucht, sich seine Verliebtheit nicht anmerken zu lassen (V. 443–446). Kühne, Affekt zum Gefühl, S. 243, bewertet das Seufzen Partonopiers und Meliurs als psychosomatisches Minnesymptom, wie sie der Text häufiger präsentiere, betont dabei jedoch nicht die Relevanz, die das Seufzen für das Erkennen der Minne in widrigen Umständen (d. h. Unsichtbarkeit durch Dunkelheit und Verwilderung; Verschleierung durch Lüge) hat; für Rikl, Erzählen, S. 23, gehört das Seufzen zu den „Erscheinungsformen der affektgesteuerten Seelenbewegung“. Auch Winst, Krankheit, S. 196, deutet das Seufzen gemeinsam mit Weinen, Ohnmachten und dem Wechsel der Gesichtsfarbe zu den Symptomen der Minnekrankheit, das „einen wesenhaften Zusammenhang zwischen Körperzeichen und Innerlichkeit“ (ebd., S. 200) herstellt – allerdings versteht Winst die Minnesymptome vor der Liebesvereinigung als metaphorische Verweise auf die spätere Minnekrankheit der Protagonisten (vgl. ebd., S. 202–203). Insgesamt ist in *Partonopier und Meliur* auffällig, dass das akustische Liebessignal des Seufzens viel häufiger zur Erkenntnis der Minne führt als optische wie etwa fahle und blasse Haut.

998 Haug, Literaturtheorie, S. 347.

999 Meyer, Wilde Fee, S. 120.

1000 Vers 1568 (*unde ruorte ir süezen brust*) ist eine Ergäzung von Karl Bartsch, die allerdings mit Blick auf den Reim und das in Konrads Werken nicht unübliche Bild der Apfelbrust – etwa in der Beschreibung Engeltruds im *Engelhard*, deren *senften brüstelîn / an dem kleide reine / storzen harte kleine, / als ez zwên epfel wæren.* (V. 3044–3047) –, hier nachvollziehbar scheint.

1001 Obst, Der *Partonopier*-Roman, S. 145.

1002 Diese Drohung scheint aber die erotische Spannung noch zu steigern, vgl. Eming, Emotion, S. 187.

1003 Ebd.

sî iuwer rede vîentlich
unde herte wider mich,
daz iuwer minne und iuwer lîp
sint bezzer vil dann ander wîp,
die man ûf erden ie gesach.
swaz man von wîbes güete sprach,
daz dunket mich vil gar ein wint,
biz ûf die swære, die mir sint
von iu ze herzen komen hie.
mîn ouge daz erkante iuch nie
noch lîhte niemer mê getuot,
und weiz ich doch wol, daz ir guot
und ûz erwelt nâch wunsche sît. (V. 1598–1619)

Er *spürt* ihre Minne anhand der *swære*, die selbst durch ihre verbalen Angriffe hindurch erkennbar wird.[1004] Sie hingegen wehrt sich weiterhin mit Beschimpfungen gegen die Annäherung, vor allem weil sie es für jugendliche Dummheit hält, sich so plötzlich zu verlieben (V. 1632–1641).[1005] Partonopier aber entgegnet, dass auch *der wilde tobende donerslac* (V. 1648) einen Menschen plötzlich erschüttern und nur knapp mit dem Leben davonkommen lassen könne – und genauso agiere die Minne als plötzlicher Blitz: *der minne strâle und ouch ir schoz, / diu manegen wirfet in daz sloz, / dar inne er muoz geligen tôt* (V. 1653–1655).[1006] Obwohl sie noch eine Todesdrohung äußert (V. 1675), finden die beiden letztlich doch zum *minne spil* (V. 1709) zusammen, in dem sie von ihrem *magetuome* (V. 1715) geschieden werden.

1004 Gerok-Reiter, Raumverschaltungen, S. 307, führt dies auf die „Klangqualität" der Worte Meliurs zurück, so präzise stellt der Text Partonopiers *spüren* allerdings nicht dar. Zwar wird in Bezug auf Orpheus genau wie im Prolog (*süezer klanc* von Erzählung und Gesang, V. 19; Nachtigallen-Vergleich, V. 125) das Wort *klanc* genutzt, um angenehme Melodien, aber eben gerade nicht die Wirkung der Frauenstimme im Dunklen zu beschreiben, im Gegenteil: ihre Sprache ist *zornicliche* (V. 1578), während die verräterische *swære* die Minne preisgibt.

1005 Die verheiratete Dame im *Lai de Guigemar* der Marie de France argumentiert ähnlich, als der fremde Ritter, den sie zuvor gesundgepflegt hatte, ihr seine Liebe gesteht (V. 510 f.), was für *Partonopier und Meliur* die Deutung von Hübner, Meisterredner, S. 222, bestätigt, der die Diskussion als topische Werbungsrede interpretiert. Dennoch scheint ein zu rasches Verlangen nach Minne als triebhaft-bäurisch angesehen zu werden, wie die Rede einer Hofdame in Eilharts von Obergs *Tristrant und Isalde* (V. 6916–6919) impliziert. Indem Meliur Partonopier zurückweist, macht sie deutlich, dass sie mit solchen höfischen Konventionen ebenfalls bestens vertraut ist (und demonstriert damit noch einmal mehr, dass sie eine vorbildlich ausgebildete Dame ist). Das Minnewerbungsgespräch Partonopiers ist außerdem eine Ergänzung Konrads, das sich im französischen Text nicht findet, vgl. Obst, Der *Partonopier*-Roman, S. 144.

1006 *[D]er minne strâle* könnte gewiss auch als Minnepfeil (wie er in zahlreichen bildlichen Umsetzungen, z. B. von der Figur Amor ausgehend, dargestellt ist, vgl. Glanz, De arte honeste amandi, S. 109–110) übersetzt werden, doch im Kontext des Gewittervergleiches ist es vielleicht schlüssig, darin zugleich eine Anspielung auf einen einschlagenden Blitz zu sehen.

Im anschließenden Gespräch[1007] offenbart die Dame dann, dass sie eine mächtige Herrscherin ist (V. 1773 f.),[1008] die lange auf der Suche nach einem geeigneten Gatten war, bis ihr die zum *spehen* (V. 1815) ausgesandten Boten von Partonopier berichteten. Schon der Bericht ihrer Boten, so erzählt sie weiter, habe ihres *herzen gir* (V. 1840) geweckt,[1009] sodass sie den jungen Adligen mit eigenen Augen zu sehen wünschte: *ich wolte dich mit ougen sehen / und daz wunder selbe spehen, / daz mir von dir wart geseit.* (V. 1843–1845) – die Beschreibung des für sie (noch) Nicht-Sichtbaren regte ihr Sehbegehren an. Nachdem sie den jungen Grafen auf einer Reise nach Frankreich selbst in Augenschein genommen hatte, entbrannte sie vor Zuneigung (V. 1862 f.) und *schuof* (V. 1866) darum anschließend, wie sie Partonopier nun gesteht, mit ihrer *künste, daz der künec, dîn œhein, / kam des jagens über ein / zArdenne in daz gevilde* (V. 1866–1869). Sie zeichnet den abenteuerlichen Weg des Jungen nach Schiefdeire – so heißt ihr prächtiges Reich – nach und gibt dabei preis, dass sie die Eberjagd und die weiteren Stationen mit ihrer *künste list* (V. 1874) so entstehen ließ, dass Partonopier direkt in ihr Schlafgemach gelangte.

Ihr Plan hat jedoch einen Haken: Obwohl sie ihn als Gatten auserwählt hat und diese Wahl der Herrscherin im Reich anerkannt werden muss (V. 1791), darf sie ihn als solchen öffentlich erst offenbaren, wenn er die Schwertleite erhalten hat (V. 1897–1901). Darum können sich die beiden für die Dauer der Frist nur heimlich in der Nacht lieben, weil nur so das Antlitz der Dame verborgen bleibt:

> du hâst mich, süezer jungelinc,
> die naht an disem bette hie,
> dâ du mit mir trîbest ie
> swes dîn herze welle gern.
> des tages muost du mîn enbern
> mit ougen und mit angesiht. (V. 1980–1985)

Damit ist das entscheidende Sichttabu formuliert, an das sich Partonopier nun halten muss, bis der Zeitpunkt gekommen ist, an dem er die Schwertleite erhält und anschließend als auserwählter Gatte der Königin präsentiert werden kann – bis dahin gelobt die Herrscherin aber, sich jede Nacht ins dunkle Schlafgemach zu schleichen, um ihm dort jeden Wunsch zu erfüllen (V. 1998–2001).

1007 Die Gespräche, die die beiden im Dunklen führen, sind nach Kühne, Affekt zum Gefühl, S. 281, entscheidend, um kenntlich zu machen, dass die Liebenden die höfischen Verhaltensformen perfekt beherrschen und „dass es sich bei der Minne des Paares nicht nur um eine platte Befriedigung fleischlicher Gelüste handelt. Nicht Unterdrückung der Lust und Selbstzwang, sondern die Einkleidung der ausgelebten Begierde in höfische Umgangsformen kennzeichnet das Verhalten Partonopiers und Meliurs in der Kemenate in Schiefdeire."

1008 Ihr sind zwanzig Könige, achtzehn Herzöge und zweihundert Grafen untertan (V. 1776–1779).

1009 Dass sich Meliur schon durch den Bericht ihrer Boten in Partonopier verliebt, ist eine Zutat Konrads, vgl. Eming, Emotion, S. 202.

Die ersten zweitausend Verse des Romans offenbaren, dass die essenziellen Themen der Minnehandlung in *Partonopier und Meliur* zwischen changierenden Gegensätzen zu verorten sind: Eine illegitime, heimliche Liebesbeziehung soll zu einer legitimierten Herrschaftsehe führen; das konstante Schwanken zwischen Todesangst und unwiderstehlicher Anziehungskraft sorgt nicht nur beim Protagonisten, sondern auch beim Rezipienten für reizvolle Verunsicherung und schon die Initialaventiure scheint unverkennbar darauf hinauszulaufen, dass es in *Partonopier und Meliur* immer wieder darum gehen wird, was gesehen und was nicht gesehen werden kann.

Der obige Durchgang der Textpassage von der Eberjagd im Ardennenwald bis zur Minnevereinigung im Dunkeln macht deutlich, dass Sehen und Sichtbarkeit nicht erst mit der Äußerung des Sichttabus als Dreh- und Angelpunkt des Texts gelten können. Immer wieder werden von Beginn an Helligkeit und Dunkelheit, Sehen und Nicht-Sehen thematisiert, indem Details wie Mondlicht, Tagesanbruch, Kerzenschein und bis zur Überblendung reflektiertes Glanzmaterial einer beängstigenden, totalen Dunkelheit und der daraus resultierenden Unsichtbarkeit gegenübergestellt werden. So wird die Dunkelheit der Nacht in Schiefdeire nicht nur mit der Helligkeit des Tages kontrastiert, in der sich die beeindruckende Stadt gut erkunden und mit allen Sinnen erfahren lässt, sondern das Leuchten der Stadt[1010] ist nach Hartmut Bleumer sogleich „zur Unsagbarkeit und Unsichtbarkeit gesteigert“, sodass „das Leuchten die Sichtbarkeit übertrifft.“[1011] Wie ein Blick in die Sonne, der das menschliche Auge so überwältigt, dass es nichts mehr wahrnehmen kann, wird der glänzende Palast dargestellt. Die Eigenschaften des Leuchtens werden darum mit der totalen Dunkelheit vergleichbar, indem sie das menschliche Auge gleichermaßen überlasten und so ebenfalls für Unsichtbarkeit verantwortlich gemacht werden.[1012] Selbst in den Beschreibungen des Hellen wird also paradoxerweise der Fokus auf das Nicht-Sehen gelenkt, wie die Anfangshandlung des Romans bereits in zahlreichen Anmerkungen verdeutlicht. Sowohl Dunkelheit als auch Licht suggerieren eine rekurrierende sinnliche Unnahbarkeit, bei welcher der Sehsinn über- oder unterfordert ist.

Solche Inszenierungen von Sichtbarkeit und Unsichtbarkeit, die in Bezug auf ihre rezeptionslenkende Wirkung bisher in der Forschung noch nicht berücksichtigt wurden, bedürfen einer weiteren Untersuchung. Obwohl die visuelle Gestaltung im Werk

1010 Dieses Leuchten deutet schon der Name des Reichs an: *Schiefdeire* ist eine eingedeutschte Version des französischen *Chef d'Oire*, der vielleicht subtil den herrschaftlichen Glanz des Goldes (*d'or*) im Namen trägt (andere Überlegungen zum Namen des Reichs finden sich bei Ríkharðsdóttir, Medieval Translations, S. 147). Meliur erläutert den deutschen Namen später damit, dass *schief* gleichermaßen für Anfang und Ende stehe und der im Kreis fließende Fluss des Reichs *Eire* hieße (V. 2482–2501).

1011 Bleumer, Entzauberung, S. 216.

1012 Dies beobachtet Müller, Blinding Sight, S. 208, auch in Konrads *Trojanerkrieg*. Für die Texte Hartmanns von Aue geht Strittmatter, Poetik, S. 281, davon aus, dass die Darstellung von alles überblendender Helligkeit den „als Reflex auf die Blendung imaginierbare[n] […] Mechanismus des Augenschließens“ implizieren könnte. Extremes Leuchten zieht also wiederum eine Form der Dunkelheit bzw. Blindheit nach sich.

Konrads von Würzburg immer besonders ausgeprägt ist,[1013] kostet *Partonopier und Meliur* den ästhetischen Reiz des Nicht-Sehens auf einmalige Weise aus – denn für anderthalb Jahre der erzählten Zeit bleiben sowohl Partonopier als auch der Rezipient im Dunkeln[1014] über den wahren Status der Geliebten, ihres Reichs und ihrer rätselhaften *künste*.

3.2.2 Unmöglicher Voyeurismus, frustriertes Sehbegehren

Die Fragen des Sehens und Nicht-Sehens kulminieren in *Partonopier und Meliur* in jenem Moment, als der Protagonist wissentlich das Sichttabu seiner Geliebten – inzwischen hat sich herausgestellt, dass ihr Name Meliur ist – bricht: Er erleuchtet die Dunkelheit der Kemenate mit einer Zauberlaterne, um sie endlich betrachten zu können. Konrad gestaltet die Betrachtung der nackten Frau ausführlicher als die französischen *Partonopeu*-Fassungen[1015] und legt damit ein besonderes Augenmerk auf die gegensätzliche Inszenierung von Licht und Dunkelheit sowie auf Ver- und Enthüllung. An dem für die Handlung essenziellen Wendepunkt des Tabubruchs lässt sich die in dieser Studie untersuchte Integration des aktiv schauenden Rezipienten besonders eindrücklich darlegen, denn nicht nur Partonopier befindet sich in dieser Szene auf dem Höhepunkt seines Sehbegehrens. Auch der textexterne Beobachter, der zu diesem Zeitpunkt bereits fast 8000 Verse gespannt[1016] auf die Enthüllung der wahren Identität der Herrscherin lauert. Ralf Simon stellt in Konrads von Würzburg Werk jene aktive Rolle des Rezipienten heraus, die für die mittelhochdeutschen Romane ein Novum darstellt, weil der Erzähler sich nicht helfend auf die Seite des textexternen Beobachters stellt, sondern dessen Blick mit dem des Protagonisten koppelt:

> Der *Partonopier* markiert in der Textur des deutschen Romans den Punkt, an dem, wenn auch nur partiell, der Leser vom Zuschauer zum Akteur des Textes wird. Und dies wird er, indem sein textuelles Korrelat – der Erzähler […] – zumindest in den wichtigen Partien des Textes ein architektonisches Dirigat aufgibt und sich […] in die Perspektive des Hauptaktanten begibt. Der Kontakt über die Ordnung des Textes […] wird im *Partonopier* aufgelöst, weil der Leser bei zentralen Stellen des Romans im Erzähler keinen Widerpart mehr hat. Die *Struktur der textuellen Institutio-*

1013 Vgl. Christoph Cormeau: Überlegungen zum Verhältnis von Ästhetik und Rezeption. In: JOWG 5 (1988/89), S. 95–107, hier: S. 95.

1014 Dass diese Dunkelheit im übertragenen und im wortwörtlichen Sinn gilt, betont auch Rikl, Erzählen, S. 81.

1015 Vgl. Obst, Der *Partonopier*-Roman, S. 136.

1016 Iser, Akt des Lesens, S. 19, spricht von Spannung, die entsteht, wenn dem Rezipienten Informationen vorenthalten werden. Konkret für den *Partonopier* vermutet Monika Schulz: Eherechtsdiskurse. Studien zu *König Rother, Partonopier und Meliur, Arabel, Der guote Gêrhart, Der Ring*. Heidelberg 2005 (Beiträge zur älteren Literaturgeschichte), S. 55, dass „die im fernen Byzanz spielende Geschichte beim zeitgenössischen Rezipienten eine sozusagen subkutane Dauerspannung freisetzen [mußte]". Für Strachan, Meliur, S. 108, steht vor allem in der dunklen Kemenate das Begehren des Rezipienten im Vordergrung: „Konrad creates desire for Meliur in this space of anticipation, calling upon the listening skills of the recipient, asking him to pay attention to the fine details that his narrator provides."

> *nen des Romans* wird neu verteilt. Erzähler und Leser stehen in einer anderen Homöostase, unter den Bedingungen einer Ob-Überhaupt-Spannung.[1017]

Trotzdem unterscheiden sich die Positionen des Protagonisten und des Rezipienten, wie in der Beratung mit dem Erzbischof von Paris deutlich wird. Dieser wurde von Partonopiers Mutter Lucrete angewiesen, den jungen Grafen von der Liebe zu einem vermeintlich unsichtbaren Teufel abzubringen und rät Partonopier darum, *mit listen eteswie* (V. 7731) herauszufinden, ob Meliur eine Frau oder ein dämonisches Ungeheuer ist. Der Jüngling weiß allerdings nicht, wie er gegen die mächtige Geliebte ankommen soll:

> [,]nu sint mir leider wilde
> die künste rîchen sache,
> dâ mite ich si gemache
> den ougen mîn gesihtic.
> ich muoz des werden gihtic,
> ob ez iemer mac geschehen,
> daz ich si gerne wolte sehen.‘ (V. 7748–7754)

Die *künste*, gegen ihre *list* vorzugehen, sind Partonopier fremd, weshalb er nicht damit rechnet, Meliur jemals sehen zu können. Wenn der Protagonist als blicklenkende Identifikationsfigur[1018] darüber lamentiert, dass es ihm unmöglich sei, die Geliebte jemals zu Gesicht zu bekommen, spiegelt er die exkludierte Position des Rezipienten, der ebenfalls nichts sieht und damit systematisch verunsichert wird, wie Susanne Rikl schon für die Aventiure im Ardennenwald ausführt:

> Der Rezipient wird vom Text in der Unsicherheit gehalten, ob das, was ihm als Interpretation Partonopiers präsentiert wird, mit der Wesenheit der Zeichen übereinstimmt [...] oder ob die Bedrohung nur in seiner von der *vorhte* gesteuerten Vorstellung existiert, diese Information liefert der Text an dieser Stelle dem Rezipienten nicht. Ihm wird hier ein Mechanismus von Erkenntnissteuerung und Erkenntnisverhinderung in der Welt der *signa* des Textes präsentiert, der im weiteren Verlauf immer wieder angewandt wird. Dieser Mechanismus wird in besonderer Art und Weise wirksam, indem er die Stufen zwischen der inneren und äußeren Handlungsebene der Figuren und der Ebene der Rezeption und des Erkennens der Abläufe auf diesen Ebenen überschreitet.[1019]

1017 Simon, Einführung, S. 216–217 [Kursivierung im Original].

1018 Andrea Sieber: Verdunkeltes Begehren. Überlegungen zum Spannungsverhältnis von Wissen und Nicht-Wissen in Konrads von Würzburg Partonopier und Meliur. In: Die dunklen Seiten der Mediävistik. Hrsg. von Björn Bulizek, Gaby Herchert, Simone Loleit. Duisburg 2014, S. 77–99, hier: S. 95, versteht die Synchronisation der Protagonisten- und Rezipientenwahrnehmung als figurennahe Fokalisierung.

1019 Rikl, Erzählen, S. 44–45; ähnlich Strachan, Meliur, S. 107. Vergleichbar argumentiert auch McLelland, Sehen, S. 176, die für den *Iwein* feststellt, dass Hartmann von Aue „sehr prominent mit der Problematik der Deutung der gesehenen körperlichen Zeichen [spielt], so dass wir bis zum letzten vieldeutigen Eid [Laudines, J. M.] völlig verunsichert sind und nicht mehr wissen, wie er zu deuten wäre.

Sowohl Partonopier als auch der Rezipient befinden sich im Dunkeln und sehnen sich danach, endlich das Unsichtbare sehen zu dürfen – doch der Protagonist hat aufgrund seiner Präsenz auf der Handlungsebene einen entscheidenden Vorteil: Er kann die Frau im Bett zumindest berühren und sich darum gewiss sein, es mit einem Körper aus Fleisch und Blut[1020] zu tun zu haben,[1021] wohingegen der Rezipient unter der Ungewissheit viel mehr ‚leiden'[1022] muss als Partonopier. Obgleich Meliurs Verhalten höfisch erscheint, sie fromme Sprache verwendet und als *maget* und *frouwe*[1023] bezeichnet wird, fehlt dem Rezipienten letztlich der entscheidende Sichtbeweis. Vielleicht ahnt er, dass von Meliur keine Gefahr ausgeht, aber er kann es nicht mit Sicherheit wissen,[1024] weil vage Formulierungen wie *wan in dûhte daz ein wîp / mit geredet hœte* (V. 1356 f.) dafür sorgen, dass die Wahrscheinlichkeit, Partonopiers subjektive Wahrnehmung könne manipuliert sein[1025] und ihm Weiblichkeit lediglich *dunkt*, nie ganz

---

Tropologisch gesehen erkennt das Publikum, dass jede Deutung der Welt – und vor allem der sozialen Welt und ihrer Zeichen – immer wieder überprüft werden muss."

1020 Schulz, Schwieriges Erkennen, S. 400, zum Erkennen mithilfe des Tastsinns, das Partonopier Gewissheit über den Status seiner Geliebten erlangen lässt: „Über den Mund haben Tast- und Geschmackssinn unmittelbaren Zugang zum Herzen, während die höheren Sinne im Kopf situiert sind".

1021 Damit ist die Überlegung zur beflügelnden erotischen Fantasie des Protagonisten von Klinger, Exzesse, S. 123, nur zu Beginn der Minnebegegnung haltbar, nach der Vereinigung darf sich der Rezipient allein über tausende Verse hinweg körperliche Details ausmalen, während Partonopier die Geliebte physisch erfährt.

1022 André Jolles: Einfache Formen. Legende, Sage, Mythe, Rätsel, Spruch, Kasus, Memorabile, Märchen, Witz. 8. Aufl. Berlin 2006 (Konzepte der Sprach- und Literaturwissenschaft. 15), S. 130, formuliert vergleichbar, dass das Rätsel für den Ratenden „Leiden" und „Beklemmung" sei.

1023 Schon in V. 1310 wird Meliur als *diu frouwe guot* bezeichnet, anschließend als *maget wol getân* (V. 1312). Solche Formulierungen und wenn z. B. von Meliurs *süezem munde rôsen rôt* (V. 2840) die Rede ist, deutet Plotke, Konrad als Erzähler, S. 287, als Verweise auf den Sehsinn, die wirken, als habe der Erzähler vergessen, dass Partonopier seine Geliebte nicht sehen könne. Weil es sich bei diesen (vermeintlichen) Beschreibungen allerdings um topische Formulierungen handelt, wäre es aber auch möglich zu behaupten, dass es ganz selbstverständlich ist, dass der Mund der idealen Minneherrin rot ist – ganz gleich, ob sie tatsächlich zu sehen ist oder nicht.

1024 Meyer, Wilde Fee, S. 111, hingegen formuliert: „Das Publikum weiß genau, daß Meliur harmlos ist" und führt die auf ihr Geschlecht bezogenen Bezeichnungen der Figur als Beleg an. Diese sind zwar eindeutig, aber dennoch gibt der Text sich Mühe, mithilfe anderer Anspielungen die latente Unsicherheit aufrechtzuerhalten.

1025 Diese rezeptionslenkende Verunsicherungsstrategie erkennt auch Rikl, Erzählen, S. 36, darin, wenn der Erzähler suggeriert, dass Partonopier sich die Ungeheuer des Waldes lediglich einbilde: „Die Charakterisierung des Waldes als ein Ort der Bedrohung wird von dem jungen Partonopier geäußert. Unmittelbar an die Kommentierung der *rede* Partonopiers schließt der Erzähler die Bemerkung an, daß der Protagonist wegen seiner Jugend um so stärker von Angst befallen ist. Stellt der Rezipient einen inhaltlichen Konnex zwischen diesen Abschnitten her, so wird für ihn Partonopiers Sicht des Waldes als eine von Angst gesteuerte Sicht relativiert. Über die Berechtigung dieser Vermutung beläßt der Text den Rezipienten im Unklaren. Erst sehr viel später im Verlauf des Textes wird der Rezipient feststellen müssen, daß seine eigene Wahrnehmung diese Erkenntnis nur durch die Verknüpfung der aufeinander abfolgenden Elemente des Textes produziert hat."

ausgeschlossen werden kann. Der Rezipient benötigt mehr als nur aus Sicht der Figuren artikulierte Indizien – denn deren Sprache ist schließlich fehleranfällig, wie Meliurs inszenierte Überraschung und anfängliche Abwehr des Gasts in ihrem Bett zeigt, die sich anschließend als Lügen entpuppen. Zwar scheint Partonopier überzeugt davon, dass Meliur wirklich eine schöne Frau ist, doch die latente Unsicherheit auf der Seite des Rezipienten bleibt bestehen,[1026] bis Partonopier sie als dessen textinterner Stellvertreter anblickt und dieser Blick von einer auktorialen Position heraus beschrieben wird.

Es ist demnach viel weniger Partonopier, der den Sichtbeweis der menschlichen Gestalt Meliurs braucht – denn er ist sich eigentlich während des ersten Gesprächs im Dunkeln sicher, dass sie allen Ansprüchen an eine höfische Dame mehr als gerecht wird: Nach den ersten Worten, die Meliur zu ihm spricht, weiß er sofort, dass sie so *minniclich* (V. 1355) ist, dass sie alle anderen Frauen übertrifft. Angst und erotischer Reiz gehen darum während der gesamten Darstellung der verborgenen Liebesbeziehung vor allem für den Rezipienten eine spannende Symbiose ein, wie Christoph Huber für die Anfangshandlung feststellt: „Ganz wie der Held erlebte das Publikum bereits die Entführung und die Ankunft in Meliurs Feenreich und die prickelnde, von Angst in Lust umschlagende Begegnung mit dem Mädchen in der dunklen Kammer."[1027] Doch während Partonopier seine Angst mit der Zeit überwindet, muss der exkludierte Rezipient, der keinen taktilen und auditiven Eindruck von der Dame erhält, mit ‚lustvollem Gruseln'[1028] für anderthalb Jahre erzählter Zeit in der Dunkelheit

1026 Vgl. Rikl, ebd., S. 45. Françoise Salvan-Renucci: *Du muost mich haben tougen.* Konrads von Würzburg *Partonopier und Meliur.* In: Melusine. Actes du Colloque du Centre d'Études Médiévales de l'Université de Picardie Jules Verne, 13 et 14 Janvier 1996. Hrsg. von Danielle Buschinger, Wolfgang Spiewok. Greifswald 1996 (Greifswalder Beiträge zum Mittelalter. 52), S. 159–179, hier: S. 159, argumentiert ähnlich wahrnehmungsästhetisch und erkennt in der wiederholten Betonung des Begriffs *tougen* und seiner Derivate eine sprachliche Technik, den Rezipienten zunehmend zu verunsichern. Vergleichbares betont Christoph Huber: Brüchige Figur. Zur literarischen Konstruktion der Partonopier-Gestalt bei Konrad von Würzburg. In: Literarische Leben. Rollenentwürfe in der Literatur des Hoch- und Spätmittelalters. Festschrift für Volker Mertens zum 65. Geburtstag. Hrsg. von Matthias Meyer, Hans-Jochen Schiewer. Tübingen 2002, S. 283–308, hier: S. 293, der in der Figurenzeichnung intentionale Strategien der Rezipientenverunsicherung zuschreibt: „Ein mehrschichtiges Bild ergibt sich von vornherein dadurch, daß das Wissen der Figuren voneinander oft unsicher und gebrochen ist. Die Spiegelungen des Helden aus Sicht anderer Figuren erhalten dadurch über die Relativität der Standpunkte hinausgehende Unsicherheitsfaktoren, die durch die Rezeptionslenkung des regieführenden Dichters im Hintergrund verstärkt werden." Karina Kellermann und Sophie Quander: „Wer die Schönheit angeschaut mit Augen". Lichtspiele und Nachtmusik in Konrads von Würzburg *Partonopier und Meliur.* In: Ästhetiken der Fülle. Hrsg. von Peter Glasner, Anna Karin, Jens Müller [u. a.]. Berlin 2021, S. 139–158, hier: S. 145, hingegen sind der Ansicht, dass durch die Fokussierung auf Partonopiers Wahrnehmung recht deutlich werde, dass Meliur keine Dämonin ist.

1027 Huber, Brüchige Figur, S. 290. Ähnlich formuliert Spearing, Poet as Voyeur, S. 142, für den mittelenglischen *Partonope of Blois*, dass die Anfangspassage „in a pleasantly eerie way" gestaltet sei.

1028 Vgl. Obst, Der *Partonopier*-Roman, S. 164.

verweilen.[1029] Ähnlich wie Marjodo, Gunther und Isolde ist der Rezipient also ein unbemerkter Dritter im Schlafgemach, der sich als Ohrenzeuge mit ins Dunkel eines intimen Settings schleicht, um wiederholt der Liebesvereinigung eines Paars zuzuhören.[1030] Die durch fehlende visuelle Anleitung sabotierte Imagination des Rezipienten ist dabei jedoch so stark eingeschränkt, dass ihm das Aushalten des ‚Prickelns' womöglich schwerer fällt als Partonopier und er der Auflösung vielleicht genauso gespannt entgegenfiebert wie der verliebte Junge.[1031]

Bis zum Tabubruch ist die durch mangelnde Sichtbarkeit erzeugte Ungewissheit der Fokus der Minnehandlung: Mit den Sorgen der Mutter, dass ihr Sohn von einem Dämon in die Irre geführt wird, werden demnach Befürchtungen ausgedrückt, die auch der Rezipient hegen könnte – schließlich sprechen die unwirklichen Geschehnisse in Schiefdeire dafür, dass große übernatürliche Mächte am Werk sind. Genau wie die Mutter aufgrund „ihrer auf höfische Sichtbarkeit gegründeten Repräsentationslogik"[1032] nach einem visuellen Beleg verlangt, um Partonopiers Liebe akzeptieren zu können, braucht der Rezipient eine Beschreibung der Figur, die ein imaginäres Ansehen ermöglicht. Der Tabubruch scheint damit fast eine ästhetische Notwendigkeit zu sein, um dem Rezipienten endlich Gewissheit darüber zu geben, mit wem sich der Protagonist Nacht für Nacht das Bett teilt.[1033]

1029 Der Distanzsinn des (äußeren) Sehens erweist sich als unbrauchbar in der Dunkelheit, da nur die textinterne Figur Partonopier als Protagonist dank Tasten und Hören der „oft angeführte Vorteil der Unmittelbarkeit der Perzeption als Ein-Druck via Trommelfell oder Haut und Knochen" (Adler und Groß, Einleitung, S. 7) zuteilwird.

1030 Dies ist allerdings nur möglich, so lange der menschliche Status Meliurs nicht sicher geklärt und die Liebesbeziehung als heimlich und illegitim kategorisiert ist. Nach der Enthüllung ihrer menschlichen Gestalt kann keine Liebesnacht mehr beschrieben werden, weil der zensierende Schleier der Dunkelheit gelüftet wurde – das zeigt die totale Ausblendung der Hochzeitsnacht (V. 17390–17428), deren auffällige Absenz auch Michael Dallapiazza: *Frou minne wunnebaerer solt.* Höfische Minne, Eheliebe und der neue Held in Konrads von Würzburg *Partonopier und Meliur.* In: JOWG 5 (1988/89), S. 351–359, hier: S. 357, und Schulz, Poetik, S. 73, hervorheben. Wie im Rahmen dieser Studie schon wiederholt herausgestellt wurde, findet Unsagbares nur dann seinen Weg in die Texte, wenn es Unrechtmäßigkeiten wie die heimliche, illegitime Liebe beschreibt (dazu vgl. Schnyder, Topographie, S. 231) und dabei von Verhüllungsstrategien verschleiert wird.

1031 Dass sich Rezipierende mit dem Protagonisten identifizieren können, um so die eigenen „secret desires" auszuleben, vermutet Lesser, Fiction, S. 96.

1032 Runow und Zimmermann, Von unsichtbarer Schönheit, S. 179.

1033 Runow und Zimmermann, ebd., S. 178, sind hingegen der Ansicht, dass in Vers 1228 (*ein mensche zuo der bettestat*) bereits eindeutig gesagt werde, dass Meliur menschlicher Natur ist und folgern darum: „So mag das Wissen um Meliurs Menschlichkeit dem Rezipienten erhalten bleiben, für Partonopier kann es in seiner flüchtigen, nicht nachweisbaren Nichtöffentlichkeit später durch seine Mutter Lucrete wieder ins Wanken gebracht werden. Sie nämlich kann nicht aufgrund eigener Wahrnehmung urteilen, sondern muss nach der Logik der höfischen Welt weiterhin von einem bösen Dämon ausgehen. Nur was gut aussieht, kann auch gut sein; und was gut ist, muss notwendigerweise sichtbar schön sein." Auch Plotke, Konrad als Erzähler, S. 286, erkennt im Worte *mensche* die auktoriale Absicherung, dass es sich nicht um den Teufel handelt; ähnlich argumentiert Hoffmann, Dimensionen, S. 357. Offener formuliert Rikl, Erzählen, S. 97: „Mit diesem Satz beginnen allerdings bereits die Differenzen zwi-

Vor allem der Erzbischof problematisiert die Unsichtbarkeit der Geliebten so, dass Partonopier zu zweifeln beginnt und ein Plan zur Überwindung der Dunkelheit in Schiefdeire entwickelt werden kann: Wie von Lucrete in Absprache mit dem Bischof anschließend vorgeschlagen,[1034] soll Partonopier die Kemenate so erleuchten, dass die wahre Gestalt der Frau im Bett enttarnt werden kann.[1035] Die Anweisungen der Mutter sind eindeutig:

> verborgenlichen setze daz [lieht]
> hin under dîne decke.
> den schîn du niht enwecke,
> ê daz diu frouwe nider sî
> komen und dir nâhen bi
> gelige nackent unde blôz.
> sô wirf du von dir unde stôz
> diu deckelachen, liebez trût,
> sô mahtu sehen über lût
> bescheidenlich sâ zehant,
> ob si der leide vâlant
> unde iht ungehiures sî. (V. 7774–7785)

Nach der Anleitung Lucretes sieht sich Partonopier genötigt, die Laterne so unter der Bettdecke zu verbergen, dass Meliur nichts von seinen Absichten bemerkt. Erst wenn sie völlig nackt ist und unmittelbar neben ihm liegt, soll er ruckartig die Decke von ihr werfen, sodass er sie im Lichtschein betrachten kann.[1036] Schon in der präzisen Anweisung der Mutter wird die Enthüllung zum erotischen Bild eines Striptease; zwar bleibt der Ausgang der Enthüllung noch reizvoll ungewiss, doch der Protagonist und der Re-

schen den jeweils zur Verfügung stehenden Informationen. Verläßt der Rezipient sich auf den Erzähler, dann weiß er von diesem Moment an, daß ein Mensch die Kammer bertreten [sic] hat." Gerade in diesem Vers wird deutlich, dass der Text maßgeblich von der Ungewissheit der Figuren und Rezipienten lebt und auch Lucrete darum eine verunsichernde Identifikationsfigur sein könnte, die die Zweifel der Rezipienten artikuliert.

1034 Das religiöse Dogma liefert auf der Handlungsebene den vordergründigen Anlass für die Enthüllung (vgl. Bleumer, Entzauberung, S. 222), doch letztlich ist das unbefriedigte Sehbegehren der Figuren und des Rezipienten entscheidend, die gleichermaßen darauf warten, Meliur endlich sehen zu können.

1035 Dass der Name der Mutter Ähnlichkeit mit dem lateinischen Wort *lucerna* aufweist, ist gewiss kein Zufall, sondern wohl eher als Ironie zu deuten: Die Figur mit dem leuchtenden Namen sät düstere Befürchtungen, die zur Enttarnung der wahrhaft Leuchtenden führen. Schulz, Schwieriges Erkennen, S. 424, hingegen sieht in der lautlichen Ähnlichkeit der Worte *lucerne* und Lucrete eine metonymische Relation, weil sowohl die Mutter als auch die Lampe durch Helligkeit Öffentlichkeit herstellt.

1036 Kurios an diesem Ratschlag ist, dass die Mutter Partonopier nicht sagt, was er tun soll, falls sich seine Dame wirklich als Dämon entpuppt: Gänzlich ohne (christlichen) Schutz begibt sich der Jüngling in eine Situation, die ihn potenziell der Wut eines erzürnten Sukkubus aussetzen könnte. Dass diese Gefahr gar nicht problematisiert wird, fungiert vielleicht schon als Indiz dafür, dass Meliur doch kein teuflisches Wesen ist.

zipient erhalten dank Lucretes Instruktionen schon vor dem eigentlichen Tabubruch die Möglichkeit, sich Meliurs nackte Gestalt auszumalen, was bei Partonopier freudige Erregung (V. 7824 f.) weckt.

Der junge Adlige reist also zurück nach Schiefdeire und schmuggelt die Zauberlaterne *under sîniu kleider* (V. 7815)[1037] in den Palast. Während der Erzähler, der sich nun erstmals wertend einschaltet,[1038] bereits erkennen lässt, dass der Rat der Mutter einen fatalen Treuebruch bedeuten wird (V. 7816–7823), ist Partonopier positiv gestimmt. Wie angeleitet, benutzt er *daz rîche kulter* (V. 7842) – eine weitere textile Verhüllung – um das Licht im nächtlichen Schlafgemach zu verbergen,[1039] bis sich seine Minneherrin hineinschleicht und er den verräterischen Plan seiner Mutter weiterverfolgen kann:

> dô sich mit reines herzen gir
> diu schœne zim geleite,
> dô stiez er vil gereite
> ab hin daz deckelachen.
> ir lîp begunde er machen
> betalle nackent unde blôz.
> daz lieht von zouberîe grôz
> der ungetriuwe zôch her für,
> durch daz er schouwet unde kür
> daz wîp nâch wunsche wol getân.
> nu moht er sehen oder lân,
> wan si vor im endecket lac. (V. 7856–7867)

Er stößt die Decke weg, zieht Meliur vollständig aus[1040] – ihre Entdeckung findet also im textilen Wortsinn statt[1041] – und reißt dann die Zauberlampe hervor, um Meliur in

1037 Das Verstecken verräterischer Hinweise unter der höfischen Kleidung – womöglich als eine Variante des Verkleidens (das z. B. im *Tristan*-Stoff ein entscheidendes Listmotiv ist, dazu vgl. Schulz, Schwieriges Erkennen, S. 290–350) – wäre eine Fragestellung, die einer unabhängigen Untersuchung bedürfte: Als bekanntestes Beispiel kann wohl aber Hartmanns Erec gelten, der seine Rüstung unter seiner Kleidung verbirgt (*[er] truoc verstolne / under der wât sîn îsengewant.* V. 3065 f.), um seinem Hof vorzuspielen, dass er sich nur auf einen Spazierritt statt auf eine Aventiure begibt (bei Chrétien gibt es diese Verheimlichung nicht, vgl. Wandhoff, Vom Finden der Liebe, S. 127). Umgekehrt kann in Gottfrieds Tristan die unter der Rüstung des Protagonisten verborgene Drachenzunge die Lüge des Truchsesses entlarven (V. 9064–9066 u. V. 9422), womit das unter der Kleidung Versteckte nicht nur als negativ konnotiert betrachtet werden kann.

1038 Vgl. Huber, Brüchige Figur, S. 291.

1039 Das Verstecken einer Lichtquelle im Bett, um eine List auszuüben, ist ebenfalls bekannt: Im *Nibelungenlied* geht Gunther in der zweiten Brautnacht ähnlich vor, damit Sîfrit sich heimlich in die königliche Kemenate schleichen kann: *Diu lieht verbarc er schiere únder die bettewât.* (665,1), vgl. dazu Kapitel 2.3.1.

1040 Während Partonopier hier selbst aktiv wird, wartet Partonopeu im französischen Text bis Melior nackt ist, vgl. Obst, Der *Partonopier*-Roman, S. 12. Bei Konrad scheinen das Wegstoßen der Decke und das Ausziehen der Geliebten zum üblichen Vorgehen der Liebesbegegnung zu gehören, sodass ihrem Licht zu betrachten.[1042] Sofort stellt er fest, dass Meliur menschlicher Natur und schöner ist, als er es sich je hätte erträumen können.[1043]

Mit der Entblößungshandlung weiß nicht nur Partonopier, sondern auch der Rezipient mit endgültiger Sicherheit, dass Meliur ein Mensch, dass sie wunderschön ist und blonde Haare hat. Prompt wird sie nicht mehr nur als *frouwe* oder *maget* betitelt, sondern als *diu lûter und diu blunde* (V. 7906).[1044] Allerdings folgt dennoch, wie zu er-

---

Meliur deshalb wohl zunächst keinen Verdacht schöpft. Andererseits impliziert die zweite Liebesnacht zu Beginn, dass Meliur eigentlich bereits nackt ist, wenn sie zu ihrem Geliebten ins Bett steigt (*ir kleit und allez ir gewant / hœte si gezogen abe.* V. 2418 f.). Womöglich wird das konkrete Vorgehen Partonopiers beim Tabubruch mithilfe der sich überlagernden Textilen aber absichtlich diffus beschreiben, um dem Rezipienten fundierte Vorstellungsgrundlage zu entziehen.

1041 Dies deuten auch Kellermann und Quander, Lichtspiele, S. 148, mit dem Wortspiel einer Ent-Deckung an, das vermutlich Konrad selbst schon anlegt, wenn der Text sagt, dass Meliur *vor im endecket lac* (V. 7867). Auch Strachan, Meliur, S. 118, verweist mithilfe der Begriffe „uncloaking" und „unveiling" auf die Relevanz der Textilien in der Tabubruch-Szene, liest sie aber eher unter postkolonialen Gesichtspunkten als Entschleierung der ‚orientalischen' Frau.

1042 Wichtig ist, dass die Betrachtung Meliurs erst in dem Moment stattfinden kann, in dem Partonopier die Lampe hervorholt. Zuvor ist es – wie seit seiner ersten Nacht mit Meliur üblich – komplett dunkel im Schlafgemach, denn die *zwô kerzen* (V. 7828) bleiben ihrer bekannten Funktion treu, nachdem sie Partonopier ins Bett begleitet haben: *dô giengen ûz die kerzen hin, / sam si dicke tâten ê.* (V. 7844 f.) Wenn Kellermann und Quander, Lichtspiele, S. 151, diese Szene damit paraphrasieren, dass „der Mann seinen Blick [...] über die Schlafende gleiten lässt", womit „die Sichthierarchie" invertiert würde (weil ja zu Beginn Meliur Partonopier heimlich beoachtet hatte), kommen entscheidene Details zu kurz: Meliur ist (wie immer) wach, als sie den dunklen Raum betritt und sich zu dem Jungen ins Bett legt, darum kann Partonopier sie nicht einfach im Schlaf unbemerkt betrachten. Weder der Protagonist noch der Rezipient erhalten jemals im Roman einen uneingeschränkten, quasi-voyeuristischen Blick auf Meliur.

1043 Damit wird eindeutig betont, dass es sich bei Meliurs Unsichtbarkeit um keine magisch konstruierte handelt – wie Runow und Zimmermann, Von unsichtbarer Schönheit, S. 182, oder Sieber, Verdunkeltes Begehren, S. 87, mutmaßen –, sondern dass die Dunkelheit der ‚Tarnmantel' ist, mithilfe dessen sie sich verbirgt. (Auch Schulz, Schwieriges Erkennen, S. 409, resümiert als Problem der jüngeren Forschung, dass die Unsichtbarkeit der Herrscherin „nur manifester Ausdruck der gesellschaftsabgewandten Heimlichkeit der Liebesbeziehung" sei.) Zwar scheint es sich um eine Dunkelheit zu handeln, die nur mithilfe einer Zauberlaterne überwunden werden kann, aber da Lucretes Zauberkünste sich schon im Fall des Minnetranks nicht als sonderlich mächtig erwiesen haben (Steffek, Feenwelt, S. 182, sieht in der Wirkung des Minnetranks einen ‚lediglich einen blassen Abklastsch' des Tranks im *Tristan*, für Meyer, Wilde Fee, S. 113, handelt es sich „eher um ein Aphrodisiakum" und Schulz, Poetik, S. 110, findet Lucretes Zauberkünste ohnehin ‚recht gewöhnlich'), ist es nicht ein Zauber, der einen anderen Zauber schlägt, sondern ein besonderes resistentes Licht, dass die Dunkelheit erleuchtet. Indem noch vor dem ersten Eintritt Meliurs in die Kemenate beschrieben wird, dass Partonopier aufgrund der Dunkelheit absolut nichts sehen kann, funktioniert die Dunkelheit im Schlafgemach genauso als Verhüllung wie es bereits für den Brautnachtbetrug im *Nibelungenlied* und die Szenen mit den Ohrenzeugen in den dunklen Schlafgemächern in Gottfrieds *Tristan* gezeigt wurde (vgl. dazu Kapitel 2.3.1).

1044 Ob die blonden Haare tatsächlich als physisches Merkmal oder Indikator für Glanz zu verstehen sind, lässt sich nicht entscheiden, allerdings impliziert eine Aussage wie *ir hâr als ein gespunnen golt / schein durchliuhtic über al* (V. 8638 f.), dass Meliurs wichtigstes Attribut ihr Leuchten ist. (Zum goldewarten wäre, nachdem der Text lange auf die klimaktische Enthüllung der schönen Frau zusteuerte, keine ausführliche *descriptio* ihrer Figur: Indem sie als *nâch wunsche wol getân* (V. 7865) bezeichnet wird, kreiert der Text lediglich eine weitere Leerstelle, die erneut an die Vorstellungskraft des Rezipienten appelliert.[1045] Nur Licht und Unbestimmtheit werden vermittelt, wenn die Frau mit hellstem Sonnenschein verglichen wird (V. 7869 f.), der von ihrem Körper, der *nâch wunsche gleiz* (V. 7871), sogar übertrumpft wird.[1046] In der lang erwarteten Beschreibung der endlich sichtbaren Meliur werden bloß vage Hinweise gegeben, die einerseits gängige Schönheitstopoi anzitieren (*ir wängel rôt mit wîzer hant*, V. 8034), andererseits allesamt sogleich in ein allgemeines Leuchten übergehen und damit den Rezipienten abermals nicht-sehend zurücklassen,[1047] weil auch der Protagonist kaum etwas sieht, wie Holger Runow und Julia Zimmermann betonen:

---

nen Haar Isoldes, das in Gottfrieds *Tristan* bei der Schönheitsbeschreibung mit der Sonnenmetapher verschwimmt und dabei eine „goldene Aura" kreiert, vgl. Carolin Oster: Die Farben höfischer Körper. Farbattribuierung und höfische Identität in mittelhochdeutschen Artus- und Tristanromanen. Berlin 2014 (LTG. 6), S. 87–89.) Die Formulierung *diu lûter und diu blunde* wird in V. 11990, V. 12492 und V. 13498 noch einmal wiederholt.

1045 So Hoffmann, Dimensionen, S. 367, für die Beschreibung Meliurs nach dem Tabubruch, in deren Kontext die Sprecherinstanz zugleich die Unmittelbarkeit der Rede untergrabe: „Die Beschreibung öffnet sich hier einer Wechselbeziehung mit dem Rezipienten und sie eröffnet einen gemeinsamen Wahrnehmungsraum, wenn sie an die Vorstellung appelliert, die mit dem *wunsche* anfangs und zuletzt den Rahmen bildet und die Grenze der Rede ebenso markiert wie durchbricht." Hoffmann nutzt ebd., S. 372, sogar den Begriff Leerstelle für Meliur, versteht ihn aber weniger rezeptionsästhetisch, sondern bezieht ihn darauf, dass Lucrete versuche, Meliurs fehlende Sichtbarkeit mit dem Aussehen der *niftelîn* zu überschreiben. Stärker auf das Sehbegehren des Rezipienten bezogen, formuliert Strachan, Meliur, S. 110, schon über das erste Erscheinen der Protagonistin: „Konrad creates an aesthetic practice of omission by withholding physical descriptors of Meliur, distracting us with the lavish objects that surround this exotic figure so that the recipient's sexual imagination can run wild."

1046 Mit Iser, Akt des Lesens, S. 284, ist eine Leerstelle als „Besetzbarkeit einer bestimmten Systemstelle im Text durch die Vorstellung des Lesers" zu verstehen, in deren Folge eine intensive Bindung zwischen Rezipienten und ästhetischem Zeugnis entsteht. Deshalb veweist Kemp, Verständlichkeit, S. 313, auf den Begriff *suture* aus der Filmwissenschaft, der „das Zusammennähen von Betrachter und Werk" beschreibt. Dieses rezeptionslenkende Verfahren, in dem die schönste denkbare Frau einerseits kaum beschrieben, andererseits als Wunschvorstellung und diaphane Lichtgestalt deklariert wird, konnte in der Einleitung (vgl. I.3) für Hartmanns von Aue Enite beobachtet werden. Dass mhd. *wunsch* wiederholt im Kontext der Beschreibung des Liebespaars und Schiefdeires verwendet wird, bemerken auch Kellermann und Quander, Lichtspiele, S. 153, und deuten den Ausdruck ebd., S. 154, als Verweis auf das Idealbild, mit dem letztlich „eine Idee von Schönheit" ausgedrükt werde, „die sich nur in der Kunst offenbart".

1047 Auch Huber, Brüchige Figur, S. 292, stellt fest, dass „das reine Strahlen und der blendende Glanz, der von Meliur ausgeht, […] in der Tat das einzige physische Merkmal [ist], das man von ihr erfährt." Auf die Relevanz des Glanzes für die Minneentwicklung weist Winst, Krankheit, S. 193–194, hin. Ausführlicher zu den Lichtmetaphern in der Beschreibung Meliurs nach dem Tabubruch vgl. Kellermann und Quander, Lichtspiele, S. 149.

> Was er [Partonopier, J.M.] sieht, entzieht sich indes der Eindeutigkeit. Der Befund ist zwar erwartungsgemäß sofort klar: Meliur ist überbordend schön. So schön aber, dass ihre Erscheinung in purem Glanz und Strahlen aufgelöst ist. Partonopiers Auge versagt, ist gleichsam überbelichtet, die Schönheit Meliurs in ihrer plötzlichen Über-Offensichtlichkeit ist seinem Blick entzogen. Und mit dem Versagen des Blicks angesichts dieser Erscheinung schwindet auch die Beschreibungskraft des Erzählers, der in metaphorische Topik ausweichen muss.[1048]

Partonopiers Blendung kann mit Runow und Zimmermann dementsprechend als ‚Überbelichtung' beschrieben werden, die seinen Blick erneut trübt, womit deutlich wird, dass anstelle der lang ersehnten Sichtbarkeit nun durch Helligkeit eine weitere Sichtblockade instrumentalisiert ist.[1049] Indem das Sehen weiterhin als unmöglich präsentiert wird, wiederholt sich die Wirkung, die Partonopier schon bei seiner ersten Betrachtung der prächtigen Stadt vom Schiff aus hatte (V. 781–785): Die Schönheit strahlt so sehr, dass er im Hellen kaum mehr sieht als zuvor im Dunklen. Weil Meliur zwar endlich von der blicklenkenden Identifikationsfigur des Romans ausführlich betrachtet, aber ohne *descriptio* textextern nicht gesehen werden kann, bleibt sie auch für den Rezipienten unsichtbar.[1050] Dieser Effekt wird verstärkt, weil nun sogar der Erzähler angesichts ihrer leuchtenden Schönheit kapituliert: *wie möhte ich iu daz wunder / entsliezen allez ûf ein ort, / daz von ir schein? Des wunsches hort / ûz ir antlitze lûhte* (V. 7890–7893). Der Blick des Rezipienten, der erwartungsfroh darauf lauerte, endlich einen (voyeuristischen) Blick auf die schöne Herrscherin zu erhalten – die zum Zeitpunkt des Tabubruchs sogar gänzlich nackt ist[1051] – kann nicht vollends in die intime Kemenate eindringen, seine Sicht wird erneut blockiert, sein Sehbegehren enttäuscht. Der intime Anblick der entblößten Schönheit bleibt ihm verwehrt, weil die Blendung der Sicht des Protagonisten darin resultiert, dass der Rezipient nur kleinste visuelle Anhaltspunkte erhält, die bestenfalls ein fragmentiertes Bild weiblicher Idea-

---

1048 Runow und Zimmermann, Von unsichtbarer Schönheit, S. 181.

1049 Runow und Zimmermann, ebd., S. 182, bemühen zur Beschreibung der Sichtblockade (vermeintliche) Begriffe der Fotografie: „Erst nach und nach – und erst nachdem Partonopier die Zauberlaterne zerstört hat – stellt sich gleichsam ein fotografischer Blendeneffekt ein, der einzelne Elemente von Meliurs schönem Körper erkennen lässt; das ‚ganze' Bild ergibt sich aber weiterhin nicht, voll Sichtbarkeit kann (noch) nicht erreicht werden." Zu einem ähnlichen Schluss kommt auch Virchow, Zauberlicht, S. 530.

1050 Die fließenden Übergänge zwischen übermäßiger Helligkeit und Unbestimmtheit hat Ganz, Medien, S. 18, für Visionsbilder herausgestellt: „Die Visualisierung von Unsichtbarem muss über die Negation der Darstellungsmodalitäten für die äußere Wirklichkeit erfolgen: Vagheit, Unbestimmtheit, Überbelichtung, Wolkigkeit etc. Den Bildern wird dann die Aufgabe zugewiesen, genau diese Differenzqualität auszuspielen und die Vision mit einem Kordon mimetischer Negativität zu umkränzen."

1051 Diese Tatsache hält der Text präsent, indem etwa nach dem Tabubruch geschildert wird, dass Meliur sich *einen mantel härmîn* (V. 8032) überzieht.

lität erzeugen – die verbleibenden Leerstellen muss er mithilfe seiner Imagination eigenständig füllen.[1052]

Obwohl Meliur für den Rezipienten unsichtbar bleibt, gibt es in ihrem Reich Schiefdeire aber plötzlich textintern und textextern viel zu sehen, denn nach dem Tabubruch kontrastiert die Erzählung den vormaligen Mangel an Beobachtungsinstanzen auf der Handlungsebene mit totaler Sichtbarkeit: Massen an neugierigen Mädchen und Frauen strömen am Morgen herbei, um das schamesrote Paar, das seiner illegitimen erotischen Beziehung überführt wurde, im Bett anzusehen (V. 8396–8407). Ab dem Moment des Tabubruchs ist es nicht mehr die Dunkelheit, vor der Partonopier sich fürchten muss, sondern das Licht: Schon nachts wirft er die Zauberlaterne, mit deren Licht er die nackte Meliur betrachtet hatte, gegen die Wand (V. 7921 f.), weil ihr Leuchten seinen Fehltritt offenbart.[1053] Eine Flucht in verschleiernde Dunkelheit ist aber nicht mehr möglich, denn durch die Entdeckung der menschlichen Gestalt der Herrscherin wird nicht nur die Hülle des Geheimnisses durchbrochen, sondern zudem Meliurs besondere Kräfte. Sie verfügt nur so lange über übermenschliche Fähigkeiten, wie ihr erotisches Begehren durch Unsichtbarkeit verborgen wird.[1054] Mit dem Verstoß ihres Liebhabers wird darum der Tagesanbruch zum Problem; die vormals von Dunkelheit verhüllte Liebesbeziehung ist am Hof in Schiefdeire nun vollends einsehbar und gemeinsam mit dem Licht der Sonne dringt die Öffentlichkeit mit *vingerzeigen* (V. 8198) in die Kemenate ein.[1055]

Das Tageslicht bewirkt in mehrfacher Hinsicht das Gegenteil von dem, was der Rezipient erwartet haben könnte: Er selbst sieht immer noch nichts von der entblöß-

---

1052 Anhaltspunkte gibt natürlich die Beschreibung Irekels, der beeindruckend schönen Schwester Meliurs, die unmittelbar auf den Tabubruch folgt, wie Runow und Zimmermann, Von unsichtbarer Schönheit, S. 183, ausführen: „Nur an Irekel und zusammen mit ihr ist die unbeschreibliche Meliur zu messen: Irekel ist die schönste beschreibbare Frau, an ihr werden den Möglichkeiten der Schönheitsbeschreibung bis zum Äußersten ausgereizt. Sie markiert damit aber zugleich auch die Grenze des normalerweise Möglichen, eben jene Grenze, die nur Meliur überschreitet, weswegen deren Schönheit aber auch nicht mehr in die Sprache konkreter *descriptio* zu fassen ist, sondern in die Metapher transzendenten Glanzes übertragen werden muss." Dass im Rahmen der umfassenden Beschreibung Irekels sogar Details wie ihre wohlgeformten *zwô smale[n] brûne[n] brâwen* (V. 8667) erwähnt werden, zeigt eindrücklich, wie sehr die imaginationsleitende Darstellung Meliurs im Vergleich in Länge und Konkretheit reduziert wurde, um die Unsagbarkeit ihrer Schönheit zu verdeutlichen.

1053 Ob das Licht dabei erlischt und die beiden das anschließende Gespräch im Dunkeln führen, lässt sich nicht mit Gewissheit feststellen, aber Meliur spricht im Präteritum über das Licht: Ihre Zauberkunst ist *erleschet von der brunst / der kerzen, diu dô brante / dô mich dîn ouge erkante* (V. 8164–8166).

1054 Interessanterweise ist der Zauber z. B. nicht an die Jungfräulichkeit gekoppelt, wie es etwa Prünhilts übermenschliche Stärke ist. Schon damit wird vielleicht signalisiert, dass *Partonopier und Meliur* eine Geschichte ist, in der die Erwartungshaltungen eines (narrativ geschulten) Rezipienten gebrochen werden.

1055 Die „Lichtregie" (Eming, Emotion, S. 211) des Tageslichts, das in die Kemenate fällt, in der höfische Verhaltensnormen gebrochen wurden, erinnert an Hartmanns von Aue *Erec*: Es scheint, es markierten Sonnenstrahlen im nicht-einsehbaren Intimraum der höfischen Kemenate das Eindringen eines öffentlichen Blicks in die Geheimnisse des herrschaftlichen Schlafgemachs.

ten Schönheit, seinen voyeuristischen Blick kann er nicht über die nackte Frau gleiten lassen, stattdessen aber treten textintern eine Vielzahl an Dritten auf, die intime Einblicke haben, aber für den Rezipienten gerade nicht zu blicklenkenden Assistenzfiguren werden: Die Frauen im Schlafgemach lenken als kollektive Schaugesellschaft den Blick hingegen auf den (wahrscheinlich leicht bekleideten) Protagonisten im Bett und stellen schnell fest, wie überaus attraktiv der Jüngling ist (V. 8510–8557). Die Frauen *sehen* (V. 8511; V. 8531, V. 8554) Partonopier gemeinschaftlich und drücken ihre Begeisterung sogar mit einer rezeptionssteuernden Aufforderung zur Betrachtung des schönen Jungen aus – *nu seht* (V. 8548).[1056] Damit lenken sie aber den Blick von Meliur ab: Obwohl es zahlreiche Beobachterfiguren im intimen Innenraum gibt, die stellvertretend schauen könnten, wird das Sehbegehren des textexternen Rezipienten enttäuscht, weil er kein rezeptionslenkendes Angebot erhält, das die Imagination des begehrenswerten Frauenkörpers anleiten könnte.

Gewiss weiß der Rezipient, dass der Beste und die Schönste immer für einander bestimmt sind und dass Meliur dementsprechend so schön sein muss, wie Partonopier tugendhaft ist.[1057] Doch genauso wie ein Artusroman das Scheitern eines Ritters auf Aventiure niemals für unmöglich erklären kann, spielt die Minnehandlung in *Partonopier und Meliur* mit der latenten Ungewissheit über das Wesen Meliurs, deren dämonische Natur in der ersten Hälfte des Texts nicht ausgeschlossen werden kann.[1058] Es wird deutlich, dass die Beziehung von Partonopier und Meliur (zunächst) von einem fatalen Ungleichgewicht geprägt ist, wie J.-D. Müller ausführt: „Indem die sinnliche Attraktion, auf Gehör und Tastsinn beschränkt ist, bleibt sie auf seiten Partonopiers defizitär. Die Liebe, die nicht sehen darf, erweist sich als anfällig, die Liebe, die nicht gesehen werden darf, als ordnungsstörend."[1059] Die Unsichtbarkeit der Geliebten bedient damit eine ähnliche Funktion wie das einzelne Minnezelt im Freien oder wie ein heimlicher Voyeur im Schlafgemach, der die Intimität zweier Liebender stört: Es wird eine gesellschaftliche Schieflage aufgezeigt, ein Bruch mit der höfischen Norm, der

---

1056 Velten, Visualität, S. 307, versteht *nu seht* „als Aufforderung an das Publikum, zu sehen, was erzählt wird", das auf die „Tradition des rhetorischen ‚Vor-Augen-Stellens'" zurückgehe.

1057 Runow und Zimmermann, Von unsichtbarer Schönheit, S. 180, deuten die Enttarnungsszene darum unter dem Aspekt der Wie-Spannung: „Die basale Logik aller erzählten höfischen Welten, dass nämlich der Beste und die Schönste füreinander bestimmt sind, bleibt auch trotz der auffallenden Leerstelle der mangelnden Sichtbarkeit durchweg intakt. Es herrscht also höchste Spannung angesichts des nun bevorstehenden ersten Blicks auf Meliur. Und doch ist der Logik der Erzählung nach klar, dass in Meliur die schönste Frau der Welt sichtbar werden muss."

1058 So Steffek, Feenwelt, S. 161: „Das Gefühl der Beklemmung vor drohenden überirdischen Mächten zieht sich wie ein roter Faden durch die Geschichte von Partonopier und Meliur. Bezeichnend ist die enge Kopplung des Motivs der numionsen Angst mit Meliur. Fast ausschließlich ist es ihr Wohnsitz, von ihr in Szene gesetzte Handlung (Schiff) und immer wieder sie selbst der Auslöser numinoser Gefühle." Ähnlich Strachan, Meliur, S. 113: „[T]he narrator deliberately withholds any definitive information that might tell us whether Meliur is a monster, demon or malicious fay, and Konrad appears to enjoy the process of denying us the full picture."

1059 Müller, Höfische Kompromisse, S. 285. Ähnlich Rikl, Erzählen, S. 83.

aber zugleich den erzählerischen Reiz dieser Passagen für den textexternen Rezipienten ausmacht.

Denn durch das eingeschränkte Wahrnehmen, das mithilfe der strikten Verweigerung essenzieller imaginationsleitender Informationen erreicht ist, wird die exkludierte Rolle des Rezipienten auf der medialen Schwelle implizit zum Thema gemacht und sein (nicht vorhandener) Einblick in die erzählte Intimität reflektiert. Konrad spielt mit dem Sehbegehren des Rezipienten und zögert die Auflösung seines erotischen Rätsels so lange hinaus, bis der Rezipient womöglich genötigt ist, seine Wahrnehmungsbedürfnisse zu überdenken und zu hinterfragen. Die Erwartungshaltung des Rezipienten und seine „Enthüllungsgier"[1060] wird dabei aber durchweg frustriert[1061], sein Sehbegehren muss unbefriedigt bleiben: Der Reiz der Minnehandlung von *Partonopier und Meliur* liegt im Paradox nicht sehen zu können, aber die Hoffnung nicht aufzugeben, doch noch einen Blick zu erhaschen. Schon die umfassende Popularität des Stoffs deutet darauf hin, dass diese paradoxe Wirkungsästhetik in der folgenden Analyse noch stärker berücksichtigt werden sollte, denn das über tausende Verse aufrecht erhaltene Sichtverbot steigert das Sehbegehren ins fast Unermessliche und ermöglicht damit eine Reflexion des Nicht-Sehens.

3.2.3 Trügerische Spuren: Ein Lehrstück der Imaginationsanleitung

Quintessenz der Minnehandlung bis zum Tabubruch ist, wie Silke Winst ausführt, dass „Minne und Begehren [...] vorrangig über Imagination, nicht über visuelle Wahrnehmung [entstehen]."[1062] Diese Relevanz der Imagination gilt, wie die obige Analyse des Tabubruchs verdeutlicht, nicht nur für Partonopier, sondern auch für den Rezipienten. Im nächsten Analyseschritt soll gezeigt werden, dass die Imagination des Protagonisten dabei einerseits für die Minneentwicklung auf der Handlungsebene bedeutsam ist, andererseits mit der verwirrenden Inszenierung seiner inneren Bilder eine blicklenkende Rezeptionsanleitung einhergeht. Der Roman integriert dazu, wie die nachstehenden Beobachtungen darlegen werden, den imaginativen Blick des Rezipienten,[1063] lässt ihn aber zugleich immer wieder absichtlich ins Leere laufen: Imaginationsanleitungen werden durch Verdunklung sabotiert.

1060 Trînca, Amor conspirator, S. 85.

1061 Lesser, Fiction, S. 96, geht ebenfalls davon aus, dass das Begehren des Protagonisten – und damit des Rezipienten, der sich mit ihm identifiziert – frustriert werden kann. Eco, Das offene Kunstwerk, S. 139, ist sogar der Ansicht, dass „die Kunst aller Zeiten als ein Provozieren bewußt unvollständiger, in unvorhersehbarer Weise unterbrochener Erfahrungen erscheint und so, über die *enttäuschte Erwartung*, unsere natürliche Neigung zur Vervollständigung ansprechen will." [Kursivierung im Original].

1062 Winst, Krankheit, S. 157.

1063 Haiko Wandhoff: Imaginäre Kopfreisen in die Wunderwelt der aventiure, oder: Wenn das Sehen zur Allegorie des Lesens wird. In: Sehen und Sichtbarkeit in der Literatur des deutschen Mittelalters: XXI. Anglo-German Colloquium London 2009. Hrsg. von Ricarda Bauschke, Sebastian Coxon, Martin H. Jones. Berlin 2011, S. 141–159, hier: S. 150, spricht von einem „imaginäre[n] Sehen, das unhintergehbar an Sprache gebunden ist: ein inneres Sehen durch das Okular der Dichtung."

Leerstellen als Rezeptionsanleitungen sind im Werk Konrads von Würzburg nicht ungewöhnlich, denn Unbestimmtheiten leiten zur selbstständigen Imagination an. Christoph Cormeau stellt etwa für die Beschreibung des Zankapfels im *Trojanerkrieg* fest, dass

> [d]er Erzähler [...] nicht eine geschlossene Vorstellung [beschwört], die nur nachzuvollziehen wäre, sondern an markanten Stellen wird sein Text zur Anweisung, einen Vorstellungsakt selbst zu vollziehen. Er formuliert Leerstellen, die der Rezipient erst besetzen muß, er stellt sich auf die gleiche Stufe mit ihm, ihn auffordernd, wie er selbst in das Spiel der Imagination einzutreten.[1064]

Dieser spielerische Umgang mit der Imagination des Rezipienten zeigt sich in *Partonopier und Meliur* in erotischen Andeutungen,[1065] ganz besonders aber trifft dies für Meliurs erstes Erscheinen und die anschließende nächtliche Vereinigung zu, wie Cormeau weiter ausführt: In dieser Szene werde „an das Imaginationsvermögen des Rezipienten [appelliert], der Wahrnehmungen im Dunkeln mit dem Helden nachvollziehen muß"; der Erzähler lenke die Vorstellungstätigkeit „zwar mit seinen Anweisungen, Subjekt der Tätigkeit ist aber der Rezipient."[1066] Indem die Liebesbegegnung nicht genau beschrieben wird, findet sie im doppelten Sinn über mehrere hundert Verse im Dunkeln statt, sodass der Rezipient diese Leerstelle mit eigener Imagination füllen kann.[1067] Lediglich die Materialien des Betts, die zuvor beschrieben wurden, oder der Hinweis auf Meliurs apfelartige Brust dienen als taktile Orientierung,[1068] doch auch sie fügen sich in die (Nicht-)Erfahrung ein: Der Rezipient kann zwar in seiner Imagination angeleitet miterleben, wie die Münder der Liebenden in der Dunkelheit zusam-

1064 Cormeau, Überlegungen, S. 98.

1065 So sieht Cormeau ebd., S. 103, im Vergleich von Meliurs Brust mit einem Apfel eine „Leerstelle, die erst der Leser zur sinnlichen Vorstellung macht".

1066 Ebd., S. 97.

1067 Morsch, Blickwendungen, S. 244, geht davon aus, dass die Rezipienten „im umfassenden Sinne in die Inszenierung des Geschehens verwickelt" werden, indem die dunkle Kemenate als Raum der Unsichtbarkeit „mit der medialen Situation des imaginativen Lesens" spiele. Obst, Der *Partonopier*-Roman, S. 126, argumentiert, dass der Erzähler „das gespannt auf Partonopiers Minneerfolg in Meliurs Bett wartende Publikum durch ein frivoles fragendes Durchspielen der Möglichkeiten Partonopiers" reize. Strachan, Meliur, S. 103, erkennt insbesondere in der Gestaltung Meliurs eine poetische Strategie Konrads: „Konrad von Würzburg delights in leaving things unsaid and creates an aesthetic practice of omission that encourages his recipients to actively fill in the gaps between his verse."

1068 Däumer, Stimme, S. 199, folgert für Hartmanns von Aue *Erec* auf ähnliche Weise, dass der imaginierende Blick des Rezipienten den über kostbare Materialien beschriebenen Sattel Enites abtastet – von einem solchen tastenden Blick der Imagination kann vielleicht auch hier die Rede sein, weil dem Rezipienten vorwiegend materielle Informationen zur Verfügung gestellt werden. Dass Rezipienten sich während des Rezeptionsprozesses durchaus vorstellen, wie sich bestimmtes Material anfühlen könnte, betont Elizabeth D. Harvey: The Portal of Touch. In: The American Historical Review 116,2 (2011) S. 385–400, hier: S. 394. Wenzel, Spiegelungen, S. 125, sieht zudem einen „unmittelbare[n] Zusammenhang von Sehen und Berühren", der sich im „Sehenwollen[.] als Berühren" äußert. Dass dieser Aspekt gerade für die Darstellung der Minneerfahrung in *Partonopier und Meliur* besonders relevant ist, stellt Wandhoff, Der epische Blick, S. 175, heraus.

menfinden (V. 1708) und damit werden gerade so viele taktile und auditive Informationen vorgegeben, dass der Rezipient imaginieren kann, doch wohin ihn diese Imagination genau führt, ist ihm selbst überlassen.[1069]

Leerstellen, die den erotischen Verhüllungsstrategien der höfischen Kultur entsprechen, indem sie Unsagbares wie den Liebesakt mithilfe konventioneller Codes verschleiern,[1070] sind nicht ungewöhnlich. Doch gibt es weitere, für Konrads Roman spezifische Leerstellen, die die individuelle Imagination des Rezipienten anzusprechen scheinen, dabei aber gar nicht unbestimmt sind. Diese anderen Leerstellen lassen den Rezipienten oft orientierungslos zurück, weil der junge Protagonist als Identifikationsfigur fungiert, die den Blick des Rezipienten in der dargestellten Welt lenkt, selbst nichts sehen kann.[1071] Durch die Zurücknahme eines auktorialen Erzählers[1072] ist der

---

1069 So folgert Morsch, Blickwendungen, S. 246: „Die Löschung der Sichtbarkeit, die taktilen und propriozeptiven Informationen funktionieren zweifellos auch als Appelle an Hörer und Leser, sich in die Situation zu versetzen." Ähnlich beschreibt Greulich, Stimme, S. 107, die über taktile Hinweise konzipierte, rezeptionslenkende Wirkung der Vereinigung von Dido und Eneas im *Eneasroman*: „Der Tastsinn wird ebenso angesprochen wie die eigene intime Körperwahrnehmung. Damit wird die körperliche Vereinigung von Dido und Eneas für die Rezeption nach- oder besser: mit-erlebbar. Wesentlich ist dabei, dass der sexuelle Akt hier etwas bleibt, das die Phantasie des Rezipienten leisten muss. Die sexuelle Handlung der Liebesbegegnung der Protagonisten überführt die Erzählerstimme so in eine Erotik der Sprache und der literarischen Kommunikation."

1070 Zu verhüllend-enthüllenden Konventionen der Darstellung von Sexualität in der bildenden Kunst des Mittelalters vgl. Mohnhaupt, Das Ähnliche sehen.

1071 Damit ähnelt die Gestaltung der Wahrnehmung Partonopiers der Funktion des Ohrenzeugen, die in Kapitel 2.3.2 dieser Studie u. a. für Marjodo in Gottfrieds von Straßburg *Tristan* untersucht wurde. Der entscheidende Unterschied ist in Konrads Roman jedoch, dass der Rezipient des *Tristan* bereits bestens über die geheime Liebesbeziehung, die Marjodo belauscht, informiert ist und genau weiß, was der Eindringling im Schlafgemach hören wird. Daraus lässt sich für *Partonopier und Meliur* ableiten: Wenn weder das assistierende Sehen einer dritten Figur, noch das des wahrnehmungslenkenden Protagonisten geschildert wird, ist auch der Rezipient orientierungslos, weil es keine rezeptionslenkende Seh-Hilfe innerhalb der dargestellten Welt gibt.

1072 Schulz, Poetik, S. 95, geht von einem durchgängigen auktorialen Erzähler aus, der aber absichtlich Informationen zurückhält; Meihui Yu: *daz si niht wizzen umb des leben / der in ze vater ist gegeben.* Transzendenter Ursprung und dynastische Genealogie im *Schwanritter*. In: Konrad von Würzburg als Erzähler. Hrsg. von Astrid Lembke, Norbert Kössinger. Oldenburg 2021 (BmE Themenheft. 10), S. 163–188, hier: S. 181, spricht darum von einem rezeptionsseitigen „Informationsrückstand". Gerok-Reiter, Raumverschaltungen, S. 307, allerdings sieht den eingangs präsenten auktorialen Erzähler erst in der dunkeln Kemenate verschwinden; Cormeau, Überlegungen, S. 96, erkennt darin wiederum eine einfühlsame Annäherung des auktorialen Erzählers an den *point of view* des Protagonisten; auch Kellermann und Quander, Lichtspiele, S. 140, finden, dass sich die Erzählinstanz in der anfänglichen Handlung an den Protagonisten anschmiege. Simon, Einführung, S. 125, formuliert treffend: „Der Erzähler versucht das Publikum durch nichts davon zu unterrichten, daß der Held den Zauber durchbrechen wird oder daß der Zauber gar kein böser Zauber ist." Darum versteht er ebd., S. 200, das „Erzählerdirigat" im Rekurs auf die Überlegungen Wolfgang Isers als rezeptionslenkende Strategie. Mit vergleichbaren Überlegungen deutet Kühne, Affekt zum Gefühl, S. 271, diese Gestaltung der Erzählsituation als Rezipientenanweisung: „Immer wieder zieht sich der Erzähler bis zu seinem völligen Verschwinden zurück. Die Reden der Figuren stehen dann unkommentiert nebeneinander. Es bleibt

Rezipient auf die Augen des Protagonisten angewiesen[1073] – wenn dieser jedoch weder sieht, was das Schiff steuert oder wer ihm Essen serviert, noch mit wem er sich das Bett teilt, erfährt die Identifikationsfigur selbst Leerstellen. Genauso wie der Rezipient verfügt Partonopier im Dunkeln lediglich über seine Vorstellungskraft, die ihm hilft, das Nicht-Gesehene innerlich zu visualisieren. Rezipient und Protagonist wissen beide lange Zeit nicht mit Gewissheit, ob das Mädchen in der Kemenate nicht doch ein *ungehiurez bilde* (V. 2033) ist[1074] – Partonopiers Wahrnehmung der dargestellten Welt gibt dem Rezipienten aber konkrete innere Bilder vor.

Eine Lenkung der Imaginationskraft des Rezipienten, die über die Leerstellen-ausfüllende Imagination des Protagonisten vermittelt wird, ist bereits zu finden, als Partonopier sich erstmals die Grauen des Waldes ausmalt.[1075] Indem er in den bedrohlich verdunkelten Situationen wiederholt durch die explizite Artikulation seiner Ängste in Selbstgesprächen und Gedanken vorführt, mit welchen Albträumen sich diese durch den Mangel an brauchbaren visuellen Informationen erzeugten Leerstellen füllen lassen, wird der Rezipient konditioniert, die Leerstellen so zu füllen wie seine Identifikationsfigur. Dessen innere Sicht ist die einzige Sicht, die überhaupt zur Verfügung steht:[1076] In der Darstellung von Partonopiers imaginierten *worst-case*-Szenarien gelingt dem Text damit eine Manipulation des ebenfalls blinden textexternen Beobach-

dem Rezipienten überlassen, sich aus diesen Stimmen eine geordnete Welt zu schaffen. Erschwert wird dies dadurch, dass die Figuren die Situation, vor der sie stehen, immer wieder falsch einschätzen, falsche Affekte entwickeln und sich auch falsch verhalten." Die französische Vorlage hingegen ist, so Armin Schulz: Erzähltheorie in mediävistischer Perspektive. Studienausgabe. 2. Aufl. Berlin 2015, S. 386, „von einem massiv sich selbst inszenierenden Erzähler geprägt", selbiges lässt sich auch für den mittelenglischen Text festhalten, in dem der Erzähler oft massiv interveniert (vgl. Grossweiner, Narratorial Subjectivity, S. 389), sodass sich Konrads Erzähler merklich abhebt. Zur Figur des unglücklich verliebten Erzählers im *Partonopeu de Blois* vgl. Beatrice Trînca: Erzählen oder Lieben im *Partonopeu de Blois*-Roman und in Wolframs *Parzival*. In: Der Tod der Nachtigall. Liebe als Selbstreflexivität von Kunst. Hrsg. von Martin Baisch, ders. Göttingen 2009 (Berliner Mittelalter- und Frühneuzeitforschung. 6), S. 171–188, und Glauch, Zum Problem des unzuverlässigen Erzählers, S. 100 f., die ihn unter dem Aspekt erzählerischer Unzuverlässigkeit beleuchtet.

1073 Vergleichbar sagt Salvan-Renucci, *Du muost mich haben tougen*, S. 163, über die Inszenierung der unheimlichen Begegnungen in Schiefdeire: „So baut Konrad die Steigerung zum Höhepunkt des Unheimlichen hin mit Hilfe von suggestiven Andeutungen auf, wobei er sich seinerseits einer verbindlichen Stellungnahme enthält. Die Einschätzung des Geschehens als Teufelsspuk wird noch in den Schlußzeilen des Abschnitts dem Protagonisten überlassen, der damit das Fazit aus seinen bisherigen Erfahrungen zieht."

1074 So auch Simon, Einführung, S. 126: „Ist die Stadt und auch Meliur teuflisch oder nicht? Dies ist die Frage, die der Leser sich zusammen mit Partonopier stellt." Und genauso Rikl, Erzählen, S. 70: „Ist Meliûr ein teuflisches Wesen oder ist sie es nicht? Daß sie selbst behauptet, es nicht zu sein, muß für den Rezipienten wie auch für den Protagonisten gleichermaßen wenig heißen."

1075 Entscheidend für eine Leerstelle ist nach Iser, Akt des Lesens, S. 314, dass sie trotz ihrer Unbestimmtheit „dem Leser die Bahn einer Erfassungsoperation vorzeichnet" – genauso funktionieren die Leerstellen der Initialaventiure in *Partonopier und Meliur*, die dem Rezipienten kontrolliert durch die subjektive Wahrnehmung des Protagonisten ermöglichen, allerlei Schreckliches zu fantasieren.

1076 Vgl. Rikl, Erzählen, S. 45.

ters, der aufgrund der drastischen Vorstellungen des Protagonisten ähnliche Befürchtungen hegen muss.[1077] Die seltsame Stadt kann auf diese Weise als *zouber* (V. 916), als teuflische Augentäuschung (*goukelfuore*, V. 1059) und als *ein troum / und ein gespenste* (V. 1054 f.) wahrgenommen werden, weil alles darauf hindeutet, *daz von der helle ein bœser geist [...] trîbe da sîn goukelspil* (V. 889–891). Die Frau im Bett ist für Partonopier ein Sukkubus (*tiuvel* in *wîplîche[r] forme*, V. 1275 f.) und kann so angeleitet vom Rezipienten ebenfalls als *ungehiure* (V. 2095) und *gespenste wilde* (V. 2101) imaginiert werden, das *der leide vâlant* (V. 2103) geschickt hat. Damit ist zwar „die Vorstellungsbildung an den Leser übergegangen"[1078], aber diese findet gerade nicht unabhängig statt, denn Partonopiers Interpretationen des Unsichtbaren fungieren als intendierte Rezeptionsanleitungen, die die Imagination des Rezipienten unbemerkt steuern.[1079] Cormeau erkennt in Konrads „Bestreben, die im Text eingefangene Vorstellung detaillierter, sinnlich umfassender auszugestalten", dass „sein Erzähler in höherem Maß Leerstellen frei[gibt] und [...] mehr an Vorstellungsaktivität dem Rezipienten zu [schiebt]."[1080] In Anbetracht der Imaginationsanleitung, die sich in Partonopiers Sicht von der erzählten Welt verbirgt, ist diese Überlegung allerdings nur oberflächlich zutreffend, weil der Rezipient sie durch die subjektive Wahrnehmung des Protagonisten erfährt und somit an dessen verzerrte, innere Bilder als Imaginationsanleitung gebunden ist.[1081]

Diese Manipulation der Imagination funktioniert zunächst mithilfe der Inszenierung von Emotionen, denn dreimal wird die Angst in der Nacht explizit ausgestaltet: In der Wildheit des Waldes, im Aufgeliefert-Sein auf dem Schiff und in der Kemenate des scheinbar menschenleeren Palasts. Jedes Mal erleidet Partonopier auch deshalb

1077 Störmer-Caysa, Schwarze Segel, S. 64, geht ebenfalls davon aus, dass Handlungsabfolgen so gestaltet werden können, „dass der Hörer oder Leser kaum anders kann, als Hypothesen zur Begründung und Bewandtnis dieser Handlungen zu bilden".

1078 Cormeau, Überlegungen, S. 104.

1079 Vgl. Rikl, Erzählen, S. 51.

1080 Cormeau, Überlegungen, S. 99.

1081 Gombrich, Art, S. 227, spricht von Phantomen, die Rezipienten auf Bilder übertragen, um nach Übereinstimmungen zu suchen: „What we called ‚mental set' may be precisely that state of readiness to start projecting, to thrust out the tentacles of phantom colors and phantom images which always flicker around our perceptions. And what we call ‚reading' an image may perhaps be better described as testing it for its potentialities, trying out what fits." Partonopier gibt in seiner Rolle als Identifikationsfigur Phantombilder vor, die ein mögliches Deutungspotenzial der Darstellung aufzeigen. Dass Texte generell kohärenzstiftend rezipiert werden, lässt sich nach Brosch, Literarische Lektüre, S. 106, kognitionspsychologisch nachweisen – es liegt gerade für den ersten Teil von *Partonopier und Meliur* nahe, dass Kohärenzen über die dargebotene Wahrnehmung des Protagonisten geschaffen werden. Ähnlich beschreibt Wenzel, Mediengeschichtliche Dimensionen, S. 42, den kognitiven Prozess des Vor-Augen-Stellens im Fall von Unbestimmtheitsstellen: „Stoßen sinnsuchende Überlegungen auf Irritationen und Störungen und fragen sie dann nach dem Differenten zwischen den Zeichen bzw. zwischen Zeichen und unmittelbarem Kontext, sucht der Wahrnehmende nach möglichen, nach vertrauten Ansatzpunkten, um die Differenzen zu überbrücken." Damit wäre Partonopiers Erleben der Anderwelt der vertraute Ansatzpunkt, der den Rezipierenden hilft, die Störung zu überwinden.

Todesängste, weil er in der Dunkelheit schutzlos höheren Gewalten ausgesetzt ist – im Wald lauern die *würme*,[1082] auf hoher See ist er ein Spielball der Wellen,[1083] in der Kemenate taucht eine vermeintlich teuflische Gestalt auf. Bei Tageslicht macht Partonopier der Wald hingegen keine Angst – die hohen Bäume sind *sîn dach* (V. 523)[1084], die wilden Waldtiere bemerkt er zwar, aber scheint sie im Hellen nicht zu fürchten. Auch als auf dem Schiff der Tag anbricht, inspiziert er beruhigt dessen prunkvolle Ausstattung,[1085] obwohl sich an seiner lebensbedrohlichen Situation zunächst nichts ändert, bis er bemerkt, dass das Schiff auf eine Stadt zusteuert. Jedes Mal aber, wenn er sich im Dunkeln befindet und ihm sämtliche visuellen Anhaltspunkte genommen sind, ist es seine ausgeprägte Vorstellungskraft, die ihm zum Verhängnis wird: Weil er weiß, welche Ungeheuer es in den Wäldern gibt[1086] und dass der Teufel menschliche Gestalt annehmen kann, um sich in der Nacht heimlich an seine Opfer heranzuschleichen,

---

1082 Später wird sogar noch von weiterem gefährlichen Getier berichtetet, das im dichten Ardennenwald lebt, als sich der verzweifelte Partonopier den *serpenten, eber unde swîn, / einhürne, grîfen unde bern* (V. 10482) dort zum Fraß vorwerfen möchte, sein Pferd gegen einen *lewe küene* (V. 10518) kämpft und Irekel *daz pantier und den helfant* (V. 10699) sowie *scorpen unde tigertier* (V. 10705) sieht. Entscheidend für den Beginn des Romans ist aber, dass Partonopier keinem dieser Tiere tatsächlich begegnet und die schlimmen Gefahren des Waldes nur vor seinem inneren Auge sieht.

1083 Die Verse *in lie daz aller meist verzagen, / daz er aleine dâ beleip* (V. 756 f.) sind als Hinweis zu verstehen, dass Partonopier sich am meisten davor fürchtet, sich auf einem Schiff ohne Steuermann zu befinden, vgl. Steffek, Feenwelt, S. 27; Wawer, Tabuisierte Liebe, S. 66. Auffällig ist, dass diese Angst zu verfliegen scheint, als der Tag anbricht (V. 761 f. u. V. 770–775).

1084 Musiol und Winst, Pfirsichbaum, S. 119, verstehen die architektonische Beschreibung des Waldes, der Partonopier vollends umgibt, als ein immersives „Eintauchen in eine ästhetisch wahrnehmbare Umgebung". Bei dem Wort *wongezimber* im vorangehenden Vers 522 handelt es sich allerdings um eine problematische Editionslösung Bartschs, die Runow, Edition, S. 46, als eine Umdeutung des exzipierenden *wan* in der frühneuhochdeutschen Überlieferung versteht: „Batschs Gedanke geht wohl von dem *wan* aus, das wegen einer Ähnlichkeit im folgenden Vers verrutscht sein könnte und zum Ausfall geführt haben mag; seine Rekonstruktion erstreckt sich zudem auf den nächsten Vers: ‚niht ander wongezimber / wan hôhe boume was sîn dach. / ûg den boumen er so sach / egedechsen […]'. Dabei stößt das als Einfall ebenso kongeniale wie im Mittelhochdeutschen höchst seltene Wort *wongezimber* auf. BMZ kennen es nicht, Lexer weist es nur einmal nach, und zwar an genau dieser Stelle. Das Wohnzimmer im Mittelhochdeutschen ist mithin eine Erfindung von Bartsch." Auf die Herausforderungen einer wissenschaftlichen Auseinandersetzung mit diesem 19. Jahrhundert edierten Text, der mit manchmal eigenwilligen Konjekturen von Bartsch versehen wurde, kann in dieser Studie nicht gebührend eingegangen werden; die von Runow als Studienausgabe geplante Neuedition wird hier wahrscheinlich mehr Klarheit schaffen. Zu den Problemen, die mit der der Bartschen Edition einhergehen vgl. auch Lydia Jones: The Residue of History. Quotation Marks and Character Speech in Bartsch's Edition of Konrad's *Partonopier und Meliur*. In: Hybridität und Spiel. Der europäische Liebes- und Abenteuerroman von der Antike zur Frühen Neuzeit. Hrsg. von Martin Baisch, Jutta Eming. Berlin 2013, S. 71–92.

1085 Lediglich Steffek, Feenwelt, S. 27, weist darauf hin, dass der Tagesanbruch auf See Partonopier neue Hoffnung zu bringen scheint.

1086 Die Bedeutung des naturkundlichen Wissens für die Imaginationsanregung im dunkeln Wald betont auch Bleumer, Entzauberung, S. 214. Für Sieber, Verdunkeltes Begehren, S. 89, stellt die Situation im Wald eine Mischung aus negativem Vorwissen und bedrohlichen Nicht-Wissen dar.

lässt er diese Ängste vor seinem inneren Auge real werden, da die Sicht seines äußeren Auges unbrauchbar ist.

Mithilfe der ängstlichen Wahrnehmung Partonopiers wird in der Gestaltung der Initialaventiure und den ersten Tagen in Meliurs zauberhaftem Reich gezeigt, dass es möglich ist, Dinge wahrzunehmen, ohne sie zu sehen.[1087] Denn unheimlich sind weniger seine Erfahrungen, sondern vielmehr seine Verknüpfung des tatsächlich Gegenwärtigen mit dem Imaginierten: Obwohl die Bedrohungen nur in Partonopiers Vorstellung stattfinden,[1088] sind sie so vereinnahmend intensiv, dass sie für ihn körperliche Konsequenzen haben: Ihm wird heiß, er schwitzt, er erstarrt, er wird zum Tier,[1089] er zittert wie Espenlaub (V. 1234), seine Haut färbt sich wie die eines Toten (V. 1249). Für diese physischen Manifestationen imaginierter Horrorszenarien lässt sich mit Winst für *Partonopier und Meliur* folgern: „Sprache, Gedanken und Vorstellungen sind es, die Körperzustände hervorbringen, verändern und beeinflussen."[1090] Vor allem die sich körperlich verändernden Verfassungen des Protagonisten demonstrieren eindrücklich die Macht sprachlich erzeugter innerer Bilder, die sich zwar vor dem geistigen Auge entwickeln, aber äußerlich sichtbare Konsequenzen nach sich ziehen, die dem Rezipienten dann wiederum mit anschaulichen Beschreibungen vermittelt werden können. Es wird deutlich, dass Unsichtbares sowohl physisch Sichtbares als auch Spürbares hervorrufen kann – inner- und außerhalb des Texts gleichermaßen.[1091]

Insbesondere Partonopiers wiederkehrende Angst sorgt beim Rezipienten für einen konstanten Nervenkitzel, denn es ist fast unmöglich, sich im Rezeptionsprozess von den Furcht einflößenden Hirngespinsten Partonopiers zu lösen[1092] – gleichzeitig geht genau davon wahrscheinlich die Faszination des Rezipienten aus, der die Erlebnisse in der fremdartigen Anderwelt Schiefdeires mit Staunen verfolgt. Nicola Gess

---

1087 Haufe, Gestimmter Blick, S. 101, impliziert dies, wenn sie von einer Art emotionalisierter Blicksteuerung ausgeht, die sich damit bemerkbar macht, dass „sich in der Wahrnehmung des den Grafen umgebenden Raumes seine angstvolle Stimmung mit der konkreten räumlichen Beschaffenheit [überlagern]."

1088 Armin Schulz: Spaltungsphantasmen. Erzählen von der „gestörten Mahrtenehe". In: Erzähltechnik und Erzählstrategien in der deutschen Literatur des Mittelalters. Hrsg. von Wolfgang Haubrichs, Eckart Conrad Lutz, Klaus Ridder. Berlin 2004 (Wolfram-Studien. 18), S. 233–262, hier: S. 252, betont ebenfalls, dass es die Bedrohungen des Waldes „nur in der Einbildung Partonopiers" gebe.

1089 Er betritt den glänzenden Palast ‚gaffend wie ein Tier' – interessanterweise lebt er später in Folge seiner Minnekrankheit tatsächlich wie ein behaartes Tier, das auf allen Vieren kriecht und Waldkräuter (fr)isst (V. 11014–11023).

1090 Winst, Krankheit, S. 173.

1091 Schließlich regen Texte in Form innerer Bilder zum Lachen, Weinen, Zittern, Gruseln, Mitfleben an, die als „Unmittelbarkeitserfahrungen" (Kessler, Spurenlesen, S. 151) tatsächlich physisch erlebt werden können, wenn sich der Lesende ganz in die Handlung vertieft. Zum Nachempfinden von Schmerzen und Verletzungen im Rahmen des Rezeptionsprozesses auch Däumer, Stimme, S. 94–97.

1092 Gombrich, Art, S. 228: „Once a projection, a reading, finds anchorage in the image in front of us, it becomes much more difficult to detach it."

und Mireille Schnyder erkennen in den Entdeckerberichten der Neuzeit „eine Rhetorik des Staunens“, in der „der Blick auf das Fremde zu einer Konfrontation mit noch nicht Eingeordnetem, noch nicht kategorisiertem Unbekanntem“ zu Verunsicherung und Verwirrung führen kann, weshalb Staunen immer auch im Kontext mit Zweifel und Furcht zu sehen ist.[1093] Eben diese verwirrende Mischung aus Angst und Staunen lässt sich in *Partonopier und Meliur* beobachten, weil der Protagonist als Identifikationsfigur, durch deren Blick der Rezipient die dargestellte Welt erlebt, ständig zwischen beiden Affekten schwankt und diese Gefühlsregungen die einzig ausführlich dargestellten Anhaltspunkte in der Dunkelheit Schiefdeires sind, die der Rezipient zu imaginieren angewiesen wird.

Während der Erzähler eher zur Verwirrung beiträgt,[1094] leitet vom Ardennenwald bis zu den ersten Tagen und Nächten in Schiefdeire vorwiegend Partonopier den Rezipienten an, wie Leerstellen interpretiert werden können: Er füllt sie mit Inhalten, die ihn selbst und diejenigen, die durch seine Wahrnehmung die dargestellte Welt erleben, dazu verleiten, überall Dämonisches zu sehen.[1095] Diese intendierte Verunsicherung des Rezipienten wird aber nicht nur in der blicklenkenden Figur, sondern auch in den sprachlichen Details des Texts aufgegriffen, die dem Leser oder Hörer die grauenhaften Imaginationen Partonopiers zusätzlich glaubwürdig erscheinen lassen: Wenn im Moment der größten Todesangst Partonopiers bewusst damit gespielt wird, dass der Mensch im dunklen Schlafgemach solange mit den Personalpronomen *er* und *sîn* bezeichnet wird, bis der Protagonist begreift, dass es sich um eine Frau handeln muss, wird der Rezipient absichtlich in Unwissenheit gelassen[1096] und Partonopiers

---

1093 Nicola Gess und Mireille Schnyder: Staunen als Grenzphänomen. Eine Einführung. In: Staunen als Grenzphänomen. Hrsg. von dens., Hugues Marchal [u. a.]. Paderborn 2017 (Poetik und Ästhetik des Staunens. 1), S. 7–17, hier: S. 8.

1094 Als die wildgewordenen Hunde erneut in den Wald hineinlaufen, heißt es etwa: *waz touc nu mêr ze sagenne?* (V. 422), womit kurz impliziert wird, dass diese Reaktion der Tiere zu banal ist, um davon zu erzählen, wie Rikl, Erzählen, S. 33, diesen Vers deutet.

1095 So schreibt Eming, Verunsicherung, S. 208, für Partonopiers erste Erkundungen in der menschleeren Stadt, dass „[d]ie Rede vom *goukelspil* […] Wissensordnungen der *imaginatio*“ aufrufe. Die *imaginatio* sei so für die Erzeugung von Bildern zuständig, weil sie „als eine Schnittstelle zwischen inneren und äußeren Vorgängen [fungiert]: Indem sie sensorische Stimulanzen aufnimmt und in innere Bilder verwandelt, schafft die Imagination bildliche Konfigurationen, welche von Phänomenen in der Realität abweichen können – einschließlich Phänomenen des Wunderbaren. Weil die Bilder potenziell sowohl wirkliche als auch vermeintliche, ‚äußere‘ und ‚innere‘ Vorgänge repräsentieren, können sie auch täuschen. Die Imagination ist für Unverfügbares empfänglich, gerade dadurch aber auch störanfällig. Dies macht sie zum Medium einerseits für göttliche Eingebungen, die sich in Prophetien und Träumen äußern, andererseits für Einflüsterungen von Dämonen, die illusionäre Welten schaffen können.“

1096 So schon Obst, Der *Partonopier*-Roman, S. 173: „Je länger die Frage, ob Partonopier etwa eine Begegnung mit dem Teufel hat, auch für das Publikum offenbleibt, desto erregender wird das Spiel mit dem Grauen. Konrad nützt die Gelegenheit, in diesem Spiel seine Vorlage zu überbieten.“ Damit sei der deutsche sehr viel mehr auf Irreführung der Rezipienten und Spannungserzeugung angelegt als der französische Text, wie er ebd., S. 223, weiter feststellt. Dass Pronomen durchaus intendiert zur Verwir-

Angst, dass er von einem teuflischen Wesen heimgesucht wird, erscheint nachvollziehbar. Auch die rhetorische Frage *waz solt er anders hân gedâht, / wan daz der tiuvel wære komen / und in dâ wolte hân genomen?* (V. 1240–1242) trägt dazu bei.[1097] Dass Meliur die Kemenate schleichend betritt, ist ebenfalls höchst verdächtig, weil vor allem der Teufel auf diese Weise *tougen als ein diep* (V. 1290) in der Nacht agiert.[1098] Zur weiteren Verunsicherung gehört außerdem, dass dem jungen Grafen nach der ersten Liebesnacht in Schiefdeire – in der Meliur ihre Menschlichkeit inständig beteuert – zur Erkundung des Lands explizit kein schneeweißes Pferd zur Verfügung gestellt wird, sondern eines *noch swerzer dan ein kol* (V. 2256), was Partonopier *griuwelich* (V. 2259) findet und sich fragt, ob der Teufel ihm dieses Pferd geschickt habe (V. 2262–2267). Am Morgen darauf, als er Meliur nachts erzählt hat, dass er die kommende Zeit in Schiefdeire mit Jagen verbringen möchte, entdeckt er die Hunde, die die Herrscherin ihm dafür zur Verfügung stellt:

> mit einer swarzen varwe
> bedecket was ir aller vel:
> dâ von der juncherre snel
> begunde erschricken aber dô.
> daz si gebrûnet wâren sô,
> daz misseviel im sêre. (V. 2640–2645)

Diese Tiere sind ebenfalls so schwarz, dass Partonopier sie äußerst unheimlich findet. Indem der Text zweimal suggeriert, dass Meliur ausschließlich schwarze Wesen besitzt und der Protagonist die „Dämonenfarbe"[1099] der Tiere selbst nach drei Liebesnächten immer noch Furcht einflößend findet, zeigt, dass die potenzielle Gefahr, mit dem Teuflischen in Kontakt geraten zu sein, wohl noch nicht gebannt wurde. Während sich Partonopier langsam an die latente Ungewissheit zu gewöhnen scheint und

---

rung der Geschlechtswahrnehmung eingesetzt werden können, zeigt der französische *Roman de Silence* aus der ersten Hälfte des 13. Jahrhunderts, in dem die als Mann erzogene Protagonistin mit männlichem Personalpronomen bezeichnet wird. Auch später, etwa im *Borte* Dietrichs von der Glezze, lässt sich ein fluider Gebrauch von Pronomina beobachten. Konrad präsentiert in seinem Roman immer wieder, dass er auf solche sprachlichen Details achtet: So wird Partonopier z. B. erst als Ritter bezeichnet, nachdem Meliur ihm bei der offiziellen Zeremonie das Schwert umgegürtet hat (V. 12611).

1097 Däumer, Stimme, S. 180–181, der Fragen „nicht als rhetorisch-textuell, sondern als Teil der performativen Spannungserzeugung" verstanden wissen will, stellt anhand dieses Einschubs fest, dass „sich mittels der Frage die Unsicherheit des Protagonisten auf den Zuhörer" übertrage und sie darum als „eine performative Technik, die eine illusionistische emotionale Teilhabe am Geschehen bewirkt", zu deuten sei.

1098 Dunkelheit und Nacht sind im christlichen Mittelalter zusätzlich direkt mit Teuflischem verknüpft wie Schanze, Schatten, S. 189, darlegt: „So wurden das Licht und die Helligkeit mit dem Göttlich-Guten, die Dunkelheit als Abwesenheit des Lichts mit dem Teuflisch-Bösen assoziierbar, was insbesondere an der Figur Luzifers, dem gefallenen Engel, der einmal ein ‚Lichtbringer' war, deutlich wird. Die Schatten der Nacht werden damit zum Raum des Bösen und Unheilbringenden."

1099 Schulz, Eherechtsdiskurse, S. 106.

zwei der schwarzen *winde* seine dauerhaften Gefährten werden (V. 2669 f.),[1100] bleibt diese allerdings für den Rezipienten bestehen.[1101]

Weil der Protagonist trotz Traurigkeit darüber, seine Geliebte nicht sehen zu dürfen, weiß, wie glücklich er sich schätzen kann[1102] und nach den ersten Tagen in Schiefdeire darum keine weiteren dämonischen Grauen imaginiert, sind im weiteren Verlauf der Handlung andere Figuren dafür zuständig, die Unsicherheit des Rezipienten zu schüren und Bilder von Angst und Schrecken in dessen Imagination einzupflanzen. In dem Moment nämlich, als die Ungewissheit über Meliurs menschliche oder teuflische Natur in der Handlung fast vollständig in den Hintergrund gedrängt wurde, beginnen Partonopiers Mutter und der Erzbischof von Paris, die bedrohliche Imagination des Rezipienten erneut anzufachen. Während seines ersten Heimatbesuchs in Frankreich kann der junge Graf seine Sehnsucht nicht verheimlichen, sodass seine Mutter schnell erkennt, dass ihr Sohn verliebt ist und nach seinem Eingeständnis fragt, wie seine Minnedame aussieht: ‚*wie stêt ez umbe ir hôhez leben? / ist ir ein schœner lîp gegeben / und ein antlize wünnesam?*‘ (V. 6721–6723). Partonopiers Antwort fällt für Lucrete schockierend aus: ‚*frowe, ine weiz, wan ich vernam / nie von ir schônheite niht. / ir antlitz unde ir angesiht / mir beide fremde worden sint.*‘ (V. 6724–6727). Nachdem sie erfahren hat, dass Partonopier seine mächtige Geliebte, die ihn mit unendlichem Reichtum für die Schlachten gegen die ‚heidnischen‘ Krieger ausgestattet hat, noch nie gesehen hat und er sie auch weiterhin nicht betrachten darf (‚*dâ muoz ich / beid offen unde tougen / si mîden mit den ougen, / wan ich getar si niht gesehen.[‘]* V. 6732–6735), ist sie voller Sorge, obwohl sie sich dies vor ihrem Sohn nicht anmerken lässt (V. 6789–6803). Erschüttert reist sie zum König von Kärlingen, dem sie die Situa-

1100 Die Hunde werden allerdings nicht als ungefährlich erklärt: Der Gewöhnungseffekt kann gerade nicht damit gleichgesetzt werden, dass sich monströse Wesen in mittelalterlichen Texten, die nach dem Schema der ‚gestörten Mahrtenehe‘ erzählen, üblicherweise „rasch als weitgehend harmlos heraus[stellen]“, wie Schulz, Spaltungsphantasmen, S. 236, annimmt. Stattdessen scheint Konrads Roman mit der Implikation zu spielen, dass sich der Protagonist zu sehr mit den Teuflischen einlässt.

1101 Ähnlich Rikl, Erzählen, S. 82: „Den Teufelsprojektionen wird mit der verborgenen Seite der Figur [Meliurs, J. M.] ein weiter, imaginativer Raum überlassen, auf dem sie im Rezeptionsprozeß ankern können. Diese verborgene Seite besteht also nicht nur aus dem von Meliûr selbst angewandten Zauber, sondern auch in dem Modus des (Nicht-)Erzählens von dieser verborgenen Seite.“

1102 Das erste Jahr in Schiefdeire verbringt Partonopier in *hôher wunne* (V. 2684), auch deshalb, weil Meliur sich als ideale Liebhaberin präsentiert, obwohl er sie nicht sehen kann:

> si gab im alle wollust,
> der lîp von lîbe wirt gewert.
> anders niht het er begert,
> wan daz er hæte si gesehen.
> doch mohte er grœzer sælden jehen,
> swie sîn ouge ir sæhe niht,
> danne ein man, der dicke siht
> sîn herzen liep und er dâ hât
> von im ze fröuden keinen rât. (V. 2702–2710)

tion, in der sich Partonopier befindet, ihrer Interpretation nach darlegt: *ein tiufel zuo zim drinne kam, / zuo dem er sich vil nâhen smouc. / in wîbes forme er in betrouc* (V. 6828–6830). Damit artikuliert und reaktiviert Lucrete genau jene Befürchtungen, die der Protagonist anfangs hegen muss und ruft die Gefahr, in der Partonopier sich befinden könnte, für den Rezipienten in Erinnerung. Die besorgte Mutter ist von ihrer Deutung der Lage absolut überzeugt: *daz weiz ich âne lougen, / daz in der tiufel triuget* (V. 6840 f.). Sie versucht darum anschließend, ihren Sohn mit der schönen *niftelîn* (V. 6862) des Königs von Kärlingen zu vermählen, indem sie ihm einen Minnetrank verabreicht (V. 6884–6898). Der Plan geht nicht auf, weil Partonopiers Liebe stärker ist als der Zaubertrank seiner Mutter (V. 7085–7087). Er kehrt zu Meliur zurück, beichtet ihr von seinem Fehler, seiner Mutter von ihr erzählt zu haben – aber kommt ein halbes Jahr später (V. 7302) wieder nach Frankreich, obwohl Meliur ihn vor den Absichten seiner Mutter warnt (V. 7320 f.).

Lucrete hat immer noch große Angst um ihren Sohn: *Ir angest was daz aller meist, / daz ez wære ein übel geist, / der ir sun mit zouber trüge / und in mit wîbes bilde züge / an sîne valsche minne* (V. 7467–7471). Sie wendet sich deshalb an den Erzbischof von Paris, der in ihrem Auftrag dem Liebenden solche Zweifel einsähen soll, dass er Meliurs Sichttabu zu brechen bereit ist. Im Gespräch mit Partonopier führt der Erzbischof darum aus, wie sich Partonopiers Seele in der Hölle unansehnlich verfärben würde (V. 7582 f.). Er berichtet vom blutigen Angstschweiß (V. 7589), den jener Narr ausstößt, der kein gottesfürchtiges Leben führte, er spricht von Schlangen, die mit ihrem giftigen Stachel Seelen durchstechen (V. 7593–7597), von der Abwesenheit jeglichen Lichts (V. 7598 f.), von *vinsternisse*, die mit Händen greifbar ist (V. 7600 f.), von brodelnden Gewässern (V. 7606 f.), von Feuer, Schmerzen, Schreien (V. 7610), unerträglichen Qualen, Schwefel und Pech. Zum Schluss versichert er, was dem Sünder bevorsteht: Er wird *[‚]liden iemer gotes zorn / und êweclîche sîn verlorn‘* (V. 7645 f.). Der Bischof rekurriert mit diesen Schilderungen auf etablierte Höllenbilder, wie Jutta Eming herausstellt:

> Der Erzbischof spielt auf der Klaviatur eines religiös fundierten Angstdiskurses, der im Glauben an die Relation von diesseitiger Schuld und jenseitiger Sühne gründet. Indem er die körperlichen Qualen der Hölle in den lebhaftesten Farben ausmalt, weckt er Ängste und stimuliert Phantasien, für deren Verbreitung im Mittelalter die Literatur der Jenseitsvisionen vielfältige Belege gibt.[1103]

Es kann also vermutet werden, dass diese Art der Vermittlung sowohl für Partonopier als auch für den zeitgenössischen Rezipienten nicht neu ist, sodass der Geistliche vielmehr Erinnerungen weckt als neue Vorstellungen evoziert.[1104] Vielleicht versetzen das

---

1103 Eming, Emotion, S. 199.

1104 Ein solches Rekapitulieren bereits bekannter Bilder findet zudem auf der Rezeptionsebene statt: Die Leerstellen, die anfangs mit Schreckensvisionen gefüllt werden, verändern sich während der fortschreitenden Minnehandlung, wenn klar wird, dass Partonopier in Schiefdeire ein glückliches Leben führt. Iser, Akt des Lesens, S. 315, nennt solche sich im Laufe des Leseprozesses verändernden, aber bischöfliche *entsliezen und engründen* (V. 7641) der Verführungskünste des Teufels und die eindrücklich visuellen Ausschmückungen der Höllenqualen den jungen Adligen gerade aufgrund ihrer kulturellen Vertrautheit *in alsô grimme vorhte viel* (V. 7649), dass er zu beichten bereit ist.[1105] Er gesteht seine heimliche Beziehung zu Meliur, die ihn, so impliziert er nun, mit Reichtum und dem *minne spil* (V. 7683) lockte,[1106] sich aber *als ein ungesihtic wîp* (V. 7687) stets vor ihm verbarg. Partonopiers Angst, dass er von einem *geist* (V. 7698) betrogen wurde, kehrt angesichts der detailliert geschilderten Höllenqualen zurück. Der Bischof weiß Rat und empfiehlt Partonopier, *daz ir gesehen mügent die / frouwen und daz selbe wîp, / diu mit ir goukel iu den lîp / und die sinne hât benomen* (V. 7732–7735). Um sein Seelenheil zu retten, nimmt der Junge diesen Ratschlag an und lässt sich nun bereitwillig von seiner Mutter helfen, die ihm eine Zauberlaterne mitgibt, mit der er Meliurs Körper betrachten und endlich Gewissheit erlangen will, ob sie menschlichen oder teuflischen Ursprungs ist.

Weil der Bischof auf aus der christlichen Erziehung bekannte Vorstellungen rekurriert, darf er sich sicher sein, die schlimmsten vorstellbaren Bilder in der Imagination Partonopiers zu kreieren. Genauso wie bei Partonopier kann die Vorstellungskraft des Rezipienten ebenfalls auf diese Höllenszenarien reagieren[1107] – einerseits, weil dieser vermutlich von ähnlichen dogmatischen Lehren in Text und Bild geprägt ist, andererseits weil der Bischof sich solch große Mühe mit seinen drastisch bildlichen Schilderungen gibt. Diese Evokation von Panik sorgt damit vielleicht auch beim Rezipienten für Schaudern und manipuliert ihn so, dass er nun ebenfalls (wieder) an der Menschlichkeit Meliurs zu zweifeln beginnt. Damit demonstriert auch die Figur des Bischofs die Macht von Sprache, die eindrückliche Bilder erzeugen kann: Durch eine möglichst detailreiche Schilderung, möglichst konkrete Beschreibung und den Einbezug möglichst vieler Sinneseindrücke wie Fühlen, Hören, Riechen entsteht ein multisensorisch imaginiertes Höllenbild,[1108] das so intensiv wirkt, dass sich Partonopier ihm nicht entziehen kann.

---

sich weiterhin aufeinander beziehenden Überlagerungen bestimmter Leerstellenbesetzungen „Vorstellungsketten". Die Zurücknahme der positiven Leerstellenbesetzung mithilfe der Äußerungen Lucretes und des Bischofs bewirkt allerdings, dass die anfänglichen Horrorszenarien erneut ins Bewusstsein gerufen werden und die Leerstellen in der Imagination der Rezipierenden weiterhin stark changieren.

1105 Für Meyer, Wilde Fee, S. 113, entstehen Partonopiers Furcht und seine Abwendung von Meliur „ohne weitere Begründung"; doch vor dem Hintergrund der Tatsache, dass er noch nicht weiß, dass Meliur die byzantinische Herrscherin ist und die Höllenbilder des Geistlichen auf seine teuflischen Imaginationen aus der Initialaventiure rekurrieren, ist nachvollziehbar, warum diese Partonopiers anfängliche Angst erneut aufleben lassen.

1106 Eming, Geliebte, S. 58, ist – wie der hier beichtende Partonopier – der Ansicht, das Meliur ihre Erotik anfangs als „Druckmittel" einsetzt.

1107 Dieses fortwährende „Reizen der Höllenangst" ist eine Erweiterung Konrads, vgl. Obst, Der *Partonopier*-Roman, S. 167.

1108 Die Implikation von Schwefelgeruch suggeriert Gestank. Wenzel, Hören und Sehen, S. 176, zufolge ist Duft im höfischen Kontext „ein olfaktorisches Zeichen, das eine Wertung signalisiert", sodass

In der Zusammenschau der Episoden, in denen die Imagination des Rezipienten aufgrund mangelnder oder mehrdeutiger Informationen von der figurengelenkten Interpretation der Sichtblockaden abhängig ist, zeigt sich, wie bedeutsam die Inszenierung imaginationslenkender Hinweise für das Verständnis von *Partonopier und Meliur* ist. Diese Andeutungsstrukturen präsentieren sich als Hinweise im Text, die wiederholt Wahrnehmung und Imagination in Richtung des Teuflischen steuern. Überhaupt scheint die Handlung im Ardennenwald und in Schiefdeire von Beginn an von Hinweisstrukturen geprägt zu sein: Es gibt die tatsächlichen Spuren, die in den Jagd-Kontext passen – wie die Spur des schäumenden Ebers, die Partonopier verfolgt –, sowie Hinweise, die wie das Schiff ohne Fährmann darauf verweisen, dass übernatürliche Kräfte am Werk sind und Partonopiers Weg vorherbestimmen.[1109] Indem sich der Junge über die dargestellten Ungereimtheiten wundert und versucht, sie basierend auf seinem christlichen, kulturell konditionierten Wissen zu deuten, agiert er wie ein Spurenleser nach der Definition von Nora Hannah Kessler:

> Beim Spurenlesen handelt es sich um eine bewusste, zumindest aber bewusstseinsfähige und dabei vor allem reflektier- und kontrollierbare Technik, die es erlaubt, aus dem sinnlich Gegebenen Rückschlüsse auf eine selbst nicht zugängliche Tiefenschicht der Wirklichkeit zu ziehen.[1110]

Partonopier erfährt den Ardennenwald, das Schiff, die menschenleere Stadt und den prächtigen Palast von Schiefdeire sowie die dunkle Kemenate mit unterschiedlichen Sinnen und setzt die wahrgenommenen Spuren seinem Verständnis nach zu einem Bild des Dämonischen zusammen, dem er sich zunächst nicht entziehen kann.[1111] Ein Fokus auf solche Spuren und ihre imaginationslenkende Wirkung auf den Rezipienten ist für *Partonopier und Meliur* auch deshalb bedeutsam, weil Spuren stets untrennbar mit Unsichtbarkeit verbunden sind:

> Denn wenn eine Spur auch nicht in jedem Fall auf etwas verweist, das bereits irreduzibel vergangen ist, dann verweist die Spur aber in jedem Fall auf etwas, das selbst nicht (mehr) *sichtbar* ist. Sichtbar ist allein der Gegenstand, der als Spur erkannt wird, sei dies eine Fährte, die Stimme eines Sprechers oder Gegenstände [...].[1112]

---

mit solchen Verweisen ein Höllenbild entworfen wird, dessen sinnlich-abschreckende Wirkung sowohl für den Protagonisten als auch den Rezipienten nachvollziehbar wird.

1109 Dass der Spur-Begriff so weit gefasst werden kann, implizieren die Überlegungen von Lechtermann, Sichtbarkeit von Spuren, S. 47.

1110 Kessler, Spurenlesen, S. 89.

1111 Das liegt auch daran, dass ein Spurenleser nach Kessler, ebd., S. 214, keine Option hat, die Korrektheit seiner Annahmen zu bestätigen: „Ob es sich also um Verschwörungstheorien, um paranoiden Verfolgungswahn oder um das ganz ‚normale' Spurenlesen handelt – der Spurenleser hat *keine* Möglichkeit über die Richtigkeit seiner Lesart allein aufgrund der Spurenlage zu entscheiden." [Kursivierung im Original].

1112 Kessler, ebd., S. 35. Dies wird für sie ebd., S. 33, besonders am Beispiel eines Jägers deutlich, denn dieser „liest Spuren, weil er das Wild *nicht direkt* beobachten kann" und das, „was als Ursache der Spur in Frage kommt, bereits vergangen zu sein [scheint]." [Kursivierungen jeweils im Original].

Da Meliur sowohl für ihren Geliebten als auch den Rezipienten nicht sichtbar ist, bleiben einzig Spuren – das, was Partonopier tagsüber in Schiefdeire sehen kann und das, was er nachts hören und fühlen kann – zur Orientierung. Zugleich fungieren die Leerstellen und das Nicht-Gesehene als weitere Spuren.[1113] All diese Hinweise deutet Partonopier zunächst als unverkennbare Zeichen einer teuflischen Macht – nach Meliurs Erläuterungen, die sie als vorbildliche christliche Herrscherin offenbaren, weisen die Indizien hingegen in Richtung einer feenhaften Gestalt, die mit Zauberei Unsichtbarkeit aus christlich und höfisch vertretbaren Gründen erzeugt. Widersprüche wie das Sichttabu bei gleichzeitig ausgelebter Sexualität und das menschenleere Reich der Geliebten irritieren Partonopier nicht länger, nachdem er von Meliur erfahren hat, dass dabei keine teuflischen Mächte am Werk sind. Das Gespräch mit dem Bischof allerdings deklariert eben diese Ungereimtheiten wieder als Spuren des Dämonischen und es scheint plötzlich, als sei Partonopiers erste Lesart der Hinweise möglicherweise doch die richtige gewesen. Im Schwanken Partonopiers, der die Spuren im Lauf der Handlung unterschiedlich bewertet, wird deutlich, wie willkürlich Interpretationen von Spuren ausfallen können:

> Was eine Spur bedeutet ist vielmehr abhängig von Kontext, Perspektive und Fragestellung des Spurenlesers. So kann ein und derselbe Gegenstand in verschiedenen Situationen als Spur jeweils Verschiedenes bedeuten und was er dabei bedeutet, hängt [...] nur zum kleinsten Teil von dem Gegenstand selbst ab.[1114]

Nicht die Spuren selbst, sondern ihre vorab festgelegte Lektüre – also die Erwartungshaltung des Lesers – bestimmt, wie sie gelesen werden:[1115] Der verirrte Jüngling im Wald deutet alle Spuren als Hinweis auf seinen baldigen Tod durch eine teuflische Macht, rückblickend akzeptiert er, der mittlerweile zum Liebhaber einer mächtigen, zauberkundigen Herrscherin geworden ist, sie lediglich als Wegweiser, die ihn zu sei-

1113 Kessler, Spurenlesen, S. 39: „Denn schon der paradigmatische Fall einer Fußspur zeigt, dass das, was eine Spur ist, eigentlich nicht so sehr das Material betrifft, sondern vielmehr die Leerstelle, die im oder am Material hinterlassen wurde. Ganz zu schweigen von Fällen, in denen gerade das Fehlen eines Gegenstandes zur Spur wird."

1114 Kessler, ebd., S. 52–53.

1115 Vgl. Baisch, Seitensprünge, S. 20. Besonders nachvollziehbar wird das potenzielle Falschlesen von Spuren anhand der Figur des Jägers in Gottfrieds *Tristan*, der auf der Suche nach dem weißen Hirsch den Wald in der Nähe der Minnegrotte durchstreift. Er befindet sich *reht ûf dem spor* (V. 17346) des wundersamen Tiers und erkennt die Spuren Tristans und Isoldes im Tau aufgrund seiner Voreingenommenheit nicht als solche: Er glaubt, *ez wære niwan des hirzes trat* (V. 17427). Vergleichbare Überlegungen der kognitiven Neurowissenschaft finden auch Eingang in der Wahrnehmung von Bildern wie Dario Gamboni: Ambiguität in der Kunst: Bildtheorie und Interpretationsverfahren. In: Ambiguität in der Kunst. Typen und Funktionen eines ästhetischen Paradigmas. Hrsg. von Katharina Jesberger, Verena Krieger. Köln 2010 (Kunst – Geschichte – Gegenwart. 1), S. 209–224, hier: S. 209, deutlich macht: „Die Ambiguität der Bilder beruht auf Eigenschaften der Sinneswahrnehmung im Bereich des Sehens. Tatsächlich besteht die Wahrnehmung nicht in einer passiven Aufnahme von Reizen, sondern in ihrer Auswahl, ihrem Abgleich mit Gedächtnisinhalten, ihrer Organisation und Interpretation."

ner Minnedame führten. Nach dem Gespräch mit dem Erzbischof interpretiert er die Indizien aber wieder um und wiederholt die Imagination der anfänglichen Horrorszenarien. Spuren also, so führt Kessler weiter aus,

> [...] werden nicht einfach gefunden und geben *dann* Anlass zu einer Hypothese oder Lesart, sondern umgekehrt: Es werden *zuerst* Lesarten der vorgefallenen Ereignisse entworfen, und nur die Gegenstände, die mit dieser Lesart in Übereinstimmung gebracht werden können, werden *dann* tatsächlich als Spuren begriffen.[1116]

Die Figuren in *Partonopier und Meliur* präsentieren genau solche voreingenommenen Lesarten: Todesangst und christliche Lehre fungieren als Filter, die eine bestimmte Deutung der Indizien und Unbestimmtheitsstellen vorgeben. Denn eine Spur „wird im Bild wirksam als unsichtbares, durch zahlreiche Vor-Bilder produziertes Wissen, das es, wie immer einzigartig es erscheinen und tatsächlich sein mag, zu einer Reihe anderer Zeichen ins Verhältnis setzt.“[1117] Um eine Spur lesen zu können, bedarf es also einer Lektüreanleitung, mit deren Hilfe diese erkannt und betrachtet werden kann. Aufgrund der Sichtblockaden, die essenzielle Informationen zur Imagination systematisch unmöglich machen, und der Zurückhaltung des Erzählers ist der Rezipient maßgeblich auf die interpretierende Lesehilfe der textinternen Figuren angewiesen.

Diese Art des Texts „eine Spur zu legen, einen Weg zu weisen, eine Haltung zu fordern“ könnte mit Horst Wenzel als Deixis bezeichnet werden, die „adressierend und appellativ“[1118] ist, weil gerade eine Spur „ganz wesentlich auf etwas anderes verweist, als sich selbst.“[1119] Entscheidend ist aber in *Partonopier und Meliur* weniger die deiktische Verweisstruktur – die selten eindeutig und offensichtlich genug ist, – sondern dass die Interpretation der Spuren für Partonopier und den Rezipienten Hand in Hand abläuft und sie damit zu vergleichbaren (Fehl-)Schlüssen führen kann. Denn die Bedeutung einer Spur „drängt sich nicht auf, teilt sich nicht einfach mit und ist auch nicht direkt ablesbar. Spuren sind vielmehr grundsätzlich *nicht selbstevident.*“[1120] Aber weil Partonopier entsprechend seinem christlichen Wissen und seiner dogmatischen Weltsicht[1121] Leerstellen vervollständigt und Spuren interpretiert, ist der textexterne Beobachter, dessen Blick hauptsächlich durch die textinterne Figur gesteuert wird,

1116 Kessler, Spurenlesen, S. 53 [Kursivierung im Original].
1117 Weingart, Bildspur, S. 234–235.
1118 Wenzel, Schuß, S. 148.
1119 Kessler, Spurenlesen, S. 56.
1120 Ebd., S. 43 [Kursivierung im Original].
1121 Zu dieser gehört auch, dass die mittelalterlichen Sinne der Wahrnehmung nicht als vertrauenswürdig eingestuft wurden (vgl. Gumbrecht, Erudite Fascinations, S. 9), was Partonopier das Erlebte vielleicht noch schneller infrage stellen lässt.

letztlich ebenfalls voreingenommen und könnte Hinweise und Indizien unheimlicher Übernatürlichkeit als Beweis dafür lesen, dass Meliur dämonischen Ursprungs ist.[1122]

Die Relevanz des interpretierenden Spurenlesens für die Handlung eröffnet einen neuen Blick auf die rezeptionsspezifische Imaginationsanleitung innerhalb des Romans: Als talentierter Jäger ist Partonopier es gewohnt, Spuren zu lesen und zu interpretieren – gerade wenn sich seine Sicht als unbrauchbar erweist, ist er auf diese Kompetenz angewiesen: „Sieht man [...] nur Spuren, aber kein ‚etwas' [das die Spuren hinterlassen hat, J. M.], so ist die Aufgabe mehrfach: Die Spuren müssen einem ‚etwas' zugeordnet werden. Wie aber kann man/ Mann gewiß sein, um welches ‚etwas' es geht?"[1123] In Partonopiers Fall fällt die Antwort anfangs eindeutig aus: Seine christliche Prägung lässt ihn in allen Hinweisen Teufelswerk erkennen. Im Verlauf der Handlung stellt sich allerdings heraus, dass die Imaginationen der Figuren und ihre Interpretation von Spuren trügerisch sind – sie zeigen immer wieder konditionierte, pejorative Sichtweisen, die das Unsichtbare zu überwinden versuchen, sich dabei aber als falsch entpuppen: Meliur ist menschlich und spätestens nach dem Tabubruch wird für den Rezipienten eindrücklich klar, dass durch Worte vermittelte, imaginierte Bilder nicht über den angenommenen Wahrheitsanspruch verfügen, sondern hochgradig ästhetische Konstrukte sind, die Wahrnehmung (absichtlich) manipulieren.

Diese ausgestellte Falschheit sprachlich erzeugter innerer Bilder zeigt sich in der weiteren Handlung etwa daran, dass Partonopiers pessimistische Imaginationen, nachdem er von Meliur des Lands verwiesen wurde, im Zug seiner minnekranken Selbstgespräche an Absurdität zunehmen:

> sît nu die besten alle
> verderbent von dem tôde sûr,
> sô weiz ich wol, daz Meliûr
> verdorben ist, diu reine fruht.
> ir schœne, ir adel unde ir zuht
> wâren alsô manecslaht,
> daz si der tôt mit sîner maht
> lie niht leben lange frist.
> Irekel ouch erstorben ist,
> die mit ir snêwîzen hant
> zu jungest leite diz gewant
> an mînen veigen armen lîp. (V. 9826–9837)

In seinem Wahn halluziniert der völlig verwilderte Protagonist den Tod seiner Geliebten und ihrer Schwester: *si sint tôt* (V. 9845) in seiner Vorstellung, während er sich

---

1122 Kessler, Spurenlesen, S. 157, resümiert ebenfalls, dass Spurenlesen den Mangel, der sich in Leerstellen verbirgt, zu kompensieren vermag.

1123 Jürgen Fohrmann: Spur, Spuren. Mutmaßungen über Abdrücke und Bigfoots in 13 Etappen. In: Spuren, Lektüren. Praktiken des Symbolischen. Hrsg. von Gisela Fehrmann. München 2005, S. 13–32, hier: S. 16.

selbst nach dem Tod nur sehnen kann.[1124] Dass die im verzweifelten Selbstgespräch Partonopiers geäußerten Annahmen über Meliurs Tod in Anbetracht der Tatsache, dass er bereits ein Jahr (V. 9699) verwahrlost und unterernährt vor Leid siecht, nur noch wenig glaubwürdig erscheinen, liegt auf der Hand. Wieder malt sich Partonopier im Ardennenwald Horrorszenarien aus, doch diesmal gibt es keinerlei subtil eingebrachte Indizien mehr, die seine Fantasien nachvollziehbar erscheinen lassen. So wird verdeutlicht, wie subjektiv und irreführend die imaginative Wahrnehmung der Figuren ist. Als Lektion für die Rezipierenden scheint sich spätestens hier herauszukristallisieren, dass textinternen Interpretationen von Spuren stets mit größter Skepsis begegnet werden sollte.

Anhand der obigen Ausführungen wird deutlich, dass Unbestimmtheitsstellen, mehrdeutige Spuren[1125] und falsche textinterne Imaginationen in *Partonopier und Meliur* die Wahrnehmung des Rezipienten beeinflussen. Insbesondere die Vorstellungsbilder der Figuren präsentieren keine Wahrheiten, sondern sie sind fehleranfällig und können sogar zu einer falschen Fährte werden.[1126] Weil die inneren Bilder, an denen die Figuren den Rezipienten teilhaben lassen, absichtlich zur Irreführung implementiert werden, sind Sichtbarkeit und Unsichtbarkeit im Prozess der literarischen Rezeption allgemein problematisiert und so „zeigt sich im Text sehr deutlich ein Bewußtsein dafür, daß es […] grundsätzlich die Gefahr des falschen Scheins gibt“[1127]: Es wirkt sogar, als würden manipulative Worte und der fehlbare Rezeptionsprozess in Konrads Romanfragment von Beginn an zum Thema gemacht, wie die folgenden Beobachtungen noch deutlicher herausarbeiten sollen.

3.2.4 Verschwommene Anhaltspunkte: Das Spiel mit den Sinnen

Wie oben ausgeführt, instrumentalisiert der Roman Hinweisstrukturen, die dem Rezipierenden unterschiedliche Spuren präsentieren, um den Mangel an Sichtbarkeit zu kompensieren. Eine Art, wie – zusätzlich zu den irreführenden Imaginationsanleitungen der Figuren – die Unsichtbarkeit partiell überwunden und Leerstellen mit subtilen Rezeptionslenkungen versehen werden können, ist die Integration anderer Sinne

1124 Für Winst, Krankheit, S. 165, sind Partonopiers „ausschweifenden Gedanken und seine ständig um den Tod kreisenden Reflexionen“ für die Todes-Fantasien verantwortlich. Gespiegelt wird die Imagination vom Tod des geliebten Gegenübers später von Meliur, die sich die Schuld daran gibt, dass sie Partonopier *den ungewin* einbrachte, *der im den lîp benomen hat!* (V. 12032 f.) und sich vorstellt, *selbe mit im tôt* (V. 12129) zu sein, wofür natürlich auch Irekels Lügengeschichten verantwortlich sind.

1125 Jan-Dirk Müller: Visualität, Geste, Schrift. Zu einem neuen Untersuchungsfeld der Mediävistik. In: ZfdPh 122 (2003), S. 118–132, hier: S. 127, schreibt literarischen Texten bezeichnenderweise ‚Bedeutungsspuren‘ zu, in denen sich ihre Übercodierung manifestiert.

1126 Die Warnung vor falschen inneren Bildern geht schon auf Augustinus zurück, vgl. Biernoff, Sight, S. 121.

1127 Schulz, Schwieriges Erkennen, S. 411, bezieht diese Überlegung zum falschen Schein auf die adligen Idealkörper, doch auch darüber hinaus, lässt sich in *Partonopier und Meliur* diese latente Gefahr vielerorts beobachten.

auf der Handlungsebene: Auditive und taktile Erfahrungen sind den Figuren (scheinbar) nämlich dort förderlich, wo äußere Augen wegen Dunkelheit, Helligkeit oder Zauber versagen. Mangelnde Sichtbarkeit lässt andere Sinne der Perzeption hervortreten,[1128] aus denen sich Partonopiers Erfahrungen in der Dunkelheit des Ardennenwaldes und in Schiefdeire zusammensetzen: Während Riechen, Schmecken und Tasten[1129] auf Partonopiers erster Aventiure nur bedingt angedeutet werden,[1130] dient seine akustische Wahrnehmung dazu, das Gebell der Hunde in der Ferne (V. 476–480) und die Minneseufzer Meliurs zu vernehmen (V. 1558 f.).[1131] Schon mit dem Beginn der Handlung setzt demnach eine Auseinandersetzung mit sinnlicher

1128 Wenzel, Hören und Sehen, S. 170: „Die Berührung überzeugt uns ‚nachdrücklich' davon, daß etwas wirklich existiert, daß der berührte Gegenstand auch die Quelle visueller, akustischer und aromatischer Wirkungen ist. Bei Blindheit oder Dunkelheit oder außerhalb des visuellen Feldes wird der Tastsinn zur Quelle des räumlichen Bezuges, eröffnet die Sphäre der Nähe, die in sozialen Zusammenhängen eine Sphäre erhöhter Sensibilität genannt werden kann."

1129 Vor allem die Beschreibung des Betts (V. 1124–1139) scheint durch die Varianz der unterschiedlichen Materialien auf ein taktiles Erfahren hin angelegt zu sein und indem Getränke mit Namen aufgelistet werden (*mete, môraz unde wîn*, V. 1102), könnten sinnliche Komponenten wie Riechen und Schmecken implizit mitgedacht sein. Außerdem ist auffällig, dass wiederholt auf Hitze und Schweiß angespielt wird. Die Beschreibung, wie sich Partonopier im Schlafgemach vor lauter Angst an die Wand presst (V. 1304 f.), sorgt zusätzlich für einen quasi-fühlbaren Eindruck seiner körperlichen Erfahrung der Szene, die das Schwitzen (V. 1214), Zittern (V. 1234), Erstarren (V. 1264–1267) und das zu Berge Stehen der Haare (V. 1279) verstärkt: Das physische Erleben mit allen Sinnen steht unverkennbar im Fokus.

1130 Dies ist vielleicht auch den olfaktorischen Sinnen selbst geschuldet wie Schmauks, Typologie, S. 193, für verhüllte Inhalte wie Pakete feststellt: „Bei undurchsichtigen Hüllen liegt es nahe, zum Erkennen des Inhalts andere Sinnesmodalitäten als das Sehen einzusetzen. Das Belecken scheidet aus, denn es informiert eher über die Hülle als über den Inhalt und gilt darüber hinaus als unhygienisch. Das Beschnuppern verhüllter Objekte ist zwar nicht tabuisiert, aber nur selten zielführend. Nur selbst duftende Objekte wie Seifenstücke oder Früchte können durch ihre Verpackung hindurch erkannt werden. Wesentlich aussagekräftiger sind die [...] haptischen und akustischen Prüfverfahren."

1131 Das Hören und Verfolgen akustischer Spuren ist als ritterliche Qualität essenziell, um Aventiure ausfindig zu machen, wie es etwa Erec in Hartmanns von Aue Artusroman demonstriert:

> sîn muot stuont niuwan dar
> dâ er âventiure vunde.
> nû reit er dâ ze stunde
> ein wênige wîle,
> kûme eine mîle:
> dô hôrte er eine stimme
> jæmerlîchen grimme
> von dem wege wüefen,
> nâch helfe rüefen
> erbarmeclîchen ein wîp,
> der was bekumbert ir lîp. (V. 5291–5301)

Erec macht sich auf den Weg durch den dichten, unbefestigten Wald, wobei ihm ausschließlich die klagende Stimme der Frau Cadocs als *mâze* (V. 5315) dient. Indem Partonopier Geräuschen folgt, verhält er sich also ritterlich.

Wahrnehmbarkeit ein, die weit über das Sehen hinausgeht: Die Jagd im Wald als „Raum des Ohrs“[1132] ist eher hör- als sichtbar, das Gebell der Hunde, das Getöse der lärmenden Jagdgesellschaft und Partonopiers Rufen hallen lange nach.[1133] Auch die auf die Jagd folgenden Erfahrungen Partonopiers werden maßgeblich über die Gestaltung von Geräuschen entworfen:[1134] Die wiederholt betonte gespenstische Stille in Schiefdeire wird durchbrochen, als Partonopier die Schritte im Schlafgemach hört – die allerdings so leise sind, dass selbst ein Pfau nicht leiser gehen könnte.[1135] Erst die Stimme seiner künftigen Geliebten hebt sich deutlich von der umgebenden Stille ab, sie erscheint Partonopier sogleich wie die Musik, die Orpheus mit seiner Harfe erzeugte (V. 1605).[1136] Die Erschütterung durch die plötzliche Minne vergleicht er anschließend mit einem Donner (V. 1648). Musik und Donner sind dabei gleichermaßen Phänomene, die sich auch gänzlich ohne visuelle Eindrücke erfahren lassen: Ohne Instrumente zu sehen, kann Musik als schön oder bewegend empfunden werden, ohne ein Unwetter unmittelbar zu erleben, kann ein Donner aus der Ferne bedrohlich wirken. Bei entsprechender Lautstärke kann die Erschütterung, die von Musik und

1132 Schnyder, Wald, S. 135.

1133 Das gilt nicht nur für die Jagd im Ardennenwald, sondern auch für die Jagden, mit denen sich Partonopier in Schiefdeire die Zeit vertreibt: Von der *stimme dône* der Hunde *wart erfüllt dirre walt* (V. 2654 f.), sodass der verfolgte *eber mohte ir schal / niht lange dulden und vertragen.* (V. 2658 f.). Außerdem trägt wohl auch das Horn, das er in Schiefdeire erhält (V. 2607), zur imaginierten Lautstärke der Jagdszenen dort bei – zumal das Reich ansonsten von Stille geprägt ist, die nachts nur von Meliurs leisen Tritten durchbrochen wird. Dass geradezu filmisch wirkende, akustische Überblendungen zwischen Szenen geben kann, vermutet Wenzel, Hören und Sehen, S. 128, für Wolframs von Eschenbach *Parzival*. Zur ‚Geräuschwirkung‘ von Texten vgl. die Überlegungen zu Rudolfs von Ems *Willehalm von Orlens* in Kapitel 1.3.6 sowie das Ende dieses Kapitels.

1134 Vgl. Gerok-Reiter, Raumverschaltungen, S. 307.

1135 Der Pfauenvergleich ist in der mittelalterlichen Dichtung geläufig und impliziert unheimliches Schleichen, vgl. Salvan-Renucci, *Du muost mich haben tougen*, S. 163. (Eine Verkörperung der Hoffart scheint hier eher ausgeschlossen.) Interessanterweise finden sich mehrere Tier- und vor allem Vogelvergleiche in Konrads *Partonopier und Meliur*: Der Protagonist ist wie ein kleiner Falke, seine Mutter grün gekleidet wie ein Sittich (vgl. Virchow, Zauberlicht, S. 525), und Sornagiur strauchelt im Kampf wie ein taubes Huhn (V. 5351; wobei die Omnipräsenz dieser Bezeichnung für einen taumelnden Gegner in Strickers *Daniel von dem blühenden Tal* auch darauf deutet, dass es sich um eine gängige Formulierung handeln könnte). Auch Steffek, Feenwelt, S. 65, betont die „Vorliebe des Erzählers für Metaphern aus dem Tierreich“ und Obst, Der *Partonopier*-Roman, S. 136–137, führt an, dass Konrad 224 Vergleiche mehr verwendet als der französische Text, von denen 58 aus dem Tierreich stammen.

1136 Der Vergleich von Meliurs Stimme mit der wortlosen Musik verdeutlicht nach Schneider, Klang, S. 164, einmal mehr, dass der Klang hier im Vordergrund steht, weil dieser die Möglichkeit habe, ins Innerste der Gedanken einzuwirken. Zugleich funktioniert diese Anspielung auf Orpheus als Vorausdeutung auf die bevorstehende Äußerung des Sichttabus, die damit schon früh darauf hinweist, dass Partonopier Meliur verlieren wird, genau wie Orpheus Eurydike verliert, weil er es wagt, sich nach ihr umzusehen.

Gewitter ausgeht, sogar physisch erfahrbar werden.[1137] Trotz ihrer Unsichtbarkeit vermögen beide zum Vergleich beschriebenen akustischen Phänomene Emotionen und körperliches Nachempfinden wie Erschaudern, Zittern, Tränen oder Gänsehaut zu verursachen.[1138] Genau wie die Geliebte, die Partonopier im Dunkeln bis zur körperlichen Annäherung nur hören kann, deuten Musik und Donner auf das Changieren zwischen Ahnung und Wissen, Lust und Angst, Schönheit und Schauern hin, das ebenfalls die erste Liebesnacht in Schiefdeire ausmacht.

Doch nicht nur in den Vergleichen finden sich Hinweise auf eine Sinneswahrnehmung, die mehr als Sehen benötigt, sondern auch in der dargestellten Handlung, die analoge physische Erfahrungen voraussagt. So verweisen das Eindringen in die wunderliche, menschenleere Stadt[1139] und das üppige Festmahl[1140] etwa bereits darauf, dass in der Initialaventiure explizit das körperliche Begehren des Jünglings im Vordergrund steht – schließlich wird Meliurs Brust sogar mit einem einladenden Apfel verglichen (V. 1569). Wenn Hitze und Durst ebenfalls als Chiffren erotischen Verlangens

1137 Adler und Groß, Einleitung, S. 7, sprechen etwa für Bass-Geräusche bei einem Rockkonzert von ‚akustischer Haptik', bei der „Fühlen und Hören im Beben des Thorax zu einem Erlebnis konvergieren können".

1138 Natürlich sind sowohl Musik als auch Gewitter mit visuellen Aspekten verknüpft: Das Hören der Geräusche geht also stets mit dem Wissen einher, dass es eigentlich Instrumente und Blitze zu sehen geben muss, die aus bestimmten Gründen, z. B. räumliche Distanz oder Wände, nicht sichtbar sind.

1139 Morsch, Blickwendungen, S. 90, erkennt in der Blicklenkung im Rahmen der Beschreibung der ‚exotischen' Stadt Grippia im *Herzog Ernst* eine Bewegungsrichtung, die „deutlich die eines zunehmend tiefer Eindringens [ist]". Dieser Eindruck wird durch die etablierte Verknüpfung von ‚Orient' und Erotik verstärkt, die Wolfzettel, Körper, S. 221, betont. Rasma Lazda-Cazers: Hybridity and Liminality in *Herzog Ernst B*. In: Daphnis 33 (2004), S. 79–96, hier: S. 89, liest die Ankunft Herzog Ernsts in der menschenleeren, ‚orientalischen' Wunderstadt Grippia sogar als eine Form der Penetration: „Considering that cities were traditionally personified as women, one could also argue that Ernst's desire is not sparked by *curiositas* alone, but also by the strong urge to penetrate the city as result of the temptingly open gates and their seductive invitation." Für Konrads von Würzburg *Partonopier und Meliur* scheint diese Deutung ebenfalls naheliegend, zumal auf das Eindringen in die glänzende Stadt tatsächlich die Penetration eines Frauenkörpers folgt.

1140 Schon die Formulierung *aldâ begunde er ezzen / unde trinken als ein man, / den hunger ist gevallen an / ûf einer langen reise* (V. 998–1001) verdeutlicht, dass er über die Speisen herfällt wie ein ausgehungerter Mann – bezeichnenderweise sind hier nicht ständische Bezeichnungen wie *juncherre* oder *knappe* gewählt, sondern eine ausschließlich auf das Geschlecht bezogene, die somit das Begehren eines Manns (nicht eines Jungen!) ausdrückt. Dass das Festmahl in Schiefdeire als sexuelle Vorausdeutung inszeniert ist, hat auch Eming, Emotion, S. 182, betont, „[d]enn die Verlockung durch das Mahl indiziert die Verführung durch Meliur, und die ‚Einverleibung' des Essens antizipiert metaphorisch den Vollzug des Geschlechtsverkehrs. Dies gilt auch und gerade für den Part, den Partonopier dabei spielen wird, weil er seinen Ängsten zum Trotz nämlich ähnlich beherzt seinem Vorsatz folgen wird, die Liebe zu konsumieren. Der Zusammenhang wird an der vorliegenden Stelle auch dadurch hergestellt, dass Partonopier sich räumlich gleichsam an der Schwelle zu Meliurs Schlafzimmer befindet." Ausführlicher zum Essen als Figuration des Geschlechtsakts vgl. Bleuler, Essen.

gelesen werden,[1141] was sich schon in der gängigen Topik des Entbrennens, die das erste Begehren beschreibt (V. 1552–1554), niederschlägt, bietet sogar Partonopiers *sweizes tropfe* (V. 1214) an, die Initialaventiure als ‚Vorspiel' zu deuten.

Besonders auffällig ist außerdem die rekurrierende Jagd-Terminologie, denn die Eberhatz im Ardennenwald nimmt bereits vorweg, was Partonopier in der folgenden Aventiure widerfahren wird,[1142] indem Jagd und Minnevereinigung unmittelbar aufeinander bezogen sind: Die Begeisterung des königlichen Gefolges nach der erfolgreichen Jagd lässt darauf schließen, dass es denkbar ungewöhnlich ist, dass ein Dreizehnjähriger einen schäumenden Eber erlegt – und genauso außerordentlich ist es, dass ein Knabe, der sich noch nicht einmal Ritter nennen darf, eine Liebesnacht mit einer mächtigen Herrscherin verbringt.[1143] Partonopier ist trotz seines jungen Alters auf der Jagd und seinem Weg in Meliurs Reich erfolgreich, weil er ein talentierter Jäger ist, der Spuren mit allen Sinnen wahrnehmen und richtig deuten kann: Es wird zunächst nicht gesagt, dass er das Schwein sieht, sondern er folgt dem Eber begleitet vom *süezen dône*, der von *stimme* und *lût* der Jagdhunde ausgeht (V. 344 f.): Dass *Partonopier sich unverzaget / ûf sîner [des swînes] verte schouwen liez* (V. 348 f.) impliziert zwar, dass es eine konkrete Fährte gibt, die Partonopier verfolgt, doch beschrieben werden nur der Klang des Jagdhorns und *der hunde lûtez bellen* (V. 360) – erst später bekommt er den Eber zu Gesicht (V. 365) und kann ihn töten. Schon im Ardennenwald zeigt sich also, dass Partonopier sich auf multiple Spuren verlassend seine Beute im Dickicht gezielt verfolgen und ein wildes Tier erlegen kann wie ein ausgewachsener Mann.

Als er später im Wald verloren geht, handelt er ebenfalls wie ein erfahrener Jäger, der sich den höchsten Punkt sucht, um seine potenzielle Beute zu erspähen – darum findet er wie ein kleiner Jagdfalke[1144] den Pfad zum Strand, wo ihm das Mondlicht hilft, das Schiff aufzuspüren. In der wundervollen Stadt angekommen, weiß er instinktiv, wo er das beste Essen finden kann, und in der Dunkelheit der Kemenate vollbringt

---

1141 Damit spielt auch Wolframs von Eschenbach *Parzival* in der Szene, in der der junge Protagonist Jeschute überfällt, vgl. dazu Kapitel 1.2.3 dieser Studie.

1142 Ähnlicher Ansicht ist auch Salvan-Renucci, *Du muost mich haben tougen*, S. 160, die allerdings nicht die Jagd, sondern die lauernde Gefahr des Waldes als Vorausdeutung versteht: „Das ‚tougen' Handeln [der Waldungeheuer, J. M.] erscheint als hinterhältiges Lauern, wobei der negative Eindruck noch verstärkt wirkt durch die Kopplung mit dem verderbenbringenden Basiliskenblick. Der Bezug zwischen der tougenheit-Thematik und dem Blickmotiv wird symbolhaft bekräftigt durch den Reim tougen-ougen: Damit wird noch vor dem Betreten der Meliur-Sphäre der Kern der Märchenkonstellation auf eine Formel gebracht, an der zunächst das Unheimliche an beiden Motiven hervortritt."

1143 Die Eberjagd ließe sich darum mit Friedrich, Menschentier, S. 376, auch als Initiationsritus verstehen, der den Übergang vom Jungen zu Mann markiert.

1144 Dass der Blick eines Raubvogels direkt mit bevorstehender Minne und erotischer Anziehung assoziiert werden kann, legt bei Hartmann etwa die Liebesentstehung zwischen Erec und Enite nahe, die sich vor ihrer Hochzeit gegenseitig anschauen wie ein gieriger Habicht, *der im sîn maz / von geschihte ze ougen bringet, / sô in der hunger twinget* (V. 1863–1865). Partonopiers Falkenblick scheint so charakteristisch zu sein, dass dieser im Prozess seiner totalen Verwahrlosung noch einmal daran erinnert wird: *als eime jungen valken / spilten ê sîn ougen* (V. 9724 f.)

Partonopier dann geradezu übermenschliche Spürleistungen: Obwohl die Schritte im Raum so leise sind, dass sie kaum hörbar sind, fühlt er, dass es eine Frau ist, die sich zu ihm ins Bett legen wird (V. 1270). Obwohl er wüst beschimpft wird, spürt er anschließend durch die Beleidigungen hindurch, dass die Frau ihn eigentlich begehrt (V. 1598–1600). Ohne eine Absicherung visueller Zeichen wie Blicke oder Gesten[1145], die das erotische Verlangen ausdrücken könnten, erkennt er durch das Medium des gesprochenen Wortes, das Abneigungen artikuliert, hindurch, dass Meliur sich auch zu ihm hingezogen fühlt. Damit wird suggeriert, dass in der Intonation der Worte eine geheime Botschaft versteckt ist,[1146] die nur der besonders ausgeprägte Spürsinn Partonopiers entdecken kann. Das Dickicht des Ardennenwaldes, in dem er die Spuren des Ebers rekonstruiert, scheint das Dickicht der ablehnenden Worte,[1147] in denen sich Meliurs Begehren verbirgt, vorherzusagen.

Bei dieser Ähnlichkeit von Jagd und Minne können die Verweise auf Partonopiers *scharpfen spiez* (V. 384) und das Blut des Ebers (V. 424) sogar jene sexuellen Andeutungen ersetzen,[1148] die Konrad während der eigentlichen Liebesvereinigung im Vergleich mit der französischen Vorlage zurücknimmt:[1149] Dass die Jagd – als gängige Minneme-

1145 Das bekannteste Beispiel für verräterische Minneblicke findet sich Gottfrieds *Tristan*: Tristan und Isolde sprechen und verhalten sich öffentlich so, wie es der Hof erwartet, aber ihre Blicke verraten ihr gegenseitiges Begehren, das auch Marke wahrnimmt (V. 16491–16513). Dass die Blicke also das Gegenteil von dem ausdrücken können, was der Mund artikuliert, scheint gesetztes Wissen zu sein – wie Partonopier jedoch ohne Begehren implizierende visuelle Indizien Zuneigung in den Beschimpfungen erkennt, lässt auf ein außerordentliches Entschlüsselungstalent schließen.

1146 Vgl. Krämer, Medium, S. 160.

1147 Diese Metapher, deren *tertium comparationis* die (vermeintliche) Undurchdringbarkeit von Sprache und Wald ist, lässt sich nach Schnyder, Wald, S. 124, auf Hugo von St. Victor zurückführen. Deshalb sieht Scheidel, Semantik von Spur, S. 145, im ‚Textwald' „implizit auch die Wortfelder von Weg und Spur" assoziert.

1148 Dass das Aufspießen eines Tiers mit einem Minneakt assoziiert werden kann, belegen vor allem die zahlreichen Darstellungen der Einhornjagd, die sich in nicht-sakralen Kontexten finden. Die bekanntesten Beispiele in der Profankunst sind der Freiburger Malterertteppich, der bekannte Minnesklaven zeigt, und die französischen Elfenbeinkästchen, die Fang und Erlegung des Einhorns auf die höfische Minne beziehen; der erotische Bezug ist allerdings bereits im *Physiologus* anlegt, so etwa Philine Helas: Das Einhorn – gefürchtet, gejagt, gezähmt und zerrieben. In: Monster. Fantastische Bilderwelten zwischen Grauen und Komik. Hrsg. von Peggy Große, G. Ulrich Großmann, Johannes Pommeranz. Nürnberg 2015 (Ausstellungskataloge des Germanischen Nationalmuseums), S. 90–103, hier: S. 97. Das Seitenpanel des New Yorker Kästchens (vgl. Abb. 22) etwa, das die Baumgartenszene aus dem *Tristan*-Stoff und die Erlegung des Einhorns kombiniert, legt einen assoziativen Bezug zwischen der ehebrecherischen Minne und dem hinterhältigen Aufspießen des Tiers. Indem der Speer, der das Tier aufspießt, genau zwischen dem geöffneten Schoß der Jungfrau wieder austritt, scheint das Bildprogramm des Kästchens unverkennbar mit solchen phallischen Suggestionen zu spielen, vgl. Kristina Elizabeth Gourlay: A Positive Representation of the Power of Young Women: The Malterer Embroidery Re-examined. In: Young Medieval Women. Hrsg. von Katherine J. Lewis, Noël James Menuge, Kim M. Phillips. Phoenix Mill 1999, S. 69–102, hier: S. 90.

1149 Wawer, Tabuisierte Liebe, S. 75, erkennt in dieser Veränderung der sexuellen Explizitheit während der ersten Minnevereinigung einen Versuch Konrads, die Freiwilligkeit Meliurs noch stärker zu tapher[1150] – der Minnevereinigung vorgeschaltet wird, ermöglicht assoziative Bezüge: Vielleicht verweist das vergossene Jagdblut, das Partonopier überhaupt erst nach Schiefdeire bringt, auf die gegenseitige Defloration, anderseits vielleicht proleptisch auf bevorstehenden Herzschmerz[1151]: Die wildgewordenen Hunde, die aufgrund ihrer sinnlichen Wahrnehmung des Eberbluts den Jungen zu Meliur führen, zögen damit eine Art (Minne-)Blutspur durch die Anfangshandlung.[1152] Der Minneakt wird äquiva-

betonen: „Die Tatsache, dass sich Melior im französischen *Partonopeu* bis zum Schluss verbal gegen Partonopeus Übergriffe wehrt und explizit sexuelle Details benannt werden, etwa dass Partonopeu Melior die Schenkel öffnet und sich zwischen ihre Beine legt (P V. 1302 ff.), lassen eher den Eindruck einer Vergewaltigung als einer freiwilligen Liebesvereinigung entstehen. Konrad hingegen beugt einer solchen Deutung von vornherein vor. Immer wieder gewährt er Einblick in Meliurs Gedanken, so dass klar wird, dass Partonopiers erster Übergriff ihren eigenen Wünschen genauso entgegenkommt (vgl. V. 1570 ff.) wie seine weitere sexuelle Annäherung, die auf keinerlei verbale Gegenwehr mehr trifft." Die Gestaltung dieser Szene erinnert außerdem an die Minnevereinigung Didos mit Eneas in Heinrichs von Veldeke *Eneasroman*, die seine Annäherungsversuche auf der Jagd ebenfalls verbal abwehrt (V. 1849), obwohl ihr Liebesbegehren unmissverständlich herausgestellt wird (dazu Schultz, Courtly Love, S. 152). In *Partonopier und Meliur* wird die vermeintliche Vergewaltigung zwar im Vergleich zum französischen Text in sehr abgeschwächter Weise umgesetzt, bei einer Zusammenschau von Jagd und Minneszene ist das Andeutungspotenzial in der Szene der Ebererlegung dennoch nicht von der Hand zu weisen. Konrad zeigt damit womöglich, dass er weniger drastisch formulieren, aber genauso viel implizieren kann wie der französische Verfasser. Dies bestätigt auch Obst, Der *Partonopier*-Roman, S. 4, der in der Zusammenfassung der Initialaventiure im französischen Text den ersten Jagderfolg des Knaben nicht aufführt: Wenn es sich bei der Erlegung des Ebers um eine Zutat Konrads handelt, ist die Verschiebung der sexuellen Andeutungen im deutschen Text umso deutlicher, obgleich der französische Verfasser schon eine Tendenz zum spielerischen Umgang mit semantischen Offenheiten präsentierte, so empfindet er ebd., S. 64, Konrads Protagonisten in der dunklen Kemenate galanter als den des französischen Texts (ebd., S. 147), doch der Verzicht auf sexuelle Details während der Minnevereinigung könnte nicht nur auf höfisches Benehmen und geschickte literarische Verhüllung, sondern auf eine Verschiebung des Andeutungspotenzials innerhalb des Texts zurückzuführen sein.

1150 Dazu, bezogen auf intermediale Verknüpfungen der *ars venandi* und *ars amandi*, Tobias Bulang: Minne und Jagd – Metaphorische Übertragungen und konzeptionelle Konkurrenzen zwischen Liedern und Miniaturen im *Codex Manesse*. In: Übertragung. Bedeutungspraxis und ‚Bildlichkeit' in Literatur und Kunst des Mittelalters. Hrsg. von Franziska Wenzel, Pia Selmayr. Wiesbaden 2017 (Imagines Medii Aevi. 39), S. 125–148, sowie Bleuler, Essen, S. 97–104, deren Auseinandersetzung im Nahrungskontext allerdings, wie Coralie Rippl: Anna Kathrin Bleuler: Essen – Trinken – Liebe. Kultursemiotische Untersuchung zur Poetik des Alimentären in Wolframs *Parzival*. In: PBB 139,4 (2017), S. 617–623, hier: S. 622, in ihrer Rezension beanstandet, „eine eingehendere Auseinandersetzung mit der Vielfalt von Erscheinungsformen des Jagens im Blick auf ihre je spezifischen Differenzierungsleistungen" vermissen lässt.

1151 Winst, Krankheit, S. 159, liest die Beschreibung Partonopiers als Minnekranker vor der Vereinigung als metaphorische Vorausdeutung auf seine spätere Minnekrankheit.

1152 Die Verse *ir magetuomes bluome / an sîne stat enspringen lie / der minnen bluot, diu sît zergie / an herzenliebe bernde fruht* (V. 1716–1719) beschreiben den Verlust der Jungfräulichkeit in floralen Metaphern, womöglich aber steckt in mhd. *bluot* nicht hier nur die Blüte, die die Früchte der Liebe hervorbringt, sondern zugleich eine vorsichtige Andeutung auf das Blut, das in diesem Prozess vergossen werden hätte können. Dass Blut im wahrsten Sinne des Wortes zum roten Faden eines Texts werden kann, legt Wolframs von Eschenbach *Titurel* nahe (vgl. dazu Kapitel 2.4.2). Aber auch die Blutstroplent zur Erlegung des Wildtieres deutbar,[1153] sodass das herrschaftliche Bett, in dem die Minnevereinigung stattfindet, vielleicht deshalb zum pastoralen *locus amoenus* erklärt wird, dessen metaphorische Beschreibung der Liebesvereinigung an Walthers

---

fenepisode im *Parzival*, in der sich Gawan als schlauer Spurenleser präsentiert (Baisch, Seitensprünge, S. 20) und der *Tristan* Gottfrieds von Straßburg, in dem eine Blutsspur im königlichen Bett dazu führt, dass König Marke ein Gottesurteil einfordert, offenbaren die Bezüge zwischen Minne und Blutspuren in der höfischen Literatur des Mittelalters.

1153 Dass es eine Korrelation zwischen Eber-Jagd und Minne-Jagd in *Partonopier und Meliur* gibt, zeigt sich zudem in der Konstruktion des Lebens, das Partonopier anschließend in Schiefdeire führt, das aus Jagen, Essen und den nächtlichen Besuchen der heimlichen Geliebten besteht. Jagd, Verköstigung und Liebesvereinigung sind dabei direkt aufeinander bezogen; Partonopier führt ein gänzlich auf körperliche Vergnügen ausgerichtetes Leben (Dallapiazza, Höfische Minne, S. 355–356), in dem das Jagen und Verzehren köstlicher Speisen gleichermaßen das (metaphorische und tatsächliche) Liebesvorspiel sind. Später wird Partonopier im Gespräch mit dem Erzbischof von Paris die kurzweiligen Vergnügungen, die sein Leben Schiefdeire ausmachen, selbst implizit als Köder lesen, wenn er suggeriert, von Meliurs prächtigen Geschenken und körperlichen Zuwendungen bestochen worden zu sein (V. 7680–7683) – damit deutet er abermals den Jagd-Kontext an und deklariert sich selbst als Beute einer zaubermächtigen Jägerin, was dazu passt, dass auch der Teufel im theologischen Kontext als Jäger mit Schlingen und Netzen imaginiert wurde, vgl. Glanz, De arte honeste amandi, S. 317. Formulierungen wie *gejagt wart er als ein tier / in grôzen angest* (V. 1342 f.) unterstützen die zudem die Vermutung, dass der Protagonist anfangs selbst Beutetier ist. Dass solche Andeutungen dem höfischen Publikum vertraut gewesen sein durften, legen etliche andere Texte nahe. Die vielleicht eindrücklichste Abfolge von Jagd und Liebesbegegnung präsentiert der *Eneasroman* Heinrichs von Veldeke, in dem Dido und Eneas sich gemeinsam vergnügen, nachdem sie bei der Jagd von einem Gewitter überrascht werden (V. 1806–1856). Darum ist höfisches Jagdvergnügen wohl auch in Hartmanns von Aue *Erec* doppeldeutig zu interpretieren, denn die ausführliche Beschreibung des vorzüglichen Jagdwaldes von Penefrec, die gleich nach der Beschreibung des ehelichen Betts im Freien (vgl. dazu Kapitel 1.2.2) einsetzt, könnte als euphemistische Umschreibung der ersten Liebesnacht des versöhnten Ehepaars dienen (V. 7130–7194), was auch Greulich, Stimme, S. 157, vermutet: „Den Literaturkundigen im Publikum könnte diese Schilderung [des Jagdgartens, J. M.] durchaus an bereits Gehörtes (oder Gelesenes) erinnern – nämlich an Dido und Eneas. Nicht nur, dass Erec und Enite ihr Nachtlager im Freien haben, sondern auch, dass der Liebesakt unter einem Baum, einer Buche, geschieht. Anstelle der Jagd-Metaphorik im *Eneasroman* findet sich eine Beschreibung des Jagd-Gartens, den Guivreiz für sich anlegte. Sollte dies einen Anschluss an Heinrich von Veldeke darstellen, so zeigt sich die starke höfische Vereindeutigung, mit der Hartmanns Text einhergeht. Anstelle der expliziten Ausformulierung des Liebesaktes durch Jagdmetaphorik wird lediglich indirekt auf die sexuelle Lust der Protagonisten abgehoben. Mit der narrativen Errichtung des Jagdgartens wird für die Literaturkenner mit der Referenz auf den *Eneasroman* klar, wie sich Erec und Enite die Zeit vertrieben. Hierin ist zumindest eine Möglichkeit zu sehen, weshalb Hartmann diese Jagdanlage beschreibt, zu der es in Chrétiens ‚Erec' keine Entsprechung gibt […].“ Dass also ausgerechnet in der ersten Versöhnungsnacht ein Jagdgebiet beschrieben wird, das für die weitere Handlung unerheblich ist, zeugt von der Veränderung im Minneverhalten Erecs und Enites, das sich nun auch auf das Erzählen überträgt. Während das unangemessene *triuten* (z. B. V. 2951) in der taghellen Kemenate (V. 3016–3021) noch unverblümt ausgesprochen wird, verhalten sich sowohl das Protagonistenpaar als auch der Erzähler zum Ende der Handlung vorbildlich zurückhaltend: Die Liebenden nutzen – wie es sich gehört – die Nacht zur Verhüllung ihrer Minne, der Erzähler nutzt verhüllte Jagd-Sprache zur Verschleierung erotischer Liebe, die nun den Ansprüchen der Gesellschaft gerecht wird.

von der Vogelweide *Lindenlied* erinnert: *der süezen fröuden anger, / dâ minnen bluomen unde klê / gelesen ûfe wâren ê* (V. 2170–2172). Das Aufspießen des Schweines und die Überwindung von Meliurs (vorgespieltem) Widerstand sind jeweils Ziel eines Jagdvorgangs, für den der kindliche Partonopier exzeptionellen *mannes muot* (V. 371) aufbringen muss, denn „Jagd und Liebeskunst setzten gleichermaßen ein hohes Maß an geistiger und körperlicher Vollkommenheit voraus".[1154] Dass Meliur dabei, obwohl sie selbst zunächst das Geschehen lenkt, als Beute des findigen Jägers verstanden werden kann, artikuliert sie selbst in ihren Anschuldigungen nach dem Tabubruch: *vor solhem ungeverte / got alle frouwen warne, / des valsch in sîme garne / mich hât gevangen als ein tier* (V. 7996–7999).[1155] Es scheint, als nutze Konrad von Würzburg Doppeldeutigkeiten rund um die semantischen Felder von Minne und Jagd, um mit intratextuellen und kulturell etablierten Bezügen zu spielen, die sich mitunter erst auf den zweiten Blick als solche abzeichnen.

Dass die zwei zentralen Handlungen der Jagd und der Minne in der Initialaventiure parallel angelegt sind, lässt sich zusätzlich damit belegen, dass sowohl während der Jagdepisode als auch in der dunklen Kemenate das mittelhochdeutsche Verb *spüren* in entscheidenden Momenten verwendet wird.[1156] Damit wird in *Partonopier und Meliur* auf der sprachlichen Ebene deutlich gemacht, dass nicht das Sehen der wichtigste Sinn für eine erfolgreiche (Minne-)Jagd ist, sondern das richtige Wahrnehmen und Deuten sinnlicher Eindrücke, die in Form diverser sensorischer Spuren zur Verfü-

---

1154 Glanz, De arte honeste amandi, S. 322.

1155 Lexer (Bd. 1, Sp. 739) führt für *garn* den Kontext des Vogelfangs auf, BMZ (Bd. I, Sp. 482a) übersetzen *garn* u. a. mit ‚Netz', was angesichts des Partizips *gevangen* hier schlüssig erscheint. Dass die Minnedame als Beute verstanden wird, ist ein literarischer Topos, der sich insbesondere mit Isolde in Gottfrieds von Straßburg *Tristan* nachweisen lässt, in dem die Königin nach Oster, Farben, S. 86, „zur Beute stilisiert [wird], die von gierigen Blicken umkreist wird." Die Bildzeugnisse der profanen Kleinkunst und der Buchmalerei deuten eine intermediale Geläufigkeit dieses Topos hin, denn es sind einige Bildnisse überliefert, in denen ein Vogel von einem Minnestrick gefangen zu sehen ist, vgl. Müller, Minnebilder, S. 66–68.

1156 In V. 480, V. 632, V. 1025, V. 1119, V. 1273, V. 1607. Dass ‚spüren' während Partonopiers erstem Mahl im Palast, als er von unsichtbarer Hand bedient wird, besonders häufig zu finden ist, beobachtet auch Eming, Verunsicherung, S. 210, für die damit eine sensorische Wahrnehmung, die über das Sehen hinausgeht, angesprochen ist: „Es [das Verb ‚spüren', J. M.] vermittelt den Eindruck einer atmosphärisch höchst aufgeladenen Stimmung, in der Partonopiers sämtliche Sinne aktiviert sind und die Situation zu erfassen versuchen. Er spürt die Gegenwart anderer und kann sie doch nicht sehen." Die etymologische Bedeutung des Verbs ‚spüren' steht allerdings dem Wort Spur wesentlich näher, als der heutige Gebrauch im Wortfeld ‚Gefühl' vermuten lässt, wie Kessler, Spurenlesen, S. 16, im Rekurs auf das Grimmsche Wörterbuch resümiert: „Bevor *Spüren* auch im Sinne von Fühlen gebraucht wird, bezeichnet Spüren vielmehr die zur Spur gehörende Tätigkeit des Suchens und Findens, des Verfolgens, Nachgehens und eben *Aufspürens* einer Spur." [Kursivierung im Original]. Ähnlich Wagner, Spur, S. 488–489; sowie Baisch, Seitensprünge, S. 16–17, der das Spüren der Minne der „Metaphorik der Jagd" zurechnet. Inhaltlich dominiert in *Partonopier und Meliur* des *grôzen swînes spor* (V. 336) die Anfangshandlung maßgeblich und Worte wie *vart* (z. B. V. 349, V. 433, V. 461) tragen ebenfalls zur rekurrierenden Präsenz des Wortfeldes Spur/spüren bei.

gung stehen. Vor dem Hintergrund der bevorstehenden Liebesnacht offenbart der Protagonist damit in der Anfangspassage sowohl sein herausragendes Talent als höfischer Wild-Jäger sowie als Minne-Jäger[1157]: Er ‚erjagt' die Frau, die für ihn eine Fährte ausgelegt hatte, obwohl er nicht einmal weiß, dass er eine Fährte verfolgt. Meliur räumt nach der Liebesnacht zwar ein, dass sie Partonopier mit ihrer *künste list* (V. 1874) nach Schiefdeire geführt hat, trotzdem ist sie für das Gelingen des Plans auf seinen außergewöhnlichen Jagdinstinkt angewiesen, denn er muss den Hinweisen, die sie für ihn auslegt, instinktiv folgen, damit ihn sein frühreifer Spürsinn schnell ans Ziel führen kann: Vom Ardennenwald bis ins Bett der Herrscherin gestaltet sich der Weg Partonopiers damit in der Retrospektive als eine Spurensuche,[1158] die er unwissend vorbildlich meistert, obwohl er in den Augen der höfischen Gesellschaft eigentlich viel zu jung dafür ist, wie das überschwängliche Lob der Jagdgesellschaft vermuten lässt (V. 386–400). Partonopier ist zwar ein ängstlicher Knabe mit blühender Fantasie, aber in Schiefdeire präsentiert sich dennoch seine Kompetenz als begehrender und begehrenswerter Liebhaber, die sich konsequent aus seiner Begabung als Jäger und Spurenleser ergibt.[1159]

1157 Jagddarstellungen sind immer eine Betonung von Männlichkeit (Bulang, Minne, S. 128). In Partonopiers Fall wird damit sowohl auf Mut und Geschicklichkeit als auch auf seine Qualitäten als Liebhaber hingedeutet.

1158 Die Verknüpfung von Minne und Spur betont später auch Irekel: Zunächst als sie versucht, Meliur nach dem Tabubruch zu überzeugen, Partonopier zu vergeben, weil sie *ûf jâmer unde ûf leides spor* (V. 9042) käme, wenn sie einen anderen Mann nähme, der von ihrer ersten Liebschaft erführe. Später als sie ihrer verzweifelten Schwester dabei zusieht, wie sie, von Sehnsucht und Schuldgefühlen geplagt, immer wieder ohnmächtig wird, nutzt sie erneut das Bild einer Spur:

> Irekel sprach ‚du hâst mir gnuoc
> geseit hie von der minne vor.
> got helfe mir, daz ûf ir spor
> mîn herze selten müeze komen.
> ich hân sô vil von ir bernomen
> ungewinnes aldâ her,
> daz ich ir lônes niht enger
> unde ir soldes, den si gît.[‘] (V. 12206–12213)

Nach dieser Darstellung Irekels wäre das Herz wie ein Jagdhund, der, wenn er auf die Spur der Minne gerät, wild wird und dann nicht mehr eingefangen werden kann – genau wie die wilden Hunde auf der Spur des Ebers.

1159 Etliche weitere Belegstellen legen nahe, dass Jagen Partonopiers größtes Talent ist. So beschreibt er seine Fähigkeiten im Kontext kriegerischer Auseinandersetzung mithilfe eines selbstbewussten Vergleichs von wilden Tieren auf der Flucht, als er gegenüber seinem Onkel, dem König von Kärlingen, seinen Kampfeswillen beteuert:

> ‚kein vogel noch kein wildez tier
> ze fluge noch ze loufe wart
> nie sô gîtic ûf der vart,
> als ich, herre, bin dar zuo
> und daz mit willen gerne tuo
> swaz iu ze dienste wol gezeme.[‘] (V. 4896–4901)

Um die Ähnlichkeit zwischen Eberjagd und Liebesnacht zu erkennen, die Partonopiers Talent als Fährtenverfolger vorführt, bedarf es einer Entzifferungsleistung des Rezipienten, dessen Sicht jedoch blockiert und durch die subjektive Interpretation der imaginationslenkenden Figuren manipuliert ist. Dennoch bieten doppeldeutige Hinweise dort rezeptionslenkende Orientierung, wo der Sehsinn versagen muss: Taktile, auditive sowie metaphorische Hinweise suggerieren nämlich, dass Partonopier ein erotisches Erlebnis mit einer Fee bevorsteht. Dazu gehört, dass niemand Meliur sehen kann (schließlich war sie unbemerkt am Hof in Kärlingen), dass sie über unendlichen Reichtum verfügt,[1160] dass sie zaubern kann, dass sie örtlich stark an ihr andersartiges Reich gebunden scheint,[1161] dass Partonopier den Wald durchqueren muss, um zu ihr zu gelangen,[1162] und dass ihr Schlafzimmer mit einer Salamanderdecke und einem

---

Genauso ist es bezeichnend, dass Partonopiers Gegner, der *soldân* von Persien, im Schaukampf um Meliurs Hand vom Publikum bestaunt wird, *als ein wildez tier* (V. 17185), sodass schon anhand dieses Vergleichs angedeutet wird, dass es Partonopier wahrscheinlich abermals schaffen wird, sich als erfolgreicher Jäger zu präsentieren. Selbst nach der Hochzeit mit Meliur tut er sich weiter als exzeptioneller Jäger hervor: Am Ende eines vergnüglichen Jagdausfluges hört er, als er den Wald wieder verlassen will, das verzweifelte Schimpfen eines Manns in der Ferne, das sogleich sein Mitleid weckt (V. 17486–17493). Er findet einen verwahrlosten Mann und stellt im Gespräch fest (dazu vgl. Schulz, Schwieriges Erkennen, S. 451), dass es sich um seinen Freund Anshelm handelt (V. 17726 f.), der sich im Wald verirrt hatte und mithilfe auditiver Spuren wieder gefunden wird. Partonopiers feinfühliges Gehör führt ihn auf der Handlungsebene zu einem Freund und sorgt auf der Metaebene für eine Binnenerzählung, der den Rezipienten mit intratextuell bekannten und neuen Motiven höfischer Aventiuren vergnügt. Das Fährtenverfolgen, das vorwiegend über das Gehör erfolgt, macht Partonopiers Vorgehen auch in den abschließenden Kriegshandlungen deutlich, wenn er etwa die Klage der leidenden Bauern vernimmt (*und als er in ein schœnes holz / geriten ûf der verte kam, / vil manege stimme er dô vernam, / diu lûte durch sîn ôren hal.* V. 20902–20905) und dann *diu vertâne heidenschaft* anschließend *als in dem garne ein wildez tier* (V. 20993–20995) eingekesselt wird. Die letzten Verse des Romans führen dann einen allerletzten Tiervergleich an, in dem Partonopier sogar besser abschneidet als das berühmteste Raubtier: *ein löuwe nie sô bitter / in sîner hungernœte wart / als der helt von hôher art / was in der tagezîte / den vînden an dem strîte* (V. 21780–21784). Zwar ist eine intertextuelle Anspielung auf Achilles bei einem Verfasser wie Konrad, der mit antiken Stoffen vertraut ist, natürlich gleichermaßen denkbar, doch auch intratextuell fällt auf, dass Partonopier von Anfang bis Ende als hungriger Jäger dargestellt wurde, der jegliche Beute – egal ob schäumender Eber, zaubermächtige Herrscherin oder feindliche Krieger – zu erlegen weiß.

1160 Vgl. Schulz, Spaltungsphantasmen, S. 234.

1161 Darin ist Meliur etwa mit Laudine in Hartmanns *Iwein* zu vergleichen. Schulz, Eherechtsdiskurse, S. 67–68, hingegen sieht in ihrer Ortsgebundenheit weniger einen Verweis auf die Feenhaftigkeit Meliurs, sondern auf die Uxorilokalität, die die Residenzregelung des Paars bestimmt – räumt aber ebd., S. 70, gleichzeitig ein, dass „Meliurs feeische Ausstattung [...] rezeptionsfreundlich die Attribuierung kulturell männlich kodierter Macht [verhüllt]."

1162 Der Wald macht nach Salvan-Renucci, *Du muost mich haben tougen*, S. 160, kenntlich, dass sich Partonopier in einer „Zaubersphäre" befindet. Während im französischen Text der Ardennenwald schon zu Beginn als übernatürlich dargestellt wird, nimmt Konrad die Anspielungen auf magische Elemente völlig zurück – womöglich um einen größeren Überraschungseffekt zu erzeugen, vgl. Obst, Der *Partonopier*-Roman, S. 170.

Teppich aus Phönixfedern ausgestattet ist.[1163] Damit macht die Eberjagd den Rezipienten am Anfang des Romans auf Hinweisstrukturen aufmerksam, die auf den zweiten Blick die komplexen Konzepte Sehen und Nicht-Sehen in Konrads Text offenlegen: Augenscheinlich kommt es nicht nur für den Protagonisten viel weniger auf das Sehen denn auf das richtige Wahrnehmen von Hinweisen an. Partonopier als Identifikationsfigur und der Rezipient teilen sich nicht nur die eingeschränkte Sicht und die begrenzten Informationen über die erzählte (Ander-)Welt, sondern sie werden beide gleichsam spürend und Spuren interpretierend aktiv.[1164] Der rekurrierende Gebrauch des Verbes *spüren* setzt implizit voraus, dass es eine Spur gibt, die gelesen werden kann. Auf der Figurenebene erscheint damit als wichtigste Lektion, dass die Handlung – entgegen der Meinung von Armin Schulz – gerade nicht „‚Sehen' als den wichtigsten Erkenntnismodus definiert"[1165], im Gegenteil: In *Partonopier und Meliur* wird vorwie-

1163 Meliurs *deckelachen* ist *von salamanders ballen* gefertigt (V. 1130 f.). Salamanderhaut wurde im Mittelalter als feuerfest erachtetet (Steffek, Feenwelt, S. 67–68); nach dem *Physiologus* verfügt der Salamander sogar über die Fähigkeit, einen Feuerofen zu löschen (Michael J. Curley: Physiologus. A Medieval Book of Nature Lore. Chicago 2009, S. 61). Theiß, Höfische Textilien, S. 316, zufolge wird der feuerfeste Salamanderstoff in der mittelhochdeutschen Literatur erstmals in Wolframs von Eschenbach *Parzival* (vierfach) erwähnt; Konrad selbst betont die Feuerfestigkeit des Salamanders auch im *Engelhard* (V. 802 f.). Gemeinsamen mit dem aus Phönixfedern gewebten Teppich, der vor Meliurs Bett liegt (V. 1142–1151), ergibt sich für das Schlafgemach im *Partonopier* nicht nur ein fabelhafter Materialmix, sondern einer, für den besonders Feuerbeständigkeit entscheidend zu sein scheint. Über den Phönix heißt es bei der Beschreibung des wundervollen Teppichs: *fênix ein vogel ist genant, / der in dem viure brennet sich* (V. 1144 f.). Im Feuer zu leben, ist wiederum eine Qualität, die vor allem einer Fee nachgesagt werden kann, wie Hartmanns von Aue Darstellung der Fee Famurgan im *Erec* nahelegt: *ouch was ir daz untiure, / si wonte in dem viure / als sanfte als ûf dem touwe. / diz kunde diu vrouwe* (V. 5180–5183). Nach dem Tabubruch malt Konrads Meliur ihre Wut über den treulosen Liebhaber außerdem mit einem Tiervergleich aus und setzt sich mit dem Salamander im Feuer gleich: *des wilden salamanders / herze nie gestuont sô gar / zuo dem heizen viure dar, / sô mîn gemüete ûf dînen schaden.* (V. 8582–8585). Auch Eming, Geliebte, S. 44, deutet Meliur, wenn sie das Sichttabu äußert, übrigens „als Fee vom Typ der Morgane [...], mit der das Motiv der erotischen Verlockung verbunden ist." Vielleicht ist einerseits über diese Verweise auf das Feuer bereits die topische Entstehung der Minne antizipiert, die mit dem (u. a. aus Gottfrieds *Tristan* bekannten) Begriffsfeld von Feuer, Glut und Kohle beschrieben wird – andererseits könnte mithilfe der feuerbezogenen Materialien im Schlafgemach absichtlich suggeriert werden, Partonopier sei in eine feenhafte Sphäre gelangt.

1164 So Kessler, Spurenlesen, S. 143–144, über den Lektüreprozess: „Einen Text als Spur zu begreifen bedeutet, ihn und auch seine Bedeutung nicht als etwas Konstantes, mit sich selbst Identisches aufzufassen, das seiner Lektüre vorangeht, ihr einfach vorliegt und ihr schließlich auch noch die Richtlinien der Sinnsuche vorschreibt. Als konkreter Gegenstand liegt der Text der Lektüre zwar bereits vor und ist durchaus weitestgehend unabhängig von Interpret und Interpretationsprozess. Als Spur aber ist der Text und mit ihm seine Bedeutung hochgradig abhängig vom Spurenleser und dem Prozess des Spurenlesens."

1165 Schulz, Poetik, S. 115. Er macht diese Überlegung daran fest, dass das Gefolge, das nach dem Tabubruch in Meliurs Kemenate kommt, um Partonopier zu betrachten, sofort erkennt, dass er ein *garzûn* (V. 8440) und *kneht* (V. 8461) mit einem *knappen lîp* (V. 8535) ist. Viel entscheidender ist aber in dieser Passage, dass die Beobachter sogleich bemerken, dass Partonopier trotz seiner Jugendlichkeit gend spürend[1166] erkannt, wobei diese Erkenntnisart auf das Lesen und Interpretieren von Spuren angewiesen ist.[1167] Damit fungiert der spürende Protagonist als verhüllte Rezeptionsanleitung: Partonopier führt als Identifikationsfigur des Rezipienten das Spurenlesen vor, und demonstriert dabei, dass sein Spürsinn (bei dem das Sehen eine geringe Rolle spielt), dem Imaginieren, also dem inneren Sehen, weit überlegen ist – schließlich spürt er Weiblichkeit im dunklen Raum, bevor sie hörbar wird, genauso wie Meliurs Minne durch ihre abweisenden Worte hindurch, aber er imaginiert einen Dämon (V. 1275 f.).

Blicklenkung funktioniert damit in *Partonopier und Meliur* anders als in den höfischen Text- und Bildzeugnissen, die in den vorangegangenen Kapiteln besprochen wurden: Während viele der oben untersuchten Zeugnisse Beobachterfiguren einschalten, um dem Rezipienten Einblick zu ermöglichen, wird Wahrnehmung in Konrads Roman einerseits durch Sichtblockaden radikal eingeschränkt, anderseits über Hinweisstrukturen, die als sensorische (z. B. auditive, taktile) und metaphorische Spuren (die Jagd, das Eindringen in die leere Stadt) in Erscheinung treten, gestaltet. Partonopiers Spuren-Lektüre hat dabei eine entscheidende, rezeptionslenkende Vorbildfunktion. Denn eine Spur ist nicht aus sich selbst heraus eine Spur, sondern wird erst durch einen Rezeptionsprozess als solche hervorgebracht.[1168] Hinweisstrukturen, die dem textexternen Rezipienten mithilfe eines textinternen Spurenlesers mögliche Spuren aufzeigen,[1169] stellen in *Partonopier und Meliur* das rezeptionslenkende Angebot zur Beobachtung dar: Nicht textile Rahmungen oder blicklenkende Figuren steuern den Blick des Rezipienten, sondern mithilfe subtiler Hinweise wird ein partieller Nachvollzug des Geschehens ermöglicht. Gemeinsam erleben Protagonist und Rezipi-

und obwohl er nichts sagt, *keiserlîche tugent* (V. 8542) aufweist: Nicht das, was oberflächlich gesehen wird, sondern das Innere, das *schînet* (V. 8548), ist wirklich relevant.

1166 Dies zeigt sich nicht nur an den Protagonisten der Minnehandlung, sondern auch an den Nebenfiguren. So erkennt Partonopiers Mutter Lucrete etwa dessen Minne, indem sie sie explizit spürt: *entsliuz mir schiere dînen / kumber, den ich an dir spür. / wan ich ez wol hân dâ für, / daz du verholne swære tragest.*(V. 6650–6653)

1167 Ähnlich folgert McLelland, Sehen, S. 174, für Hartmanns von Aue *Iwein*, in dem sie „Schwierigkeit der Zeichenlektüre“ diagnostiziert: „Sehen ist nicht gleich Verstehen. Die Zeichen (ob Gestik oder Sprechhandlung) verweisen nicht unbedingt auf die Wahrheit, sondern drücken eine subjektive Intention aus; sie müssen hinterfragt werden.“

1168 Kessler, Spurenlesen, S. 49: „Dass derselbe Gegenstand nun als Spur wahrgenommen wird, ist aber nicht so sehr dem betreffenden Gegenstand zuzurechnen, sondern vielmehr dem Rezipienten, der dem betreffenden Gegenstand den Status einer Spur *zuerkennt*. Mit anderen Worten: Was sich im Zusammenhang mit der *Spur als ein Zeichen* als ein nicht-intentionales Hinterlassen-Werden erwiesen hatte, erscheint nun, im Gegenlicht gesehen, grundsätzlich als ein *Hervorbringen*.“ [Kursivierung im Original].

1169 Dass das Finden von Spuren zur Aufgabe der Rezipienten gehört, folgert Scheidel, Semantik von Spur, S. 149, in seiner Untersuchung der *slâ*: „Die textuelle *slâ* zu finden, in der das Entzogene als präsenzerzeugende Leerstelle eingeschrieben ist, und ihr suchend zu folgen, ist also eine Leistung des Suchenden für sich. Diese *slâ* zu hinterlassen, ist Leistung des Textes und seines Urhebers.“

ent ein erotisches, möglicherweise sogar körperlich fühlbares Abenteuer,[1170] in dem der Akt des Lesens mit der (Minne-)Jagd des Protagonisten korreliert: Jede ästhetische Wahrnehmung ist Spurensuche und Jagd nach Anhaltspunkten, die Sinn ergeben, ist Eindringen in eine unbekannte Welt ohne visuelle Anhaltspunkte, ist – wenn die Nahrungsaufnahme als erotischer Prozess genauso körperlich wie der Lektüreprozess verstanden wird[1171] – ein Verschlingen von Speisen, Körpern und Informationen.[1172] In der engen Beziehung zwischen Protagonist und Rezipient wird das Spurensuchen also zum Äquivalent des Lesens,[1173] weil der Rezipient, genau wie Partonopier, unter-

1170 Morsch, Blickwendungen, S. 225, geht davon aus, dass Hörer und Leser bei präziser Beschreibung taktiler Dimensionen eine „beinahe'-Erfahrung" erleben können, die in *Partonopier und Meliur* vor allem eine „auf körperliche Nachvollziehbarkeit angelegte[.] Inszenierung des Begehrens" (ebd., S. 248) aufweist. Mit Camille, Sensations, S. 38, kann Lektüre als ganzheitlicher physischer Prozess, als „charged somatic experience" gedeutet werden. Helen Solterer: Seeing, Hearing, Tasting Woman: Medieval Senses of Reading. In: Comparative Literature. 46, 1994, 2, S. 129–145, hier: S. 130, betont, dass das Lesen sämtliche Sinnesorgane integriert; das Hören kann mit Wandhoff, Der epische Blick, S. 316, und seinem Rekurs auf Paul Zumthor als taktil bewertet werden. Ähnlich stellt Jacqueline Elaine Jung: The Tactile and the Visionary: Notes on the Place of Sculpture in the Medieval Religious Imagination. In: Looking Beyond: Visions, Dreams, and Insights in Medieval Art & History. Hrsg. von Colum P. Hourihane. Princeton 2010 (The Index of Christian Art: Occasional Papers. 11), S. 203–240, hier: S. 207, für das Sehen allgemein fest: „[T]he visual process was conceived in fundamentally embodied, even tactile terms". Gleiches gilt für Schreiben und Sprechen, die immer mehrere Sinne involvieren, vgl. Marina Brownlee: The Critical Sense. Some Spanish Examples. In: Rethinking the Medieval Senses. Heritage / Fascinations / Frames. Hrsg. von Stephen G. Nichols, Andreas Kablitz, Alison Calhoun. Baltimore 2008 (Parallax: Re-visions of Culture and Society), S. 75–92, hier: S. 75. Als physische Erfahrung versteht Wandhoff, Der epische Blick, S. 36, darum wohl die „multisensorische[n] Schriftanwendungen" von Mönchen: „Nicht nur das Hören von Lesungen, sondern auch die Praxis, die Worte der heiligen Schrift beim Lesen zu ‚kauen' und regelrecht zu ‚verspeisen', sie dabei zu ‚schmecken' und ‚auszukosten', legt davon Zeugnis ab. Selbst bei den Mahlzeiten werden fromme Texte verlesen, damit der irdische Geschmack des Mahls von der Süße der göttlichen Worte überdeckt wird." Noch deutlicher formuliert Wenzel, Hören und Sehen, S. 229, dass die Aneignung geistlicher Texte sich mitunter „als Vorgang sinnlicher Lust, ja, leibhaftiger Gier vollziehen [soll], weil nur dann nichts außerhalb, nicht unverdaut bleibt von der kostbaren Speise."

1171 Wenn für Partonopier Briefe zur *lîpnar* und *spîse* (V. 11184 f.) werden können, die seinen von der Minnekrankheit ausgezehrten Körper wieder zu Kräften kommen lassen, ist das Verständnis der Wirkung des geschrieben Wortes, das in *Partonopier und Meliur* vermittelt wird, eines, das weit über Schriftzeichen auf Beschreibstoff hinausgeht: Protagonist und Rezipient verschlingen Worte – für die eine organische Qualität des Überlieferungsträgers vorausgesetzt werden kann, weil für der Herstellung von Pergament die Erlegung eines Tieres vorausgeht.

1172 Nach Camille, Sensations, S. 40, legen insbesondere Konzepte der *ruminatio* einen Zusammenhang von Nahrungsaufnahme und Rezeption offen. Ähnlich Wenzel, Hören und Sehen, S. 236.

1173 Liebertz-Grün, Erkenntnistheorie, S. 389, ist der Ansicht, ein Leser müsse „wie der Jäger die Fährte entziffern, Spuren erahnen, wahrnehmen, interpretieren, klassifizieren, aus Indizien Zusammenhänge konstruieren, kurzum einem Lektüremodell folgen". Kessler, Spurenlesen, S. 207, folgert für die Makro- und Mirkostruktur des Spurenlesens im Detektivroman: „In beiden Fällen geht es um das Ausfüllen, Lösen oder Klären einer ursprünglichen Leerstelle, eines Rätsels oder einer Aufgabe. In beiden Fällen erscheint diese Leerstelle sowohl als Motor als auch als Bedingung für das im Mittelschiedliche, sinnliche Spuren verfolgt, sie zusammenführt und mit Deutung versieht.[1174] Ein solcher Zusammenhang zwischen Jagd, Spuren und Lektüreprozess ist in der Forschung durchaus etabliert: Sybille Krämer geht von einer Analogie des Lesens von Spuren und Texten aus, weil sie gleichermaßen semiotische Prozesse seien[1175] und Carlo Ginzburg vermutet sogar den Ursprung allen Erzählens (und damit auch des Rezipierens von Erzählungen) im Rahmen der Jagd:

> Vielleicht entstand die Idee der Erzählung selbst (im Unterschied zu Zaubersprüchen, Beschwörung und Anrufung) zuerst in einer Gesellschaft von Jägern und aus der Erfahrung des Spurenlesens. Diese – natürlich nicht beweisbare – Hypothese wird dadurch gestützt, daß alle rhetorischen Figuren, auf denen noch heute der Dechiffrierungscode der Jäger basiert – der Teil für das Ganze, die Wirkung für die Ursache –, auf die prosaische Achse der Metonymie zurückgeführt werden können (lediglich die Metapher fällt nicht hierunter). Der Jäger hätte demnach als erster ‚eine Geschichte erzählt', weil er als einziger fähig war, in den stummen – wenn nicht unsichtbaren – Spuren der Beute eine zusammenhängende Folge von Ereignissen zu lesen.[1176]

Unabhängig davon, ob Ginzburg mit dieser Hypothese Recht hat, wird deutlich, wie eng Jagd, Spuren und Lesen miteinander verknüpft sind: Eine Spur, die gelesen und als Geschichte rekonstruiert wird, macht den Jäger selbst zum Erzähler[1177], weil er die Spur, um sie verstehen zu können, zu einer Erzählung zusammenführen muss. Dies lässt sich auf die bereits ausgeführten imaginationslenkenden Strukturen in *Partonopier und Meliur* übertragen, denn vor allem in der Initialaventiure scheint nicht der Erzähler das Sehen des Rezipienten anzuleiten, sondern der spurenlesende Protagonist. Partonopier steuert also die Wahrnehmung mit seinem Lesen und Deuten der Spuren, wie ein Erzähler die Wahrnehmung des Rezipienten lenkt[1178] – während sich der tatsächliche Erzähler des Texts so zurückhält, dass der Rezipient gar keine andere Wahl hat, als sich auf die Wahrnehmung des Protagonisten zu verlassen.

Lesen und Jagd, die beide auf der Lust basieren, Indizien zu sammeln und zu verfolgen, und die beide mit Prestige, Anerkennung und Repräsentation verbunden

punkt stehende Interpretieren." Lechtermann, Sichtbarkeit von Spuren, S. 51, spricht von einer allegorischen Beziehung zwischen Spurensuche und Lektüre; für Friedhofen, Erlesene Welten, S. 16, ist das ‚Gehen auf einer Spur' eine konzeptionelle Metapher des Lesens.

1174 Kessler, Spurenlesen, S. 92, bezieht für ihre Darstellung des Wahrnehmungsprozesses ebenfalls mehrere Sinne mit ein: „Was wir hören, sehen, riechen muss erst in einen Zusammenhang mit Vergangenem und Zukünftigem gebracht werden, d. h. es muss tatsächlich spurenlesend erst noch erschlossen werden."

1175 Vgl. Krämer, Medium, S. 153.

1176 Ginzburg, Spurensicherung, S. 19.

1177 Vgl. Kessler, Spurenlesen, S. 16.

1178 Dass Konrads von Würzburg Figuren plötzlich die Funktion eines auktorialen Erzählers einnehmen können, hat Philipowski, Gestalt, S. 111–112, schon für das *Herzmære* herausgestellt – und dass ein Text als Spur gedeutet werden kann, betont Kessler, Spurenlesen, S. 130, und auch Scheidel, Semantik von Spur, S. 150, deutet etwa den *Parzival* als *slâ*, die „gelegt ist und rezeptionsseitig eine rekonstruktive, interpretative Leistung ermöglicht und erfordert."

sind,[1179] können als gleichermaßen höfischer Zeitvertreib gelten. In Bezug auf die Ähnlichkeit ihrer Rezeption existiert eine Parallele zwischen Jagd und Lektüre, die auch in der höfischen Literatur reflektiert wird.[1180] Wenn Lesen entsprechend eine Form des Jagens ist, wird der Lesende zum Jäger, der sich in Konrads ‚jagendem' Protagonisten gespiegelt finden kann. In Bezug auf die rezeptionslenkende Wirkung textueller Spuren muss Silvan Wanger widersprochen werden, wenn er der Ansicht ist, die Spur sei „in mittelalterlicher Literatur in erster Linie kein Zeichen, dessen adäquates Lesen grundsätzlich infrage steht"[1181]: Die Ambiguität der Spuren, die damit die Herausforde-

---

1179 Nach Wenzel, Hören und Sehen, S. 25, – „Herrschaftsrepräsentation durchdringt alle Bereiche, in denen sich höfisches Leben öffentlich manifestiert" – können alltägliche Handlungen als Bestandteil repräsentativer Ästhetik gelten.

1180 Dass diese Parallele in der mittelhochdeutschen Literatur thematisiert wird, lässt sich mithilfe einer Passage aus Hartmanns von Aue *Erec* zeigen: Als nach der Versöhnung des königlichen Ehepaars kurz vor Erecs letzter Aventiure die Beschreibung der reichen Jagdgebiete von Penefrec erfolgt, berichtet der Erzähler davon, dass man dort alles finden könne, was man zu jagen suche, und fordert die Rezipierenden anschließend zur aktiven Jagd auf:

> nû jage selbe swaz dû wilt.
> hie sint hunde unde wilt
> und swaz ze jagenne ist nütze,
> netze und guot geschütze,
> und swes vürbaz gert dîn muot.
> hie was diu kurzwîle guot. (V. 7182–7187)

Hartmann löst sich mit einer Publikumsapostrophe von der *descriptio* und regt den Leser oder Hörer auf der Metaebene mit einem zweifachen *hie* dazu an, selbst (imaginativ) auf die Jagd zu gehen; auch Ingrid Strasser: Fiktion und ihre Vermittlung in Hartmanns Erec-Roman. In: Fiktionalität im Artusroman. Tagung der Deutschen Sektion der Internationalen Artusgesellschaft in Berlin vom 13.–15. Februar 1992. Hrsg. von Volker Mertens, Friedrich Wolfzettel unter Mitarbeit von Matthias Meyer [u. a.]. Tübingen 1993 (SIA. 3), S. 63–83, hier: S. 69, erkennt für diese Passage einen „direkten Appell an die Erfindungsgabe der Hörer oder Leser". Der Vers *hie was diu kurzwîle guot* vermag sich darin zugleich auf die Burg Penefrec, deren Name im anschließenden Vers erstmals fällt (V. 7188) oder auf den Roman selbst beziehen, der für zu erjagendes Vergnügen sorgt. Diese Bezüge hat Däumer, Stimme, S. 182–183, mit Blick auf die performative Vortragssituation des Texts herausgestellt. „Über diesen programmatischen Begriff [die *kurzwîle*, J. M.], den ‚Zeitsprung' aus der epischen Vergangenheit in die Gegenwart der Aufführung und die konkrete Aufforderung zum Mitjagen wird das Jagdvergnügen auf der Burg Penefrec der Imagination dieses Vergnügens in der Aufführung gleichgesetzt. Der Vorgang der Rezeption wird so mit einem die Teilhabe am Geschilderten implizierenden Bewegungsvollzug verglichen: Es handelt sich um eine Verbildlichung der kinästhetischen Wahrnehmung." Ein spielerisch-doppeldeutiger Umgang mit Jagd- und Lesevergnügen scheint, um Däumers Beobachtung weiterzuführen, intendiert zu sein und außerdem zu reflektieren, dass es vom Rezipienten abhängig ist, was er erjagt: In den weitläufigen Jagdgründen der dargestellten Welt gibt es ausreichend imaginative Beute, um genau diejenige einzuholen, die der jeweilige Jäger begehrt. Der Begriff der Spur taucht bei Hartmann im Kontext der Beschreibung Penefrecs zwar nicht auf, doch etliche der bereits ausgeführten Episoden in *Partonopier und Meliur* deuten darauf hin, dass die Spur Grundlage der Jagd und damit Grundlage des Interpretationsprozesses ist, der wiederum Teil der Lektüre ist.

1181 Wagner, Spur, S. 491. Ähnlich auch Scheidel, Semantik von Spur, S. 148, über die *slâ*: „Die *slâ* aber, die Spur, die zu suchen und zu finden ist, ist keine, die zufällig existiert, sondern sie ist eine, die rung heraufbeschwören, sie interpretieren zu müssen, stellt hingegen ihren semiotischen Charakter sogar deutlich heraus.

Es gibt zwischen dem Spurenlesen eines Jägers und eines Rezipienten jedoch einen gewichtigen Unterschied bei der Art der rezipierten Zeichen: Während das Spurenlesen auf der Jagd das Sehen und Interpretieren natürlicher Zeichen ist, handelt es sich bei der Lektüre um die Rezeption künstlicher Zeichen.[1182] Krämer fasst prägnant zusammen: „Eine Spur, die gemacht wird, ist keine Spur."[1183] Damit sind auch jene Spuren, die den Protagonisten in seiner Initialaventiure leiten, keine Spuren im eigentlichen Sinn, weil sie keine versehentlichen Hinterlassenschaften darstellen, sondern intentional inszenierte Wegpfeiler.[1184] Weil Meliurs Hinweise und Lenkungen gerade nicht natürlich, sondern vollkommen künstlich sind, steht Partonopier dem Leser des Romans sogar noch näher als auf den ersten Blick angenommen: Sowohl Partonopier als auch der Rezipient müssen zunächst glauben, dass es sich beim Wildwerden der blutrünstigen Hunde um eine natürliche Reaktion handelt, bis Meliur eröffnet, dass sie diese Spur inszenierte (V. 1866–1877)[1185] – die damit eben keine Spur, sondern eine intendierte Fährte ist.[1186] Der textinterne und der textexterne Jäger tappen damit in dieselbe Falle und können erst rückwirkend verstehen, dass sie manipuliert wurden, denn erst nach Meliurs Erläuterung kann die Artifizialität der Hinweis-

eingerichtet, die hinterlegt ist. Sie ist jedoch kein Zeichen, das nur zu dekodieren und auf einen eindeutigen Sinn hin auszudeuten ist."

1182 Vgl. Kessler, Spurenlesen, S. 89. Darum können Spuren nicht mit Schriftzeichen gleichgesetzt werden, wie sie ebd., S. 77, ebenfalls problematisiert, weil Spuren niemals intendiert und darum nicht austauschbar oder wiederholbar seien: „Im Unterschied zur Schrift lassen sich Spuren also weder als solche herstellen noch gibt es einen Code, eine Grammatik oder Syntax, auf die zur Entzifferung zurückgegriffen werden könnte. Während darüber hinaus bei der Lektüre von Schrift, im ‚Normalfall', klar sein dürfte, was Schriftzeichen ist und was nicht, ist es im ‚Normalfall' von Spuren zunächst gerade *nicht* klar, was Zeichen ist und was nicht, und das liegt nicht allein an der materiellen Beschaffenheit von Spuren. Denn tatsächlich gehen Spuren, anders als Schriftzeichen, ihrer Lektüre gewissermaßen nicht einmal in jeder Hinsicht voraus." [Kursivierung im Original]. Um die Ähnlichkeit der Position des Protagonisten in *Partonopier und Meliur* mit dem des Rezipienten herauszustellen, steht hier darum nicht die Untersuchung diverser Zeichenkategorien im Vordergrund, sondern der Rezeptionsprozess, in dem sich beide Beobachtungspositionen annähern.

1183 Krämer, Medium, S. 162. Ähnlich formuliert schon Augustinus vgl. Ausgewählte praktische Schriften, S. 50.

1184 Kessler, Spurenlesen, S. 26: „Spuren vergegenwärtigen etwas, das einem direkten Zugriff entzogen ist, ohne dabei im herkömmlichen Sinne zu repräsentieren; sie vermitteln ohne etwas dabei darzustellen oder abzubilden, und sie zeigen etwas an, statt es in Erscheinung zu rufen."

1185 Ruth Garstka: Untersuchungen zu Konrads von Würzburg Versroman *Partonopier und Meliur*. Funktionsänderung epischer Komposition im nachhöfischen Epigonenroman im Vergleich zu Beispielen aus den „klassischen" Artusromanen Hartmanns. Diss. Tübingen 1979, S. 52, betont ebenfalls, dass der „unausweichliche rote Faden" der Eberjagd Partonopier und dem Rezipienten erst im Nachhinein deutlich werde.

1186 Schließlich sind Texte ganz allgemein keine versehentlichen Hinterlassenschaften (sofern es sich z. B. nicht um eine Zeitung an einem Tatort handelt), sondern mit Intention kreiert, wie Kessler, Spurenlesen, S. 135, herausstellt.

strukturen erkannt werden. Die Herrscherin verweist im *entsliezen* ihrer *künste* nach der ersten Liebesnacht auf den Schlüssel, der die Zeichen des Texts als künstliche offenbart: Das bedeutet, dass sowohl Partonopier als auch der Rezipient keine selbstständigen Spurenjäger sind – nur, dass sie es zu Beginn noch nicht bemerken und darum genauso verzaubert einer Fährte hinterhereilen wie die Jagdhunde im Ardennenwald. Die Spuren enttarnen nicht nur ein absichtliches Täuschungsmanöver Meliurs, sondern des Romans selbst, denn während Meliur Partonopier unbemerkt auf eine Fährte lenkt, tut Konrad von Würzburg genau dies mit dem Rezipienten, indem er ihn mithilfe zahlreicher Hinweise dazu verleitet, anzunehmen, Partonopier ließe sich mit einer Fee ein. Wenn die Absenz von Sichtbarem eine Leerstelle markiert, die aber gleichzeitig ein Verweis auf etwas sein kann,[1187] scheint diese rezeptionssteuernde Schnittstelle die reizvolle Spannung von *Partonopier und Meliur* auszumachen, weil sie die Ambiguität aller Zeichen des Texts vor Augen führt und damit „eine Verknüpfung von Lesen der Spur und Lesen des Erzähltextes [erfolgt], der vor diesem Hintergrund als fragwürdige und nur mit gleichsam detektivischem Impetus lesbare Spur erscheint."[1188] Dieser detektivische Reiz des Romans wird im Folgenden noch umfassender betrachtet.

3.2.5 Heimliche Trickkiste: Die Entzauberung der Unsichtbarkeit

Mit der Auflösung der Sichtblockade Dunkelheit, die dann von einer Blendung durch Helligkeit abgelöst wird, offenbart der Text, dass es in der Minnehandlung letztlich nicht um magische Sichttabus geht. Bis zum Tabubruch muss der Rezipient davon ausgehen, dass mit der Auflösung der Unsichtbarkeit ein umfassender Einblick einhergehen wird – dies ist jedoch, wie oben bereits aufgeführt, nicht der Fall. Erst mit Meliurs zweiter Entschlüsselung nach dem Tabubruch wird deutlich, dass die ersten knapp achttausend Verse des Romans trügerische Wahrheiten vermittelt haben:[1189] Bei allen

---

1187 Vgl. Kessler, ebd., S. 39.

1188 Wagner, Spur, S. 499. Er nimmt dies in einem anderen Zusammenhang, nämlich für die Rätsel, die Isolde in Gottfrieds *Tristan* löst, an, ist sich über den Anachronismus des Detektivischen aber natürlich im Klaren.

1189 Diese Unterscheidung zwischen der ersten und der zweiten Entschlüsselung ist entscheidend für die folgende Argumentation, denn darin wird wirklich deutlich, wie Meliur mit den Informationen, die sie Partonopier und dem Rezipienten zur Verfügung stellt, haushaltet. In der Forschung werden die Enthüllungen nach der ersten Liebesnacht und nach dem Tabubruch oft zusammengeführt wie es die Inhaltszusammenfassung von Meyer, Wilde Fee, S. 111–112, beispielhaft zeigt (der dabei zusätzlich auch Meliurs Schwester Irekel vergisst): „Im Gespräch nach der Liebesvereinigung wird nun die gesamte Geschichte erläutert: Meliur ist nicht – wie zu erwarten – eine Fee, sondern nur die verwaiste Tochter des Kaisers von Byzanz. Da dieser nur ein einziges Kind, eine Tochter, besaß, hat er sie, wie wir später erfahren, besonders in der Zauberei ausbilden lassen, damit sie zuerst zur Hofunterhaltung beiträgt und damit später ihre Unabhängigkeit sichergestellt wird." Relevant ist aber gerade, dass anfangs nur ein kleiner Teil ihrer Geschichte erläutert wird und sowohl die Art und der Ursprung der Zauberkunst Meliurs als auch ihre weltliche Herkunft bis zum Tabubruch verborgen werden, um den Rezipienten möglichst lange im spekulierend-imaginiernden Zustand verharren zu lassen.

subtilen Indizien, die der Text zunächst dazu anführt, um die Präsenz von Übernatürlichem zu suggerieren, wird im Laufe der Handlung deutlich, dass die Unsichtbarkeit, die zunächst magisch-abstrakt präsentiert wird, nachvollziehbaren Ursprungs ist: Meliur ist lediglich eine ausgezeichnete Schülerin und hat sich ihre *künste* durch gründliches Studium entsprechender Bücher angeeignet (V. 8078–8099). Magie entpuppt sich damit nicht als übernatürliche Fähigkeit, sondern als Resultat von Fleiß und außerordentlicher Auffassungsgabe. Mit dieser Offenbarung wird das Magische, das die erste Hälfte des Romans dominiert, rationalisiert, sodass *Partonopier und Meliur* in der Rückschau deutlich weniger übernatürliche Elemente aufweist, als der Beginn des Texts glauben macht.

Der Verlauf des Romans nach dem Tabubruch stellt sich anhand intratextueller Wiederaufgriffe regelrecht als Entzauberung des vormals unbegreiflichen Unsichtbaren dar, denn der Weg zur Wiedervereinigung der Liebenden ist von der Umkehrung jener Übernatürlichkeit geprägt, die die Handlungsstationen zu ihrer ersten Vereinigung in Schiefdeire ausmachen. Dass die Handlung nach dem Tabubruch darum bemüht ist, Übernatürliches zu rationalisieren, vermag die Rekapitulation der zweiten Episode im Ardennenwald herauszustellen. Diese Episode findet nach Partonopiers Verteibung aus Schiefdeire statt, die Stationen seiner ersten Aventiure werden darin jedoch systematisch wiederholt: Während Meliur nach dem Tabubruch versucht, eine Lösung für ihr Reich zu finden, das einen männlichen Herrscher an ihrer Seite erwartet, konzentriert sich die Nachahmung der anfänglichen Minnestationen erneut auf Partonopier, der allein im Ardennenwald an Meliurs Liebesentsagung verzweifelt. Als der vertriebene Protagonist in der französischen Heimat ein Jahr *in alsô grimmer swære* (V. 9697) unter der Trennung von Meliur und seinen Schuldgefühlen gelitten hat, macht er sich voller Todessehnsucht zunächst mit seinem Begleiter Fursin auf den Weg in die Wildnis, will sich aber schon bald *vil tougen [...] von im versteln / und danne [s]îne fart verheln* (V. 10171 f.), sodass dieser ihm nicht folgen und seinen Freitod beobachten kann. Schon der gemeinsame Weg in den Wald wird dabei so geplant, dass die beiden keinerlei Spuren hinterlassen, *daz von dem lande / nieman die vart erkande* (V. 10201 f.). Darum *fuoren [si] ie des nahtes hin / unde burgen sich des tages* (V. 10204 f.). Nachdem der ‚heidnische' Fursin auf den christlichen Namen Anshelm getauft wurde (V.10226–10229), schleicht Partonopier sich wie geplant fort: *Anshelm zehant entslief aldâ / dô stal sich tougenlîche sâ / Partonopier enwec von ime* (V. 10235–10237). Als talentierter Spurenleser weiß Partonopier natürlich auch, wie Spuren am besten verwischt werden können. Als Anshelm sein Verschwinden bemerkt, bricht er voller Sorge auf, um Partonopier zu suchen, doch er verliert schon bald *des weges und der strâze spor* (V. 10437). In der *vinster naht* (V. 10440) verirrt sich Anshelm hoffnungslos *dô sîn ouge niht mêr kôs / daz spor und er die slâ verlôs, / dar ûf er da geriten was* (V. 10445–10447). Indessen wendet sich der Erzähler Partonopier zu (V. 10456 f.), der erwartet, von den wilden Tieren des Waldes getötet zu werden.[1190] Während die Hunde beim ersten Aufenthalt im Ardennenwald aufgrund der *künste* Meliurs wahnsinnig werden (V. 425–434), ist es nun der Protagonist selbst, der wegen Meliur den Verstand verliert[1191] und dabei von einem Jüngling verfolgt wird, der dessen Spur aufnehmen will, sich dabei aber im Wald verirrt.

Am Anfang des Romans eilt Partonopier den entlaufenen Hunden im Wald hinterher, muss aber rasten, weil sein Pferd erschöpft ist (V. 461–465). In Konsequenz seiner gravierenden Minnekrankheit nach dem Tabubruch verkriecht sich der junge Graf und stattdessen nimmt sein Pferd in einem großen Teil dieser Episode die aktive Rolle ein.[1192] Das Ross folgt allerdings keiner Fährte, sondern hat selbst Angst, auf seiner Flucht vor einem Raubtier eine Spur zu hinterlassen: *ez wânde, im solte ziehen / der lewe ûf sîner verte nâch* (V. 10556 f.). Unwissend, dass der hungrige Löwe, gegen den es zuvor gekämpft hatte, bereits tödlich verwundet wurde, prescht es *sam ez wære wilde* (V. 10577) durch den Wald, bis es ans Meeresufer gelangt, wo sein panisches Rufen von einer schönen Dame und ihrem Gefolge auf einem Schiff gehört werden kann. Die Umstände scheinen ähnlich günstig wie in der Nacht, in der Partonopier das Schiff am Ufer entdeckt: Es ist windstill und der Mond scheint hell (V. 10584–10594). Diesmal jedoch ist kein übernatürlicher Zauber, sondern *daz weter* (V. 10589) verantwortlich, das die natürlich-rationale Bedingung dafür liefert, dass einerseits das Rufen des Pferdes über große Distanz zu hören ist und anderseits, dass die Reisegesellschaft nicht vorankommt, weil der Wind für die Segel fehlt (V. 10602 f.)[1193], und deshalb das Wiehern vernehmen kann. Die Dame und ihr Begleiter Maruoc gehen an Land, folgen

---

1190 Das Motiv, sich aus Verzweiflung über den vermeintlichen Verlust des geliebten Gegenübers wilden Tiere absichtlich zum Fraß vorzuwerfen, erinnert an Hartmanns von Aue *Erec*, in dem Enite sich einen solchen Tod herbeisehnt (V. 5831–5856); bei Chrétien gibt es diese Passage nicht (Fritz Peter Knapp: Enites Totenklage und Selbstmordversuch in Hartmanns *Erec*. Eine quellenkritische Analyse. In: GRM Ser. N. F. 26 (1976), S. 83–90, hier: S. 84).

1191 Partonopier während seiner Minnekrankheit mit einem Tier zu vergleichen, ist nicht weit hergeholt, schließlich sieht er nun tatsächlich aus wie ein behaartes Tier, das auf allen Vieren kriecht und sich lediglich von *loup unde gras, würz unde krût* (V. 10511) ernährt. Außerdem werden im gesamten Romanfragment immer wieder menschliche Figuren mit Tieren verglichen, weshalb Winst, Krankheit, S. 158, der Ansicht ist, dass „mit Tierverweisen und Tiervergleichen divergierende Semantiken adliger Identitätsbildung eröffnet [werden], in denen ‚Wildheit' sowohl vorbildliche Männlichkeit indizieren als auch den vollständigen Zivilisationsverlust kennzeichnen kann." Paradoxerweise werden Tiere wie Partonopiers Pferd mitunter als rational und reflektiert handelnd präsentiert, sodass die Grenzen zwischen Mensch und Tier womöglich im ganzen Roman nicht allzu trennscharf zu deuten sind.

1192 Rikl, Erzählen, S. 154, spricht von einer „stellvertretende[n] Handlungsübernahme" des Pferdes; Friedrich, Menschentier, S. 384, ist ebenfalls der Ansicht, dass das Pferd „stellvertretend die Position des Helden" übernehme.

1193 Es ist auffällig, dass die Präsenz und Absenz von Wind immer wieder zum Thema gemacht wird, z. B. hat Partonopier, als aus Schiefdeire vertrieben wird, *guoten segelwint* (V. 9230); aber als er von Thenadôn zurück nach Schiefdeire möchte, geht so wenig Wind, dass er stattdessen über Land reisen muss (V. 13054–13067). Entweder die realen Voraussetzungen für das Segeln werden stets reflektiert, um einen größeren Naturalismus zu suggerieren – oder der Wind ‚kooperiert' ausschließlich mit Melidem Geräusch des Tiers – genau wie Partonopier anfangs dem Gebell der Hunde –, um die geschehene *aventiure*[1194] zu *schouwen unde sehen* (V. 10638), und finden zunächst den toten Löwen (V. 10724–10731). Der Tierkenner Maruoc sieht gleich, dass das Blut an der Kampfstätte nicht nur von dem Raubtier stammt und rekonstruiert, dass, was auch immer den Löwen besiegte, ebenfalls verwundet ist (V. 10736–10739), weshalb er vorschlägt, der Blutspur zu folgen: *swâ diz gevilde bluotes naz / worden ist, daz wir dem spor / nur volgen, sô wirt uns hie vor / kunt, wer disen lewen sluoc* (V. 10744–10747). Er ist sich sicher, dass *daz bluot uns wîset dâ zehant / an die stat* (V. 10750 f.) und somit begeben sich die beiden *ûf des pherdes spor* (V. 10753), denn *den wec het ez in allez vor / gezeichnet mit dem bluote sîn.* (V. 10754 f.) Abermals wird im Ardennenwald also die (Blut-)Spur eines Tieres verfolgt, diesmal ist sie allerdings nicht auf einen Zauber, der die Jagdhunde manipuliert, zurückzuführen, sondern auf eine rational erklärbare Kampfverletzung.

Die Dame bleibt stehen (*diu bestuont aleine*, V. 10757), als sie einen lautstarken Seufzer vernimmt, und beginnt daraufhin, die Umgebung abzusuchen, bis sie in einem *holen boum* (V. 10771) einen verwilderten Mann findet und sich ihm als Irekel vorstellt (V. 10781–10844). Als der Verwahrloste, nachdem er diesen Namen gehört hat, der ihn an Meliur erinnert, gänzlich zusammenbricht, erkennt wiederum Irekel den Jungen als Partonopier, weil sie ihn auf ihren Schoß zieht und damit engen Körperkontakt herstellt.[1195] Angesichts seines desolaten Zustandes berichtet sie ihm, dass sie ihn im Auftrag ihrer Schwester aufsucht:

---

urs Willen, sodass dies als ein weiteres (intendiert irreführendes) Indiz für ihre Feenhaftigkeit zu deuten wäre.

1194 Huber, Brüchige Figur, S. 296, erkennt schon im Auftauchen dieses Begriffs eine poetologische Reflexion.

1195 Partonopier ist so verwildert, dass Irekel ihn anhand seines Äußerern nicht erkennen kann – die Erkenntnis erfolgt hingegen taktil (vgl. Rikl, Erzählen, S. 120):

> Partonopieren, wizzet daz,
> ûf ir schôz huop si zehant.
> dâ von wart ir sîn lîp erkant,
> wan dô sim alsô nâhen kam,
> daz si sîn rehte war genam.
> dô wart in êrste erkennende
> diu süeze und in dâ nennende
> mit namen sunder lougen. (V. 10868 – 10875)

Diese Inszenierung des Wiedererkennens verdeutlicht erneut, dass das Erkennen in *Partonopier und Meliur* nicht an den Sehsinn gekoppelt zu sein scheint. (Zugleich erinnert diese Szene an bildliche Wirkung einer Pietà; diesen Vergleich ziehen auch Runow und Zimmermann, Von unsichtbarer Schönheit, S. 189, allerdings verweisen sie nicht, wie Walter Haug: Vom *Tristan* zu Wolframs *Titurel* oder Die Geburt des Romans aus dem Scheitern am Absoluten. In: DVjs 82 (2008), S. 193–204, hier: S. 201, für die ähnliche Konzeption Sigunes im *Parzival* darauf, dass es das Vesperbild zu dieser Zeit noch nicht gab.)

dîn sache ir alsô nâhen lît,
daz si mich hât zuo dir gesant,
durch daz du kêrest in ir lant
und sülst ir stæte minne hân;
sie welle dir ir hulde lân
durchnähteclichen alle stunt. (V. 10910–10915)

Partonopier – und kurzzeitig auch dem Rezipienten – wird die Hoffnung einer baldigen Versöhnung des Liebespaars suggeriert, doch der Erzähler räumt sogleich ein, dass Irekel aus Mitleid lügt[1196] und Meliurs „angeblicher Sinneswandel wird als Fiktion entlarvt“[1197]: *Diu reine erdâhte disen trôst / durch daz der arme würde erlôst / ûz materlicher swœre* (V. 10933–10935). Der gutgläubige Partonopier gewinnt wieder Zuversicht, dennoch betont er, dass, falls Irekels Beteuerung unwahr sein sollte, er in noch tiefere Verzweiflung sinken würde (V. 10960–10965). Er entschließt sich trotz leiser Zweifel, der Schwester seiner Geliebten zu vertrauen und Irekel in ihr Reich zu begleiten, nachdem ihr Gefolge dank der *bluotvarwen spor* (V. 11043) glücklicherweise auch sein Pferd wiedergefunden hat. In Irekels *irdisch paradîs* (V. 11089) namens Salenze (V. 11102) angekommen, wird Partonopier *vil tougen* in ein Gemach gebracht, *daz niemen sîn geverte dô / wizzen kunde noch ervarn* (V. 11121–1123). Dort kümmert sich Irekel Tag und Nacht um den geschwächten Jüngling, verbirgt ihre Aktivitäten aber bewusst vor ihrem Hof (V. 11132–11135), sodass *kein mensch wart sîn dâ gewar* (V. 11136) – außer ihrer vorbildlichen Gehilfin Persanis. Wie anfangs in Schiefdeire, weilt Partonopier erneut an einem prächtigen Hof, dessen Gesellschaft ihn aber nicht erblicken darf. Diesmal verhüllt ihn jedoch kein Zauber vor den Blicken des Gefolges (V. 1986 f.), sondern ein geschicktes Versteck und verschwiegene Geheimhaltung.

Wie diese Rekapitulation der Handlung zeigt, erfolgt die Entdeckung des Verwilderten im Wald und seine Rehabilitation in Form von Stationen, die der ersten Zusammenführung des Liebespaars am Anfang des Romans entsprechen: Im gefährlichen Ardennenwald verirrt sich ein Junge im Dunkeln, weil er die verfolgte Spur verliert, und domestizierte Tiere eines französischen Adligen verhalten sich aufgrund einer Fährte wie wild.[1198] Die visuellen und auditiven (Blut-)Spuren der Tiere, die die Figuren lenken, tragen dazu bei, dass Partonopier eine Reise über das Meer antritt, um heimlich in ein paradiesisches Reich geführt zu werden, in dem ihn jedoch niemand erblicken darf. Zwei Mal wird Partonopier damit von einer wunderschönen Frau aus dem bedrohlichen Ardennenwald gerettet, beide Male wird er dabei (in seinem besten

1196 Kocher und Hochadel, Einleitung, S. 3, schlagen als Definition für eine Lüge vor: „Eine Person lügt, wenn sie bewusst etwas behauptet, das sie zu gleichen Zeit selbst nicht glaubt.“

1197 Dimpel, Zofe, S. 360.

1198 Sogar einen Zauber im Wald, der Tiere manipuliert, gibt es zweimal, denn Irekels Bootsmann macht die gefährlichen Tiere des Ardennenwaldes mithilfe eines Zaubers unschädlich, damit sie keine Bedrohung darstellen (V. 10678–10688). Im Unterschied zu Meliurs Zauber, dessen genaue Wirkung auf die Tiere abstrakt bleibt, wird hier klar gesagt, dass die Tiere mit offenen Augen einschlafen.

Interesse) in die Irre geführt, indem die Dame mit der Macht verführerischer (Wort-) Künste idealisierte Trugbilder erzeugt. Auch bei Irekels fantastischen Bildern hegt Partonopier erst Zweifel, einem Betrug anheimzufallen, gibt sich aber dennoch bereitwillig der Fantasie hin, die fast zu schön scheint, um wahr zu sein, sodass er erneut der unsichtbare Gast an einem herrschaftlichen Hof wird. In Anbetracht einer solchen schematischen Vereinfachung der sich wiederholenden Handlungsabfolgen vor und nach dem Tabubruch, die beide mit Partonopiers einsamer Verzweiflung im Ardennenwald beginnen, wird deutlich, dass die Handlungsstränge fast wie der Doppelweg des Artusromans aufeinander bezogen sind:[1199] Zwar scheinen die Bezüge nicht immer gänzlich übertragbar,[1200] insbesondere weil Irekel ihre Trugbilder lediglich durch Lügen und nicht wie Meliur durch Zauberkunst erschafft. Dennoch besteht Irekels Schwindel keinesfalls aus harmlosen Notlügen, sondern sie verfolgt einen durchdachten Plan. Die aufopferungsvolle Pflege, die Irekel und ihre *niftel* Persanis dem ge-

---

1199 Ähnlich wie in Hartmanns von Aue *Iwein* fungiert der Tabubruch und die darauffolgende Vertreibung aus dem Reich der feenhaften Minnedame als (eine Art) Krise, die Wahnsinn und Verwilderung des Protagonisten nach sich zieht, sodass Rikl, Erzählen, S. 27–28, eine Parallele mit dem Artusroman im destruktiven Ausmaß der Zäsur nach einem ersten Erzählabschnitt erkennt. Im Prozess seiner Restitution muss Partonopier wie Hartmanns Erec ähnliche Szenarien doppelt durchlaufen – mit dem Unterschied, dass bei Partonopier nicht ritterliche Bewährung im Vordergrund steht, sondern es geht eher darum, dass er seine Minnedame aus eigener Kraft heraus erringt (Kokott, Konrad von Würzburg, S. 231). Für Walter Haug: Über die Schwierigkeiten des Erzählens in „nachklassischer" Zeit. In: Positionen des Romans im späten Mittelalter. Hrsg. von dems., Burghart Wachinger. Berlin 1991 (Fortuna Vitrea. 1), S. 338–365, hier: S. 362, lässt sich der Tabubruch hingegen nicht mit der Krise des Artusromans vergleichen, wenngleich er davon ausgeht, dass *Partonopier und Meliur* durchaus das arthurische Modell zugrunde liegt. Meyer, Wilde Fee, S. 122, spricht sich sogar vehement gegen eine Übernahme arthurischer Strukturmodelle aus, weil sich Konrad hauptsächlich auf die antike Struktur des Minne- und Aventiureromans stütze und sich damit weitaus konservativer als der Artusroman darstelle: „Es liegt hier kein dem Artusroman verwandtes Erzählen vor, die Suche nach einem Stationenweg im *Partonopier* wäre vergeblich." Obwohl Meyer einen Vergleich mit dem Artusroman als nicht förderlich empfindet, ist die Nähe zum arthurischen Roman auch schon für den französischen *Partonopeu* dargelegt worden (etwa von Trînca, Erzählen, S. 176.); außerdem lässt sich die grundlegende Struktur von ‚Vereinigung mit der Minnedame – Krise – öffentliche Restitution, Wiedervereinigung mit der Minnedame, ideale Herrschaft' u. a. mit den Romanen Hartmanns von Aue vergleichen, wozu eben auch beiträgt, dass es eine Art Wiederholung der Wegstationen des Protagonisten nach der Krise gibt: Diese formuliert keinen ausgereiften Doppelweg wie im *Erec*, aber für Rezipienten mit Vorwissen womöglich ein reizvolles Spiel mit literarischen Konventionen. Aus (der Andeutung) einer strukturellen Nähe zum Artusroman lässt sich so vielleicht ein spielerischer Umgang mit der Erwartungshaltung der *Partonopier*-Rezipierenden herauslesen. Für einen ausführlichen Vergleich der Artusromane Hartmanns mit *Partonopier und Meliur* vgl. die Arbeit von Garstka, Untersuchungen.

1200 Vergleichbar bewertet die Wiederholung der Wegstationen Rikl, Erzählen, S. 106: „Der Bewährungsweg Partonopiers, auf dem sich die Stationen seines ersten Weges von Bleis nach Schiefdeire mehrmals spiegeln, weist eine komplexe Strukturierung auf. Von einer Wiederholung der Wegstationen – wie dies dem Strukturschema des doppelten Kursus im Artusroman eigen ist – kann hier nicht gesprochen werden."

schwächten Partonopier angedeihen lassen, geht nämlich weit über die körperliche hinaus:

> si machten valsche brieve dâ
> dem süezen hovebæren;
> si seiten im, si wæren
> von Meliûre im dar gesant,
> durch daz er lieze sâ zehant
> swaz sorge in sînem herzen was. (V. 11170–11175)

Um Partonopier aufzumuntern und seine Genesung voranzutreiben, fälschen die beiden Frauen Briefe, die den Grafen glauben lassen, Meliur habe ihm vergeben. Die *lugeliche[.] botschaft* (V. 11177)[1201] dieser Briefe wird zu seiner *lîpnar* (V. 11184), die Partonopier bald wieder zu alten Kräften kommen lässt. Während er im Wald zunächst noch skeptisch war, ob Irekel wirklich in Meliurs Auftrag zu ihm reiste, fällt er nun ahnungslos einer raffinierten Manipulation zum Opfer, weil die Briefe ihm einen sichtbaren und haptischen Beweis liefern, dass es Hoffnung für seine Beziehung mit Meliur gibt. Irekels rasch erdachte Notlüge im Ardennenwald wächst mit den Briefen zu einem ausgeklügelten System heran, in dem sie zur raffinierten Kupplerin wird und – wie Lunete in Hartmanns von Aue *Iwein*[1202] – zu zahlreichen Listen greift, um die Restitution Partonopiers zu erwirken.

Der Protagonist ist jedoch nicht der einzige, den Irekel mit raffinierten Lügen täuscht: Ein Jahr nach dem Tabubruch reist sie ins Reich ihrer Schwester, doch Meliur will nicht einräumen, wie sehr sie unter der Trennung von Partonopier leidet. Irekel erzählt der Herrscherin darum, sie habe von der Todessehnsucht ihres ehemaligen Geliebten erfahren: *ich hân diu mære sît vernomen, / dar umbe ich harte trûric bin: / Partonopier der ist dâ hin / und hât vil nâch verendet* (V. 11352–11355). Meliur ist zwar erschüttert, zeigt jedoch keine emotionale Regung, weil *vor der swester si dâ barc / sôs aller meist kunde* (V. 11378 f.). Stattdessen sagt sie, dass, wenn Irekel so besorgt um Partonopier sei, sie ja selbst zum ihm reisen könne, wobei sie nochmals betont, dass sie ihm nicht vergeben werde (V. 11398–11409). Hier schaltet sich jedoch sogleich der Erzähler ein und markiert diese Äußerungen Meliurs eindeutig als Lügen:[1203]

1201 Über den Inhalt der Briefe verrät der Erzähler nichts – stattdessen wird betont, dass es sich um *valsche brieve* handelt (V. 11170; V. 11184), die ihre Wirkung aber nicht verfehlen und Partonopiers Stimmung rasant verbessern.

1202 Eine bedeutende Ähnlichkeit von Lunete und Irekel ist dabei, dass sich beide nicht auf die Seite ihrer Herrin, sondern auf die des männlichen Protagonisten stellen, vgl. Dimpel, Zofe, S. 358. (Dass Irekel Meliur in einem Anhängigkeitsverhältnis untergeordnet ist, suggeriert die Tatsache, dass sie ihr prächtiges Inselreich von der Schwester geschenkt bekam, vgl. V. 11095).

1203 Huber, Brüchige Figur, S. 288, ist der Ansicht, dass in diesen Verstellungen eine Rezeptionsherausforderung zu sehen sei: „Wenn Figuren etwas anderes meinen, als sie sagen, wenn sie täuschen in unterschiedlicher Absicht oder sich auch unabsichtlich täuschen, wenn sie dabei von sich selbst ungewollt etwas preisgeben, bilden sich in der Aussage des Gesamttextes Verwerfungen, welche die Rezep-

Die rede treip diu guote,
diu tougen in ir muote
Partonopieren meinte,
und ûzerhalp erscheinte
die rede und die gebærde,
als ir dekein beswærde
ûf stüende von der schulde sîn. (V. 11417–11423)

Meliur agiert in voller Absicht als Schauspielerin, die ihr wahres Befinden mit verschleiernden Worten und Gesten fast unkenntlich macht: Ihr vermeintlich reserviertes Äußeres wird zur Hülle der inneren Verzweiflung.[1204] Ihre kluge Schwester deutet Tränen und Seufzer aber korrekt als Spuren der Minne, die Meliur konsequent zu leugnen versucht (V. 11534–11537), indem sie lügnerisch erklärt, was sie beschäftigt

tion wesentlich komplizieren." Bei genauerer Betrachung jener Episoden, in denen sich Figuren verstellen, wird jedoch klar, dass der Erzähler immer genau dort einschreitet, um Missverständnisse zu vermeiden und Lug und Betrug von vorneherein kenntlich zu machen, sodass er damit entsprechend einer etablierten literarischen Tradition agiert, wie folgende Überlegung von Philipowski, Gestalt, S. 244, verdeutlicht: „Zwar bereitet uns die Diskrepanz zwischen Innen und Außen (etwa in Form von Verstellung, List, Intrige oder Täuschung) keine Probleme, sobald sie entweder von den Figuren selbst oder dem Erzähler explizit als eine solche benannt wird, wie im Falle des Stratordienstes im *Nibelungenlied* oder dem Gottesurteil im *Tristan*. Doch sobald der Erzähler das Verhalten einer Figur unkommentiert lässt (wie im Falle von Laudines Klage um Ascalon, deren ‚Aufrichtigkeit' in der Forschung stellenweise in Zweifel gezogen wird), ist jeder Versuch der Zuordnung zu ‚echt' oder ‚unecht', ‚affektiv' oder ‚inszeniert' gegenstandslos: Wird Laudines ‚echte' Trauer sichtbar oder verbirgt die Königin ihre ‚wahre' Empfindungen hinter einem ‚nur' ritualisierten Verhalten? Wir können es nicht wissen, weil es keine Laudine ‚gibt', die uns Auskunft darüber geben könnte, sondern nur den Erzähler." Die Komplikation der Rezeption in *Partonopier und Meliur* ist entgegen Hubers Darstellung nicht in den Verstellungen der Figuren, sondern vielmehr in den subjektiven Imaginationsanleitungen und den intendierten Verunklarungen der Figur Meliurs sowie dem daran gekoppelten narrativen Schema zu suchen.

1204 Partonopier geht während seiner Heimaturlaube in Frankreich vergleichbar vor:
ir zweier minne sam der tôt
was unmâzelich starc:
daz er sô tougenlîche barc,
daz niemen dâ ze lande
sîn ungemüete erkande.
Sîn fröuden rîch gebærde
verdahte die beswærde,
die sîn herze tougen leit. (V. 6566–6573)

Damit sind die Protagonisten in *Partonopier und Meliur* dem jungen Willehalm von Orlens, der sich in Rudolfs von Ems gleichnamigem Roman im norwegischen Exil als unterhaltsamer Höfling gibt, obwohl er innerlich leidet, nicht unähnlich. Allerdings ist Willehalms äußeres Schweigen Ausdruck seiner Minne, das lediglich Eingeweihten als Zeichen offenbar werden kann (vgl. dazu Kapitel 1.3.5) – Partonopiers und Meliurs Verhüllungsstrategie geht hingegen gar nicht erst auf, weil ihre unterdrückten, aber für Lucrete und Irekel trotzdem sichtbaren Körperzeichen gegen ihren Willen ihre verheimlichte Liebe preisgeben. Das *verdecken* hinter gespielter Freude funktioniert in Konrads Roman demnach nur oberflächlich, für erfahrene Spurenleser ist es hingegen sofort zu durchschauen.

und deshalb zum Seufzen brachte: das bevorstehende Turnier, in dem zahlreiche Ritter um ihre Hand kämpfen werden (V. 11641 f.). Irekel, die „meisterliche Beherrscherin der *dissimulatio*"[1205], durchschaut diese Verhüllung jedoch und erinnert ihre Schwester daran, dass sie für Partonopiers Tod verantwortlich sein wird, wenn sie ihm nicht vergibt (V. 11454–11459). Angesichts der vorangeschrittenen Turnierplanung sieht Irekel sich genötigt, Partonopiers Zustand sogar noch drastischer zu beschreiben: *wand ich des leider sicher bin, / daz er nu verdorben ist / od aber gar in kurzer frist / erbarmeclichen tôt gelît* (V. 11670–11673). Indem Irekel ihrer Schwester schwere Vorwürfe macht und in einer erneuten Lüge betont: *[,]Partonopier der ist begraben / eintweder oder stirbet doch / in harte kurzer wîle noch.'* (V. 11712–11714), bringt sie Meliur letztlich doch dazu, *heize weinen* (V. 11735) zu beginnen, sodass Irekel sich nun endlich sicher sein kann, dass ihr Plan, das getrennte Paar wieder zusammen zu führen, gelingen wird.

Im Gespräch mit ihrer Schwester wird deutlich, dass Meliur, wenn sie ihre wahren Bedürfnisse hinter abwehrenden Worten und Gesten verbirgt, genauso handelt wie in ihrer ersten Liebesnacht mit Partonopier, als sie sich zum Schein gegen seine Annäherungsversuche wehrte. Sie nutzt nicht nur Dunkelheit, um sich zu verbergen, sondern vor allem Worte, um ihre wahren Bedürfnisse zu verschleiern. Sowohl in der ersten Liebesnacht als auch im Gespräch mit Irekel jedoch hilft der sich sonst eher zurückhaltende Erzähler dem Rezipienten, Meliurs Lügen und ihre Verstellung zu durchschauen – diese auktorialen Hinweise sind entscheidend, um Meliurs Spiel mit verhüllender Sprache zu erkennen, ansonsten müsste der Rezipient Meliurs Lügen glauben. Außerdem helfen die klugen textinternen Spurenleser Partonopier und Irekel, an deren Wahrnehmungsprozess der Erzähler die Rezipienten jeweils teilhaben lässt, und zeigen, wie sich Meliurs Verstellung durchschauen lässt: Nicht die Worte oder sichtbare Zeichen geben ihre verborgenen Gefühle preis, sondern die nicht regulierbaren akustischen Spuren, die ihr Körper unkontrolliert von sich gibt,[1206] sodass in Meliurs lügnerischem Verhalten, das von Minneseufzern sabotiert wird, eine weitere Referenz auf die erste Liebesnacht in Schiefdeire zu erkennen ist.

1205 Schulz, Schwieriges Erkennen, S. 439.

1206 Immer wieder suggeriert der Text, dass die Minne Körperkontrolle unmöglich macht. Im Lauf des Turniers, als sie Partonopier im Kampf straucheln sieht, verliert Meliur die Kontrolle über ihren Körper gänzlich: *gebergen mohte si niht mê / daz jâmer und die trûtschaft* (V. 16196 f.) und *verbergen mohte langer niht / ir senelichen ungeschiht, / die si von herzen liebe truoc.* (V. 16205–16207). In der Folge werden ihr Weinen und ihre Blässe nicht nur für Irekel, sondern u. a. auch für Cursanz spürbar (*die spürten wol ir ungemach.* V. 16211) und es ist nun an Irekel, die „Körperzeichen" (Eming, Emotion, S. 235.) Meliurs zu leugnen (V. 16220–16227), weil die Herrscherin selbst dazu nicht mehr in der Lage ist. Es ist auffällig, dass die Lügen (vor allem in Bezug auf Meliur) stets über Sprache vermittelt werden, der Körper kann nicht dafür eingesetzt werden, obwohl Gestik und Körpersprache zu den typischen Zeichen von Betrug gezählt werden können, vgl. Bachorski, Lügende Wörter, S. 346–347. Dass Körper tatsächlich nur begrenzt lügen können, hat Schulz, Schwieriges Erkennen, S. 404, bereits für Konrads *Engelhard* herausgestellt.

Während Meliur zum zweiten Mal als Schauspielerin agiert, deren lügnerische Verstellung jedoch mithilfe des Erzählers und der aufmerksamen Gesprächspartner enttarnt wird, ist eine weitere Entzauberung vorgeführt: Die Kompetenz, Illusionen zu erzeugen, ist an die Schwester der Herrscherin übergegangen – denn in ihrer Rolle der Kupperlin präsentiert nun Irekel die besondere Gabe, mit Worten falsche Bilder zu evozieren. Für Partonopier kreiert sie hoffnungsvolle Trugbilder einer bevorstehenden Versöhnung, für Meliur Bilder des Grauens vom nahenden Tod ihres Geliebten. Genau wie Meliur im ersten Teil des Romans greift Irekel, nachdem sie Partonopier im Wald findet, wiederholt auf Manipulation zurück, allerdings äußert sie keine Zauberformeln, sondern Lügen, weshalb Bleumer folgert:

> Der Text führt plakativ vor, dass erst durch die Sprache der visuelle Reiz zum sichtbaren Bild wird. Dafür steht die Handlung von Meliurs Schwester Irekel, die geradezu als hermeneutische Vermittlerin zwischen Wort und Bild fungiert. Hing die bisherige Sichtbarkeit von der visuellen Imaginationskunst Meliurs ab, so ist die neue Sichtbarkeit durch die Kraft der sprachlichen Fiktionen Irekels geprägt.[1207]

Lüge, List und Verstellung, die allesamt vorgetäuschte Bilder erzeugen, waren von Beginn an die Grundfesten der Handlung[1208] und mit dem Aktivwerden Irekels wird die Handlung zu einem noch vielschichtigeren Spiel aus Verschleierung und Manipulation, die aber – und das ist entscheidend – keinen übernatürlichen Hintergrund mehr hat. Winst hat für *Partonopier und Meliur* festgestellt, dass „es die Kraft der Sprache schlechthin [ist], Realitäten zu schaffen, die der Roman diskutiert“[1209], und genau dies lässt sich insbesondere an Irekels Lügen erkennen, die für das Gelingen ihres Plans die Kraft der Worte, nicht des Zaubers braucht, wie auch Ingrid Kasten betont:

> Das ‚Als-ob-Spiel‘, das Meliur mit ihrem Zauber betrieb, um die Liebesbeziehung vor der Außenwelt zu schützen, funktioniert nicht mehr. Irekel nimmt das ‚Als-ob-Spiel‘ auf einer anderen, ‚gewöhnlichen‘ Ebene auf; nur durch Lügen und Täuschungen aller Art können die getrennten Liebenden wieder verbunden werden.[1210]

1207 Bleumer, Entzauberung, S. 225.

1208 Nicht nur die Liebenden und Irekel verstellen sich, sondern auch Lucrete, als sie vor ihrem Sohn verheimlicht, dass sie sich große Sorgen macht, weil er eine Unsichtbare liebt (V. 6790–6799). Weil Lucrete und Mareis lügen, ist Schulz, Schwieriges Erkennen, S. 433, der Ansicht, dass „Verstellung, Lüge und List [...] im Text durchgängig negativ bewertet [sind]“. Allerdings verstellen sich auch die positiv konnotierten Protagonisten wiederholt und erreichen ihre Ziele oft nur mithilfe von Listen (anders ebd., S. 435), weshalb der Text wohl nicht auf eine wertende Einordnung von Lüge und Verstellung hinaus möchte.

1209 Winst, Krankheit, S. 211.

1210 Ingrid Kasten: Vorstellungen und Verstellungen. Zum Problem der Subjektivität im höfischen Roman. In: Sô wold ich in fröiden singen. Festgabe für Anthonius H. Touber zum 65. Geburtstag. Hrsg. von Carla Dauven-van Knippenberg, Helmut Birkhan. Amsterdam/Atlanta 1995, S. 273–284, hier: S. 282.

Irekels Täuschungen[1211] gehen aber über Worte hinaus: Nach dem Gespräch mit Meliur kehrt sie zurück in ihr Reich, unterrichtet Partonopier über das Turnier und stattet ihn prächtig aus, damit er zur Schwertleite nach Schiefdeire reisen kann. Er soll sich dort allerdings das Schwert von Meliur inkognito umgürten lassen, wie Irekel ihm erläutert: Damit *daz sie dich niht erkennen kan / und du si maht beschouwen doch* (V. 11884 f.)[1212], muss Partonopier in der Menge der angehenden Ritter, die das Schwert empfangen wollen, untergehen – „mit der besonderen Pointe, daß es ihm mit der Hilfe Irekels nun möglich ist, selbst zwar nicht gesehen zu werden, aber doch, anders als zuvor, Meliur ansehen zu können."[1213] Der junge Adlige wird von der Helferin am herrschaftlichen Hof unsichtbar gemacht – im Unterschied zu Lunete in Hartmanns von Aue *Iwein* braucht Irekel allerdings keinen Zauberring, der ihren Schützling kurzzeitig in Luft auflöst, sie macht sich stattdessen List und taktische Planung zunutze: Verborgen in Irekels Schiff (V. 11882–11989) gelangt Partonopier unbemerkt in Meliurs Reich, wo er sich von seiner Verbündeten *durch ein türlîn / heimlichen ûf daz castel* (V. 12368 f.) führen lässt und sich bis zum Morgen in einer verschlossenen Kemenate versteckt (V. 12390 f.).[1214] Meliur berichtet Irekel am selben Abend im schwesterlichen Zwiegespräch vom bevorstehenden Turnier und davon, dass sie im Morgengrauen *hundert knechte [...] ze ritter schône machen* (V. 12335–12337) wird. Als es hell wird, schließt sich Partonopier – wieder mit Irekels tatkräftiger Unterstützung[1215] – eben diesen hundert angehenden Rittern an, die die Schwertleite empfangen sollen, sodass *ein mensche wart des niht gewar, / daz er gemischet drunder was* (V. 12416 f.).[1216]

1211 Auch für diesen Begriff ist die Definition von Kocher und Hochadel, Einleitung, S. 3, für Irekels Strategie passend: „Eine Person täuscht eine andere, wenn es ihr gelingt, in der anderen einen falschen Glauben zu erzeugen. Das kann nicht nur (wie beim Lügen) mittels Sprache, sondern durch sonstige interpretierbare Zeichen oder Handlungen geschehen."

1212 Besonders entscheidend an diesem Plan ist, *daz si niht erkennet dich* (V. 11875) wie Irekel mehrfach betont – warum sich Partonopier, der ja glaubt, Meliur habe ihm vergeben, allerdings auf das Versteckspiel einlässt, ist höchst fragwürdig (für den französischen Texte beobachtet dies Matilda Tomaryn Bruckner: Shaping Romance. Interpretation, Truth, and Closure in Twelfth-Century French Fictions. Philadelphia 1993 (Middle Ages Series), S. 135).

1213 Dimpel, Zofe, S. 364.

1214 Schulz, Poetik, S. 117, erkennt eine funktionale Entsprechung dieses unbemerkten Aufenthalts mit Iweins Zwischeneinkehr am Hof Laudines – interessant ist zudem, dass auch die verschlossene Kemenate am Hof der Herrscherin, zu der nur die enge Vertraute Zugang hat, eine *Iwein*-Reminiszenz darstellt (Steffek, Feenwelt, S. 243–244). Weitere Parallelen des *Partonopier* mit dem *Iwein* – vor allem die Flucht vor der Gesellschaft und die Zustandsveränderung des Körpers im Wald – führen Runow und Zimmermann, Von unsichtbarer Schönheit, S. 187–189, an, die jedoch nicht unmittelbar vergleichbar sind, weil Iweins Wahnsinn und Partonopiers Minnekrankheit ‚gewaltige Unterschiede' aufweisen wie Winst, Krankheit, S. 172, betont. Die Verwilderung Partonopiers erinnert Steffek, Feenwelt, S. 212, zudem an Hartmanns von Aue *Gregorius*.

1215 Sie schiebt und schubst ihn regelrecht in die Masse der Ritter, die die Schwertleite erhalten wollen (V. 12412 f.).

1216 Damit geht Partonopiers Tarnung weiter als Iweins, bei dem lediglich die fremde Rüstung und das Verschweigen des Namens zum Inkognito beitragen.

Partonopier drängt sich vor, damit er endlich seine Geliebte wiedersehen kann (V. 12524–12531), bis *er stuont gewâpent an der stete / und sach si durch die barbel* (V. 12560 f.).[1217] Obwohl er ihr unmittelbar gegenübersteht, verhüllt ihn seine Rüstung so, dass er unerkannt vor Meliur knien kann, während sie ihm das Schwert umlegt (V. 12582 f.). Allerdings verstellt die tarnende Rüstung Partonopier zugleich den Blick: Er kann die Geliebte mit blockierter Sicht durch die Barbiere betrachten[1218] und sieht lediglich Stirn, Augen, Hals, Nase, Mund, Schläfen, Wangen, Kinn, Hände, Arme und Brüste, die in ihrer stakkatohaften Auflistung ohne jegliche attributive Beschreibung (V. 12561–12565) voneinander losgelöst erscheinen.[1219] Indem Partonopiers Betrachtung der Herrscherin durch den Helm als fragmentarische Wahrnehmung einzelner Körperteile, aber *daz allez gap sô reinen schîn* (V. 12566), präsentiert wird, ist ihre Präsenz erneut in eine alles verwischende Helligkeit einzelner, nicht zusammenhängender Glieder ihres Körpers aufgelöst.[1220]

Runow und Zimmermann finden Partonopiers Blick auf die leuchtende Meliur, die hier ihrer Meinung nach wieder als Fee präsentiert werde, derart irritierend, dass sie ihren Aufsatz mit einer rhetorischen Frage beenden: „Warum etwa sieht Partonopier nach wie vor die Fee, wenn er bei der Schwertleite Meliur durch sein Helmvisier erblickt; was soll das Aufblitzen des Feenschemas an einer Stelle, an der es doch längst rationalisiert ist?“[1221] Aber es geht in der gesamten Szene weniger darum, den menschlichen oder feenhaften Status Meliurs zu greifen, als auf jene entscheidende Leerstelle

---

1217 Wie das französische Lehnwort *barbiere* unverkennbar markiert, dient diese vorne am Helm abgebrachte Metallplatte, die ab 1190 eingeführt wurde, zum Schutz des unteren Gesichtsteils, vgl. Bumke, Höfische Kultur, S. 214. Ob Partonopier hier durch die von Bumke beschriebenen Atemlöcher der Barbiere schaut oder ob – wie von Runow und Zimmermann angenommen – eher gemeint ist, dass zwischen Helm und Barbiere ein Spalt entsteht, durch den Partonopier wie durch ein Visier blicken kann, lässt sich nicht eindeutig bestimmen. Wichtig jedoch ist, dass sein Gesicht so verdeckt ist, dass Meliur ihn nicht erkennen kann, als er vor ihr kniet und dass sein Blickfeld dabei so eingeschränkt ist, dass er wiederum die Geliebte nur schemenhaft erkennen kann.

1218 Runow und Zimmermann, Von unsichtbarer Schönheit, S. 184, gehen von einer Filterfunktion des Helmvisiers aus, die – erneut einen missverständlichen Terminus der Fotografie verwendend – wie eine ‚fotografische Blende‘ funktioniere, den Blick also einschränke. Gerok-Reiter, Raumverschaltungen, S. 313, findet Partonopiers Blick durch das Visier hingegen sogar „voyeuristisch“, weil damit auch der *male gaze* restituiert werden könne. Weil der Text jedoch besonders herausstellt, dass Partonopier *durch die barbel* schaut, scheint es schlüssig, den Helm eher als Sichtblockade zu bewerten, die nur einen eingeschränkten Blick auf Meliur ermöglicht.

1219 Vgl. Gerok-Reiter, Raumverschaltungen, S. 313.

1220 Bruckner, Shaping Romance, S. 129, sieht darum im französischen Text, dessen Nicht-Beschreibung Meliors ganz ähnlich funktioniert, einen Appell an die Imagination des Rezipienten: „[T]he narrator devotes more verses to describing the viewer's reaction to Melior's beauty or summarizing it, than to an actual description of her physical charms. In fact, we learn more details about her clothing than about the shape of her head, nose, mouth, and so on. Presumably we can reconstruct these from our general knowledge of ideal feminine beauty in twelfth-century literature and from the specific example of Urraque's portrait. “

1221 Runow und Zimmermann, Von unsichtbarer Schönheit, S. 194.

hinzuweisen, die eine Grundfeste des Texts darstellt: Meliurs Auftritt bei der Schwertleite wird auf den ersten Blick zwar „als Fest für die Augen, als Fest der Sichtbarkeit"[1222] präsentiert, doch sämtliche Beschreibungen beziehen sich auf ihren Thron aus Elfenbein (V. 12427 f.), ihre kostbare Kleidung (V. 12431–12451) und ihren prächtigen Gürtel (V. 12461–12497). Zwar werden wieder *ir blanken henden und ir keln* (V. 12489) erwähnt, doch die Beschreibung der Protagonistin verharrt wie schon nach dem Tabubruch bei allgemeinen Topoi und ihrer überbordenden Leuchtkraft, sodass die Details ihrer Schönheit trotz der Inszenierung von Sichtbarkeit wieder eine Leerstelle bleiben müssen.

Die Herrscherin wirkt wie ein personifizierter Unsagbarkeitstopos,[1223] sie kann nicht gesehen oder beschrieben werden, sie kann nur gespürt werden – was Partonopier anschließend vorführt. Denn obwohl die Herrscherin als leuchtende Collage einzelner Körperteile erscheint, geschieht es, dass Partonopiers *altiu minnewunde / erniuwet unde erfrischet wart / durch die keiserlichen art, / die sîn ouge spürte an ir* (V. 12538–12541). Es ist weder ein konkretes Merkmal ihres Körpers, noch ihre vermeintlich feenhafte Leuchtkraft, die seine Minnewunden erneut aufreißen lässt, sondern ihre vollkommene *art*, die sein Auge *spürt*.[1224] Wie schon bei ihrer ersten Begegnung in der dunklen Kemenate braucht Partonopier keine konkreten visuellen Details, um in Minne für Meliur zu entbrennen. Für diese Erkenntnisleistung Partonopiers werden keine übernatürlichen Gründe, die auf die angebliche Feenhaftigkeit Meliurs verweisen, aufgeführt, sondern es ist eher die quasi-magische Fähigkeit des Spürens, die Liebe ermöglicht:[1225] Keine Zauberei ist am Werk, die Sichtbarkeit in der Unsichtbarkeit ermöglicht, sondern Minne.[1226] Meliurs Reaktion auf den vor ihr knien-

1222 Gerok-Reiter, Raumverschaltungen, S. 313.

1223 Wolfgang Monecke: Studien zur epischen Technik Konrads von Würzburg. Das Erzählprinzip der *wildekeit*. Mit einem Geleitwort von Ulrich Pretzel. Stuttgart 1968 (Germanistische Abhandlungen. 24), S. 178, erkennt in Konrads *Goldener Schmiede* ebenfalls diese charakteristische Gleichschaltung von „pure[m] Licht, Unsichtbarkeit, Unsagbarkeit".

1224 Dass das Auge mehr leistet als nur zu sehen, betont auch Gerok-Reiter, Raumverschaltungen, S. 316.

1225 Ähnlich folgert Kasten, Vorstellungen, S. 280, dass der Zauber „Chiffre für den rational nicht erklärbaren Zustand der Verliebtheit [ist], der sie beide in einen exklusiven Raum der Zweisamkeit entrückt."

1226 Vgl. Rikl, Erzählen, S. 129. Im Baumgarten-Gespräch wirft Meliur Irekel vor, dass sie ihr ein Jahr lang ihre Anwesenheit entzogen habe (V. 11328 f.) und begründet ihre Enttäuschung darüber in einer Sentenz: *[,]wan swaz dem herzen nâhen lît, / daz sol daz ouge dicke sehen: / des hôrte ich wîse liute jehen.‘* (V. 11334–11336). Möglicherweise aber ist damit kein äußeres Sehen gemeint, sondern Meliur beschreibt unbewusst, dass Geliebtes oft vor dem inneren Auge angesehen werden sollte.

den Ritter zeigt, dass diese Art des liebenden Sehens in beide Richtungen funktioniert. Genau wie Partonopier spürt Meliur nämlich ihren Geliebten,[1227] obwohl sie weiß, dass es unmöglich ist:

> si nam sîn tougenlichen war
> mêr danne ir hovediete;
> wan dô der süeze kniete
> vor dem erwelten wîbe,
> dô was er an dem lîbe
> sô rehte wunnebære,
> daz si des dûhte, er wære
> Partonopiere gar gelîch.
> si wart an sîner zühte rîch
> ermant dô sînes bildes,
> dar umbe ir niht wildes
> wart sô fröuden rîcher sin. (V. 12586–12597)

Trotz verhüllender Rüstung und entgegen jeder Vernunft *ermant* Meliur[1228] etwas, das niemand sonst in der Hofgesellschaft bemerken kann – nicht weil sie zaubermächtig ist, sondern weil ihr die Minne ermöglicht, die Präsenz des Geliebten zu erahnen, das Vergangene und das Unsichtbare zu sehen und Partonopier damit intuitiv wahrzunehmen.[1229] Indem dieses Mehr-Wahrnehmen, Mehr-Sehen beinahe übernatürliche Züge erhält, wird mithilfe dieser Darstellung einer exzeptionellen Minne die tatsächliche Magie für nebensächlich erklärt.

Mit der weißen Rüstung, die Partonopier in Thenadôn erwirbt und damit gänzlich unerkannt das Turnier bestreitet,[1230] demonstriert er zuletzt, dass er nicht einmal

1227 Gerok-Reiter, Raumverschaltungen, S. 315, spricht ebenfalls davon, dass „das distanzierte Sehen in ein schmerzhaftes Spüren transponier[t]" wird, versteht dieses Spüren aber wohl eher als ein Fühlen.

1228 Diese Beschreibung ihres Erinnerungsvorgangs wiederholt sich mehrmals, um Meliurs intuitives Gedenken zu beschreiben, das durch sinnliche Trigger ausgelöst werden kann, z. B. in V. 12013, V. 12022, V. 12615, V. 14615, V. 14682, V. 14694. Das Verb *ermanen* wird schon zuvor im Kontext der Minnevereinigung verwendet: *daz si des wurden balde ermant, / daz in ê was vil unbekant, / jâ unbekant in beiden.* (V. 1711–1713). Damit scheint ihre Liebe füreinander von Beginn an von einer Art unterbewussten und nicht unterdrückbaren Vorherbestimmung gelenkt, die mit einer exklusiven Form der Wahrnehmung verbunden ist. Für Wolframs von Eschenbach *Parzival* setzt Wenzel, Hören und Sehen, S. 69, das Verb in Kontext mit Memorialzeichen (spezifisch der Lanze), doch auch dabei scheint Anfortas' Leid mehr als nur visuell spürbar zu werden, wie an der Reaktion der Gralsgesellschaft (232,1–4) abzulesen ist.

1229 Ähnlich argumentiert Schulz, Eherechtsdiskurse, S. 114, dass Meliur Partonopier mit dem Herzen erkenne und folgert ebd., S. 116: „Die wahre Liebe ist nichts weniger als blind, sie erkennt, so Konrads Botschaft, mit dem Herzen und bedarf keiner *listen*."

1230 Partonopier gelangt versehentlich auf die Insel Hermans, der ihn dort gefangen nimmt, doch dessen Frau hat Mitleid mit dem jungen Ritter und stattet ihn für das Turnier in Schiefdeire aus: Sie leiht ihm ein Pferd *daz ist als ein snê gevar* (V. 12998), ein weißes *wâpenkleit* (V. 13008), einen Schild *mit silber überleit* (V. 13014), sodass *blanc unde wîzer varwe / lûhten sîniu wâpenkleit* (V. 13048 f.) und er im mehr auf Irekels Hilfe angewiesen ist: „Für Irekel hat sich damit die Lage verändert, sie hat die Fäden nicht mehr völlig in der Hand, Partonopier ist in seiner weißen Rüstung auch für sie unsichtbar geworden."[1231] Allerdings hält auch diese Unsichtbarkeit ihrer aufmerksamen Wahrnehmung nicht lange stand:

> Irekel diu vil reine
> nam des blanken ritters war.
> si dûhte in ir gemüete gar,
> der mit dem wîzen schilte
> der möhte wol der milte
> grâve sîn Partonopier. (V. 14538– 14543)

Wie genau Irekel diese Ähnlichkeit wahrnimmt, spezifiziert der Text nicht, womöglich ist darin wieder ein Spüren zu erkennen, das eher Intuition als das Sehen eindeutiger Hinweise wie Statur oder Gebaren zu sein scheint. Meliurs alter Minneschmerz wird ebenfalls erneut entfacht, *dô der blanke ritter* ihr *sînen vanen wîz* anbietet (V. 14686 f.). Der weiße Ritter ist Partonopier *gelîch an êren* (V. 14696), darum fühlt sich die Kaiserin an ihn *ermant* (V. 14694) – wiederum ist es kein konkretes Merkmal, sondern seine spürbare Wirkung, die das Erkennen möglich macht.

Indem Partonopier durch Verstecke und Verkleidung ‚unsichtbar' wird, präsentieren letztlich beide Hauptfiguren Unsichtbarkeit als erlernbare Fähigkeit, für die es gewiss Geschick, aber keiner übernatürlichen Macht bedarf. Meliur ist eine exzellente Gelehrte, Partonopier ein geschickter Jäger, der Techniken der Tarnungen zu nutzen weiß. Zugleich demonstrieren sie beide, dass es vollständige Unsichtbarkeit in der Liebe nicht geben kann, denn sie nehmen stets Spuren der Präsenz des anderen wahr, die Außenstehenden (abgesehen von Irekel und Persanis, die mit Lügen und gefälschten Briefen maßgeblich zur Gestaltung der Minne beigetragen haben) nicht auffallen würden. Mit der Konstellation von Sichtbarkeit und Unsichtbarkeit bei der Schwertleite ist ein Plädoyer für das Sehen mit den Augen des Herzens artikuliert, das die Liebenden vorbildlich präsentieren, weil sie beide das geliebte Gegenüber spüren, ob-

---

Kampf *blanc unde wîz alsam ein harm* (V. 14501) auftritt. Seine gänzlich weiße Ausstattung bewirkt dabei dreierlei: Sie betont erstens den bedeutsamen, adligen Glanz, der von Partonopier (und natürlich auch Meliur) ausgeht. Zweitens weist seine weiße Rüstung in Verbindung mit der seines Turniergefährten Gaudin, der gänzlich *zinoberrôt* (V. 13085; V. 13110; später *als ein brâmber / gebriunet*, V. 14198 f.) ausgestattet ist, auf die etablierten Minnefarben Rot und Weiß, die damit einen direkten Bezug zu Meliur herstellen und vielleicht schon Partonopiers Turniererfolg voraussagen. Drittens stellt das weiße Pferd seine Entwicklung vom Jungen, der nach der ersten Liebesnacht ein kohlschwarzes Pferd zur Verfügung gestellt bekommt, zu einem Ritter dar, der auf einer eigenständigen Aventiure ein schneeweißes Pferd erhält. Außerdem grenzt die strahlende Nicht-Farbigkeit Partonopier von seinem größten Kontrahenten Floridanz, dem *soldân* von Persien, ab, der gänzlich blau trägt (sein *wâpenkleit* ist *blâwe vîol*, V. 13540; sein Schild ebenfalls blau, V. 13551, und *lâsûrvar*, V. 13557), womit der „farbige Schaukampf ein sichtbares Zentrum" (Bleumer, Entzauberung, S. 228) in Form des weißen Protagonisten erhält.

1231 Dimpel, Zofe, S. 367.

wohl sie lediglich in der Erinnerung sehen können, die von minimal vertrauter Wirkung ausgelöst wird. In dieser ersten Begegnung der Liebenden nach Partonopiers Vertreibung aus Schiefdeire kulminieren zahlreiche Formen von Sehen und Sichtbarkeit, die die bis dahin vermittelten Maximen des Texts infrage stellen. Denn Partonopier wiederholt das, was Meliur zu Beginn ihrer Liebesgeschichte tut, als sie auf Empfehlung ihrer Boten nach Frankreich reist, um ihren künftigen Mann zu beobachten: Er schleicht sich unsichtbar an ihren Hof, um sie unerkannt zu betrachten.[1232] Partonopier versteht zudem mit Irekels Hilfe, dass Unsichtbarkeit keine Magie, sondern lediglich die richtigen Verhüllungsstrategien braucht: die Dunkelheit der Nacht,[1233] ein verschließbares Versteck, die Tarnung, eine gelungene Verhüllung in Form einer Rüstung und die Lüge seiner Unterstützerin, die Meliur auf die falsche Fährte lockt. Plötzlich ‚zaubert' also Partonopier, er wird für Meliur unsichtbar – trotzdem aber kann sie mehr wahrnehmen als das, was für alle Umstehenden mit bloßem Auge zu erkennen ist. Die erste, nächtliche Begegnung im Bett und die erste Begegnung in Schiefdeire nach dem Tabubruch bestehen damit aus der gleichen Konstellation eines/einer Liebenden, der/die das geliebte Gegenüber mithilfe einer (visuellen) Täuschung in die Irre führt,[1234] aber sich dabei dennoch nicht so zu tarnen vermag, dass der feine Spürsinn des/der Getäuschten nicht doch Minne und Begehren wahrnehmen würde.

Insgesamt zeigt die Minnehandlung von der Vertreibung Partonopiers aus Schiefdeire bis zur erneuten Zusammenführung des Liebespaars, dass sich der Zauber der Anfangshandlung in Luft auflöst: Blutspuren und Mondlicht sind nicht länger inszenierte Hinweise einer übermächtigen Instanz im Hintergrund, die den Weg der Protagonisten mit einer Fährte heimlich vorherbestimmen, sondern natürliche, nachvollziehbare Phänomene, die kausalen, zufälligen[1235] Ursprungs sind. Manipulierende Worte sind keine Zaubersprüche, sondern lediglich schlaue Lügen, und Unsichtbarkeit wird nicht durch Magie, sondern durch Verkleidung, Verstecke und Tarnung erreicht. Mit der Rückkehr Partonopiers nach Schiefdeire bringt er traditionelle höfische Verstellungskünste in ein Reich,[1236] das so magisch nicht (mehr) sein kann, wenn die gän-

1232 Meliurs Ausführungen zu ihrer Reise nach Frankreich (V. 1846–1855) sind nicht ganz eindeutig, weil sie nicht sagt, ob sie sich dort auch unsichtbar gemacht hat, entscheidend ist aber, dass sie Partonopier ohne sein Wissen beobachtet – und er genau dies jetzt im Rahmen der Schwertleite ebenfalls tut. Dies stellt auch Schulz, Schwieriges Erkennen, S. 437, fest.

1233 Damit benutzt Partonopier ein typisches Täuschungsmanöver der höfischen Literatur, wie sich mit Schnyder, Topographie, S. 232, verallgemeinert festhalten lässt: „In der Verschwiegenheit der Nacht lässt es sich […] bestens täuschen."

1234 Die Äquivalenz zwischen Unsichtbarkeit und Inkognito merkt für den französischen Text auch Bruckner, Shaping Romance, S. 134–135, an.

1235 Eming, Geliebte, S. 52, benutzt den Begriff „Zufall", um zu beschreiben, wie es dazu kommt, dass Irekel Partonopier finden kann, setzt das Wort jedoch in einfache Anführungszeichen, womit vielleicht schon reflektiert wird, dass es Zufälle in einem ästhetisch konstruierten Werk nicht geben kann.

1236 Interessanterweise wirft Meliur dem Jungen nach dem Tabubruch vor, von Anfang an mit Verstellung agiert zu haben, weil er sie mit seinem schönen Äußeren blendete: *du schînest ûzen harte sleht / und bist geriuhet innerhalp* (V. 8052 f.). Die Trennungen zwischen äußerem Erscheinen und inneren gigen Tricks des Verbergens dort genauso funktionieren wie in Frankreich.[1237] Partonopiers List in Meliurs Reich zeigt eindrücklich: Wer die Kunst des Tarnens, Verhüllens und Verbergens versteht, braucht gar keinen Zauber. Um hingegen Unsichtbarkeit zu durchschauen, ist eine besondere Kompetenz nötig, die ein gekonntes Spüren voraussetzt, das aber ebenfalls nicht magisch ist. Bei Partonopiers verstelltem Blick und Meliurs intuitivem Erinnern, das bei der Schwertleite in Schiefdeire entfaltet wird, steht der eingeschränkte Blick der Liebenden im Vordergrund: Durch die Barbiere kann Partonopier Meliur zwar nur schemenhaft erkennen und aus der fragmentarischen Beschreibung ihrer leuchtenden Körperteile kann sich kein vollständiges Bild ihrer Schönheit ergeben,[1238] doch er füllt die verbleibenden Leerstellen – genauso, wie es auch der Rezipient tun sollte.

Diese, mithilfe der Handlung nach dem Tabubruch dargelegte, rückwirkende Entzauberung der magischen Elemente in *Partonopier und Meliur* impliziert, dass Unsichtbarkeit rational erklärbar und damit ihre vermeintlich zauberhaften Qualitäten für die Minne sowie die daraus resultierende Handlung weniger bedeutsam werden, da die Liebenden mithilfe der in höfischen Romanen gängigen Methoden wieder zusammengeführt werden können: Hilfe von außen durch eine Kupplerin, List, Verstellung und Tarnung. Damit verwischen als Konsequenz die Grenzen zwischen Zauberspruch und Lüge, zwischen Trugbild und gefälschtem Brief, zwischen Unsichtbarkeit und Tarnung so stark, dass magische Unsichtbarkeit lediglich als eine weitere Form einer Sichtblockade verstanden werden muss. Die *list,* die Meliur zu Beginn anwendet, um Partonopier in ihr Reich zu locken, wird zwar keineswegs für nichtig erklärt, doch indem der Verstoßene auf der Rückkehr nach Schiefdeire ähnliche Stationen ablaufen muss, die dann als rational erklärbar gestaltet werden, wird das anzitierte Erzählschema der ‚gestörten Mahrtenehe' infrage gestellt, wie das folgende Kapitel darlegen wird.

Die Irreführung des Rezipienten erfolgt damit nicht nur über inhaltliche Indizien in Bezug auf den übermenschlichen Status Meliurs, sondern auch in Bezug auf das literarische Schema, das mit diesen Inhalten typischerweise verknüpft wird: Obwohl die Minnehandlung die Stationen des Feenmärchens anfangs mustergültig zu bedienen scheint,[1239] offenbart die schrittweise Entzauberung nach dem Tabubruch, dass

Absichten, die nicht enttäuschte Anschuldigung, sondern handlungsrelevant sind, werden hingegen vom Erzähler kenntlich gemacht.

1237 Wahrscheinlich ist Schiefdeire ab dem Zeitpunkt nicht mehr als Zauberreich zu verstehen, als klar wird, dass Meliur die Herrscherin von Konstantinopel ist. Aber schon die Tatsache, dass Partonopier eine Laterne von Stoffen verhüllt einschleusen kann und wie er nach dem Tabubruch aus Schiefdeire verschwindet – Meliur rät ihm, dass er zum Schutz seines Lebens *[,]alsô tougen hinnen var / daz man sîn werde niht gewar.'* (V. 9113 f.) – zeigt, dass dort eine (im höfischen Roman) gängige Praxis des Verheimlichens völlig ausreichend ist, um unsichtbar zu werden.

1238 Müller, Höfische Kompromisse, S. 288, ist hingegen in der Ansicht, das Sehen werde ‚breit' ausgemalt, weil es hier erstmals legitim sei.

1239 Die typischen Momente der Mahrtenehenerzählungen seien mithilfe des systematischen Überblicks von Paul Sappler: *Friedrich von Schwaben.* In: Positionen des Romans im späten Mittelalter.

die magischen Elemente in *Partonopier und Meliur* lediglich ein Ablenkungsmanöver waren, um dem Rezipienten eine bestimmte Erwartungshaltung vorzugeben, deren Bruch dann umso überraschender ist. Wenn Zauberei dann ab der Mitte des Romans als unnötig für Verhüllungen dargestellt wird, ändert dies nämlich zwangsläufig die Bewertung der Minnehandlung als Feenmärchen, die die Abfolge von Anderwelt, Liebesbeziehung, Tabu, Tabubruch und Vertreibung zunächst erwecken wollte.

3.2.6 Auf der falschen Fährte: Das Feenmärchenschema als Blindgänger

Um das ästhetische Ablenkungsmanöver, das sich im angedeuteten Erzählschema des Feenmärchens verbirgt, zu enttarnen, muss die narrative Inszenierung des Tabubruchs noch einmal genauer beleuchtet werden, denn entscheidendes Moment für die Entzauberung der Erzählung ist die Entschlüsselung, die Meliur mit Partonopier teilt, nachdem er sie erstmals angeblickt hat. In ihrem detaillierten *entsliezen* erläutert die enttäuschte Herrscherin nun endlich, was es mit ihrer Zauberkraft auf sich hat und dass „sich alles ‚in Wahrheit' ganz anders verhält, nämlich völlig im Rahmen dessen, was kulturell für möglich gehalten wird"[1240]. Bis zum Tabubruch musste der Rezipient gemeinsam mit Partonopier davon ausgehen, dass Meliur eine Fee ist und dass sie übernatürliche Kräfte auszeichnen. Diese Annahme kann entsprechend mit der zunächst naheliegenden Vermutung einhergehen, dass die Geschichte dem Schema der ‚gestörten Mahrtenehe' folgt, in welchem sich ein Mensch in ein übernatürliches Wesen verliebt, die Beziehung aber durch ein Tabu reguliert ist, das zwangsläufig gebrochen wird. Ralf Simon weist beispielsweise darauf hin, dass *Partonopier und Meliur* die Struktur des Feenmärchens dominant zur Schau stelle:

> Konrads von Würzburg *Partonopier und Meliur* ist von den größeren mittelhochdeutschen Romanen der einzige, der in seiner narrativen Organisation nicht bloß ein Feenmärchen hinter einem dominierenden anderen Schema versteckt (wie z. B. der *Iwein*), sondern der es zu seinem hauptsächlichen Programm macht und zudem Teile der Semantik des Feenmärchens an die Textoberfläche durchbrechen und in Konkurrenz zum ritterlichen Milieu treten läßt.[1241]

Hrsg. von Walter Haug, Burghart Wachinger. Berlin 1991 (Fortuna Vitrea. 1), S. 136–145, hier: S. 139, kurz in Erinnerung gerufen: „1. Der Held geht einen Weg heraus aus dem Alltäglichen, oft durch Verirren, und kommt an einen besonderen Ort, gern in wilder Umgebung. 2. Er trifft dort eine auf ihn wartende Partnerin, in der Regel mit nicht ganz irdischen Eigenschaften, von anderer Seinsart, und verbindet sich mit ihr unter dem Gesetz eines Verbotes. 3. Der Verstoß gegen das Verbot, der ‚Tabubruch', wie man das religions- oder tiefenpsychologisch bezeichnet, führt zur vorher angeordneten Trennung des Paares; der irdische Partner muß in seine Heimat zurückkehren, aber übernatürliche ist unzugänglich entrückt. 4. Der irdische Partner macht sich auf eine Suchfahrt. 5. Am Ende steht die Wiedervereinigung im fernen Land." Schon hier wird deutlich, dass *Partonopier und Meliur* ab dem Moment der Verbannung des Geliebten von diesem Schema abweicht, denn Meliur ist als weltliche Herrscherin nicht entrückt, die Wiedervereinigung kann also mit nicht-magischen Mitteln erfolgen.

1240 Schulz, Poetik, S. 91.

1241 Simon, Einführung, S. 123.

Doch indem sich Meliur nach ihrer ersten Enthüllung in der dunklen Kemenate als nicht-dämonische Figur christlichen Glaubens entpuppt, löst sich Konrads Text bereits ein wenig vom keltischen Feenmärchenschema,[1242] passt die Rolle der Fee an den Zeitgeschmack an[1243] und deutet so daraufhin, dass das nach Simon klare Herausbrechen des Feenmärchens vielleicht nur eine vom Text erzeugte Illusion ist. Dieser Anschein setzt mit der Erläuterung der Herrscherin nach der ersten Liebesnacht in Schiefdeire ein, in der Meliur ihrem Liebhaber erklärt, dass sie die *küneginne / des rîches hie ze lande* (V. 1772 f.) sei und die Jagd im Ardennenwald mit ihrer *künste* (V. 1866) gelenkt habe, sodass der junge Graf in ihrem Bett landete. Wie Bleumer ausführt, wird dem Protagonisten damit „nichts anderes [enthüllt], als dass er sich von Anfang an in der typischen Handlung eines Feenmärchens mit den Schemaelementen ‚Jagd', ‚Grenzüberschreitung' und ‚Feenreich' befindet."[1244] Ähnlich deutet Armin Schulz Meliurs Erläuterung und vor allem die Notwendigkeit, dass Partonopier das der Erklärung zugrundeliegende Schema bereitwillig annimmt:

> Die Logik der Geschichte – Vergehen und Sanktion – greift nicht in finaler Determination gewissermaßen selbstständig, sondern sie setzt voraus, daß der Held glaubt, sich mit einer Fee eingelassen zu haben. Das Schema der ‚gestörten Mahrtenehe' kann also nur einrasten, weil sie dem Protagonisten selbst die Geschichte, in der er sich befindet, nicht als Minne- und Aventiureroman darstellt, sondern als ein Feenmärchen. Entsprechend hat es die Erzählung mit folgendem Problem zu tun: Sie muß den Helden als eine Figur vorführen, die entscheidend weniger weiß, als zum Verständnis der dargestellten Welt erforderlich ist; sie muß die Begrenztheit des Figurenwissens anschaulich machen, um zu plausibilisieren, warum der Held sich verhält, wie er sich verhält, und sie muß zugleich vorführen, wie die Dinge ‚wirklich' sind, damit niemand auf die Idee kommt, der Held lasse sich tatsächlich mit einer Dämonin ein.[1245]

Genaugenommen aber reflektiert der Protagonist seine Position im dargestellten literarischen Schema nicht, sondern akzeptiert lediglich Meliurs Erläuterung ganz ohne skeptische Nachfragen (V. 1931–2135),[1246] obwohl diese anschließend zu (narrativen)

1242 Vgl. Obst, Der *Partonopier*-Roman, S. 49.
1243 Vgl. Kokott, Konrad von Würzburg, S. 224. Ähnlich sieht Steffek, Feenwelt, S. 81, in der Abschwächung des erotischen Verlockungszaubers eine Veränderung der ‚alten' Feentradition, mit der Konrad Meliur ein Stück weit an den „Zeitgeschmack" anpasse: Indem er sie zur Kaiserin mache, werde es nachvollziehbar, dass sie einen Ehemann an ihrer Seite brauche. Trotzdem ist er ebd., S. 252, der Ansicht, dass die Grundstruktur des Feenmärchens beibehalten werde.
1244 Bleumer, Entzauberung, S. 219.
1245 Schulz, Erzähltheorie, S. 387.
1246 Vgl. Bleumer, Entzauberung, S. 220. Schanze, Jorams Gürtel, S. 542, betont für anderweltliche Dinge in Texten den wichtigen Aspekt, dass „zwei Ebenen bzw. Perspektiven zu beachten [sind], nämlich zunächst die Blicke der handelnden Figuren innerhalb der Textwelten, von denen solche Dinge in aller Regel nicht als außergewöhnlich oder anderweltlich wahrgenommen werden, sowie außerhalb der erzählten Textwelt die imaginativen Blicke der Rezipienten: Nur aus dieser Perspektive sind die fiktiven magischen Ding-Requisiten ‚wunderbar'." Entsprechend seiner textinternen Position wundert sich Partonopier also überhaupt nicht über Magie und stellt keinerlei Nachfragen in dieser Hinsicht.

Konflikten führt.[1247] In dem Moment jedoch, in dem Partonopier zur prototypischen Figur des Geliebten einer Fee wird, verweist der Rekurs auf das Erzählschema zugleich auf seine eigene literarische Verfasstheit. Denn die Schemaerläuterung, die sich hinter Meliurs Geständnis, dass Partonopier nicht zufällig in ihr Reich gelangte, verbirgt, dient kaum dem jungen Grafen, sondern hauptsächlich dem Rezipienten als Hilfestellung, der rückwirkend die Initialaventiure im Ardennenwald als erste Wegstation eines Feenmärchens bewerten kann. Das nachträglich über die Anfangshandlung gelegte Schema erklärt die seltsamen Ungereimtheiten, die fremdländische Pracht, die übernatürlichen Elemente sowie den freizügigen, positiv konnotierten Umgang mit Sexualität[1248] und erzeugt damit eine bestimmte Erwartungshaltung über den weiteren Verlauf der Handlung.[1249]

Abgesehen davon aber, dass sie eine mächtige Herrscherin ist, die über *künste list* (V. 1874) verfügt, gibt Meliur in ihrer ersten Enthüllung nichts Konkretes über sich selbst preis.[1250] Sie schwört auf Dreifaltigkeit und Jungfrauengeburt, dass sie menschlich und keine teuflische Augentäuschung ist (V. 2032–2061) – und Partonopier genügen diese Beteuerungen, sodass die beiden sich erneut einander hingeben können (V. 2133–2139). Während sich der Protagonist an den zahlreichen rätselhaften Leerstellen, die Meliurs sporadische Entschlüsselung nach der ersten Liebesnacht aufzeigt, nicht zu stören scheint, verbleibt der Rezipient im Unklaren darüber, was es tatsächlich mit Meliurs Kräften auf sich hat. Damit sind sowohl sein Sehbegehren als auch sein Informationsbedürfnis unbefriedigt. Das Einzige, was ihm neben den Imaginationen des Protagonisten und den metaphorischen Andeutungen zur Orientierung dient, ist die Vertrautheit des literarischen Schemas, das Meliur mit ihrer ersten Erläuterung aufruft und das – sogar für Rezipienten ohne literarische Vorbildung[1251] – bereits mit der Artikulation eines Tabus dessen Bruch in Aussicht stellt. Mit blockierter Sicht, lückenhaften Informationen und manipulierter Imagination muss der Rezipient in einem Schwebezustand uneindeutiger Hinweise verharren, in dem das suggerierte Fe-

---

1247 Simon, Einführung, S. 128, weist auf Partonopiers Konflikt hin, „einerseits die passive Rolle im Feenmärchen spielen zu müssen und andererseits der aktive Ritter der Chanson de geste sein zu müssen".

1248 Vgl. Kasten, Vorstellungen, S. 278.

1249 Eming, Emotion, S. 183, folgert für den französischen Text als Reaktion auf die Erwähnung, dass *une fee* in die dunkle Kemenate tritt, „dass gerade ein Publikum, welches Feengeschichten kennt, nun aufmerkt: Die Erwähnung der Fee verspricht eine erotische Begegnung, die es mit Lust verfolgen wird. In einer performativen Strategie des Erzählers wird also auch an das Begehren des Publikums appelliert."

1250 Darin besteht ein entscheidender Unterschied zum französischen Text, in dem Melior sofort einräumt, Kaiserin des byzantinischen Reichs zu sein, vgl. Bruckner, Shaping Romance, S. 134.

1251 So formuliert etwa Peter Strohschneider: Ur-Sprünge. Körper, Gewalt und Schrift im *Schwanritter* Konrads von Würzburg. In: Gespräche – Boten – Briefe. Körpergedächtnis und Schriftgedächtnis im Mittelalter. Hrsg. von Horst Wenzel. Berlin 1997 (Philologische Studien und Quellen. 143), S. 127–153, hier: S. 134, dass es zwangsläufig zum Tabubruch kommt, denn „seine Übertretung ist ja eine Funktion des Verbots".

enmärchen wie der einzig verlässliche Anhaltspunkt für die dargestellte Minnehandlung erscheint, bis Partonopier in Vers 7865 mithilfe der Zauberlaterne endlich *daz wîp nâch wunsche wol getân* erstmals erblickt und das Wort *wîp* nun endlich auch für den textexternen Beobachter mit einem textinternen Sichtbeweis verknüpft wird.

Im Anschluss an die erfolgte Bestätigung, dass sie tatsächlich kein Dämon ist, erklärt die vom Tabubruch erschütterte Meliur, was es mit ihren Künsten, ihrem prächtigen Reich und der Unsichtbarkeit wirklich auf sich hat. Zunächst fasst sie Partonopiers Ängste treffend zusammen, um sich dann vehement davon abzugrenzen:

> du wândest, herre, daz der alp
> unde ein tiuvel trüge dich,
> dô du mich unsihteclich
> fünde, werder kristen.
> nein, ich schuof mit listen,
> daz du mich niht ensæhe. (V. 8054–8059)

Meliur widerlegt Partonopiers falschen Gedankengang mit einem entschiedenen Nein: Kein Teufel war am Werk, um sie vor Partonopier unsichtbar zu machen, sondern sie selbst. *Tiuvel* und *alp* haben nichts mit den *listen* zu tun, die sie aus eigener Kraft erschafft. Sie berichtet dann weiter, dass ihr Vater Kaiser von Konstantinopel war (V. 8064–8067), der, weil er keinen männlichen Nachkommen hatte, Meliur *alle schrift / durch wîser liute rœte* (V. 8068 f.) unterrichten ließ, sodass sie eines Tages seine Nachfolge antreten könne. Dank dieser Ausbildung wurde sie ein *houbetmeisterîn / der buoche mangeger hande* (V. 8086 f.), denn die besten Lehrer bildeten sie in allen denkbaren Wissenschaften aus (V. 8080–8095) und zu diesen Wissenschaften gehörte auch die Nekromantie:

> nigrômancîen ich begreif
> für manegen list besunder,
> dâ mite ich fremdiu wunder
> machte swenne ich solte.
> und sô mîn vater wolte
> gewinnen kurzwîle,
> sô wart in sneller île
> nâch mir schiere dô gesant,
> daz ich dar kæme sâ zehant
> in ein gaden sitzen.
> ich schuof mit zoubers witzen,
> daz in bedûhte, er sæhe
> vil manic wunder spæhe
> von zame und ouch von wilde.[1252] (V. 8096–8109)

1252 Dieser Vers ist identisch mit einem Vers – *wâren doch die tisch vol / von zame und ouch von wilde* (V. 1012 f.) –, der im Kontext der ersten Beschreibung der Tafel in Meliurs Palast verwendet wird. Dies gibt den Anlass, zu vermuten, dass die Trugbilder der Initialaventiure in Meliurs Erläuterung

Die Kaiserin erläutert, dass sie im Rahmen ihrer umfassenden Ausbildung die Zauberei erlernte, womit Bleumer zufolge unverkennbar klar wird: „Meliur ist kein böser Geist, sie ist auch keine Fee, sie ist eine Gelehrte.“[1253] Weiter schildert sie, dass sie ihre besonderen Fähigkeiten hauptsächlich verwendete, um ihren Vater zu unterhalten, weil sie darin so begabt war, dass sie jede nur erdenkliche Kreatur erscheinen lassen konnte. Doch sie vermochte es nicht nur, Trugbilder zu kreieren, sondern auch Dinge unsichtbar werden zu lassen, was sie sich dann zunutze macht, um schon früher als gestattet mit ihrem Geliebten zusammen zu sein:

reht alsô wart ich und beleip
der swarzen buoche ein meisterîn.
swaz ûf der erde mac gesîn
von zouberlichen sachen,
daz kunde ich wol gemachen,
und wolte dich ûf disme sal
vor mînen liuten über al
verborgen hân sô tougen,
daz dich mit sînen ougen
niemen hæte alhie gesehen,
biz an die zît, daz dir geschehen
solte sîn des heiles kraft,
daz ich vor mîner ritterschaft
dich offenlîche hæte erwelt
und zeime herren mir gezelt
für alle man besunder.
mit zouber ich daz wunder
wolte alhie gemachet hân. (V. 8134–8151)

---

sowohl sprachlich als auch inhaltlich aufgegriffen werden, um einen Bezug zwischen ihren fingierten Kreationen und der Handlung des Romans herzustellen.

1253 Bleumer, Entzauberung, S. 224. Auch Judith Klinger: Anderswelten. In: Literarische Orte in deutschsprachigen Erzählungen des Mittelalters. Ein Handbuch. Hrsg. von Tilo Renz, Monika Hanauska, Mathias Herweg. Berlin/Boston 2018, S. 13–39, hier: S. 31, bewertert Meliur als menschliche Partnerin. Anders geht Eming, Geliebte, S. 46, davon aus, dass Meliur anfangs durchaus eine Fee ist, deren Status sich aber durch den Tabubruch verändert und sie vermenschlicht: „Meliur ist keine Fee *mehr*. Sie hat für die Beziehung zu Partonopier ihren Feenstatus auf Spiel gesetzt und verloren. Sie ist *jetzt* eine junge Adlige mit eingeschränktem Verfügungsrecht auch in den Angelegenheiten, die ihre Person betreffen.“ [Hervorhebung J. M.] Da der Text sie allerdings nie als Fee bezeichnet und lediglich darstellt, dass ihre durch das Buchstudium erlernte *list* der *nigromancîe* verliert, fokussiert sich die folgende Argumentation darauf, darzulegen, dass Meliur niemals wirklich eine Fee ist. Dafür spricht auch, dass die Art ihrer Zauberkunst nie erläutert wird – es ist völlig unklar, ob Meliur besondere Worte, Dinge, Zutaten oder Praktiken benötigt, um zu zaubern. Im Gegensatz zu Medea im *Trojanerkrieg* (in der die Zauber-Episode eine Zutat Konrads ist, vgl. Müller, Häutungen, S. 304) bleibt die Gestalt der Zauberei völlig diffus.

Ihre Zauberkunst dient ihr also dazu, für Partonopier „eine höfische Scheinwelt“[1254] zu kreieren, sodass er an ihrem Hof erst gesehen wird, wenn er öffentlich zum Ritter gemacht wurde. Indem der Jüngling aber mithilfe der Zauberlaterne seiner Mutter ihr Sichttabu bricht, vergehen sogleich ihre magischen Kräfte: *friunt, nu hâst du widertân / mit dîner künste mînen list, / sô daz er gar verdorben ist / und er niht krefte mêr enhât* (V. 8152–8155). In genau jenem Moment, in dem Partonopier die Schöne anblickt, ist alles Übernatürliche verflogen: *si [nigromancîe] wart erleschet von der brunst / der kerzen, diu dô brante, / dô mich dîn ouge erkante, / daz mich ze schaden hât gesehen* (V. 8164–8167). Meliurs zauberhafte Trugbilder und Verhüllung des Geliebten vor den Augen des Hofs können nur auf Basis des Tabus existieren – sobald die Kaiserin vom unangemessenen Blick des illegitimen Geliebten getroffen wird wie eine Kerze von einem Lufthauch, verschwindet aller Zauber. Partonopiers verbotener Blick in der eigentlich verschleiernden Dunkelheit setzt ihn wiederum dem Blick der höfischen Öffentlichkeit aus, weil die Unsichtbarkeit in Schiefdeire vorwiegend ihn schützte, sodass mit der plötzlichen Sichtbarkeit sein Leben gefährdet ist (V. 9100 f.).

Zugleich bedeutet das Verschwinden von Meliurs Zauberkräften, dass das, was bis zum Tabubruch mithilfe einer auf ein literarisches Schema verweisenden Weichenstellung beim Rezipienten spezifische Erwartungen geweckt hat, plötzlich nicht mehr funktioniert: Wenn Meliur die ihr im Schema zugedachte Rolle der feenhaften Geliebten rationalisiert[1255], indem sie erläutert, dass sie kein übermenschliches Wesen ist, muss in der Folge das anzitierte narrative Schema des Feenmärchens selbst infrage gestellt werden,[1256] das ab dem Zeitpunkt seiner Entschlüsselung nicht mehr greifen kann, weil Meliur sich als vollkommen menschlich offenbart und im Zuge des Tabubruchs ihre Zauberkraft verliert. Dass dabei das Feenmärchenschema selbst seine Geltung verliert, zeigt sich etwa daran, dass in der weiteren Handlung nicht mehr die mutmaßliche Fee die Fäden in Hand hält, wie es nach Simon typisch ist: „Im Feenmärchen liegt die Initiative bei der Fee. Sie sorgt dafür, daß der Held sie finden kann, sie definiert den Kommunikationskontrakt und sanktioniert den Verstoß gegen ihn.“[1257] Weil jedoch von Meliur nach dem Tabubruch keine aktive Lenkung des Geschehens

---

1254 Ridder, Liebestod, S. 323. Ähnlich spricht Friedrich, Menschentier, S. 378, von Schiefdeire als einer „Kunstwelt, bestehend aus höfischer Architektur, höfischem Glanz, zivilisierter Natur und magisch beherrschter Wildnis.“

1255 Schulz, Poetik, S. 231, geht von einer Rationalisierung des Feenmärchens aus, die seiner Meinung nach aber von der Verschmelzung mit dem Minneroman ausgeht. Kokott, Konrad von Würzburg, S. 222, mahnt allerdings zur Vorsicht, weil der Begriff Rationalisierung eines älteren literarischen Musters immer schon eine pejorative Perspektive impliziere.

1256 Vgl. Schulz, Poetik, S. 117. Diese Infragestellung muss erfolgen, weil nicht nur Partonopier, sondern mit ihm der Rezipient erfährt, dass Meliur keine Fee ist. Dass Protagonist und Rezipient dies gemeinsam lernen, betont Bruckner, Shaping Romance, S. 123, für den französischen Text; Rikl, Erzählen, S. 71, ist hingegen der Ansicht, dass die wertenden Erzählkommentare kurz schon vor dem eigentlichen Tabubruch preisgeben, dass Meliur menschlich ist.

1257 Simon, Einführung, S. 48.

mehr ausgeht,[1258] sie sich den künftigen Ehemann nun nicht mehr selbst aussuchen darf[1259] und Partonopier die Kommunikation zu ihr (mehr oder weniger) eigenmächtig wiederherstellen kann, ist ihr Feenstatus endgültig ab dem Moment als passé markiert, als Partonopier selbstständig in ihr Reich gelangt, sich heimlich unter ihre Ritter mischt und damit ihr Gebot untergräbt. Schon die Tatsache, dass auf Partonopiers Turniersieg die glückliche Zusammenführung der Liebenden folgt, könnte als ein weiteres gewichtiges Indiz dafür gelten, dass *Partonopier und Meliur* sich von der Märchenstruktur löst, in der es oft keine Wiedervereinigung der Liebenden gibt. Dennoch plädiert Anne Wawer dafür, das Feenschema als Deutungsansatz für den Roman auch nach dem Tabubruch beizubehalten:

> Meiner Meinung nach ist es nicht notwendig, für die Deutung der Romanpartie nach dem Tabubruch ein anderes Schema als das des Feenmärchens bzw. des Typus „übernatürliche Partnerin" heranzuziehen, da bereits die keltischen Vorläufer oder auch die Lais der französischen Tradition zeigen, dass eine Versöhnung der Partner auch innerhalb eines Feenmärchens gedacht werden kann und der Sinn des Schemas, folgt man der These Simons, gerade in der Vermittlung von Feenwelt und Menschenwelt liegt.[1260]

Die Argumentation Wawers und Simons wird jedoch brüchig, wenn berücksichtigt wird, dass Meliur ohne Zauberkräfte keine Fee sein kann[1261] – und ohne die übernatürliche Partnerin ist zugleich das narrative Schema des Feenmärchens hinfällig. Mehr noch, es enttarnt sich als falsche Fährte, die im Text zu Beginn absichtlich gelegt wird, um die Rezipienten in die Irre zu führen, indem falsche Erwartungen generiert werden.

Um diese Erwartungen zu erzeugen, sind intendierte Strategien eingesetzt, denn eigentlich weist einiges von dem, was bis zum Tabubruch über Meliur suggeriert wird, in Richtung ihrer Feenhaftigkeit: Sogar ihre zweite Entschlüsselung gibt noch Rätsel auf, denn es werden diffuse Register angeführt, indem die Worte *nigrômancîe* und *swarzes buoch* bedrohliche Inhalte ausdrücken[1262] und ihre Aussage, dass sie *stille und offenbâr / der lügelichen dinge treip* (V. 8132 f.), sie nach wie vor in die Nähe des Teuflischen rückt.[1263] In der Retrospektive wird aber nach dem Tabubruch deutlich,

1258 Bruckner, Shaping Romance, S. 137–138, deutet die Folgen des Tabubruchs im französischen Text darum als Machtverlust Meliors. Eine Veränderung der Machtverhältnisse erkennt auch Wawer, Tabuisierte Liebe, S. 112, für die Darstellung der Schwertleite in Konrads Text.

1259 Vgl. Rikl, Erzählen, S. 179.

1260 Wawer, Tabuisierte Liebe, S. 62.

1261 Wawer, ebd., S. 95, wundert sich hingegen darüber, dass die Forschung sich weigere, Meliur als übernatürlich wahrzunehmen, weil es dafür doch zahlreiche Belege gäbe.

1262 Vgl. Simon, Einführung, S. 129.

1263 Nach Alwine Slenczka: Der Teufel als „Vater der Lüge" und seine Realisation in mittelhochdeutschen Verserzählungen. In: Lügen und Betrügen. Das Falsche in der Geschichte von der Antike bis zur Moderne. Hrsg. von Oliver Hochadel, Ursula Kocher. Köln 2000, S. 51–79, hier: S. 51, sind die Figur des Teufels und die Lüge vor allem im christlichen Kontext untrennbar verknüpft.

dass *Partonopier und Meliur* in Hinblick auf die vermeintliche Feengestalt stets systematisch widersprüchliche Hinweise anführte: Meliurs christliche Beteuerungen und ihr höfisches Verhalten stehen in starkem Kontrast mit dem gespenstischen, menschenleeren Reich voller Überfluss, den unheimlichen schwarzen Tieren,[1264] dem ostentativen sexuellen Begehren und dem Gebrauch von Blutspuren.[1265] Ihre Zauberkunst passt nicht damit zusammen, dass bei ihrem ersten Erscheinen beschrieben wird, wie *ein mensche zuo der bettestat* (V. 1229) schleicht.[1266] Auch dass Feen für gewöhnlich ortsgebunden sind, widerspricht der Tatsache, dass Meliur ihr Reich verlässt, um einen künftigen Ehemann zu begutachten (V. 1846–1855). Feen stammen meist aus unbestimmten Anderwelten[1267] – Meliur äußert sich zwar anfangs nicht zu ihrer Herkunft, räumt dann aber ein, dass sie Herrscherin des byzantinischen Reichs ist, das zwar in gewisser Weise eine ‚orientalische' Anderwelt darstellt, aber trotzdem irdisch verortbar bleibt.[1268] Schiefdeire erscheint dabei als gesellschaftsferner Raum,[1269] in dem eine zunächst unmögliche Liebesbegegnung möglich wird, was diesem Ort gleichsam etwas Fremdes verleiht.[1270] Ebenfalls verwunderlich ist, dass Parto-

1264 So formuliert Schulz, Eherechtsdiskurse, S. 107, zu den schwarzen Lebewesen in Schiefdeire: „Pferd und Hunde sind Indikatoren einer Welt, in der die analogia exterioris et interioris gestört ist. Solches ist der mittelalterlichen Exegese Zeichen für das tückische Wirken des Teufels, der die durch Gott in den Dingen angelegten Spuren oftmals verkehrt." Nach Wiesinger, Feenreste, S. 52, fungieren „eigenartige Hunde" durchaus als „Feenmarker".

1265 Die von Meliur inszenierte Spur aus Tierblut, die Partonopier zu ihr führt, könnte darauf verweisen, dass schwarze Magie am Werk ist, denn solche Zeichen gehören in den Bereich der Nekromanie, vgl. Skemer, Binding Words, S. 130–131.

1266 In V. 1250–1252 wird dieser Verweis auf die Menschlichkeit des Wesens in der dunklen Kemenate noch einmal wiederholt: *nu kam ouch ie genôte / der mensche mit sô lîhten triten / für daz bette hin geschriten.*

1267 Dies betont Philipowski, Schrift in Fesseln, S. 245, für die Figur der Melusine: „Die Fee ist eine Figur, die gleichsam aus dem Nichts kommt und folglich weder Heimat noch Abstammung, keine Herkunft, keine Familie, also keinen Stammbaum hat. Oder umgekehrt: Wer keine Herkunft besitzt, wird gerade dadurch zum Mahr: Eine Person ohne Eltern, ohne definierten gesellschaftlichen Status und Rang, ist eine Person, die nicht von dieser Welt kommt und nicht in diese Welt gehört: Abstammungslosigkeit ist Anderweltlichkeit." Allerdings dient zugleich Avalon als konkrete Bezeichnung eines in der Literatur etablierten Feenreichs: So ist etwa Petitcrü in Gottfrieds *Tristan* ein *fremede werc von Avalûn* (V. 15842), auf der Hochzeit von Erec und Enite ist Gimoers zu Gast, der auf *der wert Avalôn* eine Fee liebt (V. 1930–1934) und Lanval entschwindet im Lai der Marie de France mit seiner feenhaften Geliebten *en Avalun* (V. 641). Indem Konrad diesen explizit namentlichen Verweis auf die Feenwelt nicht äußert, aber Meliurs Herkunft trotzdem für die erste Hälfte des Texts verhüllt, suggeriert der Roman, dass Meliur eine Fee vom Tpyus ‚aus dem Nichts' sein könnte.

1268 Konrad entwirft dieses Bild fremdländischer ‚Exotik' in Schiefdeire u. a. über die Details wie die Erwähnung des Granatapfels, vgl. Musiol und Winst, Pfirsichbaum, S. 104–106. Das byzantinische Reich zeichnet sich nach Meyer, Wilde Fee, S. 120, in der zeitgenössischen Wahrnehmung dadurch aus, dass man dort „traditionell ein gehöriges Maß an Kunststücken erwartete."

1269 Vgl. Kühne, Affekt zum Gefühl, S. 276.

1270 Dass Schiefdeire ein rational nicht begreifbarer Ort ist, zeigt sich auch daran, dass Partonopier die Schwellenräume Meer und Wald, die zwischen Frankreich und Schiefdeire liegen, immer allein nopier für seine erste Heimreise fünfzehn Tage von Schiefdeire nach Frankreich (V. 3005) braucht, obwohl die Hinreise kurioserweise nur eine Nacht in Anspruch nimmt.[1271] Während Melior im französischen Text bereits nach der ersten Liebesnacht erzählt, Kaiserin von Byzanz zu sein,[1272] berichtet sie in Konrads Text erst nach dem Tabubruch davon. So wird deutlich, dass Konrad die latente Ungewissheit bezüglich Meliurs herrschaftlichen Hintergrunds absichtlich für lange Zeit aufrechterhält, indem er etliche Ungereimtheiten implementiert. Dass der Name der schönen Frau lange Zeit nicht preisgegeben wird, lässt sie zusätzlich in die Nähe der Fee im *Lai de Lanval* der Marie de France oder des rätselhaften Schwanritters in Konrads von Würzburg gleichnamiger Verserzählung[1273] rücken – solange, bis ihr Name beiläufig im Gespräch Partonopiers mit seiner Mutter fällt (V. 6552) und der Verfasser damit erneut einen Bruch mit den Konventionen der suggerierten Textgattung vollzieht.

Die Widersprüchlichkeit der menschlichen und feenhaften Attribute schlägt sich auch auf der sprachlichen Ebene nieder: Statt expliziter Worte – wie im französischen Text mit *une fee* – bedient sich Konrad dazu etlicher, subtiler Implikationen, die ihre Anderweltlichkeit lediglich als Option einräumen. Das prächtige Schiff, das Partonopier nach Schiefdeire bringt, ist etwa gefertigt *sam ez ein wilde feine / ze wunsche ir selber hæte erwelt.* (V. 640 f.) Auf diese Weise wird ein übernatürlicher Bezug anzitiert, der eine Begegnung mit einer Fee in der folgenden Handlung einerseits glaubwürdig erscheinen lässt, anderseits aber über den Vergleich mit *sam* gleich wieder als bloßer rhetorischer Schmuck eingeordnet werden kann. Außerdem äußert der Erzähler das Wort ‚Fee' niemals im Kontext der Beschreibung Meliurs, stattdessen legt Konrad es aber den negativ bewerteten Figuren in den Mund: Die schöne *niftelîn* des Königs von Kärlingen, die Partonopiers Mutter dazu nutzt, um ihn von seiner vermeintlich dämonischen Geliebten abzulenken, prahlt, dass sie den jungen Grafen *ûz der minne stricke* (V. 7059) befreit habe, der *von der veinen wilde* (V. 7064) ausging – nach Matthias Meyer „wird der Begriff eindeutig als ‚Kampfbegriff' gegen die fremde, andere Frau verwendet"[1274]. Diese Formulierung von der wilden Fee benutzt auch Lucrete, wenn sie dem Erzbischof von Paris schildert, dass *ein wildiu veine in [Partonopier] triuget* (V. 7500).[1275] Sowohl Meliurs weltlicher als auch ihr feenhafter Hintergrund können

durchqueren muss, es gibt keine Interaktion mit anderen Figuren in diesem Räumen, vgl. Haufe, Gestimmter Blick, S. 97.

1271 Garstka, Untersuchungen, S. 69, findet die Tatsache, dass die Orte „irgendwo und irgendwann zufällig als Inseln aus dem Meer" auftauchen, bezeichnenderweise „undurchsichtig".

1272 Vgl. Obst, Der *Partonopier*-Roman, S. 5.

1273 Für Strohschneider, Ur-Sprünge, S. 131–132, ist es bedeutend, dass der Schwanritter „[m]it seiner Namenlosigkeit [...] von allen genealogischen oder gesellschaftlichen Bezügen abgelöst [ist]".

1274 Meyer, Wilde Fee, S. 113.

1275 Vgl. H. W. Puckett: The Fay, Particularly the Fairy Mistress, in Middle High German. In: Modern Philology. 16, 1918, S. 297–313, hier: S. 309. Allerdings erlaubt sich der Erzähler bei der Beschreibung von Meliurs Auftritt bei der Schwertleite vielleicht einen Scherz, wenn er als Vergleich anführt: *sô lûter nie kein feine / noch kürlicher wart gesehen.* (V. 12506 f.). In dieser doppeldeutigen Aussage, die also in diverse Andeutungen hineingelesen werden: Es finden sich Belege für beide Naturen, aber wie sie bewertet werden, hängt davon ab, ob sie als solche erkannt und wie sie anschließend gedeutet werden. Der Text wartet jedoch ausschließlich mit Indizien auf, die im Anschluss an die Entscheidung für eine Lesart zu einer voreingenommenen Interpretation verleiten, weil nämlich alle vermeintlich beiläufig wirkenden Spuren künstlich konstruierte Hinweise sind, die damit zu absichtlich ambigen Fährten werden.

Was anfangs noch durch Leerstellen und Unsichtbarkeiten intendiert sowie später durch mehrdeutige Erklärungen partiell verunklart wird, stellt der Erzähler am Ende der Minnehandlung allerdings klar heraus: Meliur ist keine Fee, „der Text modelliert nicht, wie andere Mahrtenehenerzählungen, ein eskapistisches Liebesmodell“[1276], sondern läuft auf eine legitime Herrschaftsehe hinaus.[1277] Eingeleitet mit einer Rezipienten-Apostrophe wird am Ende der Minnehandlung dazu noch ein letztes Mal deutlich gemacht, dass Zauberei für die Zusammenführung des Liebespaars ausschließlich ein Mittel zum Zweck war:

> doch wizzent, daz diu keiserîn
> niht zoubers kunde mêr dô pflegen:
> die liste wâren dô gelegen,
> der si mit ganzer stæte wielt,
> daz si Partonopieren hielt
> alsô, daz er si nie gesach,
> biz im diu missetât geschach,
> daz er sich von ir hulde schiet
> und in diu muoter sîn verriet,
> als ich dâ vorne hân geseit.
> si lebten bêde sunder leit
> in ganzer wünne bî der frist
> ân allen zouberlichen list. (V. 17464–17476)

In dieser kurzen Rekapitulation der Minnehandlung legt der Erzähler dar, dass Meliurs Zauberkünste dazu dienten, ihre Unsichtbarkeit gegenüber Partonopier zu garantieren, sprich um die anfangs illegitime Liebesbeziehung geheim zu halten,[1278] diese

---

sowohl für als auch gegen Meliurs Feenhaftigkeit weisen könnte, werden Konrads Sprachspiele, die absichtlich Verwirrung stiften sollen, nochmals offensichtlich.

1276 Schulz, Schwieriges Erkennen, S. 418.

1277 Diese ist übrigens vielleicht gerade darauf zurückzuführen, dass Meliur lange Zeit nicht gesehen wird: Während im *Trojanerkrieg* Sichtbarkeit, Schönheit und Leuchten zwar Begehren hervorrufen, aber letztlich immer zu Unglück und Katastrophe führen, wie Müller, Blinding Sight, S. 209, zeigt, scheint in *Partonopier und Meliur* Unsichtbarkeit der Schlüssel zum (Liebes-)Glück zu sein. Dass die Verhüllung vor den Augen der höfischen Gesellschaft die Ausdrucksweise wahrer Liebe ist, haben bereits die Beobachtungen zu Rudolfs von Ems *Willehalm von Orlens* (vgl. Kapitel 1.3) und als Negativbeispiel die Überlegungen zum *Lai de Lanval* der Marie de France (vgl. Kapitel 1.2.2) gezeigt.

1278 Dies folgert auch Schulz, Erzähltheorie, S. 391.

dann aber als Konsequenz des Tabubruchs verschwanden. Die Versöhnung des Paars führt nicht dazu, dass Meliurs *liste* zurückkehren: Sie leben ein Leben *ân allen zouberlichen list* (V. 17476) – und diese „Kombination von Held und sozusagen ‚entfeeter' Fee läßt sich nur als Lob auf ein gesellschaftlich funktionales Personenmodell lesen."[1279] Darum wird Meliur in dieser kurzen Handlungszusammenfassung von Beginn an als *keiserîn* bezeichnet, nicht als Fee, denn ihre Macht ist irdisch und selbst ihre Zauberkünste waren lediglich Resultat weltlich-kaiserlicher Ausbildung.

Mit dieser abschließenden Ausführung des Erzählers stellt sich heraus, dass die Minnehandlung zu weiten Teilen aus einem raffiniert angelegten Spiel mit irreführenden Fährten besteht, das nicht nur dazu dient, „die ungehemmt ausgelebte Sexualität zu beschönigen"[1280], sondern eine tiefgreifende Ungewissheit zu inszenieren, die sowohl textintern als auch -extern zur Herausforderung für die Vorstellungskraft wird. Der Text legt es augenscheinlich darauf an, dass die Rezipierenden Meliur zunächst als Fee und die Geschichte in der Konsequenz als Feenmärchen begreifen. Damit jedoch wird eine trügerische Fährte gelegt,[1281] die sich erst nach dem Tabubruch als falsch erweist, denn im Prozess der erneuten Zusammenführung werden, wie oben ausgeführt, die Schritte der Anfangshandlung erneut abgeschritten und dabei entzaubert. Es gibt nun keine Fee und keine Magie mehr, trotzdem aber gibt es nach dem Tabubruch weiterhin Unsichtbarkeit und Trugbilder – nur, dass diese nicht mehr übernatürlichen Ursprungs und für den Rezipienten einsehbar sind. Das Feenmärchenschema wird so schrittweise als falsche Fährte enttarnt, die den Rezipienten in die Irre führt: Wer glaubt, ein Feenmärchen zu hören oder zu lesen, verschließt seine Wahrnehmung für solche Hinweise, die als Beweis für eine andere Lesart dienen könnten – das Vorgaukeln eines narrativen Schemas setzt dem Blick des Rezipienten quasi Scheuklappen auf. Fast wie in einem Detektivroman drängen sich Indizien auf, die den Blick des Rezipienten in eine bestimmte Richtung lenken und ihn glauben machen, dass er bereits weiß, wer der Mörder ist: Die Überraschung ist dann jedoch umso größer, wenn plötzlich klar wird, welche Hinweise aufgrund dieser systematischen Rezeptionslenkung zuvor übersehen wurden, obwohl sie nicht verschwiegen, sondern nur geschickt in den angebotenen Informationen verschleiert wurden.

Über die Auflösung der Zauberkräfte Meliurs nach dem Tabubruch rätselt schon Steffek: „Wie kann die Übertretung eines willkürlich von ihr ausgesprochenen Verbots als ‚notwendige' Konsequenz den Verlust durch Studium erworbener Fähigkeiten

1279 Meyer, Wilde Fee, S. 122. Darum kommt er ebd., S. 123, für den Schluss der Minnehandlung zu einer beinahe ernüchternden Bewertung: „Das Ende ist nicht, wie oft in Erzählungen vom Typ der gestörten Mahrtenehe, die wie auch immer geartete endgültige Regelung der Beziehung zur Fee, sondern das Leben geht weiter – und das ist ein geradezu bedrückend reales Lebens."

1280 Kühne, Affekt zum Gefühl, S. 289.

1281 Vergleichbar folgert Schulz, Spaltungsphantasmen, S. 252: „Es gibt hier nur ein spielerisches ‚Als ob' des Mythischen. Indem das Numinose von der erzählten Welt in die Figurenpsychologie verlagert wird, existiert auch die ‚thematische Rolle' der Fee nurmehr auf der Ebene des Scheins."

nach sich ziehen?“[1282] Der Verlust ihrer Zauberkünste ist aber kein logischer Fehler oder sogar eine „Bestrafung“ Meliurs[1283], sondern in Bezug auf das sich auflösende Erzählschema nur konsequent: Aufgrund der Enthüllung des Feenmärchens durch die Fee, die aber gar keine ist, müssen sich alle übernatürlichen Elemente in Luft auflösen.[1284] Sobald Meliur deklariert, keine Fee, sondern nur eine talentierte Studentin magischer Bücher zu sein, wird deutlich, dass die dargestellte Welt, in der sich die Figuren befinden, nicht die des Feenmärchens ist. Dies bedeutet, dass sich Meliurs Zauberkünste in dem Moment auflösen, als die Narration ihre eigene Artifizialität offenlegt: Der damit herausgeforderte Reflexionsprozess, in dem die bis dahin zur Orientierung gebrauchten Raster aufgegeben werden und angestrengt nach neuen Mustern gesucht werden muss, führt dem Rezipienten letztlich die Verfasstheit des literarischen Werks vor Augen – das sich damit selbst als Trugbild offenbart.

Meliur, die zunächst als unbestimmbare Kraft auftritt, die anfangs aufgrund zahlreicher Ungereimtheiten nicht greifbar war, entpuppt sich im enthüllenden Gespräch nach dem Tabubruch lediglich als weitere Figur der gemachten Welt, in der sie nicht die Kontrolle hat. Weil die magischen Kräfte mit der Enthüllung der heimlichen Liebesbeziehung von der Handlungsebene – die noch weitere 10.000 Verse andauert und ohne Epilog abbricht – verschwinden und die *künste* rückblickend vom Erzähler lediglich als eine Stellschraube der Minnebeziehung bewertet werden, bricht das Kartenhaus des narrativen Schemas, das den Schlüssel zum Verständnis der Minnehandlung darstellen sollte, in sich zusammen: Die Fährten, die den Rezipienten dazu verleiten sollten, diese als Indizien der ‚gestörten Mahrtenehe‘ zu lesen, entlarven sich als ästhetisch konstruierte Lügen.[1285] Damit steht der Rezipient erneut im Dunkeln: Nicht nur, dass er die schöne Herrscherin aufgrund der Sichtblockaden nicht anblicken kann und von figurengelenkter Imagination verunsichert wird, auch die Erwartungshaltungen an den Text, der narrative Schemata als „Material“ zum „Aufbau eines Textschauspiels“[1286] nutzt, haben ihn konsequent in die Irre führt. Weil die Orientierungen, die

1282 Steffek, Feenwelt, S. 262.

1283 Dies deutet etwa Eming, Emotion, S. 218, an, wenngleich sie Anführungszeichen dafür verwendet.

1284 Schulz, Spaltungsphantasmen, S. 238, hingegen ist der Ansicht, dass „man den Argwohn der Theologen nicht mehr bloß schlicht ignorieren“ konnte und darum die Darstellung der Feenliebe weitgehend abgeschwächt wurde, sodass im rätselhaften Verlust der Zauberkräfte lediglich „ein unbewältigter Rest“ eines mythischen Weltbildes sichtbar werde. Warum die Künste der Herrscherin ausgerechnet im Moment des Tabubruchs verschwinden, erläutert jedoch das Verschwinden des angedeuteten Schemas viel angemessener: Beide Künste vergehen im Moment ihrer Enthüllung.

1285 Nach Benoit, Tromperie, S. 94, gehen narrative Illusion und Lüge Hand in Hand, weil sich Lesende auf die besondere Täuschung der Fiktion einlassen und dazu vorgeben, eine Geschichte zu glauben, die zwar falsch ist, aber dabei trotzdem Wahrheit in sich tragen kann: „À travers la fiction, donc le mensonge, se dégage une vérité pour les lecteurs d’aujourd’hui et de demain. Le lecteur est invité à une forme particulière de la tromperie, qui est l’illusion narrative. On fait semblant de croire une histoire qui est peutêtre fausse, mais qui porte une vérité que l’auteur aide à découvrir.“

1286 Simon, Einführung, S. 130–131.

der Roman bis zum Tabubruch bietet, an Aussagekraft verlieren, sieht der Rezipient sich nun genötigt, andere Lenkungen finden zu müssen, wie die folgenden Überlegungen zeigen sollen.

3.2.7 Gefallene Hüllen: Striptease der *historje*

Wenn Meliur keine Fee ist und *Partonopier und Meliur* in der ersten Hälfte des Romans lediglich den Anschein erweckt, als könne die Geschichte ein Feenmärchen sein, wird der Rezipient genauso verwirrt im düsteren Dickicht mehrdeutiger Spuren zurückgelassen wie Partonopier zu Beginn im Ardennenwald.[1287] Neben Dunkelheit und Helligkeit, die gleichermaßen als Sichtblockaden fungieren, sowie blicklenkenden Darstellungen subjektiver Imaginationen, die den Blick des Rezipienten immer wieder ab- und umlenken, entfaltet die Minnehandlung zwischen Partonopier und Meliur, indem sie zusätzlich als trügerische narrative Fährte gestaltet wird, ein metapoetisches Potenzial. Der Protagonist fungiert als Identifikationsfigur des Rezipienten und Meliur übernimmt in der Initialaventiure die Rolle im Hintergrund: Im Gespräch nach der ersten Liebesvereinigung offenbart sie, dass alles, was bisher auf der Handlungsebene geschehen ist, auf ihre Zauberkünste zurückgeführt werden kann. Ohne dass Partonopier oder der Rezipient, der die dargestellte Welt durch dessen Sinne wahrnimmt, es anfangs bemerken, sind sämtliche Begebenheiten von einer Macht gelenkt, die aus einem unbekannten Dunkel operiert. Während sich der verängstigte Junge im Wald und vor allem auf See dämonischen Kräften ausgeliefert sieht, lauert die eigentlich unbekannte Instanz, von deren Existenz er noch gar nichts weiß, im Hintergrund, denn schon ab jenem Zeitpunkt, als der Protagonist vorgestellt wird, ist jeder seiner Schritte durch höhere Gewalt vorherbestimmt. In dieser Konstruktion ist Partonopier der Jäger, der den vermeintlich zufälligen Spuren folgt, und Meliur ist die Fährtenlegerin, die dafür sorgt, dass Partonopier jeden von ihr geplanten Schritt geht. Dies geht so lange gut, bis die von Meliur intendiert gelegte Fährte aufgrund ihrer Ambiguität uminterpretiert wird: Weil die Mutter und der Bischof den jungen Grafen mit ihrer Lesart der Indizien indoktrinieren, bricht das Konstrukt der Feen-Andeutungen in sich zusammen und enttarnt in der Konsequenz des Tabubruchs, dass die Handlung von Beginn an nur aus inszenierten Trugbildern bestand.

Denn nicht nur Meliurs erste listige Inszenierung, die Eberjagd, ist Manipulation – nach dem Tabubruch wird erst deutlich, wie umfassend ihre Trugbilder sind: Sie lässt eine ganze Stadtbevölkerung, ihre Hofdamen und sogar ihre eigene Schwester unsichtbar werden, um Partonopier den Eindruck eines menschenleeren Reichs zu vermitteln und verbirgt ihn dabei gleichzeitig vor den Augen ihres Hofs. Es scheint, als

1287 Bezeichenderweise nutzt auch Schulz, Eherechtsdiskurse, S. 74, den Begriff der Spur, um die Eberjagd und die darin enthaltenden Andeutungen auf den *Tristan* zu beschreiben: „Konrad scheint hier eine Spur auszulegen, die auf den *Tristan* führt, auf die gesellschaftsgefährdende passionierte Liebe. Spätestens im Gemach Meliurs scheint sich diese Spur zu bestätigen – und doch ist alles ganz anders." Später spricht sie ebd., S. 101, sogar davon, dass Konrad eine „Tristanspur" auslege.

würden sämtliche Figuren auf der Handlungsebene von Meliur getäuscht – und damit auch der Rezipient, dem gemeinsam mit Partonopier während der zweiten Entschlüsselung nach dem Tabubruch womöglich auffällt, dass er die Gegebenheiten des Texts aufgrund der Andeutung des vertrauten Feenmärchenschemas akzeptiert hat, ohne sie infrage zu stellen. Meliurs Offenbarung, wie viel von dem, was Partonopiers Leben anderthalb Jahre lang ausmacht, durch ihre Einflussnahme inszeniert und vorherbestimmt ist, kann deshalb für den Rezipienten rückblickend Zweifel anregen: Wenn ein Großteil dessen, was der Protagonist sieht und nicht-sieht, aus einem unsichtbaren *Off* gesteuert wurde, warum sollte es sich mit der weiteren Handlung nach dem Tabubruch anders verhalten? Weil Meliur, wie Eming feststellt, „eine fiktive Welt erfindet, um in Absehung von gesellschaftlichen Normen ihre Emotionen zu leben“[1288], ist die Künstlichkeit der Welt, in der sich das Liebespaar befindet, von Beginn an gegeben. Alles Gesehene und Nicht-Gesehene von der Eberjagd bis zu den ersten anderthalb Jahren in Schiefdeire wird nach dem Tabubruch als Fiktion entlarvt und vermag damit eine Reflexion über fiktive Welten im Allgemeinen hervorzurufen.

Um zu verdeutlichen, wie diese Anleitung zur ästhetischen Reflexion in die Handlung integriert wird, lohnt es sich, Meliurs Erläuterungen noch einmal genauer zu betrachten. In ihrer kurzen Enthüllung nach der ersten Liebesnacht wird die Artifizialität narrativer Anderwelten bereits vorsichtig aufgezeigt, indem Meliur sich als lenkende Instanz der Initialaventiure präsentiert. Mithilfe ihrer zweiten Entschlüsselung, in der sie nicht nur erklärt, eine gelehrte weltliche Herrscherin zu sein, sondern ausführlich schildert, worin ihre Zauberkraft besteht, wird die Kunst der Kreation künstlicher Welten offengelegt. Sie malt darin die Trugbilder,[1289] die sie für ihren Vater zu dessen Unterhaltungen entstehen ließ, ausführlich in Worten aus:

> mîn goukel manic bilde
> worhte vor den ougen sîn:
> den lewen und daz eberswîn,
> den grîfen und den helfant
> liez ich dâ werden im erkant
> und alliu tier besunder.
> der wilden merwunder
> vil ze kiesenne im geschach.
> als er es danne gnuoc gesach,
> sô liez ich in beschouwen

1288 Eming, Emotion, S. 201.

1289 Damit wird Meliur zur Wortkünstlerin, die Strickers Pfaffen Amis, der Malerei beschreibt, die gar nicht existiert, gar nicht so unähnlich ist, wie die Formulierung von Wandhoff, Ekphrasis in der Literatur, S. 289, nahelegt: „Der ‚Maler‘ Amis, so zeigt sich hier, ist eigentlich ein Dichter, denn er ‚malt‘ dem König ein Kunstwerk, das nur als Dichtung existiert. Die Bilderlist des Amis verweist also auf die fundamentale Bildermacht der Sprache.“ Meliur malt auch sprachliche Bilder, die für Partonopier und den Rezipienten sichtbar werden können, obwohl sie deutlich als nicht-sichtbar markiert sind.

von bergen und von ouwen,
von wazzer und von heide
die schœnsten ougen weide,
der ie kein mensche wart gewar.
dar nâch sô liez ich komen dar
ein tûsent ritter oder zwei,
die samet einen turnei
dâ triben oder einen strît.
ich liez in sehen bî der zît
swaz ie gekrouch od ie geflouc.
mit listen ich in sô betrouc,
daz in des dûhte, ez wære wâr
swaz ich dâ stille und offenbâr
der lügelichen dinge treip. (V. 8110–8133)

Die Herrscherin erläutert hier im Detail, was ihre Kunst des Vor-Augen-Stellens bietet: Sie verfügt über die Fähigkeit, mit Bildern[1290] so zu betrügen, dass ihr Publikum glauben muss, das Gesehene sei wahr. Die Ausführung, welcher Art die Trugbilder waren, die Meliur für ihren Vater, den Kaiser von Konstantinopel entwarf, deckt nicht nur ein umfassendes Bild der ihnen bekannten Welt ab, sondern auffälligerweise zahlreiche spezifische Elemente, die sich auch in der Handlung des Romans wiederfinden: Ein Eber und ein Löwe lassen die zentralen Spuren entstehen, die den verzweifelten Partonopier und damit die Minnehandlung zweimal vom Ardennenwald nach Schiefdeire führt. Als Partonopier Meliurs Reich mithilfe einer Turmschau erkundet, werden gleichsam Berge (V. 2362), Auen (V. 2288), Wasser (V. 2290 f.; V. 2355 f.) sowie Wälder, Wiesen und Felder, wo es Eber (V. 2374) und anderes Wild zu jagen gibt, beschrieben – auch über die Turmschau hinaus lassen sich in dieser Auflistung die zentralen Orte der Handlung erkennen und die Schlachten, Turniere und Kämpfe gegen die *Sarrazîne* bieten später auch ein oder zweitausend Ritter dar.

Meliur vermochte für ihren Vater zudem sogar Dinge hervorzubringen, die kein Mensch je zuvor gesehen hat – und damit erläutert die Herrscherin letztlich nicht nur ihre eigene Begabung und Kunstfertigkeit, sondern auch die Kunst der kreativen Bilderzeugung insgesamt.[1291] Die Schnittmenge, die ihre hier aufgelisteten Trugbilder mit

1290 Dieser Bildbegriff ist alle Medien umfassend zu denken, weil vollkommen unklar ist, ob Meliurs Bilderzeugung „tatsächlich als Projektionskunst oder eher als Imaginationstheater (Erscheinung, Halluzination oder verbale Evokation intramentaler Bildlichkeit)", so Morsch, Blickwendungen, S. 253, zu verstehen ist.

1291 Die Bilder, die Meliur vor den Augen ihres Vaters entstehen lässt, sind vergleichbar mit dem Sattel Enites, der in Hartmanns von Aue *Erec* von *starker list* (V. 7599) meisterlich mit Bildern von Menschen, Tieren und Gestirnen versehen ist. In dieser vieldiskutierten, metapoetischen Passage bei Hartmann, die nach Strittmatter, Poetik, S. 214, „vor allem das Entstehen eines Vorstellungsbildes" beschreibt, werden zunächst die Meerwunder dargestellt und anschließend die Rezipienten beinahe ironisch ermutigt, sich doch selbst in die Tiefe des Meers zu begeben, um zu überprüfen, ob die Fische auf dem Sattel korrekt dargestellt seien. Anschließend resümiert der Erzähler:

der Handlung von *Partonopier und Meliur* aufweisen, implizieren nämlich, dass es einen Bezug zwischen der Herrscherin als Urheberin der Trugbilder auf der Handlungsebene und dem Roman auf einer Metaebene gibt.[1292] Denn sowohl der Erzähler als auch Meliur könnten als Urheber von Trugbildern und falschen Fährten verstanden werden, weil sie sich in der Art ihrer ästhetischen Produktion ähneln: Sie bestimmen den Weg des Protagonisten vorher, agieren anfangs weitgehend unerkannt im Hintergrund, sodass das Ausmaß ihrer Beeinflussung erst auf den zweiten Blick offensichtlich wird. Meliur gesteht zwar ihre *list* nach der ersten Liebesvereinigung, aber in ihrer Enthüllung gibt sie nur sehr selektiv Informationen preis – sie agiert also genauso

---

dâ werdent si [elliu merwunder] iu danne kunt
mit grôzem schaden, mit lützelm vrumen.
nû râte ich mînen vriunden sumen
daz sie die niugerne lân
und hie heime bestân.
swes ein man wol allen tac
sô rehte lîhte engelten mac
und nimmer niht geniezen,
des lât iuch, vriunt, erdriezen. (V. 7633–7641)

Den Bildern, von denen er berichtet, wird die Wirkmacht eingeräumt, einer Unterwasserreise so nahe zu kommen, dass dem angeleiteten Imaginieren ein höherer Wert beigemessen wird als dem Sehen mit eigenen Augen, worin mit Martin Sebastian Hammer: *nû jage selbe, swaz dû wilt!* Narratologische Analyse und poetologische Interpretation einer metaleptischen ZeitRahmenÜberschreitung im *Erec* (V. 7182–7187). In: ZeitRahmenÜberschreitungen im vormodernen Erzählen. Hrsg. von Amelie Bendheim, dems. Oldenburg 2021 (BmE Themenheft. 9), S. 13–42, hier: S. 31, zugleich „die Nutzlosigkeit einer [...] Infragestellung der auktorialen Verfügungsgewalt" gesehen werden kann. Die Rezeption von Kunst entpuppt sich hier darum vielleicht als eine Form der Welterfahrung, die weitaus mehr Freude bringt, sodass auch Wenzel, Spiegelungen, S. 114, für Hartmanns *Erec* feststellt: „Die dichterische Reflexion der literarischen Imagination eröffnet derart eine aufschlussreiche Perspektive auf die herrscherliche Kunst des Fingierens". Letztlich erreicht Meliur genauso, dass ihr Vater das Sehen einer wissentlich vorgetäuschten Welt dem tatsächlichen Sehen vorzieht – womit ihre Darlegung ein metapoetisches Potenzial erreicht, die an das selbstbewusste Kunstverständnis des *Erec*-Erzählers erinnert. Dass Konrad der dichterischen Imagination beimisst, durch „Einbildungskraft außergewöhnliche Bilder hervortreten zu lassen", konstatiert auch Sandra Linden: Frau Kunst vor Gericht. Die Personifikation als Mittel ästhetischer Reflexion in Konrads von Würzburg *Klage der Kunst*. In: Ästhetische Reflexionsfiguren in der Vormoderne. Hrsg. von Annette Gerok-Reiter, Anja Wolkenhauer, Jörg Robert [u. a.]. Heidelberg 2019 (GRM, Beihefte. 88), S. 271–301, hier: S. 277.

1292 Eine Ähnlichkeitsrelation zwischen Konrad als höfischem Verfasser und seinen Figuren in Bezug auf die Rezeptionssituation deutet Green, Medieval Listening and Reading, S. 74, für den *Engelhard* an, wenn Dietrich und Engelhard sich am königlichen Hof als vorzügliche Unterhaltungskünstler hervortun, die nicht nur lesen und schreiben, sondern auch tanzen, springen, Schachspielen und musizieren können (V. 747–761). Weil die Protagonisten damit ein großes Publikum unterhalten, sei eine solche Form der Unterhaltungskunst nach Green gleichermaßen für Konrad selbst anzunehmen, wie der Prolog zum *Engelhard* impliziere. Dass es solche Bezüge zwischen Figuren und (dem textinternen) Dichter geben kann, überlegt auch Wandhoff, Vom Finden der Liebe, S. 128, für Hartmanns *Erec*, wenn er spekuliert, dass „Guivreiz eine Art Doppelgänger hat, nämlich *Hartman*." [Hervorhebung im Original].

wie der Erzähler, wenn sie Essenzielles vorenthält und den Leser ihrer Fährten, Partonopier, bewusst im Dunkeln lässt.[1293] Die Kaiserin hat die Kraft, das Geschehen aktiv zu bestimmen, wie ihre knappe Antwort auf den Wunsch ihres Geliebten, seine Zeit in Schiefdeire mit Jagen zu verbringen, zeigt: ‚*daz du wilt, daz sol geschehen*' (V. 2590). Diese Macht, die weniger wie herrschaftliche Verfügungsgewalt, sondern eher auktorial wirkt – sie erteilt keine Befehle an ausführende Untergebene, sondern das, was Partonopier sich wünscht, ist einfach da –, lässt Meliur als lenkende Instanz hervortreten, während sich der Erzähler fast unbemerkt im Hintergrund „verschanzt"[1294]. Zugespitzt ließe sich über diese Korrelation also sagen, dass nicht der Teufel in Meliur Frauengestalt angenommen hat, sondern der Erzähler: Er schleicht sich unbemerkt in den dunklen Innenraum der Handlung und erschafft dort mithilfe seiner Protagonistin Trugbilder, die Partonopier und dem textexternen Rezipienten glaubwürdig erscheinen, weil sie zunächst ihre Gemachtheit geschickt verschleiern.[1295] Die Figur Meliur wird damit zur Komplizin der Erzählinstanz, die – so Myriam Bittner über Figuren, die narrativ Regie führen – mehr Macht als die anderen Figuren besitze, sodass sie „sich *zwischen* der Erzählinstanz und anderen Figuren [befindet], nicht nur im kon-

1293 Meliur berichtet ihrem Geliebten beispielsweise erst davon, dass sein Vater sowie sein Onkel verstorben sind und das Land seiner Mutter verwüstet wird, als Partonopier seinen Wunsch äußert, für eine Weile nach Frankreich zu reisen (V. 2848–2855). Es scheint fast, als würde sie relevante Informationen nur widerwillig preisgeben. Eine ähnliche Korrelation beobachtet Kessler, Spurenlesen, S. 207, im Detektivroman, in dem der Autor versuche, „dem Leser zunächst beide Geschichten, die des Verbrechers und die Lektüregeschichte des Detektivs vorzuenthalten, so dass sich der Leser in einer ähnlichen Situation befindet wie der Detektiv". Eine Korrelation zwischen Erzähler, Verfasser und Erzähltext als Fährte stellt auch Scheidel, Semantik von Spur, S. 151, heraus: „In der *slâ* ist das Ziel ebenso wie derjenige, der sie ‚eingerichtet' hat – die Erzählerposition der Verfasserschaft – in seiner Absenz präsent. In der *slâ* wird der Text selbst zur Fährte und deren Verfolgung zu einer *âventiure*, die wiederum – rezeptionsseitig – offen ist und der Narrativierungs- und Rekonstruktionsleistung der Lesenden bedarf."

1294 Schulz, Spaltungsphantasmen, S. 238. Interessanterweise wählt Rikl, Erzählen, S. 71, denselben Begriff, um das Verhalten des Erzählers zu beschreiben.

1295 Dass Figuren selbst zum Erzähler werden können, zeigen insbesondere Binnenerzählungen. Das bekannteste Beispiel in der mittelhochdeutschen Literatur ist vermutlich Kalogrenants Binnenerzählung in Hartmanns *Iwein*, für die Greulich, Stimme, S. 183, folgert: „Kalogreant *ist* der Erzähler für die folgenden Verse. Die Angleichung von sekundärem und primärem Erzähler kann an einer Vielzahl von Formulierungen belegt werden. [...] Der sekundäre Erzähler fordert sein Publikum auf, *mit guoten site* (V. 245) seine Erzählung aufzunehmen, er fordert ihr genaues Hinhören auf die Erzählung und dass die Rezipienten die Geschichte mit dem Herzen aufnehmen sollen. Zugleich verweist er darauf, keine *lüge*, sondern Wahrheit zu erzählen. Diese Verse bleiben von den intradiegetischen Figuren ebenso unkommentiert, wie vom primären Erzähler. Kalogreant *ist* der Erzähler in diesem Teil des Romans." [Hervorhebung im Original]. An Greulich anschließend formuliert Friedhofen, Erlesene Welten, S. 43, dass im Moment dieser Binnenerzählung „das textinterne Publikum des Artushofes, zu dem Kalogrenant eigentlich spricht, mit dem textexternen Publikum" des Romans zusammenfalle, was darin resultiere, dass sich ein *Iwein*-Rezipient in die arturische Hofgemeinschaft versetzt finde. Dieses Verschwimmen der Grenzen zwischen Erzählung und dem Akt des Erzählens ist in Konrads Roman vielleicht subtiler angelegt, aber dennoch nicht von der Hand zu weisen.

kreten kommunikativen Sinn ihrer Aufgabe, sondern auch im narratologischen Sinn."[1296] Bezeichnenderweise schaltet der Erzähler sich erst merklich wertend in die Handlung ein, kurz bevor das Sichttabu gebrochen wird (V. 7814)[1297] – also genau in dem Moment, als Meliur ihre lenkende Funktion innerhalb der Minnehandlung aufgeben muss. Weil Partonopier als Identifikationsfigur des Rezipienten und Meliur als Erschafferin[1298] des falschen Feenmärchenschemas sich als textinterne, analoge Konzeption von Rezipienten und Erzählinstanz offenbaren, führt der Bruch des Sichttabus damit zu einer Enthüllung der Narration selbst.

Aber nicht nur die byzantinische Herrscherin tritt als Stellvertreterin eines literarischen Urhebers auf: Die Figur Irekels zeigt, nachdem Meliur ihrer quasi-auktorialen Macht[1299] beraubt wurde, wie einfache Worte mächtige Illusionen erzeugen können. Indem sie Lügen erfindet und in Form gefälschter Briefe schriftlich verfasste Fiktionen als „intradiegetische Entwürfe poetischer Produktion"[1300] konzipiert, agiert sie – wie die Herrscherin vor dem Tabubruch – als eine narrativ lenkende Instanz, als „Virtuosin des Fingierens"[1301], die den Protagonisten steuert und damit das Geschehen auf

1296 Bittner, Komplizen, S. 53–54 [Hervorhebung im Original].

1297 Rikl, Erzählen, S. 71, beschreibt die Rolle des Erzählers vor dem Tabubruch folgendermaßen: „Je näher der Protagonist dem Bett kommt, desto heftiger und eindeutiger werden die über ihn gesprochenen Urteile des Erzählers. [...] Wenn das Licht im Schlafgemach gelöscht wird, begibt sich der Erzähler aus seiner fernen, auktorialen Position mit den schon bekannten Einwürfen in die Nähe der Handlung." Wenn höfische Prunkbetten mit Morsch, Blickwendungen, S. 193, zudem als poetologische Verweise auf die erfahrbare Gemachtheit von literarischer Inszenierung bewertet werden, ist es vielleicht sogar wenig verwunderlich, dass die Enthüllungsszene mit dieser Annäherung an das herrschaftliche Bett ihren Kulminationspunkt findet.

1298 Bruckner, Shaping Romance, S. 122–123, argumentiert von *Amor und Psyche* ausgehend für den französischen Text, dass Melior im ersten Textteil die aktive, männliche Rolle Amors übernehme, was sich an ihrer Machtposition und ihrer Ausbildung zeige. Von einer Veränderung des mythischen Schemas der griechischen Mädchentragödie, die in einer Passivität des Protagonisten resultiert, geht auch Wawer, Tabuisierte Liebe aus.

1299 Nicola Kaminski: Männerliebe contra weibliche Autorschaft? Geteilte Spiele im *Iwein* Hartmanns von Aue. In: Oxford German Studies 30 (2001), S. 26–52, hier: S. 40, urteilt über Hartmanns Lunete, dass ihr „erzähltechnisch ein Stück auktoriale Macht zu Gebote [steht]: die Macht, eine Figur in der erzählten Welt verschwinden zu lassen oder wieder hervorzuzaubern." Kaminski zustimmend ist Bittner, Komplizen, S. 148, der Ansicht, dass die Erzählinstanz dank Lunete nicht als *deus ex machina* agieren muss, um das Iwein und Laudine wieder zusammenzuführen. Wandhoff, Vom Finden der Liebe, S. 146, sieht in Lunete eine „auktoriale Figur, die Erzählerin in der Erzählung, bei der Iwein findet, was er für den Fortgang seiner *âventiure* braucht". Eine Korrelation zwischen dem *Partonopier*-Erzähler und Meliur impliziert Yu, Transzendenter Ursprung, S. 182, wenn sie beschreibt, dass der Erzähler „durch Meliurs Mund" auktoriales Wissen vermittele, das vorher zurückgehalten wurde.

1300 So Trînca, Amor conspirator, S. 93, über Formen des Schreibens und Rezipierens, insbesondere von Briefen, auf der Handlungsebene, die damit „innerliterarische Reflexion" anbieten.

1301 Tobias Bulang: Inszenierungen höfischer Kommunikation im Roman um 1200: Poetologische Lektüren von Hartmanns Lunete und Gottfrieds Brangäne. In: Euphorion. Zeitschrift für Literaturgeschichte 106 (2012), S. 277–298, hier: S. 295, benutzt diese Bezeichnung für Brangäne, die Irekel in dieser Hinsicht nicht unähnlich zu sein scheint. In Hartmanns von Aue *Erec* wird über Enites Lügengeschichder Handlungsebene aktiv beeinflusst.[1302] Während Meliur magische Kräfte zur Kreation von Trugbildern anwendet, rückt Irekel in die Nähe der Position eines weltlichen Verfassers[1303] von Erzählung, denn schließlich zeigt sie, wie literarischer Schwindel mit rational nachvollziehbaren Mitteln funktioniert. Für Hartmanns von Aue Lunete, die eine ähnliche Funktion im *Iwein* innehat, stellt Bittner fest: „Lunete wird zur Komplizin des Erzählers, indem sie lenkt, wo er nicht lenken kann, ohne alles mit göttlicher Fügung zu begründen und damit vor seiner eigenen Erzählkunst zu kapitulie-

te, mit der sie listig den übergriffigen Grafen in die Irre führt, gesagt, dass sie *mit schœnen wîbes listen* (V. 3940) agiert, womit bereits im ‚klassischen' Artusroman die Präsenz virtuos lügender Frauenfiguren nachgewiesen werden kann.

1302 Die gefälschten Briefe als Schriftstücke könnten sowohl metapoetisch verstanden als auch in Bezug auf Rezeptionskontexte mehrdeutig sein, denn die Existenz von Briefen präsentiert eine mediale Dopplung von Schrift: Ein Brief, so Greulich, Stimme, S. 129, über Lavinias Liebesbrief im *Eneasroman*, „wird auf einer zweiten – realen – Ebene nur lesbar durch die vom Schreiber der Handschrift auf das Pergament des Codex fixierten Buchstaben. Die Bewegung des Schreibens vollzieht sich somit auf zwei Ebenen: intradiegetisch und innerhalb der realen (mittelalterlichen) Welt. Ein Vorgang der diegetischen Welt wird also im Akt der Anfertigung des Codex auf der außerhalb der Diegese liegenden Wirklichkeit des Schreibens reflektiert, gespiegelt bzw. vice versa." In Konrads Kunstverständnis allerdings liegt der reflexive Fokus tatsächlich eher auf dem gesprochenen Wort wie Jan-Dirk Müller: *schîn* und Verwandtes. Zum Problem der „Ästhetisierung" in Konrads von Würzburg *Trojanerkrieg*. (Mit einem Nachwort zu Terminologie-Problemen der Mediävistik). In: Im Wortfeld des Textes. Worthistorische Beiträge zu den Bezeichnungen von Rede und Schrift im Mittelalter. Hrsg. von Gerd Dicke, Manfred Eikelmann, Burkhard Hasebrink. Berlin/New York 2006 (TMP. 10), S. 287–310, hier: S. 296, feststellt: „Dichtung ist *rede*, mündlich vorgetragene, akustisch rezipierte Sprache, nicht Schrift". Dass der gesprochenen (und von Körpersprache untermalten) Täuschung mehr Gewicht beigemessen wird, zeigt sich in *Partonopier und Meliur* daran, dass der Inhalt der Briefe nicht wiedergegeben wird, aber die Konzeption der mündlich artikulierten Lügengerüste Irekels detailliert geschildert wird.

1303 Bisher wurde in der vorliegenden *Partonopier*-Analyse versucht, nach Autor und fiktivem Erzähler zu unterscheiden, aber weil beide Instanzen im Namen Konrads von Würzburg konvergieren, offenbart sich das bekannte Problem, das Unzeitig, Autorname, S. 200, als symptomatisch für die Literaturwissenschaft erachtet, in der „die Begrifflichkeit von Autor und Erzähler so unterschiedslos benutzt [wird], dass Unterscheidungsprinzipien nicht mehr nachvollziehbar sind". Konrad ist in dem Moment, in dem die Figuren als metapoetische Spiegelungen literarischer Trugbilder erscheinen, eben nicht mehr bloß als „Textkategorie beschreibbar" (ebd., S. 202), weil zugleich die nicht an textuellen Signalen nachweisbare textexterne Position als Autor des Romans implizit gespiegelt wird. Die produktionsästhetische Rolle Konrads, wie der Roman sie als Konsequenz der Nennung seines Namens präsentiert, ist mit Unzeitig ebd., S. 203, „nicht als biographischer Verweis auf den ‚realen' Autor zu interpretieren, sondern als Repräsentation des Autors und seiner Autorschaft". Wichtig ist demnach „die Vorstellung, die der ‚reale' Autor von sich und seiner Autorschaft im Text etabliert, also ein sprachlich realisiertes Autorbild, das sich mit dem Autornamen verbindet" (ebd., S. 203, bzw. dies.: Von der Schwierigkeit zwischen Autor und Erzähler zu unterscheiden. Eine historisch vergleichende Analyse zu Chrétien und Hartmann. In: Erzähltechnik und Erzählstrategien in der deutschen Literatur des Mittelalters. Hrsg. von Wolfgang Haubrichs, Eckart Conrad Lutz, Klaus Ridder. Berlin 2004 (Wolfram-Studien. 18), S. 59–81, hier: S. 60). Wenn die Figuren Irekel und Meliur dazu genutzt werden, Autorschaft allgemein zu reflektieren, dann erweist sich die Trennung zwischen Verfasser und Erzähler für *Partonopier und Meliur* letztlich als unerheblich, weil sie alle als ‚Texterzeugungsinstanzen' (Unzeitig, Autorname, S. 204) Trugbilder kreiern.

ren.“[1304] Tobias Bulang zeigt für die Figur Lunete entsprechend eine poetologische Spiegelungsfunktion auf:

> Solcherart erscheint nicht alleine die unfeste institutionelle Position der Literatur in der Figur der Vertrauten gespiegelt, sondern auch die Persuasionskraft literarischer Rede selbst, die Fähigkeit der Sympathiesteuerung und ihr Vermögen, bei den Rezipienten eine Zustimmung für Sachverhalte herbeizuführen, welche sie ihnen im Rahmen der üblichen Verbindlichkeiten entziehen müssten. Die Risiken und Chancen des Literarischen für die höfische Konsoziation, seine sprachlichen Vorgehensweisen, werden so im Sinne einer *mise en abyme* an der Figur der Vertrauten entworfen.[1305]

Bei Konrad allerdings ist die Funktion des Verfassers auf der Figurenebene sogar zweifach gespiegelt: Wo Meliur rückblickend erklärt, was passiert ist, und in einer Analepse bei der Zuordnung der Geschehnisse hilft, bedient sich ihre Schwester Irekel anderer Werkzeuge des Erzählens. Sie präsentiert Erläuterungen, die von auktorialem Wissen zeugen[1306] und Lügen, die sich zur Prolepse entwickeln – so weiß Irekel einerseits noch vor dem Erzähler, dass Meliurs Minne zu Partonopier nie erloschen ist und anderseits sagt sie in ihren Lügen die Zusammenführung der Liebenden voraus, lange bevor sie plausibel scheint. Die schöne Schwester der Protagonistin allerdings unterscheidet sich insofern von Meliur, als sie nicht aus dem Dunkel heraus das Geschehen unbemerkt lenkt, sondern der Rezipient an ihren Lügen und Listen teilhaben kann: Es werden exklusive, produktionsästhetische Einblicke in die Kreation ausgeklügelter Imaginationslenkung gewährt und Irekels Prophezeiungen des Zukünftigen und Neudeklarationen des Vergangenen präsentieren sich damit als ästhetische Strategien, die einen Bezug zur Metaebene des Romans herstellen, denn „Selbstreflexivität gewinnt [...] an Kontur, wenn Strategien literarischer Arbeit [...] oder mediale Spezifitäten in besonderer Weise exponiert werden“, wie Beatrice Trînca ausführt.[1307] Die Minnehandlung ist demnach sowohl vor als auch nach dem Tabubruch über Frauenfiguren strukturiert, die die Rolle der Erzählinstanz auf der Handlungsebene einnehmen.[1308]

1304 Bittner, Komplizen, S. 152. Dass sie diese Funktion innehat, macht sie ebd., S. 153, u. a. daran fest, dass Lunete kommentiert, bewertet und in Sentenzen spricht. Auch die späte Nennung ihres Namens spricht laut Bittner ebd., S. 157, dafür, dass sie für die narrative Regie des Texts „Funktionsträger“ ist.

1305 Bulang, Inszenierungen, S. 292. Auch in Brangäne erkennt er ebd., S. 277–298, eine Parallele zum Erzähler, weil sie gleichermaßen die Zusammenführung der Liebenden ermöglicht.

1306 Irekel weiß nicht nur, dass Meliur Partonopier eine zweite Chance geben wird, obwohl die Herrscherin sich noch vehement dagegen ausspricht, sondern scheint überhaupt mehr Durchblick zu haben als die anderen Figuren auf der Handlungsebene: So wundert sich Schulz, Poetik, S. 114–115, etwa darüber, dass Irekel nach dem Tabubruch, als sie Partei für Partonopier ergreift, nicht nur sofort dessen Namen kennt, sondern kurioserweise bereits alles über die Intrige seiner Mutter weiß.

1307 Trînca, Amor conspirator, S. 93.

1308 Vielleicht gibt Irekel diese Verbindung zur Erzählinstanz bereits preis, wenn sie im schwesterlichen Zwiegespräch auf Meliur einredet, endlich den Grund für ihre Trauer zu offenbaren, und dabei eine kryptische Feststellung artikuliert, die auf einer Metaebene deutbar sein könnte: *Partonopier der ist das wort / unde ein ander man daz werc* (V. 12142 f.). Sie äußert diesen Satz, um Meliur (die mitt-

Sie verfügen über erzählerische Kompetenzen, weil sie mithilfe magischer Zauberkünste und zauberhafter Wortkünste kurzweilige Trugbilder erschaffen, die gerne geglaubt werden wollen.

Ein abschließender Blick auf den Prolog macht deutlich, dass es in Konrads von Würzburg *Partonopier und Meliur* tatsächlich nicht in erster Linie um Sehen und Nicht-Sehen geht – wie die Handlung zunächst glauben macht – sondern darum, das Verborgene hinter der Sichtblockade ästhetischer Trugbilder wahrzunehmen, was sowohl für die Figuren auf der Handlungsebene als auch für den Rezeptionsprozess gilt. Der Prolog beginnt mit einer Sentenz, die sich an einen Rezipienten wendet, dem das Hören von *getihte*[1309] (V. 3) dienlich ist: Als besonderer Nutzen wird *süezer klanc* von *rede unde sanc* genannt, dem *daz ôre* gerne lauscht (V. 9–11).[1310] Denn wie ein blühender Baum ist *rede* und *gedœne* der *getihte* (V. 41 f.) das, was gute Früchte einbringt.[1311] Dieses organische Verständnis der Dichtung nimmt seinen Anfang mit der *bluot schœn unde reine / die von êrst getihte birt* (V. 50 f.) und diese *meien bluot* (V. 54), die wiederum *diu kurzwîle* (V. 53 f.) ist, bringt die Frucht hervor, die bereitwillige Rezipienten *ze*

lerweile erwägt, ihrem vormaligen Geliebten zu verzeihen) die Unmöglichkeit dieses Wunsches vor Augen zu führen, und wirft ihr damit vor, sie nutze nur den Namen Partonopiers, um das (Minne-) Werk eines anderen Manns zu beschreiben. Tatsächlich aber braucht Irekel diese Provokation, um Meliur zu einem vollen Minnegeständnis zu bewegen. Wird die Phrase metapoetisch gelesen, steckt dahinter vielleicht zugleich eine Offenlegung des Gegenstandes (der Protagonist als *wort*), der von zwei Frauenfiguren erörtert wird, obwohl er *werc* eines anderen Manns ist: nämlich Konrads, der den Roman im Prolog wiederholt selbst als *werc* bezeichnet (V. 187, V. 200, V. 203, V. 217). Dass ein Spiel mit dem Wort *werc* poetologische Mehrdeutigkeit nach sich ziehen kann, demonstrieren Hartmann von Aue im Rahmen der *descriptio* von Enites Sattel (dazu vgl. Strittmatter, Poetik, S. 253) und Gottfried von Straßburg, der in der Beschreibung Tristans das *werc* (V. 6653) im Inneren der Rüstung, die aussieht als habe *der wercman* (V. 6632) sie entworfen, lobt, an welchem wiederum *des wercmannes wîsheit* (V. 6656) deutlich werde. Während Gottfried sich mit dem Gebrauch von *werc* implizit selbst als größten Kunstschaffenden bezeichnet, wäre Konrads Urheberschaft in der Formulierung seiner Stellvertreterin sogar noch subversiver verhüllt.

1309 Nach Unzeitig, Autorname, S. 286, fungiert *getihte* im Prolog zu *Partonopier und Meliur* als Sammelbegriff, der sich „auf die Vortragsmöglichkeiten des Erzählens und Singens und damit auf epische wie lyrische ‚Gattungen'" bezieht.

1310 Schon mit diesen ersten Versen ist ein deutlicher Fokus auf die auditive Wahrnehmung des Romans gesetzt, die damit als intendierte Rezeptionsform angenommen werden darf – was nach Green, Medieval Listening and Reading, S. 309, vollkommen realistisch ist, weil sich das stille Lesen erst ab dem 14. Jahrhundert etabliert. Zuvor wird stets laut gelesen wie er ebd., S. 58, ausführt: „Thus, the oral dimension predominates in medieval literature, Latin or vernacular: for memorised or orally composed literature, for the recital of written works and for reading aloud to oneself."

1311 Ein solcher Baum, der blüht und Früchte trägt, findet sich in Meliurs Baumgarten, denn *dâ stuont ein wünneclicher boum / dâ phersich ûfe bluoten.* (V. 11274 f.) Dass ausgerechnet unter einem Baum, der an den metaphorischen Baum aus dem Prolog erinnert, Irekels Lügenkonzept entfaltet wird, ist auffällig. Weitere Deutungen dieses Pfirsichbaums bieten Musiol und Winst, Pfirsichbaum, S. 108 f.

bezzerunge (V. 65 f.) führt.[1312] Es ist auffällig, dass in den folgenden Formulierungen „Doppelformeln, die auf die Modalitäten der Performanz abzielen und die hörende Rezeption meinen“[1313], wiederholt den Klang der Dichtung und die melodischen Aspekte des Singens herausstellen[1314] – was auch der Lerchen- und Nachtigallenvergleich in den nächsten Versen zeigt.[1315] Genau wie die Lerchen in ihrer Überzahl *die werlt bedœnent* (V. 81) und *mit ir sange lût* (V. 83) vereinnahmen, maßen ungelernte Dichter, „unfähige[.] Blender“[1316], sich an, *ze vil* (V. 87) an minderer Dichtkunst zu verfassen, die keine Freude bringt (V. 86–96): Dahinter verbirgt sich Konrads „Klage über die Geringachtung der Kunst infolge eines Überangebots an Dichtung.“[1317] Dieses Überangebot

1312 Trude Ehlert: Zu Konrads von Würzburg Auffassung vom Wert der Kunst und von der Rolle des Künstlers. In: JOWG 5 (1988/89), S. 79–94, hier: S. 82–83, deutet die Zusammenstellung von Unterhaltung und Belehrung nach dem Prinzip von *prodesse et delectare*. Rikl, Erzählen, S. 215, plädiert hingegen nicht für eine Gleichzeitigkeit beider Ziele, sondern für ein Nacheinander von Kurzweil und Lehre.
1313 Unzeitig, Autorname, S. 286.
1314 Formulierungen wie *singen unde reden* (V. 5), *sanc unde rede* (V. 18), *singet oder seit* (V. 27, V. 67), *sanges unde rede gedâht* (V. 36), *mit sange und ouch mit rede* (V. 73), *edele dœne und edeliu wort* (V. 111) suggerieren eine Erststellung der hörbaren, musikalischen Qualitäten von *getihte*. Zwar stehen *sanc* in V. 9, *gesungen* in V. 38, *gedœne* in V. 42 und *sanc* in V. 107 jeweils an zweiter Stelle der Doppelformel, dies ist aber vielleicht hauptsächlich auf die benötigen Reime mit *klanc*, *zungen*, *schœne* und *danc* zurückzuführen. Dass Konrad den rhytmischen Klang bei der Gestaltung des Texts berücksichtigt, zeigt etwa die Passage, in der Anshelm davon berichtet, wie sein treuer Hund Swam heimtückisch ermordet wurde, in welcher Ann Marie Rasmussen: Medieval Symbols of Virtue and Mutual Devotion: Noble Dogs in Images, Badges, and in Konrad von Würzburg's Partonopier and Meliur. In: Animals in Text and Textile. Story Telling in the Medieval World. Hrsg. von Evelin Wetter, Kathryn Starkey. Riggisberg 2019 (Riggisberger Berichte. 23), S. 191–208, hier: S. 205, eine Nachahmung der Handlung durch die Metrik erkennt: „Swam's death is marked formally by a ceasura after the word *tôt* (dead) in line 18598; the rythmic beat of the verse, like Swam's heart, stops. The use of this rhetorical device is unusal. Like most Middle High German verse of this period, *Partonopier und Meliur*, while using enjabment, typically alings the end of a phrase or sentence gently with the end of a line. Using a formal device to underscore Swam's death draws attention to its poignancy.“
1315 Das enge Verhältnis, in dem Nachtigallengesang und Kunstproduktion zu sehen sind, führen etwa Martin Baisch und Beatrice Trînca: Einleitung. In: Der Tod der Nachtigall. Liebe als Selbstreflexivität von Kunst. Hrsg. von dens. Göttingen 2009 (Berliner Mittelalter- und Frühneuzeitforschung. 6), S. 7–15, hier: S. 7–9, anhand des *Laüstic*-Lai der Marie de France aus.
1316 Stephanie Seidl: Wildern im eigenen Gefilde. ‚Mehrwegphänomene' in Konrads Lyrik und Epik. In: Konrad von Würzburg als Erzähler. Hrsg. von Astrid Lembke, Norbert Kössinger. Oldenburg 2021 (BmE Themenheft. 10), S. 27–55, hier: S. 37.
1317 Verena Doebele-Flügel: Die Lerche. Motivgeschichtliche Untersuchung zur deutschen Literatur, insbesondere zur deutschen Lyrik. Berlin/Boston 1977 (Quellen und Forschungen zur Sprach- und Kulturgeschichte der germanischen Völker. N. F. 68), S. 145. Darum folgert sie ebd., S. 146, für diese Passage ebenfalls: „[D]ie sinkende Achtung ist nicht allein auf ein Überangebot an Dichtung überhaupt zurückzuführen, sondern ebenso auf den Umstand, dass diese quantitative Zunahme bedingt ist durch eine grössere Zahl von qualitativ minderwertigen Werken, denn – so scheint es wenigstens Konrads Auffassung zu sein – das dichterische Potential einer jeden Zeit bleibt ungefähr das gleiche, d. h. auch die Zahl der wirklich guten Dichter kann sich nicht beliebig vergrössern.“ Unzeitig, Autorname, S. 315, erkennt in Konrads von Würzburg Werk im Vergleich mit seinen Zeitgenossen ebenfalls eine Präfe-

führt dazu, dass jener, *dem edeliu kunst und edeler sin / wont in sînem herzen bî* (V. 102 f.) und der die *künste* (V. 97) wahrhaftig versteht, vor dem Publikum *geswîgen muoz* (V. 101). Aber auch die Nachtigall singt *in holze und in geriuten* (V. 122) häufig *dâ niemen hœret sînen klanc* (V. 125), womit sie sich selbst zwar größtmöglichen Schaden zufügt, dennoch soll sich der *künste rîcher man* an ihrem aufopferungsvollen Gesang *bild unde bîschaft* (V. 135 f.) nehmen. Gerade diese Passage wurde, um Konrads Kunstverständnis zu ergründen, schon oft diskutiert;[1318] doch die für die Frage nach der ästhetischen Blicklenkung in *Partonopier und Meliur* wichtigen Verse finden sich erst im Anschluss, in denen erneut in einer Sentenz ausgedrückt wird, welche Art von Erkenntnis wirklich anzustreben ist: *swaz liste in sînen herzen lît, / den versmœhe durch daz niht, / daz man die kunst sô kûme siht / mit willeclichen ougen an* (V. 146–149). Damit ist gesagt, dass sich selbst mit willigem Auge *kunst* zwar kaum erkennen lässt, doch wenn die Kunstfertigkeit – wie sich *list* hier übersetzen ließe – *flîzeclichen* (V. 152) geübt wurde, finden sich dennoch *liute* (V. 160), die *niht werfent guot getihte hin* (V. 162). Diese Vorbildlichkeit des idealen Rezipienten wird im Anschluss noch weiter herausstellt: *ez hât noch maneger edelkeit / und alsô reines herzen gir / daz er sîn ôre neiget mir, / swenn ich entsliuze mînen list.* (V. 164–167) – der vorbildliche Zuhörer nämlich neigt sein Ohr in Richtung des Verfassers, immer wenn dieser *mit herzen und mit munde* (V. 154) seine Kunstfertigkeit als „Ohrenschmaus"[1319] enthüllt. Nach den Ausführungen zur französischen Vorlage und seinen adligen Gönnern und Helfern[1320] wendet sich Konrad im Prolog abschließend noch einmal diesem Musterrezipienten zu, bevor die Handlung mit der Vorstellung Partonopiers einsetzt: *swer edeles herzen ie gepflac, / der biete alher daz ôre sîn, / sô wirt im ein historje schîn, / diu beide wâr ist unde guot* (V. 226–229).[1321] Ein drittes Mal wird damit im Prolog das Ohr angespro-

---

renz „radikale[r] Auswahl und Exklusivität". Auch für den *Trojanerkrieg*-Prolog und einige seiner Sangspruchstrophen konstatiert Seidl, Wildern, S. 36, für Konrads Kunstdiskussion: „Wahre Dichtkunst, so argumentiert Konrad, laufe Gefahr, beim mittlerweile literarisch ungebildeten Publikum nicht die ihr zustehende Wertschätzung zu erfahren."

1318 Seit dem 19. Jahrhundert gibt es eine Forschungsdebatte zu dieser Passage, einen Überblick über die ältere Forschung präsentiert vgl. Ehlert, Wert der Kunst, S. 79–81. Obst, Der *Partonopier*-Roman, S. 124, versteht den Nachtigallenvergleich als Verweis darauf, dass Konrad *l'art pour l'art* betreibe; Ehlert, Wert der Kunst, S. 93, hält dies für äußerst unwahrscheinlich.

1319 Monecke, Studien zur epischen Technik, S. 27.

1320 Haug, Literaturtheorie, S. 360, deutet diese Passage des Prologs als Konrads Hinwendung zu seiner „konkreten persönlichen Situation", weil sich im Folgenden das Lob Peter Schalers anschließe, der als Gönner somit zum idealen Hörer stilisiert werde (zu Konrads Förderung durch den Basler Schultheiß und Bürgermeister vgl. Obst, Der *Partonopier*-Roman, S. 95–97). Bemerkenswert ist, dass im Anschluss an die Namensnennung des Förderers gesagt wird, dass er auf *der tugende strâze* geht und *ûf der êren pfat* tritt (V. 184 f.), d. h. im Gegensatz zu mitunter orientierungslosen Figuren auf der Handlungsebene scheint Peter Schaler den richtigen Weg niemals aus den Augen zu verlieren.

1321 Die unverkennbare Anspielung auf Gottfrieds von Straßburg *Tristan*-Prolog an dieser Stelle wurde in der Forschung bereits oft betont, ist jedoch für die folgende Argumentation nicht bedeutungsam.

chen,[1322] über das süßer Klang eindringen kann – dem Auge hingegen, das nur einmal Erwähnung findet, wird zuvor die Erkenntnisleistung beinahe abgesprochen:[1323] Die Verbindung zwischen Ohr und Herz ist die von Konrad für die *getihte* präferierte.[1324]

In dieser Darlegung des Prologs – in dem sich Konrad von Würzburg genau wie mit der Gestaltung seines Erzählers deutlich vom französischen Text abgrenzt[1325] – ergibt sich eine Parallele zur Handlung,[1326] in der sich das Sehen ebenfalls als zweitrangig erweist, während häufig die Ohren der Figuren wichtige Erkenntnisse vermitteln: Das Hören von Seufzern lässt Partonopier, Lucrete und Irekel dort Minne erkennen, wo sie eigentlich durch Verstellung verschleiert wird. Partonopier kann im Ardennenwald nur gefunden werden, weil Irekel erst das Wiehern seines Pferdes, dann sein Seufzen vernimmt – und auch Anshelm wird nur aufgrund seiner auditiven Spur aufgefunden. Wie ein Rekurs auf das im Prolog beschriebene, richtig geneigte Ohr des idealen Rezipienten präsentiert sich vor allem der Protagonist in der dunklen Kemenate als idealer Zuhörer mit aufnahmebereitem Ohr und offenem Herzen, als Meliurs Minne Partonopier *durch das ôre in den gedanc* (V. 1603) dringt: Er sieht deutlich weniger als *kûme*, aber hört so aufmerksam hin, dass er die leise Botschaft, die hinter Meliurs zur Abwehr gesprochenen Worten liegt, richtig entschlüsseln kann. Partonopier spiegelt damit nicht nur die Position des textexternen Rezipienten, dem kaum visuelle Orientierung geboten wird und der deshalb zum Imaginieren und Sehen mit den inne-

1322 Für Monecke, Studien zur epischen Technik, S. 27, stellt die Dreizahl der Ohren eine Verbindung zur „Stiftergruppe" her, die den Text ermöglichten.

1323 Auffällig ist die Parallele, die sich abermals zur Pferdebeschreibung in Hartmanns von Aue *Erec* ziehen lässt: Der weiße Teil des Pferdes leuchtet nämlich – genau wie Schiefdeire und Meliur – so, *daz der schîn / den ougen widerglaste.* (V. 7295 f.). Aber, so Schnyder, Audiovisualität, S. 142, „[w]as hier blendet ist Sprache. Die Beschreibung des Pferdes beginnt also damit, dass nicht nur alle möglichen assoziativen Vorstellungsbilder durchgestrichen werden, sondern auch jede mögliche Anschauung negiert wird. Die Blindheit durch das blendende Weiss des Pferdes ist die radikale Umsetzung der Aufforderung an die Zuhörer, alle bisherigen Pferdebilder zu vergessen, um die Schilderung dieses Pferdes mit offenem Ohr, aber leerem Auge aufzunehmen: kein Bild, damit das Bild über die Sprache entstehen kann." Dazu passt, dass die Ohren des Tieres bei der Beschreibung hervorgehoben werden, die nach Strittmatter, Poetik, S. 243, für Enites „besondere Eigenschaft [stehen], Dinge hören zu können, die Erec nicht wahrzunehmen vermag." Dass schon Hartmann damit spielt, nicht den Primat der Sichtbarkeit zu proklamieren, sondern stattdessen andere Formen der Wahrnehmung als vorbildlich herauszustellen, legt die Vermutung nahe, dass Konrads (auf den zweiten Blick nicht so) subtile Botschaft mit Bedacht integriert wurde.

1324 Das besondere Verhältnis zwischen Ohr und Herz, das die Voraussetzung für wahres Erkennen schafft, findet sich etwa auch in Konrads *Pantaleon*-Legende wieder, in dem den noch ungetauften Protagonisten christliche Worte auf die exakt richtige Weise erreichen: *im was durch sîner ôren tor / geslichen ûf des herzen grunt / der rât den im der priester kunt / gemachet hete bî der vrist.* (V. 272–275).

1325 Vgl. Obst, Der *Partonopier*-Roman, S. 112.

1326 Hoffmann, Dimensionen, S. 392, beobachtet für den Prolog ebenfalls, dass „Figur und Geschichte [...] sich gleichermaßen der Korrelation von Sichtbarkeit und Vollkommenheit [fügen]", weil sowohl der Protagonist als auch die *historje* „äußere[.] Sichtbarkeit innerer Tugendwerte" (ebd., S. 391) aufweisen.

ren Augen angehalten ist, sondern er demonstriert, wie ein idealer Rezipient sein Ohr neigt, um *kunst* und *list* wahrzunehmen und um das zu *spüren*, was eigentlich unsichtbar ist.[1327] So ergeben Prolog und Handlung gemeinsam ein Plädoyer für ein bewusstes Wahrnehmen des Kaum-Wahrnehmbaren: Denn im lautstarken Getöse von Lerchengesang, Hundegebell, Jagdhörnern, Schlachtgebrüll und Turnierlärm, bedarf es ganz besonderer Aufmerksamkeit, um den Gesang der Nachtigall und die Spuren der Minne zu wahrzunehmen. Hinzu kommt, dass die Nachtigall in der Nacht – das heißt: im Dunkeln – singt, in Abgrenzung zu den tagaktiven Lerchen, sodass die im Prolog hervorgehobene Gegenüberstellung von Stille und Lautstärke zugleich mit Dunkelheit und Helligkeit, mit Heimlichkeit und Öffentlichkeit sowie mit Vereinzelung und Masse[1328] korreliert – also mit eben jenen Gegensätzen, die zugleich die Minnehandlung dominieren. Um diese Bezüge zwischen Rezeptionsanleitung im Prolog und Handlung zu erkennen, ist Meliurs Entschlüsselung essenziell, denn diese ruft dem Rezipienten in Erinnerung, dass der Verfasser des Romans den eigentlichen Schlüssel zu sämtlichen Geheimnissen des Texts und seinen „Lese- bzw. Hörfrüchten"[1329] bereithält. Es scheint, als sei die Art der *künste*, die Konrad von Würzburg auf sein literarisches Schaffen übertragen wissen möchte, vorwiegend im Verborgenen, Heimlichen, Leisen und Dunklen zu finden. Wenn er als Kunstschaffender – im Gegensatz zur lautstarken Konkurrenz – *lîse* und *tougen* agiert, um *süezen klanc* zu vermitteln, bringt er seine Position in die Nähe der Rolle, die Meliur in der ersten Hälfte des Romans innehat,

---

1327 Die Bedeutung des Klangs für die Wahrnehmung zeigt die Beobachtung von Rikl, Erzählen, S. 35, die onomatopoetische Tendenzen in Partonopiers erstem Angstmonolog im Ardennenwald herausstellt, besonders eindrücklich: „Die Sprache nimmt mit dem Gebrauch vorwiegend dunkler, gedehnter Vokale den Ausdruck von Angst an, wenn der *jungelinc* von *aspis, cocodrille* und *basilisk* berichtet, die dort *slâfen* und *rûzen, losen* und *lûzen* (535–538)." Konrads von Würzburg einzigartige „Virtuosität in immer neuen Klangspiegel" betont auch Müller, *schîn* und Verwandtes, S. 303, und dafür, dass die lautliche Gestaltung von höfischer Literatur rezeptionsästhetisch berücksichtigt werden sollte, plädiert Däumer, Stimme, S. 343, der die Schlachten in Strickers *Daniel von dem blühenden Tal* als regelrechtes ‚Lautgemetzel' versteht. Vergleichbar, obwohl weniger auf eine lautmalerische Wirkung bedacht, demonstriert Konrad selbst im *Engelhard*, dass die Ohrenwahrnehmung dem Sehen überlegen sein kann: Dietrich und Engelhard sehen identisch aus, weshalb Engeltrud sich nicht auf ihre Augen, sondern lediglich auf den Klang der Namen verlassen kann, um zu entscheiden, wen sie lieben soll: *swelhes name erschülle / mit liuten in ir ôren baz / den wolte ir herze sunder haz / triuten unde minnen* (V. 1178–1181). Engelhards Name klingt *süezer* (V. 1194), weshalb sie sich für ihn entscheidet. Auch in Gottfrieds von Straßburg *Tristan* erfolgt Erkenntnis vorwiegend über Klang, als Isolde beginnt, die Namen Tristan und Tantris *ze trîbenne in dem munde* (V. 10114), dann *ir beide lût* (V. 10106) betrachtet und so *rehte ûf des namen spor* (V. 10122) kommt. In *Partonopier und Meliur* scheint eine Betonung des Erkenntniswerts von Klang allerdings sogar über die Handlungsebene hinaus wirksam zu werden, wie der Prolog impliziert.

1328 Vgl. Doebele-Flügel, Lerche, S. 149.

1329 So überträgt Virchow, Zauberlicht, S. 521, die Formulierung aus dem Prolog.

wenn sie aus dem diffusen Dunkel heraus unbemerkt, leise und mit *künste* das Geschehen lenkt.[1330]

Die Ähnlichkeit zwischen der Erzählerinstanz und den Figuren auf der Handlungsebene wird anhand dreier Begriffe aus dem Prolog deutlich, die gleichermaßen essenziell für die Handlung und insbesondere Meliurs Figur sind: *list* und *kunst*[1331], die in der Form eines *entsliezens* enthüllt werden (können). Meliur greift oft auf diese Worte zurück: Nach der ersten Liebesnacht in Schiefdeire kündigt sie dem Jungen ihre anstehende Entschlüsselung mit *mîn êre, daz entsliuze ich dir* (V. 1775) an und räumt dann ein *ich schuof mit mîner künste* (V. 1866); und nochmal betont sie im Anschluss: *ouch schuof daz mîner künste list, / daz du bist komen in daz lant.* (V. 1874 f.) Dass Meliur mit *entsliezen* wiederholt Konrads „Lieblingsbezeichnung“[1332] für das Erzählen verwendet, die für ihn den „Inbegriff des Erzählens überhaupt, insbesondere kunstgerechten Erzählens“[1333] darstellt, verdeutlicht, dass die byzantinische Herrscherin kunstschaffend agiert. Unter Berücksichtigung des Prologs ergibt sich nicht nur eine Ähnlichkeit zwischen Meliur und der textinternen Erzählerinstanz, die beide den Weg des Protagonisten aktiv lenken, sondern eine Korrelation zwischen der zaubermächtigen Herrscherin und dem Autor des Romans selbst: Denn beide lassen unmögliche Trugbilder vor dem Auge ihrer jeweiligen Rezipienten entstehen – was vielleicht auch Walter Haug angedeutet reflektiert, wenn er Konrads Dichtkunst als „Überwindung der Rampe zwischen Dichter und Publikum durch den Zauber der Poesie“[1334] bezeichnet. Meliur ist also nicht (nur), wie Bleumer annimmt, die textinterne Modellrezipientin, die den angemessenen Blick des Begehrens auf Partonopier lenkt,[1335] sondern sie ist – zumindest bis zum Tabubruch – Personifikation des Trugbilder erzeugenden

---

1330 Womöglich wird dies schon direkt am Anfang des Texts deutlich, wenn Clogiers Wunsch, jagen zu gehen, begründet wird mit *ez was von âventiure komen* (V. 314). Hier ist es völlig unklar, ob die Geschichte oder Meliur diesen Wunsch des Königs auslöst – vielleicht haben auch beide gemeinsam die Fäden in der Hand. Wenn Meliur außerdem den bevorstehenden Tabubruch beinahe auktorial vorhersagt, als sie Partonopier mitteilt, dass sie fürchtet, Lucrete werde ihn *mit listen underwîsen* (V. 7321), ist damit ebenfalls ein subtiler Bezug zur Erzählinstanz hergestellt.

1331 Beide Begriffe treten auffällig oft gemeinsam auf: Das geheimnisvolle Schiff manövriert nach *vil hôher künste list geschaffet* (V. 672 f.); Meliurs *künste list schuof* (V. 1874), dass Partonopier zu ihr gelangt; bei seiner Rückreise nach Frankreich schläft Partonopier fünfzehn Tage lang *als es mit listen ûf geleit / von sîner frouwen künste wart* (V. 3006 f.). Aber auch Lucrete sagt, dass sie *kan wol machen / mit künste rîchen sachen / den list, dâ mite du gesihst / die frouwen dîn* (V. 7759–7762), was wiederum dazu führt, dass der Protagonist mit dieser *künste* Meliurs *list* verschwinden lässt (V. 8153 f.)

1332 Monecke, Studien zur epischen Technik, S. 122.

1333 Ebd.

1334 Haug, Bildprogramm, S. 56. Konrads Werk scheint kurioserweise zu solchen Formulierungen der Forschung zu verleiten, sodass auch Monecke, Studien zur epischen Technik, S. 179, davon ausgeht, dass vor allem neuzeitliche Rezipierende „dem suggestiven Zauber seiner Bildhaftigkeit [erliegen]“.

1335 Vgl. Bleumer, Entzauberung, S. 232.

Verfassers auf der Handlungsebene[1336]: Denn Konrad von Würzburg, der Bilder vor dem inneren Auge der Rezipienten entstehen lässt, ist ebenso wie Meliur ein Erzeuger beeindruckender Visionen,[1337] die kein Mensch bisher gesehen hat. Diese Bilder tragen zur *kurwîle* bei, textintern für Meliurs Vater und textextern für den *bescheiden jungelinc* (V. 2) aus dem Prolog – damit zuätzlich eine *lêre* (V. 13) vermitteln, die zur *bezzerunge* (V. 65) des Rezipienten beiträgt, kann allerdings nur Konrad.

Nicht nur in Bezug auf die Trugbilder, sondern auch im Kontext der Düsternis, die den Sehsinn unbrauchbar macht, aber zugleich andere Sinne schärft, überlagern sich diverse Hüllen textinterner und metapoetischer Dunkelheit: Die temporäre Blindheit erzeugende Nacht in Schiefdeire, die aus einer Verdunklung operierende Instanz einer narrativen Macht, die im Dunkeln singende Nachtigall sowie die verdunkelnde Sprache Konrads. Dabei scheinen die diffuse *wildekeit*, die Meliurs Funktion in der ersten Texthälfe ausmacht[1338] und die rhetorische *obscuritas*, die Konrad in seinem Œuvre häufig präsentiert, in direktem Verhältnis zueinander zu stehen.[1339] Das mittelhochdeutsche Wort *wilde* wird in *Partonopier und Meliur* wiederholt mit übernatürlichen Elementen verknüpft, wo es einerseits deren Fremdheit kenntlich machen soll.[1340] Da *wilde* aber zugleich ein stilistischer Fachbegriff ist, der „die Tugenden des

1336 Dass der Urheber eines Kunstwerks dem Rezipienten mithilfe einer Offenlegung der Artifizialität seine eigene Position vermitteln kann, hat Stoichita, Das Selbstbewusste Bild, S. 75, für die bildende Kunst vermutet: „In den Gemälden mit vorgetäuschtem Bilderrahmen ist es der Maler, der sich verdoppelt, indem er sich selbst (und sein Werk) in die Rezeptions-Situation versetzt." Dies führe zu einer Durchbrechung der Bildgrenzen, in der die Rollen des Künstlers und des Betrachters als austauschbar gelten könnten. Womöglich kreiert Konrad ebenfalls eine solche Verdopplung, indem er Meliur als Urheberin der dargestellten Welt auftreten lässt.

1337 Wichtig ist dabei, dass aus Sicht des textexternen Rezipienten alle über den Text hervorgerufenen Bilder, aus Sprache bestehen, während Partonopier mit den Trugbildern tatsächlich zu interagieren scheint, denn er isst, trinkt, reitet, und jagt in Meliurs Kunstwelt.

1338 Die Definition von *wilde*, die Susanne Köbele: Einleitung. In: *wildekeit*. Hrsg. von ders., Julia Frick, Ricarda Bauschke-Hartung [u. a.]. Berlin 2018 (Wolfram-Studien. 25), S. 9–25, hier: S. 11–12, aufstellt, passt zu Meliur: „Mhd. *wilde* markiert dasjenige, was sich entzieht: der Kontrolle, aber auch der Wahrnehmung, der Sichtbarkeit, der Verstehbarkeit. In diesem Sinn bezeichnet mhd. *wilde* im Kern das Unkultivierte, Fremdartige, Unstete, Paradoxe, aber auch das Überkultivierte, Rare, Gesuchte."

1339 Die Geläufigkeit dieses Bezugs stellt Köbele, ebd., S. 11, als Hypothese für den Sammelband zur *wildekeit* heraus.

1340 So etwa *wilde feine* (V. 640), *manic wunder wilde* (V. 1091), *gespenste wilde* (V. 2101), *veinen wilde* (V. 7064), *wildiu veine* (V. 7500) und *wilden merwunder* (V. 8116) – vielleicht gehören auch die Auflistung *des wilden salamanders* (V. 8582) aufgrund seiner Assoziation mit dem Feehaften (Ähnliches vermutet Garstka, Untersuchungen, S. 207) oder *daz wilde mer* (V. 606), welches das Schiff alleine nach Schiefdeire gelangen lässt, oder sogar *die wilden eber* (V. 325) im Ardennenwald, die sich im Nachhein als verzaubert herausstellen, in diese Reihe. Auch wenn Jones, Residue, S. 73–74, betont, dass es sich im Fall der zweichfachen Erwähnung der *wilden feine* um unbegründete editorische Intervention handelt, weil in der Berliner Handschrift eigentlich das Wort *mild* stehe, ist die latente Fremdartigkeit, die mit der Inszenierung der vermeintlich übernatürlichen Dinge einhergeht, nicht von der Hand zu weisen. Hoffmann, Dimensionen, S. 352 u. S. 355, bemerkt außerdem, dass *wilde* und *bilde* wiederholt im Reim auftreten; er sieht darin aber eher eine Gegenüberstellung, weil *bilde* u. a. die Helligkeit des Protagoausgebildeten rhetorischen Stils“[1341] bezeichnet und in Konrads Werk durchweg positiv konnotiert ist, weil er den Reiz des Besonderen[1342] und „die Kategorien des Faszinierenden und Un(be)greifbaren“[1343] benennt, scheinen sich andererseits Zauberkunst und Wortkunst einmal mehr einander anzunähern.[1344] Die Faszination, die mit solchen „Spannungsmomente[n] zwischen ästhetischer Erfahrung und Reflexion“[1345] einhergeht, ist also im wahrsten Sinne des Wortes Augenzauber[1346], dessen Verdunklung

nisten implizieren könne, während *wilde* bezeichnend für den Entzug der Sichtbarkeit, das zentrale „Störmoment“ (ebd. S. 352), sei, sodass *wilde* für Hoffmann nicht programmatisch für Konrads ästhetische Strategie, sondern vielmehr attributiv auf *bilde* bezogen zu sein scheint (vgl. ebd. S. 358 u. S. 362).

1341 Monecke, Studien zur epischen Technik, S. 5.

1342 Monecke, ebd., S. 11, weist die Phrase *âventiure wilde* im Prolog zu Konrads *Engelhard* und *Trojanerkrieg* sowie im Epilog zum *Schwanritter* nach und deutet sie im Hinblick auf ihre ästhetische Faszinationswirkung: „[D]ie *wilde* Erzählung weckt Aufmerksamkeit und Wißbegier, erregend verführt sie den Hörer zu konzentriertem Mitgehen – und zwar erregend durch die Reize des Besonderen, ja Ausgefallenen. Was sie berichtet läßt stutzen und staunen, es zeigt sich überraschend und merkwürdig, wie aus geheimnisvollem Dunkel auftauchend, es will verfolgt und ergründet sein. Dabei soll die Vorstellung Äußerstes leisten. Sie soll die Grenze des Faßlichen erreichen, um nicht nur die ganze Fülle, sondern auch den Rang, die Distinktion und Einmaligkeit des Berichts zu umschließen.“ Auffällig ist, dass diese berühmte Phrase Konrads im Prolog zu *Partonopier und Meliur* nicht auftaucht: Zwar ist dort zweimal von *âventiure* die Rede (V. 196, V. 221), dies allerdings im „zweite[n], produktionsbezogene[n] Abschnitt“ (Unzeitig, Autorname, S. 287), während die *wildekeit* ganz auf die Handlungsebene verlangert scheint.

1343 Elisabeth Lienert: *wildekeit* und Widerspruch. Poetik der Diskrepanz bei Konrad von Würzburg. In: *wildekeit*. Hrsg. von Susanne Köbele, Julia Frick, Ricarda Bauschke-Hartung [u. a.]. Berlin 2018 (Wolfram-Studien. 25), S. 323–342, hier: S. 323.

1344 Interessanterweise findet Monecke, Studien zur epischen Technik, S. 29, vielleicht den treffendsten Begriff für dieses Phänomen, wenn er die personifierte *Frou Wildekeit* aus Konrads *Klage der Kunst* als „flüchtiges Literaturgespenst“ bezeichnet. Zwar ohne Verweis auf die (Wort-)Zauberkunst, aber dennoch ähnlich formuliert Schneider, Klang, S. 159, für die Beschreibung Schiefdeires: „Einmal mehr zeigt sich, dass die erlesensten Kunstwerke, in diesen Fall die schönsten Bauwerke, solche sind, die nur durch Sprache hervorgebracht werden.“

1345 Baisch, Faszination, S. 165.

1346 Vgl. Baisch, ebd., S. 141. Obwohl das deutsche Verb *faszinieren* erst ab dem 16. Jahrhundert vereinzelt belegt werden kann (vgl. ebd., S. 145), ist er ebd., S. 150, der Ansicht, dass „Codierung und Stimulierung von Faszination im höfischen Roman“ durchaus in der „affektiven Dimension des Wahrnehmungs- und Erfahrungsspektrums unterschiedlicher Semantiken wie Neugier, Staunen, Bewunderung, Spannung und Überraschung im Modus des Dargestellten wie der Darstellung“ zu finden seien, die etwa Garstka, Untersuchungen, S. 207, dem Roman attestiert. Nach diesem Verständnis wäre Konrads Roman mit seinen überraschenden Brüchen der Erwartungshaltung gewiss als fazinierend zu bewerten – zumal Brigitte Weingart: Blick zurück. Faszination als ‚Augenzauber‘. In: „Es trübt mein Auge sich in Glück und Licht“. Über den Blick in der Literatur. Hrsg. von Kenneth Scott Calhoon, Eva Geulen, Claude Haas [u. a.]. Berlin 2010 (Philologische Studien und Quellen. 221), S. 188–205, hier: S. 190, darauf hinweist, dass lat. *fascinare* schon seit der Antike „vor allem zur Bezeichnung eines folgenreichen, ‚bezaubernden‘ Blickkontakts verwendet“ werde, auf den bzw. auf dessen Blockierung *Partonopier und Meliur* ja ebenfalls wiederholt anspielt. Außerdem gibt es zwischen Blick und Glanz eine etymologische Korrelation (vgl. ebd., S. 203), sodass zusätzlich mithilfe dieses omnipräsenten Motivs in *Partonopier und Meliur* ein Bezug zum Begriff Faszination hergestellt werden könnte.

den Reiz des Texts, den „charme d'obscurité“[1347], auszumachen scheint. Wenn *obscuritas* im metaphorischen Sinn auf Lichtmangel und im rhetorischen Kontext auf Dunkelheit verweist[1348] und Konrad seine Protagonisten sich in tatsächlicher Dunkelheit lieben lässt, in der einzig das Hören, das Spüren und das Sehen mit dem Herzen zu Erkenntnis führen, lässt er die Rezeptionsanleitung des Prologs zum Gegenstand der Minnehandlung werden: Genau wie Partonopier die Dunkelheit im Schlafgemach durch seinen vorbildlichen Spürsinn überwindet, obwohl er von falschen Fährten abgelenkt wird, soll auch der Rezipient in die Dunkelheit hineinspüren, um die wahre Kunst, den Gesang der Nachtigall, wahrzunehmen.[1349] Konrad führt dazu literarische Dunkelheit „als Verunklärung des Sinns“[1350], „als Undeutlichkeit“[1351], als „erschwerte[.] oder gar unmögliche[.] Deutung“[1352] mithilfe des angedeuteten Feenmärchenschemas vor, indem er Meliur zunächst als undurchschaubare narrativ lenkende Instanz inszeniert, deren *entsliezen* erst auf den zweiten Blick das produktionsästhetische Vorgehen des Autors enthüllt – auch deshalb, weil Irekel im zweiten Teil des Romans anschaulich macht, wie Trugbilder ohne Zauberbei evoziert werden können. Damit ist vielleicht beabsichtigt, dass, wie Mareike von Müller für die intentionale *obscuritas* überlegt, „eine vollständige Erhellung durch den Rezipienten systematisch verhindert wird“, sodass dieser „sich einem fortdauernden Gedankenspiel mit möglichen Bedeutungen“[1353] hingeben muss: Konrads Text würde also spielerisch auf unterschiedlichen Ebenen funktionieren, ohne jemals Auflösung zu bieten, damit aber eine endlose Schleife der Faszination mit ästhetischen Trugbildern verursachen.

1347 Guiette, Forme, S. 43.

1348 Vgl. Carmen Cardelle de Hartmann: *Obscuritas* bei Augustin. In: *wildekeit*. Hrsg. von Susanne Köbele, Julia Frick, Ricarda Bauschke-Hartung [u. a.]. Berlin 2018 (Wolfram-Studien. 25), S. 53–90, hier: S. 54. Das dunkle Sprechen wurde dabei schon in der Antike als Verhüllungstechnik bewertet, vgl. Manfred Fuhrmann: Obscuritas. Das Problem der Dunkelheit in der rhetorischen und literarästhetischen Theorie der Antike. In: Immanente Ästhetik – Ästhetische Reflexion. Lyrik als Paradigma der Moderne. Hrsg. von Wolfgang Iser. München 1966 (Poetik und Hermeneutik. 2), S. 47–72, hier: S. 58. Auch Jolles, Einfache Formen, S. 130, betont: „Es ist kein Zufall, daß ein althochdeutsches Wort für Rätsel tunkal, das Finstere, lautet.“ [Hervorhebung im Original].

1349 Auch für Linden, Frau Kunst vor Gericht, S. 288, ist in Konrads *Klage der Kunst* „zentrales Problem [...] das Erkennen von Kunstqualität“, die sich u. a. nur „mit einer entsprechend geschulten Urteilskraft“ bewerten lassen. Genau andersherum interpretieren Kellermann und Quander, Lichtspiele, S. 156, Konrads Inszenierung von Hell und Dunkel im *Partonopier*: Für sie ist in der rekurrierenden Betonung der *klârheit* des Protagonistenpaars ein Fokus auf die *claritas* zu erkennen, die sich Konrad hier aus der zeitgenössischen Lichtmetaphysik aneigne. Dazu nutze er u. a. die *wildekeit*, um „das Dunkle zu erhellen“.

1350 Lienert, *wildekeit* und Widerspruch, S. 325.

1351 Felix Louis: Metaphorik und Dunkelheit im *Parzival* Wolframs von Eschenbach. Aachen 2012, S. 23.

1352 Cardelle de Hartmann, Obscuritas, S. 57.

1353 Mareike von Müller: Schwarze Komik. Narrative Sinnirritationen zwischen Märe und Schwank. Heidelberg 2017 (Studien zur historischen Poetik. 24), S. 84.

Auf der Handlungsebene wird dementsprechend das Verhältnis vom idealen Rezipienten, der spürend wahrnimmt und sich dabei hauptsächlich auf seine Ohren verlässt, und dem Verfasser, der absichtlich falsche Fährten legt, um zu manipulieren, in den Figuren der Protagonistinnen und des Protagonisten gespiegelt: Konrad verlagert einen poetologischen Diskurs über Imaginationslenkung, literarische Lügen[1354] und ästhetische Trugbilder also in die *historje* (V. 228) hinein, wo diese nicht von der Erzählinstanz, sondern von deren Stellvertreterfiguren dargelegt wird. Was zunächst in verwirrend-manipulierender Rezeptionsanleitung, mehrdeutigen Fährten und selektiver Informationsvergabe verhüllt wird,[1355] offenbart sich deutlich, wenn Meliur erklärt, wie das Erzeugen von Trugbildern funktioniert und wenn die weitere Handlung dann vorführt, wie Lüge, Tarnung und Verstellung zur Erzeugung von Unsichtbarkeit genutzt werden: Auf der Handlungsebene läuft alles darauf hinaus, *kunst* und *list* als erlernbare Fähigkeiten für besonders Begabte herauszustellen, die eine temporäre Unsichtbarkeit ihrer Vermittlungsinstanzen ‚herbeizaubern' können. In dem Moment, in dem mit Meliurs zweiter Erläuterung deutlich wird, dass die gesamte Minnehandlung in *Partonopier und Meliur* darum kreist, dass imaginative und trügerische Bilder vor den inneren und äußeren Augen evoziert werden, enthüllt sich damit zugleich die Artifizialität des Romans selbst. Genauso, als wenn „die Seiten oder Buchstaben eines

1354 Dass Meliur ihre Zauberwerke als *lügelichen dinge* (V. 8133) bezeichnet, deutet ebenfalls darauf hin, dass ein Bezug zu literaturtheoretischen Überlegungen naheliegt, wie auch Morsch, Blickwendungen, S. 253, für diese Formulierung annimmt: „Zweifellos aber ist diese bezaubernde mediale Wunschvorstellung auch eine Anspielung auf die künstlerische Bildproduktion im allgemeinen und – da die *listen* dezidiert aus Büchern gelernt, also auch im weiteren Sinne wiederum schriftgeneriert sind – die literarische im besonderen." Schließlich wird die Lüge in den metapoetischen Passagen und Erzählereinschüben der höfischen Literatur oft zum Thema gemacht: Hartmann von Aue schiebt etwa im *Gregorius* Floskeln der Wahrheitsbeteuerung ein (*dâ enliuge ich iu niht an*, V. 1179) und diskutiert im *Erec* bei der Beschreibung des Wunderpferdes den literarischen Wahrheitsanspruch (*die rede wese ungelogen*, V. 7392). Wolfram von Eschenbach geht im *Parzival* hart mit Lügengeschichten ins Gericht: *valsch lügelîch ein mære, / daz wæn ich baz noch wære / âne wirt ûf eime snê, / sô daz dem munde wurde wê, / derz ûz für wârheit breitet* (338,17–21). Heinrich von Veldecke debattiert im *Eneasroman* das Verhältnis von Lüge und Wahrheit u. a. ausgerechnet im Rahmen der Quellenberufung (V. 13514–13525), vgl. dazu Friedrich Michael Dimpel: *als ich an sînem buoche las, sô ich kurzlîchest kan.* Anderserzählen im *Erec* und ein digitaler Blick auf den Manuskriptverlust im *Eneas.* In: Text und Textur. WeiterDichten und AndersErzählen im Mittelalter. Hrsg. von Birgit Zacke, Peter Glasner, Susanne Flecken-Bütter [u. a.]. Oldenburg 2020 (BmE Themenheft. 5), S. 47–79, hier: S. 49 f. Wenngleich eine ironische Auseinandersetzung mit der (literarischen) Lüge gerade bei Hartmann und Wolfram gewiss nicht ausgeschlossen werden kann, stellt Konrad das Lügen aber sogar recht offensichtlich als besondere Kunst heraus. Womöglich steckt in dem Satz *êst niht ein spel / daz ich iu wil ze mære sagen* (V. 840 f.), der im Kontext der Beschreibung Schiefdeires fällt, sogar ein Hinweis darauf, das der Roman genau das ist: eine Lüge, die in Geschichte verhüllt wird. Dass Lügen direkt mit Dunkelheit assoziert werden können (vgl. Kocher und Hochadel, Einleitung, S. 2), passt in jedem Fall zu Konrads Spiel mit ästhetischer Dunkelheit.

1355 Dass von oszillierender Mehrdeutigkeit ein besonderer Reiz ausgeht, stellt etwa auch Matter, Reden von der Minne, S. 347, heraus.

Buches, die spiegelnde Oberfläche eines Fernsehgeräts oder die Kratzgeräusche einer CD die Aufmerksamkeit auf sich ziehen und das Medium mithin als solches sichtbar wird«[1356], löst sich die vormalige Unsichtbarkeit der medialen Vermittlungsinstanz plötzlich auf.[1357] Einen solchen „Illusionsbruch", der bewirkt, „dass die Darstellung der fiktiven Welt unterbrochen und willentlich der Blick auf ihre (fehlbare) Medialität frei wird", führt Matthias Däumer mithilfe des Gebrauchs von Begriffen aus Film und Theater aus und kommt dabei bezeichnenderweise ebenso auf das Unsichtbare und dessen Spuren im Sichtbaren zu sprechen:

> Die Verfremdung ist den Momenten vergleichbar, in denen ein Darsteller aus der Rolle tritt, um seine schauspielerische Unfähigkeit zu beteuern, oder eine Kamera sich selbst in einem Spiegel einfängt: Mittels medialer (und wortwörtlicher) Selbstreflexion wird das idealiter Unsichtbare sichtbar, bricht die Illusion und die Medialitäten führen quasi-dichterisch ‚ihre eigenen Spuren vor' [...].[1358]

Die Protagonistin ist auf der Handlungsebene zwar nicht auf magische Weise unsichtbar,[1359] weil die verschleiernde Dunkelheit von Licht durchbrochen werden kann.[1360] Entscheidend ist aber, dass die Herrscherin als ein von Dunkelheit und Überbelichtung verhüllter, personifizierter Unsagbarkeitstopos die bilderzeugende Funktion des Mediums Text herausstellt, die anfangs unsichtbar ist. Mit der Auflösung des Feenmärchenschemas im Rahmen des Tabubruchs wird die vormals verschleierte Medialität

---

1356 Kessler, Spurenlesen, S. 84.

1357 Darin ist dann mit Kessler, ebd., S. 100, eine Veränderung des Rezipientenblicks zu sehen, der sich von semantisch neutralen Zeichen, den Buchstaben, zu Zeichen mit Bedeutung, den Spuren, verschiebt: „Während also der rezeptive Blick beim buchstäblichen Lesen gleichsam durch die Oberflächenstruktur der Zeichen hindurch gleitet, weil diese ihm nicht selbst schon etwas bedeutet, richtet sich der Blick beim Spurenlesen zunächst auf die physisch gegebene Oberfläche selbst." Für mittelalterliche Literatur beobachtet Trînca, Amor conspirator, S. 81, vergleichbare Steigerungen medialen Bewusstseins.

1358 Däumer, Stimme, S. 409.

1359 Meliur ist nur aufgrund des Sichttabus, das via Dunkelheit aufrechterhalten wird, nicht-ansehbar, was nicht mit tatsächlich übernatürlicher Unsichtbarkeit, wie sie etwa Iwein in Hartmanns von Aue gleichnamigen Artusroman mithilfe von Lunetes Rings erlangt, vergleichbar ist. Tabus gehören nach Ingrid Bennewitz: Der Körper der Dame. Zur Konstruktion von „Weiblichkeit" in der deutschen Literatur des Mittelalters. In: „Aufführung" und „Schrift" in Mittelalter und früher Neuzeit. Hrsg. von Jan-Dirk Müller. Stuttgart 1996 (Germanistische Symposien-Berichtsbände. 17), S. 222–238, hier: S. 225, als „sensuelle Einschränkung" zu den drei typischen Vorgehensweisen, wie der weibliche Körper auf rational-nachvollziehbare Weise unsichtbar gemacht wird.

1360 Die Dunkelheit wird als Hülle verstanden und nach Schmauks, Typologie, S. 190, gilt, dass Verhüllung und Unsichtbarkeit nicht synonym zu verstehen sind „[...] denn es ist nicht alles Verhüllte unsichtbar [...] und umgekehrt nicht alles Unsichtbare verhüllt. So sind Spuren von abgewaschenem Blut an einem Tatort nicht verhüllt, werden aber erst durch Kontakt mit bestimmten Chemikalien sichtbar gemacht." Ähnliches konstatieren auch vgl. Klein, Mai und Tumanov, (Un-)Sichtbares, S. 10–11.

für einen Moment in Form einer Störung[1361] sichtbar gemacht – denn der Blick des Rezipienten wird „an der Oberfläche des Mediums aufgehalten, bleibt an ihr haften" und nimmt damit „Materialität, Struktur, Machart oder gar die Medialität des Mediums selbst"[1362] wahr. Diese Bildstörung, die eigentlich Unsichtbares sichtbar macht, offenbart die Künstlichkeit des literarischen Zaubers und legt einen reflexiven Fokus auf den Rezeptionsprozess – ein Verfahren, das für die bildende Kunst von Klaus Krüger als Zusammenwirken „einer transitiven, referentiellen Durchsichtigkeit des Bildes mit seiner eigenwirklichen, opaken Undurchsichtigkeit" beschrieben wurde: „[I]m Ineins von Materialität und Illusion, begründet sich eine *ratio* der künstlerischen Hervorbringung"[1363]. Die Omnipräsenz von Unsichtbarkeit und Leerstellen in *Partonopier und Meliur* fungiert also auf den zweiten Blick als Zeichen der Artifizialität, denn die Sichtblockaden werden mit dem Tabubruch opak und lenken das Augenmerk auf die Medialität des Texts statt – wie es etwa für die transparenten Assistenzfiguren gezeigt wurde – sich als Medium der Unsichtbarkeit anzunähern. Der Rezipient wird damit angeleitet zum „Streben nach dem Sinn auf eine wilde Jagd durch Labyrinthe von Mehrdeutigkeiten [...], die [...] sowohl verhüllen wie entschleiern und mehr den Prozeß der Wahrnehmung als das wahrgenommene Objekt widerspiegeln."[1364] Die Medialität wird nicht verhüllt, sondern in *Partonopier und Meliur* im Gegenteil ostentativ in der auffälligen Störung des gebrochenen Erzählschemas in doppelter Hinsicht in die Mitte des Texts gerückt. Die Trugbilder der Literatur sind nie greifbar, das einzige, das Bestand hat, sind die Fährten in Form der vermittelten Worte: Diese sind aber stets ambig und von Interpretation abhängig. Meliur wird dabei zum Sinnbild ästhetischer Störung, zur personifizierten *kunst*, die entweder verdunkelt oder überbelichtet ist, weil sie in ihrer Essenz unsichtbar, unsagbar und lediglich mit *tugende rîche[m] sin* (V. 161) wahrnehmbar ist. *Partonopier und Meliur* besteht demnach aus sich überla-

---

1361 Iser, Akt des Lesens, S. 208, benutzt diesen Begriff, um die Situation eines Rezipierenden zu beschreiben, der weiß, dass er eine Illusion erzeugt, sich dabei aber nicht selbst beobachten kann, was den spezifischen Reiz fiktionaler Texte ausmacht: „Illusion [meint] unseren Projektionsanteil an der Gestaltbildung, in der wir befangen sind, weil wie sie hervorbringen. [...] [D]ie latente Störung eines solchen Befangenseins erzeugt eine Spannung, die den Leser zwischen vollkommenem Befangensein und latenter Distanzierung oszillieren läßt. Daraus ergibt sich eine vom Leser selbst erweckte Dialektik von Illusionsdurchbildung und Illusionsdurchbrechung."

1362 Kessler, Spurenlesen, S. 84. Diesen Bruch im Prozess der Rezeption stellt Kessler ebd., S. 140, anschließend als zeichenhaft heraus: „Durch diesen Perspektivenwechsel, wenn der Text nicht mehr im buchstäblichen Sinne gelesen oder entziffert, sondern interpretierend analysiert wird, werden der Text oder Textteile in einem neuen oder anderen Sinne zu Zeichen."

1363 Krüger, Malerei, S. 112. Er beschreibt so die *Vision der Hl. Familie über der Ansicht von Verona* von Battista Angolo del Moro (1581), die mit einer gemalten, aufgerollten Leinwand im Bild ihre eigene Medialität zum Thema macht.

1364 Gombrich, Bild, S. 61. Diese Formulierung bezieht Gombrich auf die Rezipientenwirkung der kubistischen Werke Pablo Picassos, doch die obigen Ausführungen zeigen, dass ein Spiel mit Mehrdeutigkeiten, auch den Rezipienten mittelalterlicher Literatur auf eine Jagd schicken kann, die letztlich zur Reflexion des Wahrnehmungsprozesses führt.

gernden Hüllen von Unsichtbarkeit – während die erste, das Feenmärchenschema, rückblickend von Meliur entschlüsselt und die zweite von Irekel demonstrativ als künstlich vorgeführt wird, kann die dritte Hülle der Unsichtbarkeit von *list* und *kunst* nur der Rezipient *spüren*, der dieser *getihte* die angemessene Aufmerksamkeit schenkt.

Der Roman präsentiert sich also viel weniger als ein „Lehrstück legitimen Sehens“[1365] oder als ein „Lehrstück für allzu illusionsbeladene Jugendliche, Männer wie Frauen, denen die Vorteile einer Trieb- und Wunschunterdrückung vorgestellt werden“[1366], sondern als ein Lehrstück sprachlicher Bilderzeugung: Alle Figuren – Partonopier, Meliur, Irekel, der Bischof, Lucrete, Anshelm, sogar Meliurs zum *spehen* ausgesandte Boten – malen über Sprache Bilder aus. Oft sind diese Bilder, die vor dem inneren Auge ihrer Zuhörer Künstliches entstehen lassen und Handlungen sowie physische Reaktionen hervorrufen, jedoch trügerisch. Wiederholt wird die kreierende Kraft der Worte zum Thema gemacht, immer wieder wird deren zauberhafte Verführungskunst, deren Imaginationsleitung, aber auch deren Fehlbarkeit zur Schau gestellt.[1367] Dass sich Sprachbilder mitunter als falsch herausstellen, offenbart das selbstreflexive Potenzial eines Texts, der auf verhüllte Weise zeigt, dass er selbst aus Trugbildern und ‚Modellen gewollter Uneindeutigkeit‘[1368] besteht, die intendiert in die Irre führen. Der spurenlesende Rezipient kommt diesen Hinweisen und ihrer Artifizialität nur langsam auf die Schliche: Wenn diesem nach der Rationalisierung der vermeintlichen Feenfigur, der Auflösung des vermeintlich zugrundeliegenden literarischen Schemas und der schrittweisen Entzauberung vermeintlich zauberhafter Unsichtbarkeit bewusst wird, dass die Minnehandlung verschachteltes Spiel mit Künstlichkeit ist, offenbart sich der Roman als metapoetische Studie über die manipulative Zauberkraft der Sprache. Diese *kunst* und *list* vermag die imaginative Vorstellungskraft des Rezipienten anzuleiten und zu beeinflussen, ihn zum Leser vermeintli-

1365 Müller, Höfische Kompromisse, S. 288.

1366 Meyer, Wilde Fee, S. 123. Sein Resümee ist darum, dass *Partonopier und Meliur* ein „Anti-Feen-Roman mit didaktischem Anspruch“ (ebd., S. 124) sei.

1367 Müller, Blinding Sight, S. 208–209, folgert für die Inszenierungen von Sichtbarem bei Konrad am Beispiel des *Trojanerkriegs*, dass der Dichter gerne die Fehlbarkeit des Sehens und des höfischen Scheins herausstellt: „He is fascinated by visuality and at the same time aims to overcome it. Seeing, the highest sense, no longer permits one to grasp the essence of the courtly world – as it does in Hartmann or Gottfried – but is deceitful.“ Mit Strachan, Meliur, S. 105, ließe sich sogar überlegen, ob die im Kontext der Übertragung des französischen Texts durch Heinrich Marschant geäußerte Prolog-Formulierung *daz tiutschet mir sîn künstic munt* (V. 213) vielleicht schon eine spielerisch angedeutete Homophonie zu mhd. *tiuschen* darstellen könnte – auch deshalb, weil Marschant „in den Schaffensakt involviert ist, als ein Mitstreiter auf der Ebene der gestalterischen Aufgabe“ (Plotke, Konrad als Erzähler, S. 283).

1368 So versteht Lienert, *wildekeit* und Widerspruch, S. 340, den Apfel der Discordia in Konrads *Trojanerkrieg*.

cher Spuren zu machen und ihn damit gleichzeitig auf die falsche Fährte zu locken.[1369] Konrad von Würzburg ist an der Zusammenstellung unterschiedlicher literarischer Gattungen darum gerade nicht „ästhetisch gescheitert“[1370], im Gegenteil: Die verschachtelte Minnehandlung korreliert auf raffinierte Weise mit der Metaebene, sodass die Figuren und der Rezipient immer wieder auf die mögliche Falschheit sprachlich erzeugter Bilder hingewiesen werden – was natürlich nicht bedeutet, dass man deren *süezen klanc* nicht dennoch genießen kann.

Konrads von Würzburg *Partonopier und Meliur* offenbart, dass ausgerechnet der blockierte Blick des Rezipienten in die Konzeption des Romans auf unterschiedlichen wirkungsästhetischen Ebenen eingebunden wird: Zum gesteigerten Nachempfinden wird die paradoxe Erfahrung des Nicht-Sehens und des gleichzeitig hoffenden Sehbegehrens textintern im Protagonisten gespiegelt, der wie der Rezipient ein Jäger und Fährtenleser ist; zur Reflexion des Imaginationsprozesses werden diverse Trugbilder evoziert und wieder infrage gestellt. Der Roman weist letztlich mehrfach verschleiert darauf hin, dass alle Bilder und alle Worte Lügen sein können – doch wer sich trotz Zweifel darauf einlässt, kann etwas Wunderbares erleben, etwas, das zu schön ist, um wahr zu sein; etwas, das gleichzeitig lehrreich und unterhaltsam ist, und vor allem etwas, das nur wahre Wortkünste erzaubern können. Die rezeptionsfokussierte Wahrnehmungslenkung erfolgt also nicht über visuelle Anhaltspunkte, sondern über die Ambiguität der Sprache, die jenen poetologischen Einblick gewährt,[1371] den die überlagernden Formen vermeintlicher Unsichtbarkeit zunächst verweigern. Der Reiz des *Partonopier*-Stoffs, wie Konrad ihn ausgestaltet, liegt in diesen Verhüllungsschichten, die im Fall ihrer Enthüllung die Kunst ästhetischer Trugbilder offenbaren – und der Klang dieser Botschaft wird umso süßer, je aufmerksamer der Rezipient spürend sein Ohr neigt, um sie zu enttarnen.

Etwa 330 Jahre später wird William Shakespeare in seinem *King Lear* (Akt 4, Szene 6) mangelnde Sichtbarkeit und spürendes Wahrnehmen in einer ganz ähnlichen Form zum Thema machen:

1369 Für Kessler, Spurenlesen, S. 97, liegt der entscheidende Unterschied des Spurenlesens eines Jägers oder eines Detektivs und dem buchstäblichen Lesen darin, dass bei der buchstäblichen Lektüre ausschließlich sprachlich kodierte, also künstliche Zeichen gelesen werden. Die Reflexion der Künstlichkeit solcher Spuren scheint also dem Lektüreprozess immer schon inhärent zu sein.

1370 Meyer, Wilde Fee, S. 123.

1371 Jolles, Einfache Formen, S. 135, stellt für das Rätsel fest, dass dessen Lösung „eine Parole, ein Losungswort, das Zugang zu etwas Abgeschlossenem verleiht“ sei, weil es darum geht, dass der Ratende seine Ebenbürtigkeit mit dem Aufgebenden demonstriert: „Zweck und Aufgabe des Rätsels ist aber seitens des Aufgebenden: zu prüfen, ob der Gefragte reif ist, die Weihe zu empfangen, und ihm zugleich den Zugang zum Abgeschlossenen zu ermöglichen; seitens des Gefragten: seine Würde zu zeigen, zur Weihe zugelassen zu werden“ (ebd., S. 136). Im Fall von *Partonopier und Meliur* gewährt das Durchschauen (im doppelten Wortsinn) des ästhetisch Verdunkelten entsprechend den Zugang zum Geheimnis des literarischen Prozesses, mit dem der vorbildliche Rezipient seinen *tugende rîchen sin* (V. 161) beweist.

> LEAR
> Oh ho, are you there with me? No eyes in your head, nor no money in your purse? Your eyes are in a heavy case, your purse in a light. Yet you see how this world goes.
> GLOUCESTER
> I see it feelingly.
> LEAR
> What, art mad? A man may see how this world goes with no eyes. Look with thine ears. See how yon justice rails upon yon simple thief. Hark in thine ear: change places and, handy-dandy, which is the justice, which is the thief?

Während der erblindete Graf Gloucester sagt, dass er nur noch taktil, *feelingly*, erfassen könne, bedeutet für den wahnsinnigen König Lear *see* „nicht körperliches Sehen, sondern geistiges Erkennen“[1372], das auch mithilfe des Gehörs erfolgen kann. Wie in Konrads Roman lässt sich in Shakespeares Werk feststellen, dass „das Nicht-Sehen den Rahmen für das Sehen [bildet]. Das Dunkel ermöglicht die Wahrnehmung des Entscheidenden und Wahren.“[1373] Was in *King Lear* den Wahnsinn des Königs kennzeichnet, ist in *Partonopier und Meliur* Teil der intendierten idealen Rezeption, denn wie Minnehandlung und Prolog des Romans zeigen, kann nur gespürt werden, was wirklich aufmerksam gehört wird. Dies mag *wilde* oder gar wahnsinnig erscheinen, doch die reizvolle Süße solcher Klänge macht den Roman letztlich aus: Denn Sichtblockaden inmitten der Literatur einer repräsentativ-höfischen Kultur der Sichtbarkeit offenbaren, dass die Faszination von *getihte* nicht nur in der ostentativen Darstellung visueller Pracht liegt, sondern dass ausgerechnet das Nicht-Sehen die immersive Partizipation erhöht und damit zugleich eine verhüllte poetologische Reflexion innerhalb einer Erzählung vermittelt werden kann.

1372 Petra Böse: „Wahnsinn“ in Shakespeares Dramen. Eine Untersuchung zu Bedeutungsgeschichte und Wortgebrauch. Tübingen 1966, S. 294.

1373 Matthias Bauer, Angelika Zirker: Shakespeare und die Bilder der Vorstellung: „The soul’s imaginary sight“ im 27. Sonett. In: Intermedialität in der Frühen Neuzeit. Formen, Funktionen, Konzepte. Hrsg. von Jörg Robert. Berlin/Boston 2017 (Frühe Neuzeit. 209), S. 39–54, hier: S. 44.

III Fazit

Die vorliegende Studie hatte es sich zur Aufgabe gemacht, das Unsichtbare inmitten der Sichtbarkeit des höfischen Mittelalters aufzuspüren, das sich über eine intermediale Untersuchung der Ästhetik profaner Text- und Bildzeugnisse herausstellen lässt. Unsichtbarkeit wurde dazu als ästhetische Subversion höfischer Repräsentationskultur verstanden, weil Sichtbarkeit und Unsichtbarkeit kein Widerspruch sind – im Gegenteil, sie bedingen einander. Denn gerade in einer Kultur, die den größten Fokus auf das Sehen legt, ist die Irritation des Sehens ein rezeptionslenkender Hebel, der die Steigerung von Aufmerksamkeit garantiert. Es wurde deshalb im Rahmen dieser Untersuchung angenommen, dass es – neben dem ostentativ Sichtbaren – Formen der Anschaulichkeit gibt, die sich erst auf den zweiten oder dritten Blick in der Wahrnehmungslenkung höfischer Zeugnisse offenbaren. Ziel war es, über das Verborgene im Offensichtlichen mehr über die höfische Kultur herauszufinden, denn die in Zeugnissen angelegte Erfahrung „zu durchschauen, heißt, daß Bewußtsein für die Akte zu wecken, denen unsere Urteile über Kunst entspringen"[1]. Die höfische Kultur muss zwar in vielerlei Hinsicht ein Rätsel bleiben, aber durch die auf den Blick bezogene Untersuchung ihrer Kunst vermag nun zumindest ein Teilbereich ihrer Ästhetik sichtbar zu werden. Wenngleich das Diktum von der ‚Kultur der Sichtbarkeit' für das Mittelalter in dieser Arbeit natürlich nicht entkräftet werden sollte, so hat sie doch gezeigt, dass die höfische Ästhetik eine Vielzahl bedeutsamer Unsichtbarkeiten aufweist.

1 Rückblick

Die Studie erprobte einen intermedialen Ansatz, der die Bildwirkung erzählender Texte ins Zentrum stellt und damit zeigt, dass die rezeptionslenkende Wirkung höfischer Romane gemeinsam mit anderen zeitgenössischen Kunsterzeugnissen betrachtet werden kann: Um Formen verhüllter Blicklenkung für höfische Texte herauszustellen, wurden deshalb mittelalterliche Artefakte zum Vergleich herangezogen. Vor allem die Elfenbeinpreziosen des frühen 14. Jahrhunderts machen rekurrierende Typen augenscheinlich beliebter Kompositionen offensichtlich, die mit räumlichen Rahmungen, Beobachterfiguren und Leerstellen Sichtbarkeit einschränken und dabei auffällige Parallelen zur Imaginationsanleitung der höfischen Literatur aufweisen. Die Bildtypen der profanen Kleinkunst fungierten als kompositorische Folie, um den Blick für den vergleichbaren Aufbau imaginativer Bilder innerhalb ausgewählter Motive und Kompositionen der höfischen Literatur zu schulen. Der kunstwissenschaftlich inspirierte Ansatz sensibilisierte auf diese Weise für kompositorische Verhüllungsstrategien höfischer Romane, die subtile Rezeptionslenkungen hervortreten lassen, deren Umsetzun-

1 Iser, Akt des Lesens, S. 40.

https://doi.org/10.1515/9783111549644-003

gen bisher noch nicht als systematische Strategie der Wahrnehmungssteuerung erkannt wurden. Die erfolgten Betrachtungen von Texten und Bildern des höfischen Mittelalters machten dabei deutlich, dass der Blick des Rezipienten eine entscheidende Untersuchungskategorie ist: Höfische Texte und Bilder bieten stets weit mehr als das oberflächlich Dargestellte – in ihrer Tiefe finden sich neben erotischen Doppeldeutigkeiten oder gewitzten Homophonien auch verhüllte Reflexionsangebote, die durch aufmerksame Rezeptionsprozesse entschlüsselt werden können.

Um den kompositorischen Aufbau als Ausgangspunkt der ästhetischen Wahrnehmungslenkung zu nehmen, wurden höfische Erzähltexte im Rahmen dieser Studie nicht in der Abfolge ihrer zeitlichen Entstehung untersucht, sondern ihre Bildwirkung in drei Arten der Blicklenkung eingeteilt, die sich aus den drei einleitend vorgestellten Bildtypen ergeben hatten. Damit konnten Rahmungen durch permeable Textilien und Blicksteuerungen durch Assistenzfiguren auf der Handlungsebene sowie vollständige Sichtblockaden in Form von Leerstellen als höfische Verhüllungsstrategien aufgezeigt werden. Wiederholt wurde sowohl in kompositorischen Details als auch für größere Handlungsabschnitte nachgewiesen, dass die Darstellung verhüllten Sehens den Reiz der partizipatorischen Erfahrung für den Rezipienten erhöht: Vorhänge, Rückenfiguren und Leerstellen erzeugen Nähe und Distanz zugleich – und die Erfahrung der Schwelle zwischen werkexterner und dargestellter Welt, zwischen Sehen und Nicht-Sehen, zwischen Inklusion und Exklusion, erklärt die Faszination des Kommunikationsprozesses, der „durch die Dialektik von Zeigen und Verschweigen in Gang gesetzt und reguliert“[2] wird. Zwar kann eine Faszination für die Deutungsoffenheit in der ästhetischen Erfahrung nicht ausschließlich für das Mittelalter gelten,[3] doch die höfische Kunstproduktion entwickelt, wie die vorliegende Studie zeigt, einen eigenen spielerischen Umgang mit Verweisen auf die mediale Schwelle, die zu einzigartigen, verhüllten Auseinandersetzungen mit den Voraussetzungen ihrer Vermittlung führt.

Im ersten Kapitel der Arbeit wurde ersichtlich, dass höfische Zeugnisse textile Hüllen nutzen, um den eindringenden Blick des Rezipienten herauszufordern und in intime Räume hineinzulenken. Am Beispiel des Minnezelts konnte demonstriert werden, dass Vorhang-ähnliche Textilien, die auf der Handlungsebene ver- und zugleich enthüllen, eine räumliche Grenze kreieren, die den Blick des Rezipienten anziehen, fokussieren und über die Permeabilität der Barriere den Reiz eines visuellen Eindringens erhöhen. Für höfische Bilder und Texte konnte dabei eine besondere Korrelation mit Frauenkörpern beobachtet werden, deren stofflich verhüllte Intimsphären – mitunter im doppelten Wortsinn – zum spielerisch-assoziativen Eindringen einladen. Die Analyse des ‚Minne- und Aventiureromans‘ *Willehalm von Orlens* des Rudolf von Ems zeigte aber anschließend, dass mithilfe textiler Verhüllungen auch komplexe Rezeptionsanleitungen vermittelt werden, die über erotische Ambiguitäten hinausgehen: Die jungen Protagonisten des Romans beginnen ihre illegitime Minne zwar verschleiert

---

2 Iser, ebd., S. 265–266.

3 Vgl. Eco, Das offene Kunstwerk, S. 185.

von einem Bettvorhang, finden jedoch im Lauf der Handlung etliche weitere Verhüllungen, die sich sogar als Gestaltungsprinzip des gesamten Romans offenbaren, denn Rudolf selbst nutzt den *textus* als permeable Verhüllung, in dessen Geheimnisse lediglich der Blick des idealen Rezipienten eindringen kann.

Blicklenkende Assistenzfiguren auf der Handlungsebene verstärken den im ersten Kapitel herausgestellten Effekt des visuellen Eindringens, weil sie die Rezipierenden auf ihre Position als exkludierte Beobachter hinweisen. Weil Voyeurfiguren zwangsläufig die Position des Dritten innehaben, die mit dem Standpunkt des Rezipienten korreliert, ist ihre Einsicht meist eingeschränkt dargestellt, wie im zweiten Kapitel herausgearbeitet wurde. An etlichen Beobachterfiguren höfischer Bilder und Texte wurde in den Analysen ersichtlich, dass die Instanz des Dritten eine werkinterne Kategorie ist, die einerseits benötigt wird, um Intimität darzustellen, andererseits aber häufig mit einem Reflexionsangebot medialer Voraussetzungen einhergeht.[4] Denn letztlich gibt es auch für den werkexternen Rezipienten keinen ungehinderten Einblick in die dargestellten Intimräume und partielle Einschränkungen der Sicht von Beobachtungsinstanzen sind damit innerhalb und außerhalb des Texts zu finden. Der implizit vermittelte Verweis auf die ‚Gemachtheit' von Kunst, der in dieser visuellen Einschränkung der blicklenkenden Assistenzfiguren verborgen wird, ist nicht als negativ zu verstehen. Stattdessen ist er Auszeichnung imaginationsanleitender Kompetenz und ästhetische Chance, den Rezipienten zur eigenständigen Enthüllung anzuleiten, wie vor allem die Überlegungen zu Hartmanns von Aue *Gregorius* und Wolframs von Eschenbach *Titurel* zu zeigen vermochten. In beiden Texten fungieren die Protagonisten als Beobachterfiguren, die während ihres Lektüreprozesses auf der Handlungsebene die Position des exkludierten Dritten innehaben und damit dem Dritten außerhalb des Werks vermitteln, worauf es tatsächlich ankommt: Indem Identifikationsfiguren handlungsintern falsch sehen, falsch lesen und falsch interpretieren, signalisieren ihre Fehllektüren, dass vom textexternen Rezipienten Reflexion über Wahrnehmung eingefordert wird.

Die obigen Analysen demonstrierten vor allem anhand der Untersuchung von *Partonopier und Meliur* Konrads von Würzburg im dritten Kapitel, dass totale Sichtblockaden in höfischen Zeugnissen zur Reizsteigerung genutzt werden, weil Dunkelheit den Fokus auf andere Formen der Wahrnehmung lenkt und dabei letztlich die Art, wie diese Wahrnehmung überhaupt medial vermittelt wird, in den Fokus stellt. Konrads Roman macht das Sehen sowohl für den Protagonisten als auch für den Rezipienten über weite Strecken der Handlung unmöglich, womit ihr Sehbegehren provoziert, aber stets erneut enttäuscht wird. Unmögliches Sehen auf der Handlungsebene und sabotiertes Imaginieren außerhalb der dargestellten Welt korrelieren, weil sie auf die mediale ‚Konstruiertheit' der ästhetischen Erfahrung verweisen. Dazu legt der Roman innerhalb der Dunkelheit Fährten, die den Rezipienten lenken, aber die gegebenen Hinweise zugleich immer wieder infrage stellen. Damit führen diese Fährten

4 Vgl. Strittmatter, Poetik, S. 385.

zur Erkenntnis, dass jede Form künstlerischer Vermittlung nur eine Verhüllung ist, in der das wahrhaft Schöne – die Trugbilder erzeugenden Worte des Dichters – temporär wahrnehmbar gemacht werden können. Indem insbesondere im Kontext heimlicher Minne die (Un-)Sichtbarkeit idealer höfischer Minne inszeniert wird, ist implizit thematisiert, dass nur die Kunst selbst diese Idealität zu vermitteln vermag.

Wenn die unterschiedlichen Zeugnisse der adligen Kultur des Mittelalters darauf verweisen, dass mit einer aufmerksamen Rezeption bei gleichzeitig imaginativer Einschränkung des Sichtbaren stets eine Entschlüsselungsleistung einhergehen muss, lässt sich folgern, dass Verhüllungsstrategien ein essenzieller Bestandteil der höfischen Ästhetik waren. Denn die werkinterne Inszenierung eingeschränkten Sehens und ihre gleichzeitig verhüllte rezeptionslenkende Implementierung tritt in allen untersuchten Text- und Bildzeugnissen als Spiel hervor, das die Partizipation des Rezipienten stärker herausfordert. Die entschlüsselnde Teilhabe am Dargestellten bringt für die Rezipierenden, die sich „auf das Abenteuer der Dechiffrierung einlassen“[5], eine umso größere ästhetische Belohnung mit sich. Mit der Entschleierung verhüllter Botschaft entsteht „Genuss am Begehren nach Sinn, am Rekonstruieren und (Über-)Codieren, am Suchen, an der Wiederholung und am Rückblick, an der Verwirrung, am Ratlos-Sein, am Stehen-Bleiben vor der Opazität des Mediums, am In-Erfahrung-Bringen und Lernen, am Neuen“[6]. Die ‚künstlerische Freiheit‘ und ästhetische Unabhängigkeit der adligen Elite des Hochmittelalters sind darum im Gegenteil dessen zu finden, wofür sie überwiegend bekannt ist – weil das, was blockiert wird, letztlich „jenes Abwesende, das sich durch die Vorstellung vergegenwärtigen läßt“[7] markiert: im Bruch mit Allansichtigkeit, im Experimentieren mit tabuisiertem Sehen und im Zelebrieren von Mehrdeutigkeit, die womöglich nur im ästhetischen Kontext unverfänglich ist. Die höfische Ästhetik, das haben die zahlreichen Beispiele gezeigt, spielt also wissentlich mit Grauzonen, mit Uneindeutigkeiten und Rätseln, die nicht unbedingt gelöst werden müssen, um ihren Reiz zu vermitteln.[8] Verschachtelte Sinnschichten aus ambigen und metapoetischen Verschleierungen geben dabei das rezeptionsspezifische Begehren preis, über aktiv teilhabendes Sehen an der dargestellten Welt zu partizipieren, womit zugleich das Selbstverständnis des adligen Publikums zutage gefördert wird: Wer mehr versteht, als zu sehen ist, und wer Verhüllungen durchschaut, präsentiert sich selbst als ebenbürtiger[9] Teil einer ästhetisch geschulten Elite. Die vergnügliche Paradoxie der höfischen Kunstproduktion präsentiert sich so gerade im Fokus auf die Artifizialität ästhetischer Vermittlung: Kunst ist Täuschung, die aber nur verhüllt als solche zu erkennen ist. Darin, dieses Spiel zu enttarnen und ihm doch immer wieder

5 Hüning, Würfelwörter, S. 80.
6 Trînca, Amor conspirator, S. 86.
7 So Iser, Akt des Lesens, S. 334, über Leerstellen.
8 Vgl. Guiette, Forme, S. 45.
9 Diese Funktion stellt Jolles, Einfache Formen, S. 134, für Rätsel heraus.

immersiv zu verfallen, liegt der Reiz der ästhetischen Schwellenerfahrung, den alle untersuchten Zeugnisse in unterschiedlicher Ausformung verhandeln.

2 Ausblick

Zum Schluss soll auf einige Aspekte eingegangen werden, die im Rahmen der auf blicklenkenden Bildaufbau fokussierten Untersuchung ausgeblendet werden mussten. Bei der Synopse zahlreicher Erzähltexte, die vom späten 12. Jahrhundert bis zum späten 13. Jahrhundert verfasst wurden, zeichnet sich eine Tendenz ab, die der in dieser Studie methodisch gewählten Abfolge der untersuchten Texte nicht entspricht: In den unterschiedlichen Generationen volkssprachlicher Literaturproduktion ist möglicherweise eine Evolution der Integration des Rezipientenblicks zu beobachten. Während die ‚klassisch' höfischen Texte wie die Artusromane ein aktives Mit-Schauen des Rezipienten inszenieren, indem sie ihm blicklenkende Rahmungen und Assistenzfiguren auf der Handlungsebene zur Orientierung anbieten, scheinen die späteren Texte eine Faszination für ein stärker metapoetisches Verschleiern zu entwickeln, in welchem der Rezipient nicht nur verhüllt-enthüllte Einblicke erhält, sondern auch in seiner Entzifferungsleistung stärker herausgefordert wird. Was in Gottfrieds von Straßburg *Tristan* in der Beobachterfigur Markes angelegt ist, der den Rezipienten auf die Wahrnehmung der von Worten erzeugten Kunst verweist, scheint in den nächsten literarischen Generationen bereits weiterentwickelt worden zu sein: Die ausführlichen Untersuchungen von Rudolfs *Willehalm von Orlens* und Konrads *Partonopier und Meliur* haben vorgeführt, wie vielschichtig das Spiel mit Verhüllungsstrategien funktionieren kann: In beiden ‚nachklassischen' Romanen greifen rezeptionslenkende Strukturen in die ästhetische Konzeption des Texts so ein, dass die Verhüllungen nicht mehr nur auf der Handlungsebene sichtbar werden, sondern auch eine metapoetische Mehrdeutigkeit entfalten, die nur im reflektierten Rezeptionsprozess deutlich wird. Beide Romane zeigen Prinzipien der Verhüllung, Tarnung und Verschleierung auf der Handlungsebene und sensibilisieren so dafür, dass sogar narrative Schemata als verschleiernde Ablenkungsmanöver eingesetzt werden können. In den ‚nachklassischen' Romanen wirken Verstellung und Verhüllung positiv konnotiert,[10] ihnen wohnt nicht die schwankhafte oder gar moralisch fragwürdige Tendenz der *dissimulatio* inne, sondern sie spielen mit Trugbildern, um neue Enthüllungsreize für die Rezipierenden zu erzeugen. Wenngleich das in dieser Studie untersuchte Korpus nicht genügt, um literaturhistorische Tendenzen auszumachen, scheint sich in der literarischen Generation nach Hartmann und Gottfried zumindest ein Bestreben nach selbstreferenzieller Verrätselung herauszukristallisieren, die in rezeptionslenkenden Strategien verborgen

---

10 Vgl. Almut Schneider: *Friedrich von Schwaben* (14./15. Jahrhundert). In: Literarische Performativität. Lektüren vormoderner Texte. Hrsg. von Cornelia Herberichs, Christian Kiening. Zürich 2008 (Medienwandel – Medienwechsel – Medienwissen. 3), S. 339–354, hier: S. 339.

wird. Mit fortschreitendem Selbstbewusstsein – im doppelten Wortsinn[11] – entdecken die untersuchten ‚nachklassischen' Texte diesem Anschein nach ein Reflexionsniveau über ästhetische Produktion und Rezeption, das in ausgewählten Texten der ‚höfischen Klassik' bereits angelegt war und vielleicht ab der Mitte des 13. Jahrhunderts noch raffinierter in literarästhetische Wirkungskonzeptionen eingebunden wurde.

In den nächsten literarischen Generationen des Spätmittelalters aber wirkt es, als würde sich das subtil Geheimnisvolle, das der oben untersuchten ästhetischen Inszenierung des eingeschränkten Blicks anhaftet, hin zu einer einfacheren Faszination für das Unsichtbare verschieben. Während in den hier betrachteten Texten der ‚klassischen' und ‚nachklassischen' höfischen Literatur stoffliche Rahmungen, Rückenfiguren und andere Strategien latent sichtbarer Blicklenkung auf der Handlungsebene genutzt werden, um den Rezipienten zu fesseln und anzuleiten, scheinen die Kunsterzeugnisse der späteren Jahrhunderte weniger Begeisterung für solche filigranen Verhüllungsstrategien zu präsentieren. Rätsel und Geheimnisse bleiben ein Faszinosum, doch es hat den Anschein, als würde mit dem Ende der höfischen Hochkultur der Aspekt verhüllter Selbstbezüglichkeit, die den eigenen Rezeptionsprozess spiegelt, zugunsten einer weniger verschachtelten Unterhaltung schwinden.

Friedrich von Schwaben oder Thürings von Ringoltingen *Melusine* zeigen zwar, dass Spiele mit (Un-)Sichtbarkeit im Spätmittelalter nach wie vor populär sind. Literarische Selbstreferenzialität jedoch steht nun weniger im Zentrum, weil politische Instrumentalisierung relevanter wird[12] – und dort, wo es um herrschaftliche Legitimierung geht, sind Subtilität und Mehrdeutigkeit nicht unbedingt erwünscht. Unsichtbarkeit bleibt ein beliebtes Thema in der Literatur, doch die Raffinesse, wie sie etwa *Partonopier und Meliur* in seiner Fährten-Strategie aufweist, scheinen zumindest dort, wo Texte als Herrschaftslegitimation fungieren, zu verschwinden. Der Zauber illusionserzeugender Worte, wie sie Meliur und Irekel in Konrads Roman als textinterne Stellvertreterinnen des Autors kreieren, weichen womöglich unmittelbarer Magie auf der Handlungsebene, während das Rätseln mit einer zunehmenden Verbreitung von Ratespielen, die sich seit der Mitte des 15. Jahrhunderts in Rätselbüchern, aber auch Bildzeugnissen niederschlägt, zu einer eigenen Unterhaltungskategorie wird.[13] Zauber

---

11 Vgl. Stoichita, Das Selbstbewusste Bild.

12 Auffällig ist natürlich, dass der einzigen vollständigen Überlieferung von Konrads von Würzburg *Partonopier und Meliur* in der Berliner Papierhandschrift mgf 1064 die *Melusine* vorangestellt ist, vgl. Brunner: Art. Konrad von Würzburg, ^{2}VL 5 Sp. 295. Weil diese Handschrift jedoch fast ein Jahrhundert nach Konrad zu datieren ist, lässt sich die Veränderung von der elitär-höfischen zur vermehrt bürgerlichen Rezeption vielleicht schon beobachten: In Kombination mit der *Melusine* könnten in *Partonopier und Meliur* die Aspekte Tabu, Zauber und Herrschaftslegitimation stärker hervortreten und es wäre gewiss interessant, die Gebrauchsspuren in den Marginalien, die Korrekturen und Annotationen, auf die Jones, Residue, S. 75, hinweist, mit den Inhalten der Geschichten zu verknüpfen.

13 Vgl. Verrätselung und Sinnzeugung in Spätmittelalter und Früher Neuzeit. Hrsg. von Beatrice Trînca. Würzburg 2016, S. 7; Friedrich W. Ulrichs: Die Rätsel der Dame mit dem Einhorn. Hamburg 2000, S. 12.

oder explizite Feenhaftigkeit[14] gehen zwar immer noch mit Sichtblockaden und tabuisiertem Sehen einher, drücken Vorherbestimmung und Überlegenheit nun aber in Form genealogischer[15] und historiographischer[16] Rechtfertigungen aus, weniger über ästhetische Entschlüsselungskompetenz.

Es ist vielleicht zu vermuten, dass die Darstellung von Obszönität und die Entwicklung anderer Formen der Verrätselung auf dem Weg in die Frühe Neuzeit mit einer Veränderung der Rezipienten vom aristokratischen hin zum bürgerlichen Milieu einhergeht: Insbesondere mit Schwank, Märe und Fabliaux scheint sich die verhüllend-enthüllende Inszenierung des voyeuristischen Einblicks in intime Begegnungen zu verschieben. Der Reiz des heimlichen, unangemessenen (Ein-)Blicks geht zwar nicht verloren,[17] die subversiv-spielerische Konstruktion ästhetischer Imaginations- und Reflexionsanleitung aber scheint einer ostentativen Schaulust zu weichen – das Spiel mit Verhüllungen und Sichtblockaden wird so in seiner vielschichtigen Komplexität entschärft. Die Darstellung von Sexualität und Normbrüchen wie Selbstmord, Ehebruch oder Betrug ist womöglich nicht mehr allzu stark durch das elitär-regulierte Selbstverständnis der höfischen Kultur beschränkt, weshalb es keiner subversiven Blicklenkung mehr bedarf, die das Unsichtbare im Sichtbaren auf mehrdeutige Weise dennoch imaginierbar macht. Vielleicht ist die Faszination mit dem Enthüllen komplexer Sinnschichten, die sich in den untersuchten ‚nachklassischen' Romanen vor allem daran zeigt, dass sie über die Handlungsebene hinaus verhüllen, demnach als ein Abgrenzungsversuch einer adligen Eilte[18] zu bewerten, zu deren Selbstverständnis das Durchschauen elaborierter ästhetischer Verhüllungsstrategien gehört. Für die höfische Adelskultur könnte etwa ein Stoff, in dem Erotik mit einer verhüllt-enthüllten Finesse vermittelt und dabei zugleich mit literarischer Selbstreferenzialität verknüpft wird, gerade deshalb besonders reizvoll gewesen sein, um sich von ‚bäuerlicher' Obszönität abzugrenzen.

---

14 Vgl. Schulz, Spaltungsphantasmen, S. 259.

15 Vgl. Schneider, Friedrich von Schwaben, S. 339; Schulz, Poetik, S. 13.

16 Vgl. Almut Suerbaum: Augenschein und inneres Sehen in Thürings von Ringoltingen *Melusine*. In: Sehen und Sichtbarkeit in der Literatur des deutschen Mittelalters: XXI. Anglo-German Colloquium London 2009. Hrsg. von Ricarda Bauschke, Sebastian Coxon, Martin H. Jones. Berlin 2011, S. 425–440, hier: S. 428.

17 So betont etwa Backes, Fremde Historien, S. 136, dass die Autoren der *Melusine*-Fassungen „ihre spätmittelalterlichen wie auch moderne Leser genüsslich mit durch das winzige Loch auf das Bild schauen, das sich dem unbeherrschten Voyeur bietet". Außerdem ist es auffällig, so Backes ebd., S. 138, weiter, dass der *Melusine*-Stoff im Vergleich mit anderen spätmittelalterlichen Illustrationen übermäßig oft illustriert wurde. Dazu auch Kristina Domanski: Die *Melusine* als illustriertes Buch. Zum Wechselspiel zwischen Text und Bild im frühen Buchdruck. In: Eulenspiegel trifft Melusine. Der frühneuhochdeutsche Prosaroman im Licht neuer Forschungen und Methoden: Akten der Lausanner Tagung vom 2. bis 4. Oktober 2008 in Zusammenarbeit mit Alexander Schwarz. Hrsg. von Catherine Drittenbass, André Schnyder. Amsterdam/New York 2010 (Chloe. 42), S. 257–278.

18 Dass diese Gesellschaftsgruppe ein „Abgrenzungsbedürfnis gegenüber der Nicht-Elite Rechnung" trage, betont etwa Balks, Verhandlungen, S. 10.

3 Durchblick

In dieser Studie haben sich Rezeption und die Untersuchung rezeptionslenkender Strategien als verknüpft herausgestellt: Um die Rezeptionsanleitung der Text- und Bildzeugnisse der höfischen Kultur zu ergründen, muss auch die wissenschaftliche Annäherung die Position eines oder einer Rezipierenden einnehmen, der oder die versucht, ihre Geheimnisse zu entschlüsseln.[19] Im Lesen und Spurenlesen sind Methode und Gegenstand also im Rahmen der vorliegenden Analyse von Beginn an verschmolzen,[20] weil die höfisch-spielerische und die wissenschaftliche Perspektive gleichermaßen auf der Suche nach dem Unsichtbaren sind, das sich verhüllt im dargebotenen Sichtbaren erkennen lässt. Sowohl zeitgenössisch-höfische als auch wissenschaftliche Spurenlesende sind auf die Hinweise der Unsichtbarkeit inmitten der Sichtbarkeit angewiesen – mit dem Unterschied, dass der höfische Rezipient dazu angehalten wird, hinter die verhüllten Botschaften des Texts zu schauen. Das Ergebnis des wissenschaftlichen Spurenlesens vermag hingegen Aussagen über die verhüllten ästhetischen Vorlieben der höfischen Kultur aufzuzeigen, denn über Imaginationsanleitung und intendierte Rezeptionssteuerung werden die unbewussten[21] und damit unsichtbaren höfischen Wahrnehmungspräferenzen in den Text- und Bildzeugnissen sichtbar.

Im Prozess der Enthüllung ästhetischer Verhüllungsstrategien konnte die Studie darum zeigen, dass Unsichtbarkeit in den zahlreichen höfischen Kunsterzeugnissen dreifach wirksam wird: Einerseits auf der Handlungsebene, wenn Zelte, Vorhänge, Dunkelheit, Lügen oder Zauberei das Sehen temporär unmöglich machen. Andererseits auf der Metaebene der Erzählungen, wenn vorgeblendete Handlungen, subtile Identifikationsangebote, Personifikationen der Erzählinstanz und absichtliche Irreführungen so verschleiert sind, dass sie nur aufmerksam Rezipierenden auffallen können. Die dritte Form höfischer Unsichtbarkeit, die zugleich der Zielpunkt dieser Analysen war, ist auf der Ebene historischer Kontextualisierung zu finden: Die höfischen Zeugnisse geben in unbeabsichtigten Spuren die ästhetischen Präferenzen jener Kultur preis, die diese Werke hervorgebracht hat. Die adlige Elite zeigt sich darin also als Publikum, das fasziniert ist von Uneindeutigkeiten, Irritationsmomenten und Verhüllungen – und eben diese Faszination wird verhüllt in ihren ästhetischen Überlieferungen sichtbar.

Die zugespitzt daraus abzuleitende ‚Kultur der Unsichtbarkeit' bezieht sich entsprechend nicht (nur) auf ein literarisches Faible für zauberhafte Ringe oder Tarnkappen, die Figuren unsichtbar machen, sondern auf eine elitäre Rezeptionsgruppe, die sich mit ihrer Begeisterung für Nicht-Sehen und für eingeschränkte Wahrnehmung auf verhüllte Weise selbst in die ästhetischen Zeugnisse ihrer Zeit einschreibt. Die Verhüllung mehrdeutiger Lesarten und metapoetischer Botschaften fungiert dabei als

19 Vgl. Iser, Akt des Lesens, S. 34.
20 Vgl. Kessler, Spurenlesen, S. 97.
21 Vgl. Lesser, Fiction, S. 224.

Hürde für unangemessene Rezipierende. Die selbstreflexive Entschlüsselungsleistung wird als weitere Möglichkeit adliger Abgrenzung[22] präsentiert: Während die Romane etwa in ihren Prologen selbst nahelegen, dass die falschen Rezipienten vor allem solche sind, die nicht aufmerksam genug die Spuren der Texte verfolgen, suggeriert der höfische Kontext dieser ästhetischen Produktionen noch etwas anderes: Wer höfische Blicksteuerung nicht versteht, hat wenig Chancen, die Hüllen der Texte zu durchdringen. Die Strategien, zu entschlüsselnde Codes in die Romane zu verweben, die nur richtig ‚ein(ge)sehene' Rezipienten erkennen können, zeugt deshalb von einer in jederlei Hinsicht selbst*bewussten* Rezeptionselite. Die höfische Kultur erkennt den repräsentativen Mehrwert ihrer ästhetischen Zeugnisse offensichtlich nicht nur in dem, was unmittelbar vor Augen steht, sondern auch darin, was sich ihrem privilegierten Blick erst nach und nach enthüllt.

22 Vgl. Wenzel, Repräsentation, S. 171–172.

IV Abbildungsverzeichnis

https://doi.org/10.1515/9783111549644-004

V Abkürzungsverzeichnis

ATB	Altdeutsche Textbibliothek
BmE	Beiträge zur mediävistischen Erzählforschung
BMZ	Mittelhochdeutsches Wörterbuch. Mit Benutzung des Nachlasses von Georg Friedrich Benecke. Ausgearbeitet von Wilhelm Müller, Friedrich Zarncke. 3 Bände. Leipzig 1854–1866, Neudruck Hildesheim 1963.
DTM	Deutsche Texte des Mittelalters
DVjs	Deutsche Vierteljahrsschrift für Literaturwissenschaft und Geistesgeschichte
DWB	Deutsches Wörterbuch von Jacob Grimm und Wilhelm Grimm. 16 Bände. Leipzig 1854–1961.
GAG	Göppinger Arbeiten zur Germanistik
GRM	Germanisch-romanische Monatsschrift
JOWG	Jahrbuch der Oswald von Wolkenstein-Gesellschaft
JIAS	Journal of the International Arthurian Society
Lexer	Matthias Lexer: Mittelhochdeutsches Handwörterbuch. Zugleich als Supplement und alphabetischer Index zum Mittelhochdeutschen Wörterbuch von Benecke-Müller-Zarncke. 3 Bände. Leipzig 1872–1878. Mit einer neuen Einleitung und einer zusammengefaßten, wesentlich erweiterten Korrigendaliste von Kurt Gärtner. Nachdruck der 2. Auflage, Stuttgart 1992.
LiLi	Zeitschrift für Literaturwissenschaft und Linguistik
LTG	Literatur – Theorie – Geschichte. Beiträge zu einer kulturwissenschaftlichen Mediävistik
MTU	Münchener Texte und Untersuchungen zur deutschen Literatur des Mittelalters
PBB	Beiträge zur Geschichte der deutschen Sprache und Literatur
QF	Quellen und Forschungen zur Literatur- und Kulturgeschichte
SIA	Schriften der Internationalen Artusgesellschaft
TMP	Trends in Medieval Philology
^{2}VL	Die deutsche Literatur des Mittelalters. Verfasserlexikon. Begründet von Wolfgang Stammler, fortgeführt von Karl Langosch. 2., völlig neu bearbeitete Auflage. Hrsg. von Kurt Ruh zusammen mit Gundolf Keil u. a. 14 Bände. Berlin/New York 1978–2008.
ZfdA	Zeitschrift für deutsches Altertum
ZfdPh	Zeitschrift für deutsche Philologie
ZfG	Zeitschrift für Germanistik

https://doi.org/10.1515/9783111549644-005

VI Literaturverzeichnis

1 Textausgaben

Albrechts von Scharfenberg Jüngerer Titurel. Hrsg. von Werner Wolf. Nach den ältesten und besten Handschriften. Berlin 1955 (DTM. 45).
[Albrecht von Scharfenberg] Der jüngere Titurel. Hrsg. von Karl August Hahn. Quedlinburg/Leipzig 1842 (Bibliothek der gesammten deutschen National-Literatur. 24).
[Aurelius] Augustinus: Des Heiligen Kirchenvaters Aurelius Augustinus ausgewählte praktische Schriften, homiletischen und katechetischen Inhalts. Aus dem Lateinischen übersetzt und mit einer Einleitung versehen von Sigisbert Mitterer. (Des heiligen Kirchenvaters Aurelius Augustinus ausgewählte Schriften. Bd. 8). München 1925 (Bibliothek der Kirchenväter. 49).
Chrétien de Troyes: Le Chevalier de la Charrette. Ou Le Roman de Lancelot. Kritische Ausgabe auf der Grundlage aller vorhandenen Manuskripte. Übersetzung, Präsentation und Anmerkungen von Charles Méla. Paris 1992.
Eilhart von Oberg: Tristrant und Isalde. Mittelhochdeutsch, neuhochdeutsch. Hrsg. von Danielle Buschinger und Wolfgang Spiewok. Greifswald 1993 (Texte des Mittelalters. 7).
Französische „Schicksalsnovellen" des 13. Jahrhunderts. Übersetzt, eingeleitet, mit einer Bibliographie und Anmerkungen versehen von Friedrich Wolfzettel. München 1986 (Klassische Texte des romanischen Mittelalters in zweisprachigen Ausgaben. 26).
Gottfried von Straßburg: Tristan. Unveränderter fünfter Abdruck nach dem dritten, mit einem auf Grund von Friedrich Rankes Kollationen verbesserten kritischen Apparat besorgt und mit einem erweiterten Nachwort versehen von Werner Schröder. Berlin/New York 2004.
Hartmann von Aue: Der arme Heinrich. Hrsg. von Hermann Paul, neu bearbeitet von Kurt Gärtner, 17., durchgesehene Auflage. Tübingen 2001 (ATB. 3).
Hartmann von Aue: Erec. Hrsg. von Albert Leitzmann, fortgeführt von Ludwig Wolff. 7. Auflage besorgt von Christoph Cormeau und Kurt Gärtner. Tübingen 1985 (ATB. 39).
Hartmann von Aue: Ereck. Textgeschichtliche Ausgabe mit Abdruck sämtlicher Fragmente und der Bruchstücke des mitteldeutschen ‚Erek'. Hrsg. von Andreas Hammer, Victor Millet, Timo Reuvekamp-Felber. Unter Mitarbeit von Lydia Merten, Katharina Münstermann, Hannah Rieger. Berlin/Boston 2017.
Hartmann von Aue: Gregorius. Hrsg. von Hermann Paul. Neu bearbeitet von Burghart Wachinger, 14. Auflage. Tübingen 2004 (ATB. 2).
Hartmann von Aue: Iwein. Text der siebenten Ausgabe von G. F. Benecke, K. Lachmann und L. Wolff. Übersetzung und Nachwort von Thomas Cramer, 4., überarbeitete Auflage. Berlin/New York 2001.
Heinrichs von Veldeke Eneide. Hrsg. von Otto Behaghel. Mit Einleitung und Anmerkungen. Heilbronn 1882.
Herzog Ernst. Ein mittelalterliches Abenteuerbuch. In der mittelhochdeutschen Fassung B nach der Ausgabe von Karl Bartsch mit den Bruchstücken der Fassung A herausgegeben, übersetzt, mit Anmerkungen und einem Nachwort versehen von Bernhard Sowinski. Stuttgart 2009 (Reclams Universal-Bibliothek. 8352).
The Lays of Desiré, Graelent and Melion. Edition der Texte mit einer Einleitung von E. Margaret Grimes. New York 1928.
[John] Keats. Truth & Imagination. Geschrieben und zusammengestellt von K. E. Sullivan. New York 1999.
Konrad Fleck: Flore und Blanscheflur. Text und Untersuchungen. Hrsg. von Christine Putzo. Berlin/München/Boston 2015 (MTU. 143).
Konrad von Würzburg: Engelhard. Hrsg. von Ingo Reiffenstein. 3. neubearbeitete Auflage der Ausgabe von Paul Gereke. Tübingen 1982 (ATB. 17).
Konrads von Würzburg Goldene Schmiede. Hrsg. von Wilhelm Grimm. Berlin 1840.

https://doi.org/10.1515/9783111549644-006

Konrad von Würzburg: Pantaleon. Hrsg. von Winfried Woesler, 2. Auflage. Tübingen 1974 (ATB. 21).
Konrads von Würzburg Partonopier und Meliur – Turnei von Nantheiz – Sant Nicolaus – Lieder und Sprüche. Aus dem Nachlasse von Franz Pfeiffer. Hrsg. von Karl Bartsch, Wien 1871.
Marie de France: Lais. Guigemar – Bisclavret – Lanval – Yonec – Laüstic – Chievrefoil. Altfranzösisch/Deutsch. Hrsg. von Philipp Jeserich, Stuttgart 2015.
Des Minnesangs Frühling. Unter Benutzung der Ausgaben von Karl Lachmann und Moriz Haupt, Friedrich Vogt und Carl von Kraus bearbeitet von Hugo Moser und Helmut Tervooren. Bd. I: Texte. 38., erneut revidierte Auflage. Mit einem Anhang: Das Budapester und Kremsmünsterer Fragment. Stuttgart 1988.
Das Nibelungenlied. Nach der Ausgabe von Karl Bartsch hrsg. von Helmut de Boor, 22., revidierte und von Roswitha Wisniewski ergänzte Auflage. Wiesbaden 1996.
Ortnit und die Wolfdietriche. Hrsg. von Arthur Amelung und Oskar Jänicke (Deutsches Heldenbuch III). Berlin 1871.
Meleranz von dem Pleier. Hrsg. von Karl Bartsch (Bibliothek des Literarischen Vereins in Stuttgart. 60), Stuttgart 1861.
Melerantz von Frankreich – Der Meleranz des Pleier. Nach der Karlsruher Handschrift. Edition – Untersuchungen – Stellenkommentar. Hrsg. von Markus Steffen. Berlin 2011.
Rudolfs von Ems Willehalm von Orlens. Aus dem Wasserburger Codex der fürstlich Fürstenbergischen Hofbibliothek in Donaueschingen hrsg. von Victor Junk. Berlin 1905 (DTM. 2).
Rudolf von Ems, Willehalm von Orlens. Eingeleitet und übersetzt von Gisela Vollmann-Profe, unter redaktioneller Mitarbeit von Jenny Huber. Münster 2017 (Regensburger Studien zur Literatur und Kultur des Mittelalters. 3).
Der Stricker: Daniel von dem Blühenden Tal. Hrsg. von Michael Resler. 3., neubearbeitete Auflage. Berlin/Boston 2015 (ATB. 92).
Walther von der Vogelweide. Leich, Lieder, Sangsprüche. 15., veränderte und um Fassungseditionen erweiterte Auflage der Ausgabe Karl Lachmanns. Aufgrund der 14., von Christoph Cormeau bearbeiteten Ausgabe neu herausgegeben, mit Erschließungshilfen und textkritischen Kommentaren versehen von Thomas Bein. Edition der Melodien von Horst Brunner. Berlin/Boston 2013.
Wirnt von Grafenberg: Wigalois. Text der Ausgabe von J. M. N. Kapteyn übersetzt, erläutert und mit einem Nachwort versehen von Sabine Seelbach und Ulrich Seelbach, 2., überarbeitete Auflage. Berlin/Boston 2014.
William Shakespeare: The tragedy of King Lear. Hrsg. von Jay L. Halio. Aktualisierte Auflage. Cambridge 2005.
Wolfram von Eschenbach, Parzival. Studienausgabe. Mhd. Text nach der sechsten Ausgabe von Karl Lachmann. Übersetzung von Peter Knecht. Mit Einführungen zum Text der Lachmannschen Ausgabe und in Probleme der *Parzival*-Interpretation von Bernd Schirok, 2. Auflage. Berlin/New York 2003.
Wolfram von Eschenbach: Titurel. Herausgegeben, übersetzt und mit einem Stellenkommentar sowie einer Einführung versehen von Helmut Brackert und Stephan Fuchs-Jolie. Berlin/New York 2003.

2 Forschungsliteratur

Adler, Hans, Sabine Groß: Einleitung. In: Anschauung und Anschaulichkeit. Visualisierung im Wahrnehmen, Lesen und Denken. Hrsg. von dens. Paderborn 2016, S. 7–26.
Alpers, Svetlana: Interpretation ohne Darstellung – oder: Das Sehen von *Las Meninas*. Aus dem Englischen übersetzt von Reinhard Kaiser. In: Der Betrachter ist im Bild. Kunstwissenschaft und Rezeptionsästhetik. Hrsg. von Wolfgang Kemp. Berlin 1992 (Kunstgeschichte zur Einführung), S. 123–141.

Althoff, Gerd: Die Bilder der mittelalterlichen Historiographie. In: Die Bildlichkeit symbolischer Akte. Hrsg. von Barbara Stollberg-Rilinger, Thomas Weißbrich. Münster 2010 (Symbolische Kommunikation und Gesellschaftliche Wertesysteme. 28), S. 23–36.

Amann, Klaus: Rebellion und Integration. Generationenkonflikte in Rudolfs von Ems *Willehalm von Orlens*. In: Jenseits der ausgetretenen Pfade. Normüberschreitungen in der höfischen Epik vom späten 12. bis zum frühen 14. Jahrhundert. Hrsg. von Désirée Mangard, Miriam Strieder. Innsbruck 2021 (Innsbrucker Beiträge zur Kulturwissenschaft. Germanistische Reihe. 94), S. 135–156.

Antoine, Élisabeth: Casket: Story of the *Châtelaine de Vergi*. In: Imagining the Past in France. History in Manuscript Painting 1250–1500. Hrsg. von Elizabeth Morrison, Anne D. Hedeman. Los Angeles 2010, S. 289–291.

Antoine, Élisabeth: Mirror Case: The Tryst of Tristan and Isolde beneath the Tree. In: Imagining the Past in France. History in Manuscript Painting 1250–1500. Hrsg. von Elizabeth Morrison, Anne D. Hedeman. Los Angeles 2010, S. 291–292.

Arfert, Paul: Das Motiv von der unterschobenen Braut in der internationalen Erzählungslitteratur. Mit einem Anhang: Über den Ursprung und die Entwicklung der Bertasage. Schwerin 1897.

Bachorski, Hans-Jürgen: Lügende Wörter, verstellte Körper, falsche Schrift. Miß/gelingende Kommunikation. In: Gespräche – Boten – Briefe. Körpergedächtnis und Schriftgedächtnis im Mittelalter. Hrsg. von Horst Wenzel. Berlin 1997 (Philologische Studien und Quellen. 143), S. 344–364.

Bachtin, Michail M.: Formen der Zeit im Roman. Untersuchungen zur historischen Poetik. Hrsg. von Edward Kowalski und Michael Wegner. Aus dem Russ. von Michael Dewey. Frankfurt am Main 1989 (Fischer Wissenschaft).

Backes, Martina: Fremde Historien. Untersuchungen zur Überlieferungs- und Rezeptionsgeschichte französischer Erzählstoffe im deutschen Spätmittelalter. Tübingen 2004 (Hermaea N. F. 103).

Baier, Sebastian: Heimliche Bettgeschichten. Intime Räume in Gottfrieds *Tristan*. In: Virtuelle Räume. Raumwahrnehmung und Raumvorstellung im Mittelalter. Hrsg. von Elisabeth Vavra. Berlin 2005, S. 189–202.

Baisch, Martin: Puppenspiele. Liebe, Tod, Erzählen in den *Titurel*-Dichtungen. Eine Skizze. In: Der Tod der Nachtigall. Liebe als Selbstreflexivität von Kunst. Hrsg. von Martin Baisch, Beatrice Trînca. Göttingen 2009 (Berliner Mittelalter- und Frühneuzeitforschung. 6), S. 123–138.

Baisch, Martin: Faszination als ästhetische Emotion im höfischen Roman. In: Machtvolle Gefühle. Hrsg. von Ingrid Kasten. Berlin/New York 2010 (TMP. 24), S. 139–166.

Baisch, Martin: *La varn din getichte / Wan hat es nu ze nihte!* Zur Konzeption der Autorschaft in Rudolfs von Ems *Wilhelm von Orlens*. In: Text und Autor. Beiträge aus dem Venedig-Symposium 1998 des Graduiertenkollegs „Textkritik“ München. Hrsg. von Christiane Henkes, Harald Saller, Thomas Richter. Tübingen 2011 (Beihefte zu editio. 15), S. 53–70.

Baisch, Martin: Seitensprünge und Eisenstäbe. Blutspuren in Szenarien von Betrug und Verstellung. In: Verstellung und Betrug im Mittelalter und in der mittelalterlichen Literatur. Hrsg. von Matthias Meyer, Alexander Sager. Göttingen 2015 (Aventiuren. 7), S. 9–33.

Baisch, Martin: Neugier – Faszination – Ambiguität. Inszenierungsformen und -funktionen im höfischen Roman. In: Staunen als Grenzphänomen. Hrsg. von Nicola Gess, Mireille Schnyder, Hugues Marchal [u. a.]. Paderborn 2017 (Poetik und Ästhetik des Staunens. 1), S. 231–246.

Baisch, Martin, Beatrice Trînca: Einleitung. In: Der Tod der Nachtigall. Liebe als Selbstreflexivität von Kunst. Hrsg. von dens. Göttingen 2009 (Berliner Mittelalter- und Frühneuzeitforschung. 6), S. 7–15.

Balks, Jöran: Verhandlungen höfischer Identität. Intersektionale Deutungs- und Zuordnungsprozesse in Artusromanen um 1200: *Iwein – Lanzelet – Gwigalois*. Göttingen 2021 (Encomia Deutsch. 7).

Bartz, Gabriele: Mit Ovid durch das Reich der Venus im Mittelalter. In: Liebesfreuden im Mittelalter. Kulturgeschichte der Erotik und Sexualität in Bildern und Dokumenten. Hrsg. von ders., Alfred Karnein, Claudio Lange. München 2001, S. 15–80.

Bastl, Beatrix: Intimität und Höflichkeit: Gesten und Orte der Intimität und deren Ambivalenz in der Zeit. In: *Ir sult sprechen willekomen*. Grenzenlose Mediävistik: Festschrift für Helmut Birkhan zum 60. Geburtstag. Hrsg. von Christa Habiger-Tuczay, Ulrike Hirhager, Karin Lichtblau. Berlin/Bern 1998, S. 361–415.

Bauer, Matthias, Angelika Zirker: Shakespeare und die Bilder der Vorstellung: „The soul's imaginary sight" im 27. Sonett. In: Intermedialität in der Frühen Neuzeit. Formen, Funktionen, Konzepte. Hrsg. von Jörg Robert. Berlin/Boston 2017 (Frühe Neuzeit. 209), S. 39–54.

Baumgärtel, Bettina: „Erzähle, du habest mich gesehen…". Wege zur Erkenntnis. Nymphen, Diana und Actaeon zwischen Keuschheit und Blickbegierde. In: Der verbotene Blick auf die Nacktheit. Diana und Actaeon. Hrsg. von Beat Wismer, Sandra Badelt. Ostfildern/Düsseldorf 2008, S. 30–37.

Behr, Hans-Joachim: Liebe und Freundschaft im *Engelhard* Konrads von Würzburg. In: JOWG 5 (1988/89), S. 319–327.

Belting, Hans: Bild-Anthropologie. Entwürfe einer Bildwissenschaft. 4. Auflage. München 2011 (Bild und Text).

Bennewitz, Ingrid: Der Körper der Dame. Zur Konstruktion von „Weiblichkeit" in der deutschen Literatur des Mittelalters. In: „Aufführung" und „Schrift" in Mittelalter und früher Neuzeit. Hrsg. von Jan-Dirk Müller. Stuttgart 1996 (Germanistische Symposien-Berichtsbände. 17), S. 222–238.

Benoit, Jean-Louis: Tromperie et Vérité dans Trois Textes Brefs: Les Lais de Marie de France, La Châtelaine de Vergy, Les Miracles de Notre-Dame. In: Imposture et Fiction dans les Récits d'Ancien Régime. Actes du 27e Colloque International de la SATOR à l'Université Sorbonne Nouvelle-Paris 3, les 12, 13 et 14 Juin 2013. Hrsg. von Nathalie Kremer, Jean-Paul Sermain, Yen-Maï Tran-Gervat. Paris 2016 (Les Collections de la République des Lettres. 2016, 2), S. 85–102.

Benthien, Claudia, Brigitte Weingart: Einleitung. In: Handbuch Literatur & Visuelle Kultur. Hrsg. von dens. Berlin/Boston 2014 (Handbücher zur kulturwissenschaftlichen Philologie. 1), S. 1–28.

Bertau, Karl: Über Literaturgeschichte. Literarischer Kunstcharakter und Geschichte in der höfischen Epik um 1200. München 1983.

Bertau, Karl: Poetische Spiegelreflexe: Zum deutenden Erzählen des Erzählers. In: Mythos – Sage – Erzählung. Gedenkschrift für Alfred Ebenbauer. Hrsg. von Johannes Keller, Florian Kragl. Göttingen/Wien 2009, S. 25–40.

Besse, Maria: Schreiben – Lesen – Emotionen: das Medium ‚Brief' in der älteren Literatur. In: LiLi 40,3 (2010), S. 113–149.

Beutin, Wolfgang: „Das nerrisch tut vil manig man, der sich des schamt ein ander zeit". Zur Problematik des Obszönen im Mittelalter. In: Erotik, aus dem Dreck gezogen. Hrsg. von Johan H. Winkelman, Gerhard Wolf. Amsterdam 2004 (Amsterdamer Beiträge zur älteren Germanistik. 59), S. 21–35.

Beyer, Vera: Durch Blicke? Perspektiven auf Gott in persischer und niederländischer Buchmalerei des 15. Jahrhunderts. In: Sehen und Sakralität in der Vormoderne. Hrsg. von David Ganz, Thomas Lentes. Berlin 2011 (KultBild. 4), S. 134–163.

Biernoff, Suzannah: Sight and Embodiment in the Middle Ages. New York 2002 (The New Middle Ages).

Bittner, Myriam: Komplizen des Erzählers. Auctoriale Figuren in der mittelhochdeutschen Epik. Tübingen 2019 (Wissenschaftliche Beiträge aus dem Tectum Verlag. Reihe Germanistik. 12).

Bleuler, Anna Kathrin: Essen – Trinken – Liebe. Kultursemiotische Untersuchung zur Poetik des Alimentären in Wolframs *Parzival*. Tübingen 2016 (Bibliotheca Germanica. 62).

Bleumer, Hartmut: Entzauberung des Wissens: Ästhetik und Kritik in Konrads von Würzburg *Partonopier und Meliur*. In: Neugier und Tabu. Regeln und Mythen des Wissens. Hrsg. von Martin Baisch, Elke Koch. Freiburg im Breisgau 2010 (Scenae. 12), S. 207–233.

Bleumer, Hartmut: Zwischen Wort und Bild. Narrativität und Visualität im *Trojanischen Krieg* Konrads von Würzburg. In: Zwischen Wort und Bild. Wahrnehmungen und Deutungen im Mittelalter. Hrsg. von dems., Hans-Werner Goetz, Steffen Patzold [u. a.]. Köln/Weimar/Wien 2010, S. 109–156.

Bleumer, Hartmut: *Titurel*. Figurationen der Zeit zwischen Narrativik und Lyrik. In: Poetica. 43 (2011), S. 227–265.

Bleumer, Hartmut: Diagramm und Dimension. Zum Raumproblem heldenepischer Narrationen am Beispiel der *Kudrun*. In: LiLi 44,4 (2014), S. 93–126.

Bleumer, Hartmut, Steffen Patzold: Wahmehmungs- und Deutungsmuster in der Kultur des europäischen Mittelalters. In: Wahrnehmungs- und Deutungsmuster im europäischen Mittelalter. Hrsg. von dens. Berlin/Boston 2003 (Das Mittelalter. 8), S. 4–20.

Blümle, Claudia: Das Bild als Vorhang. In: Hinter dem Vorhang. Verhüllung und Enthüllung seit der Renaissance. Hrsg. von ders., Beat Wismer, München 2016, S. 30–39.

Blümle, Claudia: Vorhang auf. In: Hinter dem Vorhang. Verhüllung und Enthüllung seit der Renaissance. Hrsg. von ders., Beat Wismer. München 2016, S. 74.

Blümle, Claudia: Zeuxis und Parrhasios. In: Hinter dem Vorhang. Verhüllung und Enthüllung seit der Renaissance. Hrsg. von ders., Beat Wismer. München 2016, S. 40–55.

Bogen, Steffen: Imaginäres Eindringen: Schwellen- und Schleierfunktionen von Bildern (um 1000–1400). In: Mobile Eyes. Peripatetisches Sehen in den Bildkulturen der Vormoderne. Hrsg. von David Ganz, Stefan Neuner. München 2013 (Eikones), S. 91–130.

Bombe, Walter: Die Versnovelle der *Kastellanin von Vergi* in Elfenbein-Schnitzereien des Florentiner Museo nazionale. In: Monatshefte für Kunstwissenschaft 7 (1914), S. 61–66.

Borinski, Karl: *La Chastelaine de Vergy* in der Kunst des Mittelalters. In: Monatshefte für Kunstwissenschaft 2 (1909), S. 58–63.

Böse, Petra: „Wahnsinn“ in Shakespeares Dramen. Eine Untersuchung zu Bedeutungsgeschichte und Wortgebrauch. Tübingen 1966.

Brackert, Helmut: Rudolf von Ems. Dichtung und Geschichte. Heidelberg 1968 (Germanische Bibliothek: Reihe 3, Untersuchungen und Einzeldarstellungen).

Brackert, Helmut: Sinnspuren. Die Brackenseilinschrift in Wolframs von Eschenbach *Titurel*. In: Erzählungen in Erzählungen. Phänomene der Narration in Mittelalter und Früher Neuzeit. Hrsg. von Harald Haferland, Michael Mecklenburg. München 1996 (Forschungen zur Geschichte der älteren deutschen Literatur. 19), S. 155–175.

Brandt, Rüdiger: Enklaven – Exklaven. Zur literarischen Darstellung von Öffentlichkeit und Nichtöffentlichkeit im Mittelalter: Interpretationen, Motiv- und Terminologiestudien. München 1993 (Forschungen zur Geschichte der älteren deutschen Literatur. 15).

Braun, Lea: *Monstra*, Macht und die Ordnung des Raums. Zur Funktion der phantastischen Figuren im *Daniel von dem blühenden Tal*. In: (De)formierte Körper 2. Die Wahrnehmung und das Andere im Mittelalter. Hrsg. von Gabriela Antunes, Björn Reich, Carmen Stange. Göttingen 2014, S. 109–129.

Braun, Lea, Felix Florian Müller (Hrsg.): Unsagbarkeit – Sprachen der Liebe in der Literatur der Vormoderne. Berlin/Boston 2019 (Transformationen der Antike. 59).

Braun, Manuel, Annette Gerok-Reiter: Selbstbezüglichkeit und ästhetische Reflexionsfigur als Bausteine einer historischen Literarästhetik. Einige grundsätzliche Überlegungen aus Sicht der germanistischen Mediävistik. In: Ästhetische Reflexionsfiguren in der Vormoderne. Hrsg. von Annette Gerok-Reiter, Anja Wolkenhauer, Jörg Robert [u. a.]. Heidelberg 2019 (GRM, Beihefte. 88), S. 35–66.

Briski, Marija Javor: Eine Warnung vor dominanten Frauen oder Bejahung der Sinnenlust? Zur Ambivalenz des „Aristoteles-und-Phyllis-Motivs“ als Tragezeichen im Spiegel deutscher Dichtungen des späten Mittelalters. In: Erotik, aus dem Dreck gezogen. Hrsg. von Johan H. Winkelman, Gerhard Wolf. Amsterdam 2004 (Amsterdamer Beiträge zur älteren Germanistik. 59), S. 37–66.

Brosch, Renate: Literarische Lektüre und imaginative Visualisierung: Kognitionsnarratologische Aspekte. In: Handbuch Literatur & Visuelle Kultur. Hrsg. von Claudia Benthien, Brigitte Weingart. Berlin/Boston 2014 (Handbücher zur kulturwissenschaftlichen Philologie. 1), S. 104–120.

Brownlee, Marina: The Critical Sense. Some Spanish Examples. In: Rethinking the Medieval Senses. Heritage / Fascinations / Frames. Hrsg. von Stephen G. Nichols, Andreas Kablitz, Alison Calhoun. Baltimore 2008 (Parallax: Re-visions of Culture and Society), S. 75–92.

Bruckner, Matilda Tomaryn: Shaping Romance. Interpretation, Truth, and Closure in Twelfth-Century French Fictions. Philadelphia 1993 (Middle Ages Series).

Brückner, Undine: Kleidung, Verkleidung und Autorschaft: Verhüllung und Zierde bei Dorothea von Hof. In: Innenräume in der Literatur des deutschen Mittelalters. XIX. Anglo-German Colloquium Oxford 2005. Hrsg. von Burkhard Hasebrink, Hans-Jochen Schiewer, Almut Suerbaum [u. a.]. Tübingen 2008, S. 157–178.

Brüggen, Elke: Kleidung und Mode in der höfischen Epik des 12. und 13. Jahrhunderts. Heidelberg 1989 (Beihefte zum Euphorion. 23).

Brüggen, Elke: Schattenspiele. Beobachtungen zur Erzählkunst in Wolframs *Parzival*. In: Erzähltechnik und Erzählstrategien in der deutschen Literatur des Mittelalters. Hrsg. von Wolfgang Haubrichs, Eckart Conrad Lutz, Klaus Ridder. Berlin 2004 (Wolfram-Studien. 18), S. 171–188.

Brüggen, Elke: *swie ez ie kom, ir munt was rôt*. Zur Handhabung der *descriptio* weiblicher Körperschönheit im Parzival Wolframs von Eschenbach. In: Literarischer Stil im Mittelalter. Mittelalterliche Literatur zwischen Konvention und Innovation. Hrsg. von Elizabeth Andersen, Ricarda Bauschke-Hartung, Nicola McLelland [u. a.]. Berlin/Boston 2015, S. 391–412.

Brüggen, Elke, Franz-Josef Holznagel: „Sehen" und „Sichtbarkeit" im *Nibelungenlied*. Zur Genese einer mediävistischen Fragestellung. In: Sehen und Sichtbarkeit in der Literatur des deutschen Mittelalters: XXI. Anglo-German Colloquium London 2009. Hrsg. von Ricarda Bauschke, Sebastian Coxon, Martin H. Jones. Berlin 2011, S. 78–99.

Brunner, Karl: Die Bilder im Kopf. Kulturwissenschaft jenseits der akademischen Fächer. In: „Zeitenwende – Die Germanistik auf dem Weg vom 20. ins 21. Jahrhundert". Akten des X. Internationalen Germanistenkongresses Wien 2000. Hrsg. von Peter Wiesinger unter Mitarb. von Hans Derkits. Bern/Berlin 2002 (Jahrbuch für internationale Germanistik: Reihe A, Kongressberichte. 57), S. 27–34.

Bulang, Tobias: Inszenierungen höfischer Kommunikation im Roman um 1200: Poetologische Lektüren von Hartmanns Lunete und Gottfrieds Brangäne. In: Euphorion 106 (2012), S. 277–298.

Bulang, Tobias: Minne und Jagd – Metaphorische Übertragungen und konzeptionelle Konkurrenzen zwischen Liedern und Miniaturen im *Codex Manesse*. In: Übertragung. Bedeutungspraxis und ‚Bildlichkeit' in Literatur und Kunst des Mittelalters. Hrsg. von Franziska Wenzel, Pia Selmayr. Wiesbaden 2017 (Imagines Medii Aevi. 39), S. 125–148.

Bulang, Tobias: Poetisches Gold in höfischen, sakralen und technischen Kontexten. In: *guldîne linge*. Fünf Essays zu Gottfrieds *Tristan*. Hrsg. vom dems. Wiesbaden 2021, S. 29–54.

Bullock-Davies, Constance: Marie de France: A Reassessment of her Narrative Technique in the Lais. In: Court and Poet. Selected Proceedings of the Third Congress of the International Courtly Literature Society. Hrsg. von Glyn S. Burgess. Liverpool 1981 (Arca. 5), S. 93–99.

Bumke, Joachim: Die Blutstropfen im Schnee. Über Wahrnehmung und Erkenntnis im *Parzival* Wolframs von Eschenbach. Tübingen 2001 (Hermaea N. F. 94).

Bumke, Joachim: Höfische Kultur. Literatur und Gesellschaft im hohen Mittelalter. 12. Auflage. München 2008.

Burns, E. Jane: Courtly Love Undressed. Reading Through Clothes in Medieval French Culture. Philadelphia 2002 (Middle Ages Series).

Busch, Nathanael, Dominic Olariu: Iwein und Bathseba. Zur Funktion des Blicks in der Trauerszene in Hartmanns Text und in der Rodenegger Wandmalerei. In: Artusroman und Bildlichkeit. Hrsg. von Cora Dietl, Christoph Schanze, Friedrich Wolfzettel. Berlin/Boston 2022 (SIA. 17), S. 235–255.

Calhoon, Kenneth S.: F. W. Murnau, C. D. Friedrich, and the Conceit of the Absent Spectator. In: MLN 120,3 (2005), S. 633–653.

Camille, Michael: Manuscript Illumination and the Art of Copulation. In: Constructing Medieval Sexuality. Hrsg. von Karma Lochrie, Peggy McCraken, James A. Schultz. Minnesota 1997 (Medieval Cultures. 11), S. 58–90.
Camille, Michael: The Book as Flesh and Fetish in de Bury's *Philobiblon*. In: The Book and the Body. Hrsg. von Dolores Warwick Frese, Katherine O'Brien O'Keeffe. Notre Dame, Indiana 1997 (Ward-Phillips lectures in English language and literature. 14), S. 34–77.
Camille, Michael: Sensations of the Page: Imaging Technologies and Medieval Illuminated Manuscripts. In: The Iconic Page in Manuscript, Print, and Digital Culture. Hrsg. von George Bornstein, Theresa Tinkle. Ann Arbor 1998 (Editorial Theory and Literary Criticism), S. 33–53.
Camille, Michael: The Medieval Art of Love. Objects and Subjects of Desire. London 1998.
Camille, Michael: Before the Gaze. The Internal Senses and Late Medieval Practices of Seeing. In: Visuality Before and Beyond the Renaissance. Seeing as Others Saw. Hrsg. von Robert S. Nelson. Cambridge 2000, S. 197–223.
Cardelle de Hartmann, Carmen: ‚Obscuritas' bei Augustin. In: *wildekeit*. Hrsg. von Susanne Köbele, Julia Frick, Ricarda Bauschke-Hartung [u. a.]. Berlin 2018 (Wolfram-Studien. 25), S. 53–90.
Cartlidge, Neil: The Fairies in the Fountain: Promiscuous Liaisons. In: The Exploitations of Medieval Romance. Hrsg. von Laura Ashe, Ivana Djordjević, Judith Weiss. Cambridge 2010 (Studies in Medieval Romance. 12), S. 15–27.
Chalupa-Albrecht, Anna: Der mittelalterliche Text auf dem Artefakt. Der Meleranz und der ‚Brautbecher der Margarete Maultasch'. In: Materialität und Medialität. Grundbedingungen einer anderen Ästhetik in der Vormoderne. Hrsg. von Jan Stellmann, Daniela Wagner. Berlin/Boston 2023 (Andere Ästhetik – Koordinaten. 5), S. 411–429.
Cline, Ruth Huff: Heart and Eyes. In: Romance Philology 25,3 (1972), S. 263–297.
Cooke, Jessica: The Lady's ‚Blushing' Ring in *Sir Gawain and the Green Knight*. In: The Review of English Studies 49,193 (1998), S. 1–8.
Cormeau, Christoph: *Wigalois* und *Diu Crône*. Zwei Kapitel zur Gattungsgeschichte des nachklassischen Aventiureromans. München 1977 (MTU. 57).
Cormeau, Christoph: Überlegungen zum Verhältnis von Ästhetik und Rezeption. In: JOWG 5 (1988/89), S. 95–107.
Cramer, Thomas: *brangend unde brogent*. Repräsentation, Feste und Literatur in der höfischen Kultur des späten Mittelalters. In: Höfische Repräsentation. Das Zeremoniell und die Zeichen. Hrsg. von Horst Wenzel, Hedda Ragotzky. Tübingen 1990, S. 259–278.
Curley, Michael J.: Physiologus. A Medieval Book of Nature Lore. Chicago 2009.
Curschmann, Michael: Images of Tristan. In: Gottfried von Strassburg and the Medieval Tristan Legend. Papers from an Anglo-North American Symposium. Hrsg. von Adrian Stevens, R. A. Wisbey. Cambridge/Rochester/New York 1990 (Publications of the Institute of Germanic Studies. 44), S. 1–17.
Curschmann, Michael: Wort – Schrift – Bild. Zum Verhältnis von volkssprachlichem Schrifttum und bildender Kunst vom 12. bis zum 16. Jahrhundert. In: Mittelalter und frühe Neuzeit. Übergänge, Umbrüche und Neuansätze. Hrsg. von Walter Haug. Tübingen 1999 (Fortuna Vitrea. 16), S. 378–470.
Curschmann, Michael: Der Erzähler auf dem Weg zur Literatur. In: Erzähltechnik und Erzählstrategien in der deutschen Literatur des Mittelalters. Hrsg. von Wolfgang Haubrichs, Eckart Conrad Lutz, Klaus Ridder. Berlin 2004 (Wolfram-Studien. 18), S. 11–32.
Curschmann, Michael: From Myth to Emblem to Panorama. In: Visuality and Materiality in the Story of Tristan and Isolde. Hrsg. von Jutta Eming, Ann Marie Rasmussen, Kathryn Starkey. Notre Dame, Indiana 2012, S. 107–129.
Dallapiazza, Michael: *Frou minne wunnebaerer solt*. Höfische Minne, Eheliebe und der neue Held in Konrads von Würzburg *Partonopier und Meliur*. In: JOWG 5 (1988/89), S. 351–359.
Däumer, Matthias: Stimme im Raum und Bühne im Kopf. Über das performative Potenzial der höfischen Artusromane. Bielefeld 2013.

Däumer, Matthias, Aurélia Kaliský, Heike Schlie: Zur Einführung: Über Zeugen. Testimoniale Konstellationen und Szenarien. Die Vielfalt der *Testimony Studies*. In: Über Zeugen. Szenarien von Zeugenschaft und ihre Akteure. Hrsg. von dens. Paderborn 2017 (Trajekte), S. 7–28.

Dauss, Markus: Alterität als Entfremdung in der Malerei von Friedrich bis Richter. In: Fremde Figuren. Alterisierungen in Kunst, Wissenschaft und Anthropologie um 1800. Hrsg. von Alexandra Böhm, Monika Sproll. Würzburg 2008 (Stiftung für Romantikforschung. 31), S. 317–350.

Dicke, Gerd: Das belauschte Stelldichein: eine Stoffgeschichte. In: Der *Tristan* Gottfrieds von Strassburg. Symposion Santiago de Compostela, 5. bis 8. April 2000. Hrsg. von Christoph Huber, Victor Millet. Tübingen 2002, S. 199–220.

Diedrichs, Christof L.: Vom Glauben zum Sehen. Die Sichtbarkeit der Reliquie im Reliquiar. Ein Beitrag zur Geschichte des Sehens. Berlin 2001.

Dietl, Cora, Manuel Hoder, Christoph Schanze: Artusroman und Bildlichkeit. Eine Skizze zur Einführung. In: Artusroman und Bildlichkeit. Hrsg. von Cora Dietl, Christoph Schanze, Friedrich Wolfzettel. Berlin 2022 (SIA. 17), S. IX–XXVII.

Dimpel, Friedrich Michael: Die Zofe im Fokus. Perspektivierung und Sympathiesteuerung durch Nebenfiguren vom Typus der Confidente in der höfischen Epik des hohen Mittelalters. Berlin 2011 (Philologische Studien und Quellen. 232).

Dimpel, Friedrich Michael: *als ich an sînem buoche las, sô ich kurzlîchest kan*. Anderserzählen im *Erec* und ein digitaler Blick auf den Manuskriptverlust im *Eneas*. In: Text und Textur. WeiterDichten und AndersErzählen im Mittelalter. Hrsg. von Birgit Zacke, Peter Glasner, Susanne Flecken-Bütter [u. a.]. Oldenburg 2020, S. 47–79.

Dockray-Miller, Mary: Creating Her Own Story. Queens, Noblewomen, and Their Cultural Patronage. In: Women and Medieval Literary Culture. From the Early Middle Ages to the Fifteenth Century. Hrsg. von Corinne J. Saunders, Diane Watt. Cambridge/New York 2023, S. 50–64.

Doebele-Flügel, Verena: Die Lerche. Motivgeschichtliche Untersuchung zur deutschen Literatur, insbesondere zur deutschen Lyrik. Berlin/New York 1977 (Quellen und Forschungen zur Sprach- und Kulturgeschichte der germanischen Völker. N. F. 68).

Doggett, Laine E.: The Favorable Reception of Outsiders at Court: Medieval Versions of Cultural Exchange. In: Shaping Courtliness in Medieval France. Essays in Honor of Matilda Tomaryn Bruckner. Hrsg. von Laurie Shepard, Daniel E. O'Sullivan. Cambridge 2013, S. 229–240.

Domanski, Kristina: Die *Melusine* als illustriertes Buch. Zum Wechselspiel zwischen Text und Bild im frühen Buchdruck. In: Eulenspiegel trifft Melusine. Der frühneuhochdeutsche Prosaroman im Licht neuer Forschungen und Methoden: Akten der Lausanner Tagung vom 2. bis 4. Oktober 2008 in Zusammenarbeit mit Alexander Schwarz. Hrsg. von Catherine Drittenbass, André Schnyder. Amsterdam/New York 2010 (Chloe. 42), S. 257–278.

Domanski, Kristina, Margit Krenn: Liebesleid und Ritterspiel. Mittelalterliche Bilder erzählen große Geschichten. Darmstadt 2012.

Dröse, Albrecht: Scham und Zweifel. Die Konstitution von Heimlichkeit und die Dissimulation des Begehrens in Gottfrieds *Tristan*. In: Scham und Schamlosigkeit. Grenzverletzungen in Literatur und Kultur der Vormoderne. Hrsg. von Katja Gvozdeva, Hans Rudolf Velten. Berlin/Boston 2011 (TMP. 21), S. 159–193.

Duby, Georges: Situationen der Einsamkeit: 11. bis 13. Jahrhundert. In: Geschichte des privaten Lebens. 2. Band: Vom Feudalzeitalter zur Renaissance. Hrsg. von Phillipe Aries, dems. Frankfurt am Main 1990, S. 471–496.

Duchastelle, Françoise: La Châtelaine de Vergy: Un Poème Sculpté dans l'Ivoire. In: Mémoires de l'Académie nationale de Metz XXII (2009), S. 249–264.

Eberlein, Johann Konrad: Apparitio regis – revelatio veritatis. Studien zur Darstellung des Vorhangs in der bildenden Kunst von der Spätantike bis zum Ende des Mittelalters. Wiesbaden 1982.

Eco, Umberto: Das offene Kunstwerk. Aus dem Italienischen übersetzt von Günter Memmert. Frankfurt am Main 1973.

Eder, Daniel: Der Natureingang im Minnesang. Studien zur Register- und Kulturpoetik der höfischen Liebeskanzone. Tübingen 2016 (Bibliotheca Germanica. 66).

Egidi, Margreth: Blick und Objekt. Die Inszenierung des Blicks im höfischen Roman. In: Sehen und Sichtbarkeit in der Literatur des deutschen Mittelalters: XXI. Anglo-German Colloquium London 2009. Hrsg. von Ricarda Bauschke, Sebastian Coxon, Martin H. Jones. Berlin 2011, S. 115–128.

Egidi, Margreth: Der schwierige Dritte: Zur Logik der Botenlieder vom frühen Minnesang bis Reinmar. In: Aspekte einer Sprache der Liebe. Formen des Dialogischen im Minnesang. Hrsg. von Marina Münkler. Bern/New York 2011 (Publikationen zur ZfG. N. F. 21), S. 107–126.

Egidi, Margreth: Figuren des Dritten im höfischen Roman. Einleitung. In: Figuren des Dritten im höfischen Roman. Hrsg. von Margreth Egidi. Oldenburg 2020 (BmE Themenheft. 4), S. 1–13.

Ehlert, Trude: Zu Konrads von Würzburg Auffassung vom Wert der Kunst und von der Rolle des Künstlers. In: JOWG 5 (1988/89), S. 79–94.

Ehrismann, Otfrid: *Nibelungenlied*. Epoche – Werk – Wirkung. 2. neu bearbeitete Auflage. München 2002 (Arbeitsbücher zur Literaturgeschichte).

Eming, Jutta: Geliebte oder Gefährtin? Das Verhältnis von Feenwelt und Abenteuerwelt in *Partonopier und Meliur*. In: Die Welt der Feen im Mittelalter. II. Tagung auf dem Mont Saint-Michel. Hrsg. von Danielle Buschinger, Wolfgang Spiewok. Greifswald 1994 (Greifswalder Beiträge zum Mittelalter. 32), S. 43–58.

Eming, Jutta: Emotion und Expression. Untersuchungen zu deutschen und französischen Liebes- und Abenteuerromanen des 12. bis 16. Jahrhunderts. Berlin 2006 (QF. 39 [273]).

Eming, Jutta: *manic wunder wilde*. Zur epistemischen Verunsicherung zwischen Schein und Sein im *Partonopier* Konrads von Würzburg. In: Schein und Anschein. Dynamiken ästhetischer Praxis in der Vormoderne. Hrsg. von Annette Gerok-Reiter, Martin Kovacs, Volker Leppin [u. a.]. Berlin/Boston 2023 (Andere Ästhetik – Koordinaten. 3), S. 199–215.

Emmelius, Caroline: Gesellige Ordnung. Literarische Konzeptionen von geselliger Kommunikation in Mittelalter und Früher Neuzeit. Berlin/New York 2010 (Frühe Neuzeit. 139).

Ernst, Ulrich: Formen der Schriftlichkeit im höfischen Roman des hohen und späten Mittelalters. In: Frühmittelalterliche Studien 31 (1997), S. 253–369.

Ernst, Ulrich: Text und Intext. Textile Metaphorik und Poetik der Intextualität am Beispiel visueller Dichtungen der Spätantike und des Frühmittelalters. In: ‚Textus' im Mittelalter. Komponenten und Situationen des Wortgebrauchs im schriftsemantischen Feld. Hrsg. von Ludolf Kuchenbuch, Uta Kleine. Göttingen 2006 (Veröffentlichungen des Max-Planck-Instituts für Geschichte. 216), S. 43–76.

Ernst, Ulrich: Haut-Diskurse. Semiotik der Körperoberfläche in der Erzählliteratur des hohen Mittelalters. In: Körperkonzepte im arthurischen Roman. Hrsg. von Friedrich Wolfzettel. Tübingen 2007 (SIA. 6), S. 149–200.

Fasbender, Christoph: Gwigalois' Bergung. Zur Epiphanie des Helden als Erlöser. In: Aktuelle Tendenzen der Artusforschung. Hrsg. von Brigitte Burrichter, Matthias Däumer, Cora Dietl [u. a.]. Berlin/Boston 2013 (SIA. 9), S. 209–224.

Federow, Anne-Katrin, Kay Malcher, Marina Münkler (Hrsg.): Brüchige Helden – brüchiges Erzählen. Berlin 2017 (Texte und Studien zur mittelhochdeutschen Heldenepik. 11).

Feichtenschlager, Martina: Entblößung und Verhüllung. Inszenierungen weiblicher Fragilität und Verletzbarkeit in der mittelalterlichen Literatur. Göttingen 2016 (Aventiuren. 11).

Feichtenschlager, Martina: „sam er entworfen wære an ein permint" – Haut, Palimpsest und Pergament. In: Kulturen des Buches in Spätantike, Mittelalter und Früher Neuzeit. Hrsg. von Michael Brauer. Heidelberg 2017 (Interdisziplinäre Beiträge zu Mittelalter und Früher Neuzeit. 8), S. 195–211.

Feistner, Edith: Konrads von Würzburg *Engelhard*, Rudolfs von Ems *Willehalm von Orlens* und Philippes de Beaumanoir *Jehan et Blonde*. Motive und Strukturen der narrativen Großform im 13. Jahrhundert. In: JOWG 5 (1988/89), S. 329–340.

Fleckenstein, Josef: Nachwort. Ergebnisse und Probleme. In: Curialitas. Studien zu Grundfragen der höfisch-ritterlichen Kultur. Hrsg. von Josef Fleckenstein. Göttingen 1990 (Veröffentlichungen des Max-Planck-Instituts für Geschichte. 100), S. 452–487.

Focken, Friedrich-Emanuel, Michael R. Ott: Metatexte und schrifttragende Artefakte. In: Metatexte. Erzählungen von schrifttragenden Artefakten in der alttestamentlichen und mittelalterlichen Literatur. Hrsg. von dens. Berlin/Boston 2016 (Materiale Textkulturen. 15), S. 1–10.

Fohrmann, Jürgen: Spur, Spuren. Mutmaßungen über Abdrücke und Bigfoots in 13 Etappen. In: Spuren, Lektüren. Praktiken des Symbolischen. Hrsg. von Gisela Fehrmann. München 2005, S. 13–32.

Fouquet, Doris: Das Elfenbeinkästchen der Sammlung Monheim, Aachen. In: Aachener Kunstblätter 40 (1971), S. 237–244.

Fouquet, Doris: Die Baumgartenszene des Tristan in der mittelalterlichen Kunst und Literatur. In: ZfdPh 92 (1973), S. 360–370.

Franke, Birgit: Die Januarminiatur der *Tres Riches Heures*. Die Sprache der Dinge in den Bildern und vor den Bildern. In: Die Bildlichkeit symbolischer Akte. Hrsg. von Barbara Stollberg-Rilinger, Thomas Weißbrich. Münster 2010 (Symbolische Kommunikation und Gesellschaftliche Wertesysteme. 28), S. 55–90.

Franke, Birgit: Eine textile Liebesgeschichte in Wort und Bild: Wilhelm von Orlens und Amelie von England. In: Beziehungsreiche Gewebe. Textilien im Mittelalter. Hrsg. von Kristin Böse, Silke Tammen. Frankfurt am Main/Bern/Wien 2012, S. 109–138.

Freise, Fridrun: Einleitung. Raumsemantik, Rezeptionssituation und imaginierte Instanz: Perspektiven auf vormoderne Öffentlichkeit und Privatheit. In: Offen und Verborgen. Vorstellungen und Praktiken des Öffentlichen und Privaten in Mittelalter und Früher Neuzeit. Hrsg. von Caroline Emmelius, ders., Rebekka von Mallinkroth [u. a.]. Göttingen 2004, S. 9–32.

Frese, Tobias: „Denn der Buchstabe tötet“ – Reflexionen zur Schriftpräsenz aus mediävistischer Perspektive. In: Verborgen, unsichtbar, unlesbar – zur Problematik restringierter Schriftpräsenz. Hrsg. von dems., Wilfried E. Keil, Kristina Krüger. Berlin/Boston 2014 (Materiale Textkulturen. 2), S. 1–16.

Friedhofen, Philipp: Erlesene Welten. Überlegungen zur Poetik des höfischen Romans. Heidelberg 2019 (Studien zur historischen Poetik. 31).

Friedrich, Udo: Menschentier und Tiermensch. Phantasmen der Grenzüberschreitung in der Literatur des Mittelalters. Göttingen 2009 (Historische Semantik. 5).

Frühmorgen-Voss, Hella: Tristan und Isolde in mittelalterlichen Bildzeugnissen. In: DVjs 47 (1973), S. 645–663.

Fuchs, Stephan: Hybride Helden. Gwigalois und Willehalm: Beiträge zum Heldenbild und zur Poetik des Romans im frühen 13. Jahrhundert. Heidelberg 1997 (Frankfurter Beiträge zur Germanistik. 31).

Fuchs-Jolie, Stephan: Metapher und Metonymie bei Wolfram. Überlegungen zum ‚Personalstil‘ im Mittelalter. In: Literarischer Stil im Mittelalter. Mittelalterliche Literatur zwischen Konvention und Innovation. Hrsg. von Elizabeth Andersen, Ricarda Bauschke-Hartung, Nicola McLelland [u. a.]. Berlin/Boston 2015, S. 413–425.

Fuhrmann, Manfred: Obscuritas. Das Problem der Dunkelheit in der rhetorischen und literarästhetischen Theorie der Antike. In: Immanente Ästhetik – Ästhetische Reflexion. Lyrik als Paradigma der Moderne. Hrsg. von Wolfgang Iser. München 1966 (Poetik und Hermeneutik. 2), S. 47–72.

Gamboni, Dario: Ambiguität in der Kunst: Bildtheorie und Interpretationsverfahren. In: Ambiguität in der Kunst. Typen und Funktionen eines ästhetischen Paradigmas. Hrsg. von Katharina Jesberger, Verena Krieger. Köln 2010 (Kunst – Geschichte – Gegenwart. 1), S. 209–224.

Ganz, David: *Oculus interior*. Orte der inneren Schau in mittelalterlichen Visionsdarstellungen. In: Anima und sêle. Darstellungen und Systematisierungen von Seele im Mittelalter. Hrsg. von Katharina Philipowski, Anne Prior. Berlin 2006 (Philologische Studien und Quellen. 197), S. 113–144.

Ganz, David: Medien der Offenbarung. Visionsdarstellungen im Mittelalter. Berlin 2008.

Garstka, Ruth: Untersuchungen zu Konrads von Würzburg Versroman *Partonopier und Meliur*. Funktionsänderung epischer Komposition im nachhöfischen Epigonenroman im Vergleich zu Beispielen aus den „klassischen" Artusromanen Hartmanns. Diss. Tübingen 1979.
von Gehren, Miriam: Die heimliche Lust. Badende in der Kunst. In: Der verbotene Blick auf die Nacktheit. Diana und Actaeon. Hrsg. von Beat Wismer, Sandra Badelt. Ostfildern/Düsseldorf 2008, S. 108–111.
Genske, Dieter D., Monika Huch, Ernest W. B. Hess-Lüttich: Kartographie des Verhüllten – eine Einführung. In: Kartographie des Verhüllten. Brückenschläge zwischen Natur- und Kulturwissenschaften. Hrsg. von dens. Tübingen 2007 (Kodikas/Code. Ars Semeiotica. An International Journal of Semiotics. 30), S. 179–185.
Gephart, Irmgard: Sehen und Gesehenwerden. Die Leidenschaft des mittelalterlichen Hofes. In: „Es trübt mein Auge sich in Glück und Licht". Über den Blick in der Literatur. Hrsg. von Kenneth Scott Calhoon, Eva Geulen, Claude Haas [u. a.]. Berlin 2010 (Philologische Studien und Quellen. 221), S. 25–34.
Gerok-Reiter, Annette: Körper – Zeichen. Narrative Steuermodi körperlicher Präsenz am Beispiel von Hartmanns Erec. In: Körperkonzepte im arthurischen Roman. Hrsg. von Friedrich Wolfzettel. Tübingen 2007 (SIA. 6), S. 405–430.
Gerok-Reiter, Annette: Raumverschaltungen als Erzählprinzip im Minne- und Aventiureroman? Überlegungen zum *Partonopier* Konrads von Würzburg. In: Hybridität und Spiel. Der europäische Liebes- und Abenteuerroman von der Antike zur Frühen Neuzeit. Hrsg. von Martin Baisch, Jutta Eming. Berlin 2013, S. 301–326.
Gerok-Reiter, Annette: Die ‚Kunst der *vuoge*'. Stil als relationale Kategorie. Überlegungen zum Minnesang. In: Literarischer Stil im Mittelalter. Mittelalterliche Literatur zwischen Konvention und Innovation. Hrsg. von Elizabeth Andersen, Ricarda Bauschke-Hartung, Nicola McLelland [u. a.]. Berlin/Boston 2015, S. 97–118.
Gess, Nicola, Mireille Schnyder: Staunen als Grenzphänomen. Eine Einführung. In: Staunen als Grenzphänomen. Hrsg. von dens., Hugues Marchal [u. a.]. Paderborn 2017 (Poetik und Ästhetik des Staunens. 1), S. 7–17.
Gewehr, Wolf: Der Topos „Augen des Herzens" – Versuch einer Deutung durch die scholastische Erkenntnistheorie. In: DVjs 46 (1972), S. 626–649.
Ginzburg, Carlo: Spurensicherung. Der Jäger entziffert die Fährte, Sherlock Holmes nimmt die Lupe, Freud liest Morelli – die Wissenschaft auf der Suche nach sich selbst. In: Spurensicherung. Die Wissenschaft auf der Suche nach sich selbst. Hrsg. von dems. Berlin 2002 [1983], S. 7–57.
Glanz, Katharina A.: De arte honeste amandi. Studien zur Ikonographie der höfischen Liebe. Frankfurt am Main 2005 (Europäische Hochschulschriften. 414).
Glauch, Sonja: Zum Problem des unzuverlässigen Erzählers im Mittelalter. In: Historische Narratologie. Hrsg. von Eva von Contzen. Oldenburg 2019 (BmE Themenheft. 3), S. 79–124.
Gombrich, Ernst H.: Art and Illusion. A Study in the Psychology of Pictorial Representation. 2. Auflage. Princeton 1969 (Bollingen Series. 35,5).
Gombrich, Ernst H.: Bild und Auge. Neue Studien zur Psychologie der bildlichen Darstellung. Aus dem Englischen übertragen von Lisbeth Gombrich. Stuttgart 1984.
Gottdang, Andrea: *Tristan* im Sommerhaus der Burg Runkelstein. In: Literatur und Wandmalerei I. Erscheinungsformen höfischer Kultur und ihre Träger im Mittelalter. Hrsg. von Eckart Conrad Lutz, Johanna Thali, René Wetzel. Tübingen 2002, S. 435–460.
Gottlieb, Carla: The Window in Art. From the Window of God to the Vanity of Man. New York 1981.
Gourlay, Kristina Elizabeth: A Positive Representation of the Power of Young Women: The Malterer Embroidery Re-examined. In: Young Medieval Women. Hrsg. von Katherine J. Lewis, Noël James Menuge, Kim M. Phillips. Stroud 1999, S. 69–102.
Greber, Erika: Textile Texte. Poetologische Metaphorik und Literaturtheorie. Studien zur Tradition des Wortflechtens und der Kombinatorik. Köln 2002 (Pictura et poesis. 9).

Green, Dennis Howard: Medieval Listening and Reading. The Primary Reception of German Literature 800–1300. Cambridge 1994.
Greulich, Markus: Stimme und Ort. Narratologische Studien zu Heinrich von Veldeke, Hartmann von Aue und Wolfram von Eschenbach. Berlin 2018 (Philologische Studien und Quellen. 264).
Großmann, Georg Ulrich: Wilde Leute im Wandel der Zeiten. In: Monster. Fantastische Bilderwelten zwischen Grauen und Komik. Hrsg. von Peggy Große, dems., Johannes Pommeranz. Nürnberg 2015 (Ausstellungskataloge des Germanischen Nationalmuseums), S. 204–220.
Grossweiner, Karen A.: A Tripartite Model for Determining Narratorial Subjectivity in Medieval Romance. The Composite Subject in *Partonope of Blois*. In: Studies in Philology 109,4 (2012), S. 381–408.
Grubmüller, Klaus: *cristallîniu wortelîn*. Gottfrieds Stil und die Aporien der Liebe. In: Literarischer Stil im Mittelalter. Mittelalterliche Literatur zwischen Konvention und Innovation. Hrsg. von Elizabeth Andersen, Ricarda Bauschke-Hartung, Nicola McLelland [u. a.]. Berlin/Boston 2015, S. 179–190.
Guérin, Sarah M.: Meaningful Spectacles: Gothic Ivories Staging the Divine. In: The Art Bulletin 95,1 (2013), S. 53–77.
Guiette, Robert: Forme et Senefiance. Études médiévales. Hrsg. von Herman Braet, Jean Dufournet, Marcel De Grève. Genf 1978 (Publications romanes et françaises. 148).
Gumbrecht, Hans Ulrich: Erudite Fascinations and Cultural Energies. How Much Can We Know about the Medieval Senses? In: Rethinking the Medieval Senses. Heritage / Fascinations / Frames. Hrsg. von Stephen G. Nichols, Andreas Kablitz, Alison Calhoun, Baltimore 2008 (Parallax: Re-visions of Culture and Society), S. 1–10.
Haferland, Harald: Höfische Interaktion. Interpretationen zur höfischen Epik und Didaktik um 1200. München 1989 (Forschungen zur Geschichte der älteren deutschen Literatur. 10).
Hahn, Cynthia: Absent No Longer: The Sign and the Saint in Late Medieval Pictorial Hagiography. In: Hagiographie und Kunst. Der Heiligenkult in Schrift, Bild und Architektur. Hrsg. von Gottfried Kerscher. Berlin 1993, S. 152–175.
Hamburger, Jeffrey F.: Seeing and Believing. The Suspicion of Sight and the Authentication of Vision in Late Medieval Art and Devotion. In: Imagination und Wirklichkeit. Zum Verhältnis von mentalen und realen Bildern in der Kunst der frühen Neuzeit. Hrsg. von Klaus Krüger, Alessandro Nova. Mainz 2000, S. 47–70.
Hamburger, Jeffrey F.: Body vs. Book. The Trope of Visibility in Images of Christian-Jewish Polemic. In: Ästhetik des Unsichtbaren. Bildtheorie und Bildgebrauch in der Vormoderne. Hrsg. von Thomas Lentes, David Ganz. Berlin 2004 (KultBild. 1), S. 113–147.
Hammer, Martin Sebastian: *nû jage selbe, swaz dû wilt!* Narratologische Analyse und poetologische Interpretation einer metaleptischen ZeitRahmenÜberschreitung im *Erec* (V. 7182–7187). In: ZeitRahmenÜberschreitungen im vormodernen Erzählen. Hrsg. von Amelie Bendheim, dems. Oldenburg 2021 (BmE Themenheft. 9), S. 13–42.
Hansen, Per Krogh, Poul Behrendt: The Fifth Mode of Representation: Ambiguous Voices in Unreliable Third Person Narration. In: Strange Voices in Narrative Fiction. Hrsg. von Per Krogh Hansen, Stefan Iversen, Henrik Skov Nielsen [u. a.]. Berlin/Boston 2011 (Narratologia. 30), S. 219–251.
Hartong, Maria-Magdalena: Willehalm von Orlens und seine Illustrationen. Diss. Köln 1938.
Harvey, Elizabeth D.: The Portal of Touch. In: The American Historical Review 116,2 (2011), S. 385–400.
Haubrichs, Wolfgang: Glanz und Glast. Vom inflationären Wortschatz der Sichtbarkeit. In: Sehen und Sichtbarkeit in der Literatur des deutschen Mittelalters: XXI. Anglo-German Colloquium London 2009. Hrsg. von Ricarda Bauschke, Sebastian Coxon, Martin H. Jones. Berlin 2011, S. 47–64.
Haufe, Hendrijke: ‚Gestimmter Blick'. Zur Raumkonstitution im *Partonopier und Meliur* Konrads von Würzburg. In: Sprache und Literatur 94 (2004), S. 90–104.
Haug, Walter: Rudolfs *Willehalm* und Gottfrieds *Tristan*: Kontrafaktur als Kritik. In: Deutsche Literatur des späten Mittelalters. Hamburger Colloquium 1973. Hrsg. von Wolfgang Harms, L. Peter Johnson. Berlin 1975, S. 83–98.

Haug, Walter: Das Bildprogramm im Sommerhause von Runkelstein. In: Runkelstein. Die Wandmalereien des Sommerhauses. Hrsg. von dems., Joachim Heinzle, Dietrich Huschenbett [u. a.]. Wiesbaden 1982, S. 15–62.

Haug, Walter: Über die Schwierigkeiten des Erzählens in „nachklassischer" Zeit. In: Positionen des Romans im späten Mittelalter. Hrsg. von dems., Burghart Wachinger. Berlin 1991 (Fortuna Vitrea. 1), S. 338–365.

Haug, Walter: Lesen oder Lieben? Erzählen in der Erzählung, vom *Erec* bis zum *Titurel*. In: PBB 116,2 (1994), S. 302–323.

Haug, Walter: Die niederländischen erotischen Tragzeichen und das Problem des Obszönen im Mittelalter. In: Erotik, aus dem Dreck gezogen. Hrsg. von Johan H. Winkelman, Gerhard Wolf. Amsterdam 2004 (Amsterdamer Beiträge zur älteren Germanistik. 59), S. 67–90.

Haug, Walter: Vom *Tristan* zu Wolframs *Titurel* oder Die Geburt des Romans aus dem Scheitern am Absoluten. In: DVjs 82 (2008), S. 193–204.

Haug, Walter: Literaturtheorie im deutschen Mittelalter. Von den Anfängen bis zum Ende des 13. Jahrhunderts. Unveränderter Nachdruck der 2., überarbeiteten und erweiterten Auflage. Darmstadt 2009 (Germanistische Einführungen).

Hausmann, Albrecht: Gott als Funktion erzählter Kontingenz. Zum Phänomen der „Wiederholung" in Hartmanns von Aue *Gregorius*. In: Kein Zufall: Konzeptionen von Kontingenz in der mittelalterlichen Literatur. Hrsg. von Cornelia Herberichs, Susanne Reichlin. Göttingen 2010, S. 79–109.

Helas, Philine: Das Einhorn – gefürchtet, gejagt, gezähmt und zerrieben. In: Monster. Fantastische Bilderwelten zwischen Grauen und Komik. Hrsg. von Peggy Große, G. Ulrich Großmann, Johannes Pommeranz. Nürnberg 2015 (Ausstellungskataloge des Germanischen Nationalmuseums), S. 90–103.

Herweg, Mathias: Integration und Selbstkanonisierung. Rudolf von Ems als Autor, Literarhistoriker und Gegenstand der Literarhistorie. In: Rudolf von Ems. Beiträge zu Autor, Werk und Überlieferung. Hrsg. von Elke Krotz, Norbert Kössinger, Henrike Manuwald [u. a.]. Stuttgart 2020 (ZfdA, Beihefte. 29), S. 21–57.

Hoffmann, Ulrich: Griffel, Ring und andere *ding*. Fetischisierung und Medialisierung der Liebe in Floris-Romanen des Mittelalters und der Frühen Neuzeit. In: Dingkulturen. Objekte in Literatur, Kunst und Gesellschaft der Vormoderne. Hrsg. von Anna Mühlherr, Heike Sahm, Monika Schausten [u. a.]. Berlin/Boston 2016 (LTG. 9), S. 358–388.

Hoffmann, Ulrich: Dimensionen von *bilde* – Ansätze zu einem ikonischen Erzählen im späthöfischen Roman. Berlin/Boston 2023 (LTG. 29).

Hopkins, Amanda: ‚wordy vnthur wede': Clothing, Nakedness and the Erotic in some Romances of Medieval Britain. In: The Erotic in the Literature of Medieval Britain. Hrsg. von Amanda Hopkins, Cory James Rushton. Woodbridge 2007, S. 53–70.

Huber, Christoph: Brüchige Figur. Zur literarischen Konstruktion der Partonopier-Gestalt bei Konrad von Würzburg. In: Literarische Leben. Rollenentwürfe in der Literatur des Hoch- und Spätmittelalters. Festschrift für Volker Mertens zum 65. Geburtstag. Hrsg. von Matthias Meyer, Hans-Jochen Schiewer. Tübingen 2002, S. 283–308.

Huber, Christoph: Wort- und Bildnetze zum Textbegriff im nachklassischen mittelhochdeutschen Romanprolog (Rudolf von Ems, Konrad von Würzburg). In: Im Wortfeld des Textes. Worthistorische Beiträge zu den Bezeichnungen von Rede und Schrift im Mittelalter. Hrsg. von Gerd Dicke, Manfred Eikelmann, Burkhard Hasebrink. Berlin/New York 2006 (TMP. 10), S. 263–286.

Huber, Christoph: Subjektivität, Intimität im höfischen Roman. Zum *Willehalm von Orlens* des Rudolf von Ems. In: Impulse und Resonanzen. Tübinger mediävistische Beiträge zum 80. Geburtstag von Walter Haug. Hrsg. von Gisela Vollmann-Profe, Cora Dietl, Annette Gerok-Reiter [u. a.]. Tübingen 2007, S. 193–212.

Huber, Christoph: Minne als Brief. Zum Ausdruck von Intimität im nachklassischen höfischen Roman (Rudolf von Ems: *Willehalm von Orlens*; Johann von Würzburg: *Wilhelm von Österreich*). In: Schrift und

Liebe in der Kultur des Mittelalters. Hrsg. von Mireille Schnyder. Berlin/New York 2008 (TMP. 13), S. 125–146.

Huber, Christoph: Das Ende der Bilder. Artefakt und Bildtheologie im *Prosalancelot*. In: Interartifizialität. Die Diskussion der Künste in der mittelalterlichen Literatur. Hrsg. von Susanne Bürkle, Ursula Peters. Berlin 2009 (ZfdPh, Sonderheft. 128), S. 187–202.

Huber, Christoph: Kristallwörtchen und das Stilprogramm der *perspicuitas*. Zu Gottfrieds *Tristan* und Konrads *Goldener Schmiede*. In: Literarischer Stil im Mittelalter. Mittelalterliche Literatur zwischen Konvention und Innovation. Hrsg. von Elizabeth Andersen, Ricarda Bauschke-Hartung, Nicola McLelland [u. a.]. Berlin/Boston 2015, S. 191–204.

Huber, Christoph: Der ‚Weg' der Erzählung. Beobachtungen zu Hartmann von Aue und weiteren höfischen Erzählern. In: PBB 142,3 (2020), S. 330–353.

Hübner, Gert: Erzählform im höfischen Roman. Studien zur Fokalisierung im *Eneas*, im *Iwein* und im *Tristan*. Tübingen 2003 (Bibliotheca Germanica. 44).

Hübner, Gert: Fokalisierung im höfischen Roman. In: Erzähltechnik und Erzählstrategien in der deutschen Literatur des Mittelalters. Hrsg. von Wolfgang Haubrichs, Eckart Conrad Lutz, Klaus Ridder. Berlin 2004 (Wolfram-Studien. 18), S. 127–150.

Hübner, Gert: Ältere deutsche Literatur. Eine Einführung. Tübingen/Basel 2006 (UTB Literaturwissenschaft. 2766).

Hübner, Gert: *wol gesprœchiu zunge*. Meisterredner in Konrads von Würzburg *Partonopier und Meliur*. In: Redeszenen in der mittelalterlichen Grossepik. Komparatistische Perspektiven. Hrsg. von Monika Unzeitig, Nine Robijntje Miedema, Franz Hundsnurscher. Berlin 2011 (Historische Dialogforschung. 1), S. 215–234.

Hülk, Walburga: Schrift-Spuren von Subjektivität. Lektüren literarischer Texte des französischen Mittelalters. Tübingen 1999 (ZfdPh, Beihefte. 297).

Hüning, Heinrich: Würfelwörter und Rätselbilder im Parzivalprolog Wolframs von Eschenbach. Frankfurt am Main 2000 (Europäische Hochschulschriften Reihe 1, Deutsche Sprache und Literatur. 1767).

Huschenbett, Dietrich: *Partonopier und Meliur* und die Minnedarstellung bei Konrad von Würzburg. In: JOWG 5 (1988/98), S. 341–350.

Ireland, Patrick John: The Narrative Unity of the *Lanval* of Marie de France. In: Studies in Philology 74,2 (1977), S. 130–145.

Iser, Wolfgang: Der implizite Leser. Kommunikationsformen des Romans von Bunyan bis Beckett. München 1972 (Uni-Taschenbücher. 163).

Iser, Wolfgang: Der Akt des Lesens. Theorie ästhetischer Wirkung. 2., durchgesehene und verbesserte Auflage. München 1984 (Uni-Taschenbücher. 636).

Jackson, Timothy R.: Zwischen Innenraum und Außenraum. Das Motiv des Fensters in der Literatur des deutschen Mittelalters. In: Innenräume in der Literatur des deutschen Mittelalters. XIX. Anglo-German Colloquium Oxford 2005. Hrsg. von Burkhard Hasebrink, Hans-Jochen Schiewer, Almut Suerbaum [u. a.]. Tübingen 2008, S. 45–66.

Jaeger, Achim: Ein jüdischer Artusritter. Studien zum jüdisch-deutschen *Widuwilt* (*Artushof*) und zum *Wigalois* des Wirnt von Gravenberc. Tübingen 2000 (Conditio Judaica. 32).

Jaeger, C. Stephen: Origins of Courtliness after 25 Years. In: The Haskins Society Journal 21 (2009), S. 187–216.

Jauß, Hans Robert: Alterität und Modernität der mittelalterlichen Literatur. Gesammelte Aufsätze 1956–1976. München 1977.

Johnson, Sidney M.: Das Brackenseil des Gardeviaz zwischen Wirklichkeit und Phantasie. In: Studien zu Wolfram von Eschenbach. Festschrift für Werner Schröder zum 75. Geburtstag. Hrsg. von Kurt Gärtner, Joachim Heinzle. Tübingen 1989, S. 513–519.

Jolles, André: Einfache Formen. Legende, Sage, Mythe, Rätsel, Spruch, Kasus, Memorabile, Märchen, Witz. 8. Auflage. Berlin 2006 (Konzepte der Sprach- und Literaturwissenschaft. 15).

Jones, Lydia: The Residue of History. Quotation Marks and Character Speech in Bartsch's Edition of Konrad's *Partonopier und Meliur*. In: Hybridität und Spiel. Der europäische Liebes- und Abenteuerroman von der Antike zur Frühen Neuzeit. Hrsg. von Martin Baisch, Jutta Eming. Berlin 2013, S. 71–92.

Jung, Jacqueline Elaine: The Tactile and the Visionary: Notes on the Place of Sculpture in the Medieval Religious Imagination. In: Looking Beyond: Visions, Dreams, and Insights in Medieval Art & History. Hrsg. von Colum P. Hourihane. Princeton 2010 (The Index of Christian Art: Occasional Papers. 11), S. 203–240.

Kaiser, Gert: Liebe außerhalb der Gesellschaft. Zu einer Lebensform der höfischen Liebe. In: Liebe als Literatur. Aufsätze zur erotischen Dichtung in Deutschland. Hrsg. von Rüdiger Krohn. München 1983, S. 79–97.

Kalas, Rayna: Frame, Glass, Verse. The Technology of Poetic Invention in the English Renaissance. Ithaca 2007.

Kaminski, Nicola: Männerliebe contra weibliche Autorschaft? Geteilte Spiele im *Iwein* Hartmanns von Aue. In: Oxford German Studies 30 (2001), S. 26–52.

Kapustka, Mateusz: Bild-Riss und die Aporie der Sichtbarmachung. Eine Einführung. In: Bild-Riss. Textile Öffnungen im ästhetischen Diskurs. Hrsg. von dems. Emsdetten/Berlin 2015 (Textile Studies. 7), S. 7–17.

Karnein, Alfred: Die Stimme der Intellektuellen im Mittelalter. Andreas Capellanus über Liebe, Sexualität und Geschlechterbeziehung. In: Liebesfreuden im Mittelalter. Kulturgeschichte der Erotik und Sexualität in Bildern und Dokumenten. Hrsg. von Gabriele Bartz, dems., Claudio Lange. München 2001, S. 81–95.

Karras, Ruth Mazo: Sexualität im Mittelalter. Aus dem Amerikanischen übersetzt von Wolfgang Hartung. Düsseldorf 2006.

Kasten, Ingrid: Schwester, Geliebte, Mutter, Herrscherin: Die weibliche Hauptfigur in Hartmanns *Gregorius*. In: PBB 115 (1993), S. 400–420.

Kasten, Ingrid: Bachtin und der höfische Roman. In: *Bickelwort* und *wildiu mære*. Festschrift für Eberhard Nellmann zum 65. Geburtstag. Hrsg. von Dorothee Lindemann, Berndt Volkmann, Klaus-Peter Wegera. Göppingen 1995 (GAG. 618), S. 51–70.

Kasten, Ingrid: Vorstellungen und Verstellungen. Zum Problem der Subjektivität im höfischen Roman. In: Sô wold ich in fröiden singen. Festgabe für Anthonius H. Touber zum 65. Geburtstag. Hrsg. von Carla Dauven-van Knippenberg, Helmut Birkhan. Amsterdam/Atlanta 1995, S. 273–284.

Keller, Hildegard Elisabeth: *înluogen*. Blicke in symbolische Räume an Beispielen aus der mystischen Literatur des 12. bis 14. Jahrhunderts. In: Symbolik von Ort und Raum. Hrsg. von Paul Michel. Bern 1997 (Schriften zur Symbolforschung. 11), S. 353–376.

Keller, Hildegard Elisabeth: Absonderungen. Mystische Texte als literarische Inszenierung von Geheimnis. In: Deutsche Mystik im abendländischen Zusammenhang. Neu erschlossene Texte, neue methodische Ansätze, neue theoretische Konzepte: Kolloquium, Kloster Fischingen 1998. Hrsg. von Walter Haug, Wolfram Schneider-Lastin. Tübingen 2000, S. 195–221.

Keller, Hildegard Elisabeth: *Blinded Avengers*. Making Sense of Invisibility in Courtly Epic and Legal Ritual. In: Rethinking the Medieval Senses. Heritage / Fascinations / Frames. Hrsg. von Stephen G. Nichols, Andreas Kablitz, Alison Calhoun. Baltimore 2008 (Parallax: Re-visions of Culture and Society), S. 218–262.

Kellermann, Karina: Der Blick aus dem Fenster. Visuelle Âventiuren in den Außenraum. In: Virtuelle Räume. Raumwahrnehmung und Raumvorstellung im Mittelalter. Hrsg. von Elisabeth Vavra. Berlin 2005, S. 325–342.

Kellermann, Karina, Sophie Quander: „Wer die Schönheit angeschaut mit Augen". Lichtspiele und Nachtmusik in Konrads von Würzburg *Partonopier und Meliur*. In: Ästhetiken der Fülle. Hrsg. von Peter Glasner, Anna Karin, Jens Müller [u. a.]. Berlin 2021, S. 139–158.

Kelly, Douglas: The Art of Medieval French Romance. Madison 1992.
Kelly, Douglas: Narrative Poetics: Rhetoric, Orality and Performance. In: A Companion to Chrétien de Troyes. Hrsg. von Norris J. Lacy. Woodbridge 2007 (Arthurian Studies. 63), S. 52–63.
Kelly, Douglas: Interlace and the Cyclic Imagination. In: A Companion to the Lancelot-Grail Cycle. Hrsg. von Carol Dover. Woodbridge 2011 (Arthurian Studies. 54), S. 55–64.
Kemp, Wolfgang: Kunstwissenschaft und Rezeptionsästhetik. In: Der Betrachter ist im Bild. Kunstwissenschaft und Rezeptionsästhetik. Hrsg. von dems. Berlin 1992 (Kunstgeschichte zur Einführung), S. 7–28.
Kemp, Wolfgang: Verständlichkeit und Spannung. Über Leerstellen in der Malerei des 19. Jahrhunderts. In: Der Betrachter ist im Bild. Kunstwissenschaft und Rezeptionsästhetik. Hrsg. von dems. Berlin 1992 (Kunstgeschichte zur Einführung), S. 307–332.
Kemp, Wolfgang: Die Räume der Maler. Zur Bilderzählung seit Giotto. München 1996.
Kessler, Nora Hannah: Dem Spurenlesen auf der Spur. Theorie, Interpretation, Motiv. Würzburg 2012 (Film – Medium – Diskurs. 39).
Kiening, Christian: Poetik des Dritten. In: Zwischen Körper und Schrift. Texte vor dem Zeitalter der Literatur. Hrsg. von Christian Kiening. Frankfurt am Main 2003 (Fischer Taschenbücher. 15951), S. 157–178.
Kiening, Christian, Susanne Köbele: Wilde Minne: Metapher und Erzählwelt in Wolframs *Titurel*. In: PBB 120,2 (1998), S. 234–265.
Kjorveziroska, Mirna: Im Naturraum. Poetologische Untersuchungen über mittelhochdeutsche Erzähltexte 1270–1320. Heidelberg 2022 (Studien zur historischen Poetik. 33).
Klein, Dorothea: Widersprüchliche Weiblichkeit: Enite und ältere Isolde als Beispiel. In: Widersprüchliche Figuren in vormoderner Erzählliteratur. Hrsg. von Elisabeth Lienert. Oldenburg 2020 (BmE Themenheft. 6), S. 269–296.
Klein, Inga, Nadine Mai, Rostislav Tumanov: (Un-)Sichtbares und Perspektiven der Hüllen: Zur Einführung. In: Hüllen und Enthüllungen. (Un-)Sichtbarkeit aus kulturwissenschaftlicher Perspektive. Hrsg. von Inga Klein, Nadine Mai, Rostislav Tumanov. Berlin 2017 (Schriftenreihe der Isa Lohmann-Siems Stiftung. 10), S. 7–21.
Klein, Mareike: Die Farben der Herrschaft. Imagination, Semantik und Poetologie in heldenepischen Texten des deutschen Mittelalters. Berlin 2014 (LTG. 5).
Klinger, Judith: Exzesse des Begehrens. *Amor hereos* und die Ausbildung männlicher Identitäten. In: Weltbilder des mittelalterlichen Menschen. Hrsg. von Heinz-Dieter Heimann, Martin-Maximilian Langner, Mario Müller [u. a.]. Berlin 2007 (Studium litterarum: Studien und Texte zur deutschen Literaturgeschichte. 12), S. 111–134.
Klinger, Judith: Ent/Fesselung des fremden Heros. Sîvrit zwischen Exorbitanz und Assimilation. In: Durchkreuzte Helden. Das *Nibelungenlied* und Fritz Langs Film *Die Nibelungen* im Licht der Intersektionalitätsforschung. Hrsg. von Natasa Bedekovic, Astrid Lembke, Andreas Kraß. Bielefeld 2014, S. 259–301.
Klinger, Judith: Anderswelten. In: Literarische Orte in deutschsprachigen Erzählungen des Mittelalters. Ein Handbuch. Hrsg. von Tilo Renz, Monika Hanauska, Mathias Herweg. Berlin/Boston 2018, S. 13–39.
Klingner, Jacob: Zelte der Minne. Beobachtungen zu einem Handlungsort in den mittelhochdeutschen Minnereden. In: Wissenspaläste. Räume des Wissens in der Vormoderne. Hrsg. von Gesine Mierke, Christoph Fasbender. Würzburg 2013 (Euros. 2), S. 223–237.
Knapp, Fritz Peter: Enites Totenklage und Selbstmordversuch in Hartmanns *Erec*. Eine quellenkritische Analyse. In: GRM Ser. N. F. 26 (1976), S. 83–90.
Köbele, Susanne: Einleitung. In: *wildekeit*. Hrsg. von ders., Julia Frick, Ricarda Bauschke-Hartung [u. a.]. Berlin 2018 (Wolfram-Studien. 25), S. 9–25.
Koch, Margarete: Die Rückenfigur im Bild: Von der Antike bis zu Giotto. Recklinghausen 1965 (Münstersche Studien zur Kunstgeschichte. 2).

Kocher, Ursula, Oliver Hochadel: Einleitung. In: Lügen und Betrügen. Das Falsche in der Geschichte von der Antike bis zur Moderne. Hrsg. von dens. Köln 2000, S. 1–7.

Kohl, Jeanette: Das Herz in der Truhe. In: Recycle – (Re-)Invent. Rezeptionswege von Byzanz bis in die Moderne. Hrsg. von Julia Dellith, Johannes Gebhardt, Daniela Roberts. Leipzig 2021, S. 42–63.

Kohlhaussen, Heinrich: Rheinische Minnekästchen des Mittelalters. In: Jahrbuch der Preußischen Kunstsammlungen 46 (1925), S. 203–247.

Kokott, Hartmut: Konrad von Würzburg. Ein Autor zwischen Auftrag und Autonomie. Stuttgart 1989.

Königer, Maribel: Die profanen Fresken des Palazzo Davanzati in Florenz. Private Repräsentation zur Zeit der internationalen Gotik. In: Mitteilungen des Kunsthistorischen Institutes in Florenz 34,2 (1990), S. 245–278.

Kragl, Florian: Schaubühnen. Überlegungen zur erzählten Topographie und ihrer historischen Bedingtheit. In: Narratologie und mittelalterliches Erzählen. Autor, Erzähler, Perspektive, Zeit und Raum. Hrsg. von Eva von Contzen, dems. Berlin/Boston 2018 (Das Mittelalter, Beihefte. 7), S. 125–164.

Krämer, Sybille: Das Medium zwischen Zeichen und Spur. In: Spuren, Lektüren. Praktiken des Symbolischen. Hrsg. von Gisela Fehrmann. München 2005, S. 153–166.

Kraß, Andreas: Geschriebene Kleider. Höfische Identität als literarisches Spiel. Tübingen/Basel 2006 (Bibliotheca Germanica. 50).

Kraß, Andreas: Räume des Mitleidens. Text-Bild-Beziehungen in einem spätmittelalterlichen Mariengebetbuch (Frankfurt, UB, Ms. germ. oct. 45). In: Räume der Passion. Raumvisionen, Erinnerungsorte und Topographien des Leidens Christi in Mittelalter und Früher Neuzeit. Hrsg. von Daniela Bohde, Hans Aurenhammer. Bern 2015 (Vestigia bibliae. 32/33), S. 311–334.

Kregeloh, Anja: Mit Zottelkleid und Krone. Die *Erstürmung der Minneburg*. In: Monster. Fantastische Bilderwelten zwischen Grauen und Komik. Hrsg. von Peggy Große, G. Ulrich Großmann, Johannes Pommeranz. Nürnberg 2015 (Ausstellungskataloge des Germanischen Nationalmuseums), S. 222–225.

Kropik, Cordula: Gemachte Welten. Form und Sinn im höfischen Roman. Tübingen 2018 (Bibliotheca Germanica. 65).

Krotz, Elke: Der Leser an der Leine: zu Wolframs *Titurel*. In: Helle döne schöne. Versammelte Arbeiten zur älteren und neueren deutschen Literatur: Festschrift für Wolfgang Walliczek. Hrsg. von Armin Schulz, Florian Eichberger. Göppingen 1999 (GAG. 668), S. 167–200.

Krüger, Klaus: Malerei als Poesie der Ferne im Cinquecento. In: Imagination und Wirklichkeit. Zum Verhältnis von mentalen und realen Bildern in der Kunst der frühen Neuzeit. Hrsg. von dems., Alessandro Nova. Mainz 2000, S. 99–121.

Krüger, Klaus: Texturen der Evidenz. Unschärfe und Fokus. In: Hinter dem Vorhang. Verhüllung und Enthüllung seit der Renaissance. Hrsg. von Claudia Blümle, Beat Wismer. München 2016, S. 306–313.

Krüger, Klaus: Zur Eigensinnlichkeit der Bilder. Acht Beiträge. Paderborn 2017.

Kuefler, Mathew S.: Male Friendship and the Suspicion of Sodomy in Twelfth-Century France. In: Gender and Difference in the Middle Ages. Hrsg. von Sharon Farmer, Carol Braun Pasternack. University of Minnesota 2003 (Medieval Cultures. 32), S. 145–181.

Kuhn, Hugo: *Erec*. In: Festschrift Paul Kluckhohn und Hermann Schneider. Gewidmet zu ihrem 60. Geburtstag. Hrsg. von ihren Tübinger Schülern. Tübingen 1948, S. 122–147.

Kühne, Anja: Vom Affekt zum Gefühl. Konvergenzen von Theorie und Literatur im Mittelalter am Beispiel von Konrads von Würzburg *Partonopier und Meliur*. Göppingen 2004 (GAG. 713).

Lähnemann, Henrike: Haken schlagende Reden. Der Beginn des neunten Buchs des *Parzival*. In: Redeszenen in der mittelalterlichen Grossepik. Komparatistische Perspektiven. Hrsg. von Monika Unzeitig, Nine Robijntje Miedema, Franz Hundsnurscher. Berlin 2011 (Historische Dialogforschung. 1), S. 261–280.

auf der Lake, Katrin: Handlung, Wissen und Komik im Artusroman. Strategien des Erzählens in *Wigalois* und *Diu Crône*. Berlin/Boston 2022 (Narratologia. 79).

Lanz-Hubmann, Irene: „Nein unde jâ". Mehrdeutigkeit im *Tristan* Gottfrieds von Strassburg. Ein Rezipientenproblem. Bern/Frankfurt am Main 1989 (Deutsche Literatur von den Anfängen bis 1700. 5).

Lasch, Alexander: „Eingreifendes Denken". Rezipientensteuerung aus pragmatischer Perspektive in Hartmanns von Aue *Erec*. In: Imagination und Deixis. Studien zur Wahrnehmung im Mittelalter. Hrsg. von Kathryn Starkey, Horst Wenzel. Stuttgart 2007, S. 13–32.

Laufer, Esther: Das Kleid der *triuwe* und das Kleid der Dichtung. *mære erniuwen* als Verfahren stilistischer Erneuerung bei Konrad von Würzburg. In: Literarischer Stil im Mittelalter. Mittelalterliche Literatur zwischen Konvention und Innovation. Hrsg. von Elizabeth Andersen, Ricarda Bauschke-Hartung, Nicola McLelland [u. a.]. Berlin/Boston 2015, S. 157–178.

Lazda-Cazers, Rasma: Hybridity and Liminality in *Herzog Ernst B*. In: Daphnis 33 (2004), S. 79–96.

Lechtermann, Christina: Schmerz und Imagination. In: Kunst der Bewegung. Kinästhetische Wahrnehmung und Probehandeln in virtuellen Welten. Hrsg. von ders., Carsten Morsch. Bern/Berlin/ Frankfurt am Main 2004 (Publikationen zur ZfG. N. F. 8), S. 137–158.

Lechtermann, Christina: Berührt werden. Narrative Strategien der Präsenz in der höfischen Literatur um 1200. Berlin 2005 (Philologische Studien und Quellen. 191).

Lechtermann, Christina: Hie saz och dv. Evidenzstrategien der Dissimulation. In: Sehen und Sichtbarkeit in der Literatur des deutschen Mittelalters: XXI. Anglo-German Colloquium London 2009. Hrsg. von Ricarda Bauschke, Sebastian Coxon, Martin H. Jones. Berlin 2011, S. 254–271.

Lechtermann, Christina: „von dem ritter der dem andern solt volgen da er hien füre". Über die Sichtbarkeit von Spuren im *Prosa-Lancelot*. In: Visibilität des Unsichtbaren. Sehen und Verstehen in Mittelalter und früher Neuzeit. Hrsg. von Anja Rathmann-Lutz. Zürich 2011, S. 27–52.

Lembke, Astrid: Silence, Agency, and a Woman's Need to Speak her Mind: Female Voices in Different Versions of the *Gregorius* Narrative. In: Nottingham Medieval Studies 64 (2020), S. 207–231.

Lentes, Thomas: Die Gewänder der Heiligen: Ein Diskussionsbeitrag zum Verhältnis von Gebet, Bild und Imagination. In: Hagiographie und Kunst. Der Heiligenkult in Schrift, Bild und Architektur. Hrsg. von Gottfried Kerscher. Berlin 1993, S. 120–151.

Lentes, Thomas: Inneres Auge, äußerer Blick und heilige Schau. Ein Diskussionsbeitrag zur visuellen Praxis in Frömmigkeit und Moraldidaxe des späten Mittelalters. In: Frömmigkeit im Mittelalter. Politisch-soziale Kontexte, visuelle Praxis, körperliche Ausdrucksformen. Hrsg. von Klaus Schreiner, Marc Müntz. München 2002, S. 179–220.

Lerchner, Karin: Lectulus floridus. Zur Bedeutung des Bettes in Literatur und Handschriftenillustration des Mittelalters. Köln 1993 (Pictura et poesis. 6).

Lesser, Simon O.: Fiction and the Unconscious. With a Preface by Ernest Jones. London 1960.

Lieb, Ludger: Innenräume der Dame. Imaginationen von Präsenz in den Tageliedern des Mönchs von Salzburg. In: Innenräume in der Literatur des deutschen Mittelalters. XIX. Anglo-German Colloquium Oxford 2005. Hrsg. von Burkhard Hasebrink, Hans-Jochen Schiewer, Almut Suerbaum [u. a.]. Tübingen 2008, S. 267–294.

Lieb, Ludger, Michael R. Ott: Schrift-Träger. Mobile Inschriften in der deutschsprachigen Literatur des Mittelalters. In: Schriftträger – Textträger. Zur materialen Präsenz des Geschriebenen in frühen Gesellschaften. Hrsg. von Annette Kehnel, Diamantis Panagiotopoulos. Berlin/Boston 2015 (Materiale Textkulturen. 6), S. 15–36.

Lieb, Ludger, Michael R. Ott: Schnittstellen. Mensch-Artefakt-Interaktion in deutschsprachigen Texten des 13. Jahrhunderts. In: Metatexte. Erzählungen von schrifttragenden Artefakten in der alttestamentlichen und mittelalterlichen Literatur. Hrsg. von Friedrich-Emanuel Focken, Michael R. Ott. Berlin/Boston 2016 (Materiale Textkulturen. 15), S. 265–280.

Lieberich, Eva: Von und durch Neid erzählen. Rhetoriken des Neids in Konrads Engelhard. In: Diegesis 5 (2016), S. 1–20.

Liebertz-Grün, Ursula: Erkenntnistheorie im Literalisierungsprozess. Allegorien des *lesens* in Wolframs Metaerzählung *Gardeviaz*. In: GRM Ser. N. F. 51, 2001, S. 385–395.

Lienert, Elisabeth: *wildekeit* und Widerspruch. Poetik der Diskrepanz bei Konrad von Würzburg. In: *wildekeit*. Hrsg. von Susanne Köbele, Julia Frick, Ricarda Bauschke-Hartung [u. a.]. Berlin 2018 (Wolfram-Studien. 25), S. 323–342.

Linden, Sandra: Körperkonzepte jenseits der Rationalität. Die Herzenstauschmetaphorik im *Iwein* Hartmanns von Aue. In: Körperkonzepte im arthurischen Roman. Hrsg. von Friedrich Wolfzettel. Tübingen 2007 (SIA. 6), S. 247–268.

Linden, Sandra: Ein Ritter mit Gepäck. Zu den magisch-religiösen Hilfsgütern im *Wigalois*. In: Dingkulturen. Objekte in Literatur, Kunst und Gesellschaft der Vormoderne. Hrsg. von Anna Mühlherr, Heike Sahm, Monika Schausten [u. a.]. Berlin/Boston 2016 (LTG. 9), S. 208–231.

Linden, Sandra: Frau Kunst vor Gericht. Die Personifikation als Mittel ästhetischer Reflexion in Konrads von Würzburg *Klage der Kunst*. In: Ästhetische Reflexionsfiguren in der Vormoderne. Hrsg. von Annette Gerok-Reiter, Anja Wolkenhauer, Jörg Robert [u. a.]. Heidelberg 2019 (GRM, Beihefte. 88), S. 271–301.

Little, Charles T.: Casket with Scenes from *La Châtelaine de Vergi*. In: Images in Ivory. Precious Objects of the Gothic Age. Hrsg. von Peter Barnet. Princeton 1997, S. 242–244.

Little, Charles T.: Writing Tablets with Case. In: Images in Ivory. Precious Objects of the Gothic Age. Hrsg. von Peter Barnet. Princeton 1997, S. 237–239.

Logemann, Cornelia: Doppelte Evidenz? Allegorische Tableaus in Text und Bild. In: Jenseits der Dichotomie von Text und Bild. Verfahren der Veranschaulichung und Verlebendigung in Mittelalter und Früher Neuzeit. Hrsg. von Franziska Wenzel, Wiesbaden 2021 (Imagines Medii Aevi. 54), S. 223–239.

Loomis, Roger Sherman: The Allegorical Siege in the Art of the Middle Ages. In: American Journal of Archaeology 23,3 (1919), S. 255–269.

de Looze, Laurence: The Untellable Story: Language and Writing in *La Chastelaine de Vergi* In: The French Review 59,1 (1985), S. 42–50.

Lorenz, Kai Tino: Raumstrukturen einer epischen Welt. Zur Konstruktion des epischen Raumes in Ulrichs vonzen Zatzikhoven *Lanzelet*. Göppingen 2009 (GAG. 752).

Louis, Felix: Metaphorik und Dunkelheit im *Parzival* Wolframs von Eschenbach. Aachen 2012.

Lücke, H.: Liebeszauber. Flandrisches Gemälde aus der ersten Hälfte des 15. Jahrh. In: Zeitschrift für bildende Kunst. Kunstchronik 17 (1882), S. 379–382.

Lutz, Eckart Conrad: Höfische Formung. Zur Stimulierung von Bildungsprozessen im *Willehalm von Orlens* Rudolfs von Ems. In: Rudolf von Ems. Beiträge zu Autor, Werk und Überlieferung. Hrsg. von Elke Krotz, Norbert Kössinger, Henrike Manuwald [u. a.]. Stuttgart 2020 (ZfdA, Beihefte. 29), S. 139–162.

Lymant, Brigitte: Entflammen und Löschen. Zur Ikonographie des Liebeszaubers vom Meister des Bonner Diptychons. In: Zeitschrift für Kunstgeschichte 57,1 (1994), S. 111–122.

Mangard, Désirée: Der Gürtel als Marker für Normbrüche. In: Jenseits der ausgetretenen Pfade. Normüberschreitungen in der höfischen Epik vom späten 12. bis zum frühen 14. Jahrhundert. Hrsg. von Désirée Mangard, Miriam Strieder. Innsbruck 2021 (Innsbrucker Beiträge zur Kulturwissenschaft. Germanistische Reihe. 94), S. 159–178.

Manuwald, Henrike: Medialer Dialog. Die ‚Große Bilderhandschrift' des *Willehalm* Wolframs von Eschenbach und ihre Kontexte. Tübingen 2008 (Bibliotheca Germanica. 52).

Manuwald, Henrike: Carving the *Folie Tristan*: Ivory Caskets as Material Evidence of Textual History. In: Medieval Romance and Material Culture. Hrsg. von Nicholas Perkins. Cambridge 2015 (Studies in Medieval Romance), S. 215–231.

Manuwald, Henrike: Verfahren der Veranschaulichung in den ‚deutschen erzählenden Armenbibeln'. In: Jenseits der Dichotomie von Text und Bild. Verfahren der Veranschaulichung und Verlebendigung in Mittelalter und Früher Neuzeit. Hrsg. von Franziska Wenzel. Wiesbaden 2021 (Imagines Medii Aevi. 54), S. 179–201.

Marshall, Sophie: Unterlaufenes Erzählen. Psychoanalytische Lektüren zum höfischen Roman. Wiesbaden 2017 (MTU. 146).

Marshall, Sophie: Körper – Ding – Schrift im *Parzival* und *Titurel*. In: ZfdPh 137 (2018), S. 419–452.

Martschini, Elisabeth: Schrift und Schriftlichkeit in höfischen Erzähltexten des 13. Jahrhunderts. Diss. Universität Wien 2012.

Martschini, Elisabeth: Die Verselbständigung eines Mediums. Schrift als Täter und Opfer. In: Aktuelle Tendenzen der Artusforschung. Hrsg. von Brigitte Burrichter, Matthias Däumer, Cora Dietl [u. a.]. Berlin/Boston 2013 (SIA. 9), S. 133–146.

Masse, Marie-Sophie: Verhüllungen und Enthüllungen. Zu Rede und *descriptio* im *Eneasroman*. In: Euphorion 100 (2006), S. 267–290.

Matena, Andreas: Ein tastender Blick. In: Sehen und Sakralität in der Vormoderne. Hrsg. von David Ganz, Thomas Lentes. Berlin 2011 (KultBild. 4), S. 62–77.

Matter, Stefan: Reden von der Minne. Untersuchungen zu Spielformen literarischer Bildung zwischen verbaler und visueller Vergegenwärtigung anhand von Minnereden und Minnebildern des deutschsprachigen Spätmittelalters. Tübingen 2013 (Bibliotheca Germanica. 59).

McCracken, Peggy: The Romance of Adultery. Queenship and Sexual Transgression in Old French Literature. Philadelphia 1998 (The Middle Ages Series).

McLelland, Nicola: Sehen im *Iwein* Hartmanns von Aue. Imaginieren, Beobachten, Erkennen. In: Sehen und Sichtbarkeit in der Literatur des deutschen Mittelalters: XXI. Anglo-German Colloquium London 2009. Hrsg. von Ricarda Bauschke, Sebastian Coxon, Martin H. Jones. Berlin 2011, S. 160–176.

Meier, Christel: Typen der Text-Bild-Lektüre. Paratextuelle Introduktion – Textgliederung – diskursive und repräsentierende Illustration – bildliche Kommentierung – diagrammatische Synthesen. In: Lesevorgänge. Prozesse des Erkennens in mittelalterlichen Texten, Bildern und Handschriften (Freiburger Colloquium 2007). Hrsg. von Eckart Conrad Lutz, Martina Backes, Stefan Matter. Zürich 2010 (Medienwandel – Medienwechsel – Medienwissen. 11), S. 157–182.

Meuwese, Martine: Chrétien in Ivory. In: Arthurian Literature. XXV. Hrsg. von David F. Johnson, Elizabeth Archibald. Cambridge 2008 (Arthurian Literature. 25), S. 119–152.

Meyer, Matthias: Wilde Fee und handzahmer Herrscher? Ritterliche und herrscherliche Identitätsbildung in Konrads von Würzburg *Partonopier und Meliur*. In: Die Welt der Feen im Mittelalter. II. Tagung auf dem Mont Saint-Michel. Hrsg. von Danielle Buschinger, Wolfgang Spiewok. Greifswald 1994 (Greifswalder Beiträge zum Mittelalter. 32), S. 109–124.

Meyer, Matthias: Verstellung und andere Kleinigkeiten. Überlegungen zur Normalität von Verstellung. In: Verstellung und Betrug im Mittelalter und in der mittelalterlichen Literatur. Hrsg. von dems., Alexander Sager. Göttingen 2015 (Aventiuren. 7), S. 143–156.

Meyertholen, Andrea: Apocalypse Now: On Heinrich von Kleist, Caspar David Friedrich, and the Emergence of Abstract Art. In: The German Quarterly 86,4 (2013), S. 404–420.

Michaelis, Beatrice: (Dis-)Artikulationen von Begehren. Schweigeeffekte in wissenschaftlichen und literarischen Texten. Berlin 2011 (TMP. 25).

Middleton, Roger: Enide's See-through Dress. In: Arthurian Studies in Honour of P. J. C. Field. Hrsg. von Bonnie Wheeler. Woodbridge 2004 (Arthurian Studies. 57), S. 143–164.

Mierke, Gesine: Literarische Augenzeugenschaft: Überlegungen zum Wigalois Wirnts von Grafenberg, zur Virginal und zur Weltchronik des Jans von Wien. In: Die Figur des Augenzeugen. Geschichte und Wahrheit im fächer- und epochenübergreifenden Vergleich. Hrsg. von Gabriela Signori, Amelie Rösinger. Konstanz 2014 (UVK Geschichte), S. 41–60.

Miklautsch, Lydia: Montierte Texte – hybride Helden. Zur Poetik der *Wolfdietrich*-Dichtungen. Berlin 2005 (QF. 36 [270]).

Möckel, Sebastian: „Der süeze wehsei under zwein". Intime Dialoge im mittelhochdeutschen Tagelied um 1200. In: Aspekte einer Sprache der Liebe. Formen des Dialogischen im Minnesang. Hrsg. von Marina Münkler. Bern/New York 2011 (Publikationen zur ZfG. N. F. 21), S. 127–156.

Mohnhaupt, Bernd: „Das Ähnliche sehen". Visuelle Metaphern von Sexualität in der christlichen Kunst des Mittelalters. In: Ästhetik des Unsichtbaren. Bildtheorie und Bildgebrauch in der Vormoderne. Hrsg. von Thomas Lentes, David Ganz. Berlin 2004 (KultBild. 1), S. 199–219.

Monecke, Wolfgang: Studien zur epischen Technik Konrads von Würzburg. Das Erzählprinzip der *wildekeit*. Mit einem Geleitwort von Ulrich Pretzel. Stuttgart 1968 (Germanistische Abhandlungen. 24).

von Moos, Peter: Das Öffentliche und das Private im Mittelalter. Für einen kontrollierten Anachronismus. In: Das Öffentliche und Private in der Vormoderne. Hrsg. von Gert Melville, dems. Köln 1998 (Norm und Struktur. 10), S. 3–83.

Morphy, Howard: Art as Action, Art as Evidence. In: The Oxford Handbook of Material Culture Studies. Hrsg. von Dan Hicks, Mary C. Beaudry. Oxford 2010, S. 265–290.

Morsch, Carsten: „nû sach er sî an unde sich". Intermedialität in der literarischen Blickwendung der höfischen Dichtung am Beispiel des *Armen Heinrich*. In: Mediale Performanzen. Historische Konzepte und Perspektiven. Hrsg. von Jutta Eming. Freiburg im Breisgau 2002 (Litterae. 97), S. 49–76.

Morsch, Carsten: Lektüre als teilnehmende Beobachtung. Die Restitution der Ordnung durch Fremderfahrung im *Herzog Ernst (B)*. In: Ordnung und Unordnung in der Literatur des Mittelalters. Hrsg. von Wolfgang Harms, C. Stephen Jaeger, Horst Wenzel [u. a.]. Stuttgart 2003, S. 109–128.

Morsch, Carsten: Rahmen zeigen. Metaleptische Figuren und anschauliches Fingieren mittelalterlichen Erzählens. In: Deixis und Evidenz. Hrsg. von Horst Wenzel. Freiburg im Breisgau/Berlin/Wien 2008 (Scenae. 8), S. 85–118.

Morsch, Carsten: Blickwendungen. Virtuelle Räume und Wahrnehmungserfahrungen in höfischen Erzählungen um 1200. Berlin 2011 (Philologische Studien und Quellen. 230).

Mühlherr, Anna: Nicht mit rechten Dingen, nicht mit dem rechten Ding, nicht am rechten Ort: zur ‚tarnkappe' und zum ‚hort' im *Nibelungenlied*. In: PBB 131,3 (2009), S. 461–492.

Mühlherr, Anna: Die ‚Macht der Ringe'. Ein Beitrag zur Frage, wie sympathisch man Iwein finden darf. In: Techniken der Sympathiesteuerung in Erzähltexten der Vormoderne. Hrsg. von Friedrich Michael Dimpel, Hans Rudolf Velten. Heidelberg 2016 (Studien zur historischen Poetik. 23), S. 125–144.

Müller, Jan-Dirk: Öffentlichkeit und Heimlichkeit im *Nibelungenlied*. Wahrnehmung und Wahrnehmungsstörung im Heldenepos. In: Das Öffentliche und Private in der Vormoderne. Hrsg. von Gert Melville, Peter von Moos. Köln 1998 (Norm und Struktur. 10), S. 239–259.

Müller, Jan-Dirk: Spielregeln für den Untergang. Die Welt des *Nibelungenliedes*. Tübingen 1998.

Müller, Jan-Dirk: Visualität, Geste, Schrift. Zu einem neuen Untersuchungsfeld der Mediävistik. In: ZfdPh 122 (2003), S. 118–132.

Müller, Jan-Dirk: *schîn* und Verwandtes. Zum Problem der „Ästhetisierung" in Konrads von Würzburg *Trojanerkrieg*. (Mit einem Nachwort zu Terminologie-Problemen der Mediävistik). In: Im Wortfeld des Textes. Worthistorische Beiträge zu den Bezeichnungen von Rede und Schrift im Mittelalter. Hrsg. von Gerd Dicke, Manfred Eikelmann, Burkhard Hasebrink. Berlin/New York 2006 (TMP. 10), S. 287–310.

Müller, Jan-Dirk: Höfische Kompromisse. Acht Kapitel zur höfischen Epik. Tübingen 2007.

Müller, Jan-Dirk: Blinding Sight. Some Observations on German Epics of the Thirteenth Century. In: Rethinking the Medieval Senses. Heritage / Fascinations / Frames. Hrsg. von Stephen G. Nichols, Andreas Kablitz, Alison Calhoun. Baltimore 2008 (Parallax: Re-visions of Culture and Society), S. 206–217.

Müller, Jan-Dirk: Häutungen und neue Kleider. Zum ‚wilden' Subtext der Medea-Episode in Konrads von Würzburg *Trojanerkrieg*. In: *wildekeit*. Hrsg. von Susanne Köbele, Julia Frick, Ricarda Bauschke-Hartung [u. a.]. Berlin 2018 (Wolfram-Studien. 25), S. 297–322.

von Müller, Mareike: Schwarze Komik. Narrative Sinnirritationen zwischen Märe und Schwank. Heidelberg 2017 (Studien zur historischen Poetik. 24).

von Müller, Mareike: *mit sehenden augen plind*. Kalkulierte Sinnirritation und poetische Dunkelheit im Märe. In: Mären als Grenzphänomen. Hrsg. von Silvan Wagner. Frankfurt am Main 2018 (Bayreuther Beiträge zur Literaturwissenschaft. 37), S. 191–208.

Müller, Mario: Vom tapferen Ritter Willehalm und der schönen Königstochter Amelie. Eine Geschichte von Liebe und Kampf, erzählt in den Bildern des Rügener Tuchs? In: Das bestickte Leinentuch aus dem Zisterzienserinnenkloster Bergen auf Rügen. Hrsg. von Evangelische Kirchengemeinde Bergen. Bergen auf Rügen 2013, S. 32–36.

Müller, Markus: Minnebilder. Französische Minnedarstellungen des 13. und 14. Jahrhunderts. Köln 1996 (Pictura et poesis. 7).

Muscatine, Charles: Courtly Literature and Vulgar Language. In: Court and Poet. Selected Proceedings of the Third Congress of the International Courtly Literature Society. Hrsg. von Glyn S. Burgess. Liverpool 1981 (Arca. 5), S. 1–19.

Muschick, Martin: Der Brief als Liebesgabe. Zur symbolischen Gestaltung der Briefvermittlung im *Wilhelm von Österreich* des Johann von Würzburg. In: Liebesgaben. Kommunikative, performative und poetologische Dimensionen in der Literatur des Mittelalters und der Frühen Neuzeit. Hrsg. von Margreth Egidi, Ludger Lieb, Mireille Schnyder [u. a.]. Berlin 2012 (Philologische Studien und Quellen. 240), S. 203–217.

Musialik, Elżbieta: Medieval Rarity or a Perfect Forgery? An Ivory Dice Cup with Court Scenes from the Collection of the Princes Czartoryski Museum in Kraków. In: Acta Universitatis Nicolai Copernici Zabytkoznawstwo i Konserwatorstwo 53 (2023), S. 9–52.

Musiol, Marie-Luise, Silke Winst: Pfirsichbaum und dunkler Wald. Pflanzliche Konfigurationen zwischen Dynamisierung und Innehalten im *Partonopier und Meliur* Konrads von Würzburg. In: Spiritual Vegetation. Vegetal Nature in Religious Contexts Across Medieval and Early Modern Europe. Hrsg. von Guita Lamsechi, Beatrice Trînca. Göttingen 2022 (Berliner Mittelalter- und Frühneuzeitforschung. 26), S. 97–129.

Nünning, Ansgar: *Unreliable Narration* zur Einführung: Grundzüge einer kognitiv-narratologischen Theorie und Analyse unglaubwürdigen Erzählens. In: Unreliable Narration. Studien zur Theorie und Praxis unglaubwürdigen Erzählens in der englischsprachigen Erzählliteratur. Hrsg. von Ansgar Nünning. Trier 1998, S. 3–39.

Nünning, Ansgar: Reconceptualizing Unreliable Narration: Synthesizing Cognitive and Rhetorical Approaches. In: A Companion to Narrative Theory. Hrsg. von James Phelan, Peter J. Rabinowitz. New York 2008 (Blackwell Companions to Literature and Culture), S. 89–107.

Obst, Wolfgang: Der Partonopier-Roman Konrads von Würzburg und seine französische Vorlage. Diss. Würzburg 1976.

Ohlendorf, Wiebke: Das Fremde im *Parzival*. Zum Text-Bild-Verhältnis in den Handschriften Cgm 19, Cod. AA 91 und Cpg 339. Berlin/Boston 2017 (QF. 89 [323]).

Opitz, Christian Nikolaus: *Imagines provocativas ad libidinem?* Der nackte (Frauen-)Körper der profanen Wandmalerei des späten Mittelalters. In: „Und sie erkannten, dass sie nackt waren“: Nacktheit im Mittelalter. Ergebnisse einer interdisziplinären Tagung des Zentrums für Mittelalterstudien der Otto-Friedrich-Universität Bamberg, 3. & 4. November 2006. Hrsg. von Stefan Bießenecker. Bamberg 2008 (Bamberger Interdisziplinäre Mittelalterstudien. 1), S. 211–268.

Oster, Carolin: Die Farben höfischer Körper. Farbattribuierung und höfische Identität in mittelhochdeutschen Artus- und Tristanromanen. Berlin 2014 (LTG. 6).

Oswald, Marion: Gabe und Gewalt. Studien zu Logik und Poetik der Gabe in der frühhöfischen Erzählliteratur. Göttingen 2004 (Historische Semantik. 7).

Oswald, Marion: Tabubrüche – Choreographien ihrer Wahrnehmung zwischen ‚Heimlichkeit‘ und ‚Öffentlichkeit‘. In: Visualisierungsstrategien in mittelalterlichen Bildern und Texten. Hrsg. von Horst Wenzel, C. Stephen Jaeger, Wolfgang Harms [u. a.]. Berlin 2006 (Philologische Studien und Quellen. 195), S. 167–187.

Ott, Michael R.: Die Tafel des Gregorius als schrifttragendes Artefakt. In: ZfG 25,2 (2015), S. 253–267.
Ott, Norbert H.: Geglückte Minne-Aventiure. Zur Szenenauswahl literarischer Bildzeugnisse im Mittelalter. Die Beispiele des Rodenecker *Iwein*, des Runkelsteiner *Tristan*, des Braunschweiger *Gawan-* und Frankfurter *Wilhelm-von-Orlens-Teppichs*. In: JOWG 2 (1982/83), S. 1–32.
Ott, Norbert H.: Tristan auf Runkelstein und die übrigen zyklischen Darstellungen des Tristanstoffes. In: Runkelstein. Die Wandmalereien des Sommerhauses. Hrsg. von Walter Haug, Joachim Heinzle, Dietrich Huschenbett [u. a.]. Wiesbaden 1982, S. 194–239.
Ott, Norbert H.: Epische Stoffe in mittelalterlichen Bildzeugnissen. In: Epische Stoffe des Mittelalters. Hrsg. von Volker Mertens, Ulrich Müller. Stuttgart 1984 (Kröners Taschenausgabe. 483), S. 449–474.
Ott, Norbert H.: Zwischen Literatur und Bildkunst. Zum ikonographischen Umkreis der niederländischen Tragezeichen. In: Erotik, aus dem Dreck gezogen. Hrsg. von Johan H. Winkelman, Gerhard Wolf. Amsterdam 2004 (Amsterdamer Beiträge zur älteren Germanistik. 59), S. 193–214.
Paris, Jean: Drei Augen-Blicke. Übersetzt aus dem Französischen von Michael Bischoff. In: Der Betrachter ist im Bild. Kunstwissenschaft und Rezeptionsästhetik. Hrsg. von Wolfgang Kemp. Berlin 1992 (Kunstgeschichte zur Einführung), S. 60–70.
Paul, William: Breaking the Fourth Wall: ‚Belascoism', Modernism, and a 3-D *Kiss Me Kate*. In: Film History 16,3 (2004), S. 229–242.
Philipowski, Katharina: Schrift in Fesseln. Die steinerne Rede der Persine in Thürings von Ringoltingen *Melusine* (1456). In: Metatexte. Erzählungen von schrifttragenden Artefakten in der alttestamentlichen und mittelalterlichen Literatur. Hrsg. von Friedrich-Emanuel Focken, Michael R. Ott. Berlin/Boston 2016 (Materiale Textkulturen. 15), S. 239–262.
Philipowski, Katharina Silke: Geste und Inszenierung. Wahrheit und Lesbarkeit von Körpern im höfischen Epos. In: PBB 122,3 (2000), S. 455–477.
Philipowski, Katharina Silke: Die Gestalt des Unsichtbaren. Narrative Konzeptionen des Inneren in der höfischen Erzählliteratur. Berlin/Boston 2013 (Hermaea N. F. 131).
Pinkus, Assaf: A Voyeuristic Invitation in the Arena Chapel. In: Sehen und Sakralität in der Vormoderne. Hrsg. von David Ganz, Thomas Lentes. Berlin 2011 (KultBild. 4), S. 106–119.
Plate, Bernward: *Grégoire* und *Gregorius*. Eine Legende wird zum „Epos der Adelskritik". In: Colloquia Germanica. Internationale Zeitschrift für germanische Sprach- und Literaturwissenschaft 19,2 (1986), S. 97–118.
Plotke, Seraina: Unzuverlässiges Erzählen im Mittelalter? Potenzial und Grenzen einer literaturwissenschaftlichen Kategorie. In: Poetiken des Widerspruchs in vormoderner Erzählliteratur. Hrsg. von Elisabeth Lienert. Wiesbaden 2019 (Contradiction Studies), S. 265–284.
Plotke, Seraina: Konrad als Erzähler: Aspekte zu *Partonopier und Meliur*. In: Konrad von Würzburg als Erzähler. Hrsg. von Astrid Lembke, Norbert Kössinger. Oldenburg 2021 (BmE Themenheft. 10), S. 275–292.
Polt-Heinzl, Evelyne: das loch der wand, durch welches tag einbricht. Fenster-, Türen- und Schlüssellochszenarien in der Literatur. Ein Streifzug. In: Diagonal. Zeitschrift der Universität-Gesamthochschule Siegen 1 (1995), S. 153–174.
Pommeranz, Johannes: Monströse Liebe. Tristan, Isolde und das Leinentuch von Lübeck. In: Monster. Fantastische Bilderwelten zwischen Grauen und Komik. Hrsg. von Peggy Große, G. Ulrich Großmann, Johannes Pommeranz. Nürnberg 2015 (Ausstellungskataloge des Germanischen Nationalmuseums), S. 360–373.
Poser, Thomas: Raum in Bewegung. Mythische Logik und räumliche Ordnung im *Erec* und im *Lanzelet*. Tübingen 2018 (Bibliotheca Germanica. 70).
Prange, Regine: Sinnoffenheit und Sinnverneinung als metapicturale Prinzipien. Zur Historizität bildlicher Selbstreferenz am Beispiel der Rückenfigur. In: Ambiguität in der Kunst. Typen und Funktionen eines ästhetischen Paradigmas. Hrsg. von Katharina Jesberger, Verena Krieger. Köln 2010 (Kunst – Geschichte – Gegenwart. 1), S. 125–167.

Puckett, H. W.: The Fay, Particularly the Fairy Mistress, in Middle High German. In: Modern Philology 16 (1918), S. 297–313.

Putzo, Christine: Eine Verlegenheitslösung. Der ‚Minne- und Aventiureroman' in der germanistischen Mediävistik. In: Hybridität und Spiel. Der europäische Liebes- und Abenteuerroman von der Antike zur Frühen Neuzeit. Hrsg. von Martin Baisch, Jutta Eming. Berlin 2013, S. 41–70.

Quast, Bruno: *Diu blotes mâl*. Ambiguisierung der Zeichen und literarische Programmatik in Wolframs von Eschenbach *Parzival*. In: DVjs 77 (2003), S. 45–60.

Randall, Richard H.: Frog in the Middle. In: The Metropolitan Museum of Art Bulletin 16,10 (1958), S. 269–275.

Randall, Richard H.: Mirror Case with a Couple Playing Chess. In: Images in Ivory. Precious Objects of the Gothic Age. Hrsg. von Peter Barnet. Princeton 1997, S. 232–233.

Ranochová, Radka: Schweigend sprechen. Zeichensprache in mittelalterlichen Klöstern. Dresden 2023 (Forschungen zur Geschichte und Kultur des östlichen Mitteleuropa. 60).

Rasmussen, Ann Marie: Medieval Symbols of Virtue and Mutual Devotion: Noble Dogs in Images, Badges, and in Konrad von Würzburg's *Partonopier and Meliur*. In: Animals in Text and Textile. Story Telling in the Medieval World. Hrsg. von Evelin Wetter, Kathryn Starkey. Riggisberg 2019 (Riggisberger Berichte. 23), S. 191–208.

Raumann, Rachel: *Fictio* und *historia* in den Artusromanen Hartmanns von Aue und im *Prosa-Lancelot*. Tübingen 2010 (Bibliotheca Germanica. 57).

Reichert, Hermann: *Þiðreks saga* und oberdeutsche Heldensage. In: Hansische Literaturbeziehungen. Das Beispiel der *Þiðreks saga* und verwandter Literatur. Hrsg. von Susanne Kramarz-Bein. Berlin 1996 (Reallexikon der germanischen Altertumskunde. 14), S. 236–265.

Reuss, Gabriela: *La Dame à la Licorne*: Tapisserien als Kunstform des aufstrebenden Bürgertums. In: Marburger Jahrbuch für Kunstwissenschaft 33 (2006), S. 59–89.

Reuvekamp, Silvia: Lilie unter Dornen. Vermessungen menschlicher Liebeskompetenz in Hartmanns *Erec*. In: PBB 142,4 (2020), S. 493–514.

Ridder, Klaus: Mittelhochdeutsche Minne- und Aventiureromane. Fiktion, Geschichte und literarische Tradition im späthöfischen Roman: *Reinfried von Braunschweig*, *Wilhelm von Österreich*, *Friedrich von Schwaben*. Berlin 1998 (QF. 12 [246]).

Ridder, Klaus: Liebestod und Selbstmord: Zur Sinnkonstitution im *Tristan*, im *Wilhelm von Orlens* und in *Partonopier und Meliur*. In: Tristan und Isolt im Spätmittelalter. Vorträge eines interdisziplinären Symposiums vom 3. bis 8. Juni 1996 an der Justus-Liebig-Universität Gießen. Hrsg. von Xenja von Ertzdorff, Rudolf Schulz. Amsterdam/Atlanta 1999 (Chloe. 29), S. 303–329.

Ridder, Klaus: Grenzüberschreitungen. Tabu-Wahrnehmung und Lach-Inszenierung in mittelalterlicher Literatur. In: Dichtung und Didaxe. Lehrhaftes Sprechen in der deutschen Literatur des Mittelalters. Hrsg. von Henrike Lähnemann, Sandra Linden. Berlin/New York 2009, S. 135–153.

Ridder, Klaus: Schlüsselszenarien: Scham und Schamlosigkeit im *Prosa-Lancelot*. In: Scham und Schamlosigkeit. Grenzverletzungen in Literatur und Kultur der Vormoderne. Hrsg. von Katja Gvozdeva, Hans Rudolf Velten. Berlin/Boston 2011 (TMP. 21), S. 194–222.

Ríkharðsdóttir, Sif: Medieval Translations and Cultural Discourse. The Movement of Texts in England, France and Scandinavia. Cambridge 2012.

Rikl, Susanne: Erzählen im Kontext von Affekt und Ratio. Studien zu Konrads von Würzburg *Partonopier und Meliûr*. Frankfurt am Main 1996 (Mikrokosmos. 46).

Rimmele, Marius: Der verhängte Blick. Meister Franckes Hamburger Schmerzensmann und das Motiv des zweiten Vorhangs. In: Sehen und Sakralität in der Vormoderne. Hrsg. von David Ganz, Thomas Lentes. Berlin 2011 (KultBild. 4), S. 164–181.

Rippl, Coralie: Anna Kathrin Bleuler: Essen – Trinken – Liebe. Kultursemiotische Untersuchung zur Poetik des Alimentären in Wolframs *Parzival*. In: PBB 139,4 (2017), S. 617–623.

Rippl, Coralie: Erbaulicher Verfall? Interferenzen von höfischer Minne und christlicher Ehe-Allegorese am Beispiel Sigunes in Wolframs *Parzival* und *Titurel*. In: Die Versuchung der schönen Form. Spannungen in „Erbauungs"-Konzepten des Mittelalters. Hrsg. von Susanne Köbele, Claudio Notz. Göttingen 2019 (Historische Semantik. 30), S. 199–244.

Röcke, Werner: Öffentlichkeit und Heimlichkeit. Zur Logik des Wunderbaren in Thürings von Ringoltingen *Melusinen*-Roman. In: Melusine. Actes du Colloque du Centre d'Études Médiévales de l'Université de Picardie Jules Verne, 13 et 14 Janvier 1996. Hrsg. von Danielle Buschinger, Wolfgang Spiewok. Greifswald 1996 (Greifswalder Beiträge zum Mittelalter. 52), S. 149–158.

Röckelein, Hedwig: Vom webenden Hagiographen zum hagiographischen Text. In: ‚Textus' im Mittelalter. Komponenten und Situationen des Wortgebrauchs im schriftsemantischen Feld. Hrsg. von Ludolf Kuchenbuch, Uta Kleine. Göttingen 2006 (Veröffentlichungen des Max-Planck-Instituts für Geschichte. 216), S. 77–110.

Rogoff, Irit: Studying Visual Culture. [Nachdruck 1998]. In: Bildwissenschaft und Visual Culture. Hrsg. von Marius Rimmele, Klaus Sachs-Hombach, Bernd Stiegler. Bielefeld 2014 (Basis-Skripte. Reader Kulturwissenschaften. 4), S. 155–169.

Rohlfs-Von Wittich, Anna: Das Innenraumbild als Kriterium für die Bildwelt. In: Zeitschrift für Kunstgeschichte 18,2 (1955), S. 109–135.

Rösener, Werner: Die höfische Frau im Hochmittelalter. In: Curialitas. Studien zu Grundfragen der höfisch-ritterlichen Kultur. Hrsg. von Josef Fleckenstein. Göttingen 1990 (Veröffentlichungen des Max-Planck-Instituts für Geschichte. 100), S. 171–230.

Roth, Nicole: Der verbotene Blick in der christlichen Kunst. In: Der verbotene Blick auf die Nacktheit. Diana und Actaeon. Hrsg. von Beat Wismer, Sandra Badelt. Ostfildern/Düsseldorf 2008, S. 96–98.

Roth, Ninja: Freundschaft und Liebe. Codes der Intimität in der höfischen Epik des Mittelalters. Diss. Frankfurt am Main 2014.

Ruh, Kurt: Bemerkungen zur Liebessprache in Wolframs *Titurel*. In: Studien zu Wolfram von Eschenbach. Festschrift für Werner Schröder zum 75. Geburtstag. Hrsg. von Kurt Gärtner, Joachim Heinzle. Tübingen 1989, S. 501–512.

Runow, Holger: Edition als Revision zwischen ‚alter' und ‚neuer' Philologie. Zu einer Neuausgabe von Konrads von Würzburg *Partonopier und Meliur*. In: Textrevisionen. Beiträge der internationalen Fachtagung der Arbeitsgemeinschaft für germanistische Edition, Graz, 17. bis 20. Februar 2016. Hrsg. von Wernfried Hofmeister, Andrea Hofmeister-Winter. Berlin/Boston 2017 (Beihefte zu editio. 41), S. 33–46.

Runow, Holger, Julia Zimmermann: Von unsichtbarer Schönheit und der Beschreibung des Unbeschreiblichen in Konrads von Würzburg *Partonopier und Meliur*. In: Übertragung. Bedeutungspraxis und ‚Bildlichkeit' in Literatur und Kunst des Mittelalters. Hrsg. von Franziska Wenzel, Pia Selmayr. Wiesbaden 2017 (Imagines Medii Aevi. 39), S. 175–194.

Sahm, Heike: Gabe und Gegengabe, Raub und Vergeltung: Reziprozität in der mittelhochdeutschen Epik. In: ZfdPh 133 (2014), S. 419–438.

Salvan-Renucci, Françoise: „Du muost mich haben tougen". Konrads von Würzburg *Partonopier und Meliur*. In: Melusine. Actes du Colloque du Centre d'Études Médiévales de l'Université de Picardie Jules Verne, 13 et 14 Janvier 1996. Hrsg. von Danielle Buschinger, Wolfgang Spiewok. Greifswald 1996 (Greifswalder Beiträge zum Mittelalter. 52), S. 159–179.

Sappler, Paul: *Friedrich von Schwaben*. In: Positionen des Romans im späten Mittelalter. Hrsg. von Walter Haug, Burghart Wachinger. Berlin 1991 (Fortuna Vitrea. 1), S. 136–145.

Saunders, Corinne J.: Women and Romance. In: Women and Medieval Literary Culture. From the Early Middle Ages to the Fifteenth Century. Hrsg. von ders., Diane Watt. Cambridge/New York 2023, S. 299–323.

Saviello, Julia: Instrumente der Ordnung – Objekte der Verführung. Elfenbeinkämme als Bildträger im 14. und 15. Jahrhundert. In: Werkzeuge und Instrumente. Hrsg. von Philippe Cordez, Matthias Krüger. Berlin 2012 (Hamburger Forschungen zur Kunstgeschichte. 8), S. 49–65.

Schanze, Christoph: Jorams Gürtel als „Ding“. Zur Polysemie eines narrativen Requisits. In: PBB 135,4 (2013), S. 535–581.

Schanze, Christoph: Schatten und Nebel. Die dunkle Seite des Artusromans. In: Aktuelle Tendenzen der Artusforschung. Hrsg. von Brigitte Burrichter, Matthias Däumer, Cora Dietl [u. a.]. Berlin/Boston 2013 (SIA. 9), S. 187–208.

Schanze, Christoph: Zelt. In: Literarische Orte in deutschsprachigen Erzählungen des Mittelalters. Ein Handbuch. Hrsg. von Tilo Renz, Monika Hanauska, Mathias Herweg. Berlin/Boston 2018, S. 608–620.

Scheidel, Fabian David: Schönheitsdiskurse in der Literatur des Mittelalters. Die Propädeutik des Fleisches zwischen ‚aisthesis‘ und Ästhetik. Berlin/Boston 2022 (LTG. 23).

Scheidel, Fabian David: *Si muosen machen niwe slâ* (*Parzival*, 821,1). Zur Semantik von Spur und Weg im *Parzival*, in der *Crône* und dem *Hohen Lied* Bruns von Schönebeck – mit einem Umweg zum Gral. In: Aventiure: Ereignis und Erzählung. Hrsg. von Michael Schwarzbach-Dobson, Franziska Wenzel. Berlin 2022, S. 127–152.

Schellewald, Barbara Maria: Hinter und vor dem Vorhang: Bildpraktiken der Enthüllung und des Verbergens im Mittelalter. In: Hinter dem Vorhang. Verhüllung und Enthüllung seit der Renaissance. Hrsg. von Claudia Blümle, Beat Wismer. München 2016, S. 124–131.

Scheuer, Hans Jürgen: Hermeneutik der Intransparenz. Die Parabel vom Sämann und den viererlei Äckern (Mt 13,1–23) als Folie höfischen Erzählens bei Hartmann von Aue. In: Das Buch der Bücher – gelesen. Lesarten der Bibel in den Wissenschaften und Künsten. Hrsg. von Steffen Martus, Andrea Polaschegg. Bern 2006 (Publikationen zur ZfG. N. F. 13), S. 337–360.

Scheuer, Hans Jürgen: *wîsheit*. Grabungen in einem Wortfeld zwischen Poesie und Wissen. In: Im Wortfeld des Textes. Worthistorische Beiträge zu den Bezeichnungen von Rede und Schrift im Mittelalter. Hrsg. von Gerd Dicke, Manfred Eikelmann, Burkhard Hasebrink. Berlin/New York 2006 (TMP. 10), S. 83–106.

Schindler, Andrea: Der Schatten des Helden. Vorhandene und nicht vorhandene Knappen in mittelhochdeutschen Artusromanen. In: Aktuelle Tendenzen der Artusforschung. Hrsg. von Brigitte Burrichter, Matthias Däumer, Cora Dietl [u. a.]. Berlin/Boston 2013 (SIA. 9), S. 71–84.

Schleusener-Eichholz, Gudrun: Das Auge im Mittelalter. Band 2. München 1985 (Münstersche Mittelalter-Schriften. 35).

Schmauks, Dagmar: Eine Typologie des Ver- und Enthüllens. In: Kartographie des Verhüllten. Brückenschläge zwischen Natur- und Kulturwissenschaften. Hrsg. von Dieter D. Genske, Ernest W. B. Hess-Lüttich, Monika Huch. Tübingen 2007 (Kodikas/Code. Ars Semeiotica. An International Journal of Semiotics. 30), S. 187–198.

Schmid, Elisabeth: „Dâ stuont âventiur geschriben an der strangen“. Zum Verhältnis von Erzählung und Allegorie in der Brackenseilepisode von Wolframs und Albrechts *Titurel*. In: ZfdA 117 (1988), S. 79–97.

Schmid, Elisabeth: Lüsternheit. Ein Körperkonzept im Artusroman. In: Körperkonzepte im arthurischen Roman. Hrsg. von Friedrich Wolfzettel. Tübingen 2007 (SIA. 6), S. 131–148.

Schmitt, Jean-Claude: L’Imagination Efficace. In: Imagination und Wirklichkeit. Zum Verhältnis von mentalen und realen Bildern in der Kunst der frühen Neuzeit. Hrsg. von Klaus Krüger, Alessandro Nova. Mainz 2000, S. 13–20.

Schmitt, Stefanie: Inszenierungen von Glaubwürdigkeit. Studien zur Beglaubigung im späthöfischen und frühneuzeitlichen Roman. Tübingen 2005 (MTU. 129).

Schmolke-Hasselmann, Beate: *La Chastelaine de Vergi* auf Pariser Elfenbein-Kästchen des 14. Jahrhunderts; zum Problem der Interpretation literarischer Texte anhand von Bildzeugnissen. In: Romanistisches Jahrbuch 27 (1976), S. 52–76.

Schneider, Almut: *Friedrich von Schwaben* (14./15. Jahrhundert). In: Literarische Performativität. Lektüren vormoderner Texte. Hrsg. von Cornelia Herberichs, Christian Kiening. Zürich 2008 (Medienwandel – Medienwechsel – Medienwissen. 3), S. 339–354.

Schneider, Almut: Das textile Gewebe des Krieges. Gewand und Gewandmetaphorik in Konrads von Würzburg *Trojanerkrieg*. In: Beziehungsreiche Gewebe. Textilien im Mittelalter. Hrsg. von Kristin Böse, Silke Tammen. Frankfurt am Main/Bern/Wien 2012, S. 163–184.

Schneider, Almut: Klang – Raum – Bewegung. Wahrnehmungsweisen lautlicher Sphären in Konrads von Würzburg *Partonopier und Meliur*. In: Lautsphären des Mittelalters. Akustische Perspektiven zwischen Lärm und Stille. Hrsg. von Martin Clauss, Gesine Mierke, Antonia Krüger. Wien 2020 (Beihefte zum Archiv für Kulturgeschichte. 89), S. 157–176.

Schnell, Rüdiger: Vogeljagd und Liebe im 8. Buch von Wolframs *Parzival*. In: PBB 96 (1974), S. 246–269.

Schnell, Rüdiger: Causa amoris. Liebeskonzeption und Liebesdarstellung in der mittelalterlichen Literatur. Bern 1985 (Bibliotheca Germanica. 27).

Schnell, Rüdiger: Die ‚höfische' Liebe als ‚höfischer' Diskurs über die Liebe. In: Curialitas. Studien zu Grundfragen der höfisch-ritterlichen Kultur. Hrsg. von Josef Fleckenstein. Göttingen 1990 (Veröffentlichungen des Max-Planck-Instituts für Geschichte. 100), S. 231–301.

Schnell, Rüdiger: ‚Curialitas' und ‚dissimulatio' im Mittelalter: zur Independenz von Hofkritik und Hofideal. In: LiLi 41,1 (2011), S. 77–138.

Schnell, Rüdiger: Der Dritte / das Dritte. Psychoanalytische, sozialgeschichtliche und poetologische Aspekte. In: Handbuch Minnesang. Hrsg. von Beate Kellner, Susanne Reichlin, Alexander Rudolph. Berlin/Boston 2021, S. 364–378.

Schnyder, Mireille: Mittelalterliche „Audiovisualität". In: Der unfeste Text. Perspektiven auf einen literatur- und kulturwissenschaftlichen Leitbegriff. Hrsg. von Barbara Sabel, André Bucher. Würzburg 2001, S. 132–153.

Schnyder, Mireille: Topographie des Schweigens. Untersuchungen zum deutschen höfischen Roman um 1200. Göttingen 2003 (Historische Semantik. 3).

Schnyder, Mireille: Der Wald in der höfischen Literatur: Raum des Mythos und des Erzählens. In: Der Wald im Mittelalter. Funktion – Nutzung – Deutung. Hrsg. von Elisabeth Vavra. Berlin 2008 (Das Mittelalter. 13), S. 122–135.

Scholz, Manfred G.: Hören und Lesen. Studien zur primären Rezeption der Literatur im 12. und 13. Jahrhundert. Wiesbaden 1980.

Schopphoff, Claudia: Der Gürtel. Funktion und Symbolik eines Kleidungsstücks in Antike und Mittelalter. Köln 2009 (Pictura et poesis. 27).

Schul, Susanne: „ain hierß leit mir ain luoder": Intersektionalität, Animalität und Begehren im Minne- und Aventiureroman *Friedrich von Schwaben*. In: Gender Studies – Queer Studies – Intersektionalität. Eine Zwischenbilanz aus mediävistischer Perspektive. Hrsg. von Ingrid Bennewitz, Jutta Eming, Johannes Traulsen. Göttingen 2019 (Berliner Mittelalter- und Frühneuzeitforschung. 25), S. 333–363.

Schuler-Lang, Larissa: Wildes Erzählen – Erzählen vom Wilden. *Parzival*, *Busant* und *Wolfdietrich D*. Berlin/Boston 2014 (LTG. 7).

Schultz, James A.: Courtly Love, the Love of Courtliness, and the History of Sexuality. Chicago 2006.

Schulz, Armin: Poetik des Hybriden. Schema, Variation und intertextuelle Kombinatorik in der Minne- und Aventiureepik: *Willehalm von Orlens – Partonopier und Meliur – Wilhelm von Österreich – Die schöne Magelone*. Berlin 2000 (Philologische Studien und Quellen. 161).

Schulz, Armin: Avenis – Savine. Namenssemantik in Rudolf von Ems *Willehalm von Orlens*. In: Archiv für das Studium der neueren Sprachen und Literaturen 241,2 (2004), S. 354–359.

Schulz, Armin: Spaltungsphantasmen. Erzählen von der „gestörten Mahrtenehe". In: Erzähltechnik und Erzählstrategien in der deutschen Literatur des Mittelalters. Hrsg. von Wolfgang Haubrichs, Eckart Conrad Lutz, Klaus Ridder. Berlin 2004 (Wolfram-Studien. 18), S. 233–262.

Schulz, Armin: Schwieriges Erkennen. Personenidentifizierung in der mittelhochdeutschen Epik. Tübingen 2008 (MTU. 135).

Schulz, Armin: Erzähltheorie in mediävistischer Perspektive. Studienausgabe. 2. Auflage. Berlin 2015.

Schulz, Monika: Eherechtsdiskurse. Studien zu *König Rother, Partonopier und Meliur, Arabel, Der guote Gêrhart, Der Ring*. Heidelberg 2005 (Beiträge zur älteren Literaturgeschichte).

Schupp, Volker: Der Bilderzyklus von Tristan und Isolde im Sommerhaus. In: Schloss Runkelstein: Die Bilderburg. Bozen 2000, S. 331–350.

Scior, Volker: Vertrauen und Kontrolle: Boten als Augenzeugen in der mittelalterlichen Kommunikation. In: Die Figur des Augenzeugen. Geschichte und Wahrheit im fächer- und epochenübergreifenden Vergleich. Hrsg. von Gabriela Signori, Amelie Rösinger. Konstanz 2014 (UVK Geschichte), S. 27–40.

Sears, Elizabeth: Ivory and Ivory Workers in Medieval Paris. In: Images in Ivory. Precious Objects of the Gothic Age. Hrsg. von Peter Barnet. Princeton 1997, S. 18–37.

Seeber, Stefan: Wolframs *Titurel* und der Mythos der Minne. In: PBB 132,1 (2010), S. 43–61.

Seidl, Stephanie: Wildern im eigenen Gefilde. ‚Mehrwegphänomene' in Konrads Lyrik und Epik. In: Konrad von Würzburg als Erzähler. Hrsg. von Astrid Lembke, Norbert Kössinger. Oldenburg 2021 (BmE Themenheft. 10), S. 27–55.

Selmayr, Pia: *Warne ob ich entslâfen bin*. Die Rolle des Wächters im Tagelied nach Wolfram. In: Höfische Textualität. Festschrift für Peter Strohschneider. Hrsg. von Beate Kellner, Ludger Lieb, Stephan Müller. Heidelberg 2015 (GRM, Beihefte. 69), S. 189–210.

Selmayr, Pia: Der Lauf der Dinge. Wechselverhältnisse zwischen Raum, Ding und Figur bei der narrativen Konstitution von Anderwelten im *Wigalois* und im *Lanzelet*. Frankfurt am Main 2017 (Mikrokosmos. 82).

Shoppe, Paula Mae: Reading Romances: The Production and Reception of French Gothic Ivories in the Context of Late Medieval Literary Practices. Diss. University of Illinois at Urbana-Champaign 2000.

Shusterman, Richard M.: Performing Live. Aesthetic Alternatives for the Ends of Art. Ithaca 2001.

Sieber, Andrea: Verdunkeltes Begehren. Überlegungen zum Spannungsverhältnis von Wissen und Nicht-Wissen in Konrads von Würzburg *Partonopier und Meliur*. In: Die dunklen Seiten der Mediävistik. Hrsg. von Björn Bulizek, Gaby Herchert, Simone Loleit. Duisburg 2014, S. 77–99.

Simon, Ralf: Einführung in die strukturalistische Poetik des mittelalterlichen Romans. Analysen zu deutschen Romanen der matière de Bretagne. Würzburg 1990 (Epistemata. Reihe Literaturwissenschaft. 61).

Singer, Rüdiger: Intermediale Anschaulichkeit. *Enargeia* als rhetorisches Wirkungsideal von Text, Bild und *actio*. In: Anschauung und Anschaulichkeit. Visualisierung im Wahrnehmen, Lesen und Denken. Hrsg. von Hans Adler, Sabine Groß. Paderborn 2016, S. 157–177.

Skemer, Don C.: Binding Words. Textual Amulets in the Middle Ages. University Park, Pennsylvania 2006 (Magic in History).

Slenczka, Alwine: Der Teufel als „Vater der Lüge" und seine Realisation in mittelhochdeutschen Verserzählungen. In: Lügen und Betrügen. Das Falsche in der Geschichte von der Antike bis zur Moderne. Hrsg. von Oliver Hochadel, Ursula Kocher. Köln 2000, S. 51–79.

Soeffner, Hans-Georg: Appräsentation und Repräsentation. Von der Wahrnehmung zur gesellschaftlichen Darstellung des Wahrzunehmenden. In: Höfische Repräsentation. Das Zeremoniell und die Zeichen. Hrsg. von Horst Wenzel, Hedda Ragotzky. Tübingen 1990, S. 43–64.

Solterer, Helen: Seeing, Hearing, Tasting Woman: Medieval Senses of Reading. In: Comparative Literature 46,2 (1994), S. 129–145.

Söntgen, Beate: Innen und Außen. Interieurvorhänge in der Malerei um 1900. In: Hinter dem Vorhang. Verhüllung und Enthüllung seit der Renaissance. Hrsg. von Claudia Blümle, Beat Wismer. München 2016, S. 226–235.

Spearing, Anthony C.: The Medieval Poet as Voyeur. Looking and Listening in Medieval Love-Narratives. Cambridge/New York 1993.

Specht, Theresa: Der Baumgarten im höfischen Roman. Narrative Erzeugung eines Handlungs- und Imaginationsraums. Berlin/Boston 2023 (LTG. 28).

Stadler, Ulrich: Schaulust und Voyeurismus. Ein Abgrenzungsversuch. Mit einer Skizze zur Geschichte des verpönten Blicks in Literatur und Kunst. In: Schaulust. Heimliche und verpönte Blicke in Literatur und Kunst. Hrsg. von Ulrich Stadler, Karl Wagner. Paderborn 2005, S. 9–37.

Stanbury, Sarah: Seeing the Gawain-Poet. Description and the Act of Perception. Philadelphia 1991 (Middle Ages Series).

Starkey, Kathryn: Visual Culture and the German Middle Ages. In: Visual Culture and the German Middle Ages. Hrsg. von ders., Horst Wenzel. New York 2005 (The new Middle Ages Series), S. 1–12.

Starkey, Kathryn: Affektives Sehen. Visualisierungsstrategien in Thomasins *Welschem Gast*. In: Machtvolle Gefühle. Hrsg. von Ingrid Kasten. Berlin/New York 2010 (TMP. 24), S. 167–188.

Starkey, Kathryn: Time Travel. Ekphrasis and Narrative in Medieval German Literature. In: Anschauung und Anschaulichkeit. Visualisierung im Wahrnehmen, Lesen und Denken. Hrsg. von Hans Adler, Sabine Groß. Paderborn 2016, S. 179–193.

Steffek, Hans Wolfgang: Die Feenwelt in Konrads von Würzburg *Partonopier und Meliur*. Frankfurt am Main 1978 (Europäische Hochschulschriften: Deutsche Literatur und Germanistik. 268).

Steinberg, Leo: The Sexuality of Christ in Renaissance Art and in Modern Oblivion. New York 1983.

Stock, Markus: Lähelin. Figurenentwurf und Sinnkonstitution in Wolframs *Parzival*. In: PBB 129,1 (2007), S. 18–37.

Stock, Markus: Das Zelt als Zeichen und Handlungsraum in der hochhöfischen deutschen Epik. Mit einer Studie zu Isenharts Zelt in Wolframs *Parzival*. In: Innenräume in der Literatur des deutschen Mittelalters. XIX. Anglo-German Colloquium Oxford 2005. Hrsg. von Burkhard Hasebrink, Hans-Jochen Schiewer, Almut Suerbaum [u. a.]. Tübingen 2008, S. 67–86.

Stoichita, Victor I.: Das Selbstbewusste Bild. Vom Ursprung der Metamalerei. Aus dem Französischen von Heinz Jatho. München 1998 (Bild und Text).

Stoichita, Victor I.: Der Vorhang des Parrhasios. Das Bild der Ähnlichkeit von Giotto bis Magritte. In: Hinter dem Vorhang. Verhüllung und Enthüllung seit der Renaissance. Hrsg. von Claudia Blümle, Beat Wismer. München 2016, S. 66–73.

Störmer-Caysa, Uta: Schwarze Segel und genähte Kreuze. Wie Erzähler bewerten und ihre Hörer widersprechen lassen. In: Poetiken des Widerspruchs in vormoderner Erzählliteratur. Hrsg. von Elisabeth Lienert. Wiesbaden 2019 (Contradiction Studies), S. 63–90.

Strachan, Aysha: Meliur as a Figure of Omission in Konrad von Würzburg's *Partonopier und Meliur*. In: Symbolism. Hrsg. von Florian Klaeger, Klaus Stierstorfer, Marlena Tronicke. Berlin/Boston 2022 (Symbolism. 22). S. 101–120.

Strasser, Ingrid: Fiktion und ihre Vermittlung in Hartmanns *Erec*-Roman. In: Fiktionalität im Artusroman. Tagung der Deutschen Sektion der Internationalen Artusgesellschaft in Berlin vom 13.–15. Februar 1992. Hrsg. von Volker Mertens, Friedrich Wolfzettel unter Mitarbeit von Matthias Meyer [u. a.]. Tübingen 1993 (SIA. 3), S. 63–83.

Strittmatter, Ellen: Poetik des Phantasmas. Eine imaginationstheoretische Lektüre der Werke Hartmanns von Aue. Heidelberg 2013 (Studien zur historischen Poetik. 15).

Strohschneider, Peter: Ur-Sprünge. Körper, Gewalt und Schrift im *Schwanritter* Konrads von Würzburg. In: Gespräche – Boten – Briefe. Körpergedächtnis und Schriftgedächtnis im Mittelalter. Hrsg. von Horst Wenzel. Berlin 1997 (Philologische Studien und Quellen. 143), S. 127–153.

Strohschneider, Peter: Höfische Textgeschichten. Über Selbstentwürfe vormoderner Literatur. Heidelberg 2014 (GRM. 55).

Suerbaum, Almut: Augenschein und inneres Sehen in Thürings von Ringoltingen *Melusine*. In: Sehen und Sichtbarkeit in der Literatur des deutschen Mittelalters: XXI. Anglo-German Colloquium London 2009. Hrsg. von Ricarda Bauschke, Sebastian Coxon, Martin H. Jones. Berlin 2011, S. 425–440.

Sugiyama, Akane: Wanderer unter dem Regenbogen – Die Rückenfigur Caspar David Friedrichs. Diss. Berlin 2007.

Tammen, Silke: Begehrenswerte Erkenntnisse: Weiblichkeit, Schleier und Wahrheit. In: Körper-Ästhetiken. Allegorische Verkörperungen als ästhetisches Prinzip. Hrsg. von Cornelia Logemann, Miriam Oesterreich, Julia Rüthemann. Bielefeld 2012 (Kultur- und Medientheorie), S. 290–317.

Tammen, Silke: Zwischen Schloss und Riegel. Schlüsselszenen an den sogenannten Minnekästchen des Mittelalters. In: Hüllen und Enthüllungen. (Un-)Sichtbarkeit aus kulturwissenschaftlicher Perspektive. Hrsg. von Inga Klein, Nadine Mai, Rostislav Tumanov. Berlin 2017 (Schriftenreihe der Isa Lohmann-Siems Stiftung. 10), S. 22–46.

Thali, Johanna: Schauliteratur. Formen und Funktionen literarischer Kommunikation in Text und Bild. Zürich 2019 (Medienwandel – Medienwechsel – Medienwissen. 20).

Theiß, Alissa: Höfische Textilien des Hochmittelalters. Der *Parzival* des Wolfram von Eschenbach. Stuttgart 2020 (ZfdA, Beihefte. 30).

Thum, Bernd: Öffentlichkeit und Kommunikation im Mittelalter. Zur Herstellung von Öffentlichkeit im Bezugsfeld elementarer Kommunikationsformen im 13. Jahrhundert. In: Höfische Repräsentation. Das Zeremoniell und die Zeichen. Hrsg. von Horst Wenzel, Hedda Ragotzky. Tübingen 1990, S. 65–87.

Tindemans, Klaas: The Fourth Wall, or the Rift Between Citizen and Government. Another Attempt at a Conceptual Synthesis of Theatre and Politics. In: Bastard or playmate? Adapting Theatre, Mutating Media and the Contemporary Performing Arts. Hrsg. von Robrecht Vanderbeeken. Amsterdam 2012 (Theater Topics), S. 31–42.

Toepfer, Regina: Erbauung und Begehren. Spannungen im Dramenbuch Hrotsviths von Gandersheim. In: Die Versuchung der schönen Form. Spannungen in „Erbauungs"-Konzepten des Mittelalters. Hrsg. von Susanne Köbele, Claudio Notz. Göttingen 2019 (Historische Semantik. 30), S. 91–114.

Trînca, Beatrice: Parrieren und undersnîden. Wolframs Poetik des Heterogenen. Heidelberg 2008 (Frankfurter Beiträge zur Germanistik. 46).

Trînca, Beatrice: Erzählen oder Lieben im *Partonopeu de Blois*-Roman und in Wolframs *Parzival*. In: Der Tod der Nachtigall. Liebe als Selbstreflexivität von Kunst. Hrsg. von Martin Baisch, ders. Göttingen 2009 (Berliner Mittelalter- und Frühneuzeitforschung. 6), S. 171–188.

Trînca, Beatrice (Hrsg.): Verrätselung und Sinnzeugung in Spätmittelalter und Früher Neuzeit. Würzburg 2016.

Trînca, Beatrice: Amor conspirator. Zur Ästhetik des Verborgenen in der höfischen Literatur. Göttingen 2019 (Aventiuren. 10).

Trînca, Beatrice: *klebewort* und *übergulde*. Evidenz und *dissimulatio* in Gottfrieds Tristan mit einem Seitenblick auf Dante. In: Schein und Anschein. Dynamiken ästhetischer Praxis in der Vormoderne. Hrsg von Annette Gerok-Reiter, Martin Kovacs, Volker Leppin [u. a.]. Berlin/Boston 2023 (Andere Ästhetik – Koordinaten. 3). S. 247–263.

Tschümperlin, Rebecca: Weltentwürfe in Text und Bild. Erzählungen vom Anfang der Geschichte in illustrierten Handschriften der Weltchroniken Rudolfs von Ems, Jans' von Wien und des sächsischen Anonymus. Stuttgart 2021 (ZfdA, Beihefte. 35).

Ulrichs, Friedrich W.: Die Rätsel der Dame mit dem Einhorn. Hamburg 2000.

Unzeitig, Monika: Von der Schwierigkeit zwischen Autor und Erzähler zu unterscheiden. Eine historisch vergleichende Analyse zu Chrétien und Hartmann. In: Erzähltechnik und Erzählstrategien in der deutschen Literatur des Mittelalters. Hrsg. von Wolfgang Haubrichs, Eckart Conrad Lutz, Klaus Ridder. Berlin 2004 (Wolfram-Studien. 18), S. 59–81.

Unzeitig, Monika: Autorname und Autorschaft. Bezeichnung und Konstruktion in der deutschen und französischen Erzählliteratur des 12. und 13. Jahrhunderts. Berlin 2010 (MTU. 139).

Van D'Elden, Stephanie Cain: Specific and Generic Scenes in Verse Tristan Illustration. In: Visuality and Materiality in the Story of Tristan and Isolde. Hrsg. von Jutta Eming, Ann Marie Rasmussen, Kathryn Starkey. Notre Dame, Indiana 2012, S. 269–298.

Van D'Elden, Stephanie Cain: Tristan and Isolde. Medieval Illustrations of the Verse Romances. Turnhout 2016.
Velten, Hans Rudolf: Groteske Organe. Zusammenhänge von Obszönität und Gelächter bei spätmittelalterlichen profanen Insignien im Vergleich zur Märenliteratur. In: Erotik, aus dem Dreck gezogen. Hrsg. von Johan H. Winkelman, Gerhard Wolf. Amsterdam 2004 (Amsterdamer Beiträge zur älteren Germanistik. 59), S. 235–263.
Velten, Hans Rudolf: Visualität in der höfischen Literatur und Kultur des Mittelalters. In: Handbuch Literatur & Visuelle Kultur. Hrsg. von Claudia Benthien, Brigitte Weingart. Berlin/Boston 2014 (Handbücher zur kulturwissenschaftlichen Philologie. 1), S. 304–320.
Viehhauser, Gabriel: Lesen lassen. Stellvertretende Lektüren in den *Titurel*-Dichtungen. In: Interpassives Mittelalter? Interpassivität in mediävistischer Diskussion. Hrsg. von Silvan Wagner. Frankfurt am Main 2015 (Bayreuther Beiträge zur Literaturwissenschaft. 34), S. 61–82.
Virchow, Corinna: *Partonopier und Meliur* im Zauberlicht. Farbe im Schatten auf der Liebe. In: Farbe im Mittelalter. Materialität – Medialität – Semantik. Hrsg. von Ingrid Bennewitz. Berlin 2011, S. 521–536.
Virchow, Corinna: Von der Kraft der Imagination zwischen Text und Textilien. Enite, Jeschute, Jadis, Atréju und Daenerys. In: Die Literatur des Mittelalters im Fantasyroman. Hrsg. von Nathanael Busch, Hans Rudolf Velten. Heidelberg 2018 (Reihe Siegen. Beiträge zur Literatur-, Sprach- und Medienwissenschaft. 176), S. 81–96.
Vögel, Herfried: Das Gedächtnis des Lesers und das Kalkül des Erzählens. Zum *Eneasroman* Heinrichs von Veldeke. In: Erkennen und Erinnern in Kunst und Literatur. Kolloquium Reisensburg, 4.– 7. Januar 1996. Hrsg. von Dietmar Peil, Michael Schilling, Peter Strohschneider. Tübingen 1998, S. 57–85.
Wagner, Silvan: Der Artushof als virtueller Gedächtnispalast im höfischen Roman. In: Wissenspaläste. Räume des Wissens in der Vormoderne. Hrsg. von Gesine Mierke, Christoph Fasbender. Würzburg 2013 (Euros. 2), S. 184–204.
Wagner, Silvan: Spur, Fährte. In: Literarische Orte in deutschsprachigen Erzählungen des Mittelalters. Ein Handbuch. Hrsg. von Tilo Renz, Monika Hanauska, Mathias Herweg. Berlin/Boston 2018, S. 488–501.
Wagner-Hasel, Beate: *Textus* und *texere*, *hýphos* und *hyphaínein*. Zur metaphorischen Bedeutung des Webens in der griechisch-römischen Antike. In: ‚Textus' im Mittelalter. Komponenten und Situationen des Wortgebrauchs im schriftsemantischen Feld. Hrsg. von Ludolf Kuchenbuch, Uta Kleine. Göttingen 2006 (Veröffentlichungen des Max-Planck-Instituts für Geschichte. 216), S. 15–42.
Walworth, Julia Caroline: Parallel Narratives. Function and Form in the Munich Illustrated Manuscripts of *Tristan* and *Willehalm von Orlens*. London 2007 (King's College London Medieval Studies. 20).
Wandhoff, Haiko: Der epische Blick. Eine mediengeschichtliche Studie zur höfischen Literatur. Berlin 1996 (Philologische Studien und Quellen. 141).
Wandhoff, Haiko: Gefährliche Blicke und rettende Stimmen. Eine audiovisuelle Choreographie von Minne und Ehe in Hartmanns *Erec*. In: „Aufführung" und „Schrift" in Mittelalter und früher Neuzeit. Hrsg. von Jan-Dirk Müller. Stuttgart 1996 (Germanistische Symposien-Berichtsbände. 17), S. 170–189.
Wandhoff, Haiko: Ekphrasis. Kunstbeschreibungen und virtuelle Räume in der Literatur des Mittelalters. Berlin/New York 2003 (TMP. 3).
Wandhoff, Haiko: Bilder der Liebe – Bilder des Todes. Konrad Flecks Flore-Roman und die Kunstbeschreibungen in der höfischen Epik des deutschen Mittelalters. In: Die poetische Ekphrasis von Kunstwerken. Eine literarische Tradition der Großdichtung in Antike, Mittelalter und früher Neuzeit. Hrsg. von Christine Ratkowitsch. Wien 2006 (Sitzungsberichte / Österreichische Akademie der Wissenschaften, Philosophisch-Historische Klasse. 735), S. 55–76.
Wandhoff, Haiko: Zur Bildlichkeit mittelalterlicher Texte. Einführung. In: Zur Bildlichkeit mittelalterlicher Texte. Hrsg. von dems. Berlin 2008 (Das Mittelalter. 13), S. 3–23.
Wandhoff, Haiko: Imaginäre Kopfreisen in die Wunderwelt der aventiure, oder: Wenn das Sehen zur Allegorie des Lesens wird. In: Sehen und Sichtbarkeit in der Literatur des deutschen Mittelalters: XXI.

Anglo-German Colloquium London 2009. Hrsg. von Ricarda Bauschke, Sebastian Coxon, Martin H. Jones. Berlin 2011, S. 141–159.

Wandhoff, Haiko: How to Find Love in Literature: Reading Gottfried von Strassburg's *Tristan* and His Cave of Lovers. In: Visuality and Materiality in the Story of Tristan and Isolde. Hrsg. von Jutta Eming, Ann Marie Rasmussen, Kathryn Starkey. Notre Dame, Indiana 2012, S. 41–64.

Wandhoff, Haiko: Ekphrasis in der Literatur des Mittelalters. In: Handbuch Literatur & Visuelle Kultur. Hrsg. von Claudia Benthien, Brigitte Weingart. Berlin/Boston 2014 (Handbücher zur kulturwissenschaftlichen Philologie. 1), S. 287–303.

Wandhoff, Haiko: Vom Finden der Liebe in der Literatur. Die erzählte Poetik des höfischen Romans. Hamburg 2021.

Wawer, Anne: Tabuisierte Liebe. Ein mythisches Erzählschema in Konrads von Würzburg *Partonopier und Meliur* und im *Friedrich von Schwaben*. Köln 2000.

Wehrli, Max: Geschichte der deutschen Literatur im Mittelalter. Von den Anfängen bis zum Ende des 16. Jahrhunderts. 3. Auflage. Stuttgart 1997.

Weigele-Ismael, Erika: Rudolf von Ems: *Wilhelm von Orlens*. Studien zur Ausstattung und zur Ikonographie einer illustrierten deutschen Epenhandschrift des 13. Jh. am Beispiel des Cgm 63 der Bayerischen Staatsbibliothek München. Frankfurt am Main 1997 (Europäische Hochschulschriften. Reihe 28: Kunstgeschichte. 285).

Weingart, Brigitte: Bildspur. In: Spuren, Lektüren. Praktiken des Symbolischen. Hrsg. von Gisela Fehrmann. München 2005, S. 227–242.

Weingart, Brigitte: Blick zurück. Faszination als ‚Augenzauber'. In: „Es trübt mein Auge sich in Glück und Licht". Über den Blick in der Literatur. Hrsg. von Kenneth Scott Calhoon, Eva Geulen, Claude Haas [u. a.]. Berlin 2010 (Philologische Studien und Quellen. 221), S. 188–205.

Wenzel, Edith, Horst Wenzel: Die Tafel des Gregorius. Memoria im Spannungsfeld von Mündlichkeit und Schriftlichkeit. In: Erzählungen in Erzählungen. Phänomene der Narration in Mittelalter und Früher Neuzeit. Hrsg. von Harald Haferland, Michael Mecklenburg. München 1996 (Forschungen zur Geschichte der älteren deutschen Literatur. 19), S. 99–114.

Wenzel, Franziska: Situationen höfischer Kommunikation. Studien zu Rudolfs von Ems *Willehalm von Orlens*. Frankfurt am Main 2000 (Mikrokosmos. 57).

Wenzel, Franziska: Schwierige Performanz: Ein Versuch über die pragmatischen Bedingungen literarischer Kommunikation im *Willehalm von Orlens* des Rudolf von Ems. In: Situationen des Erzählens. Aspekte narrativer Praxis im Mittelalter. Hrsg. von Ludger Lieb, Stephan Müller. Berlin/New York 2002 (QF. 20 [254]), S. 219–243.

Wenzel, Franziska: Intermediale und intramediale Übertragung. Mittelalterliche Bezeichnungspraktiken in metaphorischer Rede und Illustration. In: Übertragung. Bedeutungspraxis und ‚Bildlichkeit' in Literatur und Kunst des Mittelalters. Hrsg. von ders., Pia Selmayr. Wiesbaden 2017 (Imagines Medii Aevi. 39), S. 1–21.

Wenzel, Franziska: In-Bewegung-Bringen. Zu einem Prinzip der *sub oculus subiectio* am Beispiel zweier Regensburger Bilderhandschriften. In: Jenseits der Dichotomie von Text und Bild. Verfahren der Veranschaulichung und Verlebendigung in Mittelalter und Früher Neuzeit. Hrsg. von ders. Wiesbaden 2021 (Imagines Medii Aevi. 54), S. 127–178.

Wenzel, Franziska: Mediengeschichtliche Dimensionen der Text-Bild-Beziehung: eine Einführung. In: Jenseits der Dichotomie von Text und Bild. Verfahren der Veranschaulichung und Verlebendigung in Mittelalter und Früher Neuzeit. Hrsg. von ders. Wiesbaden 2021 (Imagines Medii Aevi. 54), S. 1–54.

Wenzel, Horst: Fernliebe und hohe Minne. Zur räumlichen und sozialen Distanz in der Minnethematik. In: Liebe als Literatur. Aufsätze zur erotischen Dichtung in Deutschland. Hrsg. von Rüdiger Krohn. München 1983, S. 187–208.

Wenzel, Horst: Repräsentation und schöner Schein am Hof und in der höfischen Literatur. In: Höfische Repräsentation. Das Zeremoniell und die Zeichen. Hrsg. von dems., Hedda Ragotzky. Tübingen 1990, S. 171–208.

Wenzel, Horst: Hören und Sehen, Schrift und Bild. Kultur und Gedächtnis im Mittelalter. München 1995 (C. H. Beck Kulturwissenschaft).

Wenzel, Horst: Das höfische Geheimnis. Herrschaft, Liebe, Texte. In: Schleier und Schwelle. Geheimnis und Öffentlichkeit. Hrsg. von Aleida Assmann, Jan Assmann. München 1997 (Schleier und Schwelle. 1), S. 53–69.

Wenzel, Horst: Öffentliches und nichtöffentliches Herrschaftshandeln im *Erec* Hartmanns von Aue. In: Das Öffentliche und Private in der Vormoderne. Hrsg. von Gert Melville, Peter von Moos. Köln 1998 (Norm und Struktur. 10), S. 213–238.

Wenzel, Horst: Visualität. Zur Vorgeschichte der kinästhetischen Wahrnehmung. In: ZfG 9 (1999), S. 549–556.

Wenzel, Horst: Botschaften und Briefe. Die Spur des Körpers in der Schrift. In: Spuren, Lektüren. Praktiken des Symbolischen. Hrsg. von Gisela Fehrmann. München 2005, S. 259–276.

Wenzel, Horst: Erzählende Bilder und bildhafte Literatur. Plädoyer für eine Text-Bildwissenschaft. In: Iconic Worlds. Neue Bilderwelten und Wissensräume. Hrsg. von Christa Maar, Hubert Burda. Köln 2006, S. 232–250.

Wenzel, Horst: Der Schuß ins Auge. Zum Imaginationstheater mittelalterlicher Bilderhandschriften. In: Bild/Geschichte. Festschrift für Horst Bredekamp. Hrsg. von Philine Helas, Maren Polte, Claudia Rückert [u. a.]. Berlin 2007, S. 139–154.

Wenzel, Horst: Sagen und Zeigen: Zum Zusammenhang von Textdeixis und Bilddeixis. In: Mythos – Sage – Erzählung. Gedenkschrift für Alfred Ebenbauer. Hrsg. von Johannes Keller, Florian Kragl. Göttingen/Wien 2009, S. 537–546.

Wenzel, Horst: Spiegelungen. Zur Kultur der Visualität im Mittelalter. Berlin 2009 (Philologische Studien und Quellen. 216).

Werner, Norbert: Tristan-Darstellungen in der Kunst des Mittelalters. In: Tristan und Isolt im Spätmittelalter. Vorträge eines interdisziplinären Symposiums vom 3. bis 8. Juni 1996 an der Justus-Liebig-Universität Gießen. Hrsg. von Xenja von Ertzdorff, Rudolf Schulz. Amsterdam/Atlanta 1999 (Chloe. 29), S. 13–59.

Wetzel, René: Erkennen und Verkennen: Schattenwurf und Spiegelbild in mittelalterlichen Tristandichtungen und -bildzeugnissen. In: LiLi 45,4 (2015), S. 45–66.

Widmer, Peter: Das unbewusste Begehren des Voyeurs. In: Schaulust. Heimliche und verpönte Blicke in Literatur und Kunst. Hrsg. von Ulrich Stadler, Karl Wagner. Paderborn 2005, S. 141–159.

Wiesinger, Michaela: Feenreste: Zur latenten Feenhaftigkeit hofferner Frauenfiguren in *Diu Crône* Heinrichs von dem Türlin. In: JIAS 6,1 (2018), S. 46–69.

Wild, Gerhard: *por escritura no se podia dezir* oder: Die Rhetorik des Begehrens. Überlegungen zu Körper und Kunst im frühen Roman. In: Körperkonzepte im arthurischen Roman. Hrsg. von Friedrich Wolfzettel. Tübingen 2007 (SIA. 6), S. 287–310.

Winst, Silke: Minne als Krankheit: Zur Kultivierung und Pathologisierung von Begehren im Mittelalter. Habil. masch. Potsdam 2016.

Wirth, Uwe: Rahmenbrüche, Rahmenwechsel. Nachwort des Herausgebers, *welches aus Versehen des Druckers zu einem Vorwort gemacht wurde*. In: Rahmenbrüche, Rahmenwechsel. Hrsg. von dems. Berlin 2013 (Wege der Kulturforschung. 4), S. 15–57.

Wismer, Beat: Innen und Außen. In: Hinter dem Vorhang. Verhüllung und Enthüllung seit der Renaissance. Hrsg. von Claudia Blümle, dems. München 2016, S. 208.

Wittchow, Britta: Der (Stimmen-)Spalter. Die Figur des neidischen Nebenbuhlers im *Reinfried von Braunschweig*. In: Figuren des Dritten im höfischen Roman. Hrsg. von Margreth Egidi. Oldenburg 2020 (BmE Themenheft. 4), S. 51–100.

Wittekind, Susanne: Vom Schriftband zum Spruchband. Zum Funktionswandel von Spruchbändern in Illustrationen biblischer Stoffe. In: Frühmittelalterliche Studien 30 (1996), S. 343–367.

Witthöft, Christiane: Schlüssel(loch)szenen. Von der Theatralität räumlicher Perspektiven in der Literatur des Mittelalters. (*Der arme Heinrich*, *Tristan*, *Melusine*). In: Imaginative Theatralität. Szenische Verfahren und kulturelle Potenziale in mittelalterlicher Dichtung, Kunst und Historiographie. Hrsg. von Manfred Kern. Heidelberg 2013 (Interdisziplinäre Beiträge zu Mittelalter und Früher Neuzeit. 1), S. 275–295.

Wolf, Gerhard: Phallus am Grillspieß und Vulva auf Stelzen. Überlegungen zur kommunikativen Funktion erotischer und obszöner Tragezeichen aus den Niederlanden. In: Erotik, aus dem Dreck gezogen. Hrsg. von Johan H. Winkelman, dems. Amsterdam 2004 (Amsterdamer Beiträge zur älteren Germanistik. 59), S. 285–330.

Wolf, Gerhard: „In principio velumn", am Anfang war das Tuch. Raphaelle Peales *Venus Rising from the Sea – A Deception* und die Bildtradition der *vera icon*. In: Hinter dem Vorhang. Verhüllung und Enthüllung seit der Renaissance. Hrsg. von Claudia Blümle, Beat Wismer. München 2016, S. 132–141.

Wolf, Werner: Description as a Transmedial Mode of Representation: General Features and Possibilities of Realization in Painting, Fiction and Music. In: Description in Literature and other Media. Hrsg. von dems., Walter Bernhart. Amsterdam 2007 (Studies in intermediality. 2), S. 1–91.

Wolfzettel, Friedrich: Der defiziente arthurische Körper: Nacktheit als Gattungs-Paradigma. In: Körperkonzepte im arthurischen Roman. Hrsg. von dems. Tübingen 2007 (SIA. 6), S. 201–230.

Worm, Andrea: Steine und Fußspuren Christi auf dem Ölberg. Zu zwei ungewöhnlichen Motiven bei Darstellungen der Himmelfahrt Christi. In: Zeitschrift für Kunstgeschichte 66,3 (2003), S. 297–320.

Wurst, Jürgen: Reliquiare der Liebe. Das Münchner Minnekästchen und andere mittelalterliche Minnekästchen aus dem deutschsprachigen Raum. Diss. München 2005.

Xie, Juan: Studien über Rudolf von Ems' *Willehalm von Orlens*. Würzburg 2022 (Epistemata. Reihe Literaturwissenschaft. 931).

Yu, Meihui: *daz si niht wizzen umb des leben / der in ze vater ist gegeben*. Transzendenter Ursprung und dynastische Genealogie im *Schwanritter*. In: Konrad von Würzburg als Erzähler. Hrsg. von Astrid Lembke, Norbert Kössinger. Oldenburg 2021 (BmE Themenheft. 10), S. 163–188.

Žak, Sabine: *Luter schal* und *süeze doene*. Die Rolle der Musik in der Repräsentation. In: Höfische Repräsentation. Das Zeremoniell und die Zeichen. Hrsg. von Horst Wenzel, Hedda Ragotzky. Tübingen 1990, S. 133–148.

Zons, Alexander: „Unauffindbarer Text". Bewegungen in den Film hinein und wieder hinaus. In: Rahmungen. Präsentationsformen und Kanoneffekte. Hrsg. von Philip Ajouri, Ursula Kundert, Carsten Rohde. Berlin 2017 (ZfdPh, Beihefte. 16), S. 147–164.

VII Werkregister

https://doi.org/10.1515/9783111549644-007